단위 변환 계수

시간

1 min = 60 s
1 h = 60 min = 3600 s
1 day = 24 h = 86,400 s

길이

1 m = 3.281 ft = 39.37 in
1 km = 0.6214 mi
1 in = 0.08333 ft = 0.02540 m
1 ft = 12 in = 0.3048 m
1 mi = 5280 ft = 1.609 km
1 nautical mile = 1852 m = 6080 ft

각

1 rad = $180/\pi$ deg = 57.30 deg
1 deg = $\pi/180$ rad = 0.01745 rad
1 revolution = 2π rad = 360 deg
1 rev/min (rpm) = 0.1047 rad/s

면적

1 mm^2 = 1.550×10^{-3} in^2 = 1.076×10^{-5} ft^2
1 m^2 = 10.76 ft^2
1 in^2 = 645.2 mm^2
1 ft^2 = 144 in^2 = 0.0929 m^2

체적

1 mm^3 = 6.102×10^{-5} in^3 = 3.531×10^{-8} ft^3
1 m^3 = 6.102×10^{4} in^3 = 35.31 ft^3
1 in^3 = 1.639×10^{4} mm^3 = 1.639×10^{-5} m^3
1 ft^3 = 0.02832 m^3

속도

1 m/s = 3.281 ft/s = 39.37 in/s
1 km/h = 0.2778 m/s = 0.6214 mi/h = 0.9113 ft/s
1 mi/h = (88/60) ft/s = 1.609 km/h = 0.4470 m/s
1 knot = 1 nautical mile/h = 0.5144 m/s = 1.689 ft/s

가속도

1 m/s^2 = 3.281 ft/s^2 = 39.37 in/s^2
1 in/s^2 = 0.08333 ft/s^2 = 0.02540 m/s^2
1 ft/s^2 = 0.3048 m/s^2
1 g = 9.81 m/s^2 = 32.2 ft/s^2

질량

1 kg = 0.0685 slug
1 slug = 14.59 kg
1 t (metric tonne) = 10^3 kg = 68.5 slug

힘

1 N = 0.2248 lb
1 lb = 4.448 N
1 kip = 1000 lb = 4448 N
1 ton = 2000 lb = 8896 N

일과 에너지

1 J = 1 N-m = 0.7376 ft-lb
1 ft-lb = 1.356 J

일률

1 W = 1 N-m/s = 0.7376 ft-lb/s = 1.340×10^{-3} hp
1 ft-lb/s = 1.356 W
1 hp = 550 ft-lb/s = 746 W

압력

1 Pa = 1 N/m^2 = 0.0209 lb/ft^2 = 1.451×10^{-4} lb/in^2
1 bar = 10^5 Pa
1 lb/in^2 (psi) = 144 lb/ft^2 = 6891 Pa
1 lb/ft^2 = 6.944×10^{-3} lb/in^2 = 47.85 Pa

최신 동역학

Engineering Mechanics DYNAMICS

제4판

Anthony Bedford • Wallace Fowler

황 철 호 역

PEARSON Prentice Hall

JINSAEM

Engineering Mechanics DYNAMICS

ISBN 0-13-146324-1

Printed in Korea

ISBN 89-957070-2-X

역자 서문

역자가 동역학뿐만 아니라 공학 과목을 강의하면서 무엇보다 어려웠던 점 중의 하나는 교재의 선택이었던 것 같다. 학생들에게 부담스러운 난이도의 내용이나 예제 때문에 강의에 어려움을 겪기도 하고, 때로는 원서보다 더 이해하기 어려운 번역판 때문에 학생들이 곤란을 겪던 때도 있었다. 교재로 인한 여러 번의 시행착오를 거치면서 학생들에게 적절한 원서를 찾는 것 못지않게 원서의 의미를 제대로 전달할 수 있는 번역의 중요성을 뼈저리게 느끼게 되었다.

일차적으로 번역서의 품질은 원서에 있다. 이 번역서의 원서는 저자에 대한 소개와 서문에서 알 수 있듯이 기계항공 분야 강의 및 교육에서 탁월한 성과를 거두고 있는 두 저명교수가 집필한 책으로 역자가 그동안 경험했던 다른 어떤 교재와 비교해도 독특한 특징과 우수한 교육적 효과를 가질 수 있는 훌륭한 책이라고 생각된다. 원리의 이해와 공학에의 적용을 중시하며 실제 공학 현장에서 다양하게 접할 수 있는 실제적인 문제들을 채택함으로써 현실감 있는 동역학 교육이 가능하며, 최근 많은 대학에서 관심을 가지고 있는 공학인증의 요구조건에 따라 많은 예제와 연습문제에 공학설계 관련 내용들과 설계 프로젝트를 포함시킴으로써 공학설계 교육을 강화할 수 있다는 점이 특히 우수한 장점이라고 생각된다.

이러한 원서의 장점이 제대로 전달되도록 하기 위해 무엇보다 의미 전달과 자연스러운 문맥이 될 수 있도록 번역에 최선을 다하였다. 오역과 부자연스러운 번역으로 동역학 교육이 방해받지 않도록 신중을 기하였으며, 번역하는 과정에서 뜻이 명확치 않거나 오해의 소지가 있는 부분들은 다소 중복의 문제가 있더라도 표현을 분명히 하였다. 특히 오타로 인해 학생들이 혼란을 겪지 않도록 숫자와 수식 교정에 많은 노력을 기울였다. 그러나 이러한 노력에도 불구하고 번역상의 표현 미숙과 동역학 교재의 다양한 수식 형태와 많은 계산식들로 인해 어딘가에 남아 있을 지도 모를 오류에 걱정이 앞선다. 부디 이 번역서로 원서에서 의도했던 학습효과를 충분히 얻을 수 있게 되기를 간절히 바란다.

끝으로, 오랜 번역기간에도 믿어주시고 전폭적인 지원을 해 주신 진샘미디어 최봉조 사장님과 까다로운 역자의 주문을 이해해 주고 꼼꼼한 교정으로 좋은 책을 만들어준 편집부 직원들에게 진심으로 깊은 감사를 드린다. 또한 궂은일을 마다않고 도와준 우동청, 오현승, 이윤실 학생에게도 고마움을 전한다. 마지막으로 교정을 도와주고 격려해준 가족들과 최봉조 사장님과 함께 출간의 기쁨을 함께 하고 싶다.

2006년 8월

황철호

저자 서문

이 책을 저술한 저자의 본래 목적은 강의실에서 그동안 해 오던 방식대로 동역학의 기초와 응용을 제시하는 것이다. 교수가 개념 설명을 위해 그림을 단계적으로 전개해 나가듯이 순차적인 그림을 많이 사용하였으며, 특히 자유물체도의 사용을 통해 이해를 위해서는 시각적 해석이 중요함을 강조하였다. 영감에 의한 착상은 학습에 대한 흥미 유발효과가 매우 크므로, 이 책의 많은 예제들과 문제들이 현대의 다양한 공학적 응용에 근거를 두도록 하였다. 이 책을 사용해 온 많은 학생들과 동료 교수들의 격려와 도움으로, 이러한 주제들이 이번 개정판에서도 유지되고 발전되도록 하였다.

예제

각각의 예제는 학생들의 공학문제 풀이 기술을 발전시킬 수 있도록 **전략**과 **풀이**, **비판적 사고** 등 세 부분으로 구성되어 있다. "**전략**" 부분에서는 문제를 어떻게 풀어나갈지에 대한 전략을 보여준다. "**풀이**" 부분에서는 요구하는 결과에 도달하기 위해 필요한 세부적인 단계들을 보여준다. 노련한 선생들은 문제를 풀고 난 후에 주어진 문제의 많은 면들을 가장 효과적으로 설명할 수 있다는 것을 안다. "**비판적 사고**" 부분에 이러한 교실 강의의 중요한 요소를 도입하였다. 이 부분에서는 해의 중요한 특징을 지적하고, 사용된 방법들을 다른 유형의 문제에 어떻게 확장할 수 있는지를 나타내며, 특정 문제의 공학적 동기 유발에 대해 설명하였다.

또한 학생들이 읽은 내용을 이해하는 데 도움을 줄 수 있도록 만들어진 간단한 "**연구 문제**" 부분으로 각 절을 마치도록 하였다.

공학설계

최근 몇년 사이에 많은 교수들이 역학 교육 과정에 공학설계 개념들을 도입하기 시작했으며, 이 경향은 ABET 요구조건에 의해 더 촉진되고 있다. 기본역학의 비중을 손상시키지 않고 많은 예제와 문제에 설계 관련 사항들을 포함시켰다. 문제 중에서 "**설계 문제**" 부분은 설계예제에 기반을 두었으며 교수의 판단 하에 과제로 부여할 수 있다.

전산역학

컴퓨터 사용에 중점을 두지 않고 동역학을 가르치는 것을 선호하는 교수들이 있는 반면, 학생들에게 컴퓨터를 공학에서 어떻게 사용하는지 소개하는 기회로 동역학을 이용하며, 하위레벨 언어로 학생들이 직접 프로그램을 작성하게 하거나 고급레벨의 문제풀이용 소프트웨어를 사용하게 하는 교수들도 있다. 이 책은 이들 두 접근방식 모두에 적합하다. 이 책에는 프로그램 작성이 가능한 계산기나 컴퓨터로 해를 구하도록 만들어진 예제와 문제들이 포함된 전산역학 절이 있다. 이 절은 필요에 따라 선택할 수 있으며, 자체적으로 필요한 내용을 갖추고 있다.

SI 4판에서 새로워진 특징

이 책의 사용자들과 검토해 주신 분들의 긍정적인 반응으로 인해 이전 판들의 기본 구성과 내용, 그리고 특징들을 그대로 유지하였다. 이번 판을 준비하는 동안, 각 개념과 예제, 그림, 요약문, 문제들을 어떻게 나타내었는지에 대해 재검토하였다. 표현을 단순하고 명확하게 하기 위해 필요한 부분에 수정을 가하고 추가와 삭제를 하였다. 요청에 따라 다음과 같은 현저한 변화를 주었다.

비판적 사고 비판적 사고에 더 중점을 두기 위해 이전 판 예제의 특징이었던 **"토의"** 부분을 확대 개정하였다. **"전략"**과 **"비판적 사고"** 부분은 이제 모든 예제에서 중요하게 다루어지고 있다. **"비판적 사고"** 부분이 학생들에게 더 유익하고 교육적이 될 수 있도록 의견과 제안을 준 Rice University의 Chad M. Landis와 University of New Maxico의 Walter Gerstle이 이 부분을 재검토해 주었다.

새로운 삽화의 사용 이 책을 검토했던 대부분의 교수들은 학생들이 공학적 상황을 시각적으로 상상하기 위해서는 도움을 필요로 했으며 좀 더 실제적으로 보이는 상황에 더 호의적으로 반응했다고 강조하였다. 이에 따라, 이 책의 중요한 그림들을 사진처럼 사실적으로 명확하게 보이도록 개정하려고 노력하였다. 이것이 학생들이 공학적 상황을 시각화하는 것을 더 잘 도울 수 있고 현실 세계에 대한 더 강한 연결고리를 제공하게 되기를 희망한다.

예제의 순차적인 그림 본문의 자료와 예제에 그림을 순차적으로 사용하여 교실 강의에서와 같이 개념을 명확히 할 수 있도록 하였다.

덧붙여,

- 2장에 상대운동에 대한 새로운 절을 포함시켰으며, 4장에 비보존력에 대한 내용을 추가하였다.
- 더 많은 예제가 필요하다고 독자들이 지적한 부분에 새로운 예제들을 추가하였다. 새 예제의 대다수도 역시 현실적이면서 동기를 부여하는 응용과 공학설계를 강조한다.
- 450개의 새로운 문제와 개정된 문제를 포함시켰다. 예제와 마찬가지로 상당수의 새 문제들이 동역학을 통한 공학 연습이 될 수 있도록 초점이 맞추어져 있다. 이번 개정판에서 다른 문제보다 상대적으로 길거나 어려운 문제들은 별표로 표시하였다.

학생들과 담당 교수들에 대한 약속

저자들은 교재를 개정하면서 최선을 다해 정확성 보장에 주의를 기울였으며, 새로운 문제의 해가 정확하고 적절한 수준의 난이도를 가졌는지 확인하였다. 더 나아가 University of South Florida의 Karim Nohra, VPI의 Scott Hendricks, 그리고 Laurel Technical Services의 Kurt Norlin은 정확성을 기하기 위해 문장과 예제, 문제 등을 검증하였다. 남아 있는 어떠한 오류도 저자의 책임이다. 오류나 개선을 위한 부분 등에 대해 학생들과 선생님들로부터의 연락을 환영한다. 저자의 우편주소는 Department of Aerospace Engineering and Engineering Mechanics, University of Texas at Austin, Austin, Texas 78712이고, 전자메일 주소는 abedford@mail.utexas.edu 이다.

Anthony Bedford and Wallace Fowler
Austin, Texas

저자에 관하여

Anthony Bedford는 오스틴 소재 텍사스 대학교(University of Texas at Austin) 항공우주기계공학과 명예교수이다. 그는 오스틴의 텍사스 대학교에서 학사학위를 받았으며, 캘리포니아 공과대학(California Institute of Technology)에서 석사학위를 받았고, 1967년에 라이스 대학교(Rice University)에서 박사학위를 받았다. 더글라스 항공사(Douglas Aircraft Company)와 TRW, 샌디아 국립연구소(Sandia National Laboratories)에서 산업체 경력을 쌓았으며, 1968년 이후 오스틴의 텍사스 대학교 교수진으로 재직하고 있다.

Bedford 박사의 주요 전문 활동분야는 공학역학분야의 교육과 연구이다. 그는 복합물질 이론과 탄성파 전파, 고속 충돌역학에 대한 기술논문들을 써 왔으며, 저서로 연속체 역학에서의 해밀톤 원리(Hamilton's Principle in Continuum Mechanics)와 탄성파 전파 개론(Introduction to Elastic Wave Propagation, D. S. Drumheller와 공저), 재료역학(Mechanics of Materials, K. M. Liechti와 공저) 등이 있다.

Wallace Fowler는 오스틴 소재 텍사스 대학교 항공우주기계공학과에서 Paul D. & Betty Robertson Meek 교수직을 유지하고 있다. Fowler 박사는 오스틴 소재 텍사스 대학교에서 학사, 석사 및 박사 학위를 받았으며, 1965년 이후 동 대학에서 교수로 재직해 오고 있다. 1976년 가을에는 캘리포니아 에드워드 공군기지의 미 공군시험비행학교의 교수진이었으며, 1981~1982년 동안에는 미 공군사관학교에서 교환교수로 있었다. 현재는 텍사스 우주 그랜트 컨소시엄의 책임자이다.

Fowler 박사의 교육 및 연구 분야는 동역학, 궤도역학, 그리고 우주선 임무비행 설계 등이다. 그는 궤도 최적화, 비행자세 동역학, 우주선 임무비행 계획에 대한 기술논문들의 저자 또는 공저자이며, 공학교육 이론 및 지도에 관한 많은 논문들을 발표하였다. 그는 총장 위원회 우수 강의상과 일반 동역학 교육 우수상, Halliburton 교육재단 우수상, ASEE Fred Merryfield 설계 상, AIAA-ASEE의 우수 항공우주교육자상을 포함하여 수많은 교육관련 상들을 받았다. Fowler 박사는 오스틴 텍사스대학교의 탁월한 강의교수들로 구성된 Academy of Distinguished Teachers의 구성원이다. 또 기술사 자격증 소지자이고 여러 기술학회의 회원이며, 미국항공우주학회(AIAA)와 미국공학교육학회(ASEE)의 fellow(최고회원)이다. 그는 2000~2001년 동안 미국공학교육학회(ASEE)의 회장을 역임하였다.

차 례

제 1 장 서론

제 2 장 질점의 운동

제 3 장 힘, 질량과 가속도

제 4 장 에너지 방법

제 5 장 일과 에너지의 원리

제 6 장 강체의 평면운동학

제 7 장 강체의 평면 동역학

제 8 장 강체 동역학의 에너지와 운동량

제 9 장 강체의 3차원 운동학과 동역학

제 10 장 진동

부록

동역학

1

서론

의자나 연필깎이와 같은 간단한 것에서부터 댐, 자동차, 비행기, 우주선과 같은 복잡한 것까지 우리가 사용하는 장치들을 엔지니어들은 어떻게 설계하고 만드는가? 엔지니어들은 이러한 장치들에 대한 설계의 밑바탕을 이루는 물리적 특성을 잘 이해해야 하며, 이 장치들의 거동을 예측하기 위해 수학적 모델을 사용할 수 있어야 한다. 공학도들은 역학을 배움으로써 물리적인 시스템들의 거동을 해석하고 예측하는 법을 배우게 된다.

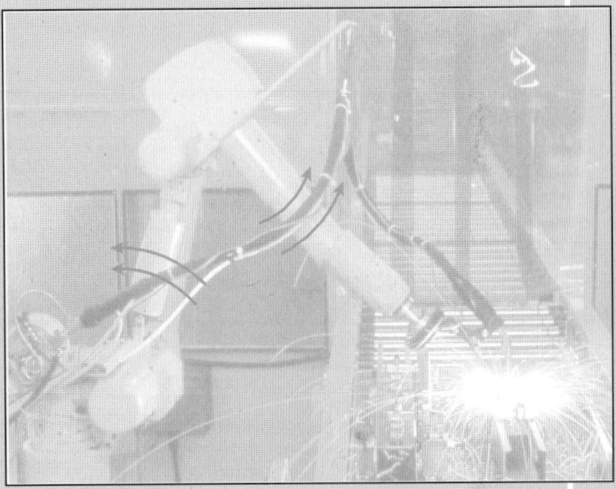

◀ 엔지니어들은 산업용 로봇의 설계와 프로그래밍을 위해 동역학 원리를 이용하여 로봇의 운동을 해석해야 한다. 동역학은 모든 기계의 설계에서 근간을 이루는 과학 중의 하나이다.

1.1 공학과 역학

엔지니어들은 복잡한 시스템을 만들기 전에 어떻게 설계를 하고 특성을 예측할 수 있는가? 엔지니어들은 새로운 설계 개발을 위해 이전의 설계 경험과 실험, 발명에 대한 재능과 창의성에 항상 의존해 왔다. 현대의 엔지니어들은 여기에 다음과 같은 강력한 기술을 추가하고 있다. 즉, 자신들이 설계한 장치의 물리적 특성에 근거한 수학식을 개발하고, 이 수학적 모델에 의해 설계의 거동을 예측하고 수정하며, 실제 제작에 앞서 시험을 한다. 항공우주 엔지니어들은 수학적 모델을 이용하여 우주왕복선의 비행 경로를 예측한다. 토목분야 엔지니어들은 수학적 모델을 이용하여 건축물과 기초에 대한 하중의 효과를 해석한다.

가장 기본적인 수준에서 보면, **역학**(mechanics)은 힘과 그 영향에 대한 연구이다. 기본 역학은 평형상태에 있는 물체를 연구하는 **정역학**(statics)과 운동하는 물체를 연구하는 **동역학**(dynamics)으로 나누어진다. 기본 역학에서 얻어진 결과들은 공학의 많은 분야에 직접 응용된다. 구조물을 설계하는 기계 및 토목 엔지니어들은 정역학에서 유도된 평형방정식을 사용한다. 지진에 대한 빌딩의 응답을 해석하는 토목 엔지니어들과 위성의 궤도를 결정하는 항공우주 엔지니어들은 동역학에서 유도된 운동방정식을 사용한다.

역학은 최초의 해석과학이었다. 따라서 거의 모든 공학분야에서 역학의 기본 개념과 해석 방법들, 역학으로부터 유추된 것들을 발견할 수 있다. 화학공학 및 전기공학 학생들은 평형, 에너지, 안정성 등과 같은 기본 개념을 역학책을 통해 배움으로써 자기 분야의 개념을 더 깊이 있게 이해할 수 있다. 역학을 공부함으로써 이런 개념들의 역사적 발전 과정을 되돌아 볼 수 있다.

1.2 역학의 학습

역학은 물체의 거동을 지배하는 광범위한 원리들로 구성되어 있다. 이 책은 이러한 원리들을 기술하고, 적용 사례를 보여주는 예제들을 제공한다. 이러한 예제들과 유사한 현장문제들을 연습하는 것이 필수적이고 이런 유형의 문제들을 이 책에 많이 포함시키기는 했지만, 이 책의 목적은 원리를 잘 이해하게 하여 주어진 새로운 상황에 잘 적용할 수 있도록 도와주는 것이다. 각 세대의 엔지니어들은 그 세대의 새로운 문제에 직면하기 때문이다.

문제의 풀이

역학을 공부하면서 후속 교과목과 공학분야에 종사하는 동안 사용하게 될 문제 해결 과정을 배우게 될 것이다. 유형에 따라 다른 접근 방법이 필요하겠지만 다음 단계들은 많은 문제들에 적용할 수 있다:

- 주어진 정보와 구해야 할 정보, 즉 해가 무엇인지를 확인하라. 문제를 자

기 방식으로 다시 기술하는 것이 도움이 될 때가 종종 있다. 필요하다면 포함된 물리계나 모델을 이해하도록 한다.

- 문제를 풀기 위한 전략을 짜라. 이것은 적용할 원리와 식을 확인하고, 문제를 풀기 위해 이들을 어떻게 사용할 것인지를 결정한다는 것을 의미한다. 가능한 한 문제의 가시화와 풀이를 위해 그림으로 나타내도록 한다.
- 할 수 있는 한, 답을 예측하도록 하라. 이것은 직관력을 발달시키며 종종 부정확한 답을 인식할 수 있도록 해준다.
- 방정식을 풀고, 가능한 한, 결과의 의미를 해석하고 예상한 것과 비교하라. 이 마지막 단계는 타당성에 대한 검사이다. 얻은 답이 타당한가?

계산기와 컴퓨터

이 책에 있는 대부분의 문제들은 대수 표현식(algebraic expression)을 구하고, 이 식에 주어진 값을 사용하여 답을 계산하도록 만들어져 있다. 삼각함수와 로그함수 기능을 가진 계산기 정도이면 이들의 수치해를 구하는 데 충분하다. 프로그래밍이 가능한 계산기나 Mathcad 또는 MATLAB과 같은 문제풀이용 소프트웨어가 설치되어 있는 컴퓨터의 사용이 편하기는 하지만, 시험 중에는 사용할 수 없으므로 이러한 도구에 너무 의존하지 않는 것이 좋다.

'전산 역학'이라는 제목의 절은 프로그래밍이 가능한 계산기나 컴퓨터로 문제를 풀기에 적당한 예제들과 문제들을 포함하고 있다.

공학에의 적용

이 책에 있는 문제들은 본래 역학을 배우는 데 도움을 주기 위해 만들어졌지만, 많은 문제들이 공학에서 역학이 어떻게 사용되는지에 대한 예를 보여준다. "설계 예제"라는 제목의 예제는 여러 공학분야에서 역학이 어떻게 적용되는지를 기술한다.

또한 공학의 다음 두 가지 필수적인 관점을 강조하는 문제들도 포함되어 있다:

- 설계(Design). 일부 문제들은 설계 기준을 만족할 수 있도록 매개변수 값을 선택하기를 요구한다.
- 안전성(Safety). 일부 문제들은 장치의 안전성을 평가하고 기술된 안전성 요구조건을 만족하도록 매개변수 값을 선택하기를 요구한다.

이 교재의 이후 사용

이 책은 후속 공학과목과 공학분야에 종사하는 동안 유용하게 사용할 수 있는 표와 정보를 포함하고 있다. 또한 나머지 정규교육 기간 동안 또는 실제 엔지니어로 활동할 때 기본적인 공학과목들을 다시 보고 싶을 때가 종종 있을 것이다. 이 경우 가장 효과적인 방법은 자신에게 가장 익숙한 교재를 사용하는 것이다. 자신이 사용한 공학교재들은 자신의 전문분야 자료 중에서 핵심이 될 것이다.

1.3 기본 개념

역학에 관한 일부 내용은 일상 경험이나 물리과목에서 이미 접하여 익숙할 것이다. 이 절에서는 간단하게 기본 역학의 기초에 대해 복습하기로 한다.

수

공학적인 측정량과 계산 값, 결과는 숫자(number)로 표현된다. 예제와 문제에서 숫자가 어떻게 표현되는지, 계산한 결과는 어떻게 표현해야 하는지를 알아보도록 하자.

유효숫자 이 용어는 수에서 의미가 있는(즉, 정확한) 자리의 수를 말하며, 0이 아닌 첫 번째 자리부터 오른쪽으로 세어나간다. 두 숫자 7.630과 0.007630은 각각 4개의 유효숫자(significant digit)까지 나타낸 것이다. 수 7,630,000에서 첫 네 자릿수만 정확한 것으로 알려져 있다면, 7.630×10^6과 같이 유효숫자 표기법(scientific notation)으로 수를 나타냄으로써 이러한 유효숫자 정보를 표시할 수 있다.

어떤 수가 측정 결과라면, 이 수가 포함하고 있는 유효숫자는 측정 정확도에 의해 제약을 받는다. 만일 측정 결과가 2.43으로 기술되었다면, 이것은 실제 값이 2.42나 2.44보다는 2.43에 더 가까운 것으로 여겨진다는 것을 의미한다.

수는 유효숫자의 어떤 자릿수까지 반올림을 할 수 있다. 예를 들어 π의 값을 유효숫자 세 자리까지 표현하면 3.14이며, 여섯 자리까지 표현하면 3.14159가 된다. 계산기나 컴퓨터를 사용할 때 유효숫자의 수는 해당 장치가 다룰 수 있는 자릿수에 의해 제한된다.

이 책에서의 수의 사용 문제를 풀 때 문제에서 주어진 수들은 참값으로 간주하고, 유효숫자가 얼마인지에 대해서는 신경을 쓰지 않도록 한다. 문제에서 어떤 양이 32.2라고 하면, 이 값은 32.200 . . . 으로 간주될 수 있다. 이 책에서는 예제에서의 중간 결과와 답 그리고 문제에 대한 답을 최소한 유효숫자 세 자리까지 나타내었다. 계산기를 사용해서 계산을 하는 경우에도 같은 정확도로 결과를 구해야 한다. 연속적으로 이어지는 계산을 할 때 중간 계산 결과를 반올림함으로써 생기는 반올림 오차는 반드시 피해야 한다. 오히려 계산기의 중간 계산 값을 그대로 사용함으로써 가능한 한 많은 정확도를 가지고 계산을 해나가는 것이 바람직하다.

공간과 시간

공간은 단순히 우리가 살고 있는 3차원 세계를 나타낸다. 우리는 일상적인 경험으로부터 공간과 공간에서 점들이 자리잡고 있는 곳, 즉 위치를 직관적으로 인식한다. 공간에 있는 두 점 사이의 거리는 두 점을 잇는 직선의 길이이다.

공간에서 점들 사이의 거리를 측정하려면 길이의 단위가 필요하다. 미국에서는 국제단위계(International System of units), 즉 SI 단위와 미국 상용단위(U.S. Customary units)를 모두 사용한다. SI 단위에서 길이 단위는 미터(m)이며, 미국 상용단위에서는 피트(ft)이다.

시간은 우리 생활을 재는 척도이므로 당연히 익숙한 단위이다. 매일 반복되는 빛과 어둠, 일반 시계와 손목시계로 측정하는 시간과 분, 초는 시간을 직감적으로 알게 한다. 시간은 시계추의 흔들림이나 시계에 들어 있는 수정 진동자의 진동과 같은 반복적인 현상들 사이의 간격에 의해 측정된다. SI 단위와 미국 상용단위에서 시간의 단위는 모두 초(s)이다. 분(min), 시간(h), 일(day)도 자주 사용된다.

만일 공간 상의 한 점의 위치가 어떤 기준점에 대해 시간에 따라 변한다면, 이 점의 위치 변화율을 속도(velocity)라고 하며, 이 점의 속도 변화율을 가속도(acceleration)라고 한다. SI 단위에서 속도는 m/s로 표시되며, 가속도는 m/s^2으로 표시된다. 미국 상용단위에서 속도는 ft/s로, 가속도는 ft/s^2으로 표시된다.

Newton의 법칙

기본 역학은 Isaac Newton이 1687년에 출간한 **자연철학의 수학적 원리**(Philosophiae Naturalis Principia Mathematica)에 의해 확고한 바탕 위에 확립되었다. 이 내용은 매우 독창적인 것은 사실이나, 인정받기까지 고군분투하고 오랜 세월에 걸쳐 많은 사람들이 발전시켜 온 기본 개념들을 토대로 하여 만들어졌다(그림 1.1).

Newton은 세 가지 운동의 “법칙(law)”을 기술하였는데, 현대적인 용어로 표현하면 다음과 같다:

1. 질점에 작용하는 힘들의 합이 0일 때, 질점의 속도는 일정하다. 특히 질점이 처음에 정지상태에 있었다면 질점은 정지상태로 계속 유지된다.

2. 질점에 작용하는 힘들의 합이 0이 아닐 때, 힘들의 합은 질점의 선형운동량(linear momentum)의 변화율과 같다. 만일 질량이 일정하다면, 힘들의 합은 질점의 질량과 가속도를 곱한 값과 같다.

3. 두 질점이 서로에게 가하는 힘은 크기가 같고 방향은 반대이다.

힘과 질량을 정의하지 않고 Newton의 법칙을 기술하였는데, 현대적인 관점에서 이들 두 용어는 제2법칙에 의해 정의된다. 설명을 위해 임의의 물체를 선택하고 이 물체가 단위 질량을 갖는다고 가정해 보자. 이 단위 질량에 작용해서 단위 크기의 가속도를 일으키는 힘을 단위 힘이라고 정의한다. 그렇다면 원칙적으로 어떤 물체이든지 질량을 결정할 수 있다. 즉, 물체에 단위 힘을 가하고 이로 인해 발생한 가속도를 측정한 후, 제2법칙을 이용하여 질량을 구하면 된다. 마찬가지로 어떠한 힘의 크기도 결정할 수가 있다. 즉, 단위 질

역사적 사건	연대	역학의 발전
펠로폰네소스 전쟁	400 B.C.	아리스토텔레스: 지렛대의 정역학, 동역학에 대한 고찰 아르키메데스: 지렛대의 정역학, 질량중심, 부력
브리튼(Britain)의 로마 침략	0	알렉산드리아의 헤로(Hero): 지렛대와 풀리의 정역학 파푸스(Pappus): 질량중심의 정확한 정의
	A.D. 400	필로포누스(John Philoponus): 관성의 개념
샤를마뉴(Charlemagne)의 대관식	800	
브리튼의 노르만 정복		
대헌장(Magna Carta) 서명	1200	
유럽에서의 림프절형 페스트(Bubonic Plague)의 창궐		조르다누스(Jordanus of Nemore): 평형의 안정성 작센의 알베르트(Albert of Saxony): 각속도 니콜 오렘(Nicole d'Oresme): 도식적 기구학, 좌표 헤이테스베리(William Heytesbury): 각속도의 개념
	1400	
구텐베르그 성서(Gutenberg Bible)의 인쇄		
콜럼버스(Columbus)의 항해		코페르니쿠스(Nicolaus Copernicus): 태양계의 개념 도미닉 드 소토(Dominic de Soto): 낙하물의 기구학 티코 브라헤(Tycho Brahe): 행성 운동의 관측
제임스타운 식민지의 설립	1600	
Pilgrim(미국으로 이주하여 식민지를 개척한 청교도)의 매사추세츠 도착		스티븐(Simon Stevin): 가상일의 원리 케플러(Johannes Kepler): 행성 운동의 기하학과 기구학 갈릴레오(Galileo Galilei): 정역학과 동역학에서의 실험과 해석, 투사체의 운동 데카르트(René Descartes): 직각좌표계
하버드 대학교의 설립		토리첼리(Evangelista Torricelli): 유체역학에 관한 실험 파스칼(Blaise Pascal): 유체 정역학 해석
	1650	
캐롤라이나의 정착		
영국 왕 찰스 2세가 윌리엄 펜에게 펜실베니아를 하사함		월리스(John Wallis), 렌(Christopher Wren), 호이겐스(Christiaan Huyghens): 물체 사이의 충돌
Salem(미국 매사추세츠주의 도시)의 마녀 재판	1700	뉴턴(Isaac Newton): 질량 개념, 운동 법칙, 만유인력의 공리(postulate), 행성 운동의 해석

그림 1.1
Newton이 프린키피아(Principia)를 출판하기까지 역학의 발전 과정을 다른 역사적 사건과 관련하여 나타낸 연대기.

량에 힘을 가하고 발생한 가속도를 측정한 후, 제2법칙을 이용하여 가한 힘을 구한다.

따라서 Newton의 제2법칙은 질량과 힘이라는 용어에 정확한 의미를 제공한다. SI 단위에서 질량의 단위는 킬로그램(kg)이다. 힘의 단위는 뉴턴(N)으로, 1 kg의 질량이 1 m/s^{2}의 가속도를 갖는 데 필요한 힘이다. 미국 상용단위에서 힘의 단위는 파운드(lb)이다. 질량의 단위는 슬러그(slug)로서 1 lb의 힘에 의해 1 ft/s^{2}의 가속도로 가속되는 질량의 양이다.

이 책에서 논의할 결과들이 실제 공학분야에서 접하는 많은 문제들에 적용할 수 있지만, Newton 법칙의 타당성에는 한계가 있다. 예를 들어 문제에 포함된 속도가 빛의 속도(3×10^8 m/s)에 비해 작지 않다면, Newton의 법칙으로는 정확한 결과를 얻을 수 없다. 이러한 문제들에는 Einstein의 특수 상대성 원리가 적용된다. 원자에 비해 크기가 크지 않은 물체를 다루는 문제의 경우에도 마찬가지이다. 원자 규모의 현상을 다룰 때는 양자역학(quantum mechanics)을 사용해야 한다.

연구 문제

1. 수의 유효숫자의 정의는 무엇인가?
2. SI 단위계에서 길이와 질량, 힘의 단위는 무엇인가?

1.4 단위

SI 단위계는 세계적으로 거의 표준화되어 있다. 미국에서는 미국 상용단위계가 함께 사용되고 있다. 이 절에서는 이 두 단위계를 정리하고, 두 단위계의 상호 변환 방법에 대해 설명한다.

국제단위계

SI 단위계에서 길이는 미터(m)로, 질량은 킬로그램(kg)으로 측정된다. 시간은 초(s)로 측정되며, 편의에 따라 분(min)이나 시간(h) 또는 일(day)도 사용된다. 미터와 킬로그램, 초를 SI 단위계의 기본단위(base unit)라고 한다. 힘은 뉴턴(N)으로 측정된다. 이 단위들은 Newton의 제2법칙에 의해 관계된다. 즉, 1 N은 1 kg의 질량을 가진 물체에 1 m/s^{2}의 가속도를 일으키는 데 필요한 힘이다. 즉,

$$1\text{ N} = (1\text{ kg})(1\text{ m/s}^2) = 1\text{ kg-m/s}^2$$

이다. 뉴턴(N)은 기본단위들에 의해 나타낼 수 있으므로 유도단위(derived unit)라고 한다.

편리한 크기로 양을 표시하기 위해 단위가 큰 경우에는 단위에 접두사를 사용한다. 가장 흔하게 사용되는 접두사, 약어 및 배수를 표 1.1에 나타내었다. 예를 들어 1 km는 1킬로미터로서 1000 m이며, 1 Mg은 1메가그램으로 10^6 g, 즉 1000 kg이다. 종종 킬로뉴턴(kN)을 사용하기도 한다.

표 1.1 SI 단위에서 일반적으로 사용되는 접두사와 이들이 의미하는 배수.

접두사	약어	배수
nano-	n	10^{-9}
micro-	μ	10^{-6}
milli-	m	10^{-3}
kilo-	k	10^3
mega-	M	10^6
giga-	G	10^9

미국 상용단위계

미국 상용단위계에서 길이는 피트(ft)로 측정되며, 힘은 파운드(lb)로 측정된다. 그리고 시간은 초(s)로 측정된다. 이 단위들은 미국 상용단위계의 기본단위이다. 이 단위계에서 질량은 유도단위이다. 질량단위는 슬러그(slug)로서 1 파운드의 힘에 의해 1 ft/s^{2}의 가속도를 갖게 되는 물질 질량이다. Newton의 제2법칙에 따라

$$1 \text{ lb} = (1 \text{ slug})(1 \text{ ft/s}^2)$$

이며, 이 표현으로부터 1 slug는 다음과 같다:

$$1 \text{ slug} = 1 \text{ lb-s}^2/\text{ft}$$

마일(1 mi = 5280 ft)이나 인치(1 ft = 12 in)와 같은 다른 미국 상용단위도 사용한다. 또 1000 lb에 해당하는 킬로파운드(kip)도 사용한다.

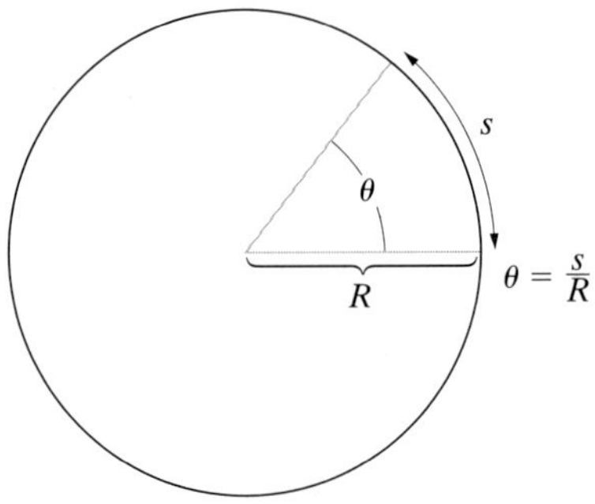

그림 1.2
라디안에 의한 각의 정의.

각 단위

각(angle)은 보통 SI 단위와 미국 상용단위 모두에서 라디안(rad)으로 표현된다. 그림 1.2에 각 θ의 값을 라디안으로 나타내었다. 라디안은 θ에 대응하는 호의 길이를 원의 반경으로 나눈 비로 정의된다. 각은 도(degree)로도 표현된다. 원의 한 바퀴는 360°이고, 원주의 길이는 $2\pi R$이므로, 360°는 2π rad과 같다.

각이 포함된 식은 각이 라디안으로 표시되어 있다는 전제 하에 유도된 것이 거의 대부분이다. 따라서 도(degree)로 표시된 각을 식에 대입하려고 하는 경우 먼저 라디안으로 변환해야 한다. sinθ와 같은 함수를 계산할 때 각을 도(degree)나 라디안으로 입력해도 상관없게 설계되어 있는 계산기는 예외적인 경우이다.

단위의 변환

어떤 단위계의 단위로 표시된 값들을 다른 단위계로 변환해야 하는 경우가 공학 현장에서 자주 일어난다. 예를 들어 방정식에 사용될 데이터 중에서 일부는 SI 단위계로 주어지고 또 다른 일부는 미국 상용단위계로 주어진다면, 이 데이터들을 방정식에 대입하기 전에 모두 한 단위계로 나타내야 한다. 단위 변환은 간단하지만 주의를 기울여야 한다.

1 mi/h를 ft/s로 나타내고자 한다면, 1 마일이 5280 ft이고 1시간이 3600초와 같으므로 다음 두 표현

$$\left(\frac{5280 \text{ ft}}{1 \text{ mi}}\right) \quad 와 \quad \left(\frac{1 \text{ h}}{3600 \text{ s}}\right)$$

를 값이 1인 비(ratio)로 취급할 수 있다. 이것을 이용해서

$$1 \text{ mi/h} = (1 \text{ mi/h})\left(\frac{5280 \text{ ft}}{1 \text{ mi}}\right)\left(\frac{1 \text{ h}}{3600 \text{ s}}\right) = 1.47 \text{ ft/s}$$

를 얻을 수 있다. 표 1.2에 몇 가지 유용한 단위 변환을 나타내었다.

표 1.2 단위 변환.

시간	1 minute	=	60 seconds
	1 hour	=	60 minutes
	1 day	=	24 hours
길이	1 foot	=	12 inches
	1 mile	=	5280 feet
	1 inch	=	25.4 millimeters
	1 foot	=	0.3048 meters
각도	2π radians	=	360 degrees
질량	1 slug	=	14.59 kilograms
힘	1 pound	=	4.48 newtons

연구 문제

1. SI와 미국 상용단위계의 기본단위들은 무엇인가?

2. 라디안에 의한 각의 정의는 무엇인가?

예제 1.1 압력단위의 변환

그림 1.3의 심해 잠수정에서 선체의 한 점에 가해지는 압력이 3.00×10^6 Pa(Pascals)이다. 1 Pascal은 제곱미터당 1뉴턴이다. 압력을 제곱피트당 파운드로 나타내어라.

그림 1.3
심해 잠수정.

| 전략 |

표 1.2로부터, 1 lb = 4.448 N이고 1 ft = 0.3048 m이다. 이 단위 변환을 이용하여 압력을 제곱피트당 파운드 단위로 계산할 수 있다.

| 풀이 |

압력(유효숫자 세 자리까지)은 다음과 같다:

$$3.00 \times 10^6\ \text{N/m}^2 = (3.00 \times 10^6\ \text{N/m}^2)\left(\frac{1\ \text{lb}}{4.448\ \text{N}}\right)\left(\frac{0.3048\ \text{m}}{1\ \text{ft}}\right)^2$$
$$= 62{,}700\ \text{lb/ft}^2$$

| 비판적 사고(Critical Thinking) |

좀 더 직접적인 방법으로 이 결과를 얻을 수도 있다. 이 책 겉표지 안쪽에 있는 단위 변환표로부터 1 Pa = 0.0209 lb/ft^{2}을 이용하면,

$$3.00 \times 10^6\ \text{N/m}^2 = (3.00 \times 10^6\ \text{N/m}^2)\left(\frac{0.0209\ \text{lb/ft}^2}{1\ \text{N/m}^2}\right)$$
$$= 62{,}700\ \text{lb/ft}^2$$

이다.

예제 1.2 방정식의 단위 결정하기

아인슈타인 방정식

$$E = mc^2$$

에서 질량 m은 kg으로, 빛의 속도 c는 m/s로 주어진다고 가정하자.

(a) E의 SI 단위는 무엇인가?

(b) E의 값이 SI 단위로 20이면, 미국 상용단위로는 얼마인가?

‖ 전략 ‖

(a) m과 c의 단위를 알고 있으므로 주어진 식으로부터 E의 단위를 이끌어낼 수 있다.

(b) 표 1.2의 질량과 길이에 대한 단위 변환을 이용하여 E의 값을 SI 단위에서 미국 상용단위로 변환할 수 있다.

‖ 풀이 ‖

(a) E에 대한 식으로부터

$$E = (m\ \text{kg})(c\ \text{m/s})^2$$

이므로 E의 SI 단위는 kg-m^2/s^{2}이다.

(b) 표 1.2로부터 1slug = 14.59 kg이며, 1ft = 0.3048 m이다. 따라서

$$1\ \text{kg-m}^2/\text{s}^2 = (1\ \text{kg-m}^2/\text{s}^2)\left(\frac{1\ \text{slug}}{14.59\ \text{kg}}\right)\left(\frac{1\ \text{ft}}{0.3048\ \text{m}}\right)^2$$
$$= 0.738\ \text{slug-ft}^2/\text{s}^2$$

이며, 미국 상용단위계로 E의 값은 다음과 같다:

$$E = (20)(0.738) = 14.8\ \text{slug-ft}^2/\text{s}^2$$

‖ 비판적 사고 ‖

(a)에서, mc^2의 단위를 결정함으로써 E의 단위를 결정할 수 있다는 것을 어떻게 알았는가? 방정식에서 각 항의 차원, 즉 단위는 반드시 동일해야 한다. 예를 들어 식 $a + b = c$에서 각 항 a와 b, c의 차원은 반드시 같아야 한다. 이때 식이 **차원적으로 동질이다**(dimensionally homogeneous)라고 말한다. 이 조건은 "사과와 오렌지를 비교하지 말라(Don't compare apples and oranges)"는 문구로 잘 표현된다.

연습문제

1.1 분수 $\frac{1}{3}$과 $\frac{2}{3}$의 값을 유효숫자 세 자리까지 나타내어라?

1.2 자연 로그의 밑(base)은 $e = 2.718281828...$이다.

(a) e를 유효숫자 다섯 자리까지 나타내어라.

(b) e^2의 값을 유효숫자 다섯 자리까지 나타내어라.

(c) 위의 (a)에서 얻은 e의 값을 사용하여 e^2의 값을 유효숫자 다섯 자리까지 구하라.

[문제 (c)는 계산에서 반올림 값을 사용할 때의 위험성을 보여준다.]

1.3 기능공이 판에 반경 $r = 5$ mm의 원 구멍을 뚫고 있다. 구멍의 원주 C와 면적 A를 유효숫자 네 자리까지 구하라.

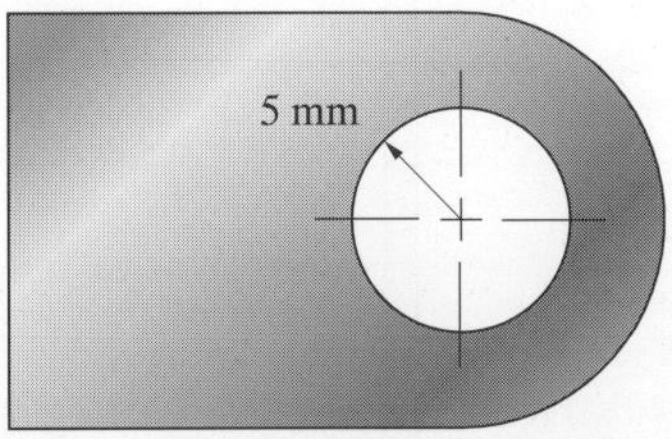

문제 1.3

1.4 축구 골대의 전면 크기는 폭이 24 ft, 높이가 8 ft이다. 골대의 이 두 치수를 유효숫자 세 자리까지 미터로 나타내어라.

문제 1.4

1.5 점 A의 좌표(미터 단위)가 $x_A = 3$, $y_A = 7$이고, 점 B의 좌표가 $x_B = 10$, $y_B = 2$이다. A에서 B까지의 직선의 길이를 유효숫자 세 자리까지 구하라.

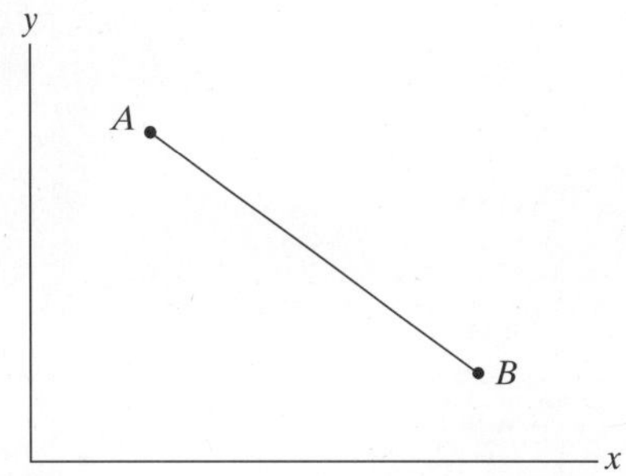

문제 1.5

1.6 페라리(Ferrari) F355 쿠페를 구입한 직후, 가지고 있던 SAE(미국 상용단위) 렌치세트를 이 차에 사용할 수 있는지 알아보려고 한다. 가지고 있는 렌치세트의 폭은 각각 w = 1/4 in, 1/2 in, 3/4 in, 1 in이며, 차의 너트들의 치수는 각각 n = 5 mm, 10 mm, 15 mm, 20 mm, 25 mm이다. w가 n보다 2% 이상 크지 않다면 렌치가 너트에 맞는 것으로 정의할 때, 가지고 있는 렌치들 중에서 사용할 수 있는 렌치는 어느 것인가?

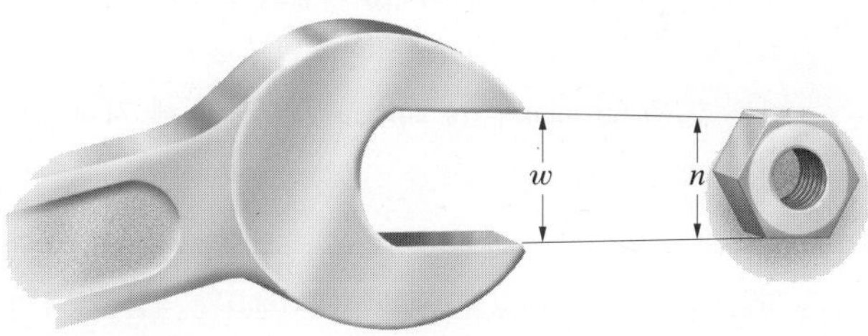

문제 1.6

1.7 1974년 8월 20일, Nolan Ryan은 첫 번째 투구에서 측정 구속이 100 mi/h를 넘는 공을 던졌다. 측정 속도는 100.9 mi/h이었다. 이 투구 속도를 (a) ft/s 단위와 (b) km/h 단위로 각각 유효숫자 네 자리까지 계산하라.

1.8 1999년 3월 18일, 일본에서 Maglev(magnetic levitation) 실험열차가 552 km/h의 최고속도에 도달하였다. 이 속도를 mi/h로 유효숫자 세 자리까지 구하라.

문제 1.8

1.9 1963년 5월, Mercury 프로젝트(역주: 미국의 초기 유인 우주비행 계획)의 마지막 비행에서 Gordon Cooper는 1일 10시간 19분 49초 동안 546,167마일의 거리를 비행하였다. 이 비행의 평균속도(비행한 거리를 소요된 시간으로 나눈 값)를 (a) mi/h와 (b) km/h로 유효숫자 세 자리까지 각각 계산하라.

1.10 충격파를 연구하는 엔지니어들은 속도를 mm/μs로 표시하는 경우가 가끔 있다. 파면(wavefront)의 속도를 측정한 결과 5 mm/μs로 결정되었다고 가정하자. 이 속도를 (a) m/s와 (b) mi/s로 각각 구하라.

1.11 질량이 m인 입자의 운동에너지는 이 입자의 속도 크기가 v일 때 $\frac{1}{2}mv^2$으로 정의된다. 만일 m이 kg이고 v가 m/s일 때 주어진 시각에서 입자의 운동에너지 값이 200이라면, m이 slug이고 v가 ft/s일 때 운동에너지 값은 얼마가 되겠는가?

1.12 해수면에서 중력가속도는 SI 단위로 $g = 9.81$ m/s^{2}이다. 이 값을 사용하여 단위 변환에 의해 해수면에서의 중력가속도를 미국 상용단위로 나타내어라.

1.13 2주일당 1펄롱의 속도(furlong per fortnight)는 익살맞은 표현의 속도단위로서, 아마 엔지니어들이 다루어야 할 황당할 정도의 다양한 단위들에 대한 풍자적인 표현으로 한 학생에 의해 만들어진 것 같다. 1 furlong은 660 ft (1/8 mile)이다. 1 fortnight은 2주일(14일 밤)이다. 만일 2 m/s의 속도로 걸어서 수업에 간다면, 이 속도를 furlong per fortnight 단위로 유효숫자 세 자리까지 나타내면 얼마인가?

1.14 어떤 빔(beam)의 단면적이 480 in^{2}이다. 이 단면적을 m^{2}으로 나타내면 얼마인가?

1.15 C12×30 미국표준 C자형 철제빔의 단면적은 $A = 8.81$ in^{2}이다. 이 단면적을 mm^{2}으로 나타내어라.

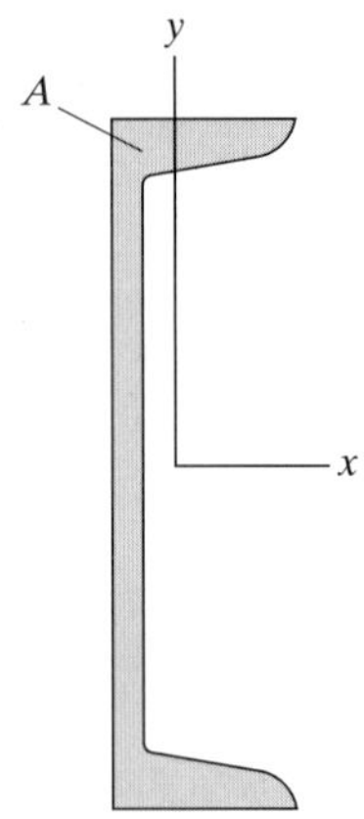

문제 1.15

1.16 압력변환기가 측정한 값이 300 lb/in^{2}이다. 이 압력 값을 파스칼로 나타내어라. 1파스칼(Pa)은 1 N/m^{2}이다.

1.17 1마력(horsepower)은 550 ft-lb/s이고, 1와트(watt)는 1 N-m/s이다. (a) 12마력 엔진을 가진 1903년 라이트 형제의 비행기와 (b) 순항 속도에서 100,000마력의 동력을 가진 현대식 제트 여객기 엔진에 의해 발생되는 와트 수를 각각 구하라.

문제 1.17

1.18 만유인력상수 G는 SI 단위로 $G = 6.67 \times 10^{-11}$ N-m²/kg² 이다. G의 값을 미국 상용 기본단위로 나타내어라.

1.19 x축에 대한 직사각형 면적의 관성모멘트는 식

$$I = \frac{1}{3}bh^3$$

으로 주어진다. 면적의 크기는 $b = 200$ mm, $h = 100$ mm 이다. I의 값을 (a) mm^4, (b) m^4, (c) in^{4}의 단위로 각각 유효숫자 네 자리까지 구하라.

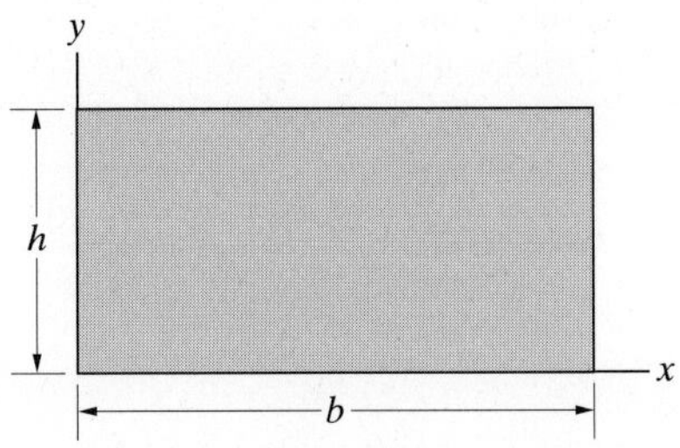

문제 1.19

1.20 다음 식

$$T = \frac{1}{2}I\omega^2$$

에서 I는 kg-m^2, ω는 s^{-1}이다.

(a) T의 SI 단위는 무엇인가?

(b) 만일 I가 kg-m^2, ω가 s^{-1}로 주어질 때 T의 값이 100 이라면, 미국 상용 기본단위로 T를 나타낼 때 T의 값은 얼마가 되겠는가?

1.21 보(beam)의 수직 응력(normal stress)을 결정하기 위해 재료역학에서 사용하는 식은

$$\sigma = \frac{My}{I}$$

이다.

(a) 이 식을 SI 기본단위로 표현하면, M은 N-m, y는 m, I는 m^{4}이다. σ의 SI 단위는 무엇인가?

(b) 만일 $M = 2000$ N-m, $y = 0.1$ m, $I = 7 \times 10^{-5}$ m^{4}이면, 미국 상용단위로 σ의 값은 얼마가 되겠는가?

1.5 Newton의 만유인력

Newton은 거리 r만큼 떨어져 있는 질량 m_1, m_2의 두 질점 사이의 인력(gravitational force)은

$$F = \frac{Gm_1m_2}{r^2} \tag{1.1}$$

라고 가정하였다. 여기서 G는 만유인력상수(universal gravitational constant)라고 한다. 이 가정에 근거하여, Newton은 질량이 m_1인 질점과 질량이 m_2인 균질구(homogeneous sphere) 사이의 인력을 계산하였으며, 이 인력 역시 r이 균질구의 중심과 질점 사이의 거리를 나타낸다면 식 (1.1)로 주어짐을 발견하였다. 지구가 균질구는 아니지만, 이 결과를 이용하여 지구 중력에 의한 질량 m의 물체 무게를 근사적으로 구할 수 있다:

$$W = \frac{Gmm_E}{r^2} \tag{1.2}$$

여기서 m_E는 지구의 질량이며, r은 지구중심에서 물체까지의 거리이다. 물체의 무게는 지구중심에 대한 물체의 위치에 따라 좌우되나, 물체의 질량은 물체가 포함하고 있는 물질(matter)의 양에 대한 척도이므로 물체의 위치에 좌우되지 않는다는 점을 유의해야 한다.

물체에 작용하는 유일한 힘이 자체 무게뿐일 때, 무게로 인해 얻어지는 가속도를 중력가속도라고 한다. 이 경우, Newton의 제2법칙에 따라 $W = ma$이며, 식 (1.2)로부터 중력가속도는

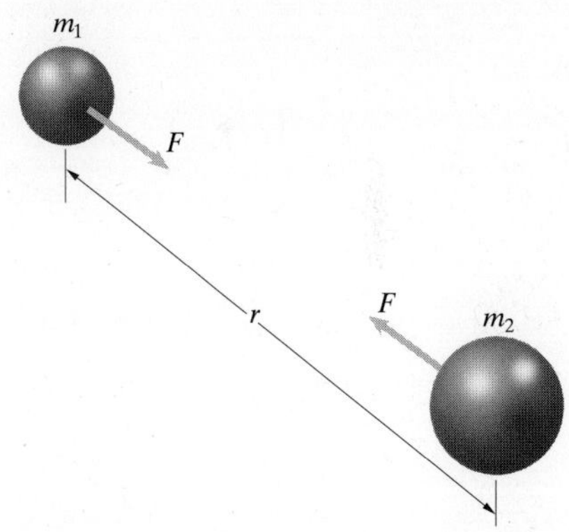

그림 1.4
두 질점 사이의 인력은 크기가 같으며 두 질점을 잇는 선을 따라 작용한다.

$$a = \frac{Gm_E}{r^2} \tag{1.3}$$

임을 알 수 있다.

해수면 높이(sea level)에서의 중력가속도는 g로 표시된다. 지구 반경을 R_E로 표시하면, 식 (1.3)으로부터 $Gm_E = gR_E^2$임을 알 수 있다. 이 결과를 식 (1.3)에 대입하면, 지구중심으로부터 거리 r에서의 중력가속도를 다음과 같이 해수면에서의 중력가속도로 나타낼 수 있다:

$$a = g\frac{R_E^2}{r^2} \tag{1.4}$$

물체의 무게는 $W = ma$이므로 지구중심으로부터 거리가 r인 지점에서 물체의 무게는

$$W = mg\frac{R_E^2}{r^2} \tag{1.5}$$

이다. 해수면 높이에서 물체의 무게는 질량에 의해 다음의 간단한 식으로 주어진다:

$$W = mg \tag{1.6}$$

g의 값은 지구 표면 상의 위치에 따라 변한다. 이 책의 예제와 문제에서 사용하는 값은 SI 단위계인 경우 $g = 9.81\ \text{m/s}^2$이며, 미국 상용단위계인 경우 $g = 32.2\ \text{ft/s}^2$이다.

연구 문제

1. 물체의 무게는 물체의 위치에 따라 달라지는가?

2. 만일 물체의 질량을 안다면, 해수면 높이에서의 물체의 무게는 어떻게 구하는가?

예제 1.3 물체의 무게 구하기

화성탐사선(Mars Exploration Rover)이 완전히 조립되었을 때, 이 탐사선의 질량은 180 kg이었다. 화성 표면에서 중력에 의한 가속도는 3.68 m/s^{2}이며 화성의 반경은 3390 km이다.

(a) 화성탐사선이 지구의 해수면 높이에 있을 때 무게는 얼마인가?

(b) 탐사선이 화성 표면에 있을 때 무게는 얼마인가?

(c) 우주선이 화성중심으로부터 3522 km의 화성 대기권 진입 경계에 도달할 때 진입단계가 시작된다. 이 점에서의 탐사선의 무게는 얼마인가?

그림 1.5
조립되고 있는 화성탐사선.

| 전략 |

탐사선의 지구 해수면 높이에서의 무게는 $g = 9.81\ \text{m/s}^2$과 식 (1.6)에 의해 구할 수 있다.

화성 표면에서의 무게는 중력에 의한 가속도를 $3.68\ \text{m/s}^2$으로 하여 식 (1.6)으로 구할 수 있다.

탐사선이 진입단계를 시작할 때 탐사선의 무게를 구하기 위해 식 (1.5)와 같은 식을 화성에 대해 나타낼 수 있다.

| 풀이 |

(a) 지구의 해수면 높이에서의 무게는 다음과 같다:

$$
\begin{aligned}
W &= mg \\
&= (180\ \text{kg})(9.81\ \text{m/s}^2) \\
&= 1770\ \text{N}\ (397\ \text{lb})
\end{aligned}
$$

(b) 화성 표면에서 중력에 의한 가속도를 $g_M = 3.68\ m/s^2$이라고 하자. 그러면 화성 표면에서 탐사선의 무게는 다음과 같다:

$$
\begin{aligned}
W &= mg_M \\
&= (180\ kg)(3.68\ m/s^2) \\
&= 662\ N\ (149\ lb)
\end{aligned}
$$

(c) 화성의 반경을 $R_M = 3390$ km라고 하자. 식 (1.5)로부터, 탐사선이 화성중심으로부터 3522 km 위치에 있을 때 탐사선의 무게는 다음과 같다:

$$
\begin{aligned}
W &= mg_M \frac{R_M^2}{r^2} \\
&= (180\ kg)(3.68\ m/s^2)\frac{(3{,}390{,}000\ m)^2}{(3{,}522{,}000\ m)^2} \\
&= 614\ N\ (138\ lb)
\end{aligned}
$$

비판적 사고

(c)에서, 식 (1.5)를 화성에 적용할 수 있다는 것을 어떻게 알았는가? 식 (1.5)는 지구를 균질구(homogeneous sphere)로 모델링한 것에 근거하여 지구에 적용된다. 이 식은 같은 가정 하에 다른 천체의 물체에도 적용될 수 있다. 결과의 정확도는 물체가 비구면(aspherics)과 비균질(inhomogeneity)에 가까운 정도에 따라 좌우된다.

연습문제

1.22 해수면 높이에서의 내 몸무게를 파운드로 W라고 하자.
(a) Newton 단위로는 얼마인가?
(b) 내 질량은 몇 kg인가?

1.23 중력에 의한 가속도는 달 표면에서 $1.62\ m/s^2$이며 지구 표면에서는 $9.81\ m/s^2$이다. 여자 우주인의 질량이 57 kg이다. 엔지니어에 따르면, 달에서 이 우주인과 우주복, 장비의 총 무게가 180 N을 넘지 않아야 한다고 한다. 이 여자 우주인의 우주복과 장비의 허용 가능한 최대 질량은 얼마인가?

1.24 질량이 50 kg인 어떤 사람이 있다.
(a) 해수면 높이에서 중력가속도는 $g = 9.81\ m/s^2$이다. 해수면 높이에서 이 사람의 몸무게는 얼마인가?
(b) 달 표면에서의 중력가속도는 $g = 1.62\ m/s^2$이다. 달에서 이 사람의 몸무게는 얼마가 되겠는가?

1.25 해수면 높이에서 중력가속도가 $g = 9.81\ m/s^2$이다. 지구의 반경은 6370 km이며, 만유인력상수는 $G = 6.67 \times 10^{-11}\ N\text{-}m^2/kg^2$이다. 이 정보를 이용하여 지구의 질량을 구하라.

1.26 해수면 높이에서 무게가 800 N인 사람이 있다. 지구의 반경은 6372 km이다. 이 사람이 지구 표면에서 322 km 떨어진 궤도의 우주선에 탑승하고 있다면, 지구의 만유인력이 이 사람에게 가하는 힘은 얼마인가?

1.27 달 표면에서 중력가속도는 $1.62\ m/s^2$이다. 달의 반경은 $R_M = 1738$ km이다. 달 표면으로부터 1738 km 떨어진 지점에서 달의 중력가속도는 얼마인가?

전략: 식 (1.4)를 달의 중력가속도에 해당하는 식으로 고쳐 쓴다.

1.28 물체가 지구 표면 근처에 있다면, 지구중심으로부터의 거리에 따른 물체 무게의 변화는 보통 무시할 수 있다. 해수면에서 중력가속도는 $g = 9.81\ m/s^2$이다. 지구의 반

경은 6370 km이다. 물체의 질량이 m일 때 해수면에서 물체의 무게는 mg이다. 물체의 무게가 0.99 mg로 감소하려면 물체의 높이는 지구 표면으로부터 얼마가 되어야 하는가?

1.29 두 오렌지의 중심이 1 m 떨어져 있다. 각 오렌지의 질량은 0.2 kg이다. 이들이 서로에게 가하는 만유인력은 얼마인가? (만유인력상수는 $G = 6.67 \times 10^{-11}$ N-m^2/kg^{2}이다.)

1.30 지구와 달 사이의 어떤 한 점에서 지구의 중력가속도의 크기와 달의 중력가속도의 크기가 같다. 지구중심에서 이 점까지의 거리를 세 자리의 유효숫자까지 구하라. 지구중심에서 달중심까지의 거리는 383,000 km이며, 지구의 반경은 6370 km이다. 달의 반경은 1738 km이며, 달 표면에서 중력에 의한 가속도는 1.62 m/s^{2}이다.

2

질점의 운동

이 장에서는 운동을 연구한다. 운동의 원인이나 물체의 성질에 대해서는 아직은 고려하지 않는다—이 장에서의 목적은 공간에 있는 한 점의 운동을 기술하고 해석하는 것이다. 한 점의 위치와 속도, 가속도를 정의한 후에, 가장 간단한 경우인 직선을 따라 움직이는 운동을 고려할 것이다. 그 다음, 임의의 경로(path), 즉 **궤적**(trajectory)을 따라 움직이는 점의 운동이 여러 좌표계에서 어떻게 표현되고 해석되는지를 보일 것이다.

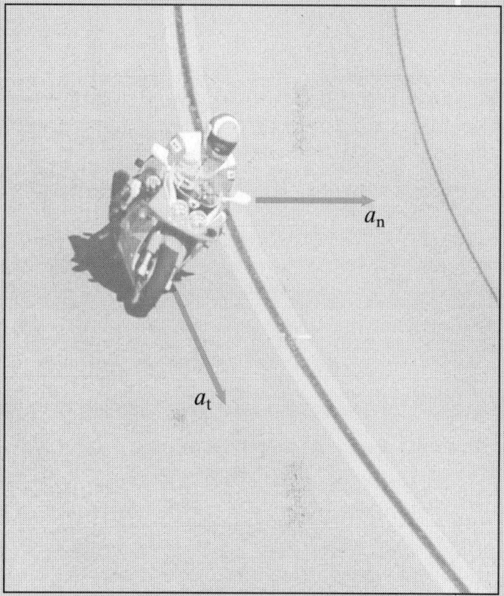

◀ 곡선 길을 주행하는 오토바이는 경로에 접선방향인 가속도 성분과 수직인 가속도 성분을 갖는다.

2.1 위치, 속도와 가속도

방에서 모임 중인 사람들을 관찰하는 경우, 사람들의 위치는 방에 대해 상대적으로 인식하게 된다. 예를 들어, 어떤 사람들은 방 뒤쪽에, 또 어떤 사람들은 방 중앙에, 이런 식으로 방에 대해 사람들의 위치를 나타낼 수 있다. 일상적인 표현으로 하면, 여기서 방은 '기준좌표계'이다. 이 개념을 정확히 하기 위해, 그림 2.1a와 같이 방의 세 벽과 각각 일직선인 세 축을 가진 직각좌표계(cartesian coordinate system)를 도입할 수 있으며, 이 좌표계의 원점에 대해 위치벡터 **r**의 성분들을 기술함으로써 어떤 사람의 위치(실제로는 사람의 질량중심과 같은 어떤 점의 위치)를 나타낼 수 있다. 이 좌표계는 방 안에 있는 물체들을 위한 편리한 기준좌표계이다. 비행기 안에 앉아 있는 경우, 비행기 내의 물체들의 위치는 비행기에 대해 상대적으로 인식할 수 있다. 비행기 내의 어떤 사람의 위치를 정확히 나타내기 위해, 비행기에 대해 고정되어 있는 직각좌표계를 도입할 수 있으며, 원점에 대한 위치벡터 **r**의 성분들을 기술함으로써 이 사람의 질량중심의 위치를 나타낼 수 있다(그림 2.1b). 기준좌표계는 어떤 점의 위치를 기술하는 데 적당한 좌표계일 뿐이다. 직각좌표계에 대해서는 이미 익숙하게 알고 있을 것이다. 이 장에서는 다른 예제들에 대해 논의할 것이며, 이 책 전체에 걸쳐 기준좌표계에 대한 논의를 계속할 것이다.

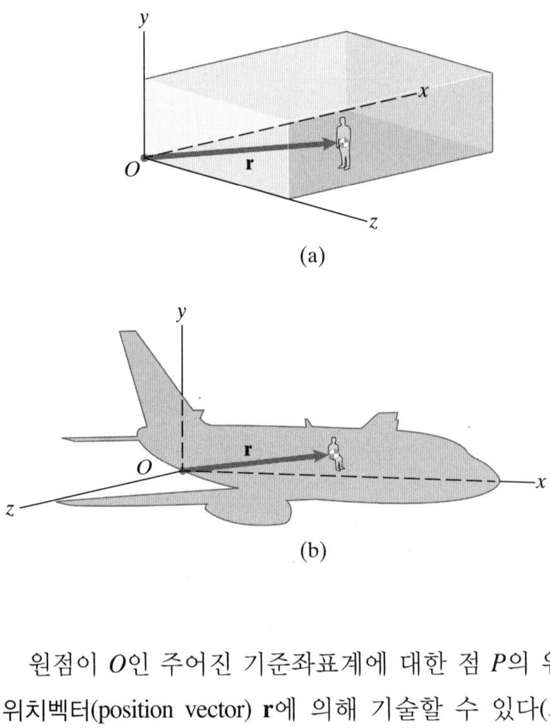

그림 2.1
다음 물체의 위치를 기술하는 데 편리한 기준좌표계:
(a) 방에 있는 물체;
(b) 비행기에 있는 물체.

원점이 O인 주어진 기준좌표계에 대한 점 P의 위치는 원점 O에서 P까지의 위치벡터(position vector) **r**에 의해 기술할 수 있다(그림 2.2a) 선택한 기준좌표계에 대해 P가 상대 운동을 하며, **r**이 시간 t의 함수라고 가정한다(그림 2.2b). 이때 **r**은 다음과 같이 나타낼 수 있다:

$$\mathbf{r} = \mathbf{r}(t)$$

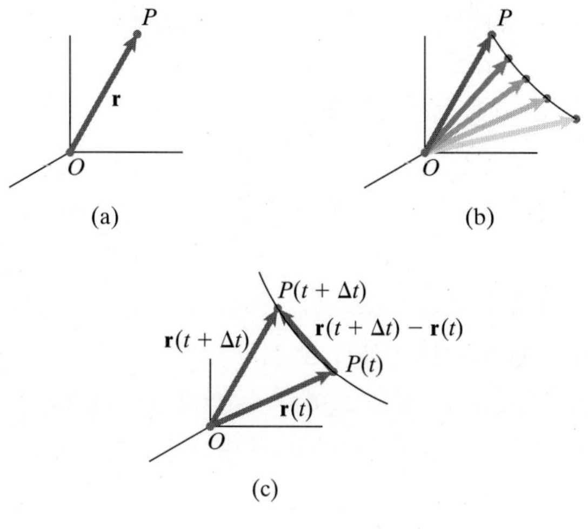

그림 2.2
P의 위치 변화.
(a) O에 대한 P의 위치벡터 $\mathbf{r}$.
(b) 기준좌표계에 대한 P의 운동.
(c) t에서 $t + \Delta t$까지 P의 위치 변화.

시간 t에서, 주어진 기준좌표계에 대한 P의 속도(velocity)는 다음 식으로 정의된다:

$$\mathbf{v} = \frac{d\mathbf{r}}{dt} = \lim_{\Delta t \to 0} \frac{\mathbf{r}(t + \Delta t) - \mathbf{r}(t)}{\Delta t} \tag{2.1}$$

여기서 벡터 $\mathbf{r}(t + \Delta t) - \mathbf{r}(t)$는 Δt 시간 동안의 P의 위치 변화, 즉 변위(displacement)이다(그림 2.2c). 따라서 속도는 P의 위치 변화율이다.

미분의 차원은 미분이 비(ratio)처럼 결정되므로, $\mathbf{v}$의 차원은 (거리)/(시간)이다. 사용하고 있는 기준좌표계가 어떤 것인지 분명한 경우가 많기 때문에, 간단하게 $\mathbf{v}$를 P의 속도라고 부른다. 그러나 한 점의 위치와 속도는 어떤 기준좌표계에 대해서만 기술될 수 있다는 점을 명심해야 한다.

식 (2.1)에서 시간에 대한 벡터의 미분이 스칼라 함수의 미분과 똑같은 방법으로 정의된 점에 주목하라. 이 결과, 벡터의 미분은 스칼라 함수 미분의 일부 성질을 갖게 된다. 이 성질 중에서 다음 두 가지를 이용한다: 두 벡터 함수 $\mathbf{u}$와 $\mathbf{w}$의 합의 시간에 대한 미분은

$$\frac{d}{dt}(\mathbf{u} + \mathbf{w}) = \frac{d\mathbf{u}}{dt} + \frac{d\mathbf{w}}{dt}$$

이며, 스칼라 함수 f와 벡터 함수 $\mathbf{u}$의 곱의 시간 미분은

$$\frac{d(f\mathbf{u})}{dt} = \frac{df}{dt}\mathbf{u} + f\frac{d\mathbf{u}}{dt}$$

이다.

시간 t에서, 주어진 기준좌표계에 대한 P의 가속도는 다음 식으로 정의된다:

$$\mathbf{a} = \frac{d\mathbf{v}}{dt} = \lim_{\Delta t \to 0} \frac{\mathbf{v}(t + \Delta t) - \mathbf{v}(t)}{\Delta t} \tag{2.2}$$

여기서 $\mathbf{v}(t + \Delta t) - \mathbf{v}(t)$는 Δt 시간 동안의 P의 속도 변화이다(그림 2.3). 가속도는 시간 t에서 P의 속도 변화율(변위의 2차 시간 미분)이며, 차원은 (거리)/(시간)^{2}이다.

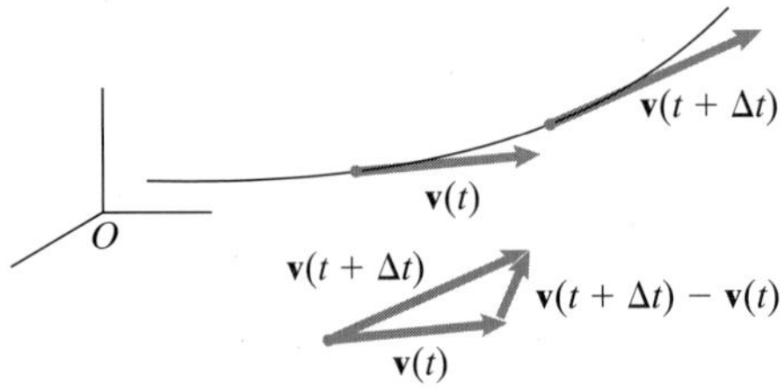

그림 2.3
t에서 $t + \Delta t$까지의 P의 속도 변화.

지금까지 기준좌표계의 원점 O에 대한 P의 속도와 가속도를 정의하였다. 주어진 기준좌표계에서 한 점의 속도와 가속도는 어떠한 고정점에 대해서도 같은 값을 갖는다는 것을 보여줄 수 있다. O'를 임의의 고정점이라 하고, $\mathbf{r}'$를 O'에서 P까지의 위치벡터라고 하자(그림 2.4a). O'에 대한 P의 속도는 $\mathbf{v}' = d\mathbf{r}/dt$이며, 원점 O에 대한 P의 속도는 $\mathbf{v} = d\mathbf{r}/dt$이다. 이제 $\mathbf{v}' = \mathbf{v}$임을 보여주기만 하면 된다. O에서 O'까지의 벡터를 $\mathbf{R}$이라고 하면(그림 2.4b),

$$\mathbf{r}' = \mathbf{r} - \mathbf{R}$$

이다. 벡터 $\mathbf{R}$은 일정하므로, O'에 대한 P의 속도는

$$\mathbf{v}' = \frac{d\mathbf{r}'}{dt} = \frac{d\mathbf{r}}{dt} - \frac{d\mathbf{R}}{dt} = \frac{d\mathbf{r}}{dt} = \mathbf{v}$$

이다. O'에 대한 P의 가속도는 $\mathbf{a}' = d\mathbf{v}'/dt$이며, O에 대한 P의 가속도는 $\mathbf{a} = d\mathbf{v}/dt$이다. $\mathbf{v}' = \mathbf{v}$이므로 $\mathbf{a}' = \mathbf{a}$이다. 주어진 기준좌표계에 대한 한 점 P의 속도와 가속도는 P의 위치를 나타내기 위해 사용한 고정 기준점의 위치와는 무관하다.

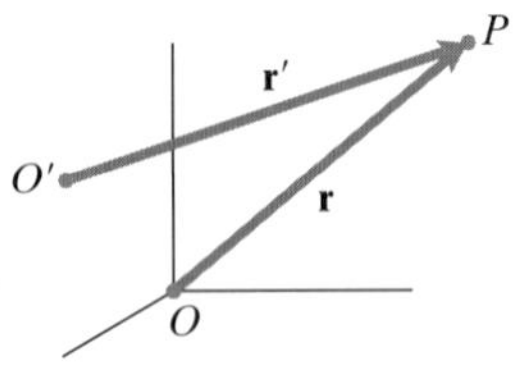

(a)

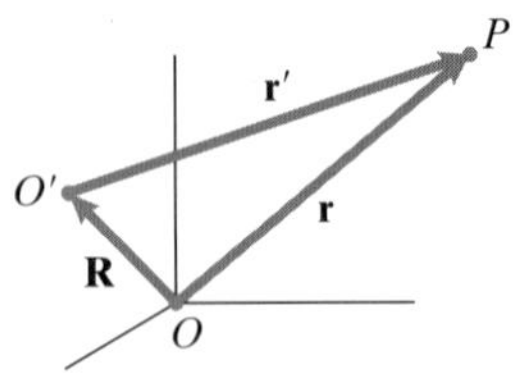

(b)

그림 2.4
(a) P의 O와 O'에 대한 위치벡터.
(b) O에 대한 O'의 위치벡터.

연구 문제

1. 기준좌표계란 무엇인가?
2. 주어진 기준좌표계에 대한 점 P의 속도의 정의는 무엇인가?
3. 주어진 기준좌표계의 원점 O에 대한 점 P의 속도 $\mathbf{v}$와 가속도 $\mathbf{a}$를 안다고 가정하자. 기준좌표계의 임의의 고정점 O'에 대한 P의 속도와 가속도는 어떻게 구하는가?

2.2 직선 운동

일반적인 경우의 질점 운동을 다루기 전에 경험과 감을 얻기 위해 이 절에서는 직선 운동(straight-line motion)과 같은 단순한 형태의 운동을 주로 다룰 것이다. 그러나 엔지니어들은 직선 도로에서의 차량의 운동이나 내연기관에서의 피스톤 운동과 같이 실제로 많은 경우에서 직선 운동을 해석해야 한다.

운동의 기술

주어진 기준좌표계의 원점 O를 지나가는 직선을 생각해 보자. 기준좌표계에 대한 직선의 방향은 고정되어 있다고 가정한다. (예를 들어 직각좌표계의 x축은 원점을 지나가며 기준좌표계에 대해 고정된 방향을 갖는다.) O에 대한 이런 직선 위의 한 점 P의 위치를 O에서 P까지 직선을 따라 측정한 좌표 s로 나타낼 수 있다. 그림 2.5a에서 s가 오른쪽 방향일 때 양의 값으로 정의하며, 따라서 P가 O의 오른쪽에 있을 때 s는 양이며, P가 O의 왼쪽에 있을 때 s는 음이다. t_0에서 t까지의 시간 동안 P의 변위는 위치의 변화량 $s(t) - s(t_0)$이며, 여기서 $s(t)$는 시간 t에서의 위치를 나타낸다.

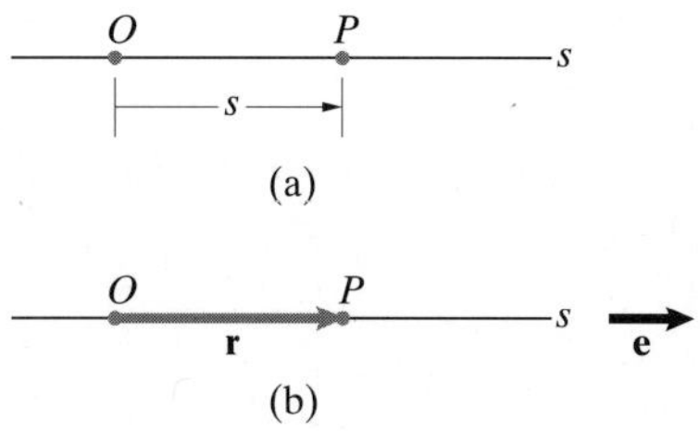

그림 2.5
(a) O에서 P까지의 좌표 s.
(b) 단위벡터 $\mathbf{e}$와 위치벡터 $\mathbf{r}$.

직선에 평행하고 양의 s 방향을 가리키는 단위벡터 $\mathbf{e}$를 도입함으로써(그림 2.5b), O에 대한 P의 위치벡터를 다음과 같이 쓸 수 있다:

$$\mathbf{r} = s\mathbf{e}$$

$\mathbf{e}$의 크기와 방향은 일정하므로 $d\mathbf{e}/dt = \mathbf{0}$이며, 따라서 O에 대한 P의 속도는

$$\mathbf{v} = \frac{d\mathbf{r}}{dt} = \frac{ds}{dt}\mathbf{e}$$

이다. 속도벡터를 $\mathbf{v} = v\mathbf{e}$로 쓸 수 있으므로 다음 스칼라 식을 얻을 수 있다:

$$v = \frac{ds}{dt}$$

직선을 따라 움직이는 점 P의 속도 v는 P의 위치 s의 변화율이다. v는 시간의 함수인 s의 그래프에서 시간 t에서의 접선의 기울기와 같다는 점에 유의하라(그림 2.6).

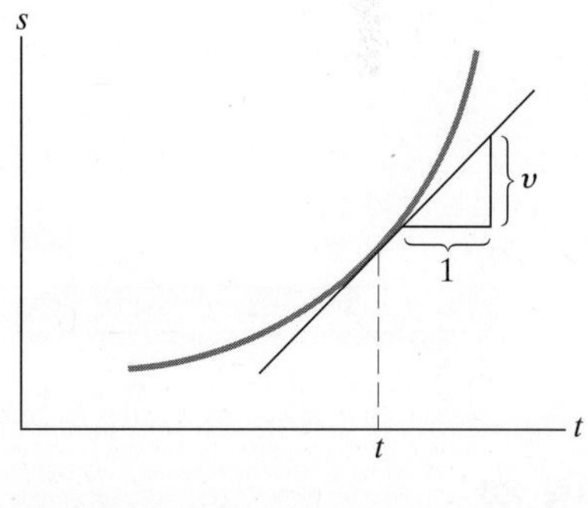

그림 2.6
t에 대한 s의 그래프에서 접선의 기울기는 t에서의 속도이다.

O에 대한 P의 가속도는

$$\mathbf{a} = \frac{d\mathbf{v}}{dt} = \frac{d}{dt}(v\mathbf{e}) = \frac{dv}{dt}\mathbf{e}$$

이다. 가속도 벡터를 $\mathbf{a} = a\mathbf{e}$로 쓰면, 다음 스칼라 식을 얻는다:

$$a = \frac{dv}{dt} = \frac{d^2s}{dt^2}$$

가속도 a는 시간의 함수인 v의 그래프에서 시간 t에서의 접선의 기울기와 같다(그림 2.7).

단위벡터 $\mathbf{e}$를 도입함으로써, P의 운동을 기술하는 스칼라 방정식들을 구할 수 있었다. 위치는 좌표 s에 의해 기술되며, 속도와 가속도는 다음 식들에 의해 결정된다:

$$v = \frac{ds}{dt}, \tag{2.3}$$

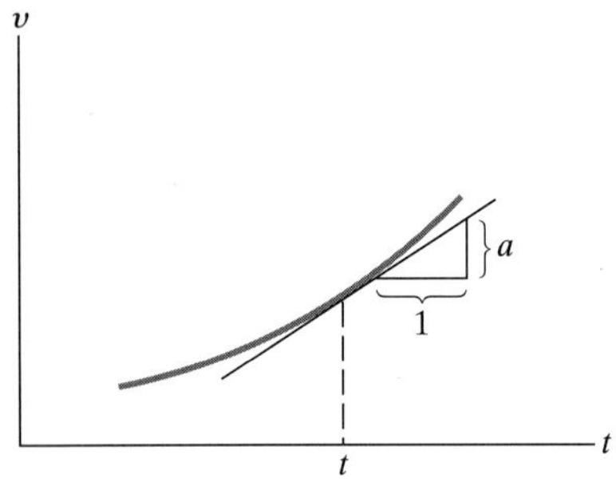

그림 2.7
t에 대한 v의 그래프에서 접선의 기울기는 t에서의 가속도이다.

$$a = \frac{dv}{dt} \tag{2.4}$$

미분학의 연쇄법칙(chain rule)을 적용하면, 시간에 대한 속도의 미분을 다음 식

$$\frac{dv}{dt} = \frac{dv}{ds}\frac{ds}{dt}$$

와 같이 쓸 수 있으며, 이로부터 유용한 형태의 다음 가속도 식을 얻을 수 있다:

$$a = \frac{dv}{ds}v \tag{2.5}$$

운동의 해석

물체의 한 점의 위치 s가 시간의 함수로 주어지는 경우가 있다. 엔지니어들은 레이더나 레이저-도플러와 같은 방법들을 사용하여 위치를 시간의 함수로 측정한다. 이런 경우, 식 (2.3)과 (2.4)로부터 미분에 의해 속도와 가속도를 시간의 함수로 구할 수 있다. 예를 들어 그림 2.8의 트럭의 위치가 $t = 2$ s에서 $t = 4$ s의 시간 동안 다음 식

$$s = 6 + \frac{1}{3}t^3 \text{ m}$$

로 주어진다면, 이 시간 동안 트럭의 속도와 가속도는 다음과 같다:

$$v = \frac{ds}{dt} = t^2 \text{ m/s},$$

$$a = \frac{dv}{dt} = 2t \text{ m/s}^2$$

그림 2.8
좌표 s는 기준점에 대한 트럭 질량중심의 위치를 나타낸다.

그러나 물체에 작용하는 힘들을 알고 있는 경우 Newton의 제2법칙에 의해 물체의 가속도를 구할 수 있으므로, 물체의 위치보다는 가속도를 아는 경우가 더 일반적이다. 가속도를 알면, 식 (2.3)−(2.5)로부터 적분에 의해 속도와 가속도를 구할 수 있다. 다음에서 몇 가지 중요한 경우에 대해 논의하기로 한다.

가속도가 시간의 함수로 주어질 때 만일 가속도가 시간의 함수 $a(t)$로 주어진다면, 다음 식

$$\frac{dv}{dt} = a(t) \tag{2.6}$$

를 시간에 대해 적분함으로써 다음과 같이 속도를 시간의 함수로 구할 수 있다:

$$v = \int a(t)\, dt + A$$

여기서 A는 적분상수이다. 그리고 다음 관계식

$$\frac{ds}{dt} = v \tag{2.7}$$

를 적분하여 시간의 함수인 위치를 구할 수 있다. 즉,

$$s = \int v\, dt + B$$

이다. 여기서 B는 또 다른 적분상수이다. 상수 A와 B의 값을 구하기 위해서는 운동에 대한 부가적인 정보, 예를 들어 어떤 주어진 시간에서의 v와 s의 값이 필요하다.

부정적분을 사용하는 대신, 식 (2.6)을 다음 식

$$dv = a(t)\, dt$$

와 같이 쓰고, 정적분으로 적분하면

$$\int_{v_0}^{v} dv = \int_{t_0}^{t} a(t)\, dt \tag{2.8}$$

와 같다. 하한값(lower limit) v_0는 시간 t_0에서의 속도이며, 상한값(upper limit) v는 임의의 시간 t에서의 속도이다. 식 (2.8)의 좌변의 적분을 계산하면 속도에 대한 표현식을 다음과 같이 시간의 함수로 구할 수 있다:

$$v = v_0 + \int_{t_0}^{t} a(t)\, dt \tag{2.9}$$

그 다음, 식 (2.7)을 다음 식

$$ds = v\, dt$$

와 같이 쓰고, 정적분으로 적분을 하면 다음 식을 얻는다:

$$\int_{s_0}^{s} ds = \int_{t_0}^{t} v\, dt$$

여기서 하한값 s_0는 시간 t_0에서의 위치이며, 상한값 s는 임의의 시간 t에서의 위치이다. 좌변의 적분을 계산하면, 다음과 같이 위치를 시간의 함수로 구할 수 있다:

$$s = s_0 + \int_{t_0}^{t} v\, dt \tag{2.10}$$

가속도가 시간의 함수로 알려져 있을 때 속도와 위치를 구하는 방법에 대해 지금까지 설명하였으나, 식 (2.9)와 (2.10)과 같은 결과들을 외우려고 해서는 안 된다. 예제에서 예를 들어 보이겠지만, 식 (2.3)−(2.5)를 이용하여 직선운동 문제들을 풀기를 권장한다.

식 (2.9)와 (2.10)으로부터 몇 가지 유용한 관찰을 할 수 있다:

- t_0에서 t까지 시간의 함수인 P의 가속도 그래프로 정의된 면적은 t_0에서 t

까지의 속도 변화량과 같다(그림 2.9a).

- t_0에서 t까지 시간의 함수인 P의 속도 그래프로 정의된 면적은 t_0에서 t까지의 위치 변화량과 같다(그림 2.9b).

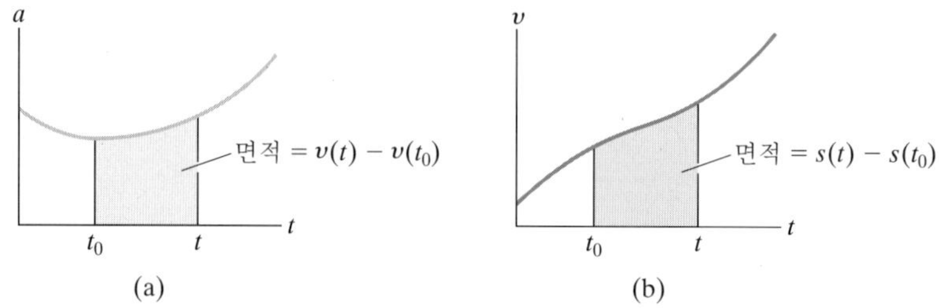

그림 2.9
P의 가속도와 속도 그래프에서 정의된 면적과 속도, 위치의 변화량 사이의 관계.

물체의 운동을 정성적으로 이해하기 위해 위의 관계가 종종 이용될 수 있으며, 어떤 경우에는 물체의 운동을 정량적으로 구하기 위해 이용될 수도 있다.

일정한 가속도 어떤 경우에는 물체의 가속도가 일정하거나 거의 일정하다. 예를 들어 골프공이나 바위와 같은 밀도가 높은 물체를 그다지 높지 않은 곳에서 떨어뜨리는 경우, 물체의 가속도는 해수면(sea level)에서의 중력가속도와 거의 같다.

가속도를 알려진 상수 a_0라고 하자. 식 (2.9)와 (2.10)으로부터, 속도와 위치는 시간의 함수로

$$v = v_0 + a_0(t - t_0), \tag{2.11}$$

$$s = s_0 + v_0(t - t_0) + \frac{1}{2}a_0(t - t_0)^2 \tag{2.12}$$

이다. 여기서 s_0와 v_0는 시간 t_0에서의 위치와 속도이다. **만일 가속도가 일정하다면, 속도는 시간의 선형 함수임을 유의하라.**

식 (2.5)로부터 가속도를

$$a_0 = \frac{dv}{ds}v$$

와 같이 쓸 수 있다. 이 식을 $v\,dv = a_0\,ds$로 쓰고 적분하면

$$\int_{v_0}^{v} v\,dv = \int_{s_0}^{s} a_0\,ds$$

이며, 다음과 같이 위치의 함수인 속도식을 얻을 수 있다:

$$v^2 = v_0^2 + 2a_0(s - s_0) \tag{2.13}$$

식 (2.11)−(2.13)이 **가속도가 일정한 경우에는** 쓸모가 있지만, 다른 경우에는 사용해서는 안 된다.

| 연구 문제 |

1. 직선 운동을 하는 한 점 P의 위치 s를 시간의 함수로 알고 있다면, P의 속도와 가속도는 시간의 함수로 어떻게 구할 수 있는가?

2. 직선 운동을 하는 한 점 P의 가속도 a는 알고 있으나 그 외의 다른 정보는 알 수 없다면, P의 위치와 속도를 시간의 함수로 구할 수 없다. 이유는 무엇인가?

3. 한 점 P의 속도 v를 시간의 함수로 알고 있다고 가정하자. 시간 t_0에서 시간 t까지의 v의 그래프로 정의된 면적을 계산한다면, 이 면적은 무엇을 의미하는가?

예제 2.1 일정한 가속도를 가진 직선 운동

낙하산으로 투하될 차량을 시험하고 있는 엔지니어가 차량이 땅에 닿을 때의 수직 속도를 6 m/s로 추정하였다. 이 엔지니어가 그림 2.10의 테스트 장치에서 차량을 낙하시킨다면, 낙하산 공중 투하의 충격 속도가 같도록 하기 위해서는 차량 낙하높이 h를 얼마로 해야 하는가?

그림 2.10

| 전략 |

지구 표면 근처에 있는 물체가 받는 유일한 힘이 자체 무게라면, 물체의 가속도는 거의 일정하며 해수면에서의 중력가속도와 같다. 따라서 짧은 낙하시간 동안의 차량 가속도는 $g = 9.81\ \text{m/s}^2$이라고 가정할 수 있다. 식 (2.3)과 (2.4)를 적분하여 차량의 속도와 위치를 시간의 함수로 구할 수 있으며, 이를 이용하여 차량의 속도가 6 m/s에 도달할 때의 차량의 위치를 구할 수 있다.

| 풀이 |

차량이 낙하되기 시작하는 시간을 $t = 0$이라고 하고, $t = 0$에서 차량 밑의 쿠션물질의 바닥의 위치를 기준으로 한, 쿠션물질의 위치를 s라고 하자(그림 a). 차량의 가속도는 $a = 9.81\ \mathrm{m/s^2}$이다.

(a) 좌표 s는 받침대의 초기 위치에 대한 시간 t에서의 위치를 나타낸다.

식 (2.4)로부터

$$\frac{dv}{dt} = a = 9.81\ \mathrm{m/s^2}$$

이다. 이 식을 적분하면

$$v = 9.81t + A$$

이며, 여기서 A는 적분상수이다. 차량이 낙하하는 순간, 차량은 정지상태에 있었으므로, $t = 0$에서 $v = 0$이다. 따라서 $A = 0$이며, 시간의 함수로서 차량의 속도는 다음과 같다:

$$v = 9.81t\ \mathrm{m/s}$$

이 결과를 식 (2.3)에 대입하면

$$\frac{ds}{dt} = v = 9.81t$$

이며, 적분하면 다음 식을 얻는다:

$$s = 4.91t^2 + B$$

$t = 0$에서 위치가 $s = 0$이므로 적분상수 B는 $B = 0$이며, 시간의 함수로서 위치는

$$s = 4.91t^2$$

이다. 시간의 함수인 속도식으로부터, 차량이 낙하하면서 6 m/s에 도달하는

데 필요한 시간은

$$t = \frac{v}{9.81\ \text{m/s}^2} = \frac{6\ \text{m/s}}{9.81\ \text{m/s}^2} = 0.612\ \text{s}$$

이다. 이 시간을 시간의 함수인 위치식에 대입하면 필요한 높이 h를 구할 수 있다. 즉,

$$h = 4.91t^2 = 4.91(0.612)^2 = 1.83\ \text{m}$$

이다.

| 비판적 사고 |

속도와 위치의 관계식인 식 (2.13)을 이용함으로써 더 간단한 방법으로 차량이 낙하해야 할 높이 h를 구할 수도 있음을 유의하라. 즉,

$$v^2 = v_0^2 + 2a_0(s - s_0):$$

$$(6\ \text{m/s})^2 = 0 + 2(9.81\ \text{m/s}^2)(h - 0)$$

이며, 이 식을 풀면 $h = 1.83$ m를 얻는다. 그러나 식 (2.11)−(2.13)은 이 예제와 같이 가속도가 일정한 경우에만 적용된다는 점을 잊어서는 안 된다.

예제 2.2 그래프에 의한 직선 운동의 해

치타(학명: *Acinonyx jubatus*)(그림 2.11)는 120 km/h의 빠른 속도로 달릴 수 있다. 치타의 가속도가 일정하고 4초 후에 최고 속도에 도달한다고 가정하면, 치타가 10초 후에 도달할 수 있는 거리는 얼마인가?

그림 2.11

| 전략 |

가속도는 처음 4초 동안 일정한 값을 가지며, 그 후에는 0이다. 이 두 단계 운동의 각 단계에 대해 이동한 거리를 계산하여 더함으로써 총 거리를 구할 수 있다. 여기서는 해석적인 방법과 그래프를 이용한 방법을 모두 사용하여 거리를 구한다.

| 풀이 |

최고 속도를 m/s로 나타내면 다음과 같다:

$$1.6\ \text{km / h} = \frac{120 \times 1000\ \text{m}}{3600\ \text{s}} = 33.33\ \text{m / s}$$

첫 번째 방법 a_0를 처음 4초 동안의 가속도라고 하자. 식 (2.4)를 적분하면,

$$\int_0^v dv = \int_0^t a_0\, dt,$$

$$\left[v\right]_0^v = a_0\left[t\right]_0^t,$$

$$v - 0 = a_0(t - 0)$$

으로 처음 4초 동안의 속도를 시간의 함수로 구할 수 있다. 즉,

$$v = a_0 t \ \text{m/s}$$

이다. $t = 4$ s일 때, $v = 33.33$ m/s이므로 $a_0 = 33.33/4 = 27.5$ m/s^{2}이다. 따라서 처음 4초 동안의 속도는 $v = 8.33\,t$ m/s이다. 이제 식 (2.3)을 적분하면

$$\int_0^s ds = \int_0^t 8.33\,t\,dt,$$

$$\left[s\right]_0^s = 8.33\left[\frac{t^2}{2}\right]_0^t,$$

$$s - 0 = 8.33\left(\frac{t^2}{2} - 0\right)$$

이므로, 처음 4초에 대한 위치를 시간의 함수로 구할 수 있다. 즉,

$$s = 4.17\,t^2 \ \text{m}$$

이며, $t = 4$ s에서 위치는 $s = 4.17(4)^2 = 66.7$ m이다.

$t = 4$ s에서 $t = 10$ s까지 속도는 $v = 33.33$ m/s이다. 식 (2.3)을

$$ds = v\,dt = 33.33\,dt$$

와 같이 쓰고, 2단계 운동을 하는 동안 이동한 거리를 구하기 위해 적분하면,

$$\int_0^s ds = \int_4^{10} 33.33\,dt,$$

$$\left[s\right]_0^s = 33.33\left[t\right]_4^{10},$$

$$s - 0 = 33.33(10 - 4)$$

이므로 $s = 200$ m이다. 치타가 10초 동안 달린 총 거리는 66.7 m + 200 m = 266.7 m, 즉 0.267 km이다.

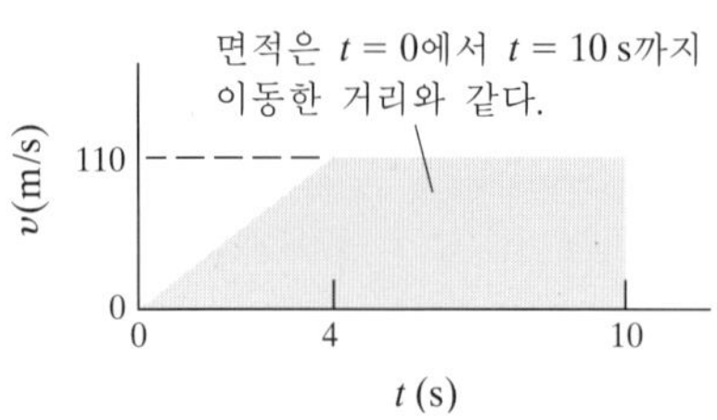

(a) 시간의 함수인 치타의 속도.

두 번째 방법 그림 a는 치타의 속도를 시간의 함수로 그린 그래프이다. 운동을 하는 처음 4초 동안은 가속도가 일정하므로, 속도는 $t = 0$의 $v = 0$으로부터 $t = 4$ s의 $v = 33.33$ m/s까지 시간의 선형 함수이다. 마지막 6 s 동안의 속도는 일정하다. 치타가 달린 전체 거리는 두 단계의 운동을 하는 동안의 면적들을 합한 값과 같다. 즉,

$$\tfrac{1}{2}(4\text{ s})(33.33\text{ m/s}) + (6\text{ s})(33.33\text{ m/s}) = 66.7\text{ m} = 200\text{ m} = 266.7\text{ m}$$

이다.

| 비판적 사고 |

첫 번째 방법에서는 치타의 속도와 위치를 시간의 함수로 구하기 위해 부정적분보다는 정적분을 사용했음을 유의하라. 부정적분을 사용하여 예제를 다시 풀고 이 결과를 책의 결과와 비교해 보라. 정적분을 사용하든 부정적분을 사용하든 선택은 취향에 따라 하면 된다. 그러나 두 과정 모두 익숙해질 필요가 있다.

예제 2.3 지지대에 대해 미끄러지는 막대

그림 2.12에서 $t = 2$ s에서 $t = 4$ s의 시간 동안 열차의 가속도는 $a = 2t$ m/s^{2}이며, $t = 2$ s에서 열차의 속도는 $v = 180$ km/h라고 가정하자. $t = 4$ s에서 열차의 속도는 얼마이며, $t = 2$ s에서 $t = 4$ s까지 열차의 변위(위치의 변화량)는 얼마인가?

그림 2.12

| 전략 |

식 (2.3)과 (2.4)를 적분하여 열차의 속도와 위치를 시간의 함수로 구할 수 있다.

| 풀이 |

$t = 2$ s에서의 속도를 m/s로 나타내면,

$$(180\ \text{km/h})\left(\frac{1000\ \text{m}}{1\ \text{km}}\right)\left(\frac{1\ \text{h}}{3600\ \text{s}}\right) = 50\ \text{m/s}$$

이다. 식 (2.4)를

$$dv = a\,dt = 2t\,dt$$

로 쓰고, $t = 2$ s에서 $v = 50$ m/s라는 조건을 이용하여 적분하면

$$\int_{50}^{v} dv = \int_{2}^{t} 2t\,dt,$$

$$\left[v\right]_{50}^{v} = \left[t^2\right]_{2}^{t},$$

$$v - 50 = t^2 - (2)^2$$

이며, 이 식을 정리하면 다음과 같다:

$$v = t^2 + 46\ \text{m/s}$$

이제 속도를 시간의 함수로 구했으므로 식 (2.3)을

$$ds = v\,dt = (t^2 + 46)\,dt$$

와 같이 쓰고, $t = 2$ s에서의 열차 위치를 $s = 0$으로 정의하여 적분을 하면,

$$\int_{0}^{s} ds = \int_{2}^{t} (t^2 + 46)\,dt,$$

$$\left[s\right]_0^s = \left[\frac{t^3}{3} + 46t\right]_2^t,$$

$$s - 0 = \frac{t^3}{3} + 46t - \frac{(2)^3}{3} - 46(2)$$

이므로, 시간의 함수로서 위치를 다음과 같이 구할 수 있다:

$$s = \tfrac{1}{3}t^3 + 46t - 94.7\ \text{m}$$

속도와 위치에 대해 구한 식을 이용하여, $t = 4$ s에서의 속도가

$$v = (4)^2 + 46 = 62\ \text{m/s}$$

이며, $t = 2$ s에서 $t = 4$ s까지의 변위가

$$\left[\frac{1}{3}(4)^3 + 46(4) - 94.7\right] - 0 = 111\ \text{m}$$

임을 알 수 있다.

비판적 사고

이 예제에서 가속도는 일정하지 않다. 가속도가 일정할 때만 적용할 수 있는 식들을 이용하여 이런 문제들을 풀지 않도록 조심해야 한다. 확인을 위해 식 (2.11)을 이 예제에 적용해 보라: $a_0 = 2t$ m/s^2, $t_0 = 2$s, $v_0 = 50$ m/s로 놓고 $t = 4$ s에서의 속도를 구해보라.

연습문제

다음 문제들은 직선 운동을 포함한다. 시간 t는 특별한 언급이 없는 한 초(s) 단위이다.

2.1 점 O에 대한 점 P의 위치가 $s = 40 + 2t^3$ m와 같이 시간의 함수로 주어진다. $t = 4$ s에서 점 P의 위치와 속도, 가속도를 구하라.

전략: 식 (2.3)과 (2.4)를 이용하여 속도와 가속도를 시간의 함수로 구하라.

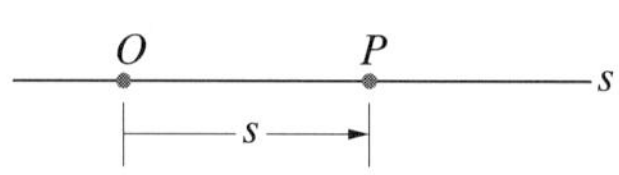

문제 2.1

2.2 밀링기계의 헤드 위치가 $s = 0.3 - 0.2\cos(5t)$ m와 같이 시간의 함수로 주어지도록 프로그램되어 있다. (t가 초 단위일 때 cosine의 인자는 라디안이다.)

(a) 헤드의 속도를 시간의 함수로 구하라.

(b) $t = 4$ s에서 헤드의 가속도는 얼마인가?

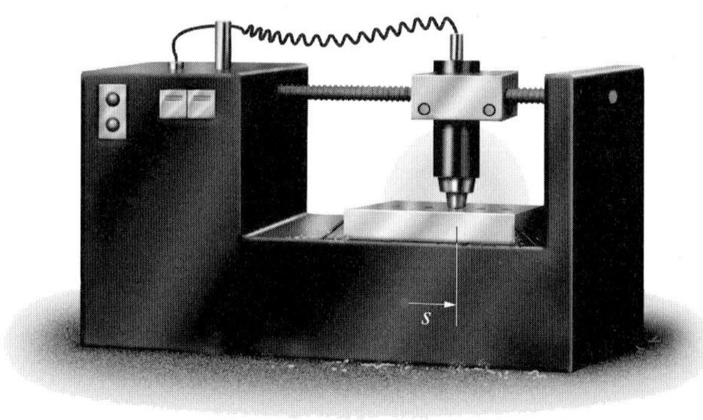

문제 2.2

2.3 학생이 $t=0$에서 공을 떨어뜨린다. 바닥에 대한 공의 위치는 $s=-16.1t^2+4$ m와 같이 시간의 함수로 주어진다.

(a) 공이 바닥에 떨어지는 데 걸리는 시간을 구하라.

(b) 공이 바닥에 닿기 직전의 속도는 얼마인가?

(c) 공의 가속도를 구하라.

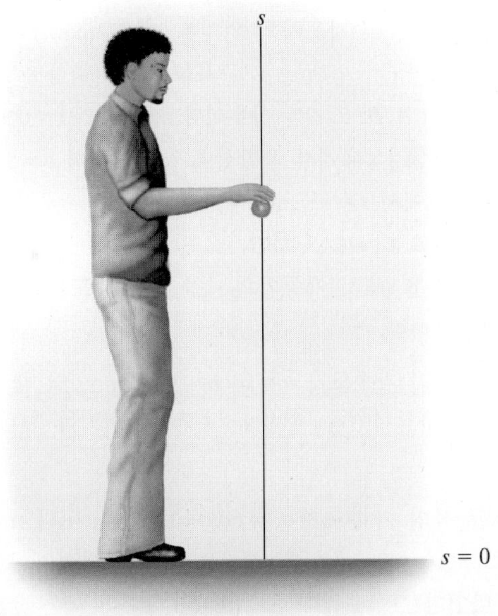

문제 2.3

2.4 $t=2$ s에서 $t=10$ s까지의 시간 동안 보트의 위치는 $s=4t+1.6t^2-0.08t^3$ m로 주어진다.

(a) $t=4$ s에서 보트의 속도와 가속도를 구하라.

(b) 이 시간 동안 보트의 최대 속도와 최대 속도가 일어나는 시간을 구하라.

문제 2.4

2.5 로켓이 $t=0$에서 정지상태로부터 수직으로 발사된다. 지상에 대한 로켓의 높이는 근사적으로 함수 $s=bt^2+ct^4$으로 주어진다. 여기서 b와 c는 상수이다. $t=10$ s에서 로켓의 속도와 가속도는 $v=229$ m/s와 $a=28.2$ m/s^{2}이다. $t=5$ s에서 로켓의 속도와 가속도는 얼마인가?

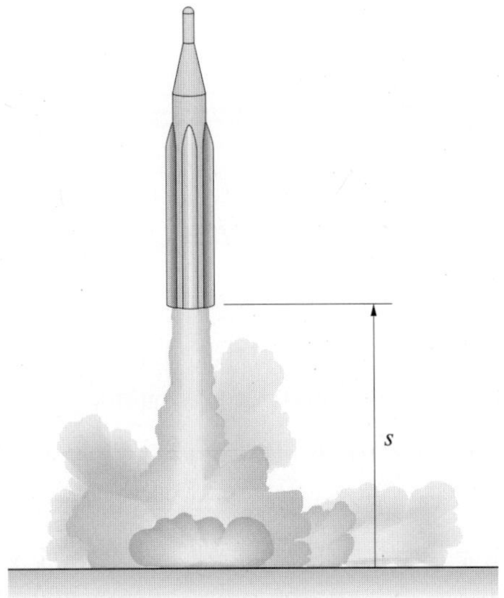

문제 2.5

2.6 $t=0$에서 $t=6$ s의 시간 동안 한 점의 위치가 $s=-\frac{1}{2}t^3+6t^2+4t$ m로 주어진다.

(a) 이 시간 동안 최대 속도와 이 속도가 일어나는 시각을 구하라.

(b) 속도가 최대일 때 가속도는 얼마인가?

2.7 $t=0$에서 $t=3$ s의 시간 동안 한 점의 위치가 $s=12+5t^2-t^3$ m이다.

(a) 이 시간 동안 최대 속도는 얼마이며, 최대 속도가 발생하는 시각은 언제인가?

(b) 속도가 최대일 때의 가속도는 얼마인가?

2.8 그림의 회전 크랭크에 의해 점 P의 위치가 시간의 함수로서 $s=0.4\sin(2\pi t)$ m가 된다.

(a) $t=0.375$ s에서 P의 속도와 가속도를 구하라.

(b) P의 속도의 최대 크기는 얼마인가?

(c) P의 속도의 크기가 최대일 때, P의 가속도는 얼마인가?

2.9 문제 2.8의 기구에 대해, 점 P의 위치 s와 속도 v, 가속도 a의 그래프를 $0 \le t \le 2$ s의 시간에 대해 시간의 함수로 그려라. 이 그래프를 이용하여, 속도 v가 0인 시간에서 s의 그래프의 기울기가 0이 되고, a가 0인 시간에서 v의 그래프의 기울기가 0임을 보여라.

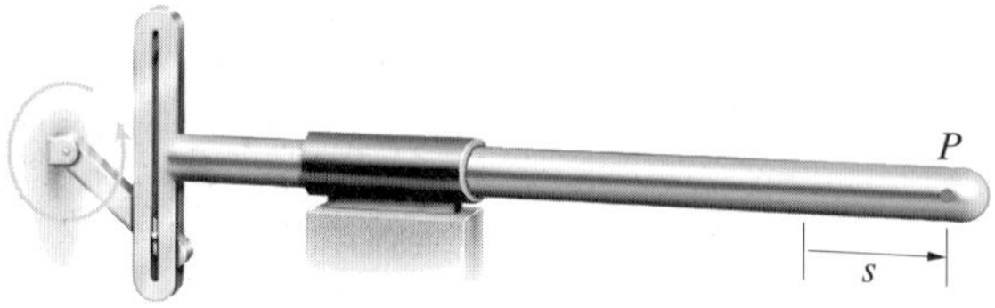

문제 2.8/2.9

2.10 지진계는 지진이 일어나는 동안 땅의 수평방향 운동을 측정한다. 데이터를 분석하던 엔지니어가 $t = 0$에서 시작하여 10초 동안의 시간에 대해 위치가 $s = 100\cos(2\pi t)$ mm로 근사화된다고 결론을 내렸다. 10초 동안 땅의 (a) 최대 속도와 (b) 최대 가속도는 얼마인가?

2.11 조립공정에서 로봇 팔이 수평 직선을 따라 움직인다. $t = 0$에서 $t = 1$ s까지의 시간 동안 팔의 위치는 $s = 30t^2 - 20t^3$ mm로 주어진다.

(a) 이 시간 동안 최대 속도를 구하라.

(b) 속도가 최대일 때 위치와 가속도는 얼마인가?

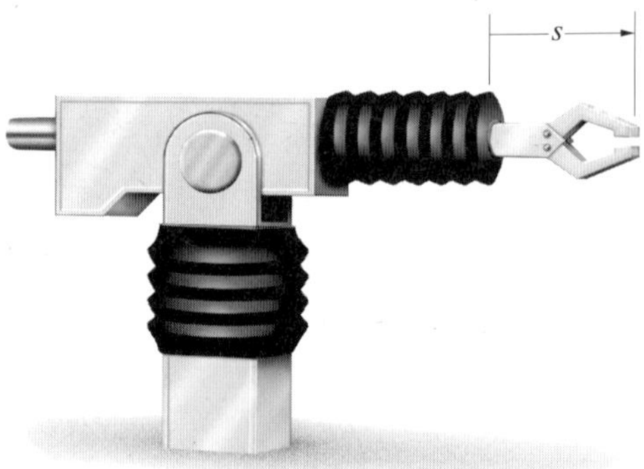

문제 2.11

2.12 자동차 실물 모형의 시험에서 운전자가 $t = 0$에서 정지 상태로부터 출발하며, 가속을 한 후 브레이크를 밟는다. 자동차의 위치를 측정하던 엔지니어가 $t = 0$에서 $t = 18$ s까지의 자동차의 위치가 $s = 5t^2 + \frac{1}{3}t^3 - \frac{1}{50}t^4$ m로 근사화됨을 알게 되었다.

(a) 최대 속도와 최대 속도가 일어나는 시각을 구하라.

(b) 최대 가속도와 최대 가속도의 발생 시각을 구하라.

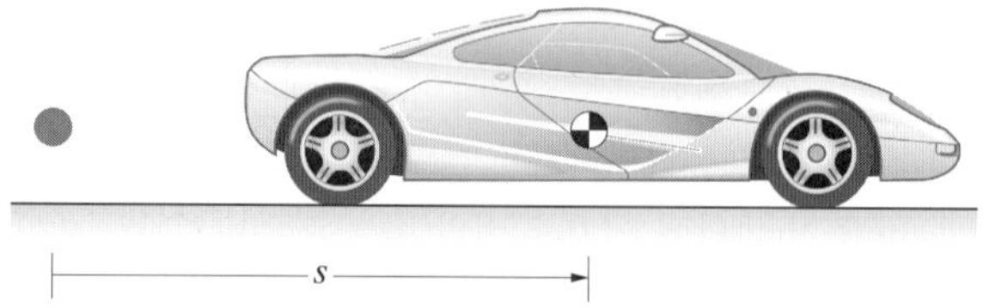

문제 2.12

2.13 테스트 중인 자동차의 위치를 멱급수(power series) $s = A + Bt + Ct^2 + Dt^3$으로 근사화하려고 한다고 가정하자. 여기서 A, B, C, D는 상수이다. 자동차가 $t = 0$에서 $s = 0$이며 정지상태에서 출발한다. $t = 4$ s에서 $s = 54$ m이며, $t = 8$ s에서 $s = 137$ m이다.

(a) A, B, C, D를 구하라.

(b) $t = 8$ s에서 자동차의 속도와 가속도를 근사적으로 구하라.

2.14 한 점의 가속도가 $a = 20t$ m/s^{2}이다. $t = 0$일 때 $s = 40$ m이며 $v = -10$ m/s이다. $t = 3$ s에서 위치와 속도는 얼마인가?

2.15 한 점의 가속도가 $a = 60t - 36t^2$ m/s^{2}이다. $t = 0$에서 $s = 0$, $v = 20$ m/s이다. 시간의 함수로 위치와 속도는 얼마인가?

2.16 눈새(snow petrel)가 일정한 가속도로 출발하여 이륙을 한다. 만일 거리 $s = 4$ m가 필요하고 떠오를 때 6 m/s로 움직이고 있다면, 이륙하는 데 필요한 시간은 얼마인가?

2.17 새의 비행 메커니즘을 연구하는 바이오엔지니어가 눈새의 가속도를 $a = C + Dt$ 형태의 방정식으로 모델링한다. 여기서 C와 D는 상수이다. 비디오테입에서 얻은 측정치로부터 새가 이륙하기 위해서는 1.42 s와 4.3 m의 거리가 필요하며 날아오를 때 6.1 m/s로 움직이고 있음을 발견하였다. 상수 C와 D는 얼마인가?

문제 2.16/2.17

2.18 탄도 미사일에 대한 방어용으로 설계된 미사일이 100 g, 즉 중력가속도의 100배를 초과하는 가속도를 갖게 되었다. 이 미사일이 지상으로부터 발사되며 100 g의 일정한 수직가속도를 갖는다고 가정하자.

(a) 이 미사일이 100 km/h의 속도에 도달하는 데 걸리는 시간은 얼마인가?

(b) 이 미사일이 3048 m의 고도에 도달하는 데 걸리는 시간은 얼마인가? 이 고도에 도달할 때의 속도는 얼마인가?

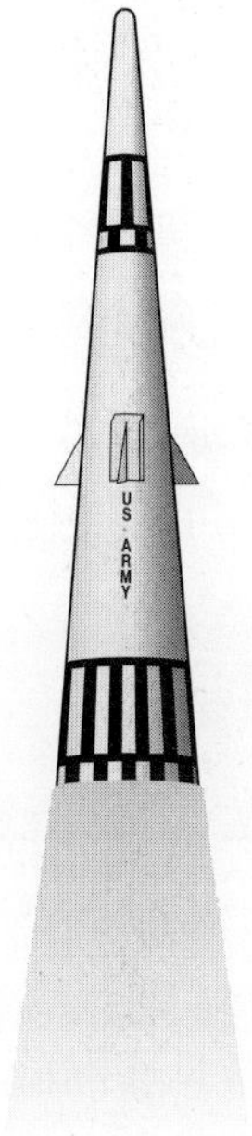

문제 2.18

2.19 지구상의 해수면 높이에서 중력가속도는 9.81 m/s^{2}이다. 달 표면에서의 중력가속도는 1.62 m/s^{2}이다.

(a) 지구상의 해수면 높이의 물체에 위쪽으로 10 m/s의 수직 속도가 주어지고 공기역학적 항력이 무시된다면, 이 물체는 얼마나 높이 올라가겠는가?

(b) 물체가 달 표면에 있고 위쪽으로 10 m/s의 속도가 주어진다면, 이 물체는 얼마나 올라가겠는가?

2.20 비행기가 $t = 0$에서 감속낙하산을 편다. 비행기의 속도는 시간의 함수로서 다음 식

$$v = \frac{80}{1 + 0.32t} \text{ m/s}$$

로 주어진다. $t = 3$ s에서 비행기의 가속도는 얼마인가?

2.21 문제 2.20의 비행기가 $t = 0$에서 $t = 10$ s까지의 시간 동안 움직인 거리는 얼마인가?

문제 2.20/2.21

2.22 봅슬레이(bobsleigh)의 속도가 $v = 10t$ m/s이다. $t = 2$ s일 때, 봅슬레이의 위치는 $s = 25$ m이다. $t = 10$ s일 때 봅슬레이의 위치는 얼마인가?

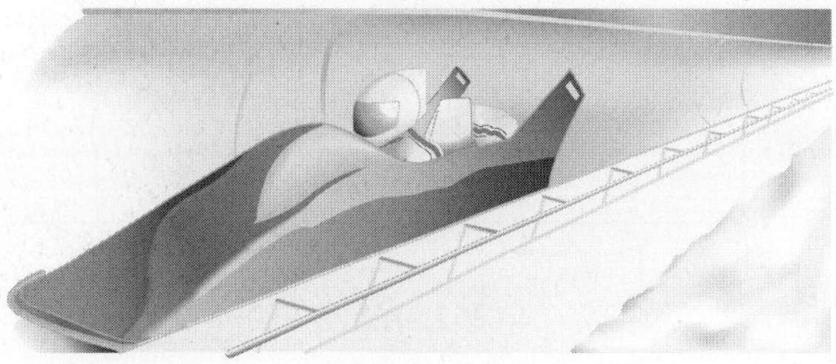

문제 2.22

2.23 2003년 9월에, Tony Schumacher는 NHRA(National Hot Road Association Race)에서 정지상태에서 출발하여 4.498초만에 402 km를 주행하였다. 그가 결승선을 통과할 때의 속도가 528 km/h이었다. 차의 가속도가 시간의 선형 함수인 $a = b + ct$로 표현될 수 있다고 가정하자.

(a) 상수 b와 c를 구하라.

(b) 출발 후 2초가 지났을 때 차의 속도를 구하라.

2.24 물체의 속도가 $v = 200 - 2t^2$ m/s이다. $t = 3$ s일 때 물체의 위치는 $s = 600$ m이다. $t = 6$ s에서 물체의 위치와 가속도는 얼마인가?

2.25 관성항법장치가 $t = 0$에서 $t = 6$ s까지 차량의 가속도를 측정하여 $a = 2 + 0.1t$ m/s^{2}이라고 결정하였다. $t = 0$에서, 차량의 위치와 속도는 각각 $s = 240$ m, $v = 42$ m/s이다. $t = 6$ s에서 차량의 위치와 속도는 얼마인가?

2.26 문제 2.18의 미사일이 발사되어 100 g의 가속도로 3초 동안 가속된다. 3초 후에 미사일은 무게와 공기역학적 항력 때문에 4 g의 거의 일정한 감속도를 갖게 된다. 미사일이 지상에서 15 km(거의 50,000 ft)의 고도까지 올라가는 데 걸리는 시간은 얼마인가?

2.27 그림의 그래프는 비행기가 이륙하는 동안의 가속도를 나타낸 것이다. 비행기가 $t = 30$ s에서 활주로에서 떠오를 때 비행기의 속도는 얼마인가?

2.28 그림의 그래프는 비행기가 이륙하는 동안의 가속도를 나타낸 것이다. 비행기가 $t = 30$ s에서 활주로에서 떠오를 때 비행기가 주행한 거리는 얼마인가?

문제 2.27/2.28

2.29 자동차가 48 km/h의 속도로 달리고 있을 때 전방 90 m에 있는 신호등이 노란색으로 바뀌었다. 운전자가 반작용으로 브레이크를 밟는 데 1초가 걸린다.

(a) 브레이크를 밟은 후, 자동차가 신호등에 막 도달했을 때 정지하게 되려면, 자동차의 일정한 감속도 크기는 얼마가 되어야 하는가?

(b) 자동차가 신호등까지 90 m를 주행하는 데 걸리는 시간은 얼마인가?

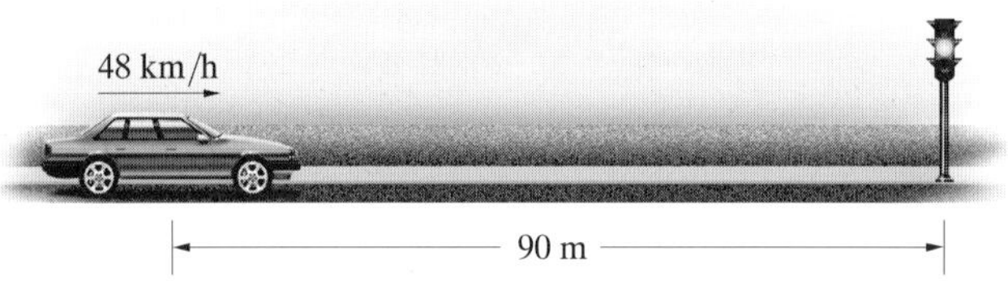

문제 2.29

2.30 100 km/h의 속도로 달리던 자동차 운전자가 $t = 0$에서 사슴이 100 m 앞의 도로에 서 있는 것을 보았다. 0.3초의 반응시간 후에 브레이크를 밟아 4 m/s^{2}의 일정한 비율로 감속을 한다. 사슴이 반응을 하여 도로에서 나가는 데 $t = 0$에서 5초가 걸린다면, 과연 운전자는 사슴을 치지 않을 것인가?

2.31 고속철도 운송 시스템은 100 m/s의 최고 속력을 갖는다. 승객들의 승차감을 위해 가속도와 감속도의 크기는 2 m/s^{2}으로 제한된다. 100 km를 주행하는 데 필요한 최소 시간을 구하라.

전략: 이 문제를 푸는 데 그래프를 이용하는 것이 도움이 될 것이다. 초기 시간 t_0에서 시간 t까지의 위치 변화는 t_0에서 t까지 시간의 함수인 속도 그래프에 의해 정의된 면적과 같다는 점을 상기하라.

문제 2.31

2.32 태양에서 가장 가까운 항성(star)인 프락시마 센타우르스(Proxima Centauri)는 지구로부터 4.22광년(light year) 떨어져 있다. 태양계와 프락시마 센타우르스 사이의 상대 운동을 무시하고, 우주선이 지구 부근에서 0.01 g(해수면에서의 중력가속도의 0.01배)의 가속도로 광속의 1/10배가 될 때까지 가속을 하고, 이후 감속하기 전까지 활공(관성비행)을 하다가 0.01 g의 비율로 감속을 시작하여 프락시마 센타우르스 부근에서 정지한다. 비행을 하는 데 걸린 시간은 얼마인가? (빛의 속도는 3×10^8 m/s이다.)

2.33 경주용 차가 정지상태에서 출발하여 10초 동안 $a = 5 + 2t$ m/s^{2}의 가속도로 가속한다. 그 다음 브레이크를 가하여 정지할 때까지 일정한 가속도 $a = -30$ m/s^{2}을 갖는다. (a) 최대 속도와 (b) 주행한 총 거리, (c) 주행한 총 시간을 구하라.

2.34 $t = 0$일 때, 한 점의 위치가 $s = 6$ m이고 속도가 $v = 2$ m/s이다. $t = 0$에서 $t = 6$ s까지 이 점의 가속도는 $a = 2 + 2t^2$ m/s^{2}이다. $t = 6$ s에서부터 정지할 때까지의 가속도는 $a = -4$ m/s^{2}이다.

(a) 전체 주행시간은 얼마인가?

(b) 이 점이 움직인 전체 거리는 얼마인가?

2.35 세렌게티 평원(탄자니아 북서부의 초원)의 생태학을 연구하고 있는 동물학자들의 추정에 의하면, 보통 성년 치타는 100 km/h의 속도로 달릴 수 있으며, 보통 스프링복(springbok: 점프력이 강한 영양류)은 65 km/h의 속도로 달릴 수 있다. 만일 두 동물이 같은 직선을 따라 달리며, 동시에 출발하고, 각자 일정한 가속도를 가지며, 4초 후에 최고 속도에 도달한다고 가정한다면, 치타가 추격을 시작하여 15초만에 스피링복을 잡으려면 치타는 스프링복에 얼마나 가까이 있어야 하는가?

2.36 어떤 사람이 어리석게도 88 km/h 지역에서 120 km/h의 속도로 운전하여 같은 방향으로 88 km/h의 속도로 가고 있던 경찰차를 지나쳤다고 가정해 보자. 경찰차를 지나가는 순간, 경관들이 일정한 가속도로 속도를 증가시켜 4초 후에 129 km/h가 되었다면, 경찰차가 추적 차량과 나란히 되는 데 걸리는 시간은 얼마인가?

2.37 만일 $\theta = 1$ rad, $d\theta/dt = 1$ rad/s라면, O에 대한 P의 속도는 얼마인가?

전략: O에 대한 P의 위치를

$$s = (2 \text{ m}) \cos\theta + (2 \text{ m}) \cos\theta$$

와 같이 쓸 수 있으며, 이 식을 시간에 대해 미분하면 속도를 구할 수 있다.

2.38 만일 $\theta = 1$ rad, $d\theta/dt = -2$ rad/s, $d^2\theta/dt^2 = 0$이라면, O에 대한 P의 속도와 가속도는 얼마인가?

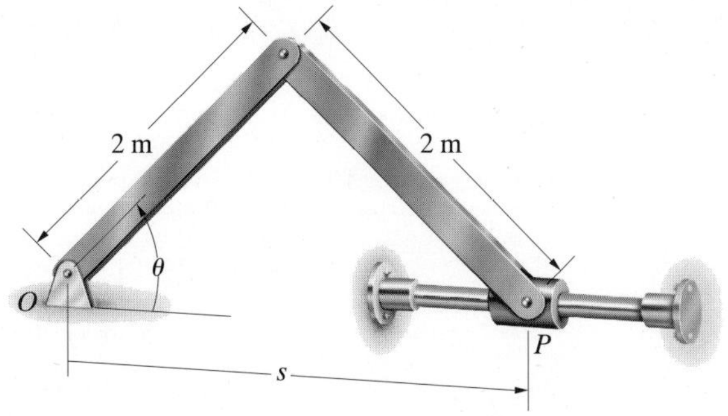

문제 2.37/2.38

2.39* 만일 $\theta = 1$ rad, $d\theta/dt = 1$ rad/s라면, O에 대한 P의 속도는 얼마인가?

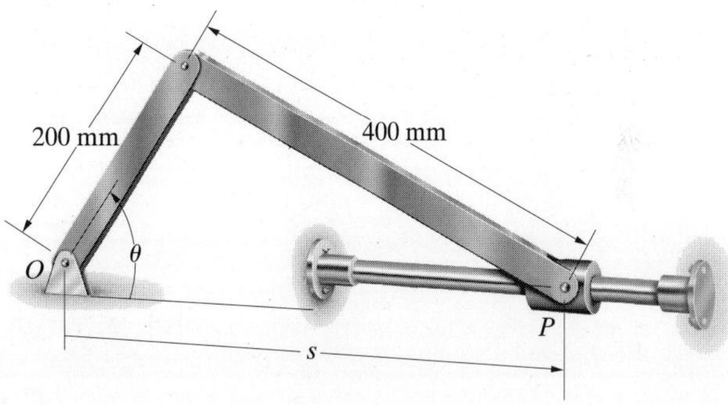

문제 2.39

가속도가 속도의 함수로 주어질 때 공기역학적 힘들과 유체역학적 힘들은 물체의 가속도가 물체의 속도에 의존하게 만들 수 있다(그림 2.13). 가속도가 다음과 같이 속도의 알려진 함수라고 가정하자:

$$\frac{dv}{dt} = a(v) \tag{2.14}$$

$a(v)$가 시간의 함수로 주어지지 않았기 때문에 속도를 구하기 위해 이 식을 시간에 대해 적분할 수는 없다. 그러나 v를 포함하는 항들을 식의 한쪽 변에 두고, t를 포함하는 항들을 식의 반대쪽 변에 둠으로써 **변수들을 분리**할 수 있다:

$$\frac{dv}{a(v)} = dt \tag{2.15}$$

이제 위 식을 적분하여 다음을 얻을 수 있다:

$$\int_{v_0}^{v} \frac{dv}{a(v)} = \int_{t_0}^{t} dt \tag{2.16}$$

그림 2.13
가속도가 속도의 함수로 주어질 때 공기역학적 힘들과 유체역학적 힘들은 물체의 속도에 의존한다. 탄알의 속도가 느려짐에 따라, 탄알의 운동을 방해하는 공기역학적 항력이 감소한다.

여기서 v_0는 시간 t_0에서의 속도이다. 원칙적으로 이 식을 풀어 시간의 함수인 속도를 구하는 것이 가능하며, 다음 관계식

$$\frac{ds}{dt} = v$$

를 적분하여 위치를 시간의 함수로 구할 수 있다.

연쇄법칙(chain rule)을 이용하여 속도를 위치의 함수로 구할 수도 있다. 가속도를 다음 식

$$\frac{dv}{dt} = \frac{dv}{ds}\frac{ds}{dt} = \frac{dv}{ds}v$$

로 쓴 후, 식 (2.14)에 대입하면 다음을 얻는다:

$$\frac{dv}{ds}v = a(v)$$

변수들을 분리하면,

$$\frac{v\,dv}{a(v)} = ds$$

이며, 적분하면

$$\int_{v_0}^{v} \frac{v\,dv}{a(v)} = \int_{s_0}^{s} ds$$

와 같이 속도와 위치 사이의 관계식을 구할 수 있다(예제 2.4 참조).

가속도가 위치의 함수로 주어질 때 중력과 스프링에 의한 힘들은 물체의 가속도가 물체의 위치에 의존하도록 한다. 가속도가 위치의 함수로 주어진다면, 즉

$$\frac{dv}{dt} = a(s) \tag{2.17}$$

이면, $a(s)$가 시간의 함수로 주어지지 않았기 때문에 속도를 구하기 위해 시간에 대해 적분할 수는 없다. 게다가 이 식이 세 개의 변수 v, t, s를 포함하고 있기 때문에 변수들을 분리할 수도 없다. 그러나 연쇄법칙을 사용하면

$$\frac{dv}{dt} = \frac{dv}{ds}\frac{ds}{dt} = \frac{dv}{ds}v$$

이므로, 식 (2.17)을 다음과 같이 쓸 수 있다:

$$\frac{dv}{ds}v = a(s)$$

이제 변수들을 분리하여

$$v\,dv = a(s)\,ds \tag{2.18}$$

를 얻고 적분을 하면,

$$\int_{v_0}^{v} v\, dv = \int_{s_0}^{s} a(s)\, ds \tag{2.19}$$

이다. 원칙적으로, 이 식을 풀면 속도를 위치의 함수로 구할 수 있다. 즉,

$$v = \frac{ds}{dt} = v(s) \tag{2.20}$$

이다. 그 다음, 이 식에서 변수들을 분리하여 적분함으로써 시간의 함수인 위치를 구할 수 있다:

$$\int_{s_0}^{s} \frac{ds}{v(s)} = \int_{t_0}^{t} dt$$

가속도가 속도나 위치의 함수로 알려져 있을 때 기술한 방법들을 표 2.1에 정리하였다.

표 2.1 가속도가 속도나 위치의 함수로 알려져 있는 경우 속도를 구하는 방법.

만일 $a = a(v)$를 안다면	변수들을 분리한다:
	$\frac{dv}{dt} = a(v)$, $\frac{dv}{a(v)} = dt$ 또는 연쇄법칙을 적용하여 $\frac{dv}{dt} = \frac{dv}{ds}\frac{ds}{dt} = \frac{dv}{ds}v = a(v)$ 로 나타낸 후, 변수들을 분리한다. $\frac{v\, dv}{a(v)} = ds$
만일 $a = a(s)$를 안다면	연쇄법칙을 적용한다:
	$\frac{dv}{dt} = \frac{dv}{ds}\frac{ds}{dt} = \frac{dv}{ds}v = a(s)$ 그 다음 변수들을 분리한다: $v\, dv = a(s)\, ds$

예제 2.4 속도의 함수인 가속도

그림 2.14의 비행기가 감속 낙하산을 편 후, $a = -0.004v^2$ m/s^{2}의 가속도를 갖는다. 여기서 v는 비행기의 속도(m/s)이다.

(a) 속도가 80 m/s에서 10 m/s로 감속하는 데 걸리는 시간을 구하라.

(b) 그 시간 동안 비행기가 주행한 거리는 얼마인가?

‖ 전략 ‖

(a) 비행기의 가속도가 속도의 함수로 알려져 있다. 표 2.1에서와 같이 변수들

그림 2.14

을 분리하여 적분함으로써 시간의 함수인 속도를 구할 수 있다.

(b) 먼저 연쇄법칙을 이용하여 가속도를 위치 s에 대한 미분으로 나타낸 후, 변수들을 분리하고 적분하여 속도를 s의 함수로 구할 것이다.

‖ 풀이 ‖

(a) 가속도는

$$a = \frac{dv}{dt} = -0.004v^2$$

이다. 변수들을 분리하면

$$\frac{dv}{v^2} = -0.004\,dt$$

이며, $v = 80$ m/s가 되는 시각을 $t = 0$으로 정의하고 적분하면,

$$\int_{80}^{v} \frac{dv}{v^2} = \int_0^t -0.004\,dt,$$

$$\left[-\frac{1}{v}\right]_{80}^{v} = -0.004\left[t\right]_0^t,$$

$$-\frac{1}{v} + \frac{1}{80} = -0.004(t - 0)$$

이다. t에 대해 풀면, 다음 결과를 얻는다:

$$t = 250\left(\frac{1}{v} - \frac{1}{80}\right)$$

이 식으로부터 비행기가 $v = 10$ m/s까지 감속하는 데 걸리는 시간은 21.9초임을 알 수 있다. 그림 2.15에 비행기의 속도를 시간의 함수로 나타내었다.

(b) 가속도를 다음과 같이 쓴다:

$$a = \frac{dv}{dt} = \frac{dv}{ds}\frac{ds}{dt} = \frac{dv}{ds}v = -0.004v^2$$

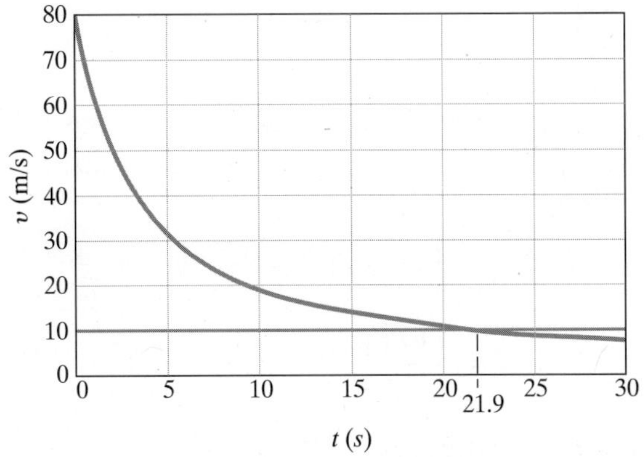

그림 2.15
시간에 대한 비행기 속도의 그래프.

변수들을 분리하면,

$$\frac{dv}{v} = -0.004\,ds$$

이다. $v = 80$ m/s가 되는 위치를 $s = 0$으로 정의하여 적분하면

$$\int_{80}^{v} \frac{dv}{v} = \int_{0}^{s} -0.004\,ds,$$

$$\Big[\ln v\Big]_{80}^{v} = -0.004\Big[s\Big]_{0}^{s},$$

$$\ln v - \ln 80 = -0.004(s - 0)$$

이고, s에 대해 풀면 다음 식을 얻는다:

$$s = 250 \ln\left(\frac{80}{v}\right) \text{ m}$$

비행기가 $v = 10$ m/s까지 감속하는 데 필요한 거리는 520 m이다.

| 비판적 사고 |

위에서 구한 결과에 의하면, 소요된 시간과 주행한 거리는 비행기의 속도가 감소함에 따라 무한대로 커진다는 점에 주목하라. 그 이유는 모델링이 불완전하기 때문이다. 가속도에 대한 식이 공기역학적 항력만을 포함하고 있고 비행기 바퀴에서의 마찰력과 같은 다른 힘들을 고려하지 않았다.

예제 2.5 중력(위치 의존)가속도

중력가속도의 크기를 지구중심으로부터의 거리 s로 나타내면 gR_E^2/s^2이다. 여기서 R_E는 지구의 반경이다(1.5절의 중력에 대한 설명을 참고하라). 우주선이 지구중심으로부터 s_0의 거리에 있다면(그림 2.16), 우주선이 지구중심으로부터 h의 특정 거리에 도달하려면 우주선의 속도 v_0의 크기는 얼마가 되어야 하는가?

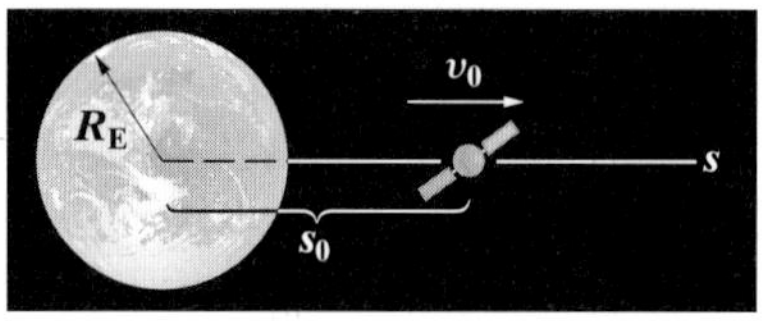

그림 2.16

| 전략 |

가속도가 위치 s의 함수로 알려져 있다. 표 2.1에 나타낸 것과 같이 연쇄법칙을 적용하고 변수를 분리한 후, 적분하여 s의 함수인 속도를 구하라.

| 풀이 |

중력에 의한 가속도는 지구중심을 향한다. 즉,

$$a = -\frac{gR_E^2}{s^2}$$

연쇄법칙을 적용하면

$$a = \frac{dv}{dt} = \frac{dv}{ds}\frac{ds}{dt} = \frac{dv}{ds}v = -\frac{gR_E^2}{s^2}$$

이며, 변수들을 분리하면 다음을 얻는다:

$$v\,dv = -\frac{gR_E^2}{s^2}ds$$

초기 조건($s = s_0$일 때 $v = v_0$)을 적분의 하한값으로 하고 최종 조건($s = h$일 때 $v = 0$)을 상한값으로 하여 위 식을 적분하면,

$$\int_{v_0}^{0} v\,dv = -\int_{s_0}^{h} \frac{gR_E^2}{s^2}ds,$$

$$\left[\frac{v^2}{2}\right]_{v_0}^{0} = gR_E^2\left[\frac{1}{s}\right]_{s_0}^{h},$$

$$0 - \frac{v_0^2}{2} = gR_E^2\left(\frac{1}{h} - \frac{1}{s_0}\right)$$

이다. v_0에 대해 풀면, 우주선이 거리 h에 도달하는 데 필요한 초기 속도 v_0를 구할 수 있다. 즉,

$$v_0 = \sqrt{2gR_E^2\left(\frac{1}{s_0} - \frac{1}{h}\right)}$$

이다.

| 비판적 사고 |

이 예제의 결과로부터 흥미롭고 중요한 관찰을 한 가지 할 수 있다. 거리 h가 증가함에 따라, 필요한 초기 속도 v_0는 유한한 극한값에 가까워진다. 이 극한값, 즉

$$v_{esc} = \lim_{h\to\infty} v_0 = \sqrt{\frac{2gR_E^2}{s_0}}$$

을 탈출 속도(escape velocity)라고 부른다. 다른 영향들이 없을 때, 이 초기 속

도를 가진 물체는 지구로부터 무한히 멀어지는 운동을 계속할 것이다. 탈출 속도의 존재로 인해 우주선을 다른 행성으로 보내는 것이 가능하다. 일단 탈출 속도에 이르게 되면, 이동을 계속하기 위해 추가로 연료를 소모할 필요가 없다.

연습문제

2.40 기계가공 처리용 라우터를 제어하기 위한 시스템을 설계하고 있는 엔지니어가 어떤 시간 동안 라우터의 가속도가 $a = -0.4v$ cm/s^{2}이 되도록 시스템을 모델링하고 있다. 여기서 v는 라우터의 속도(cm/s)이다. $t = 0$일 때 라우터의 위치는 $s = 0$이며, 속도는 $v = 2$ cm/s이다. $t = 3$ s에서 속도는 얼마인가?

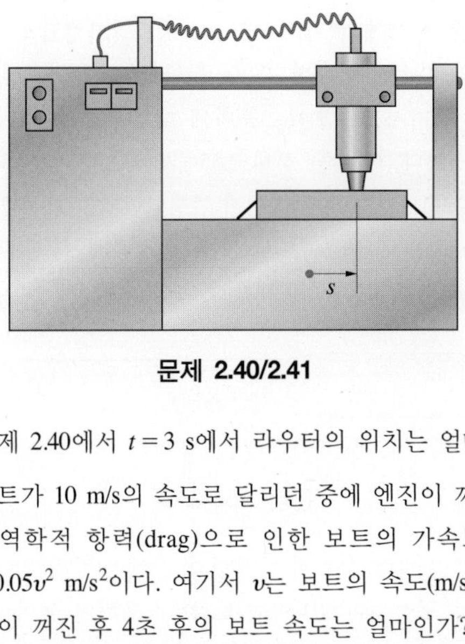

문제 2.40/2.41

2.41 문제 2.40에서 $t = 3$ s에서 라우터의 위치는 얼마인가?

2.42 보트가 10 m/s의 속도로 달리던 중에 엔진이 꺼졌다. 유체역학적 항력(drag)으로 인한 보트의 가속도는 $a = -0.05v^2$ m/s^{2}이다. 여기서 v는 보트의 속도(m/s)이다. 엔진이 꺼진 후 4초 후의 보트 속도는 얼마인가?

2.43 문제 2.42에서 보트의 엔진이 꺼진 후 4초 동안 보트가 달린 거리는 얼마인가?

문제 2.42/2.43

2.44 오일이 담긴 통 속에 쇠공을 정지상태에서 놓는다. 쇠공의 하향 가속도는 $a = 2.4 - 0.6v$ cm/s^{2}이다. 여기서 v는 볼의 속도(cm/s)이다. 쇠공이 놓여진 후 2초 후의 공의 하향 속도를 구하라.

2.45 문제 2.44에서 공이 놓여진 후 처음 2초 동안 쇠공이 낙하한 거리는 얼마인가?

문제 2.44/2.45

2.46 지금까지 발견된 가장 깊은 해양은 서태평양에 있는 마리아나 해구(Marianas Trench)이다. 수면에서 놓여진 쇠공이 바닥에 닿으려면 64분이 걸린다. 공의 하향 가속도는 $a = 0.9\,g - cv$이다. 여기서 $g = 9.81$ m/s^{2}이며, 상수 c는 $c = 3.02$ s^{-1}이다. 마리아나 해구의 깊이는 몇 km인가?

2.47 국내선 여객기가 이륙 주행을 하는 동안의 가속도는 $a = 14 - 0.0003v^2$ m/s^{2}이다. 여기서 v는 여객기의 속도(m/s)이다. 여객기가 200 m/s의 이륙 속도에 도달하는 데 걸리는 시간은 얼마인가?

2.48 문제 2.47에서 여객기가 이륙하는 데 필요한 거리는 얼마인가?

2.49 스카이다이버가 헬리콥터에서 점프하여 30 m/s의 수직 낙하 속도에서 낙하산을 편다. 낙하산을 편 후, 스카이다이버의 하향 가속도는 대략 $a = g - cv^2$이다. 여기서 $g = 9.81\ \text{m/s}^2$이며 c는 상수이다. 초기의 '과도적인' 낙하 후에 다이버는 5 m/s의 거의 일정한 속도로 하강한다.

(a) c의 값은 얼마이며, 단위는 SI 단위계로 무엇인가?

(b) 스카이다이버가 받는 최대 감속도는 얼마인가?

(c) 낙하산이 펼쳐진 위치로부터 2 m 낙하했을 때, 스카이다이버의 하향 속도는 얼마인가?

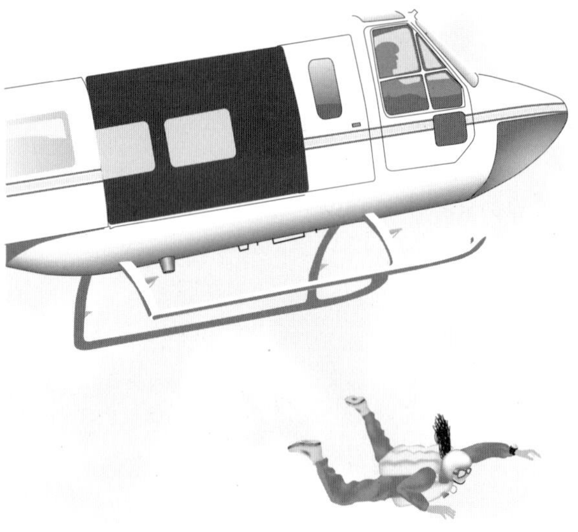

문제 2.49

2.50 로켓 썰매가 정지상태에서 출발하여 속도가 400 m/s가 될 때까지 $a = 30 + 2t\ \text{m/s}^2$으로 가속한다. 그런 후에 물 브레이크에 의해 급제동을 하여 가속도 $a = -0.003v^2\ \text{m/s}^2$으로 속도가 100 m/s가 될 때까지 감속된다. 썰매가 주행한 전체 거리는 얼마인가?

2.51 문제 2.50에서 썰매가 주행한 총 시간은 얼마인가?

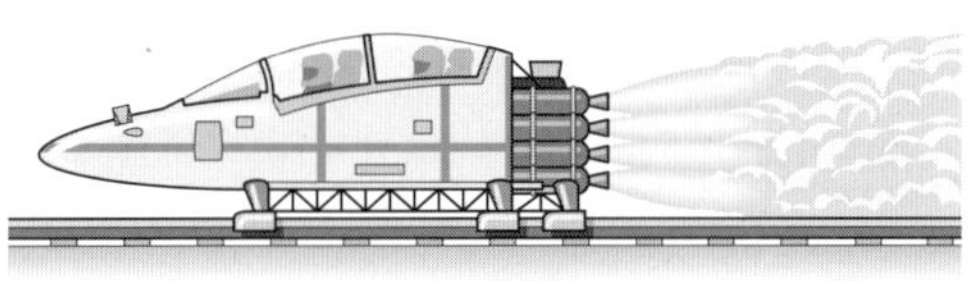

문제 2.50/2.51

2.52 자동차의 가속도가 $a = 0.01s\ \text{m/s}^2$으로 차의 위치와 연동되어 있다. $s = 100$ m일 때, 차는 12 m/s로 움직이고 있다. $s = 420$ m일 때 차의 속도는 얼마인가?

2.53 링크장치의 운동을 해석하는 엔지니어들이 연결점의 속도가 $v = A + 4s^2$ m/s로 주어진다고 결론지었다. $s = 2$ m일 때, 이 점의 가속도를 측정한 결과 $a = 320\ \text{m/s}^2$으로 결정되었다. $s = 2$ m일 때 이 점의 속도는 얼마인가?

2.54 물체의 가속도가 함수 $a = 2s\ \text{m/s}^2$으로 주어진다. $t = 0$일 때 $v = 1$ m/s이다. 물체가 초기 위치로부터 2 m 움직였을 때 속도는 얼마인가?

2.55 고속의 충격을 받는 재료의 성질을 조사하기 위해 가스총이 사용된다. 발사체는 고압 가스에 의해 총신을 통과하면서 가속된다. 발사체의 가속도(m/s^2)는 $a = c/s$로 주어진다. 여기서 s는 총신에서의 발사체의 위치(m)이며 c는 발사체 뒤의 초기 가스압력에 따른 상수이다. 발사체는 $s = 1.5$ m에서 정지상태로부터 출발하며 $s = 3$ m에서 총신 끝에 도달할 때까지 가속된다. 발사체가 200 m/s의 속도로 총신을 떠나기 위해 필요한 상수 c의 값을 구하라.

2.56 만일 문제 2.55에서 기술된 가스총의 고압 가스가 공기라면, 발사체의 가속도를 $a = c/s^{\gamma}$로 가정함으로써 발사체의 가속도에 대한 좀 더 정확한 모델링을 얻을 수 있다. 여기서 $\gamma = 1.4$는 공기에 대한 비열비(specific heat ratio)이다. (이것은 문제 2.55에서 가정한 등온 과정 대신에 등엔트로피 팽창 과정이 가정되었음을 의미한다.) 발사체가 200 m/s의 속도로 총신을 떠나게 하기 위해 필요한 상수 c의 값을 구하라.

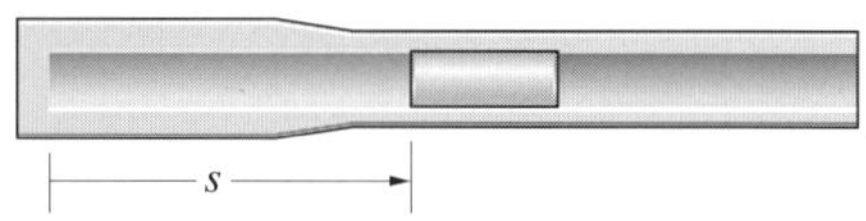

문제 2.55/2.56

2.57 스프링-질량 진동계는 그림과 같이 질량과 연결 스프링으로 구성되어 있다. 좌표 s는 스프링이 늘어나지 않았을 때의 질량 위치에 대한 질량의 변위를 나타낸다. 스프링이 선형이면, 질량은 s에 비례하는 감속도를 받는다. $a = -4s\ \text{m/s}^2$이며, 위치 $s = 0$에서 $v = 1$ m/s의 속도가 질량에 주어진다고 가정하자.

(a) 질량이 스프링 때문에 멈추게 될 때까지 질량이 오른쪽으로 움직인 거리는 얼마인가?

(b) 질량이 위치 $s = 0$으로 되돌아왔을 때 질량의 속도는 얼마가 되겠는가?

2.58 문제 2.57에서, $t = 0$에서 $s = 1$ m의 위치에서 질량을 정지상태에서 놓는다고 가정하자. 질량이 처음 위치에서 $s = 0$까지 움직이는 동안 질량의 속도를 s의 함수로 구하라.

2.59 문제 2.57에서, $t=0$에서 $s=1$ m의 위치에서 질량을 정지상태에서 놓는다고 가정하자. 질량이 처음 위치에서 $s=0$까지 움직이는 동안 질량의 위치를 시간의 함수로 구하라.

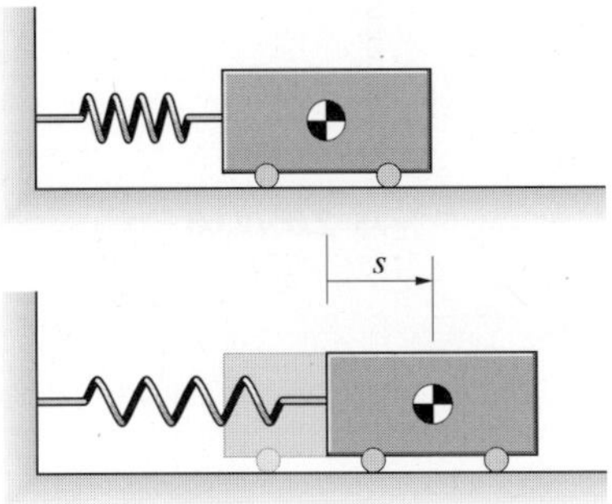

문제 2.57 – 2.59

2.60 스프링이 늘어나지 않은 상태에서 질량이 정지상태로부터 놓여진다. 질량의 하향 가속도는 $a=32.2-50s$ m/s^{2}이다. 여기서 s는 질량이 놓여지는 위치로부터 측정된 질량의 위치이다.

(a) 질량이 낙하하는 거리는 얼마인가?

(b) 질량이 낙하하는 동안 질량의 최대 속도는 얼마인가?

2.61 문제 2.60에서 질량이 위치 $s=0$에 있으며 10 m/s의 하향 속도가 질량에 주어진다고 가정하자.

(a) 질량이 낙하하는 거리는 얼마인가?

(b) 질량이 낙하하는 동안 질량의 최대 속도는 얼마인가?

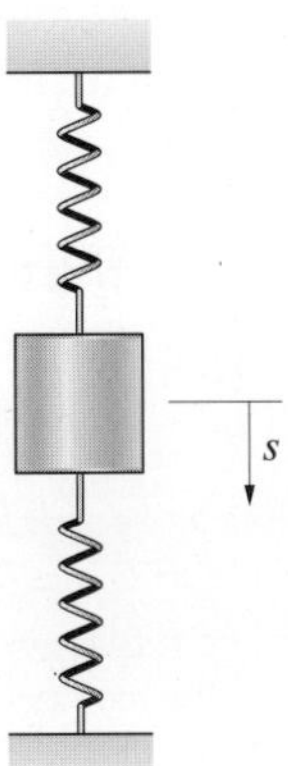

문제 2.60/2.61

2.62 만일 우주선이 지구 표면으로부터 161 km 위에 있다면, 이 우주선이 지구중심으로부터 382,942 km 떨어진 달의 궤도에 도달하기 위해서는 지구로부터의 일직선 방향의 초기 속도 v_0가 얼마가 되어야 하는가? 지구의 반경은 6372 km이다. 달의 중력 효과는 무시한다(예제 2.5 참조).

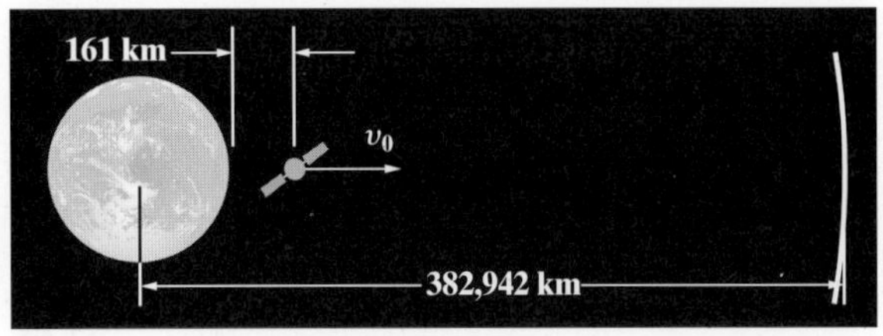

문제 2.62

2.63 달의 반경은 1738 km이다. 달 중심으로부터 거리 s에서 달의 중력에 의한 가속도 크기는

$$\frac{4.89\times10^{12}}{s^2}\ \text{m/s}^2$$

이다. 우주선이 달 표면으로부터 2000 m/s의 속도로 수직으로 발사된다.

(a) 우주선이 달 표면으로부터 1000 km의 위치에 도달할 때 우주선의 속도 크기는 얼마가 되겠는가?

(b) 우주선이 도달하게 되는 달 표면으로부터의 최고 높이는 얼마가 되겠는가?

2.64* 지구 중력장의 영향만을 받는 물체의 속도가

$$v=\left[v_0^2+2gR_E^2\left(\frac{1}{s}-\frac{1}{s_0}\right)\right]^{1/2}$$

이다. 여기서 s는 지구중심에 대한 물체의 위치, v_0는 위치 s_0에서의 물체의 속도, R_E는 지구의 반경이다. 이 식을 이용하여 물체의 가속도가 s의 함수로서 $a=-gR_E^2/s^2$으로 주어짐을 보여라.

2.65 북극에서 남극으로 지구를 관통하는 터널을 뚫고 공기를 빼낼 수 있다고 가정해 보자. 표면에서 떨어뜨린 물체는 가속도 $a=-gs/R_E$로 낙하할 것이다. 여기서 g는 해수면에서의 중력가속도이다. R_E는 지구의 반경이며, s는 지구중심으로부터 물체까지의 거리이다. (중력에 의한 가속도는 지구중심에서 0과 같으며 중심으로부터의 거리에 따라 선형적으로 증가한다.) 표면에서 떨어뜨린 물체가 지구중심에 도달하면 이 물체의 속도 크기는 얼마가 되는가?

2.66* 문제 2.65에서 물체가 지구 표면으로부터 중심까지 낙하하는 데 필요한 시간을 구하라. 지구의 반경은 6370 km이다.

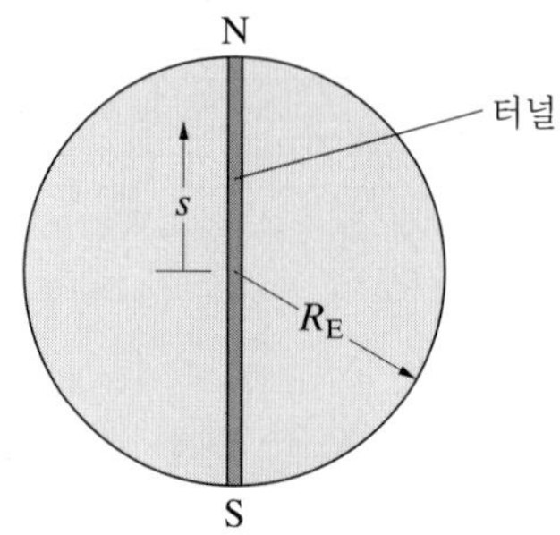

문제 2.65/2.66

2.3 곡선 운동

직선을 따라 움직이는 한 점의 운동은 스칼라 s, v, a에 의해 기술될 수 있다. 그러나 만일 한 점이 어떤 기준좌표계에 대해 곡선 경로(curvilinear path)를 따라 운동한다면, 이 점의 운동은 위치와 속도, 가속도의 벡터들에 의해 기술되어야 한다. 이 벡터들의 방향과 크기가 이들을 표현하는 데 사용한 좌표계에 의존하지는 않지만, 이 벡터들의 표현은 좌표계마다 다르게 나타난다. 많은 문제들이 직각좌표계를 사용하여 해석될 수 있지만, 인공위성과 회전 기계의 운동을 포함한 어떤 경우들은 다른 좌표계들을 이용하여 좀 더 편하게 해석할 수 있다. 다음에서 점들의 곡선 운동을 여러 가지 좌표계에 의해 어떻게 해석하는지 보여준다.

직각좌표계

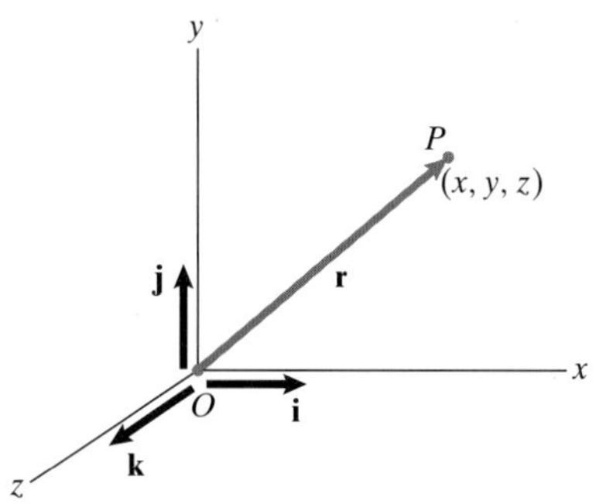

그림 2.17
원점이 O인 직각좌표계.

직각 기준좌표계의 원점 O에 대한 점 P의 위치벡터를 $\mathbf{r}$이라고 하자(그림 2.17). $\mathbf{r}$의 성분은 P의 x, y, z 좌표들이다. 즉,

$$\mathbf{r} = x\mathbf{i} + y\mathbf{j} + z\mathbf{k}$$

이고, 단위벡터 $\mathbf{i}$, $\mathbf{j}$, $\mathbf{k}$는 각각 기준좌표계에 대해 일정한 크기와 일정한 방향을 가지며, 따라서 기준좌표계에 대한 P의 속도는

$$\mathbf{v} = \frac{d\mathbf{r}}{dt} = \frac{dx}{dt}\mathbf{i} + \frac{dy}{dt}\mathbf{j} + \frac{dz}{dt}\mathbf{k} \tag{2.21}$$

이다. 속도를 스칼라 성분으로 나타내면

$$\mathbf{v} = v_x\mathbf{i} + v_y\mathbf{j} + v_z\mathbf{k} \tag{2.22}$$

이며, 이 식으로부터 다음과 같이 속도 성분과 P의 좌표의 관계를 나타내는 스칼라 식을 얻을 수 있다:

$$v_x = \frac{dx}{dt}, \quad v_y = \frac{dy}{dt}, \quad v_z = \frac{dz}{dt} \tag{2.23}$$

P의 가속도는

$$\mathbf{a} = \frac{d\mathbf{v}}{dt} = \frac{dv_x}{dt}\mathbf{i} + \frac{dv_y}{dt}\mathbf{j} + \frac{dv_z}{dt}\mathbf{k}$$

이다. 가속도를 스칼라 성분들로 나타내면

$$\mathbf{a} = a_x\mathbf{i} + a_y\mathbf{j} + a_z\mathbf{k} \tag{2.24}$$

이므로, 다음과 같은 스칼라 식들을 얻을 수 있다:

$$a_x = \frac{dv_x}{dt}, \quad a_y = \frac{dv_y}{dt}, \quad a_z = \frac{dv_z}{dt} \tag{2.25}$$

식 (2.23)과 (2.25)는 직각좌표계에 대한 한 점의 운동을 기술한다. 각 좌표축 방향으로의 운동을 기술하는 식들이 직선에서의 점의 운동을 기술하는 식과 동일한 형태임을 유의하라. 결국 각 좌표축 방향으로의 운동은 직선 운동에 적용했던 방법들을 이용하여 해석할 수 있는 경우가 많다.

투사체 문제(projectile problem)는 이런 유형의 전형적인 예이다. 만일 물체를 공중으로 던지고 공기역학적 항력을 무시한다면, 물체는 중력가속도로 하향 가속된다. y축이 위를 가리키는 고정 직각좌표계에 의하면, 가속도는 $a_x = 0$, $a_y = -g$, $a_z = 0$이다. $t = 0$에서, 투사체는 원점에 있으며 속도 v_0는 $x-y$ 평면에서 수평선에 대해 θ_0의 각을 갖는다고 가정하자(그림 2.18). $t = 0$에서 $x = 0$, $v_x = v_0 \cos\, \theta_0$이다. x 방향의 가속도는 0, 즉

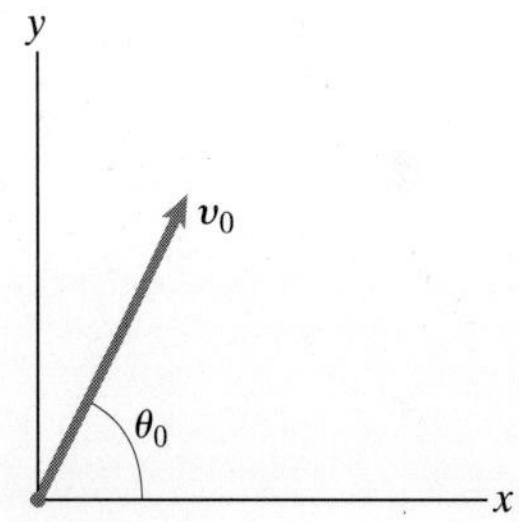

그림 2.18
투사체 문제에 대한 초기 조건.

$$a_x = \frac{dv_x}{dt} = 0$$

이므로, v_x는 일정하며 초기 값과 같은 값을 유지한다:

$$v_x = \frac{dx}{dt} = v_0 \cos\theta_0 \tag{2.26}$$

(이 결과는 비현실적으로 보일 수 있다. 그 이유는 평상시의 경험에 따라 직감적으로 항력을 고려하는 데 비해 이 해석에서는 항력을 고려하지 않기 때문이다.) 식 (2.26)을 적분하면

$$\int_0^x dx = \int_0^t v_0 \cos\theta_0\, dt$$

이며, 이로부터 물체의 x좌표를 시간의 함수로 구할 수 있다:

$$x = (v_0 \cos\theta_0)t \tag{2.27}$$

이렇게 해서 y나 z 방향의 투사체의 운동에 대한 고려없이 x 방향의 위치와 속도를 시간의 함수로 구하였다.

$t = 0$에서, $y = 0$이고 $v_y = v_0 \sin\, \theta_0$이다. y 방향의 가속도는

$$a_y = \frac{dv_y}{dt} = -g$$

이다. 적분하면,

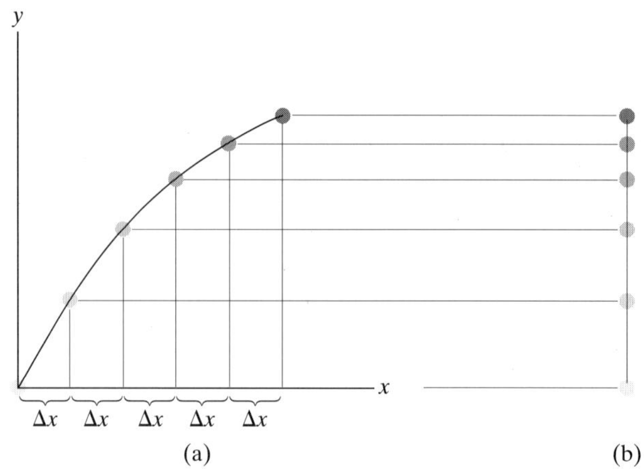

그림 2.19
(a) 같은 시간 간격 Δt에서의 투사체 위치들. 거리는 $\Delta x = v_0(\cos\theta_0)\,\Delta t$.
(b) 같은 시간 간격 Δt에서의 초기 수직 속도 $v_0 \sin\theta_0$의 투사체의 위치.

$$\int_{v_0 \sin\theta_0}^{v_y} dv_y = \int_0^t -g\,dt$$

이며, 이로부터 다음을 얻는다:

$$v_y = \frac{dy}{dt} = v_0 \sin\theta_0 - gt \tag{2.28}$$

이 식을 적분하면

$$\int_0^y dy = \int_0^t (v_0 \sin\theta_0 - gt)\,dt$$

이며, 이로부터 y좌표를 시간의 함수로 구할 수 있다:

$$y = (v_0 \sin\theta_0)t - \tfrac{1}{2}gt^2 \tag{2.29}$$

위의 해석으로부터, 수직방향 속도와 위치는 $v_0 \sin\theta_0$의 초기 속도로 투사체를 위로 똑바로 던진 경우와 같은 값을 가짐을 알 수 있다(그림 2.19a, b). 수직방향의 운동은 수평방향의 운동과 전혀 무관하다.

식 (2.27)을 t에 대해 정리하여 식 (2.29)에 대입하면, 투사체의 포물선 궤도를 기술하는 다음 식을 얻을 수 있다:

$$y = (\tan\theta_0)x - \frac{g}{2v_0^2\cos^2\theta_0}x^2 \tag{2.30}$$

연구 문제

1. 직각 기준좌표계에서 한 점 P의 위치벡터 **r**의 성분은 얼마인가?

2. 식 (2.21)에서, 위치벡터의 시간 미분을 계산하여 직각좌표계 성분에 의해 속도를 구하였다. 왜 결과에 단위벡터들의 시간 미분이 보이지 않는가?

3. 투사체 문제에서, 수평 속도 성분이 일정한 이유는 무엇인가?

예제 2.6 직각좌표계 성분에 의한 운동의 해석

헬리콥터의 시험 비행에서, 헬리콥터가 $t=0$에서 그림 2.20의 좌표계의 원점인 O에서 정지상태에서 출발하며, 헬리콥터에 설치된 가속도계로 측정한 결과, $t=0$에서 $t=10$ s까지의 가속도 성분은 근사적으로 다음과 같다:

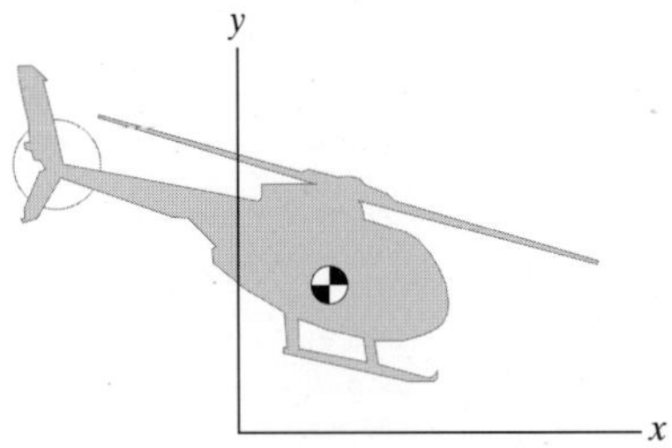

그림 2.20

$$a_x = 0.6t \text{ m/s}^2$$

$$a_y = 1.8 - 0.36t \text{ m/s}^2$$

$$a_z = 0$$

헬리콥터의 속도와 위치를 시간의 함수로 구하라.

| 전략 |

각 좌표축 방향의 운동을 독립적으로 해석하고, 가속도를 적분하여 속도를 구하며, 속도를 적분하여 위치를 구할 수 있다.

| 풀이 |

$t=0$에서 속도는 0이다. 또 $t=0$에서 $x=y=z=0$이라고 가정한다. x 방향의 가속도는

$$a_x = \frac{dv_x}{dt} = 0.6t \text{ m/s}^2$$

이다. 시간에 대해 적분하면

$$\int_0^{v_x} dv_x = \int_0^t 0.6t\,dt$$

이며, 속도 성분 v_x를 시간의 함수로 구할 수 있다:

$$v_x = \frac{dx}{dt} = 0.3t^2 \text{ m/s}$$

위 식을 다시 적분하면

$$\int_0^x dx = \int_0^t 0.3t^2\,dt$$

이므로, 다음과 같이 x를 시간의 함수로 구할 수 있다:

$$x = 0.1t^3 \text{ m}$$

이제 같은 방법으로 y 방향의 운동을 해석한다. 가속도는

$$a_y = \frac{dv_y}{dt} = 1.8 - 0.36t \text{ m/s}^2$$

이며, 적분하면

$$\int_0^{v_y} dv_y = \int_0^t (1.8 - 0.36t)\, dt$$

이므로 다음과 같이 속도를 구할 수 있다:

$$v_y = \frac{dy}{dt} = 1.8t - 0.18t^2 \text{ m/s}$$

다시 적분하면,

$$\int_0^{y} dy = \int_0^t (1.8t - 0.18t^2)\, dt$$

이므로 다음과 같이 위치를 구할 수 있다:

$$y = 0.9t^2 - 0.06t^3 \text{ m}$$

속도와 위치의 z 방향 성분은 $v_z = 0$, $z = 0$임을 쉽게 알 수 있다. 그림 a에 헬리콥터의 위치를 시간의 함수로 나타내었다.

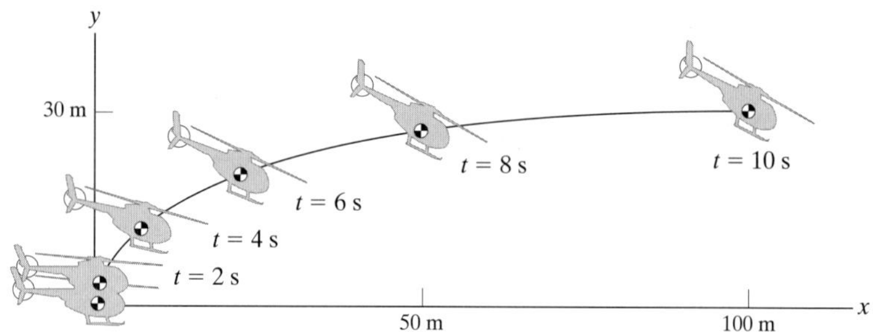

(a) 헬리콥터의 2초 간격별 위치.

비판적 사고

이 예제는 관성 항법 시스템(inertial navigation system)이 어떻게 작동하는지를 보여준다. 이 시스템은 가속도의 x, y, z 성분을 측정하는 가속도계들을 포함하고 있다. (자이로스코프는 가속도계의 정렬을 유지한다.) 관성 항법 시스템은 가속도 성분을 시간에 대해 두 번 적분함으로써, 비행기나 배의 x, y, z 좌표의 변화를 계산한다.

예제 2.7 투사체 문제

그림 2.21에서 스키선수가 10 m/s의 속도로 20°의 경사면을 떠난다.

(a) 선수가 착지하는 지점까지의 거리 d를 구하라.

(b) 선수가 착지하기 직전, 45° 경사면에 평행한 속도 성분과 수직인 속도 성분의 크기는 각각 얼마인가?

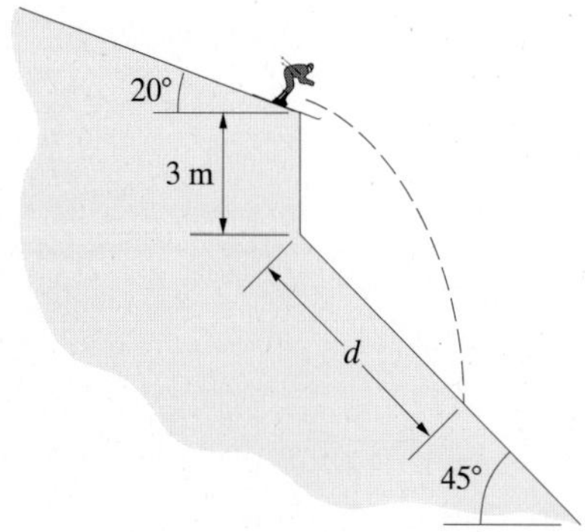

그림 2.21

| 전략 |

(a) 만일 공기역학적 항력을 무시하고 스키선수를 투사체로 생각한다면, 이 선수의 속도와 위치를 시간의 함수로 구할 수 있다. 선수가 착지할 평면을 나타내는 식을 이용하여, 선수의 수평 좌표와 수직 좌표를 서로 연관시킬 수 있으며, 이로부터 착지시간에 대한 식을 얻을 수 있다. 착지시간을 알면, 위치와 속도를 구할 수 있다.

(b) 벡터 **U**의 단위벡터 **e** 방향으로의 성분은 (**e** · **U**)**e**로 구할 수 있으므로, 45° 경사면에 수평인 선수의 속도 성분과 수직인 속도 성분을 구할 수 있다.

| 풀이 |

(a) 스키선수가 지면을 떠나는 지점이 원점인 좌표계를 그림 a에 나타내었다. 이 순간($t = 0$), 선수의 속도 성분은

$$v_x = 10 \cos 20° = 9.40 \text{ m/s}$$

$$v_y = -10 \sin 20° = -3.42 \text{ m/s}$$

이다. 가속도의 x 성분은 0이므로 v_x는 일정하며, 선수의 x좌표는 시간의 함수로

$$x = 9.40t \text{ m}$$

이다. 가속도의 y 성분은

$$a_y = \frac{dv_y}{dt} = -9.81 \text{ m/s}^2$$

이다. v_y를 시간의 함수로 구하기 위해 적분하면

$$\int_{-3.42}^{v_y} dv_y = \int_0^t -9.81\, dt$$

이며, 다음 식을 얻을 수 있다:

$$v_y = \frac{dy}{dt} = -3.42 - 9.81t \text{ m/s}$$

위 식을 적분하여 y좌표를 시간의 함수로 구할 수 있다. 즉,

$$\int_0^y dy = \int_0^t (-3.42 - 9.81t)\, dt$$

로부터 다음을 얻을 수 있다:

$$y = -3.42t - 4.905t^2 \text{ m}$$

선수가 착지할 경사면의 경사도가 −1이므로, 이 경사면을 나타내는 선형 방정식은 $y = (-1)x + A$이다. 여기서 A는 상수이다. $x = 0$에서, 경사면의 y 좌표는 −3 m이므로 상수 A는 $A = -3$ m이며, 45° 경사면을 기술하는 식은

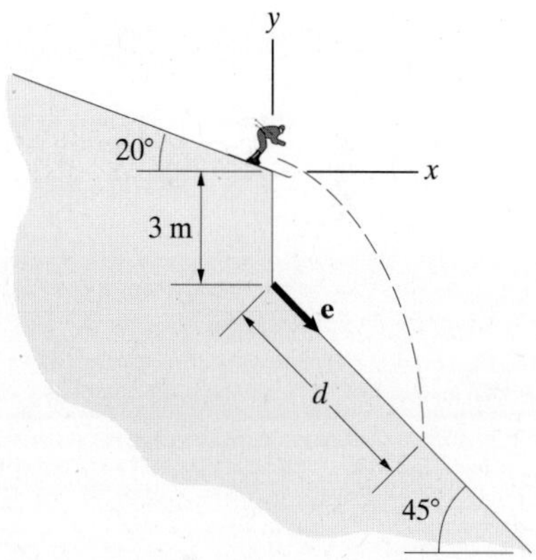

(a)

$$y = -x - 3 \text{ m}$$

이다. 앞에서 시간의 함수로 구한 x, y 좌표의 식을 이 경사면 식에 대입하면, 선수가 착지하는 시간을 구하기 위한 식을 얻을 수 있다:

$$-3.42t - 4.905t^2 = -9.40t - 3$$

t에 대해 풀면 $t = 1.60$ s를 얻는다. 따라서 선수의 착지 좌표는

$$x = 9.40(1.60) = 15.0 \text{ m}$$

$$y = -3.42(1.60) - 4.905(1.60)^2 = -18.0 \text{ m}$$

이며, 거리 d는

$$d = \sqrt{(15.0)^2 + (18.0 - 3)^2} = 21.3 \text{ m}$$

이다.

(b) 착지 직전의 선수의 속도 성분은

$$v_x = 9.40 \text{ m/s}$$

$$v_y = -3.42 - 9.81(1.60) = -19.1 \text{ m/s}$$

이며, 선수의 속도 크기는 $|\mathbf{v}| = \sqrt{(9.40)^2 + (-19.1)^2} = 21.3$ m/s이다. 착지하는 경사면과 평행한 단위벡터를 $\mathbf{e}$라고 하자(그림 a):

$$\mathbf{e} = \cos 45°\mathbf{i} - \sin 45°\mathbf{j}$$

경사면에 평행한 속도 성분은

$$(\mathbf{e} \cdot \mathbf{v})\mathbf{e} = [(\cos 45°\mathbf{i} - \sin 45°\mathbf{j}) \cdot (9.40\mathbf{i} - 19.1\mathbf{j})]\mathbf{e}$$

$$= 20.2\mathbf{e} \text{ (m/s)}$$

이고, 경사면에 평행한 선수의 속도 크기는 20.2 m/s이다. 따라서 경사면에 수직인 선수의 속도 크기는

$$\sqrt{|\mathbf{v}|^2 - (20.2)^2} = 6.88 \text{ m/s}$$

이다.

비판적 사고

이 문제의 해결 실마리는 선수의 가속도를 알고 있다는 것이었다. 가속도를 알고 있으므로, 선수의 속도와 위치 성분들을 시간의 함수로 구할 수 있었다. 선수가 경사면에 착지하는 위치를 어떻게 구했는지 주목하라. 착지하는 순간 선수의 x와 y 좌표는 경사면의 표면을 나타내는 직선 위의 한 점을 나타낸다는 것을 알았다. 경사면을 나타내는 직선에 대한 식에 선수의 x와 y 좌표를 시간의 함수로 대입함으로써 착지시간을 구할 수 있었다. 또한 시간을 알게 됨으로써 착지 순간의 선수의 속도와 위치를 구할 수 있었다.

연습문제

2.67 $x-y$ 평면에서 움직이는 한 점의 좌표(미터 단위)가 $x = 20t^2 - 160$, $y = t^3 + 40t$이다. $t = 2$ s에서 이 점의 속도와 가속도의 크기를 구하라.

2.68 특정 기준좌표계에 의해 그림의 시간($t = 0$)에서 F-14의 질량중심의 위치는 $\mathbf{r} = 10\mathbf{i} + 6\mathbf{j} + 22\mathbf{k}$ (m)이다. $t = 0$에서 $t = 4$ s까지의 속도는 $\mathbf{v} = (52 + 6t)\mathbf{i} + (12 + t^2)\mathbf{j} - (4 + 2t^2)\mathbf{k}$ (m/s)이다. $t = 4$ s에서 비행기의 질량중심의 위치는 얼마인가?

문제 2.68

2.69 $x-y$ 평면에서 움직이는 물체의 가속도가 $\mathbf{a} = (4t - 2)\mathbf{i} + (-2t^2 + 4)\mathbf{j}$ (m/s^2)이다. $t = 0$에서 물체의 위치는 $\mathbf{r} = 3\mathbf{i} - 2\mathbf{j}$ (m)이며, 속도는 $\mathbf{v} = 6\mathbf{i} + 8\mathbf{j}$ (m/s)이다. $t = 3$ s에서 물체의 위치와 속도는 얼마인가?

2.70 투사체가 지면에서 초기 속도 $v_0 = 20$ m/s로 발사된다. (a) $\theta_0 = 30°$일 때, (b) $\theta_0 = 45°$일 때, (c) $\theta_0 = 60°$일 때의 세 경우에 대해 각각 투사체의 사거리 R을 구하라.

2.71 투사체가 지면에서 초기 속도 $v_0 = 20$ m/s로 발사된다. 사거리 R이 최대가 되려면, 초기 발사각도 θ_0는 얼마가 되어야 하며, 최대 사거리는 얼마인가?

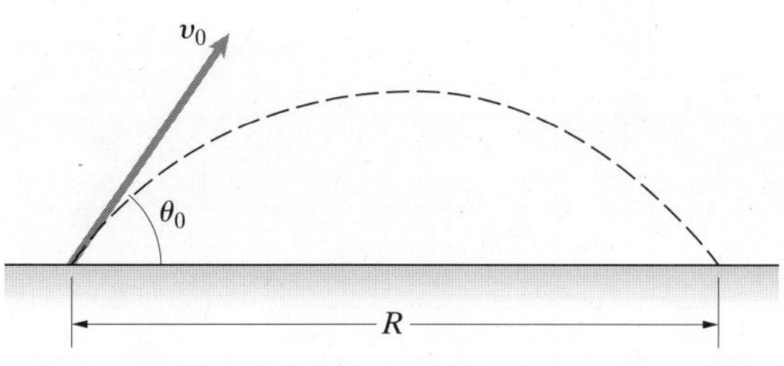

문제 2.70/2.71

2.72 연안 경비정으로부터 조난선에 구조용 밧줄을 보내기 위한 발사기(mortar)를 설계하고 있다고 가정하자. 발사기에 의해 발사되는 무게추에 가벼운 줄이 연결되어 있다. 만일 발사기가 수평선 위 45° 방향으로 발사할 때 줄이 91 m 떨어져 있는 조난선에 도달하게 하려면, 발사기의 총구에서의 속도는 얼마가 필요한가?

2.73 문제 2.72에서 무게추가 발사지점으로부터 올라가게 되는 최고 높이는 얼마인가?

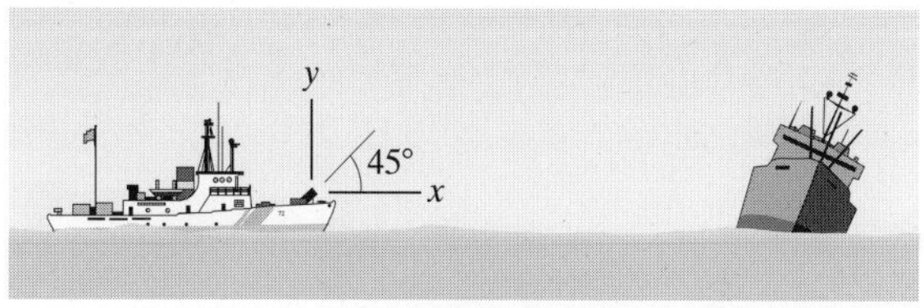

문제 2.72/2.73

2.74 투포환선수가 지면 위 2.13 m 높이에서 포환을 던진다. 포환이 던져진 지점으로부터 땅에 떨어지는 지점까지의 수평거리는 18.3 m이다. 포환의 초기 속도 v_0는 얼마인가?

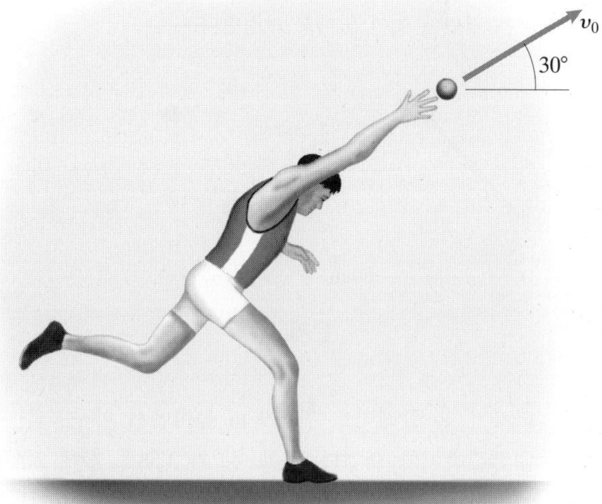

문제 2.74

2.75 조종사가 오스트레일리아 오지의 외딴 장소에 지리학적 좌표 표식(survey marker)을 떨어뜨리려고 한다. 만일 조종사가 고도 $h = 30$ m에서 일정한 속도 $v_0 = 40$ m/s로 비행하면서 비행기에 대해 0의 속도로 표식을 방출한다면, 원하는 낙하지점으로부터 표식을 방출해야 할 지점까지의 수평거리 d는 얼마가 되어야 하는가?

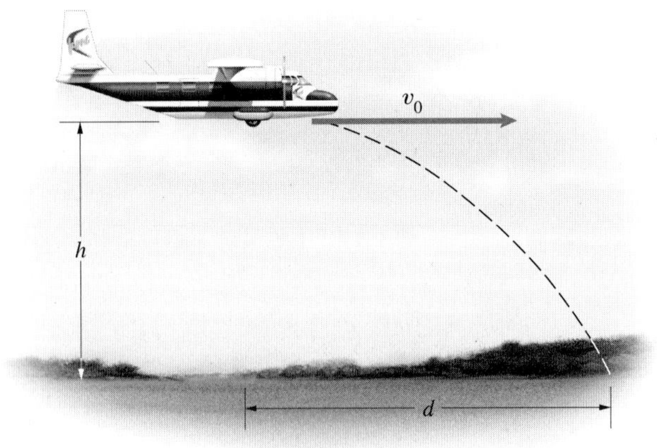

문제 2.75

2.76 골프선수가 사용하고 있는 피칭 웨지(역주: 골프에서 100야드 이하의 거리에서 그린 공략에 사용하는 아이언의 한 종류)가 골프공에 초기 각도 $\theta_0 = 50°$를 준다면, 공이 홀(hole)로부터 3 m 이내에 떨어지도록 하려면, 속도 v_0는 어떤 범위의 값을 가져야 하는가? (홀은 골프공 궤적과 같은 평면에 놓여 있다고 가정한다.)

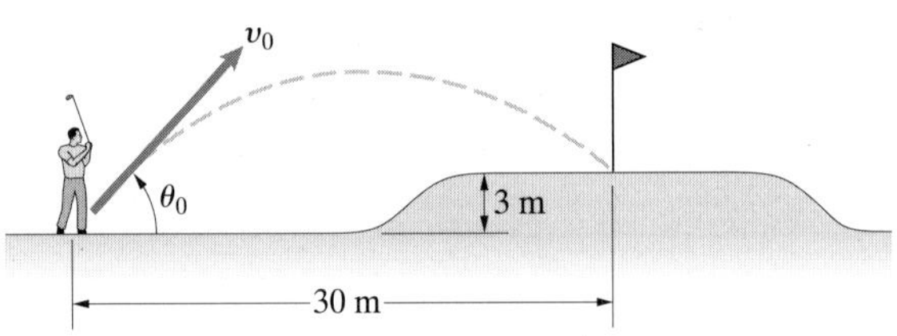

문제 2.76

2.77 타자가 홈 플레이트 위 0.9 m 높이에서 야구공을 쳐서 내야플라이가 되었다. 공을 친 지 3.68초 후에 2루수가 2루 위 1.8 m 높이에서 공을 잡았다. 공의 초기 속도는 얼마이며, 공의 초기 속도벡터와 수평선과의 각은 얼마인가?

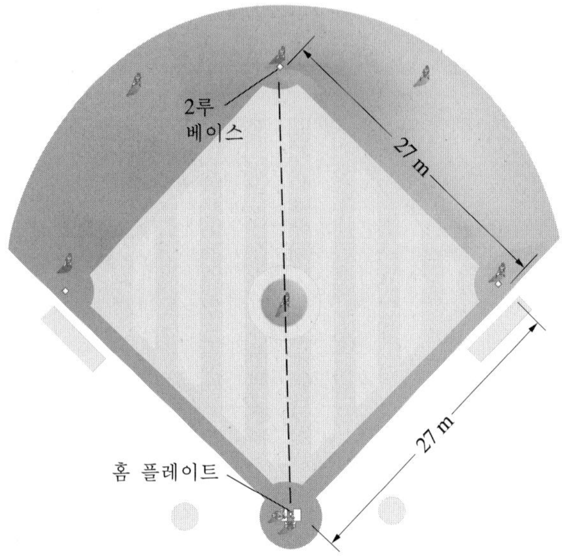

문제 2.77

2.78 투수가 초기 속도 $v_0 = 144.8$ km/h로 야구공을 던진다. 수평선에 대한 공의 속도벡터의 초기 각도를 θ라고 하자. 공을 던지는 순간, 공은 지면에서 1.83 m 높이에 있었으며 타자석에서 17.7 m 떨어져 있었다. 타자의 스트라이크 존은 지면 위 0.56 m에서부터 1.37 m 사이에 걸쳐 있다. 공기역학적 효과를 무시하고 (a) $\theta = 1°$인 경우와 (b) $\theta = 2°$인 경우에 대해 공이 스트라이크존으로 들어오는지를 결정하라:

2.79 문제 2.78에서, 투수가 수평선에 대해 위로 $\theta = 1°$의 각으로 공을 던진다고 가정하고, 공이 스트라이크존으로 들어오기 위해 투수가 던져야 할 속도 v_0(m/s 단위로)의 범위를 구하라.

문제 2.78/2.79

2.80 동물학과 대학원생이 진정제 주사기가 끝에 달린 화살과 활을 받고 검은 코뿔소(Diceros bicornis)의 체온을 측정하라는 지시를 받았다. 이 활의 사거리는 끝까지 당겨서 수평선에 대해 45° 각도 위로 쏠 때 100 m이다. 호전적인 코뿔소가 갑자기 그를 향해 30 km/h의 속도로 대학원생에게 돌격한다. 이 대학원생이 활을 충분히 당겨서 수평선에 대해 20° 각도로 조준한다면, 코뿔소가 얼마나 떨어져 있을 때 화살을 놓아야 하는가?

문제 2.80

2.81 미식축구에서 골대의 크로스바는 지면에서 $y_c = 3.05$ m 위에 있다. 필드골(field goal)을 차 넣기 위해서는 공이 크로스바를 지탱하는 두 개의 기둥 사이를 통과해야 하며, 이때 공은 크로스바 위를 지나가야 한다. 선수가 36.58 m 필드골(x_c)을 시도하며 초기 속도 $v_0 = 21.3$ m/s와 각도 $\theta_0 = 40°$로 공을 찬다고 가정하자. 공이 크로스바를 거뜬히 넘어갈 때 공은 크로스바 위를 얼마나 높이 지나가는가?

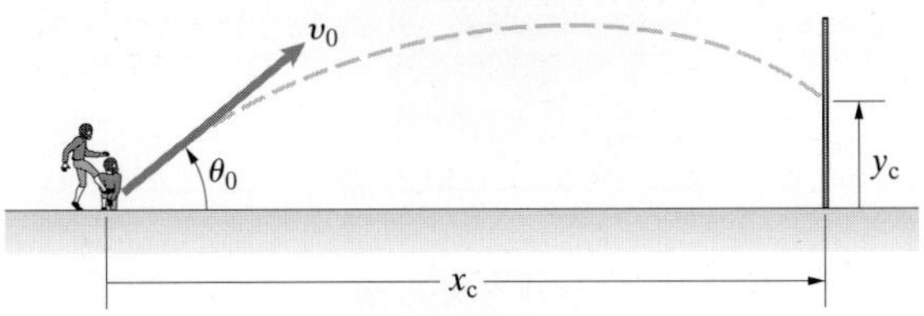

문제 2.81

2.82* 미식축구 쿼터백이 A에 서 있다. 쿼터백이 공을 던지는 순간에, 공을 받을 선수가 B에서 C를 향하여 6.1 m/s로 달린다. 수평선에 대해 45°의 각도로 공을 던지며, 지면 위의 동일한 높이에서 공을 던지고 받는다. 공의 초기 속도의 크기와 공중에 떠 있는 시간 길이를 구하라.

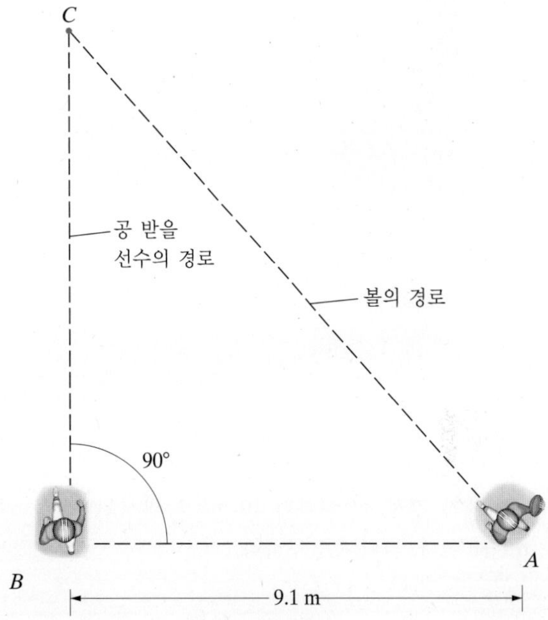

문제 2.82

2.83 멕시코 아카풀코의 절벽 다이빙 선수들은 파도의 물마루(crest: 높은 점)에서 입수(入水)하기 위해 다이빙 시기를 맞추어야 한다. 파도의 물마루는 평균 수심 $h = 4$ m보다 1 m 더 높다. 파도의 수평 속도는 $\sqrt{gh}$와 같다. 다이빙 선수의 목표 지점은 절벽 기슭에서 2 m 떨어진 곳이다. 이 선수가 다이빙을 시작할 때의 속도는 수평이라고 가정한다.

(a) 이 선수가 물에 들어갈 때 속도의 크기는 얼마인가?

(b) 이 선수가 물마루에서 입수하기 위해서는, 다이빙을 할 때 파도의 물마루는 선수의 목표 지점으로부터 얼마나 떨어진 지점에 있어야 하는가?

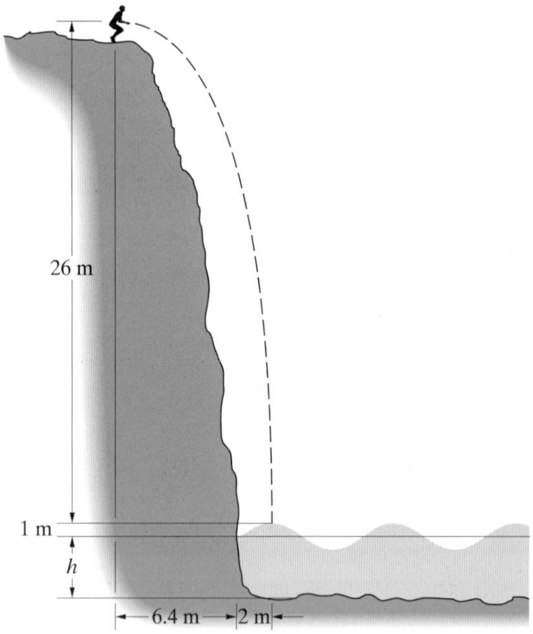

문제 2.83

2.84 발사체가 경사면으로부터 10 m/s로 발사된다. 각 α는 $\alpha = 80°$이다. 거리 R을 구하라.

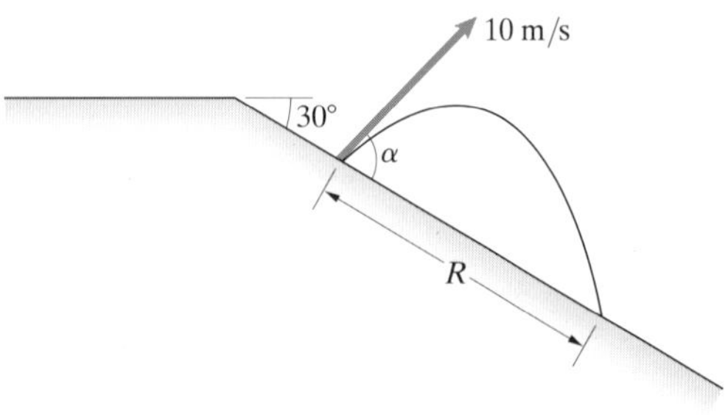

문제 2.84

2.85 발사체가 수평선 위로 60°의 각도로 100 m/s의 속도로 발사된다. 발사체가 떨어질 바닥 표면은 그림의 식으로 기술된다. 충돌 지점의 x좌표를 구하라.

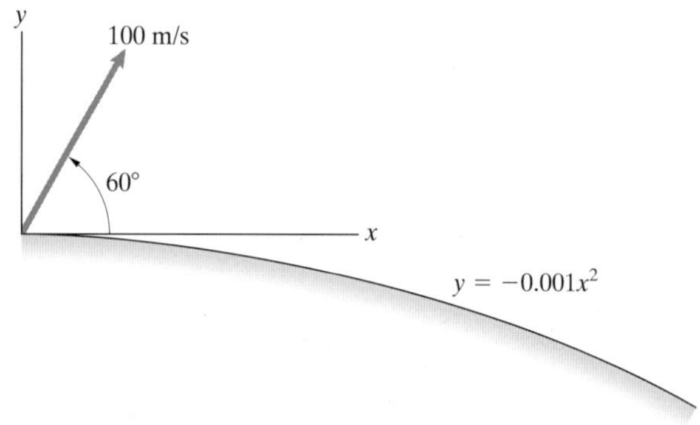

문제 2.85

2.86 $t = 0$에서 기름 탱크 속의 쇠공에 수평 속도 $\mathbf{v} = 2\mathbf{i}$ (m/s)가 주어진다. 쇠공의 가속도 성분은 m/s^2 단위로 $a_x = -1.2v_x$, $a_y = -8 - 1.2v_y$, $a_z = -1.2v_z$이다. $t = 1$초에서 공의 속도는 얼마인가?

2.87 문제 2.86에서, $t = 0$에서의 공 위치에 대한 $t = 1$초에서의 공의 위치는 얼마인가?

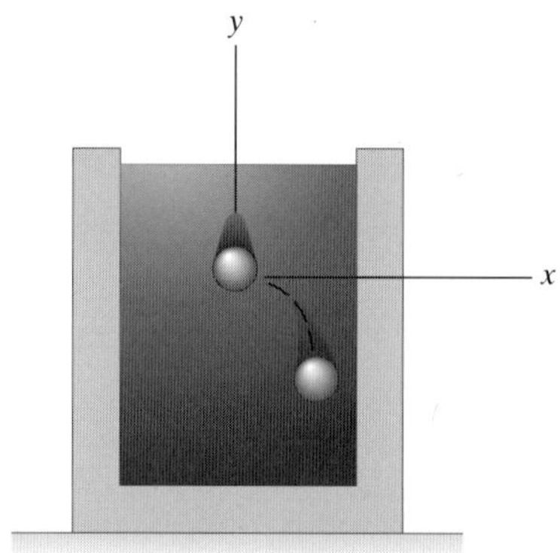

문제 2.86/2.87

2.88 점 P가 반경 R의 원형 경로를 따라 움직인다. 이 점의 속도 크기가 $|\mathbf{v}| = R|d\theta/dt|$임을 보여라.
전략: 식 (2.23)을 이용하라.

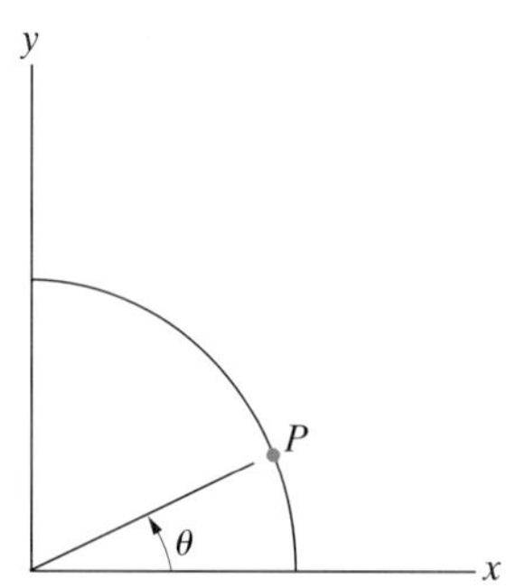

문제 2.88

2.89 만일 $y = 150$ mm, $dy/dt = 300$ mm/s, $d^2y/dt^2 = 0$이라면, 점 P의 속도 크기와 가속도 크기는 각각 얼마인가?

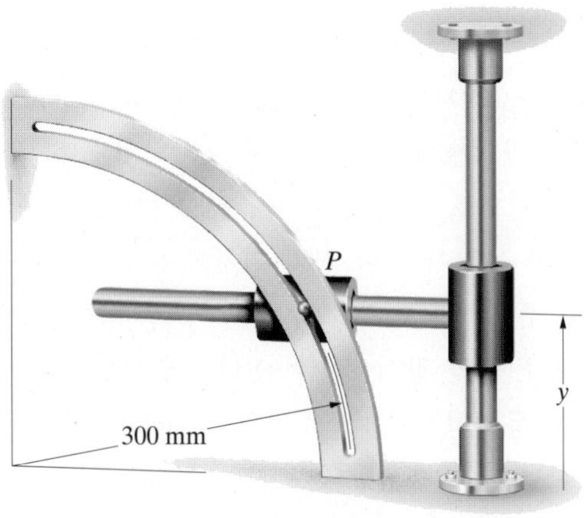

문제 2.89

2.90* 직선 도로의 단면 윤곽이 그림의 식으로 근사화되는 이 오르막 도로에서 자동차가 100 km/h의 일정한 속도로 달리고 있다. 차의 수평 좌표가 $x = 400$ m일 때, 차의 가속도는 얼마인가?

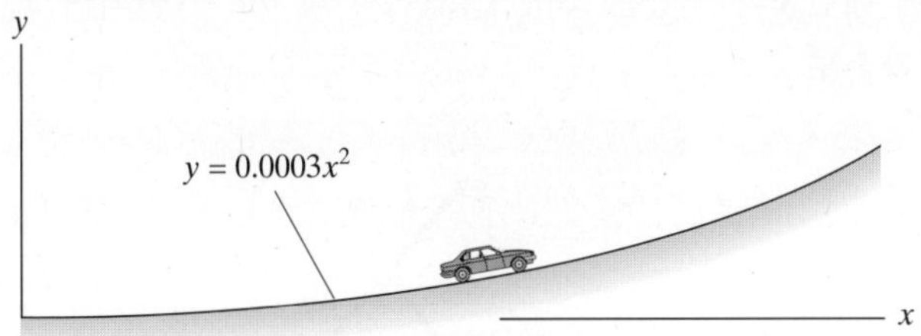

문제 2.90

2.91* 투사체가 그림 2.18에 나타난 초기 조건을 갖는다고 가정하자. 궤적의 최고점이 원점인 $x'y'$ 좌표계에 의해, 궤적을 기술하는 식이

$$y' = -\frac{g}{2v_0^2\cos^2\theta_0}(x')^2$$

임을 보여라.

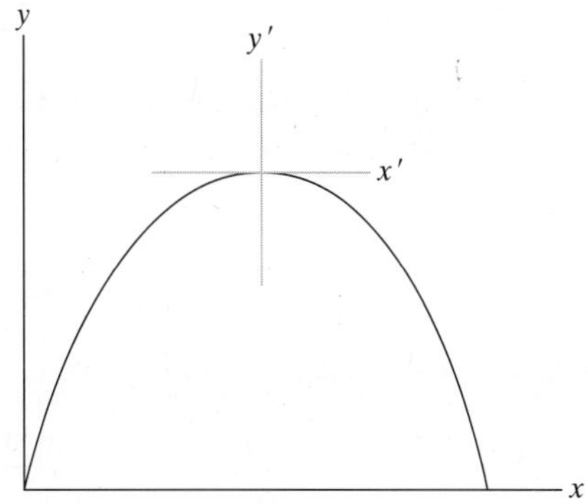

문제 2.91

2.92* 한 점의 가속도 성분이 $a_x = -4\cos 2t$, $a_y = -4\sin 2t$, $a_z = 0$이다. $t = 0$에서 이 점의 위치와 속도는 $\mathbf{r} = \mathbf{i}$, $\mathbf{v} = 2\mathbf{j}$이다. 다음을 증명하라: (a) 속도 크기가 일정하다; (b) 속도 벡터와 가속도 벡터가 수직이다; (c) 가속도의 크기가 일정하며, 원점을 향한다; (d) 이 점의 궤적은 원점이 중심인 원이다.

각운동

몇 가지 경우에서 한 점의 곡선 운동이 직각좌표계를 이용하여 해석될 수 있음을 보았다. 이 절에서는 다른 좌표계들을 사용하면 좀 더 간단하게 해석할 수 있는 문제들에 대해 기술한다. 이 다른 좌표계들에 대한 설명을 쉽게 이해할 수 있도록 하기 위해 다음에서 두 가지 기본 개념, 즉 한 직선의 평면에서의 각운동과 평면에서 회전하는 단위벡터의 시간 미분에 대해 설명한다.

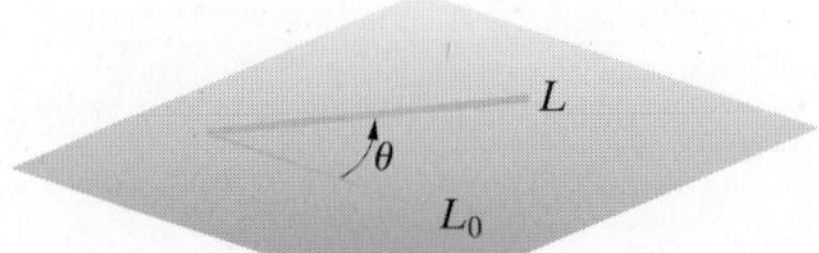

그림 2.22 평면에 있는 직선 L과 기준선 L_0.

직선의 각운동 특정 평면에 있는 기준 직선 L_0에 대한 직선 L의 각(角)위치는 각도 θ로 기술할 수 있다(그림 2.22). L_0에 대한 L의 각속도(angular velocity)는

$$\omega = \frac{d\theta}{dt} \tag{2.31}$$

로 정의되며, L_0에 대한 L의 각가속도(angular acceleration)는

$$\alpha = \frac{d\omega}{dt} = \frac{d^2\theta}{dt^2} \tag{2.32}$$

로 정의된다. 각(角)위치와 각속도, 각가속도의 차원은 각각 rad, rad/s, rad/s^{2}이다. 이 양들이 가끔 라디안 대신 도(degree)나 회전수로 표시되기도 하는데, 계산기 전에 이 양들을 먼저 라디안으로 변환한 후 사용해야 한다.

식 (2.31), (2.32)가 직선을 따라 움직이는 한 점의 위치와 속도, 가속도 사이의 관계식과 비슷하다는 점을 주목하라(표 2.2). 두 경우 모두 위치는 하나의 스칼라 좌표로 기술되며, 양이나 음의 값이 될 수 있다(그림 2.22에서 반시계 방향이 양이다.) 식들의 형태가 동일하므로, 직선 운동(straight-line motion)에 적용했던 것과 같은 방법으로 직선의 각운동을 포함한 문제들을 해석할 수 있다.

표 2.2 직선 운동과 한 직선의 각운동을 지배하는 방정식은 형태가 동일하다.

직선 운동	각운동
$v = \dfrac{ds}{dt}$	$\omega = \dfrac{d\theta}{dt}$
$a = \dfrac{dv}{dt} = \dfrac{d^2s}{dt^2}$	$\alpha = \dfrac{d\omega}{dt} = \dfrac{d^2\theta}{dt^2}$

회전하는 단위벡터 직각 기준좌표계에 대한 단위벡터 **i**, **j**, **k**의 방향은 일정하다. 그러나 다른 좌표계들에서는, 점이 움직임에 따라 이 점의 운동을 기술하는 데 사용한 단위벡터들이 회전한다. 이런 좌표계에서 속도와 가속도에 대한 표현을 얻으려면 회전하는 단위벡터의 시간 미분을 알아야 한다.

직선의 각운동을 기술한 것과 같이 평면에서 단위벡터 **e**의 각운동을 기술할 수 있다. 기준선 L_0에 대한 **e**의 방향은 그림 2.23a에서 각 θ로 기술되며, L_0에 대한 **e**의 회전률은 각속도

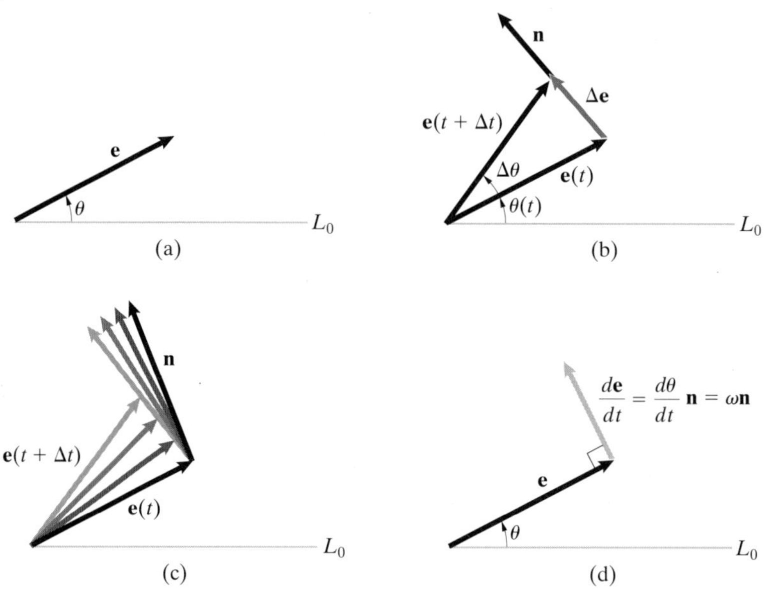

그림 2.23
(a) 단위벡터 **e**와 기준선 L_0.
(b) t와 $t+\Delta t$ 사이의 **e**의 변화 Δ**e**.
(c) Δt가 0으로 감에 따라, **n**은 **e**(t)에 직각이 된다.
(d) **e**의 시간 미분.

$$\omega = \frac{d\theta}{dt}$$

에 의해 기술된다. **e**의 시간 미분은 다음 식으로 정의된다:

$$\frac{d\mathbf{e}}{dt} = \lim_{\Delta t \to 0} \frac{\mathbf{e}(t + \Delta t) - \mathbf{e}(t)}{\Delta t}$$

그림 2.23b는 시간 t와 $t + \Delta t$에서의 벡터 **e**를 나타낸다. 이 시간 동안 **e**의 변화는 $\Delta\mathbf{e} = \mathbf{e}(t + \Delta t) - \mathbf{e}(t)$이며, **e**가 회전한 각도는 $\Delta\theta = \theta(t + \Delta t) - \theta(t)$이다. 그림 2.23b의 삼각형은 이등변 삼각형이므로,

$$|\Delta\mathbf{e}| = 2|\mathbf{e}| \sin(\Delta\theta/2) = 2 \sin(\Delta\theta/2)$$

이다. 위 식에 의해 벡터 $\Delta\mathbf{e}$를 나타내기 위해, $\Delta\mathbf{e}$의 방향을 가리키는 단위벡터 **n**을 도입한다(그림 2.23b):

$$\Delta\mathbf{e} = |\Delta\mathbf{e}|\mathbf{n} = 2 \sin(\Delta\theta/2)\mathbf{n}$$

이 표현을 사용하면 **e**의 시간 미분은

$$\frac{d\mathbf{e}}{dt} = \lim_{\Delta t \to 0} \frac{\Delta\mathbf{e}}{\Delta t} = \lim_{\Delta t \to 0} \frac{2 \sin(\Delta\theta/2)\mathbf{n}}{\Delta t}$$

이다. 극한값 계산을 위해 위 식을 다음 형태로 쓴다:

$$\frac{d\mathbf{e}}{dt} = \lim_{\Delta t \to 0} \frac{\sin(\Delta\theta/2)}{\Delta\theta/2} \frac{\Delta\theta}{\Delta t}\mathbf{n}$$

Δt가 극한적으로 0에 접근하면 $\sin(\Delta\theta/2)/(\Delta\theta/2) = 1$, $\Delta\theta/\Delta t = d\theta/dt$이고, 단위벡터 **n**은 $\mathbf{e}(t)$에 수직이다(그림 2.23c). 따라서 **e**의 시간 미분은

$$\frac{d\mathbf{e}}{dt} = \frac{d\theta}{dt}\mathbf{n} = \omega\mathbf{n} \tag{2.33}$$

이다. 여기서 **n**은 **e**에 수직이며 양의 θ 방향을 가리키는 단위벡터이다(그림 2.23d). 다음 절에서는 이 결과를 이용하여 다른 좌표계에서 점의 속도와 가속도에 대한 표현들을 유도할 것이다.

연구 문제

1. 직선의 각속도와 각가속도의 정의는 무엇인가?

2. 회전하는 단위벡터의 시간 미분은 스칼라인가, 벡터인가?

3. 단위벡터가 각속도 ω로 평면에서 회전하고 있다. 이 벡터의 시간 미분에 대해 무엇을 알 수 있는가?

예제 2.8 각운동의 해석

제트 엔진의 회전자(rotor)가 10,000 rpm(분당 회전수)으로 회전하고 있을 때, 연료가 차단되었다. 이로 인한 각가속도가 $\alpha = -0.02\,\omega$이다. 여기서 ω는 rad/s 단위의 각속도이다.

(a) 회전자가 1000 rpm으로 속도를 낮추는 데 걸리는 시간은 얼마인가?

(b) 회전자가 1000 rpm으로 감속하는 동안 회전자는 몇 회전을 하게 되는가?

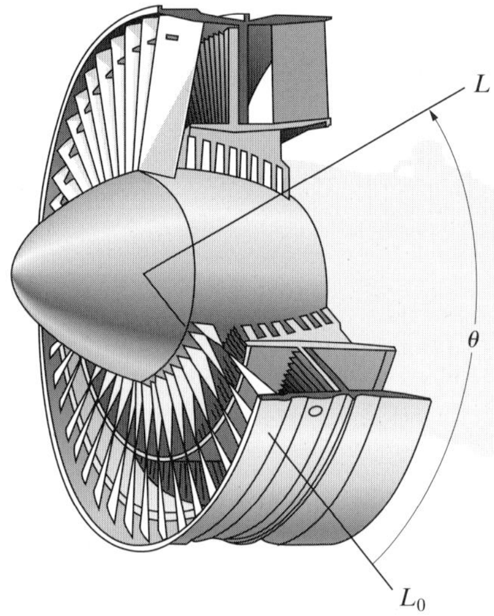

그림 2.24
회전자의 각(角)위치를 나타내기 위한 직선 L과 기준선 L_0의 도입.

‖ 전략 ‖

회전자의 각운동을 해석하기 위해, 회전자에 고정되어 있으면서 회전자의 축에 수직인 직선 L을 정의한다(그림 2.24). 그 다음, 기준선 L_0에 대한 L의 운동을 조사한다. L의 각(角)위치, 각속도, 각가속도가 회전자의 각운동을 기술한다.

‖ 풀이 ‖

rpm을 rad/s로 변환하면 다음과 같다:

$$1\text{ rpm} = (1\text{ revolution/min})\left(\frac{2\pi\text{ rad}}{1\text{ revolution}}\right)\left(\frac{1\text{ min}}{60\text{ s}}\right)$$

$$= \frac{\pi}{30}\text{rad/s}$$

(a) 각가속도는

$$\alpha = \frac{d\omega}{dt} = -0.02\omega$$

이다. 변수들을 분리하여 다음을 얻는다:

$$\frac{d\omega}{\omega} = -0.02\,dt$$

연료가 차단되는 시간을 $t = 0$이라고 가정하여 적분하면,

$$\int_{10{,}000\pi/30}^{1000\pi/30} \frac{d\omega}{\omega} = \int_0^t -0.02\,dt$$

이다. 적분을 계산하고 t에 대해 풀면, 다음을 얻는다:

$$t = \left(\frac{1}{0.02}\right)\ln\left(\frac{10{,}000\pi/30}{1000\pi/30}\right) = 115\text{ s}$$

(b) 각가속도를 다음 식

$$\alpha = \frac{d\omega}{dt} = \frac{d\omega}{d\theta}\frac{d\theta}{dt} = \frac{d\omega}{d\theta}\omega = -0.02\omega$$

와 같이 쓰고 변수를 분리하면,

$$d\omega = -0.02\,d\theta$$

이다. 그 다음, 연료가 차단되는 각위치를 $\theta = 0$으로 정의하여 적분하면,

$$\int_{10{,}000\pi/30}^{1000\pi/30} d\omega = \int_0^{\theta} -0.02\,d\theta$$

이다. θ에 대해 풀면, 다음을 얻는다:

$$\theta = \left(\frac{1}{0.02}\right)[(10{,}000\pi/30) - (1000\pi/30)]$$

$$= 15{,}000\pi\text{ rad} = 7500\text{ 회전}$$

| 비판적 사고 |

이 예제에서 회전자의 각가속도 α는 각속도 ω의 함수로 주어졌다. 가속도 a가 속도 v의 함수로 알려진 직선 운동에 표 2.1에 기술된 방법을 적용하여 이 문제를 풀었음을 유의하라. 표 2.2에 나타낸 것과 같이, 직선 운동에 대한 식과 각운동에 대한 식 사이의 대응관계 때문에 직선 운동이 포함된 문제의 풀이를 위해 2.2절에서 배운 모든 방법들을 각운동에도 적용할 수 있다.

연습문제

2.93 비행기가 $t = 0$에서 착륙할 때, 정지상태의 바퀴는 $t = 1$ s까지 $\alpha = 110\text{ rad/s}^2$의 일정한 각가속도를 받는다.

(a) $t = 1$ s에서 바퀴의 각속도는 얼마인가?

(b) $t = 0$에서, 각은 $\theta = 0$이다. $t = 1$ s에서 θ를 라디안과 회전수로 구하라.

문제 2.93

2.94 지구중심으로부터 적도 위의 한 고정점까지의 직선을 L이라 하고, 고정된 기준 방향을 L_0라고 하자. 다음 그림은 북극 위쪽에서 바라본 지구를 나타낸 것이다.

(a) $d\theta/dt$의 부호는 양인가 음인가?

(b) $d\theta/dt$의 크기는 rad/s로 얼마인가?

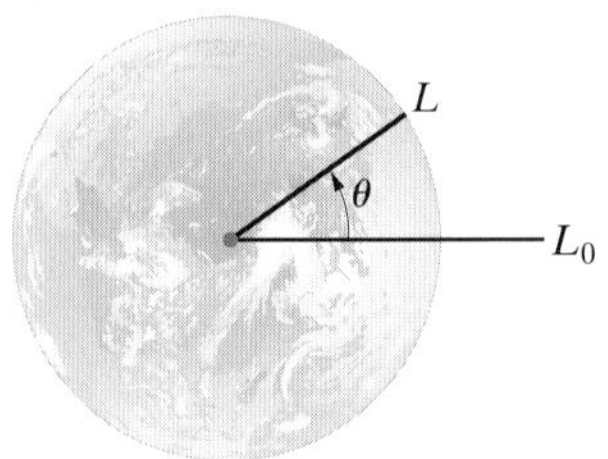

문제 2.94

2.95 기준선 L_0에 대한 직선 L의 각가속도가 $\alpha = 2.5 - 1.2t$ rad/s^{2}으로 주어진다. $t = 0$에서, $\theta = 0$이며, L_0에 대한 L의 각속도는 $\omega = 5$ rad/s이다. $t = 3$ s에서 θ와 ω를 구하라.

2.96 직선 L_0에 대한 직선 L의 각가속도가 $\alpha = -2\omega^2$ rad/s^{2}으로 주어진다. 여기서 ω는 rad/s 단위의 각속도이다. $\theta = 30°$일 때, 각속도는 10 rad/s이다. $\theta = 60°$일 때, 각속도는 얼마인가?

전략: 연쇄법칙을 이용하여 각가속도를 다음과 같이 쓴다:

$$\alpha = \frac{d\omega}{dt} = \frac{d\omega}{d\theta}\frac{d\theta}{dt} = \frac{d\omega}{d\theta}\omega$$

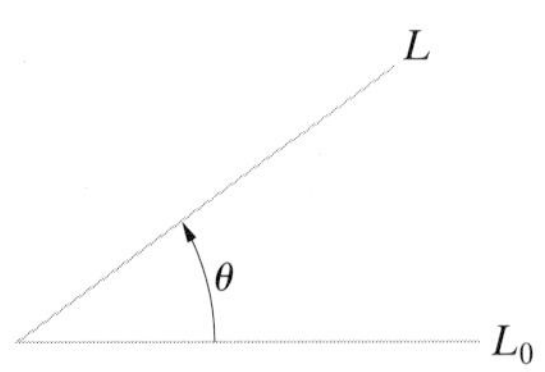

문제 2.95/2.96

2.97 정지상태의 우주비행사가 과산화수소 분사기를 작동시켜 2초 동안 일정한 각가속도 $\alpha = 0.4$ rad/s^{2}을 얻는다. 그런 다음, 분사기를 끄고 일정한 각속도로 회전을 한다. 우주비행사가 분사기를 작동시킨 시간으로부터, 원래 위치에 대해 180° 회전하는 데 걸리는 시간은 얼마인가?

문제 2.97

2.98 수력전기 발전기가 정지상태에서 가동을 시작한다. 발전기의 각가속도는 $\alpha = 6 - 0.2\omega$ rad/s^{2}으로 주어진다. 여기서 ω는 rad/s 단위의 각속도이다. 가동을 시작한 후 10초 뒤의 발전기의 각속도는 얼마인가?

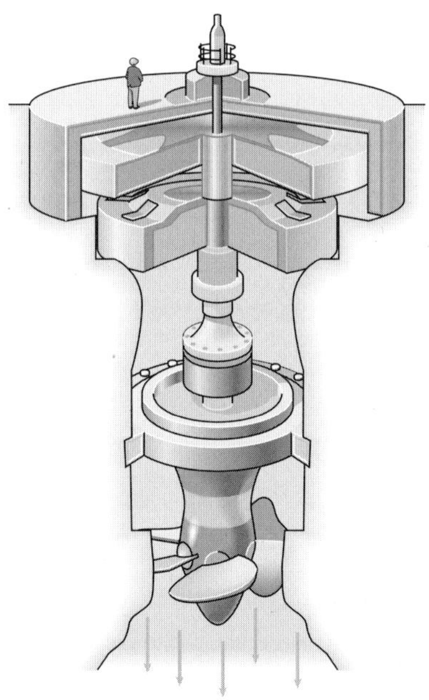

문제 2.98

2.99 전기 발전기의 회전자가 200 rpm으로 회전하고 있을 때 모터가 꺼졌다. 마찰효과 때문에 모터가 꺼진 후 회전자의 각감속도는 $\alpha = -0.01\omega$ rad/s^{2}이 된다. 여기서 ω는 rad/s 단위의 각속도이다. 모터가 꺼진 후 회전자는 몇 바퀴를 회전하는가?

2.100 측정 장비의 바늘이 비틀림 스프링에 연결되어 있으며, 이 스프링 때문에 바늘은 $\alpha = -4\theta$ rad/s^{2}의 각가속도를 받게 된다. 여기서 θ는 기준 방향에 대한 바늘의 각(角) 위치(rad)이다. 위치 $\theta = 0$에서 바늘에 각속도 $\omega = 2$ rad/s가 주어진다.

(a) $\theta = 30°$일 때 바늘의 각속도 크기는 얼마인가?

(b) 바늘이 되돌아가기 전에 도달하게 되는 최대 각(角) θ는 얼마인가?

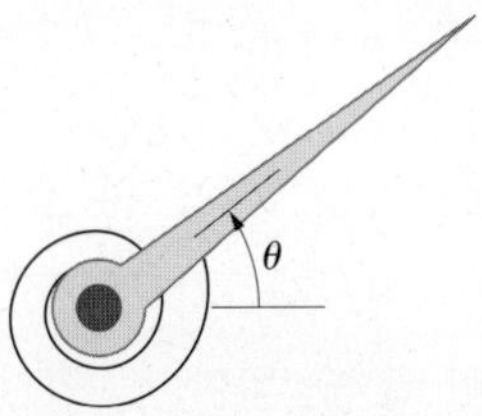

문제 2.100

2.101 각 θ는 x축에 대한 단위벡터 $\mathbf{e}$의 방향을 측정한다. $\mathbf{e}$의 각속도는 $\omega = d\theta/dt = 2$ rad/s이며 일정하다. $\theta = 90°$일 때 다음 두 방법으로 미분 $d\mathbf{e}/dt$를 구하라:

(a) 식 (2.33)을 이용하라.

(b) 벡터 $\mathbf{e}$를 $\mathbf{e}$의 x, y 성분으로 나타내고 $\mathbf{e}$의 시간 미분을 취하라.

2.102 각 θ는 x축에 대한 단위벡터 $\mathbf{e}$의 방향을 측정한다. 각 θ는 $\theta = 2t^2$ rad에 의해 시간의 함수로 주어진다. $t = 4$ s에서 벡터 $d\mathbf{e}/dt$를 구하라.

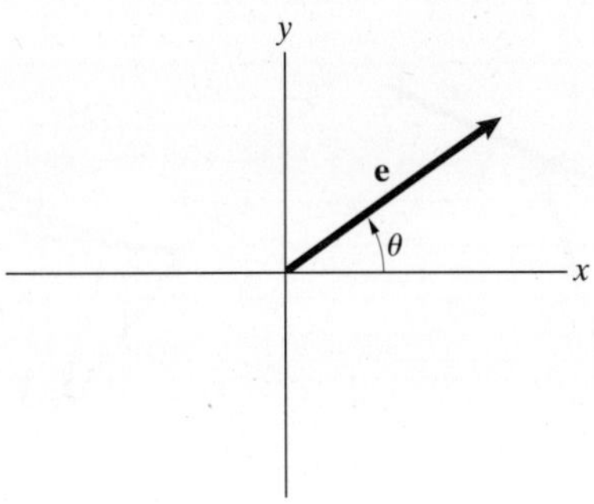

문제 2.101/2.102

2.103 직선 OP의 길이는 R로서 일정하다. 각은 $\theta = \omega_0 t$이며, ω_0는 일정하다.

(a) 다음 관계식

$$v_x = \frac{dx}{dt}, \quad v_y = \frac{dy}{dt}$$

를 이용하여 O에 대한 점 P의 속도를 구하라.

(b) 식 (2.33)을 이용하여 O에 대한 점 P의 속도를 구하고, 이 결과가 문제 (a)의 결과와 일치하는지 확인하라.

전략: (b)에서, O에 대한 P의 위치를 $\mathbf{r} = R\mathbf{e}$로 표시하라. 단, $\mathbf{e}$는 O에서 P를 향하는 단위벡터이다.

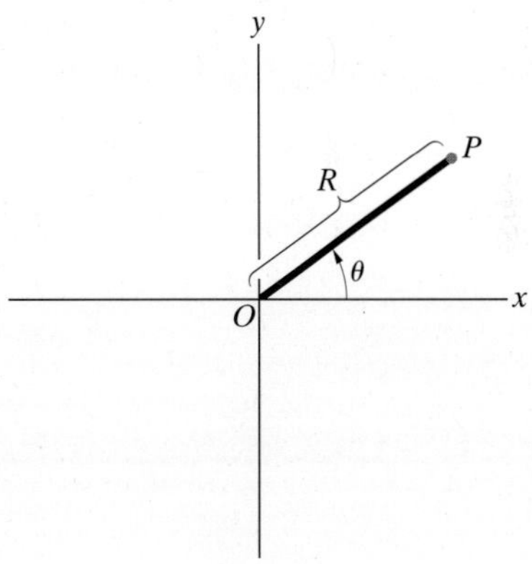

문제 2.103

법선 및 접선 성분

곡선 운동을 기술하는 이 방법에서는, 한 점의 경로(path)를 따라가면서 측정한 좌표에 의해 점의 위치를 나타내며, 경로에 접선방향인 성분과 법선(수직)방향인 성분으로 속도와 가속도를 나타낸다. 법선 및 접선 성분은 점이 원형 경로를 따라 움직일 때 특히 유용하다. 뿐만 아니라 곡선 운동에서의 속도와 가속도의 특성에 대한 훌륭한 통찰력을 제공한다. 평면 경로를 따라 움직이는 운동이 개념적으로 간단하므로 이에 대해 먼저 논의하기로 한다.

평면 운동 어떤 기준좌표계에 대해 평면 상의 곡선 경로를 따라 움직이는 한 점 P를 생각해 보자(그림 2.25a). 위치벡터 $\mathbf{r}$은 기준점 O에 대한 P의 위치를 나타내며, 좌표 s는 점 P의 경로 상의 한 점 O'에 대한 경로 상의 P의 위치를 측정한다. O에 대한 P의 속도는

$$\mathbf{v} = \frac{d\mathbf{r}}{dt} = \lim_{\Delta t \to 0} \frac{\mathbf{r}(t + \Delta t) - \mathbf{r}(t)}{\Delta t} = \lim_{\Delta t \to 0} \frac{\Delta \mathbf{r}}{\Delta t} \tag{2.34}$$

이다. 여기서 $\Delta\mathbf{r} = \mathbf{r}(t + \Delta t) - \mathbf{r}(t)$이다(그림 2.25b). t에서 $t + \Delta t$까지 경로 상에서 이동한 거리를 Δs로 표시한다. $\Delta\mathbf{r}$의 방향을 가리키도록 정의된 단위벡터 $\mathbf{e}$를 도입함으로써, 식 (2.34)를 다음과 같이 쓸 수 있다:

$$\mathbf{v} = \lim_{\Delta t \to 0} \frac{\Delta s}{\Delta t}\mathbf{e}$$

Δt가 0에 접근함에 따라, $\Delta s/\Delta t$는 ds/dt가 되며, $\mathbf{e}$는 시간 t에서 P의 위치에서 경로에 접선인 단위벡터가 된다. 이 단위벡터를 $\mathbf{e}_t$로 표시하면(그림 2.25c), 속도 $\mathbf{v}$는 다음과 같이 나타낼 수 있다:

$$\mathbf{v} = v\mathbf{e}_t = \frac{ds}{dt}\mathbf{e}_t \tag{2.35}$$

곡선 운동을 하는 점의 속도의 크기는 경로를 따라 이동한 거리의 변화율과 같고, 속도의 방향은 경로에 접선방향이다.

P의 가속도를 구하기 위해 다음과 같이 식 (2.35)의 시간 미분을 취한다:

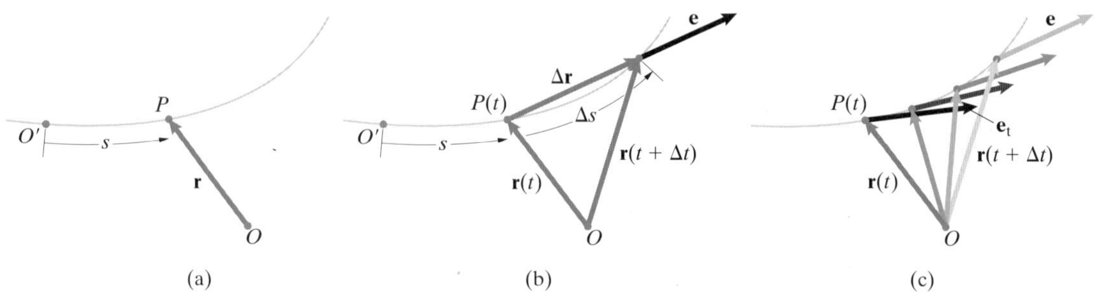

그림 2.25
(a) 경로 상에서의 P의 위치는 좌표 s로 기술된다.
(b) 시간 t와 $t + \Delta t$에서의 P의 위치.
(c) $\Delta t \to 0$일 때 $\mathbf{e}$의 극한은 경로에 접선인 단위벡터이다.

$$\mathbf{a} = \frac{d\mathbf{v}}{dt} = \frac{dv}{dt}\mathbf{e}_t + v\frac{d\mathbf{e}_t}{dt} \tag{2.36}$$

만일 경로가 직선이 아니라면, P가 움직임에 따라 단위벡터 $\mathbf{e}_t$는 회전한다. 결과적으로, $\mathbf{e}_t$의 시간 미분은 0이 아니다. 앞 절에서, 회전하는 단위벡터의 시간 미분을 단위벡터의 각속도로 표현한 식 (2.33)을 유도하였다. 이 결과를 이용하기 위해, 기준선에 대해 $\mathbf{e}_t$의 방향을 나타내는 **경로 각**(path angle) θ를 정의하자(그림 2.26). 그러면, 식 (2.33)으로부터 $\mathbf{e}_t$의 시간 미분은

$$\frac{d\mathbf{e}_t}{dt} = \frac{d\theta}{dt}\mathbf{e}_n$$

이다. 여기서 $\mathbf{e}_n$은 $\mathbf{e}_t$에 수직인 단위벡터이며, $d\theta/dt$가 양인 경우 양의 θ 방향을 가리킨다. 이 표현을 식 (2.36)에 대입하면 다음과 같이 P의 가속도를 얻을 수 있다:

$$\mathbf{a} = \frac{dv}{dt}\mathbf{e}_t + v\frac{d\theta}{dt}\mathbf{e}_n \tag{2.37}$$

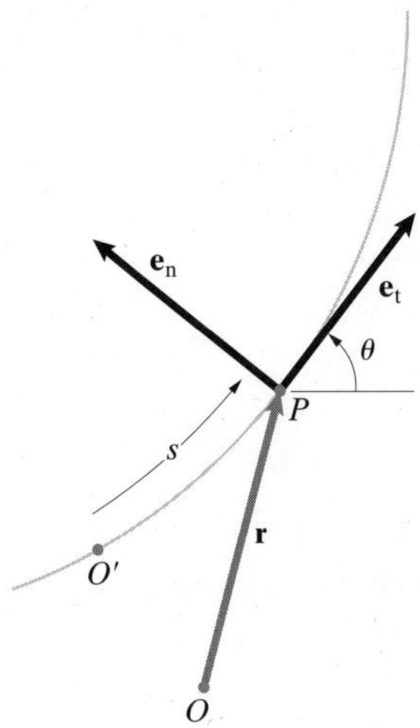

그림 2.26 경로 각.

엄밀하지는 않지만 가속도의 접선 및 법선 성분의 의미에 대한 통찰력을 얻게 해주는 다른 방법을 이용하여 유도할 수도 있다. 그림 2.27a는 시간 t와 $t + \Delta t$에서의 P의 속도를 나타낸다. 그림 2.27b에서 속도 변화 $\mathbf{v}(t + \Delta t) - \mathbf{v}(t)$가 두 개의 성분으로 구성되어 있음을 알 수 있다. 시간 t에서 경로에 접선인 성분 Δv는 속도의 크기 변화로 인한 것이다. 시간 t에서 경로에 수직인 성분 $v\,\Delta\theta$는 속도 벡터의 방향 변화에 의한 것이다. 따라서 속도 변화는 (근사적으로)

$$\mathbf{v}(t + \Delta t) - \mathbf{v}(t) = \Delta v\, \mathbf{e}_t + v\Delta\theta\, \mathbf{e}_n$$

이다. 가속도를 구하기 위해 이 표현을 Δt로 나누고 $\Delta t \to 0$인 극한을 취하면,

$$\mathbf{a} = \lim_{\Delta t\to 0}\frac{\Delta\mathbf{v}}{\Delta t} = \lim_{\Delta t\to 0}\left(\frac{\Delta v}{\Delta t}\mathbf{e}_t + v\frac{\Delta\theta}{\Delta t}\mathbf{e}_n\right)$$

$$= \frac{dv}{dt}\mathbf{e}_t + v\frac{d\theta}{dt}\mathbf{e}_n$$

이다. 이렇게 해서 다시 식 (2.37)을 얻었다. 그러나 이 유도 과정은 가속도의

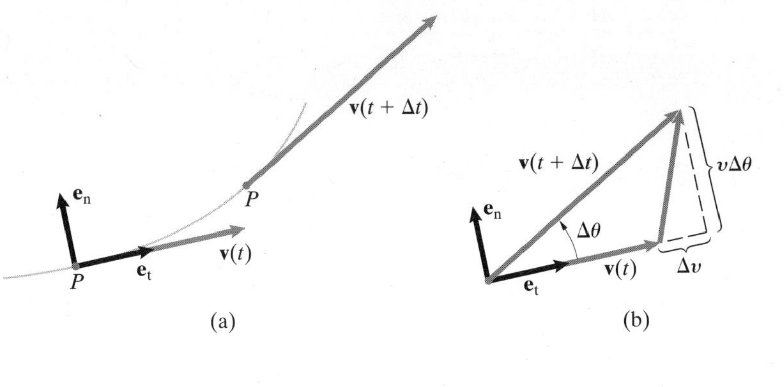

그림 2.27
(a) t와 $t + \Delta t$에서의 P의 속도.
(b) 속도 변화의 접선 및 법선 성분들.

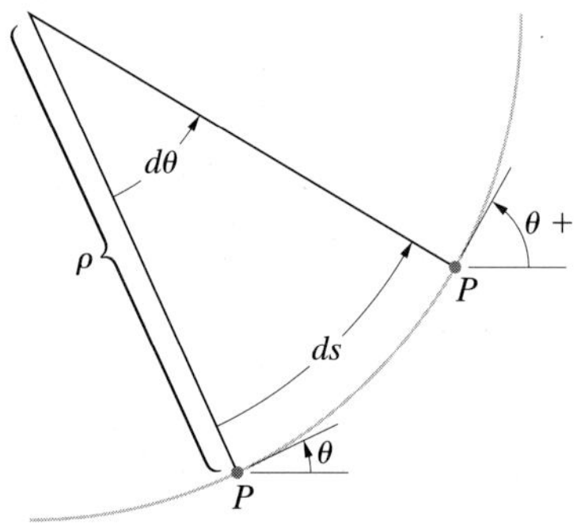

그림 2.28
순간 곡률반경 ρ.

접선 성분이 속도의 크기 변화율로부터 발생한다는 점을 분명히 보여준다. 만일 시간 t에서 경로가 직선이라면, $d\theta/dt$가 0이므로 가속도의 법선 성분은 0과 같음을 유의하라.

가속도를 다른 형태로 표현하면 사용하기가 더 편한 경우가 종종 있다. 그림 2.28은 P가 t와 $t+dt$ 시간에 도달하는 경로 상의 위치를 보여준다. 경로가 곡선이라면, 두 지점에서 경로에 수직으로 직선을 그리면 그림과 같이 두 직선이 교차한다. 경로에서 두 직선의 교차점까지의 거리 ρ를 경로의 **순간곡률반경**(instantaneous radius of curvature)이라고 한다. (경로가 원이라면, ρ는 경로의 반경이 된다.) 각도 $d\theta$는 경로 각(角)의 변화량이며, ds는 t에서 $t+\Delta t$ 시간 동안 이동한 거리이다. 그림으로부터 ρ와 ds는

$$ds = \rho\, d\theta$$

의 관계가 있다. 이 식을 dt로 나누면,

$$\frac{ds}{dt} = v = \rho \frac{d\theta}{dt}$$

이다. 이 관계를 이용하여 식 (2.37)을 다음과 같이 쓸 수 있다:

$$\mathbf{a} = \frac{dv}{dt}\mathbf{e}_{\mathrm{t}} + \frac{v^2}{\rho}\mathbf{e}_{\mathrm{n}}$$

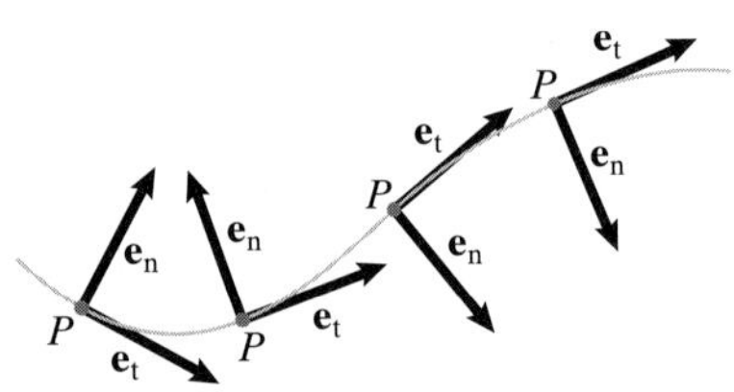

그림 2.29
경로에 법선인 단위벡터는 오목한 쪽을 가리킨다.

주어진 v에 대해, 가속도의 법선 성분은 순간곡률반경에 따라 좌우된다. 경로의 곡률(curvature)이 커질수록, 가속도의 법선 성분도 커진다. 가속도를 이런 식으로 나타내려면, 단위벡터 $\mathbf{e}_{\mathrm{n}}$은 경로의 오목한 쪽을 가리키도록 정의되어야 한다(그림 2.29).

이렇게 해서 법선 및 접선 성분에 의한 속도 및 가속도는

$$\mathbf{v} = v\mathbf{e}_{\mathrm{t}} = \frac{ds}{dt}\mathbf{e}_{\mathrm{t}} \tag{2.38}$$

와

$$\mathbf{a} = a_{\mathrm{t}}\mathbf{e}_{\mathrm{t}} + a_{\mathrm{n}}\mathbf{e}_{\mathrm{n}} \tag{2.39}$$

이다(그림 2.30). 여기서

$$a_{\mathrm{t}} = \frac{dv}{dt}, \; a_{\mathrm{n}} = v\frac{d\theta}{dt} = \frac{v^2}{\rho} \tag{2.40}$$

이다.

만일 운동이 직각 기준좌표계의 $x-y$ 평면에서 일어나며(그림 2.31), θ가 x축과 단위벡터 $\mathbf{e}_{\mathrm{t}}$ 사이의 각이라면, 단위벡터 $\mathbf{e}_{\mathrm{t}}$와 $\mathbf{e}_{\mathrm{n}}$은 직각좌표계의 단위벡터와 다음 관계를 갖는다:

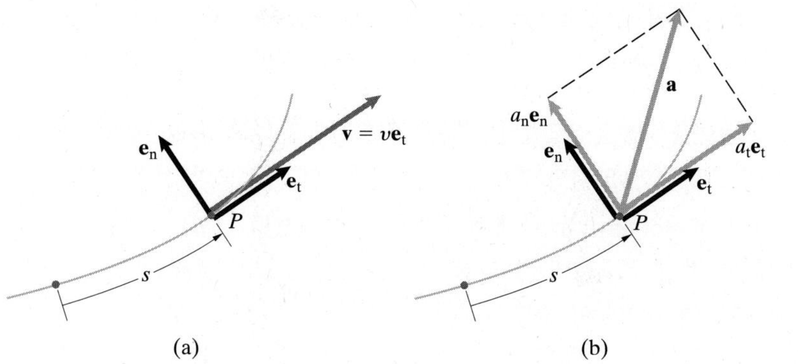

그림 2.30
(a) 속도의 법선 및 접선 성분.
(b) 가속도의 법선 및 접선 성분.

$$\mathbf{e}_t = \cos\theta\,\mathbf{i} + \sin\theta\,\mathbf{j}$$
$$\mathbf{e}_n = -\sin\theta\,\mathbf{i} + \cos\theta\,\mathbf{j} \tag{2.41}$$

만일 $x-y$ 평면에서 경로가 함수 $y=y(x)$로 기술된다면, 순간곡률반경은 다음 식으로 주어진다:

$$\rho = \frac{\left[1 + \left(\dfrac{dy}{dx}\right)^2\right]^{3/2}}{\left|\dfrac{d^2y}{dx^2}\right|} \tag{2.42}$$

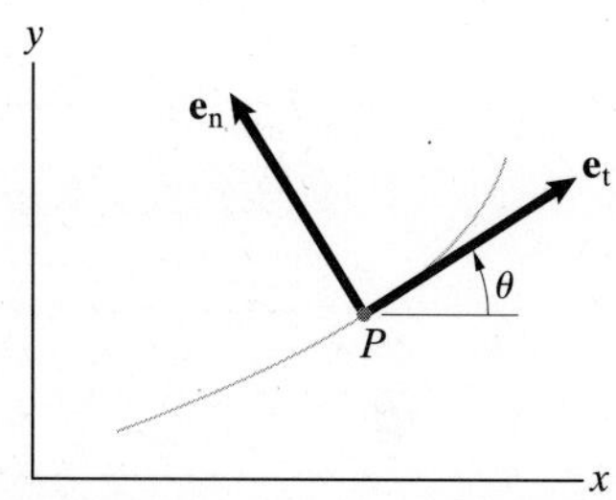

그림 2.31
$x-y$ 평면에서 움직이는 한 점 P.

원운동 만일 점 P가 반경 R인 평면 원형 경로를 따라 움직인다면(그림 2.32), 거리 s는 각도 θ와 다음 관계를 갖는다:

$$s = R\theta \quad \text{(원형 경로)}$$

이 관계를 이용하여, 원형 경로를 따라 움직이는 P의 위치를 s나 θ로 나타낼 수 있다. 이 식을 시간 미분하면, 경로의 중심과 P를 잇는 직선의 각속도 ω와 $v=ds/dt$의 관계식을 얻을 수 있다. 즉,

$$v = R\frac{d\theta}{dt} = R\omega \qquad \text{(원형 경로)} \tag{2.43}$$

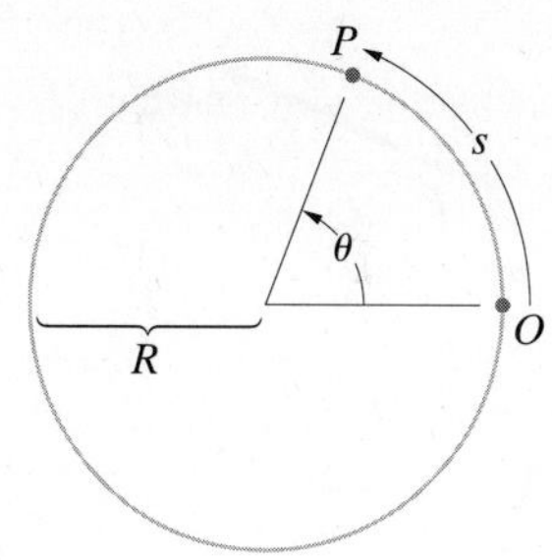

그림 2.32
원형 경로를 따라 움직이는 점.

이며, 다시 시간 미분을 하면, 다음과 같이 가속도의 접선 성분 $a_t = dv/dt$와 각가속도와의 관계식을 얻을 수 있다:

$$a_t = R\frac{d\omega}{dt} = R\alpha \qquad \text{(원형 경로)} \tag{2.44}$$

이 원형 경로에 대해 순간곡률반경은 $\rho = R$이므로 가속도의 법선 성분은 다음과 같다:

$$a_n = \frac{v^2}{R} = R\omega^2 \qquad \text{(원형 경로)} \tag{2.45}$$

점의 원운동이 포함된 문제들을 자주 접할 수 있으므로, 이 관계식들을 기

억해 두는 것이 좋다. 그러나 이 식들은 경로가 원일 때만 사용되어야 한다는 점을 유의해야 한다.

3차원 운동 법선 및 접선 성분의 적용분야는 대부분 한 점의 평면에서의 운동과 관련되어 있지만, 3차원 운동이 속도와 가속도의 성질에 대한 이해를 도와주므로 3차원 운동에 대해 간단하게 논의하려고 한다. 어떤 기준좌표계에 대해 3차원 경로를 따라 움직이는 한 점의 운동을 고려한다면, 식 (2.38)까지의 과정에는 변함이 없다. 속도는

$$\mathbf{v} = v\mathbf{e}_t = \frac{ds}{dt}\mathbf{e}_t \tag{2.46}$$

이다. 여기서 $v = ds/dt$는 경로 상에서의 거리의 변화율이며, 단위벡터 $\mathbf{e}_t$는 경로에 접하며 운동방향을 가리킨다. 위 식을 시간 미분하면 가속도를 얻을 수 있다. 즉,

$$\mathbf{a} = \frac{d\mathbf{v}}{dt} = \frac{dv}{dt}\mathbf{e}_t + v\frac{d\mathbf{e}_t}{dt}$$

이다. 점이 3차원 경로를 따라 움직임에 따라 단위벡터 $\mathbf{e}_t$의 방향이 변한다. 평면에서 운동을 하는 경우 이 단위벡터는 평면에서 회전하게 되지만, 3차원 운동의 경우 그림이 좀 더 복잡하게 된다. 그림 2.33a는 t와 $t + \Delta t$에서의 두 $\mathbf{e}_t$ 벡터를 포함하는 평면을 수직으로 바라보았을 때의 경로를 나타낸다. 이 평면을 **접촉 평면**(osculating plane)이라고 한다. 이 평면은 단위벡터 $\mathbf{e}_t$의 순간 회전 평면으로 생각할 수 있으며, 이 평면의 방향은 P가 경로를 따라 움직임에 따라 변하는 것이 일반적이다. $\mathbf{e}_t$가 시간 t에서 접촉 평면 상에서 회전하고 있으므로, 시간 미분은

$$\frac{d\mathbf{e}_t}{dt} = \frac{d\theta}{dt}\mathbf{e}_n \tag{2.47}$$

이다. 여기서 $d\theta/dt$는 접촉 평면에서의 $\mathbf{e}_t$의 각속도이며, 단위벡터 $\mathbf{e}_n$은 그림 2.33b에 나타낸 것과 같이 정의된다. 벡터 $\mathbf{e}_n$은 $\mathbf{e}_t$에 수직이며, 접촉 평면에 평행하고, 경로의 오목한 쪽을 향한다. 따라서 가속도는

$$\mathbf{a} = \frac{dv}{dt}\mathbf{e}_t + v\frac{d\theta}{dt}\mathbf{e}_n \tag{2.48}$$

이다. 평면운동의 경우와 같은 방법으로, 가속도를 경로의 순간곡률반경에 의해 나타낼 수도 있다(그림 2.33c). 즉,

$$\mathbf{a} = \frac{dv}{dt}\mathbf{e}_t + \frac{v^2}{\rho}\mathbf{e}_n \tag{2.49}$$

이다. 3차원 운동에 대한 속도 및 가속도를 법선 및 접선 성분에 의해 나타낸 식이 평면운동에 대한 식과 동일한 형태임을 알 수 있다. 속도는 그 크기가

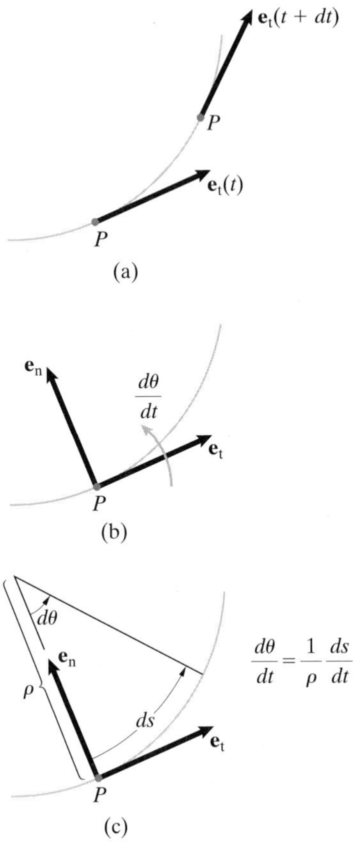

그림 2.33
(a) 접촉 평면의 정의.
(b) 단위벡터 $\mathbf{e}_n$의 정의.
(c) 순간곡률반경.

경로 상에서 이동한 거리의 변화율과 같고 방향은 경로의 접선방향인 벡터이다. 가속도는 속도 크기의 변화율과 같은 크기를 갖는 경로의 접선 성분과, 속도의 크기와 경로의 순간곡률반경에 의존하는 경로의 법선 성분을 갖는다. 평면운동에서 단위벡터 $\mathbf{e}_n$은 운동 평면에 평행하다. 3차원 운동에서 $\mathbf{e}_n$은 접촉 평면에 평행하며, 방향은 경로의 특성에 따라 달라진다. 식 (2.47)로부터 $\mathbf{e}_n$은 다음 식

$$\mathbf{e}_n = \frac{\dfrac{d\mathbf{e}_t}{dt}}{\left|\dfrac{d\mathbf{e}_t}{dt}\right|}$$

에 의해 $\mathbf{e}_t$의 항으로 표현될 수 있다는 점을 유의하라. 3차원 좌표계를 확립하는 데 필요한 마지막 단계로서 다음의 정의식

$$\mathbf{e}_p = \mathbf{e}_t \times \mathbf{e}_n$$

에 의해 $\mathbf{e}_t$와 $\mathbf{e}_n$에 수직인 세 번째 단위벡터 $\mathbf{e}_p$를 도입한다. 단위벡터 $\mathbf{e}_p$는 접촉 평면에 수직(그림 2.34)이다.

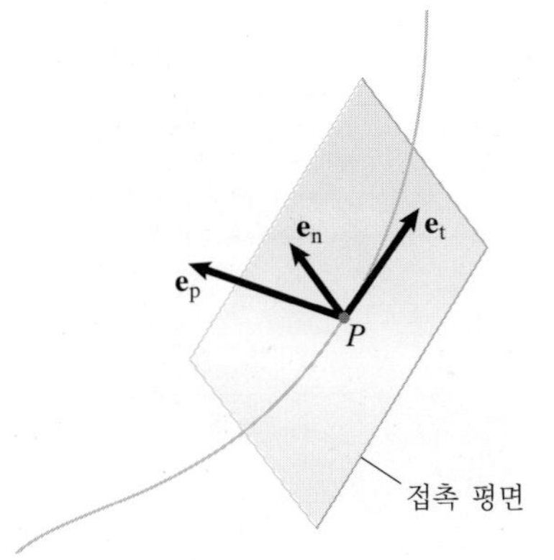

그림 2.34
세 번째 단위벡터 $\mathbf{e}_p$.

| 연구 문제 |

1. 한 점의 속도벡터를 법선 및 접선 성분으로 나타내어라.
2. 만일 곡선 경로를 따라 움직이는 한 점의 속도의 크기가 일정하다면, 그 점의 가속도는 0인가?
3. 순간곡률반경은 무엇인가?
4. 만일 한 점 P가 반경 R의 원형 경로를 따라 움직인다면, 경로의 중심과 P를 잇는 직선의 각속도와 그 점의 속도 크기 사이의 관계는 무엇인가?

예제 2.9 법선 및 접선 성분에 의한 운동

그림 2.35의 오토바이가 반경 400 m의 원형 트럭에서 $t = 0$에서 정지상태로부터 출발한다. 오토바이의 가속도의 접선 성분은 $a_t = 2 + 0.2t$ m/s^{2}이다. $t = 10$ s에서 (a) 오토바이가 트랙에서 주행한 거리와 (b) 오토바이의 가속도 크기를 구하라.

| 전략 |

오토바이의 초기 위치 O에서부터 시간 t에서의 위치까지 트랙을 따라 주행한 거리를 s라고 하자(그림 a). 접선 가속도를 시간의 함수로 알고 있으므로 적분을 하여 v와 s를 시간의 함수로 구할 수 있다.

그림 2.35

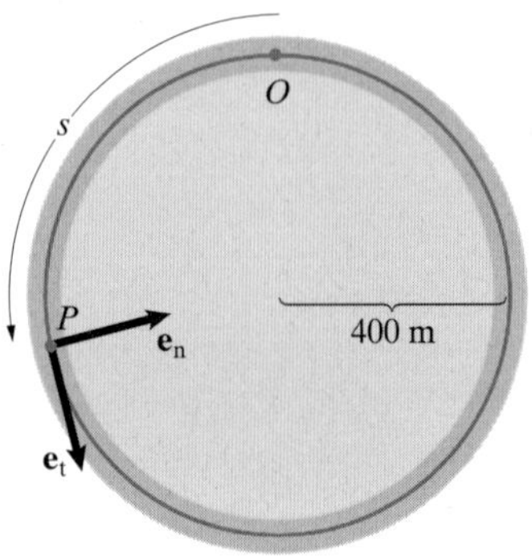

(a) 좌표 s는 트랙을 따라 측정한 거리를 나타낸다.

| 풀이 |

(a) 접선 가속도는

$$a_t = \frac{dv}{dt} = 2 + 0.2t \text{ m/s}^2$$

이다. 위 식을 적분하면

$$\int_0^v dv = \int_0^t (2 + 0.2t)\, dt$$

이며, v를 시간의 함수로 구할 수 있다:

$$v = \frac{ds}{dt} = 2t + 0.1t^2 \text{ m/s}$$

위 식을 다시 적분하면

$$\int_0^s ds = \int_0^t (2t + 0.1t^2)\, dt$$

이며, 이로부터 시간의 함수인 좌표 s를 구할 수 있다:

$$s = t^2 + \frac{0.1}{3}t^3 \text{ m}$$

따라서 $t = 10$ s에서 트랙을 따라 주행한 거리는 다음과 같다:

$$s = (10)^2 + \frac{0.1}{3}(10)^3 = 133 \text{ m}$$

(b) $t = 10$ s에서, 가속도의 접선 성분은

$$a_t = 2 + 0.2(10) = 4 \text{ m/s}^2$$

이다. 가속도의 법선 성분도 구해야 한다. 경로의 순간곡률반경은 원형 트랙의 반경이다. 즉, $\rho = 400$ m이다. $t = 10$ s에서 속도의 크기는

$$v = 2(10) + 0.1(10)^2 = 30 \text{ m/s}$$

이며, 따라서 법선 가속도는

$$a_n = \frac{v^2}{\rho} = \frac{(30)^2}{400} = 2.25 \text{ m/s}^2$$

이다. $t = 10$ s에서 가속도의 크기는

$$|\mathbf{a}| = \sqrt{a_t^2 + a_n^2} = \sqrt{(4)^2 + (2.25)^2} = 4.59 \text{ m/s}^2$$

이다.

| 비판적 사고 |

곡선 운동에서, 속도의 크기는 경로를 따라 측정한 위치 s와

$$v = \frac{ds}{dt}$$

의 관계를 가지며, 가속도의 접선 성분은 속도의 크기와

$$a_{\mathrm{t}} = \frac{dv}{dt}$$

의 관계가 있다. 이 식들은 직선 운동에 대한 식 (2.3)과 (2.4)와 형태가 동일하다. 이것은 2.2절의 직선 운동에 대해 전개한 방법과 같은 방법을 곡선 운동에 적용할 수 있음을 의미한다. 이 예제에서, 오토바이의 접선 가속도가 시간의 함수로 주어졌다. 직선 운동에서와 마찬가지로, 접선 가속도를 적분하여 시간의 함수로 속도를 구하고, 속도를 다시 적분하여 시간의 함수로 위치를 구하였다.

예제 2.10 원형 궤도 문제

인공위성이 지구중심으로부터 반경 R의 원형 궤도 상에 있다. 이 인공위성의 속도는 얼마인가?

전략

지구중심으로부터 거리가 R인 지점에서의 중력가속도는 gR_{E}^2/R^2이다. 여기서 R_{E}는 지구의 반경이다[식 (1.4) 참조]. 이 식과 법선 및 접선 성분으로 표현된 가속도 식을 이용하여 인공위성의 속도에 대한 식을 구할 수 있다.

풀이

인공위성의 가속도를 법선 및 접선 성분(그림 a)으로 나타내면,

$$\mathbf{a} = \frac{dv}{dt}\mathbf{e}_{\mathrm{t}} + \frac{v^2}{R}\mathbf{e}_{\mathrm{n}}$$

이다. 이 식은 지구중심을 향하는 중력가속도와 같아야 한다. 즉,

$$\frac{dv}{dt}\mathbf{e}_{\mathrm{t}} + \frac{v^2}{R}\mathbf{e}_{\mathrm{n}} = \frac{gR_{\mathrm{E}}^2}{R^2}\mathbf{e}_{\mathrm{n}} \quad (1)$$

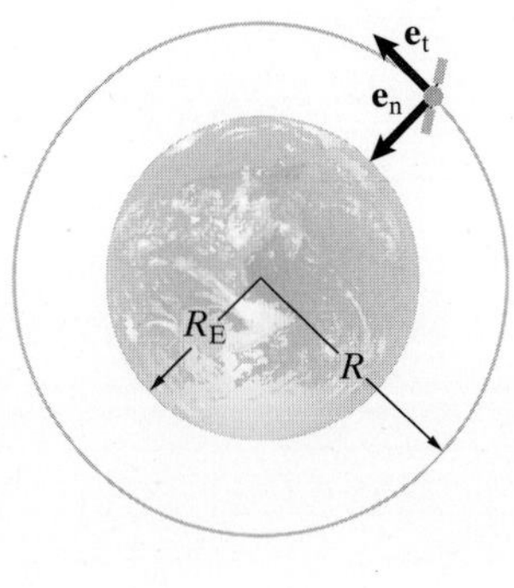

(a) 법선 및 접선 성분에 의한 인공위성 운동의 기술.

이다. 식 (1)의 우변에는 $\mathbf{e}_{\mathrm{t}}$ 성분이 없으므로, 위성의 속도 크기는 일정하다고 할 수 있다. 즉,

$$\frac{dv}{dt} = 0$$

이다. 식 (1)에서 $\mathbf{e}_{\mathrm{n}}$ 성분들을 같다고 놓고 v에 대해 풀면,

$$v = \sqrt{\frac{gR_{\mathrm{E}}^2}{R}}$$

을 얻는다.

비판적 사고

동역학에서는 왜 다른 종류의 벡터 성분들과 기준좌표계들을 사용하는가? 이 예제는 좋은 실례를 보여준다. 위성이 원형 경로로 움직일 때 위성의 가속도를 법선 및 접선 성분으로 표현함으로써, 속도의 크기와 궤도의 반경 사이의 관계를 매우 쉽게 결정할 수 있었다.

예제 2.5에서 지구로부터 일직선으로 멀어지는 물체의 탈출 속도를 지구중심으로부터의 초기 거리에 의해 구했었다. 지구중심으로부터 R의 거리에 있는 물체의 탈출 속도, $v_{esc}=\sqrt{2gR_E^2/R}$은 반경 R의 원형 궤도 상에 있는 물체 속도의 $\sqrt{2}$배에 불과하다. 최초의 인공위성들이 지구 궤도에 올려진 지 오래지 않아 탐사선(probe)들이 다른 행성들로 발진할 수 있었던 이유가 바로 이 때문이다.

예제 2.11 직각좌표계 성분의 법선 및 접선 성분으로의 변환

헬리콥터가 $t=0$에서 정지상태로부터 출발하여 비행하는 동안, 헬리콥터의 가속도의 직각좌표계 성분은

$$a_x = 0.6t \text{ m/s}^2$$

$$a_y = 1.8 - 0.36t \text{ m/s}^2$$

이다. $t=4$ s에서 헬리콥터의 가속도의 법선 및 접선 성분과 순간곡률반경은 얼마인가?

전략

가속도의 직각좌표계 성분들을 적분하여 $t=4$ s에서 속도의 직각좌표계 성분들을 구할 수 있으며, 이 속도 벡터를 속도 크기로 나누어 접선 단위벡터 $\mathbf{e}_t$의 성분들을 구할 수 있다. 즉, $\mathbf{e}_t=\mathbf{v}/|\mathbf{v}|$이다. 그 다음, 가속도 벡터와 $\mathbf{e}_t$의 내적을 계산함으로써 가속도의 접선 성분을 구할 수 있다. 가속도의 접선 성분을 알게 되면 법선 성분을 계산할 수 있다. 경로의 곡률반경은 $a_n=v^2/\rho$의 관계로부터 구할 수 있다.

풀이

가속도 성분들을 시간에 대해 적분하면(예제 2.6 참조), 속도의 직각좌표계 성분들은

$$v_x = 0.3t^2 \text{ m/s}$$

$$v_y = 1.8t - 0.18t^2 \text{ m/s}$$

이다. $t=4$ s에서 $v_x=4.80$ m/s, $v_y=4.32$ m/s이다. $t=4$ s에서 접선 단위벡터 $\mathbf{e}_t$(그림 a)는

$$\mathbf{e}_t = \frac{\mathbf{v}}{|\mathbf{v}|} = \frac{4.80\mathbf{i} + 4.32\mathbf{j}}{\sqrt{(4.80)^2 + (4.32)^2}} = 0.743\mathbf{i} + 0.669\mathbf{j}$$

이다. $t = 4$ s에서 가속도 성분들은

$$a_x = 0.6(4) = 2.4 \text{ m/s}^2$$

$$a_y = 1.8 - 0.36(4) = 0.36 \text{ m/s}^2$$

이므로, $t = 4$ s에서 가속도의 접선 성분은

$$a_t = \mathbf{e}_t \cdot \mathbf{a}$$

$$= (0.743\mathbf{i} + 0.669\mathbf{j}) \cdot (2.4\mathbf{i} + 0.36\mathbf{j})$$

$$= 2.02 \text{ m/s}^2$$

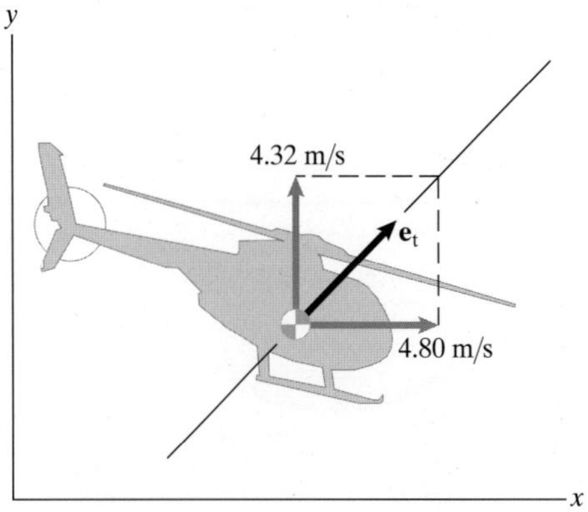

(a) 속도의 직각좌표계 성분들과 벡터 $\mathbf{e}_t$.

이다. 가속도의 크기는 $\sqrt{(2.4)^2 + (0.36)^2} = 2.43 \text{ m/s}^2$ 이므로, 가속도의 법선 성분의 크기는

$$a_n = \sqrt{|\mathbf{a}|^2 - a_t^2} = \sqrt{(2.43)^2 - (2.02)^2} = 1.34 \text{ m/s}^2$$

이다. 따라서 경로의 곡률반경은 다음과 같다:

$$\rho = \frac{|\mathbf{v}|^2}{a_n} = \frac{(4.80)^2 + (4.32)^2}{1.34} = 31.2 \text{ m}$$

| 비판적 사고 |

벡터의 직각좌표계 성분들은 직각좌표계의 축들과 평행한 데 비해 법선 성분은 경로에 수직이며 접선 성분은 경로에 접선방향이다. 이 예제에서 헬리콥터의 가속도의 직각좌표계 성분들이 시간의 함수로 주어졌다. 경로에 대한 정보 없이 $t = 4$ s에서 가속도의 법선 및 접선 성분을 어떻게 구할 수 있었는가? 속도 벡터는 경로에 접선이라는 사실을 이용하였다는 점을 주목하라. 가속도의 직각좌표계 성분들을 적분하여 $t = 4$ s에서 속도의 직각좌표계 성분들을 구하였다. 이로부터 경로의 방향을 알 수 있었으며, 속도 벡터를 그 크기로 나눔으로써, 운동방향을 가리키는 경로에 접선인 단위벡터를 구할 수 있었다. 이 벡터가 단위벡터 $\mathbf{e}_t$이다.

예제 2.12 원심분리기 설계

그림 2.36의 의료용 원심분리기의 중심에서 시료까지의 거리는 300 mm이다. 원심분리기가 켜지면, 시료는 모터와 제어 시스템에 의해 각가속도 $\alpha = A - B\omega^2$을 받는다. 시료가 12,000 g의 최대 법선 가속도를 받아야 하며, 원심분리기가 2분만에 최대 운전 속도의 90%에 도달해야 한다면, 상수 A와 B의 값은 얼마가 되어야 하는가?

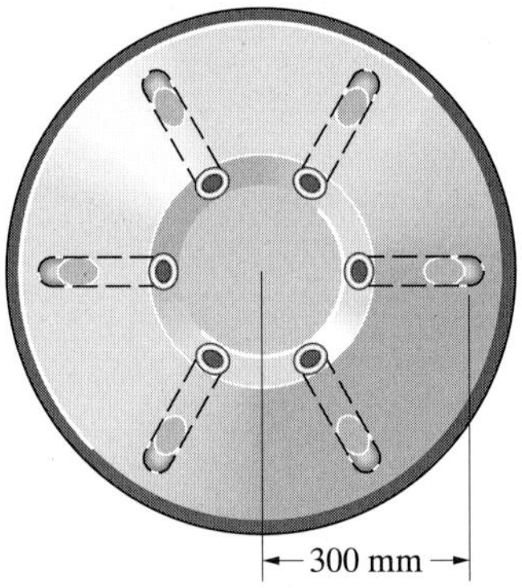

그림 2.36

| 전략 |

시료가 움직이는 원형 경로의 반경과 시료가 받을 수평 가속도를 모두 알고 있으므로, 원심분리기의 운전 각속도를 구할 수 있다. 주어진 각가속도를 이용하여 원심분리기의 각속도를 상수 A와 B에 의해 시간의 함수로 나타낼 수 있다. 그 다음, 원심분리기가 2분 후에 운전 각속도의 90%에 도달한다는 조건과 운전 각속도를 사용하여 상수 A, B의 값을 구할 수 있다.

| 풀이 |

식 (2.45)로부터, 시료는 법선 가속도

$$a_n = R\omega^2$$

을 받는다. $a_n = (12{,}000)(9.81)\ \mathrm{m/s^2}$과 $R = 0.3$ m를 위 식에 대입하여 각속도에 대해 풀면, 원하는 최대 운전 속도가 $\omega_{max} = 626$ rad/s임을 알 수 있다.

각가속도는

$$\alpha = \frac{d\omega}{dt} = A - B\omega^2$$

이다. 변수들을 분리하면

$$\frac{d\omega}{A - B\omega^2} = dt$$

이므로, 원심분리기가 $t = 0$에서 정지상태로부터 출발한다고 가정하고 적분하여 ω를 시간의 함수로 구한다. 즉,

$$\int_0^{\omega} \frac{d\omega}{A - B\omega^2} = \int_0^t dt$$

이고, 적분을 계산하면 다음을 얻는다:

$$\frac{1}{2\sqrt{AB}} \ln\left(\frac{A + \sqrt{AB}\omega}{A - \sqrt{AB}\omega}\right) = t$$

이 식을 ω에 대해 풀면,

$$\omega = \sqrt{\frac{A}{B}}\left(\frac{e^{2\sqrt{AB}t} - 1}{e^{2\sqrt{AB}t} + 1}\right)$$

이다. t가 커짐에 따라 ω가 $\sqrt{A/B}$에 가까워지므로, 다음 조건

$$\sqrt{\frac{A}{B}} = \omega_{max} = 626\ \mathrm{rad/s} \qquad (1)$$

를 가지며, ω에 대한 식을 다음과 같이 쓸 수 있다:

$$\omega = \omega_{max}\left(\frac{e^{2\sqrt{AB}t} - 1}{e^{2\sqrt{AB}t} + 1}\right) \qquad (2)$$

2분 후에 $\omega = 0.9\,\omega_{max}$라는 조건이 있으므로, 식 (2)에 $\omega = 0.9\,\omega_{max}$, $t = 120$ s를 대입하여 $\sqrt{AB}$에 대해 풀면,

$$\sqrt{AB} = \frac{\ln(19)}{240}$$

를 얻는다. 이 식을 식 (1)과 함께 풀면, $A = 7.69$ rad/s^2, $B = 1.96 \times 10^{-5}$ rad^{-1}을 얻는다. 그림 2.37은 원심분리기의 각속도를 시간의 함수로 나타낸 것이다.

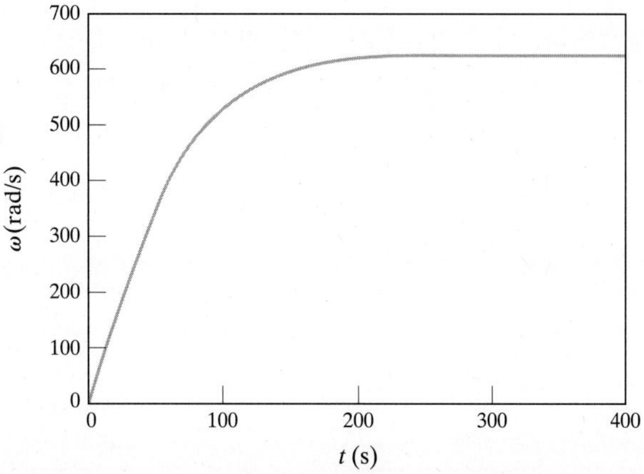

그림 2.37
시간에 대한 각속도의 그래프.

▌설계 관점 ▌

원심분리기는 회전을 하여 대상 물체에 큰 법선방향 가속도를 가하도록 설계된 장치이다. 옷을 건조시키는 데 사용되는 일반 원심력 탈수기가 한 예이다. 원심분리기는 생물학 및 의학의 시험과 연구에서, 그리고 다른 밀도의 성분들을 분리하기 위해 화학공정 산업에서도 널리 사용되고 있다. 액체 혈장(liquid plasma, **역주**: 혈액 속의 유형 성분인 적혈구와 백혈구, 혈소판을 제외한 액체 성분)으로부터 혈액의 고체 물질(주로 적혈구)을 분리하기 위해 원심분리기를 사용함으로써, 혈장(plasma)에 대한 진단 테스트를 수행할 수 있으며, 환자의 헤마토크릿(hematocrit: 적혈구 용적률), 즉 고체 물질의 백분율을 구할 수 있다. 초기 유인 우주비행 시절, 궤도까지 로켓 추진을 받는 동안 우주인이 받게 될 큰 가속도 때문에 다치거나 필수적인 임무를 수행할 능력에 영향을 미칠지도 모른다는 우려가 있었다. 그래서 회전하는 빔 끝에 사람을 실을 수 있는 '곤돌라'를 부착한 형태로 대형 원심분리기가 제작되어 가속도가 피실험자에게 미치는 영향에 대한 연구에 사용되었다. 또한 큰 가속도가 기계장치에 미치는 영향을 조사하기 위해, 또는 경사면 안정도와 시추공과 같은 지구물리학 현상의 연구에 대한 모델링을 쉽게 하기 위해서도 원심분리기를 설계해 왔다. 이러한 원심분리기의 한 예를 그림 2.38에 나타내었다. 반경 8 m인 원형 경로를 따라 샘플을 회전시키는 대형 빔으로 구성된 이 원심분리기는 샘플에 150 g의 가속도를 가할 수 있다.

의료용 시험과 같은 상업적인 용도의 원심분리기들은 시료를 쉽게 설치할 수 있도록 설계해야 하며, 규정된 가속도를 쉽고 정확하게 달성할 수 있도록

그림 2.38
시료들이 큰 가속도를 받을 수 있도록 설계된 원심분리기.
(샌디아 국립연구소 사진)

전기 모터와 제어 시스템을 갖추고 있어야 한다. 베어링은 초고속의 각속도를 지탱하고, 긴 수명을 갖도록 설계되어야 한다. (생물학 연구에 사용되는 **초원심분리기(ultracentrifuge)**는 분당 수백만 회전의 각속도에 도달하며, 회전하는 원심분리기와 지지대 사이에 고체끼리의 접촉이 없도록 하기 위해 공기 베어링으로 설계하는 것이 보통이다.) 원심분리기의 구조는 고속 회전 운동으로 발생하는 큰 힘들을 지탱할 수 있도록 설계되어야 하며, 가속을 받는 물체들은 적절하게 지지되어야 한다.

원심분리기의 설계에서 필수적으로 고려해야 할 사항은 구조물의 파손 가능성이다. 이런 파손들로 인해 파편이 회전중심으로부터 바깥쪽으로 고속으로 날아갈 수 있다. 원심분리기는 충분한 강도를 가진 구조물로 주위를 둘러싸서 이러한 파편들을 안전하게 내부에 가둘 수 있도록 해야 한다. 그림 2.38의 대형 원심분리기의 경우 지하에 설치함으로써 이러한 설계조건들을 만족시켰다.

연습문제

2.104 전기모터의 회전자가 400 rpm(분당 회전수)의 일정한 각속도로 회전한다.

(a) 점 O에 대한 점 P의 속도 크기는 얼마인가?

(b) O에 대한 P의 가속도의 법선 및 접선 성분은 얼마인가?

2.105 회전자가 $t = 0$에서 정지상태로부터 움직이기 시작한다. 회전자의 각가속도는 시간의 함수로 $\alpha = 2t$ rad/s^{2}으로 주어진다. $t = 10$ s에서 점 O에 대한 점 P의 속도와 가속도를 법선 및 접선 성분에 의해 구하라.

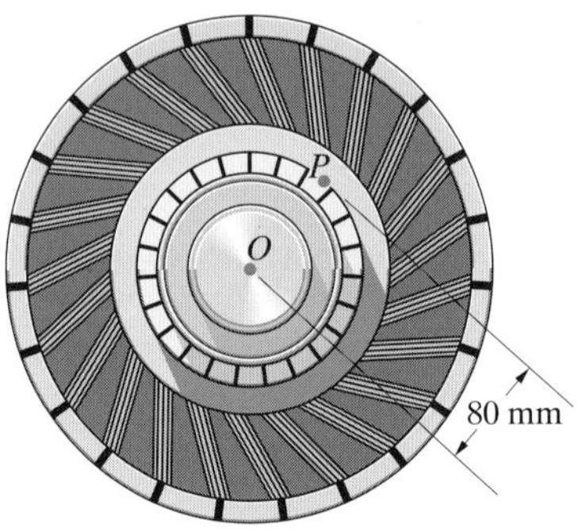

문제 2.104/105

2.106 시료가 1000 g의 법선 가속도를 받도록 의료용 원심분리기를 설계하려고 한다.

(a) 원심분리기의 중심으로부터 시료까지의 거리가 300 mm라고 하면, 필요한 회전 속도는 몇 rpm인가?

(b) 원심분리기가 1분만에 설계 회전 속도 rpm에 도달하게 하려면, 일정한 각가속도는 얼마가 되어야 하는가?

2.107 의료용 원심분리기가 $t = 0$에서 정지상태로부터 움직이기 시작하며, 일정한 각가속도 $\alpha = 3$ rad/s^{2}을 받는다. $t = 1$ s에서 시료가 받는 전체 가속도의 크기는 얼마인가?

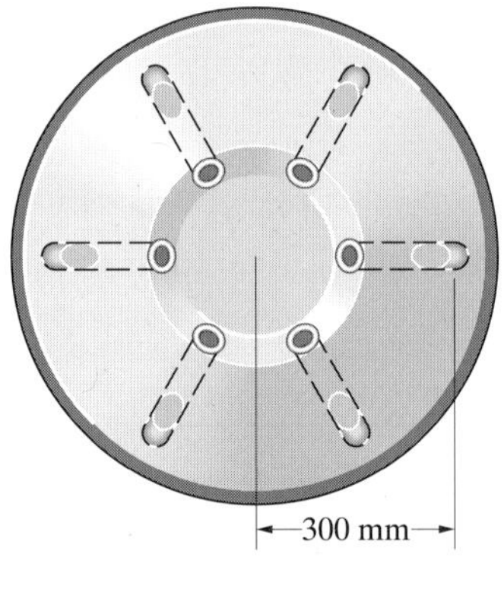

문제 2.106/2.107

2.108 그림 2.38의 원심분리기의 축으로부터 시료 용기까지의 반경방향 거리가 8 m이다. 시료가 100 g의 접선 가속도를 받게 하려고 한다고 가정하자.

(a) 필요한 회전 속도는 몇 rpm인가?

(b) 원심분리기가 (a)에서 결정된 rpm에 2분만에 도달하게 하려면, 필요한 일정한 각가속도는 얼마인가?

2.109 모터보트의 조종성능 시험을 위해 $t = 0$에서 정지상태로부터 운전을 시작하여 반경 12 m의 원형 경로를 따라 운전한다. 모터보트의 가속도의 접선 성분은 시간의 함수이며 $a_t = 0.4t$ m/s^{2}이다.

(a) $t = 4$ s에서 모터보트의 속도와 가속도를 법선 및 접선방향 성분으로 구하라.

(b) $t = 0$에서 $t = 4$ s까지 보트가 원형 경로를 따라 움직인 거리를 구하라.

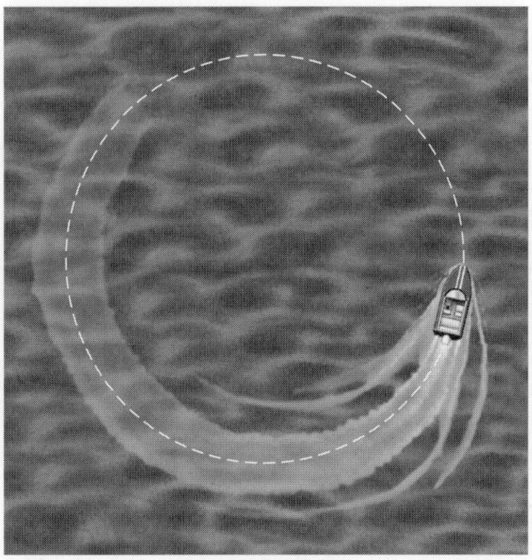

문제 2.109

2.110 각 θ는 $\theta = 2t^2$ rad이다.

(a) $t = 1$ s에서 점 P의 속도와 가속도를 법선 및 접선 성분으로 구하라.

(b) 점 P가 $t = 0$에서 $t = 1$ s까지 원형 경로를 따라 움직인 거리는 얼마인가?

2.111 각 θ는 $\theta = 2t^2$ rad이다. 점 P가 $t = 0$에서 시작하여 원형 경로를 따라 한 바퀴 돌았을 때, 점 P의 속도와 가속도를 법선 및 접선 성분으로 구하라.

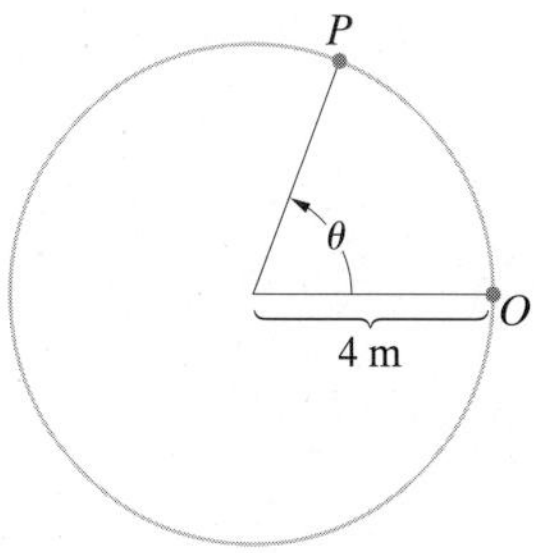

문제 2.110/2.111

2.112 그림의 순간에서 크랭크 AB는 5000 rpm의 반시계 방향 각속도로 회전하고 있다. 점 B의 속도를 (a) 법선 및 접선 성분에 의해, 그리고 (b) 직각좌표계 성분에 의해 각각 구하라.

2.113 크랭크 AB가 5000 rpm의 일정한 반시계 방향 각속도로 회전하고 있다. 점 B의 가속도를 (a) 법선 및 접선 성분에 의해, 그리고 (b) 직각좌표계 성분에 의해 각각 구하라.

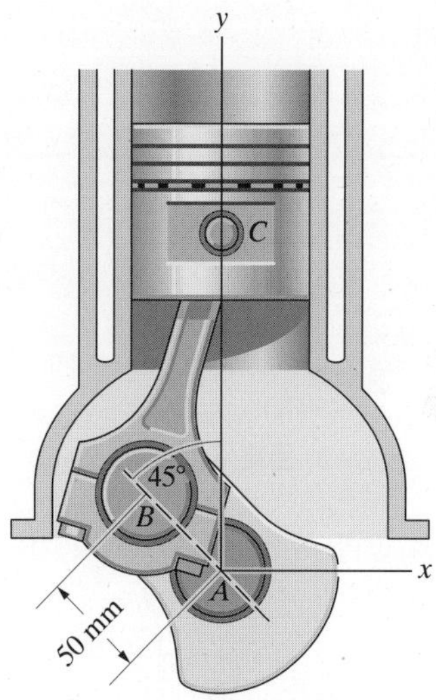

문제 2.112/2.113

2.114 북위 30°의 지점 P(즉, 적도에서 북쪽으로 30° 지점)에 한 사람이 서 있다고 가정해 보자. 지구의 반경은 R_E = 6370 km이다. 지구중심에 원점을 가진 비회전 기준좌표계에 대한 이 사람의 속도 크기와 가속도 크기는 얼마인가?

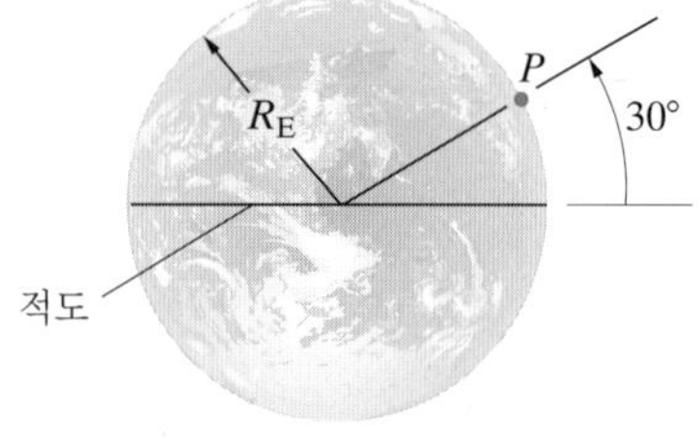

문제 2.114

2.115 그림의 순간에서, 비행기의 속도 크기는 130 m/s이며, 가속도의 접선 성분은 $a_t = -4\ m/s^2$이고, 경로 각(path angle)의 변화율은 $d\theta/dt = 5°/s$이다.

(a) 비행기의 속도와 가속도를 법선 및 접선 성분으로 구하라.

(b) 비행기 경로의 순간곡률반경은 얼마인가?

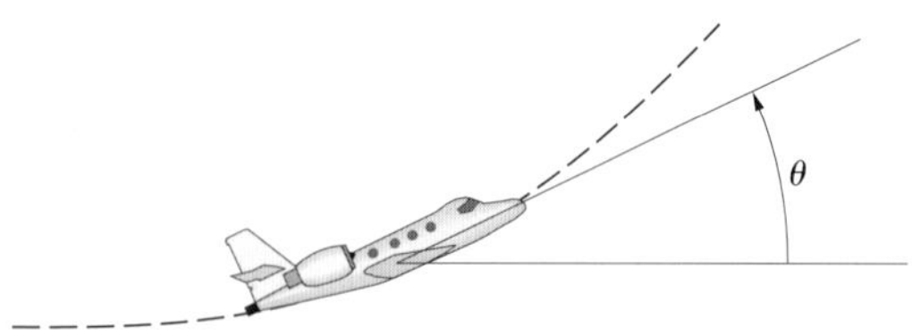

문제 2.115

2.116 한 그룹의 공대 학생들이 태양전지 자동차의 예비 설계에서 자동차의 가속도가 0.6 m/s²이 될 것으로 추산하였다. 자동차가 정지상태에서 출발하며 자동차의 가속도의 접선 성분은 $a_t = 0.6\ m/s^2$으로 주어진다고 가정하자. 자동차가 B에 도달할 때의 속도와 가속도를 법선 및 접선 성분으로 구하라.

2.117 자동차의 풍동시험 실시 후, 학생들은 자동차의 가속도의 접선 성분이 $a_t = 0.6 - 0.002v^2\ m/s^2$이 될 것이라고 추산하였다. 여기서 v는 자동차의 속도(m/s)이다. 만일 자동차가 A에서 정지상태로부터 출발한다면, 자동차가 B에 도달할 때의 속도와 가속도를 법선 및 접선 성분으로 구하라.

2.118 자동차의 가속도의 접선 성분이 자동차의 위치에 의해 $a_t = 0.4 - 0.001s\ m/s^2$으로 주어진다고 하자. 여기서 s는 점 A로부터 트랙을 따라 자동차가 주행한 거리이다. 점 B에서 자동차의 속도와 가속도를 법선 및 접선 성분으로 구하라.

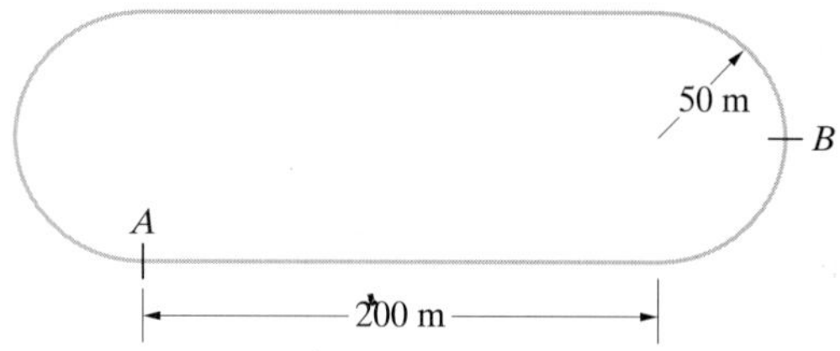

문제 2.116 – 2.118

2.119 자동차가 A에서 64 km/h의 속도로부터 B에서 96 km/h의 속도가 될 때까지 일정한 속도로 속력을 증가시킨다. 자동차가 점 A를 통과한 후 2초 뒤의 가속도의 크기는 얼마인가?

2.120 자동차가 A에서 64 km/h의 속도로부터 B에서 96 km/h의 속도가 될 때까지 일정한 속도로 속력을 증가시킨다. 자동차가 도로를 따라 A 지점으로부터 (a) 36 m 주행한 후와 (b) 48 m 주행한 후의 가속도 크기를 구하라.

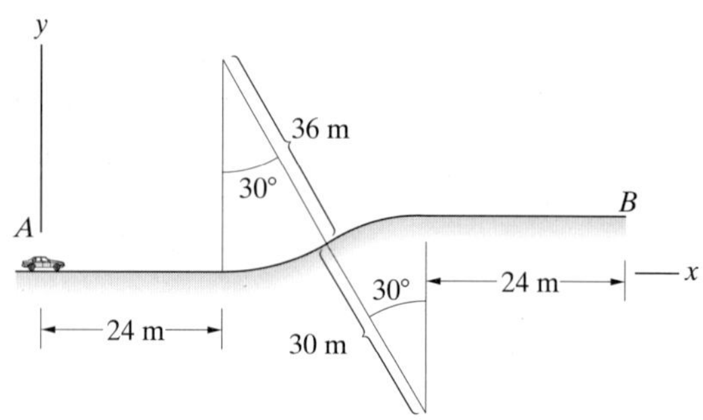

문제 2.119/2.120

2.121 우주비행사 지원자가 수평면에서 회전하는 반경이 10 m인 원심가속기에서 테스트를 받으려고 한다. 시험기술자들은 이 지원자가 5 g, 즉 중력가속도의 5배의 가속도를 받게 하려고 한다. 지구 중력은 수직방향으로 1 g의 가속도가 생기는 효과를 가진다. 전체 가속도의 크기가 5 g이 되도록 원심분리기의 각속도를 초당 회전수로 구하라.

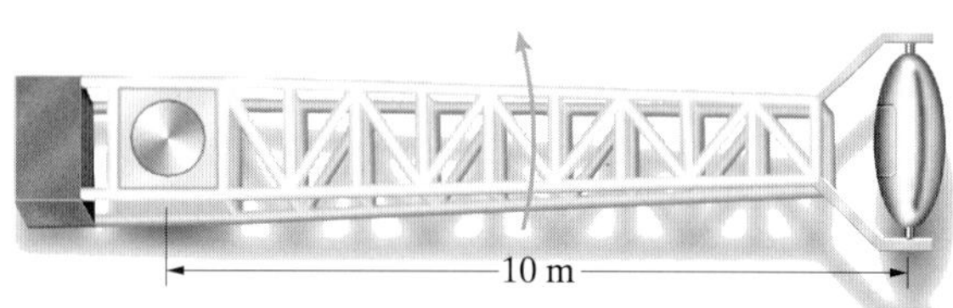

문제 2.121

2.122 1단계가 분리되고 2단계 엔진이 발사되기 전, 로켓은 $v = 3000$ m/s로 움직이고 있으며, 로켓의 속도벡터와 연직선 사이의 각은 60°이다. 공기역학적 힘들은 무시할 수 있으므로 로켓의 가속도는 중력에 의한 것이며, 현재 고도에서 9.50 m/s²이다. (a) 로켓 가속도의 법선 및 접선 성분과 (b) 로켓 경로의 순간곡률반경을 구하라.

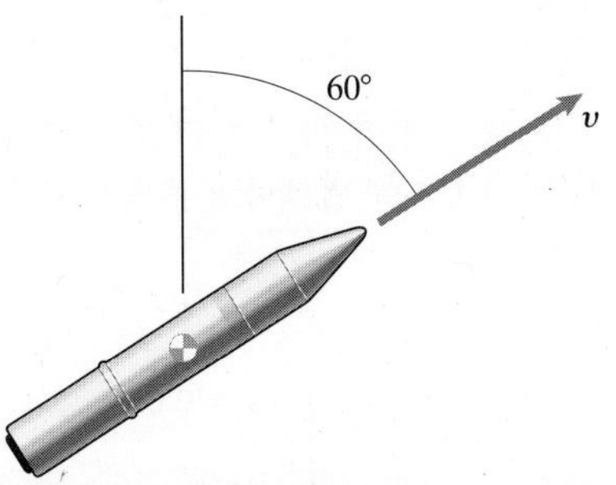

문제 2.122

2.123 투포환 선수가 $v = 16$ m/s의 속도로 포환을 던진다.

(a) 포환이 날아가는 궤적의 최고 지점에 도달했을 때, 포환의 속도와 가속도를 법선 및 접선 성분으로 구하라.

(b) 포환이 궤적의 최고 지점에 도달했을 때, 포환의 경로의 순간곡률반경은 얼마인가?

2.124 $t = 0$에서, 투포환 선수가 $v = 16$ m/s의 속도로 포환을 던진다.

(a) $t = 0.3$ s에서 포환의 속도와 가속도를 법선 및 접선 성분으로 구하라.

(b) $a_n = v^2/\rho$의 관계를 이용하여 $t = 0.3$ s에서 포환의 경로의 순간곡률반경을 구하라.

2.125 $t = 0$에서, 투포환 선수가 $v = 16$ m/s의 속도로 포환을 던진다. 식 (2.42)를 이용하여 $t = 0.3$ s에서 포환의 경로의 순간곡률반경을 구하라.

문제 2.123 – 2.125

2.126 $x-y$ 평면에서 움직이는 한 점의 직각좌표가

$$x = 20 + 4t^2 \text{ m}, \quad y = 10 - t^3 \text{ m}$$

이다. $t = 3$ s에서 경로의 순간곡률반경을 구하라.

2.127 $t = 0$에서 헬리콥터가 정지상태에서 출발한다. 헬리콥터의 가속도의 직각좌표계 성분은 $a_x = 0.6t$ m/s²과 $a_y = 1.8 - 0.36t$ m/s²이다. $t = 6$ s에서 가속도의 접선 및 법선 성분을 구하라.

2.128 식 (2.42)를 이용하여 $t = 6$ s에서 문제 2.127의 헬리콥터의 경로의 순간곡률반경을 구하라.

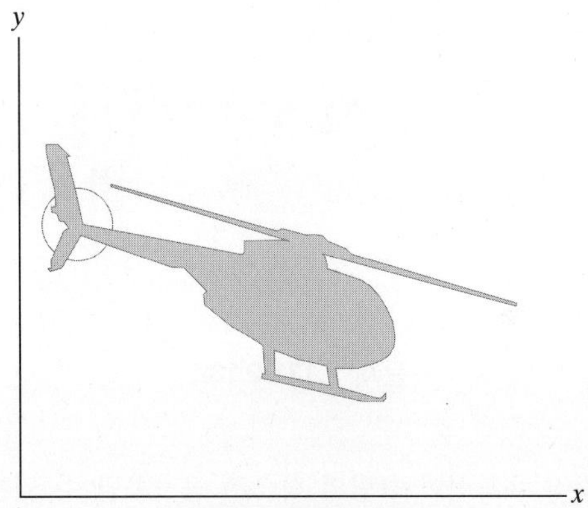

문제 2.127/2.128

2.129* 우주비행사 훈련을 위해 그림의 비행기가 $a_x = 0$, $a_y = -g$의 가속도를 받게 되는 경로를 따라 비행함으로써 짧은 시간 동안 '무중력' 상태를 만들려고 한다. 만일 시간 $t = 0$에서 O에서의 비행기의 속도가 $\mathbf{v} = v_0\mathbf{i}$라면, 자동조종장치는 비행기의 가속도의 접선 성분이 시간의 함수로서

$$a_t = g\frac{(gt/v_0)}{\sqrt{1 + (gt/v_0)^2}}$$

이 되도록 비행기를 조정해야 함을 보여라.

2.130* 문제 2.129에서, 비행기의 가속도의 법선 성분을 시간의 함수로 구하라.

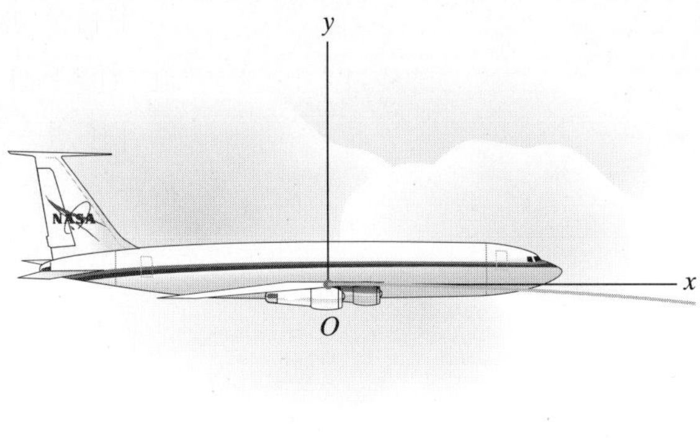

문제 2.129/2.130

2.131 만일 $y = 100$ mm, $dy/dt = 200$ mm/s, $d^2y/dt^2 = 0$이라면, P의 속도와 가속도를 법선 및 접선 성분으로 구하라.

2.132* 점 P가 속도 $\mathbf{v} = 300\mathbf{e}_t$ (mm/s)로 홈을 따라 위로 움직인다고 가정하자. $y = 150$ mm일 때, dy/dt와 d^2y/dt^2는 얼마인가?

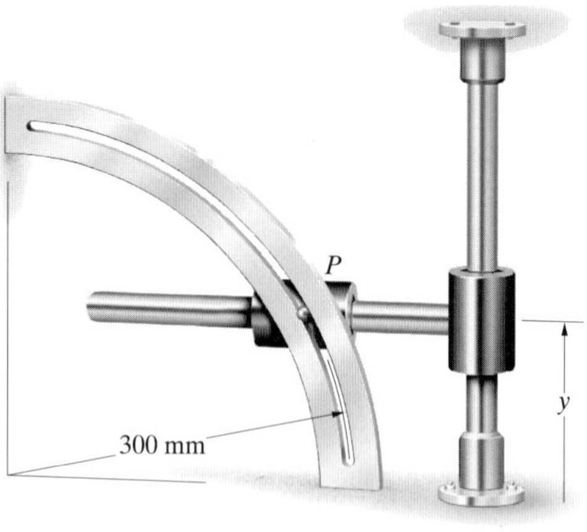

문제 2.131/2.132

2.133* 수직 윤곽선이 그림의 식으로 근사화될 수 있는 오르막 직선 도로에서 어떤 차가 100 km/h의 속도로 주행하고 있다. 이 차의 수평 좌표가 $x = 400$ m일 때, 차의 가속도의 접선 및 법선 성분은 얼마인가?

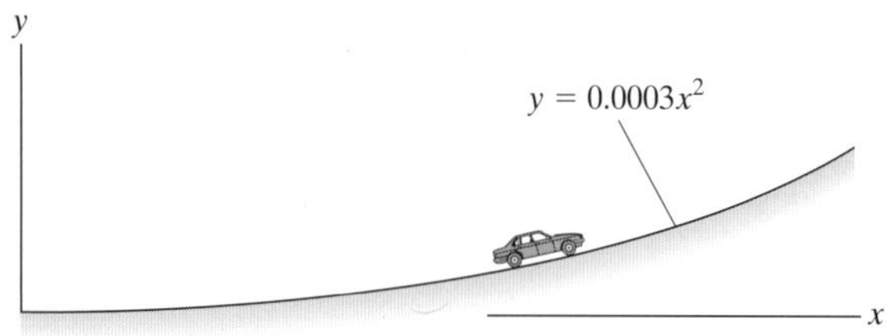

문제 2.133

2.134 그림에 표시한 식으로 나타낼 수 있는 빈 배수로의 콘크리트 표면에서 한 소년이 스케이트보드를 탄다. 소년은 $y = 20$ m에서 출발하며, 속도의 크기는 $v = \sqrt{2(32.2)(20 - y)}$ m/s로 추정된다.

(a) 식 (2.42)를 이용하여 소년이 바닥에 도달했을 때 소년의 경로의 순간곡률반경을 구하라.

(b) 소년이 바닥에 도달했을 때 가속도의 법선 성분을 구하라.

2.135 문제 2.134의 소년이 바닥을 지나 $y = 10$ m에 도달할 때 소년의 가속도의 법선 성분은 얼마인가?

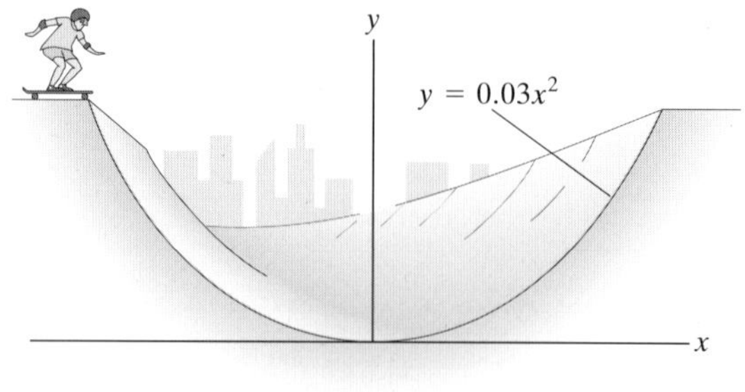

문제 2.134/2.135

2.136* 식 (2.41)을 사용하여 (a) 직각좌표계의 단위벡터들과 단위벡터 $\mathbf{e}_t$와 $\mathbf{e}_n$ 사이의 관계가

$$\mathbf{i} = \cos\theta\,\mathbf{e}_t - \sin\theta\,\mathbf{e}_n$$

$$\mathbf{j} = \sin\theta\,\mathbf{e}_t + \cos\theta\,\mathbf{e}_n$$

임을 보여라.

(b) 다음 식이 성립함을 보여라:

$$\frac{d\mathbf{e}_t}{dt} = \frac{d\theta}{dt}\mathbf{e}_n, \quad \frac{d\mathbf{e}_n}{dt} = -\frac{d\theta}{dt}\mathbf{e}_t$$

극좌표계 및 실린더 좌표계

한 점의 곡선 운동을 기술하기 위해 극좌표(polar coordinate)를 종종 사용한다. 원운동과 어떤 궤도 문제들, 그리고 좀 더 일반적으로 한 점의 가속도가 주어진 점을 향하는 **중심력**(central force) 문제들은 극좌표에 의해 편리하게 나타낼 수 있다.

직각좌표계의 $x-y$ 평면에 있는 한 점 P를 생각해 보자. 원점 O에 대한 P의 위치는 직각좌표 x, y 또는 극좌표 r, θ 중 어느 것으로도 기술할 수 있다(그림 2.39a). 벡터를 극좌표로 나타내기 위해, 원점에서 P까지의 반경 직선의 방향을 가리키는 단위벡터 $\mathbf{e}_r$과, 이 $\mathbf{e}_r$에 수직이면서 θ가 증가하는 방향을 가리키는 단위벡터 $\mathbf{e}_\theta$를 정의한다(그림 2.39b). 이 벡터들에 의해 O에서 P까지의 위치벡터 $\mathbf{r}$은

$$\mathbf{r} = r\mathbf{e}_r \tag{2.52}$$

이다($\mathbf{r}$은 $\mathbf{e}_\theta$ 방향의 성분을 갖고 있지 않다는 점에 유의하라).

식 (2.52)를 시간 미분하여 극좌표로 P의 속도를 구할 수 있다:

$$\mathbf{v} = \frac{d\mathbf{r}}{dt} = \frac{dr}{dt}\mathbf{e}_r + r\frac{d\mathbf{e}_r}{dt} \tag{2.53}$$

P가 곡선 경로를 따라 움직임에 따라 단위벡터 $\mathbf{e}_r$은 $\omega = d\theta/dt$의 각속도로 회전한다. 따라서 식 (2.33)으로부터 $\mathbf{e}_r$의 시간 미분을 다음과 같이 $\mathbf{e}_\theta$에 의해 나타낼 수 있다:

$$\frac{d\mathbf{e}_r}{dt} = \frac{d\theta}{dt}\mathbf{e}_\theta \tag{2.54}$$

이 결과를 식 (2.53)에 대입하면 P의 속도를 구할 수 있다:

$$\mathbf{v} = \frac{dr}{dt}\mathbf{e}_r + r\frac{d\theta}{dt}\mathbf{e}_\theta = \frac{dr}{dt}\mathbf{e}_r + r\omega\mathbf{e}_\theta \tag{2.55}$$

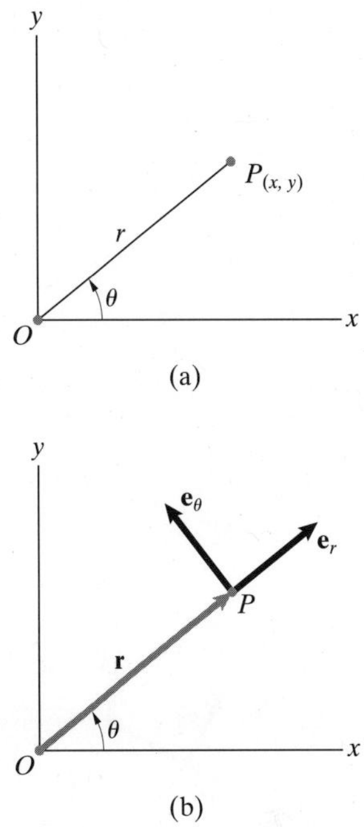

그림 2.39
(a) P의 극좌표들.
(b) 단위벡터 $\mathbf{e}_r$과 $\mathbf{e}_\theta$, 위치벡터 $\mathbf{r}$.

엄밀성은 다소 떨어지지만 좀 더 직접적이고 직관적인 다른 방법으로 위의 결과를 얻을 수도 있다. 그림 2.40은 시간 t와 $t + \Delta t$에서 P의 두 위치벡터를 나타낸다. 위치벡터의 변화 $\mathbf{r}(t + \Delta t) - \mathbf{r}(t)$는 두 개의 성분으로 구성된다. 성분 Δr은 반경 상의 위치 r의 변화로 인한 것이며 $\mathbf{e}_r$방향이다. $r\Delta\theta$ 성분은 θ의 변화로 인한 것이며 $\mathbf{e}_\theta$ 방향이다. 따라서 P의 위치 변화는(근사적으로)

$$\mathbf{r}(t + \Delta t) - \mathbf{r}(t) = \Delta r\mathbf{e}_r + r\Delta\theta\mathbf{e}_\theta$$

이다. 이 표현식을 Δt로 나누고 $\Delta t \to 0$인 극한을 취하면, P의 속도를 얻게 된다:

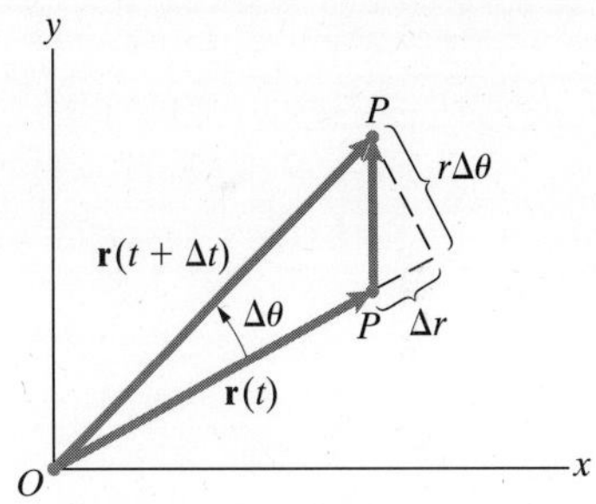

그림 2.40
t와 $t + \Delta t$에서 P의 두 위치벡터.

$$\mathbf{v} = \lim_{\Delta t \to 0}\left(\frac{\Delta r}{\Delta t}\mathbf{e}_r + r\frac{\Delta\theta}{\Delta t}\mathbf{e}_\theta\right)$$
$$= \frac{dr}{dt}\mathbf{e}_r + r\omega\mathbf{e}_\theta$$

속도의 한 성분은 반경방향이며 반경 위치 r의 변화율과 같다. 나머지 한 성분은 반경방향에 수직인, 즉 **횡방향**(transverse)이며 반경방향의 거리와 θ의 변화율에 비례한다.

식 (2.55)의 시간 미분을 취하여 P의 가속도를 구할 수 있다:

$$\mathbf{a} = \frac{d\mathbf{v}}{dt} = \frac{d^2r}{dt^2}\mathbf{e}_r + \frac{dr}{dt}\frac{d\mathbf{e}_r}{dt} + \frac{dr}{dt}\frac{d\theta}{dt}\mathbf{e}_\theta + r\frac{d^2\theta}{dt^2}\mathbf{e}_\theta + r\frac{d\theta}{dt}\frac{d\mathbf{e}_\theta}{dt} \tag{2.56}$$

θ의 변화율로 인한 단위벡터 $\mathbf{e}_r$의 시간 미분은 식 (2.54)에 의해 주어진다. P

가 움직임에 따라 $\mathbf{e}_\theta$도 각속도 $d\theta/dt$로 회전한다(그림 2.41). 이 그림으로부터 만일 $d\theta/dt$가 양이라면, $\mathbf{e}_\theta$의 시간 미분은 $-\mathbf{e}_r$ 방향임을 알 수 있다:

$$\frac{d\mathbf{e}_\theta}{dt} = -\frac{d\theta}{dt}\mathbf{e}_r$$

이 식과 식 (2.54)를 식 (2.56)에 대입하면, P의 가속도를 얻을 수 있다:

$$\mathbf{a} = \left[\frac{d^2r}{dt^2} - r\left(\frac{d\theta}{dt}\right)^2\right]\mathbf{e}_r + \left[r\frac{d^2\theta}{dt^2} + 2\frac{dr}{dt}\frac{d\theta}{dt}\right]\mathbf{e}_\theta$$

따라서 속도와 가속도는 각각

$$\mathbf{v} = v_r\mathbf{e}_r + v_\theta\mathbf{e}_\theta = \frac{dr}{dt}\mathbf{e}_r + r\omega\mathbf{e}_\theta \tag{2.57}$$

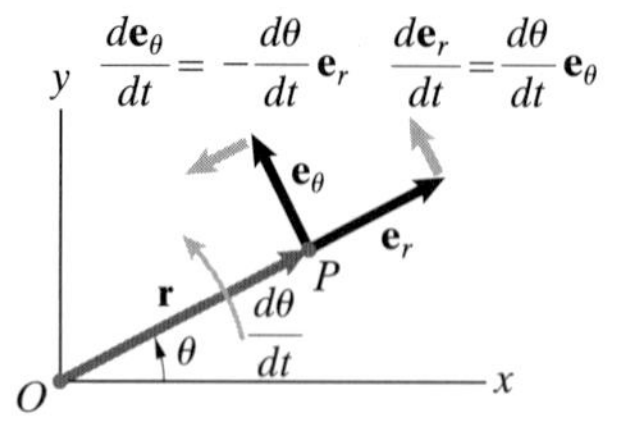

그림 2.41
$\mathbf{e}_r$과 $\mathbf{e}_\theta$의 시간 미분.

과

$$\mathbf{a} = a_r\mathbf{e}_r + a_\theta\mathbf{e}_\theta \tag{2.58}$$

이다(그림 2.42). 여기서

$$\begin{aligned} a_r &= \frac{d^2r}{dt^2} - r\left(\frac{d\theta}{dt}\right)^2 = \frac{d^2r}{dt^2} - r\omega^2 \\ a_\theta &= r\frac{d^2\theta}{dt^2} + 2\frac{dr}{dt}\frac{d\theta}{dt} = r\alpha + 2\frac{dr}{dt}\omega \end{aligned} \tag{2.59}$$

가속도의 반경방향 성분에서 $-r\omega^2$ 항은 **구심 가속도**(centripetal acceleration)라고 하며, 횡방향 성분에서 $2(dr/dt)\omega$ 항은 Coriolis 가속도라고 한다.

단위벡터 $\mathbf{e}_r$과 $\mathbf{e}_\theta$는 직각좌표계의 단위벡터와 다음 식의 관계가 있다:

$$\begin{aligned} \mathbf{e}_r &= \cos\theta\,\mathbf{i} + \sin\theta\,\mathbf{j} \\ \mathbf{e}_\theta &= -\sin\theta\,\mathbf{i} + \cos\theta\,\mathbf{j} \end{aligned} \tag{2.60}$$

원운동 원운동은 반경방향과 횡방향 성분 또는 법선 및 접선 성분 중 어느 것을 이용해도 편리하게 기술할 수 있다. 반경이 R인 원형 경로를 따라 움직이는 한 점 P의 속도와 가속도를 이들 두 방법으로 나타내어 비교해 보자

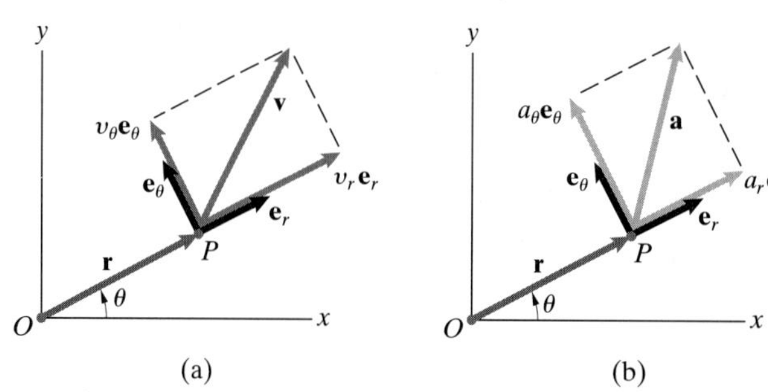

그림 2.42
(a) 속도의 반경방향 및 횡방향 성분.
(b) 가속도의 반경방향 및 횡방향 성분.

(그림 2.43). 극좌표 $r = R$이 일정하므로, 속도에 대한 식 (2.57)은 다음과 같이 간단히 표시된다:

$$\mathbf{v} = R\omega\mathbf{e}_\theta$$

속도를 법선 및 접선 성분으로 나타내면,

$$\mathbf{v} = v\mathbf{e}_\text{t}$$

이다. 그림 2.43에서 $\mathbf{e}_\theta = \mathbf{e}_\text{t}$임을 주목하라. 속도에 대한 위의 두 표현을 비교해 보면, 원운동에서 속도와 각속도 사이의 관계식을 얻을 수 있다:

$$v = R\omega$$

식 (2.58)과 (2.59)로부터, 반경 R인 원형 경로에 대한 가속도를 극좌표로 나타내면

$$\mathbf{a} = -R\omega^2\mathbf{e}_r + R\alpha\mathbf{e}_\theta$$

이며, 법선 및 접선 성분으로 나타내면,

$$\mathbf{a} = \frac{dv}{dt}\mathbf{e}_\text{t} + \frac{v^2}{R}\mathbf{e}_\text{n}$$

이다. 단위벡터 $\mathbf{e}_r$은 $\mathbf{e}_r = -\mathbf{e}_\text{n}$이다. $v = R\omega$의 관계 때문에 두 가속도의 법선방향 성분은 서로 같다. 즉, $v^2/R = R\omega^2$이다. 횡방향 성분과 접선 성분을 같다고 놓으면 다음 관계를 얻는다:

$$\frac{dv}{dt} = a_\text{t} = R\alpha$$

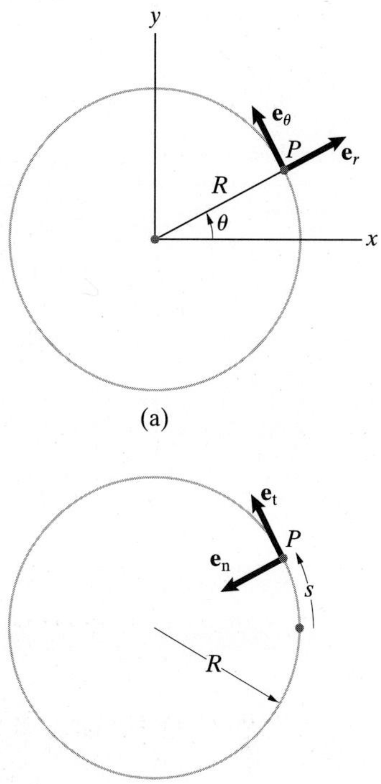

그림 2.43
원형 경로로 움직이는 점 P:
(a) 극좌표.
(b) 법선 및 접선 성분.

실린더 좌표계 극좌표계는 $x-y$ 평면에서의 한 점 P의 운동을 기술한다. 3차원 운동은 실린더 좌표(cylindrical coordinate) r, θ, z를 이용하여 기술할 수 있다(그림 2.44). 실린더 좌표 r과 θ는 $x-y$ 평면에 평행한 평면에서 측정한 P의 극좌표이며, 단위벡터 $\mathbf{e}_r$과 $\mathbf{e}_\theta$의 정의는 변함이 없다. 평면에 수직인 P의 위치는 좌표 z에 의해 측정되며, 단위벡터 $\mathbf{e}_z$는 양의 z축 방향을 가리킨다.

실린더 좌표에 의한 위치벡터 $\mathbf{r}$은 극좌표에서의 위치벡터에 대한 표현과 z 성분의 합이다. 즉,

$$\mathbf{r} = r\mathbf{e}_r + z\mathbf{e}_z \tag{2.61}$$

(P가 $x-y$ 평면 상에 있을 때를 제외하고는 극좌표 r은 $\mathbf{r}$의 크기와 같지 않다.) 시간 미분을 취하면, 속도

$$\mathbf{v} = \frac{d\mathbf{r}}{dt} = v_r\mathbf{e}_r + v_\theta\mathbf{e}_\theta + v_z\mathbf{e}_z$$
$$= \frac{dr}{dt}\mathbf{e}_r + r\omega\,\mathbf{e}_\theta + \frac{dz}{dt}\mathbf{e}_z \tag{2.62}$$

와 가속도

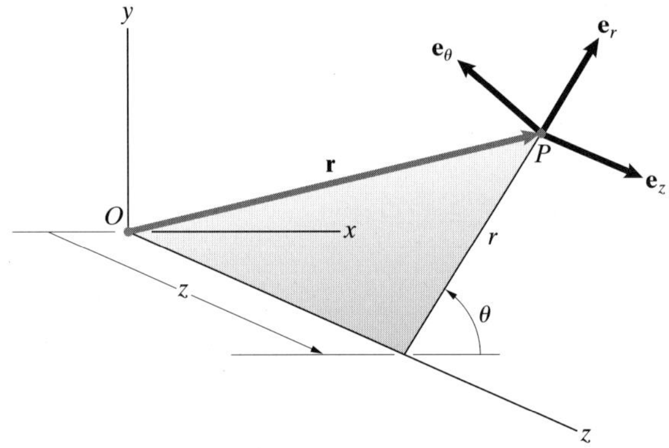

그림 2.44
점 P의 실린더 좌표 r, θ, z와 단위벡터 $\mathbf{e}_r$, $\mathbf{e}_\theta$, $\mathbf{e}_z$.

$$\mathbf{a} = \frac{d\mathbf{v}}{dt} = a_r\mathbf{e}_r + a_\theta\mathbf{e}_\theta + a_z\mathbf{e}_z \tag{2.63}$$

를 구할 수 있다. 여기서

$$a_r = \frac{d^2r}{dt^2} - r\omega^2, \quad a_\theta = r\alpha + 2\frac{dr}{dt}\omega, \quad a_z = \frac{d^2z}{dt^2} \tag{2.64}$$

이다. P가 $x-y$ 평면 상의 경로를 따라 움직일 때, 식 (2.62)와 (2.63)은 속도와 가속도에 대한 극좌표 표현인 식 (2.57)과 (2.58)로 간단히 표현된다.

연구 문제

1. 단위벡터 $\mathbf{e}_r$과 $\mathbf{e}_\theta$의 정의는 무엇인가?
2. 극좌표에 의한 한 점의 위치벡터는 무엇인가?
3. 만일 한 점이 좌표계의 원점에 대해 원형 경로로 움직인다면, 이 점의 Coriolis 가속도는 얼마인가? 이 점의 중심방향 가속도는 얼마인가?

예제 2.13 극좌표에 의한 운동의 표현

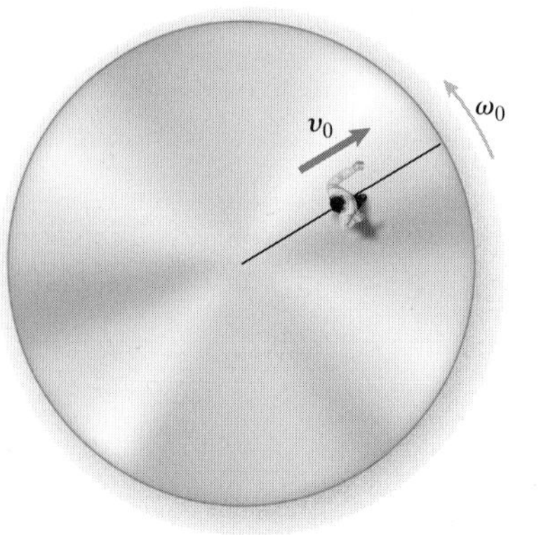

그림 2.45

일정한 각속도 ω_0로 회전하고 있는 큰 원판(예를 들면, 회전목마) 위에 서 있는 한 사람이 원판에 그려진 반경 선을 따라 일정한 속력 v_0로 걸어가기 시작한다고 가정해 보자(그림 2.45). 이 사람이 원판의 중심으로부터 r의 거리에 있을 때, 이 사람의 속도와 가속도는 얼마인가?

전략

극좌표로 이 사람의 운동을 기술할 수 있다(그림 a). 사람의 운동과 원판의 운동에 대해 주어진 정보를 이용함으로써, 극좌표로 표현된 속도와 가속도 식에 있는 항들을 계산할 수 있다.

| 풀이 |

사람이 반경 선을 따라 걷는 속력은 r의 변화율과 같다. 즉, $dr/dt = v_0$이며 원판의 각속도는 θ의 변화율과 같다. 즉, $\omega = \omega_0$이다. 사람의 속도는

$$\mathbf{v} = \frac{dr}{dt}\mathbf{e}_r + r\omega\mathbf{e}_\theta = v_0\mathbf{e}_r + r\omega_0\mathbf{e}_\theta$$

이다. 사람의 속도는 두 성분, 즉 사람의 걷는 빠르기로 인한 반경방향 성분과 원판의 회전 비율에 의한 횡방향 성분으로 구성되어 있다. 횡방향 성분은 사람이 원판의 중심으로부터 멀어짐에 따라 증가한다.

사람의 보행 속력 $v_0 = dr/dt$은 일정하므로 $d^2r/dt^2 = 0$이다. 또한 원판의 각속도 $\omega_0 = d\theta/dt$도 일정하므로 $d^2\theta/dt^2 = 0$이다. 따라서 사람의 반경방향 가속도 성분은

$$a_r = \frac{d^2r}{dt^2} - r\omega^2 = -r\omega_0^2$$

이며, 횡방향 성분은

$$a_\theta = r\alpha + 2\frac{dr}{dt}\omega = 2v_0\omega_0$$

이다.

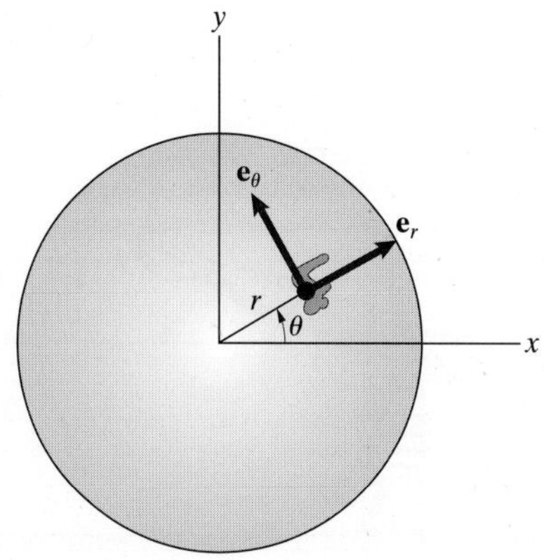

(a) 극좌표에 의한 사람의 위치.

| 비판적 사고 |

속도와 가속도를 구하는 데 왜 법선 및 접선 성분을 이용하지 않았는가? 이 예제에서 법선 및 접선 성분이 편하지 않을 것이라는 이유는 경로가 알려지지 않았고 법선 및 접선 성분이 경로에 의해 정의되기 때문이다.

예전에 회전목마의 바닥에서 걸어보려고 했던 적이 있었다면 그것이 쉽지 않다는 것을 알고 있을 것이다. 이 예제는 그 이유를 나타낸다. 즉, 걷는 사람 자신의 입장에서는 일정한 속도로 직선을 따라 걷고 있으나 실제로는 구심가속도 a_r과 원판의 회전에 의한 Coriolis 가속도 a_θ를 겪게 되기 때문이다.

예제 2.14 극좌표 성분의 직각좌표계 성분으로의 변환

그림 2.46의 로봇 팔은 점 P가 다음 식으로 기술되는 경로를 따라가도록 프로그램되어 있다:

$$r = 1 - 0.5\cos 2\pi t \text{ m}$$

$$\theta = 0.5 - 0.2\sin 2\pi t \text{ rad}$$

$t = 0.8$ s에서 P의 속도를 (a) 극좌표계와 (b) 직각좌표계 성분으로 각각 구하라.

| 전략 |

(a) r과 θ가 시간의 함수로 주어졌으므로 극좌표에 의한 속도식의 미분항들을

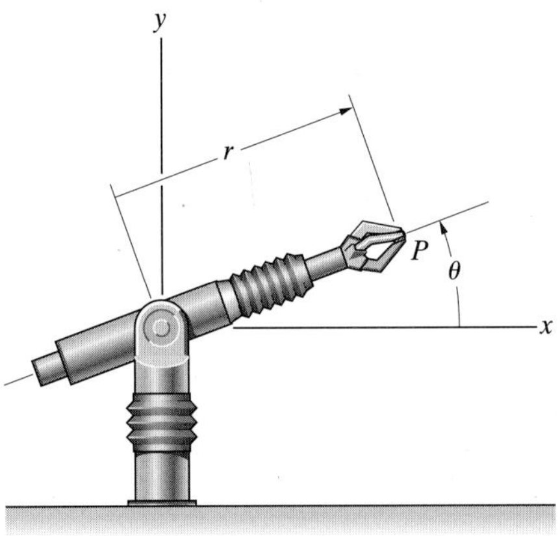

그림 2.46

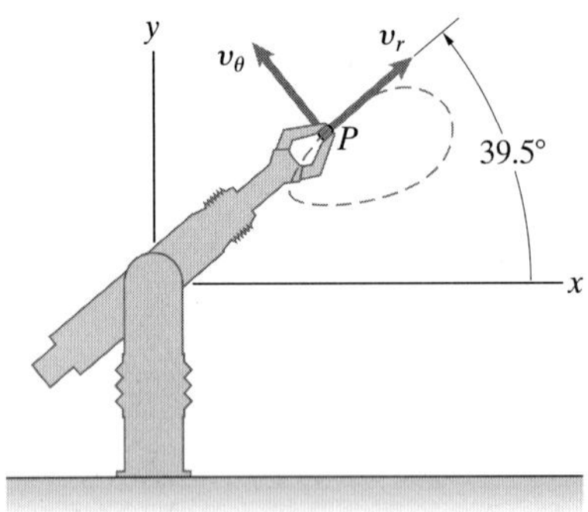

(a) $t = 0.8$ s에서의 위치.

계산함으로써 속도를 시간의 함수로 구할 수 있다.

(b) $t = 0.8$ s에서 θ 값을 계산함으로써, 삼각법을 이용하여 극좌표계 성분들에 의해 직각좌표계 성분들을 구할 수 있다.

풀이

(a) 식 (2.57)로부터 속도는

$$\mathbf{v} = \frac{dr}{dt}\mathbf{e}_r + r\frac{d\theta}{dt}\mathbf{e}_\theta$$

$$= (\pi \sin 2\pi t)\mathbf{e}_r + (1 - 0.5\cos 2\pi t)(-0.4\pi \cos 2\pi t)\mathbf{e}_\theta$$

이므로, $t = 0.8$ s에서 P의 속도는 다음과 같다:

$$\mathbf{v} = -2.99\mathbf{e}_r - 0.328\mathbf{e}_\theta \ (\text{m/s})$$

(b) $t = 0.8$ s에서, $\theta = 0.690$ rad $= 39.5°$이다(그림 a). P의 속도의 x 성분은

$$v_x = v_r \cos 39.5° - v_\theta \sin 39.5°$$

$$= (-2.99)\cos 39.5° - (-0.328)\sin 39.5° = -2.09 \text{ m/s}$$

이며, y 성분은

$$v_y = v_r \sin 39.5° + v_\theta \cos 39.5°$$

$$= (-2.99)\sin 39.5° + (-0.328)\cos 39.5° = -2.16 \text{ m/s}$$

이다.

비판적 사고

벡터의 성분들을 다른 좌표계에 의해 구할 때, 구한 벡터 성분들이 같은 벡터 크기를 갖는지 항상 체크해야 한다. 이 예제에서는

$$|\mathbf{v}| = \sqrt{(-2.99)^2 + (-0.328)^2} = \sqrt{(-2.09)^2 + (-2.16)^2} = 3.01 \text{ m/s}$$

이다. 두 좌표계에서 속도의 성분들은 서로 다르지만 이 성분들은 동일한 속도 벡터를 기술한다는 사실을 명심해야 한다.

예제 2.15 극좌표 및 직각좌표계 성분에 의한 속도

그림 2.47의 캠-종동부(cam-follower) 장치에서, 홈이 있는 막대가 일정한 각속도 $\omega = 4$ rad/s로 회전하고 있으며, 종동부의 반경방향 위치는 고정된 캠의 타원형 윤곽에 의해 결정된다. 종동부의 경로는 다음의 극좌표 식으로 기술된다:

$$r = \frac{0.15}{1 + 0.5\cos\theta} \text{ m}$$

$\theta = 45°$일 때, 종동부의 속도를 (a) 극좌표계와 (b) 직각좌표계에 의해 각각 구하라.

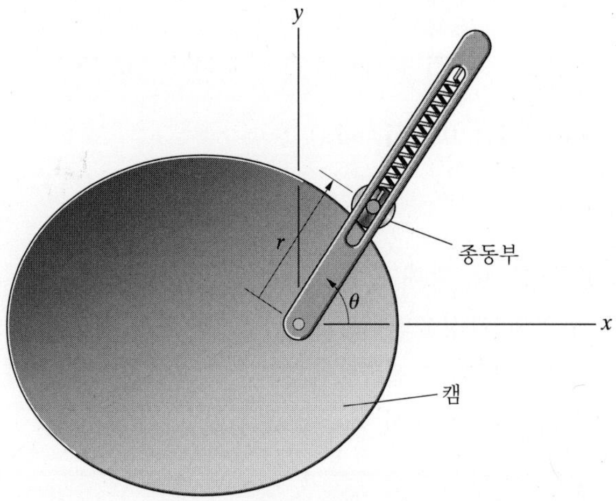

그림 2.47

| 전략 |

캠 윤곽에 대한 극좌표 식을 시간 미분함으로써, 주어진 각속도와 반경방향 속도 성분 사이의 관계식을 얻을 수 있으며, 이로부터 속도를 극좌표로 나타낼 수 있다. 그 다음, 식 (2.60)을 이용하여 속도를 직각좌표계로 나타낼 수 있다.

| 풀이 |

(a) 캠 윤곽에 대한 극좌표 식은 $r = r(\theta)$의 형태이다. 이 식을 시간에 대해 미분하면,

$$\begin{aligned}\frac{dr}{dt} &= \frac{dr(\theta)}{d\theta}\frac{d\theta}{dt} \\ &= \frac{d}{d\theta}\left(\frac{0.15}{1 + 0.5\cos\theta}\right)\frac{d\theta}{dt} \\ &= \left[\frac{0.075\sin\theta}{(1 + 0.5\cos\theta)^2}\right]\frac{d\theta}{dt}\end{aligned}$$

를 얻을 수 있다. 따라서 극좌표에 의한 종동부의 속도는

$$\begin{aligned}\mathbf{v} &= \frac{dr}{dt}\mathbf{e}_r + r\frac{d\theta}{dt}\mathbf{e}_\theta \\ &= \left[\frac{0.075\sin\theta}{(1 + 0.5\cos\theta)^2}\right]\frac{d\theta}{dt}\mathbf{e}_r + \left(\frac{0.15}{1 + 0.5\cos\theta}\right)\frac{d\theta}{dt}\mathbf{e}_\theta\end{aligned}$$

이다. 각속도는 $\omega = d\theta/dt = 4$ rad/s이므로 $\theta = 45°$일 때 속도의 극좌표 성분들을 계산하면 다음을 얻을 수 있다:

$$\mathbf{v} = 0.116\mathbf{e}_r + 0.443\mathbf{e}_\theta\ (\text{m/s})$$

(b) $\theta = 45°$를 식 (2.60)에 대입한 후, 속도에 대한 극좌표 표현식에 대입하면, 직각좌표계에 의한 속도를 구할 수 있다:

$$\mathbf{v} = 0.116\mathbf{e}_r + 0.443\mathbf{e}_\theta$$

$$= 0.116(\cos 45°\mathbf{i} + \sin 45°\mathbf{j}) + 0.443(-\sin 45°\mathbf{i} + \cos 45°\mathbf{j})$$

$$= -0.232\mathbf{i} + 0.395\mathbf{j}\ (\text{m/s})$$

| 비판적 사고 |

종동부의 속도를 구할 때, 막대가 회전하는 동안 종동부가 캠의 표면과 접촉을 유지한다는 무언의 가정을 하였다. 캠 메커니즘 설계자는 스프링이 충분히 강해서 종동부가 표면과의 접촉을 잃지 않도록 보장해야 한다. 3장에서 이러한 문제를 해석하는 데 필요한 개념을 도입할 것이다.

연습문제

2.137 고리 A의 극좌표가 시간의 함수로서 $r = 1 + 0.2t^2$ m와 $\theta = 2t$ rad이다. $t = 1$ s에서 고리의 속도를 극좌표로 구하라.

2.138 문제 2.137에서, $t = 1$ s에서 극좌표에 의한 고리의 가속도는 얼마인가?

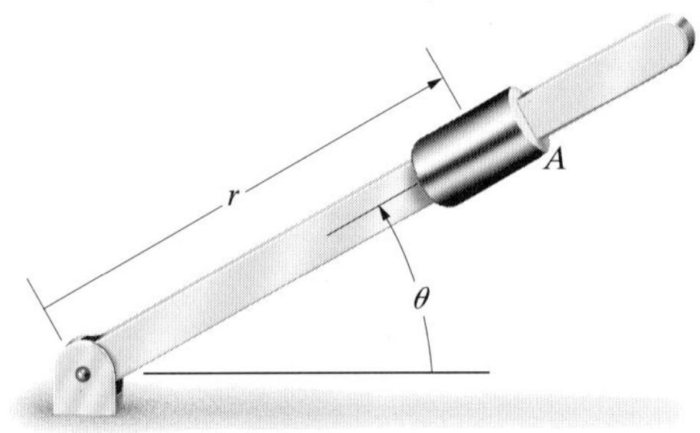

문제 2.137/2.138

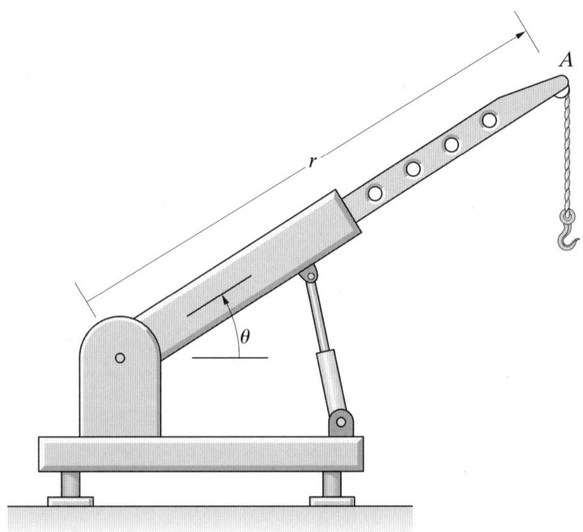

문제 2.139/2.140

2.139 크레인의 한 점 A의 극좌표는 시간의 함수로서 $r = 12 + 0.4t^2$ m와 $\theta = 0.02t^3$ rad으로 주어진다. $t = 2$ s에서 A의 속도를 극좌표에 의해 구하라.

2.140 문제 2.139에서 $t = 2$ s에서 크레인의 A의 가속도를 극좌표에 의해 구하라.

2.141 반경 선이 2 rad/s의 일정한 각속도로 회전하고 있다. 점 P는 4 m/s의 일정한 속력으로 직선을 따라 움직인다. $r = 2$ m일 때 P의 속도 크기와 가속도 크기를 구하라.

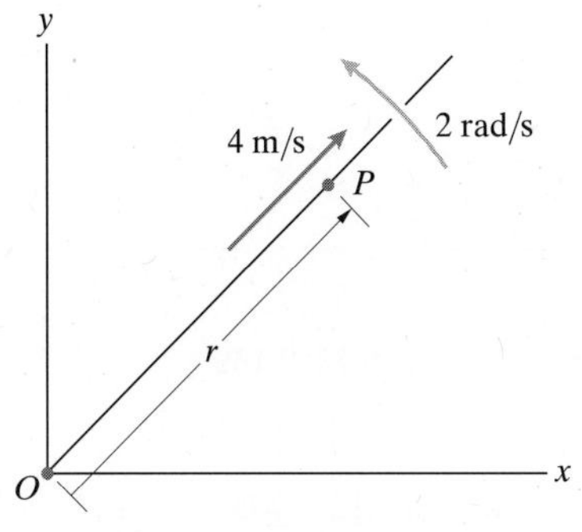

문제 2.141

2.142 고리 A가 수직막대 위에서 미끄러진다. 그림의 순간에서, 고리의 좌표는 $x = 0.9$ m, $y = 0.6$ m이며, 속도와 가속도는 $\mathbf{v} = 4\mathbf{j}$ (m/s)와 $a = -9.81\mathbf{j}$ (m/s^2)이다. A의 속도를 극좌표에 의해 구하라.

2.143 문제 2.142에서 고리 A의 가속도를 극좌표에 의해 구하라.

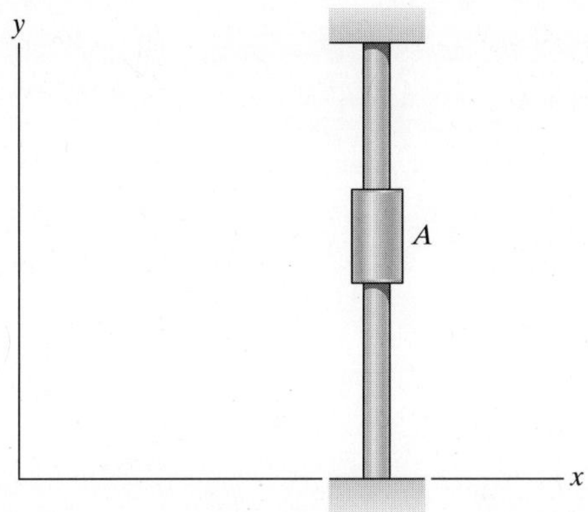

문제 2.142/2.143

2.144* 에게해(Aegean Sea)에서 물 속의 고고학 유적지를 찾고 있는 배가 4노트(knot)의 속도로 움직이고 있으며 $r = 10\theta$ m의 경로를 따라가고 있다. 여기서 θ는 라디안이다[1노트는 시간당 1해리(nautical mile), 즉 1852 m를 가는 속도이다.] $\theta = 2\pi$ rad일 때, 보트의 속도를 (a) 극좌표에 의해, (b) 직각좌표에 의해 구하라.

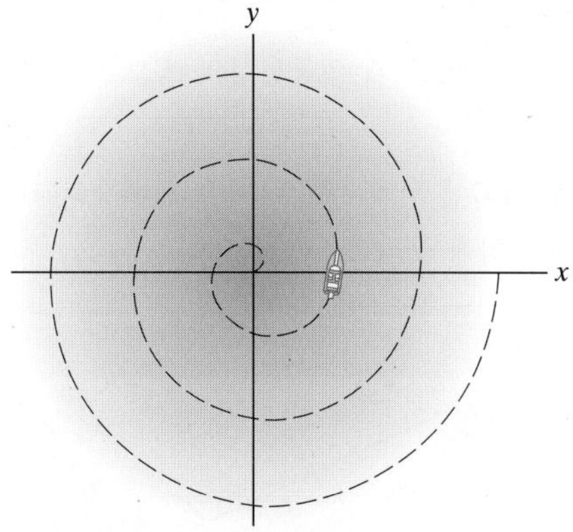

문제 2.144

2.145 고리 A가 원형 막대 상에서 미끄러진다. A의 반경 위치(m)는 θ의 함수로서 $r = 2\cos\theta$로 주어진다. 그림의 순간에서 $\theta = 25°$이며 $d\theta/dt = 4$ rad/s이다. A의 속도를 극좌표에 의해 구하라.

2.146 문제 2.145에서, 그림의 순간에서 $d^2\theta/dt^2 = 0$이다. A의 가속도를 극좌표에 의해 구하라.

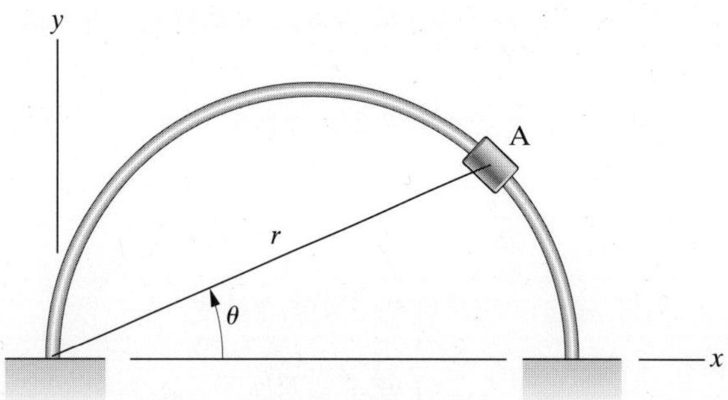

문제 2.145/2.146

2.147 인공위성의 반경 좌표는 각(角)위치 θ와 다음 관계를 갖는다:

$$r = \frac{1.91 \times 10^7}{1 + 0.5\cos\theta}\ \text{m}$$

반경 위치와 속도의 횡방향 성분의 곱은

$$rv_\theta = 8.72 \times 10^{10}\ \text{m}^2/s$$

이다. $\theta = 90°$일 때 인공위성의 속도를 극좌표에 의해 구하라.

2.148* 문제 2.147에서, $\theta = 90°$일 때 인공위성의 가속도를 극좌표에 의해 구하라.

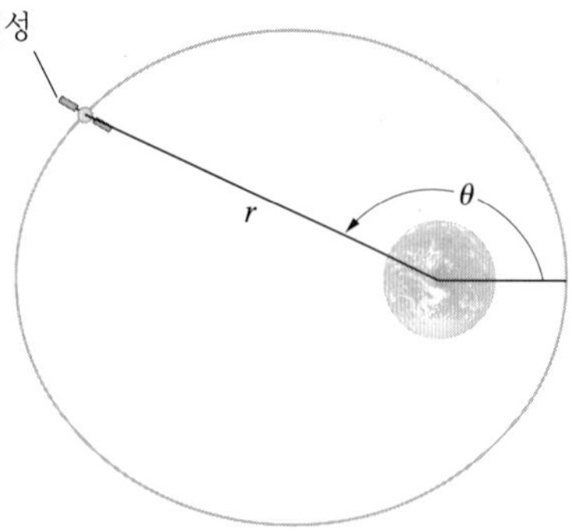

문제 2.147/2.148

2.149 $x-y$ 평면에서 일정한 각속도 ω_0로 회전하고 있는 철사 줄을 따라 구슬이 미끄러진다. 구슬의 반경방향 가속도 성분은 0이다. 구슬의 반경방향 속도 성분은 $r = r_0$일 때 v_0이다. 구슬 속도의 극좌표 성분을 r의 함수로 구하라.

전략: 구슬 속도의 반경방향 성분은

$$v_r = \frac{dr}{dt}$$

이며, 구슬 가속도의 반경방향 성분은

$$a_r = \frac{d^2r}{dt^2} - r\left(\frac{d\theta}{dt}\right)^2 = \frac{dv_r}{dt} - r\omega_0^2$$

이다. 연쇄법칙

$$\frac{dv_r}{dt} = \frac{dv_r}{dr}\frac{dr}{dt} = \frac{dv_r}{dr}v_r$$

을 이용하여 가속도의 반경방향 성분을 다음 형태로 나타낼 수 있다:

$$a_r = \frac{dv_r}{dr}v_r - r\omega_0^2$$

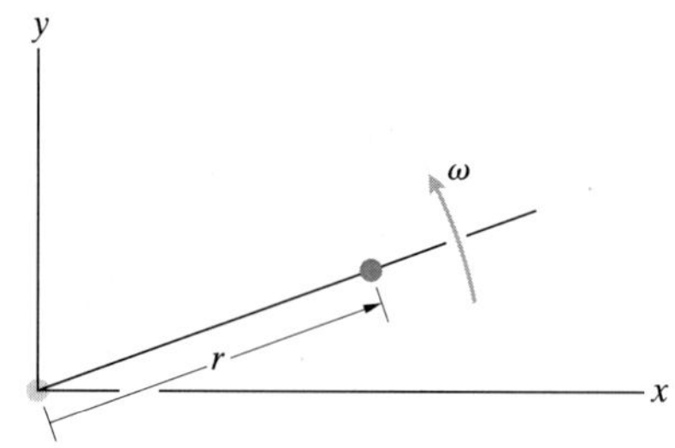

문제 2.149

2.150 $x-y$ 평면에서 한 점의 운동이 횡방향 가속도 성분 a_θ가 0인 운동이라면, 이 점의 반경 위치와 횡방향 속도의 곱(rv_θ)이 일정함을 보여라.

2.151* 천문학 데이터로부터 Kepler는 태양과 행성을 잇는 직선은 같은 시간 동안 같은 면적을 지나간다고 추론하였다(그림 a). 행성의 횡방향 가속도 성분 a_θ가 0이라는 사실로부터 이 결과가 당연함을 보여라[r이 dr만큼 변하고 θ가 $d\theta$만큼 변할 때(그림 b), 형성되는 면적의 미분요소는 $dA = \frac{1}{2}r(r\,d\theta)$이다.]

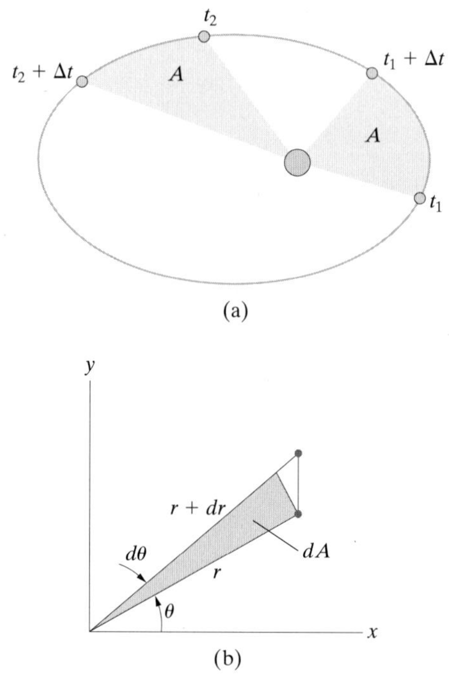

문제 2.151

2.152 막대가 $x-y$ 평면에서 일정한 각속도 ω_0로 회전하고 있다. 고리 C의 반경방향 가속도 성분은 $a_r = -Kr$이다. 여기서 K는 상수이다. $r = r_0$일 때 C의 반경방향 속도 성분은 v_0이다. C의 속도의 극좌표 성분을 r의 함수로 구하라.

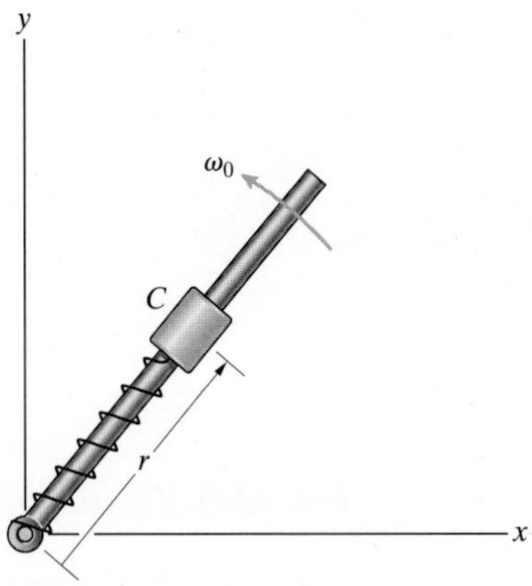

문제 2.152

2.153 유압식 액추에이터에 의해 핀 P가 속도 $\mathbf{v} = 2\mathbf{j}$ (m/s)로 위로 움직인다. $\theta = 35°$일 때, 핀의 속도를 극좌표에 의해 구하고, 홈이 있는 막대의 각속도를 구하라.

2.154 유압식 액추에이터에 의해 핀 P가 속도 $\mathbf{v} = 2\mathbf{j}$ (m/s)로 위로 움직인다. $\theta = 35°$일 때, 핀의 가속도를 극좌표에 의해 구하고, 홈이 있는 막대의 각가속도를 구하라.

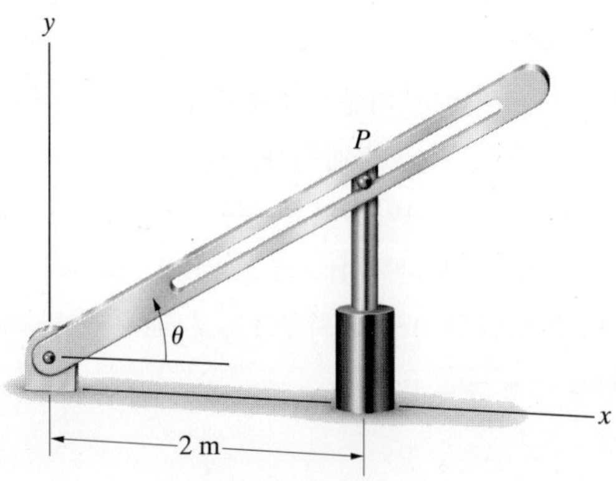

문제 2.153/2.154

2.155 예제 2.15에서, $\theta = 135°$일 때 캠-종동부의 속도를 (a) 극좌표와 (b) 직각좌표에 의해 각각 구하라.

2.156* 예제 2.15에서, $\theta = 135°$일 때 캠-종동부의 가속도를 (a) 극좌표와 (b) 직각좌표에 의해 각각 구하라.

2.157 캠-종동부 장치에서 홈이 있는 막대가 일정한 각속도 $\omega = 10$ rad/s로 회전하며, 종동부 A의 반경 위치가 고정된 캠의 윤곽에 의해 결정된다. 종동부의 경로는 극좌표 식

$$r = 1 + 0.5\cos 2\theta \text{ m}$$

에 의해 기술된다. $\theta = 30°$일 때 캠-종동부의 속도를 (a) 극좌표와 (b) 직각좌표에 의해 각각 구하라.

2.158* 문제 2.157에서 $\theta = 30°$일 때 캠-종동부의 가속도를 (a) 극좌표와 (b) 직각좌표에 의해 각각 구하라.

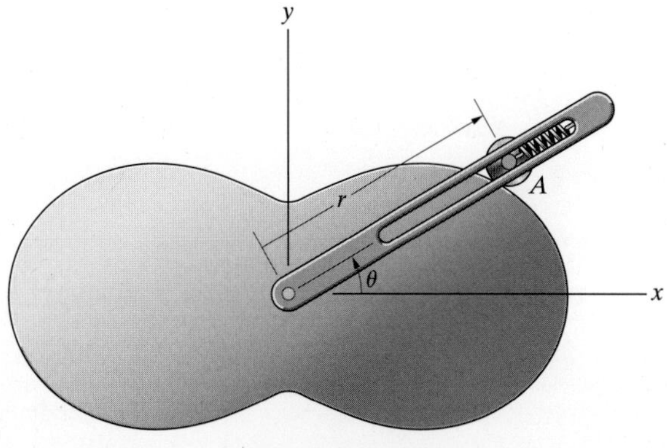

문제 2.157/2.158

2.159* $x-y$ 평면의 한 점 P의 직각좌표는 극좌표와 $x = r\cos\theta$, $y = r\sin\theta$의 관계가 있다.

(a) 단위벡터 $\mathbf{i}$와 $\mathbf{j}$가 단위벡터 $\mathbf{e}_r$, $\mathbf{e}_\theta$와 다음 관계가 있음을 보여라:

$$\mathbf{i} = \cos\theta\,\mathbf{e}_r - \sin\theta\,\mathbf{e}_\theta$$

$$\mathbf{j} = \sin\theta\,\mathbf{e}_r + \cos\theta\,\mathbf{e}_\theta$$

(b) 직각좌표계에 의한 P의 위치벡터 식, $r = x\mathbf{i} + y\mathbf{j}$에서 시작하여, 극좌표에 의한 위치벡터 식 (2.52)를 유도하라.

(c) 직각좌표계에 의해 표시된 점 P의 위치벡터를 시간 미분하여 극좌표에 의한 속도식 (2.55)를 유도하라.

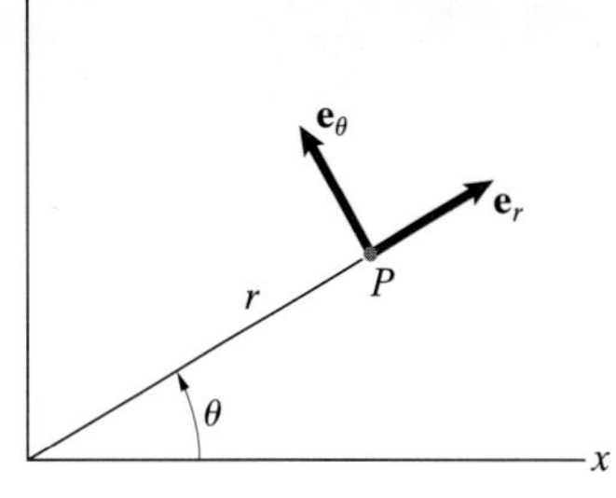

문제 2.159

2.160 비행기가 643.6 km/h로 직선으로 날아간다. 비행기 프로펠러의 반경은 1.524 m이며, 비행기 전면에서 볼 때 프로펠러는 반시계 방향으로 2000 rpm의 속도로 회전한다. 프로펠러 끝에 있는 점의 속도와 가속도를 실린더 좌표로 구하라. (z축이 그림과 같은 방향을 갖는다고 하자).

문제 2.160

2.161 자기장에서 전하를 띤 입자 P가 $r = 1$ m, $\theta = 2z$ rad으로 기술되는 소용돌이 모양의 경로를 따라 움직이고 있다. 여기서 z는 미터 단위이다. 입자는 그림의 방향으로 일정한 속력 $|\mathbf{v}| = 1$ km/s로 경로를 따라 움직인다. 입자의 속도를 실린더 좌표에 의해 구하라.

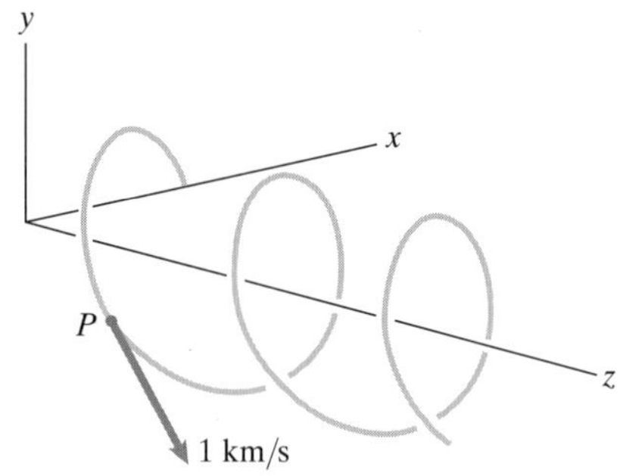

문제 2.161

2.4 상대 운동

지금까지 주어진 기준좌표계에 대한 한 점의 곡선 운동에 대해 논의하였다. 많은 경우에서, 둘 또는 둘 이상의 점들의 기준좌표계에 대한 운동과 상대방에 대한 상대 운동을 해석하는 것이 필요하다. 간단한 예로서, 움직이는 버스의 승객을 생각해 보자. 만일 이 승객이 버스 통로를 따라 걷는다면, 이 사람에게 중요한 위치와 속도는 버스에서의 자기의 위치이며 통로를 따라 얼마나 빨리 움직이느냐 하는 것이다. 지구에 대한 버스의 운동, 버스에 대한 승객의 운동, 지구에 대한 승객의 운동을 해석하기 위한 기준좌표계를 갖는 것이 편리할 것이다. 이 절에서는 이러한 기준좌표계를 도입하고 책 전체를 통해 많은 부분에서 사용될 개념과 용어를 소개한다.

원점이 O인 기준좌표계에 대해 두 점 A와 B의 운동을 기술하려고 한다. O에 대한 점 A와 B의 위치를 $\mathbf{r}_A$와 $\mathbf{r}_B$로 표시한다(그림 2.48). 또 점 B에 대한 점 A의 운동을 기술하려고 하며, B에 대한 A의 위치를 $\mathbf{r}_{A/B}$로 표시한다. 이 벡터들은 다음 관계식을 만족한다:

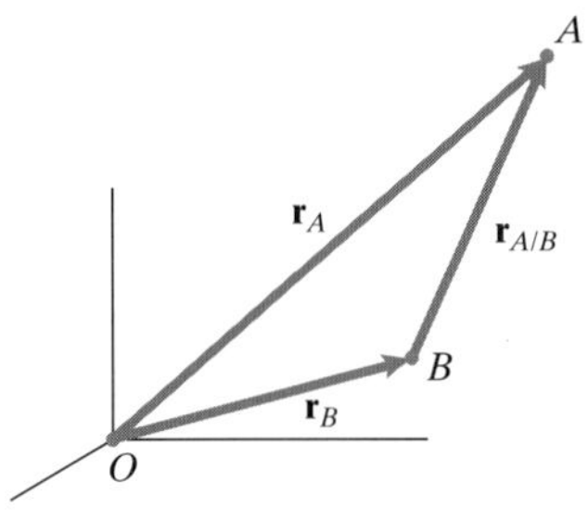

그림 2.48

$$\mathbf{r}_A = \mathbf{r}_B + \mathbf{r}_{A/B} \tag{2.65}$$

말로 표현하면, A의 위치는 B의 위치와 B에 대한 A의 위치를 더한 것과 같다. 단순히 "A의 위치" 또는 "B의 위치"라고 말할 때, 이 위치는 O에 대한 위치를 의미한다. 식 (2.65)의 시간에 대한 미분은

$$\frac{d\mathbf{r}_A}{dt} = \frac{d\mathbf{r}_B}{dt} + \frac{d\mathbf{r}_{A/B}}{dt}$$

이며, 이 식은 다음과 같이 쓸 수 있다:

$$\mathbf{v}_A = \mathbf{v}_B + \mathbf{v}_{A/B} \tag{2.66}$$

여기서 $\mathbf{v}_A$는 O에 대한 A의 속도이고, $\mathbf{v}_B$는 O에 대한 B의 속도이며, $\mathbf{v}_{A/B} = d\mathbf{r}_{A/B}/dt$는 B에 대한 A의 속도이다. A의 속도는 B의 속도와 B에 대한 A의 속도를 더한 것과 같다. 이제 식 (2.66)을 시간에 대해 미분하면

$$\frac{d\mathbf{v}_A}{dt} = \frac{d\mathbf{v}_B}{dt} + \frac{d\mathbf{v}_{A/B}}{dt}$$

이며, 이 식은 다음과 같이 쓸 수 있다:

$$\mathbf{a}_A = \mathbf{a}_B + \mathbf{a}_{A/B} \tag{2.67}$$

$\mathbf{a}_A$항은 O에 대한 A의 가속도이고, $\mathbf{a}_B$는 O에 대한 B의 가속도이며, $\mathbf{a}_{A/B} = d\mathbf{v}_{A/B}/dt$는 B에 대한 A의 가속도이다. A의 가속도는 B의 가속도와 B에 대한 A의 가속도를 더한 것과 같다.

식 (2.65)–(2.67)의 식은 형태는 단순하지만, 근본 개념은 매우 유용하며, 이 책 전체에서 다양한 경우에 적용된다.

예제 2.16 강에서의 배의 운동

물에 대해 5 m/s의 속도로 움직이는 배가 유속 2 m/s로 동쪽으로 균일하게 흘러가는 물 위에 떠 있다. 조타수가 지구에 대해 북서쪽으로 항해하기를 원한다면, 조타수는 어느 방향으로 배를 향해야 하는가? 이렇게 해서 얻어지는 배의 지구에 대한 속도 크기는 얼마인가?

전략

그림 a의 기준좌표계가 지구에 대해 고정되어 있다고 하자. 배를 A라고 표시하고 B를 물에 대해 움직이지 않는 점으로 정의한다. 즉, 점 B는 물과 같은 속도인 2 m/s로 동쪽으로 움직인다. 따라서 $\mathbf{v}_B$와 $\mathbf{v}_{A/B}$의 크기(물에 대한 배의 속력), 그리고 $\mathbf{v}_A$의 원하는 방향을 알고 있다. 식 (2.66)을 이용하여 $\mathbf{v}_{A/B}$의 방향과 $\mathbf{v}_A$의 크기를 구할 수 있다.

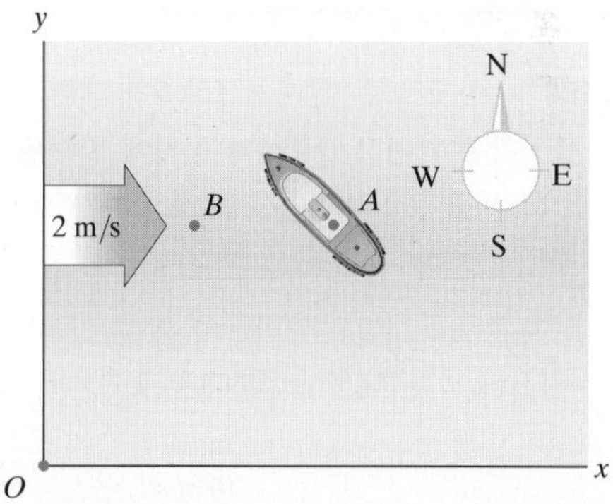

(a)

풀이

지구에 대한 배의 속도는 지구에 대한 물의 속도와 물에 대한 배의 속도를 더한 것과 같다:

$$\mathbf{v}_A = \mathbf{v}_B + \mathbf{v}_{A/B} \tag{1}$$

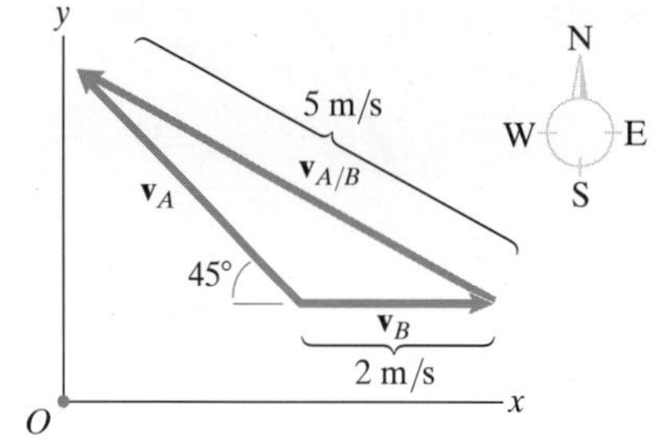

(b)

그림 b에 이 속도들을 알려진 정보와 함께 나타내었다. 물에 대해 움직이지 않는 것으로 가정한 점 B는 2 m/s로 동쪽으로 움직인다. 물에 대한 배의 속도 크기는 5 m/s이며, 지구에 대한 배의 속도 방향은 북서쪽이다.

그림의 기준좌표계에 의해, $\mathbf{v}B = 2\mathbf{i}$ (m/s)이다. v_A를 $\mathbf{v}_A$의 미지의 크기라고 하자. $\mathbf{v}_A$를 다음과 같이 성분들에 의해 나타낼 수 있다:

$$\mathbf{v}_A = -v_A \cos 45°\mathbf{i} + v_A \sin 45°\mathbf{j}$$

식 (1)로부터, 물에 대한 배의 속도는

$$\mathbf{v}_{A/B} = \mathbf{v}_A - \mathbf{v}_B$$

$$= -(v_A \cos 45° + 2 \text{ m/s})\mathbf{i} + v_A \sin 45°\mathbf{j} \qquad (2)$$

이다. 이 벡터의 크기는 5 m/s로 알려져 있다. 따라서

$$|\mathbf{v}_{A/B}| = \sqrt{(v_A \cos 45° + 2 \text{ m/s})^2 + (v_A \sin 45°)^2} = 5 \text{ m/s}$$

이다. 이 식을 풀면, 지구에 대한 배의 속도 크기가 $v_A = 3.38$ m/s임을 알 수 있다. 이 결과를 식 (2)에 대입하면, 물에 대한 배의 속도는

$$\mathbf{v}_{A/B} = -4.39\mathbf{i} + 2.39\mathbf{j} \text{ (m/s)}$$

이다. 조타수는 지구에 대해 북서쪽으로 배를 운항시키기 위해 배를 북쪽에서 서쪽을 향해 arctan(4.39/2.39) = 61.4° 향하게 해야 한다.

비판적 사고

식 (2.65)−(2.67)을 적용할 때, 점 A와 B는 일반적으로 운동을 해석하고자 하는 특정 점이 될 것이다. 그러나 이 예제에서, 물과 함께 움직이는 가상의 점 B를 정의함으로써 물에 대한 배의 운동과 지구에 대한 배의 운동을 어떻게 해석했는지 주목하라.

연습문제

2.162 $t = 0$에서, 두 발사체 A와 B가 그림의 초기 속도와 발사각을 가지고 O로부터 동시에 발사된다. 발사체 B에 대한 발사체 A의 속도를 (a) $t = 0.5$ s에서와 (b) $t = 1$ s에서 각각 구하라.

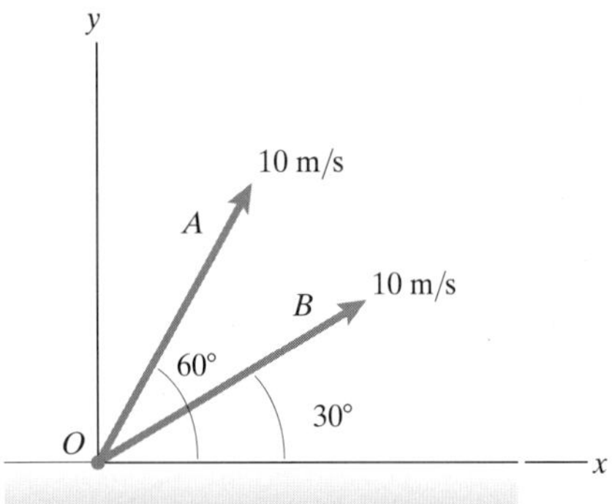

문제 2.162

2.163 지구에 고정된 좌표계에 대해, 원판이 10 rad/s로 고정점 O에 대해 회전한다. 그림의 순간에서 점 B에 대한 점 A의 속도는 얼마인가?

2.164 지구에 고정된 좌표계에 대해, 원판이 10 rad/s의 일정한 각속도로 고정점 O에 대해 회전한다. 그림의 순간에서 점 B에 대한 점 A의 가속도는 얼마인가?

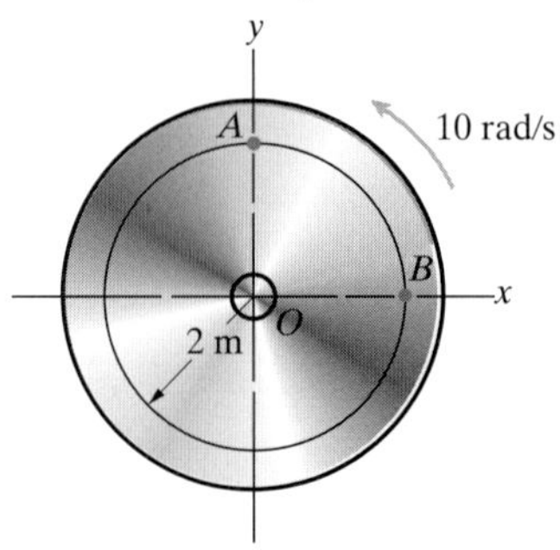

문제 2.163/2.164

2.165 원형 궤도 위의 기차가 15 m/s로 달리고 있다. 직선 궤도 위의 기차는 6 m/s로 달리고 있다. 그림의 지구에 고정된 좌표계에 의해, 승객 B에 대한 승객 A의 속도는 얼마인가?

2.166 원형 궤도 위의 기차가 15 m/s의 일정한 속력으로 달리고 있다. 직선 궤도 위의 기차는 6 m/s로 달리고 있으며 0.6 m/s^{2}으로 속력을 증가시키고 있다. 그림의 지구에 고정된 좌표계에 의해, 승객 B에 대한 승객 A의 가속도는 얼마인가?

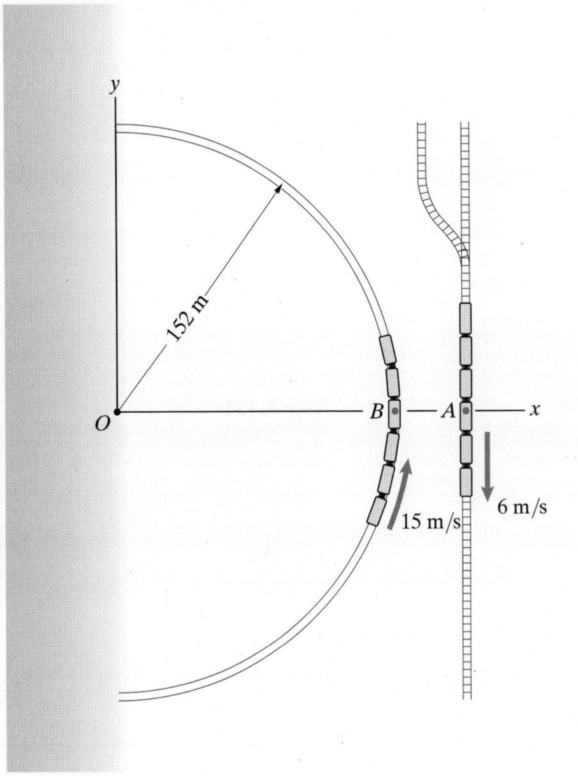

문제 2.165/2.166

2.167 두 막대는 각각 길이가 0.4 m이고 $x-y$ 평면에서 회전한다. 두 막대는 A에서 핀으로 연결되어 있다. 그림의 기준좌표계에 대해, 막대 OA는 5 rad/s의 반시계 방향 각속도를 가지며, 막대 AB는 10 rad/s의 반시계 방향 각속도를 가진다. 그림의 순간에서 기준좌표계에 대한 점 B의 속도는 얼마인가?

전략: 점 A는 O에 대해 원형 경로로 움직인다. 점 A에 대해 점 B는 원형 경로로 움직인다. (자신이 점 A에 앉아서 점 B가 자기 주위를 회전하는 것을 상상해보라.) O에 대한 A의 x 및 y 속도 성분과 A에 대한 B의 속도를 구하라. 그러면 O에 대한 B의 속도를 구할 수 있다.

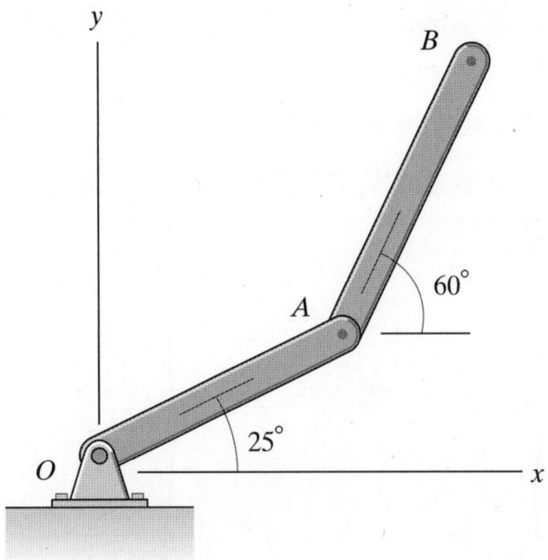

문제 2.167

2.168 한 개인조종사가 도시 P에서 북쪽으로 200 km 떨어진 도시 Q까지 비행을 하고 싶어 한다. 비행기는 290 km/h의 풍속과 함께 비행한다. 비행기가 날아갈 고도에 50 km/h의 속력을 가진 동풍(즉, 바람의 방향은 서쪽을 향한다)이 존재한다. 도시 P에서 Q로 똑바로 비행하려면, 조종사는 비행기를 어느 방향으로 향하게 해야 하는가? 여행시간은 얼마가 걸리겠는가?

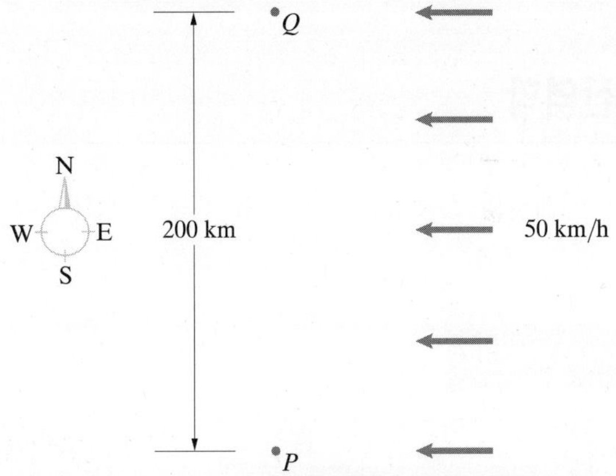

문제 2.168

2.169 강물이 3 m/s의 속도로 북쪽으로 흐르고 있다(강물의 흐름은 균일한 것으로 가정한다). 물에 대해 10 m/s의 일정한 속력으로 움직이는 보트를 타고 C 지점에서 D 지점까지 일직선으로 가려고 한다면, 보트의 방향을 어느 쪽을 향하게 해야 하는가? 또 횡단하는 데 걸리는 시간은 얼마인가?

2.170 강물이 3 m/s의 속도로 북쪽으로 흐르고 있다(강물의 흐름은 균일한 것으로 가정한다). 보트가 C 지점에서 D 지점까지 일직선으로 가기 위해 물에 대해 가져야 할 최소 속력은 얼마인가? 또 횡단하는 데 걸리는 시간은 얼마인가?

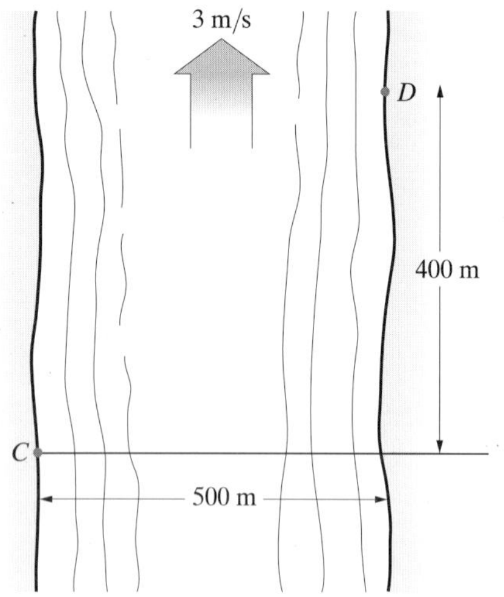

문제 2.169/2.170

2.171* 돛단배가 지구에 대해 $v_0 = 3$ m/s의 속력으로 북쪽으로 항해하다가 같은 속력으로 동쪽을 향해 항해한다. 배 위의 풍향계(tell-tale)는 배에 대한 바람 속도의 방향을 가리킨다. 지구에 대한 바람 속도의 방향과 크기를 구하라.

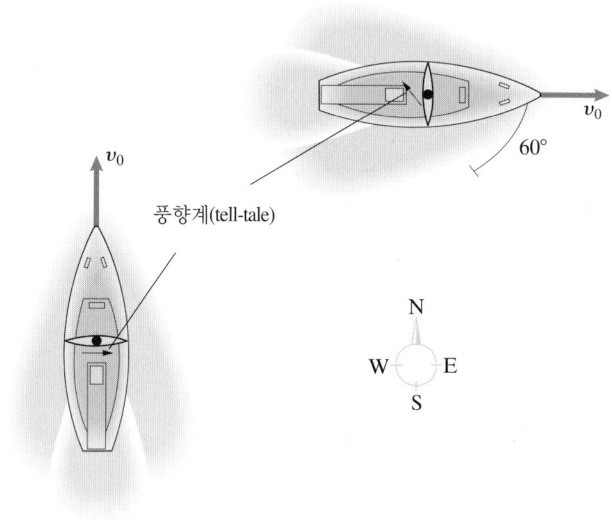

문제 2.171

전산역학

다음 예제들과 문제들은 프로그램 가능한 계산기나 컴퓨터를 사용하도록 만들어졌다.

전산예제 2.17

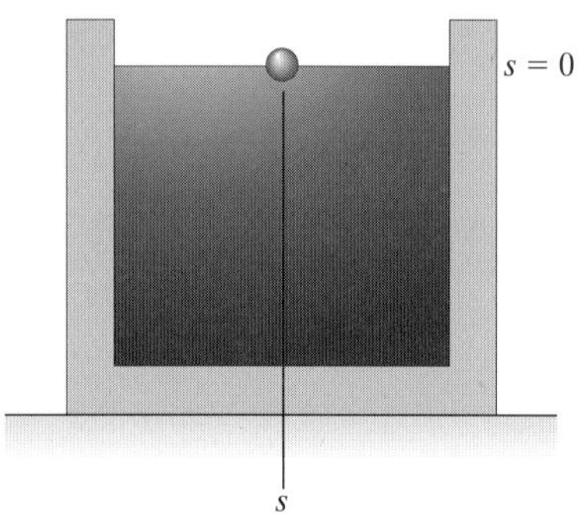

그림 2.49

그림 2.49에서, 액체가 담긴 통 속에서 쇠공이 내려가는 하향 가속도는 부력을 고려할 때 $a = 0.9g - cv$이다. 여기서 c는 액체의 점성에 비례하는 상수이다. 점성을 결정하기 위해 유동학(流動學) 연구자가 액체의 표면에서 쇠공을 정지상태에서 놓는다. 쇠공이 바닥까지 2 m를 내려가는 동안 2초가 걸린다면, c의 값은 얼마인가?

| 전략 |

쇠공이 내려가는 거리를 시간의 함수로 구하면 c에 대한 식을 얻을 수 있다.

| 풀이 |

쇠공의 위치 s는 공을 놓는 지점으로부터 아래쪽으로 측정하며, 공을 놓는 시점을 $t = 0$으로 한다. 가속도는

$$a = \frac{dv}{dt} = 0.9g - cv$$

이다. 변수들을 분리하여 적분하면

$$\int_0^v \frac{dv}{0.9g - cv} = \int_0^t dt$$

이며, 이로부터

$$\left[\frac{1}{-c}\ln(0.9g - cv)\right]_0^v = \left[t\right]_0^t$$

즉,

$$\frac{1}{-c}[\ln(0.9g - cv) - \ln(0.9g)] = \frac{1}{-c}\ln\left(\frac{0.9g - cv}{0.9g}\right) = t$$

이다. v에 대해 풀면 다음을 얻는다:

$$v = \frac{ds}{dt} = \frac{0.9g}{c}(1 - e^{-ct})$$

이 식을 적분하면

$$\int_0^s ds = \int_0^t \frac{0.9g}{c}(1 - e^{-ct})\,dt$$

이며, 이로부터

$$\left[s\right]_0^s = \frac{0.9g}{c}\left[t - \frac{e^{-ct}}{(-c)}\right]_0^t$$

이다. 이 식으로부터 쇠공이 낙하한 거리를 쇠공을 놓은 시점으로부터의 시간의 함수로 구할 수 있다:

$$s = \frac{0.9g}{c^2}(ct - 1 + e^{-ct})$$

$t = 2$ s일 때 $s = 2$ m이므로 다음 식을 풀면 c를 구할 수 있다:

$$f(c) = \frac{(0.9)(9.81)}{c^2}(2c - 1 + e^{-2c}) - 2 = 0$$

이 초월 함수식을 닫힌 형태로 풀어서 c를 구할 수는 없다. 이러한 식들의 해를 구할 수 있도록 만들어진 컴퓨터 프로그램이 많이 있다. 또 다른 방법으로는 c의 어떤 범위의 값들에 대해 $f(c)$의 값을 계산하고 그 결과를 그림 2.50과 같이 그래프로 그리는 것이다. 그래프로부터 $c = 8.3\ \mathrm{s}^{-1}$으로 추정할 수 있다.

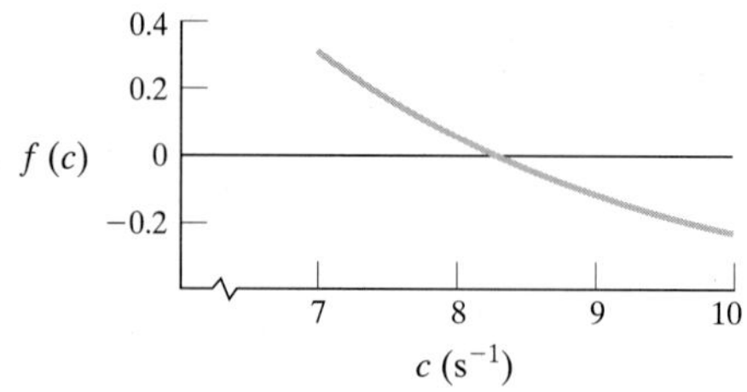

그림 2.50
함수 $f(c)$의 그래프.

| 비판적 사고 |

문제가 요구하는 정보를 보면 해석적인 해가 적당한지, 수치해가 적당한지 알 수 있다. 만일 이 예제에서 c가 주어졌다면, 해석적인 해로부터 공이 낙하하는 거리를 시간의 함수로 구할 수 있다. 그러나 만일 c가 미지수이고 주어진 시간 동안 공이 낙하한 거리 s의 값으로부터 c를 결정해야 한다면, 비선형 방정식을 수치적으로 풀어야 한다.

전산예제 2.18

산업공정에서 그림 2.51의 분무기가 액체 줄기를 수평면 위로 발사한다. 한 엔지니어가 액체 줄기의 수평면 도달 범위를 최대로 할 수 있는 수평 위치 x_e에 분무기를 설치하려고 한다. 즉, 물줄기의 도달거리 $x_s - x_e$를 최대로 하려고 한다. 각 θ_0는 바꿀 수 있으나 분무 속도 $v_0 = 3$ m/s는 고정되어 있다. 치수는 $H = 0.2$ m, $L = 0.12$ m, $h = 0.06$ m이다. 스프레이의 물방울들을 발사체로 취급한다면, 원하는 위치 x_e는 얼마인가?

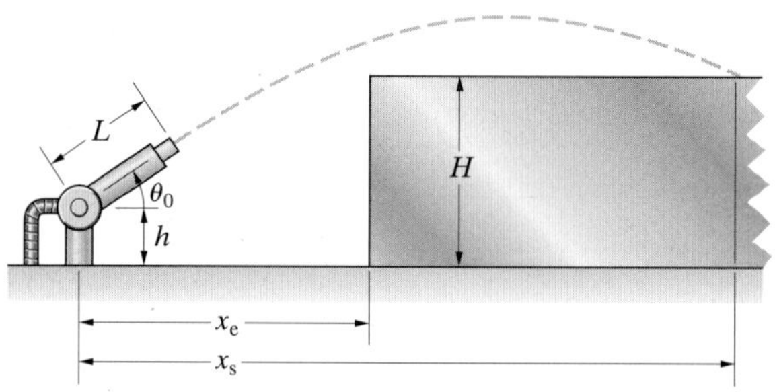

그림 2.51

| 전략 |

먼저, 수평면의 도달 범위를 최대로 하는 궤적은 수평면의 모서리를 막 넘어가는 궤적에 해당된다는 것을 알 수 있다. 왜냐하면 궤적이 그림 2.51과 같이 모서리를 어떤 수평거리만큼 여유를 두고 넘어간다면, 이 수평거리만큼 분무기의 도달 범위를 증가시키기 위해 분무기를 오른쪽으로 이동시킬 수 있기 때문이다. 여기서 문제를 푸는 절차는 x_e를 선택하고, 궤적이 모서리를 막 넘어가도록 각도 θ_0를 결정한 후, $x_s - x_e$를 계산하는 것이다. 적절한 범위의 x_e 값들에 대해 이 과정을 반복 수행함으로써 $x_s - x_e$를 최대로 하는 수평 설치 위치를 결정할 수 있다.

| 풀이 |

물방울이 노즐을 떠나는 시간을 $t = 0$이라고 하자. 물방울의 x, y 좌표는 그림 a의 좌표계에 의해 다음과 같다:

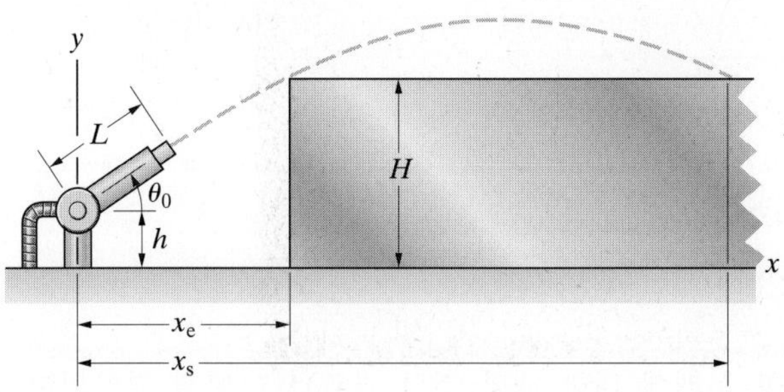

(a)

$$x = L\cos\theta_0 + v_0\cos\theta_0 t\,,$$

$$y = h + L\sin\theta_0 + v_0\sin\theta_0 t - \frac{1}{2}gt^2$$

$y = H$로 놓으면 물방울이 수평면과 같은 높이가 되는 시간을 구할 수 있다. 이렇게 해서 얻은 t에 대한 두 해는

$$t_1, t_2 = \frac{v_0\sin\theta_0 \pm \sqrt{v_0^2\sin^2\theta_0 - 2g(H - h - L\sin\theta_0)}}{g}$$

이다. 작은 근 t_1에서 물방울이 수평면 모서리를 지나가게 된다면, 근 t_2에서 물방울이 수평면에 떨어지게 될 것이다. $t = t_1$일 때 $x = x_e$라고 놓으면, 다음 식

$$x_e = L\cos\theta_0 + v_0\cos\theta_0 t_1$$

을 얻게 되며, 이 식으로부터 주어진 x_e 값에 대해 수치적으로 θ_0를 구할 수 있다. 즉, 물줄기가 표면의 모서리를 막 넘어가는 순간에 해당되는 노즐의 각도를 구할 수 있다. θ_0를 구하게 되면, t_2를 x에 대한 식에 대입하여 x_s를 구할 수 있다. 즉,

$$x_s = L\cos\theta_0 + v_0\cos\theta_0 t_2$$

이다. 그림 2.52는 일정 범위의 x_e 값들에 대해 계산한 $x_s - x_e$의 값들을 나타낸 것이다. 그래프로부터 최대 도달 범위 $x_s - x_e = 0.82$ m는 $x_e = 0.12$ m에서 얻어지는 것으로 추정할 수 있다. 노즐 각도를 $\theta_0 = 50°$로 하여 얻어진, 최대 도달 범위에 해당하는 궤적을 그림 2.53에 나타내었다.

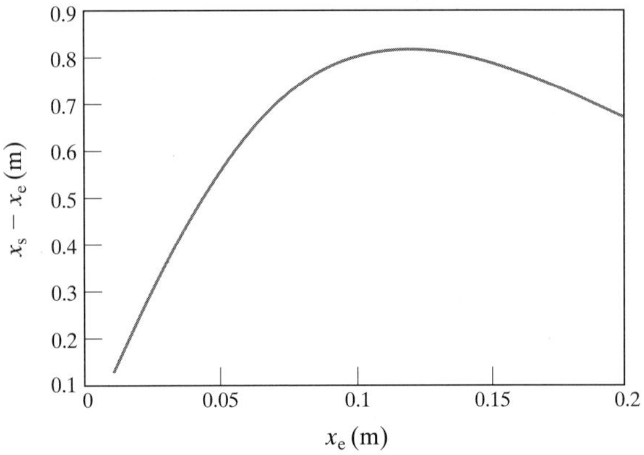

그림 2.52
도달 범위를 노즐 설치 위치의 함수로 나타낸 그래프.

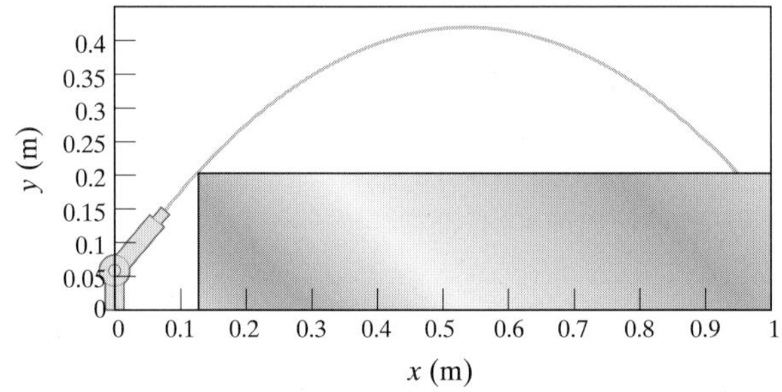

그림 2.53
수평면의 도달 범위를 최대로 하는 노즐의 위치와 궤적.

비판적 사고

이 예제는 동역학 문제에 대한 해와 전산 결과가 어떻게 결합되어 산업공정을 해석할 수 있는지를 예로서 보여준다. 특히 계산 결과를 그래프로 나타냄으로써 도달 범위가 노즐의 설치 위치에 따라 얼마나 민감한지에 대한 감을 가질 수 있다는 점에 주목하라.

연습문제

2.172 대규모의 기계가공 공정을 분석하고 있는 한 엔지니어가 직선으로 움직이는 공구가 $t = 0$과 $s = 0$에서 정지상태에서 출발하며, $t = 0$에서 $t = 4$ s까지 가속도

$$a = 2 + t^{1/2} - t^{3/2} \text{ m/s}^2$$

를 가지고 움직인다고 결론을 내렸다.

(a) $t = 0$에서 $t = 4$ s까지 공구 위치의 그래프를 그려라.

(b) 이 시간 동안 공구의 최대 속도와, 이 최대 속도가 일어나는 시간을 구하라.

2.173 발사체가 경사면으로부터 10 m/s의 속도로 발사된다.

(a) 사거리가 $R = 15$ m가 되는 각 α의 값을 구하라.

(b) 사거리 R이 최대가 되는 각 α를 구하라. 최대 사거리는 얼마인가?

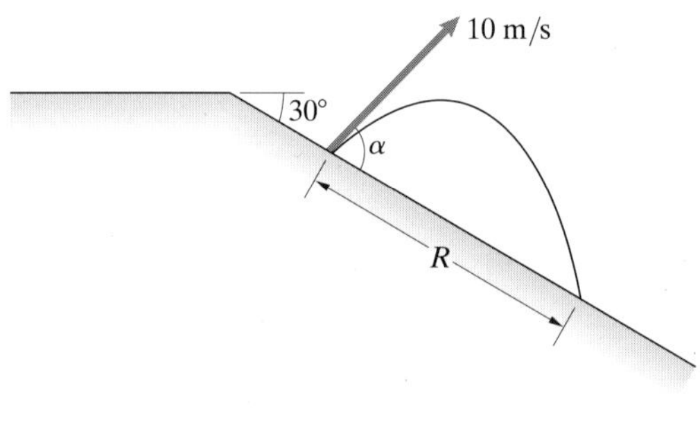

문제 2.173

2.174 조난선에 줄을 던지기 위해 설계된 발사장치가 초기 속도 $v_0(1 - 0.4 \sin \theta_0)$로 발사체를 쏘았다. 여기서 θ_0는 수평선 위의 각도이다. 발사체가 날아가는 거리가 최대가 되도록 θ_0의 값을 구하고 최대 거리가 $0.559v_0^2/g$임을 보여라.

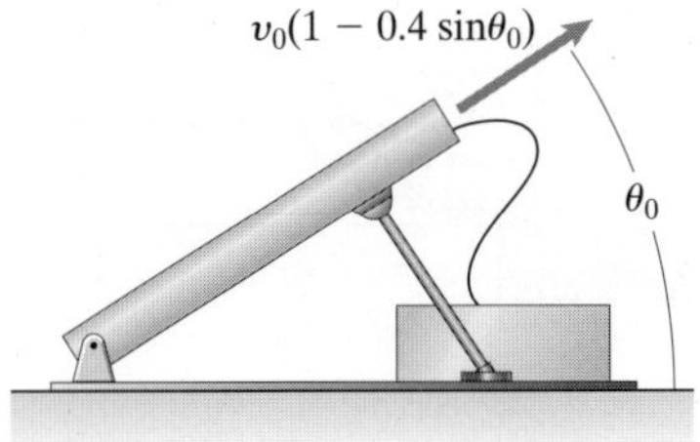

문제 2.174

2.175 $t = 0$에서, 발사체가 원점에서 수평선 위 40° 방향으로 20 m/s의 속도로 발사된다. 발사체가 떨어질 지면의 단면 윤곽은 근사적으로 식 $y = 0.4x - 0.006x^2$이다. 단, x와 y는 미터 단위이다. 발사체가 땅에 떨어지는 지점의 좌표를 근사적으로 구하라.

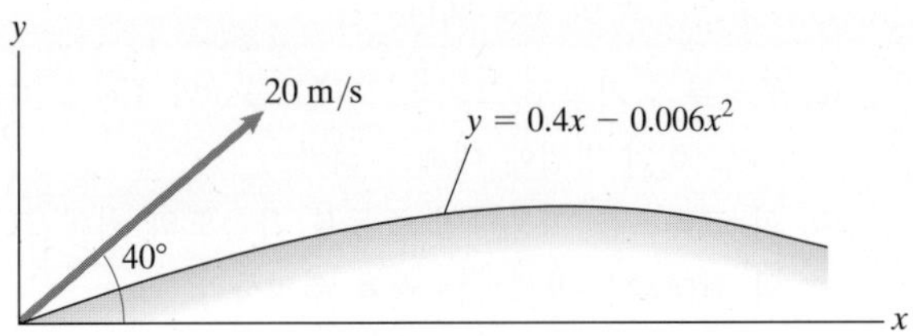

문제 2.175

2.176 집 위에서 일을 하고 있던 목수가 보조에게 사과를 던지라고 요청한다. 사과는 9.75 m/s의 속도로 던져진다. 사과를 던지는 지점에서 수평으로 3.66 m, 수직으로 3.66 m 떨어진 목수의 손에 사과가 떨어지도록 하기 위한 θ_0의 값 두 개를 구하라.

문제 2.176

2.177 오토바이가 $t = 0$에서 정지상태로부터 출발하여 반경이 400 m인 원형 트랙을 따라 달린다. 오토바이의 가속도의 접선방향 성분은 $a_t = 2 + 0.2t$ m/s^{2}이다. 오토바이의 전체 가속도 크기가 6 m/s^{2}에 이르면, 더 이상 마찰이 오토바이를 원형 트랙 상에 있게 할 수 없으며 오토바이는 트랙 밖으로 튀어 나가게 된다. 오토바이가 트랙 밖으로 튀어 나가는 것은 출발한지 얼마 후에 일어나며, 튀어 나가는 속도는 얼마인가?

문제 2.177

2.178 $t=0$에서, 기름 탱크 속의 쇠공에 수평 속도 $\mathbf{v}=2\mathbf{i}$ m/s가 주어진다. 쇠공의 가속도 성분은 $a_x=-cv_x$, $a_y=-0.8g-cv_y$, $a_z=-cv_z$이다. 여기서 c는 상수이다. 쇠공이 탱크의 바닥에 닿을 때, $t=0$에서의 초기 위치에 대한 쇠공의 위치가 $\mathbf{r}=0.8\mathbf{i}-\mathbf{j}$ (m)이다. c의 값은 얼마인가?

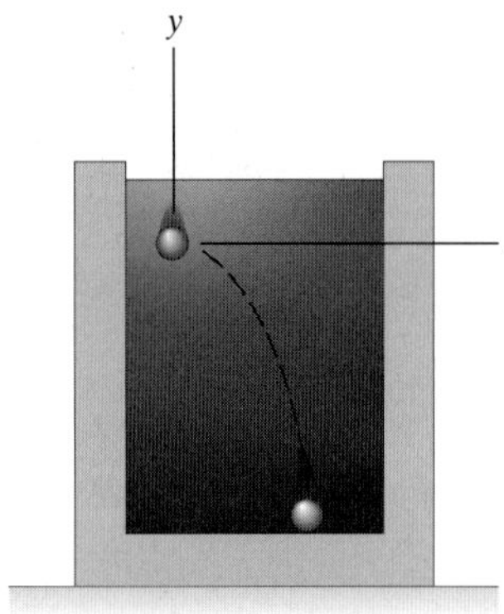

문제 2.178

2.179 $x-y$ 평면에서 움직이는 점 P의 극좌표는 $r=t^3-4t$ m, $\theta=t^2-t$ rad이다.

(a) $t=0$에서 $t=2$ s까지 P의 속도 크기의 그래프를 그려라.

(b) 속도의 최소 크기와 이 최소 속도가 발생하는 시각을 근사적으로 구하라.

2.180 (a) $t=0$에서 $t=2$ s까지 문제 2.179의 점 P의 가속도 크기의 그래프를 그려라.

(b) 최소 크기와 이 최소 가속도가 발생하는 시각을 근사적으로 구하라.

2.181 점 P가 다음 경로

$$r = 1 - 0.5\cos 2\pi t \text{ m}$$
$$\theta = 0.5 - 0.2\sin[2\pi(t-0.1)] \text{ rad}$$

을 그리도록 로봇을 프로그램하였다. P의 속도 크기가 최대값이 되는 r과 θ의 값을 구하라.

2.182 문제 2.181에서, P의 가속도 크기가 최대값이 되는 r과 θ의 값을 구하라.

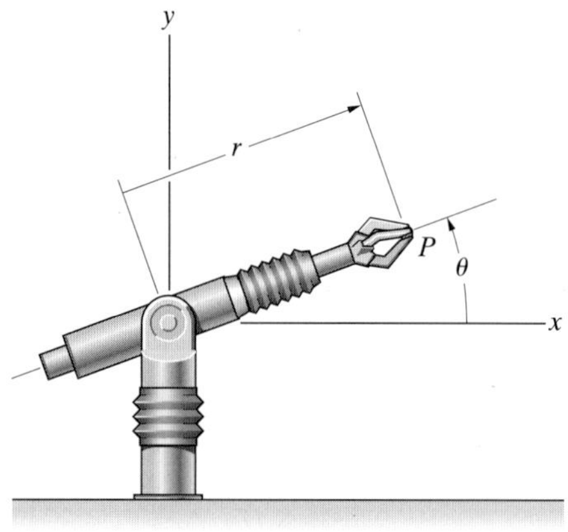

문제 2.181/2.182

2.183 캠-종동부 장치에서 홈이 있는 막대가 일정한 각속도 $\omega=10$ rad/s로 회전하며, 종동부 A의 반경방향 위치는 고정 캠의 윤곽에 의해 결정된다. 종동부의 경로는 다음의 극좌표 식으로 기술된다:

$$r = 1 + 0.5\cos 2\theta \text{ m}$$

(a) 종동부의 가속도 크기의 그래프를 θ의 함수로 $0<\theta<360°$의 범위에 대해 그려라.

(b) 이 그래프를 이용하여 종동부 가속도의 최대 크기와 최대값이 발생하는 각을 추정하라.

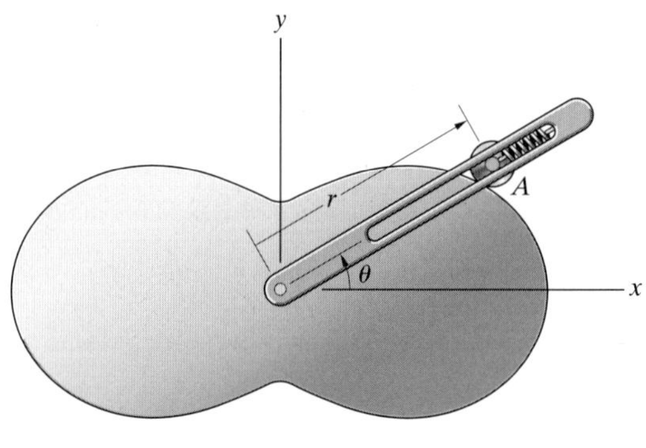

문제 2.183

요약

이 장에서는 주어진 기준좌표계에 대한 한 점의 운동에 대해 논의하였다. 위치와 속도, 가속도를 정의하였으며, 이들을 직각좌표계 성분과 법선 및 접선 성분, 극좌표 성분으로 어떻게 표현하는지를 기술하였다. 위치가 알려져 있을 때 어떻게 미분에 의해 속도와 가속도를 결정하는지, 또 가속도가 알려져 있을 때 어떻게 적분으로 속도와 위치를 구하는지를 설명하였다. 3장에서 Newton의 제2법칙을 이용하여 물체에 작용하는 힘들이 알려져 있을 때 이 물체의 가속도를 구할 것이다. 일단 가속도가 알려지면, 이 장에서 전개한 방법들을 적용하여 물체의 속도와 위치에 대한 정보를 얻을 수 있을 것이다.

원점이 O인 주어진 기준좌표계에 대한 점 P의 위치는 O에서 P까지의 위치 벡터 $\mathbf{r}$에 의해 나타낼 수 있다. 기준좌표계에 대한 P의 속도는

$$\mathbf{v} = \frac{d\mathbf{r}}{dt} \tag{2.1}$$

이며, 기준좌표계에 대한 P의 가속도는

$$\mathbf{a} = \frac{d\mathbf{v}}{dt} \tag{2.2}$$

이다.

직선 운동

직선 위의 한 점 P와 기준점 O를 생각해 보자. O에 대한 P의 위치는 O에서 P까지 직선을 따라 측정한 좌표 s에 의해 지정할 수 있다. O에 대한 P의 속도는

$$v = \frac{ds}{dt} \tag{2.3}$$

이며, O에 대한 P의 가속도는

$$a = \frac{dv}{dt} \tag{2.4}$$

이다. 연쇄법칙을 식 (2.4)에 대입하면 다음과 같이 종종 쓸모있는 가속도 표현식을 얻을 수 있다:

$$a = \frac{dv}{ds}v \tag{2.5}$$

만일 가속도가 시간의 함수로 주어진다면, 식 (2.4)를 적분하여 속도를 시간의 함수로 구할 수 있으며, 그 다음 식 (2.3)을 적분하여 위치를 시간의 함수로 구할 수 있다.

만일 가속도가 속도의 함수, 즉 $dv/dt = a(v)$로 주어진다면, 변수들을 분리하여 적분함으로써 속도를 시간의 함수로 구할 수 있다:

$$\int_{v_0}^{v} \frac{dv}{a(v)} = \int_{t_0}^{t} dt \tag{2.16}$$

만일 가속도가 위치의 함수, 즉 $a = a(s)$로 주어진다면, 식 (2.5)를 위치의 함수

로 적분할 수 있다:

$$\int_{v_0}^{v} v\,dv = \int_{s_0}^{s} a(s)\,ds \tag{2.19}$$

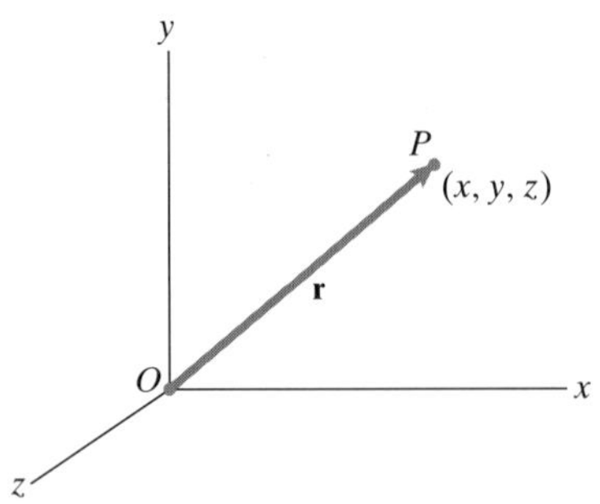

(a)

직각좌표계

그림 a에서 직각좌표계에 대한 위치와 속도, 가속도는

$$\mathbf{r} = x\mathbf{i} + y\mathbf{j} + z\mathbf{k}$$

$$\mathbf{v} = v_x\mathbf{i} + v_y\mathbf{j} + v_z\mathbf{k} = \frac{dx}{dt}\mathbf{i} + \frac{dy}{dt}\mathbf{j} + \frac{dz}{dt}\mathbf{k}$$

$$\mathbf{a} = a_x\mathbf{i} + a_y\mathbf{j} + a_z\mathbf{k} = \frac{dv_x}{dt}\mathbf{i} + \frac{dv_y}{dt}\mathbf{j} + \frac{dv_z}{dt}\mathbf{k}$$

이다[식 (2.21)−(2.25)]. 각 좌표축 방향으로의 운동을 기술하는 식들은 직선상에서 움직이는 한 점의 운동을 기술하는 식들과 형태가 동일하다.

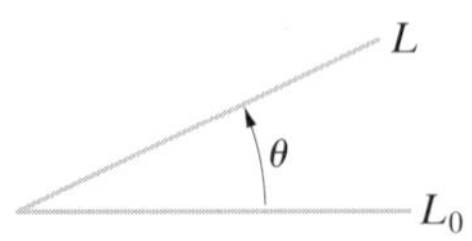

(b)

각운동

L_0에 대한 L의 각속도 ω와 각가속도 α는 다음과 같다(그림 b):

$$\omega = \frac{d\theta}{dt} \tag{2.31}$$

$$\alpha = \frac{d\omega}{dt} = \frac{d^2\theta}{dt^2} \tag{2.32}$$

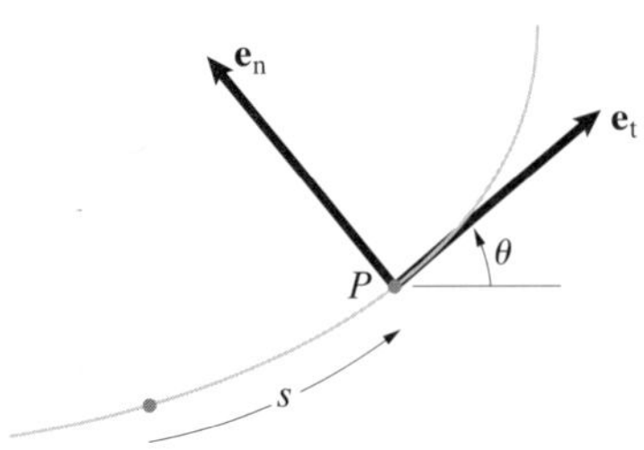

(c)

법선 및 접선 성분

속도와 가속도는

$$\mathbf{v} = v\mathbf{e}_t = \frac{ds}{dt}\mathbf{e}_t \tag{2.38}$$

$$\mathbf{a} = a_t\mathbf{e}_t + a_n\mathbf{e}_n \tag{2.39}$$

이다(그림 c). 여기서

$$a_t = \frac{dv}{dt}, \quad a_n = v\frac{d\theta}{dt} = \frac{v^2}{\rho} \tag{2.40}$$

이며, 단위벡터 $\mathbf{e}_n$은 경로의 오목한 쪽을 향한다. ρ는 경로의 순간곡률반경이다.

극좌표

위치와 속도, 가속도는

$$\mathbf{r} = r\mathbf{e}_r \quad (2.52)$$

$$\mathbf{v} = v_r\mathbf{e}_r + v_\theta\mathbf{e}_\theta = \frac{dr}{dt}\mathbf{e}_r + r\omega\mathbf{e}_\theta \quad (2.57)$$

$$\mathbf{a} = a_r\mathbf{e}_r + a_\theta\mathbf{e}_\theta \quad (2.58)$$

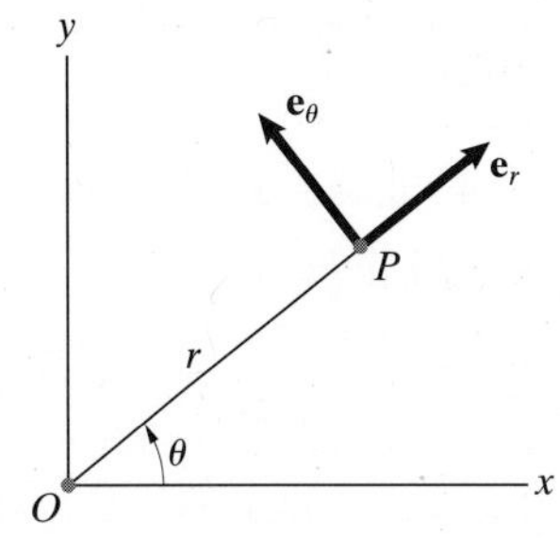

(d)

이다(그림 d). 여기서

$$a_r = \frac{d^2r}{dt^2} - r\left(\frac{d\theta}{dt}\right)^2 = \frac{d^2r}{dt^2} - r\omega^2$$

$$a_\theta = r\frac{d^2\theta}{dt^2} + 2\frac{dr}{dt}\frac{d\theta}{dt} = r\alpha + 2\frac{dr}{dt}\omega \quad (2.59)$$

이다.

상대 운동

원점 O의 기준좌표계에 대한 점 A와 B의 위치를 $\mathbf{r}_A$와 $\mathbf{r}_B$라고 하고, B에 대한 A의 위치를 $\mathbf{r}_{A/B}$라고 하자(그림 e). A의 위치는 B의 위치와 B에 대한 A의 위치를 더한 것과 같다:

$$\mathbf{r}_A = \mathbf{r}_B + \mathbf{r}_{A/B} \quad (2.65)$$

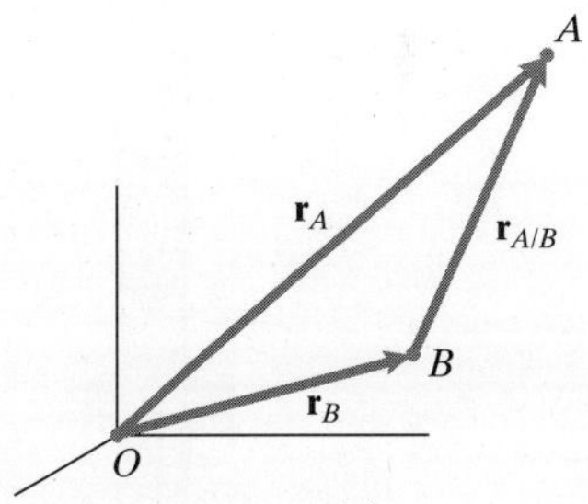

(e)

이 식을 시간에 대해 미분하면 다음 관계가 얻어진다:

$$\mathbf{v}_A = \mathbf{v}_B + \mathbf{v}_{A/B} \quad (2.66)$$

A의 속도는 B의 속도와 B에 대한 A의 속도를 더한 값과 같다. 식 (2.66)을 시간에 대해 미분하면,

$$\mathbf{a}_A = \mathbf{a}_B + \mathbf{a}_{A/B} \quad (2.67)$$

이다. A의 가속도는 B의 가속도와 B에 대한 A의 가속도의 합과 같다.

복습문제

2.184 공을 위쪽으로 똑바로 10 m/s의 속도로 던지며, 공을 놓는 지점은 지상 2 m 높이라고 가정하자.

(a) 공이 도달하게 되는 지상으로부터의 최대 높이는 얼마인가?

(b) 공을 던지고 얼마 후에 공이 땅에 떨어지는가?

(c) 공이 땅에 떨어지기 직전의 공의 속도 크기는 얼마인가?

2.185 간선도로의 교차점에서 노란불이 켜져 있을 지속시간을 결정해야 한다고 하자. 자동차들은 104.6 km/h의 주행 속도로 교차로에 접근하며, 운전자들의 반응시간은 0.5 s 정도이고, 자동차들은 적어도 0.4 g의 감속을 안전하게 할 수 있다고 가정한다.

(a) 신호등이 빨간불로 바뀌기 전에 운전자들이 안전하게 정지하려면 노란불은 얼마 동안 켜져 있어야 하는가?

(b) 교차로에서 자동차가 안전하게 정지하려면 노란불이 켜졌을 때 교차점으로부터 최소한 어느 정도 떨어져 있어야 하는가?

2.186 직선을 따라 움직이는 한 점의 가속도가 $a = 4t + 2$ m/s^2이다. $t = 2$ s일 때 이 점의 위치는 $s = 36$ m이며, $s = 4$ s일 때는 $s = 90$ m이다. $t = 4$ s일 때 이 점의 속도는 얼마인가?

2.187 모형로켓이 수직으로 발사된다. 로켓 모터가 분사하는 2초 동안은 로켓의 가속도가 25 m/s^2이다. 공기역학적 항력은 무시한다. 다음을 구하라.

(a) 비행하는 동안의 로켓의 최대 속도

(b) 로켓의 최고 도달 높이

2.188 문제 2.187에서 로켓이 낙하산을 펴는 데 실패한다면, 로켓이 발사된 후 땅에 떨어질 때까지 총 비행시간은 얼마인가?

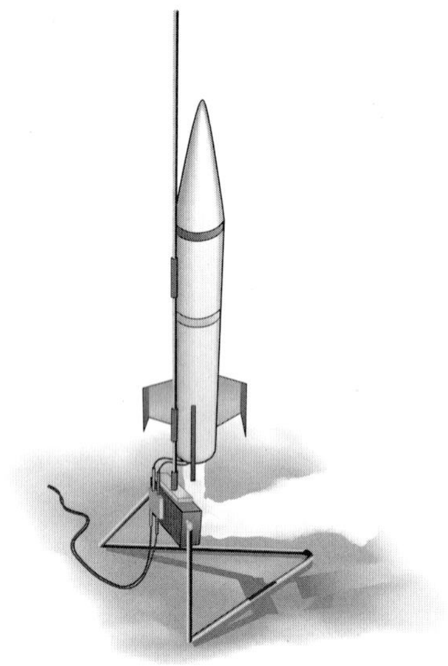

문제 2.187/2.188

2.189 직선 상에서 움직이는 점의 가속도가 $a = -cv^3$이다. 여기서 c는 상수이다. 만일 이 점의 속도가 v_0라면, 이 점의 속도가 $v_0/2$로 감소할 때까지 움직인 거리는 얼마인가?

2.190 노즐에서 수평선 위 20° 방향으로 물이 발사되며, 표시된 지점에서 벽에 부딪힌다. 물이 노즐을 떠날 때의 속도는 얼마인가?

전략: 물의 각 입자를 투사체로 취급하여 물의 운동을 결정하라.

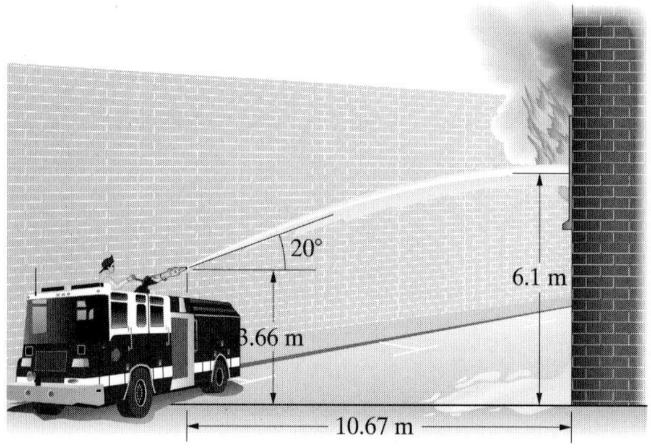

문제 2.190

2.191 연습에서, 쿼터백이 수평선 위 45° 방향으로 럭비공을 속도 v_0로 던진다. 동시에 쿼터백보다 6.1 m 앞에 서 있던 리시버가 3.05 m/s의 속도로 다운필드(downfild, 역주: 공격측이 향하고 있는 방향)를 향하여 똑바로 뛰기 시작해서 공을 잡는다. 공은 지상 위의 똑같은 높이에서 던져지고 잡는다고 가정한다. 속도 v_0는 얼마인가?

문제 2.191

2.192 일정한 속도 v는 $v = 2$ m/s이다. $x = 0.25$ m일 때, 점 P의 속도 크기와 가속도 크기는 얼마인가?

2.193 일정한 속도 v는 $v = 2$ m/s이다. $x = 0.25$ m일 때, 점 P의 가속도를 법선 및 접선 성분에 의해 구하라.

2.194 일정한 속도 v는 $v = 2$ m/s이다. $x = 0.25$ m일 때 점 P의 가속도를 극좌표로 구하라.

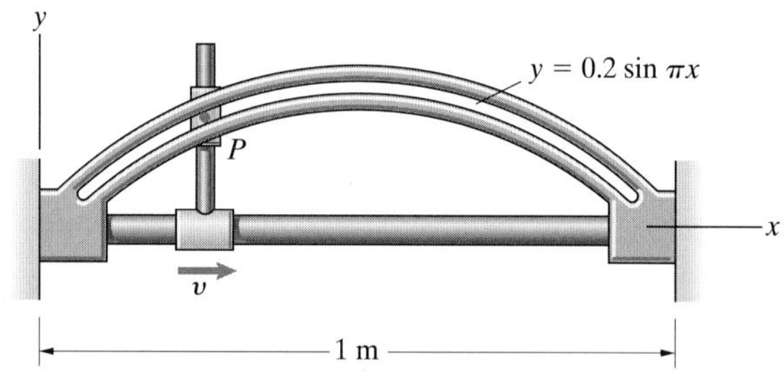

문제 2.192 – 2.194

2.195 점 P가 나선형 경로, $r = (0.1)\theta$ m를 따라 움직인다. 여기서 θ는 라디안 단위이다. 각위치는 $\theta = 2t$ rad(t는 초 단위)이며, $t = 0$에서 $r = 0$이다. $t = 1$ s에서 P의 속도 크기와 가속도 크기를 구하라.

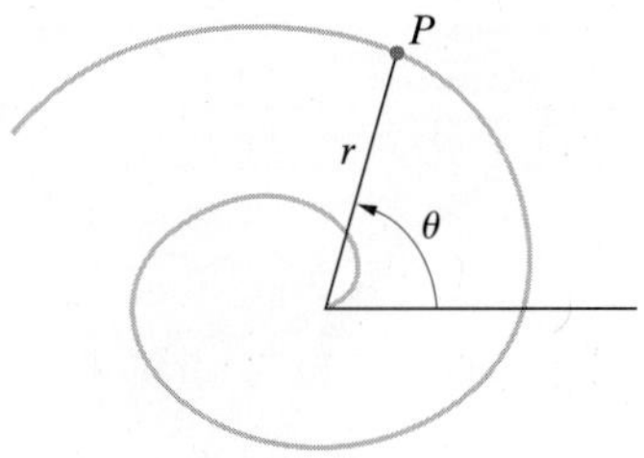

문제 2.195

2.196 캠-종동부 장치에서, 홈이 있는 막대가 일정한 각속도 $\omega = 12$ rad/s로 회전하고 있으며, 종동부 A의 반경방향 위치는 고정 캠의 윤곽에 의해 결정된다. 홈이 있는 막대는 원형 캠의 중심으로부터 왼쪽으로 $h = 0.2$ m 지점에 핀 고정되어 있다. 종동부는 반경 0.42 m의 원형 경로를 따라 움직인다. $\theta = 40°$일 때 캠-종동부의 속도를 (a) 극 좌표계와 (b) 직각좌표계에 의해 각각 구하라.

2.197* 문제 2.196에서 $\theta = 40°$일 때 캠-종동부의 가속도를 (a) 극좌표계와 (b) 직각좌표계에 의해 각각 구하라.

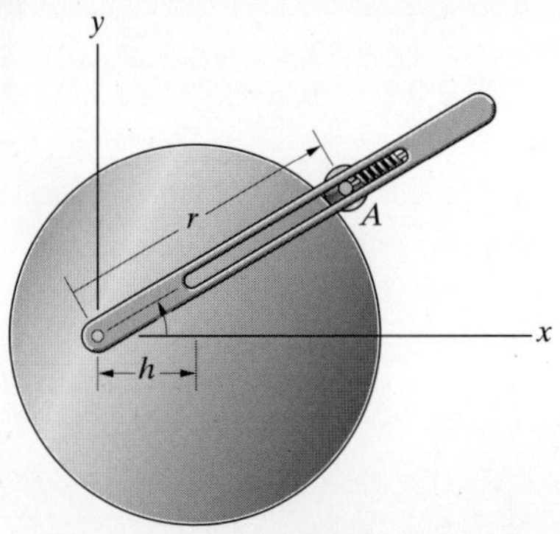

문제 2.196/1.197

설계 프로젝트

중력에 의한 가속도를 측정하기 위한 실험을 설계하고 수행하라. Galileo(1564 − 1642)는 낙하하는 물체의 운동을 측정함으로써 가속도를 측정하였다. Galileo의 방법을 사용하되, 결과의 정확도를 개선시킬 수 있도록 다른 접근법들을 고안하도록 시도하라. 자신의 측정값의 반복성을 조사하라. 자신의 실험을 기술하는 간단한 리포트를 쓰고, 가능한 에러 원인에 대해 논의하고 결과를 제시하라.

3

힘, 질량과 가속도

지금까지는 물체의 운동을 일으키는 힘을 고려하지 않고 물체의 운동을 해석하였다. 이 장에서는 원인과 결과를 결부시킨다. 즉, 물체에 작용하는 힘들을 확인하기 위해 자유물체도를 그림으로써, Newton의 제2법칙을 사용하여 물체의 가속도를 구할 수 있다. 반대로 물체의 가속도를 알고 있는 경우에는 Newton의 제2법칙을 이용하여 물체에 작용하는 힘들에 대한 정보를 얻을 수 있다.

◀ 축구공에 작용하는 힘을 알면, Newton의 제2법칙을 이용하여 축구공의 질량중심의 가속도를 구할 수 있다.

3.1 Newton의 제2법칙

Newton은 한 질점에 작용하는 합력이 질점의 **선형운동량**(linear momentum)의 변화율과 같다고 기술했다. 즉,

$$\mathbf{f} = \frac{d}{dt}(m\mathbf{v})$$

이다. 선형운동량은 질점의 질량과 속도의 곱이다. 만일 질점의 질량이 일정하다면 합력은 질량과 가속의 곱과 같다:

$$\mathbf{f} = m\frac{d\mathbf{v}}{dt} = m\mathbf{a} \tag{3.1}$$

1장에서 제2법칙이 **힘**(force)과 **질량**(mass)이라는 용어에 정확한 의미를 준다고 지적하였다. 일단 단위 질량을 대상으로 하면, 단위 힘은 단위 질량에 단위 크기의 가속도를 일으키는 데 필요한 힘으로 정의된다. 예를 들어 SI 단위로 힘의 단위인 newton은 1 kg의 질량에 1 m/s^{2}의 가속도를 일으키는 데 필요한 힘이다. 원리상, 어떠한 크기의 힘과 어떠한 물체의 질량도 제2법칙으로부터 구할 수 있다. 1 kg의 질량에 임의의 힘을 가하고 질량의 가속도를 측정함으로써, 제2법칙으로부터 힘의 방향과 newton 단위의 크기를 구할 수 있다. 임의의 질량에 1 newton의 힘을 가하고 다시 가속도를 측정함으로써 제2법칙으로부터 kg 단위로 질량의 값을 구할 수 있다.

질점의 질량과 여기에 작용하는 합력이 알려져 있으면, Newton의 제2법칙으로부터 가속도를 구할 수 있다. 2장에서 가속도가 알려진 한 점의 속도와 위치, 그리고 궤적을 구하는 방법을 기술하였다. 따라서 제2법칙에 의해, 질점에 작용하는 합력을 아는 경우 질점의 운동을 구할 수 있고, 반대로 운동을 아는 경우에는 합력을 구할 수 있다.

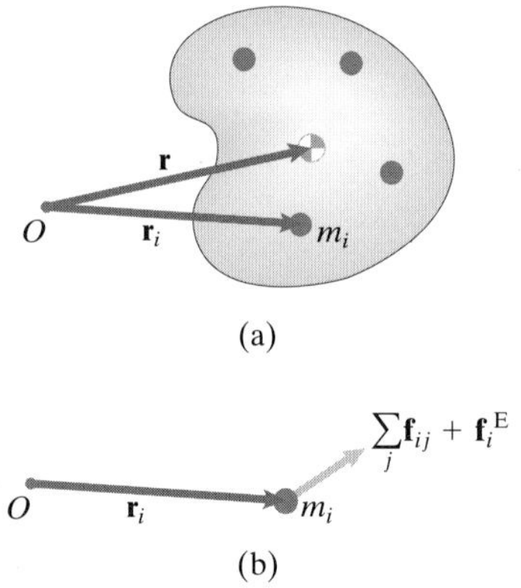

그림 3.1
(a) 물체를 질점들로 분할함. 벡터 $\mathbf{r}_i$는 i번째 질점의 위치벡터이며, $\mathbf{r}$은 물체의 질량중심의 위치벡터이다.
(b) i번째 질점에 작용하는 힘.

3.2 질량중심에 대한 운동방정식

Newton의 제2법칙은 질점, 즉 작은 물질 요소에 대해 설정된 것이지만, 정확히 같은 형태의 방정식으로 임의의 물체의 질량중심의 운동을 기술할 수 있다. 임의의 물체에 작용하는 전체 외력(external force)은 물체의 질량과 질량중심의 가속도를 곱한 것과 같음을 보여줄 수 있다.

이를 위해 N개의 질점으로 구성된 임의의 시스템을 고려해 보자. i번째 질점의 질량을 m_i라고 하고, 그 위치벡터를 $\mathbf{r}_i$라고 하자(그림 3.1a). m을 질점들의 전체 질량이라고 하자. 즉,

$$m = \sum_i m_i$$

이며, 여기서 $\sum_i$ 기호는 '1부터 N까지의 합'을 의미한다. 시스템의 질량중심의 위치는

$$\mathbf{r} = \frac{\sum_i m_i \mathbf{r}_i}{m}$$

이다. 위 식을 시간에 대해 두 번 미분하면

$$\sum_i m_i \frac{d^2\mathbf{r}_i}{dt^2} = m\frac{d^2\mathbf{r}}{dt^2} = m\mathbf{a} \tag{3.2}$$

이다. 여기서 $\mathbf{a}$는 질량중심의 가속도이다.

시스템의 i번째 질점은 다른 질점들이 가하는 힘을 받을 수도 있다. $\mathbf{f}_{ij}$를 j번째 질점이 i번째 질점에 가하는 힘이라고 하자. Newton의 제3법칙에 따라, i번째 질점은 j번째 질점에 같은 크기이면서 방향이 반대인 힘을 가한다. 즉, $\mathbf{f}_{ji} = -\mathbf{f}_{ij}$이다. 만일 i번째 질점에 가해지는 외력(즉, 우리가 고려하고 있는 물체가 아닌 다른 물체들에 의해 i번째 질점에 가해지는 합력)을 $\mathbf{f}_i^{\mathrm{E}}$로 표시하면, i번째 질점에 대한 Newton의 제2법칙은

$$\sum_j \mathbf{f}_{ij} + \mathbf{f}_i^{\mathrm{E}} = m_i \frac{d^2\mathbf{r}_i}{dt^2}$$

이다(그림 3.1b). 시스템의 각 질점에 대해 위 식을 쓰고, $i = 1$에서 N까지에 대한 식들을 더하면, 다음 결과 식을 얻는다:

$$\sum_i \sum_j \mathbf{f}_{ij} + \sum_i \mathbf{f}_i^{\mathrm{E}} = \sum_i m_i \frac{d^2\mathbf{r}_i}{dt^2} \tag{3.3}$$

위 식의 좌변의 첫째 항은 시스템에 작용하는 내력(internal force)의 합으로서 Newton의 제3법칙에 따라 0이다. 즉,

$$\sum_i \sum_j \mathbf{f}_{ij} = \mathbf{f}_{12} + \mathbf{f}_{21} + \mathbf{f}_{13} + \mathbf{f}_{31} + \cdots = \mathbf{0}$$

이고, 식 (3.3)의 좌변의 두 번째 항은 시스템에 작용하는 외력들의 합이다. 이 합을 $\Sigma\mathbf{F}$로 나타내고 식 (3.2)를 이용하면, 외력들의 합은 전체 질량과 질량중심 가속도의 곱과 같다고 할 수 있다. 즉,

$$\Sigma\mathbf{F} = m\mathbf{a} \tag{3.4}$$

이다. 이 식은 한 개의 질점에 대한 Newton의 원리와 형태가 같으므로 편의상 Newton의 제2법칙이라고 한다. 식 (3.4)를 얻을 때 질점들의 시스템, 즉 질점계의 성질이나 그 운동상태에 제한을 두는 어떠한 가정도 하지 않았다는 점에 유의하라. 임의의 물체나 물체들의 집합체, 고체, 유체, 또는 기체에 가해지는 외력들의 합은 전체 질량과 질량중심 가속도의 곱과 같다.

예를 들어 우주왕복선이 궤도 상에 있으며 연료 탱크에 연료가 남아 있다

고 가정해 보자. 엔진이 켜지면 연료가 탱크 안에서 복잡한 모양으로 출렁거리게 되어 연료와 왕복선 사이의 내력으로 인해 왕복선의 운동에 영향을 미치게 된다. 그럼에도 불구하고 식 (3.4)를 이용하여 연료를 포함한 왕복선의 질량중심의 가속도를 정확히 구할 수 있으며, 이로부터 질량중심의 속도와 위치, 궤적을 결정할 수 있다.

3.3 관성 기준좌표계

2장에서 한 점의 운동에 대해 논의할 때, 그 점의 위치와 속도, 가속도를 임의의 기준좌표계에 대해 명시하였다. 그러나 임의의 기준좌표계만으로는 Newton의 제2법칙을 표현할 수 없다. 질점에 아무 힘도 작용하지 않으며 특정 기준좌표계에 대한 이 질점의 운동을 측정하여 질점의 가속도가 0이라고 판정했다고 가정해 보자. 이 기준좌표계에 의한 Newton의 제2법칙은 관찰 결과와 일치한다. 그러나 만일 이 기준좌표계에 대해 가속하거나 회전하고 있는 두 번째 기준좌표계에 대해 이 질점의 운동을 측정한다면, 질점의 가속도는 0이 아님을 알게 될 것이다. 두 번째 좌표계에 의한 Newton의 제2법칙은 적어도 식 (3.4)의 형태로는 올바른 결과를 예측하지 못한다.

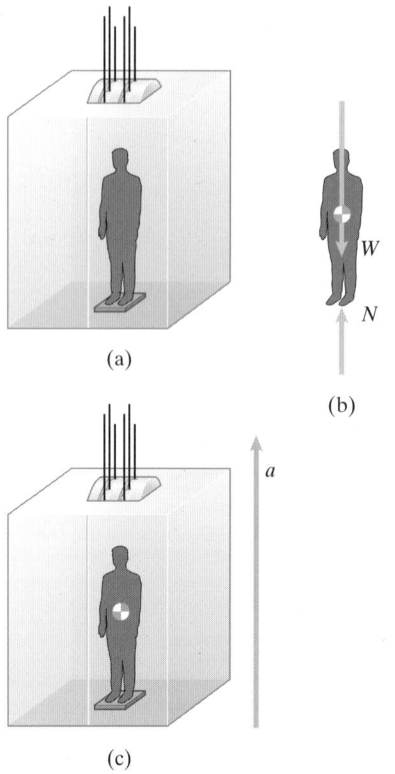

그림 3.2
(a) 저울에 올라 선 채로 엘리베이터를 탑승함.
(b) 탑승자의 자유물체도.
(c) 엘리베이터의 상승 가속도.

엘리베이터를 탄 사람의 문제는 잘 알려진 예이다. 한 남자가 엘리베이터에서 몸무게를 측정하는 저울 위에 선 채로 엘리베이터를 타는 실험을 한다고 가정하자(그림 3.2a). 이 남자에게 작용하는 힘은 몸무게 W와 저울이 남자에게 가하는 힘 N이다(그림 3.2b). 이 남자는 크기가 같고 방향이 반대인 힘 N을 저울에 가하며, 저울은 이 힘을 측정하게 된다. 만일 엘리베이터가 정지해 있다면, 저울의 눈금은 이 남자의 몸무게를 나타낸다. 즉, $N = W$이다. 이 남자에게 작용하는 힘들의 합은 0이며, Newton의 제2법칙은 엘리베이터에 대한 남자의 가속도가 0이라고 정확히 기술한다. 그러나 엘리베이터가 가속도 a로 올라간다면(그림 3.2c), 이 남자는 몸이 무거워짐을 느낄 것이며, 실제로 저울의 눈금은 남자의 몸무게보다 더 큰 값을 나타낸다. 즉, $N > W$이다. 지구에 고정된 기준좌표계를 이용하는 경우, Newton의 제2법칙은 남자에게 작용하는 힘과 가속도와의 관계를 정확하게 나타낸다. 즉, $\Sigma F = N - W = ma$이다. 그러나 엘리베이터를 기준좌표계로 사용한다고 가정해 보자. 그러면 이 남자에게 작용하는 힘의 합이 0이 아니므로, Newton의 제2법칙은 이 남자가 엘리베이터에 대해 가속을 한다고 기술하게 된다. 그러나 이 남자는 엘리베이터에 대해 움직이지 않는다. 따라서 가속을 하는 기준좌표계로 표현하면, Newton의 제2법칙은 잘못된 결과를 주게 된다.

Newton은 '항성(fixed star)'에 대해 움직이지 않는 기준좌표계로 제2법칙을 표현해야 한다고 기술하였다. 설령 항성이 고정되어 있다고 하더라도, 이것은 그다지 현실적인 조언이 못된다. 편리한 기준좌표계는 사실상 가속하거나, 회전하거나, 가속과 회전을 모두 하기 때문이다. 가속하고 회전하는 기준좌표계도 가속도와 회전을 적절히 고려함으로써 Newton의 제2법칙을 엄밀하게 적용할 수 있다. 6장에서 그 방법을 설명할 것이지만, 당분간 Newton의 제2법칙을 적용할 수 있는지에 대한 어떤 지침을 줄 필요가 있다.

다행히도 거의 모든 실제 경우에서 지구에 대해 고정된 기준좌표계에 의해 식 (3.4)를 적용하면 충분한 정확도의 답을 얻을 수 있다. 예를 들어 방 안에서 분필 조각을 던진다면, 방에 대해 고정된 기준좌표계가 분필의 운동을 예측하는 데 사용될 수 있다. 분필이 움직이는 동안 지구가 회전하므로 기준좌표계도 회전한다. 그러나 분필이 날아가는 시간이 짧으므로 예측에 미치는 영향은 매우 작다. (지구는 천천히 회전한다. 지구의 각속도는 시계 시침의 각속도의 1/2과 같다.) 일반적으로 지구에 대해 일정한 속도로 병진 운동하는(회전하지 않고 움직이는) 기준좌표계를 사용하여 식(3.4)를 적용할 수 있다. 예를 들어 지구에 대해 일정한 속도로 움직이고 있는 순양함의 갑판 위에서 두 사람이 테니스를 친다면, 공의 운동을 해석하기 위해 식 (3.4)를 배에 대해 고정된 기준좌표계에 의해 나타낼 수 있다. 그러나 만일 배가 회전하고 있거나 속도를 바꾸고 있다면, 이러한 "배에 고정된" 기준좌표계는 사용할 수 없다.

식 (3.4)가 적용될 수 있는 기준좌표계를 **Newton 좌표계** 또는 **관성 좌표계**라고 한다. 6장에서 관성 기준좌표계에 대해 더 자세히 논의할 것이다. 당분간 예제와 문제들은 관성 기준좌표계에 의해 표현된다고 가정한다.

3.4 응용

정역학에서 물체의 무게, 접촉 표면에 의해 가해지는 수직력과 마찰력, 선형 스프링에 의한 힘 등을 포함한 여러 종류의 힘을 기술하였다. 이러한 힘들을 자유물체도(free-body diagram)에 표시함으로써, 평형상태의 물체에 작용하는 힘들의 시스템에 대한 정보를 얻었다. 이 절에서 동역학에서도 같은 유형의 힘들을 다룬다는 것을 보여줄 것이다. 추가로 정역학에서 자유물체도를 그리는 데 사용한 기법들을 평형상태에 있지 않은 물체에도 적용한다.

물체의 자유물체도를 그림으로써, 물체에 작용하는 외력들을 확인할 수 있고 Newton의 제2법칙을 사용하여 물체의 가속도를 구할 수 있다. 역으로, 물체의 운동이 알려진 경우, Newton의 제2법칙을 이용하여 물체에 가해지는 전체 외력을 구할 수 있다. 특히, 특정 방향으로의 물체의 가속도가 0이라면 이 방향으로의 외력들의 합은 0이 되어야 한다.

특정 상황에서 Newton의 제2법칙을 적용하기 위해서는 좌표계를 선택해야 한다. 종종 물체에 작용하는 힘들을 특정 좌표계에 의해 가장 편리한 성분들로 나눌 수 있는데, 그 좌표계의 선택은 물체의 경로에 의해 결정될 수도 있다. 다음에서 물체들의 운동과 물체들에 작용하는 힘들을 해석하기 위해 어떻게 다른 종류의 좌표계들을 사용하는지 보여준다.

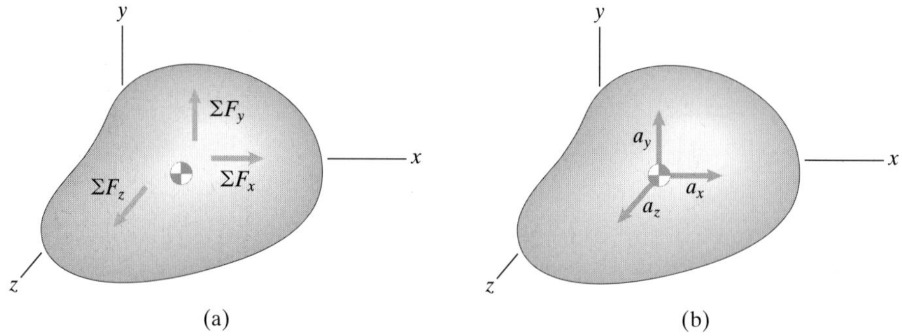

그림 3.3
(a) 물체에 작용하는 합력의 직각좌표계 성분들.
(b) 질량중심의 가속도 성분들.

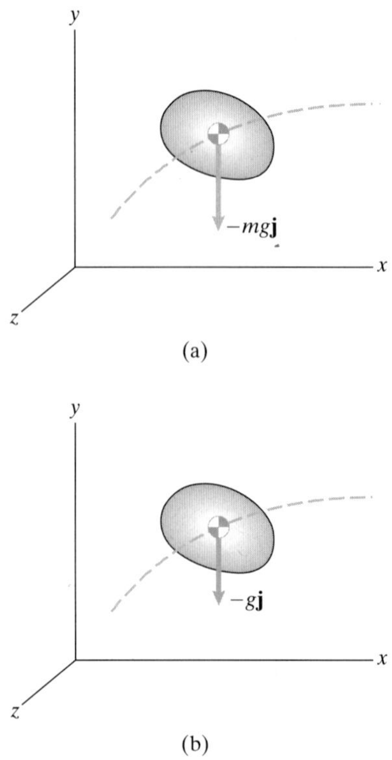

그림 3.4
(a) 투사체의 자유물체도.
(b) 투사체의 질량중심의 가속도.

직각좌표계와 직선 운동

질량이 m인 물체에 작용하는 힘들의 합과 질량중심의 가속도를 직각 기준 좌표계에서의 성분들로 나타내면(그림 3.3), Newton의 제2법칙은 다음과 같다:

$$\Sigma \mathbf{F} = m\mathbf{a}$$

또는

$$(\Sigma F_x\mathbf{i} + \Sigma F_y\mathbf{j} + \Sigma F_z\mathbf{k}) = m(a_x\mathbf{i} + a_y\mathbf{j} + a_z\mathbf{k})$$

x, y, z 성분을 같다고 놓으면, 세 개의 스칼라 운동방정식을 얻게 된다:

$$\Sigma F_x = ma_x, \qquad \Sigma F_y = ma_y, \qquad \Sigma F_z = ma_z \tag{3.5}$$

각 좌표축 방향에서의 합력은 질량과 해당 방향으로의 가속도 성분을 곱한 것과 같다.

물체를 공중으로 던지는 투사체 문제는 중요한 예이다. 여기서 공기역학적 힘은 무시하며, 따라서 물체에 작용하는 유일한 힘은 자체 무게이다. y축이 위를 향하도록 지구에 고정시킨 좌표계를 이용하여 이 운동을 기술한다면(그림 3.4a), 이 힘들의 합은 $\Sigma\mathbf{F} = -mg\mathbf{j}$이다. 따라서 $\Sigma F_x = 0$, $\Sigma F_y = -mg$, $\Sigma F_z = 0$과 식 (3.5)로부터 $a_x = 0$, $a_y = -g$, $a_z = 0$을 얻게 된다. 이것이 2장에서 투사체는 중력가속도로 아래로 가속되며 수평방향으로는 가속도가 없다고

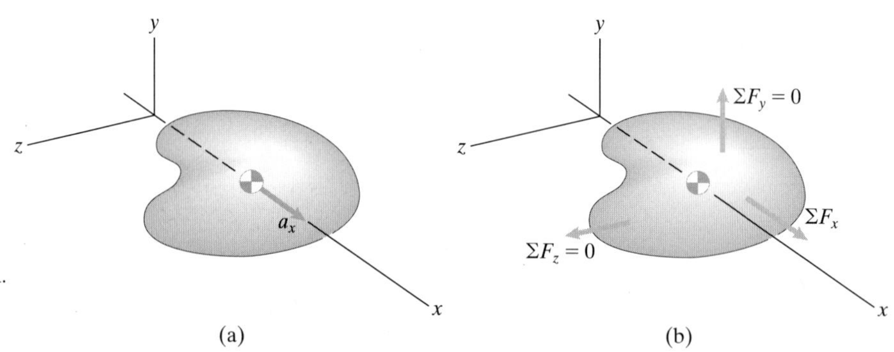

그림 3.5
(a) x축 방향의 직선 운동을 하는 물체의 가속도.
(b) 합력의 y와 z 성분은 0과 같다.

한 가정의 근거가 된다(그림 3.4b).

물체의 운동이 $x-y$ 평면으로 제한된다면 $a_z=0$이므로, z 방향의 합력은 0이다. 따라서 운동이 고정 평면으로 제한된다면, 이 평면에 수직인 합력의 성분은 0과 같다. x축 방향의 직선 운동에 대해(그림 3.5a), 식 (3.5)는

$$\Sigma F_x = ma_x, \qquad \Sigma F_y = 0, \qquad \Sigma F_z = 0$$

이다. 직선 운동에서 직선에 수직인 합력의 성분은 0과 같으며, 직선에 접선 방향인 합력의 성분은 질량과 직선방향의 가속도의 곱과 같다(그림 3.5b).

| 연구 문제 |

1. Newton의 제2법칙이 용어인 힘과 질량에 어떻게 정확한 의미를 부여하는지 설명하라.
2. Newton의 제2법칙에 의하면, 물체에 작용하는 전체 외력은 물체의 질량과 물체의 어떤 점의 가속도의 곱과 같은가?
3. 관성 기준좌표계는 무엇인가?
4. 물체에 작용하는 외력들의 합이 특정 방향으로 0이라면, 이것은 무엇을 의미하는가?

예제 3.1 직선 운동에 대한 적용

그림 3.6의 445 N의 나무상자가 $t=0$에서 매끄러운 경사면 위에서 정지상태로부터 놓여진다. (표면에서의 마찰력을 무시할 수 있을 때 표면을 "매끄럽다"고 한다.) $t=1$ s에서 나무상자의 속도와 움직인 거리를 구하라.

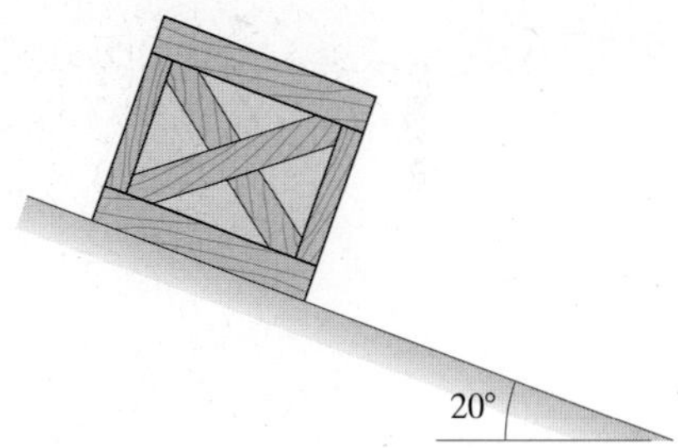

그림 3.6

| 전략 |

나무상자에 작용하는 외력들을 확인하기 위해 자유물체도를 그려야 한다. Newton의 제2법칙을 적용함으로써, 상자의 가속도를 구할 수 있다. 일단 가속도가 구해지면, 상자의 속도와 위치를 시간의 함수로 구할 수 있다.

| 풀이 |

나무상자의 자유물체도를 그리고, 그림 a에 좌표계를 도입한다. 상자에 작용하는 외력들은 자체 무게와 매끄러운 표면이 가하는 수직력이다.

상자의 질량은

$$m = \frac{W}{g} = \frac{445\ \text{N}}{9.81\ \text{m/s}^2} = 45.36\ \text{kg}$$

이다. 상자가 놓여지면, 상자는 경사면을 따라 가속된다. 경사면에 평행한 가속도를 그림 b에 나타내었다. 표면에 평행한 방향으로 Newton의 제2법칙을 적용하면

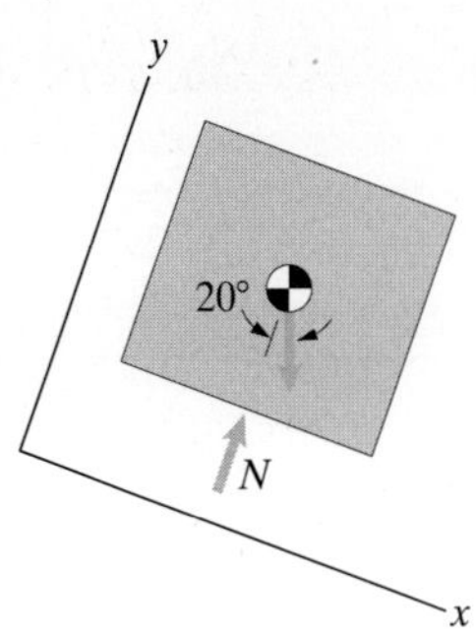

(a) 나무상자의 자유물체도.

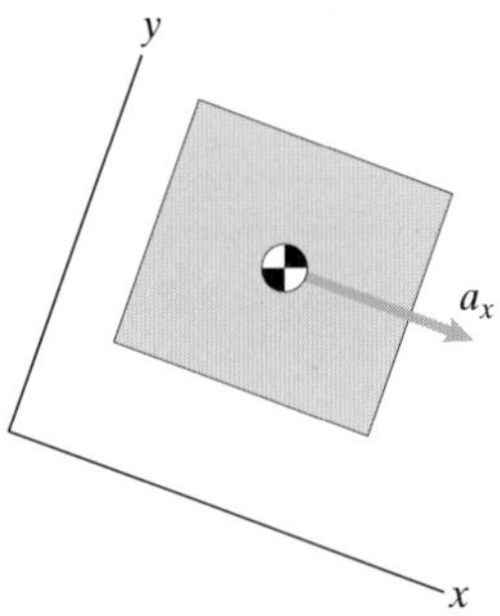

(b) 나무상자의 가속도.

$$\Sigma F_x = ma_x:$$

$$(445\ \text{N})\sin\ 20° = (45.36\ \text{kg})a_x$$

이므로, 상자의 가속도는 $a_x = 3.36\ \text{m/s}^2$이다.

가속도가 일정하므로, 식 (2.11)과 (2.12)를 이용하여 $t = 1$ s에서 상자의 속도와 이동 거리를 구할 수 있다:

$$v = (3.36\ \text{m/s}^2)(1\ \text{s}) = 3.36\ \text{m/s}$$

$$s = \frac{1}{2}(3.36\ \text{m/s}^2)(1\ \text{s}) = 1.68\ \text{m}$$

비판적 사고

이 간단한 예제는 Newton의 제2법칙을 물체에 적용할 때 해야 할 전형적인 단계들을 보여준다. 먼저 물체에 작용하는 외력들을 확인하기 위해 자유물체도를 그리고, 좌표계를 선택해야 한다. (좌표계의 x축을 상자의 운동방향과 같게 정렬하였음을 주목하라.) 그 다음 Newton의 제2법칙을 적용하여 물체의 가속도를 구할 수 있다. 가속도를 알면, 2장에서 구한 방법들을 이용하여 물체의 운동을 해석할 수 있다.

예제 3.2 연결된 물체들의 직선 운동

그림 3.7에서 두 나무상자가 정지상태에서 놓여진다. 두 상자의 질량은 $m_A =$ 40 kg, $m_B = 30$ kg이고, 상자 A와 경사면 사이의 마찰계수는 $\mu_s = 0.2$, $\mu_k = 0.15$이다. 두 나무상자의 가속도는 얼마인가?

전략

먼저 A가 미끄러지는지의 여부를 결정해야 한다. 상자가 정지상태로 유지될 것이라고 가정하고, 평형을 유지하는 데 필요한 마찰력이 최대 마찰력을 초과하는지 조사한다. 만일 미끄럼이 일어난다면 두 상자의 자유물체도를 그리

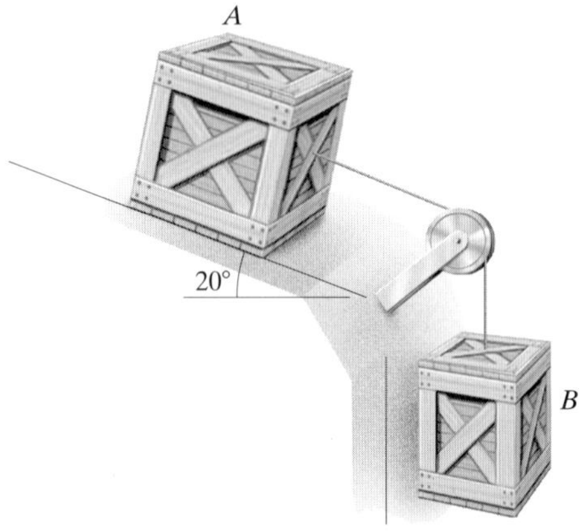

그림 3.7

고, Newton의 제2법칙을 적용하여 가속도를 구할 수 있다.

▌풀이▐

그림 a에 상자 A의 자유물체도를 그리고 좌표계를 표시하였다. 만일 상자가 미끄러지지 않는다고 가정하면, 다음 평형방정식이 적용된다:

$$\Sigma F_x = T + m_A g \sin 20^\circ - f = 0$$

$$\Sigma F_y = N - m_A g \cos 20^\circ = 0$$

첫 번째 식에서, 장력 T는 상자 B의 무게와 같다. 따라서 평형을 위해 필요한 마찰력은

$$\begin{aligned} f &= m_B g + m_A g \sin 20^\circ \\ &= (30\ \text{kg})(9.81\ \text{m/s}^2) + (40\ \text{kg})(9.81\ \text{m/s}^2)\sin 20^\circ \\ &= 429\ \text{N} \end{aligned}$$

이다. 수직력이 $N = m_A g \cos 20^\circ$이므로, 표면이 지탱할 수 있는 최대 마찰력은

$$\begin{aligned} f_{\max} &= \mu_s N \\ &= (0.2)[(40\ \text{kg})(9.81\ \text{m/s}^2)\cos 20^\circ] \\ &= 73.7\ \text{N} \end{aligned}$$

이다. 따라서 상자 A는 미끄러질 것이며, 마찰력은 $f = \mu_k N$이다. 그림 b에 평면을 따라 내려가는 상자의 가속도를 나타내었다. 평면에 수직인 상자의 가속도는 0(즉, $a_y = 0$)이다. Newton의 제2법칙을 적용하면 다음을 얻는다:

$$\Sigma F_x = T + m_A g \sin 20^\circ - \mu_k N = m_A a_x$$

$$\Sigma F_y = N - m_A g \cos 20^\circ = 0$$

이 경우, 상자 B는 평형상태가 아니므로, 장력 T는 미지수이다. 그림 c와 d에 상자 B의 자유물체도와 수직 가속도를 나타내었다. 운동방정식은

$$\Sigma F_x = m_B g - T = m_B a_x$$

이다. (여기서 사용한 두 좌표계에 의해, 두 상자는 같은 가속도 a_x를 갖는다.) 따라서 두 상자에 Newton의 제2법칙을 적용함으로써, 세 식을 미지수 T, N, a_x에 의해 구하였다. a_x에 대해 풀면 $a_x = 5.33\ \text{m/s}^2$을 얻는다.

▌비판적 사고▐

케이블의 인장력이 풀리 양쪽에서 같다고 가정했다는 점을 주목하라(그림 e). 그러나 실제로는 풀리의 각가속도를 일으키는 데 모멘트가 필요하므로 인장력은 달라야 한다. 당분간은 풀리가 충분히 가벼워서 가속을 하는 데 필요한 모멘트는 무시할 수 있다고 가정한다. 7장에서 이런 유형의 문제에서 풀리의 각운동 해석을 포함하여 좀 더 현실적인 해를 얻을 것이다.

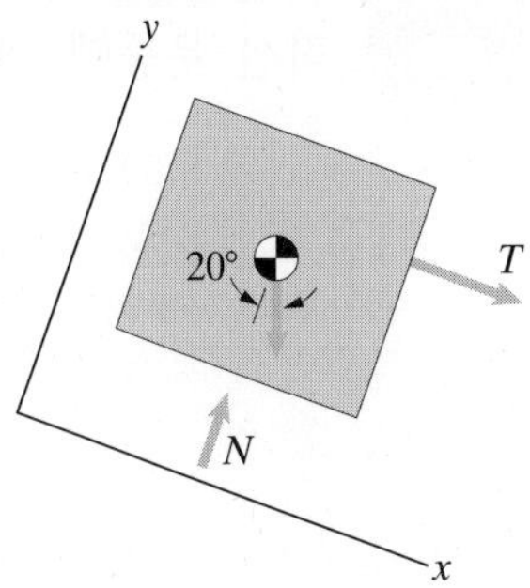

(a) 상자 A의 자유물체도.

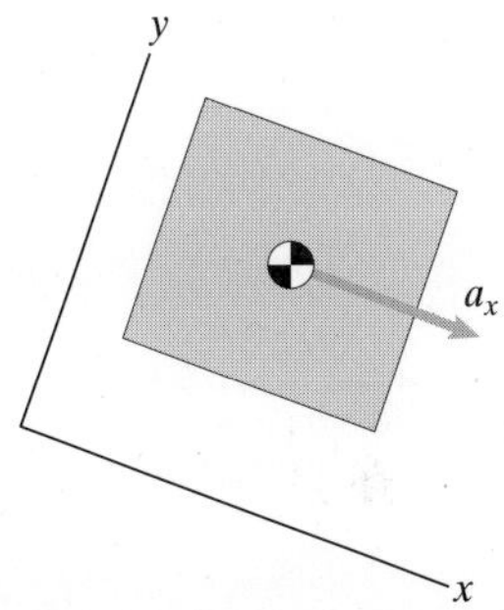

(b) 평면에 평행한 상자의 가속도.

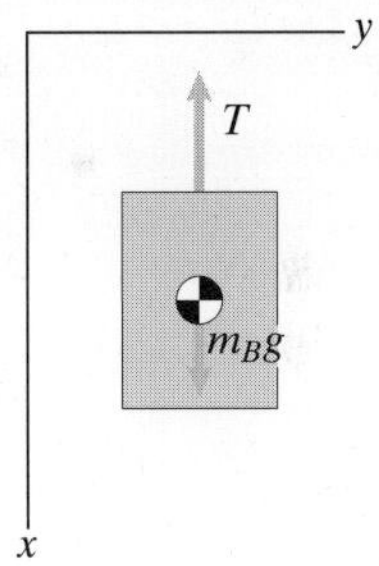

(c) 상자 B의 자유물체도.

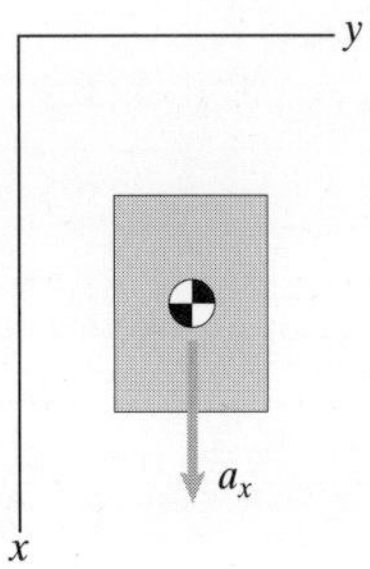

(d) 상자 B의 수직 가속도.

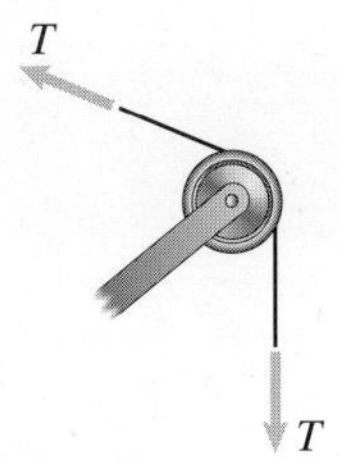

(e) 인장력은 풀리 양쪽에서 같다고 가정한다.

예제 3.3 직선 운동에 대한 응용

그림 3.8의 비행기가 항공모함에 대해 50 m/s의 수평 속도로 항공모함 위에 착륙한다. 제동장치(arresting gear)가 수평방향으로 크기 $T_x = 10{,}000v$ newton (N)의 힘을 가한다. 여기서 v는 비행기의 속도(m/s)이다. 비행기의 질량은 6,500 kg이다.

(a) 제동장치가 비행기에 가하는 최대 수평력은 얼마인가?

(b) 다른 수평력들을 무시할 수 있다면, 비행기가 정지할 때까지 주행한 거리는 얼마인가?

그림 3.8

전략

(a) 비행기가 제동장치와 접촉하면서 감속을 시작하므로, 최대 힘은 $v = 50$ m/s로 처음 접촉할 때 일어난다.

(b) 제동장치가 가하는 수평력은 비행기의 질량과 가속도의 곱과 같다. 가속도를 알게 되면, 적분을 하여 비행기가 정지하는 데 필요한 거리를 구할 수 있다.

풀이

(a) 그림 a에 비행기의 자유물체도를 그리고, 좌표계를 도입한다. 힘 T_x와 T_y는 제동장치가 가하는 힘의 수평 및 수직 성분이며, N은 착륙장치에 작용하는 수직력이다. 평면에서 수평력은 $\Sigma F_x = -T_x = -10{,}000v$ N이다. 최대 힘의 크기는

$$10{,}000v = (10{,}000)(50) = 500{,}000 \text{ N}$$

이다.

(b) 비행기의 가속도의 수평 성분(그림 b)에 의해, 운동방정식을 나타내면

$$\Sigma F_x = ma_x:$$

$$-10{,}000v_x = ma_x$$

이다.

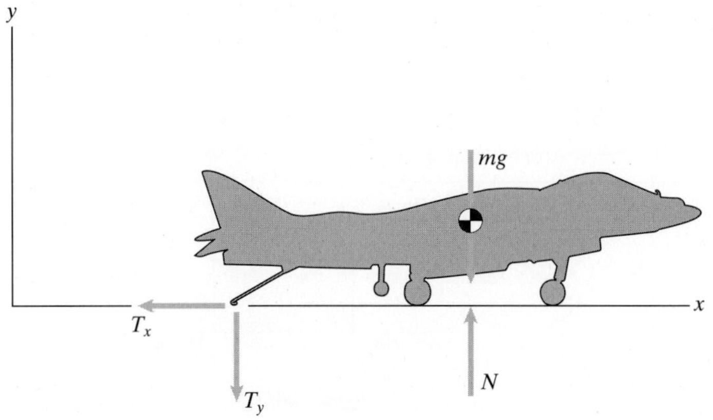

(a) x축이 수평력과 평행하도록 좌표계를 설정함.

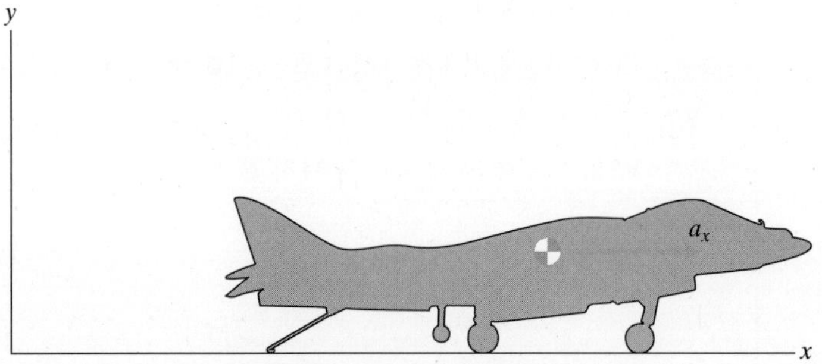

(b) 비행기의 수평방향 가속도.

이 비행기의 가속도는 속도의 함수이다. 연쇄법칙을 이용하여 가속도를 x에 대한 미분으로 나타내면,

$$ma_x = m\frac{dv_x}{dt} = m\frac{dv_x}{dx}\frac{dx}{dt} = m\frac{dv_x}{dx}v_x = -10{,}000v_x$$

이다. 이제 변수를 분리하고, 비행기가 제동장치와 접촉하는 위치를 $x=0$으로 정의하여 적분한다. 즉,

$$\int_{50}^{0} m\,dv_x = -\int_{0}^{x} 10{,}000\,dx$$

이다. 적분을 계산하고 x에 대해 풀면, 다음을 얻는다:

$$x = \frac{50m}{10{,}000} = \frac{(50)(6500)}{10{,}000} = 32.5\text{ m}$$

‖ 비판적 사고 ‖

착륙장치가 가하는 힘은 비행기의 속도에 의존하며, 따라서 가속도는 속도에 의존한다. 가속도가 속도의 함수인 경우, 연쇄법칙을 이용하여 속도를 위치의 함수로 구하는 것이 표 2.1에 설명되어 있다.

연습문제

3.1 445 N의 나무상자가 매끄러운 경사면에서 정지상태로부터 놓여진다. 상자가 처음 위치에서 1.22 m만큼 미끄러져 내려오는 데 걸리는 시간은 얼마인가? 이때 상자의 속도 크기는 얼마인가?

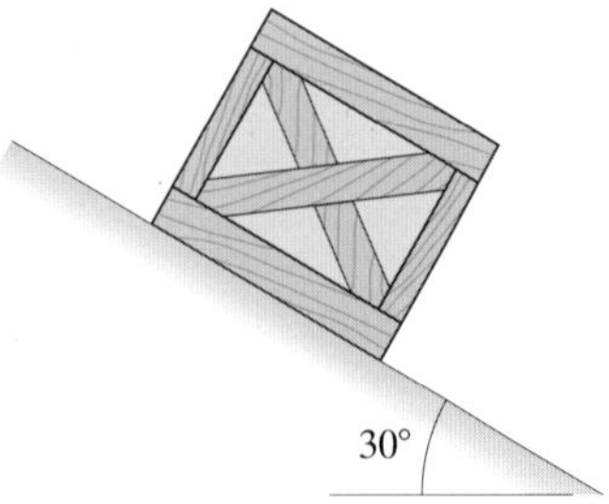

문제 3.1

3.2 시콜스키 UH-60A 헬리콥터의 무게는 91.2 kN이다. 헬리콥터의 회전날개가 106.7 kN의 일정한 추력을 가하여 수직으로 이륙한다. 이륙한 지 6초 후의 높이는 얼마인가?

3.3 문제 3.2의 91,200 N의 헬리콥터가 $t = 0$에서 지상에 정지상태로 있다. 조종사가 추력조절기를 조정하여 회전날개에 의한 추력이 시간의 함수로 $T = 80{,}064 + 4448t$ N이 되도록 한다. 헬리콥터가 $t = 6$ s에서 올라간 높이는 얼마인가?

문제 3.2/3.3

3.4 8 kg의 물체가 매끄러운 표면에 정지상태로 있다. $t = 0$에서, 일정한 힘 $F = 10$ N을 받는다.

(a) $t = 3$ s에서 물체의 속도는 얼마인가?

(b) $t = 3$ s에서 물체가 이동한 거리는 얼마인가?

3.5 문제 3.4에서 물체와 바닥 사이의 동마찰계수가 $\mu_k = 0.1$인 경우에 대해 문제를 다시 풀어라.

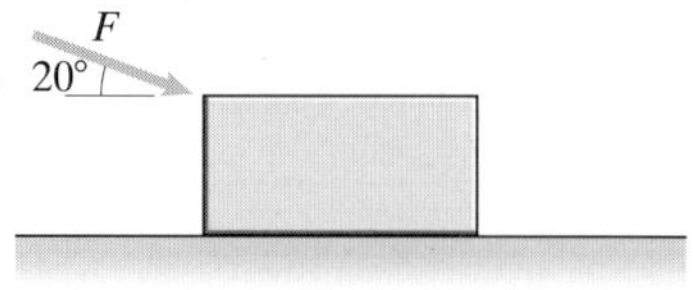

문제 3.4/3.5

3.6 8 kg의 물체가 $t = 0$에서 매끄러운 표면에서 정지상태로부터 출발하며 일정한 수평력 $F = 40$ N을 받는다.

(a) $t = 3$ s에서 물체의 속도를 구하라.

(b) $t = 3$ s에서 물체가 이동한 거리를 구하라.

3.7 문제 3.6에서 물체와 바닥 사이의 동마찰계수가 $\mu_k = 0.1$인 경우에 대해 문제를 다시 풀어라.

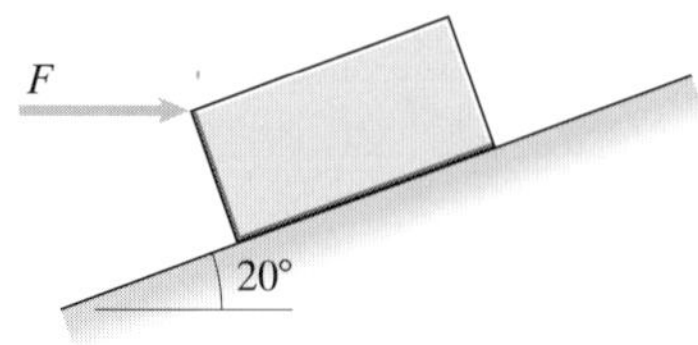

문제 3.6/3.7

3.8 전속력으로 직(直)할강하는 스키선수가 25° 경사면 위에 있다. 이 선수의 질량은 80 kg이다. 선수의 스키와 눈 사이의 동마찰계수는 $\mu_s = 0.08$이다. 선수의 속도는 9 m/s 이다.

(a) 경사면에 평행한 방향으로 선수의 가속도는 얼마인가?

(b) 경사면을 따라 20 m 내려갔을 때 선수의 속도는 얼마인가?

3.9 문제 3.8에서 크기 $0.6v^2$의 공기역학적 항력이 선수에게 힘을 가한다. 여기서 v는 선수의 속도 크기이다. 선수가 경사면을 따라 20 m 내려갔을 때 선수의 속도를 구하고, 문제 3.8의 (b)에서 구한 답과 비교하라.

전략: Newton의 제2법칙을 이용하여 경사면과 평행한 방향의 선수의 가속도를 구한 후에 연쇄법칙을 사용하여 이 가속도를 속도와 위치에 대한 속도 미분의 곱으로 표시하라.

문제 3.8/3.9

3.10 10 kg의 물체에 작용하는 총 외력이 일정하며 $\Sigma\mathbf{F} = 90\mathbf{i} - 60\mathbf{j} + 20\mathbf{k}$ (N)이다. $t = 0$에서 이 물체의 속도는 $\mathbf{v} = -14\mathbf{i} + 26\mathbf{j} + 32\mathbf{k}$ (m/s)이다. $t = 4$ s에서 물체의 속도는 얼마인가?

3.11 문제 3.10의 10 kg인 물체에 작용하는 총 외력이 시간의 함수로서 $\Sigma\mathbf{F} = (-20t + 90)\mathbf{i} - 60\mathbf{j} + (10t + 40)\mathbf{k}$ (N)이다. $t = 0$에서 이 물체의 위치는 $r = 40\mathbf{i} + 30\mathbf{j} - 360\mathbf{k}$ (m)이며, 속도는 $\mathbf{v} = -14\mathbf{i} + 26\mathbf{j} + 32\mathbf{k}$ (m/s)이다. $t = 4$ s에서 물체의 속도는 얼마인가?

3.12 10 kg의 물체의 위치가 시간의 함수로서 $\mathbf{r} = (20t^3 - 300)\mathbf{i} + 60t^2\mathbf{j} + (6t^4 - 40t^2)\mathbf{k}$ (m)로 주어진다. $t = 2$ s에서 물체에 가해지는 전체 외력은 얼마인가?

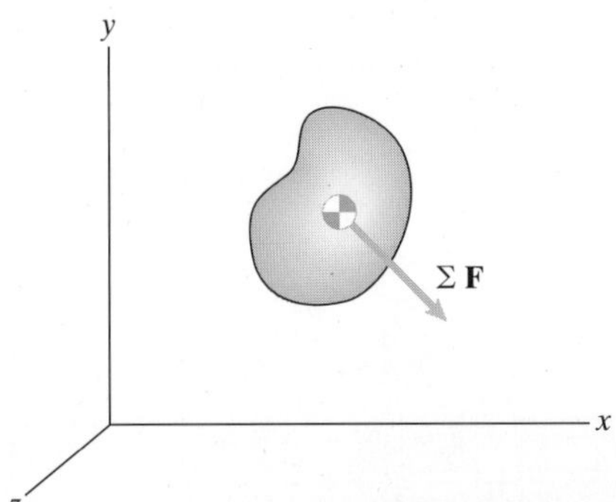

문제 3.10–3.12

3.13 800 kg 미사일의 속도를 $t = 0$에서 $t = 6$ s까지 레이더로 측정한 결과 $\mathbf{v} = (15t - 0.5t^2)\mathbf{i} + (50t - 2t^2)\mathbf{j}$ (m/s)로 판정하였다.

(a) $t = 0$에서 $t = 6$ s까지 미사일의 위치 변화(미사일의 변위)는 얼마인가?

(b) $t = 3$ s에서 미사일에 가해지는 합력을 구하라.

문제 3.13

3.14 그림의 순간에서, 115.6 kN의 비행기에 가해지는 외력들의 합에 의한 비행기의 가속도의 수평 성분은 14 m/s^{2}이다. 조종사가 갑자기 추력 T의 크기를 17.8 kN만큼 증가시킨다면, 추력을 증가시킨 직후의 비행기의 가속도의 수평 성분은 얼마인가?

문제 3.14

3.15 로켓이 낮은 고도에서 수직으로 올라간다. 현재 순간에서 로켓의 질량은 90,000 kg이며, 엔진의 추력은 1200 kN이다. 로켓에 부착된 가속도계가 로켓의 상향 가속도가 3 m/s^{2}임을 나타낸다.

(a) 로켓에 작용하는 공기역학적 항력을 포함하여 로켓에 작용하는 힘들을 보여주는 로켓의 자유물체도를 그려라.

(b) 공기역학적 항력의 크기는 얼마인가?

문제 3.15

3.16 8 kg의 물을 담은 2 kg의 손수레가 처음에 정지상태로 있다(그림 문제 3.16a). 손수레와 물로 구성된 "물체"의 질량중심은 $x=0$이다. 손수레가 그림 문제 3.16b의 시간에 따라 변하는 힘을 받는다. 여기서 $F_0 = 5$ N이며 $t_0 = 2$ s이다. 물은 밖으로 튀기지 않으며 바닥이 바퀴에 가하는 수평력은 무시할 수 있다고 가정한다.

(a) $0 < t < t_0$ 시간 동안 손수레의 가속도를 알 수 있는가?

(b) $0 < t < t_0$ 시간 동안 손수레와 물로 구성된 "물체"의 질량중심의 가속도를 알 수 있는가?

(c) $t > 2t_0$일 때 "물체"의 질량중심의 좌표는 얼마인가?

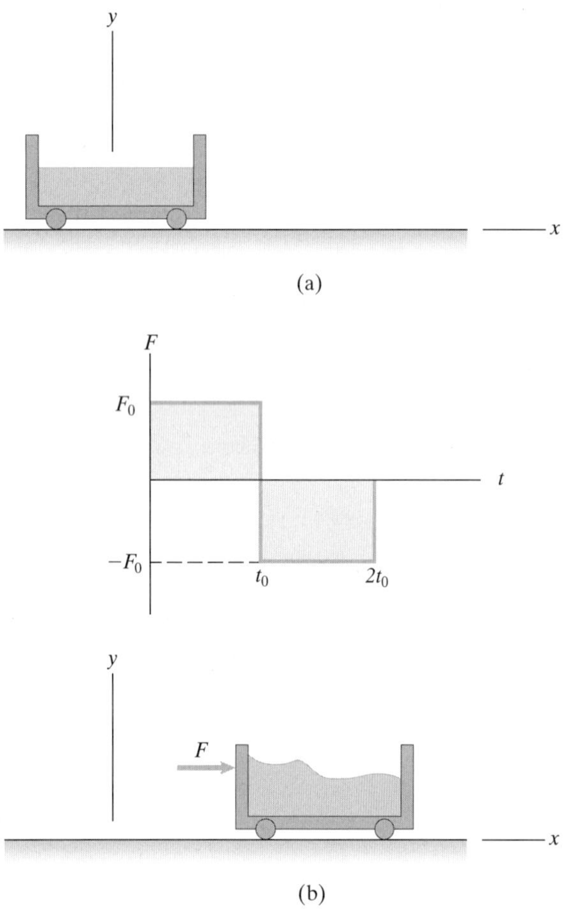

문제 3.16

3.17 오토바이와 운전자의 총 무게가 1601 N이다. 타이어와 도로 사이의 동마찰계수는 $\mu_k = 0.8$이다. 운전자가 뒷바퀴를 공회전시키며, 정지상태로부터 출발한다. 도로가 앞바퀴에 가하는 수평력은 무시한다. 2초 동안 오토바이는 10.67 m를 이동한다. 뒷바퀴와 도로 사이의 수직력은 얼마인가?

문제 3.17

3.18 버킷(bucket) B의 질량은 180 kg이다. $t=0$에서 $t=2$ s까지 버킷의 질량중심의 x, y 좌표는

$$x = -0.2t^3 + 0.05t^2 + 10 \text{ m}$$
$$y = 0.1t^2 + 0.4t + 6 \text{ m}$$

이다. $t=1$ s에서 버킷의 지지점이 버킷에 가하는 힘의 x, y 성분을 구하라.

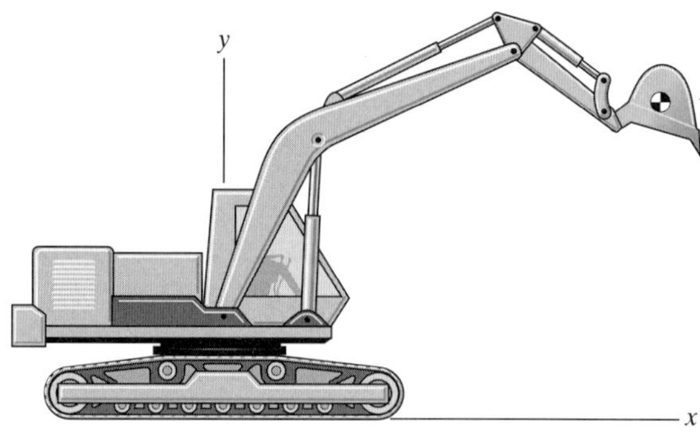

문제 3.18

3.19 시험 비행에서 9000 kg의 헬리콥터가 $t=0$에서 정지상태로부터 출발한다. $t=0$에서 $t=10$ s까지 헬리콥터의 질량중심의 가속도는

$$\mathbf{a} = 0.6t\mathbf{i} + (1.8 - 0.36t)\mathbf{j}\ (\mathrm{m/s^2})$$

이다. $t=6$ s에서 헬리콥터에 가해지는 총 외력(헬리콥터의 무게 포함)의 크기는 얼마인가?

3.20 문제 3.19에서 기술한 테스트를 수행 중인 엔지니어가 $t=6$ s에서 헬리콥터에 가해지는 전체 외력을 세 힘, 즉 무게 W, 경로에 접선인 성분 T, 경로에 수직인 성분 L 등으로 나타내려고 한다. W, T, L의 값은 얼마인가?

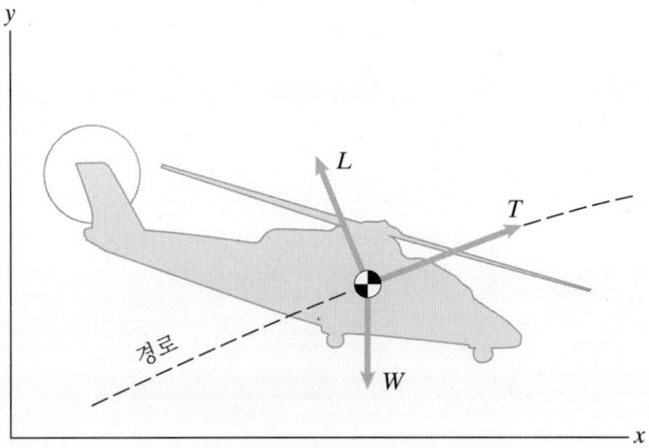

문제 3.19/3.20

3.21 그림의 순간에서 11,000 kg인 비행기의 속도가 $\mathbf{v}=270\mathbf{i}$ (m/s)이다. 비행기에 가해지는 힘은 자체 무게와 추력 $T=110$ kN, 양력 $L=260$ kN, 그리고 항력 $D=34$ kN이다. (x축은 비행기 경로에 평행하다.) 비행기의 가속도 크기를 구하라.

3.22 그림의 순간에서 11,000 kg인 비행기의 속도는 $\mathbf{v}=300\mathbf{i}$ (m/s)이다. 속도 크기의 변화율은 $dv/dt=5$ m/s²이다. 비행기 경로의 곡률반경은 4500 m이고, y축은 경로의 오목한 쪽을 가리킨다. 추력은 $T=120{,}000$ N이다. 양력 L과 항력 D를 구하라.

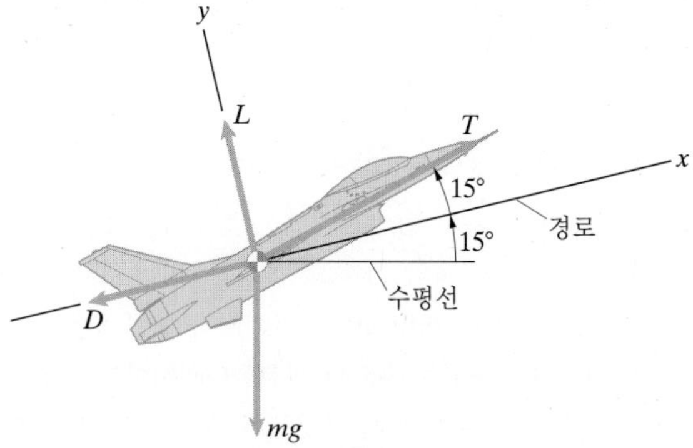

문제 3.21/3.22

3.23 360 kg인 스포츠 비행기의 질량중심의 좌표는 지구에 고정된 기준좌표계에 대해 미터 단위로

$$x = 20t - 1.63t^2$$

$$y = 35t - 0.15t^3$$

$$z = -20t - 1.38t^2$$

이다. 여기서 t는 초 단위의 시간이다. y축은 위를 가리킨다. 비행기에 가해지는 힘은 자체 무게와 엔진에 의한 추력벡터 **T**, 양력벡터 **L**, 그리고 항력벡터 **D**이다. $t=4$ s에서 $\mathbf{T}+\mathbf{L}+\mathbf{D}$를 구하라.

3.24 문제 3.23에서 엔진과 양력, 항력에 의해 360 kg인 스포츠 비행기에 가해지는 힘은 $\mathbf{T}+\mathbf{L}+\mathbf{D}=(-1000+280t)\mathbf{i}+(4000-430t)\mathbf{j}+(720+200t)\mathbf{k}$ N이다. 여기서 t는 초 단위의 시간이다. 만일 $t=0$에서 비행기의 질량중심의 좌표가 (0, 0, 0)이고 속도가 $20\mathbf{i}+35\mathbf{j}-20\mathbf{k}$ (m/s)이면, $t=4$ s에서 질량중심의 좌표는 얼마인가?

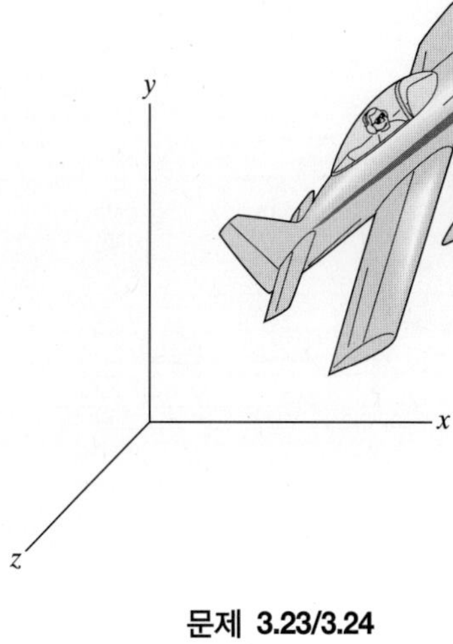

문제 3.23/3.24

3.25 $t=0$에서 $t=4$ s까지의 시간 동안, $x=40+24t^2$ mm, $y=4t^3$ mm, $z=0$이 되도록 로봇 팔을 프로그램하였다. y축은 위를 가리킨다. 로봇 팔의 손이 $t=3$ s에서 2 kg의 부품 A에 가하는 합력의 x, y 성분은 얼마인가?

3.26 그림 3.25의 로봇 팔이 $t=0$에서 정지상태이며, $t=0$에서 $t=2$ s까지 A의 가속도 성분이 $a_x = 400 - 0.8v_x$ mm/s², $a_y = 200 - 0.4v_y$ mm/s²이 되도록 프로그램되어 있다. 여기서 v_x와 v_y는 속도의 성분들(mm/s)이다. y축은 위를 가리킨다. $t=1$ s에서 로봇 팔의 손이 2 kg의 부품 A에 가하는 합력의 x, y 성분은 얼마인가?

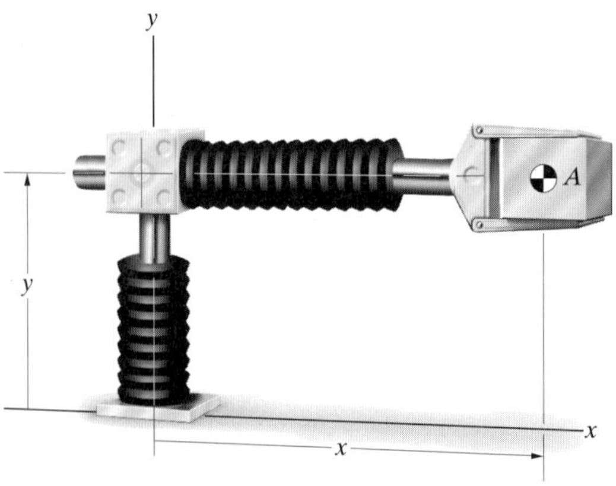

문제 3.25/3.26

3.27 컬링(curling) 경기는 195.7 N 무게의 '돌'을 미끄러지게 하여 시작 지점으로부터 28.3 m 떨어진 과녁의 중앙에 넣는 것이 목표이다. 만일 $\mu_k=0.01$이고, 과녁을 향해 돌을 직접 슈팅하는 경우, 완벽한 골로 이어지려면 초기 속도는 얼마가 되어야 하는가?

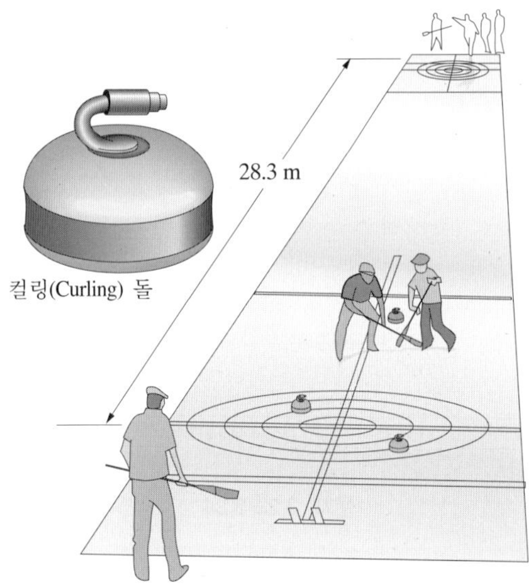

문제 3.27

3.28 정지상태에서 두 중량이 놓여진다. 5 kg의 질량이 0.2 m 낙하했을 때 두 질량의 속도는 얼마인가?

전략: 두 질량의 자유물체도를 각각 그려라. (예제 3.2의 끝에서 언급한 내용을 참고하라.)

문제 3.28

3.29 두 무게가 정지상태에서 놓여진다. 22.2 N 무게와 수평면 사이의 동마찰계수는 $\mu_k=0.2$이다. 44.5 N 무게가 0.5초 동안 낙하하는 거리는 얼마인가?

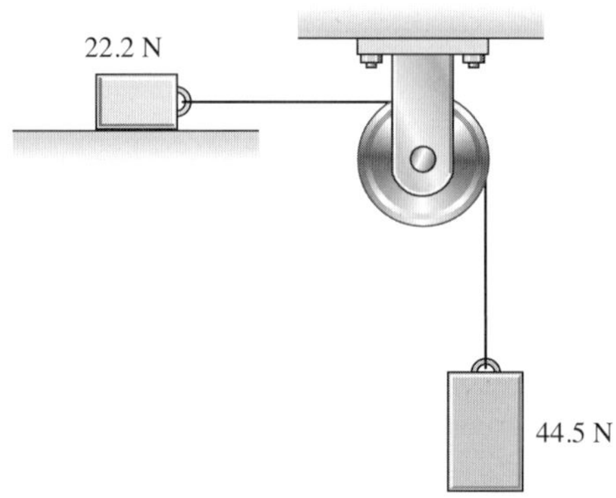

문제 3.29

3.30 두 상자의 질량은 각각 4 kg이며, 마찰은 무시할 수 있다. 상자가 $t = 0$에서 정지상태로부터 움직이기 시작한다. $t = 1$ s에서 두 상자의 속도 크기와 처음 위치로부터 움직인 거리를 구하라. (예제 3.2의 끝에 있는 내용을 참고하라.)

3.31 문제 3.30에서 두 상자와 바닥 사이의 동마찰계수가 $\mu_k = 0.15$이면, $t = 1$ s에서 두 상자의 속도 크기와 처음 위치로부터 움직인 거리를 구하라.

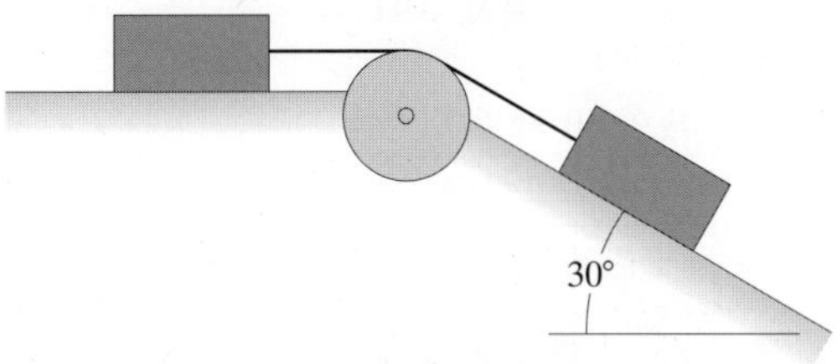

문제 3.30/3.31

3.32 질량이 $m_A = 15$ kg, $m_B = 30$ kg이며, 모든 표면 사이의 마찰계수가 $\mu_s = 0.4$와 $\mu_k = 0.35$이다. B에 대해 A가 미끄러지지 않도록 하면서 가할 수 있는 최대 힘 F는 얼마인가? 이때 얻어지는 가속도는 얼마인가?

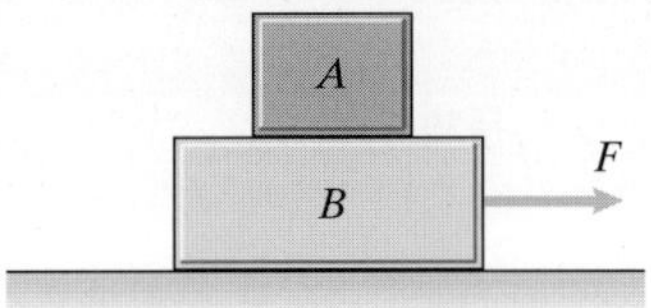

문제 3.32

3.33 A에서 크레인의 트롤리(trolley)가 일정한 가속도로 오른쪽으로 움직이며, 800 kg의 하중이 흔들림 없이 움직인다.

(a) 트롤리와 하중의 가속도는 얼마인가?

(b) 하중을 지지하는 평행 케이블들의 장력의 합은 얼마인가?

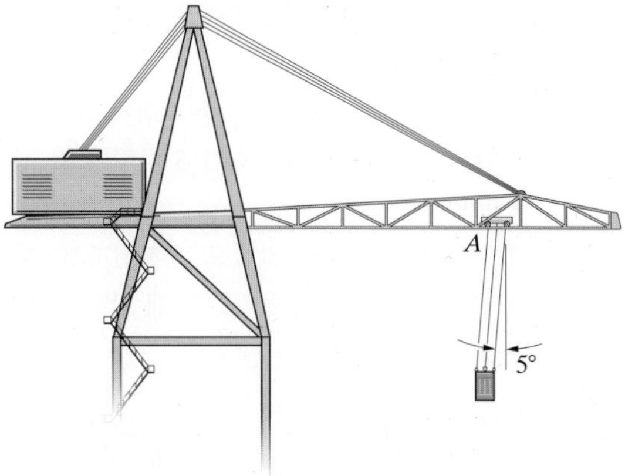

문제 3.33

3.34 A의 질량은 30 kg이며, B의 질량은 5 kg이다. 힘 F는 $F = 150$ N이다. 질량 A가 매끄러운 표면 위에서 미끄러지며, 각 θ는 일정하다. θ는 얼마인가?

3.35 문제 3.34에서 질량 A와 수평면 사이의 동마찰계수가 $\mu_k = 0.24$라면, 각 θ는 얼마인가?

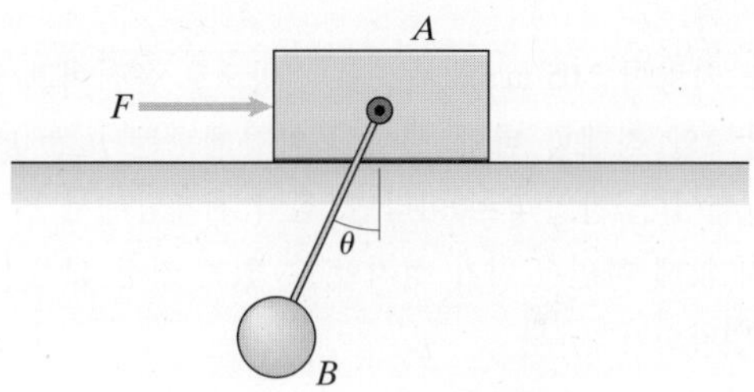

문제 3.34/3.35

3.36 445 N의 나무상자가 정지상태에 있다. 상자와 경사면 사이의 마찰계수는 $\mu_s = 0.2$, $\mu_k = 0.16$이다. 수평력 F가 $F = 400$ N이라면, 상자가 2초 후에 처음 위치로부터 이동한 거리는 얼마인가?

3.37 문제 3.36에서 수평력이 $F = 133.4$ N이면, 상자가 2초 후에 처음 위치로부터 이동한 거리는 얼마가 되겠는가?

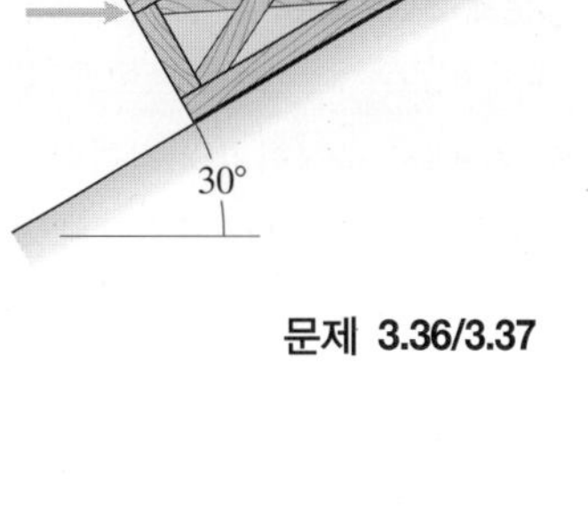

문제 3.36/3.37

3.38 나무상자의 질량이 120 kg이고, 상자와 경사면 사이의 마찰계수가 $\mu_s = 0.6$, $\mu_k = 0.5$이다.

(a) 정지한 상자가 경사면을 따라 미끄러져 올라가기 시작하려면, 윈치(winch)가 케이블에 가해야 할 장력은 얼마인가?

(b) 장력이 (a)에서 결정된 값으로 유지된다면, 상자가 경사면을 따라 2 m만큼 올라갔을 때 상자의 속도 크기는 얼마인가?

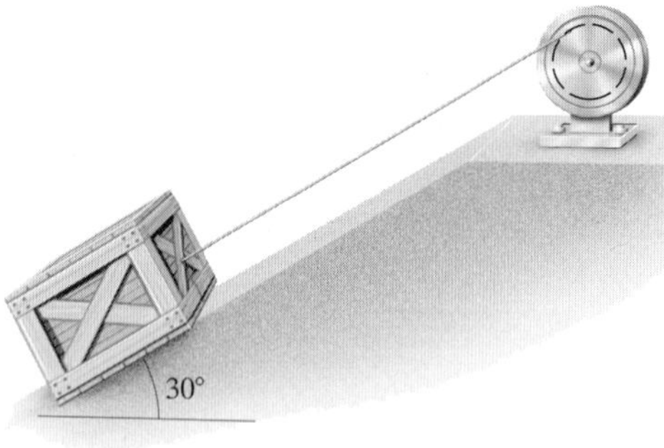

문제 3.38

3.39 다용도 차량이 3.05 m/s의 속도로 전방으로 움직이고 있다. 짐 A와 적재함 바닥 사이의 마찰계수는 $\mu_s = 0.5$, $\mu_k = 0.45$이다. 만일 $\theta = 0$이라면, 짐이 적재함에서 미끄러지지 않게 하면서 차가 정지할 수 있는 가장 짧은 거리는 얼마인가?

3.40 문제 3.39에서 각 θ가 (a) 15°와 (b) −15°인 경우에 대해 각각 가장 짧은 거리를 구하라

문제 3.39/3.40

3.41 꾸러미 A가 정지상태에서 움직이기 시작하여 매끄러운 경사로를 따라 미끄러져 내려간다. 유압장치 B가 꾸러미 A에 2000 N의 일정한 힘을 가하여 접촉 지점으로부터 100 mm만에 A를 정지시킨다. 꾸러미의 질량은 얼마인가?

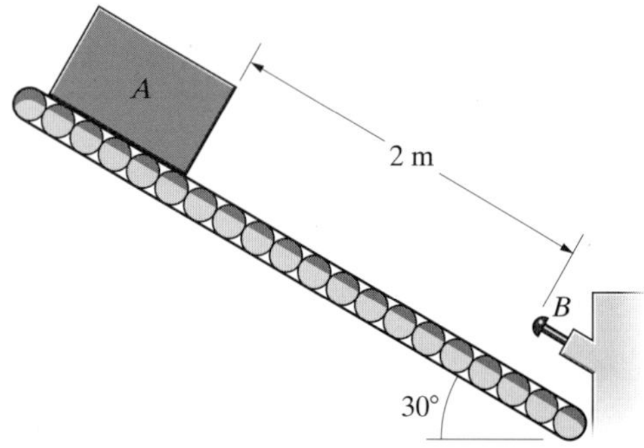

문제 3.41

3.42 선형 스프링이 10 kg의 질량에 가하는 힘은 $F = -ks$이다. 여기서 k는 스프링 상수이며, s는 스프링이 늘어나기 전의 질량의 위치로부터 측정한 질량의 변위이다. k의 값은 50 N/m이다. $s = 1$ m의 위치에서 질량이 정지상태에서 놓여진다.

(a) 질량이 놓여지는 순간, 질량의 가속도는 얼마인가?

(b) 질량이 위치 $s = 0$에 도달할 때의 속도는 얼마인가?

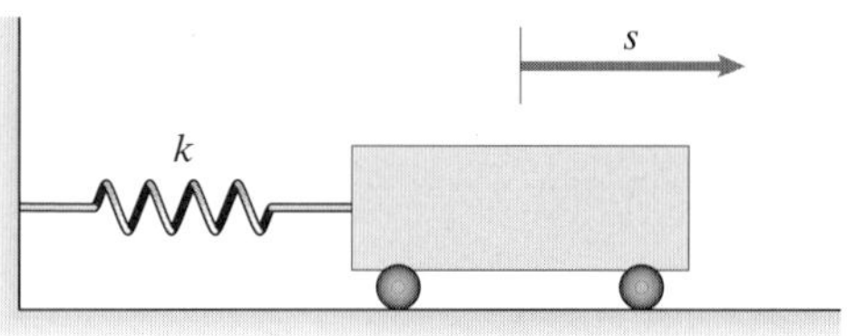

문제 3.42

3.43 450 kg의 보트가 10 m/s의 속도로 움직이고 있을 때 엔진이 꺼졌다. 유체역학적 항력의 크기는 $20v^2$이다. 여기서 v는 보트의 속도(m/s)이다. 엔진이 꺼진 후 4초 후의 보트의 속도는 얼마인가?

문제 3.43

3.44 스카이다이버와 낙하산의 무게는 890 N이다. 다이버가 30.5 m/s의 속도로 수직 낙하하고 있을 때 낙하산을 폈다. 낙하산이 펴졌을 때 작용하는 항력의 크기는 $0.5v^2$ (Newton)이다.

(a) 낙하산이 펴지는 순간에 스카이다이버의 가속도 크기는 얼마인가?

(b) 낙하산이 펴진 지점으로부터 6.1 m 내려왔을 때 스카이다이버의 속도 크기는 얼마인가?

문제 3.44

3.45 질량이 18,000 kg인 Panavia Tornado(역주: 마하 2.2의 유럽공동 초음속 전투기)가 213 km/h의 속도로 착륙한다. 역추력장치(thrust reverser)와 공기역학적 항력에 의해 전투기에 가해지는 감속력은 Newton 단위로 $80{,}000 + 2.5v^2$이다. 여기서 v는 속도(m/s)이다. 비행기가 착륙해서 달리는 거리는 얼마인가?

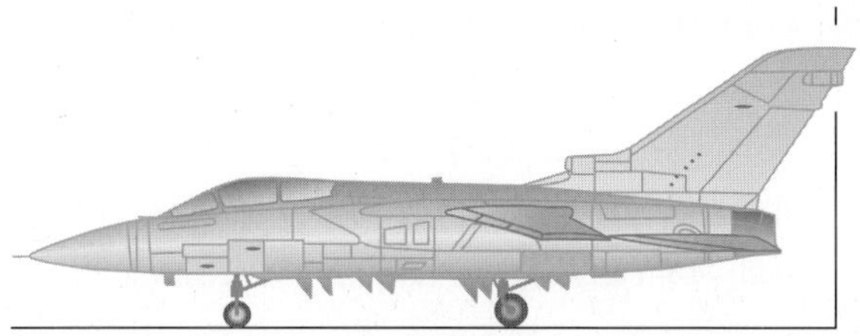

문제 3.45

3.46 890 N 무게의 어떤 사람이 강으로부터 39.6 m 높이에 있는 다리에서 번지(bungee)점프를 한다. 번지점프에 사용하는 줄(bungee cord)의 늘어나기 전 길이가 18.3 m이며, $k = 204$ N/m의 스프링상수를 갖는다.

(a) 줄이 이 사람을 멈추게 했을 때, 이 사람의 높이는 강으로부터 얼마인가?

(b) 줄이 이 사람에게 가하는 최대 힘은 얼마인가?

문제 3.46

3.47 헬리콥터의 무게가 91.2 kN이다. 헬리콥터가 해수면으로부터 수직으로 이륙하며 그 속도는 h의 함수인 $v = 66 - 0.01h$ m/s로 주어진다. 여기서 h는 헬리콥터의 고도(m)이다.

(a) 헬리콥터가 1219 m의 고도까지 올라가는 데 걸리는 시간은 얼마인가?

(b) 헬리콥터의 고도가 610 m일 때, 헬리콥터에 가해지는 수직력들의 합은 얼마인가?

3.48 음극선관에서, 전자 한 개(질량 $= 9.11 \times 10^{-31}$ kg)가 속도 $\mathbf{v} = (2.2 \times 10^7)\mathbf{i}$ (m/s)로 O에서 발사된다. 이 전자가 두 대전판(charged plates) 사이에 있는 동안, 대전판의 전기장으로 인해 $\mathbf{F} = -eE\mathbf{j}$의 힘을 받게 된다. 여기서 전자의 전하(charge)는 $e = 1.6 \times 10^{-19}$ C (coulomb)이며, 전장 세기는 $E = 15$ kN/C이다. 전자가 대전판 사이에 있지 않을 때는 전자에 대한 외력을 무시할 수 있다. 전자가 스크린에 부딪히는 위치를 구하라.

3.49 문제 3.48에서 전장의 세기가 $E = 15\ \sin(\omega t)$ kN/C이고 주파수가 $\omega = 2 \times 10^9\ \text{s}^{-1}$이라면, 전자가 스크린에 부딪히는 곳은 어디인가?

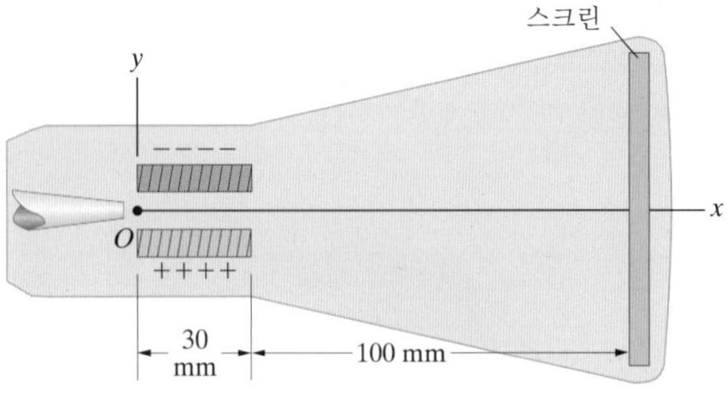

문제 3.48/3.49

3.50 우주비행사가 우주 정거장으로부터 수리가 필요한 인공위성까지 이동하려고 한다. 우주비행사는 O에서 우주 정거장을 떠난다. 스프링이 장전된 발사 기구에 의해 우주비행사는 y 방향으로 (우주 정거장에 대해) 1 m/s의 초기속도를 갖게 된다. 이 순간에서, 인공위성의 위치는 $x = 70$ m, $y = 50$ m, $z = 0$이며, 위성은 (우주 정거장에 대해) x 방향으로 2 m/s의 속도로 표류하고 있다. 우주 비행사가 x축에 평행한 일정한 추력을 가하여 인공위성을 막는다. 유영조종장비(maneuvering unit)를 포함한 비행사의 총 질량은 300 kg이다.

(a) 우주비행사가 인공위성에 도달하는 데 걸리는 시간은 얼마인가?

(b) 위성을 저지하기 위해 가해야 할 추력의 크기는 얼마인가?

(c) 비행사가 위성에 도착할 때, 우주비행사의 위성에 대한 속도는 얼마인가?

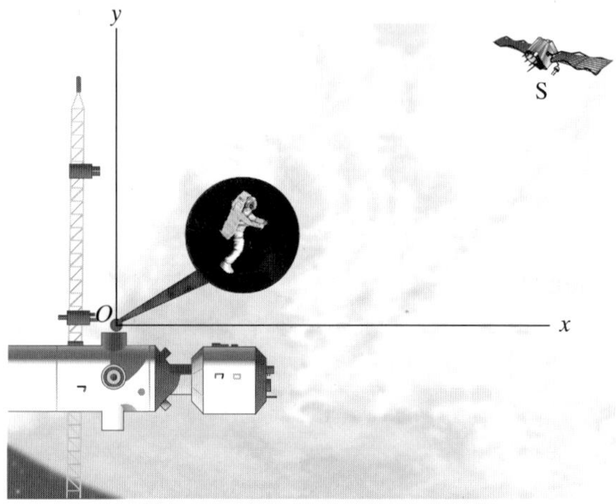

문제 3.50

3.51 매끄러운 막대에 대한 8 kg 고리 A의 가속도는 얼마인가?

3.52 고리와 막대 사이의 동마찰계수가 $\mu_k = 0.1$이라면, 막대에 대한 8 kg의 고리 A의 가속도는 얼마인가?

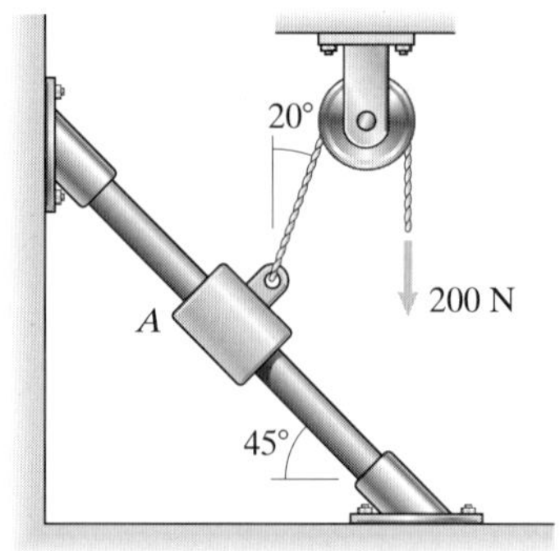

문제 3.51/3.52

3.53 힘 F가 $F = 50$ N이다. 그림의 순간에서 매끄러운 막대를 따라 20 N 고리 A의 가속도의 크기는 얼마인가?

3.54* 문제 3.53에서, 만일 고리와 막대 사이의 동마찰계수가 $\mu_k = 0.2$라면, 그림의 순간에서 20 N인 고리 A의 막대방향의 가속도 크기를 구하라.

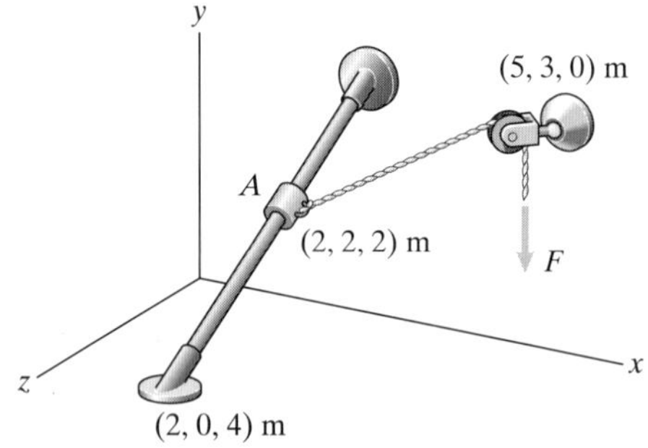

문제 3.53/3.54

3.55 6 kg의 고리가 일정한 힘 $\mathbf{F} = -40\mathbf{i} + 70\mathbf{j} - 40\mathbf{k}$ (N)을 받아 위치 A에서 정지상태로부터 출발하여 위치 B까지 매끄러운 막대를 따라 미끄러져 올라간다. 고리의 질량중심의 좌표는 위치 A에서 (400, 200, 200) mm이며, 위치 B에서 (500, 400, 0) mm이다. 고리가 A에서 B까지 가는 데 걸리는 시간은 얼마인가?

3.56* 문제 3.55에서 만일 고리와 막대 사이의 동마찰계수가 $\mu_k = 0.2$라고 하면, 고리가 A에서 B까지 가는 데 걸리는 시간은 얼마인가?

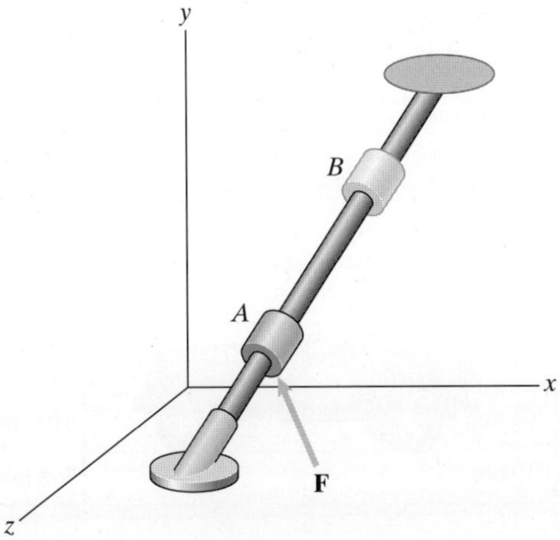

문제 3.55/3.56

3.57 윈치(winch: 권양기)가 0.2 m/s의 일정한 속도로 케이블을 당겨 나무상자가 끌려간다. 상자의 질량은 120 kg이며 상자와 바닥 사이의 동마찰계수는 $\mu_k = 0.24$이다.

(a) 그림의 순간에서 케이블의 장력은 얼마인가?

(b) 나무상자의 가속도를 무시함으로써 케이블 장력에 대한 '준-정적 해(quasi-static solution)'를 구하라. 이 해를 (a)에서 얻은 결과와 비교하라.

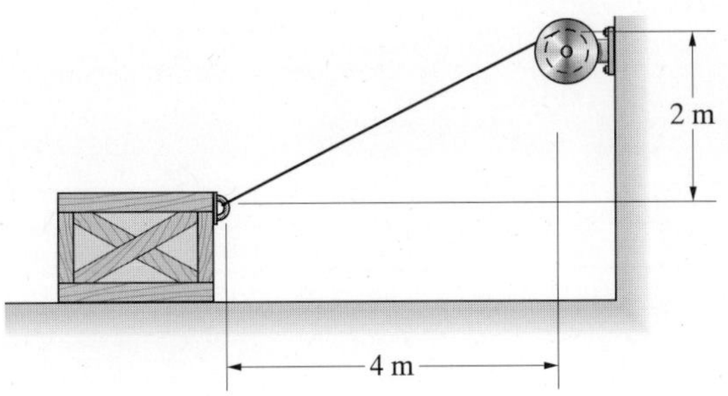

문제 3.57

3.58 만일 $y = 100$ mm, $dy/dt = 600$ mm/s, $d^2y/dt^2 = -200$ mm/s^{2}이면, 매끄러운 원형 슬롯이 0.4 kg의 슬라이더 A에 가하는 수평력은 얼마인가?

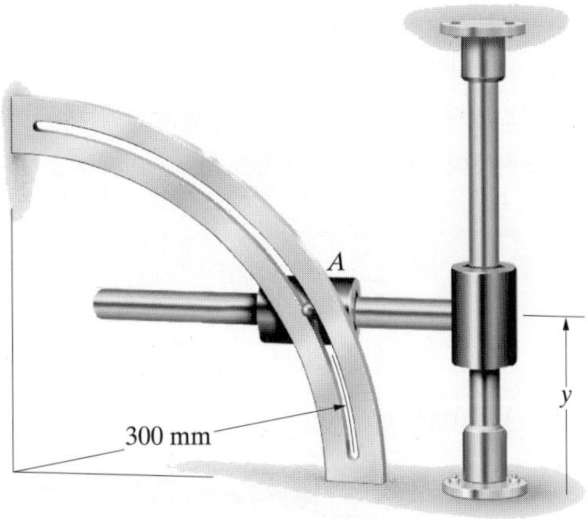

문제 3.58

3.59 1 kg의 연결고리 P는 수직막대 상에서 미끄러지며 곡선 홈을 따라 미끄러지는 핀을 가지고 있다. 수직막대는 일정한 속도 $v = 2$ m/s로 움직인다. y축은 위를 가리킨다. $x = 0.25$ m일 때 수직막대와 홈이 있는 곡선막대가 고리에 가하는 합력의 x, y 성분은 각각 얼마인가?

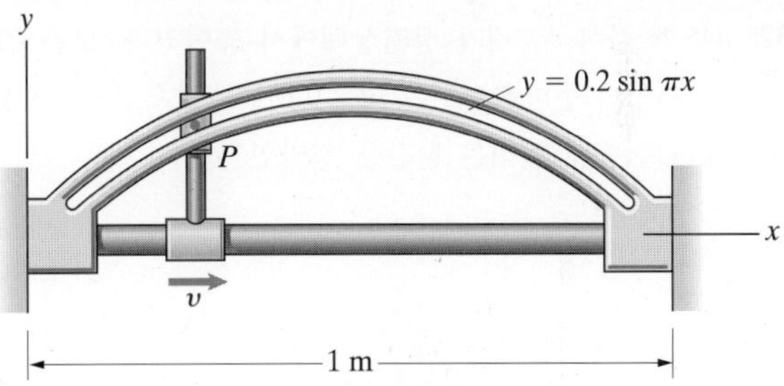

문제 3.59

3.60* 1360 kg의 자동차가 경사도가 증가하는 직선 도로를 따라 주행한다. 이 도로의 수직 윤곽선은 그림의 식으로 주어진다. 자동차의 속도 크기는 일정하며 100 km/h이다. $x = 200$ m일 때 자동차에 가해지는 합력(차의 무게 포함)의 x, y 성분은 얼마인가?

전략: 자동차의 가속도의 접선 성분이 0이라는 것은 이미 알고 있다. 이 조건을 도로의 윤곽선에 대한 식과 함께 사용하여 자동차의 가속도의 x, y 성분을 구할 수 있다.

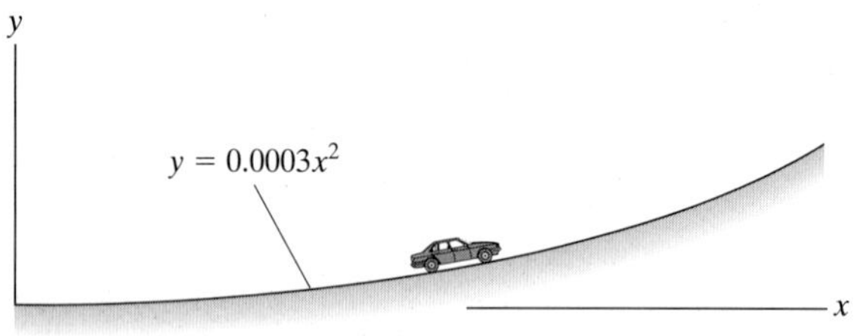

문제 3.60

3.61* 445 N 블록 두 개가 정지상태에서 놓여진다. 모든 접촉면 사이의 마찰을 무시할 때, 두 블록의 가속도 크기를 구하라.

전략: 두 블록의 접촉면에 수직인 두 블록의 가속도 성분은 같아야 한다는 점을 이용하라.

3.62* 445 N 블록 두 개가 정지상태에서 놓여진다. 모든 접촉면 사이의 동마찰계수는 $\mu_k = 0.1$이다. 블록 A가 0.305 m 내려오는 데 걸리는 시간은 얼마인가?

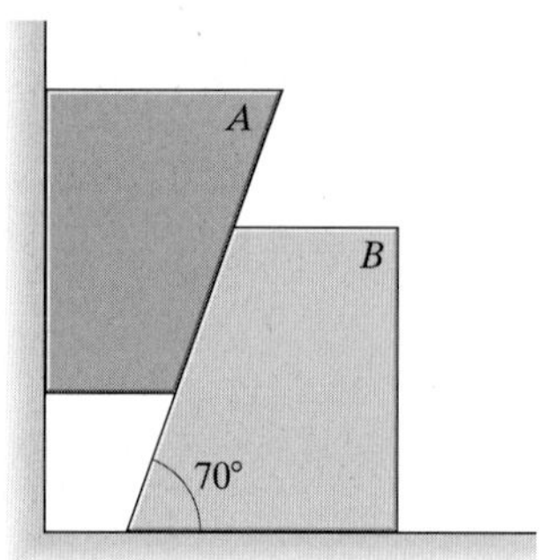

문제 3.61/3.62

3.63 13,344 N의 차량이 둔덕을 지나면서 지면에서 떨어져 공중으로 날아간다. 그림의 순간에서, 차는 48.3 km/h로 수평으로 움직이고 있으며 타이어 바닥은 평탄한 지면으로부터 약 762 mm 위에 있다. 지구에 고정된 좌표계는 지면으로부터 610 mm 되는 높이에 원점을 가지며, 이 높이는 타이어가 지면에 막 닿는 순간의 차의 질량중심의 높이이다. (차는 계속 수평이라고 가정한다.) 타이어가 지면에 닿게 되면, 차의 질량중심은 아래로 더 내려가다가 현가장치의 변형에 의해 위로 다시 반동한다. 타이어가 지면과 접촉하고 있는 동안, 타이어들이 지면에 의해 받는 힘은 $-10{,}675\mathbf{i} - 80{,}064y\mathbf{j}$ (N)이다. 여기서 y는 질량중심의 수직 위치(m)이다. 차가 반동할 때, 바퀴가 지면에서 떨어지는 순간 질량중심의 속도의 수직 성분은 얼마인가? (바퀴는 질량중심이 $y = 0$에 있을 때 지면을 떠난다.)

문제 3.63

3.64* 그림의 좌표계 원점에서 기름이 담긴 탱크 속의 쇠공에 $\mathbf{v} = 2\mathbf{i}$ (m/s)의 초기 속도가 주어진다. 쇠공의 반경은 15 mm이다. 쇠공의 밀도는 8000 kg/m^{3}이며 기름의 밀도는 980 kg/m^{3}이다. 만일 V가 쇠공의 체적이라면, 쇠공에 가해지는 부력은 체적 V의 기름의 무게와 같다. 쇠공이 낙하하면서 받는 유체역학적 항력 $\mathbf{D}$의 크기는 $|\mathbf{D}| = 1.6|\mathbf{v}|$ N이며, 여기서 $|\mathbf{v}|$는 쇠공의 속도(m/s)이다. $t = 0.1$ s에서 쇠공 속도의 x, y 성분은 얼마인가?

3.65* 문제 3.64에서, $t = 0.1$ s에서 쇠공의 x, y 좌표는 얼마인가?

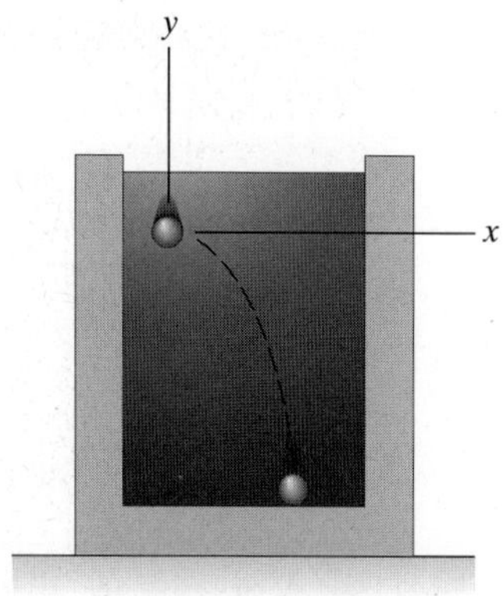

문제 3.64/3.65

법선 및 접선 성분

물체가 곡선 경로를 따라 운동할 때, 물체에 작용하는 힘들의 합력을 법선 성분과 접선 성분으로 나눌 수 있다(그림 3.9a). 물체의 가속도도 법선 성분과 접선 성분으로 나타낼 수 있으며(그림 3.9b), Newton의 제2법칙인 $\Sigma\mathbf{F} = m\mathbf{a}$를 다음 형태로 쓸 수 있다:

$$\Sigma F_t \mathbf{e}_t + \Sigma F_n \mathbf{e}_n = m(a_t \mathbf{e}_t + a_n \mathbf{e}_n) \tag{3.6}$$

여기서

$$a_t = \frac{dv}{dt}, \quad a_n = \frac{v^2}{\rho}$$

이다. 식 (3.6)에서 힘과 가속도의 법선 성분과 접선 성분을 각각 같다고 놓으면, 두 개의 스칼라 운동방정식을 얻을 수 있다:

$$\Sigma F_t = ma_t = m\frac{dv}{dt}, \qquad \Sigma F_n = ma_n = m\frac{v^2}{\rho} \tag{3.7}$$

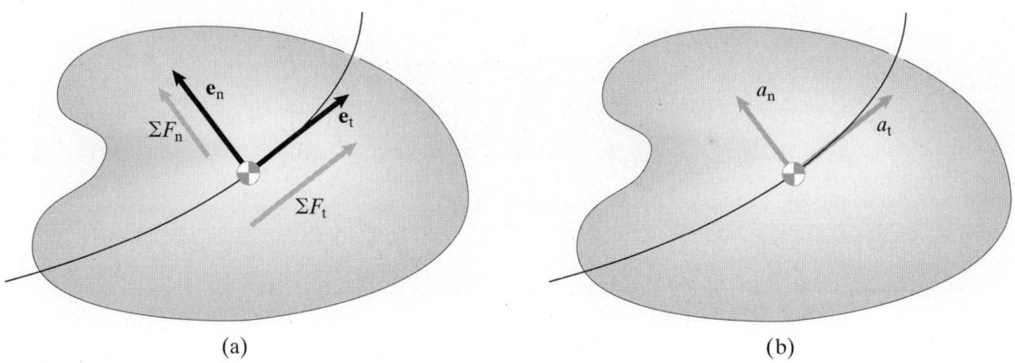

그림 3.9
(a) 물체에 작용하는 합력의 법선 및 접선 성분
(b) 질량중심 가속도의 법선 및 접선 성분

접선방향 힘들의 합은 질량과 속도 크기의 변화율을 곱한 것과 같으며, 법선 방향 힘들의 합은 질량과 법선 가속도 성분의 곱과 같다. 물체의 질량중심의 경로가 평면 상에 있으면 평면에 수직인 질량중심의 가속도는 0이며, 따라서 평면에 수직인 힘들의 합은 0이다.

물체가 곡선 경로를 따라가는 경우, 일반적으로 물체의 운동 해석을 위한 가장 간단한 선택은 법선 성분과 접선 성분이다.

예제 3.4 법선 및 접선 성분에 의한 Newton의 제2법칙

미래의 우주 정거장은 승무원들에게 인위적인 중력을 주기 위해 회전을 하도록 설계될 지도 모른다(그림 3.10). 우주 정거장의 회전축에서 승무원들이 근무하는 바깥쪽 링(ring)까지의 거리가 $R = 100$ m라면, 지구 중력의 1/2을 만들기 위해 필요한 회전속도는 얼마인가?

그림 3.10

| 전략 |

승무원의 자유물체도를 그리고, Newton의 제2법칙을 법선 및 접선 성분으로 나타냄으로써 바닥이 승무원에게 가하는 힘과 우주 정거장의 각속도를 관련시킬 수 있다. 승무원은 크기가 같고 방향이 반대인 힘을 바닥에 가하게 되는데, 이 힘이 자신의 유효 몸무게이다.

| 풀이 |

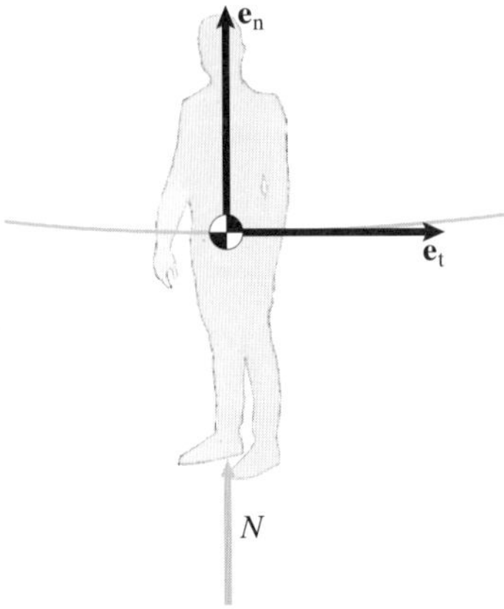

(a) 승무원들이 사용하는 바깥쪽 링에 서 있는 승무원의 자유물체도.

바깥쪽 링에 서 있는 승무원의 자유물체도를 그림 a에 나타내었다. 여기서 N은 바닥이 승무원에게 가하는 힘이다. 우주 정거장의 중심에 원점을 둔 비회전 기준좌표계에 대해 승무원은 반경 R의 원형 궤도로 운동한다. 승무원의 법선 및 접선 가속도 성분을 그림 b에 표시하였다. 식 (3.7)을 적용하면, 다음 식을 얻는다:

$$\Sigma F_t = 0 = m\frac{dv}{dt}$$

$$\Sigma F_n = N = m\frac{v^2}{R}$$

첫 번째 식은 단지 승무원의 속도의 크기가 일정함을 나타낸다. 두 번째 방정식이 힘 N에 대한 것이다. 승무원 속도의 크기는 $v = R\omega$이다. 여기서 ω는 우주 정거장의 각속도이다. 지구 중력의 반이 만들어진다면 $N = \frac{1}{2}\ mg$이다. 따라서

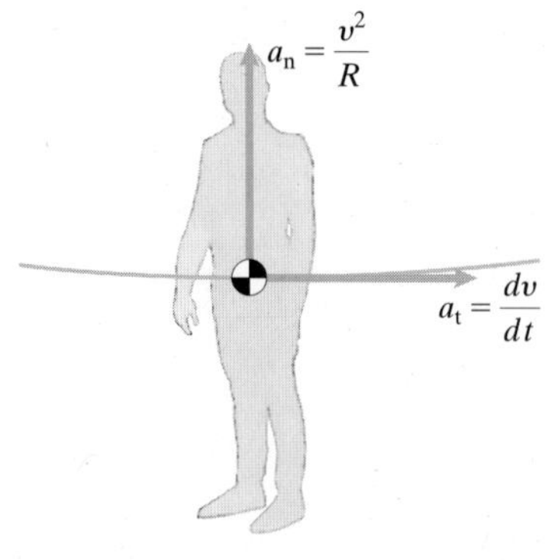

(b) 승무원의 법선 및 접선 가속도 성분.

$$N = \frac{1}{2}mg = m\frac{(R\omega)^2}{R}$$

이다. ω에 대해 풀면, 필요한 우주 정거장의 각속도를 얻을 수 있다:

$$\omega = \sqrt{\frac{g}{2R}} = \sqrt{\frac{9.81\ \text{m/s}^2}{2(100\ \text{m})}} = 0.221\ \text{rad/s}$$

이 값은 28.4 s마다 우주 정거장이 한 바퀴 회전하는 속도에 해당한다:

| 비판적 사고 |

사람이 방에 서 있을 때, 바닥은 사람의 몸무게와 같은 힘 N으로 사람을 위로 민다. 사람의 몸에 대한 중력의 효과는 사람의 발에 크기 N의 힘으로 미는 힘의 효과와 무중력 상태에서 가속도 g로 사람을 위로 미는 가속도의 효과와 구분하기 어렵다. (이 관찰은 Einstein이 자신의 일반상대성 이론을 전개할 때 사용한 출발점 중의 하나였다.) 이것이 회전을 이용한 모의중력의 근거이며, 이 예제에서 지구 중력의 1/2을 만들기 위해 $N = mg/2$라고 한 이유에 대한 설명이다.

예제 3.5 원형 운동을 하는 물체에 대한 힘

그림 3.11의 시험용 자기부상열차(magnetically levitated train)는 궤도에 수직인 방향으로 가해지는 자기 반발력에 의해 지지된다. 궤도에 횡방향인 열차의 운동은 측면의 지지물에 의해 방지한다. 20,000 kg의 열차가 반경 $R = 150$ m인 궤도의 원형 부분을 30 m/s로 달리고 있으며, 궤도의 경사각(bank angle)은 40°이다. 열차를 지지하기 위해 자기부상시스템이 가해야 하는 힘은 얼마인가? 또 측면 지지물이 가하는 합력은 얼마인가?

| 전략 |

열차의 속도와 원형 경로의 반경을 알고 있으므로 열차 가속도의 법선 성분을 구할 수 있다. Newton의 제2법칙을 법선 성분과 접선 성분으로 나타냄으로써, 궤도에 수직인 힘의 성분과 횡방향인 힘의 성분을 구할 수 있다.

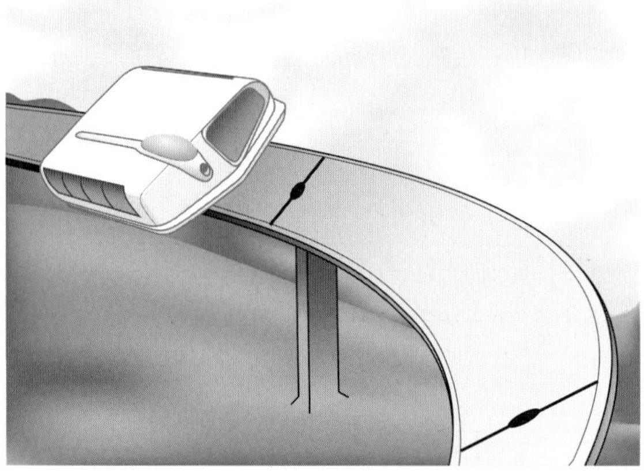

그림 3.11

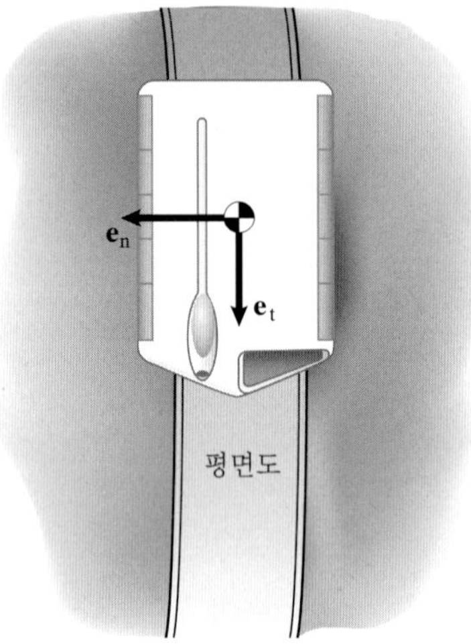

(a) 위에서 본 열차의 원형 경로.

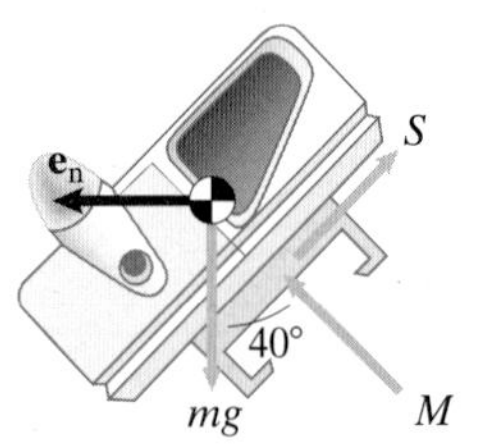

(b) 열차의 자유물체도.

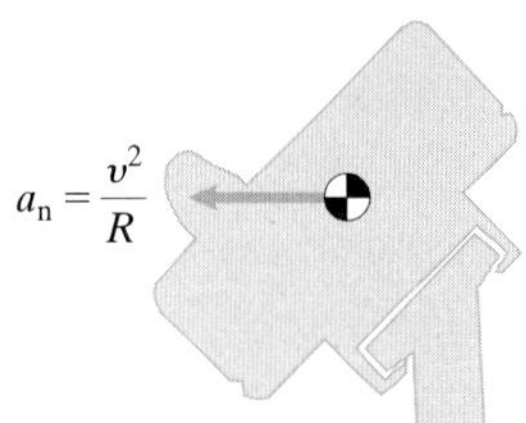

(c) 열차의 가속도.

| 풀이 |

그림 a는 위에서 바라본 열차를 나타낸 것이다. 단위벡터 $\mathbf{e}_n$은 수평이며 열차의 원형 경로의 중심을 향한다. $\mathbf{e}_t$는 경로에 접선방향이다. 그림 b는 정면에서 본 열차의 자유물체도이다. 여기서 M은 궤도에 수직인 자기력이며, S는 횡방향 힘이다. 그림 c에 원형 경로에 수직이면서 경로중심을 향하는 열차의 가속도를 나타내었다. 연직방향(열차 원형 경로에 수직인)인 힘들의 합이 0과 같아야 하므로

$$M \cos 40° + S \sin 40° - mg = 0 \tag{1}$$

이다. $\mathbf{e}_n$ 방향의 힘들의 합력은 질량과 법선 가속도 성분의 곱과 같다:

$$\Sigma F_n = m\frac{v^2}{\rho}$$

즉,

$$M \sin 40° - S \cos 40° = m\frac{v^2}{R} \tag{2}$$

이다. 식 (1)과 (2)를 M과 S에 대해 풀면, $M = 227.4$ kN, $S = 34.2$ kN을 얻는다.

| 비판적 사고 |

다음 질문을 한다고 가정해 보자: 열차의 속도 v가 얼마일 때 횡방향 힘 S가 0이 되겠는가? 식 (1)과 (2)에서 $S = 0$으로 놓고 v에 대해 풀면, 다음을 얻는다:

$$v = \sqrt{Rg \tan 40°} = \sqrt{(150\text{ m})(9.81\text{ m/s}^2)\tan 40°} = 35.1\text{ m/s}$$

이것이 열차가 승객을 나를 때 경사진 곡선구간을 지나는 최적 속도이다. 이 속도에서는 승객이 자기 의자에 그대로 있기 위해 어떠한 횡방향 힘도 가할 필요가 없을 것이다.

설계예제 3.6 차량 동역학

토목 엔지니어가 예비설계한 고속도로 진출차선(off-ramp)은 반경이 $R = 60$ m인 원이다(그림 3.12). 타이어와 도로 사이의 정마찰계수가 적어도 $\mu_s = 0.4$는 된다고 가정하면, 자동차가 견인력(traction)을 잃지 않고 진출차선에 진입할 수 있는 최대 속도는 얼마인가?

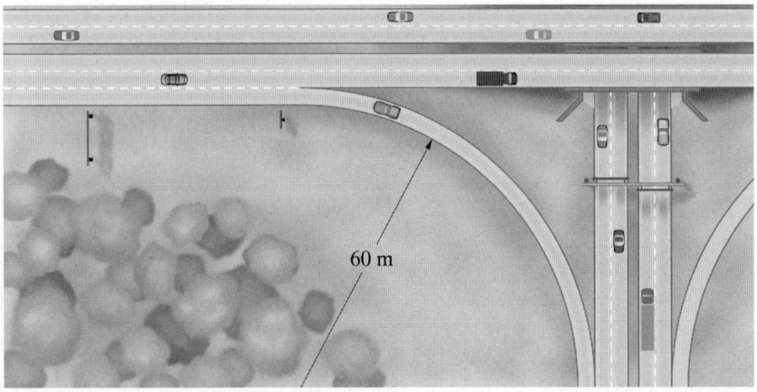

그림 3.12

전략

자동차가 진출차선에서 원형 경로로 움직이므로 속도에 의존하는 법선 성분의 가속도를 갖게 된다. 필요한 법선 성분의 힘은 타이어와 도로 사이의 마찰에 의해 가해지며, 마찰력은 μ_s와 수직력의 곱보다 클 수 없다. 마찰력이 이 값과 같다고 가정함으로써 미끄러짐이 발생하지 않을 최대 속도를 구할 수 있다.

풀이

진출차선에 있는 자동차를 위에서 본 자유물체도를 그림 a에, 정면에서 본 자유물체도를 그림 b에 나타내었다. 원형 경로에 수직이면서 경로중심을 향하는 자동차의 가속도는 그림 c에 표시하였다. $\mathbf{e}_n$방향의 힘의 합력은 질량과 법선 가속도 성분의 곱과 같다. 즉,

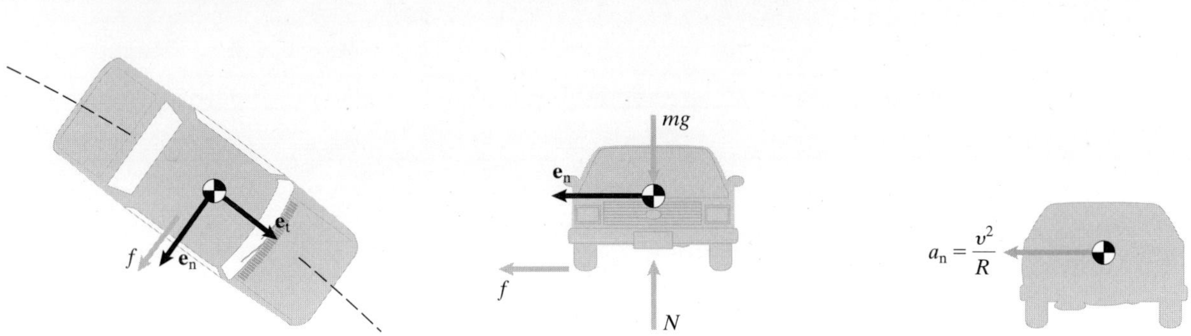

(a) 자유물체도의 평면도. (b) 자유물체도의 정면도. (c) 정면에서 본 가속도.

$$\Sigma F_n = ma_n = m\frac{v^2}{R}$$

으로부터

$$f = m\frac{v^2}{R}$$

이다. 필요한 마찰력은 속도 v가 증가함에 따라 커진다. 도로 표면이 가할 수 있는 최대 마찰력은 $f_{max} = \mu_s N = \mu_s mg$이다. 따라서 미끄러짐이 발생하지 않는 최대속도는

$$v = \sqrt{\mu_s gR} = \sqrt{0.4(9.81\ \mathrm{m/s^2})(60\ \mathrm{m})} = 15.3\ \mathrm{m/s}$$

또는 55.2 km/h이다.

| 설계 관점 |

자동차 엔지니어들과 고속도로를 설계하는 토목 엔지니어들, 그리고 교통사고와 예방을 연구하는 엔지니어들은 다른 조건 하에서 자동차의 운동을 해석하고 측정해야 한다. 이 장에서 논의한 방법들을 이용하여 자동차에 작용하는 힘과 자동차 운동 사이의 관계를 나타낼 수 있으며, 또한 비상 시 차의 급제동에 필요한 거리에 영향을 미치는 인자들이나, 곡선구간의 횡경사(banking)와 곡률이 곡선구간의 도로에서 안전하게 운전할 수 있는 속도에 미치는 영향 등에 대해 연구할 수 있다(그림 3.13)

이 예제의 해석에 의하면, 자동차가 55.2 km/h보다 더 빠른 속도로 고속도로 진출차선에 들어선다면, 이 자동차는 견인력을 잃게 될 것이다. 이 결과는 자동차가 진출차선에 안전하게 진입하도록 하기 위한 제한속도의 표시에 사

그림 3.13
자동차의 곡선구간 통과 능력의 시험은 자동차와 고속도로의 설계에 모두 영향을 미친다.

용될 수 있으며, 또는 진출차선의 곡률반경을 더 크게 함으로써 진출 속도를 더 높이도록 진출차선을 설계할 수도 있다.

연습문제

3.66 승객을 포함한 보트의 무게가 5338 N이다. 보트가 6.1 m/s의 일정한 속도로 반경 $R = 12$ m의 원형 경로를 따라 움직이고 있다. 보트에 가해지는 합력의 접선 및 법선 성분은 얼마인가?

3.67 승객을 포함한 보트의 무게가 5338 N이다. 보트가 6.1 m/s의 일정한 속도로 반경 $R = 12$ m의 원형 경로를 따라 움직이고 있다. 운전자가 갑자기 속도를 증가시켜 보트에 가해지는 합력의 접선 성분을 445 N까지 증가시킨 후 일정하게 유지되도록 하였다. 운전자는 같은 원형 경로를 계속 따라간다. 속도를 증가시킨 후 2초 뒤의 (a) 보트의 속도 크기와 (b) 보트 가속도의 접선 및 법선 성분을 구하라.

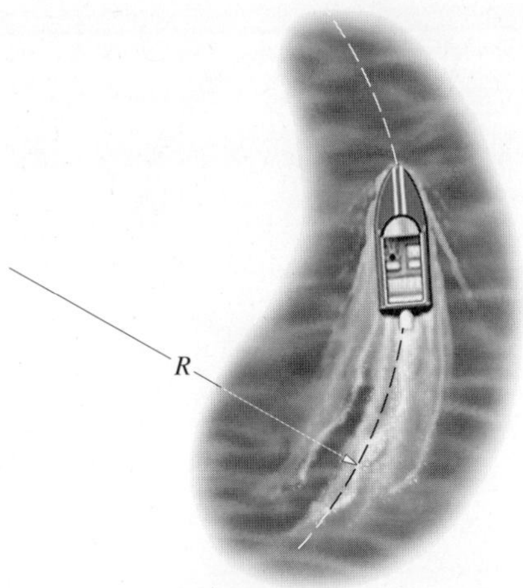

문제 3.66/3.67

3.68 태양전지 자동차에 대한 예비설계 연구에서, 자동차와 운전자의 질량은 100 kg이 될 것이며 엔진에 의한 토크로 인해 차에 60 N의 접선방향 힘이 발생할 것이라고 추정하였다. 자동차가 A에서 정지상태에서 출발하며 일정한 60 N의 접선방향 힘을 받는다고 가정하자. 자동차가 B에 도달할 때 자동차의 가속도의 접선 및 법선 성분은 얼마인가?

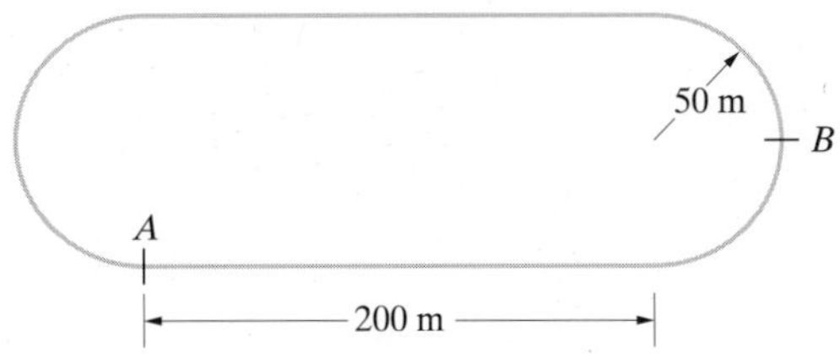

문제 3.68

3.69 질량이 72 kg인 우주비행 후보자가 10 m의 반경을 가진 원심가속기에서 테스트를 받고 있다. 원심가속기는 수평면에서 회전한다. 원심가속기가 $t = 0$에서 정지상태에서 출발하며 일정한 각가속도 $\alpha = 0.2$ rad/s^{2}을 갖는다.

(a) $t = 10$ s에서 후보자의 수평 가속도의 크기는 얼마인가?

(b) $t = 10$ s에서 원심분리기가 후보자에게 가하는 힘의 접선 및 법선 성분은 얼마인가?

전략: 한 점이 반경 R의 원을 따라 움직인다면, 이 점의 속도 크기 v는 $v = R\omega$에 의해 각속도 ω와 관련되므로, 가속도의 법선 성분은 $a_n = v^2/R = \omega^2 R$로 쓸 수 있다[식 (2.45) 참조]. 이 식을 이용해서 후보자에게 가해지는 힘의 법선 성분을 구할 수 있다.

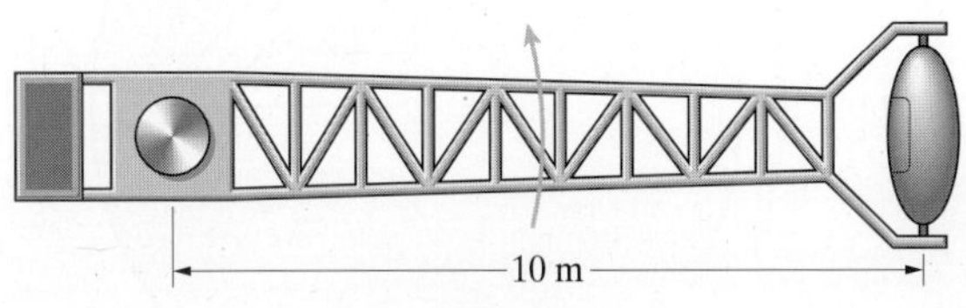

문제 3.69

3.70 원형 디스크가 수평면 상에 놓여 있다. 그림의 순간에서, 원판은 4 rad/s의 반시계 방향 각속도와 2 rad/s^{2}의 반시계 방향 각가속도로 회전한다. 0.5 kg의 슬라이더 A가 매끄러운 홈과 B에 부착된 줄에 의해 지지되고 있다. 줄의 인장력과 홈이 슬라이더에 가하는 수평력의 크기를 구하라.

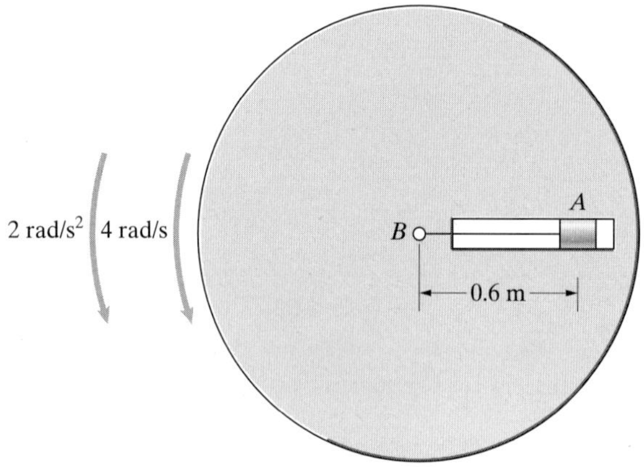

문제 3.70

3.71 원형 디스크가 수평면 상에 놓여 있으며 4 rad/s의 일정한 각속도로 반시계 방향으로 회전한다. 0.5 kg의 슬라이더 A가 매끄러운 홈과 B에 부착된 줄에 의해 지지되고 있다. 줄의 인장력과 홈이 슬라이더에 가하는 수평력의 크기를 구하라.

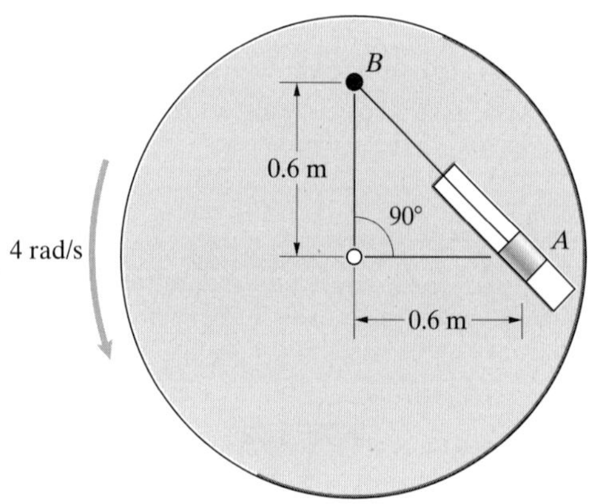

문제 3.71

3.72 142 N의 비행기가 128 m/s로 수직면 상에서 비행하고 있다. 그림의 순간에서 각은 $\theta = 30°$이며, 비행기 가속도의 직각좌표계 성분은 $a_x = -1.83$ m/s^2, $a_y = 9.1$ m/s^{2}이다.

(a) 비행기에 가해지는 합력(자체 무게를 포함)의 접선 및 법선 성분은 얼마인가?

(b) $d\theta/dt$를 °/s를 구하라.

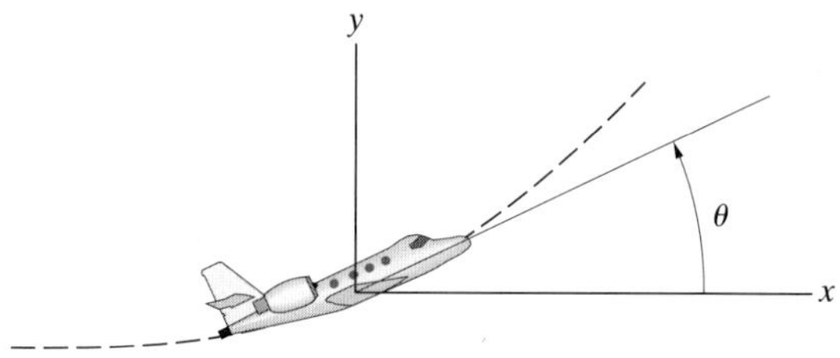

문제 3.72

3.73 2 kg의 슬라이더 A가 접선 방향 힘 $F_t = 4t$ N을 받으면서 매끄러운 원형막대를 따라 수평면 상에서 정지상태로부터 미끄러지기 시작한다. $t = 4$ s에서 (a) 슬라이더의 속도 크기와 (b) 원형막대가 슬라이더에 가하는 수평력의 크기를 구하라.

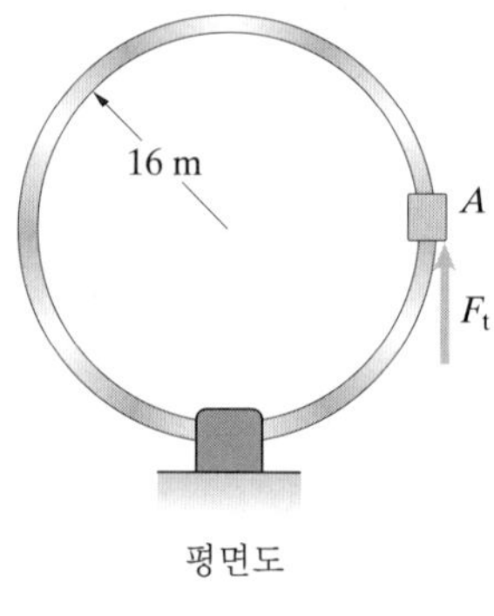

문제 3.73

3.74 일정한 속도 v로 움직이는 컨베이어 벨트 상의 작은 부품들이 통 안에 떨어지도록 되어 있다. 부품들이 벨트에서 미끄러지기 시작하는 각도 θ가 다음 식을 만족함을 보여라:

$$\cos\theta - \frac{1}{\mu_s}\sin\theta = \frac{v^2}{gR}$$

여기서 μ_s는 부품들과 벨트 사이의 정마찰계수이다.

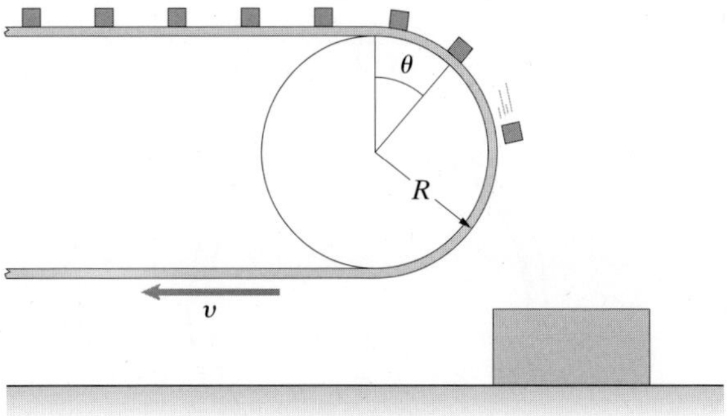

문제 3.74

3.75 1 kg의 질량 m이 수평면 상의 원형 경로를 그리며 수직기둥 주위를 돌고 있다. 각은 $\theta = 30°$이며 줄의 길이는 $L = 1.22$ m이다. 질량의 속도 크기는 얼마인가?

전략: 질량의 수직방향 가속도는 0이다. 질량의 자유물체도를 그리고, Newton의 제2법칙을 접선 및 법선 성분으로 써라.

3.76 1 kg의 질량 m이 수평면 상의 원형 경로를 그리며 수직기둥 주위를 돌고 있다. 줄의 길이는 $L = 1.22$ m이다. 줄의 인장력이 50 N이라면, 질량의 속도 크기와 각 θ의 크기는 얼마인가?

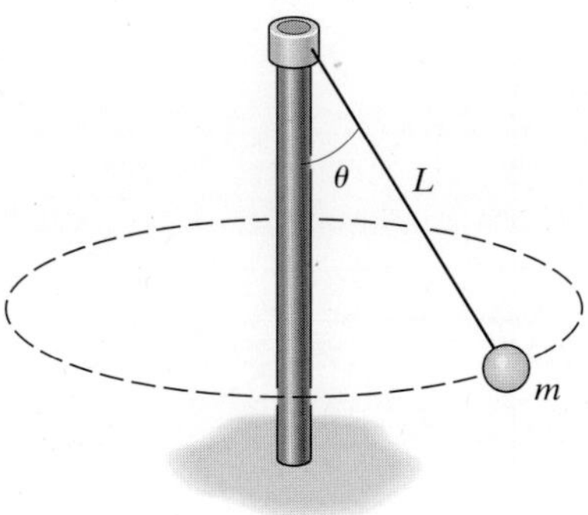

문제 3.75/3.76

3.77 10 kg의 질량 m이 수직기둥 주위를 반경 $R = 1$ m의 수평 원형 경로를 그리며 돌고 있다. 질량의 속도 크기가 $v = 3$ m/s이면, 줄 A와 B에서의 장력은 얼마인가?

3.78 10 kg의 질량 m이 수직기둥 주위를 반경 $R = 1$ m의 수평 원형 경로를 그리며 돌고 있다. 질량이 기술된 원형 경로를 계속 유지하려면, 질량의 속도 v는 어떤 범위의 값을 가져야 하는가?

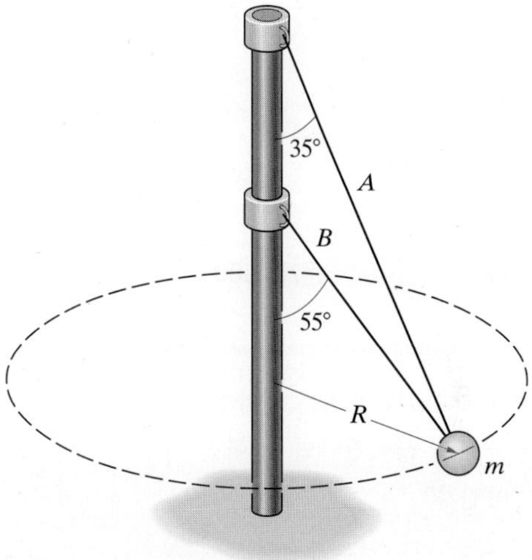

문제 3.77/3.78

3.79 모노레일 열차가 50 m/s의 속도로 주행하며 곡선 부분을 통과할 때 열차가 수직선으로부터 바깥쪽으로 흔들리는 각 θ가 20°를 넘지 않도록 모노레일 운송시스템을 설계하려고 한다. 궤도의 곡선 부분이 일정한 반경 R의 원호로 구성되어 있다면, R의 허용 가능한 최소값은 얼마인가?

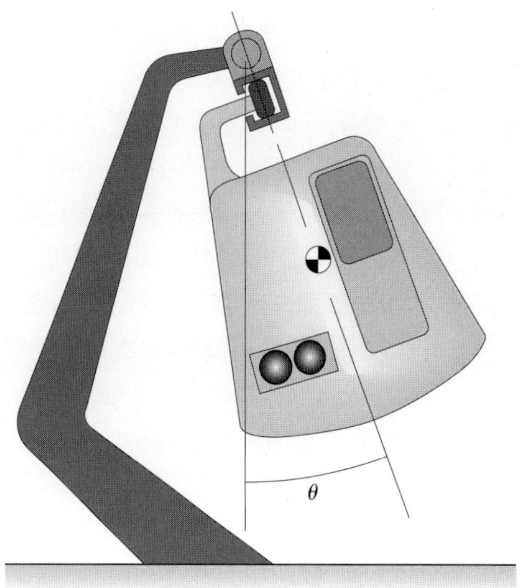

문제 3.79

3.80 무게 $W = 890$ kN의 비행기가 일정한 고도에서 일정한 속도 $v = 183$ m/s로 회전한다. 경사각(bank angle)은 15°이다.

(a) 양력(lift force) L을 구하라.

(b) 비행기 경로의 곡률반경은 얼마인가?

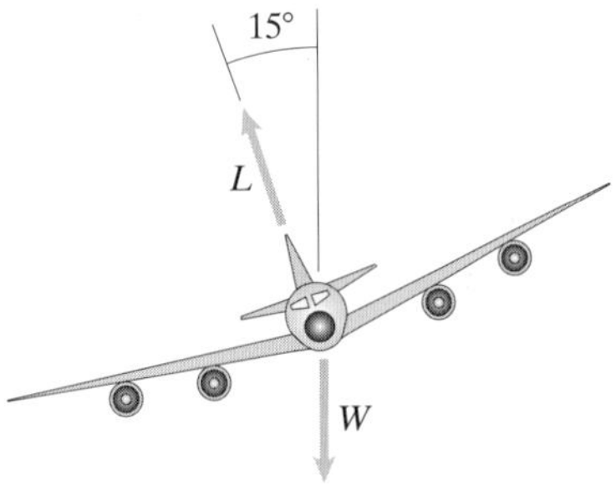

문제 3.80

3.81 2 kg의 질량 m이 정지상태로 매달려 있다.

(a) 줄 A와 B의 장력은 얼마인가?

(b) 줄 A가 끊어진다면, 끊어진 직후 줄 B의 장력은 얼마인가?

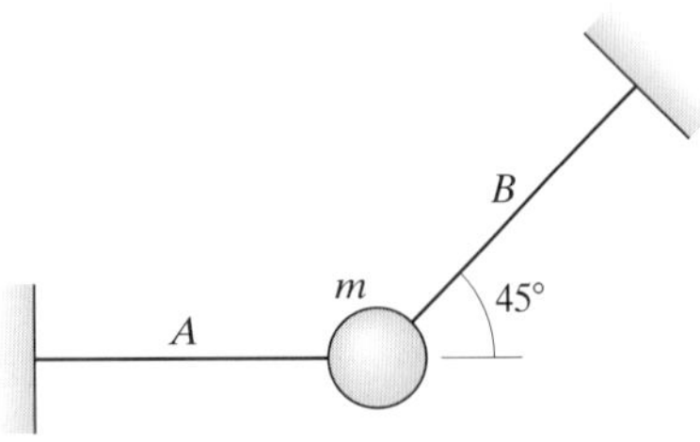

문제 3.81

3.82 비행기가 수직면 상에서 일정한 속도 v로 원형 경로를 따라 비행하고 있다. 비행기의 원형 경로의 반경은 2000 m이며, 조종사의 질량은 72 kg이다.

(a) 비행기가 원형 경로의 정점에 있을 때 비행기가 조종사에게 아무런 힘도 가하지 않는다면, 조종사는 이 지점에서 '무중력'을 느끼게 될 것이다. 조종사의 자유물체도를 그리고, Newton의 제2법칙을 이용하여 이 상태를 만드는 데 필요한 속도 v를 구하라.

(b) 비행기가 조종사에게 가하는 힘이 조종사 몸무게의 4배가 넘지 않도록 하려고 한다. 조종사가 $v = 200$ m/s로 조종하고 있다면, 허용가능한 원형 경로의 최소 반경은 얼마인가?

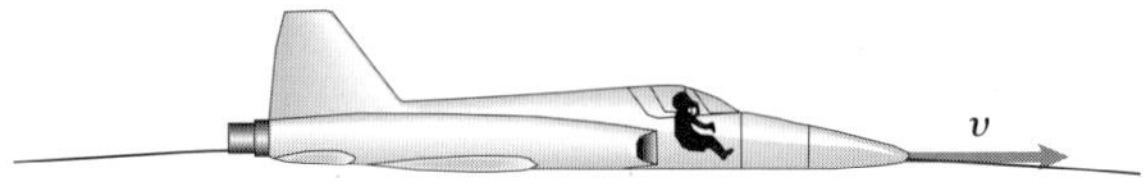

문제 3.82

3.83 매끄러운 원형막대가 수직축 AB에 대해 일정한 각속도 ω_0로 회전한다. 반경은 $R = 0.5$ m이다. 질량 m이 $\beta = 40°$에서 원형막대에 대해 움직이지 않고 있다. ω_0를 구하라.

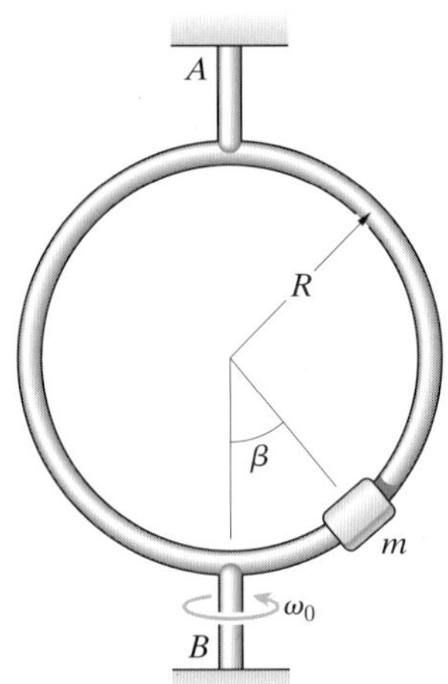

문제 3.83

3.84 자기장이 하전입자(charged particle)에 가하는 힘은 $\mathbf{F} = q\mathbf{v} \times \mathbf{B}$이다. 여기서 q와 $\mathbf{v}$는 입자의 전하와 속도 벡터이며, $\mathbf{B}$는 자기장 벡터이다. 질량이 m이고 양전하(positive charge)가 q인 입자 한 개가 위치 O에서 $\mathbf{v} = v_0\mathbf{i}$의 속도로 균일한 자기장 $\mathbf{B} = B_0\mathbf{k}$ 속으로 입사된다. 법선 및 접선 성분을 이용하여 (a) 입자의 속도 크기가 일정하며, (b) 입자의 경로가 mv_0/qB_0임을 보여라.

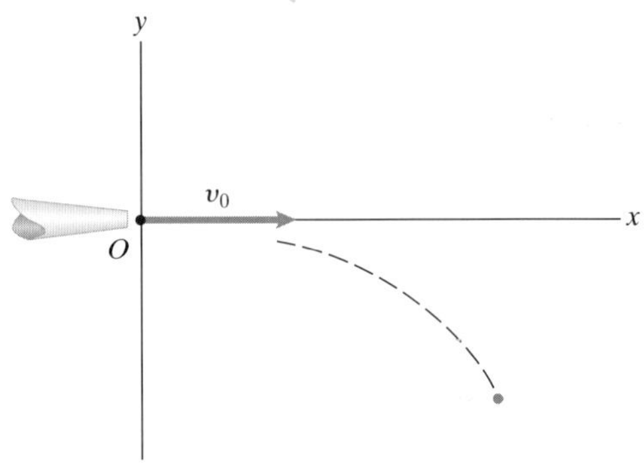

문제 3.84

3.85 반경 R의 고정 기둥 주위에 감긴 줄 끝에 질량 m이 연결되어 있다. $t=0$에서 그림과 같이 질량에 속도 v_0가 주어진다. 줄에 의해 가해지는 힘을 제외하고는 m에 가해지는 다른 외력들은 무시한다. 줄의 장력을 각 θ의 함수로 구하라.

전략: 질량의 속도벡터는 줄에 수직이다. Newton의 제2 법칙을 법선 및 접선 성분으로 표현하라.

3.86 반경 R의 고정 기둥 주위에 감긴 줄 끝에 질량 m이 연결되어 있다. $t=0$에서 그림과 같이 질량에 속도 v_0가 주어진다. 줄에 의해 가해지는 힘을 제외하고는 m에 가해지는 다른 외력들은 무시한다. 각 θ를 시간의 함수로 구하라.

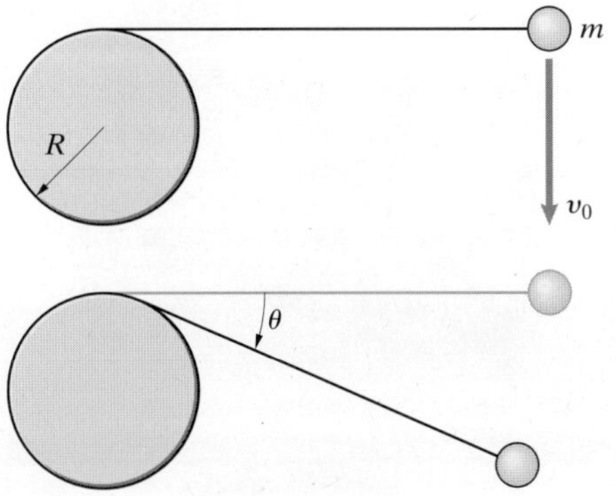

문제 3.85/3.86

3.87 어떤 시간 동안 360 kg의 스포츠형 비행기에 가해지는 힘들의 합력(자체 무게 포함)은 newton 단위로

$$(-1000 + 280t)\mathbf{i} + (480 - 430t)\mathbf{j} + (720 + 200t)\mathbf{k}$$

이다. 여기서 t는 초 단위의 시간이다. $t=0$에서 지구에 고정된 기준좌표계에 대한 비행기의 질량중심의 속도는 $20\mathbf{i} + 35\mathbf{j} - 20\mathbf{k}$ (m/s)이다. 만일 $t=2$ s에서 비행기에 가해지는 힘들의 합력을 비행기 경로의 접선 및 법선 성분으로 분해한다면, ΣF_t와 ΣF_n의 값은 얼마인가?

3.88 문제 3.87에서, $t=2$ s에서 비행기 경로의 순간곡률반경은 얼마인가? 경로의 접선 및 법선 방향의 합력의 벡터 성분들은 접촉평면(osculating plane)에 놓인다. $t=2$ s에서 접촉평면에 수직인 단위벡터의 성분들을 구하라.

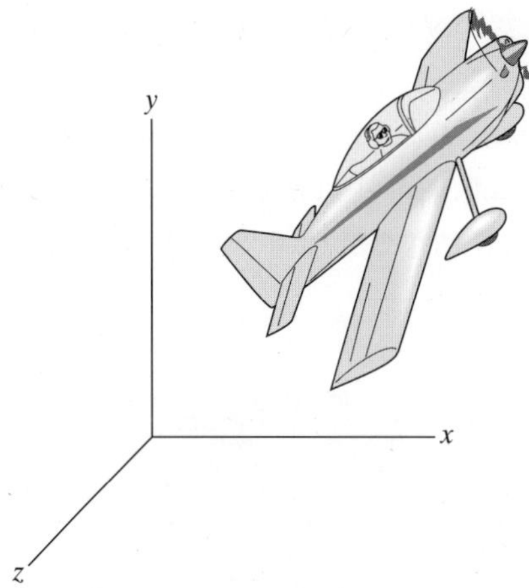

문제 3.87/3.88

‖ 설계 문제 ‖

문제 3.89–3.93은 설계 예제 3.6과 관련되어 있다.

3.89 고속도로 진출차선(off-ramp)이 반경 60 m의 원형도로이다(그림 a). 진출차선의 경사도는 $\beta = 15°$이다(그림 b). 만일 자동차의 타이어와 도로 사이의 정마찰계수가 $\mu_s = 0.4$이면, 자동차가 견인력을 잃지 않으면서 진출차선에 진입할 수 있는 최대 속도는 얼마인가?

3.90* 고속도로 진출차선(off-ramp)이 반경 60 m의 원형도로이다(그림 a). 진출차선의 경사도는 β이다(그림 b). 만일 자동차의 타이어와 도로 사이의 정마찰계수가 $\mu_s = 0.4$이면, 자동차가 견인력을 잃지 않으면서 어떤 속도로도 진출차선에 진입할 수 있도록 하는 데 필요한 최소 경사각 β는 얼마인가?

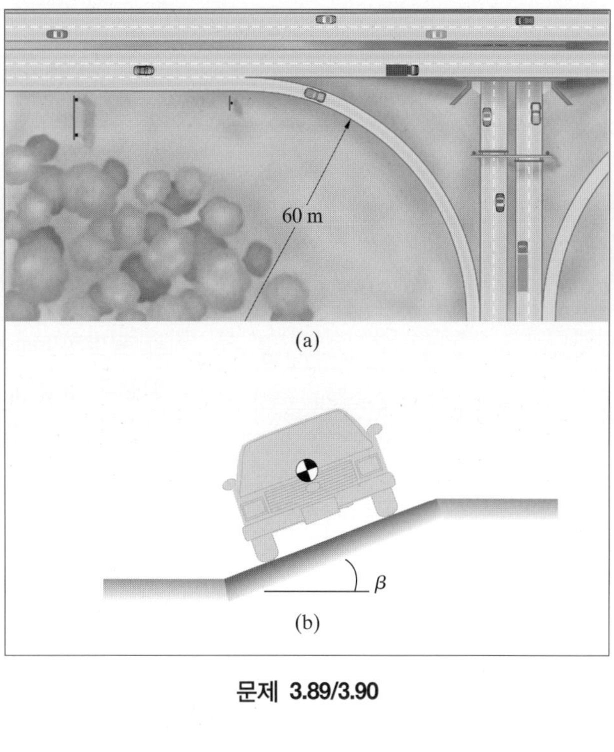

문제 3.89/3.90

3.91 30 m/s로 주행하고 있는 자동차가 언덕 꼭대기에 있다. 타이어와 도로 사이의 동마찰계수는 $\mu_k = 0.8$이다. 자동차 경로의 순각곡률반경은 200 m이다. 만일 운전자가 브레이크를 가하여 바퀴에 제동을 가한다면, 주행경로에 접선인 방향으로 갖게 되는 차의 감속도는 얼마인가?

문제 3.91

3.92 30 m/s로 주행하고 있는 자동차가 오목한 길의 바닥에 있다. 타이어와 도로 사이의 동마찰계수는 $\mu_k = 0.8$이다. 자동차 경로의 순간곡률반경은 200 m이다. 만일 운전자가 브레이크를 가하여 바퀴에 제동을 가한다면, 주행경로에 접선인 방향으로 갖게 되는 차의 감속도는 얼마인가? 이 답을 문제 3.91의 답과 비교하라.

문제 3.92

3.93 오토바이와 운전자의 총 질량이 160 kg이다. 오토바이가 $t = 0$에서 정지상태로부터 출발하며 반경 400 m의 원형 트랙을 따라 움직인다. 오토바이의 가속도의 접선 성분은 시간의 함수로서 $a_t = 2 + 0.2t$ m/s^{2}이다. 타이어와 트랙 사이의 정마찰계수는 $\mu_s = 0.8$이다. 오토바이가 출발한 후 접촉한계(타이어가 막 미끄러지려고 하는 순간)에 도달하는 것은 얼마 후인가? 이때 오토바이의 속도는 얼마인가?

전략: 오토바이에 작용하는 힘의 접선 및 법선 성분을 보여주는 자유물체도를 그려라.

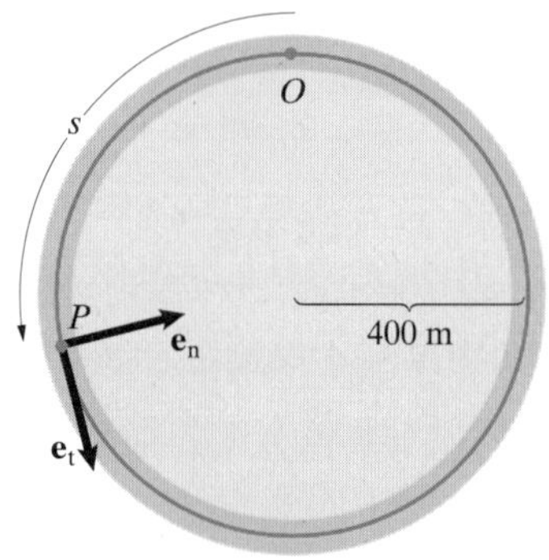

문제 3.93

극좌표계와 실린더 좌표계

물체가 평면 상의 곡선 경로를 따라 운동하는 경우, 물체의 질량중심의 운동을 극좌표로 기술할 수 있다. 평면에 평행한 힘들의 합력을 반경방향(radial)과 횡방향(transverse) 성분으로 나누고(그림 3.14a) 질량중심의 가속도를 반경방향과 횡방향 성분으로 표현하면(그림 3.14b), Newton의 제2법칙 $\Sigma\mathbf{F} = m\mathbf{a}$를 다음과 같이 쓸 수 있다:

$$\Sigma F_r \mathbf{e}_r + \Sigma F_\theta \mathbf{e}_\theta = m(a_r \mathbf{e}_r + a_\theta \mathbf{e}_\theta) \tag{3.8}$$

여기서

$$a_r = \frac{d^2r}{dt^2} - r\left(\frac{d\theta}{dt}\right)^2 = \frac{d^2r}{dt^2} - r\omega^2$$

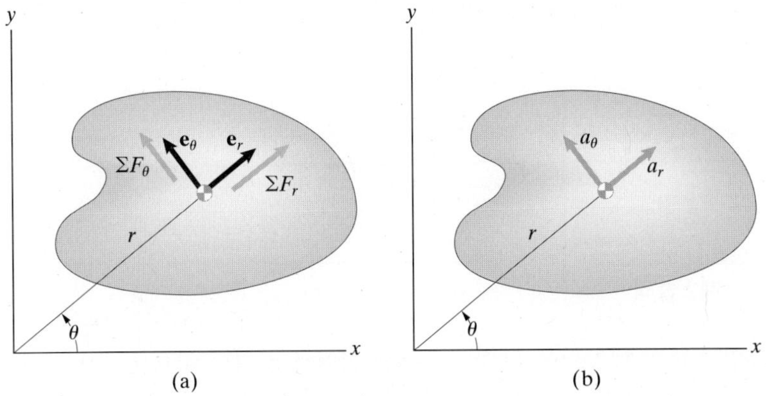

그림 3.14
(a) 합력의 반경방향 및 횡방향 성분.
(b) 질량중심의 가속도.

$$a_\theta = r\frac{d^2\theta}{dt^2} + 2\frac{dr}{dt}\frac{d\theta}{dt} = r\alpha + 2\frac{dr}{dt}\omega$$

이다. 식 (3.8)에서 $\mathbf{e}_r$과 $\mathbf{e}_\theta$ 성분들끼리 같다고 놓으면, 다음의 스칼라 방정식을 얻을 수 있다:

$$\Sigma F_r = ma_r = m\left(\frac{d^2r}{dt^2} - r\omega^2\right) \tag{3.9}$$

$$\Sigma F_\theta = ma_\theta = m\left(r\alpha + 2\frac{dr}{dt}\omega\right) \tag{3.10}$$

반경방향 힘들의 합은 질량과 반경방향 가속도 성분의 곱과 같으며, 횡방향 힘들의 합은 질량과 횡방향 가속도 성분의 곱과 같다. 물체의 운동이 일어나는 평면에 수직인 방향의 가속도는 0이므로 평면에 수직인 힘들의 합은 0이다.

실린더 좌표를 이용하여 물체의 3차원 운동을 기술할 수 있는데, 실린더 좌표에서는 $x-y$ 평면에 수직인 질량중심의 위치를 z좌표로 측정하며, 단위벡터 $\mathbf{e}_z$는 양의 z축 방향을 가리킨다. 힘들의 합력을 반경방향 및 횡방향 성분, z 성분으로 나누고(그림 3.15a), 질량중심의 가속도를 반경방향 및 횡방향 성분, z

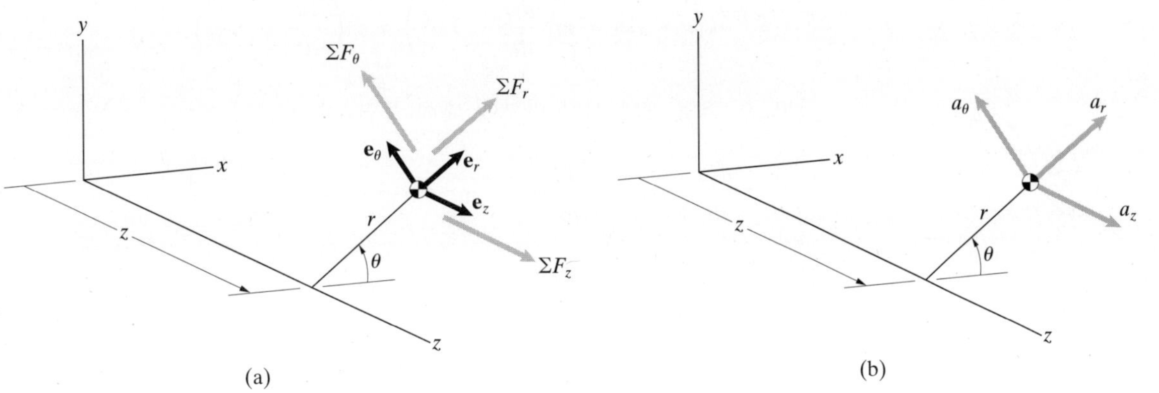

그림 3.15
(a) 물체에 작용하는 합력의 실린더 좌표계 성분들.
(b) 질량중심 가속도의 실린더 좌표계 성분들.

성분으로 표현한다(그림 3.15b), 세 개의 스칼라 운동방정식은 극좌표 식인 (3.9)와 (3.10), 그리고 다음의 z 방향 운동방정식으로 구성된다:

$$\Sigma F_z = ma_z = m\frac{dv_z}{dt} = m\frac{d^2z}{dt^2} \tag{3.11}$$

예제 3.7 극좌표계에서의 Newton의 제2법칙

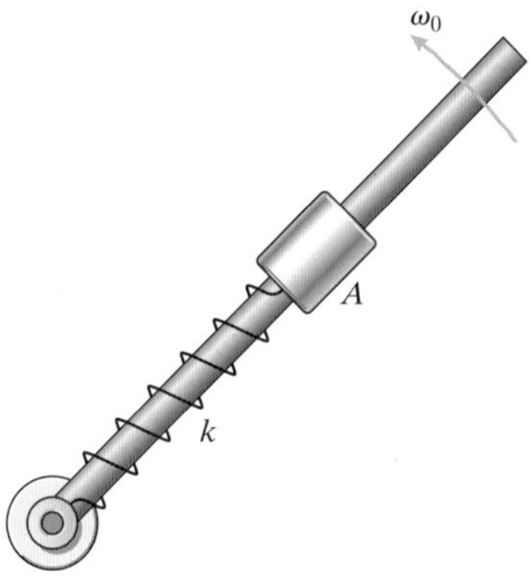

그림 3.16

그림 3.16의 매끄러운 막대가 **수평면 상**에서 일정한 각속도 ω_0로 회전하고 있다. 선형 스프링의 변형 전 길이는 r_0이다. 질량이 m인 고리 A가 $r = r_0$에서 반경방향의 속도 없이 놓여진다.

(a) 고리의 반경방향 속도를 r의 함수로 구하라.

(b) 막대가 고리에 가하는 수평력을 r의 함수로 구하라.

전략

(a) 고리에 작용하는 반경방향의 유일한 힘은 스프링 힘으로서 r에 의해 극좌표로 나타낼 수 있다. 식 (3.9)를 적분하여 반경방향 속도 v_r을 r의 함수로 구할 수 있다.

(b) r의 함수로 $v_r = dr/dt$를 알게 되면, 식 (3.10)을 이용하여 막대가 고리에 가하는 횡방향 힘을 구할 수 있다.

풀이

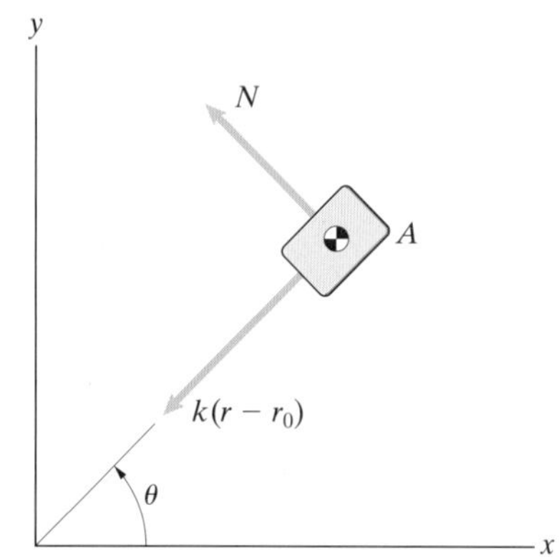

(a) A에 가해지는 반경방향 및 횡방향 힘.

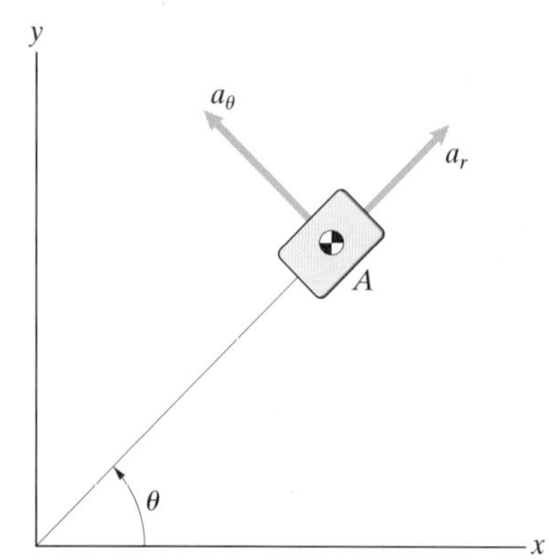

(b) 질량중심 가속도의 반경방향 및 횡방향 성분.

(a) 스프링은 음의 r방향으로 반경방향의 힘 $k(r - r_0)$를 가한다(그림 a). 막대가 매끄럽기 때문에, 막대가 반경방향으로 A에 가하는 힘은 없으나 횡방향으로는 힘 N을 가할 수 있다. 그림 b는 고리 가속도의 반경방향 및 횡방향 성분을 나타낸 것이다. 반경방향으로의 Newton의 제2법칙은 다음과 같다:

$$\Sigma F_r = ma_r$$

즉,

$$-k(r - r_0) = m\left(\frac{d^2r}{dt^2} - r\omega^2\right) = m\left(\frac{dv_r}{dt} - r\omega_0^2\right)$$

이고, 이 식을 v_r의 시간 미분에 대해 풀면,

$$\frac{dv_r}{dt} = r\omega_0^2 - \frac{k}{m}(r - r_0)$$

이다. 연쇄법칙을 적용하면,

$$\frac{dv_r}{dt} = \frac{dv_r}{dr}\frac{dr}{dt} = \frac{dv_r}{dr}v_r$$

이므로 다음 식을 얻을 수 있다:

$$v_r\,dv_r = \left[\left(\omega_0^2 - \frac{k}{m}\right)r + \frac{k}{m}r_0\right]dr$$

이 식을 적분하면,

$$\int_0^{v_r} v_r\,dv_r = \int_{r_0}^{r}\left[\left(\omega_0^2 - \frac{k}{m}\right)r + \frac{k}{m}r_0\right]dr$$

이며, 이로부터 다음과 같이 r의 함수로서 반경방향 속도 v_r을 구할 수 있다:

$$v_r = \sqrt{\left(\omega_0^2 - \frac{k}{m}\right)(r^2 - r_0^2) + \frac{2k}{m}r_0(r - r_0)}$$

(b) 힘 N을 구하기 위해 횡방향의 Newton의 제2법칙을 이용한다:

$$\Sigma F_\theta = ma_\theta,$$

즉,

$$N = m\left(r\alpha + 2\frac{dr}{dt}\omega\right) = 2m\omega_0 v_r$$

이다. 앞에서 구한 v_r에 대한 식을 위 식에 대입하면, 다음과 같이 막대가 가하는 횡방향 힘을 r의 함수로 구할 수 있다:

$$N = 2m\omega_0\sqrt{\left(\omega_0^2 - \frac{k}{m}\right)(r^2 - r_0^2) + \frac{2k}{m}r_0(r - r_0)}$$

| 비판적 사고 |

이 예제에서 법선 및 접선 성분 대신 극좌표를 이용하여 문제를 푼 이유는 무엇인가? 법선 및 접선 성분들은 물체의 경로에 따라 방향이 정해지는데, 고리 A가 따라갈 경로가 주어지지 않았고, 고리에 가해지는 힘들이 반경방향 및 횡방향과 같은 방향으로 정렬되어 있기 때문이다(그림 a).

연습문제

3.94 12 kg인 물체의 질량중심이 $x-y$ 평면에서 움직인다. 질량중심의 극좌표는 시간의 함수로서 $r = 12 - 0.4t^2$ m, $\theta = 0.02t^3$ rad으로 주어진다. $t = 2$ s에서 이 물체에 가해지는 합력의 극좌표계 성분들을 구하라.

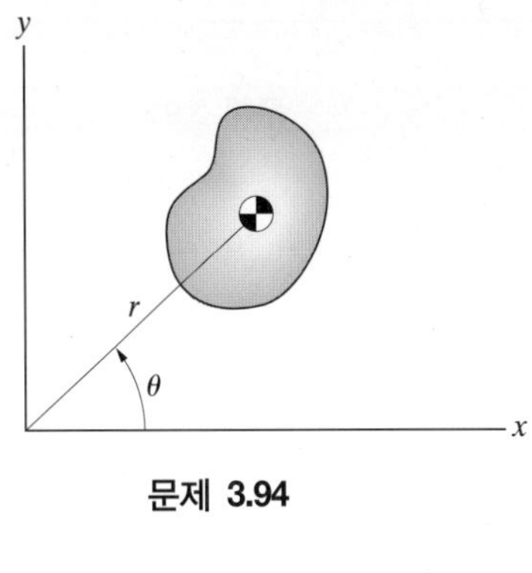

문제 3.94

3.95 445 N인 어떤 사람이 일정한 각속도 $\omega_0 = 0.3$ rad/s로 회전하는 큰 원판 위에서 걸어가고 있다. 이 사람은 원판에 그려진 반지름 직선을 따라 $v_0 = 1.52$ m/s의 일정한 속도로 걸어간다. 이 사람이 원판의 중심으로부터 1.83 m에 있을 때 이 사람에게 가해지는 수평력의 극좌표계 성분들을 구하라. (이 힘들은 이 사람에게 어떤 방법으로 가해지는가?)

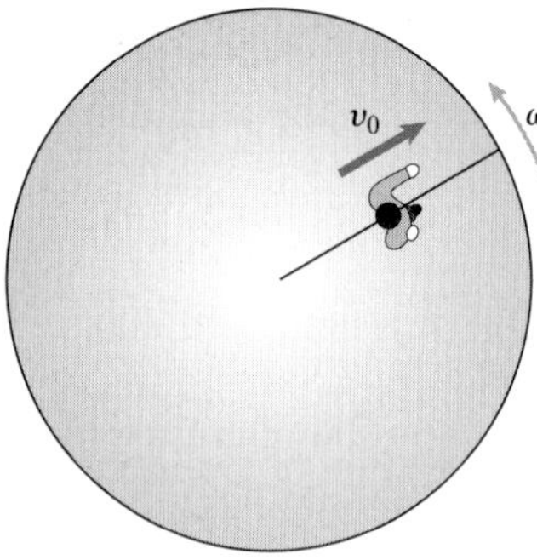

문제 3.95

3.96 로봇은 0.4 kg의 부품 A가 다음 경로를 따라가도록 프로그램되어 있다:

$$r = 1 - 0.5\cos 2\pi t \text{ m}$$
$$\theta = 0.5 - 0.2\sin 2\pi t \text{ rad}$$

$t = 2$ s에서 로봇의 손이 A에 가하는 힘의 극좌표계 성분들을 구하라.

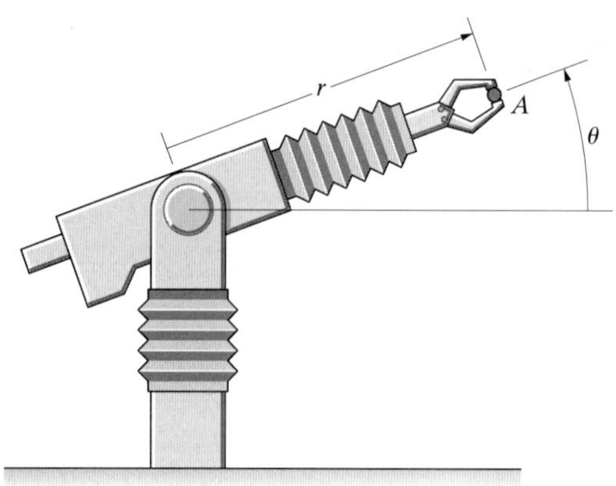

문제 3.96

3.97 50 N의 물체 P가 나선 모양의 경로 $r = (0.1)\theta$ m를 따라간다. 여기서 θ는 라디안이다. 이 점의 각위치는 시간의 함수로서 $\theta = 2t$ rad으로 주어지며, $t = 0$에서 $t = 0$이다. $t = 4$ s에서 이 물체에 가해지는 합력의 극좌표계 성분들을 구하라.

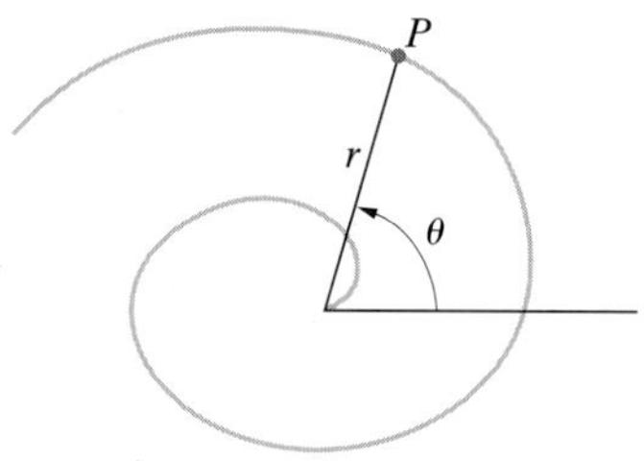

문제 3.97

3.98 매끄러운 막대가 수평면 상에서 일정한 각속도 $\omega_0 = 60$ rpm으로 회전하고 있다. 1 kg의 고리 A가 반경방향 속도 없이 $r = 1$ m에서 놓여진다면, 고리가 막대의 끝 부분에 도달할 때 막대의 반경방향 속도는 얼마인가?

전략: 막대에 평행한 방향으로 고리에 가해지는 수평력이 없으므로 $a_r = 0$임에 유의하라. d^2r/dt^2 항을 dv_r/dt로 쓰고 다음과 같이 연쇄법칙을 적용하라:

$$\frac{dv_r}{dt} = \frac{dv_r}{dr}\frac{dr}{dt} = \frac{dv_r}{dr}v_r$$

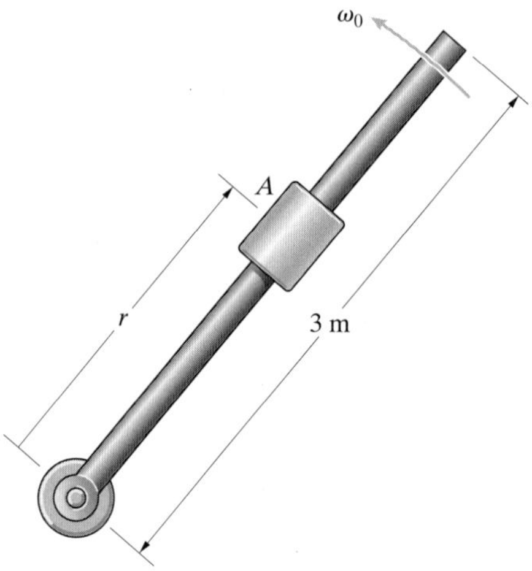

문제 3.98

3.99 매끄러운 막대가 수평면 상에서 일정한 각속도 $\omega_0 = 60$ rpm으로 회전하고 있다. 스프링상수는 $k = 20$ N/m이며, 스프링의 변형 전 길이는 3 m이다. 만일 1 kg의 고리 A가 반경방향 속도 없이 $r = 1$ m에서 놓여진다면, $r = 2$ m에서 고리의 반경방향 속도는 얼마인가?

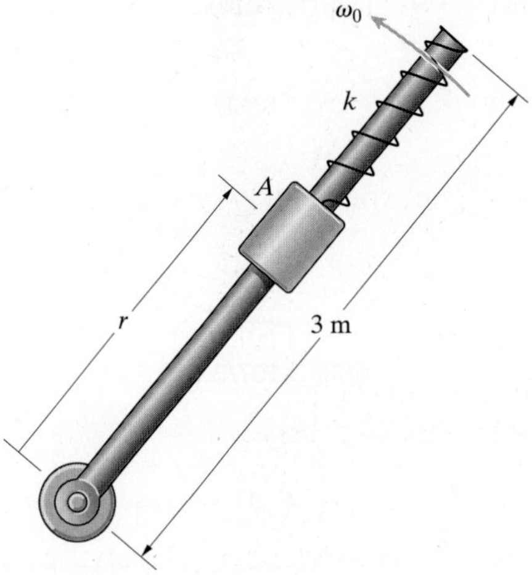

문제 3.99

3.100 2 kg의 질량 m이 줄이 수평일 때 정지상태로부터 놓여진다. 줄의 길이는 $L = 0.6$ m이다. 극좌표에 의한 Newton의 제2법칙을 이용하여, $\theta = 45°$일 때 질량의 속도 크기와 줄의 인장력을 구하라.

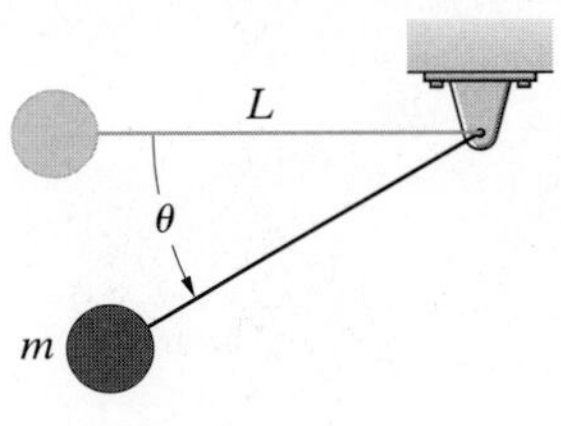

문제 3.100

3.101 1 N의 블록 A에 $\theta = 0$의 위치에서 우측으로 $v_0 = 14$ m/s의 초기 속도가 주어지며, 이에 따라 블록이 매끄러운 원형 표면을 따라 미끄러져 올라간다. 극좌표계에 의한 Newton의 제2법칙을 이용하여, $\theta = 60°$일 때 블록의 속도 크기를 구하라.

3.102 1 N의 블록에 $\theta = 0$의 위치에서 우측으로 $v_0 = 14$ m/s의 초기 속도가 주어지며, 이에 따라 블록이 매끄러운 원형 표면을 따라 미끄러져 올라간다. $\theta = 60°$일 때 표면이 블록에 가하는 수직력을 구하라.

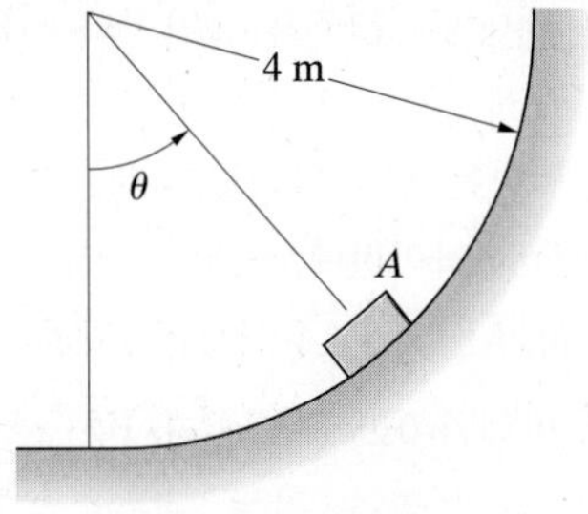

문제 3.101/3.102

3.103 스키선수가 17 m/s의 속도로 A지점을 통과한다. A에서 B까지 원형 경로의 반경은 6 m이다. 극좌표에 의한 Newton의 제2법칙을 이용하여 이 선수가 B지점의 점프대를 떠날 때의 속도크기를 구하라. 몸무게의 접선 성분을 제외한 다른 접선방향 힘들은 모두 무시한다.

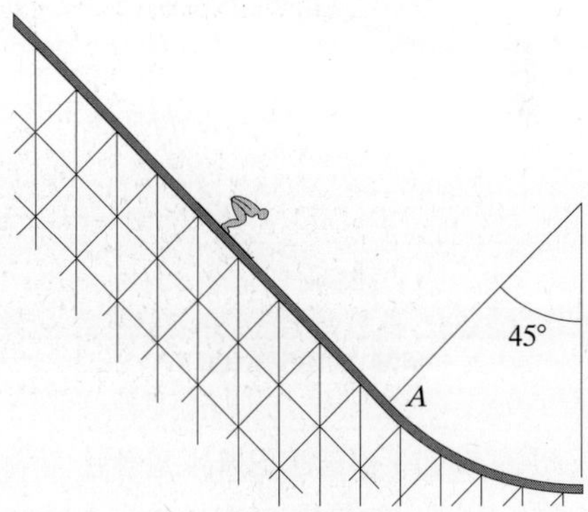

문제 3.103

3.104* 2 kg의 질량이 평평한 수평막대 위에 놓여 있다. 막대가 수직면 상에서 1 rad/s^{2}의 일정한 각가속도로 O에 대해 회전하기 시작한다. 막대가 수평선에 대해 30° 위에 있을 때 질량이 막대에 대해 미끄러지는 것으로 관찰되었다. 질량과 막대 사이의 정마찰계수는 얼마인가? 질량은 O쪽 방향과 O쪽 반대방향 중 어느 쪽으로 미끄러지는가?

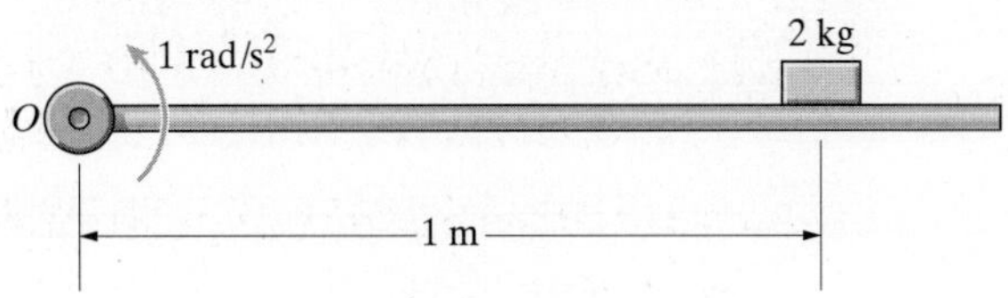

문제 3.104

3.105* 홈이 있는 막대가 0.25 N의 슬라이더 A를 밀어 원형 막대를 따라가게 만든다. 원형 막대는 **수평면 상**에 놓여 있다. 홈이 있는 막대의 각위치는 $\theta = 10t^2$ rad이다. $t = 0.2$ s에서 슬라이더에 가해지는 전체 외력의 극좌표 성분을 구하라.

3.106* 홈이 있는 막대가 0.25 N의 슬라이더 A를 밀어 원형 막대를 따라가게 만든다. 원형 막대는 **수직면 상**에 있다. 홈이 있는 막대의 각위치는 $\theta = 10t^2$ rad이다. $t = 0.25$ s에서 원형 막대와 홈이 있는 막대가 슬라이더에 가하는 합력의 극좌표 성분을 구하라.

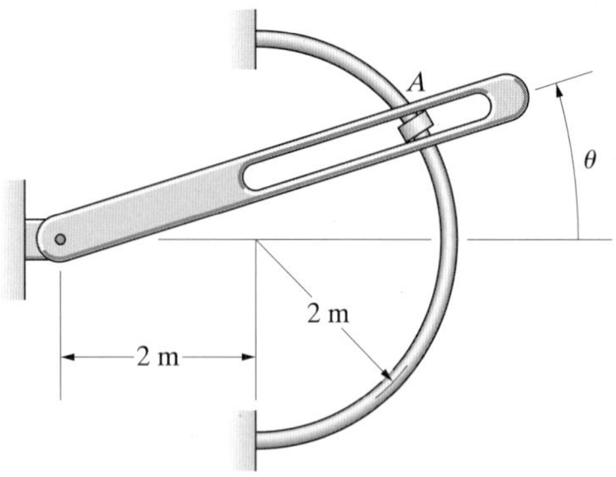

문제 3.105/3.106

3.107* 홈이 있는 막대가 **수평면 상**에서 일정한 각속도 ω_0로 회전한다. 질량 m은 핀에 의해 막대의 홈에 끼워져 있다. 핀은 스프링에 의해 고정된 캠의 표면을 따라가도록 되어 있다. 캠의 표면은 $r = r_0(2 - \cos\theta)$로 기술된다. 핀에 가해지는 전체 외력의 극좌표 성분을 θ의 함수로 구하라.

3.108* 문제 3.107에서 스프링의 원래 길이가 r_0라고 하자. 핀이 캠 표면에서 떨어지지 않도록 하는 데 필요한 스프링 상수 k의 최소값을 구하라.

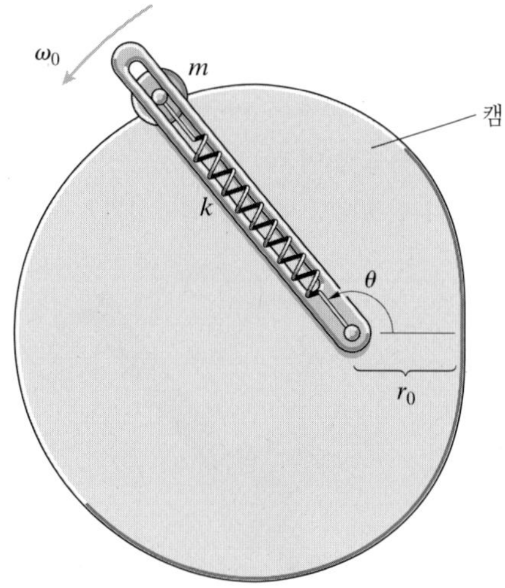

문제 3.107/3.108

3.109 자기장에 있는 하전입자 P가 $r = 1$ m, $\theta = 2z$ rad으로 기술되는 나선 모양의 경로를 따라 움직인다. 여기서 z는 m 단위이다. 입자는 그림에 보이는 방향으로 일정한 속력 $|\mathbf{v}| = 1$ km/s로 경로를 따라 움직인다. 입자의 질량은 1.67×10^{-27} kg이다. 입자에 가해지는 힘들의 합을 실린더 좌표에 의해 구하라.

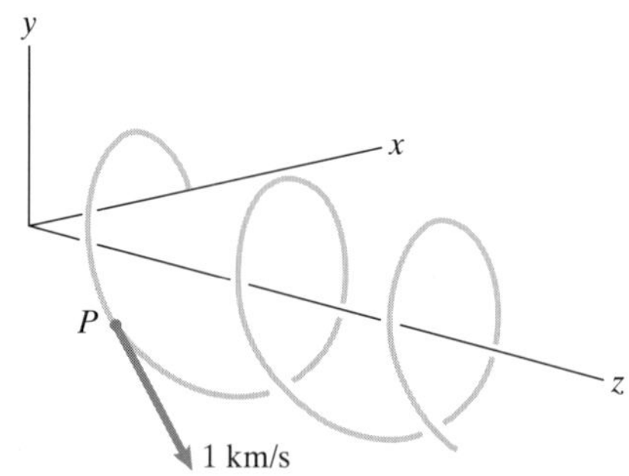

문제 3.109

3.110 그림의 순간에서, 로봇 팔이 잡고 있는 4 kg 부품 A의 실린더 좌표는 $r = 0.6$ m, $\theta = 25°$, $z = 0.8$ m이다. (좌표계는 지구에 고정되어 있으며 y축은 위를 가리킨다.) A의 반경 위치는 $dr/dt = 0.2$ m/s와 $d^2r/dt^2 = -0.4$ m/s^{2}의 비율로 증가한다. 각도 θ는 $\theta = d\theta/dt = 1.2$ rad/s와 $d^2\theta/dt^2 = 2.8$ rad/s^{2}의 비율로 증가한다. 로봇 팔의 기초부가 z 방향으로 $d^2z/dt^2 = 2.5$ m/s^{2}의 비율로 가속되고 있다. 로봇 팔이 A에 가하는 힘 벡터를 실린더 좌표로 구하라.

3.111 무중력 제조 기술을 조사하기 위해 로봇 팔이 우주 정거장에서 사용되고 있다고 가정하자. 어떤 시간 동안 4 kg의 부품 A의 실린더 좌표가 $\theta = 0.15t^2$ rad, $r = 0.5(1 + \sin\theta)$ m, $z = 0.8(1 + \theta)$ m가 되도록 프로그램되어 있다. $t = 2$ s에서 로봇 팔이 A에 가한 힘 벡터를 실린더 좌표로 구하라.

3.112* 문제 3.111에서 로봇 팔이 부품 A에 가하는 힘의 크기를 $t = 0$에서 $t = 5$ s까지 시간의 함수로 그래프를 그리고, 그래프를 이용하여 이 시간 동안의 최대 힘을 근사적으로 구하라.

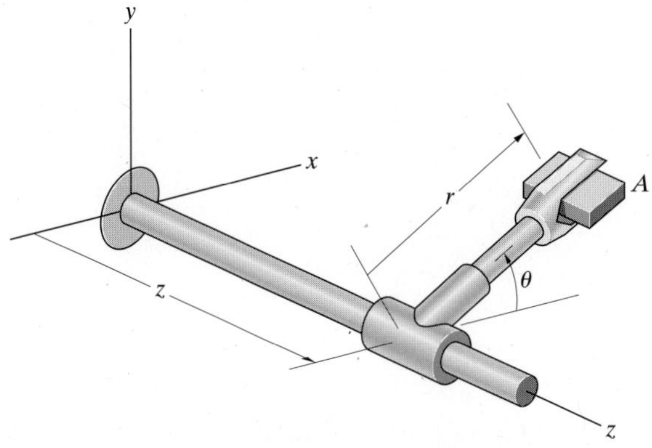

문제 3.110–3.112

3.5 궤도역학

3장에서 Newton의 제2법칙의 응용에 궤도역학(orbital mechanics)에 대한 논의를 포함하는 것이 적절할 것이다. Johannes Kepler가 관측 데이터를 기초로 하여 이끌어 낸 행성의 타원형 궤도를 Newton이 해석적으로 구한 것은 뉴턴역학의 승리였으며, 중력에 대한 역제곱 관계(inverse-square relation)의 확립이었다.

극좌표로 표시된 Newton의 제2법칙을 이용하여 지구 위성이나 행성의 궤도를 결정할 수 있다. $t = 0$에서 지구중심으로부터 r_0의 거리에 있는 위성이 초기 속도 v_0를 가지고 있다고 가정해 보자(그림 3.17a). 초기 속도는 지구중심과 위성을 잇는 직선에 수직이라고 가정한다. 위성의 운동에서 위성의 위치는 극좌표 (r, θ)로 표시된다(그림 3.17b). 여기서 θ는 $t = 0$에서의 위성의 위치로부터 측정한다. 이제 목표는 r을 θ의 함수로 결정하는 것이다.

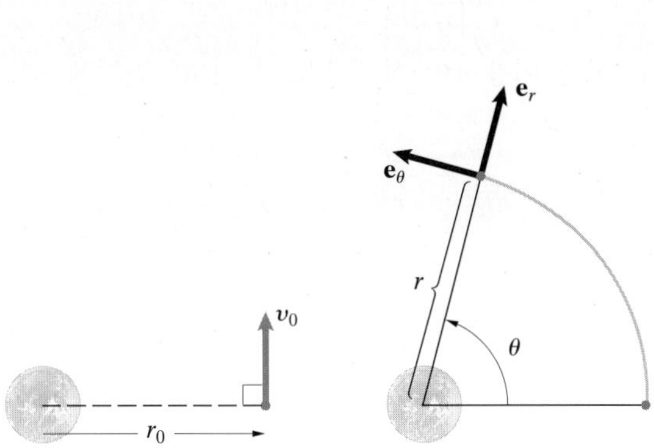

그림 3.17
(a) 지구위성의 초기 위치와 속도.
(b) 위성 경로의 극좌표에 의한 기술.

궤도의 결정

지구를 균질구(homogeneous sphere)로 모델링한다면, 지구중심으로부터 거리 r에 있는 위성에 작용하는 중력은 mgR_E^2/r^2이다. 여기서 R_E는 지구의 반경이다[식 (1.5) 참조]. 식 (3.9)로부터 반경방향의 운동방정식은

$$\Sigma F_r = ma_r:$$
$$-\frac{mgR_E^2}{r^2} = m\left[\frac{d^2r}{dt^2} - r\left(\frac{d\theta}{dt}\right)^2\right]$$

이며, 식 (3.10)으로부터, 횡방향의 운동방정식은

$$\Sigma F_\theta = ma_\theta:$$
$$0 = m\left(r\frac{d^2\theta}{dt^2} + 2\frac{dr}{dt}\frac{d\theta}{dt}\right)$$

이므로, 다음 두 식을 얻을 수 있다:

$$\frac{d^2r}{dt^2} - r\left(\frac{d\theta}{dt}\right)^2 = -\frac{gR_E^2}{r^2} \tag{3.12}$$

$$r\frac{d^2\theta}{dt^2} + 2\frac{dr}{dt}\frac{d\theta}{dt} = 0 \tag{3.13}$$

식 (3.13)은 다음 형태로 쓸 수 있으며,

$$\frac{1}{r}\frac{d}{dt}\left(r^2\frac{d\theta}{dt}\right) = 0$$

이 식으로부터 다음 식을 얻을 수 있다:

$$r^2\frac{d\theta}{dt} = rv_\theta = \text{constant} \tag{3.14}$$

$t=0$에서, 속도 성분들은 $v_r=0$, $v_\theta=v_0$이며, 반경 위치는 $r=r_0$이다. 따라서 식 (3.14)의 상수는 초기 조건에 의해 다음과 같이 쓸 수 있다:

$$r^2\frac{d\theta}{dt} = rv_\theta = r_0v_0 \tag{3.15}$$

위 식을 이용하여 식 (3.12)로부터 $d\theta/dt$를 제거하면 다음 식을 얻는다:

$$\frac{d^2r}{dt^2} - \frac{r_0^2v_0^2}{r^3} = -\frac{gR_E^2}{r^2} \tag{3.16}$$

변수 r을 다음과 같이 변수 u로 바꾸어 위의 미분방정식을 풀 수 있다:

$$u = \frac{1}{r} \tag{3.17}$$

이때 r을 시간 대신 각도 θ의 함수로 구하고자 하므로 독립변수도 t에서 θ로

바꾼다. 식 (3.16)을 u로 나타내기 위해 d^2r/dt^2을 u로 나타내야 한다. 연쇄법칙을 이용하여 시간에 대한 r의 미분을 다음과 같이 나타낸다:

$$\frac{dr}{dt} = \frac{d}{dt}\left(\frac{1}{u}\right) = -\frac{1}{u^2}\frac{du}{dt} = -\frac{1}{u^2}\frac{du}{d\theta}\frac{d\theta}{dt} \tag{3.18}$$

식 (3.15)로부터

$$\frac{d\theta}{dt} = \frac{r_0 v_0}{r^2} = r_0 v_0 u^2 \tag{3.19}$$

이며, 이 식을 식 (3.18)에 대입하면 다음 식을 얻는다:

$$\frac{dr}{dt} = -r_0 v_0 \frac{du}{d\theta} \tag{3.20}$$

식 (3.20)을 시간에 대해 미분하고 다시 연쇄법칙을 적용하면,

$$\frac{d^2r}{dt^2} = \frac{d}{dt}\left(-r_0 v_0 \frac{du}{d\theta}\right) = -r_0 v_0 \frac{d\theta}{dt}\frac{d}{d\theta}\left(\frac{du}{d\theta}\right) = -r_0 v_0 \frac{d\theta}{dt}\frac{d^2u}{d\theta^2}$$

이다. 식 (3.19)를 이용하여 이 식으로부터 $d\theta/dt$를 제거하면, r의 2차 시간 미분을 u에 의해 나타낼 수 있다. 즉,

$$\frac{d^2r}{dt^2} = -r_0^2 v_0^2 u^2 \frac{d^2u}{d\theta^2}$$

이며, 이 결과를 식 (3.16)에 대입하면, 다음과 같이 u의 선형 미분방정식을 θ의 함수로 얻을 수 있다:

$$\frac{d^2u}{d\theta^2} + u = \frac{gR_E^2}{r_0^2 v_0^2}$$

이 식의 일반해는

$$u = A\sin\theta + B\cos\theta + \frac{gR_E^2}{r_0^2 v_0^2} \tag{3.21}$$

이며, 여기서 A와 B는 상수이다. 초기 조건을 이용하여 A와 B를 구할 수 있다. $\theta = 0$일 때 속도의 반경 성분은 $v_r = dr/dt = 0$이므로 식 (3.20)으로부터 $du/d\theta = 0$임을 알 수 있다. 이 두 조건으로부터 다음 값을 얻는다:

$$A = 0, \quad B = \frac{1}{r_0} - \frac{gR_E^2}{r_0^2 v_0^2}$$

이 결과를 식 (3.21)에 대입하면, $r = 1/u$에 대한 다음 해를 얻을 수 있다:

$$\frac{r}{r_0} = \frac{1+\varepsilon}{1+\varepsilon\cos\theta} \tag{3.22}$$

여기서

$$\varepsilon = \frac{r_0 v_0^2}{g R_E^2} - 1 \tag{3.23}$$

이다.

궤도의 유형

원추부(conic section)로 불리는 곡선(그림 3.18)은 **준선**(directrix)으로 불리는 직선까지의 수직 거리 d에 대한 r의 비율이 일정하다는 특성을 가지고 있다. 이 비율, 즉 $r/d = r_0/d_0$를 곡선의 **이심률**(eccentricity)이라고 한다. 그림으로부터

$$r \cos\theta + d = r_0 + d_0$$

이므로 다음과 같이 쓸 수 있다:

$$\frac{r}{r_0} = \frac{1 + (r_0/d_0)}{1 + (r_0/d_0)\cos\theta}$$

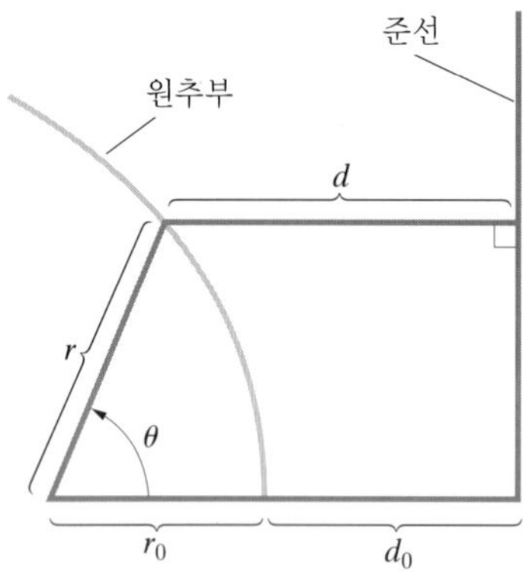

그림 3.18
r/d의 비율이 일정하면, 곡선은 원추부를 나타낸다.

이 식을 식 (3.22)와 비교하면, 위성의 궤도는 편심이 ε인 원추부를 기술하고 있음을 알 수 있다. 편심의 값은 궤도의 특성을 결정한다.

원형 궤도 만일 초기 속도 v_0가 $\varepsilon = 0$이 되도록 정해진다면, 식 (3.22)는 $r = r_0$로 단순화되며 궤도는 원이 된다(그림 3.19). 식 (3.23)에서 $\varepsilon = 0$으로 놓고 v_0에 대해 풀면 다음을 얻는다:

$$v_0 = \sqrt{\frac{g R_E^2}{r_0}} \tag{3.24}$$

이 식은 예제 2.10에서 다른 방법으로 얻은 원형 궤도에 대한 속도와 일치한다.

타원 궤도 $0 < \varepsilon < 1$이면, 궤도는 타원이다(그림 3.19). 타원의 최대 반경은 $\theta = 180°$일 때 일어난다. 식 (3.22)에서 θ를 180°와 같다고 놓으면, 타원의 최대 반경에 대한 식을 다음과 같이 초기 반경과 ε에 의해 구할 수 있다:

$$r_{max} = r_0\left(\frac{1+\varepsilon}{1-\varepsilon}\right) \tag{3.25}$$

포물선 궤도 식 (3.25)로부터 타원 궤도의 최대 반경은 $\varepsilon \to 1$에 따라 무한대로 커진다. $\varepsilon = 1$일 때 궤도는 포물선이다(그림 3.19). 해당 속도 v_0는 반경 r을 무한히 커지게 하는 최소 초기 속도로서 **탈출 속도**(escape velocity)이다. 식 (3.23)에서 $\varepsilon = 1$로 놓고 v_0에 대해 풀면 다음을 얻는다:

$$v_0 = \sqrt{\frac{2 g R_E^2}{r_0}}$$

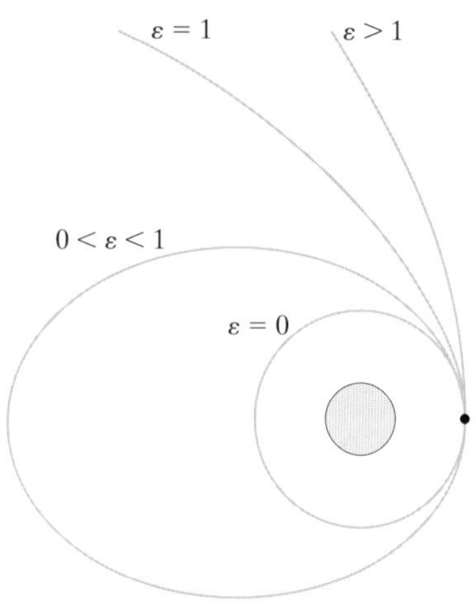

그림 3.19
편심의 크기에 따른 궤도 변화.

이 값은 예제 2.5에서 지구중심으로부터 직선 경로로 멀어지는 물체의 경우에 대해 얻은 탈출 속도와 같다.

쌍곡선 궤도 $\varepsilon > 1$이면 궤도는 쌍곡선이다(그림 3.19).

지구를 균질구로 가정하여 여기서 제시한 해는 지구 위성의 궤도에 대한 근사치를 제공한다. 궤도를 정확하게 결정하기 위해서는 지구의 실제 질량분포에 의한 중력장의 변화를 고려해야 한다. 마찬가지로 필요한 정확도에 따라, 태양 주위의 한 행성의 궤도를 결정하기 위해서는 다른 행성들의 만유인력으로 인한 섭동(perturbation)을 고려하는 것이 필요할 수도 있다.

예제 3.8 인공위성의 궤도

인공위성이 최소 반경 6600 km, 최대 반경 16,000 km의 타원 궤도 상에 있다. 지구의 반경은 6370 km이다.

(a) 위성이 근지점(perigee)에 있을 때와 원지점(apogee)에 있을 때의 속도를 각각 구하라.

(b) 궤도를 그려라.

| 전략 |

근지점에서의 위성의 반경과 속도를 식 (3.22)를 얻을 때 사용한 초기 조건 r_0와 v_0로 간주할 수 있다. 궤도의 최대 반경이 주어졌으므로, 식 (3.25)를 풀어 궤도의 편심을 구하고 식 (3.23)을 이용하여 v_0를 구할 수 있다. 식 (3.14)로부터 r과 속도의 횡방향 성분의 곱은 일정하다. 이 조건으로부터, 원지점에서의 속도를 구할 수 있다.

| 풀이 |

(a) 원지점에서의 반경과 근지점에서의 반경의 비는

$$\frac{r_{\max}}{r_0} = \frac{1.60 \times 10^7 \text{ m}}{6.60 \times 10^6 \text{ m}} = 2.42$$

이다. 식 (3.25)를 ε에 대해 풀면, 편심은

$$\varepsilon = \frac{\dfrac{r_{\max}}{r_0} - 1}{\dfrac{r_{\max}}{r_0} + 1} = \frac{2.42 - 1}{2.42 + 1} = 0.416$$

임을 알 수 있다. 식 (3.23)으로부터 원지점에서의 속도는

$$v_0 = \sqrt{\frac{(\varepsilon + 1) g R_E^2}{r_0}}$$

그림 3.20
6600 km의 근지점과 16,000 km의 원지점을 가진 인공위성의 궤도.

$$= \sqrt{\frac{(0.416 + 1)(9.81 \text{ m/s}^2)(6.37 \times 10^6 \text{ m})^2}{6.60 \times 10^6 \text{ m}}}$$

$$= 9240 \text{ m/s}$$

이다. 근지점과 원지점에서 속도는 횡방향 성분만을 갖는다. 식 (3.14)로부터, 원지점에서의 속도 v_a는 속도 v_0와 다음 관계를 갖는다:

$$r_0 v_0 = r_{\max} v_a$$

따라서 원지점에서의 속도는

$$v_a = \frac{v_0}{r_{\max}/r_0} = \frac{9240 \text{ m/s}}{2.42} = 3810 \text{ m/s}$$

이다.

(b) $\varepsilon = 0.416$에 대해 식 (3.22)를 그리면, 궤도의 그래프를 얻을 수 있다(그림 3.20).

비판적 사고

이 예제에서는 타원 궤도의 근지점과 원지점에서의 반경이 주어지고 두 지점에서의 속도를 구하는 것이 목표였다. 위성이 발사될 때, 초기의 반경 거리에서 초기 속도가 주어진다. 만일 초기 속도가 그림 3.17a에서처럼 횡방향이라면, 식 (3.22)와 (3.23)이 위성의 궤도를 결정하게 된다. 식 (3.22)를 얻는 데 사용한 해석을 확장하여, 초기 속도가 임의의 방향인 경우의 궤도를 구할 수 있다(문제 3.119 참조).

여기서의 궤도 문제 해석은 지구를 균질구로 모델링한 것에 근거하고 있다. 지구 부근에 있는 물체의 궤도를 정확하게 예측하기 위해서는 지구의 실제 질량 분포의 영향이 고려되어야 한다.

연습문제

지구의 반경 값으로는 $R_E = 6730$ km를 사용하라.

3.113 국제우주정거장(ISS)이 지구 표면으로부터 362 km 위의 원형 궤도에 있다.

(a) 우주 정거장의 속도 크기는 얼마인가?

(b) 우주 정거장이 한 바퀴 도는 데 걸리는 시간은 얼마인가?

3.114 달은 지구로부터 약 383,000 km 떨어져 있다. 달이 지구 주위를 도는 궤도는 식 (3.24)로 주어지는 속도를 가진 원이라고 가정한다.

(a) 달의 속도 크기는 얼마인가?

(b) 달이 지구를 한바퀴 도는 데 걸리는 시간은 얼마인가?

3.115 그림 3.17a에서와 같이 지구중심으로부터 $r_0 = 2R_E$만큼 떨어진 위성에 초기 속도 $v_0 = 6700$ m/s가 주어진다.

(a) 이로 인한 타원 궤도의 최대 반경은 얼마인가?

(b) 위성이 최대 반경에 있을 때 위성의 속도 크기는 얼마인가?

3.116 그림 3.17a에서와 같이 지구중심으로부터 $r_0 = 2R_E$만큼 떨어진 위성에 초기 속도 $v_0 = 6700$ m/s가 주어진다. 이로 인해 얻어지는 궤도의 그래프를 그려라.

3.117 그림 3.17a에서와 같이 지구중심으로부터 $r_0 = 6800$ km 떨어진 거리에서 위성에 초기 속도 v_0가 주어진다. 이 결과로 발생한 타원 궤도의 최대 반경이 20,000 km이다. v_0는 얼마인가?

3.118* 우주선을 지구에서 달까지 다음 방법으로 보낼 수 있다: 첫째, 우주선을 발사시켜 지구 주위의 반경 r_0의 원형 "대기 궤도(parking orbit)"에 진입시킨다(그림 a). 그런 다음, 곡선 궤도의 접선방향으로 우주선의 속도를 v_0까지 증가시켜 타원 궤도를 따라가도록 한다. 이 타원 궤도의 최대 반경은 지구를 도는 달의 궤도 반경 r_M과 같다(그림 b). 반경 r_M은 $r_M = 382{,}942$ km이다. $r_0 = 6693$ m라고 하자. 우주선을 달로 보내는 데 필요한 속도 v_0는 얼마인가?

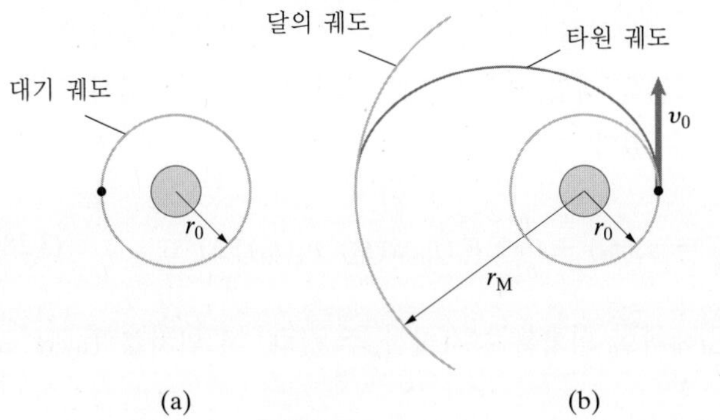

문제 3.118

3.119* $t = 0$에서, 인공위성은 지구중심으로부터 거리 r_0에 있으며, 그림의 방향으로 초기 속도 v_0를 가진다. 이로 인한 위성의 궤도에 대한 극좌표 식이 다음과 같음을 보여라:

$$\frac{r}{r_0} = \frac{(\varepsilon + 1)\cos^2\beta}{[(\varepsilon + 1)\cos^2\beta - 1]\cos\theta - (\varepsilon + 1)\sin\beta\cos\beta\sin\theta + 1}$$

여기서 $\varepsilon = (r_0 v_0^2 / g R_E^2) - 1$이다.

3.120 문제 3.119에서 구한 극좌표 식에 의한 궤도의 그래프를 $\varepsilon = 0$과 $\beta = 0, 30°, 60°$에 대해 그려라.

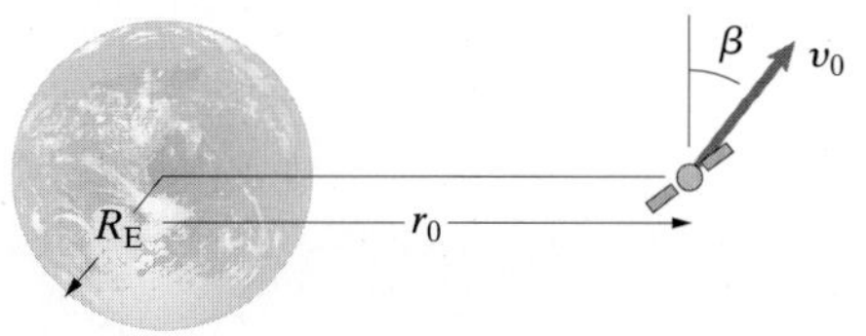

문제 3.119/3.120

3.6 수치해

이 장에서 간단한 과정에 의해 물체의 운동을 구할 수 있는 많은 경우들을 다루었다. 즉, Newton의 제2법칙을 이용하여 가속도를 결정하고, 적분에 의해 물체의 속도와 위치에 대한 해석적인, 즉 닫힌 형태(closed-form)의 식들을 얻었다. 이러한 예제들은 자유물체도를 어떻게 사용하는지, 다른 좌표계들을 이용하여 어떻게 문제를 식으로 나타내는지를 보여주며, 힘과 운동에 대한 직관적인 이해력을 발달시킨다는 점에서 상당히 가치가 있다. 그러나 현장에서 다루어지는 대부분의 문제들은 이런 식으로는 풀 수 없으므로 이런 종류의 예제들만 제시한다면 오해의 소지가 있을 수 있다. 힘을 나타내는 함수들은 종종 너무 복잡해서 적분으로 닫힌 형태의 해를 구할 수 없다. 가속도의 경우도 마찬가지다. 힘이 함수로 주어지는 대신, 시간의 함수로서 힘의 연속적인 기록(아날로그 데이터)이나 이산시간(discrete times)에서 측정된 힘의 값(디지털 데이터)들로 주어지는 경우도 있다.

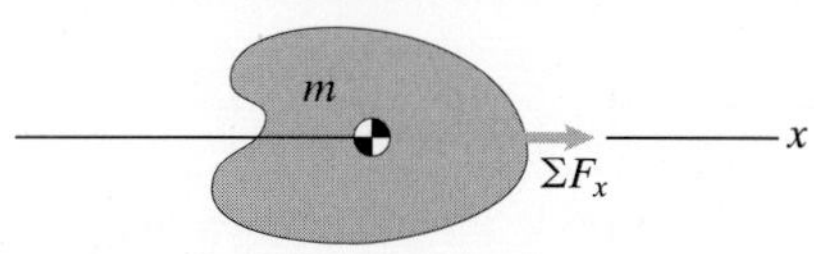

그림 3.21
x축을 따라 움직이는 물체.

닫힌 형태의 해를 얻을 수 없는 문제들은 수치적분에 의해 근사해를 얻을 수 있다. x축을 따라 직선 운동을 하는 질량 m의 물체를 생각해 보자(그림

3.21). 합력의 x성분이 물체의 위치와 속도는 물론 시간에도 의존할 수 있다고 가정하자. 즉,

$$\Sigma F_x = \Sigma F_x(t, x, v_x) \tag{3.26}$$

이다. 특정 시간 t_0에서 위치 $x(t_0)$와 속도 $v_x(t_0)$를 안다고 가정하자. t_0에서 가속도는

$$\frac{dv_x}{dt}(t_0) = \frac{1}{m}\Sigma F_x(t_0, x(t_0), v_x(t_0)) \tag{3.27}$$

이다. 시간 $t_0+\Delta t$에서의 속도를 구하기 위해 이 속도를 Taylor 급수로 나타내면,

$$v_x(t_0 + \Delta t) = v_x(t_0) + \frac{dv_x}{dt}(t_0)\,\Delta t + \frac{1}{2}\frac{d^2v_x}{dt^2}(t_0)(\Delta t)^2 + \cdots$$

이다. 충분히 작은 값의 Δt를 취함으로써, 위 식에서 Δt의 2차 이상의 항들을 무시할 수 있으며, 식 (3.27)을 대입하면 다음과 같이 시간 $t_0+\Delta t$에서의 속도에 대한 근사식을 얻을 수 있다:

$$v_x(t_0 + \Delta t) = v_x(t_0) + \frac{1}{m}\Sigma F_x(t_0, x(t_0), v_x(t_0))\,\Delta t \tag{3.28}$$

같은 방법으로 $t_0+\Delta t$에서의 위치를 근사화할 수 있다. 이 위치를 Taylor 급수로 나타내면,

$$x(t_0 + \Delta t) = x(t_0) + \frac{dx}{dt}(t_0)\,\Delta t + \frac{1}{2}\frac{d^2x}{dt^2}(t_0)(\Delta t)^2 + \cdots$$

이고, Δt의 고차항들을 무시하면 다음 식이 얻어진다:

$$x(t_0 + \Delta t) = x(t_0) + v_x(t_0)\,\Delta t \tag{3.29}$$

따라서 t_0에서의 속도와 위치를 알고 있다면, 식 (3.28)과 (3.29)를 이용하여 $t_0+\Delta t$에서의 속도와 위치에 대한 근사값을 구할 수 있다. 그 다음, $x(t_0+\Delta t)$와 $v_x(t_0+\Delta t)$를 초기 조건으로 하여 같은 과정을 반복하면 $t_0+2\Delta t$에서의 위치와 속도의 근사값을 구할 수 있다. 이런 방법으로 계속하면, 시간에 대한 위치와 속도의 근사해를 구할 수 있다. 이 과정은 계산기나 컴퓨터를 이용하여 수행하는 것이 쉬우며, 유한 간격의 시간들에 대한 종속 변수들의 변화량을 구하므로 **유한차분법**(finite-difference method)이라고 부른다. 여기서 기술한 특정 유한차분법은 Leonhard Euler(1707～1783)에 의한 것으로 **전방차분**(forward differencing)으로 부른다. t_0에서의 함수의 미분 값은 t_0에서의 함수 값과 시간적으로 전방인 $t_0+\Delta t$에서의 함수 값을 사용하여 근사적으로 구할 수 있다.

더 정교한 유한차분법들은 Taylor 급수의 항들을 더 많이 포함하는 것에 바탕을 두고 있으며, Euler 방법보다 각 시간 단계에서의 에러가 더 작다. 예를

들어, 4차 Runge-Kutta 방법에서는 Δt의 4차까지의 항들이 포함된다. 그러나 동역학 문제의 수치해를 소개하는 데는 Euler 방법이 적당하다.

위에서 기술한 과정을 수행하기 위해 식 (3.26)이 함수 표현일 필요는 없다는 점에 유의하라. 합력의 값들이 시간 t_0, $t_0+\Delta t$, …에서 알려져야 하는데, 이 값들은 함수에서 결정되거나 아날로그 또는 디지털 데이터로부터 구해질 수 있다.

같은 접근 방법을 이용하여 곡선 운동을 하는 물체의 속도와 위치를 구할 수 있다. 어떤 물체가 $x-y$ 평면에서 움직이며 힘의 성분들이 물체의 위치와 속도 뿐만 아니라 시간에도 의존할 수 있다고 가정하면, 합력은 다음과 같다:

$$\Sigma F_x = \Sigma F_x(t, x, y, v_x, v_y), \quad \Sigma F_y = \Sigma F_y(t, x, y, v_x, v_y)$$

만일 시간 t_0에서 위치와 속도를 안다면, 식 (3.28)과 (3.29)까지의 같은 과정을 이용하여 $t_0+\Delta t$에서의 위치와 속도 성분에 대한 근사 표현을 다음과 같이 얻을 수 있다:

$$\begin{aligned} x(t_0 + \Delta t) &= x(t_0) + v_x(t_0)\,\Delta t \\ y(t_0 + \Delta t) &= y(t_0) + v_y(t_0)\,\Delta t \\ v_x(t_0 + \Delta t) &= v_x(t_0) + \frac{1}{m}\Sigma F_x(t_0, x(t_0), y(t_0), v_x(t_0), v_y(t_0))\,\Delta t \\ v_y(t_0 + \Delta t) &= v_y(t_0) + \frac{1}{m}\Sigma F_y(t_0, x(t_0), y(t_0), v_x(t_0), v_y(t_0))\,\Delta t \end{aligned} \tag{3.30}$$

전산역학

다음 예제와 문제들은 프로그램 가능한 계산기나 컴퓨터를 사용하여 풀도록 만들어졌다.

전산예제 3.9 무게와 스프링의 위치에너지

50 kg의 발사체가 $x=0$, $y=0$에서 초기 속도 $v_x=100$ m/s, $v_y=100$ m/s로 발사된다. (y축은 위를 가리킨다.) 발사체에 가해지는 공기역학적 항력의 크기는 $C|\mathbf{v}|^2$이다. 여기서 C는 상수이다. 발사체의 궤적을 $C=0.005$, 0.01, 0.02에 대해 각각 구하라.

| 전략 |

자체 무게와 공기역학적 항력이 투사체에 가하는 힘들의 x와 y 성분을 구할 것이다. 그러면 식 (3.30)을 이용하여 투사체의 위치와 속도를 시간의 함수로 근사화할 수 있다.

| 풀이 |

식 (3.30)을 적용하기 위해, 발사체에 가해지는 합력의 x, y 성분을 구해야 한다. **D**를 항력이라고 하자(그림 3.22). $\mathbf{v}/|\mathbf{v}|$는 $\mathbf{v}$ 방향의 단위벡터이므로, 항력을 다음과 같이 쓸 수 있다:

$$\mathbf{D} = -C|\mathbf{v}|^2\frac{\mathbf{v}}{|\mathbf{v}|} = -C|\mathbf{v}|\mathbf{v}$$

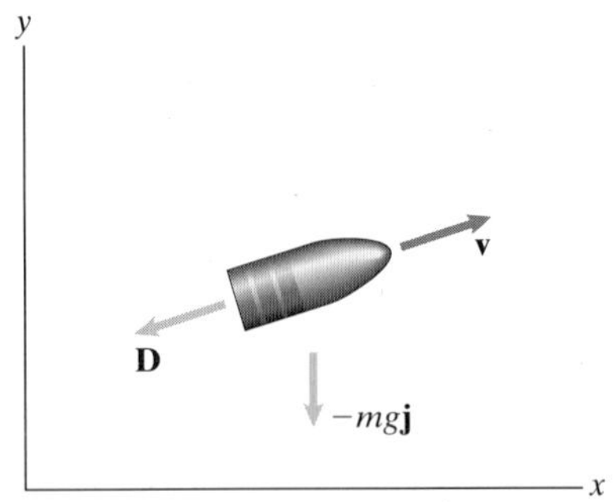

그림 3.22
발사체에 작용하는 힘은 자체 무게와 항력 **D**이다.

투사체에 대한 외력은 자체 무게와 항력이므로

$$\Sigma\mathbf{F} = -mg\mathbf{j} - C|\mathbf{v}|\mathbf{v}$$

이며, 합력의 성분들은

$$\Sigma F_x = -C\sqrt{v_x^2 + v_y^2}\, v_x, \qquad \Sigma F_y = -mg - C\sqrt{v_x^2 + v_y^2}\, v_y$$

이다.

$C = 0.005$인 경우를 생각해 보자. $\Delta t = 0.2$ s로 하자. 초기 시간 $t_0 = 0$에서, 위치좌표와 속도의 성분들은 $x(t_0) = 0$, $y(t_0) = 0$, $v_x(t_0) = 100$ m/s, $v_y(t_0) = 100$ m/s이다. 첫 번째 시간 단계 뒤의 x좌표는 다음과 같다:

$$x(t_0 + \Delta t) = x(t_0) + v_x(t_0)\,\Delta t$$

즉,

$$\begin{aligned} x(0.2) &= x(0) + v_x(0)\,\Delta t \\ &= 0 + (100)(0.2) \\ &= 20\text{ m} \end{aligned}$$

이며, 첫 번째 시간 단계 뒤의 y좌표는

$$y(t_0 + \Delta t) = y(t_0) + v_y(t_0)\,\Delta t$$

즉,

$$\begin{aligned} y(0.2) &= y(0) + v_y(0)\,\Delta t \\ &= 0 + (100)(0.2) \\ &= 20\text{ m} \end{aligned}$$

이다. 첫 번째 시간 단계 뒤의 x 속도 성분은

$$v_x(t_0 + \Delta t) = v_x(t_0) + \frac{1}{m}\Sigma F_x(t_0, x(t_0), y(t_0), v_x(t_0), v_y(t_0))\,\Delta t$$

즉,

$$v_x(0.2) = v_x(0) + \frac{1}{m}\left\{-C\sqrt{[v_x(0)]^2 + [v_y(0)]^2}\,v_x(0)\right\}\Delta t$$

$$= 100 + \frac{1}{50}\left[-0.005\sqrt{(100)^2 + (100)^2}(100)\right](0.2)$$

$$= 99.72 \text{ m/s}$$

이며, 첫 번째 시간 단계 뒤의 y 속도 성분은

$$v_y(t_0 + \Delta t) = v_y(t_0) + \frac{1}{m}\Sigma F_y(t_0, x(t_0), y(t_0), v_x(t_0), v_y(t_0))\,\Delta t$$

즉,

$$v_y(0.2) = v_y(0) + \frac{1}{m}\left\{-mg - C\sqrt{[v_x(0)]^2 + [v_y(0)]^2}v_y(0)\right\}\Delta t$$

$$= 100 + \frac{1}{50}\left[-(50)(9.81) - 0.005\sqrt{(100)^2 + (100)^2}(100)\right](0.2)$$

$$= 97.76 \text{ m/s}$$

이다. 처음 다섯 개의 시간 단계에 대해 이런 식으로 계속하면 다음 결과를 얻는다:

Time (s)	x (m)	y (m)	v_x (m/s)	v_y (m/s)
0.0	0.00	0.00	100.00	100.00
0.2	20.00	20.00	99.72	97.76
0.4	39.94	39.55	99.44	95.52
0.6	59.83	58.66	99.16	93.29
0.8	79.66	77.31	98.89	91.08
1.0	99.44	95.53	98.63	88.87

항력이 없을 때($C = 0$), 발사체에 대한 닫힌 형태의 해를 얻을 수 있다. 그림 3.23은 닫힌 형태의 해와 $\Delta t = 2.0$ s, 1.0 s, 0.2 s를 이용하여 구한 수치해를 비교한 것이다. Δt가 감소함에 따라 수치해가 정확한 해에 접근한다.

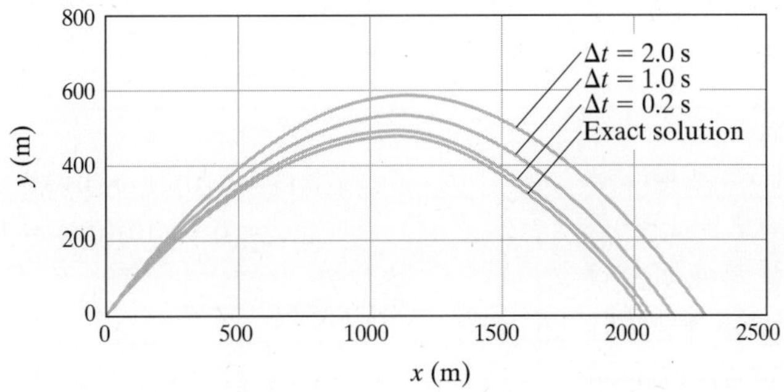

그림 3.23
$C = 0$일 때 궤적에 대한 닫힌 형태의 해와 수치해의 비교.

그림 3.24는 C의 여러 값들에 대한 수치해($\Delta t = 0.01$ s를 이용하여 얻음)를 나타낸다. 예상대로, 발사체의 사정거리는 C가 증가함에 따라 감소한다. 또한 항력이 궤적의 형상을 변화시킴을 주목하라. 발사체가 하강하는 각은 발사각보다 더 가파르다.

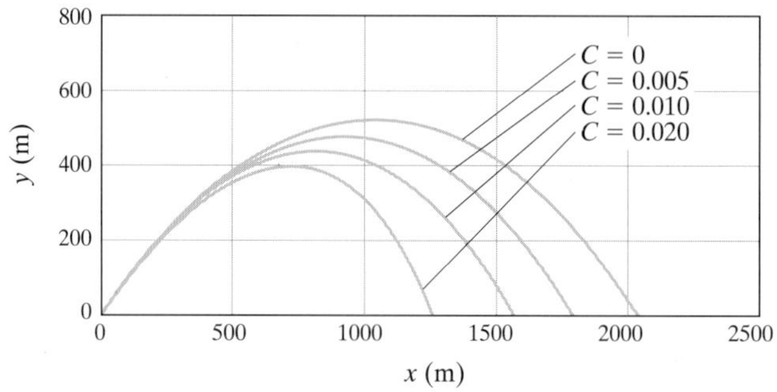

그림 3.24
C의 여러 값들에 대한 궤적.

1943년과 1945년 사이에 펜실베이니아 대학교에 만들어진 최초의 완전한 전자 디지털 컴퓨터인 ENIAC(Electronic Numerical Integrator and Computer)의 개발 동기는 부분적으로 발사체 궤적의 계산에 대한 필요성이었다. 18,000개의 진공관을 가진 방 하나 크기의 이 기계는 20 byte의 RAM과 450 byte ROM을 가지고 있었다.

비판적 사고

두 가지 중요한 제한이 이 예제에서 제시한 해석에 적용된다. Euler의 방법은 원시적이며, 이보다 훨씬 더 정교하고 안정된 유한차분법들이 있음을 이미 지적하였다. Euler의 방법을 사용한 것은 이것이 간단하고 직관적이며 이 방법이 어떤 식으로 사용되는지에 대한 통찰력을 주기 때문이다. 나머지 제한은 이 문제의 물리적인 모델이 불완전하다는 것이다. 발사체에 대한 공기역학적 힘은 여기서 가정한 것보다 더 복잡한 방법으로 속도에 의존하며, 대기의 밀도와 온도뿐만 아니라 투사체의 방위에도 의존한다. 그러나 요소들은 고려될 수 있으며, 엔지니어들은 대화식(interactive) 수치계산을 이용하여 물체들의 운동을 매우 정확하게 예측할 수 있다.

전산 문제

3.121 1 kg의 물체가 힘 $F_x = 6t$ N의 작용하에 x축을 따라 움직인다. $t = 0$에서, 물체의 위치와 속도는 $x = 0$과 $v_x = 10$ m/s이다. $\Delta t = 0.1$ s로 수치적분을 하여 처음 다섯 시간 단계에 대해 물체의 위치와 속도를 계산하라.

전략: 초기 시간 $t_0 = 0$에서, $x(t_0) = 0$과 $v_x(t_0) = 10$ m/s이다. 식 (3.28)과 (3.29)를 이용하여 $t_0 + \Delta t = 0.1$ s에서 속도와 위치를 구할 수 있다. 위치는

$$x(t_0 + \Delta t) = x(t_0) + v_x(t_0)\,\Delta t$$

즉,

$$\begin{aligned} x(0.1) &= x(0) + v_x(0)\,\Delta t \\ &= 0 + (10)(0.1) = 1 \text{ m} \end{aligned}$$

이며, 속도는

$$v_x(t_0 + \Delta t) = v_x(t_0) + \frac{1}{m}F_x(t_0)\,\Delta t$$

즉,

$$v_x(0.1) = 10 + \frac{1}{(1)}6(0)(0.1) = 10 \text{ m/s}$$

이다. 위치와 속도에 대한 이 값들을 다음 시간 단계에 대해 초기 조건으로 사용하라.

3.122 문제 3.121에서 기술된 1 kg의 물체에 대해, $t = 0$에서 $t = 10$ s까지의 닫힌 형태의 해와 $\Delta t = 2$ s, $\Delta t = 0.5$ s, $\Delta t = 0.1$ s로 하여 수치적분으로 얻은 해를 비교하는 그래프를 그려라.

3.123 $t = 0$에서, 물체가 정지상태에서 풀려나 $g = 9.81$ m/s^{2}의 일정한 가속도로 낙하한다.

(a) 닫힌 형태의 해를 이용하여, $t = 2$ s에서 물체의 속도와 낙하거리를 계산하라.

(b) (a)에 대한 해를 $\Delta t = 0.2$ s로 수치적분하여 근사적으로 구하라.

3.124 문제 3.123에서, $t = 0$에서 $t = 4$ s까지 물체의 낙하거리를 시간 함수로 그래프를 그리고, 닫힌 형태의 해를 $t = 0.5$ s를 사용한 수치해와 $\Delta t = 0.05$ s를 사용한 수치해와 비교하라.

3.125 9000 kg의 로켓이 정지상태에서 수직으로 발사된다. 로켓의 추력은 4400 kN이다. 공기역학적 항력 **D**의 크기는 $|\mathbf{D}| = 0.24v^2$이며, 여기서 v는 로켓 속도의 크기(m/s)이다. 로켓이 연료를 연소시키는 비율에 의해, 로켓의 질량은 시간의 함수로 $m = 9000 - 600t$ kg이다. $\Delta t = 0.1$ s로 수치적분을 하여, 처음 다섯 시간 단계에 대한 로켓의 고도와 속도를 구하라.

문제 3.125

3.126 선형 스프링이 50 kg의 질량에 가하는 힘은 $F = -kx$이다. 여기서 x는 스프링의 변형 전 질량의 위치로부터 측정한 질량 변위이다. 스프링상수 k는 50 N/m이다. 질량이 $x = 1$ m의 위치에서 정지상태로부터 놓여진다. $\Delta t = 0.01$ s인 수치적분으로 처음 다섯 시간 단계에 대해 질량의 위치와 속도를 계산하라.

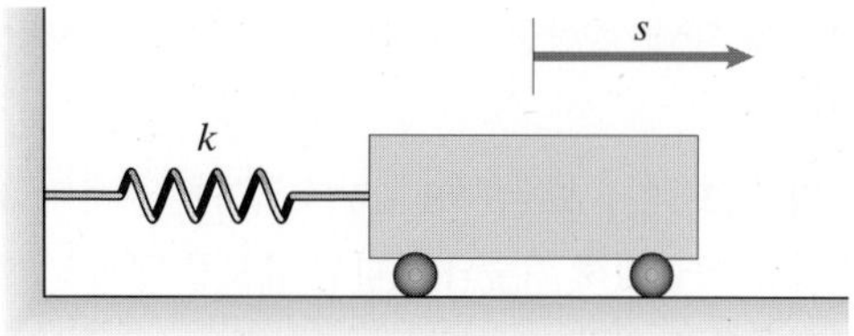

문제 3.126

3.127 문제 3.126에서 $\Delta t = 0.01$ s로 수치적분을 하여, 질량의 위치와 속도를 $t = 0$에서 $t = 10$ s까지의 시간에 의해 구하고, 결과를 그래프로 그려라.

3.128 $t = 0$에서, x축을 따라 움직이는 50 kg 기계부품의 속도가 $v_x = 22$ m/s이다. 부품에 가해지는 합력 ΣF_x를 $t = 0$에서 $t = 0.9$ s까지 0.1초 간격으로 측정한 결과 다음 값을 얻었다:

Time (s)	Force (N)	Time (s)	Force (N)
0.0	50.0	0.5	58.8
0.1	51.1	0.6	57.6
0.2	56.0	0.7	55.4
0.3	57.2	0.8	52.1
0.4	58.5	0.9	49.9

$t = 0$에서 $t = 1$ s까지 부품이 움직인 거리를 구하고, $t = 1$ s에서 부품의 속도를 근사적으로 구하라.

3.129 100 kg인 구조물 요소의 측면 지지대가 다음의 수평력 성분을 가한다:

$$F_x = -2000x, \ F_y = -2000y$$

여기서 x와 y는 질량중심의 좌표(m)이다. $t=0$에서, 질량중심의 좌표와 속도 성분은 $x=0.1$ m, $y=0$, $v_x=0$, $v_y=1$ m/s이다. $\Delta t=0.1$ s를 사용하여 처음 다섯 시간 단계에 대해 질량중심의 위치와 속도의 근사값을 구하라.

3.130 그림 3.129에서 $\Delta t=0.001$ s로 수치적분을 하여 요소의 질량중심에 의해 기술되는 타원 궤도를 구하고, 궤도의 그래프를 그려라.

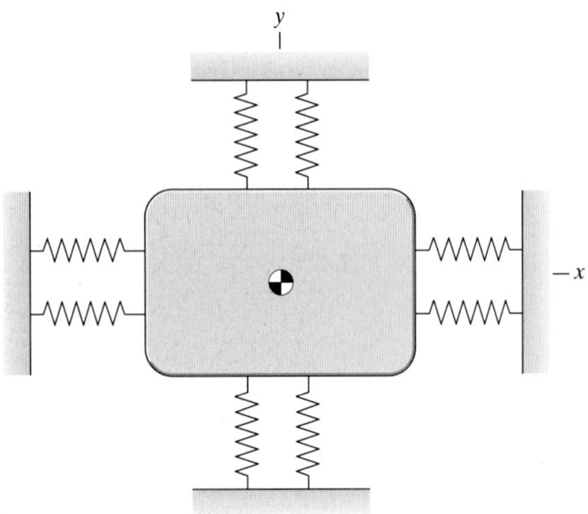

문제 3.129/3.130

3.131 자동차가 $t=0$에서 정지상태로부터 출발한다. 가속도는

$$a = 10 + 2t - 0.0185t^3 \text{ m/s}^2$$

이다.

(a) 이 식의 닫힌 형태의 해를 이용하여, $t=6$ s에서 차의 속도와 차가 이동한 거리를 구하라.

(b) $\Delta t = 0.1$ s로 수치적분을 하여 (a)에서 구한 해의 근사해를 구하라.

(b) $\Delta t = 0.01$ s로 수치적분을 하여 (a)에서 구한 해의 근사해를 구하라.

3.132 20 kg의 발사체가 $v_x = 100$ m/s, $v_y = 49$ m/s의 속도 성분을 가지고 지상으로부터 발사된다. 공기역학적 항력의 크기는 $C|\mathbf{v}|^2$이며, 여기서 C는 상수이다. 만일 발사체의 사정거리가 600 m이면 상수 C는 얼마인가? (궤적을 계산하기 위해 $\Delta t = 0.01$ s로 수치적분을 수행하라.)

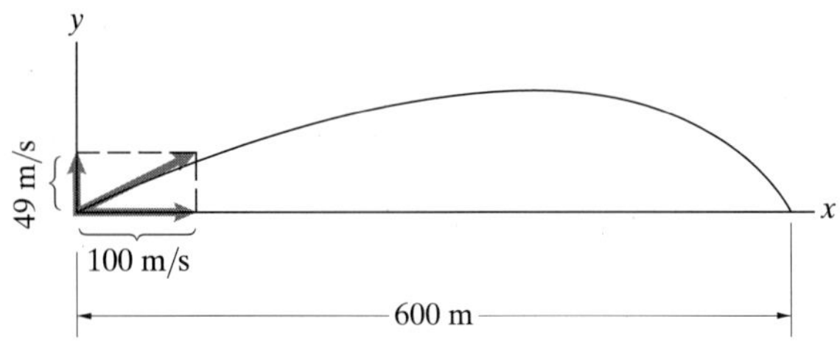

문제 3.132

3.133 13,344 N의 차량이 언덕을 달린 후에 땅에서 떨어져 공중으로 날아간다. 그림의 순간에서, 차는 수평으로 48.3 km/h로 움직이고 있으며 타이어의 바닥은 평평한 지면에서 약 610 mm 위에 있다. 지구에 고정된 좌표계의 원점은 땅 위 762 mm 높이에 있으며, 이 높이는 타이어가 땅에 처음으로 닿을 때 차량의 질량중심의 높이와 같다. (차량은 수평을 유지한다고 가정한다). 차량이 땅에 닿게 되면, 차의 질량중심은 처음에는 계속 아래로 내려가다가 현가장치의 탄성으로 반동하여 위로 올라간다. 타이어가 지면과 닿아 있는 동안, 지면이 타이어에 가한 힘은

$$-10{,}675\mathbf{i} - (80{,}064y + 26{,}688y^3 + 2669v_y)\mathbf{j} \text{ (N)}$$

이다. 여기서 y는 질량중심의 수직 위치(m)이다. 타이어가 지면에 닿는 순간을 $t=0$으로 하고, $\Delta t=0.001$로 수치적분을 하여 처음 다섯 시간 단계에 대해 수직 위치 y와 속도 v_y를 구하라.

3.134 문제 3.133에서 $\Delta t=0.001$로 수치적분을 하여 차량이 지면과 부딪히는 동안 받게 되는 최대 가속도의 크기를 근사적으로 계산하라.

3.135 문제 3.133에서 $\Delta t=0.001$로 수치적분을 하여 바퀴가 지면을 떠나는 순간 질량중심의 속도 성분들을 근사적으로 구하라. (바퀴는 질량중심이 $y=0$에 있을 때 지면을 떠난다.)

문제 3.133 – 3.135

요약

물체에 가해지는 힘의 합력을 알 때 물체의 가속도를 구하기 위해, 또 가속도를 알 때 힘의 합력을 구하기 위해 Newton의 제2법칙을 사용하였다. 일단 물체의 가속도가 알려지면, 물체의 속도와 위치에 대한 정보를 얻기 위해 2장에서 전개한 방법을 사용하였다. Newton의 제2법칙의 적용에서, 이 법칙을 다른 좌표계로 표현하였다. 좌표계의 선택은 물체에 작용하는 힘들의 성질에 의해 결정되기도 한다. 물체의 경로를 알고 있을 때—특히 물체가 원 운동을 하도록 구속받을 때—법선 및 접선 성분이 종종 유리하다. 4장에서, Newton의 제2법칙을 이용하여 일과 에너지의 방법으로 불리는 기법을 유도할 것이다. 이것은 특정 형태의 동역학 문제들의 해를 상당히 단순화시킬 수 있다.

물체에 가해지는 전체 외력은 물체의 질량과 관성 기준좌표계에 대한 질량중심의 가속도의 곱과 같다. 즉,

$$\Sigma \mathbf{F} = m\mathbf{a} \tag{3.4}$$

이다. 만일 어떤 기준좌표계에서 제2법칙이 이 식의 형태로 적용될 수 있다면, 이 기준좌표계는 관성 기준좌표계라고 말한다. 관성 기준좌표계에 대해 일정한 속도로 병진운동하고 있는 기준좌표계도 관성 기준좌표계이다.

Newton의 제2법칙을 좌표계에 의해 나타내면 다음과 같은 스칼라 운동방정식이 된다:

직각좌표

$$\Sigma F_x = ma_x, \quad \Sigma F_y = ma_y, \quad \Sigma F_z = ma_z \tag{3.5}$$

법선 및 접선 성분

$$\Sigma F_{\mathrm{t}} = m\frac{dv}{dt}, \quad \Sigma F_{\mathrm{n}} = m\frac{v^2}{\rho} \tag{3.7}$$

극좌표

$$\Sigma F_r = m\left(\frac{d^2r}{dt^2} - r\omega^2\right) \tag{3.9}$$

$$\Sigma F_\theta = m\left(r\alpha + 2\frac{dr}{dt}\omega\right) \tag{3.10}$$

물체의 운동이 고정 평면으로 제한된다면, 평면에 수직인 합력의 성분은 0이다. 직선 운동에서, 직선에 수직인 합력의 성분은 0과 같으며, 직선에 접선 방향인 합력의 성분은 질량과 직선 상에서의 물체의 가속도의 곱과 같다.

복습문제

3.136 Acura NSX는 965 km/h의 속도에서 브레이크를 밟아 34 m의 거리만에 정지할 수 있다. 차의 무게는 14,456 N이다.

(a) 차의 감속도가 일정하다고 가정하면, 차의 감속도는 얼마이며, 타이어가 도로에 가하는 수평력의 크기는 얼마인가?

(b) 차의 타이어가 점착 한계(미끄러지기 직전)에 있고, 도로가 차에 가하는 수직력이 차의 무게와 같다면, 마찰계수 μ_s는 얼마인가? (이 해석에서 수평 및 수직 방향의 공기역학적 힘의 효과는 무시한다.)

3.137 문제 3.136에서 구한 마찰계수를 사용하여, NSX가 반경 183 m의 원형 수평트랙을 횡방향 미끄럼(skidding) 없이 주행할 수 있는 최고 속도를 구하라.

3.138 "톱니형(cog)" 기관차가 관광객이 탄 객차 3량을 Bavaria (독일 남부의 주)의 산꼭대기까지 끌고 올라간다. 승객을 포함한 각 객차의 질량은 10,000 kg이며, 객차의 바퀴가 가하는 마찰력은 무시할 만하다. (a) 기관차가 일정한 속도로 움직이고 있는 경우와 (b) 기관차가 1.2 m/s^2으로 산을 가속해서 올라가는 경우에 대해 객차 연결기(coupling) 1, 2, 3에서의 힘을 각각 구하라.

문제 3.138

3.139 미래의 비행 임무에서, 우주선이 지구 주위를 지나는 소행성의 표면에 접근한다. 우주선은 착륙 직전까지 소행성 표면에 대해 일정한 속도로 하강하며, 하향 추력(downward thrust)은 0.01 N이다. 컴퓨터가 하향 추력을 0.005 N까지 줄이며, 탑재된 레이저 간섭계는 소행성 표면에 대한 우주선의 가속도가 아래쪽으로 5×10^{-6} m/s^2이 되었음을 나타낸다. 소행성 표면 부근에서 소행성의 중력가속도는 얼마인가?

문제 3.139

3.140 운전자를 포함한 질량이 1470 kg인 차가 도로의 약간 언덕진 부분에서 130 km/h의 속도로 달리고 있다. 언덕의 정상에서 운전자가 브레이크를 가한다. 타이어와 도로 사이의 정마찰계수는 $\mu_s = 0.9$이며, 언덕의 곡률반경은 160 m이다. 브레이크를 가하는 순간, 차의 감속도를 구하고, 평평한 도로에서 브레이크를 가하는 경우의 감속도와 비교하라.

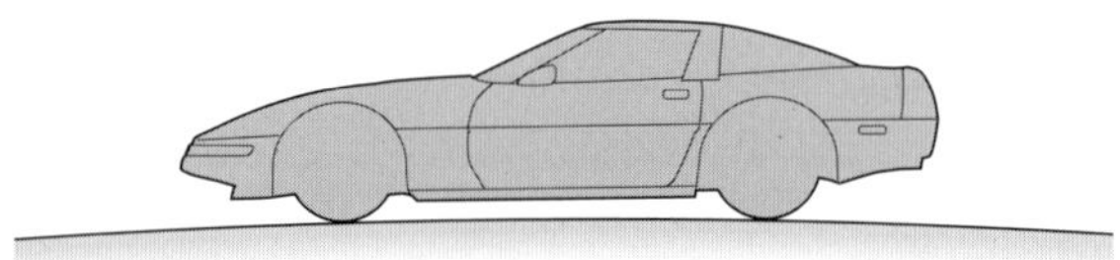

문제 3.140

3.141 자동차가 일정한 속도로 좌측의 직선구간 도로를 따라 올라가고 있다. 차가 언덕 정상을 넘어 우측의 직선구간 도로에 있는 동안에도 자동차의 타이어가 도로에 동일한 크기의 접선방향 힘을 계속 가한다면, 차의 가속도는 얼마가 되겠는가?

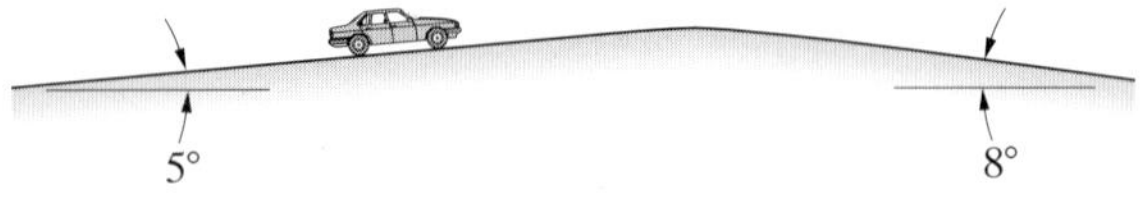

문제 3.141

3.142 항공모함 *Nimitz*(역주: 미국의 세계 최대 원자력 항공모함)의 무게는 91,000톤이다. (1톤은 8896 N이다.) Nimitz가 약 15.4 m/s의 최고 속도로 운항하다가 엔진이 꺼졌다고 가정해 보자. 만일 물이 88,960v N 크기의 항력을 가한다면, 항공모함이 정지하기까지 움직이는 거리는 얼마인가? 여기서 v는 항공모항의 속도(m/s)이다.

3.143 만일 $m_A = 10$ kg, $m_B = 40$ kg이고, 모든 표면 사이의 동마찰계수가 $\mu_k = 0.11$이라면, 경사면을 따라 내려가는 B의 가속도는 얼마인가?

3.144 만일 A의 무게가 20 N이고, B의 무게가 100 N이며, 모든 표면 사이의 동마찰계수가 $\mu_k = 0.15$라고 하면, B가 경사면을 따라 내려가는 동안 줄에 걸리는 장력은 얼마인가?

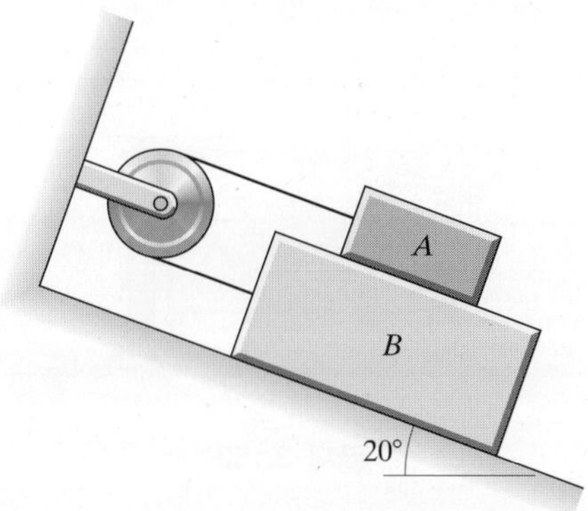

문제 3.143/3.144

3.145 물질의 특성에 관한 연구를 위해 발사체를 고속으로 가속시키는 데 가스총이 사용된다. 발사체가 고정되어 있는 동안, 발사체의 좌측 튜브에 가스가 주입되어 고압 p_0가 형성되고, 우측 튜브에서는 공기를 빼낸다. 그런 다음, 발사체를 풀어 놓으면 가스의 팽창에 의해 발사체가 가속된다. 가스의 압력 p와 체적 V는 $pV^\gamma =$ 일정의 관계를 갖는다고 가정한다. 여기서 γ는 상수이다. 마찰을 무시할 수 있다면, 위치 x에서 발사체의 속도는 다음과 같음을 증명하라:

$$v = \sqrt{\frac{2p_0Ax_0^\gamma}{m(\gamma - 1)}\left(\frac{1}{x_0^{\gamma-1}} - \frac{1}{x^{\gamma-1}}\right)}$$

여기서 m은 발사체의 질량이며, A는 튜브의 단면적이다.

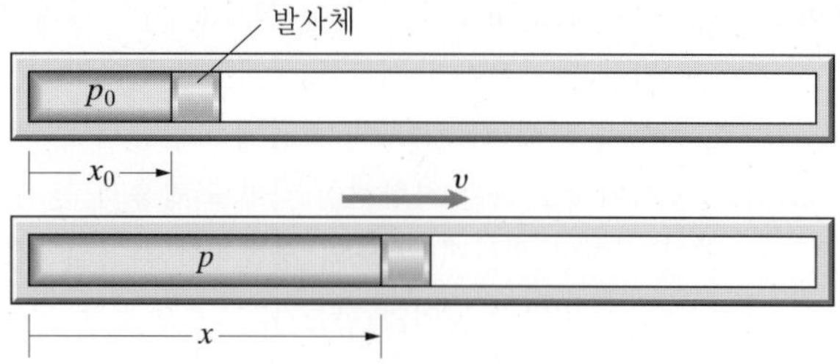

문제 3.145

3.146 블록의 무게가 $W_A = 120$ N, $W_B = 20$ N이며, 표면들은 매끄럽다. 블록 A의 가속도와 줄의 장력을 구하라.

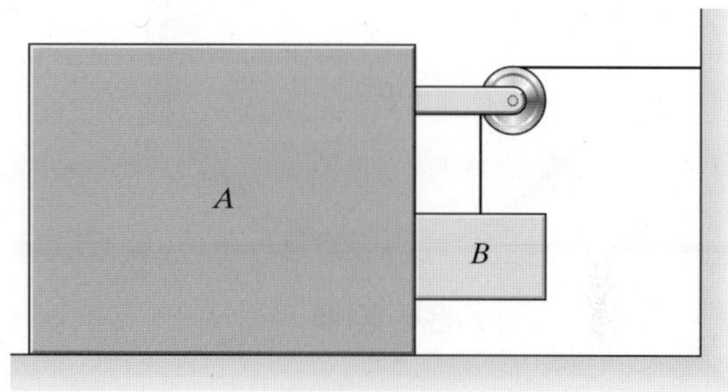

문제 3.146

3.147 100 Mg의 우주 왕복선이 궤도에서 엔진이 켜져 2초 동안 추력 $\mathbf{T} = 10\mathbf{i} - 20\mathbf{j} + 10\mathbf{k}$ (kN)을 받는다. 이에 따른 왕복선의 질량 변화는 무시한다. 2초 동안의 분사가 끝나는 시점에서도 연료는 왕복선의 탱크 안에서 출렁거린다. 2초 동안의 분사에 의한 왕복선(연료 포함)의 질량중심의 속도 변화는 얼마인가?

3.148 수상스키 선수가 경사대 표면에 평행한 40.2 km/h의 속도로 진입한다. 마찰을 무시하고 일단 경사대에 진입하면 견인 로프가 선수에게 아무런 힘도 가하지 않는다고 가정할 때, 경사대 끝에서 점프한 수평거리를 근사적으로 계산하라.

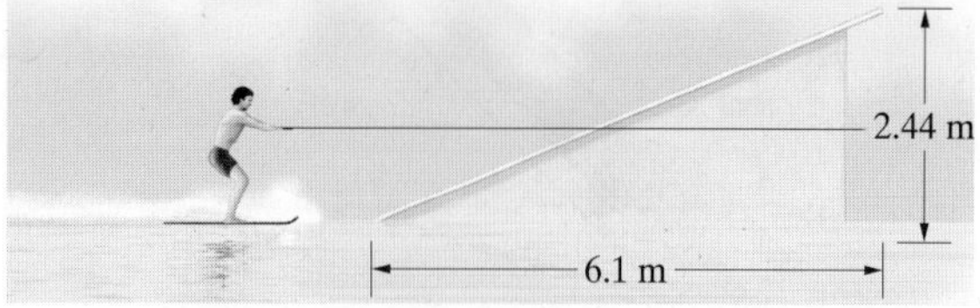

문제 3.148

3.149 객차가 반경 12.2 m의 수직 환형 궤도(loop)를 따라 움직이게 되는 롤러코스터 궤도를 설계하고 있다고 가정하자. 안전을 위해서는 궤도의 정점에서 탑승객의 의자가 탑승객에게 가하는 하향력이 적어도 탑승객 몸무게의 반이 되어야 한다면, 궤도의 정점에서 객차의 최소 안전 속도는 얼마가 되어야 하는가?

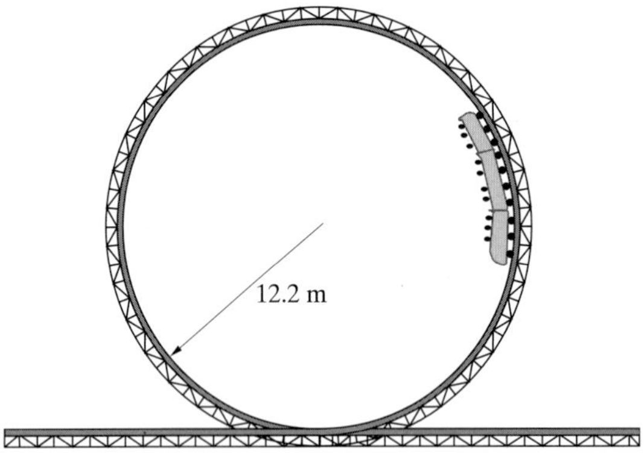

문제 3.149

3.150 수평면 상에서 매끄러운 막대가 회전함에 따라, 줄이 고정된 실린더에 감기면서 1 kg의 고리 *A*를 안쪽으로 잡아당긴다. 그림의 위치에서, 막대가 $t = 0$에서 정지상태로부터 출발하여 일정한 각가속도로 회전한다. $t = 1$ s에서 줄의 장력은 얼마인가?

3.151 문제 3.150에서 고리와 막대 사이의 동마찰계수가 $\mu_k = 0.2$라고 가정하면, $t = 1$ s에서 줄의 장력은 얼마인가?

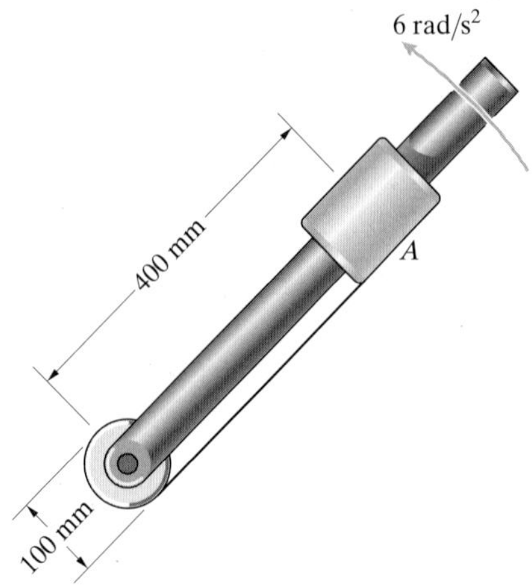

문제 3.150/3.151

3.152 열차가 곡선구간을 주행할 때 승객들이 최대한 안락함을 느끼도록 하기 위해 객차를 기울어지게(tilting) 설계하려고 한다. 원하는 경사각 θ와 열차의 속도 v, 궤도의 순간곡률반경 ρ 사이의 관계는 무엇인가?

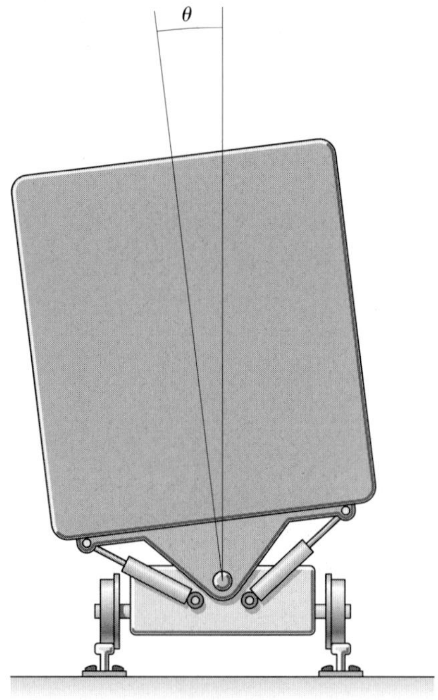

문제 3.152

3.153 미국 표준기술원(NIST)의 엔지니어가 두 재료 사이의 정마찰계수를 구하기 위해 한 재료의 작은 샘플을 다른 쪽 재료로 표면을 만든 수평 디스크 위에 올려놓고, 디스크를 정지상태에서 0.4 rad/s^{2}의 일정한 각가속도로 회전시킨다. 작은 샘플이 9.903초 후에 디스크 위에서 미끄러진다면, 마찰계수는 얼마인가?

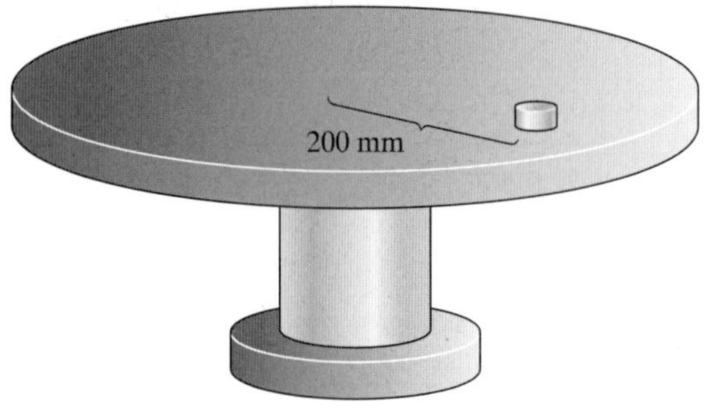

문제 3.153

3.154* 긴 홈이 있는 막대가 1 kg의 슬라이더 A를 밀어 곡선막대를 따라가게 만든다. 곡선막대는 **수평면 상**에 놓여 있으며, 그 윤곽선은 $r = 2(\theta/2\pi + 1)$ m이다. 여기서 θ는 라디안으로 주어진다. 홈이 있는 막대의 각위치는 $\theta = 2t$ rad이다. $\theta = 120°$일 때 슬라이더에 가해지는 전체 외력의 극좌표 성분들을 구하라.

3.155* 문제 3.154에서 곡선막대가 **수직면 상**에 있다고 가정하자. $t = 0.5$ s에서 곡선막대와 홈이 있는 막대가 A에 가하는 합력의 좌표 성분들을 구하라.

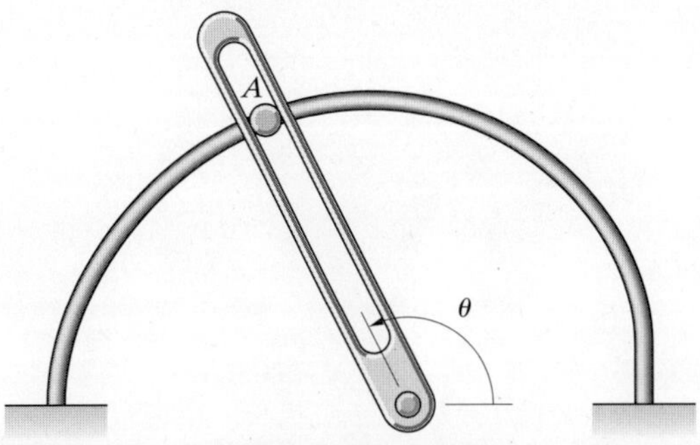

문제 3.154/3.155

설계 프로젝트

새로 설계한 에너지 흡수용 자동차 범퍼 시제품은 단단한 장애물과 충돌할 때 자동차에 크기 $bs + cv$의 감속용 힘을 가한다. 여기서 s는 자동차가 장애물과 접촉한 지점으로부터 진행한 거리이며 v는 자동차의 속도이다. 따라서 범퍼가 차에 가하는 힘은 차의 위치와 속도의 함수이다.

(a) $t = 0$에서 자동차가 초기 속도 v_0로 장애물과 접촉을 한다고 가정하자. 자동차의 위치가 다음 식과 같이 시간의 함수로 주어짐을 증명하라:

$$s = \frac{v_0}{2h}\left[e^{-(d-h)t} - e^{-(d+h)t}\right]$$

여기서 $d = c/2m$, $h = \sqrt{d^2 - b/m}$ 이며, m은 차의 질량이다. 증명을 위해, 먼저 이 식이 Newton의 제2법칙을 만족함을 보이고, 이 식이 $t = 0$에서 $s = 0$과 $v = v_0$라는 초기 조건을 만족함을 확인하라.

(b) 자동차가 장애물과 충돌할 때, 자동차의 질량과 초기 속도, 상수 b와 c가 자동차의 운동에 미치는 영향을 조사하라. ($d^2 > b/m$을 가정하라.) 상수 b와 c에 대한 선택이 차의 탑승자들이 받을 최대 감속도에 어떤 영향을 주는 지에 특히 관심을 기울여라. 해석한 결과와 에너지 흡수용 범퍼의 설계에 관한 결론을 포함한 간단한 리포트를 써라.

56

4

에너지 방법

에너지의 개념과 에너지의 보존은 많은 부분이 고전 역학의 연구로부터 비롯되었다. Newton의 제2법칙을 간단히 변환하면 일과 운동에너지(물체의 운동에 의한 에너지), 그리고 위치에너지(물체의 위치에 의한 에너지)에 대한 정의가 필요한 방정식을 얻게 된다. 이 방정식은 중력과 스프링이 가하는 힘을 포함하여 물체의 위치에 좌우되는 힘들이 포함된 문제의 풀이를 매우 간단하게 할 수 있다.

◀ 점프하는 스키선수의 운동에너지는 선수의 중력에 의한 위치에너지 변화량과 공기역학적 힘들이 선수에게 한 일에 의해 결정된다. 이 장에서는 물체의 운동을 해석하기 위해 에너지 방법을 이용한다.

4.1 일과 에너지의 원리

물체의 질량중심의 가속도를 물체에 가해지는 외력과 연관시키기 위해 Newton의 제2법칙을 사용하였다. 여기서는 벡터방정식인 Newton의 제2법칙이 특정 상황에서 매우 유용한 스칼라 형태로 변환될 수 있음을 보여주려고 한다. 먼저 Newton의 제2법칙

$$\Sigma\mathbf{F} = m\frac{d\mathbf{v}}{dt} \tag{4.1}$$

의 양변에 속도와의 내적을 취한다:

$$\Sigma\mathbf{F}\cdot\mathbf{v} = m\frac{d\mathbf{v}}{dt}\cdot\mathbf{v} \tag{4.2}$$

이 식의 좌변을

$$\Sigma\mathbf{F}\cdot\mathbf{v} = \Sigma\mathbf{F}\cdot\frac{d\mathbf{r}}{dt}$$

와 같이 쓰고, 우변을

$$m\frac{d\mathbf{v}}{dt}\cdot\mathbf{v} = \tfrac{1}{2}m\frac{d}{dt}(\mathbf{v}\cdot\mathbf{v})$$

와 같이 쓰면 다음 식을 얻는다:

$$\Sigma\mathbf{F}\cdot d\mathbf{r} = \tfrac{1}{2}m\,d(v^2) \tag{4.3}$$

여기서 $v^2 = \mathbf{v}\cdot\mathbf{v}$는 속도의 크기의 제곱이다. 식 (4.3)의 좌변에 있는 항은 물체에 가해지는 전체 외력과 질량중심의 미소변위 $d\mathbf{r}$로 표현된 일(work)이다. 식 (4.3)을 적분하면 다음 식을 얻는다:

$$\int_{\mathbf{r}_1}^{\mathbf{r}_2}\Sigma\mathbf{F}\cdot d\mathbf{r} = \tfrac{1}{2}mv_2^2 - \tfrac{1}{2}mv_1^2 \tag{4.4}$$

여기서 v_1과 v_2는 물체가 각각 위치 $\mathbf{r}_1$과 $\mathbf{r}_2$에 있을 때 물체의 질량중심의 속도의 크기이다. $\frac{1}{2}mv^2$항은 질량중심의 운동과 관련된 운동에너지(kinetic energy)라고 부른다. 질량중심이 $\mathbf{r}_1$에서 $\mathbf{r}_2$까지 움직이는 동안 힘이 물체에 한 일을

$$U_{12} = \int_{\mathbf{r}_1}^{\mathbf{r}_2}\Sigma\mathbf{F}\cdot d\mathbf{r} \tag{4.5}$$

로 나타내면, 다음과 같이 일과 에너지의 원리(principle of work and energy)를 얻을 수 있다:

물체가 두 위치 사이에서 움직이는 동안 물체에 행해진 일은 물체의 운동에너

지 변화와 같다.

$$U_{12} = \frac{1}{2}mv_2^2 - \frac{1}{2}mv_1^2 \tag{4.6}$$

일의 차원과 운동에너지의 차원은 (힘) × (길이)이다. SI 단위로, 일은 보통 N-m 또는 joule(J)로 나타낸다. 미국 상용단위로, 일은 보통 ft-lb로 나타낸다.

물체가 두 위치 사이를 움직이는 동안 물체에 행해진 일을 계산할 수 있다면, 일과 에너지의 원리로부터 물체의 속도 크기 변화를 구할 수 있다. 또한 여러 물체들로 구성된 시스템에 이 원리를 적용하여, 외력들이 시스템에 한 전체 일과 시스템의 총 운동에너지 변화를 같다고 놓을 수 있다. 그러나 이 원리를 적용할 때는 주의가 필요하다. 예제 4.3에 나타낸 것과 같이 내력이 시스템에 최종적으로 일을 할 수 있기 때문이다.

일과 에너지의 원리가 물체의 위치 변화를 속도 변화와 연관시키는 데는 편하지만 물체가 한 위치에서 다른 위치로 움직이는 데 걸리는 시간과 같이 물체의 운동에 관한 다른 정보를 얻는 데는 편하지 않다. 게다가 일은 위치에 대한 적분이므로, 일을 하는 힘이 위치의 함수로 알려져 있어야 계산이 가능하다. 이러한 제약에도 불구하고, 이 원리는 일에 대한 계산이 상당히 쉽기 때문에 어떤 특정 문제에 대해 매우 유용하게 적용할 수 있다.

4.2 일과 일률

이 절에서는 물체에 행해지는 일을 어떻게 구하는지에 대해 논의한다. 또한 물체에 작용하는 힘에 의해 물체에 전달되거나 물체로부터 전달받는 일률(power)을 정의하고, 일률을 계산하는 방법을 기술한다.

일의 계산

관성 기준좌표계에 대해 곡선 운동(curvilinear motion)을 하는 한 물체를 고려해 보자(그림 4.1a). 물체의 위치를 기준점 O로부터 운동경로를 따라 측정한 좌표 s로 나타내도록 한다. 접선방향 단위벡터 $\mathbf{e}_t$에 의해, 물체의 속도는

$$\mathbf{v} = \frac{ds}{dt}\mathbf{e}_t$$

이다. $\mathbf{v} = d\mathbf{r}/dt$이므로, 속도에 dt를 곱해서 경로에서의 미소변위를 나타내는 벡터 $d\mathbf{r}$에 대한 다음 식을 얻을 수 있다(그림 4.1b):

$$d\mathbf{r} = \mathbf{v}\,dt = ds\,\mathbf{e}_t$$

물체에 작용하는 외력이 변위 $d\mathbf{r}$ 동안 한 일은

$$\Sigma\mathbf{F}\cdot d\mathbf{r} = (\Sigma\mathbf{F}\cdot\mathbf{e}_t)\,ds = \Sigma F_t\,ds$$

이며, 여기서 ΣF_t는 합력의 접선방향 성분이다. 따라서 물체가 위치 s_1에서 위

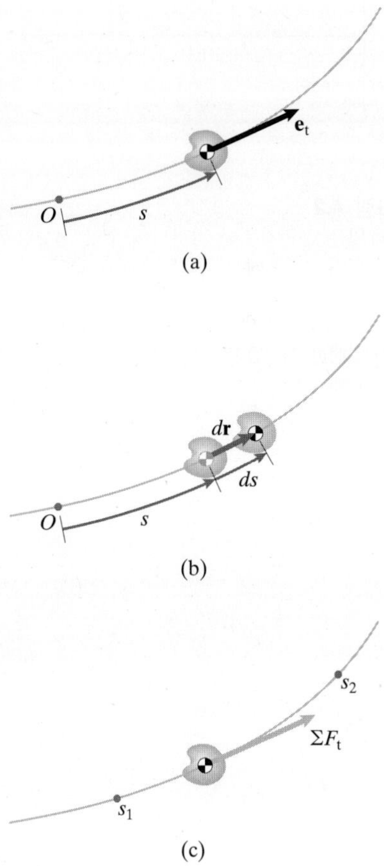

그림 4.1
(a) 좌표 s와 접선방향 단위벡터.
(b) 미소변위 $d\mathbf{r}$.
(c) s_1에서 s_2까지 물체에 한 일은 외력들의 접선방향 성분에 의해 결정된다.

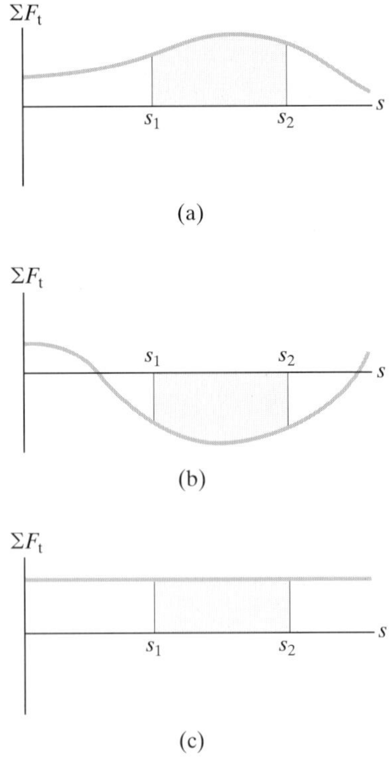

그림 4.2

(a) 일은 운동경로의 거리의 함수인 접선방향 힘의 그래프에서 정의된 면적과 같다.

(b) 접선방향 힘이 운동방향과 반대이면, 한 일은 음이다.

(c) 일정한 접선방향 힘이 한 일은 힘과 거리의 곱과 같다.

치 s_2까지 움직이는 동안(그림 4.1c) 한 일은

$$U_{12} = \int_{s_1}^{s_2} \Sigma F_t \, ds \tag{4.7}$$

이다. 일은 접선방향 합력 성분을 경로 상에서 움직인 거리에 대해 적분한 것과 같다. 따라서 물체에 한 일은 접선방향 힘의 그래프에서 s_1과 s_2 사이의 면적과 같다(그림 4.2a). 경로에 수직인 힘의 성분은 일을 하지 않는다. 경로의 일부 구간에서 ΣF_t가 운동방향과 반대이면, 물체가 감속하고 있음을 의미하며 일의 부호는 음이 된다(그림 4.2b). 만일 s_1과 s_2 사이에서 ΣF_t가 일정하면, 일은 다음과 같이 접선방향 합력과 변위의 곱으로 간단히 표시된다(그림 4.2c):

$$U_{12} = \Sigma F_t (s_2 - s_1) \qquad \text{일정한 접선방향 힘} \tag{4.8}$$

일률

일률(power)은 일이 행해지는 비율이다. 물체에 작용하는 외력들이 미소변위 $d\mathbf{r}$ 동안 한 일은

$$\Sigma \mathbf{F} \cdot d\mathbf{r}$$

이다. 위 식을 변위가 일어나는 데 걸린 시간 dt로 나누면 일률 P를 구할 수 있다. 즉,

$$P = \Sigma \mathbf{F} \cdot \mathbf{v} \tag{4.9}$$

이며, P의 값이 양이냐, 음이냐에 따라 물체에 주어지거나 물체가 전달하는 일률(동력)이다. SI 단위로 일률은 N · m/s(J/s) 또는 와트(W)로 표시되며, 미국 상용단위로는 ft · lb/s 또는 마력(hp)으로 표시된다. 1마력은 746 W 또는 약 550 ft · lb/s이다.

식 (4.3)으로부터 일률이 물체의 운동에너지의 변화율과 같음을 알 수 있다:

$$P = \frac{d}{dt}\left(\tfrac{1}{2} m v^2\right)$$

물체에 일률(동력)이 주어지거나 물체가 일률을 전달하게 되면 물체의 운동에너지는 각각 증가하거나 감소한다. 앞의 관계를 이용하여, t_1부터 t_2 시간 동안의 일률의 시간 평균을 다음 식과 같이 쓸 수 있다:

$$P_{av} = \frac{1}{t_2 - t_1} \int_{t_1}^{t_2} P \, dt = \frac{1}{t_2 - t_1} \int_{v_1^2}^{v_2^2} \tfrac{1}{2} m \, d(v^2)$$

적분을 하면, 주어진 시간 동안 물체에 전달하거나 물체로부터 전달받은 평균 일률(동력)이 물체의 운동에너지의 변화량, 또는 행해진 일을 시간 간격으로 나눈 값과 같음을 알 수 있다:

$$P_{av} = \frac{\frac{1}{2}mv_2^2 - \frac{1}{2}mv_1^2}{t_2 - t_1} = \frac{U_{12}}{t_2 - t_1} \tag{4.10}$$

| 연구 문제 |

1. 물체의 질량중심의 운동과 관련된 운동에너지의 정의는 무엇인가?

2. 일과 에너지의 원리는 무엇인가?

3. 만일 물체에 가해지는 합력의 접선방향 성분이 일정하다면, 물체가 운동 경로를 따라 주어진 거리를 움직이는 동안 물체에 행해진 일에 대해 무엇을 알 수 있는가?

4. 만일 물체가 운동경로에 수직인 힘만을 받고 있다면, 이 물체의 운동에너지에 대해 무엇을 알 수 있는가?

예제 4.1 직선 운동에서의 일과 에너지

그림 4.3에서 180 kg의 컨테이너 A가 위치 $s = 0$에서 정지상태로부터 출발한다. 유압실린더가 위치의 함수로 주어지는 수평력 $F = 700 - 150s$ N 을 컨테이너에 가한다. 컨테이너와 바닥 사이의 동마찰계수는 $\mu_k = 0.26$이다. 컨테이너가 위치 $s = 1$ m에 도달할 때 컨테이너의 속도는 얼마가 되는가?

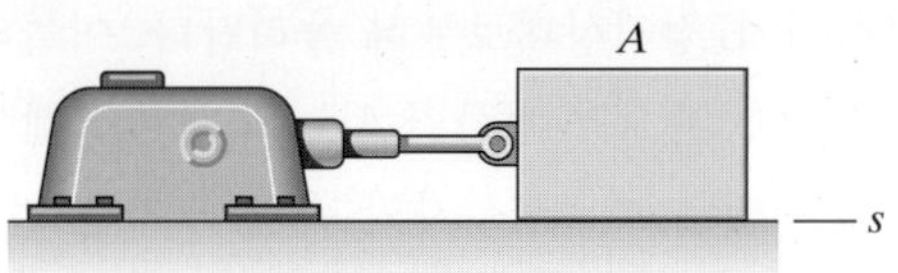

그림 4.3

| 전략 |

컨테이너 위치의 변화를 알 때, 컨테이너 속도의 변화를 구하라는 문제이므로, 일과 에너지 방법을 적용할 수 있다. 컨테이너의 운동경로에 접선방향인 힘들을 결정하고 식 (4.7)을 이용하여 일을 계산한다.

| 풀이 |

일을 하는 힘들의 확인 컨테이너의 자유물체도를 그림 a에 나타내었다. 컨테이너의 이동경로에 접선방향인 힘은 유압실린더가 가하는 힘과 마찰력이다. 컨테이너의 수직방향 가속도는 0이므로, 수직력 N은 다음과 같다:

$$N = (180\text{ kg})(9.81\text{ m/s}^2) = 1770\text{ N}$$

일과 에너지의 적용 컨테이터의 속도를 v라고 하자(그림 b). 초기 위치 $s_1 = 0$에서, 속도는 $v_1 = 0$이다. 일과 에너지의 원리를 적용하여 $s_2 = 1$ m에서 컨테

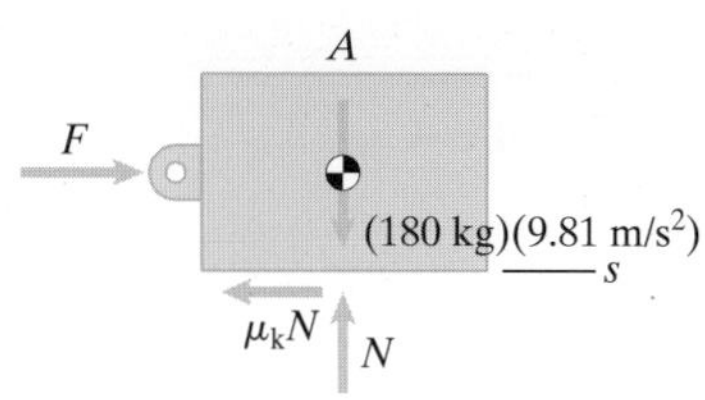

(a) 컨테이너의 자유물체도.

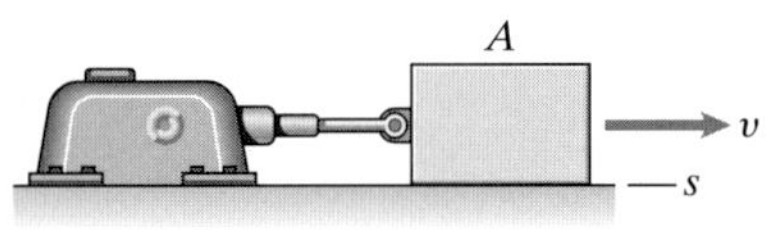

(b) 컨테이너 속도의 크기 *v*.

이너의 운동에너지를 구할 수 있으며, 식 (4.7)을 이용하여 다음과 같이 일을 계산할 수 있다:

$$\int_{s_1}^{s_2} \Sigma F_t \, ds = \tfrac{1}{2}mv_2^2 - \tfrac{1}{2}mv_1^2$$

$$\int_0^1 (F - \mu_k N)\, ds = \tfrac{1}{2}mv_2^2 - \tfrac{1}{2}mv_1^2$$

$$\int_0^1 [(700 - 150s) - (0.26)(1770)]\, ds = \tfrac{1}{2}(180)v_2^2 - 0$$

적분을 계산한 후, 속도에 대해 풀면 $v_2 = 1.36$ m/s를 얻을 수 있다.

비판적 사고

비교를 위해 Newton의 제2법칙을 이용하여 컨테이너가 1 m 움직였을 때 컨테이너의 속도를 구해 본다. 이 예제와 같이 직선 운동을 포함하는 문제의 경우, Newton의 제2법칙을 사용하는 데 드는 노력은 일과 에너지를 사용하는 데 드는 노력과 비슷하다. 다음 절에서, 일과 에너지를 이용하는 것이 훨씬 더 간단한, 곡선 운동이 포함된 문제들에 대해 논의한다.

예제 4.2 시스템에 일과 에너지를 적용하기

그림 4.4의 두 나무상자가 정지상태로부터 풀려난다. 이들의 질량은 $m_A = 40$ kg이고 $m_B = 30$ kg이며, 상자 *A*와 경사면 사이의 동마찰계수는 $\mu_k = 0.15$이다. 두 상자가 400 mm 움직였을 때 두 상자의 속도 크기는 얼마인가?

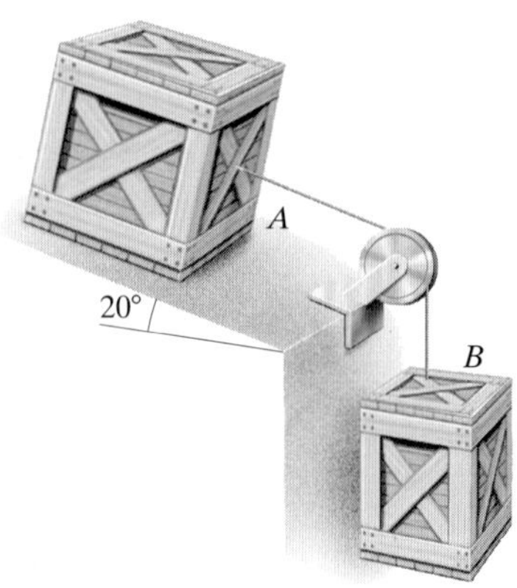

그림 4.4

전략

두 가지 방법으로 속도를 결정한다.

첫 번째 방법 두 상자의 각각의 자유물체도를 그린 후, 일과 에너지의 원리를 각각 적용함으로써, 속도의 크기와 케이블 장력으로 표현된 두 방정식을 얻을 수 있다.

두 번째 방법 두 상자와 케이블, 그리고 풀리를 하나의 시스템으로 하여 이 시스템에 대한 한 개의 자유물체도를 그리고, 여기에 일과 에너지의 원리를 적용할 수 있다.

| 풀이 |

첫 번째 방법 그림 a는 상자 A의 자유물체도이다. 상자가 경사면을 따라 움직이는 동안 일을 하는 힘은 상자의 운동경로에 접선방향인 힘들이다. 즉, 인장력 T, 무게의 접선방향 성분 $m_A g \sin 20°$, 그리고 마찰력 $\mu_k N$이다. 경사면에 수직방향인 상자의 가속도는 0이므로 $N = m_A g \cos 20°$이다. A가 경사면을 따라 평행하게 움직이는 속도의 크기 v는 B가 낙하하는 속도의 크기와 같다(그림 b). 일을 구하기 위해 식 (4.7)을 이용하며, A가 $s_1 = 0$에서 $s_2 = 0.4$ m까지 움직이는 동안 A에 행해진 일이 A의 운동에너지의 변화와 같다고 놓는다. 즉,

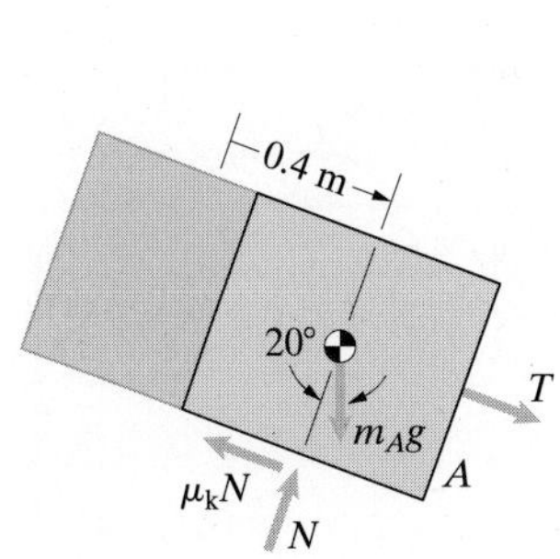

(a) A의 자유물체도.

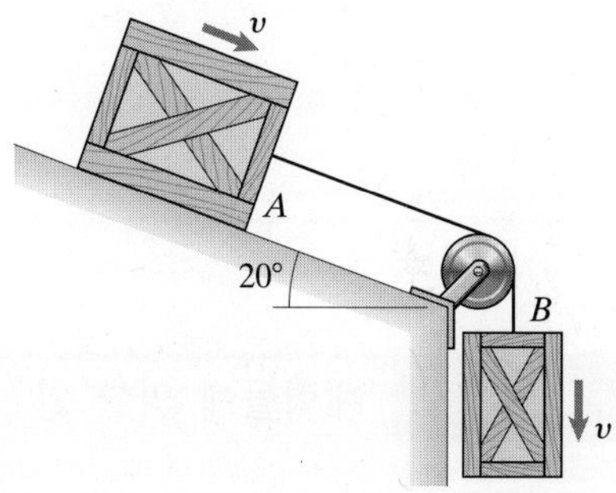

(b) 각 상자의 속도의 크기는 동일하다.

$$\int_{s_1}^{s_2} \Sigma F_t \, ds = \tfrac{1}{2}mv_2^2 - \tfrac{1}{2}mv_1^2$$

$$\int_0^{0.4} [T + m_A g \sin 20° - \mu_k(m_A g \cos 20°)] \, ds = \tfrac{1}{2}m_A v_2^2 - 0 \quad (1)$$

이다. 상자 B에 일을 하는 힘은 자체 무게 $m_B g$와 인장력 T이다(그림 c). B의 속도 크기는 상자 A의 속도 크기와 같다. B에 한 일은 B의 운동에너지 변화와 같으므로

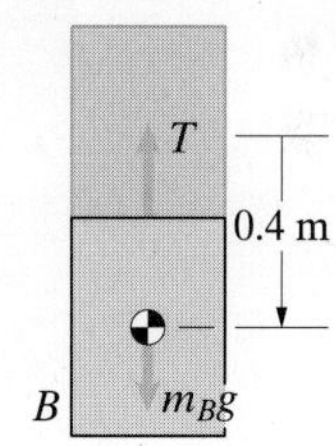

(c) B의 자유물체도.

$$\int_{s_1}^{s_2} \Sigma F_t \, ds = \tfrac{1}{2}mv_2^2 - \tfrac{1}{2}mv_1^2$$

$$\int_0^{0.4} (m_B g - T) \, ds = \tfrac{1}{2}m_B v_2^2 - 0 \quad (2)$$

이다. 식 (1)과 (2)를 더하여 T를 소거하면, 다음 식을 얻는다:

$$\int_0^{0.4} (m_A g \sin 20° - \mu_k m_A g \cos 20° + m_B g) \, ds = \tfrac{1}{2}(m_A + m_B)v_2^2$$

$$[40 \sin 20° - (0.15)(40) \cos 20° + 30](9.81)(0.4) = \tfrac{1}{2}(40 + 30)v_2^2$$

속도에 대해 풀면 $v_2 = 2.07$ m/s를 얻을 수 있다.

두 번째 방법 두 상자, 케이블, 풀리로 구성된 시스템의 자유물체도를 그림 d에 나타내었다. 케이블 인장력을 이 자유물체도에 표시하지 않도록 주의해야 한다. 풀리의 핀 지지점에서의 반작용력은 지지대가 움직이지 않으므로 일을

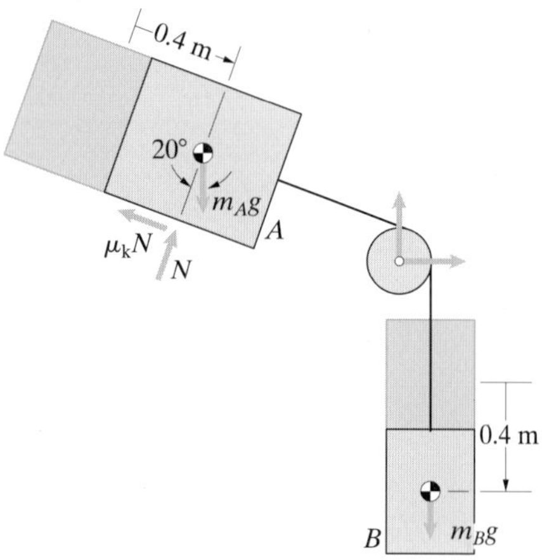

(d) 시스템의 자유물체도.

하지 않는다. 상자들이 400 mm를 움직이는 동안 외력들이 시스템에 한 전체 일은 시스템의 총 운동에너지 변화와 같다:

$$\int_0^{0.4} [m_Ag \sin 20° - \mu_k(m_Ag \cos 20°)]\, ds + \int_0^{0.4} m_Bg\, ds$$

$$= \tfrac{1}{2}m_Av_2^2 + \tfrac{1}{2}m_Bv_2^2 - 0$$

$$[40 \sin 20° - (0.15)(40) \cos 20° + 30](9.81)(0.4) = \tfrac{1}{2}(40 + 30)v_2^2$$

이 식은 두 상자 각각에 일과 에너지의 원리를 적용하여 얻은 식과 동일하다.

| 비판적 사고 |

일과 에너지의 원리를 시스템의 개별 부품에 적용하는 대신, 전체 시스템에 적용하는 것이 더 간단한 경우가 많이 있다. 그러나 다음 예제에서 볼 수 있듯이, 시스템의 내력들이 시스템에 일을 할 수 있음을 알아야 한다.

예제 4.3 내력들에 의한 일

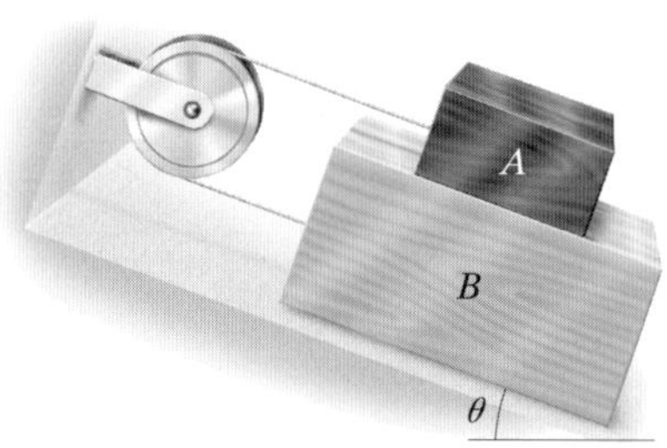

그림 4.5

그림 4.5의 두 상자 A와 B가 정지상태로부터 풀려난다. A와 B 사이의 동마찰계수는 μ_k이며, B와 경사면 사이의 마찰은 무시할 수 있다. 상자들이 b만큼 움직였을 때 상자들의 속도는 얼마인가?

| 전략 |

각 상자에 일과 에너지의 원리를 적용하면, 케이블의 인장력과 속도로 표현된 두 식을 얻을 수 있다.

| 풀이 |

그림 a와 b에 두 상자의 자유물체도를 그렸다. 경사면에 수직인 A의 가속도는 0이므로 $N = m_Ag \cos\theta$이다. A와 B의 속도의 크기는 같다(그림 c). A에 행해진 일은 A의 운동에너지의 변화량과 같다:

$$U_{12} = \tfrac{1}{2}m_Av_2^2 - \tfrac{1}{2}m_Av_1^2$$

$$\int_0^b (T - m_Ag \sin\theta - \mu_k m_Ag \cos\theta)\, ds = \tfrac{1}{2}m_Av_2^2 \qquad (1)$$

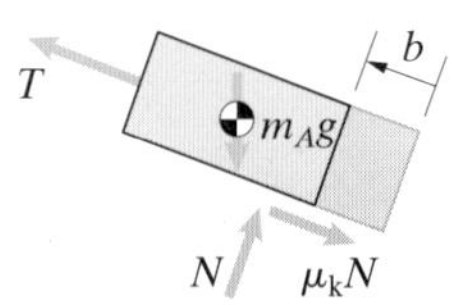

(a) A의 자유물체도.

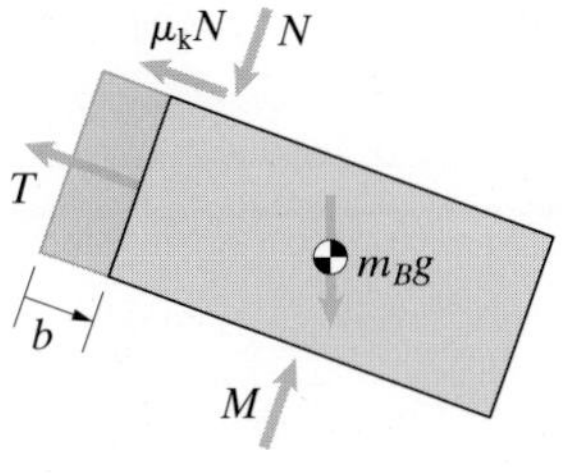

(b) B의 자유물체도.

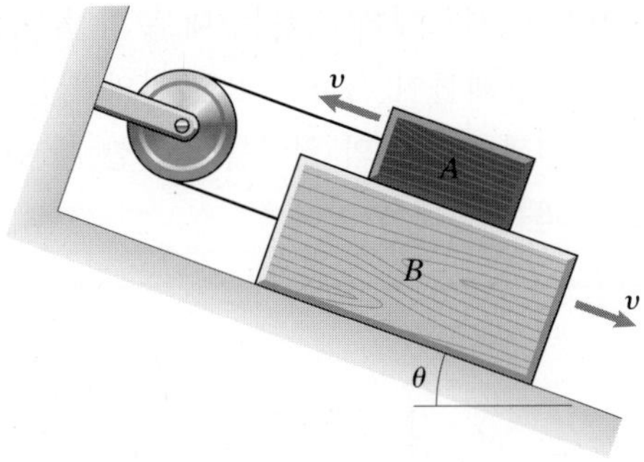

(c) 각 상자의 속도의 크기는 동일하다.

B에 행해진 일도 B의 운동에너지 변화량과 같다:

$$U_{12} = \tfrac{1}{2}m_B v_2^2 - \tfrac{1}{2}m_B v_1^2$$

$$\int_0^b (-T + m_B g \sin\theta - \mu_k m_A g \cos\theta)\, ds = \tfrac{1}{2}m_B v_2^2 \qquad (2)$$

위의 두 식을 더하여 T를 소거하고 v_2에 대해 풀면, 다음 결과를 얻을 수 있다:

$$v_2 = \sqrt{2gb[(m_B - m_A)\sin\theta - 2\mu_k m_A \cos\theta]/(m_A + m_B)}$$

| 비판적 사고 |

만일 상자들과 케이블, 풀리를 모두 하나의 시스템으로 보고 일과 에너지의 원리를 적용하여 이 예제를 풀려고 하면(그림 d), 잘못된 결과를 얻게 된다. 외력이 한 일을 시스템의 총 운동에너지 변화량과 같다고 놓으면, 다음 식을 얻게 된다:

$$\int_0^b m_B g \sin\theta\, ds - \int_0^b m_A g \sin\theta\, ds = \tfrac{1}{2}m_A v_2^2 + \tfrac{1}{2}m_B v_2^2$$

$$(m_B g \sin\theta)b - (m_A g \sin\theta)b = \tfrac{1}{2}m_A v_2^2 + \tfrac{1}{2}m_B v_2^2$$

그러나 각 상자에 대한 일과 에너지의 식 (1)과 (2)를 더하면, 다음과 같은 올바른 식을 얻게 된다:

$$\underbrace{[(m_B g \sin\theta)b - (m_A g \sin\theta)b]}_{\text{외력에 의한 일}} + \underbrace{[-(2\mu_k m_A g \cos\theta)b]}_{\text{내력에 의한 일}} = \tfrac{1}{2}m_A v_2^2 + \tfrac{1}{2}m_B v_2^2$$

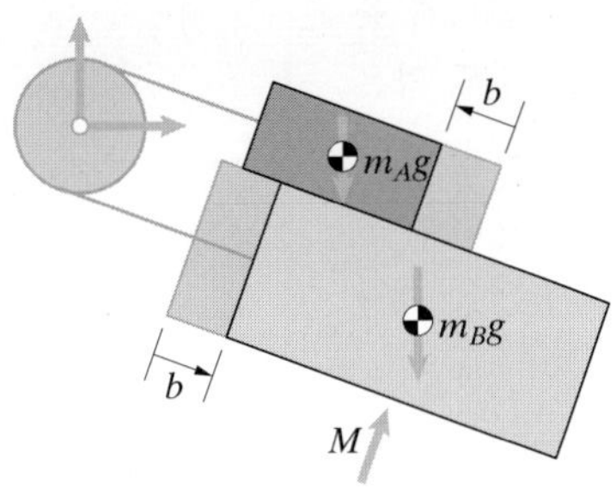

(d) 시스템의 자유물체도.

상자들이 서로에게 가하는 내부 마찰력은 시스템에 최종적으로 일을 하므로 내부 마찰력들이 시스템에 한 일의 합은 0이 아니다. 전체 시스템의 자유물체도에 일과 에너지의 원리를 적용할 때 이 일을 고려하지 않았기 때문에 잘못된 결과를 얻게 되었다.

연습문제

4.1 비행기의 무게는 533.8 kN이다. 이륙을 위해 비행기가 활주로에서 달리는 동안, 비행기는 77.7 m/s의 속도까지 가속을 한다. 이 동안 비행기에 가해지는 힘들이 비행기에 하는 일의 양은 얼마인가?

문제 4.1

4.2 헬리콥터의 질량은 9300 kg이다. 헬리콥터는 107,000 N의 일정한 추력(thrust)을 가하는 회전날개(rotor)에 의해 수직으로 이륙한다. 일과 에너지의 원리를 이용하여, 헬리콥터가 10 m 올라갔을 때의 속도를 구하라.

문제 4.2

4.3 100 N의 물체가 매끄러운 경사면에서 정지상태로부터 출발하며, $F = 65$ N의 일정한 힘을 받는다.

(a) 물체가 처음 위치로부터 3 m만큼 위로 미끄러져 올라가는 동안 물체에 가해지는 힘들이 한 일의 양은 얼마인가?

(b) 일과 에너지의 원리를 이용하여, 물체가 표면을 따라 3 m 위로 미끄러져 올라갈 때 물체의 속도 크기를 구하라.

4.4 문제 4.3에서 물체와 경사면 사이의 동마찰계수가 $\mu_k = 0.2$인 경우에 대해 문제를 풀어라.

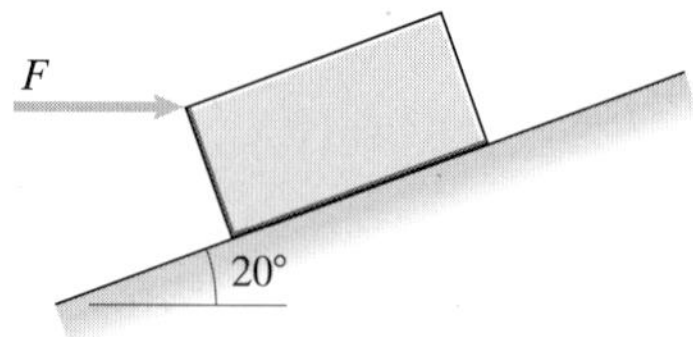

문제 4.3/4.4

4.5 0.45 kg의 축구공이 지면 위 1 m 높이에서 12 m/s의 속도로 위로 차올려진다.

(a) 공이 지면 위 1 m 높이에서 4 m 높이까지 올라가는 동안 공의 무게가 공에 하는 일은 얼마인가?

(b) 일과 에너지의 원리를 이용하여 공이 지면 위 4 m 높이가 되었을 때 공의 속도 크기를 구하라.

(c) 일과 에너지의 원리를 이용하여 공이 도달하게 되는 지면 위 최고높이를 구하라.

4.6 정지상태의 공을 12 m/s의 속도로 위로 찬다고 가정하자. 킥(kick)의 지속시간은 0.02 s이다. 킥을 하는 동안 공에 전달되는 평균 일률은 얼마인가?

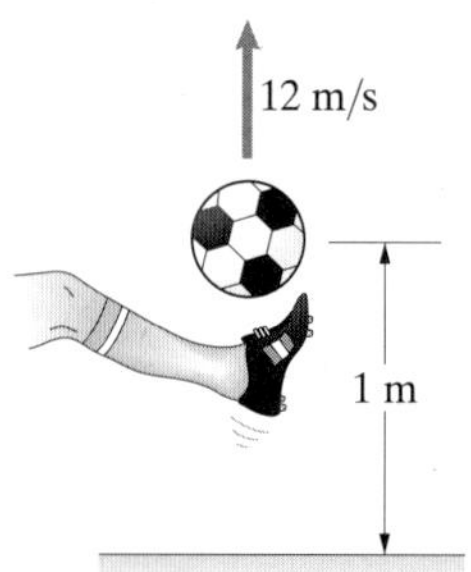

문제 4.5/4.6

4.7 2000 N의 경주용 차가 정지상태에서 출발하여 1/4 km 코스를 주행한다. 전체 타이어와 도로 사이의 마찰은 차에 1690 N의 일정한 힘을 가한다.

(a) 이 차가 코스를 주행하는 동안 차에 행해진 일은 얼마인가?

(b) 일과 에너지의 원리를 이용하여 이 차가 결승선을 지날 때의 속도를 km/h로 구하라.

4.8 문제 4.7에서 차가 1/4 km 코스를 주행하는 동안, 차에 전달된 (a) 최대 일률과 (b) 평균 일률을 구하라.

문제 4.7/4.8

4.9 10,000 kg의 비행기가 이륙을 위해 주행하는 동안, 비행기의 엔진이 비행기에 가하는 힘의 접선방향 성분은 크기가 일정하며 60 kN과 같다. 비행기에 가해지는 다른 힘들을 무시하고, 일과 에너지의 원리를 이용하여 비행기가 500 m 주행했을 때의 속도를 구하라.

4.10 문제 4.9의 비행기가 500 m 주행하는 동안 비행기에 전달된 (a) 최대 일률과 (b) 평균 일률을 구하라.

4.11 문제 4.9에서 공기역학적 항력(drag)을 고려할 때, 비행기에 가해진 힘의 접선방향 성분은 비행기가 주행한 거리 s(m 단위)의 함수로서 다음 식으로 주어진다:

$$\Sigma F_t = 60e^{-0.0024s}\ \text{kN}$$

일과 에너지의 원리를 이용하여 비행기가 500 m 주행했을 때의 속도를 구하라.

문제 4.9 – 4.11

4.12 $s = 0$일 때 스프링($k = 20$ N/m)은 변형되지 않은 상태이다. 위치 $s = 0$에서 5 kg의 카트(cart)에 경사면 아래쪽으로 4 m/s의 속도가 주어진다.

(a) 카트가 $s = 0$에서 $s = 2$ m까지 움직이는 동안 카트의 무게와 스프링이 카트에 한 일은 얼마인가?

(b) $s = 2$ m에서 카트의 속도 크기는 얼마인가?

4.13 문제 4.12의 카트가 처음 위치에 대해 경사면을 따라 이동한 최대 거리는 얼마인가?

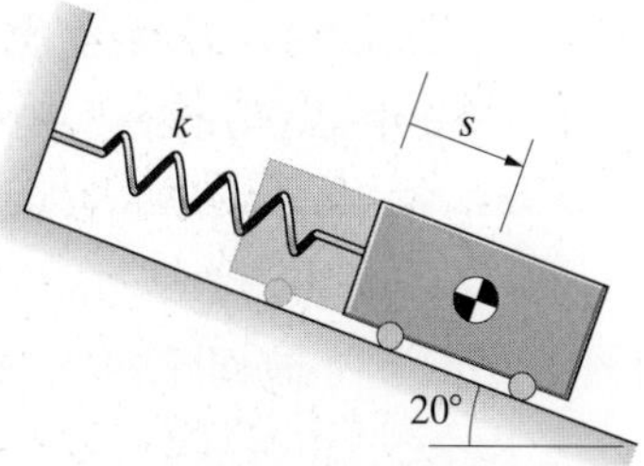

문제 4.12/4.13

4.14 충돌방호벽 시제품이 찌그러지면서 방호벽이 자동차에 가하는 힘은 $F = -(4400 + 50{,}000\ s)$ N이다. 여기서 s는 최초 접촉점으로부터의 거리(m)이다. 100 km/h의 속도로 달리는 2400 kg의 차를 정지시킬 수 있도록 방호벽을 설계하려고 한다. 방호벽의 필요한 유효길이는 얼마인가? 즉, 방호벽이 자동차를 정지시키는 데 필요한 거리는 얼마인가?

4.15 문제 4.14에서 자동차와 방호벽의 충돌 지속시간은 0.33초이다. 충돌하는 동안 자동차로부터 전달된 평균 일률은 얼마인가?

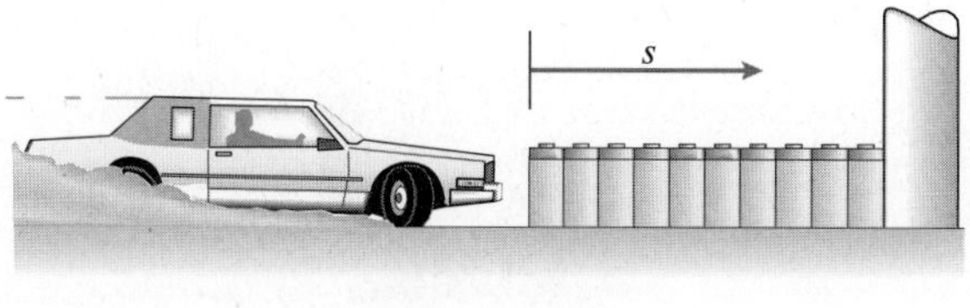

문제 4.14/4.15

4.16 공대 학생들이 태양 전지 자동차를 만들어 반경이 1000 m인 원형 트랙에서 시험을 하고 있다. 승차 인원을 포함한 무게가 460 N인 자동차가 정지상태에서 출발한다. 차에 가해지는 합력의 접선 성분은

$$\Sigma F_t = 30 - 0.2s \text{ N}$$

이며, 여기서 s는 차가 출발 위치로부터 트랙을 따라 주행한 거리(m)이다.

(a) 차가 $s = 120$ m만큼 주행했을 때, 차에 행해진 일을 계산하라.

(b) 차가 $s = 120$ m 위치에 있을 때, 도로가 차의 타이어에 가하는 전체 수평력의 크기를 구하라.

4.17 그림의 순간에서 160 N의 장대높이뛰기 선수의 질량중심은 지면으로부터 8.5 m 높이에 있으며, 이 선수의 속도의 수직방향 성분은 4 m/s이다. 구부러진 장대가 펴지면서 장대가 선수에게 $180 + 2.8y^2$ N 크기의 수직방향 힘을 가한다. 여기서 y는 그림의 순간에서 선수의 질량중심의 수직 높이를 기준으로 한 선수의 상대적인 높이이다. 이 힘은 $y = 0$에서부터 선수가 장대를 놓는 $y = 4$ m까지 선수에게 가해진다. 선수의 질량중심이 도달하게 되는 지면으로부터의 최대 높이는 얼마인가?

문제 4.17

4.18 $s = 0$일 때 스프링은 변형되지 않은 상태이다. 4 kg의 질량이 $s = 0$일 때 정지상태에서 놓여지며, 0.2 m 낙하한 후 다시 튀어오른다.

(a) 일과 에너지의 원리를 이용하여 스프링상수 k를 구하라.

(b) 질량이 낙하하면서 얻게 되는 최대 속도는 얼마인가? 또 최대 속도가 일어나는 위치는 어디인가?

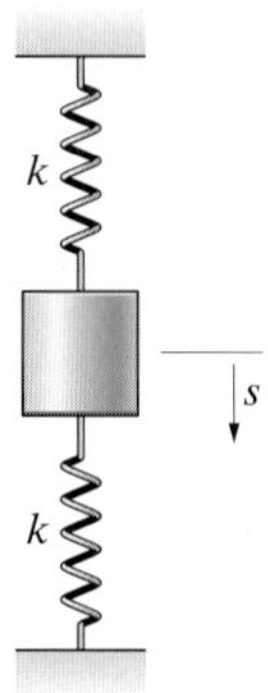

문제 4.18

4.19 160 kg의 나무상자와 경사면 사이의 마찰계수가 $\mu_s = 0.3$과 $\mu_k = 0.28$이다.

(a) 나무상자가 경사면을 따라 올라가도록 하기 위해 권양기(捲楊機; winch)가 가해야 할 인장력 T_0는 얼마인가?

(b) 나무상자가 미끄러지기 시작한 후에도 인장력이 일정한 값 T_0를 유지한다면, 상자가 경사면에서 $s = 3$ m만큼 미끄러져 올라가는 동안 상자에 행해진 전체 일을 구하고, 이때의 상자 속도를 계산하라.

4.20 문제 4.19에서 나무상자가 미끄러지기 시작한 후 권양기가 인장력 $T = T_0(1 + 0.1s)$를 가한다면, 나무상자가 경사로를 따라 $s = 3$ m만큼 미끄러져 올라가는 동안 상자에 행해진 전체 일을 구하고, 이때의 상자 속도를 계산하라.

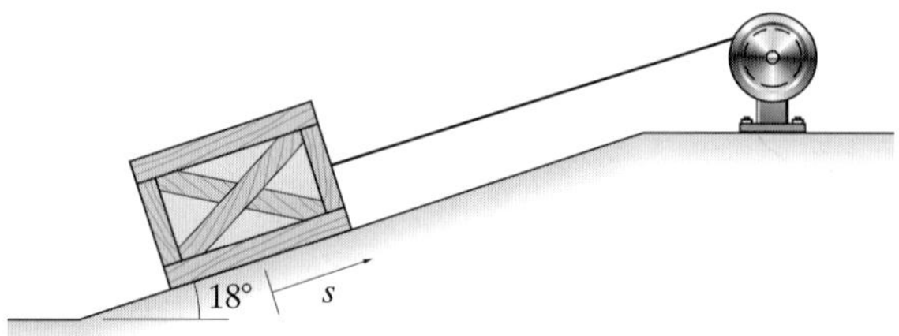

문제 4.19/4.20

4.21 직경이 200 mm인 가스총에서 8 kg 발사체의 좌측이 압력 $p_0 = 1 \times 10^5$ Pa (N/m^2)의 가스로 채워져 있다. 힘 F가 서서히 증가하여 발사체를 현재 위치로부터 좌측으로 0.5 m만큼 이동시킨 후, 힘이 제거되면 발사체는 우측으로 가속된다. 마찰을 무시하고 가스의 압력이 식 pV = constant에 의해 가스의 체적과 연관된다고 가정하면, 발사체가 원래 위치로 돌아왔을 때 발사체의 속도는 얼마가 되는가?

4.22 문제 4.21에서 가스가 압축되는 동안(등온 과정), 가스의 압력과 체적은 $pV = \text{constant}$ 식의 관계를 가지며, 가스가 팽창되는 동안(등엔트로피 과정)은 $pV^{1.4} = \text{constant}$ 식의 관계를 갖는다고 가정하면, 발사체가 원래 위치로 돌아왔을 때의 속도는 얼마가 되는가?

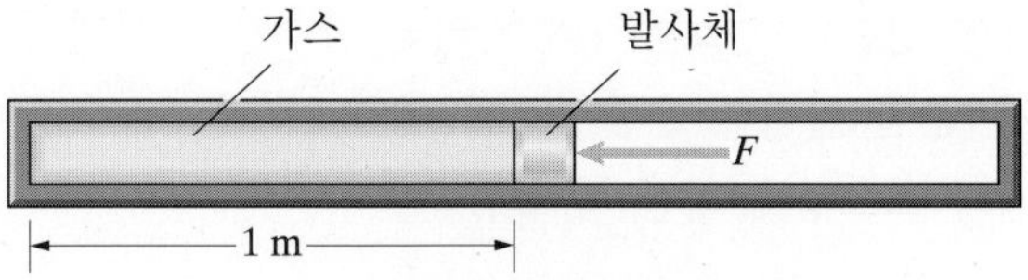

문제 4.21/4.22

4.23 시스템이 정지상태에서 놓여진다. 두 질량에 일과 에너지의 원리를 적용하여, 오른쪽 질량이 1 m 낙하했을 때 두 추의 속도 크기를 구하라.

문제 4.23

4.24 시스템이 정지상태에서 놓여진다. 4 kg의 질량이 매끄러운 수평면 위에서 미끄러진다. 일과 에너지의 원리를 이용하여, 20 kg의 질량이 1 m 내려갔을 때 두 질량의 속도 크기를 구하라.

4.25 문제 4.24에서, 4 kg의 질량과 수평면 사이의 동마찰계수가 $\mu_k = 0.4$인 경우에 대해 문제를 다시 풀어라.

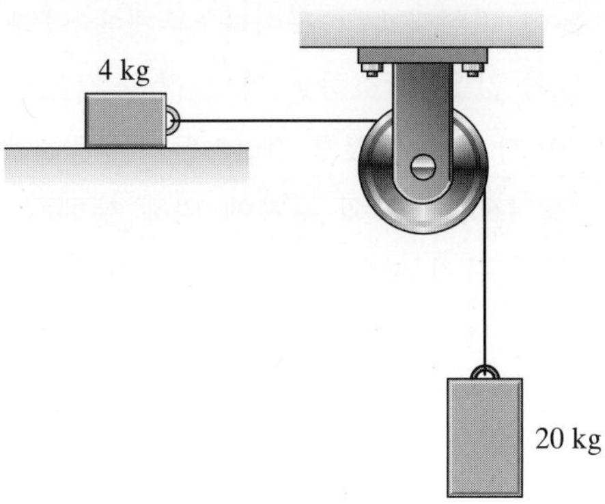

문제 4.24/4.25

4.26 각 상자의 무게가 50 N이며, 경사면은 매끄럽다. 두 상자가 1 m 움직였을 때의 속도 크기를 구하라.

4.27 문제 4.26에서, 상자와 경사면 사이의 동마찰계수가 $\mu_k = 0.05$인 경우에 대해 문제를 다시 풀어라.

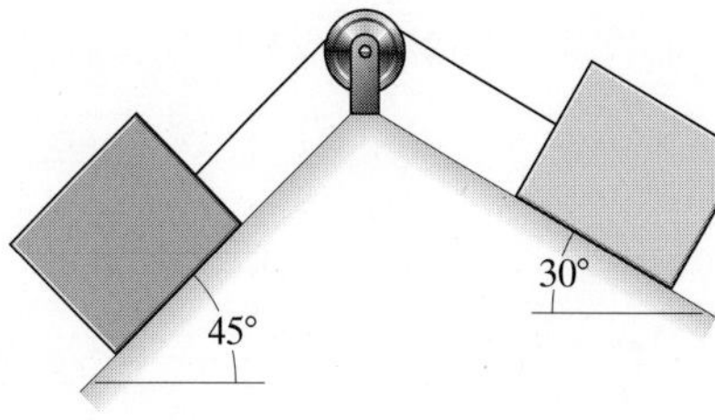

문제 4.26/4.27

4.28 세 블록의 질량이 $m_A = 40$ kg, $m_B = 16$ kg, $m_C = 12$ kg이다. 블록 C를 붙들고 있는 막대의 질량과 마찰력은 무시한다. A와 B 각각에 일과 에너지의 원리를 적용하여 이들이 500 mm 움직였을 때의 속도 크기를 구하라.

4.29 문제 4.28에서 A와 B, 연결용 케이블과 풀리를 하나의 시스템으로 보고 일과 에너지의 원리를 적용하여 문제를 풀어라.

4.30 문제 4.28에서 모든 표면 사이의 동마찰계수가 $\mu_k = 0.1$이라면, A와 B가 500 mm만큼 움직였을 때의 속도 크기를 구하라.

전략: 가장 간단한 방법은 A와 B 각각에 일과 에너지의 원리를 적용하는 것이다. 만일 A와 B를 하나의 시스템으로 취급한다면, 내부 마찰력이 한 일을 고려해야 한다. (예제 4.3 참조.)

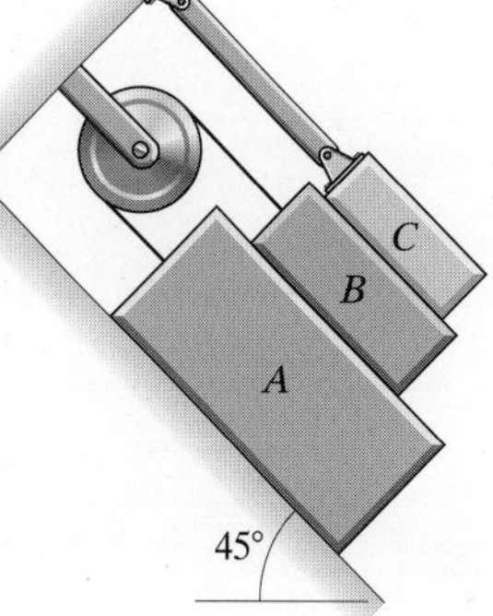

문제 4.28 – 4.30

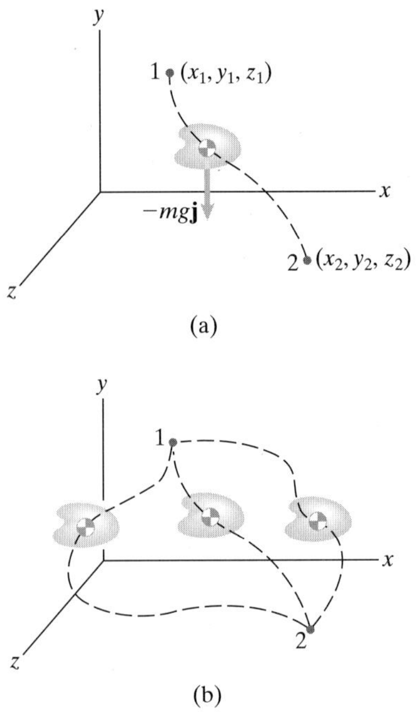

그림 4.6
(a) 두 위치 사이에서 움직이는 물체.
(b) 무게가 한 일은 어떤 경로에 대해서도 동일하다.

4.3 특정 힘들에 의한 일

만일 물체에 작용하는 전체 외력의 접선방향 성분이 물체가 움직이는 경로 상에서의 거리의 함수로 주어진다면, 물체의 위치 변화와 속도 변화를 관련시키기 위해 일과 에너지의 원리를 이용할 수 있다. 그러나 어떤 종류의 힘들에 대해서는, 힘의 접선방향 성분이 경로에서의 거리의 함수로 주어지지 않아도 일을 계산할 수 있을 뿐만 아니라 운동경로에 대해 알 필요조차 없다. 두 가지 중요한 예가 무게와 스프링에 의한 힘이다.

무게

물체의 무게가 한 일을 계산하기 위해, y축이 위를 가리키도록 직각좌표계의 방향을 정하고, 물체가 좌표 (x_1, y_1, z_1)의 위치 1에서 좌표 (x_2, y_2, z_2)의 위치 2까지 움직인다고 가정하자(그림 4.6a). 자체 무게에 의한 힘은 $\mathbf{F} = -mg\mathbf{j}$이다. (다른 힘들이 물체에 작용할 수도 있으나, 물체의 무게에 의한 일에만 관심이 있다.) $\mathbf{v} = d\mathbf{r}/dt$이므로 직각좌표계에서 표현된 속도에 dt를 곱하여 벡터 $d\mathbf{r}$에 대한 표현을 얻을 수 있다. 즉,

$$d\mathbf{r} = \left(\frac{dx}{dt}\mathbf{i} + \frac{dy}{dt}\mathbf{j} + \frac{dz}{dt}\mathbf{k}\right)dt = dx\,\mathbf{i} + dy\,\mathbf{j} + dz\,\mathbf{k}$$

이고, $\mathbf{F}$와 $d\mathbf{r}$의 내적을 취하면,

$$\mathbf{F}\cdot d\mathbf{r} = (-mg\mathbf{j})\cdot(dx\,\mathbf{i} + dy\,\mathbf{j} + dz\,\mathbf{k}) = -mg\,dy$$

이다. 물체가 위치 1에서 위치 2까지 움직이는 동안 물체에 한 일은 다음과 같이 y에 대한 적분으로 표시된다:

$$U_{12} = \int_{\mathbf{r}_1}^{\mathbf{r}_2} \mathbf{F}\cdot d\mathbf{r} = \int_{y_1}^{y_2} -mg\,dy$$

적분을 계산하면, 물체가 두 지점 사이에서 움직이는 동안 물체의 무게가 한 일을 구할 수 있다. 즉,

$$U_{12} = -mg(y_2 - y_1) \tag{4.11}$$

이다. 일은 단지 무게와 물체 높이 변화량과의 곱이다. 무게에 의해 물체에 행해진 일은 높이가 증가하면 음의 값을, 감소하면 양의 값을 갖는다. **물체에 행해진 일은 물체가 위치 1에서 2까지 어떤 경로를 따라가든지 무관하게 동일한 값을 갖는다는 점에 유의하라**(그림 4.6b). 물체의 무게에 의해 행해진 일을 구하기 위해서는 경로를 알 필요 없이 단지 처음 위치와 최종 위치의 상대적인 높이 차이만 알면 된다.

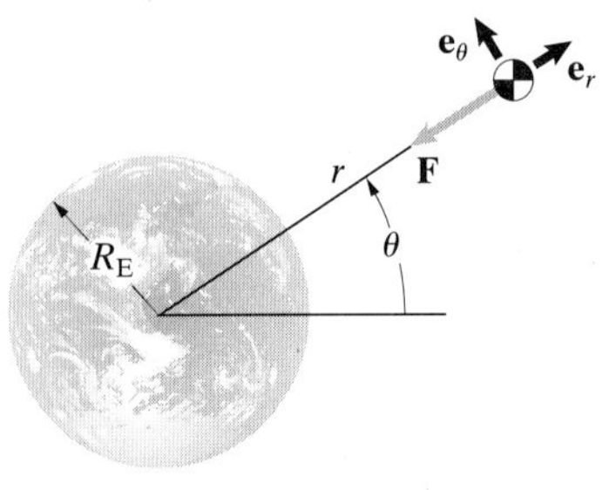

그림 4.7
물체의 무게를 극좌표로 표현함.

지구중심으로부터의 거리에 따른 물체 무게의 변화를 고려한다면 물체 무게에 의해 행해진 일은 얼마인가? 지구중심으로부터 거리 r에 있는 물체의 무게를 극좌표로 나타내면 다음과 같다(그림 4.7):

$$\mathbf{F} = -\frac{mgR_E^2}{r^2}\mathbf{e}_r$$

속도에 대한 극좌표 표현을 이용하면, 벡터 $d\mathbf{r} = \mathbf{v}\,dt$에 대해 다음 식을 얻는다:

$$d\mathbf{r} = \left(\frac{dr}{dt}\mathbf{e}_r + r\frac{d\theta}{dt}\mathbf{e}_\theta\right)dt = dr\,\mathbf{e}_r + r\,d\theta\,\mathbf{e}_\theta \tag{4.12}$$

F와 $d\mathbf{r}$의 내적은

$$\mathbf{F}\cdot d\mathbf{r} = \left(-\frac{mgR_E^2}{r^2}\mathbf{e}_r\right)\cdot(dr\;\mathbf{e}_r + r\,d\theta\,\mathbf{e}_\theta) = -\frac{mgR_E^2}{r^2}dr$$

이므로, 일은 r에 대한 적분으로 표현된다. 즉,

$$U_{12} = \int_{\mathbf{r}_1}^{\mathbf{r}_2}\mathbf{F}\cdot d\mathbf{r} = \int_{r_1}^{r_2} -\frac{mgR_E^2}{r^2}dr$$

이다. 적분을 계산하면 높이에 따른 물체 무게의 변화를 고려한, 물체 무게가 한 일을 다음과 같이 구할 수 있다:

$$U_{12} = mgR_E^2\left(\frac{1}{r_2} - \frac{1}{r_1}\right) \tag{4.13}$$

이 경우에도 일은 위치 1에서 위치 2까지의 경로와 무관하다. 일을 계산하기 위해서는 두 위치의 지구중심으로부터의 반경방향 거리만 알면 된다.

스프링

물체가 선형 스프링에 의해 고정 지지대에 연결되어 있다고 가정하자. 물체에 가해지는 힘을 극좌표(그림 4.8)로 나타내면,

$$\mathbf{F} = -k(r - r_0)\mathbf{e}_r$$

이다. 여기서 k는 스프링상수이며, r_0는 스프링의 변형되지 않은 원래 길이이다. 식 (4.12)를 이용하면, **F**와 $d\mathbf{r}$의 내적은 다음과 같다:

$$\mathbf{F}\cdot d\mathbf{r} = [-k(r - r_0)\mathbf{e}_r]\cdot(dr\,\mathbf{e}_r + r\,d\theta\,\mathbf{e}_\theta) = -k(r - r_0)\,dr$$

스프링이 한 일은 $S = r - r_0$로 정의되는 늘어난 길이(stretch)로 나타내는 것이 편리하다(늘어난 길이는 보통 길이의 증가를 의미하지만, 여기서는 좀 더 일반적으로 스프링 길이의 변화를 나타내는 말로 사용한다. 음의 부호의 늘어난 길이는 길이의 감소를 나타낸다). 이 변수 S를 이용하면 $\mathbf{F}\cdot d\mathbf{r} = -kS\,dS$이며, 일은

$$U_{12} = \int_{\mathbf{r}_1}^{\mathbf{r}_2}\mathbf{F}\cdot d\mathbf{r} = \int_{S_1}^{S_2} -kS\,dS$$

이다. 고정 지지대에 부착된 스프링이 물체에 한 일은

$$U_{12} = -\tfrac{1}{2}k(S_2^2 - S_1^2) \tag{4.14}$$

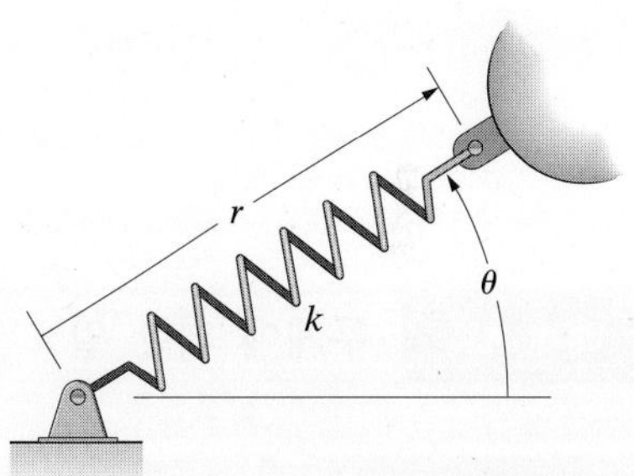

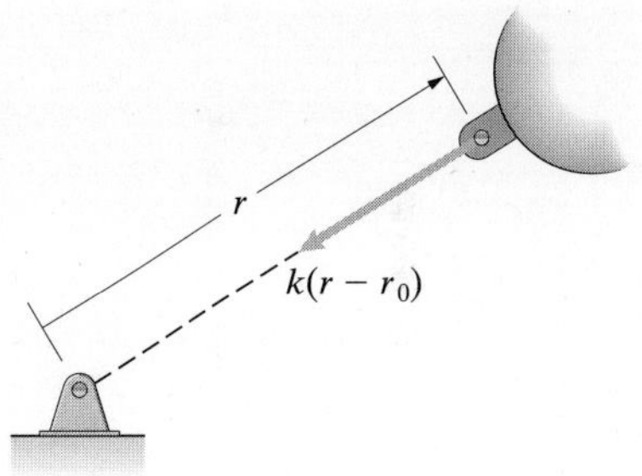

그림 4.8
선형 스프링에 의한 힘을 극좌표로 표현함.

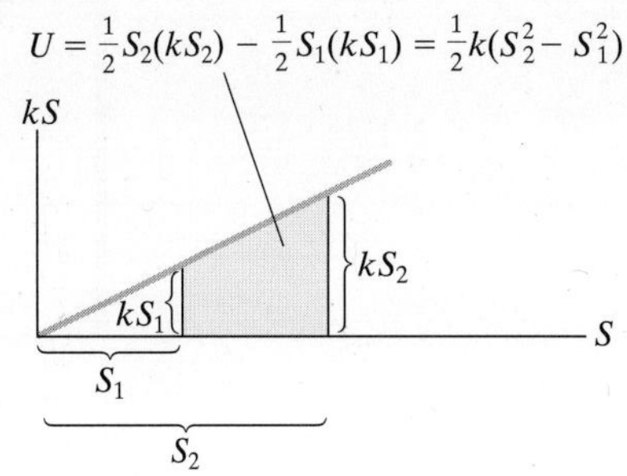

그림 4.9
스프링을 S_1에서 S_2까지 늘어나게 하기 위해 한 일. (만일 $S_2 > S_1$이면, 스프링에 한 일은 양이며 스프링이 한 일은 음이다.)

이다. 여기서 S_1과 S_2는 초기 위치와 최종 위치에서의 늘어난 길이이다. 스프링이 한 일을 구하기 위해 물체의 경로를 알 필요가 없다. 식 (4.14)는 선형 스프링에만 적용된다는 점을 명심해야 한다. 그림 4.9에서는 S의 함수인 힘의 그래프에 의해 정의된 면적을 계산함으로써 선형 스프링을 늘어나게 하기 위해 한 일을 구하였다.

연구 문제

1. 만일 물체가 위치 1에서 위치 2로 움직인다면, 물체의 무게에 의한 일을 계산하기 위해서는 무엇을 알아야 하는가?
2. 만일 물체의 높이가 증가한다면, 물체의 무게에 의한 일은 양의 값인가? 아니면 음의 값인가?
3. 스프링의 늘어난 길이(stretch)의 정의는 무엇인가?
4. 고정 지지대에 물체를 연결하고 있는 스프링의 늘어난 길이가 S_1에서 S_2로 변한다면, 스프링에 의해 물체에 행해진 일은 얼마인가?

예제 4.4 무게에 의한 일

그림 4.10의 스키선수가 위치 1에서 15 m/s의 속도로 점프대를 향해 내려간다. 이 선수가 위치 1로부터 20 m 아래에 있는 경사로의 수평 끝인 위치 2에 도달했을 때 위로 점프하여 3 m/s의 수직 속도 성분을 갖게 되었다. (점프 동작을 할 때 선수의 질량중심의 수직 위치가 조금 변하는 것은 무시한다.) 스키에 작용하는 공기역학적 항력과 마찰력은 무시한다.

(a) 위치 2에서 선수가 점프대를 떠날 때, 이 선수의 속도 크기는 얼마인가?

(b) 가장 높이 점프한 지점인 위치 3에서 선수의 속도 크기를 구하고, 위치 2에 대한 선수의 질량중심 높이를 구하라.

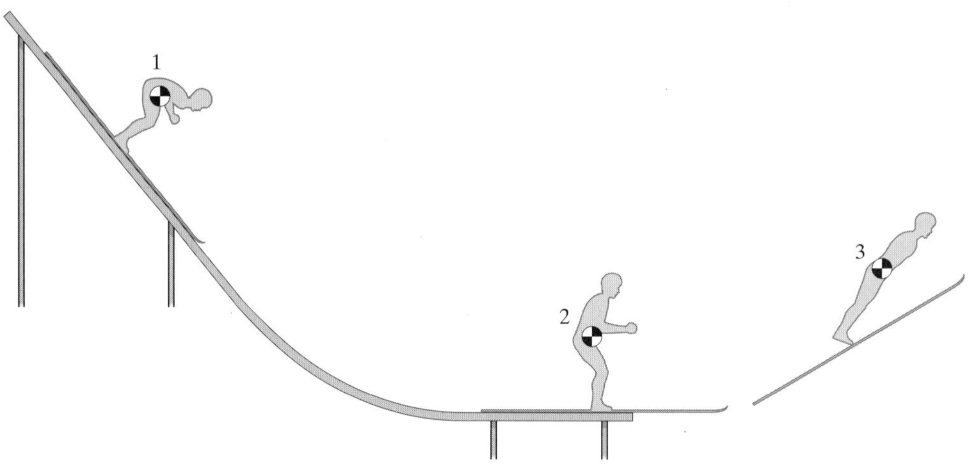

그림 4.10

| 전략 |

(a) 공기역학적 힘과 마찰력들을 무시한다면, 위치 1에서 위치 2까지 일을 하는 유일한 힘은 스키선수의 몸무게이다. 경사로가 선수의 스키에 가하는 수직력은 운동경로에 수직이므로 일을 하지 않는다. 몸무게가 한 일을 구하기 위해서는 위치 1에서 위치 2까지의 선수의 높이 변화만 알면 되므로, 일과 에너지의 원리를 적용하여 점프 직전의 위치 2에서의 선수의 속도를 구할 수 있다.

(b) 선수가 위치 2에서 점프대를 떠나 위치 3에 도달할 때까지 선수에게 작용하는 유일한 힘은 자신의 몸무게이므로, 선수의 수평 성분 속도는 일정하다. 이 사실로부터 위치 3에서의 선수의 속도 크기를 알 수 있다. 왜냐하면 위치 3은 선수가 가장 높이 점프한 위치이므로 수직 성분의 속도는 없고 수평방향으로만 움직이고 있기 때문이다. 따라서 위치 2에서 위치 3까지의 운동에 대해 일과 에너지의 원리를 적용하여 위치 2에 대한 위치 3의 상대 높이를 구할 수 있다.

| 풀이 |

(a) 위치 2에 대한 선수의 질량중심의 높이를 측정하고(그림 a), 식 (4.11)을 이용하여 선수의 몸무게에 의한 일을 계산한다. 위치 1에서 위치 2까지 일과 에너지의 원리를 적용하면 다음과 같다:

$$U_{12} = -mg(y_2 - y_1) = \tfrac{1}{2}mv_2^2 - \tfrac{1}{2}mv_1^2$$
$$-m(9.81)(0 - 20) = \tfrac{1}{2}mv_2^2 - \tfrac{1}{2}m(15)^2$$

위 식을 v_2에 대해 풀면, 선수가 위로 점프하기 전의 위치 2에서의 수평 속도가 24.8 m/s임을 알 수 있다. 위치 2에서 위로 점프한 직후의 속도 크기는 $v_2' = \sqrt{(24.8)^2 + (3)^2} = 25.0$ m/s이다.

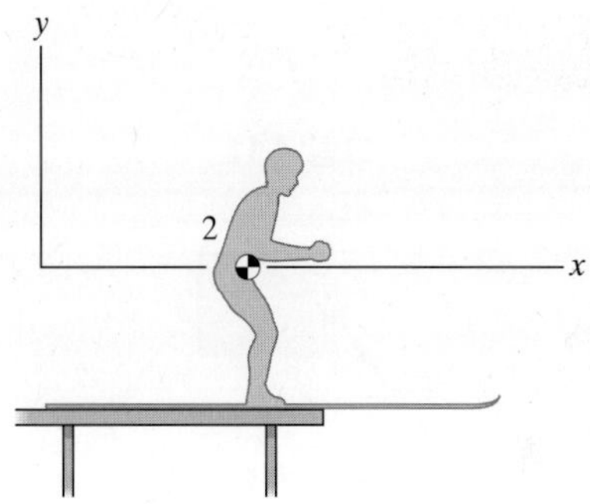

(a) 선수의 질량중심의 높이는 위치 2에 대해 상대적으로 나타낸다.

(b) 위치 3에서의 선수의 속도 크기는 위치 2에서의 속도의 수평 성분과 같다. 즉, $v_3 = v_2 = 24.8$ m/s이다. 위치 2에서 위치 3까지의 선수의 운동에 일과 에너지의 원리를 적용하면,

$$U_{23} = -mg(y_3 - y_2) = \tfrac{1}{2}mv_3^2 - \tfrac{1}{2}m(v_2')^2$$
$$-m(9.81)(y_3 - 0) = \tfrac{1}{2}m(24.8)^2 - \tfrac{1}{2}m(25.0)^2$$

이므로 $y_3 = 0.459$ m이다.

| 비판적 사고 |

왜 경사로가 스키선수에게 가하는 수직력의 효과는 고려할 필요가 없는가? 그 이유는 수직력이 선수의 이동경로와 수직이어서 아무 일도 하지 않기 때문이다. 선수의 운동을 정확히 예측하기 위해서는 경사로에 의한 마찰력과 공기역학적 힘을 고려해야 할 필요가 있다. 그럼에도 불구하고, 이 예제에서의 근사적인 해석은 선수가 하강함에 따라 중력에 의해 행해진 일이 어떻게 선수

의 운동에너지 증가로 이어지는지를 보여주는 유용한 통찰력을 제공한다. 중력에 의한 일은 선수의 경로 상의 거리가 아닌 높이 변화에 의해 결정된다는 점에 유의하라.

예제 4.5 무게와 스프링에 의한 일

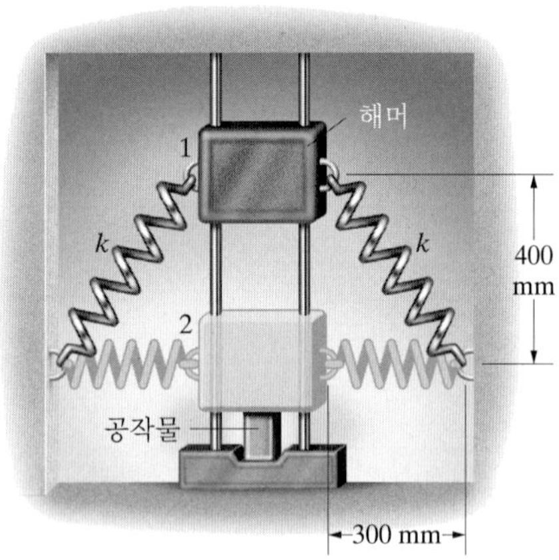

그림 4.11

그림 4.11의 단조장치에서 40 kg의 해머가 위치 1까지 올려진 다음, 정지상태에서 놓여진다. 해머가 낙하하여 위치 2에서 공작물을 때린다. 스프링상수는 $k = 1500$ N/m이며, 해머가 위치 2에 있을 때 각 스프링의 장력은 150 N이다. 마찰은 무시한다.

(a) 공작물을 때리기 직전, 해머의 속도는 얼마인가?

(b) 해머의 운동에너지가 모두 공작물에 전달된다고 가정하면, 0.02 s의 충돌 시간 동안 전달되는 평균 일률은 얼마인가?

전략

해머의 무게와 스프링에 의한 힘(그림 a)이 해머에 일을 한다. 위치 1에서 위치 2까지 해머의 운동에 일과 에너지의 원리를 적용하여 위치 2에서의 해머 속도를 구할 수 있다.

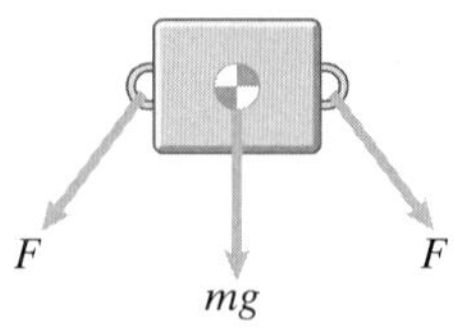

(a) 해머의 자유물체도.

풀이

(a) r_0를 스프링의 변형 전 길이라고 하자. 위치 2에서 스프링의 장력(tension)은 150 N이며, 길이는 0.3 m이다. 선형 스프링의 장력과 늘어난 길이 사이의 관계로부터 다음 식

$$150\ \text{N} = k(0.3\ \text{m} - r_0)$$
$$= (1500\ \text{N/m})(0.3\ \text{m} - r_0)$$

를 얻을 수 있으며, 이 식으로부터 $r_0 = 0.2$ m이다. 위치 1과 2에서 각 스프링의 늘어난 길이는 $S_1 = \sqrt{(0.4)^2 + (0.3)^2} - 0.2 = 0.3$ m, $S_2 = 0.3 - 0.2 = 0.1$ m이다. 식 (4.14)로부터, 위치 1에서 위치 2까지 두 스프링에 의해 해머에 행해진 전체 일은 다음과 같다:

$$U_{\text{springs}} = 2\left[-\tfrac{1}{2}k(S_2^2 - S_1^2)\right]$$
$$= -(1500\ \text{N/m})\left[(0.1\ \text{m})^2 - (0.3\ \text{m})^2\right]$$
$$= 120\ \text{N-m}$$

위치 1에서 위치 2까지 무게에 의한 일은 양의 부호이며, 무게와 높이 차이를 곱한 값과 같다. 즉,

$$U_{\text{weight}} = mg(0.4\text{ m})$$
$$= (40\text{ kg})(9.81\text{ m/s}^2)(0.4\text{ m})$$
$$= 157\text{ N-m}$$

이다. 일과 에너지의 원리로부터 다음 식

$$U_{\text{springs}} + U_{\text{weight}} = \tfrac{1}{2}mv_2^2 - \tfrac{1}{2}mv_1^2$$
$$120\text{ N-m} + 157\text{ N-m} = \tfrac{1}{2}(40\text{ kg})v_2^2 - 0$$

을 얻을 수 있으며, 이로부터 $v_2 = 3.72$ m/s이다.

(b) 해머의 운동에너지가 모두 공작물에 전달되므로, 식 (4.10)으로부터 평균 일률은 해머의 운동에너지를 충돌시간으로 나눈 값과 같다:

$$P_{\text{avg}} = \frac{(1/2)(40\text{ kg})(3.72\text{ m/s})^2}{0.02\text{ s}} = 13.8\text{ kW (kilowatts)}$$

| 비판적 사고 |

해머가 공작물에 닿을 때의 속도를 구하기 위해 Newton의 제2법칙을 사용하려고 시도해본다면, 일과 에너지의 원리에 대한 고마움을 알게 될 것이다. 스프링이 해머에 가하는 힘의 크기는 해머의 낙하 위치에 좌우된다는 점에 유의하라. 스프링에 의한 일을 구하기 위해서는 단지 스프링의 처음 길이와 최종 길이만을 알면 된다.

예제 4.6 자동 가공

그림 4.12a의 장치는 재료 시편을 A에 있는 절삭공구로 가공한다. B에 부착된 유압 액추에이터는 수평 가이드 레일 상에서 공구 고정대(toolholder)를 오른쪽으로 민다. 절삭이 완료되면 C에 부착된 스프링에 의해 공구 고정대와 유압 액추에이터가 원래 위치로 돌아오게 된다. 재료 시편의 위치는 변하며, 사이클이 반복된다. 절삭공구와 공구 고정대로 구성된 어셈블리의 자유물체도(그림 4.12b)에서, A_x와 A_y는 가공되는 시편이 절삭공구에 가하는 힘이며, B는 액추에이터가 가하는 힘이다. F는 스프링이 가하는 힘이며, N은 가이드 레일이 가하는 힘이다. 어셈블리의 질량은 $m = 22$ kg이며, 스프링의 변형 전 길이는 200 mm, 스프링상수는 $k = 1800$ N/m이다.

(a) 어셈블리가 그림의 위치에서 정지상태로부터 움직이기 시작하며, 절삭공구에 가해지는 수평력은 $A_x = 1330$ N이고, 액추에이터에 의한 힘은 $B = 1700$ N이라고 가정하자. 어셈블리가 오른쪽으로 0.05 m만큼 움직였을 때 어셈블리의 속도를 구하라.

(b) 어셈블리가 $x = 0$에서 $x = 0.15$ m까지 움직이는 동안 액추에이터로부터

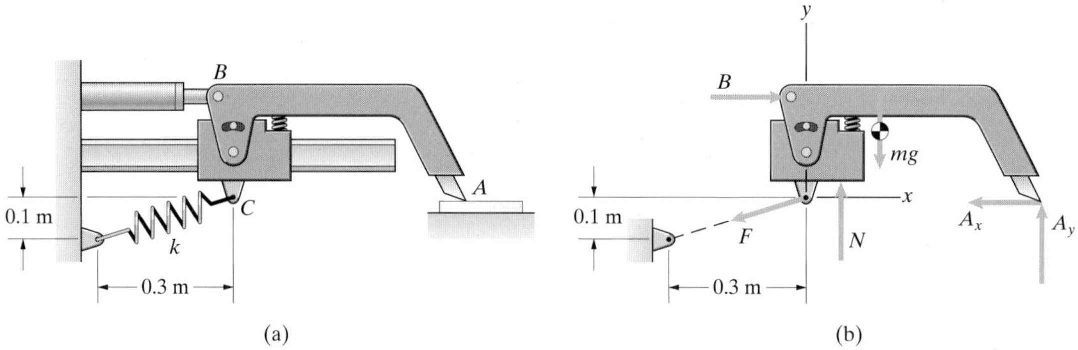

그림 4.12

전달된 최대 일률(동력)을 구하라.

| 전략 |

(a) 스프링과 수평력 A_x와 B에 의한 전체 일을 x의 함수로 구함으로써, 일과 에너지의 원리를 이용하여 어셈블리의 속도를 x의 함수로 구할 수 있다.

(b) 전달된 일률은 액추에이터에 의해 가해지는 힘과 속도의 곱과 같다. 최대 속도를 구하기 위해 속도를 x의 함수로 그래프를 그릴 것이다.

| 풀이 |

(a) 어셈블리의 초기 위치를 위치 1이라 하고, 오른쪽으로 x만큼 움직인 위치를 위치 2라고 하자. 위치 1에서 스프링의 늘어난 길이는

$$S_1 = \sqrt{(0.1)^2 + (0.3)^2} - 0.2 \text{ m}$$

이며, 위치 2에서의 늘어난 길이는

$$S_2 = \sqrt{(0.1)^2 + (0.3 + x)^2} - 0.2 \text{ m}$$

이다. 위치 1에서 위치 2까지 수평력 A_x와 B, 스프링 등 세 힘이 한 일은

$$U_{12} = (B - A_x)x - \tfrac{1}{2}k(S_2^2 - S_1^2)$$

이다. 일과 에너지의 원리를 적용하면 다음과 같다:

$$U_{12} = \tfrac{1}{2}mv_2^2 - \tfrac{1}{2}mv_1^2$$

$$(B - A_x)x - \tfrac{1}{2}k(S_2^2 - S_1^2) = \tfrac{1}{2}mv_2^2 - 0$$

$x = 0.05$ m, $A_x = 1330$ N, $B = 1700$ N, $m = 22$ kg으로 놓고 이 식을 속도에 대해 풀면 $v_2 = 0.766$ m/s를 얻는다.

(b) 그림 4.13에, $0 \le x \le 0.15$ m 범위에 대한 속도 v_2의 그래프를 그렸다. 그래프로부터, 최대 속도는 근사적으로 $x = 0.1$ m에서 일어난다고 할 수 있다. 이 위치에서 속도에 대해 풀면, $v_2 = 0.884$ m/s이다. 이 속도에서 액추에이터로부터 전달된 일률은 다음과 같다:

$$P = Bv_2 = (1700 \text{ N})(0.884 \text{ m/s}) = 1500 \text{ N-m/s (watts)}$$

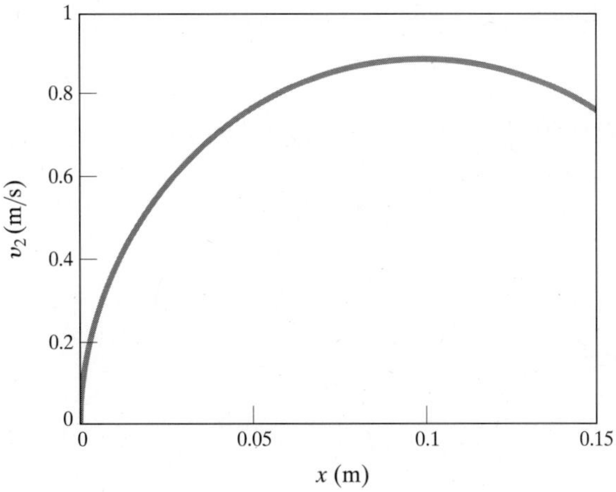

그림 4.13
x에 대한 어셈블리의 속도 그래프.

| 설계 관점 |

기계를 개발할 때, 엔지니어들은 이 기계가 설계 시 의도했던 일을 잘 실행하고 수년 동안 수백만 번 사용할 지도 모를 설계 수명기간 동안 신뢰성 있게 동작하도록 보장해야 한다. 기계는 사용이 쉽도록 설계되어야 하며, 기계를 운전하는 사람과 그 외 사람들에 대해 안전해야 한다. 또한 경제적이어야 한다. 만일 기계가 산업용이라면, 기계의 매입원가와 사용 및 유지비용이 이 기계를 사용함으로써 얻어지는 수입과 비교하여 적절해야 한다. 이러한 요구조건들에 수반되는 선택들은 종종 상충되며, 설계 엔지니어는 적절한 절충안을 찾아야 한다.

기계의 운동을 연구하기 위한 동역학의 이용은 기계의 거동을 분석하고 성능을 예측하며 그 구조가 동역학적 하중을 잘 견딜 수 있는지를 결정하는 데 필수적이다. 간단한 상황을 이용하여, 이 예제에서 일과 에너지의 원리가 기계의 운동을 해석하는 데 유용하게 쓰일 수 있음을 보여주었다. 또한 이 원리로부터 기계에 필요한 에너지에 대한 정보도 얻을 수 있다. 이 예제에서 유압 액추에이터에 의한 일은 기계공구의 각 작동 사이클에 대해 (유압 펌프에 동력을 전달하기 위해 전기에너지의 형태로) 공급되어야 하는 에너지의 근사치를 제공한다.

예제 4.7 내력들이 최종적으로 한 일

지구중심으로부터 거리 $r_1 = 2R_E$에 있는 우주선이 지구중심에 원점을 가진 비회전 기준좌표계에 대해 $v_1 = \sqrt{2gR_E/3}$의 속도 크기를 가지고 있다(그림 4.14). 우주선이 지구중심으로부터 $r_2 = 4R_E$의 거리에 있을 때 우주선의 속도 크기를 구하라.

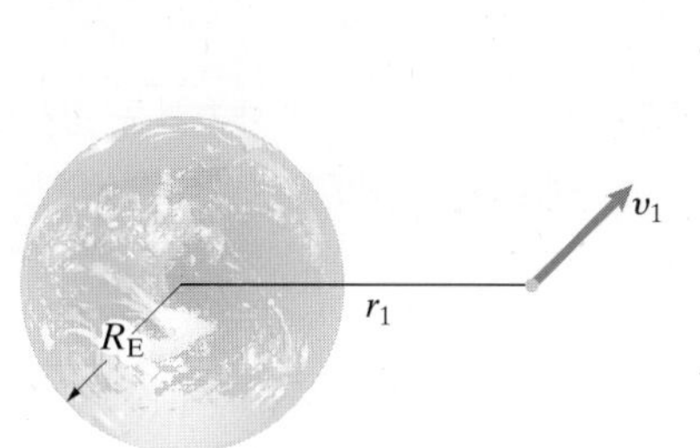

그림 4.14

| 전략 |

식 (4.13)을 적용하여 중력이 우주선에 한 일을 구함으로써, 일과 에너지의 원리를 이용하여 우주선의 속도 크기를 구할 수 있다.

| 풀이 |

식 (4.13)으로부터, 우주선이 지구중심으로부터 거리 r_1에서 거리 r_2까지 움직이는 동안 중력에 의해 행해진 일은

$$U_{12} = mgR_E^2\left(\frac{1}{r_2} - \frac{1}{r_1}\right)$$

이다. 우주선이 지구중심으로부터 r_2의 거리에 있을 때 우주선의 속도 크기를 v_2라고 하자. 일과 에너지의 원리를 적용하면 다음 식을 얻는다:

$$U_{12} = mgR_E^2\left(\frac{1}{r_2} - \frac{1}{r_1}\right) = \frac{1}{2}mv_2^2 - \frac{1}{2}mv_1^2$$

v_2에 대해 풀면 다음과 같다:

$$v_2 = \sqrt{v_1^2 + 2gR_E^2\left(\frac{1}{r_2} - \frac{1}{r_1}\right)}$$

$$= \sqrt{\left(\frac{2gR_E}{3}\right) + 2gR_E^2\left(\frac{1}{4R_E} - \frac{1}{2R_E}\right)}$$

$$= \sqrt{\frac{gR_E}{6}}$$

따라서 $v_2 = v_1/2$이다.

| 비판적 사고 |

우주선이 지구중심으로부터 다른 거리에 도달했을 때의 속도 크기를 구하기 위해 우주선의 초기 속도의 방향은 기술할 필요가 없었다는 점에 유의하라. 이것은 일과 에너지 원리의 장점과 한계를 동시에 나타내는 것이다. 초기 속도의 방향을 안다고 해도 일과 에너지의 원리는 다른 거리에서의 속도의 크기만을 알려줄 뿐이다.

연습문제

4.31 10 N의 상자 A가 매끄러운 경사면을 따라 정지상태로부터 2 m를 미끄러져 내려간다.

(a) 식 (4.8)을 이용하여 상자의 무게가 상자에 한 일을 구하라.

(b) 식 (4.11)을 이용하여 상자의 무게가 상자에 한 일을 구하라.

(c) 상자가 얻게 되는 속도의 크기를 구하라.

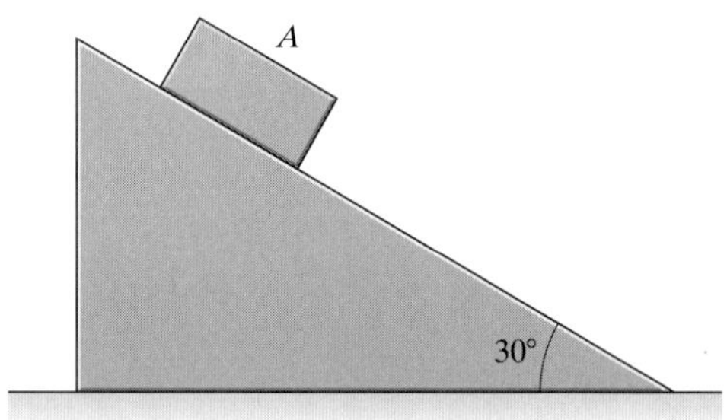

문제 4.31

4.32 61 m 높이의 절벽 모서리에서 그림과 같이 돌멩이를 세 방향으로 9.1 m/s의 속도로 던진다고 가정하자. 공기역학적 항력(drag)을 무시하고, 일과 에너지의 원리를 이용하여 각 경우에 대해 돌멩이가 땅에 떨어지기 직전의 속도 크기를 구하라.

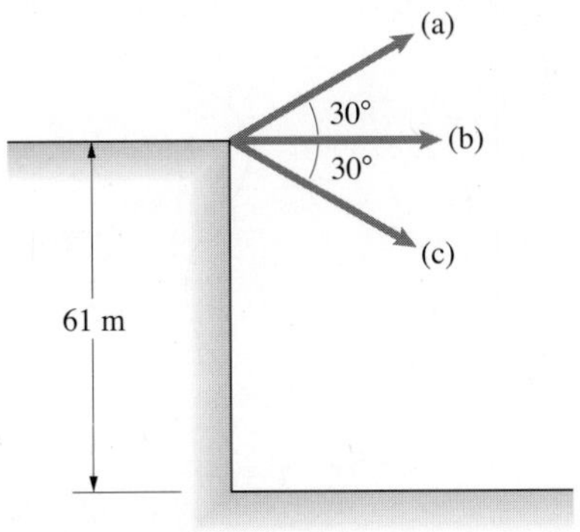

문제 4.32

4.33 30 kg의 상자가 위치 1에서 1 m/s의 속도로 매끄러운 면을 따라 미끄러져 내려간다. 각 경우에 대해, 위치 2에서의 상자의 속도 크기를 구하라.

4.34 문제 4.33에서 상자와 경사면 사이의 동마찰계수를 $\mu_k = 0.2$라고 하고 문제를 다시 풀어라.

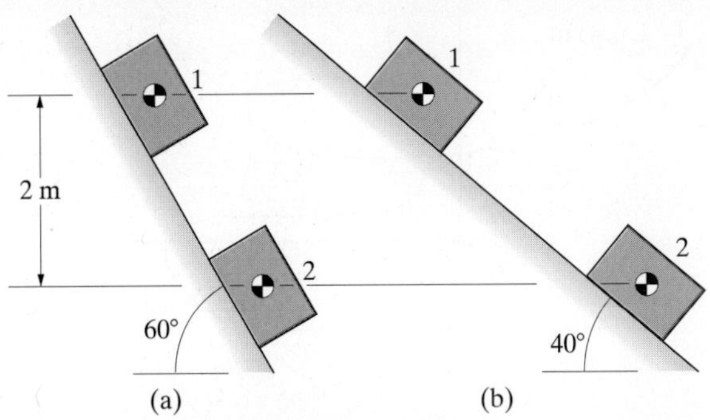

문제 4.33/4.34

4.35 (a)의 경우, 5 N의 공이 위치 1에서 정지상태로부터 위치 2까지 낙하한다. (b)의 경우, 공이 정지상태에서 놓인 후, 위치 2까지 회전한다. 각 경우에 대해, 일과 에너지의 원리를 이용하여 위치 2에서의 공의 속도 크기를 구하라. [(b)의 경우, 줄이 공에 가하는 힘은 공의 경로에 수직임을 유의하라.]

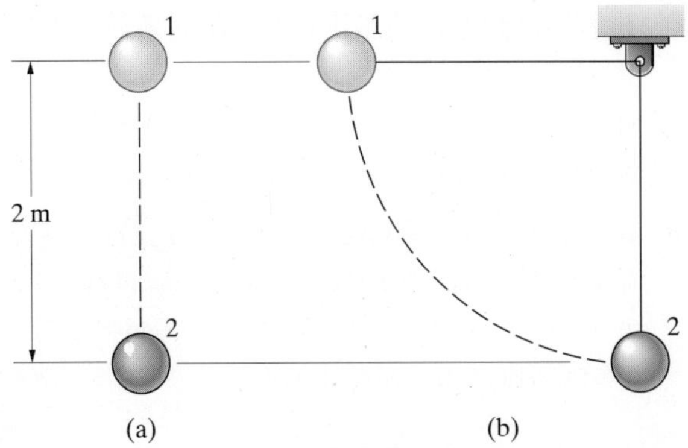

문제 4.35

4.36 2 kg의 공이 줄이 수평인 위치 1에서 정지상태로부터 놓여진다. 줄의 길이는 $L = 1$ m이다. 공이 위치 2에 도달할 때 공의 속도 크기는 얼마인가?

4.37 2 kg의 공이 줄이 수평인 위치 1에서 정지상태로부터 놓여진다. 줄의 길이는 $L = 1$ m이다. 공이 위치 2에 도달할 때 줄의 장력(tension)은 얼마인가?
전략: 공이 위치 2에 있을 때 공의 자유물체도를 그리고, Newton의 제2법칙을 법선 성분 및 접선 성분에 의해 나타내어라.

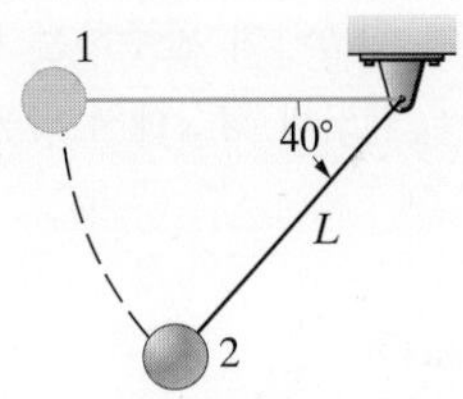

문제 4.36/4.37

4.38 철거기(wrecker)의 400 N인 쇠공이 25 m 길이의 케이블 끝에서 흔들린다. 위치 1에서 쇠공의 속도 크기가 4 m/s 이면, 위치 2에서 벽을 치기 직전의 쇠공의 속도 크기는 얼마인가?

4.39 철거기(wrecker)의 400 N인 쇠공이 25 m 길이의 케이블 끝에서 흔들린다. 위치 1에서 쇠공의 속도 크기가 4 m/s 이면, 쇠공이 위치 1에서 위치 2까지 흔들리는 동안, 케이블의 최대 장력은 얼마인가?

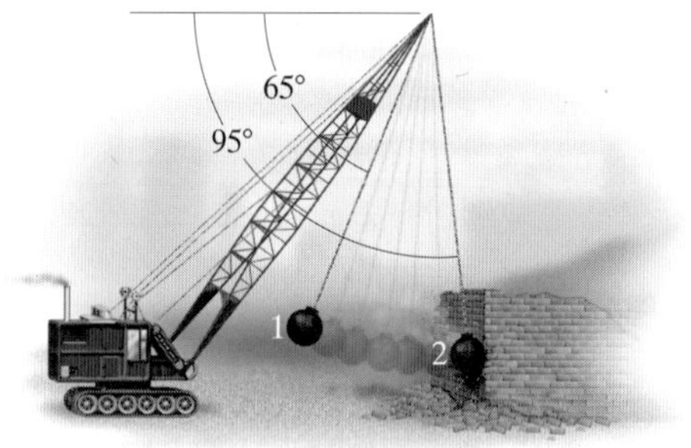

문제 4.38/4.39

4.40 곡예 운전사가 자동차를 운전하여 반경 $R = 5$ m의 원형 궤도를 따라 돌려고 한다. 자동차가 궤도와의 접촉을 잃지 않고 궤도에 진입하여 완주하는 데 필요한 최소 속도 v_0를 구하라. 궤도의 정상에서 자동차의 속도는 얼마인가?

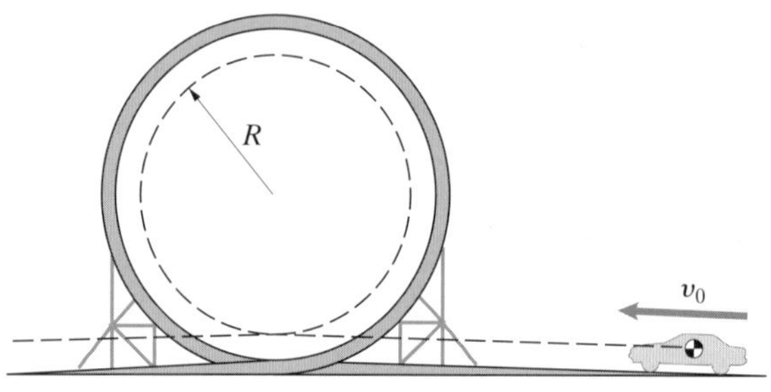

문제 4.40

4.41 2 kg의 고리가 위치 1에서 정지상태로부터 출발하여 매끄럽고 단단한 선을 따라 미끄러져 내려간다. y축은 위를 가리킨다. 고리가 위치 2에 도달했을 때, 고리의 속도 크기는 얼마인가?

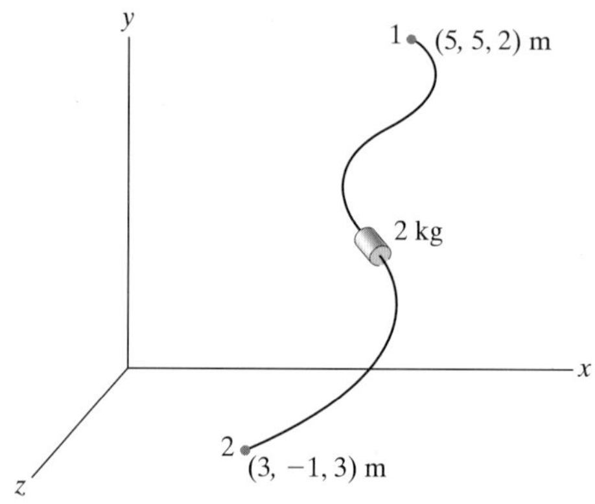

문제 4.41

4.42 4 N의 고리가 위치 1에서 위치 2까지 매끄럽고 단단한 선을 따라 미끄러져 내려간다. 고리가 위치 2에 도달했을 때, 고리의 속도 크기는 24 m/s이다. 위치 1에서 고리의 속도 크기는 얼마인가?

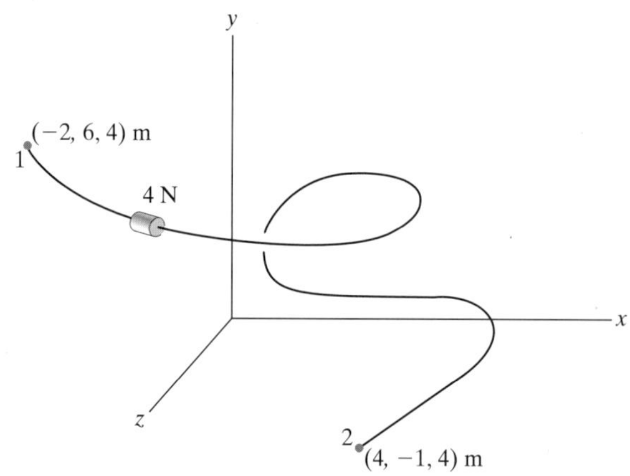

문제 4.42

4.43 125 kN의 비행기에 작용하는 힘은 비행기 경로에 평행한 추력(thrust) T와 항력(drag) D, 비행기 경로에 수직인 양력(lift) L, 그리고 자체 무게 W이다. 비행기가 고도 914 m에서 3048 m까지 상승한다. 비행기가 상승하는 동안, 비행기의 속도 크기는 244 m/s에서 183 m/s로 감소한다.

(a) 상승하는 동안 비행기의 양력이 비행기에 한 일은 얼마인가?

(b) 추력과 항력의 두 힘이 한 일은 얼마인가?

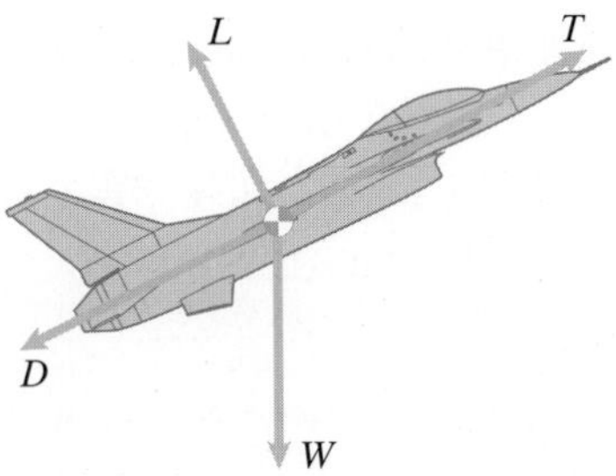

문제 4.43

4.44 10.7 kN의 자동차가 위치 1에서 64.4 km/h의 속도로 달리고 있다. 차에 대한 공기역학적 항력과 도로가 차바퀴에 가하는 접선방향 힘이 서로 상쇄되어 차에 가하는 순수한 접선방향 힘이 0이 된다면, 위치 2에서의 자동차 속도의 크기는 얼마가 되겠는가?

4.45 10.7 kN의 자동차가 위치 1에서 64.4 km/h의 속도로 달리고 있다. 차에 대한 공기역학적 항력과 도로가 차바퀴에 가하는 접선방향 힘의 최종 효과가 차의 운행방향으로 1.78 kN의 일정한 접선방향 힘을 가하는 것이라면, 위치 2에서의 자동차 속도의 크기는 얼마가 되겠는가?

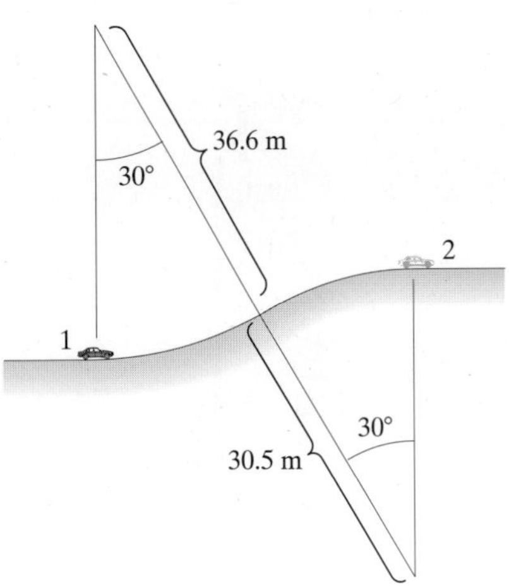

문제 4.44/4.45

4.46 로켓의 질량은 250 kg이며, 그 엔진은 45 kN의 일정한 추력을 갖고 있다. 발사대의 길이는 10 m이다. 로켓이 발사대의 끝에 도달했을 때 로켓의 속도 크기가 52 m/s 이면, 마찰력과 공기역학적 항력(drag)이 로켓에 한 일은 얼마인가?

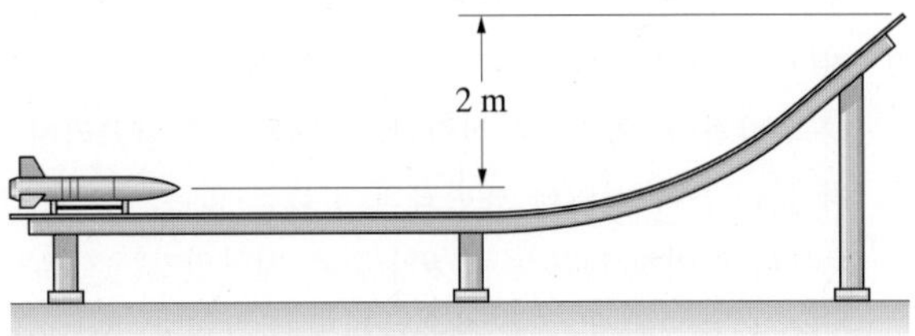

문제 4.46

4.47 스포츠와 에너지 소비의 관계에 관심을 가진 생명공학자가 비디오테입을 조사한 결과, 운동선수가 7.25 kg의 포환을 던지는 동작을 시작할 때(그림 문제 4.47a), 포환은 정지상태이며 지면으로부터 1.50 m 높이에 있다고 결론을 내렸다. 선수가 포환을 던지는 순간(그림 문제 4.47b), 포환은 지면 위 2.10 m 높이에 있다. 포환은 지면 위 4.60 m의 최대 높이에 도달하며, 던지는 지점으로부터 18.66 m의 수평거리를 날아간다. 운동선수가 포환을 던지기 위한 동작을 시작해서 던지는 순간까지 포환에 한 일은 얼마인가?

문제 4.47

4.48 질량 $m = 0.2$ kg의 작은 공이 위치 1에서 정지상태로부터 출발하여 매끄러운 실린더 표면을 따라 $\theta = 30°$인 위치 2까지 미끄러져 내려간다.

(a) 공이 위치 1에서 위치 2까지 미끄러지는 동안 공에 행해진 일은 얼마인가?

(b) 위치 2에서 공의 속도 크기는 얼마인가?

4.49 질량 $m = 0.2$ kg의 작은 공이 위치 1에서 정지상태로부터 출발하여 매끄러운 실린더 표면을 따라 미끄러져 내려간다. 공이 실린더 표면과의 접촉을 잃는, 즉 실린더로부터 떨어져 나오는 각 θ의 값은 얼마인가?

전략: 위치 2에서 공의 자유물체도를 그리고, Newton의 제2법칙을 접선 성분 및 법선 성분으로 나타낸다.

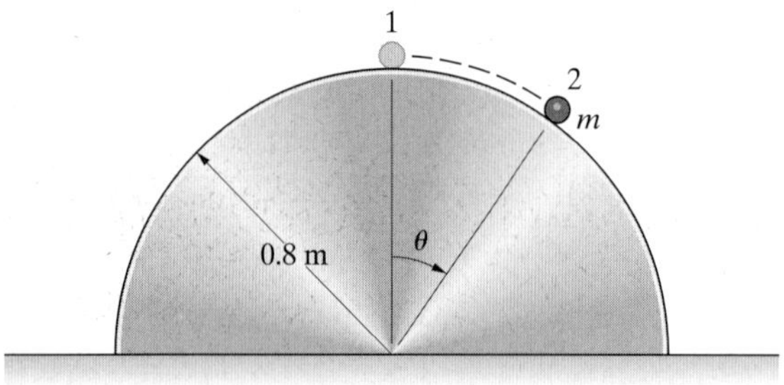

문제 4.48/4.49

4.50 10 m/s의 속도로 움직이는 50 N의 짐 꾸러미가 완충기와 부딪친 후, 152.4 mm를 전진한 다음 정지하도록 완충장치를 설계하려고 한다. 마찰을 무시할 때, 필요한 스프링상수 k는 얼마인가?

4.51 문제 4.50에서 짐 꾸러미와 바닥 사이의 동마찰계수가 $\mu_k = 0.3$이고 짐 꾸러미가 10 m/s의 속도로 완충기와 부딪친다면, 필요한 스프링상수는 얼마인가?

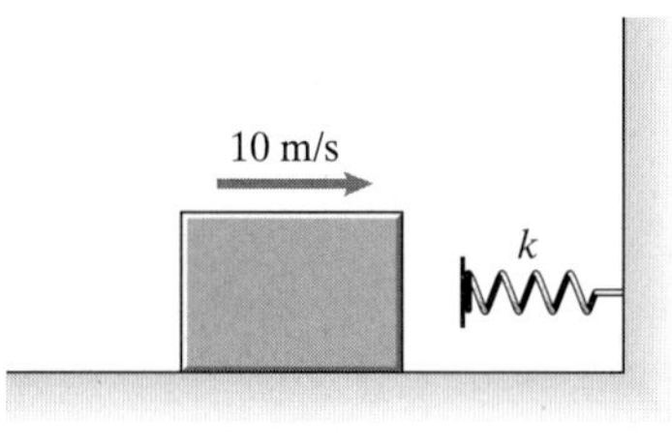

문제 4.50/4.51

4.52 탐사선(excursion module)에 있는 우주비행사가 우주 정거장의 결합용 고리(docking collar)에 접근하고 있다. 설계자는 결합에 의한 충격을 줄이기 위해 고리에 스프링을 내장시켰다. 스프링상수는 $k = 4800$ N/m이다. 우주비행사와 탐사선의 전체 질량은 780 kg이다. 탐사선이 결합용 고리에 대해 0.1 m/s의 속도로 움직여서 고리와 접촉한다면, 스프링이 탐사선의 상대 속도를 0으로 감속시키는 데 필요한 거리는 얼마인가? 탐사선의 최대 상대 감속도(deceleration)는 얼마인가?

4.53 문제 4.52에서, 고리에 대해 0.2 m/s의 속도로 움직이는 10,000 kg의 탐사선을 0.15 m만에 정지시킬 수 있도록 스프링상수를 선택했다고 가정하자. 탐사선이 0.1 m/s의 속도로 움직이는 결합용 고리와 접촉을 한다면, 탐사선의 최대 상대 감속도(deceleration)는 얼마인가?

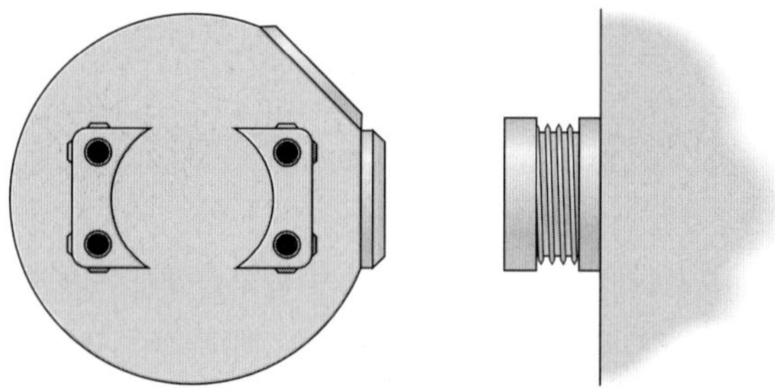

문제 4.52/4.53

4.54 시스템이 스프링이 변형되지 않은 상태에서 정지상태로부터 놓여진다. 스프링상수는 $k = 200$ N/m이다. 오른쪽 질량이 1 m 하강했을 때, 두 질량의 속도 크기를 구하라.

4.55 시스템이 스프링이 변형되지 않은 상태에서 정지상태로부터 놓여진다. 스프링상수는 $k = 200$ N/m이다. 오른쪽 질량이 하강하면서 갖는 최대 하강 속도는 얼마인가?

문제 4.54/4.55

4.56 시스템이 정지상태에서 놓여진다. 4 kg의 질량이 매끄러운 수평면에서 미끄러진다. 스프링상수는 $k = 100$ N/m이며, 시스템이 놓일 때 스프링의 장력은 50 N이다. 일과 에너지의 원리를 이용하여, 20 kg의 질량이 1 m 낙하했을 때의 질량의 속도 크기를 구하라.

4.57 문제 4.56에서 4 kg의 질량과 수평면 사이의 동마찰계수가 $\mu_k = 0.4$인 경우에 대해 해를 다시 구하라.

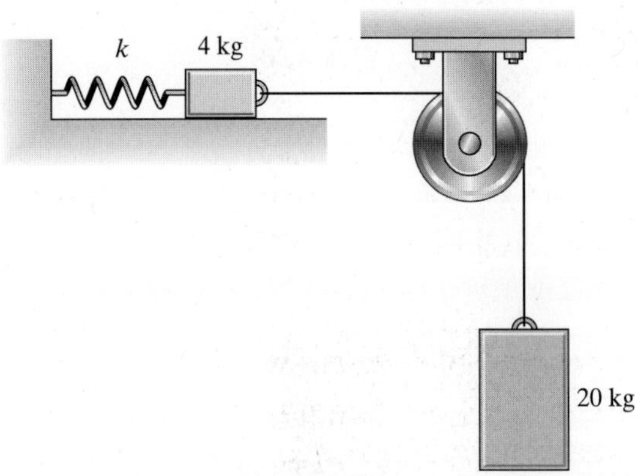

문제 4.56/4.57

4.58 스프링이 변형되기 전 상태에서, 40 N의 나무상자가 매끄러운 표면에서 정지상태로부터 놓여진다. 스프링상수는 $k = 8$ N/m이다.

(a) 상자가 정지할 때까지 경사면을 따라 미끄러져 내려가는 거리는 얼마인가?

(b) 나무상자가 미끄러져 내려가는 동안 갖는 최대 속도는 얼마인가?

4.59 문제 4.58에서 4 kg의 상자와 경사면 사이의 동마찰계수가 $\mu_k = 0.2$라고 가정하여 문제를 다시 풀어라.

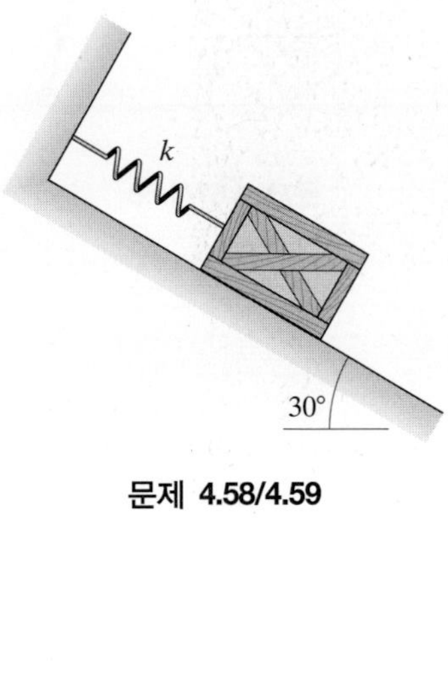

문제 4.58/4.59

4.60 4 kg의 고리가 매끄러운 막대 위에서 스프링이 변형되지 않은 상태로 위치 1에서 정지상태로부터 움직이기 시작한다. 스프링상수는 $k = 100$ N/m이다. 고리가 위치 1에서 낙하한 거리는 얼마인가?

4.61 매끄러운 막대의 위치 1에서, 4 kg의 고리가 밑으로 1 m/s의 속도를 가지며 스프링은 변형 전 상태이다. 스프링상수는 $k = 100$ N/m이다. 고리가 낙하하면서 얻게 되는 최대 속도는 얼마인가?

4.62 4 kg의 고리가 매끄러운 막대의 위치 1에서 정지상태로부터 움직이기 시작한다. 위치 1에서 스프링의 장력은 20 N이다. 스프링상수는 $k = 100$ N/m이다. 고리가 위치 1에 대해 낙하한 거리는 얼마인가?

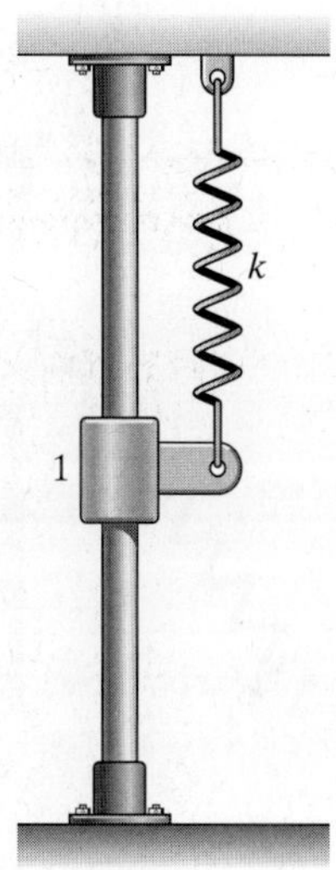

문제 4.60–4.62

4.63 4 kg의 연결고리가 매끄러운 막대의 위치 1에서 정지상태로부터 놓여진다. 만일 스프링상수가 $k = 6$ kN/m이고 스프링이 위치 2에서 변형 전 상태라면, 연결고리가 위치 2까지 낙하했을 때의 고리의 속도는 얼마인가?

4.64 4 kg의 연결고리가 매끄러운 막대의 위치 1에서 정지상태로부터 놓여진다. 스프링상수는 $k = 4$ kN/m이다. 위치 2에서 스프링의 장력은 500 N이다. 고리가 위치 2까지 낙하했을 때의 고리의 속도는 얼마인가?

4.65 4 kg의 연결고리가 매끄러운 막대의 위치 1에서 정지상태로부터 움직이기 시작한다. 고리가 위치 2까지 낙하했을 때 고리의 속도는 4 m/s이다. 고리가 위치 2에 있을 때 스프링은 변형 전 상태이다. 스프링상수 k의 값은 얼마인가?

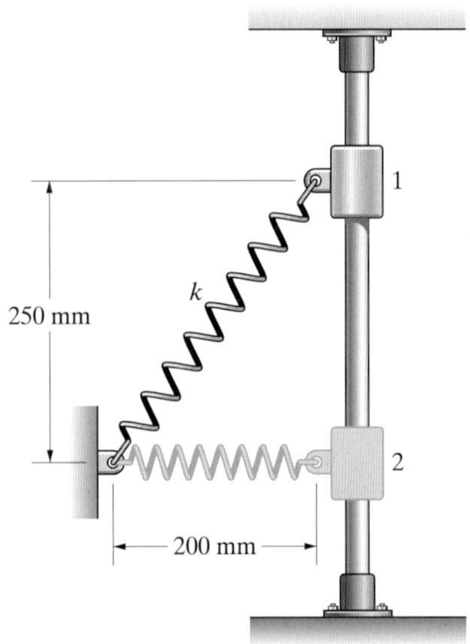

문제 4.63 – 4.65

4.66 10 kg의 연결고리가 위치 1에서 정지상태로부터 출발하여 매끄러운 막대를 따라 미끄러진다. y축은 위를 가리킨다. 스프링상수가 $k = 100$ N/m이며 스프링의 변형 전 길이는 2 m이다. 고리가 위치 2에 도달할 때 고리의 속도는 얼마인가?

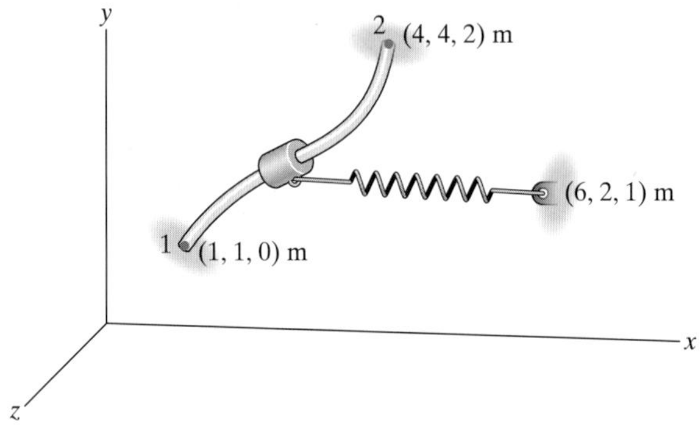

문제 4.66

4.67 스프링을 동력원으로 이용하는 발사기(mortar)를 사용하여 44.5 kN의 폭죽을 발사하려고 한다. 스프링을 152.4 mm까지 압축시킨 후 정지상태에서 폭죽을 발사한다. 스프링의 변형 전 길이는 762 mm이다. 만일 스프링상수가 $k = 1762$ N/m라면, 폭죽이 발사기를 떠날 때의 속도 크기는 얼마인가?

4.68 문제 4.67에서 폭죽을 처음 위치보다 45.7 m 높은 곳까지 발사하도록 발사기(mortar)를 설계하려 한다고 가정하자. 마찰과 항력을 무시하고, 필요한 스프링상수를 구하라.

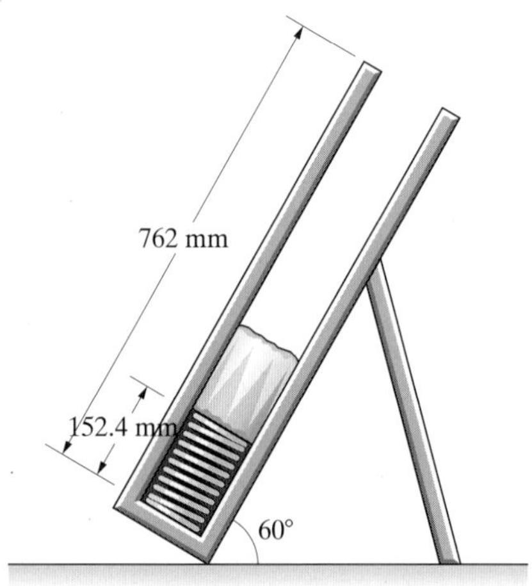

문제 4.67/4.68

4.69 그림과 같이 물체에 연결된 줄에 일정한 장력 T를 가한다고 하자. 물체에 가해지는 힘은 $\mathbf{F} = -T\mathbf{e}_r$과 같이 극좌표로 나타낼 수 있다. 물체가 반경 위치 r_1에서 반경 위치 r_2까지 임의의 평면경로를 따라 움직이는 동안 물체에 행해진 일이 $U_{12} = -T(r_2 - r_1)$과 같음을 보여라.

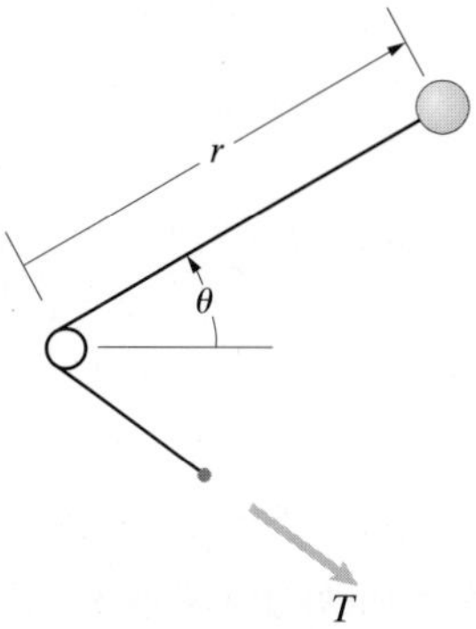

문제 4.69

4.70 2 kg의 연결고리가 처음에 위치 1에서 정지상태에 있었다. 100 N의 일정한 힘을 줄에 가하여 고리가 매끄러운 수직막대를 따라 미끄러져 올라가도록 한다. 고리가 위치 2에 도달할 때 고리의 속도는 얼마인가? (문제 4.69 참조.)

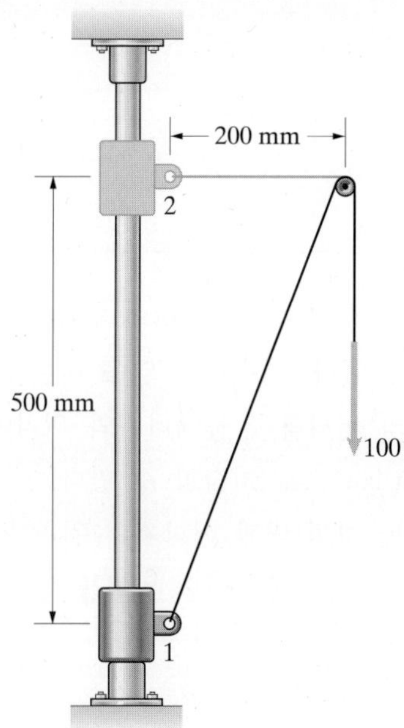

문제 4.70

4.71 10 kg의 연결고리가 위치 1에서 정지상태로부터 출발한다. 줄의 장력은 200 N이며, y축은 위를 가리킨다. 마찰을 무시한다면, 고리가 위치 2에 도달할 때 고리의 속도 크기는 얼마인가? (문제 4.69 참조.)

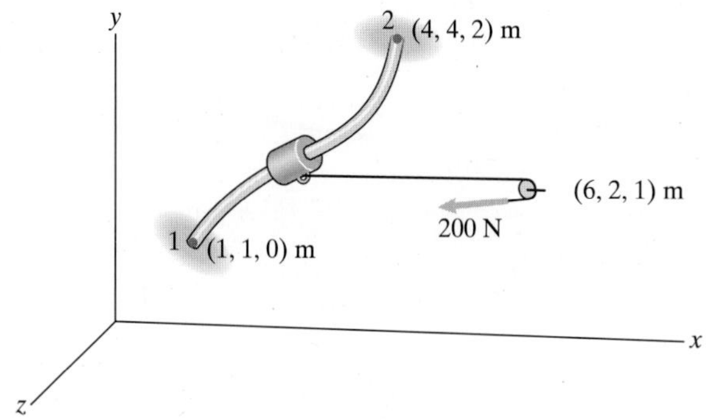

문제 4.71

4.72 F/A-18이 64 m/s로 착륙하면서, 비행기의 착륙용 제동고리(arresting hook)가 C에서 A와 B 사이의 케이블에 걸리게 된다. 제동 메커니즘이 케이블의 장력을 일정한 값으로 유지시켜 115.6 kN의 비행기를 22 m만에 정지시킨다. 케이블의 장력은 얼마인가? (문제 4.69 참조.)

4.73 문제 4.72에서 만일 비행기가 73.2 m/s로 착륙한다면, 제동 시스템이 비행기를 정지시킬 때까지 비행기가 진행한 거리는 얼마인가?

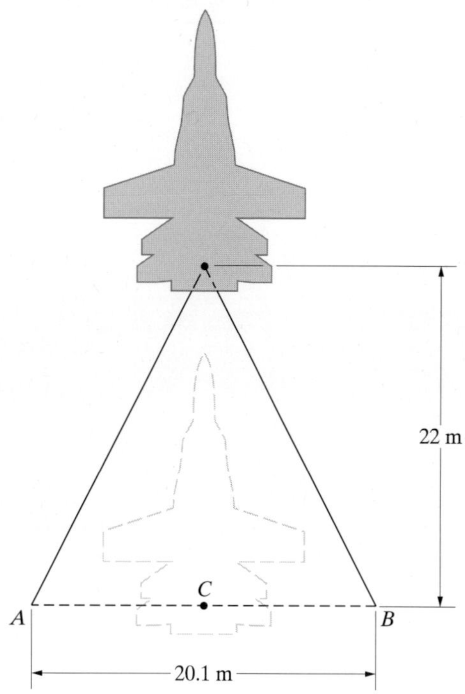

문제 4.72/4.73

4.74 지구 표면으로부터 320 km 위에 있는 우주선이 $v_{esc} =$ 10,900 m/s의 탈출 속도(escape velocity)로 움직이고 있다. 우주선이 지구중심으로부터 383,000 km 떨어진 달의 궤도에 도달할 때, 우주선의 속도 크기는 얼마가 되는가? 우주선은 지구의 중력에 의해서만 영향을 받는다고 가정한다. 지구의 반경은 6370 km이다.

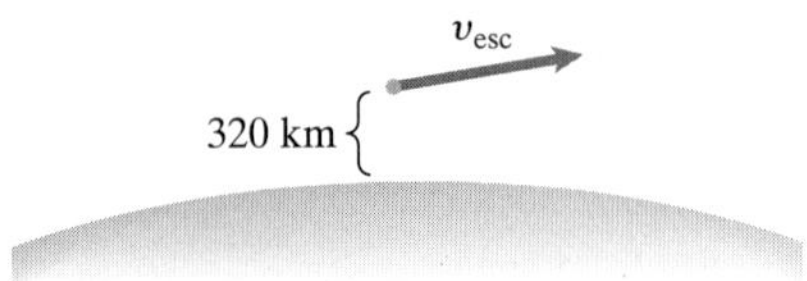

문제 4.74

4.75 운석이 달과 충돌할 때 파편 한 조각이 튀어 나온다. 이 파편이 달 표면 위 1000km에 있을 때, 파편의 속도 크기(달 중심에 원점을 가진 비회전 좌표계에 대한 상대 속도)는 200 m/s이다. 운석이 달 표면에 부딪히기 직전 운석의 속도 크기는 얼마인가? 달 표면에서 중력에 의한 가속도는 1.62 m/s^2이다. 달의 반경은 1738 km이다.

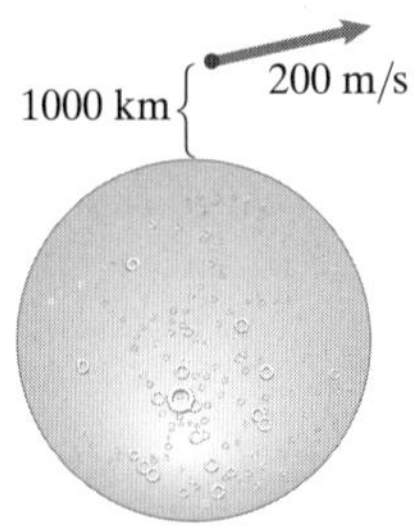

문제 4.75

4.76 반경 r의 원형 궤도를 따라 지구 주위를 도는 위성의 속도는 $v = \sqrt{gR_E^2/r}$이다. 여기서 $R_E = 6370$ km는 지구의 반경이다. 반경이 6700 km인 원형 대기궤도(parking orbit)로부터 반경이 42,222 km인 원형 정지궤도(geosynchronous orbit)까지 900 kg의 통신위성을 이동시킬 로켓을 설계하려고 한다. 로켓이 위성에 해야 할 일은 얼마인가?

4.77 전하를 띤 입자에게 자기장이 가하는 힘은

$$\mathbf{F} = q\mathbf{v} \times \mathbf{B}$$

이다. 여기서 q와 $\mathbf{v}$는 입자의 전하와 속도이며, $\mathbf{B}$는 자기장 벡터이다. 입자에 가해지는 다른 힘들은 무시한다. 일과 에너지의 원리를 이용하여 입자의 속도 크기가 일정함을 보여라.

위치에너지

4.4 에너지의 보존

어떤 힘들이 물체에 한 일은 물체의 위치(position)의 함수인 위치에너지(potential energy)의 변화로 나타낼 수 있다. 시스템에 일을 하는 모든 힘들이 이런 특성을 가질 때, 일과 에너지의 원리를 운동에너지와 위치에너지의 합이 일정하다는 보존법칙(conservation law)으로 기술할 수 있다.

4.1절에서 Newton의 제2법칙을 적분하여 일과 에너지의 원리를 유도할 때, 다음과 같이 식의 한쪽 변을 적분하여 운동에너지의 변화를 구할 수 있었다. 즉,

$$U_{12} = \int_{\mathbf{r}_1}^{\mathbf{r}_2} \Sigma\mathbf{F}\cdot d\mathbf{r} = \tfrac{1}{2}mv_2^2 - \tfrac{1}{2}mv_1^2 \tag{4.15}$$

다음 식을 만족하는 위치의 스칼라 함수인 V를 구할 수 있다고 가정하자:

$$dV = -\Sigma\mathbf{F}\cdot d\mathbf{r} \tag{4.16}$$

그러면 일을 정의하는 적분을 다음과 같이 계산할 수 있다:

$$U_{12} = \int_{\mathbf{r}_1}^{\mathbf{r}_2} \Sigma\mathbf{F} \cdot d\mathbf{r} = \int_{V_1}^{V_2} - dV = -(V_2 - V_1) \tag{4.17}$$

여기서 V_1과 V_2는 각각 위치 $\mathbf{r}_1$과 $\mathbf{r}_2$에서의 V의 값이다. 이 식을 식 (4.15)에 대입하면, 일과 에너지의 원리를 다음 형태로 얻을 수 있다:

$$\frac{1}{2}mv_1^2 + V_1 = \frac{1}{2}mv_2^2 + V_2 \tag{4.18}$$

함수 V가 마치 "잠재적인(potential)" 운동에너지의 공급원을 나타내는 것처럼, 물체가 위치 1에서 위치 2까지 움직이는 동안 운동에너지가 증가한다면 V는 감소해야 하며, 반대로 운동에너지가 감소한다면 V는 증가해야 한다. 이러한 이유로 V를 잠재적 에너지 또는 **위치에너지(potential energy)**라고 한다.

식 (4.18)은 물체의 운동에너지와 위치에너지의 합은 어떠한 두 점에서도 같은 값을 갖는다는 것을 나타낸다. 즉, 에너지는 **보존된다**. **그러나 이 결과의 사용에는 중요한 제한이 하나 있다.** 식 (4.16)을 만족하는 함수 V, 즉 위치에너지가 존재한다고 가정함으로써 식 (4.18)을 얻을 수 있었는데, 이것은 **보존력** (conser-vative force)이라고 불리는 제한된 종류의 힘에 대해서만 유효하다. 다음 절에서 보존력에 대해 논의한다. 만일 물체에 일을 하는 모든 힘들이 보존력이라면, 식 (4.18)이 적용될 수 있으며, V는 물체에 일을 하는 힘들의 위치에너지의 합이다. 그렇지 않다면, 식 (4.18)을 사용할 수 없다. 시스템에 일을 하는 모든 힘들이 보존력이라면, 시스템은 보존계(conservative system)라고 한다. 보존계의 운동에너지와 위치에너지의 합은 보존된다.

물체는 보존력과 비보존력을 둘 다 받을 수도 있다. 이런 경우 보존력의 위치에너지를 일과 에너지의 원리 식에 도입하는 것이 종종 편리한데, 이를 위해 식 (4.15)를 다음과 같이 쓸 수 있다:

$$\frac{1}{2}mv_1^2 + V_1 + U_{12} = \frac{1}{2}mv_2^2 + V_2 \tag{4.19}$$

일과 에너지의 원리를 이 형태로 쓸 때, U_{12}항은 물체에 가해지는 모든 비보존력들에 의한 일을 나타낸다. 만일 보존력이 물체에 일을 한다면, 다음 두 가지 중에서 하나를 선택할 수 있다. 즉, 일을 계산해서 U_{12}에 포함시키거나, 힘의 위치에너지를 V에 포함시킨다. 이 과정은 보존력과 비보존력을 모두 받고 있는 시스템에도 적용할 수 있다. 정리하면, 위치 1에서의 시스템의 운동에너지와 위치에너지의 합에 위치 1에서 위치 2로 움직이는 동안 시스템에 한 일을 더한 합은 위치 2에서의 운동에너지와 위치에너지의 총합과 같다.

4.5 보존력

물체나 시스템에 일을 하는 힘들이 보존력이면서 동시에 이 힘들의 위치에

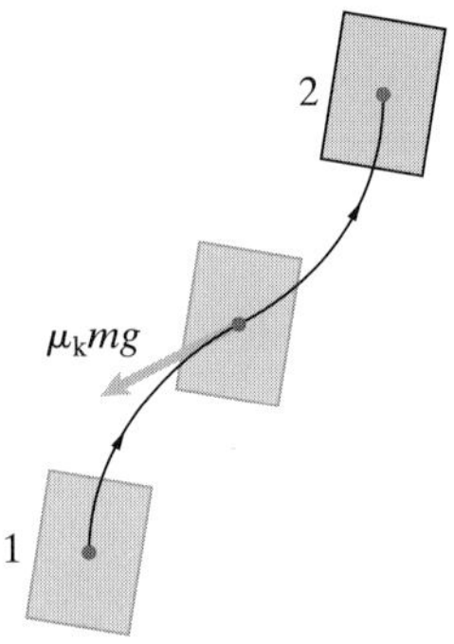

그림 4.15
위치 1에서 위치 2까지 책의 운동 경로. 마찰력은 운동방향에 반대방향이다.

너지를 알고 있거나 계산할 수 있는 경우에만 에너지 보존을 적용할 수 있다. 이 절에서는 몇 가지 보존력들의 위치에너지를 구하고 그 결과를 이용해서 에너지 보존을 적용하는 예를 보여준다. 보존력에 대해 논의하기 전에 간단한 예를 통해 마찰력은 보존력이 아님을 보도록 하자.

위치 1에서 위치 2까지 물체가 움직이는 동안 보존력이 한 일은 물체의 경로와는 무관하다. 이 결과는 보존력에 의한 일은 위치 1과 2에서의 위치에너지의 값에만 의존한다고 기술한 식 (4.17)에 의한 것이다. 식 (4.17)은, 만일 물체가 닫힌 경로를 따라 움직이며 위치 1로 되돌아온다면 보존력이 물체에 한 일은 0이 됨을 의미하기도 한다. 테이블 위에 있는 질량 m의 책을 수평으로 밀어서 길이가 L인 경로를 따라 미끄러지게 한다고 가정해 보자. 마찰력의 크기는 $\mu_k mg$이며, 마찰력의 방향은 책의 운동방향과 반대이다(그림 4.15). 마찰력에 의한 일은 다음과 같다:

$$U_{12} = \int_0^L -\mu_k mg\, ds = -\mu_k mgL$$

일이 물체의 경로길이에 비례하므로 경로와 무관하지 않다. 이 간단한 예제가 보여주듯이, 마찰력은 보존력이 아니다.

특정 힘들의 위치에너지

고정 지지대에 연결된 스프링이 가하는 힘과 물체의 무게는 보존력이다. 이 힘들을 예로 들어 다른 보존력들의 위치에너지를 구하는 방법을 보여줄 것이다. 또한 보존계의 운동을 해석하기 위해 에너지 보존을 이용하는 예제에서 이 힘들의 위치에너지를 사용할 것이다.

무게 물체의 무게와 관련된 위치에너지를 구하기 위해 y축이 위를 가리키는 직각좌표계(그림 4.16)를 사용한다. 무게는 $\mathbf{F} = -mg\mathbf{j}$이며, 벡터 $d\mathbf{r}$과의 내적은 다음과 같다:

$$\mathbf{F}\cdot d\mathbf{r} = (-mg\mathbf{j})\cdot(dx\,\mathbf{i} + dy\,\mathbf{j} + dz\,\mathbf{k}) = -mg\,dy$$

식 (4.16)으로부터 위치에너지 V는 다음 관계를 만족해야 한다:

$$dV = -\mathbf{F}\cdot d\mathbf{r} = mg\,dy \tag{4.20}$$

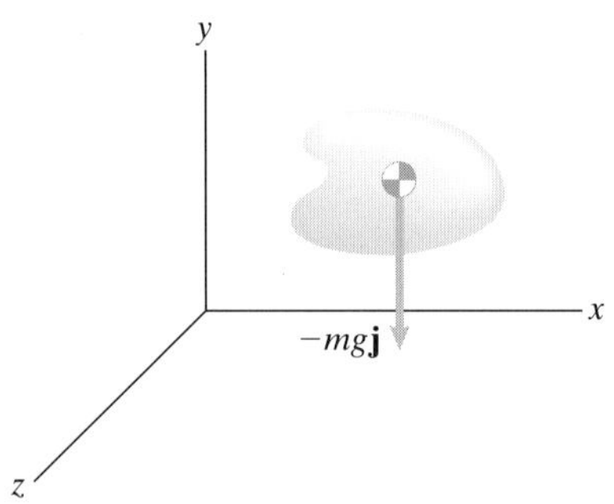

그림 4.16
y축이 위를 향하는 직각좌표계에 의해 표현된 물체의 무게.

위 식은 다음과 같이 쓸 수 있다:

$$\frac{dV}{dy} = mg$$

이 식을 적분하면, 다음 식을 얻는다:

$$V = mgy + C$$

여기서 C는 적분 상수로서 임의의 값이다. C가 어떤 값을 갖더라도 이 식은 식 (4.20)을 만족시킨다. 운동에너지의 변화를 결정하는 것은 두 지점 사이의 위치에너지 차이라는 것을 식 (4.18)에서 인식하면, C가 임의의 값인 이유를 이해할 수 있다. $C = 0$으로 놓고 물체 무게의 위치에너지를 다음과 같이 나타내기로 한다:

$$V = mgy \tag{4.21}$$

위치에너지는 물체 무게와 높이를 곱한 값이다. 높이는 임의의 편한 기준 높이, 즉 기준 위치(datum)로부터 측정하면 된다. 위치에너지의 차이가 운동에너지의 변화량을 결정하므로, 중요한 것은 높이 측정에 사용된 기준선의 높이가 아니라 높이 차이이다.

롤러코스터(그림 4.17a)는 에너지 보존의 전형적인 예이다. 공기역학적 힘과 마찰력을 무시하면, 무게만이 일을 하는 유일한 힘이며 시스템은 보존계이다. 롤러코스터의 위치에너지는 기준 위치에 대한 궤도의 높이에 비례한다. 그림 4.17b에서, 롤러코스터가 기준 위치에서 정지상태로부터 출발한다고 가정하자. 운동에너지와 위치에너지의 합은 일정하므로, 운동에너지는 위치에너지의 "거울에 비친 상(mirror image)"과 같다. 같은 높이를 갖는 궤도의 점들에서 속도의 크기는 모두 같다.

지구중심으로부터의 거리에 따른 무게의 변화를 고려하기 위해 무게를 다

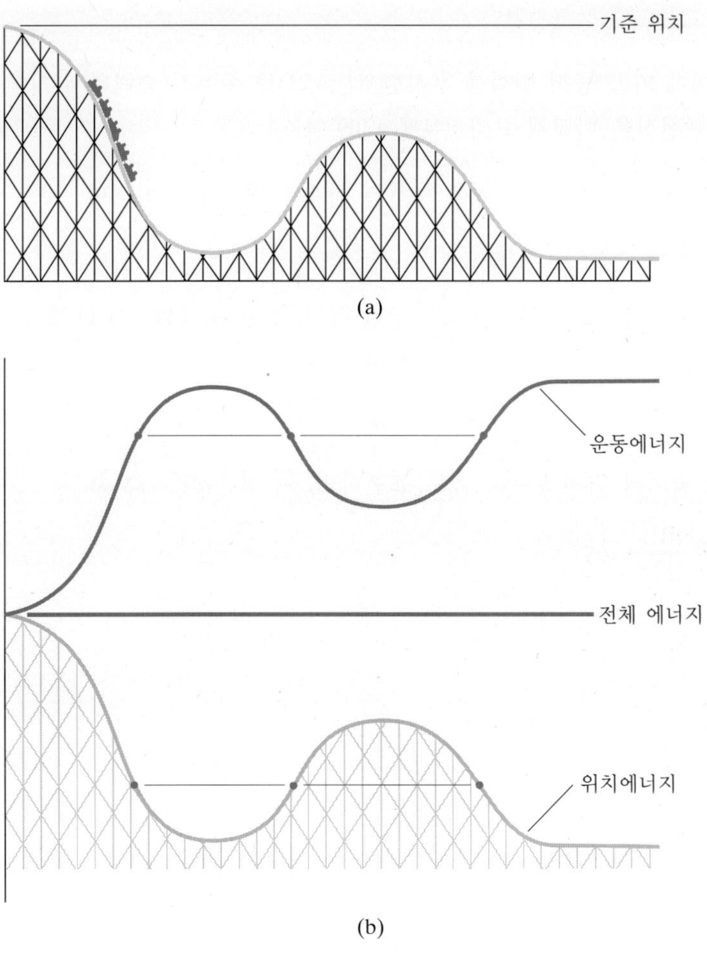

그림 4.17
(a) 롤러코스터와 기준 위치(datum).
(b) 위치에너지와 운동에너지의 합은 일정하다.

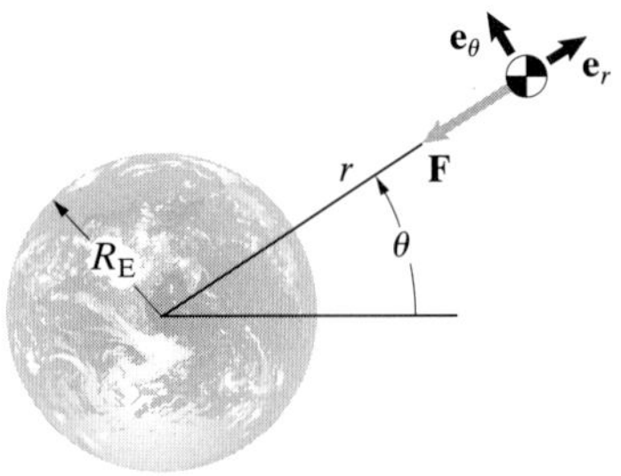

그림 4.18
무게의 극좌표에 의한 표현.

음과 같이 극좌표로 나타낼 수 있다:

$$\mathbf{F} = -\frac{mgR_E^2}{r^2}\mathbf{e}_r$$

여기서 r은 지구중심으로부터의 거리이다(그림 4.18). 식 (4.12)로부터, 벡터 $d\mathbf{r}$을 극좌표로 나타내면,

$$d\mathbf{r} = dr\,\mathbf{e}_r + r\,d\theta\,\mathbf{e}_\theta \tag{4.22}$$

이고, 위치에너지는 다음 식

$$dV = -\mathbf{F}\cdot d\mathbf{r} = \frac{mgR_E^2}{r^2}dr$$

또는

$$\frac{dV}{dr} = \frac{mgR_E^2}{r^2}$$

을 만족해야 한다. 이 식을 적분하고 적분 상수를 0으로 놓으면, 위치에너지를 얻을 수 있다. 즉,

$$V = -\frac{mgR_E^2}{r} \tag{4.23}$$

이다. 높이에 따른 중력 변화를 무시한 식 (4.21)로 주어진 중력의 위치에너지와 위의 표현식을 비교해 보라. (문제 4.109 참조.)

스프링 선형 스프링이 물체에 가하는 힘을 극좌표로 나타내면,

$$\mathbf{F} = -k(r - r_0)\mathbf{e}_r$$

이며, 여기서 r_0는 스프링의 변형되기 전 길이이다(그림 4.19). 식 (4.22)를 이용하면, 위치에너지는 다음 식을 만족해야 한다:

$$dV = -\mathbf{F}\cdot d\mathbf{r} = k(r - r_0)\,dr$$

스프링의 늘어난 길이 $S = r - r_0$로 표현하면, 이 식은 $dV = kS\,dS$, 즉

$$\frac{dV}{dS} = kS$$

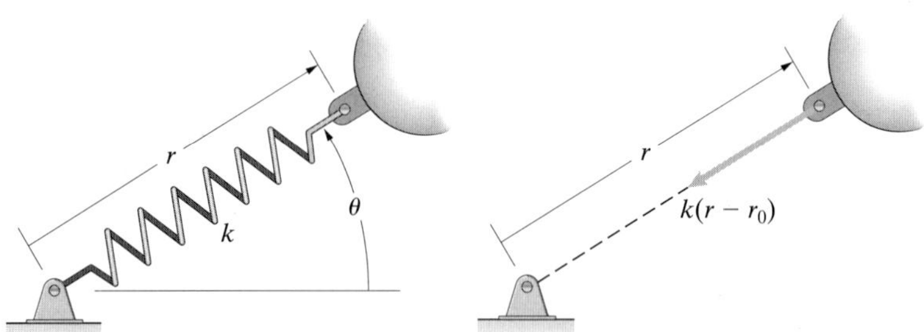

그림 4.19
선형 스프링이 가하는 힘의 극좌표 표현.

이다. 이 식을 적분하면, 선형 스프링의 위치에너지를 구할 수 있다:

$$V = \frac{1}{2}kS^2 \tag{4.24}$$

보존계의 위치 변화와 운동에너지의 변화에 대한 관계식을 도출하기 위해 에너지 보존을 이용하는 것은 다음의 전형적인 세 과정을 포함한다:

1. **시스템의 보존계 여부를 결정하라.** 자유물체도를 그려서 일을 하는 힘들이 어느 것인지 밝히고, 이 힘들이 보존력임을 확인한다.
2. **위치에너지를 결정하라.** 힘들의 위치에너지를 시스템의 위치에 의해 계산한다.
3. **에너지 보존을 적용하라.** 운동에너지의 변화량에 대한 식을 얻기 위해, 두 위치에서의 시스템의 운동에너지와 위치에너지의 합을 같다고 놓는다.

연구 문제

1. 보존력의 정의는 무엇인가?
2. 시스템의 총 에너지가 보존되기 위해서는 어떤 조건이 필요한가?
3. 만일 보존력을 받는 물체가 위치 1에서 위치 2까지 움직이는 동안 총 위치에너지의 변화를 안다면, 물체가 두 위치 사이에서 움직이는 동안 물체에 행해진 일에 대해 무엇을 추론할 수 있는가? 총 에너지의 변화에 대해서는 무엇을 판단할 수 있는가?
4. 물체가 위로 움직인다면, 물체의 무게와 관련된 위치에너지는 증가하는가? 아니면 감소하는가? (답을 모른다면, 물체를 위로 던질 때 어떤 일이 일어나는지 생각해 보라.)

예제 4.8 무게와 스프링의 위치에너지

예제 4.5에서, 40 kg의 해머가 위치 1까지 들려진 후, 정지상태에서 놓여진다. 해머의 무게와 두 스프링($k = 1500$ N/m)에 의해 해머는 위치 2까지 아래쪽으로 가속되며 공작물을 때리게 된다. 에너지 보존을 이용하여 해머가 위치 2에 도달했을 때의 속도를 구하라.

전략

해머의 자유물체도를 그리고, 해머에 일을 하는 모든 힘들이 보존력인지 확인해야 한다. 만일 모든 힘이 보존력이면, 에너지 보존을 적용하여 위치 2에서의 해머의 속도를 구할 수 있다. 해머의 무게와 관련된 위치에너지는 식 (4.21)로 주어지며, 각 스프링과 관련된 위치에너지는 식 (4.24)로 주어진다.

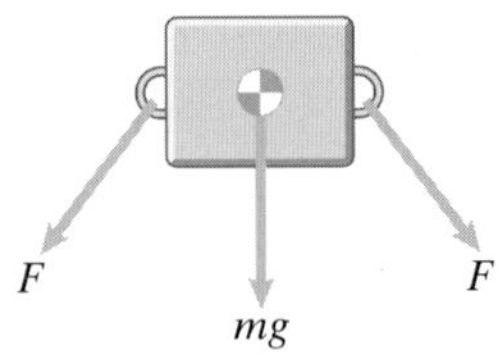

(a) 해머의 자유물체도.

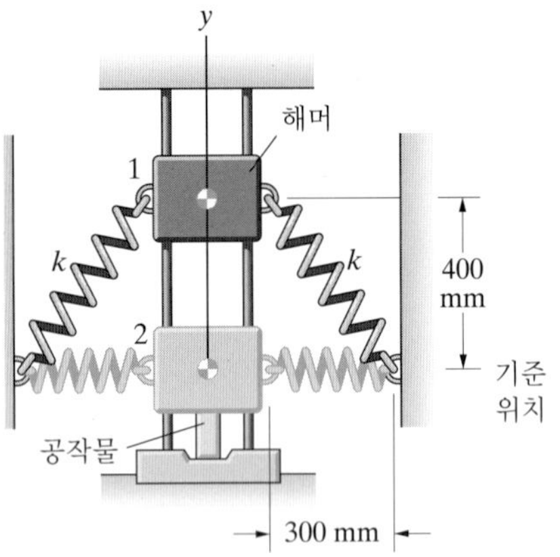

(b) 해머의 위치 2에 대한 높이 측정.

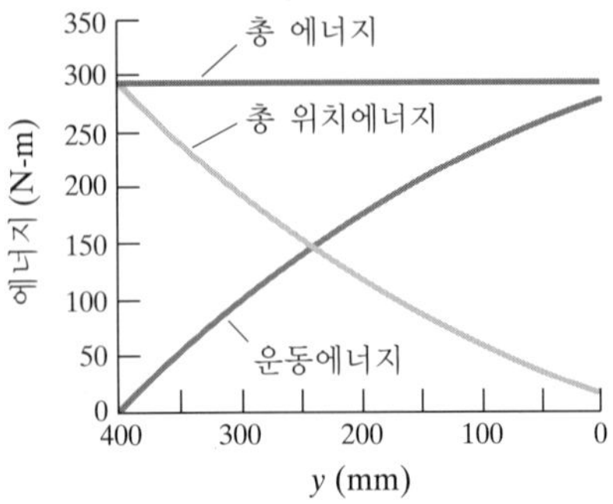

그림 4.20
해머의 y좌표의 함수인 위치에너지와 운동에너지.

| 풀이 |

시스템의 보존계 여부를 결정하라 해머의 자유물체도(그림 a)로부터, 일을 하는 힘은 자체 무게와 스프링이 가하는 힘뿐이라는 것을 알 수 있다. 따라서 시스템은 보존계이다.

위치에너지를 결정하라 각 스프링의 위치에너지는 $\frac{1}{2}kS^2$이며, 여기서 S는 늘어난 길이를 나타낸다. 따라서 두 스프링의 전체 위치에너지는

$$V_{\text{springs}} = 2\left(\tfrac{1}{2}kS^2\right)$$

이다. 예제 4.5에서, 위치 1과 2에서 스프링이 늘어난 길이는 각각 $S_1 = 0.3$ m와 $S_2 = 0.1$ m였다. 무게와 관련된 위치에너지는

$$V_{\text{weight}} = mgy$$

이다. 여기서 y는 편의상 정한 기준 위치에 대한 높이이다(그림 b).

에너지 보존을 적용하라 위치 1과 2에서 위치에너지와 운동에너지의 합은 같아야 하므로

$$2\left(\tfrac{1}{2}kS_1^2\right) + mgy_1 + \tfrac{1}{2}mv_1^2 = 2\left(\tfrac{1}{2}kS_2^2\right) + mgy_2 + \tfrac{1}{2}mv_2^2$$

$$(1500\ \text{N/m})(0.3\ \text{m})^2 + (40\ \text{kg})(9.81\ \text{m/s}^2)(0.4\ \text{m}) + 0$$
$$= (1500\ \text{N/m})(0.1\ \text{m})^2 + 0 + \tfrac{1}{2}(40\ \text{kg})v_2^2$$

이다. 이 식을 풀면, $v_2 = 3.72$ m/s를 얻는다.

| 비판적 사고 |

스프링과 무게와 관련된 총 위치에너지와 해머의 운동에너지를 y의 함수로 나타낸 그래프(그림 4.20)로부터, 해머가 낙하함에 따라 위치에너지가 운동에너지로 변환됨을 알 수 있다. 보존계의 총 에너지가 일정하게 유지됨에 유의하라.

예제 4.9 시스템의 에너지 보존

그림 4.21에서 스프링($k = 300$ N/m)은 바닥과 90 kg의 고리 A에 연결되어 있다. 그림의 위치에서, 135 kg의 상자 B가 정지상태에서 놓일 때, 고리 A는 정지상태이며, 스프링에 의해 지탱된다. 상자 B가 1 m 낙하했을 때 A와 B의 속도는 얼마인가?

| 전략 |

만일 시스템에 일을 하는 모든 힘들이 보존력이라면, 에너지 보존을 적용하

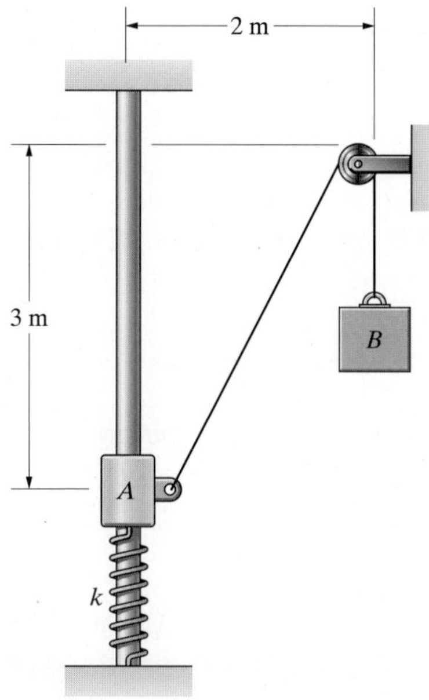

그림 4.21

여 B가 1 m 낙하했을 때 A와 B의 속도에 의한 방정식 하나를 얻을 수 있다. 해를 얻기 위해서는, 기구학을 이용하여 A와 B의 속도 사이의 관계를 구해야 한다.

| 풀이 |

시스템의 보존계 여부를 결정하라 고리 A와 상자 B, 풀리를 하나의 시스템으로 생각해 보자. 그림 a의 시스템의 자유물체도로부터 스프링에 의한 힘 F와 연결고리와 상자의 무게만이 일을 할 수 있음을 알 수 있다. 따라서 시스템은 보존계이다.

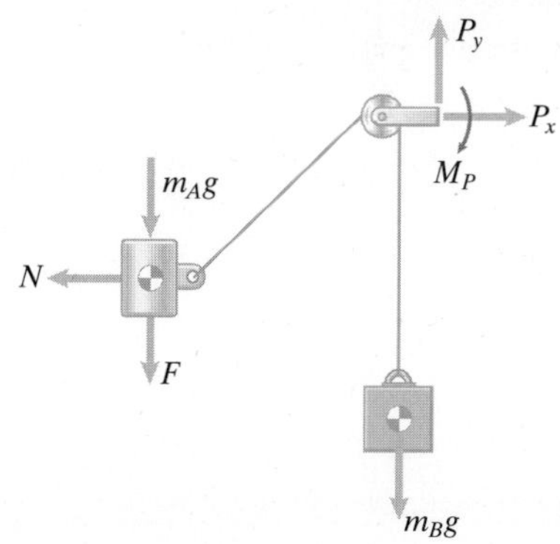

(a) 시스템의 자유물체도.

위치에너지를 결정하라 고리 A의 초기 위치를 A의 기준 위치로 하면, 고리가 x_A만큼 올라갔을 때 A의 무게와 관련된 위치에너지(그림 b)는 $V_A = m_A g x_A$이다. 상자 B의 초기 위치를 B의 기준 위치로 하면, 상자가 x_B만큼 떨어졌을 때 상자의 무게와 관련된 위치에너지는 $V_B = -m_B g x_B$이다. (x_B의 양의 방향을 아래쪽으로 정의했으므로 음의 부호가 필요하다.)

스프링 힘과 관련된 위치에너지를 구하기 위해서는 초기 위치에서 스프링이 고리 A의 무게에 의해 압축되어 있다는 사실을 고려해야 한다. 스프링은 초기에 $m_A g = k\delta$(그림 c)에 해당하는 거리 δ만큼 압축되어 있었다. 고리가 x_A만큼 위로 움직일 때, 스프링은 $S = x_A - \delta = x_A - m_A g/k$만큼 늘어나게 되므로, 스프링의 위치에너지는

$$V_S = \frac{1}{2}kS^2 = \frac{1}{2}k\left(x_A - \frac{m_A g}{k}\right)^2$$

이다. 시스템의 위치에너지를 연결고리와 상자의 변위로 나타내면 다음과 같다:

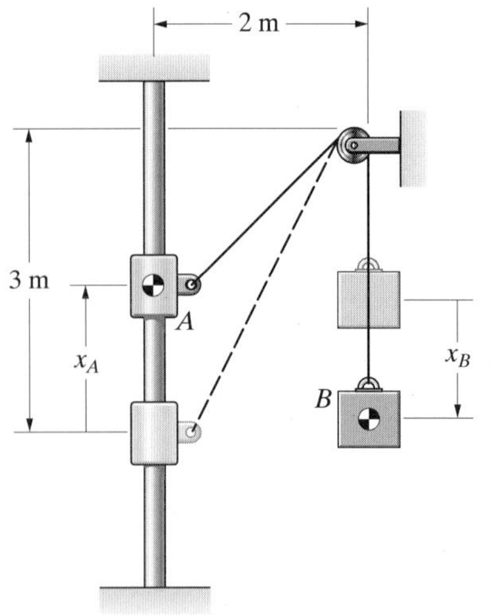

(b) 고리와 상자의 변위.

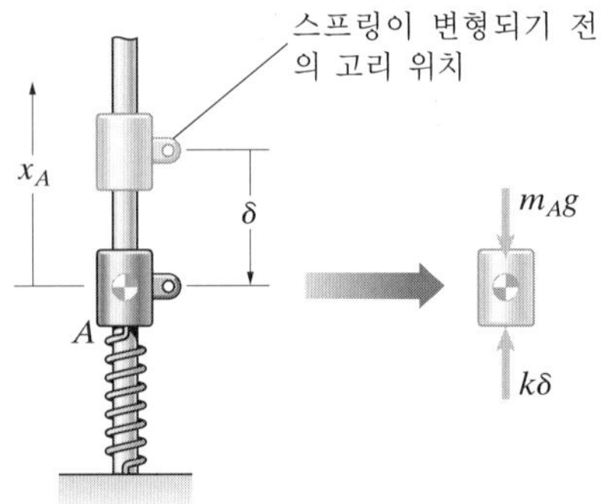

(c) 스프링의 초기 압축 변형 결정.

$$V = V_A + V_B + V_S$$
$$= m_A g x_A - m_B g x_B + \tfrac{1}{2}k\left(x_A - \frac{m_A g}{k}\right)^2$$

에너지 보존을 적용하라 시스템의 초기 위치와 그림 b의 위치에서의 운동에너지와 위치에너지의 합은 서로 같아야 한다. 전체 운동에너지를 T라고 하면, 다음과 같이 나타낼 수 있다:

$$T_1 + V_1 = T_2 + V_2$$
$$0 + \tfrac{1}{2}k\left(-\frac{m_A g}{k}\right)^2 = \tfrac{1}{2}m_A v_A^2 + \tfrac{1}{2}m_B v_B^2$$
$$+ m_A g x_A - m_B g x_B + \tfrac{1}{2}k\left(x_A - \frac{m_A g}{k}\right)^2 \qquad (1)$$

$x_B = 1$ m일 때 v_A와 v_B를 구하려고 하는데, x_A, x_B, v_A, v_B에 의한 식 하나만 있으므로 해를 구하기 위해서는 연결고리의 변위와 속도를 상자의 변위와 속도에 결부시켜야 한다.

그림 b에서, 고리가 위로 올라가면서 A와 풀리 사이의 로프의 길이가 짧아지며, 이 짧아진 길이는 상자가 낙하한 거리와 같다. 즉,

$$\sqrt{(3\text{ m})^2 + (2\text{ m})^2} - \sqrt{(3\text{ m} - x_A)^2 + (2\text{ m})^2} = x_B$$

이다. $x_B = 1$ m일 때 x_A값을 구하기 위해 위 식을 풀면, $x_A = 1.33$ m이다. 시간에 대해 위 식을 미분하면, 다음과 같이 v_A와 v_B 사이의 관계식도 얻을 수 있다:

$$\left[\frac{3\text{ m} - x_A}{\sqrt{(3\text{ m} - x_A)^2 + (2\text{ m})^2}}\right]v_A = v_B$$

이 식에 $x_A = 1.33$ m를 대입하면, 다음 식을 얻는다:

$$0.641 v_A = v_B$$

$x_A = 1.33$ m, $x_B = 1$ m일 때, 위 식과 고리와 상자의 속도에 대한 식 (1)을 함께 풀면, $v_A = 3.82$ m/s, $v_B = 2.45$ m/s를 얻을 수 있다.

비판적 사고

로프가 고리와 상자에 가한 힘들은 왜 고려하지 않았는가? 그 이유는 고리와 상자, 풀리를 하나의 시스템으로 간주할 때 이 힘들은 내력(internal force)이 되기 때문이다. 이 예제는 가능하다면 전체 시스템에 에너지 보존을 적용하는 것이 유리함을 명확히 보여주고 있다.

예제 4.10 우주선의 에너지 보존

지구중심에서 $r_0 = 2R_E$의 거리에 있는 우주선이 $v_0 = \sqrt{2g R_E/3}$의 초기 속도로 지구로부터 멀어지고 있다(그림 4.22). 우주선의 속도를 지구중심으로부터의

거리의 함수로 구하라.

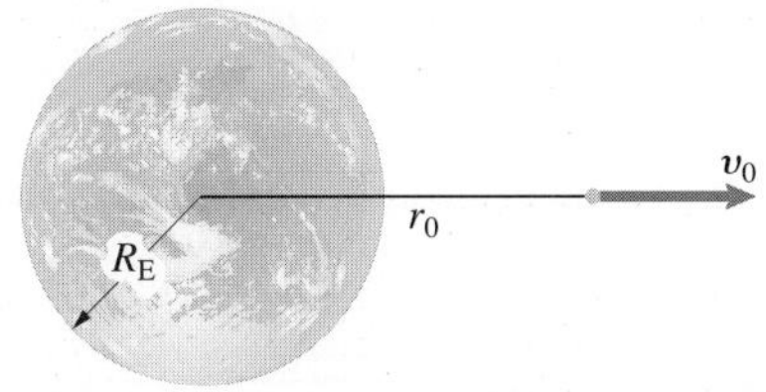

그림 4.22

| 전략 |

지구의 중력과 관련된 위치에너지는 식 (4.23)으로 주어진다. 우주선의 초기 반경 위치와 속도가 주어졌으므로, 에너지 보존을 이용하여 우주선의 속도를 반경 위치의 함수로 구할 수 있다.

| 풀이 |

시스템의 보존계 여부를 결정하라 만일 우주선에 일을 하는 힘이 중력뿐이라면, 시스템은 보존계이다.

위치에너지를 결정하라 우주선의 무게와 관련된 위치에너지는 식 (4.23)에 따라 지구중심으로부터의 거리 r에 의해 주어진다:

$$V = -\frac{mgR_E^2}{r}$$

에너지 보존을 적용하라 임의의 거리 r에서 우주선의 속도 크기를 v라고 하자. r_0와 r에서의 위치에너지와 운동에너지의 합은 같아야 하므로

$$-\frac{mgR_E^2}{r_0} + \frac{1}{2}mv_0^2 = -\frac{mgR_E^2}{r} + \frac{1}{2}mv^2$$

$$-\frac{mgR_E^2}{2R_E} + \frac{1}{2}m\left(\frac{2}{3}gR_E\right) = -\frac{mgR_E^2}{r} + \frac{1}{2}mv^2$$

이다. v에 대해 풀면, 우주선의 속도는 r의 함수로 다음과 같다:

$$v = \sqrt{gR_E\left(\frac{2R_E}{r} - \frac{1}{3}\right)}$$

| 비판적 사고 |

그림 4.23에 운동에너지와 위치에너지, 그리고 전체 에너지를 r/R_E의 함수로

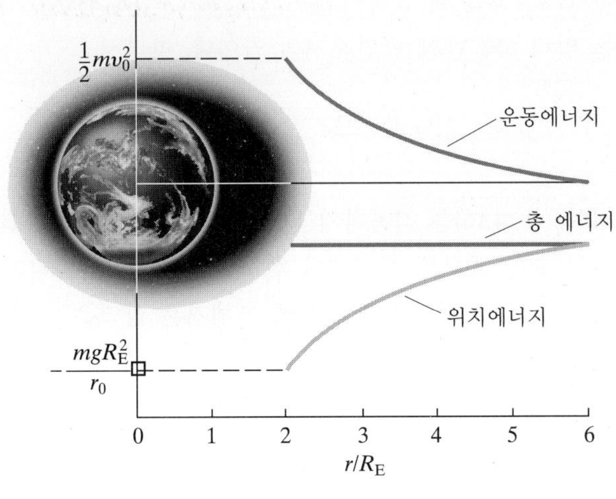

그림 4.23
반경방향 좌표의 함수인 에너지의 그래프.

하여 그래프를 나타내었다. 우주선이 지구로부터 멀어짐에 따라 $r = 6R_E$에서 속도가 0이 될 때까지 운동에너지는 감소하며, 위치에너지는 증가한다.

예제 4.11 압축 가스의 위치에너지

그림 4.24의 가스총의 구경은 단면적이 A이다. 질량 m인 탄환의 오른쪽 공간은 가스가 제거되었고, 좌측 공간은 압력 p의 가스가 들어 있다. $s = s_0$일 때의 압력을 p_0라고 하고, 가스의 압력과 부피의 관계는 $pV = \text{constant}$로 주어진다고 가정하자.

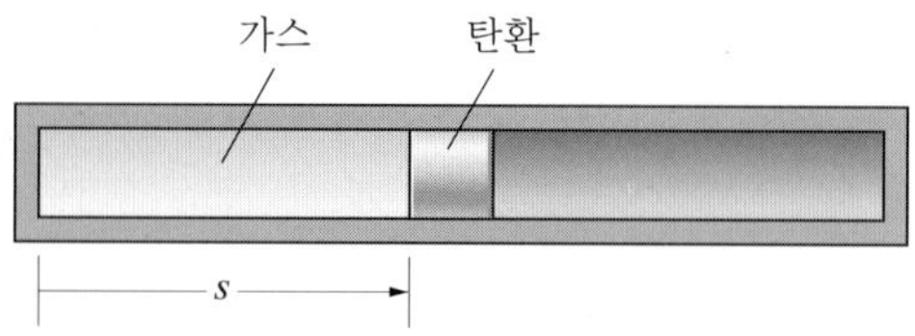

그림 4.24

(a) 탄환에 가해지는 힘과 관련된 위치에너지를 s에 의해 구하라.

(b) 탄환이 $s = s_0$에서 정지상태로부터 출발하며 마찰을 무시한다고 할 때, 탄환의 속도를 s의 함수로 구하라.

| 전략 |

(a) 가스의 압력이 피스톤에 가하는 힘을 s의 함수로 나타낸 후, 식 (4.16)을 이용하여 위치에너지를 구할 수 있다.

(b) 위치에너지를 구하면, 에너지 보존을 이용하여 탄환의 속도를 s의 함수로 구할 수 있다.

| 풀이 |

(a) 탄환 좌측 공간의 가스의 체적은 $V = sA$이다. pV가 일정하므로 psA도 일정하다. $s = s_0$일 때 압력이 p_0이므로, $psA = p_0 s_0 A$이다. 탄환에 가해지는 힘 F는 압력 p와 탄환 단면적 A의 곱이다. 따라서

$$F = pA = \frac{p_0 s_0 A}{s}$$

이다. 식 (4.16)을 적용하기 위해 피스톤에 가해지는 합력과 피스톤의 미소 변위 $d\mathbf{r}$을 벡터로 표시해야 한다. $\mathbf{e}_t$가 우측을 가리키는 단위벡터라고 하자. 마찰을 무시하면 피스톤에 가해지는 합력은

$$\Sigma\mathbf{F} = F\mathbf{e}_t = \frac{p_0 s_0 A}{s}\mathbf{e}_t$$

이며, $d\mathbf{r}$은 다음과 같이 나타낼 수 있다:

$$d\mathbf{r} = ds\,\mathbf{e}_t$$

이 식들을 식 (4.16)에 대입하면

$$dV = -\Sigma\mathbf{F}\cdot d\mathbf{r} = -\left(\frac{p_0 s_0 A}{s}\mathbf{e}_t\right)\cdot(ds\,\mathbf{e}_t) = -\frac{p_0 s_0 A}{s}ds$$

이며, 다음과 같이 쓸 수 있다:

$$\frac{dV}{ds} = -\frac{p_0 s_0 A}{s}$$

이 식을 적분한 후, 적분 상수를 0으로 놓으면 다음의 위치에너지를 얻는다:

$$V = -p_0 s_0 A \ln s$$

(b) 탄환이 $s = s_0$에서 정지상태로부터 출발한다면, 다음과 같이 에너지 보존을 이용하여 임의의 위치 s에서의 속도 v를 구할 수 있다:

$$\tfrac{1}{2}mv_1^2 + V_1 = \tfrac{1}{2}mv_2^2 + V_2:$$

$$0 - p_0 s_0 A \ln s_0 = \tfrac{1}{2}mv^2 - p_0 s_0 A \ln s$$

속도에 대해 풀면, 다음을 얻을 수 있다.

$$v = \sqrt{\frac{2p_0 s_0 A}{m}\ln\left(\frac{s}{s_0}\right)}$$

| 비판적 사고 |

이 예제는 식 (4.16)을 이용하여 주어진 힘의 위치에너지를 구하는 방법을 보여주기 위해 만들어졌다. (문제 4.99와 4.101 참조.)

연습문제

4.78 10 N의 상자가 위치 1에서 정지상태로부터 풀려나 위치 2까지 매끄러운 경사면을 따라 미끄러져 내려간다.

(a) 기준 위치를 그림과 같이 바닥 높이로 한다면, 상자가 위치 1에 있을 때 상자의 운동에너지와 위치에너지의 합은 얼마인가?

(b) 상자가 위치 2에 있을 때 상자의 운동에너지와 위치에너지의 합은 얼마인가?

(c) 에너지 보존을 이용하여 상자가 위치 2에 있을 때 상자의 속도 크기를 구하라.

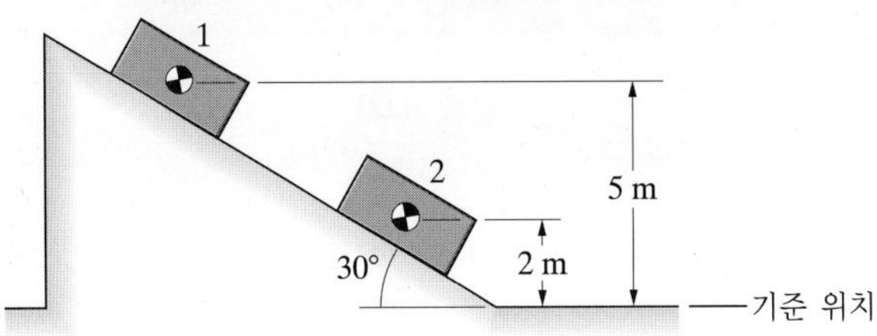

문제 4.78

4.79 0.45 kg의 축구공이 땅 위 1 m 높이에 있을 때 12 m/s의 속도로 공을 위로 찬다. 에너지 보존을 이용하여 공이 땅 위 4 m 높이에 있을 때 공의 속도 크기를 구하라. 기준 위치를 (a) 공의 초기 위치와 (b) 지면 높이로 했을 경우에 대해 각각 해를 구하라.

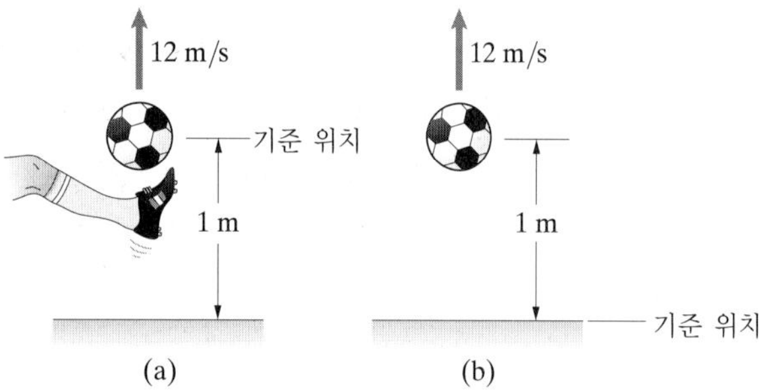

문제 4.79

4.80 Apollo 달 착륙에 사용된 착륙선은 착륙 시의 수직 속도 크기가 5 m/s를 넘지 않으면 안전하게 착륙할 수 있다. 에너지 보존을 이용하여, 착륙선의 수직 속도가 (a) 아래쪽으로 2 m/s인 경우와 (b) 위쪽으로 2 m/s인 경우에 대해, 착륙선이 엔진을 꺼도 되는 최대 높이 h를 구하라. 달 표면에서의 중력가속도는 1.62 m/s^{2}이다.

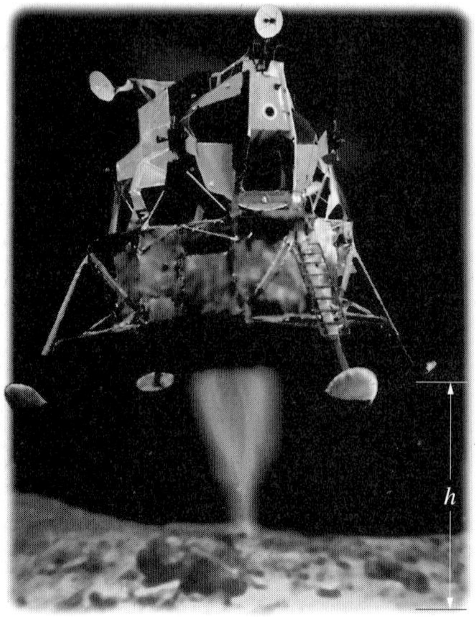

문제 4.80

4.81 0.4 kg의 고리가 위치 1에서 정지상태로부터 출발하여 매끄럽고 단단한 선을 따라 미끄러져 내려간다. y축은 위를 가리킨다. 에너지 보존을 이용하여, 고리가 위치 2에 도달할 때의 속도 크기를 구하라.

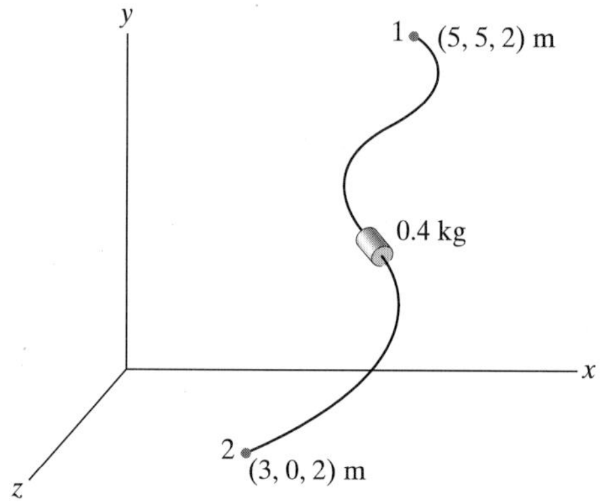

문제 4.81

4.82 그림의 순간에서 20 kg의 질량이 1.6 m/s의 속도로 내려가고 있다. 20 kg 질량이 현재 위치로부터 밑으로 움직인 거리를 d라고 하자. 에너지 보존을 이용하여 d = 1 m일 때 20 kg 질량의 속도 크기를 구하라.

문제 4.82

4.83 공의 질량은 m = 2 kg이며 줄의 길이는 L = 1 m이다. 공이 위치 1에서 정지상태로부터 풀려나 θ = 40°인 위치 2까지 회전한다.

(a) 에너지 보존을 이용하여, 위치 2에서의 공의 속도 크기를 구하라.

(b) 0에서 180°까지의 θ 값에 대해 공의 운동에너지와 위치에너지, 그리고 전체 에너지를 그래프로 나타내어라.

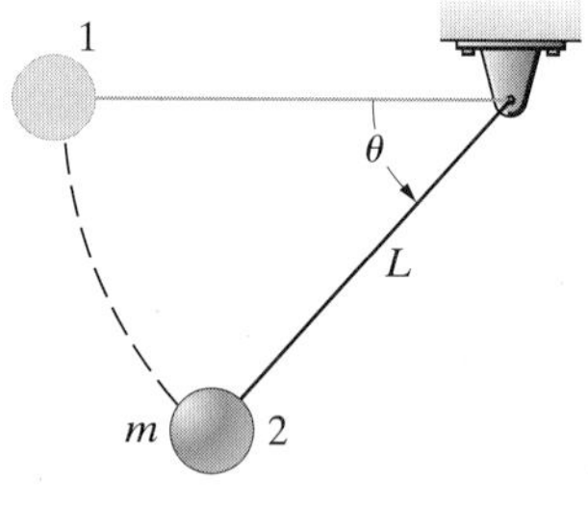

문제 4.83

4.84 공의 질량은 $m = 2$ kg이며 줄의 길이는 $L = 1$ m이다. 공이 위치 1에서 정지상태로부터 풀려난다. 줄이 수직이 되면 그림과 같이 고정된 못과 부딪치게 된다.

(a) 에너지 보존을 이용하여 공이 위치 2까지 회전하는데 필요한 최소 각 θ를 구하라.

(b) 만일 공이 (a)에서 구한 최소 각 θ에서 놓여진다면, 고정 못과 부딪치기 직전 줄의 장력은 얼마인가?

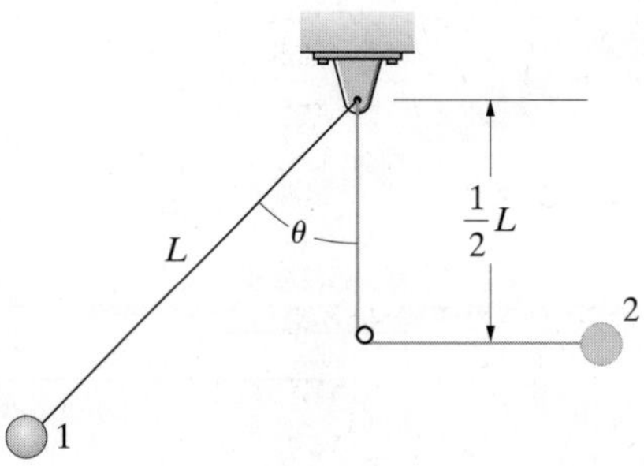

문제 4.84

4.85 질량 $m = 0.2$ kg의 작은 공이 위치 1에서 정지상태로부터 출발하여 매끄러운 실린더 표면을 따라 위치 2까지 미끄러져 내려간다. 반경은 $R = 0.8$ m이다. 만일 $\theta = 45°$라면, 일과 에너지의 원리를 이용하여 위치 2에서의 공의 속도 크기를 구하라.

4.86 문제 4.85에서, 공이 실린더 표면과의 접촉을 잃게 되는, 즉 실린더 표면에서 떨어져 나오게 되는 각 θ의 값은 얼마인가?

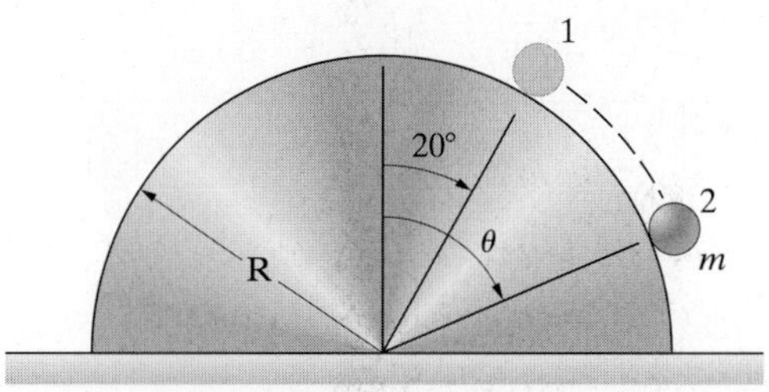

문제 4.85/4.86

4.87 그림의 막대가 매끄러울 때, 에너지 보존을 이용하여 10 kg의 고리가 다음 두 지점에 도달하기 위해 A에서 가져야 할 최소 속도를 결정하라: (a) C 지점; (b) D 지점.

4.88 문제 4.87에서 (a)와 (b)의 각 경우에 대해 B에서 막대가 고리에 가하는 수직력은 얼마인가?

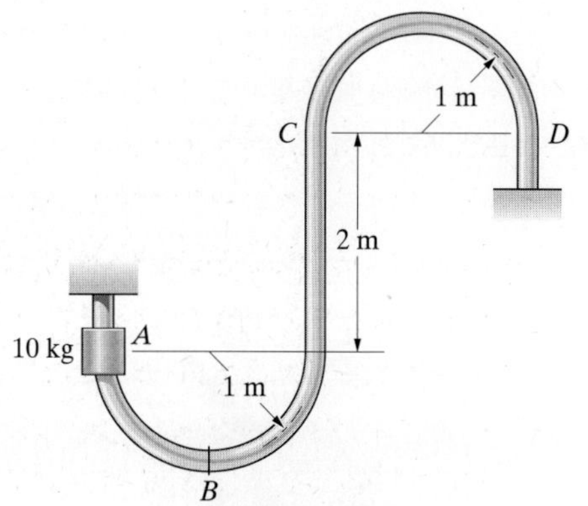

문제 4.87/4.88

4.89 10 kg의 고리가 위치 1에서 정지상태로부터 출발하여 막대를 따라 미끄러져 간다. y축의 방향은 위를 가리킨다. 스프링상수는 $k = 100$ N/m이며, 스프링의 변형 전 길이는 2 m이다. 에너지 보존을 이용하여 고리가 위치 2에 도달했을 때의 속도 크기를 구하라.

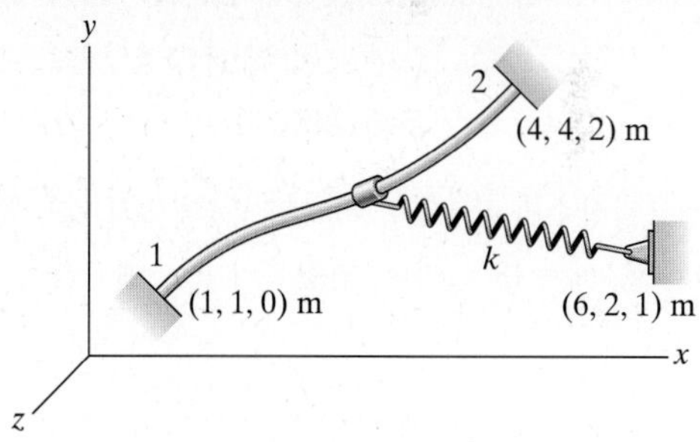

문제 4.89

4.90 몸무게가 W인 암벽 등반가가 안전을 위해 자신보다 h 아래에 고정된 로프를 지니고 있다. 이 등반가가 추락한다고 가정하고, 로프는 원래 길이가 h, 스프링상수가 $k = C/h$인 선형 스프링처럼 거동한다고 가정하자. 에너지 보존을 이용하여 로프가 이 등반가에게 가하는 최대 힘을 구하라. (최대 힘은 h와 무관하다는 점에 주목하라. 즉, 긴 거리를 낙하했을 때 로프가 가하는 최대 힘은 짧은 거리를 낙하했을 때의 힘과 같다. 이 결과는 등반가들에게는 든든한 위안이 된다.)

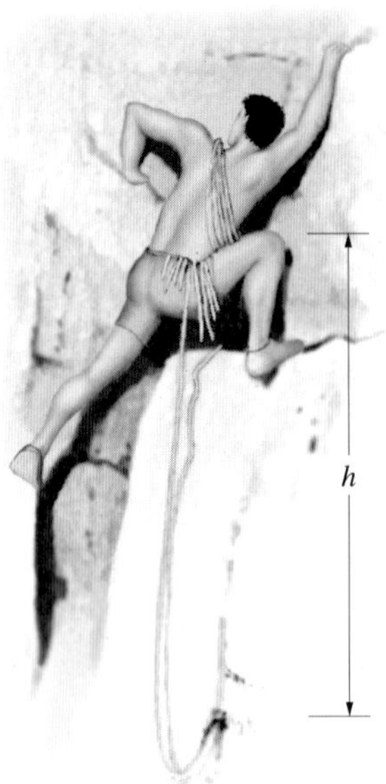

문제 4.90

4.91 스프링상수가 $k = 700$ N/m이고, A와 B의 질량은 $m_A = 14$ kg, $m_B = 18$ kg이다. 연결고리 A는 매끄러운 수평막대 상에서 미끄러진다. 스프링이 늘어나지 않은 상태에서 시스템이 정지상태로부터 풀려난다. 에너지 보존을 이용하여 연결고리 A가 오른쪽으로 0.2 m 이동했을 때 A의 속도를 구하라.

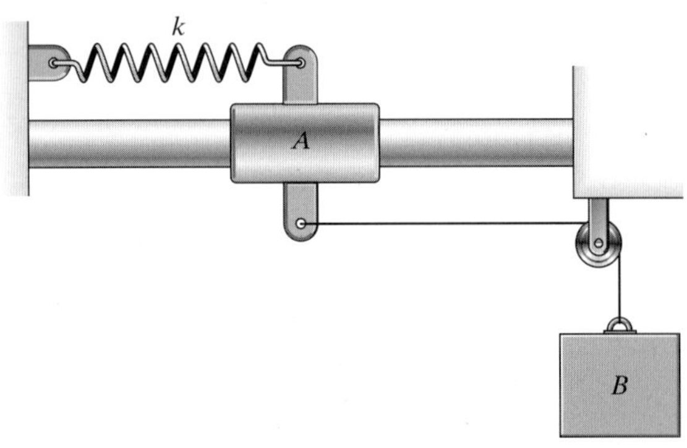

문제 4.91

4.92 스프링상수가 $k = 700$ N/m이고, A와 B의 질량은 $m_A = 14$ kg, $m_B = 18$ kg이다. 연결고리 A는 매끄러운 수평막대 상에서 미끄러지도록 되어 있다. 스프링이 변형되지 않은 상태에서 시스템을 정지상태로부터 놓는다. 에너지 보존을 이용하여 연결고리 A가 오른쪽으로 0.2 m 이동했을 때의 속도를 구하라.

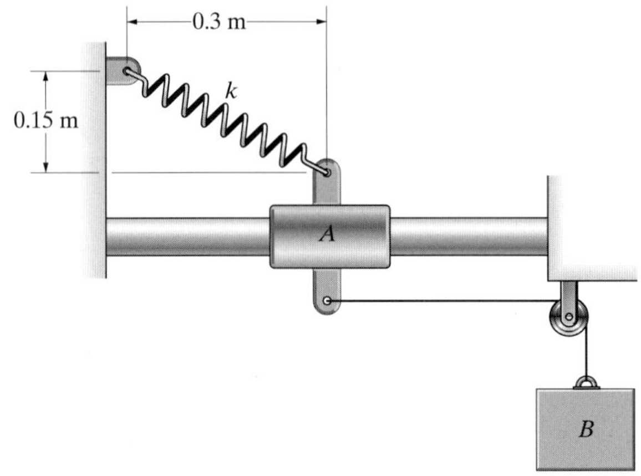

문제 4.92

4.93 22.2 N의 고리가 A에서 정지상태로부터 출발하여 반원 모양의 막대를 따라 미끄러진다. 스프링상수는 $k = 1460$ N/m이며, 스프링의 변형 전 길이는 0.305 m이다. 에너지 보존을 이용하여 B에서의 고리의 속도를 구하라.

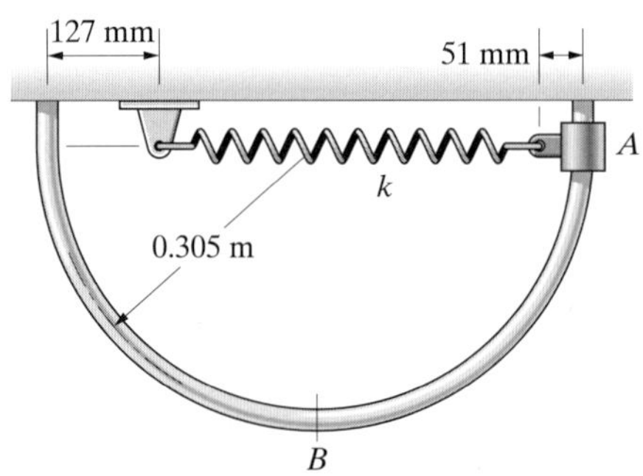

문제 4.93

4.94 질량이 $m = 1$ kg이며, 스프링상수가 $k = 200$ N/m이고, 스프링의 변형 전 길이가 0.1 m이다. 시스템이 그림의 위치에서 정지상태로부터 풀려날 때, 스프링이 줄어들면서 질량을 오른쪽으로 끌어당긴다. 에너지 보존을 이용하여 줄과 스프링이 평행하게 되었을 때 질량의 속도 크기를 구하라.

4.95 그림 4.94에서 줄과 스프링이 평행하게 되었을 때 줄에 걸리는 장력은 얼마인가?

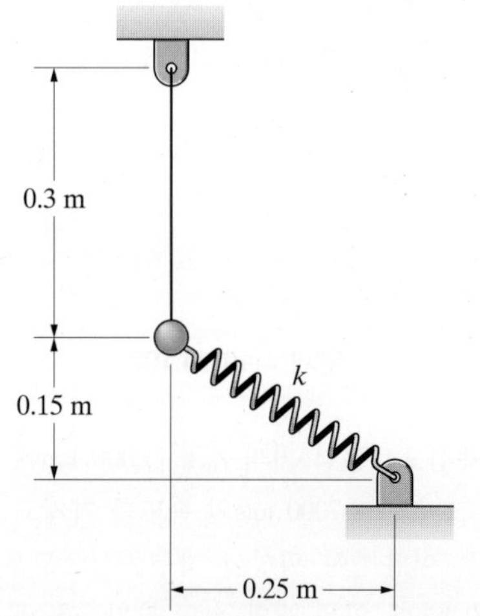

문제 4.94/4.95

4.96 비선형(nonlinear) 스프링이 물체에 가하는 힘은

$$\mathbf{F} = -[k(r - r_0) + q(r - r_0)^3]\mathbf{e}_r$$

이다. 여기서 k와 q는 상수이며, r_0는 스프링의 변형 전 길이이다. 스프링의 변형 $S = r - r_0$에 의해 스프링의 위치에너지를 구하라.

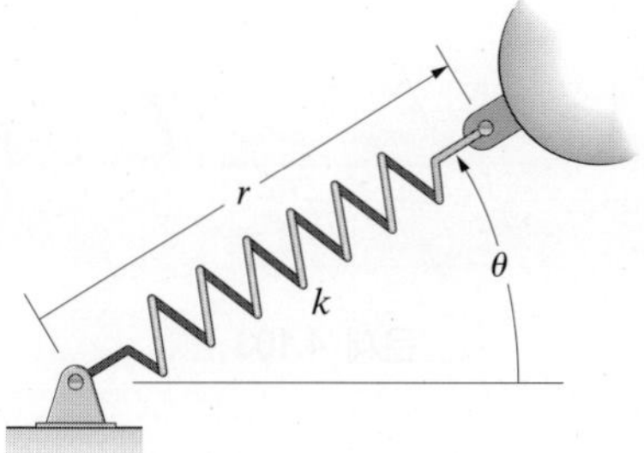

문제 4.96

4.97 20 kg의 실린더가 그림의 위치에서 선형 스프링($k =$ 3000 N/m) 위로 떨어진다. 에너지 보존을 이용하여 실린더가 스프링과 닿은 후 얼마나 더 아래로 내려가는지 계산하라.

4.98 20 kg의 실린더가 그림의 위치에서 비선형 스프링 위로 떨어진다. 스프링의 늘어난 길이 S에 의해 스프링의 위치에너지는 $V = \frac{1}{2}kS^2 + \frac{1}{2}qS^4$이다. 여기서 $k = 3000$ N/m이며 $q = 4000$ N/m^{3}이다. 스프링이 0.5 m 압축되었을 때 실린더의 속도는 얼마인가?

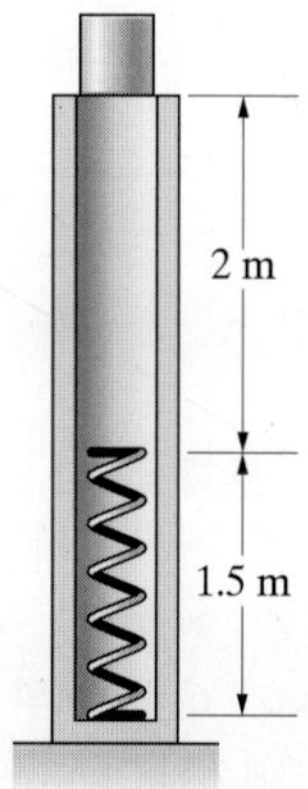

문제 4.97/4.98

4.99 줄이 일정한 크기의 힘 T를 물체에 가하고 있다. 극좌표를 이용하여 이 힘과 관련된 위치에너지가 $V = Tr$임을 보여라.

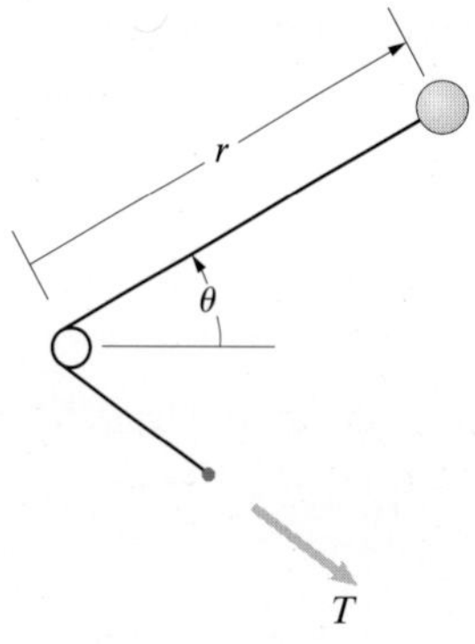

문제 4.99

4.100 그림의 위치에서 53.4 N의 고리 A가 스프링(k = 292 N/m) 위에 놓여 있고, 133.4 N의 일정한 힘이 케이블에 작용하고 있으며, 시스템은 정지상태에 있다. 고리가 0.305 m 위로 올라갈 때 고리의 속도는 얼마가 되는가? (문제 4.99 참조.)

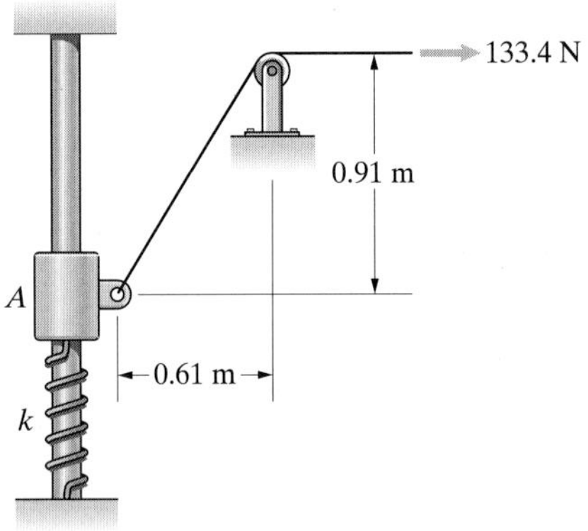

문제 4.100

4.101 115.6 kN의 F/A-18이 64 m/s로 착륙하면서, 비행기의 제동용 갈고리(hook)가 C에서 A와 B 사이의 케이블에 걸리게 된다. 제동 메커니즘은 케이블의 장력을 일정한 값 T로 유지시킨다. h = 10.1 m이다.

(a) 케이블이 비행기에 가하는 힘과 관련된 위치에너지 V를 장력 T와 거리 s로 나타내어라. (문제 4.99 참조.)

(b) 제동 시스템이 s = 21.9 m의 거리에서 비행기를 정지시킨다. 에너지 보존을 이용하여 장력 T를 구하라.

4.102 문제 4.101의 비행기가 73.2 m/s의 속도로 착륙한다고 가정하자. 에너지 보존을 이용하여 제동 시스템이 비행기를 정지시킬 때까지 이동한 거리를 구하라.

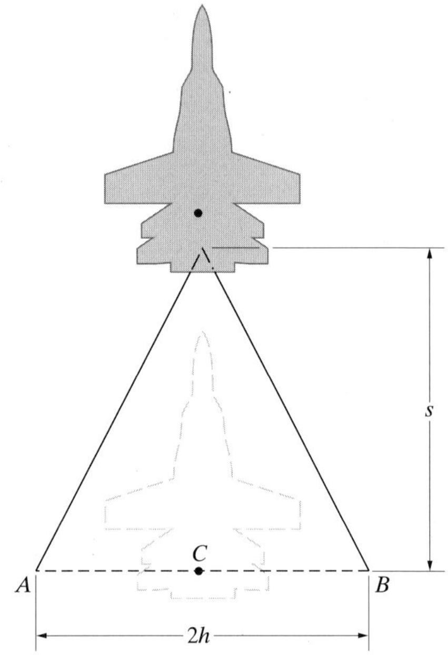

문제 4.101/4.102

4.103 지구중심으로부터 거리 r_0 = 17,000 km에 있는 인공위성이 크기 v_0 = 7000 m/s의 속도를 가지고 있다. 에너지 보존을 이용하여 위성이 지구중심으로부터 거리 r = 36,000 km에 있을 때의 속도 크기 v를 구하라. 지구의 반경은 6370 km이다.

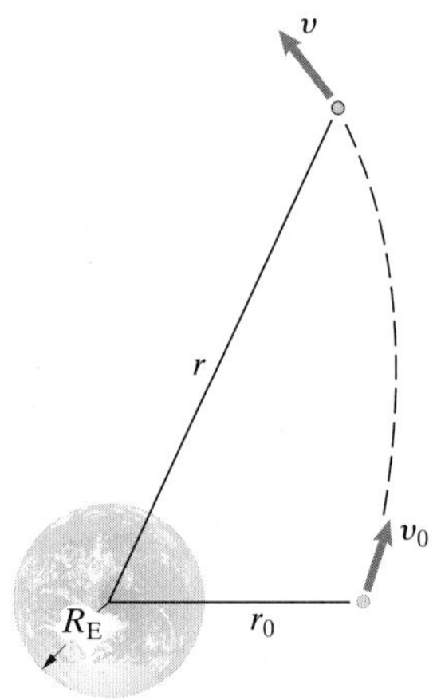

문제 4.103

4.104 지구로부터 100,000 km 떨어진 지점에서 지구중심에 대해 2 km/s의 속도로 움직이고 있는 소행성을 천문학자들이 발견하였다. 이 소행성이 지구에 부딪친다고 가정하자. 에너지 보존을 이용하여 이 소행성이 대기권에 진입할 때의 속도 크기를 구하라. (대기권의 두께는 지구의 반경 6370 km에 비교할 때 무시할 수 있다.)

4.105 인공위성이 그림과 같이 지구 주위의 타원형 궤도 상에 있으며, 근지점(perigee) A에서의 속도는 8640 m/s이다. 에너지 보존을 이용하여 B에서의 인공위성의 속도 크기를 구하라. 지구의 반경은 6370 km이다.

4.106 문제 4.105에서, 에너지 보존을 이용하여 원지점(apogee) C에서의 인공위성의 속도 크기를 구하라. 이 결과를 이용하여, 근지점과 원지점에서의 속도가 $r_A v_A = r_C v_C$의 관계를 만족함을 수치적으로 확인하라.

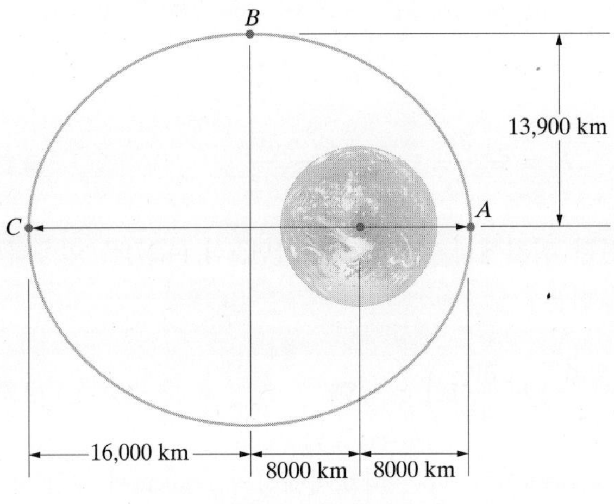

문제 4.105/4.106

4.107 Voyager(**역주**: 미국의 목성, 토성 탐사용 우주선)와 Galileo(**역주**: 미국의 목성 탐사용 우주선) 우주선이 화산의 버섯구름을 관측한 후, 목성의 위성인 Io의 표면 위가 응축된 황 또는 아황산가스로 구성된 것으로 믿게 되었다. 프로메테우스(**역주**: 그리스 신화에서 하늘에서 불을 훔쳐 인류에게 준 죄로 제우스신에게 벌을 받아 바위에 묶여 독수리에게 간을 먹히는 벌을 받음)라 명명된 화산 위쪽에서 관측한 버섯구름은 표면 위 50 km까지 걸쳐 있는 것으로 추정되었다. 표면에서 중력가속도는 1.80 m/s^{2}이다. 높이에 따른 중력 변화를 무시하고, 에너지 보존을 이용하여 고체 입자가 Io의 표면 위 50 km까지 도달하기 위해 분출되어야 할 속도를 구하라.

4.108 에너지 보존을 이용하고 높이에 따른 중력 변화를 고려하여 문제 4.107을 풀어라. Io의 반경은 1815 km이다.

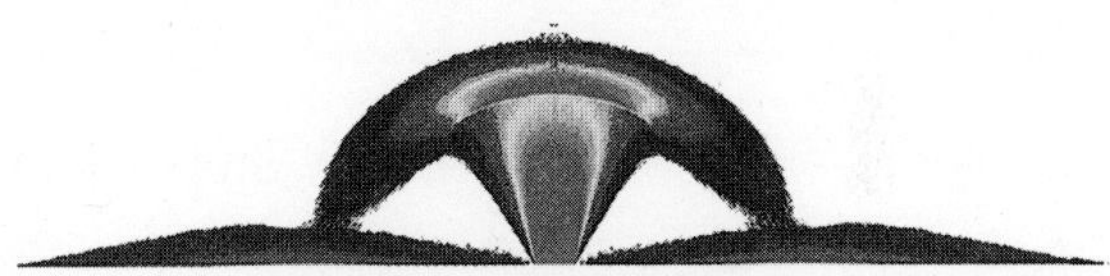

문제 4.107/4.108

4.109* 높이에 따른 중력 변화를 무시한 중력의 위치에너지 식 (4.21)과, 높이에 대한 변화를 고려한 식 (4.23) 사이의 관계는 무엇인가? 지구중심으로부터의 거리를 $r = R_E + y$로 나타내면, 식 (4.23)은 다음과 같이 쓸 수 있다:

$$V = -\frac{mgR_E}{1 + \dfrac{y}{R_E}}$$

여기서 R_E는 지구의 반경이며, y는 표면 위 높이이다. 이 식을 y/R_E에 의해 Taylor 급수로 확장하고 $y/R_E \ll 1$을 가정하여, 식 (4.21)과 동등한 위치에너지를 얻을 수 있음을 보여라.

4.6 힘과 위치에너지의 관계

여기서는 다음 두 가지 문제에 대해 생각하기로 하자: (1) 위치에너지가 주어졌을 때, 해당 힘을 어떻게 구할 수 있는가? (2) 힘이 주어졌을 때, 이 힘이 보존력인지 아닌지 어떻게 결정할 수 있는가? 즉, 관련된 위치에너지의 존재 여부를 어떻게 알 수 있는가?

힘 $\mathbf{F}$의 위치에너지 V는 다음 관계를 만족하는 위치의 함수이다:

$$dV = -\mathbf{F}\cdot d\mathbf{r} \tag{4.25}$$

V를 직각좌표계로 표현하자:

$$V = V(x, y, z)$$

V의 미분은 다음과 같다:

$$dV = \frac{\partial V}{\partial x}dx + \frac{\partial V}{\partial y}dy + \frac{\partial V}{\partial z}dz \tag{4.26}$$

F와 $d\mathbf{r}$을 각각 직각좌표계 성분으로 나타내고 둘의 내적을 취한다:

$$\begin{aligned}\mathbf{F}\cdot d\mathbf{r} &= (F_x\mathbf{i} + F_y\mathbf{j} + F_z\mathbf{k})\cdot(dx\mathbf{i} + dy\mathbf{j} + dz\mathbf{k}) \\ &= F_x\,dx + F_y\,dy + F_z\,dz\end{aligned}$$

이 식과 식 (4.26)을 식 (4.25)에 대입하면,

$$\frac{\partial V}{\partial x}dx + \frac{\partial V}{\partial y}dy + \frac{\partial V}{\partial z}dz = -(F_x\,dx + F_y\,dy + F_z\,dz)$$

이며, 따라서

$$F_x = -\frac{\partial V}{\partial x}, \qquad F_y = -\frac{\partial V}{\partial y}, \qquad F_z = -\frac{\partial V}{\partial z} \tag{4.27}$$

이다. 직각좌표계로 표현된 위치에너지 V가 주어지면, 식 (4.27)을 이용하여 해당 힘을 구할 수 있다. 힘은

$$\mathbf{F} = -\left(\frac{\partial V}{\partial x}\mathbf{i} + \frac{\partial V}{\partial y}\mathbf{j} + \frac{\partial V}{\partial z}\mathbf{k}\right) = -\nabla V \tag{4.28}$$

이며, 여기서 ∇V는 V의 gradient이다. 다른 좌표계에서의 gradient에 대한 표현식을 이용하여, 해당 좌표계에서의 위치에너지를 알고 있을 때 힘 **F**를 구할 수 있다. 예를 들어 실린더 좌표계에서는 다음과 같다:

$$\mathbf{F} = -\left(\frac{\partial V}{\partial r}\mathbf{e}_r + \frac{1}{r}\frac{\partial V}{\partial \theta}\mathbf{e}_\theta + \frac{\partial V}{\partial z}\mathbf{e}_z\right) \tag{4.29}$$

힘 **F**가 보존력이면, 이 힘의 curl인 $\nabla \times \mathbf{F}$는 0이다. 직각좌표계에서 **F**의 curl에 대한 표현은 다음과 같다:

$$\nabla \times \mathbf{F} = \begin{vmatrix} \mathbf{i} & \mathbf{j} & \mathbf{k} \\ \dfrac{\partial}{\partial x} & \dfrac{\partial}{\partial y} & \dfrac{\partial}{\partial z} \\ F_x & F_y & F_z \end{vmatrix} \tag{4.30}$$

식 (4.27)을 이 표현식에 대입하면 **F**가 보존력일 때 $\nabla \times \mathbf{F} = \mathbf{0}$임을 확인할 수 있다. 그 역도 성립한다. 즉, 힘 **F**의 curl이 0이면, 이 힘은 보존력이다. 이 조건을 이용하여 주어진 힘이 보존력인지 아닌지를 결정할 수 있다. 실린더 좌표에서, **F**의 curl은 다음과 같다:

$$\nabla \times \mathbf{F} = \frac{1}{r}\begin{vmatrix} \mathbf{e}_r & r\mathbf{e}_\theta & \mathbf{e}_z \\ \dfrac{\partial}{\partial r} & \dfrac{\partial}{\partial \theta} & \dfrac{\partial}{\partial z} \\ F_r & rF_\theta & F_z \end{vmatrix} \tag{4.31}$$

예제 4.12 위치에너지로부터 힘의 결정

식 (4.23)으로부터, 지구중심으로부터 r의 거리에 있는 질량 m의 물체의 무게와 관련된 위치에너지는(극좌표로)

$$V = -\frac{mgR_\mathrm{E}^2}{r}$$

이다. 여기서 R_E는 지구의 반경이다. 이 식을 이용하여 자체 무게가 물체에 가하는 힘을 구하라.

| 전략 |

힘은 $\mathbf{F} = -\nabla V$이다. 위치에너지가 극좌표로 표현되었으므로 식 (4.29)를 이용하여 힘을 구할 수 있다.

| 풀이 |

r, θ, z에 대한 V의 편미분은

$$\frac{\partial V}{\partial r} = \frac{mgR_\mathrm{E}^2}{r^2}, \qquad \frac{\partial V}{\partial \theta} = 0, \qquad \frac{\partial V}{\partial z} = 0$$

이다. 식 (4.29)로부터 힘은 다음과 같다:

$$\mathbf{F} = -\nabla V = -\frac{mgR_\mathrm{E}^2}{r^2}\mathbf{e}_r$$

| 비판적 사고 |

이 문제에서는 힘의 위치에너지를 알고 있으므로 이 힘이 보존력임을 이미 알고 있지만, 식 (4.31)을 이용하여 이 힘의 curl이 0임을 다시 확인할 수 있다. 즉,

$$\nabla \times \mathbf{F} = \frac{1}{r}\begin{vmatrix} \mathbf{e}_r & r\mathbf{e}_\theta & \mathbf{e}_z \\ \dfrac{\partial}{\partial r} & \dfrac{\partial}{\partial \theta} & \dfrac{\partial}{\partial z} \\ -\dfrac{mgR_\mathrm{E}^2}{r^2} & 0 & 0 \end{vmatrix} = \mathbf{0}$$

이다. 힘 $\mathbf{F}$를 구할 때와 외적(cross product)을 계산할 때 실린더 좌표계를 사용하기는 했지만, V에 대한 표현과 $\mathbf{F}$에 대한 결과식은 물체가 평면 $z = 0$에 존재할 때만 유효하다.

연습문제

4.110 물체에 작용하는 힘 **F**와 관련된 위치에너지가 $V = 2x^2 - y$ N-m이다. 단, x와 y는 미터 단위이다.

(a) **F**를 구하라.

(b) 물체가 경로 A와 B를 따라 위치 1에서 위치 2로 움직인다고 가정하자. 각 경로에서 **F**가 한 일을 구하라.

4.111 물체가 힘 $\mathbf{F} = y\mathbf{i} - x\mathbf{j}$ (N)을 받고 있다. 단, x와 y는 미터 단위이다.

(a) **F**가 보존력이 아님을 보여라.

(b) 물체가 문제 4.110의 경로 A와 B를 따라 위치 1에서 위치 2로 움직인다고 가정하자. 각 경로에서 **F**가 한 일을 구하라.

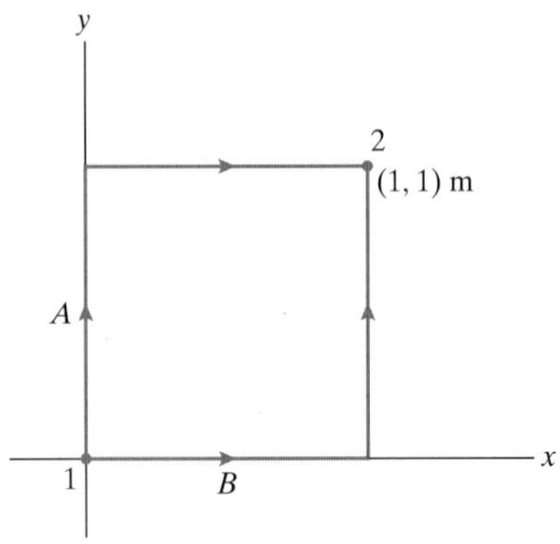

문제 4.110/4.111

4.112 비선형 스프링이 물체에 가하는 힘 **F**와 관련된 위치에너지를 극좌표로 나타내면,

$$V = \frac{1}{2}k(r - r_0)^2 + \frac{1}{4}q(r - r_0)^4$$

이다. 여기서 k와 q는 상수이며, r_0는 변형 전 길이이다. **F**를 극좌표로 구하라.

4.113 비선형 스프링이 물체에 가하는 힘은 극좌표로

$$\mathbf{F} = -[k(r - r_0) + q(r - r_0)^3]\mathbf{e}_r$$

이다. 여기서 k와 q는 상수이며, r_0는 변형 전 길이이다. 식 (4.31)을 이용하여 **F**가 보존력임을 보여라.

4.114 물체에 작용하는 힘 **F**와 관련된 위치에너지가 $V = -r\sin\theta + r^2\cos^2\theta$ m-N이다. 단, r은 m 단위이다.

(a) **F**를 구하라.

(b) 물체가 원형 경로를 따라 위치 1에서 위치 2로 움직인다면, **F**가 한 일은 얼마인가?

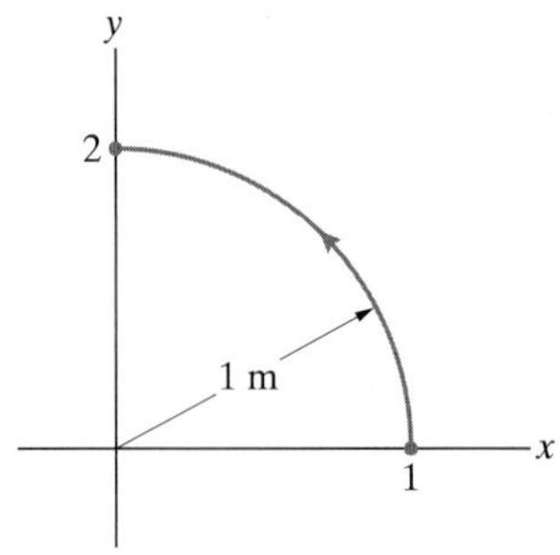

문제 4.114

4.115 가상의 2차원 행성의 중력이 질량 m의 물체에 가하는 힘을 극좌표로 나타내면 $\mathbf{F} = -(mg_T R_T/r)\mathbf{e}_r$이다. 여기서 g_T는 표면에서의 중력가속도, R_T는 행성의 반경이며 r은 행성중심으로부터의 거리이다.

(a) 이 중력과 관련된 위치에너지를 구하라.

(b) 거리 r_0에서 물체에 속도 v_0가 주어진다면, 물체의 속도 v를 r의 함수로 구하라.

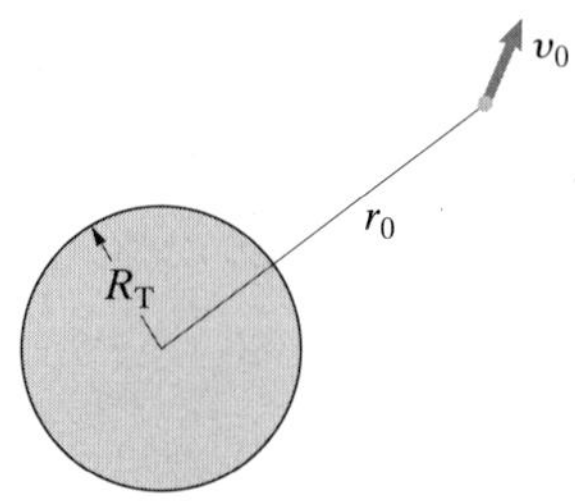

문제 4.115

4.116 식 (4.27)을 식 (4.30)에 대입하여 **F**가 보존력인 경우, $\nabla \times \mathbf{F} = \mathbf{0}$임을 확인하라.

4.117 다음 힘들이 보존력인지를 판정하라.

(a) $\mathbf{F} = (3x^2 - 2xy)\mathbf{i} - x^2\mathbf{j}$

(b) $\mathbf{F} = (x - xy^2)\mathbf{i} + x^2y\mathbf{j}$

(c) $\mathbf{F} = (2xy^2 + y^3)\mathbf{i} + (2x^2y - 3xy^2)\mathbf{j}$

4.118 다음 힘들이 보존력인지를 판정하라.

(a) $\mathbf{F} = 3r^2\sin^2\theta\,\mathbf{e}_r + 2r^2\sin\theta\cos\theta\,\mathbf{e}_\theta$

(b) $\mathbf{F} = (2r\sin\theta - \cos\theta)\mathbf{e}_r + (r\cos\theta - \sin\theta)\mathbf{e}_\theta$

(c) $\mathbf{F} = (\sin\theta + r\cos^2\theta)\mathbf{e}_r + (\cos\theta - r\sin\theta\cos\theta)\mathbf{e}_\theta$

전산역학

다음 예제와 문제들은 프로그램 가능한 계산기나 컴퓨터를 사용하여 풀도록 만들어졌다.

예제 4.13

그림 4.25의 기계식 시간지연(delay) 스위치에서, 전자석이 위치 1에서 1 kg의 슬라이더를 놓아준다. 중력과 선형 스프링의 작용 하에 슬라이더가 위치 1에서 위치 2까지 매끄러운 막대를 따라 움직여서 스위치를 닫게 된다. 스프링 상수는 $k = 40$ N/m이며, 스프링의 변형 전 길이는 $r_0 = 50$ mm이다. 크기는 $R = 200$ mm, $h = 100$ mm이다. 슬라이더의 최대 속도는 어느 위치에서 발생하며 그 크기는 얼마인가?

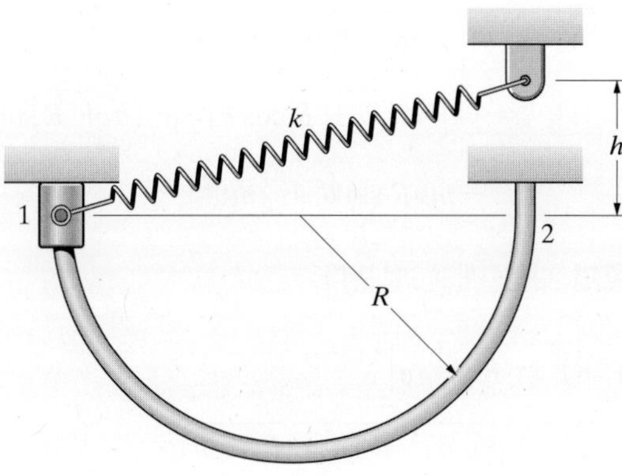

그림 4.25

‖ 전략 ‖

에너지 보존을 이용하여 슬라이더의 속도 크기와 위치의 관계식을 얻을 수 있다. 속도를 위치의 함수로 그래프를 그리면, 최대 속도와 그 발생 위치를 추정할 수 있다.

‖ 풀이 ‖

슬라이더의 위치는 위치 1에 대해 움직인 각 θ에 의해 나타낼 수 있다(그림 a). 위치 1에서 스프링이 늘어난 길이는 이 위치에서의 스프링 길이에서 원래 길이를 뺀 값과 같다:

$$S_1 = \sqrt{(2R)^2 + h^2} - r_0$$

슬라이더가 각 θ만큼 움직였을 때, 스프링의 늘어난 길이는

$$S = \sqrt{(R + R\cos\theta)^2 + (h + R\sin\theta)^2} - r_0$$

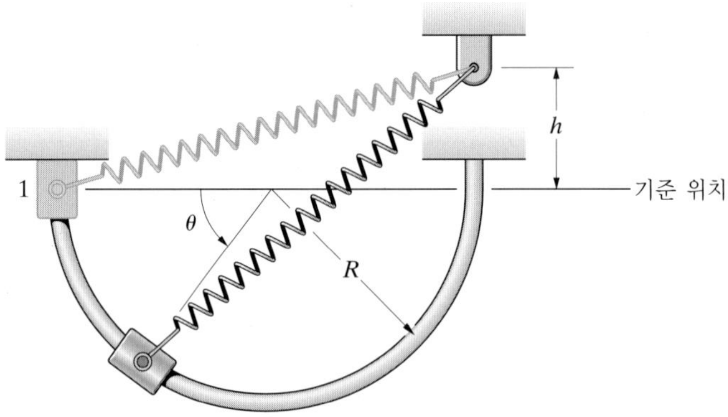

(a) 각 θ가 슬라이더의 위치를 나타낸다.

이다. 슬라이더 무게의 위치에너지는 그림 a에 표시한 기준 위치를 이용하여 나타낸다. 위치 1에서의 위치에너지와 운동에너지의 합은 슬라이더가 각 θ 만큼 움직였을 때의 위치에너지와 운동에너지의 합과 같아야 하므로

$$\tfrac{1}{2}kS_1^2 + mgy_1 + \tfrac{1}{2}mv_1^2 = \tfrac{1}{2}kS^2 + mgy + \tfrac{1}{2}mv^2$$

$$\tfrac{1}{2}k\left[\sqrt{(2R)^2 + h^2} - r_0\right]^2 + 0 + 0$$

$$= \tfrac{1}{2}k\left[\sqrt{(R + R\cos\theta)^2 + (h + R\sin\theta)^2} - r_0\right]^2 - mgR\sin\theta + \tfrac{1}{2}mv^2$$

이다. v에 대해 풀면 다음 식을 얻는다:

$$v = \{(k/m)\left[\sqrt{(2R)^2 + h^2} - r_0\right]^2 - (k/m)\left[\sqrt{(R + R\cos\theta)^2 + (h + R\sin\theta)^2} - r_0\right]^2 + 2gR\sin\theta\}^{1/2}$$

이 식을 θ의 함수로 그 값을 계산하면, 그림 4.26과 같은 그래프를 얻을 수 있다. 그래프에서 속도는 대략 $\theta = 135°$에서 최대값을 가지므로, 135° 근처에서 계산된 결과들을 조사한다.

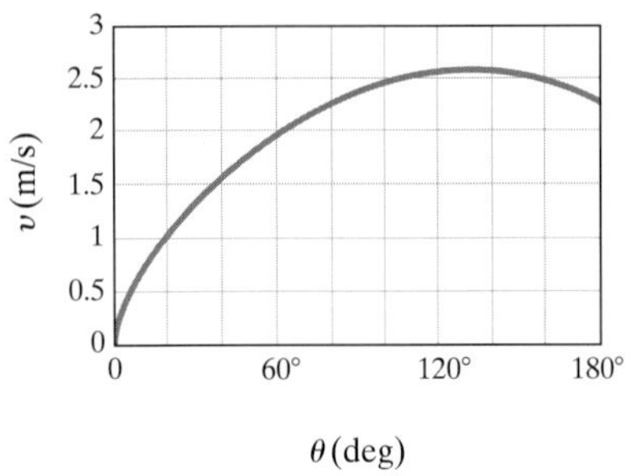

그림 4.26
θ에 대한 속도의 크기 그래프.

θ	v, m/s
132°	2.5393
133°	2.5397
134°	2.5399
135°	2.5398
136°	2.5394
137°	2.5389
138°	2.5380

$\theta = 134°$에서 최대 속도 2.54 m/s가 발생한다고 추산할 수 있다.

비판적 사고

스프링의 배치와 원형 막대의 기하학적 모양 때문에, 속도의 각 θ에 대한 의

존성은 심한 비선형을 나타낸다. 주어진 θ값에 대한 속도를 구하는 것은 간단하다는 점에 유의하라. 그러나 최대 속도를 구하거나 속도의 특정한 값에 해당하는 θ값을 구하기 위해서는 수치 해석이 필요하다.

전산 문제

4.119 충돌 방호벽이 찌그러지면서 방호벽이 자동차에 가하는 힘은 $F = -(4400 + 50{,}000s)$ N이다. 여기서 s는 자동차와 방호벽 사이의 최초 접촉 위치로부터의 거리(m)이다. 100 km/h의 속도로 달리는 2400 kg의 차가 방호벽을 친다고 가정하자. 충돌하는 동안 자동차로부터 전달되는 최대 일률은 얼마이며, 이 최대 일률은 s의 어느 위치에서 발생하는가?

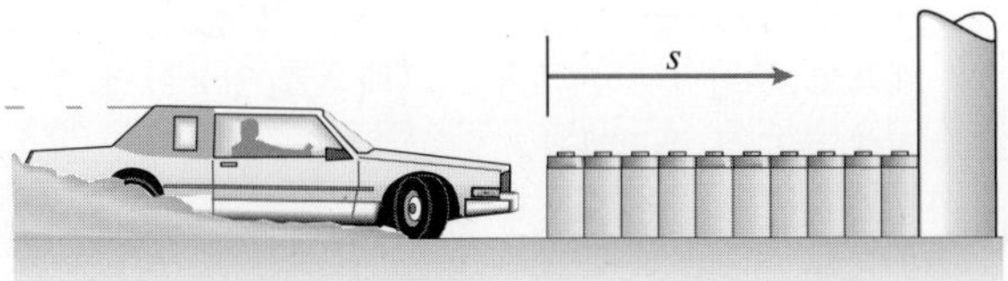

문제 4.119

4.120 그림의 위치에서 6 kg의 연결고리가 매끄러운 막대에서 정지상태로부터 놓여진다. 스프링상수가 $k = 4$ kN/m이고 스프링의 변형 전 길이가 150 mm이다. 질량이 낙하하기 시작하여 다시 튕겨 올라가기 전까지 초기 위치에 대해 낙하한 거리는 얼마인가?

4.121 그림의 위치에서 6 kg의 연결고리가 매끄러운 막대에서 정지상태로부터 놓여진다. 스프링상수가 $k = 4$ kN/m이고 스프링의 변형 전 길이가 150 mm이다. 고리가 최대 속도에 도달하게 되는 위치는 초기 위치로부터 얼마나 아래쪽에 있는가? 또 그 최대 속도는 얼마인가?

4.122 그림의 위치에서 6 kg의 연결고리가 매끄러운 막대에서 정지상태로부터 놓여진다. 스프링상수가 $k = 4$ kN/m이고 스프링의 변형 전 길이가 150 mm이다. 연결고리에 전달되는 일률이 최대값이 되는 위치는 초기 위치로부터 얼마나 아래쪽에 있는가? 또 그 최대 일률은 얼마인가?

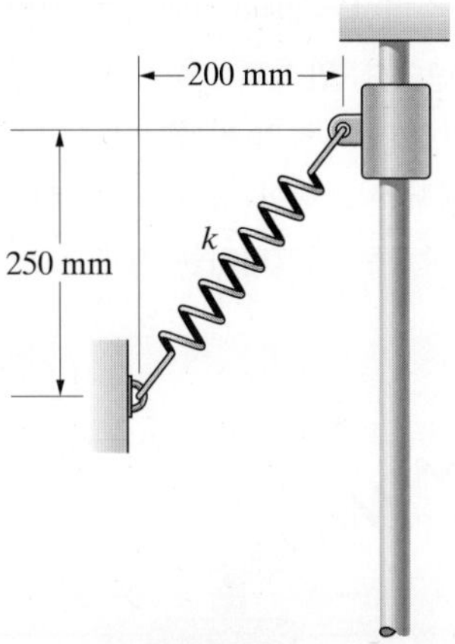

문제 4.120 – 4.122

4.123 시스템이 그림의 위치에서 정지상태로부터 놓여진다. 고리 A와 상자 B의 질량은 $m_A = 90$ kg, $m_B = 136$ kg이다. 고리 A가 올라가면서 고리가 얻게 되는 최대 속도를 구하라.

4.124 시스템이 그림의 위치에서 정지상태로부터 놓여진다. 고리 A와 상자 B의 질량은 $m_A = 90$ kg, $m_B = 136$ kg이다. 고리 A의 초기 위치에 대해 고리가 도달하게 되는 최대 높이는 얼마인가?

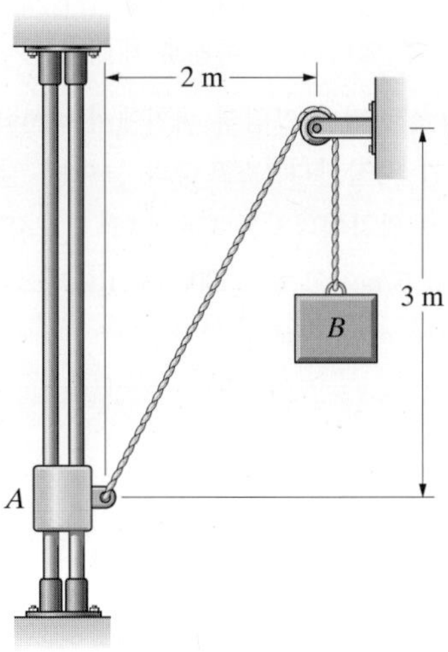

문제 4.123/4.124

4.125 스프링상수가 $k = 2000$ N/m이고 질량이 $m_A = 14$ kg, $m_B = 18$ kg이다. 연결고리 A는 매끄러운 수평막대 상에서 미끄러진다. 그림의 위치에서 스프링이 변형되지 않은 상태에서 시스템이 정지상태로부터 풀려난다. (a) 에너지 보존을 이용하여 연결고리 A가 오른쪽으로 x만큼 이동했을 때의 속도를 구하라. $0 \le x \le 0.15$ m에 대해 속도 그래프를 그려라. (b) 그래프를 이용하여 최대 속도를 추정하라.

4.126 스프링상수가 $k = 2000$ N/m이고 질량이 $m_A = 14$ kg, $m_B = 18$ kg이다. 연결고리 A는 매끄러운 수평막대 상에서 미끄러진다. 그림의 위치에서 스프링이 변형되지 않은 상태에서 시스템이 정지상태로부터 풀려난다. 고리 A가 오른쪽으로 미끄러지는 최대 거리를 계산하라.

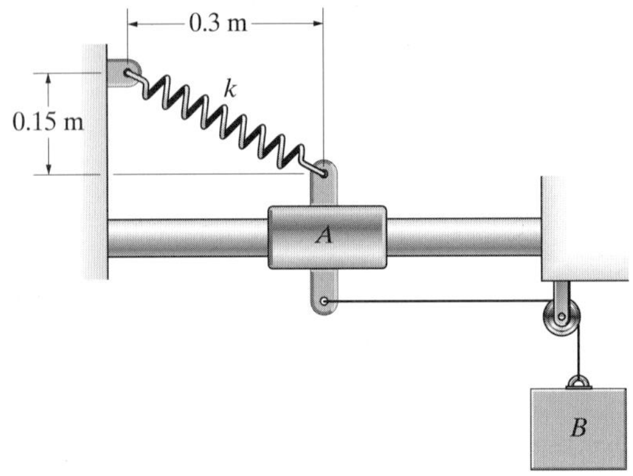

문제 4.125/4.126

4.127 16 kg의 실린더가 그림의 위치에서 비선형 스프링 위로 떨어지기 시작한다. 스프링의 늘어난 길이 S에 의해, 스프링의 위치에너지는 $V = \frac{1}{2}kS^2 + \frac{1}{4}qS^4$이다. 여기서 $k = 2400$ N/m이고 $q = 3000$ N/m^{3}이다. 실린더가 스프링과 닿은 후 얼마나 더 아래로 내려가는지 계산하라.

4.128 16 kg의 실린더가 그림의 위치에서 비선형 스프링 위로 떨어지기 시작한다. 스프링의 늘어난 길이 S에 의해, 스프링의 위치에너지는 $V = \frac{1}{2}kS^2 + \frac{1}{4}qS^4$이다. 여기서 $k = 2400$ N/m이고 $q = 3000$ N/m^{3}이다. 실린더가 갖게 되는 최대 하향 속도는 얼마인가?

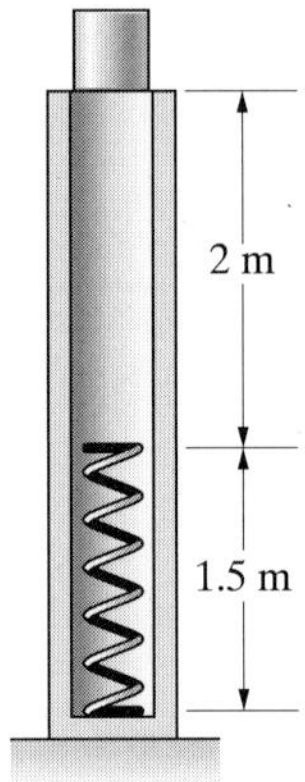

문제 4.127/4.128

4.129 그림 4.129a의 시스템이 정지상태에서 놓여진다. 질량이 $m = 1$ kg, 스프링상수가 $k = 200$ N/m, 스프링의 변형 전 길이가 0.1 m이다. (a) 에너지 보존을 이용하여 질량의 속도 크기를 줄과 연직선 사이의 각 θ(그림 4.129b)의 함수로 결정하고, $0 \le \theta \le 40°$에 대해 속도 그래프를 그려라. (b) 그려진 그래프를 이용하여 질량의 최대 속도를 추정하라.

4.130 그림 4.129a의 시스템이 정지상태에서 놓여진다. 질량이 $m = 1$ kg, 스프링상수가 $k = 200$ N/m, 스프링의 변형 전 길이가 0.1 m이다. 질량이 도달하게 되는 θ(그림 4.129b)의 최대값을 추정하라.

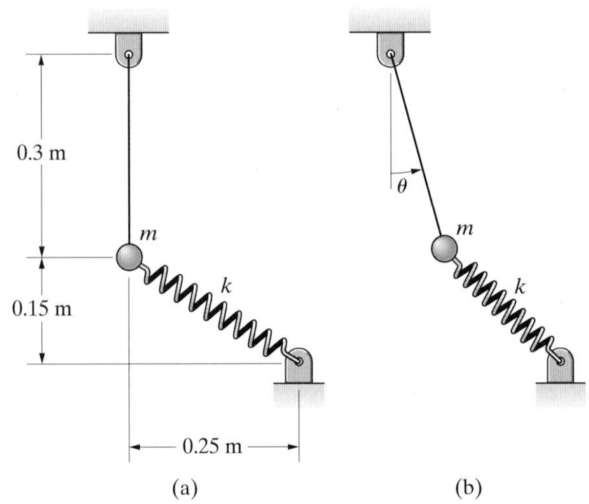

문제 4.129/4.130

4.131 한 학생이 4.57 m/s의 속도로 달려와 로프를 붙잡은 후, 로프에 매달려서 호수 위로 날아간다. 수평거리 b를 최대로 하기 위해 로프를 놓아야 하는 각 θ를 결정하라. 이때 b의 값은 얼마인가?

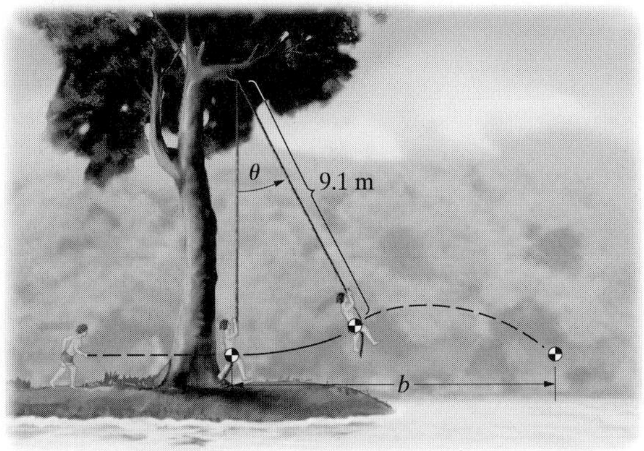

문제 4.131

요약

3장에서는 물체에 작용하는 힘이 알려져 있을 때 Newton의 제2법칙을 이용하여 물체의 가속도를 구하였다. 일단 가속도가 구해지면, 적분으로 물체의 속도와 위치에 대한 정보를 구할 수 있었다. 이 장에서는 물체의 위치가 변하는 동안 물체에 한 일과 물체의 운동에너지 변화를 연관시키는, 일과 에너지의 원리라는 새로운 기법을 Newton의 제2법칙을 이용하여 유도하였다. 이 원리는 보통 일을 하는 힘이 물체의 위치의 함수로 알려져 있을 때에만 적용할 수 있으며, 얻어지는 유일한 정보는 물체 속도의 크기 변화이다. 그럼에도 불구하고, 스프링에 의한 힘과 중력을 포함한 어떤 힘들이 한 일을 구하기가 쉽고 물체의 경로에 무관하기 때문에 이 원리는 상당히 유용하다. 이러한 특성이 계기가 되어 위치에너지와 보존력을 정의하게 되었으며, 에너지 보존의 개념이 만들어졌다. 5장에서는 Newton의 제2법칙을 이용하여, 물체들 사이의 충돌이 포함된 응용문제에 특히 유용한 운동량 원리(momentum principle)를 유도할 것이다.

일과 에너지의 원리

$\Sigma\mathbf{F}$를 물체에 작용하는 힘들의 합이라고 할 때, 물체의 질량중심이 위치 $\mathbf{r}_1$에서 위치 $\mathbf{r}_2$로 움직이는 동안 물체에 한 일을 다음 식

$$U_{12} = \int_{\mathbf{r}_1}^{\mathbf{r}_2} \Sigma\mathbf{F}\cdot d\mathbf{r} \tag{4.5}$$

로 정의하면, 물체에 한 일은 운동에너지의 변화량과 같다는 일과 에너지의 원리를 얻게 된다. 즉,

$$U_{12} = \tfrac{1}{2}mv_2^2 - \tfrac{1}{2}mv_1^2 \tag{4.6}$$

이다. 내력들이 물체들의 시스템에 한 전체 일이 0이라면, 외력들이 한 전체 일은 시스템의 총 운동에너지의 변화량과 같다.

일률

일률(power)은 일을 하는 속도이다. 물체에 작용하는 외력들에 의해 물체에 전달되는 일률은

$$P = \Sigma \mathbf{F} \cdot \mathbf{v} \tag{4.9}$$

이다. 일률은 물체의 운동에너지의 변화율과 같다. t_1에서 t_2 사이의 시간 동안, 시간에 대한 일률의 평균값은 물체의 운동에너지 변화 또는 물체에 행해진 일을 시간 간격으로 나눈 값과 같다:

$$P_{\text{avg}} = \frac{\frac{1}{2}mv_2^2 - \frac{1}{2}mv_1^2}{t_2 - t_1} = \frac{U_{12}}{t_2 - t_1} \tag{4.10}$$

일의 계산

s를 운동경로에서의 물체의 질량중심의 위치라고 하자. 위치 s_1에서 s_2까지 물체에 한 일은

$$U_{12} = \int_{s_1}^{s_2} \Sigma F_t \, ds \tag{4.7}$$

이다. 여기서 ΣF_t는 물체에 작용하는 전체 외력의 접선방향 성분이다. 경로에 수직인 힘의 성분은 일을 하지 않는다.

무게 y축이 위를 가리키는 좌표계에서, 물체의 질량중심이 위치 1에서 위치 2로 움직이는 동안 물체의 무게에 의한 일은

$$U_{12} = -mg(y_2 - y_1) \tag{4.11}$$

이다. 일은 물체의 무게와 질량중심의 높이 변화를 곱한 값이다. 높이가 증가하면 일은 음의 값을 가지며, 높이가 감소하면 양의 값을 갖는다.

지구중심으로부터의 거리 r에 따른 물체 무게의 변화를 고려할 때, 물체의 무게에 의한 일은

$$U_{12} = mgR_E^2\left(\frac{1}{r_2} - \frac{1}{r_1}\right) \tag{4.13}$$

이다. 여기서 R_E는 지구의 반경이다.

스프링 고정 지지대에 부착된 스프링이 물체에 한 일은

$$U_{12} = -\frac{1}{2}k(S_2^2 - S_1^2) \tag{4.14}$$

이다. 여기서 S_1과 S_2는 초기 위치와 최종 위치에서의 스프링의 늘어난 길이이다.

위치에너지

물체에 작용하는 주어진 힘 $\mathbf{F}$에 대해 다음 식

$$dV = -\mathbf{F} \cdot d\mathbf{r} \tag{4.16}$$

을 만족하는 물체 위치의 함수 V가 존재한다면, **F**는 **보존력**이라 하고 V는 **F**와 관련된 **위치에너지**라고 한다. 위치 1에서 위치 2까지 **F**가 한 일은 다음과 같다:

$$U_{12} = -(V_2 - V_1) \tag{4.17}$$

만일 물체에 일을 하는 모든 힘들이 보존력이라면, 총 에너지—물체의 운동에너지와 물체에 일을 하는 힘들의 위치에너지의 합—는 보존된다:

$$\tfrac{1}{2}mv_1^2 + V_1 = \tfrac{1}{2}mv_2^2 + V_2 \tag{4.18}$$

만일 물체가 보존력과 비보존력을 모두 받는다면, 일과 에너지의 원리는 다음과 같이 쓸 수 있다:

$$\tfrac{1}{2}mv_1^2 + V_1 + U_{12} = \tfrac{1}{2}mv_2^2 + V_2 \tag{4.19}$$

U_{12}항은 물체에 작용하는 모든 비보존력들에 의한 일을 포함한다. 보존력에 의한 일을 계산해서 U_{12}에 포함시키거나, 보존력의 위치에너지를 V에 포함시킬 수 있다.

무게 y축이 위를 가리키는 직각좌표계에서 물체 무게의 위치에너지는

$$V = mgy \tag{4.21}$$

이다. 위치에너지는 편리하게 잡은 기준 높이, 즉 **기준 위치**(datum)로부터 측정한 물체의 질량중심의 높이와 무게의 곱이다.

지구중심으로부터의 거리 r에 따라 물체 무게가 변하는 것을 고려하면, 물체 무게의 위치에너지는

$$V = -\frac{mgR_E^2}{r} \tag{4.23}$$

이다. 여기서 R_E는 지구의 반경이다.

스프링 선형 스프링에 의해 물체에 가해지는 힘의 위치에너지는

$$V = \tfrac{1}{2}kS^2 \tag{4.24}$$

이다. 여기서 S는 스프링의 늘어난 길이이다.

힘과 위치에너지의 관계 힘 **F**는 힘과 관련된 위치에너지와 다음의 관계를 갖는다:

$$\mathbf{F} = -\left(\frac{\partial V}{\partial x}\mathbf{i} + \frac{\partial V}{\partial y}\mathbf{j} + \frac{\partial V}{\partial z}\mathbf{k}\right) = -\nabla V \tag{4.28}$$

힘 **F**의 curl이 0일 때, 그리고 0일 때만 힘 **F**가 보존력이다. 즉, 힘 **F**의 curl이 0인 것은 힘 **F**가 보존력이 되기 위한 필요충분조건이다. 힘 **F**의 curl은 다음

과 같다:

$$\nabla \times \mathbf{F} = \begin{vmatrix} \mathbf{i} & \mathbf{j} & \mathbf{k} \\ \dfrac{\partial}{\partial x} & \dfrac{\partial}{\partial y} & \dfrac{\partial}{\partial z} \\ F_x & F_y & F_z \end{vmatrix} = \mathbf{0}$$

복습문제

4.132 64.4 km/h로 달리는 무게 13,344 N인 자동차의 운전사가 브레이크 페달에 가하는 힘을 서서히 증가시키고 있다. 이로 인해 도로가 자동차에 가하는 마찰력의 크기는 $f = 250 + 6s$ N이다. 여기서 s는 브레이크를 가하기 시작한 위치로부터의 수평거리(m)이다. 타이어가 미끄러지지 않는다고 가정하고, 차가 정지하는 데 필요한 거리를 (a) Newton의 제2법칙과 (b) 일과 에너지의 원리를 이용하여 각각 구하라.

4.133 문제 4.132에서 자동차가 젖은 포장도로 위에 있으며 타이어와 도로 사이의 마찰계수가 $\mu_s = 0.4$, $\mu_k = 0.35$라고 가정하자. 차가 정지하는 데 필요한 거리를 구하라.

4.134 달 표면에서 100 m 높이에 떠 있는 작은 로켓(전체 질량 = 450 kg)의 우주비행사가 연료의 소진으로 5초 정도만 떠 있을 수 있을 정도의 추력(thrust)을 가할 수 있음을 알았다. 우주비행사는 표면에 착륙하기 위한 두 가지 방안을 재빨리 생각해냈다. 즉, (a) 20 m만큼 낙하한 후, 5초 동안 추력을 가동하고 다시 나머지 구간 동안 낙하한다; (b) 40 m만큼 낙하한 후, 5초 동안 추력을 가동하고 다시 나머지 구간 동안 낙하한다. 어떤 전략이 살아남을 가능성이 더 많겠는가? 각 경우에서 엔진 추력이 한 일은 얼마인가? ($g_{moon} = 1.62$ m/s^2)

4.135 20 kg의 나무상자와 경사면 사이의 마찰계수는 $\mu_s = 0.24$와 $\mu_k = 0.22$이다. 나무상자가 정지상태로부터 출발하며 수평력이 $F = 200$ N이라면, 상자가 2 m 이동했을 때 상자의 속도 크기는 얼마인가?

4.136 20 kg의 나무상자와 경사면 사이의 마찰계수는 $\mu_s = 0.24$와 $\mu_k = 0.22$이다. 나무상자가 정지상태로부터 출발하며 수평력이 $F = 40$ N이라면, 상자가 2 m 이동한 후의 속도 크기는 얼마인가?

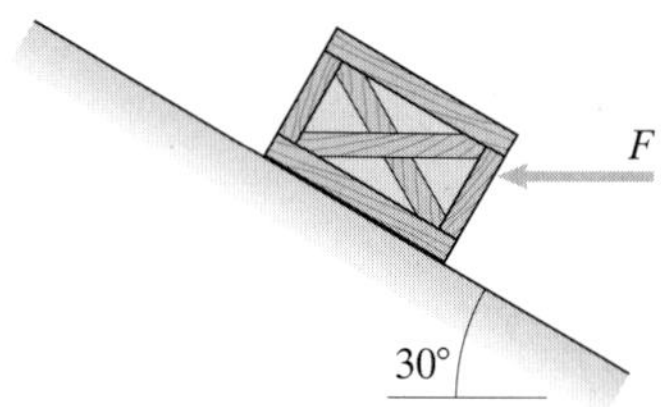

문제 4.135/4.136

4.137 유니언 퍼시픽(역주: 오마하에서 덴버에 이르는 미국 대륙횡단철도)의 Big Boy 기관차는 무게가 529만 N이며, 구동바퀴의 견인력(접선방향 힘)은 600,480 N이다. 다른 접선방향 힘을 무시한다면, 열차가 0에서 96.5 km/h까지 가속하는 데 필요한 거리는 얼마인가?

4.138 문제 4.137에서 기관차가 0에서 96.5 km/h까지 가속하는 동안 기관차의 가속도는 $(F_0/m)(1 - v/88)$이라고 가정하자. 여기서 $F_0 = 600{,}480$ N이고, m은 기관차의 질량이며, v는 기관차의 속도(m/s)이다.

(a) 열차를 96.5 km/h까지 가속시키는 데 한 일은 얼마인가?

(b) 기관차의 속도를 시간의 함수로 구하라.

문제 4.137/4.138

4.139 104.6 km/h로 달리는 자동차가 문제 4.14에서 기술한 충돌 방호벽과 충돌한다면, 승객이 받는 최대 감속도를 차의 무게가 (a) 11,120 N인 경우와 (b) 22,240 N인 경우에 대해 각각 구하라.

4.140 우편물 분류기계에 대한 예비 설계에서, 2 m/s로 움직이는 소포가 매끄러운 경사면을 따라 미끄러져 내려와 선형 스프링에 의해 정지하게 된다. 10 N 소포의 최대 감속도가 10 g를 넘지 않도록 하려면, 스프링상수는 얼마가 되어야 하는가?

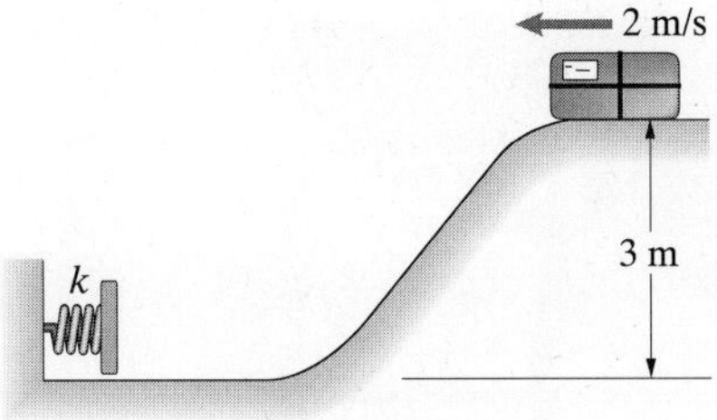

문제 4.140

4.141 1 kg의 고리가 위치 1에 있을 때, 스프링의 장력은 50 N이며 스프링의 변형 전 길이는 260 mm이다. 고리를 위치 2까지 당겼다가 정지상태에서 놓는 경우, 고리가 위치 1로 돌아왔을 때의 속도는 얼마인가?

4.142 1 kg의 고리가 위치 1에 있을 때 스프링의 장력은 100 N이며, 고리가 위치 2에 있을 때 스프링의 장력은 400 N이다.

(a) 스프링상수 k는 얼마인가?

(b) 위치 1에서 고리에 15 m/s의 속도가 주어진다면, 고리가 위치 2에 도달하기 직전의 속도 크기는 얼마인가?

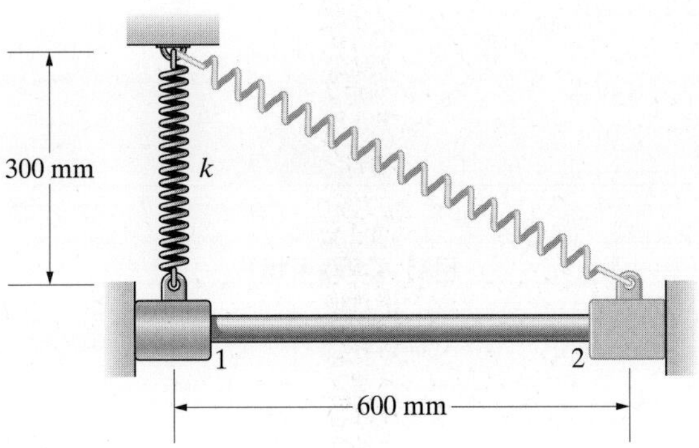

문제 4.141/4.142

4.143 두 스프링($k_A = 30$ N/m, $k_B = 15$ N/m)이 변형되지 않은 상태에서 30 N의 무게가 정지상태로부터 놓여진다.

(a) 무게가 다시 튀어 오르기 전까지 내려가는 거리는 얼마인가?

(b) 무게가 갖는 최대 속도는 얼마인가?

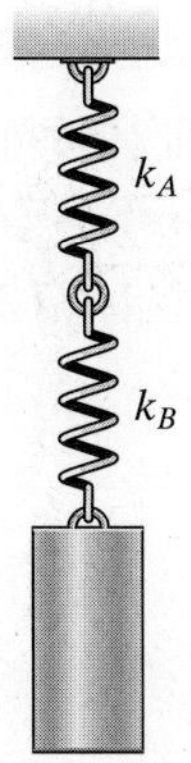

문제 4.143

4.144 실린더 내의 가스가 피스톤과 피스톤 위의 하중을 위로 가속시킨다. 피스톤과 하중의 총 무게는 1000 N이다. 피스톤이 올라갈 때 실린더 벽이 피스톤에 50 N의 일정한 마찰력을 가한다. 압력이 피스톤에 가하는 최종 힘은 $(p_2 - p_{atm})A$이다. 여기서 p는 가스의 압력이며, $p_{atm} = 2117$ N/m^{2}은 대기압이다. $A = 1$ m^{2}은 피스톤의 단면적이다. p와 실린더 체적의 곱은 일정하다고 가정한다. $s = 1$ m일 때 피스톤은 정지상태이며, $p = 5000$ N/m^{2}이다. $s = 2$ m일 때 피스톤의 속도는 얼마인가?

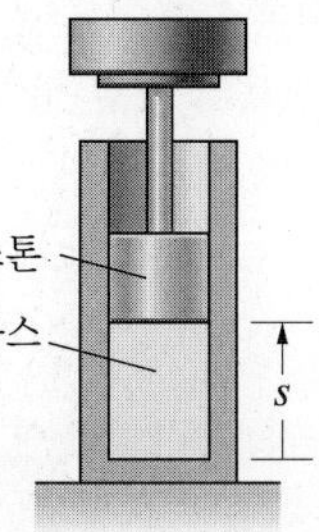

문제 4.144

4.145 22,000 kg의 로켓 엔진이 2 km의 고도에서 연료를 다 소비했을 때, 로켓의 속도는 3 km/s였으며, 수평선에 대해 60°인 각도로 날아가고 있었다. 고도에 따른 중력의 변화는 무시한다.

(a) 공기역학적 힘들을 무시한다면, 로켓이 6 km의 고도에 도달할 때의 속도 크기는 얼마가 되는가?

(b) 로켓이 6 km의 고도에 도달했을 때 실제 속도가 2.8 km/s라면, 로켓이 2 km에서 6 km 고도까지 날아가는 동안 공기역학적 힘들이 한 일은 얼마인가?

4.146 12 kg의 고리 A가 $t = 0$에서 그림의 위치에서 정지상태로 있으며, 1.5초 동안 접선방향 힘 $F = 24 - 12t^2$ N을 받는다. 마찰을 무시할 때, 고리가 도달하게 될 최대 높이 h는 얼마인가?

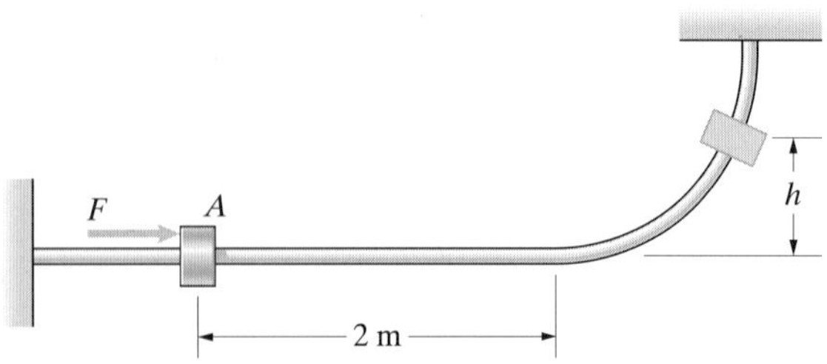

문제 4.146

4.147 롤러코스터 궤도용 루프를 설계할 때, 루프 정점에서 롤러코스터가 승객에게 가하는 법선방향 힘이 승객 무게의 10퍼센트와 같아야 한다는 안전 기준을 설정하였다. (즉, 승객을 의자에 누르는 '유효 무게'가 몸무게의 10퍼센트이다.) 롤러코스터가 루프에 진입할 때의 속도가 18.9 m/s이다. 루프의 정점에서 필요한 궤도의 순간 곡률반경 ρ는 얼마인가?

문제 4.147

4.148 800.6 N의 한 학생이 4.57 m/s의 속도로 달려와 로프를 붙잡은 후, 호수 위로 로프에 매달려서 간다. 이 학생은 자신의 속도가 0이 될 때 로프를 놓는다.

(a) 이 학생이 로프를 놓을 때의 각도 θ는 얼마인가?

(b) 로프를 놓기 직전 로프의 장력은 얼마인가?

(c) 로프의 최대 장력은 얼마인가?

4.149 문제 4.148에서 학생이 $\theta = 25°$에서 로프를 놓는다면, 이 학생이 로프를 잡은 위치로부터 최대로 올라가는 높이는 얼마인가?

문제 4.148/4.149

4.150 한 소년이 달려와 위치 1에 있는 썰매에 뛰어 올라탄다. 소년은 위치 2에서 지면을 떠나 $b = 7.62$ m 되는 지점의 눈 쌓인 곳에 착륙한다. 위치 1에서의 소년의 속도는 얼마인가?

4.151 문제 4.150에서 소년이 위치 1에서 4.57 m/s로 출발한다면, 공중으로 날아간 거리 b는 얼마가 되겠는가?

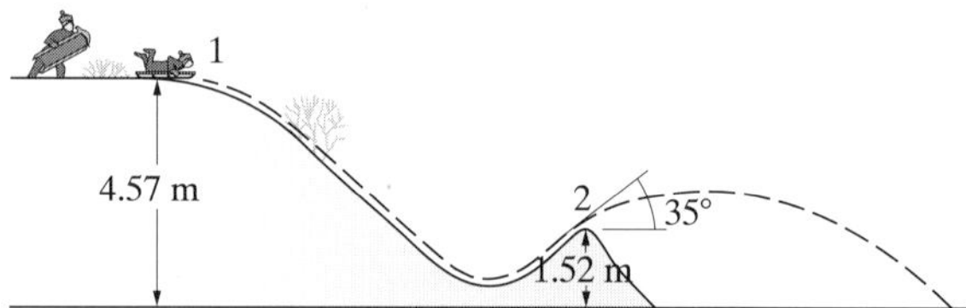

문제 4.150/4.151

4.152 1 kg의 연결고리 A가 줄을 거쳐 선형 스프링(k = 500 N/m)에 연결되어 있다. 연결고리가 그림의 위치에서 정지상태로부터 움직이기 시작하며, 줄의 초기 장력은 100 N이다. 연결고리가 매끄러운 막대를 따라 미끄러져 올라간 거리는 얼마인가?

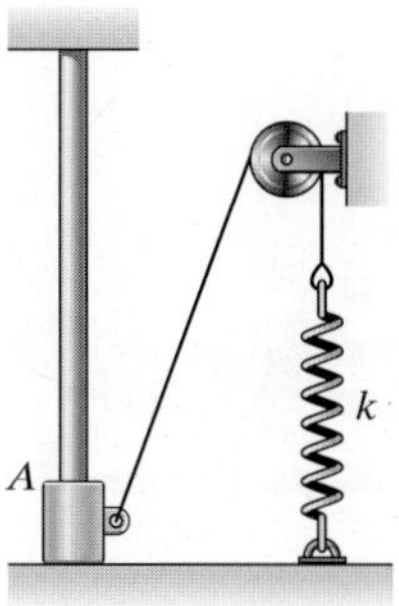

문제 4.152

4.153 질량 m_A는 40 kg이고 m_B는 60 kg이다. 연결고리 A는 매끄러운 수평막대 위에서 미끄러진다. 시스템이 정지상태에서 풀려난다. 에너지 보존을 이용하여 연결고리 A가 오른쪽으로 0.5 m 움직였을 때 연결고리 A의 속도를 구하라.

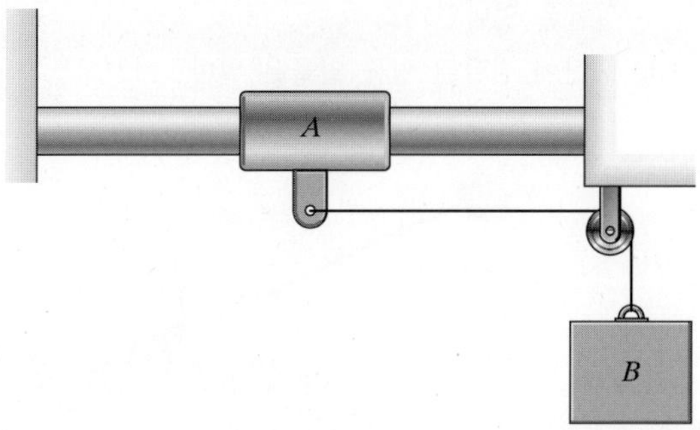

문제 4.153

4.154 스프링상수가 k = 850 N/m이고, m_A = 40 kg, m_B = 60 kg이다. 연결고리 A는 매끄러운 수평막대 위에서 미끄러진다. 스프링이 변형되지 않은 상태에서 시스템이 그림의 위치에서 정지상태로부터 풀려난다. 에너지 보존을 이용하여 고리 A가 오른쪽으로 0.5 m 움직였을 때 고리 A의 속도를 구하라.

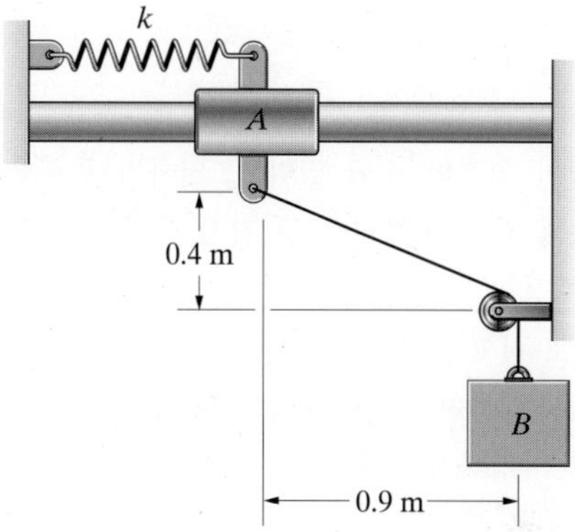

문제 4.154

4.155 y축은 수직이며, 곡선 모양의 막대는 매끄럽다. 만일 위치 1에서 4 N의 슬라이더의 속도 크기가 6 m/s라면, 슬라이더가 위치 2에 도달할 때의 속도 크기는 얼마인가?

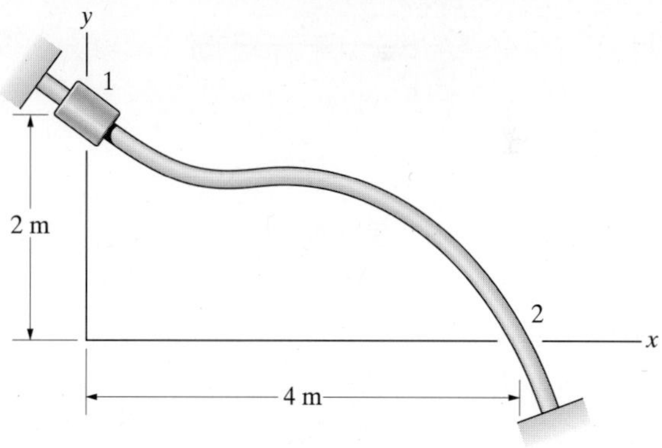

문제 4.155

4.156 문제 4.155에서 슬라이더가 운동하는 동안 추가로 $\mathbf{F} = 3x\mathbf{i} - 2\mathbf{j}$ (N)의 힘을 더 받는다면, 슬라이더가 위치 2에 도달할 때의 속도 크기를 구하라.

4.157 질량 m인 물체가 지구 표면 아래에 있다고 가정하자. 지구중심을 원점으로 한 극좌표계로 물체에 대한 중력을 나타내면 $-(mgr/R_E)\mathbf{e}_r$이다. 단, R_E는 지구의 반경이다. 중력과 관련된 위치에너지가 $V = mgr^2/2R_E$임을 보여라.

4.158 지구 표면 상의 두 지점 사이를 땅 속으로 직선터널을 만들어 연결할 수만 있다면, 열차가 중력을 이용하여 가속과 감속을 하면서 두 지점 사이를 주행할 수 있다는 주장이 있었다. (마찰과 공기역학적 항력은 터널을 진공으로 하고 자기 부상 열차를 사용함으로써 최소화할 수 있다.) 이 열차가 북극에서 적도 상의 한 점까지 주행한다고 가정하자. 열차의 속도 크기를 (a) 열차가 적도에 도착했을 때와 (b) 열차가 북극과 적도 중간지점에 도달했을 때의 두 경우에 대해 각각 구하라. 지구의 반경은 $R_E = 6372$ km이다. (문제 4.157 참조.)

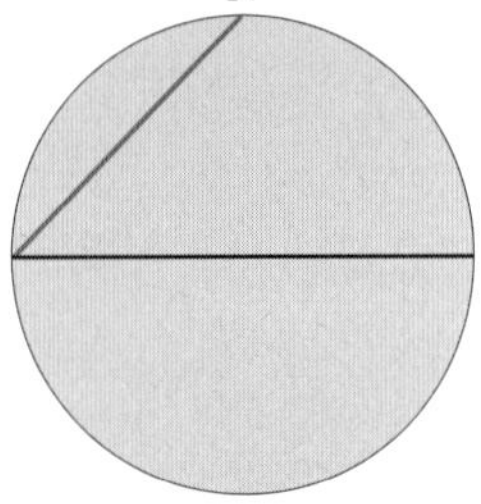

문제 4.158

4.159 문제 4.137에서 기관차가 가속을 하는 동안 기관차에 전달된 최대 일률(동력)은 얼마인가?

4.160 10,500 kg의 비행기가 이륙하기 직전에, 60 m/s의 속도로 달리고 있었다. 비행기의 엔진이 가하는 전체 수평력은 189 kN이며, 비행기는 15 m/s^{2}으로 가속되고 있다.
(a) 엔진이 비행기에 전달한 최대 일률(동력)은 얼마인가?
(b) 비행기에 전달된 전체 일률은 얼마인가?

문제 4.160

4.161 제1차 세계대전에서 독일군이 사용한 'Paris Gun(역주: 파리 포격용 대포)' 은 120 km의 사정거리와 37.5 m의 포신, 1550 m/s의 포구(砲口) 속도를 가졌으며, 120 kg의 포탄을 사용하였다.
(a) 포탄의 가속도가 일정하다고 가정한다면, 포탄이 포신을 따라 움직이는 동안 포탄에 전달되는 최대 일률은 얼마인가?
(b) 포탄에 전달된 평균 일률은 얼마인가?

문제 4.161

설계 프로젝트

탄성 줄(elastic cord)이 번지점프 장비로 사용되기 위한 설계규격(변형 전 길이와 스프링상수 k)을 구하라. 참가자들은 지상 45.7 m의 플랫폼에서 점프를 하려고 한다. 이들이 되튀어 오를 때, 점프한 지점 아래 4.57 m까지 걸쳐 있는 장애물을 피해야 한다. 줄(cord)에 대한 설계 규격을 결정할 때, 참가자들이 지면과 장애물을 피하기 위한 최소 거리에 대한 합리적인 안전 한계값을 정해야 한다. 참가자들은 다른 몸무게를 가지고 있음을 고려하라. 필요하다면, 참가자들에 대한 최대 허용 몸무게를 규정하라. 해석 과정과 줄의 설계 규격에 대해 설정한 설계 권장치를 적은 간단한 리포트를 작성하라.

5

운동량 방법

Newton의 제2법칙을 시간에 대해 적분하면, 물체에 작용하는 힘들의 시간적분과 물체의 선형운동량 변화 사이의 관계식을 얻는다. 충격량과 운동량의 원리로 불리는 이 결과를 이용하여, 외력이 시간의 함수로 알려져 있을 때 물체의 속도 변화를 구할 수 있으며, 물체들 사이의 충돌 해석과 연속적인 질량의 흐름이 물체에 가하는 힘을 구할 수 있다.

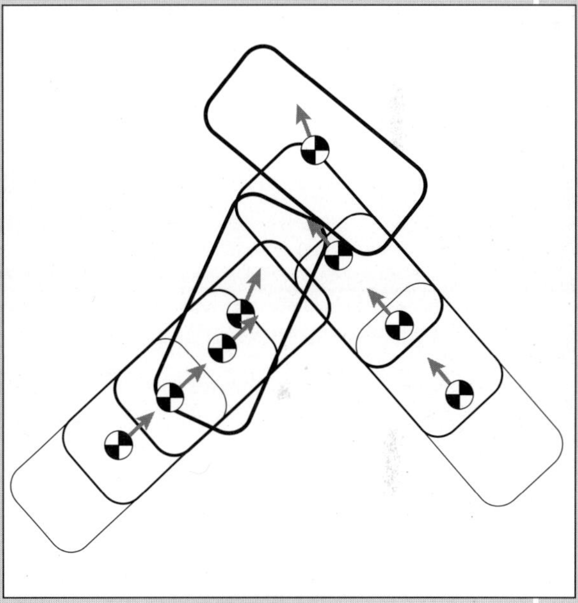

◀ 두 시험 차량의 전체 선형운동량은 근사적으로 충돌 전과 후가 같다. 이 장에서는 선형운동량과 각운동량에 근거한 방법들을 이용하여 물체의 운동을 해석한다.

5.1 충격량과 운동량의 원리

일과 에너지의 원리는 역학에서 상당히 유용한 도구이다. Newton의 제2법칙을 적분함으로써 운동을 해석하기 위한 또 하나의 유용한 도구를 유도해 낼 수 있다. Newton의 제2법칙을 다음 형태로 표현해 보자:

$$\Sigma \mathbf{F} = m\frac{d\mathbf{v}}{dt}$$

위 식을 시간에 대해 적분하면 다음 식을 얻을 수 있다:

$$\int_{t_1}^{t_2} \Sigma \mathbf{F}\, dt = m\mathbf{v}_2 - m\mathbf{v}_1 \tag{5.1}$$

여기서 $\mathbf{v}_1$과 $\mathbf{v}_2$는 각각 시간 t_1과 t_2에서의 물체의 질량중심의 속도이다. 좌변에 있는 항은 **선형충격량**(linear impulse)이라고 하며, $m\mathbf{v}$는 **선형운동량**(linear momentum)이라고 한다. 식 (5.1)은 **충격량과 운동량의 원리**(principle of impulse and momentum)라고 한다. 물체에 어떤 시간 동안 가해진 충격량은 물체의 선형운동량의 변화와 같다(그림 5.1). 선형충격량과 선형운동량의 차원은 (질량) × (길이)/(시간)이다.

시간 t_1에서 t_2까지 물체에 작용한 합력의 시간 평균은

$$\Sigma \mathbf{F}_{\text{av}} = \frac{1}{t_2 - t_1}\int_{t_1}^{t_2} \Sigma \mathbf{F}\, dt$$

이므로, 식 (5.1)은 다음과 같이 쓸 수 있다:

$$(t_2 - t_1)\Sigma \mathbf{F}_{\text{av}} = m\mathbf{v}_2 - m\mathbf{v}_1 \tag{5.2}$$

주어진 시간 동안 물체의 속도 변화를 알고 있다면, 위 식에 의해 이 시간 동안 물체에 작용한 합력의 평균을 구할 수 있다.

짧은 시간 동안 작용하지만 상당히 큰 선형충격량을 가하는 힘을 **충격력**(impulsive force)이라 한다. 충격력과 시간에 대한 충격력의 평균값을 그림 5.2에 나타내었다. 이러한 힘의 시간에 따른 변화를 구하는 것은 불가능한 경우가 많다. 그러나 어떤 경우에는 식 (5.2)에 의해 그 평균값을 구할 수가 있다. 예를 들어 골프 클럽으로 골프공을 때리면 골프공은 충격력을 받게 된다. 고속카메라로 골프공의 운동을 찍음으로써 충격 지속시간(impact duration)과 충

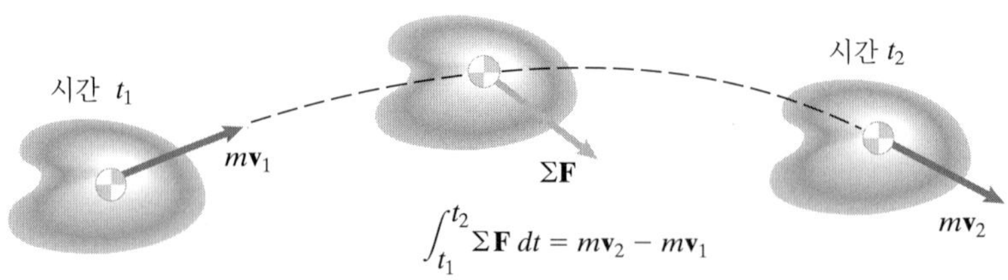

그림 5.1
충격량과 운동량의 원리.

격 후의 공의 속도를 측정할 수 있다. 충격 지속시간과 공의 선형운동량 변화를 알면, 골프 클럽이 가한 평균 힘을 구할 수 있다. (예제 5.3 참조.)

식 (5.1)과 (5.2)를 종종 유용한 스칼라 형태로 나타낼 수 있다. 물체의 경로에 접선방향인 힘들의 합은 물체의 질량과 경로 상의 물체 속도의 변화율을 곱한 것과 같다[식 (3.7) 참조]:

$$\Sigma F_t = ma_t = m\frac{dv}{dt}$$

이 식을 시간에 대해 적분하면, 다음 식을 얻는다:

$$\int_{t_1}^{t_2} \Sigma F_t \, dt = mv_2 - mv_1 \tag{5.3}$$

여기서 v_1과 v_2는 시간 t_1과 t_2에서의 경로 상에서의 속도이다. 어떤 시간 동안 물체의 경로에 접선방향인 합력에 의해 물체에 가해진 충격량은 물체가 경로를 따라 겪는 선형운동량의 변화와 같다. 경로에 접선방향인 합력의 시간에 대한 평균, 즉

$$\Sigma F_{t\,\mathrm{av}} = \frac{1}{t_2 - t_1}\int_{t_1}^{t_2} \Sigma F_t \, dt$$

에 의해 식 (5.3)을 다음과 같이 쓸 수 있다:

$$(t_2 - t_1)\Sigma F_{t\,\mathrm{av}} = mv_2 - mv_1 \tag{5.4}$$

이 식은 어떤 시간 동안 경로에 접선방향인 합력의 평균과 경로를 따라 물체가 겪는 속도 변화 사이의 관계를 나타낸다.

식 (5.1)과 일과 에너지의 원리인 식 (4.6)이 꽤 비슷하다는 점에 주목하라. 두 식은 모두 외력들의 적분을 물체 속도의 변화에 연계시킨다. 식 (5.1)이 속도의 크기와 방향 모두의 변화를 구하는 벡터식인 데 비해, 스칼라 식인 일과 에너지의 원리는 속도의 크기 변화만을 구할 수 있다. 그러나 두 방법 사이에는 더 큰 차이점이 있다. 즉, 충격량과 운동량의 경우, 일과 에너지의 적용을 쉽게 하는 보존력에 해당하는 종류의 힘이 없다.

물체에 작용하는 외력이 시간의 함수로 주어질 때, 어떤 시간 동안 물체의 속도 변화를 구하기 위해 충격량과 운동량 원리를 적용할 수 있다. 이것이 중요한 결과이기는 하지만 새로운 것은 아니다. 3장에서 Newton의 제2법칙을 이용하여 물체의 가속도를 구하고 이 가속도를 시간에 대해 적분하여 물체의 속도를 구하였을 때, 실질적으로는 충격량과 운동량의 원리를 이미 적용하고 있는 셈이었다. 그러나 이 장의 나머지 부분에서, 이 원리가 새롭고 흥미로운 응용분야에 확대 적용될 수 있음을 보여줄 것이다.

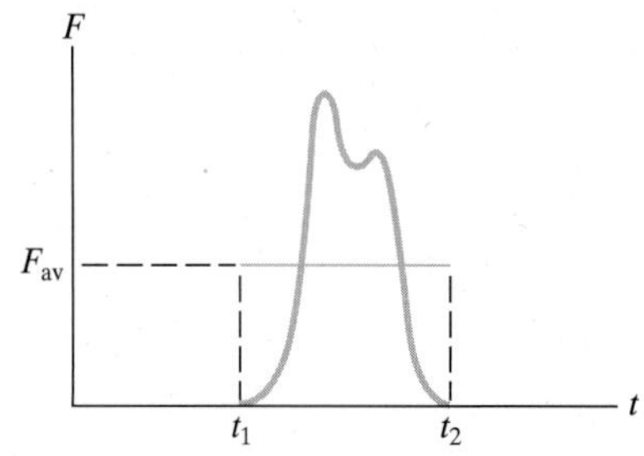

그림 5.2
충격력과 평균 충격력.

| 연구 문제 |

1. 선형운동량(linear momentum)의 정의는 무엇인가?

2. 충격량과 운동량의 원리(principle of impulse and momentum)는 무엇인가?

3. 만일 어떤 시간 동안 물체의 속도 변화를 알고 있다면, 이 시간 동안 물체에 가해진 합력의 평균을 어떻게 구할 수 있는가?

4. 충격량과 운동량의 원리는 일과 에너지의 원리와 어떻게 다른가?

예제 5.1 충격량과 운동량의 응용

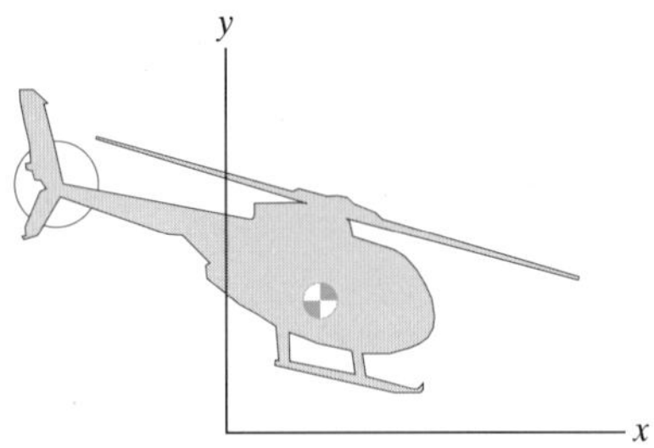

그림 5.3

1200 kg의 헬리콥터가 $t = 0$에서 정지상태로부터 출발한다(그림 5.3).

(a) $t = 0$에서 $t = 10$ s까지 헬리콥터에 가해진 합력이 다음과 같이 주어진다:

$$\Sigma F_x = 720t \text{ N}$$

$$\Sigma F_y = 2160 - 360t \text{ N}$$

$$\Sigma F_z = 0$$

$t = 10$ s에서 헬리콥터의 속도를 구하라.

(b) $t = 20$ s에서, 헬리콥터의 속도는 $36\mathbf{i} + 8\mathbf{j}$ (m/s)이다. $t = 10$ s에서 $t = 20$ s까지 헬리콥터에 가해지는 합력의 평균은 얼마인가?

| 전략 |

(a) $t = 0$에서 헬리콥터의 속도와 헬리콥터에 작용하는 합력의 성분들을 시간의 함수로 알고 있으므로, 충격량과 운동량의 원리를 이용할 수 있으며, $t = 10$ s에서 헬리콥터의 속도를 구할 수 있다. (b) $t = 10$ s와 $t = 20$ s에서의 속도를 알게 되면, 식 (5.2)로부터 합력의 평균을 구할 수 있다.

| 풀이 |

(a) $t = 0$에서 $t = 10$ s까지 충격량과 운동량의 원리를 적용하면, 다음을 얻는다:

$$\int_{t_1}^{t_2} \Sigma \mathbf{F}\, dt = m\mathbf{v}_2 - m\mathbf{v}_1$$

$$\int_0^{10} [720t\mathbf{i} + (2160 - 360t)\mathbf{j}]\, dt = (1200)\mathbf{v}_2 - (1200)(0)$$

$$36{,}000\mathbf{i} + 3600\mathbf{j} = 1200\mathbf{v}_2$$

이 식으로부터, $t = 10$ s에서 속도는 $30\mathbf{i} + 3\mathbf{j}$ (m/s)이다.

(b) $t = 10$ s에서 $t = 20$ s 사이에 가해진 합력의 평균을 구하기 위해, 이 시간

구간에 대해 식 (5.2)를 적용한다:

$$(t_2 - t_1)\Sigma \mathbf{F}_{\text{av}} = m\mathbf{v}_2 - m\mathbf{v}_1$$

$$(20 - 10)\Sigma \mathbf{F}_{\text{av}} = 1200(36\mathbf{i} + 8\mathbf{j}) - 1200(30\mathbf{i} + 3\mathbf{j})$$

$$\Sigma \mathbf{F}_{\text{av}} = 720\mathbf{i} + 600\mathbf{j}\ (\text{N})$$

| 비판적 사고 |

$t = 10$ s에서 $t = 20$ s까지의 시간 동안 헬리콥터에 작용한 힘들을 알지 못했지만, 헬리콥터의 질량과 이 시간 구간의 시작 시점과 종점에서의 속도를 알고 있었으므로 평균 힘을 구할 수 있었다는 점에 유의하라.

예제 5.2 경로에 접선방향인 충격량과 운동량

그림 5.4의 오토바이가 $t = 0$에서 정지상태로부터 출발하여 반경 400 m의 원형 트랙을 따라 주행한다. $t = 0$에서 $t = 30$ s까지 오토바이에 가해지는 합력의 접선방향 성분은 $\Sigma F_t = 200 - 6t$ N이다. 오토바이와 선수의 전체 질량은 150 kg이다.

(a) $t = 30$ s에서의 속도의 크기는 얼마인가?

(b) $t = 0$에서 $t = 30$ s까지 합력의 접선방향 성분의 평균은 얼마인가?

그림 5.4

| 전략 |

(a) 합력의 접선방향 성분이 시간의 함수로 주어져 있으므로, 식 (5.3)을 이용하여 속도의 크기를 시간의 함수로 구할 수 있다.

(b) 합력의 접선방향 성분의 평균을 간단하게 구할 수 있다. 즉, 식 (5.4)를 이용할 수 있다.

| 풀이 |

(a) 식 (5.3)을 이용하여 속도의 크기 v를 시간의 함수로 구할 수 있다:

$$\int_{t_1}^{t_2} \Sigma F_t\, dt = mv_2 - mv_1$$

$$\int_0^t (200 - 6t)\, dt = 150v - 0$$

적분을 계산하면, 다음을 얻는다:

$$v = \frac{1}{150}(200t - 3t^2)\ \text{m/s}$$

$t = 30$ s에서, 속도의 크기는 $v = 22$ m/s이다.

(b) 식 (5.4)를 이용하여 $t = 0$에서 $t = 30$ s까지 합력의 접선방향 성분의 평균

을 구할 수 있다:

$$(t_2 - t_1)\Sigma F_{t\,av} = mv_2 - mv_1$$

$$(30\text{ s} - 0)\Sigma F_{t\,av} = (150\text{ kg})(22\text{ m/s}) - 0$$

결과는 $\Sigma F_{t\,av} = 110$ N이다.

비판적 사고

오토바이에 가해지는 힘의 접선방향 성분을 시간의 함수로 알고 있었으므로, 오토바이의 속도 크기를 시간의 함수로 구할 수 있었다. 오토바이는 원형 트랙에 있으므로, 경로에 수직인 가속도 성분을 가지며, 이것은 오토바이가 경로에 수직인 성분의 힘을 받는다는 것을 의미한다. 그러나 이 예제가 강조하는 대로, 물체의 경로에 수직인 힘은 물체의 운동방향을 바꾸지만, 물체의 속도 크기에는 영향을 미치지 않는다.

예제 5.3 충격력 구하기

날아가는 골프공을 0.001 s 간격으로 촬영하였다(그림 5.5). 무게가 0.6 N인 골프공의 직경은 42 mm이다. 클럽이 공과 0.0006초 동안 접촉하였다면, 클럽이 가한 평균 충격력은 얼마인가?

그림 5.5

전략

0.001초 간격으로 찍은 두 공 사이의 거리를 측정함으로써 타격 후의 공의 속도를 추정할 수 있으며, 식 (5.2)를 이용하여 공에 가해지는 합력의 평균을 구할 수 있다.

| 풀이 |

0.001초의 시간 동안 날아간 거리와 공의 알려진 직경을 비교해 보면, 공이 날아간 거리는 48 mm, 날아간 방향은 수평선에 대해 위쪽으로 21° 정도임을 추정할 수 있다(그림 a). 공의 속도 크기는 다음과 같다:

$$\frac{48 \text{ mm}}{0.001 \text{ s}} = 48 \text{ m/s}$$

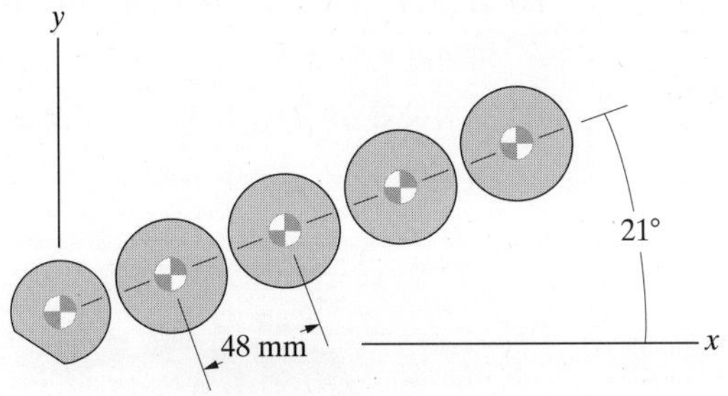

(a) 0.001초의 시간 동안 날아간 거리의 추정.

공의 무게는 0.6 N이며, 따라서 공의 질량은 0.6/9.81 = 0.061 kg이다. 식 (5.2)로부터,

$$(t_2 - t_1)\Sigma \mathbf{F}_{av} = m\mathbf{v}_2 - m\mathbf{v}_1$$

$$(0.0006 \text{ s})\Sigma \mathbf{F}_{av} = (0.061 \text{ kg})(48 \text{ m/s})(\cos 21°\mathbf{i} + \sin 21°\mathbf{j}) - 0$$

이므로 다음을 얻는다 :

$$\Sigma \mathbf{F}_{av} = 2.73\mathbf{i} + 1.05\mathbf{j} \text{ (N)}$$

| 비판적 사고 |

골프 클럽이 공과 접촉하는 시간 동안의 평균 힘은 클럽이 가하는 충격력과 공의 무게를 모두 포함한다. 클럽에 의해 가해지는 큰 평균 충격력과 비교하면, 무게($-0.6\mathbf{j}$ N)는 무시할 만하다.

클럽이 공에 가한 힘의 시간에 따른 변화를 구하려면, 충격을 가하는 동안 공의 변형을 고려한 복잡한 해석이 필요할 것이다. 이와 달리, 충격량과 운동량을 직접 적용함으로써 공에 가해지는 **평균** 힘을 구할 수 있었다.

연습문제

5.1 100 N의 나무상자가 매끄러운 경사면 위에서 정지상태로부터 놓여진다. 충격량과 운동량의 원리를 이용하여, 상자가 놓인 후 1초가 지난 뒤의 상자의 속도 크기를 구하라.

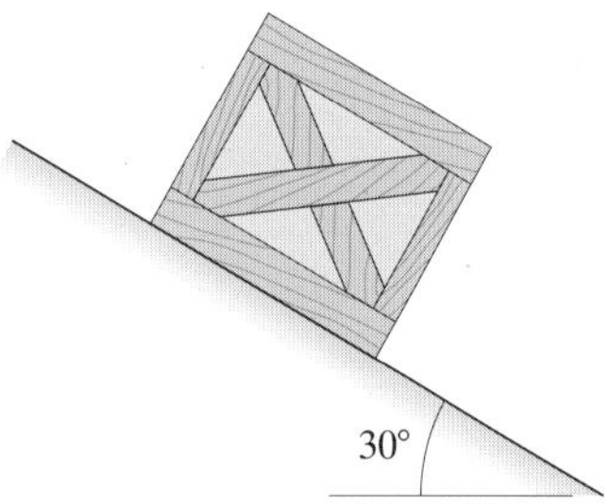

문제 5.1

5.2 Sikorsky UH-60A 헬리콥터의 무게는 91.2 kN이다. 이 헬기는 회전날개가 107 kN의 일정한 추력을 가하여 수직으로 이륙한다. 충격량과 운동량의 원리를 이용하여, 이륙 후 6초가 지난 후의 헬기의 속도 크기를 구하라.

문제 5.2

5.3 8 kg의 물체가 수평면 위에 정지해 있다. 물체와 바닥 사이의 동마찰계수는 $\mu_k = 0.1$이다. $t = 0$에서, 물체가 일정한 힘 $F = 10$ N을 받는다. 충격량과 운동량의 원리를 이용하여, $t = 3$ s에서의 물체의 속도 크기를 구하라.

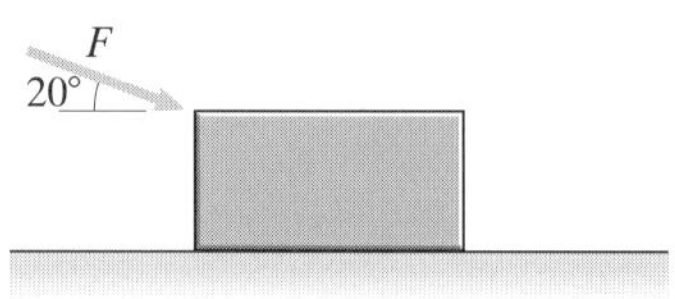

문제 5.3

5.4 21,900 kg의 Gloster Saro Protector는 공항 비상사태에 신속히 대응하기 위해 설계되었다. 이 차량은 $t = 0$에서 정지상태로부터 출발하며, 여기에 가해지는 전체 수평력은 시간의 함수로서 $F = 12{,}000 + 1000t$ (N)으로 주어진다.

(a) 출발 후 처음 4초 동안, 차량에 가해진 충격량은 얼마인가?

(b) 충격량과 운동량의 원리를 이용하여, $t = 4$ s에서의 차량의 속도 크기를 구하라.

문제 5.4

5.5 오토바이와 운전자의 총 질량은 136 kg이다. 오토바이의 타이어와 도로 사이의 동마찰계수는 $\mu_k = 0.6$이다. 운전자가 정지상태에서 출발하며 뒷(구동)바퀴가 겉돈다(spin). 뒷바퀴와 도로 사이의 수직력은 790 N이다.

(a) 마찰력이 2초 동안 뒷바퀴에 가한 충격량은 얼마인가?

(b) 다른 수평력들을 무시한다면, 2초 후에 오토바이가 얻게 되는 속도는 얼마인가?

문제 5.5

5.6 눈새(snow petrel)가 $t = 0$에서 이륙을 위해 출발한다. 0.15 kg인 새가 이륙 과정에서 받는 전체 수평력은 시간의 함수로서 $F = 0.65[1 - \cos(24t)]$ N이다. 충격량과 운동량의 원리를 이용하여, $t = 1.42$ s에서 물로부터 떠오를 때의 새의 속도를 구하라.

문제 5.6

5.7 우주비행사가 8 m/s로 우주 정거장을 향해 유영한다. 우주비행사는 방향 조정장치(작은 과산화수소 로켓)를 휴대하고 있으며, 이 장치는 720 N-s의 총 충격량을 가할 수 있다. 우주비행사와 우주복, 방향 조정장치의 전체 질량은 120 kg이다. 충격량 전부를 자신의 속도를 낮추는 데 사용한다면, 우주 정거장에 대한 이 우주비행사의 상대 속도는 얼마가 될 것인가?

문제 5.7

5.8 10 kg의 물체에 작용하는 전체 외력이 시간의 함수로서

$$\Sigma\mathbf{F} = (-20t + 90)\mathbf{i} - 60\mathbf{j} + (10t + 40)\mathbf{k}\ (\mathrm{N})$$

으로 주어진다. $t = 0$에서 물체의 속도는 $\mathbf{v} = -14\mathbf{i} + 26\mathbf{j} + 32\mathbf{k}$ (m/s)이다. 충격량과 운동량의 원리를 이용하여, $t = 4$ s에서의 물체의 속도를 구하라.

5.9 문제 5.8에서 $t = 0$에서 $t = 4$ s까지의 시간 동안, 물체에 가해진 합력의 평균은 얼마인가?

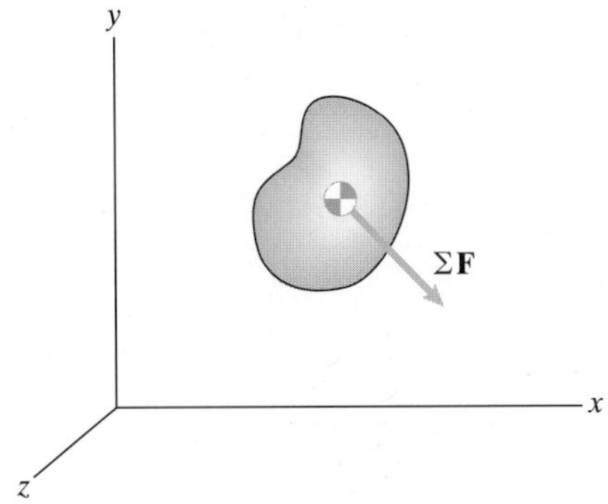

문제 5.8/5.9

5.10 1 N의 고리 A가 매끄러운 수평막대 상에서 그림의 위치에 정지해 있다. $t = 0$에서, 힘 $\mathbf{F} = \frac{1}{20}t^2\mathbf{i} + \frac{1}{10}t\mathbf{j} - \frac{1}{30}t^3\mathbf{k}$ (N)가 고리에 가해져 고리를 막대 위에서 미끄러지게 한다. $t = 2$ s에서 고리의 속도는 얼마인가?

5.11 (a) 문제 5.10에서, 충격량과 운동량의 원리를 이용하여 고리의 속도를 시간의 함수로 구하라. (b) (a)의 결과를 이용하여, 고리가 막대의 오른쪽 끝에 도달하게 될 때의 시간을 구하라.

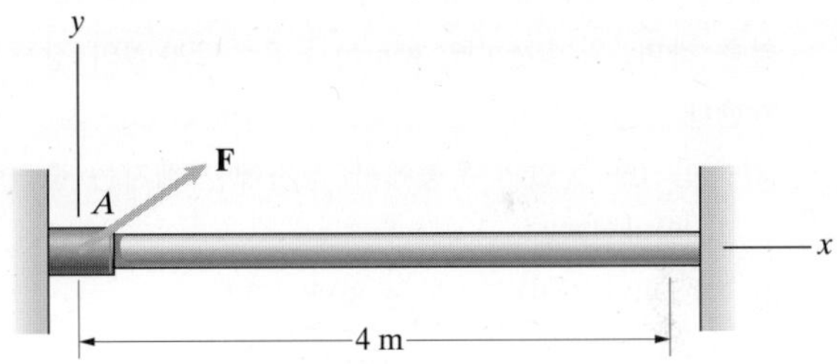

문제 5.10/5.11

5.12 14,200 kg인 비행기의 처음 5초 동안의 이륙 주행에서, 조종사는 엔진의 추력을 22 kN에서 112 kN의 최대 추력까지 일정한 비율로 증가시킨다.

(a) 추력이 5초 동안 비행기에 가한 충격량은 얼마인가?

(b) 다른 힘들을 무시한다면, 비행기가 46 m/s의 이륙 속도에 도달하는 데 걸리는 총 시간은 얼마인가?

문제 5.12

5.13 10 kg의 상자가 정지상태에서 출발하며, 그래프에 기술된 수평방향의 힘을 받는다. 마찰을 무시한다면, $t = 8$ s에서 상자의 속도 크기는 얼마인가?

5.14 문제 5.13에서 상자와 바닥 사이의 정마찰계수 및 동마찰계수를 $\mu_s = \mu_k = 0.2$라고 가정하자. 상자가 얻게 되는 최대 속도는 얼마인가?

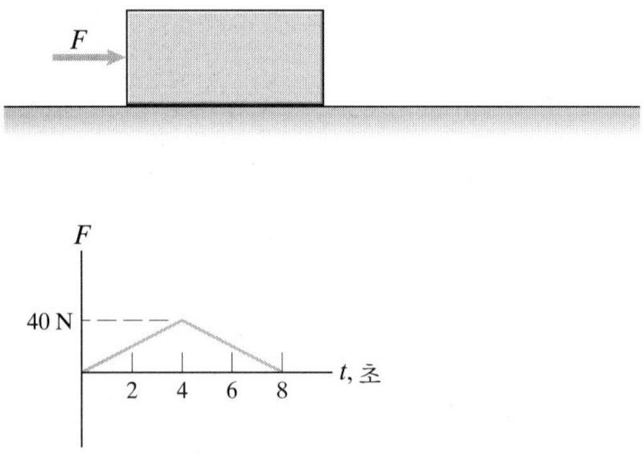

문제 5.13/5.14

5.15 상자의 질량은 120 kg이며, 상자와 경사면 사이의 마찰계수는 $\mu_s = 0.6$, $\mu_k = 0.5$이다. 상자가 정지상태에서 출발을 하며, 윈치(捲揚機; winch)가 $T = 1220$ N의 장력을 가한다.

(a) 처음 1초 동안의 운동에서, 상자에 가해지는 충격량은 얼마인가?

(b) 1초 후의 상자의 속도는 얼마인가?

5.16 문제 5.15에서, 상자가 $t = 0$에서 정지상태에서 출발하며, 윈치가 $T = 1220 + 200t$ N의 인장력을 가한다고 하고 문제를 다시 풀어라.

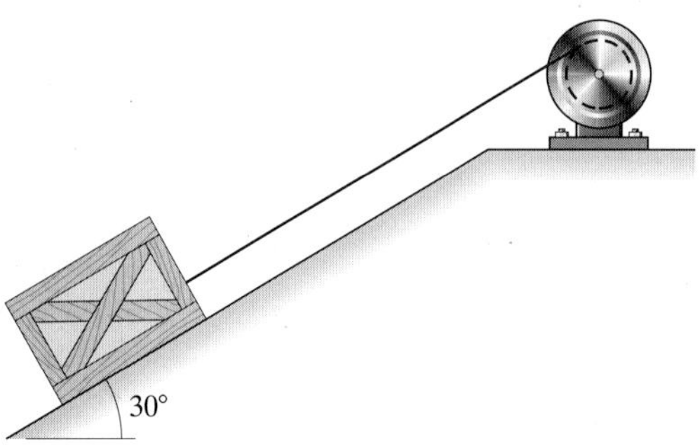

문제 5.15/5.16

5.17 조립라인 공정에서, 20 kg의 포장제품 A가 정지상태에서 매끄러운 경사로를 따라 미끄러져 내려간다. 이 제품에 일정한 크기의 힘 F를 가하여 제품 A를 0.15초 후에 정지시키는 유압장치 B를 설계하려고 한다. 필요한 힘 F는 얼마인가?

5.18 20 kg의 포장제품 A가 정지상태에서 매끄러운 경사로를 따라 미끄러져 내려간다. 만일 유압장치 B가 이 제품에 크기 $F = 540(1 + 0.4t^2)$의 힘을 가한다면, 포장제품을 정지시키는 데 필요한 시간은 얼마인가? 여기서 t는 포장제품이 유압장치와 접촉하는 시점으로부터 측정한 초 단위의 시간이다.

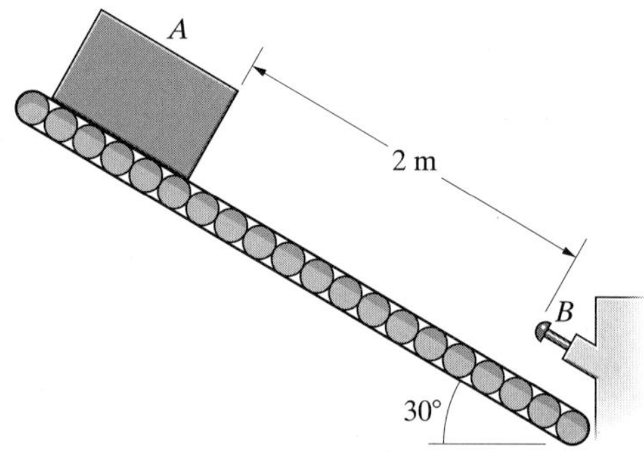

문제 5.17/5.18

5.19 음극선관(CRT)에서 전자(질량 = 9.11×10^{-31} kg)가 속도 $\mathbf{v} = (2.2 \times 10^7)\mathbf{i}$ (m/s)로 O에서 발사된다. 전자가 대전(帶電)판(charged plates) 사이에 있는 동안, 대전판에 의해 형성된 전기장 때문에 전자는 $\mathbf{F} = -eE\mathbf{j}$의 힘을 받는다. 전자의 전하는 $e = 1.6 \times 10^{-19}$ C(쿨롱)이며, 전기장의 세기는 $E = 15 \sin(\omega t)$ kN/C이다. 여기서 주파수는 $\omega = 2 \times 10^9$ s^{-1}이다.

(a) 전자가 대전판 사이에 있는 동안 전기장이 전자에 가한 충격량은 얼마인가?

(b) 전자가 대전판 사이의 영역을 떠날 때 전자의 속도는 얼마인가?

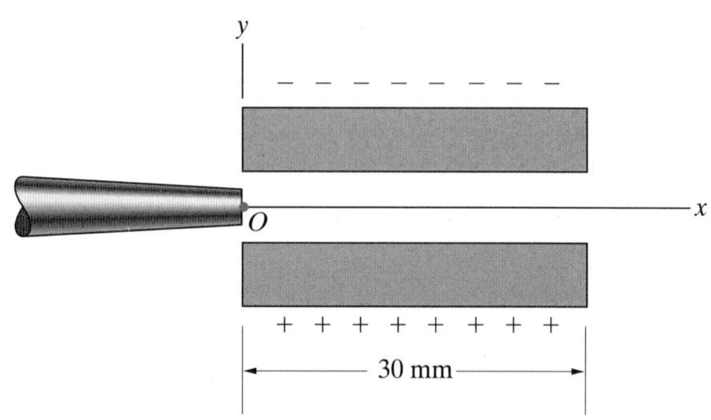

문제 5.19

5.20 두 중량이 $t = 0$에서 정지상태로부터 놓여진다. 수평면과 5 N의 중량 사이의 동마찰계수는 $\mu_k = 0.4$이다. 충격량과 운동량의 원리를 이용하여, $t = 1$ s에서의 10 N 중량의 속도 크기를 구하라.

전략: 충격량과 운동량의 원리를 각 중량에 적용하라.

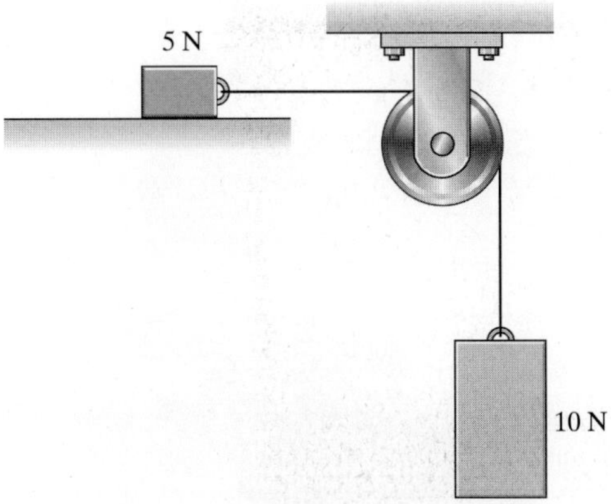

문제 5.20

5.21 두 나무상자가 정지상태에서 놓여진다. 두 상자의 질량은 $m_A = 40$ kg, $m_B = 30$ kg이며, 상자 A와 경사면 사이의 동마찰계수는 $\mu_k = 0.15$이다. 1초 후 두 상자의 속도 크기는 얼마인가?

문제 5.21

5.22 두 나무상자가 정지상태에서 놓여진다. 두 상자의 질량은 $m_A = 20$ kg과 $m_B = 80$ kg이며, 표면은 매끄럽다. 경사각은 $\theta = 20°$이다. 1초 후 상자 A의 속도 크기는 얼마인가?

전략: 각 상자에 개별적으로 충격량과 운동량의 원리를 적용하라.

5.23 두 나무상자가 정지상태에서 놓여진다. 두 상자의 질량은 $m_A = 20$ kg과 $m_B = 80$ kg이다. 모든 접촉면들 사이의 동마찰계수는 $\mu_k = 0.1$이다. 경사각은 $\theta = 20°$이다. 1초 후의 상자 A의 속도 크기는 얼마인가?

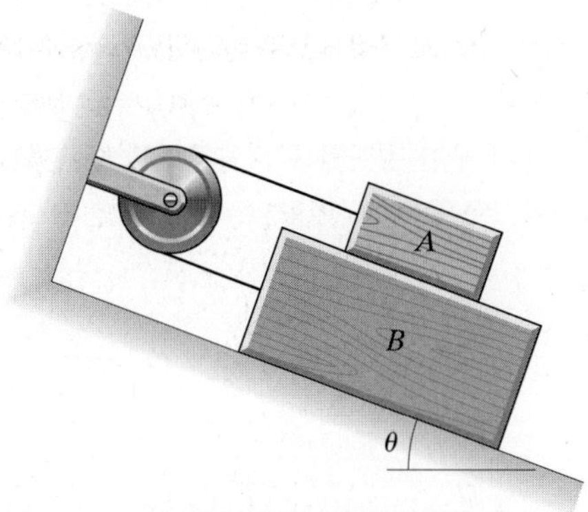

문제 5.22/5.23

5.24 $t = 0$에서, 20 kg의 투사체에 수평선에 대해 $\theta_0 = 60°$의 각도로 초기 속도 $v_0 = 20$ m/s가 주어진다.

(a) 투사체의 가속도를 구하기 위해 Newton의 제2법칙을 이용함으로써, $t = 3$ s에서 투사체의 속도를 구하라.

(b) $t = 0$에서 $t = 3$ s까지 투사체의 무게에 의해 투사체에 가해진 충격량은 얼마인가?

(c) 충격량과 운동량을 이용하여 $t = 3$ s에서의 투사체의 속도를 구하라.

5.25 0.0006초 동안 지속되는 충격력에 의해, 20 kg의 투사체가 정지상태로부터 초기 속도 $v_0 = 20$ m/s까지 가속이 되고 있다. 충격력의 평균 크기는 얼마인가?

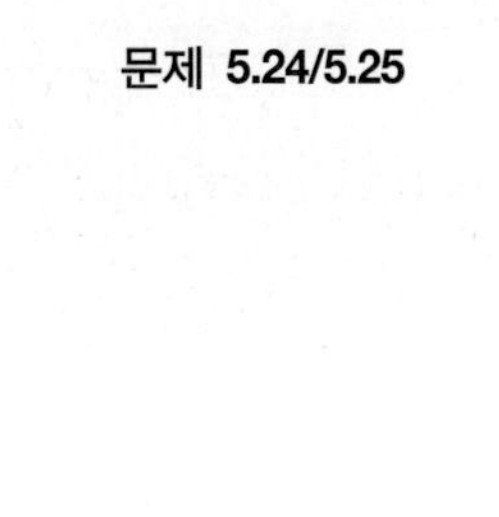

문제 5.24/5.25

5.26 질량이 $m = 2$ kg인 물체가 수평 테이블에서 일정한 속도 $v_0 = 4$ m/s로 미끄러진다(그림은 위에서 바라본 모양이다). 물체는 길이 $L = 1$ m의 줄로 고정점 O에 묶여 있으며, $t = 0$에서 줄이 x축에 평행하도록 그림과 같이 물체가 위치하고 있다.

(a) 줄이 질량에 가하는 힘의 x, y 성분을 시간의 함수로 구하라.

(b) (a)에서 구한 결과와 충격량과 운동량의 원리를 이용하여, $t = 0$에서의 질량의 속도벡터를 구하라.

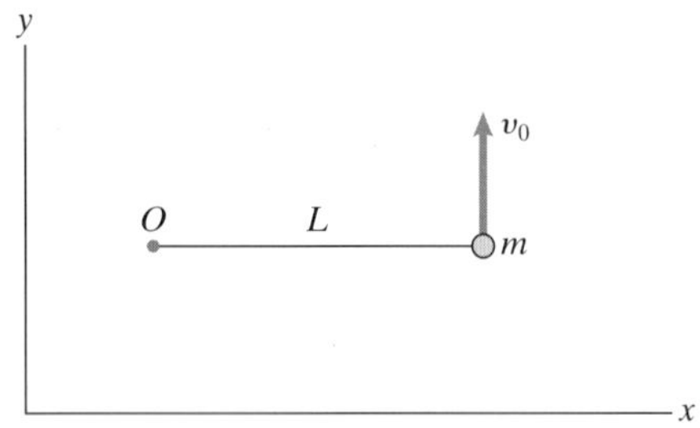

문제 5.26

5.27 전자기장을 이용하여 물체를 가속시키는 레일 포[rail gun; 역주: 두 개의 도전용(導電用) 레일 사이에 큰 전류를 순간적으로 흘려 이 힘으로 탄알을 가속하여 발사하는 포]가 30 g의 발사체를 0.0004초만에 5 km/s로 가속시킨다. 발사체에 가해진 평균 힘은 얼마인가?

5.28 모터보트가 14 m/s의 속도로 가던 중 모터가 꺼졌다. 5초 후에 보트의 속도가 3 m/s까지 감속된다. 보트와 승객들의 질량은 420 kg이다. 5초 동안 유체역학적 항력(drag)과 공기역학적 항력이 보트에 가한 평균 수평력의 크기를 구하라.

문제 5.28

5.29 오토바이가 $t = 0$에서 정지상태로부터 출발하여 반경 300 m의 원형 트랙을 따라 주행한다. $t = 0$에서 $t = 10$ s까지, 오토바이에 가해지는 합력의 경로에 접선방향인 성분은 $\Sigma F_t = 600$ N이다. 오토바이와 운전자의 총 질량은 150 kg이다. 충격량과 운동량의 원리를 이용하여, $t = 10$ s에서 오토바이의 속도 크기를 구하라.

5.30 오토바이가 $t = 0$에서 정지상태로부터 출발하여 반경 300 m의 원형 트랙을 따라 주행한다. $t = 0$에서 $t = 10$ s까지, 오토바이에 가해지는 접선방향 합력의 성분은 시간의 함수로서 $\Sigma F_t = 460 + 3t^2$ N으로 주어진다. 오토바이와 운전자의 총 질량은 150 kg이다. 충격량과 운동량의 원리를 이용하여, $t = 10$ s에서의 오토바이의 속도 크기를 구하라.

문제 5.29/5.30

5.31 항로 각(flight-path angle) θ는 수평선과 비행기 경로 사이의 각이다. 비행기가 $t = 0$에서 $t = 6$ s까지 일정한 각 $\theta = 30°$로 상승한다. 이 시간 동안 비행기의 추력과 공기역학적 항력은 균형을 이루며, 따라서 항로의 접선방향으로 비행기에 가해지는 유일한 힘은 비행기의 무게로 인한 힘이다. $t = 0$에서, 비행기의 속도 크기는 120 m/s이다. 충격량과 운동량의 원리를 이용하여 $t = 6$ s에서의 비행기의 속도 크기를 구하라.

5.32 수평선과 비행기 경로 사이의 각 θ가 초당 5°의 일정한 비율로 $\theta = 0$에서 $\theta = 30°$까지 변한다. 이 시간 동안 비행기의 추력과 공기역학적 항력은 균형을 이루며, 따라서 항로의 접선방향으로 비행기에 가해지는 유일한 힘은 비행기의 무게로 인한 힘이다. $\theta = 0$에서, 비행기 속도의 크기는 120 m/s이다. 충격량과 운동량의 원리를 이용하여 $\theta = 30°$일 때 비행기의 속도 크기를 구하라.

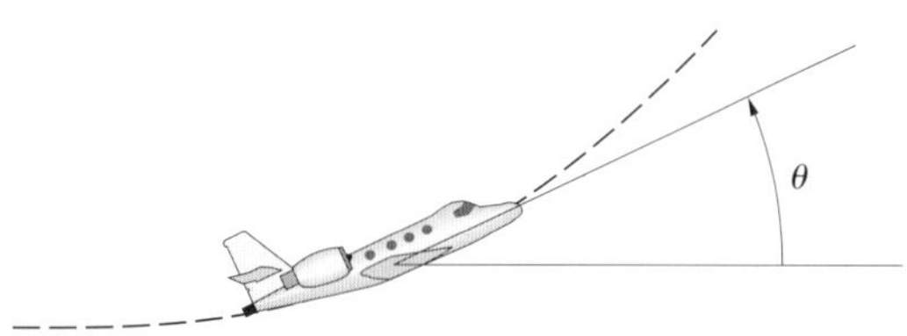

문제 5.31/5.32

5.33 몸무게가 77 kg인 스키선수가 10 m/s로 위치 1을 통과하여 0.7초만에 위치 2까지 간다.

(a) 마찰과 공기역학적 항력을 무시한다면, 스키선수가 위치 1에서 위치 2까지 가는 동안 이 선수에게 가해진 힘의 접선방향 성분의 시간 평균은 얼마인가?

(b) 위치 2에서 스키선수의 실제 속도를 측정한 결과 13.1 m/s였다면, 이 선수가 위치 1에서 위치 2까지 가는 동안 이 선수에게 가해진 힘의 접선방향 성분의 시간 평균은 얼마인가?

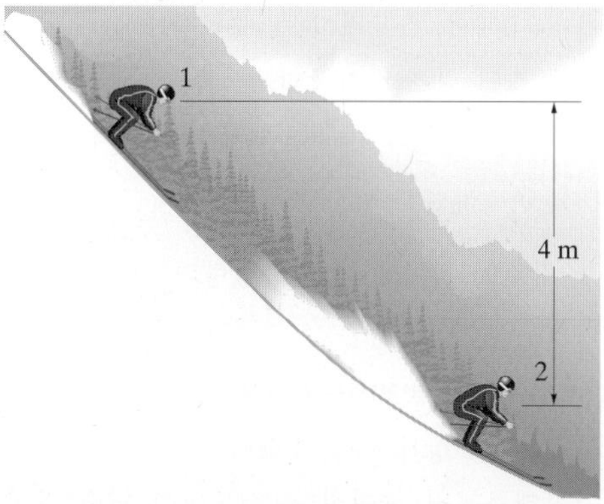

문제 5.33

5.34 에너지 흡수용 범퍼의 시험에서, 1270 kg의 자동차가 8 km/h의 속도로 벽을 향해 달린다. 충돌 지속시간은 0.4 s 이며, 자동차는 1.6 km/h의 속도로 벽으로부터 뒤로 튕겨 나온다.

(a) 충돌하는 동안 자동차에 가해진 평균 수평력의 크기는 얼마인가?

(b) 충돌하는 동안 자동차의 평균 감속도(deceleration)는 얼마인가?

문제 5.34

5.35 생체공학 엔지니어가 하키 골키퍼용 보호 마스크의 시험을 위해 장치가 설치된 실험용 인형을 이용하여 170 g의 퍽을 수평방향으로 발사하여 마스크를 40 m/s로 때린다. 충돌 장면을 찍은 사진으로부터, 엔지니어는 충돌 지속시간을 0.02초로 추정하였으며, 퍽이 5 m/s로 튀어 나오는 것으로 관측하였다.

(a) 퍽이 가한 선형충격량은 얼마인가?

(b) 퍽이 마스크에 가한 충격력의 평균값은 얼마인가?

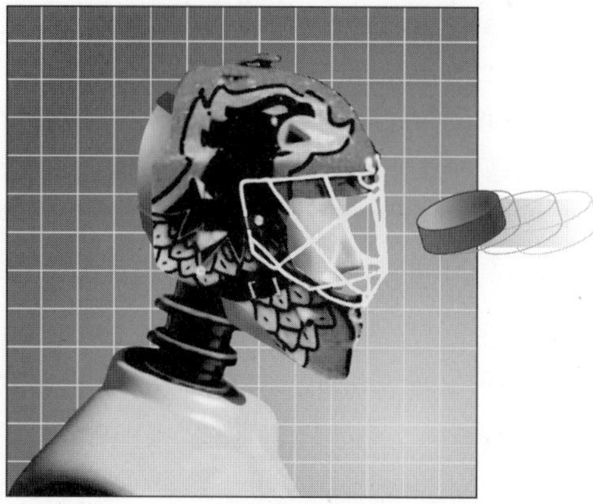

문제 5.35

5.36 깨지기 쉬운 물체가 딱딱한 표면 위에 떨어지면 큰 충격력을 받기 때문에 깨진다. 만일 0.56 N의 시계를 바닥 위 1.22 m 높이에서 떨어뜨릴 때, 충돌 지속시간이 0.001초이고, 시계가 바닥에서 위로 51 mm만큼 튀어 오른다면, 충격력의 평균값은 얼마인가?

5.37 0.45 kg의 축구공을 0.12초 동안 킥을 하여 공을 정지상태에서 12 m/s의 속도까지 수평선에 대해 60°의 방향으로 가속을 시킨다.

(a) 공에 킥을 하는 동안 공에 가해지는 평균 합력의 크기는 얼마인가?

(b) 공에 킥을 하는 동안 선수의 발이 공에 가하는 평균 힘의 크기는 얼마인가?

전략: 식 (5.2)를 이용하여 공에 가해지는 평균 합력을 구한다. 선수의 발이 가하는 평균 힘을 구하기 위해서는, 평균 합력에서 공의 무게를 빼야 한다.

문제 5.37

5.38 곤충학자들이 질량이 3 g인 메뚜기가 점프하는 동안 메뚜기의 운동을 측정하고 메뚜기가 25 ms만에 정지상태에서 3.4 m/s까지 가속한다고 결론을 내렸다. 뛰어오르는 각도는 수평선에 대해 위로 55°이다. 점프하는 동안 메뚜기 뒷다리에 의해 가해진 평균 충격력의 수평방향 성분과 수직방향 성분은 얼마인가?

5.39 1.4 N의 야구공을 지면 위 0.91 m 높이에서 배트로 가격한다. 공이 땅에 떨어지는 지점까지의 수평거리가 54.9 m이다. 사진을 연구한 결과 공은 배트에 맞기 전까지 대략 30.5 m/s의 속도로 수평으로 날아왔고, 충돌 지속 시간은 0.015초였으며, 배트에 맞은 후에는 수평선 위 30° 방향으로 날아갔다. 배트가 공에 가한 평균 충격력의 크기는 얼마였는가?

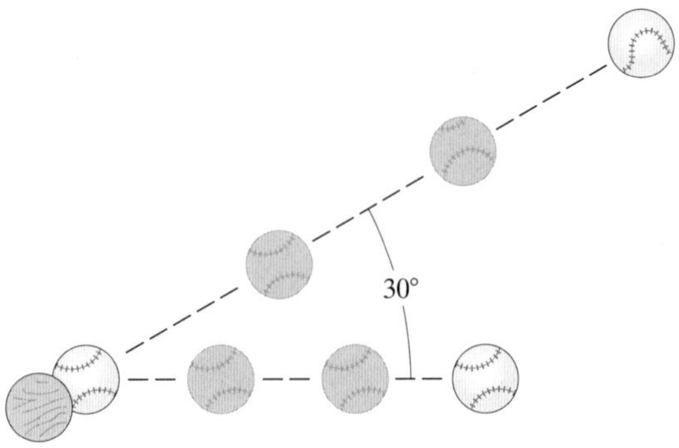

문제 5.39

5.40 A에서, 1 kg의 공에 1.2 m/s의 수평 속도가 주어진다. 사진을 이용하여 측정한 결과, $b = 1.2$ m, $h = 1.3$ m이며 B에서 바닥과의 충돌 지속시간은 0.1 s이다. B에서 바닥이 공에 가한 평균 충격력의 성분들을 구하라.

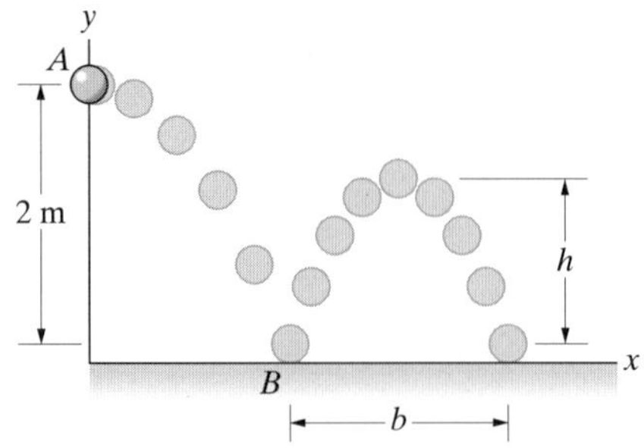

문제 5.40

5.41 시간 $t = 0$에서, 스프링이 늘어난 상태에서 두 질량을 매끄러운 표면 위에 정지상태에서 놓는다. 임의의 t시간 후에, 두 질량의 속도가 다음 관계식을 만족함을 보여라:

$$m_A\mathbf{v}_A + m_B\mathbf{v}_B = 0$$

전략: 각각의 질량에 대해 충격량과 운동량의 원리를 적용하라.

5.42 $m_A = 40$ kg, $m_B = 30$ kg, $k = 400$ N/m이다. 스프링이 1 m 만큼 늘어난 상태에서 매끄러운 표면 위에 두 질량이 정지상태로부터 놓여진다. 스프링이 원래 길이가 되었을 때, 각 질량의 속도 크기는 얼마인가?

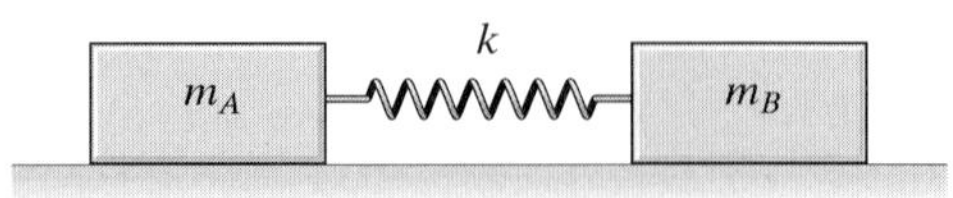

문제 5.41/5.42

5.2 선형운동량의 보존

이 절에서는 여러 물체들의 운동에 대해 생각할 것이며, 외력들의 영향을 무시할 수 있다면, 물체들의 전체 선형운동량이 보존됨을 보여줄 것이다(외력은 고려 대상인 물체들에 의해 가해지는 힘을 제외한 힘을 의미한다). 이 결과는 충돌(collision)과 같은, 물체들 사이의 상호작용을 해석하는 데 강력한 도구를 제공하며, 질량이 더해지거나 줄어들 때 물체에 가해지는 힘을 구할 수 있게 해준다.

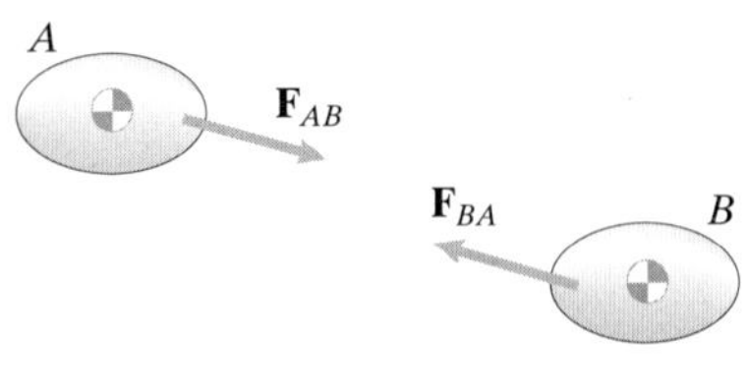

그림 5.6
두 물체가 서로에게 가하는 힘.

그림 5.6의 물체 A와 B를 생각해 보자. $\mathbf{F}_{AB}$는 B가 A에 가하는 힘이며, $\mathbf{F}_{BA}$는 A가 B에 가하는 힘이다. 두 힘은, 예를 들어 접촉 중인 두 물체에서 일어

나거나, 두 물체를 연결하고 있는 스프링이 가하는 힘일 수도 있다. Newton의 제3법칙의 결과에 따라 두 힘은 크기가 같고 방향이 반대이므로,

$$\mathbf{F}_{AB} + \mathbf{F}_{BA} = \mathbf{0} \tag{5.5}$$

이다. A와 B에 가해지는 외력이 없거나 A와 B가 서로에게 가하는 힘과 비교하여 외력이 무시될 수 있다고 가정해 보자. 그러면 임의의 시간 t_1과 t_2에 대해, 각 물체에 충격량과 운동량의 원리를 적용할 수 있다:

$$\int_{t_1}^{t_2} \mathbf{F}_{AB}\, dt = m_A \mathbf{v}_{A2} - m_A \mathbf{v}_{A1}$$

$$\int_{t_1}^{t_2} \mathbf{F}_{BA}\, dt = m_B \mathbf{v}_{B2} - m_B \mathbf{v}_{B1}$$

위 식들을 더하면, 좌변 항들이 소거되므로 다음 식을 얻을 수 있다:

$$m_A \mathbf{v}_{A1} + m_B \mathbf{v}_{B1} = m_A \mathbf{v}_{A2} + m_B \mathbf{v}_{B2}$$

위 식은 A와 B의 **전체 선형운동량이 보존됨**을 의미하며, 다음과 같이 나타낼 수 있다:

$$m_A \mathbf{v}_A + m_B \mathbf{v}_B = \text{constant} \tag{5.6}$$

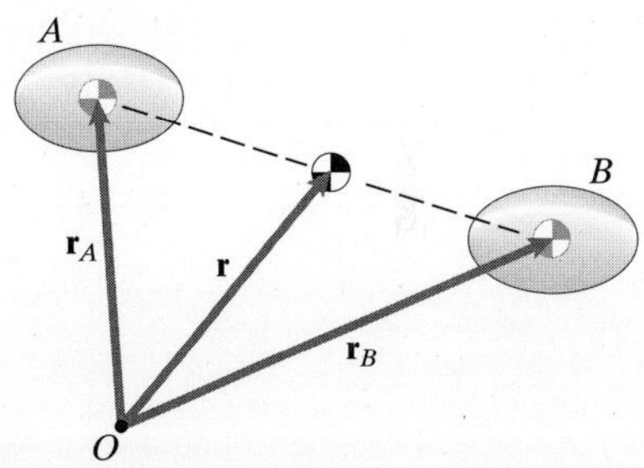

그림 5.7
A와 B의 질량중심의 위치벡터 $\mathbf{r}$.

물체 A와 B의 전체 질량중심(즉, A와 B를 하나의 물체로 생각할 때의 질량중심)의 속도 또한 일정함을 보여줄 수 있다. $\mathbf{r}_A$와 $\mathbf{r}_B$를 각 물체의 질량중심에 대한 위치벡터라고 하자(그림 5.7). 전체 질량중심의 위치는

$$\mathbf{r} = \frac{m_A \mathbf{r}_A + m_B \mathbf{r}_B}{m_A + m_B}$$

이다. 이 식을 시간에 대해 미분하고 식 (5.6)을 이용하면, 다음 식을 얻을 수 있다:

$$\mathbf{v} = \frac{m_A \mathbf{v}_A + m_B \mathbf{v}_B}{m_A + m_B} = \text{constant} \tag{5.7}$$

여기서 $\mathbf{v} = d\mathbf{r}/dt$는 전체 질량중심의 속도이다. 보통은 각 물체들의 운동을 구하는 것이 목적이지만, 전체 질량중심의 속도가 일정하다는 사실을 아는 것이 문제를 이해하는 데 도움을 줄 수 있으며, 어떤 경우에는 전체 질량중심의 운동만이 구할 수 있는 유일한 정보인 경우도 있다.

A와 B에 무시할 수 없는 외력이 작용하더라도 특정 방향에 대해 이 외력을 무시할 수 있다면, 그 방향에 대해 식 (5.6)과 (5.7)을 적용할 수 있다. 또 이 식들은 물체의 개수에 상관없이 적용할 수 있다. 즉, 어떤 물체들의 집합이라도 여기에 작용하는 외력들을 무시할 수 있다면, 물체들의 전체 선형운동량은 보존되며, 전체 질량중심의 속도도 일정하다.

연구 문제

1. 두 물체의 전체 선형운동량이 보존되려면, 어떤 조건이 필요한가?
2. 만일 두 물체에 가해지는 유일한 힘이 두 물체가 서로 상대방에게 가하는 힘이라면, 두 물체의 공통 질량중심의 운동에 대해 무엇을 알 수 있는가?

예제 5.4 선형운동량의 보존

질량이 m_P인 어떤 사람이 질량이 m_B인 정지상태의 바지선(barge; 역주: 운하 등에서 사용하는 밑바닥이 편평한 화물 운반선) 중심에 서 있다(그림 5.8). 물이 바지선에 가하는 수평력은 무시한다.

(a) 이 사람이 물에 대해 v_P의 속도로 우측으로 달리기 시작한다면, 이로 인해 얻어지는 바지선의 물에 대한 상대 속도는 얼마인가?

(b) 이 사람이 바지선의 우측 끝부분에 도달해서 멈춘다면, 원래 위치에 대한 사람과 바지선의 위치는 얼마인가?

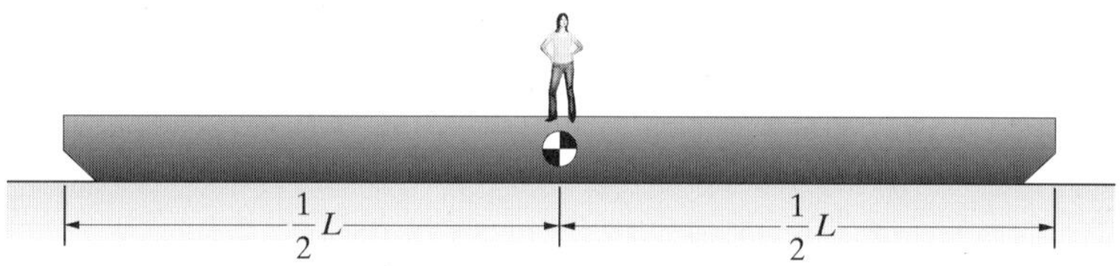

그림 5.8

전략

(a) 사람과 바지선에 가해지는 유일한 수평력은 서로가 상대에게 가하는 힘이다. 따라서 사람과 바지선의 수평방향으로의 전체 선형운동량은 보존되며, 식 (5.6)을 이용하여 사람이 달리는 동안 바지선의 속도를 구할 수 있다.

(b) 사람과 바지선의 전체 질량중심은 처음에 정지해 있었으므로 계속 정지상태로 남아 있어야 한다. 전체 질량중심의 위치를 알게 되었으므로, 사람이 바지선의 우측 끝에 있을 때 사람과 바지선의 위치를 구할 수 있다.

풀이

(a) 사람이 달리기 전에, 사람과 바지선의 수평방향의 전체 선형운동량은 0이므로, 사람이 달리기 시작한 후에도 0이어야 한다. 사람이 달리고 있는 동안 바지선의 **좌측방향** 속도 크기를 v_B라고 하면(그림 a), 다음 식을 얻을 수 있다:

$$m_P v_P + m_B(-v_B) = 0$$

따라서 사람이 달리고 있는 동안 바지선의 속도는 다음과 같다:

$$v_B = \left(\frac{m_P}{m_B}\right) v_P$$

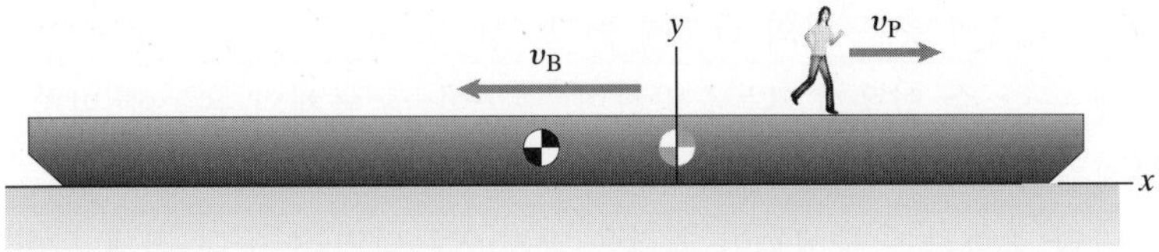

(a) 사람과 바지선의 속도.

(b) 그림 b에서 바지선과 사람의 초기 질량중심 수평 위치를 좌표계의 원점으로 하고, 원점의 왼쪽으로 바지선의 질량중심 위치를 x_B라고 하자. 사람이 바지선의 우측 끝에 도달하여 멈추었을 때, 전체 질량중심은 여전히 $x = 0$에 있어야 하므로

$$\frac{x_P m_P + (-x_B) m_B}{m_P + m_B} = 0$$

이다. 이 식을 $x_P + x_B = L/2$의 관계와 함께 풀면, 다음 결과를 얻는다:

$$x_P = \frac{m_B L}{2(m_P + m_B)}, \qquad x_B = \frac{m_P L}{2(m_P + m_B)}$$

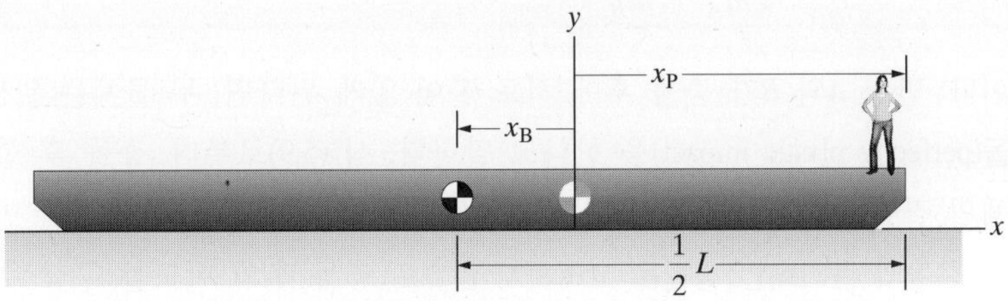

(b) 사람이 멈춘 후, 배의 질량중심의 위치와 사람의 위치.

| 비판적 사고 |

이 예제는 운동량 방법의 위력을 보여주는 잘 알려진 예이다. 바지선과 사람이 서로에게 가하는 수평력들의 시간에 대한 복잡한 의존관계를 알지 못했음에도 불구하고, 바지선의 속도와 사람과 바지선의 최종 위치를 구할 수 있었다는 점에 주목하라.

5.3 충돌

형단조(stamping)나 단조 작업을 하는 기계에서, 다이(die)는 공작물에 충격력을 가한다. 기계식 프린터는 종이와 압반(壓盤; platen)에 금속 핀을 강하게 부딪치게 함으로써 이미지를 만든다. 철도 차량들을 서로 부딪치게 하여 차량과 차량을 연결하는 경우와 같이 의도적으로 충돌(impact)을 일으키기도 하고, 의도와 무관하게 사고로 충돌하기도 한다. 공학의 많은 관심분야에서 충돌이 일어난다. 이 절에서는 기본적인 질문에 대해 생각해보기로 하자. 즉, 만일 두 물체의 충돌 전의 속도를 알고 있다면, 충돌 후의 두 물체의 속도는 어떻게 구할 수 있을까? 다시 말하면, 충돌이 두 물체의 운동에 미치는 영향은 무엇일까?

만일 충돌하는 물체들이 외력을 받지 않는다면, 이들의 전체 선형운동량은 충돌 전후에 대해 동일해야 한다. 설사 이 물체들이 외력을 받는다고 해도, 충격력이 대개는 매우 크며 충돌시간이 매우 짧아서 충돌이 일어나는 동안 외력들이 물체의 운동에 미치는 영향은 무시할 만하다. 물체 A와 B가 속도 $\mathbf{v}_A$, $\mathbf{v}_B$로 서로 충돌하며 충돌 후의 속도가 $\mathbf{v}'_A$, $\mathbf{v}'_B$라고 가정하자(그림 5.9a). 만일 외력의 영향을 무시할 수 있다면, A와 B로 구성된 시스템의 전체 선형운동량은 보존된다. 즉,

$$m_A\mathbf{v}_A + m_B\mathbf{v}_B = m_A\mathbf{v}'_A + m_B\mathbf{v}'_B \tag{5.8}$$

이다. 또한 A와 B의 질량중심의 속도 $\mathbf{v}$는 충돌 전후가 동일하므로, 식 (5.7)로부터

$$\mathbf{v} = \frac{m_A\mathbf{v}_A + m_B\mathbf{v}_B}{m_A + m_B} \tag{5.9}$$

이다. 만일 A와 B가 충돌 후에 서로 붙어 있게 된다면, 두 물체는 **완전 소성충돌**(perfectly plastic impact)을 한다고 말한다. 식 (5.9)로부터, 충돌 후 합쳐진 물체의 질량중심의 속도를 구할 수 있다(그림 5.9b). 이 결과의 주목할 만한 특징은 **충돌의 물리적인 성질을 고려하지 않고도** 충돌 후의 속도를 구할 수 있다는 점이다.

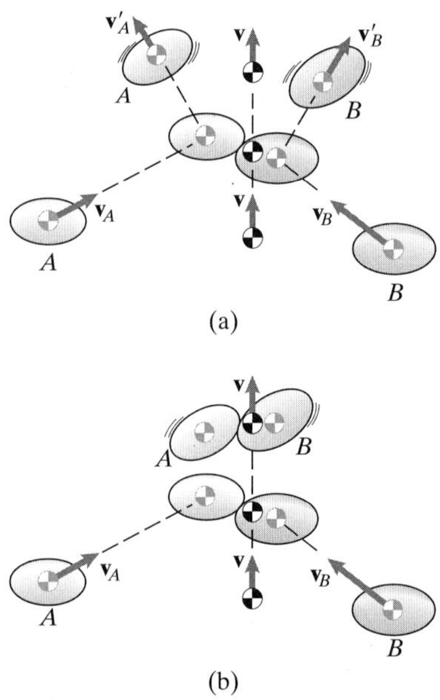

그림 5.9
(a) 충돌 전후의 A와 B의 속도와 전체 질량중심의 속도.
(b) 완전 소성(perfectly plastic) 충돌.

만일 A와 B가 서로 붙지 않는다면, 선형운동량 보존만으로는 충돌 후의 두 물체의 속도를 구하는 데 충분한 식을 얻을 수 없다. 두 물체가 충돌 후에도 충돌 전과 동일한 직선을 따라 운동하는 경우에 대해 먼저 생각해 보자.

정면 중심충돌

A의 질량중심과 B의 질량중심이 충돌 전에 속도 v_A와 v_B로 같은 직선을 따라 움직이고 있다고 가정하자(그림 5.10a). 충돌하는 동안 물체 A와 B가 서로에게 가하는 힘의 크기를 R이라고 하자(그림 5.10b). 두 물체의 접촉면은 R이

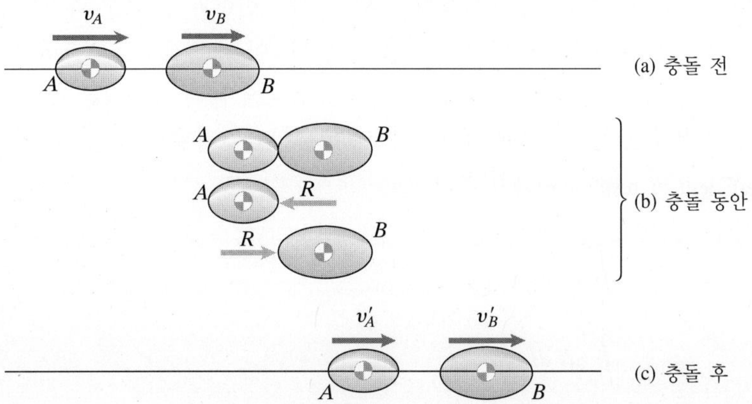

그림 5.10
(a) 같은 직선을 따라 움직이는 물체 A와 B.
(b) 충돌하는 동안, 두 물체는 서로에게 힘 R을 가한다.
(c) 두 물체는 중심충돌 후에도 동일한 직선을 따라 움직인다.

두 물체의 운동경로에 평행하며 두 물체의 질량중심을 향하도록 방향이 맞춰져 있다고 가정한다. **정면 중심충돌**(direct central impact)로 불리는 이러한 충돌 조건은 두 물체가 충돌한 후에도 같은 직선을 따라 계속 움직인다는 것을 의미한다(그림 5.10c). 만일 충돌하는 동안 외력들의 영향이 무시할 만하다면, 두 물체의 전체 선형운동량은 보존된다:

$$m_A v_A + m_B v_B = m_A v'_A + m_B v'_B \tag{5.10}$$

그러나 속도 v'_A와 v'_B를 구하기 위해서는 또 하나의 식이 필요하다. 이를 위해서는 충돌을 좀 더 자세히 고찰할 필요가 있다.

A와 B가 처음으로 접촉하게 되는 시간을 t_1이라고 하자(그림 5.11a). 충돌 결과, 두 물체는 변형하게 되며, 두 질량중심은 상대방에게 계속 접근할 것이다. 시간 t_C에서, 두 질량중심은 가장 가까운 거리까지 접근하게 될 것이다(그림 5.11b). 이 시간에서 두 질량중심의 상대속도는 0이며, 따라서 두 물체는 같은 속도를 갖게 된다. 이 속도를 v_C라고 표시하자. 그 다음, 두 물체는 서로 떨어지기 시작하여 시간 t_2에서 분리된다(그림 5.11c). t_1에서 가장 가깝게 접근한 시간 t_C까지의 시간 구간과 t_C에서 t_2까지의 시간 구간에 대해 A에 충격량과 운동량의 원리를 적용하면,

$$\int_{t_1}^{t_C} -R\,dt = m_A v_C - m_A v_A \tag{5.11}$$

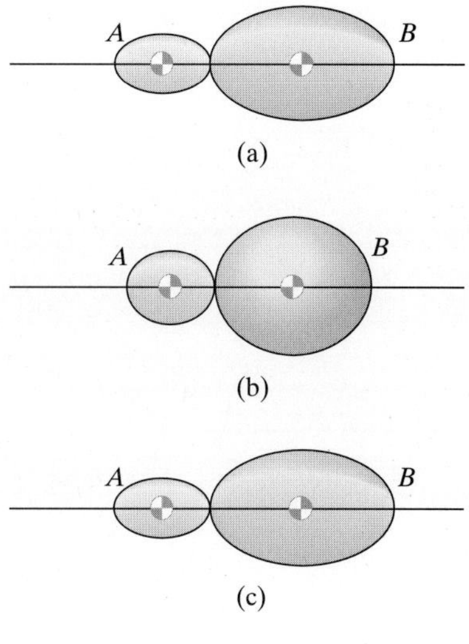

그림 5.11
(a) $t = t_1$, 접촉 시작.
(b) $t = t_c$, 최대 근접.
(c) $t = t_2$, 접촉 끝.

$$\int_{t_C}^{t_2} -R\,dt = m_A v'_A - m_A v_C \tag{5.12}$$

이다. 그 다음, 동일한 시간 구간에 대해 B에도 적용한다:

$$\int_{t_1}^{t_C} R\,dt = m_B v_C - m_B v_B \tag{5.13}$$

$$\int_{t_C}^{t_2} R\,dt = m_B v'_B - m_B v_C \tag{5.14}$$

충돌 결과, 물체의 운동에너지의 일부는 영구 변형과 열, 소리의 발생을 포함한 다양한 메커니즘에 의해 손실될 수 있다. 이 때문에 t_C로부터 t_2까지 충돌의 "복원(restitution)" 단계에서 두 물체가 서로에게 준 충격량은 t_1에서 t_C까지의 충격량보다 일반적으로 더 작다. 이들 두 충격량의 비율을 **반발계수**(coefficient of restitution)라고 한다. 즉,

$$e = \frac{\displaystyle\int_{t_C}^{t_2} R\,dt}{\displaystyle\int_{t_1}^{t_C} R\,dt} \tag{5.15}$$

이다. e의 값은 두 물체가 충돌할 때의 속도와 방향뿐 아니라 두 물체의 성질에도 좌우되며, 충돌 과정에서의 물체 변형의 상세 해석 또는 실험에 의해서만 결정될 수 있다.

식 (5.12)를 식 (5.11)로 나누고 식 (5.14)를 식 (5.13)으로 나누면, 다음 결과를 얻을 수 있다:

$$(v_C - v_A)e = v'_A - v_C$$

$$(v_C - v_B)e = v'_B - v_C$$

두 번째 식에서 첫 번째 식을 빼면, 다음을 얻을 수 있다:

$$e = \frac{v'_B - v'_A}{v_A - v_B} \tag{5.16}$$

따라서 반발계수는 충돌 전후의 두 물체의 상대 속도와 간단하게 관련된다. 만일 e가 주어진다면, 식 (5.16)과 선형운동량의 보존식인 식 (5.10)을 함께 사용하여 v'_A와 v'_B를 구할 수 있다.

만일 $e = 0$이면, 식 (5.16)으로부터 $v'_A = v'_B$임을 알 수 있다. 물체는 충돌 후 서로 붙어 있으며, 충돌은 완전 소성(perfectly plastic)이다. 만일 $e = 1$이면, 전체 운동에너지는 충돌 전과 후가 동일하다는 것을 알 수 있다. 즉,

$$\tfrac{1}{2}m_A v_A^2 + \tfrac{1}{2}m_B v_B^2 = \tfrac{1}{2}m_A (v'_A)^2 + \tfrac{1}{2}m_B (v'_B)^2 \quad (e = 1\text{일 때})$$

이다. 운동에너지가 보존되는 충돌을 **완전 탄성**(perfectly elastic)이라고 부른다.

비록 완전 탄성이 때때로 유용한 근사화이기는 하지만, 물체들이 서로 접촉하게 되는 어떠한 충돌에서도 에너지는 손실된다. 충돌이 일어나는 것을 들을 수 있다면, 운동에너지는 소리로 바뀐 것이다. 충돌 후 충돌한 물체들의 영구 변형도 운동에너지의 손실을 나타낸다.

경사 중심충돌

정면 중심충돌을 해석하는 데 사용한 과정을 확장하면 물체들이 서로 비스듬하게 접근하는 경우에 적용할 수 있다. A와 B가 임의의 속도 $\mathbf{v}_A$와 $\mathbf{v}_B$로 서로 접근하며(그림 5.12), 충돌하는 동안 서로에게 가하는 힘이 x축에 평행하고 서로의 질량중심을 향한다고 가정하자. y축이나 z축 방향으로는 어떤 힘도 A와 B에 가해지지 않으므로, 이들 방향으로의 속도는 충돌 후에도 변하지 않는다. 즉,

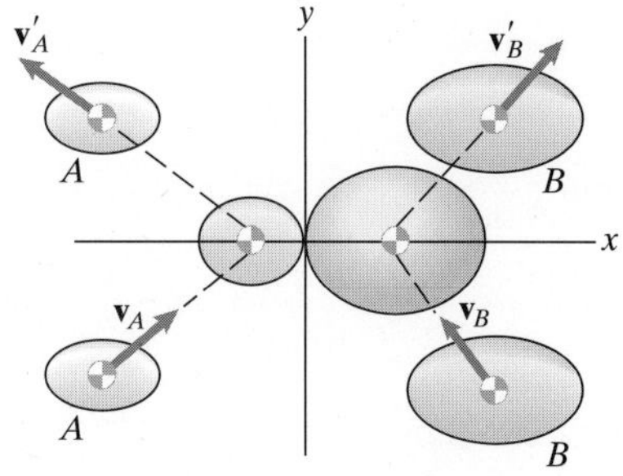

그림 5.12
경사 중심충돌.

$$\begin{aligned} (\mathbf{v}'_A)_y &= (\mathbf{v}_A)_y, \qquad (\mathbf{v}'_B)_y = (\mathbf{v}_B)_y \\ (\mathbf{v}'_A)_z &= (\mathbf{v}_A)_z, \qquad (\mathbf{v}'_B)_z = (\mathbf{v}_B)_z \end{aligned} \tag{5.17}$$

이다. x축 방향에서 선형운동량은 보존되므로,

$$m_A(\mathbf{v}_A)_x + m_B(\mathbf{v}_B)_x = m_A(\mathbf{v}'_A)_x + m_B(\mathbf{v}'_B)_x \tag{5.18}$$

이며, 식 (5.16)을 얻기 위해 사용한 것과 같은 해석 방법에 의해, x방향 속도 성분들은 다음 관계를 만족한다:

$$e = \frac{(\mathbf{v}'_B)_x - (\mathbf{v}'_A)_x}{(\mathbf{v}_A)_x - (\mathbf{v}_B)_x} \tag{5.19}$$

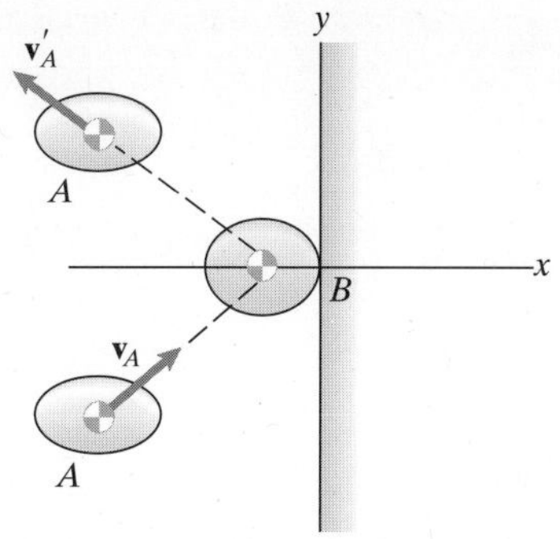

그림 5.13
정지된 물체와의 충돌.

만일 마찰을 무시할 수 있다면, 물체 A가 정지상태의 물체 B에 부딪치는 경사 중심충돌(oblique central impact)을 해석할 수 있다. B가 구속되어 있어서 관성좌표계에 대해 움직일 수 없다고 가정하자. 예를 들어 그림 5.13에서 A가 지구에 대해 고정된 벽 B에 부딪친다고 하자. 마찰이 무시되며 y, z 방향으로 충돌이 아무 힘도 가하지 않으므로, A의 y, z 방향 속도 성분은 변하지 않는다. 충돌 후의 A의 x방향 속도 성분은 식 (5.19)에서 B의 속도를 0으로 하여 얻을 수 있다. 즉,

$$(\mathbf{v}'_A)_x = -e(\mathbf{v}_A)_x$$

이다.

요약을 하면, 충돌 후 두 물체 A와 B의 공통 질량중심의 속도는 식 (5.9)에 의해 구할 수 있다. 경사 중심충돌에서는, 그림 5.12의 좌표계를 이용하면, 두 물체의 y, z 방향 속도 성분은 변하지 않으며, 충돌 후의 x 방향 속도성분은 식 (5.18)과 (5.19)를 이용하여 구할 수 있다.

| 연구 문제 |

1. 만일 두 물체가 충돌한다면, 두 물체의 공통 질량중심의 운동에 대해 무엇을 알 수 있는가?
2. 완전 소성충돌과 완전 탄성충돌은 무엇인가?
3. 반발계수의 정의는 무엇인가?
4. 만일 정면 중심충돌에서 반발계수를 알고 있다면, 충돌 후의 물체들의 속도를 구하기 위해서는 어떤 식들을 이용해야 하는가?

예제 5.6 충돌 해석

그림 5.14에서 질량이 각각 4 kg인 *A*와 *B*가 매끄러운 수평막대 상에서 미끄러지고 있다. 다음 두 경우에 대해 충돌 후 두 물체의 속도를 구하라: (a) 두 물체가 벨크로(Velcro®; 역주: 부착용이나 단추용으로 사용되는 나일론제 접착 천)로 덮여 있어서 충돌 후 서로 들어붙는 경우; (b) 반발계수가 $e = 0.8$인 경우.

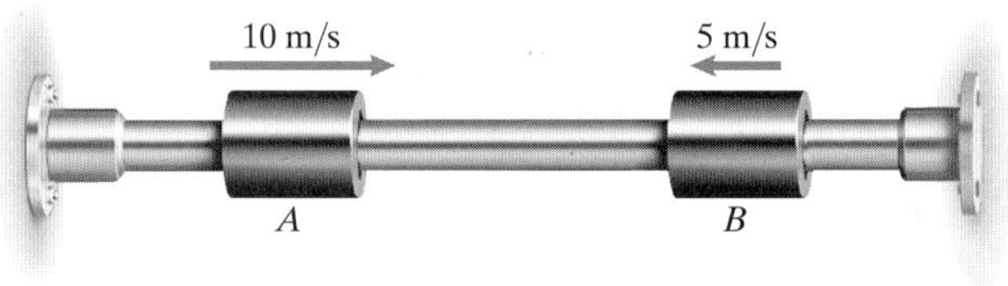

그림 5.14

| 전략 |

(a) 만일 두 질량이 서로 들어붙는다면, 충돌 후 두 질량은 같은 속도를 갖게 된다. 선형운동량의 보존으로부터 속도를 구할 수 있다.

(b) 반발계수를 알고 있으므로, 반발계수의 정의인 식 (5.16)과 선형운동량 보존을 함께 이용하여 충돌 후 각 질량의 속도를 구할 수 있다.

| 풀이 |

(a) 충돌 전의 두 질량의 속도는 $v_A = 10$ m/s, $v_B = -5$ m/s이다. 충돌 후, 두 물체의 공통 속도를 v'라고 하자. 선형운동량의 보존을 적용하면,

$$m_A v_A + m_B v_B = (m_A + m_B)v'$$

$$(4\ \text{kg})(10\ \text{m/s}) + (4\ \text{kg})(-5\ \text{m/s}) = (4\ \text{kg} + 4\ \text{kg})v'$$

이다. 위 식을 풀면, $v' = 2.5$ m/s를 얻는다. 충돌 후, 결합된 두 질량은 2 m/s의 속도로 오른쪽을 향하여 움직인다.

(b) v'_A와 v'_B를 충돌 후의 두 질량의 속도라고 하자. 선형운동량의 보존을 적용하면

$$m_A v_A + m_B v_B = m_A v'_A + m_B v'_B$$

$$(4\,\text{kg})(10\,\text{m/s}) + (4\,\text{kg})(-5\,\text{m/s}) = (4\,\text{kg})v'_A + (4\,\text{kg})v'_B$$

이며, 식 (5.16)으로부터

$$e = \frac{v'_B - v'_A}{v_A - v_B}$$

$$0.8 = \frac{v'_B - v'_A}{10\,\text{m/s} - (-5\,\text{m/s})}$$

이다. 이제 미지수 v'_A와 v'_B로 표현된 식 두 개를 갖게 되었다. 이 두 식을 풀면, $v'_A = -3.5$ m/s, $v'_B = 8.5$ m/s를 얻게 된다. 충돌 후, 질량 A는 3.5 m/s의 속도로 왼쪽으로 움직이며, B는 8.5 m/s의 속도로 오른쪽으로 움직인다.

비판적 사고

이 예제는 가장 일반적인 형태의 충돌 문제를 보여주고 있다. 만일 두 질량이 서로 붙는다면, 충돌 후에 결정할 속도는 하나뿐이며, 따라서 선형운동량의 보존만으로 그 속도를 구할 수 있다. 만일 두 질량이 서로 붙지 않는다면, 충돌 후의 두 속도를 구하려면 다른 식이 더 필요하다. 반발계수는 필요한 식을 추가로 제공한다. 비록 충돌하는 물체들이 서로 붙지 않을지라도, 충돌 후의 이들의 공통 질량중심의 속도는 이들이 서로 붙었을 경우에 갖게 될 속도와 동일하다. (b)에서, 충돌 후 공통 질량중심의 속도는

$$\frac{m_A v'_A + m_B v'_B}{m_A + m_B} = \frac{(4\,\text{kg})(-3.5\,\text{m/s}) + (4\,\text{kg})(8.5\,\text{m/s})}{4\,\text{kg} + 4\,\text{kg}} = 2.5\,\text{m/s}$$

이며, (a)에서 얻은 속도와 같다.

예제 5.6 우주선 도킹에 대한 운동량 방법의 적용

1975년 7월 15일, 아폴로(Appllo) 사령선(A)이 소유즈(Soyuz) 캡슐(B)과 도킹을 시도한다(그림 5.15). 이들의 질량은 $m_A = 18$ Mg, $m_B = 6.6$ Mg이다. 소유즈는 그림의 기준좌표계에 대해 정지상태이며, 사령선은 속도 $\mathbf{v}_A = 0.2\mathbf{i} + 0.03\mathbf{j} - 0.02\mathbf{k}$ (m/s)로 접근한다.

(a) 만일 첫 번째 도킹 시도가 성공이면, 도킹 후 결합된 우주선의 질량중심의 속도는 얼마인가?

(b) 만일 첫 번째 도킹 시도가 실패하고 이로 인한 충돌 반발계수가 $e = 0.95$라고 하면, 충돌 후 두 우주선의 속도는 각각 얼마가 되겠는가?

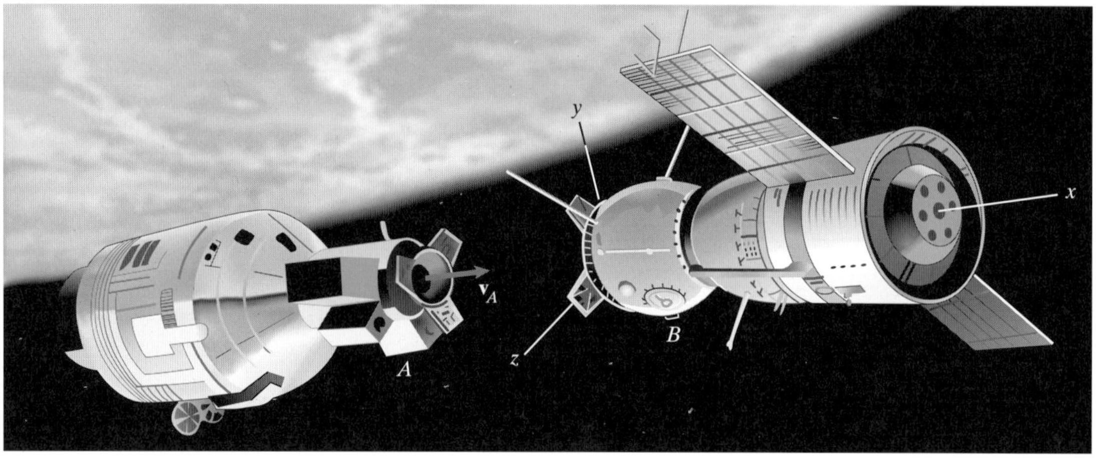

그림 5.15
(A) 아폴로 사령선.
(B) 소유즈 캡슐.

| 전략 |

(a) 만일 도킹이 성공이라면, 충돌은 완전 소성이며 식 (5.9)를 이용하여 충돌 후의 결합된 물체의 질량중심의 속도를 구할 수 있다.

(b) 도킹용 연결고리가 가하는 힘이 x축에 평행한, 경사 중심충돌을 가정함으로써, 식 (5.18)과 (5.19)를 이용하여 충돌 후 두 우주선의 속도를 구할 수 있다.

| 풀이 |

(a) 식 (5.9)로부터, 결합된 우주선의 질량중심의 속도는 다음과 같다:

$$\mathbf{v} = \frac{m_A\mathbf{v}_A + m_B\mathbf{v}_B}{m_A + m_B}$$

$$= \frac{(18\text{ Mg})[0.2\mathbf{i} + 0.03\mathbf{j} - 0.02\mathbf{k}\ (\text{m/s})] + 0}{18\text{ Mg} + 6.6\text{ Mg}}$$

$$= 0.146\mathbf{i} + 0.0220\mathbf{j} - 0.0146\mathbf{k}\ (\text{m/s})$$

(b) 두 우주선의 y, z 방향 속도 성분은 변하지 않는다. x 방향 속도 성분을 구하기 위해 선형운동량의 보존인 식 (5.18)을 이용하면,

$$m_A(\mathbf{v}_A)_x + m_B(\mathbf{v}_B)_x = m_A(\mathbf{v}'_A)_x + m_B(\mathbf{v}'_B)_x$$

$$(18\text{ Mg})(0.2\text{ m/s}) + 0 = (18\text{ Mg})(\mathbf{v}'_A)_x + (6.6\text{ Mg})(\mathbf{v}'_B)_x$$

이며, 반발계수 식 (5.19)를 이용하면 다음을 얻는다:

$$e = \frac{(\mathbf{v}'_B)_x - (\mathbf{v}'_A)_x}{(\mathbf{v}_A)_x - (\mathbf{v}_B)_x}$$

$$0.95 = \frac{(\mathbf{v}'_B)_x - (\mathbf{v}'_A)_x}{0.2 \text{ m/s} - 0}$$

위의 두 식을 풀면 $(\mathbf{v}'_A)_x = 0.0954$ m/s, $(\mathbf{v}'_B)_x = 0.285$ m/s이므로, 충돌 후 두 우주선의 속도는 다음과 같다:

$$\mathbf{v}'_A = 0.0954\mathbf{i} + 0.03\mathbf{j} - 0.02\mathbf{k} \text{ (m/s)}$$

$$\mathbf{v}'_B = 0.285\mathbf{i} \text{ (m/s)}$$

| 비판적 사고 |

이런 종류의 계산이 왜 유용한가? 두 우주선이 도킹할 때의 충격에 대한 해석적인 시뮬레이션은 도킹 메커니즘을 설계할 때와 도킹 조정을 수행할 비행사를 훈련시킬 때 사용되었다.

연습문제

5.43 무게가 356 N인 한 소녀가 물에 떠 있는 1446 N의 플랫폼 위에 서 있다. 이 소녀가 물에 대해 3.05 m/s의 속도로 달리기 시작하여 플랫폼 끝에서 뛰어 내린다. 물이 이 플랫폼에 가하는 수평력은 무시한다.

(a) 이 소녀가 달리기 시작한 후, 물에 대한 플랫폼의 상대속도는 얼마인가?

(b) 이 소녀가 달리고 있는 동안, 물에 대한 소녀와 플랫폼의 공통 질량중심의 상대속도는 얼마인가?

문제 5.43

5.44 무게가 $W_A = 533.8$ kN, $W_B = 311.4$ kN인 두 철도 차량이 부딪쳐서 서로 결합된다. 차량 A는 탄산으로 가득 채워져 있으며, 차량 B는 반만큼 채워져 있다. 차량들이 충돌할 때, B에 들어 있는 탄산이 심하게 앞뒤로 출렁거린다.

(a) 충돌 직후 두 차량의 공통 질량중심의 속도는 얼마인가?

(b) B에서의 출렁거림이 가라앉았을 때, 두 차량의 속도는 얼마인가?

5.45 두 철도 차량의 무게는 $W_A = 533.8$ kN, $W_B = 311.4$ kN이다. 철도 궤도는 우측으로 0.2°의 오르막 경사를 가지고 있다. 만일 두 차량이 그림의 순간에서 1.83 m 떨어져 있다면, 서로 결합된 직후의 두 차량의 공통 질량중심의 속도는 얼마인가?

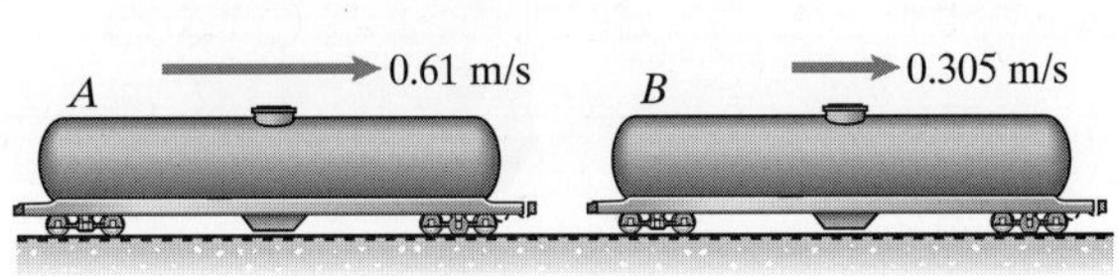

문제 5.44/5.45

5.46 7 km/s로 움직이는 400 kg의 위성 S와 12 km/s로 움직이는 1 kg의 유성 M이 충돌한다. 유성은 충돌에 의해 위성에 박힌다. 충돌 후 전체 질량중심의 속도 크기를 구하고, 질량중심의 경로와 위성의 원래 경로 사이의 각 β를 구하라.

5.47 7 km/s로 움직이는 400 kg의 위성 S와 1 kg의 유성 M이 충돌한다. 유성은 충돌에 의해 위성에 박힌다. 위성의 원래 궤도와 충돌 후 결합된 위성과 유성의 공통 질량중심의 궤도 사이의 각 β가 0.5°가 되기 위해서는 유성의 속도 크기가 얼마이어야 하는가?

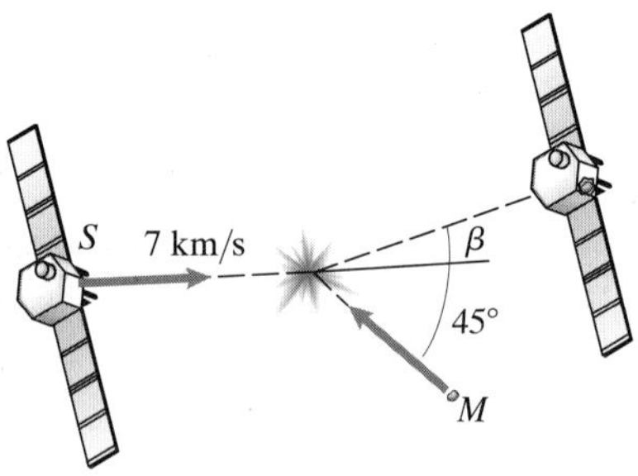

문제 5.46/5.47

5.48 궤도를 도는 우주왕복선 내부의 실험 모듈 왼쪽 벽에 68 kg의 우주인이 정지상태에 있다. 105,000 kg인 왕복선의 질량중심은 우주인의 오른쪽 4 m 위치에 있다. 우주인이 왕복선에 대해 1 m/s의 상대속도로 질량중심 쪽으로 나아간다. 이 우주인은 실험 모듈의 반대쪽 벽에서 정지하게 될 때까지 왕복선에 대해 8 m를 움직이게 된다.

(a) 우주인이 움직이는 동안, 왕복선의 처음 속도에 대한 속도 크기의 변화는 얼마인가?

(b) 우주인의 "유영(flight)" 후, 왕복선의 처음 속도에 대한 속도 크기의 변화는 얼마인가?

(c) 우주인의 "유영" 후, 우주인에 대한 왕복선의 질량중심 위치를 구하라.

문제 5.48

5.49 정지상태의 89.0 N 수레에 앉아 있는 356 N의 소년이 수레 밖으로 벽돌을 던져 로켓 추진을 시뮬레이션해 보려고 한다. 수레의 바퀴에 가해지는 수평력은 무시한다. 만일 이 소년이 무게가 44.5 N인 벽돌을 세 개 가지고 있으며, 수레에 대해 3.05 m/s의 수평 속도로 벽돌들을 던진다면, 이 소년이 갖게 되는 속도를 다음 두 경우에 대해 각각 구하라: (a) 소년이 벽돌을 한 번에 한 개씩 던지는 경우; (b) 소년이 벽돌을 동시에 모두 던지는 경우.

문제 5.49

5.50 조난선에 밧줄을 던지기 위해 설계된 발사기가 2 kg의 투사체를 발사한다. 발사기의 질량은 36 kg이며, 매끄러운 바닥 위에 놓여 있다. 투사체가 발사관을 떠날 때, 지구에 대한 투사체의 속도가 수평선에 대해 $\theta_0 = 30°$에서 50 m/s라면, 이로 인한 발사기의 속도는 좌측 방향으로 얼마인가?

5.51 질량이 36 kg이며 2 kg의 투사체를 발사하는 발사기가 매끄러운 바닥 위에 놓여 있다. 투사체가 발사관을 떠날 때 발사기에 대한 투사체의 속도가 수평선에 대해 $\theta_0 = 30°$에서 50 m/s이다. 이로 인한 발사기의 속도는 좌측 방향으로 얼마인가?

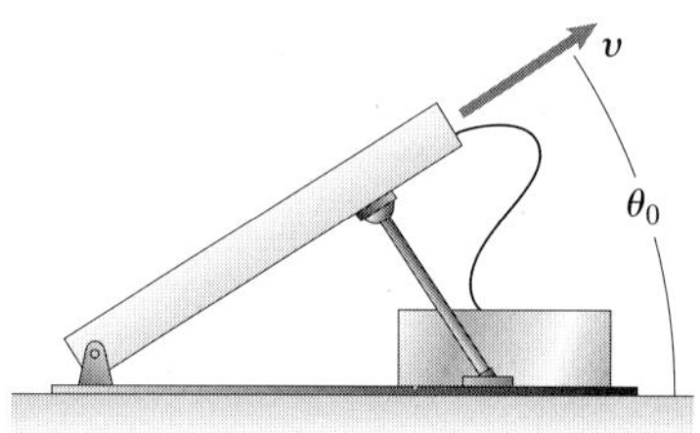

문제 5.50/5.51

5.52 무게가 0.02 N인 총알이 수평 속도 $v = 610$ m/s로 정지 상태의 44.5 N의 나무블록에 부딪쳐 나무 안에 박힌다. 블록과 바닥 사이의 동마찰계수는 $\mu_k = 0.12$이다. 충돌 결과, 블록이 바닥 위에서 미끄러진 거리는 얼마인가?

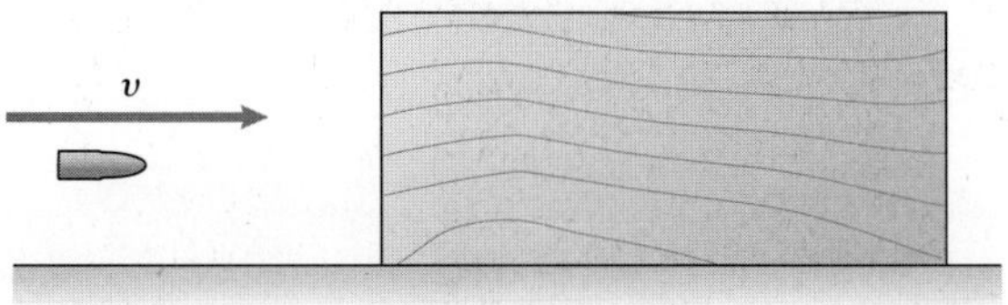

문제 5.52

5.53 매달려 있는 45 kg의 나무블록에 28 g의 총알이 부딪쳐 나무 안에 박힌다. 충돌로 인해 블록을 지탱하는 철선이 회전한 각을 측정해보니 7°로 판명되었다. 총알의 속도는 얼마인가?

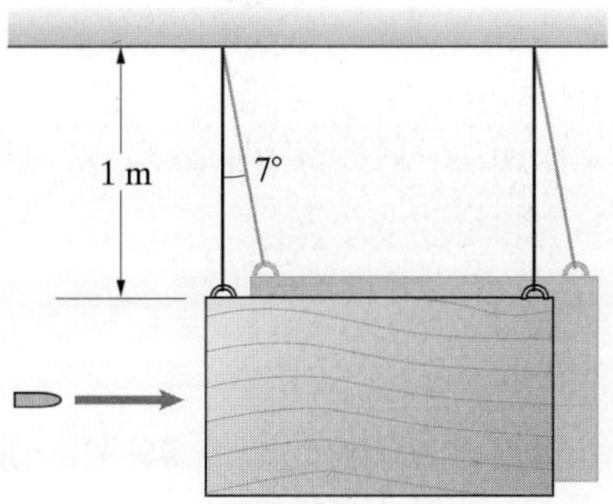

문제 5.53

5.54 천장에 달린 컨베이어로부터 12 kg의 패키지 A가 1.6 kg의 골판지 상자 B 안에 떨어진다. 패키지는 점착성이 있어 골판지 상자에 들러붙는다. 만일 상자와 수평 컨베이어 사이의 마찰계수가 $\mu_k = 0.2$라면, 충돌 후 골판지 상자가 미끄러지는 거리는 얼마인가?

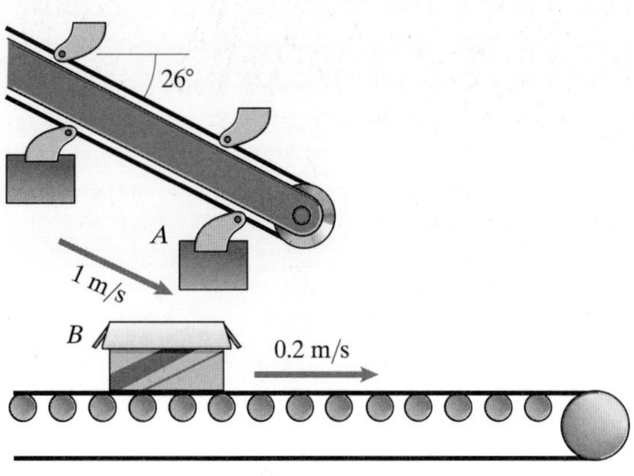

문제 5.54

5.55 53,376 N의 버스가 12,454 N의 자동차와 충돌한다. 충돌 전 버스의 속도는 $\mathbf{v}_B = 5.5\mathbf{i}$ (m/s)이며 자동차의 속도는 $\mathbf{v}_C = 10\mathbf{j}$ (m/s)이다. 두 차량은 충돌 후 엉킨 채로 붙어있게 된다. 차의 타이어와 도로 사이의 동마찰계수는 $\mu_k = 0.6$이다.

(a) 충돌 직후 두 차량의 공통 질량중심의 속도는 얼마인가?

(b) 두 차량의 공통 질량중심의 최종 위치는 충돌이 발생했을 때의 위치에 대해 대략적으로 얼마인가?

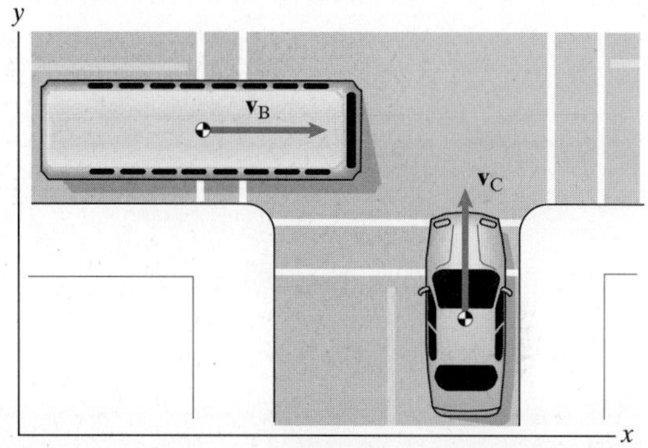

문제 5.55

5.56 200 kg인 우주인 A의 우주 정거장에 대한 상대 속도는 $40\mathbf{i} + 30\mathbf{j}$ (mm/s)이다. 300 kg의 구조부품 B의 정거장에 대한 상대속도는 $-20\mathbf{i} + 30\mathbf{j}$ (mm/s)이다. 우주인 A와 구조부품 B가 접근했을 때, 우주인이 구조부품을 잡고 여기에 매달린다.

(a) 이들이 정거장에 도착할 때, 이들의 공통 질량중심의 속도는 얼마인가?

(b) 이들이 정거장과 접촉하게 되는 대략적인 위치를 구하라.

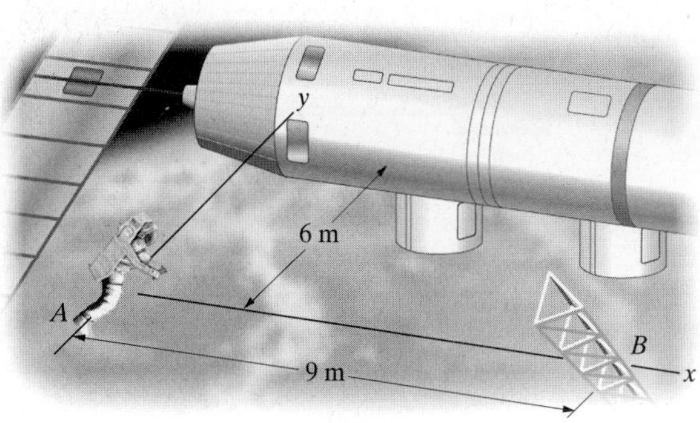

문제 5.56

5.57 무게가 $W_A = 22.2$ N, $W_B = 35.6$ N인 두 물체 A와 B가 정면 중심충돌을 한다. 충돌 전, A는 $v_A = 3.05$ m/s로 움직이고 있으며, B는 정지상태이다. 충돌 후 A와 B의 속도를 (a) 충돌이 완전 소성($e = 0$)인 경우; (b) 충돌이 완전 탄성($e = 1$)인 경우에 대해 각각 구하라.

5.58 물체 A와 B의 무게는 $W_A = 22.2$ N, $W_B = 35.6$ N이다. 물체 A는 정지한 물체 B와 정면 중심충돌을 한다. 충돌 전 A의 속도 v_A와 충돌 반발계수 e는 미지수이다. 충돌 후, 측정 결과 A는 오른쪽으로 0.49 m/s로 움직이고 있으며, B는 오른쪽으로 0.85 m/s로 움직이고 있다. v_A와 e를 구하라.

문제 5.57/5.58

5.59 속도가 $v_A = 6$ m/s, $v_B = 3$ m/s인 물체 A와 B가 정면 중심충돌을 한다. 두 물체의 질량은 $m_A = 2$ kg, $m_B = 4$ kg이다. 충돌 후 물체 A의 속도를 반발계수의 함수로서 $e = 0$에서 $e = 1$까지의 범위에 대해 그래프를 그려라.

문제 5.59

5.60 8 kg의 질량 A와 질량 B가 매끄러운 수평막대 상에서 그림에 나타낸 속도로 미끄러진다. 충돌 후, A는 왼쪽으로 1 m/s로 움직이며, B는 오른쪽으로 3 m/s로 움직인다. B의 질량과 충돌 반발계수를 구하라.

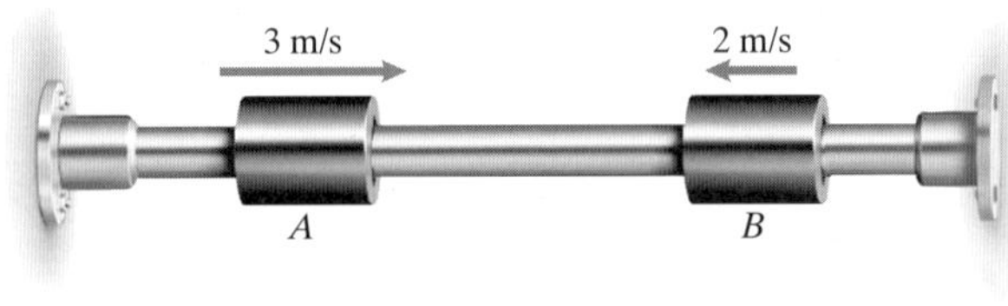

문제 5.60

5.61 에너지 흡수용 범퍼를 가진 두 자동차가 정면충돌한다. 두 차의 속도는 그림에 표시한 방향으로 $v_A = 4.83$ km/h, $v_B = 3.2$ km/h이다. 차의 무게는 $W_A = 12{,}454$ N, $W_B = 19{,}571$ N이다. 만일 충돌 반발계수가 $e = 0.2$이면, 충돌 직후의 두 자동차의 속도는 각각 얼마인가?

5.62 문제 5.61의 두 차의 충돌 지속시간은 해당 차량의 에너지 흡수용 범퍼의 설계에 따라 좌우된다. 만일 두 차의 승객들이 5 g 이상의 평균 가속도 크기를 받지 않도록 하려면, 필요한 최소 충돌 지속시간은 얼마이어야 하는가?
전략: 식 (5.2)를 각 자동차에 적용하라.

문제 5.61/5.62

5.63 세 공은 모두 같은 질량 m을 가지고 있다. 공 B와 C는 변형 전 상태의 스프링으로 연결되어 있으며, 정지상태이다. 공 A가 속도 v_A로 공 B를 향해 가고 있다. A와 B의 충돌은 완전 탄성($e = 1$)이다.

(a) 충돌 직후 공 B와 C의 공통 질량중심의 속도는 얼마인가?

(b) 충돌한 지 t시간 후 공 B와 C의 공통 질량중심의 속도는 얼마인가?

5.64 문제 5.63에서, 충돌로 인한 스프링에서의 최대 압축력은 얼마인가?

5.65* 세 공의 질량은 모두 m이다. 공 B와 C는 변형 전 상태의 스프링으로 연결되어 있으며, 정지상태이다. 공 A가 속도 v_A로 공 B를 향해 가고 있다. A와 B의 충돌은 완전 탄성($e = 1$)이다. 이것을 공 B와 C가 연결된 하나의 "물체"인 D와 공 A 사이의 충돌로 해석하려고 한다.

(a) A와 D 사이의 충돌 반발계수는 얼마인가?

(b) 충돌 후의 전체 에너지를 운동에너지의 합인 $\frac{1}{2}m(v_A')^2 + \frac{1}{2}(2m)(v_D')^2$라고 한다면, 충돌 결과 "손실"되는 에너지는 얼마인가? 여기서 v_D'는 충돌 후 D의 질량중심의 속도이다.

(c) 충돌 결과 실제로 손실되는 에너지는 얼마인가?
(이 문제는 물체 사이의 충돌에서 일어나는 에너지 손실 메커니즘들 중의 하나에 대한 흥미로운 모델이다. 문제 (a)에서 계산된 이 에너지 "손실"은 "내부 에너지"—B와 C의 공통 질량중심에 대한 B와 C의 진동 운동—로 변환된다.)

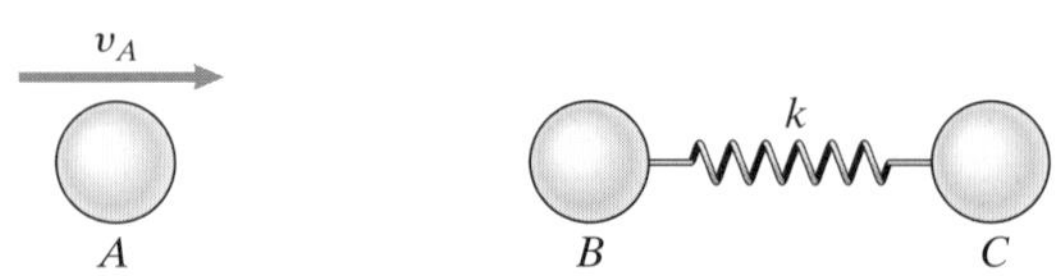

문제 5.63–5.65

5.66 1300 kg의 자동차 A가 주차 중인 1200 kg의 자동차 B를 들이받은 사고를 조사한다고 가정하자. B는 네 바퀴가 모두 잠겨 있었으며, 타이어의 미끄러진 자국(skid mark)으로부터 충돌 후 B가 2 m 미끄러졌음을 알 수 있었다. B의 타이어들과 도로 사이의 마찰계수를 $\mu_k = 0.8$, 충돌 반발계수를 $e = 0.4$로 추정한다면, 충돌 직전 A의 속도는 얼마였겠는가? (충돌은 단 한 번 일어난 것으로 가정한다.)

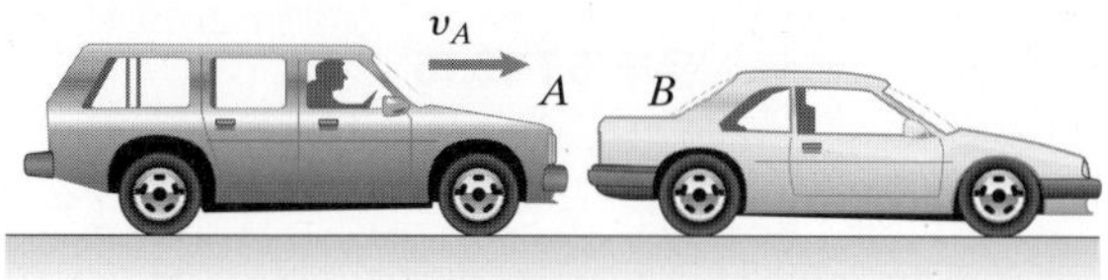

문제 5.66

5.67 농구선수가 바닥 위 1.52 m 높이에서 농구공을 가만히 떨어뜨리면, 공은 1.07 m 높이까지 튀어 오른다. 만일 이 선수가 바닥 위 0.91 m 높이에서 바닥을 향해 이 공을 던진다면, 공이 3.66 m의 높이까지 튀어 오르게 하려면 공을 얼마의 속도로 던져야 하는가?

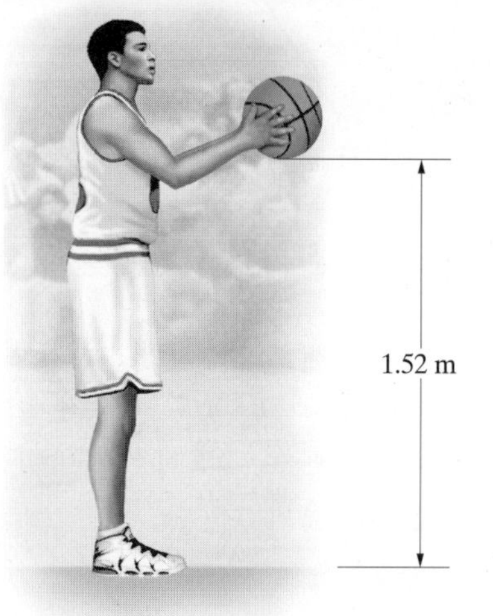

문제 5.67

5.68 0.45 kg의 축구공을 지면 위 1 m 높이에서 12 m/s의 속도로 위를 향해 찼다. 공과 지면 사이의 반발계수가 $e = 0.6$이라면, 공이 첫 번째 튀어 오를 때 지면에서 올라가는 최대 높이는 얼마인가?

5.69 0.45 kg의 축구공을 지면 위 1 m 높이에서 12 m/s의 속도로 위를 향해 찼다. 만일 충돌 지속시간이 0.02초였다면, 선수의 발이 공에 가한 힘은 얼마인가?

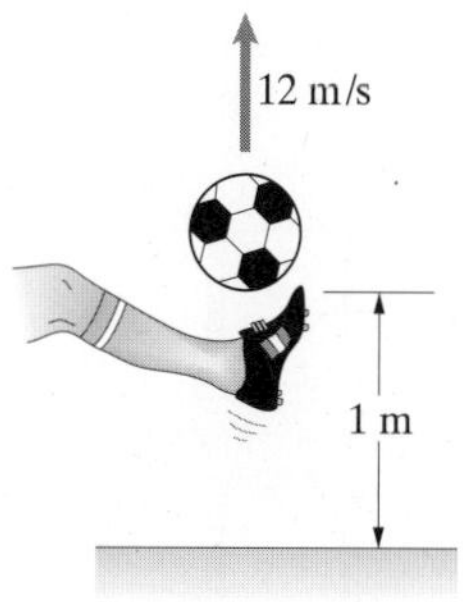

문제 5.68/5.69

5.70 골프공이 튀는 것을 찍은 다음 사진에서 직접 측정하여 반발계수를 추정하라.

5.71 문제 5.70에서, 표면 위 1.22 m 높이에서 0.61 m/s의 속도로 수평으로 골프공을 던진다면, 처음 두 번 튀는 동안 진행한 거리는 얼마인가?

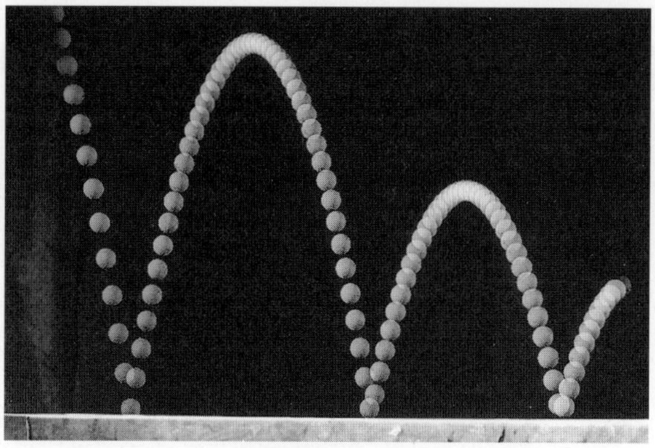

문제 5.70/5.71

5.72 단조 작업에서, 100 N의 중량이 위치 1까지 올려진 후 정지상태에서 놓여진다. 이 중량이 낙하하여 위치 2에서 공작물을 때린다. 충돌 직전 중량의 속도가 15 m/s이고 반발계수가 $e = 0.3$이라면, 충돌 직후 중량의 속도는 얼마인가?

5.73 100 N의 중량이 위치 1에서 정지상태에서 놓여진다. 스프링상수는 $k = 1751$ N/m이며, 위치 1에서 스프링은 변형되지 않은 상태이다. 만일 위치 2에서 중량과 공작물의 반발계수가 $e = 0.2$라면, 충돌 직후 중량의 속도는 얼마인가?

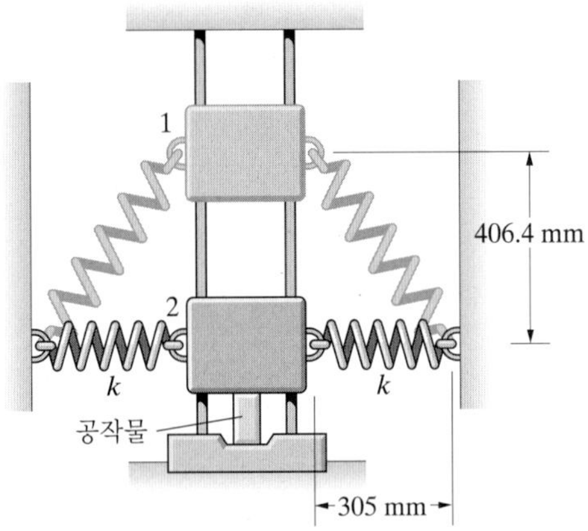

문제 5.72/5.73

5.74* 헬멧 설계를 연구하는 한 생체공학자가 2.4 kg의 헬멧을 2 kg의 실험용 사람 머리모형에 씌운 뒤, 실험기구를 이용하여 6 m/s의 속도로 단단한 벽면에 부딪치게 한다. 헬멧 안에 매달려 있는 머리모형은 헬멧과 벽면의 충돌에 의한 영향을 즉시 받지 않고 6 m/s의 속도로 오른쪽으로 더 움직인 후 헬멧과 부딪친다. 만일 헬멧과 벽면의 충돌 반발계수가 0.85이고 뒤이은 머리모형과 헬멧의 충돌 반발계수가 0.15이면, 머리모형이 헬멧과 처음 충돌한 후 머리모형의 속도는 얼마인가?

5.75* (a) 만일 문제 5.74에서 머리모형과 헬멧의 충돌 지속시간이 0.004초라면, 충돌로 머리모형에 가해지는 평균 힘의 크기는 얼마인가?

(b) 머리모형만을 단단한 벽면에 6 m/s로 부딪치게 하고, 반발계수를 0.5, 충돌 지속시간을 0.0002초라고 가정하자. 충돌로 머리모형에 가해지는 평균 힘의 크기는 얼마인가?

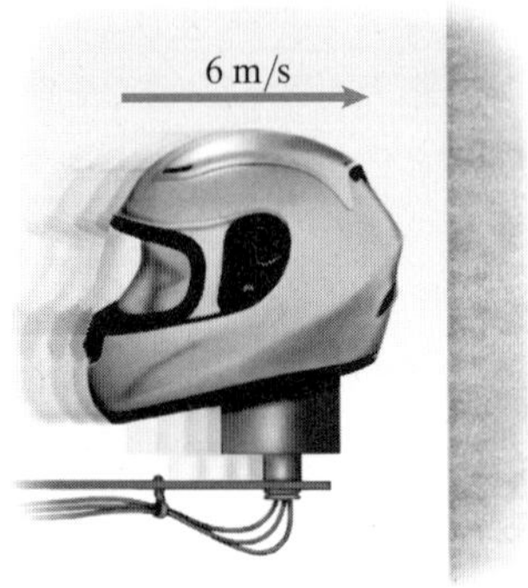

문제 5.74/5.75

5.76 질량이 $m = 0.12$ kg인 두 개의 작은 공이 길이 $L = 1$ m의 줄에 매달려 있다. 왼쪽 공이 $\theta = 30°$의 위치에서 정지상태로부터 놓여진다. 첫 충돌에 의해 우측 공이 최대 25°까지 흔들린다. 반발계수를 구하라.

5.77 만일 문제 5.76에서 충돌 지속시간이 0.008초라면, 공들이 서로에게 가한 평균 힘의 크기는 얼마인가?

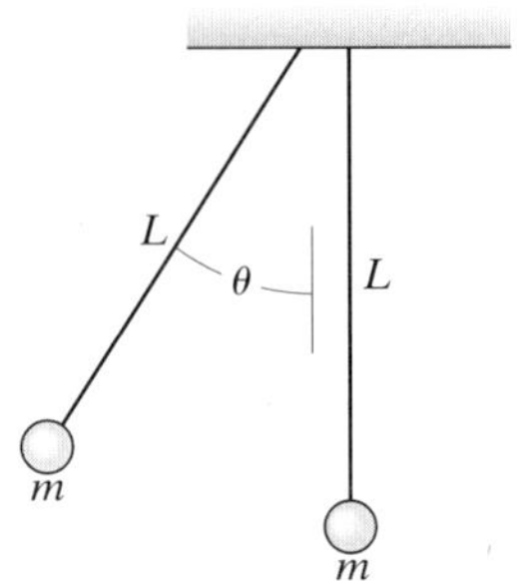

문제 5.76/5.77

5.78 3 kg의 물체 A와 8 kg의 물체 B가 경사 중심충돌을 한다. 반발계수는 $e = 0.8$이다. 충돌 전 속도는 $\mathbf{v}_A = 10\mathbf{i} + 4\mathbf{j} + 8\mathbf{k}$ (m/s), $\mathbf{v}_B = -2\mathbf{i} - 6\mathbf{j} + 5\mathbf{k}$ (m/s)이다. 충돌 후 A와 B의 속도는 얼마인가?

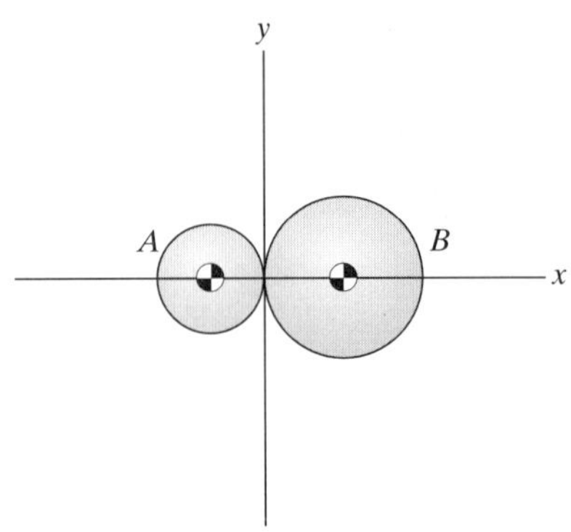

문제 5.78

5.79 야구배트(지면에 수직인 배트의 축을 그림에 표시)가 날아오는 야구공을 때린다. 타격 전의 야구공의 속도는 $\mathbf{v}_b = 132(\cos 45°\mathbf{i} + \cos 45°\mathbf{j})$ (m/s)이며, 배트의 속도는 $\mathbf{v}_B = 60(-\cos 45°\mathbf{i} - \cos 45°\mathbf{j})$ (m/s)이다. 정면 중심충돌에 의한 배트의 속도 변화는 무시한다. 반발계수는 $e = 0.2$이다. 충돌 후 공의 속도는 얼마인가? 야구공과 배트는 수평으로 움직인다고 가정한다. 타자가 친 공이 안타인가, 아니면 파울 볼인가?

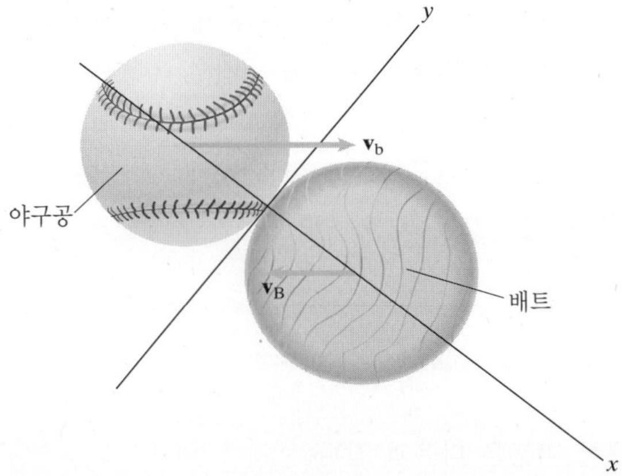

문제 5.79

5.80 큐(cue)로 백구(cue ball) A에 y축에 평행한 속도를 준다. 백구가 8번 공 B를 맞춰 공 B가 일직선으로 구석의 구멍에 들어간다. 두 공이 부딪치기 직전, 백구 A의 속도 크기가 2 m/s이고 반발계수가 $e = 1$이라면, 충돌 직후 두 공의 속도벡터는 얼마인가? (공은 모두 같은 질량을 갖는다.)

문제 5.80/5.81

5.81 문제 5.80에서, 반발계수가 $e = 0.9$라면 충돌 직후 두 공의 속도벡터는 얼마인가?

5.82 백구(cue ball)가 쿠션에 두 번 부딪치는 동안 반발계수가 모두 동일하다면, 쿠션에 두 번 부딪치고 난 후의 백구의 경로가 원래의 경로와 평행함을 보여라.

문제 5.82

5.83 170 g인 하키 퍽(puck)의 속도가 $\mathbf{v}_P = 10\mathbf{i} - 4\mathbf{j}$ (m/s)이다. 만일 충격으로 인한 하키 스틱의 속도 $\mathbf{v}_S = v_S\mathbf{j}$의 변화는 무시하고 반발계수를 $e = 0.6$이라고 하면, 퍽을 골대로 보내기 위해서 v_S는 얼마가 되어야 하는가?

5.84 문제 5.83에서, 만일 스틱이 퍽과 질량이 같은 물체인 것처럼 충격에 반응하며, 반발계수가 $e = 0.6$이면, 퍽을 골대로 보내기 위해서는 v_S는 얼마가 되어야 하는가?

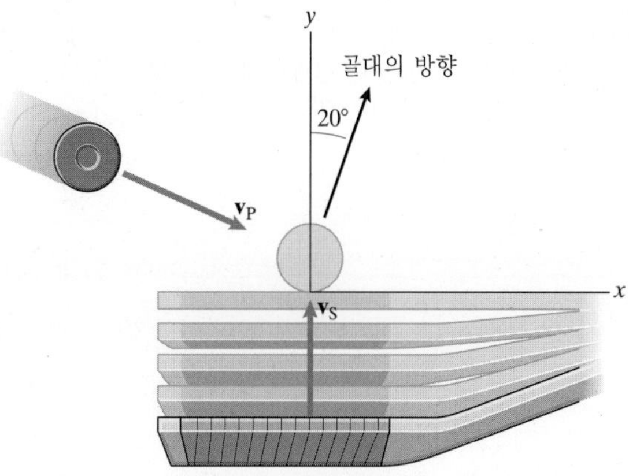

문제 5.83/5.84

5.4 각운동량

이 절에서는 충격량과 운동량의 원리와 유사한 결과로서, 시간에 대한 모멘트의 적분과 각운동량(angular momentum)으로 불리는 양의 변화와의 관계를 유도한다.

각충격량과 각운동량의 원리

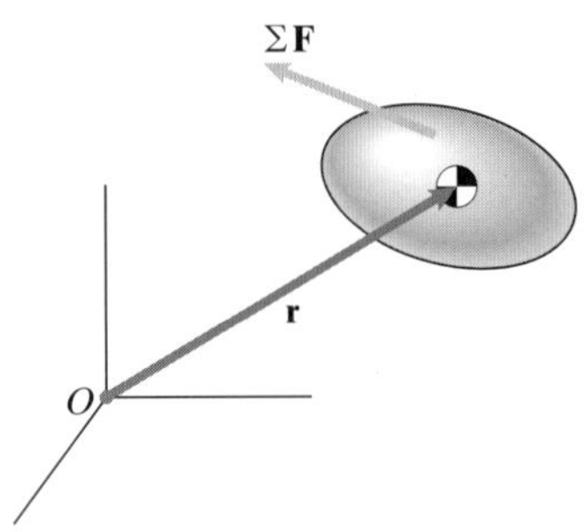

(a)

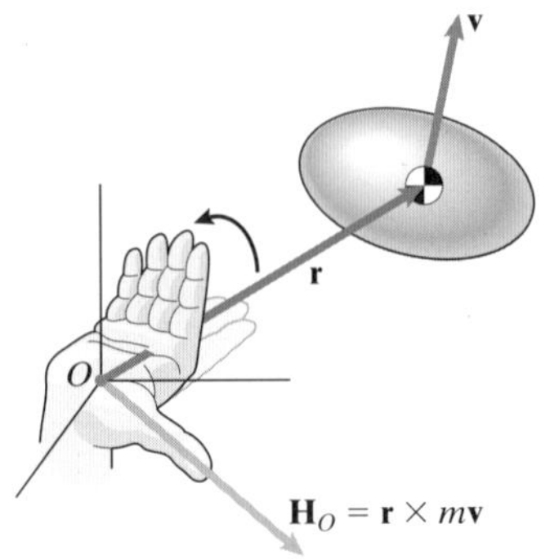

(b)

그림 5.16
(a) 위치벡터와 물체에 작용하는 전체 외력.
(b) 각운동량 벡터와 이 벡터의 방향을 구하기 위한 오른손 법칙.

원점이 O인 관성 기준좌표계에 대한 물체의 위치는 O에서 물체의 질량중심까지의 위치벡터 $\mathbf{r}$로 기술한다(그림 5.16a). Newton의 제2법칙과 속도의 내적(dot product)을 구함으로써 일과 에너지의 원리라는 매우 유용한 결과를 얻었다는 점을 상기하라. 여기서는 Newton의 제2법칙과 위치벡터의 외적(cross product)을 구함으로써 또 하나의 유용한 결과를 얻을 것이다. 이 과정은 O에 대한 외력들의 모멘트와 물체의 운동과의 관계를 제공한다.

Newton의 제2법칙과 $\mathbf{r}$의 외적을 취하면,

$$\mathbf{r} \times \Sigma\mathbf{F} = \mathbf{r} \times m\mathbf{a} = \mathbf{r} \times m\frac{d\mathbf{v}}{dt} \tag{5.20}$$

이다. $\mathbf{r} \times m\mathbf{v}$의 시간에 대한 미분은 다음과 같다:

$$\frac{d}{dt}(\mathbf{r} \times m\mathbf{v}) = \underbrace{\left(\frac{d\mathbf{r}}{dt} \times m\mathbf{v}\right)}_{=\mathbf{0}} + \left(\mathbf{r} \times m\frac{d\mathbf{v}}{dt}\right)$$

($d\mathbf{r}/dt = \mathbf{v}$이고 평행한 벡터들의 외적은 0이므로, 우변의 첫 번째 항은 0이다.) 이 결과를 이용하여, 식 (5.20)을 다음과 같이 쓸 수 있다:

$$\mathbf{r} \times \Sigma\mathbf{F} = \frac{d\mathbf{H}_O}{dt} \tag{5.21}$$

여기서 벡터

$$\mathbf{H}_O = \mathbf{r} \times m\mathbf{v} \tag{5.22}$$

를 O에 대한 각운동량(angular momentum)이라고 부른다(그림 5.16b). 각운동량을 물체의 선형운동량의 점 O에 대한 모멘트로 해석한다면, 식 (5.21)은 모멘트 $\mathbf{r} \times \Sigma\mathbf{F}$가 운동량의 점 O에 대한 모멘트의 변화율과 같음을 나타낸다. 어떤 시간 동안 모멘트가 0이면, $\mathbf{H}_O$는 일정하다.

식 (5.21)을 시간에 대해 적분하면 다음 식을 얻을 수 있다:

$$\int_{t_1}^{t_2} (\mathbf{r} \times \Sigma\mathbf{F})\, dt = (\mathbf{H}_O)_2 - (\mathbf{H}_O)_1 \tag{5.23}$$

좌변의 적분을 각충격량(angular impulse)이라고 하며, 이 식을 각충격량과 각운동량의 원리(principle of angular impulse and momentum)라고 한다. 이 원리는 어

떤 시간 동안 물체에 가해진 각충격량은 물체의 각운동량의 변화와 같음을 나타낸다. 만일 시간의 함수인 모멘트 $\mathbf{r} \times \Sigma\mathbf{F}$를 안다면, 각운동량의 변화를 구할 수 있다. 각충격량과 각운동량의 차원은 (질량) × (길이)²/(시간)이다.

중심력 운동

물체에 작용하는 합력이 관성 기준좌표계에 대해 항상 고정된 한 점을 향하고 있다면, 이 물체는 **중심력 운동**(central-force motion)을 한다고 말한다. 이 고정된 점을 운동의 **중심**(center)이라고 한다. 궤도 문제는 중심력 운동에서 가장 잘 알려진 예이다. 예를 들면 지구 주위를 도는 인공위성에 작용하는 중력은 항상 지구중심을 향한다.

기준점 O를 운동의 중심에 놓으면(그림 5.17a), 위치벡터 $\mathbf{r}$은 합력과 평행하므로 $\mathbf{r} \times \Sigma\mathbf{F}$는 0이다. 따라서 식 (5.23)으로부터 중심력 운동에서는 물체의 각운동량이 보존됨을 알 수 있다:

$$\mathbf{H}_O = \text{constant} \tag{5.24}$$

평면 중심력 운동에서, $\mathbf{r}$과 $\mathbf{v}$를 실린더 좌표계로 나타낼 수 있다(그림 5.17b). 즉,

$$\mathbf{r} = r\mathbf{e}_r, \qquad \mathbf{v} = v_r\mathbf{e}_r + v_\theta\mathbf{e}_\theta$$

이며, 이 표현들을 식 (5.22)에 대입하면, 다음의 각운동량을 얻을 수 있다:

$$\mathbf{H}_O = (r\mathbf{e}_r) \times m(v_r\mathbf{e}_r + v_\theta\mathbf{e}_\theta) = mrv_\theta\mathbf{e}_z$$

이 식으로부터 평면 중심력 운동에서 운동중심으로부터 반경방향의 거리와 횡방향 속도 성분의 곱은 일정하다는 것을 알 수 있다:

$$rv_\theta = \text{constant} \tag{5.25}$$

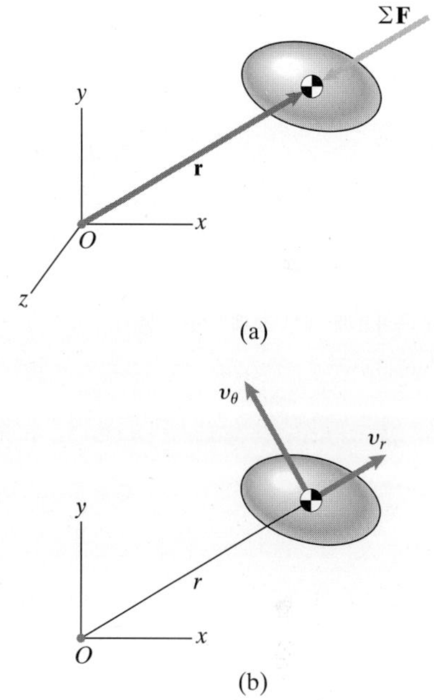

그림 5.17
(a) 중심력 운동.
(b) 원통좌표계에서의 위치와 속도의 표현.

연구 문제

1. 각운동량의 정의는 무엇인가?
2. 각충격량과 각운동량의 원리는 무엇인가?
3. 각운동량이 보존되기 위해 필요한 조건은 무엇인가?
4. 중심력 운동에서, 각운동량에 대해 무엇을 알 수 있는가?

예제 5.7 각충격력과 각운동량의 적용

줄에 연결된 질량 m의 원판이 일정한 횡방향 힘 F의 작용 하에 매끄러운 수평 테이블 위에서 미끄러지고 있다(그림 5.18). 줄이 O의 테이블 구멍을 통하여 일정한 속도 v_0로 당겨진다. $t = 0$에서, $r = r_0$이며 원판의 횡방향 속도는 0이다. 원판의 속도를 시간의 함수로 구하라.

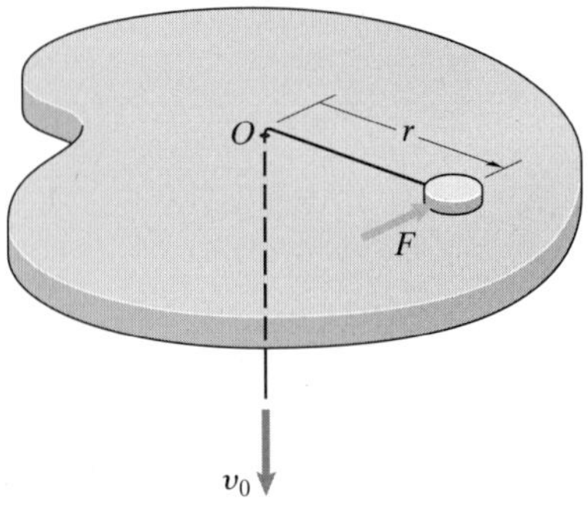

그림 5.18

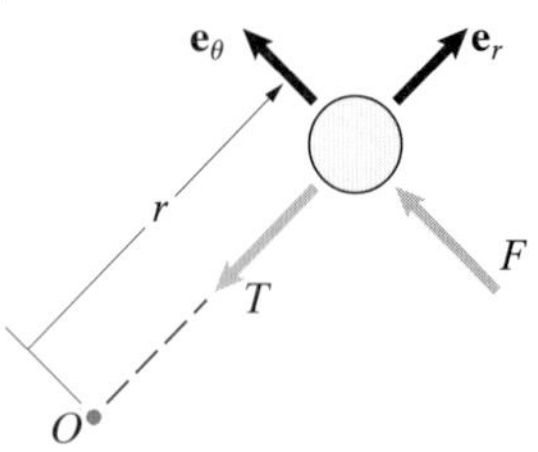

(a) 극좌표에 의한 모멘트의 표현.

| 전략 |

r을 시간의 함수로 나타냄으로써, 원판에 작용하는 힘들이 O에 대해 일으키는 모멘트를 시간의 함수로 나타낼 수 있다. 원판의 각운동량은 원판의 속도에 비례하므로, 원판에 각충격량과 각운동량의 원리를 적용하여 원판의 속도에 대한 정보를 시간의 함수로 얻을 수 있다.

| 풀이 |

반경방향의 위치는 시간의 함수로 $r = r_0 - v_0 t$이다. 원판에 작용하는 힘들의 O에 대한 모멘트는 극좌표에 의해(그림 a),

$$\mathbf{r} \times \Sigma\mathbf{F} = r\mathbf{e}_r \times (-T\mathbf{e}_r + F\mathbf{e}_\theta) = F(r_0 - v_0 t)\mathbf{e}_z$$

이다. 여기서 T는 줄의 장력이다. 시간 t에서 각운동량은

$$\mathbf{H}_O = \mathbf{r} \times m\mathbf{v} = r\mathbf{e}_r \times m(v_r\mathbf{e}_r + v_\theta\mathbf{e}_\theta)$$

$$= mv_\theta(r_0 - v_0 t)\mathbf{e}_z$$

이다. 위의 식들을 각충격량과 각운동량의 원리에 대입하면, 다음 식을 얻을 수 있다:

$$\int_{t_1}^{t_2} (\mathbf{r} \times \Sigma\mathbf{F})\, dt = (\mathbf{H}_O)_2 - (\mathbf{H}_O)_1$$

$$\int_0^t F(r_0 - v_0 t)\mathbf{e}_z\, dt = mv_\theta(r_0 - v_0 t)\mathbf{e}_z - \mathbf{0}$$

적분을 계산하면, 다음과 같이 속도의 횡방향 성분을 시간의 함수로 얻을 수 있다:

$$v_\theta = \frac{[r_0 t - (1/2)v_0 t^2]F}{(r_0 - v_0 t)m}$$

원판의 속도는 시간의 함수로 다음과 같다:

$$\mathbf{v} = -v_0\mathbf{e}_r + \frac{[r_0 t - (1/2)v_0 t^2]F}{(r_0 - v_0 t)m}\mathbf{e}_\theta$$

| 비판적 사고 |

이 예제는 인위적인 부자연스러운 예제임을 알 수 있을 것이다. 사실, 식 (5.23)으로 주어지는 형태의 각충격량과 각운동량의 원리는 유용한 공학적 응용을 찾기가 쉽지 않다. 이에 비해 각운동량의 보존은 자주 유용하게 사용된다. (예제 5.8과 문제 5.86 – 5.98을 참고하라.)

예제 5.8 위성에 대한 운동량과 에너지 보존의 적용

지구를 도는 인공위성이 근지점(인공위성이 지구에 가장 가까이 있는 지점)에 있을 때, 위성의 속도 크기는 $v_P = 7000$ m/s이며 지구중심으로부터 위성의 거리는 $r_P = 10{,}000$ km이다(그림 5.19). 인공위성이 원지점(인공위성이 지구에서 가장 멀리 있는 지점)에 있을 때, 위성의 속도 v_A와 지구로부터의 거리 r_A를 구하라. 지구의 반경은 $R_E = 6370$ km이다.

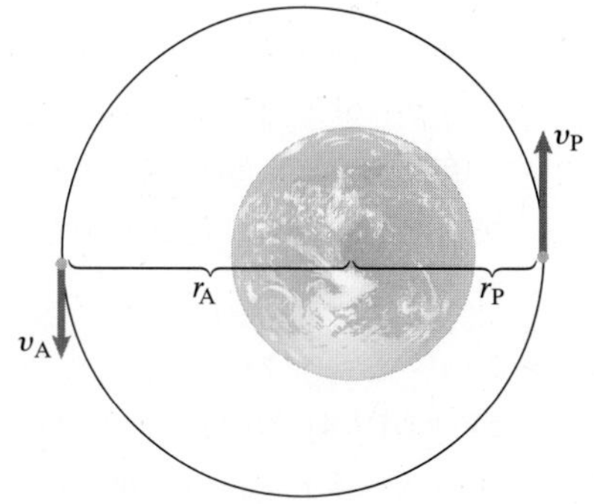

그림 5.19

| 전략 |

위성은 지구중심에 대해 중심력 운동을 하므로, 위성의 지구중심으로부터의 거리와 위성 속도의 횡방향 성분의 곱은 일정하다. 이로부터 v_A와 r_A의 관계식 하나를 얻을 수 있다. 에너지 보존을 이용하여 v_A와 r_A의 두 번째 관계식을 얻을 수 있다.

| 풀이 |

식 (5.25)로부터, 각운동량의 보존을 위해서는 다음 식이 성립해야 한다:

$$r_A v_A = r_P v_P$$

식 (4.27)로부터, 위성의 위치에너지를 지구중심으로부터의 거리로 나타내면,

$$V = -\frac{mgR_E^2}{r}$$

이다. 원지점과 근지점에서 운동에너지와 위치에너지의 합은 같아야 하므로

$$\frac{1}{2}mv_A^2 - \frac{mgR_E^2}{r_A} = \frac{1}{2}mv_P^2 - \frac{mgR_E^2}{r_P}$$

이다. $r_A = r_P v_P / v_A$를 위 식에 대입하여 정리하면, 다음 식을 얻게 된다:

$$(v_A - v_P)\left(v_A + v_P - \frac{2gR_E^2}{r_P v_P}\right) = 0$$

이 식으로부터 당연 해(trivial solution) $v_A = v_P$와 원지점에서의 속도에 대한 해를 얻을 수 있다:

$$v_A = \frac{2gR_E^2}{r_P v_P} - v_P$$

g, R_E, r_P, v_P 등의 값을 식에 대입하면, $v_A = 4370$ m/s와 $r_A = 16{,}000$ km를 구할 수 있다.

| 비판적 사고 |

이 예제에서는, 위성이 근지점에 있을 때의 위성의 속도와 지구중심으로부터의 거리가 주어졌다. 이 정보를 가지고 식 (5.25)를 이용하여 임의의 주어진 반경 위치에서의 위성의 횡방향 속도 성분 v_θ를 구할 수 있었다. 에너지 보존을 이용하여, 동일한 반경 위치에서 위성의 속도 크기를 구할 수 있는데, 이것은 위성의 반경방향 속도 성분인 v_r도 구할 수 있음을 의미한다. (문제 5.87 참조.)

연습문제

5.85 그림의 순간에서($t_1 = 0$), 2 kg인 물체의 질량중심의 위치는 $\mathbf{r} = 6\mathbf{i} + 4\mathbf{j} + 2\mathbf{k}$ (m)이며, 이 물체의 속도는 $\mathbf{v} = -16\mathbf{i} + 8\mathbf{j} - 12\mathbf{k}$ (m/s)이다. 물체에 가해지는 외력은 없다. $t_2 = 1$ s에서, 원점 O에 대한 물체의 각운동량은 얼마인가?

5.86 2 kg의 물체에 가해지는 전체 외력이 시간의 함수로서 $\Sigma\mathbf{F} = 2t\mathbf{i} + 4\mathbf{j}$ (N)으로 주어졌다. $t_1 = 0$에서, 물체의 위치와 속도는 $\mathbf{r} = \mathbf{0}$과 $\mathbf{v} = \mathbf{0}$이다.

(a) Newton의 제2법칙을 이용하여 시간의 함수로서 물체의 속도 **v**와 위치 **r**을 구하라.

(b) $t_1 = 0$에서 $t_2 = 6$ s까지 $\mathbf{r} \times \Sigma\mathbf{F}$를 시간에 대해 적분하여, 이 시간 동안 물체에 가해진 O에 대한 각충격량을 구하라.

(c) 위의 (a)의 결과를 이용하여, $t_1 = 0$에서 $t_2 = 6$ s까지 물체의 각운동량의 변화를 구하라.

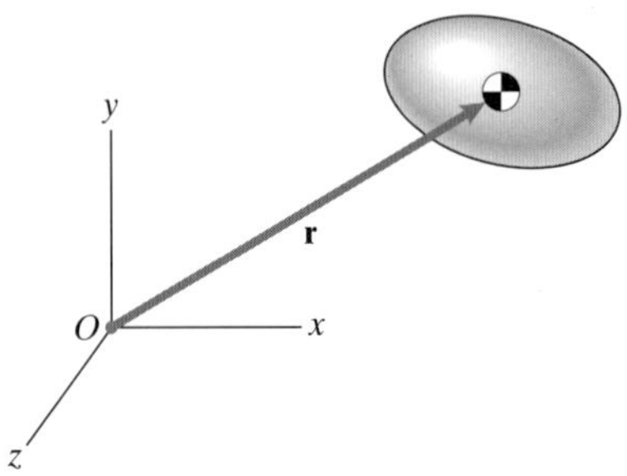

문제 5.85/5.86

5.87 인공위성이 그림과 같이 지구 주위의 타원 궤도 상에 있다. 근지점 A에서의 위성의 속도가 8640 m/s이다. 지구의 반경은 6370 km이다.

(a) 각운동량 보존을 이용하여, 원지점 C에서의 인공위성의 속도 크기를 구하라.

(b) 에너지 보존을 이용하여 C에서의 속도 크기를 구하라.

5.88 문제 5.87의 인공위성에 대해, 인공위성이 B에 있을 때 반경방향 속도 크기 v_r과 횡방향 속도 크기 v_θ를 구하라.

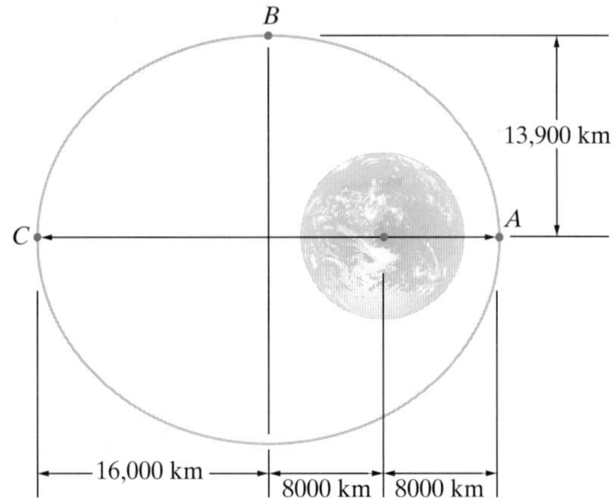

문제 5.87/5.88

5.89 막대가 수평면 상에서 원점에 있는 매끄러운 핀에 대해 회전하고 있다. 2 kg의 슬리브(sleeve) A가 매끄러운 막대 상에서 미끄러지고 있으며, 막대의 질량은 슬리브의 질량과 비교하여 무시할 수 있다. 스프링상수는 $k = 40$ N/m이며, 스프링은 $r = 0$에서 변형 전 상태이다. $t = 0$에서, 슬리브의 반경방향 위치는 $r = 0.2$ m이며, 막대의 각속도는 $\omega_0 = 6$ rad/s이다. $r = 0.25$ m일 때 막대의 각속도는 얼마인가?

5.90 막대가 수평면 상에서 원점에 있는 매끄러운 핀에 대해 회전하고 있다. 2 kg의 슬리브(sleeve) A가 매끄러운 막대 상에서 미끄러지며, 막대의 질량은 슬리브의 질량과 비교하여 무시할 수 있다. 스프링상수는 $k = 40$ N/m이며, 스프링은 $r = 0$에서 변형 전 상태이다. $t = 0$에서, 슬리브의 반경방향 위치와 반경방향 속도는 $r = 0.2$ m, $v_r = 0$이며, 막대의 각속도는 $\omega_0 = 6$ rad/s이다. $r = 0.25$ m일 때 막대의 각속도와 슬리브의 반경방향 속도는 얼마인가?

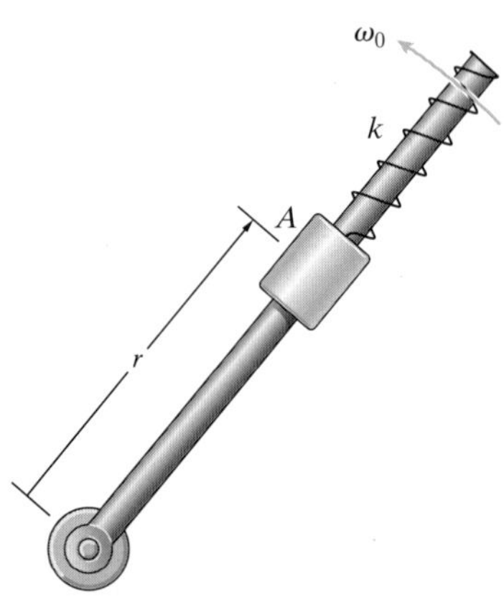

문제 5.89/5.90

5.91 2 kg의 원판이 매끄러운 테이블 위에서 미끄러지며, 장력이 $T = 6r$ N인 탄성 줄에 연결되어 있다. 여기서 r은 원판의 반경방향의 위치로 m 단위이다. 만일 원판이 $r = 1$ m에 있으며 원판에 횡방향으로 4 m/s의 초기 속도가 주어진다면, $r = 2$ m일 때 원판의 반경방향 속도 성분과 횡방향 속도 성분의 크기는 얼마인가?

5.92 문제 5.91에서, 원판이 도달하게 되는 r의 최대값을 구하라.

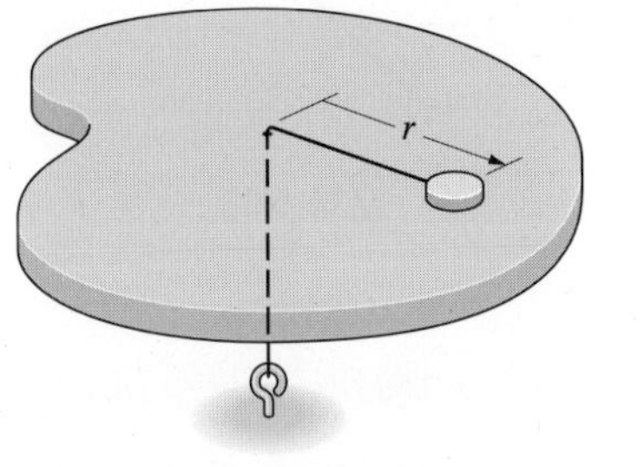

문제 5.91/5.92

5.93 1 kg의 원판이 테이블의 구멍을 통과한 줄에 연결되어 있으며 매끄러운 수평 테이블 상에서 미끄러진다.

(a) 만일 질량이 2 m/s의 속도로 일정한 반경 $r = 1$ m의 원형 경로를 따라 움직인다면, 장력 T는 얼마인가?

(b) (a)에서 기술된 초기 조건에서 시작하여, 구멍을 통하여 줄을 일정한 속도로 $r = 0.5$ m가 될 때까지 잡아당기는 방법으로 장력을 증가시킨다. 이 과정에서의 장력 T를 r의 함수로 구하라.

5.94 문제 5.93에서, (b)에서 기술한 대로 구멍을 통하여 줄을 잡아당기는 동안 질량에 한 일은 얼마인가?

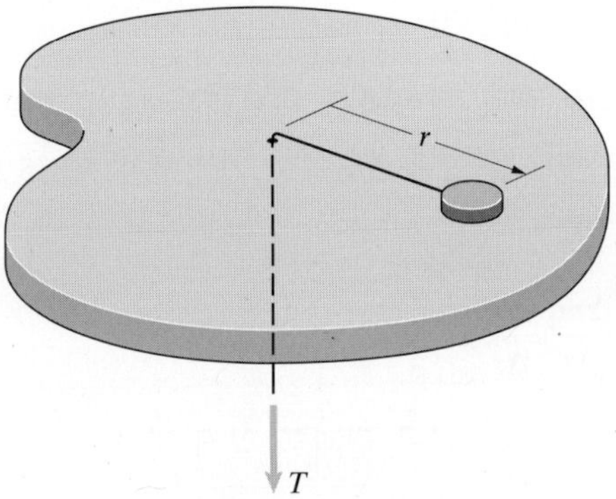

문제 5.93/5.94

5.95 두 대의 중력 연구용 인공위성($m_A = 250$ kg, $m_B = 50$ kg)이 케이블에 의해 연결되어 있다. 인공위성과 케이블은 각속도 $\omega_0 = 0.25$ rpm(분당 회전수)으로 회전한다. 지상 관제관의 명령에 따라 인공위성 A가 케이블 6 m를 추가로 천천히 풀었다. 이후의 각속도는 얼마가 되겠는가?

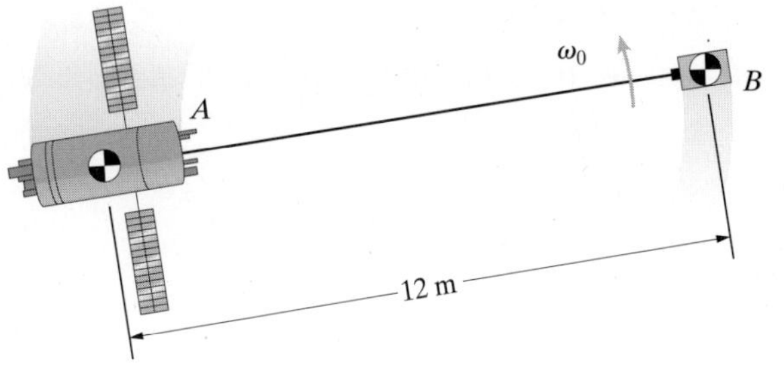

문제 5.95

5.96 우주인이 O에서 대형 우주 정거장에 부착된 10 m 길이의 줄 끝에 연결되어 $x-y$ 평면 상에서 움직이고 있다. 장비를 포함한 우주인의 총 질량은 120 kg이다.

(a) 줄이 팽팽해지기 전, 우주인의 O에 대한 각운동량은 얼마인가?

(b) 줄이 팽팽해진 직후, 우주인의 줄에 수직한 속도 성분의 크기는 얼마인가?

5.97 우주인이 O에서 대형 우주 정거장에 부착된 10 m 길이의 줄 끝에 연결되어 $x-y$ 평면 상에서 움직이고 있다. 장비를 포함한 우주인의 총 질량은 120 kg이다. 우주인이 줄 끝에 도달하게 되어 줄이 팽팽해지는 순간 발생하는 "충격"의 반발계수는 $e = 0.8$이다. 줄이 팽팽해진 직후 우주인 속도의 x, y 성분은 얼마인가?

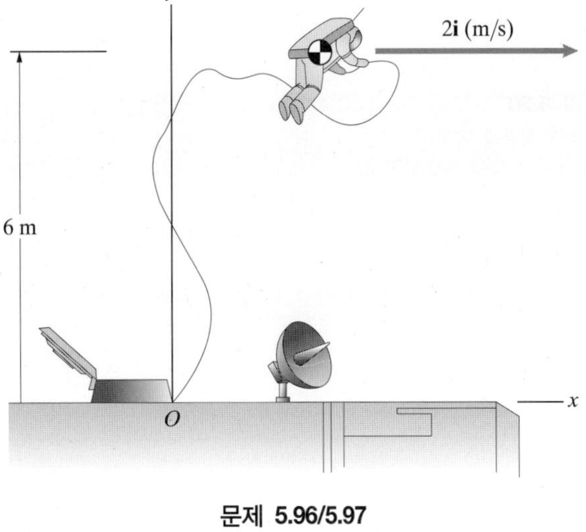

문제 5.96/5.97

5.98 천장에 있는 구멍 O를 통과한 줄에 매달린 공이 속도 v_A로 반경 r_A의 수평 원형 경로를 따라 움직이고 있다. 이때 구멍을 통해 공을 잡아당겨 공이 속도 v_B로 반경 r_B의 수평 원형 경로를 따라 움직이도록 한다. 각충격량과 각운동량의 원리를 이용하여 $r_A v_A = r_B v_B$임을 보여라.

전략: $\mathbf{e}$를 천장에 수직인 단위벡터라고 하자. 이 문제는 중심력 문제는 아니지만—공의 무게가 O를 향하지 않는다—$\mathbf{e} \cdot (\mathbf{r} \times \Sigma \mathbf{F}) = 0$이므로 $\mathbf{e} \cdot \mathbf{H}_O$가 보존됨을 보여 줄 수 있다.

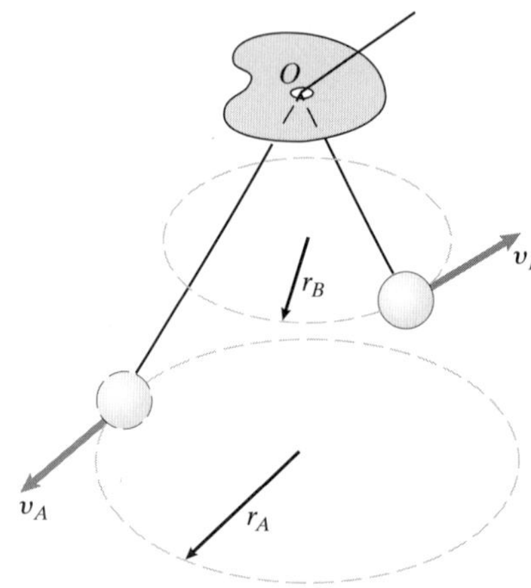

문제 5.98

5.5 질량 유동

이 절에서는 선형운동량의 보존을 이용하여 연속적인 질량의 유입이나 유출로 인해 물체에 가해지는 힘을 구한다. 구한 식은 로켓의 추진력을 구하거나 유체나 과립으로 된 물질의 흐름이 물체에 가하는 힘을 계산하는 등 여러 가지 경우에 적용된다.

속도가 $\mathbf{v}$인 질량 m의 물체가 외력을 받지 않으며(그림 5.20a) 질량 요소 Δm_f를 물체에 대해 상대 속도 $\mathbf{v}_f$로 방출한다고 가정하자(그림 5.20b). 물체의 새로운 속도를 $\mathbf{v} + \Delta \mathbf{v}$로 표시하자. 질량 요소가 방출되기 전의 물체의 선형운동량은 방출된 후의 물체와 질량 요소의 선형운동량의 합과 같다. 즉,

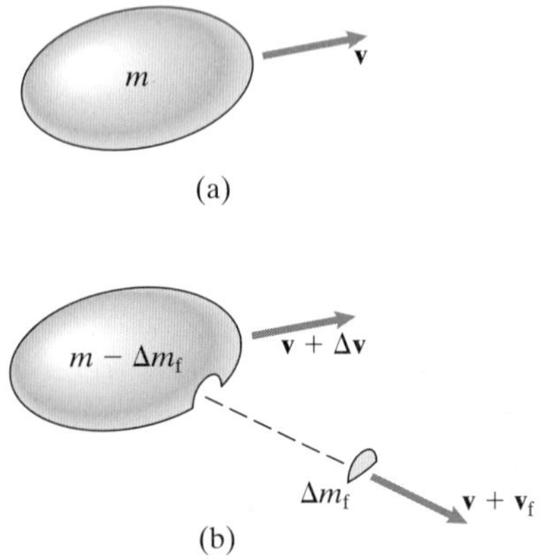

그림 5.20
물체의 질량과 속도:
(a) 질량 요소를 방출하기 전;
(b) 질량 요소를 방출한 후.

$$m\mathbf{v} = (m - \Delta m_f)(\mathbf{v} + \Delta \mathbf{v}) + \Delta m_f(\mathbf{v} + \mathbf{v}_f)$$

이다. 위 식을 계산하여 간단히 하면 다음 식을 얻을 수 있다:

$$m\Delta \mathbf{v} + \Delta m_f \mathbf{v}_f - \Delta m_f \Delta \mathbf{v} = 0 \tag{5.26}$$

이제 물체가 불연속적으로 질량 요소 덩어리를 내보내는 대신, 연속적으로 질량을 내보내며 시간 Δt 동안 방출한 양을 Δm_f라고 가정하자. 식 (5.26)을 Δt로 나누고 다음과 같이 정리한다:

$$m\frac{\Delta \mathbf{v}}{\Delta t} + \frac{\Delta m_f}{\Delta t}\mathbf{v}_f - \frac{\Delta m_f}{\Delta t}\frac{\Delta \mathbf{v}}{\Delta t}\Delta t = 0$$

$\Delta t \to 0$일 때 이 식의 극한값을 취하면, 다음 결과를 얻게 된다:

$$-\frac{dm_f}{dt}\mathbf{v}_f = m\mathbf{a}$$

여기서 $\mathbf{a}$는 물체의 질량중심의 가속도이며, dm_f/dt 항은 **질량 유량**(mass flow rate)으로서, 질량이 물체로부터 흘러나오는 비율이다. 이 식을 Newton의 제2법칙과 비교하면 **물체로부터의** 질량 유출은 물체에 힘

$$\mathbf{F}_f = -\frac{dm_f}{dt}\mathbf{v}_f \tag{5.27}$$

를 가한다고 결론을 내릴 수 있다. 이 힘은 질량 유량(dm_f/dt)과 유동의 상대 속도 크기($\mathbf{v}_f$)에 비례하며, 이 힘의 방향은 상대 속도의 방향과 반대이다. 역으로, 물체로 유입되는 질량의 유동은 상대 속도와 같은 방향으로 힘을 가한다.

예제 5.9 질량 유동으로 인한 힘

그림 5.21의 로켓 썰매가 모터가 타버린 후 물 브레이크에 의해 감속되고 있다. 썰매가 정지하게 되는 트랙 사이에는 수로가 있다. 썰매에서 나온 튜브의 열린 끝단이 전방을 향하여 물 속에 잠겨 있으며, 따라서 썰매가 전방으로 움직임에 따라 물이 x축에 평행한 방향으로 튜브에 들어간다. 튜브의 다른 쪽 끝은 위를 향하고 있어서 물은 y축에 평행한 방향으로 흘러 나간다. 만일 v가 썰매 속도라면, 물은 썰매에 대해 속도 v로 튜브에 유입되며 같은 속도로 튜브를 빠져 나간다. 튜브를 통과하는 물의 질량 유량은 ρvA이다. 여기서 $\rho = 1000\ \text{kg/m}^3$은 물의 질량 밀도이며, $A = 0.01\ \text{m}^2$은 튜브의 단면적이다. $v = 300\ \text{m/s}$인 순간, 튜브에 유입되고 유출되는 물의 유동이 썰매에 가하는 힘은 얼마인가?

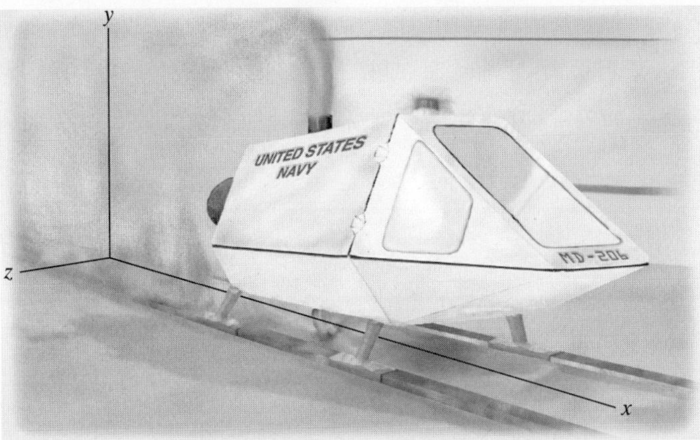

그림 5.21

전략

식 (5.27)을 이용하여, 썰매에 유입되고 유출되는 물의 유동이 가하는 힘을 구할 수 있다.

풀이

썰매에 유입되는 물의 썰매에 대한 상대 속도벡터는 $\mathbf{v}_f = -v\mathbf{i}$이다. 물이 썰매

에 유입되고 있으므로, $dm_f/dt = -\rho vA$이다. 썰매에 가해지는 힘은

$$\mathbf{F}_f = -\frac{dm_f}{dt}\mathbf{v}_f = -(-\rho vA)(-v\,\mathbf{i}) = -\rho v^2 A\mathbf{i}$$

$$= -(1000\ \mathrm{kg/m^3})(300\ \mathrm{m/s})^2(0.01\ \mathrm{m^2})\mathbf{i}$$

$$= -900{,}000\,\mathbf{i}\ (\mathrm{N})$$

이다. 썰매에 유입되는 물은 썰매가 900 kN(202,000 lb)의 제동력을 받게 만든다.

물은 상대 속도 $\mathbf{v}_f = v\mathbf{j}$로 썰매를 떠나며, 질량 유량은 $dm_f/dt = \rho vA$이다. 따라서 썰매에 가해지는 힘은 다음과 같다:

$$\mathbf{F}_f = -\frac{dm_f}{dt}\mathbf{v}_f = -(\rho vA)(v\mathbf{j}) = -\rho v^2 A\mathbf{j}$$

$$= -(1000\ \mathrm{kg/m^3})(300\ \mathrm{m/s})^2(0.01\ \mathrm{m^2})\mathbf{j}$$

$$= -900{,}000\mathbf{j}\ (\mathrm{N})$$

썰매를 떠나는 물은 썰매에 900 kN의 힘을 아래쪽으로 가한다.

| 비판적 사고 |

이 예제가 보여주는 대로, 식 (5.27)의 항의 부호를 결정할 때는 주의가 필요하다. 이 식을 유도할 때, dm_f/dt는 질량이 물체를 떠나는 비율이라고 가정하였다. 만일 질량이 물체에 유입된다면, dm_f/dt는 음의 부호가 된다. $\mathbf{v}_f$항은 물체에 대한 질량 유동의 상대 속도이다. 그림 5.21에 표시한 기준좌표계에 의한 썰매의 속도는 $v\mathbf{i}$이며, 따라서 썰매에 유입되는 물의 썰매에 대한 상대 속도는 $-v\mathbf{i}$이다.

예제 5.10 로켓의 추력

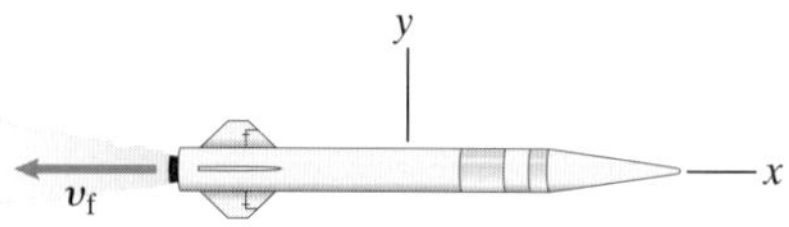

그림 5.22

질량 유동이 일으키는 힘의 전형적인 예는 로켓이다. 그림 5.22의 로켓은 x축에 평행하며 균일하고 일정한 배출 속도 v_f를 갖는다.

(a) 로켓이 배출하는 질량 유동으로 인해 로켓에 가해지는 힘은 얼마인가?

(b) 만일 (a)에서 구한 힘이 로켓에 가해지는 유일한 힘이며 로켓이 정지상태에서 초기 질량 m_0로 출발한다면, 로켓의 속도를 로켓의 질량 m의 함수로 구하라.

| 전략 |

(a) 식 (5.27)로부터 배출 속도와 연료의 질량 유량에 의해 로켓에 가해지는 힘을 구할 수 있다.

(b) Newton의 제2법칙을 이용하여 로켓 속도에 대한 식을 로켓 질량의 함수로

구할 수 있다.

| 풀이 |

(a) 그림 5.22의 좌표계에 의해 배출 속도 벡터는 $\mathbf{v}_f = -v_f\mathbf{i}$이다. 식 (5.27)로부터 로켓에 가해지는 힘은

$$\mathbf{F}_f = -\frac{dm_f}{dt}\mathbf{v}_f = \frac{dm_f}{dt}v_f\mathbf{i}$$

이며, 여기서 dm_f/dt는 로켓 연료의 질량 유량이다. 로켓의 배출로 인해 로켓에 가해지는 힘은 오른쪽을 향하며, 배출의 유동방향과 반대이다.

(b) 로켓에 대한 Newton의 제2법칙은

$$\Sigma F_x = \frac{dm_f}{dt}v_f = m\frac{dv_x}{dt}$$

이며, 여기서 m은 로켓의 질량이다. 연료의 질량 유량은 로켓의 질량이 소비되는 비율이다. 따라서 로켓 질량의 변화율은

$$\frac{dm}{dt} = -\frac{dm_f}{dt}$$

이다. 이 식을 이용하여 Newton의 제2법칙을 다음과 같이 쓸 수 있다:

$$dv_x = -v_f\frac{dm}{m}$$

배출 속도 v_f가 일정하므로, 이 식을 적분하여 로켓의 속도를 로켓 질량의 함수로 구할 수 있다. 즉,

$$\int_0^{v_x} dv_x = -v_f\int_{m_0}^{m}\frac{dm}{m}$$

이며, 따라서 다음 결과를 얻을 수 있다:

$$v_x = v_f \ln\left(\frac{m_0}{m}\right)$$

| 비판적 사고 |

로켓이 얻게 되는 속도는 배출 속도와 소비되는 질량의 양에 의해 결정된다. 따라서 로켓은 자신의 질량을 더 많이 소비함으로써 더 큰 속도를 얻을 수 있다. 그러나 m_0/m의 비율을 10에서 100까지 증가시켜도 속도는 기껏 두 배 정도 증가할 뿐이다. 이에 비해, 배출 속도를 증가시키면 로켓 속도가 이에 비례하여 증가한다. 로켓 엔지니어들은 액체 산소와 액체 수소 같은 연료를 사용하는데, 이것은 이들 연료가 비교적 큰 배출 속도를 만들어 내기 때문이다. 이러한 이유 때문에 전하를 띤 연료 입자들을 큰 속도까지 가속시키기 위해 전자기장(electromagnetic field)을 이용하는 로켓 엔진에 대한 연구도 수행하고 있다.

예제 5.11 질량 유동에 의한 힘

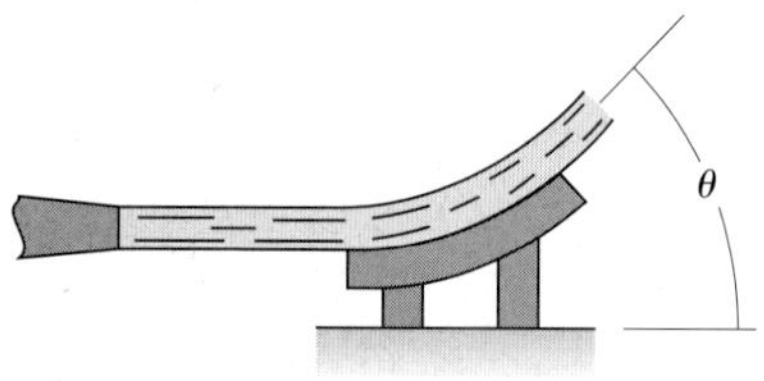

그림 5.23

속도가 v_0이고 질량 유량이 dm_f/dt인 수평 물줄기가 판에 부딪치면서 수평면으로부터 각도 θ만큼 휘어진다(그림 5.23). 물이 판을 떠날 때의 속도 크기를 대략 v_0라고 가정하자. 물에 의해 판에 가해지는 힘은 얼마인가?

전략

판과 접촉하고 있는 물줄기의 일부분을 물체로 취급하고 이 물체에 질량이 흘러들어오고 흘러 나가는 것으로 생각함으로써 판에 가해지는 힘을 구할 수 있다.

풀이

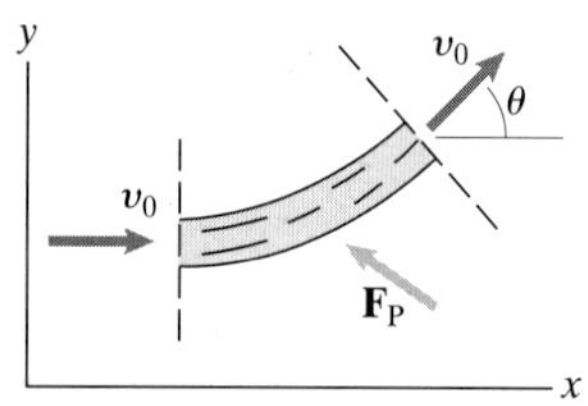

(a) 물줄기의 자유물체도.

판과 접촉하는 물줄기 부분에 대한 자유물체도를 그림 a에 그렸다. 질량 유동이 속도 v_0로 이 "물체"에 흘러들어오고 흘러 나가며, $\mathbf{F}_P$는 판이 물줄기에 가하는 힘이다. 여기서 구하려고 하는 것은 물줄기가 판에 가하는 힘은 $-\mathbf{F}_P$이다. 먼저 흘러 나가는 물줄기를 생각해 보자. 자유물체도를 떠나는 물의 질량 유량은 자유물체도로 유입되는 질량 유량과 같아야 한다. 떠나는 물줄기의 속도는 그림의 좌표계에 의해 다음과 같다:

$$\mathbf{v}_f = v_0 \cos\theta\,\mathbf{i} + v_0 \sin\theta\,\mathbf{j}$$

떠나는 물줄기가 물체에 가하는 힘을 $\mathbf{F}_D$라고 하자. 식 (5.27)로부터,

$$\mathbf{F}_D = -\frac{dm_f}{dt}\mathbf{v}_f = -\frac{dm_f}{dt}(v_0 \cos\theta\,\mathbf{i} + v_0 \sin\theta\,\mathbf{j})$$

이며, 들어오는 물줄기의 속도는 $\mathbf{v}_f = v_0\mathbf{i}$이다. 이 흐름은 물체로부터 나가는 것이 아니라 들어오는 것이므로, 유입되는 물줄기가 물체에 가하는 힘 $\mathbf{F}_E$는 상대속도와 같은 방향이다. 즉,

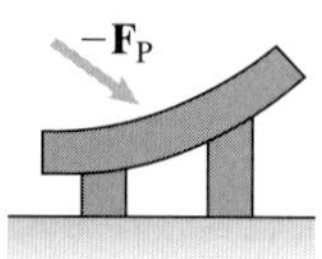

(b) 판에 가해지는 힘.

$$\mathbf{F}_E = \frac{dm_f}{dt}\mathbf{v}_f = \frac{dm_f}{dt}v_0\mathbf{i}$$

이다. 자유물체도에 작용하는 힘들의 합은 0이어야 하므로

$$\mathbf{F}_D + \mathbf{F}_E + \mathbf{F}_P = \mathbf{0}$$

이며, 따라서 물이 판에 가하는 힘은 다음과 같다(그림 b):

$$-\mathbf{F}_P = \mathbf{F}_D + \mathbf{F}_E = \frac{dm_f}{dt}v_0[(1 - \cos\theta)\mathbf{i} - \sin\theta\,\mathbf{j}]$$

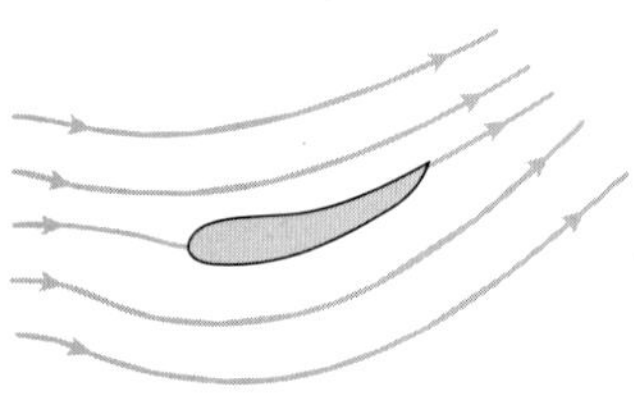

(c) 비행기 날개 주위의 유체 유동 형태.

비판적 사고

이 간단한 예제로부터 터빈 날개와 비행기 날개가 유체나 기체의 유동방향을 바꿈으로써 힘을 만들어내는 방법에 대해 감을 잡을 수 있다(그림 c).

설계예제 5.12 제트엔진

터보 제트엔진에서(그림 5.24), 질량 유량 dm_c/dt의 유입공기가 속도 v_i로 압축기에 들어간다. 공기는 연료와 혼합되어 연소실에서 점화된다. 그 다음, 혼합기체는 터빈을 통과하여 압축기를 구동시킨다. 공기와 연료의 질량 유량의 합인 $dm_c/dt + dm_f/dt$와 같은 질량 유량을 가진 배기가스가 높은 배기 속도 v_e로 배출되며, 엔진에 큰 힘을 가한다. $dm_c/dt = 13.5$ kg/s와 $dm_f/dt = 0.130$ kg/s를 가정하자. 유입공기 속도는 $v_i = 120$ m/s이며, 배기 속도는 $v_e = 480$ m/s이다. 엔진의 추력은 얼마인가?

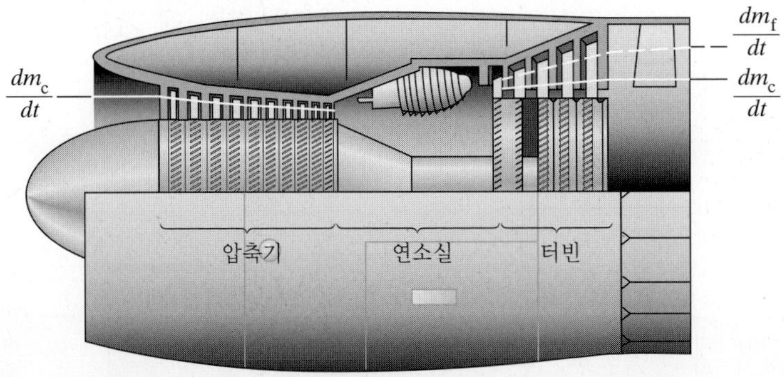

그림 5.24

❙ 전략 ❙

식 (5.27)을 이용하여 엔진의 추력을 구할 수 있다. 최종 추력을 구하기 위해서는 엔진 배기에 의한 힘과 압축기에 유입되는 공기의 질량 유동에 의한 힘을 모두 포함시켜야 한다.

❙ 풀이 ❙

엔진의 배기가스 배출은 연료-공기 혼합기체의 질량 유량과 배기가스의 배기속도를 곱한 크기의 힘을 좌측 방향으로 가한다. 유입공기는 유입공기의 질량 유량과 유입 속도를 곱한 크기의 우측 방향 힘을 가한다. 엔진의 추력(좌측 방향의 최종 추력)은 다음과 같다:

$$T = \left(\frac{dm_c}{dt} + \frac{dm_f}{dt}\right)v_e - \frac{dm_c}{dt}v_i$$

$$= (13.5 + 0.130)(480) - (13.5)(120)$$

$$= 4920 \text{ N}$$

❙ 설계 관점 ❙

제트엔진은 2차 세계대전 직전에 유럽에서 개발되었다. 그림 5.24의 터보 제트엔진은 군사용과 상업용 비행기 두 분야 모두에서 오랫동안 주도적인 역할을 한 성공적인 설계였지만, 연료 소모가 비교적 많다는 결점을 가지고 있다. 지난 30년 동안, 그림 5.25에 나타낸 팬-제트 엔진이 가장 일반적으로 사용된 설계로서 특히 상업용 비행기에서 많이 사용되었다. 추력의 일부는 팬이 가속시킨 공기에 의해 얻어진다. 팬에 유입되는 공기의 질량 유량 dm_b/dt를 압축기에 유입되는 공기의 질량 유량 dm_c/dt로 나눈 비율을 바이패스 비(bypass ratio)라고 한다.

제트엔진의 배기에 의해 가해지는 힘은 질량 유량과 배기 속도를 곱한 값과 같다. 팬-제트 엔진에서 팬을 통과하는 공기는 연료의 연소에 의해 가열되지 않으므로 터보 제트엔진의 배기가스보다 밀도가 더 높다. 이 결과, 팬-제트 엔진은 더 낮은 평균 배기 속도로도 주어진 추력을 제공할 수 있다. 추력을 만들기 위해 소비되어야 하는 일은 배기가스의 운동에너지에 좌우되므로, 팬-제트 엔진이 더 효과적으로 추력을 만든다.

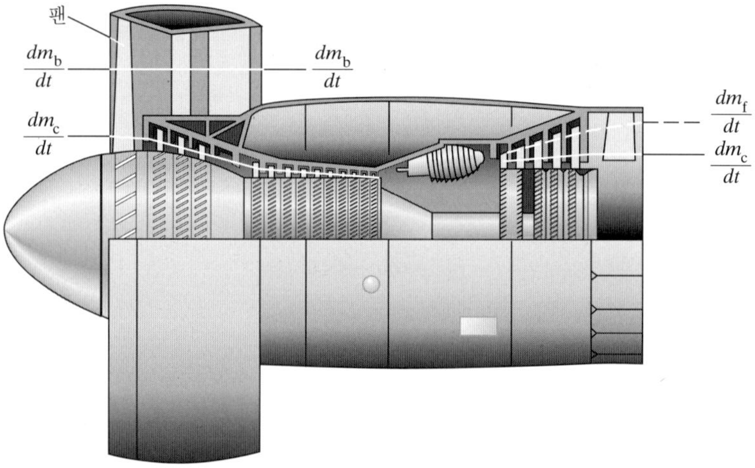

그림 5.25
팬-제트 엔진. 유입된 공기의 질량 유동 중 일부는 팬에 의해 가속되며 압축기로 들어가지 않는다.

연습문제

5.99 Cheverton 소방 및 해난 구조용 보트는 두 개의 펌프로부터 각각 3.8 kg/s의 물을 44 m/s의 속도로 뿜어낼 수 있다. 만일 두 펌프가 같은 방향을 향한다면, 두 펌프가 보트에 가하는 합력은 얼마인가?

문제 5.99

5.100 노즐로부터 분사되는 질량 유량은 23.3 kg/s이다. 물의 분사가 트럭에 가하는 수평력의 크기를 구하라.

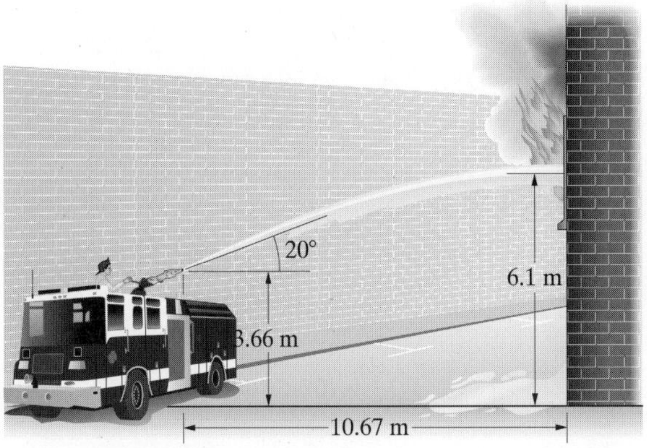

문제 5.100

5.101 프론트-엔드 로더(front-end loader)가 철광석을 퍼내며 3.2 km/h의 일정한 속도로 움직이고 있다. 하중에 의해 로더에 가해지는 일정한 수평력은 1780 N이다. 3초 동안 퍼낸 철광석의 무게는 얼마인가?

문제 5.101

5.102 눈 청소차량이 1 m/s로 이동하면서 750 kg/s의 눈을 퍼낸다. 흡입되는 눈의 유동이 가하는 힘을 구하라.

5.103 눈 청소차량이 750 kg/s의 눈을 퍼낸다. 지면 위 2 m 높이에 있는 배출구로부터 수평선 위 45° 방향으로 눈을 배출시키며 눈은 20 m 떨어진 곳에 떨어진다. 눈의 배출이 눈 청소차량에 가하는 수평력은 얼마인가?

문제 5.102/5.103

5.104 노즐이 30 kg/s의 질량 유량으로 40 m/s의 속도로 물줄기를 수평으로 분사하며, 물줄기는 판에 의해 수평면상에서 휘어진다. 다음 (a), (b), (c)의 각 경우에 물줄기가 판에 가하는 힘을 구하라.

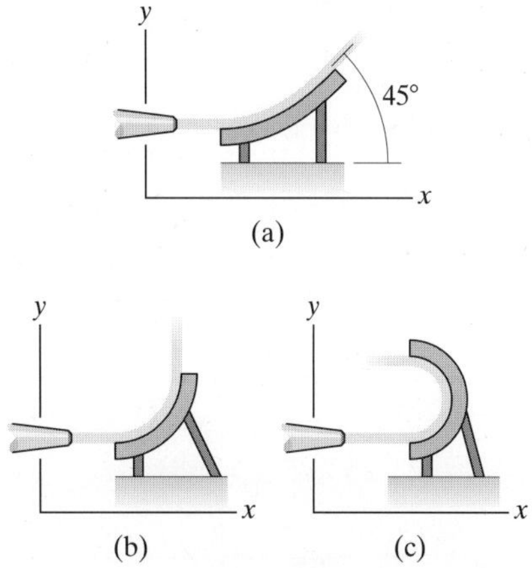

문제 5.104

5.105* 속도가 80**i** (m/s)이고 질량 유량이 6 kg/s인 물줄기가 일정한 속도 20**i** (m/s)로 움직이는 터빈 날개에 부딪친다.

(a) 물이 날개에 가하는 힘은 얼마인가?

(b) 물이 날개를 떠날 때, 물의 속도 크기는 얼마인가?

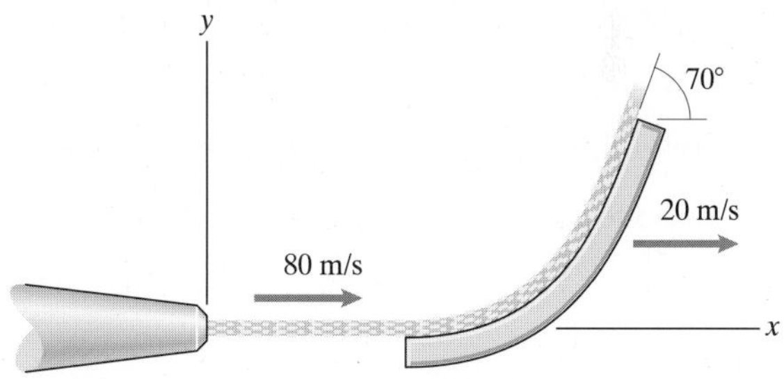

문제 5.105

5.106 그림에 보이는 순간에서, 잔디 스프링클러의 노즐 A가 (0.1, 0, 0) m의 위치에 있다. 물이 0.22 kg/s의 질량 유량으로 각 노즐에 대해 8 m/s의 상대 속도로 분사된다. 그림의 순간에서, A의 노즐에 대한 유동은 단위벡터

$$\mathbf{e} = \frac{1}{\sqrt{3}}\mathbf{i} - \frac{1}{\sqrt{3}}\mathbf{j} + \frac{1}{\sqrt{3}}\mathbf{k}$$

의 방향이다. 네 개의 노즐에서의 분사로 인해 스프링클러에 가해지는 z축에 대한 총 모멘트는 얼마인가?

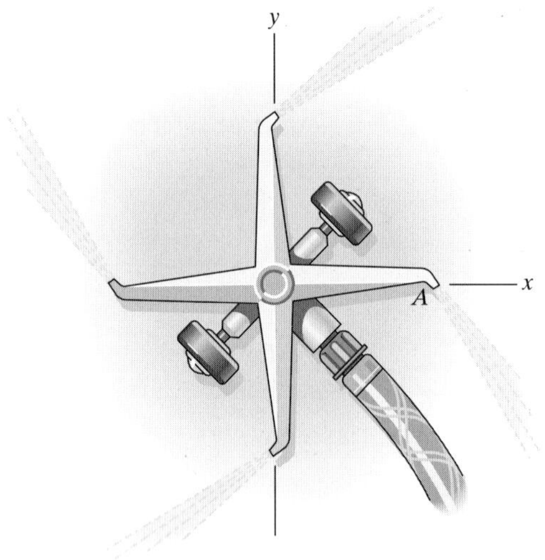

문제 5.106

5.107 45 kg/s로 흘러가는 자갈이 2 m/s의 속도로 경사로(chute)에서 나와 0.3 m/s의 속도로 움직이는 컨베이어 위에 떨어진다. $\theta = 0$인 경우에 대해, 자갈의 흐름이 컨베이어에 가하는 힘의 성분들을 구하라.

5.108 문제 5.107에서 $\theta = 30°$인 경우에 대해 문제를 풀어라.

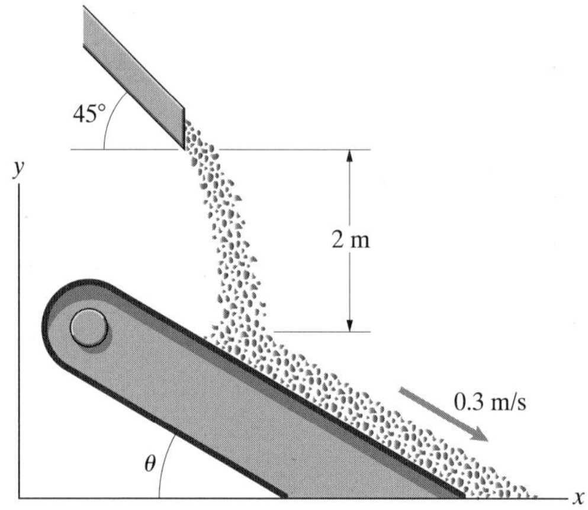

문제 5.107/5.108

5.109 장난감 자동차에 내장된 물탱크로부터 차에 대해 3.05 m/s의 상대 속도로 분사되는 물에 의해 추진되는 자동차를 설계하고 있다고 가정하자. 자동차와 물 "연료"의 총 무게는 8.9 N이다. 만일 자동차가 3.66 m/s의 최고 속도를 얻게 하려면, 총 무게에 대한 물의 비율은 얼마가 되어야 하는가?

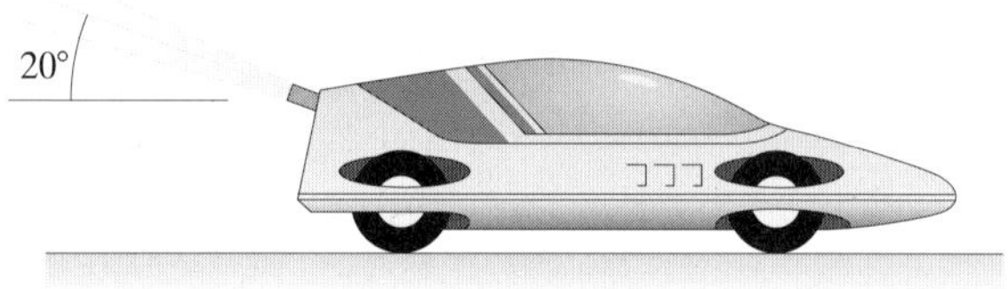

문제 5.109

5.110 로켓은 1000 kg의 탄두(payload)와 9000 kg의 추진로켓(booster)으로 구성되어 있다. 추진로켓의 질량의 80%는 연료이며, 로켓의 분사 속도는 1200 m/s이다. 로켓이 정지상태에서 출발하며 외력을 무시한다면, 로켓이 도달하게 되는 속도는 얼마인가?

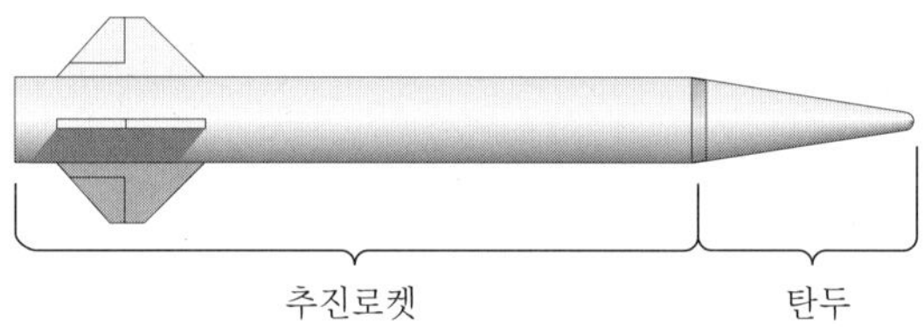

문제 5.110

5.111* 로켓이 1000 kg의 탄두(payload)와 추진로켓(booster)으로 구성되어 있다. 추진로켓은 2단계로 되어 있으며 총 질량은 9000 kg이다. 각 단계의 질량의 80%는 연료이며, 각 단계의 배기 속도는 1200 m/s이다. 1단계의 연료가 다 소모되면, 1단계는 제거되며, 2단계의 모터가 점화된다. 로켓이 정지상태에서 출발하며 외력들은 무시한다고 가정한다. 각 단계의 질량이 $m_1 = 6000$ kg과 $m_2 = 3000$ kg이라면, 로켓이 도달하게 되는 속도는 얼마인가? 이 결과를 문제 5.110의 답과 비교하라.

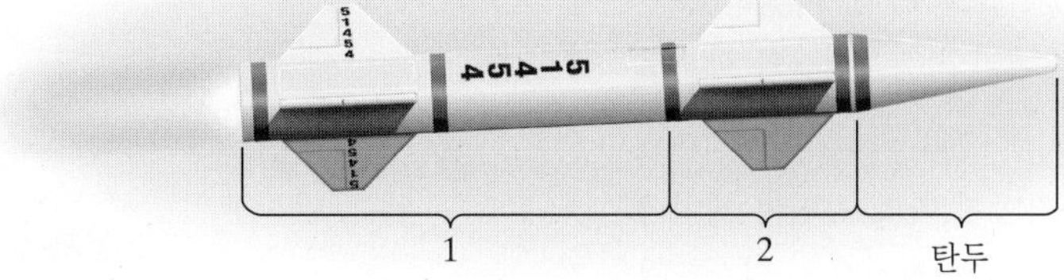

문제 5.111

5.112 초기 질량 m_0의 로켓이 수직으로 발사된다. 로켓의 분사 속도 v_f와 엔진의 질량 유량 $\dot{m}_f = dm_f/dt$는 일정하다. 공기역학적 항력을 무시할 때 초기 비행에서, 로켓의 상승 속도는 시간의 함수로 다음과 같음을 보여라:

$$v = v_f \ln\left(\frac{m_0}{m_0 - \dot{m}_f t}\right) - gt$$

문제 5.112

5.113 예제 5.9에서, 로켓 썰매의 질량이 440 kg이다. 썰매가 움직이는 방향으로 썰매에 작용하는 힘으로서 운동에 영향을 줄 수 있는 유일한 힘은 썰매에 유입되는 물의 유동이 가하는 힘이라고 가정하면, 썰매가 300 m/s에서 100 m/s로 감속하는 데 필요한 거리는 얼마인가?

5.114* 무게가 43.8 N/m인 체인의 끝을 붙잡고 0.61 m/s의 일정한 속력으로 바닥에서 똑바로 들어올린다고 가정하자.

(a) 체인을 들어올리는 힘 F를 높이 s의 함수로 구하라.

(b) 체인의 끝을 $s = 1.22$ m까지 들어올리는 데 한 일의 양은 얼마인가?

전략: 위로 올려진 체인 부분을 질량이 증가하는 하나의 물체로 취급한다.

5.115* 체인 끝을 0.61 m/s^{2}의 일정한 가속도로 바닥에서 들어올린다고 가정하여 문제 5.114를 풀어라.

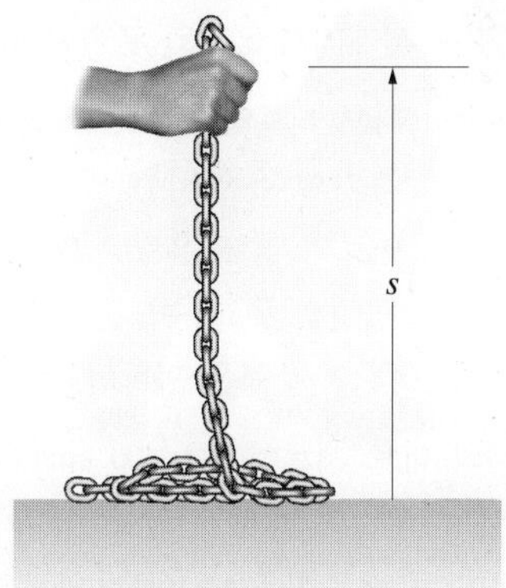

문제 5.114/5.115

5.116* 활주로 끝을 지나쳐서 달리는 비행기를 서서히 정지시킬 수 있는 방안으로 무거운 체인을 사용하자는 제안이 대두되었다. 체인 끝에 달린 갈고리가 비행기의 앞바퀴에 걸리게 되며, 비행기가 굴러감에 따라 비행기가 끌고 가는 체인의 길이는 점점 더 길어지게 된다. 비행기의 질량을 m, 비행기의 초기 속도를 v_0라고 하고, 체인의 단위 길이당 질량을 ρ_L이라고 하자. 마찰과 공기역학적 항력을 무시할 때, 비행기의 속도를 s의 함수로 구하라.

5.117* 문제 5.116에서, 거리 s가 증가함에 따라 지면이 체인에 가하는 마찰력이 다른 힘들보다 실질적으로 더 클 것이다. 체인과 지면 사이의 동마찰계수를 μ_k라고 하고 마찰력을 제외한 모든 힘들을 무시한다면, 비행기의 속도는 s의 함수로 얼마인가?

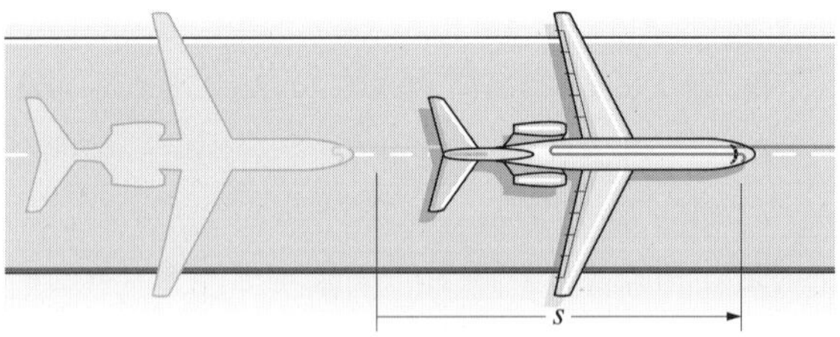

문제 5.116/5.117

설계 문제

문제 5.118~5.122는 설계예제 5.12와 관련된다.

5.118 그림 5.24에서 터보 제트엔진이 시험 설비 위에서 작동되고 있다. 압축기에 유입되는 공기의 질량 유량이 13.5 kg/s이며, 연료의 질량 유량은 0.13 kg/s이다. 압축기에 유입되는 공기의 유효 속도는 0이며, 배기 속도는 500 m/s이다. 엔진의 추력은 얼마인가?

5.119 그림 5.24의 터보 제트엔진은 400 km/h의 속도로 비행하고 있는 비행기의 엔진과 같다. 압축기에 유입되는 공기의 질량 유량은 13.5 kg/s이며, 연료의 질량 유량은 0.13 kg/s이다. 엔진 입구에 유입되는 공기의 유효 속도는 비행기의 속도와 같으며, (비행기에 대한) 배기 속도는 500 m/s이다. 엔진의 추력은 얼마인가?

5.120 터보 제트엔진의 역추력 장치(thrust reverser)는 엔진 중심선으로부터 20° 각도로 배기가스를 엔진으로부터 배출시킨다. 압축기에 유입되는 공기의 질량 유량은 44 kg/s이며, 공기의 유입 속도는 60 m/s이다. 연료의 질량 유량은 1.5 kg/s이며, 배기 속도는 370 m/s이다. 엔진이 비행기에 가하는 제동력은 얼마인가?

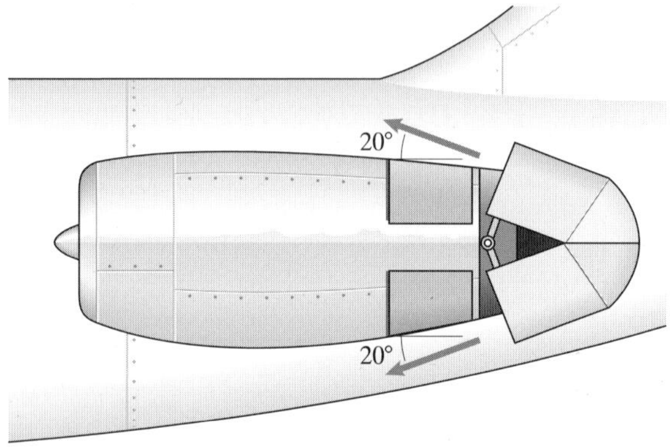

문제 5.120

5.121 13,600 kg의 비행기가 400 km/h의 속도로 움직이고 있다. 비행기의 터보 제트엔진의 압축기에 유입되는 공기의 질량 유량은 280 kg/s이며, 연료의 전체 질량 유량은 2.6 kg/s이다. 압축기에 유입되는 공기의 유효 속도는 비행기의 속도와 같으며, 배기 속도는 480 m/s이다. 양력(lift force) L의 항력 D에 대한 비는 6이며, 비행기 가속도의 z축 성분은 0이다. 비행기 가속도의 x축 방향 성분은 얼마인가?

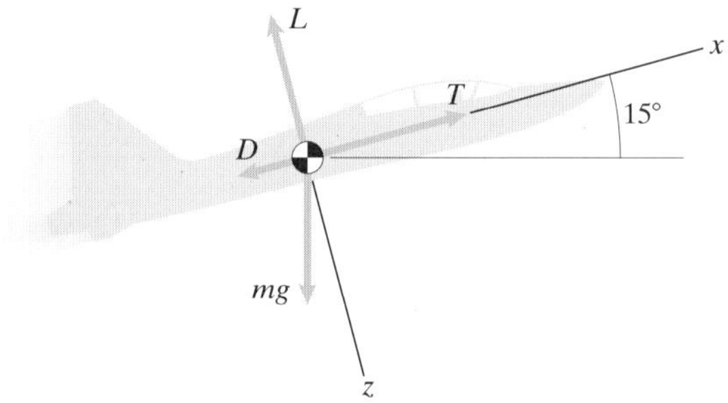

문제 5.121

5.122 그림 5.25의 팬-제트 엔진은 보잉 747의 초기 모델들에서 사용된 Pratt & Whitney JT9D-3A 엔진과 유사하다. 비행기가 이륙 주행을 시작할 때, 압축기와 팬에 유입되는 공기의 속도는 무시할 수 있다. 공기가 팬에 561.7 kg/s의 질량 유량으로 유입되어 270 m/s까지 가속되며, 112.3 kg/s의 질량 유량으로 압축기에 들어간다. 연료의 질량 유량은 3.36 kg/s이며, 배기 속도는 362.7 m/s이다.

(a) 바이패스 비(bypass ratio)는 얼마인가?

(b) 엔진의 추력은 얼마인가?

(c) 비행기의 무게가 2224 kN이라면, 비행기의 초기 가속도는 얼마인가? (이 비행기는 네 개의 엔진을 가지고 있다.)

요약

충격량과 운동량의 원리

어떤 시간 동안 물체에 가해진 선형충격량은 물체의 선형운동량의 변화와 같다. 즉,

$$\int_{t_1}^{t_2} \Sigma\mathbf{F}\, dt = m\mathbf{v}_2 - m\mathbf{v}_1 \tag{5.1}$$

이며, 이 결과는 다음과 같이 합력의 시간에 대한 평균값으로도 나타낼 수 있다:

$$(t_2 - t_1)\Sigma\mathbf{F}_{\text{av}} = m\mathbf{v}_2 - m\mathbf{v}_1 \tag{5.2}$$

충격량과 운동량의 원리는 물체의 경로 상에서의 합력의 접선방향 성분과 선형운동량에 의해 나타낼 수도 있다. 즉,

$$\int_{t_1}^{t_2} \Sigma F_t\, dt = mv_2 - mv_1 \tag{5.3}$$

이다. 접선방향 합력 성분의 시간에 대한 평균값은 경로 상에서의 선형운동량 변화와 다음 관계가 있다:

$$(t_2 - t_1)\Sigma F_{t\,\text{av}} = mv_2 - mv_1 \tag{5.4}$$

선형운동량의 보존

만일 물체 A와 B가 서로에게 가하는 힘 외에는 다른 외력을 받지 않는다면 (또는 다른 외력의 효과를 무시할 수 있다면), 두 물체의 전체 선형운동량은 보존된다. 즉,

$$m_A\mathbf{v}_A + m_B\mathbf{v}_B = \text{constant} \tag{5.6}$$

이며, 또한 A와 B의 공통 질량중심의 속도는 일정하다.

충돌

충돌하는 물체들이 외력을 받지 않는다면, 이들의 전체 선형운동량은 충돌 전과 후가 같아야 한다. 충돌하는 물체들이 외력을 받는 경우에도 충돌에 의한 힘이 매우 큰 경우가 많고, 충돌 지속시간이 매우 짧아서, 충돌하는 동안 외력들이 물체들의 운동에 미치는 영향은 무시할 수 있다.

만일 물체 A와 B가 충돌 후 서로 붙은 채로 있다면, 두 물체는 **완전 소성충돌**(perfectly plastic impact)을 한다고 한다. 두 물체의 충돌 전과 후의 공통 질량중심의 속도는 다음 식으로 주어진다:

$$\mathbf{v} = \frac{m_A\mathbf{v}_A + m_B\mathbf{v}_B}{m_A + m_B} \tag{5.9}$$

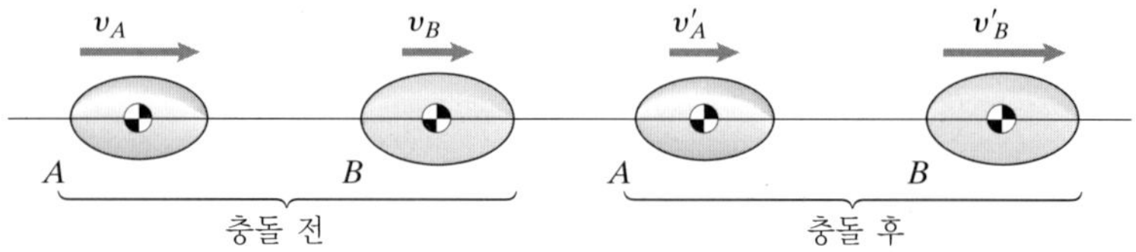

(a)

중심충돌

정면 중심충돌(direct central impact)에서(그림 a), 선형운동량은 보존된다. 즉,

$$m_A v_A + m_B v_B = m_A v'_A + m_B v'_B \tag{5.10}$$

이며, 두 물체의 속도는 반발계수(coefficient of restitution)와 다음 관계가 있다:

$$e = \frac{v'_B - v'_A}{v_A - v_B} \tag{5.16}$$

만일 $e = 0$이면, 충돌은 완전 소성이다. 만일 $e = 1$이면, 전체 운동에너지는 보존되며 충돌은 완전 탄성(plastic elastic)이라고 한다.

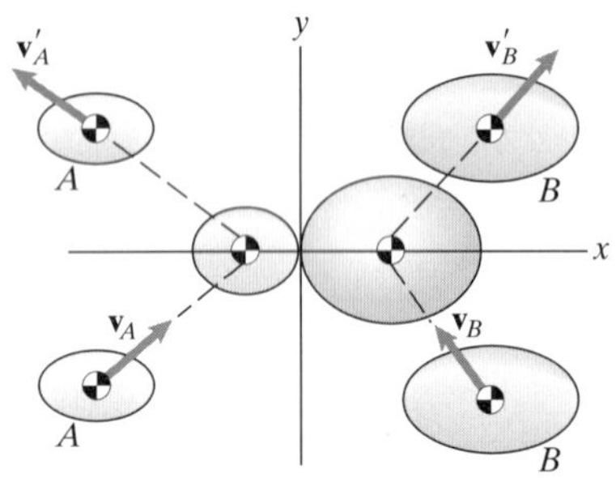

(b)

경사 중심충돌(oblique central impact)에서(그림 b), y축과 z축 방향의 속도 성분들은 충돌에 의해 변하지 않으므로

$$(\mathbf{v}'_A)_y = (\mathbf{v}_A)_y, \qquad (\mathbf{v}'_B)_y = (\mathbf{v}_B)_y$$

$$(\mathbf{v}'_A)_z = (\mathbf{v}_A)_z, \qquad (\mathbf{v}'_B)_z = (\mathbf{v}_B)_z \tag{5.17}$$

이다. x축 방향의 선형운동량은 보존되므로

$$m_A(\mathbf{v}_A)_x + m_B(\mathbf{v}_B)_x = m_A(\mathbf{v}'_A)_x + m_B(\mathbf{v}'_B)_x \tag{5.18}$$

이며, 속도 성분들은 반발계수와 다음 관계식을 만족한다:

$$e = \frac{(\mathbf{v}'_B)_x - (\mathbf{v}'_A)_x}{(\mathbf{v}_A)_x - (\mathbf{v}_B)_x} \tag{5.19}$$

각충격량과 각운동량의 원리

어떤 시간 구간 동안 물체에 가해진 고정점 O에 대한 각충격량은 O에 대한 각운동량의 변화와 같다. 즉,

$$\int_{t_1}^{t_2} (\mathbf{r} \times \Sigma\mathbf{F})\, dt = (\mathbf{H}_O)_2 - (\mathbf{H}_O)_1 \tag{5.23}$$

이다. 여기서 각운동량은

$$\mathbf{H}_O = \mathbf{r} \times m\mathbf{v} \tag{5.22}$$

이다.

중심력 운동

물체에 작용하는 합력이 항상 고정된 한 점을 향한다면, 이 물체는 **중심력 운동**(central-force motion)을 한다고 하며, 고정점에 대한 이 물체의 각운동량은 보존된다. 즉,

$$\mathbf{H}_O = \text{constant} \tag{5.24}$$

이다. 평면 중심력 운동에서, 반경방향의 거리와 횡방향 속도 성분의 곱은 일정하다. 즉, 다음과 같다:

$$rv_\theta = \text{constant} \tag{5.25}$$

질량 유동

물체로부터의 질량 유동(mass flow)이 물체에 대해 상대 속도 $\mathbf{v}_\mathrm{f}$로 일어나면, 이 질량 유동은 물체에 힘

$$\mathbf{F}_\mathrm{f} = -\frac{dm_\mathrm{f}}{dt}\mathbf{v}_\mathrm{f} \tag{5.27}$$

를 가한다. 여기서 dm_f/dt는 **질량 유량**(mass flow rate)이다. 힘의 방향은 상대 속도의 방향과 반대이다. 물체로 유입되는 질량 유동은 상대 속도와 같은 방향으로 힘을 가한다.

복습문제

5.123 10 kg의 물체에 가해지는 전체 외력이 $90\mathbf{i} - 60\mathbf{j} + 20\mathbf{k}$ (N)으로 일정하다. $t = 2$ s에서 물체의 속도는 $-8\mathbf{i} + 6\mathbf{j}$ (m/s)이다.

(a) $t = 2$ s에서 $t = 4$ s까지 물체에 가해진 충격량은 얼마인가?

(b) $t = 4$ s에서 물체의 속도는 얼마인가?

5.124 물체에 가해지는 전체 외력이 $\mathbf{F} = 10t\mathbf{i} + 60\mathbf{j}$ (N)이다. $t = 0$에서 물체의 속도가 $\mathbf{v} = 20\mathbf{j}$ (m/s)이다. $t = 12$ s에서 물체 속도의 x축 성분은 48 m/s이다.

(a) $t = 0$에서 $t = 6$ s까지 물체에 가해진 충격량은 얼마인가?

(b) $t = 6$ s에서 물체의 속도는 얼마인가?

5.125 비행기 비상 제동 시스템은 비행기의 제동장치가 고장났을 때 비행기를 멈추는 데 사용된다. 이 시스템은 80 m/s로 움직이는 47,500 kg의 비행기를 9.15초만에 멈추게 한다.

(a) 9.15초 동안 비행기에 가해진 충격량은 얼마인가?

(b) 승객이 받는 평균 감속도는 얼마인가?

문제 5.125

5.126 1895 오스트리아의 150 mm 곡사포는 1.94 m 길이의 포신과 300 m/s의 포구 속도를 가졌으며, 38 kg의 포탄을 발사하였다. 만일 포탄이 포신(barrel) 속을 지나가는 데 0.013초가 걸렸다면, 포탄에 가해진 평균 힘은 얼마인가?

5.127 한 운동선수가 71.2 N 무게의 포환을 던진다. 포환이 손에서 떠날 때 포환의 높이는 지면에서 2.13 m이며, 포환의 속도 성분은 $v_x = 9.45$ m/s, $v_y = 7.92$ m/s이다.

(a) 이 운동선수가 0.8초 동안 정지상태로부터 포환을 가속시킨다고 가정하며, 대략적인 계산을 위해 선수가 포환에 가하는 힘 **F**가 일정하다고 가정하자. 충격량과 운동량의 원리를 이용하여 **F**의 x, y 성분을 구하라.

(b) 이 선수가 포환을 던진 지점으로부터 포환이 땅에 떨어진 지점까지의 수평거리는 얼마인가?

문제 5.127

5.128 12.2 m/s의 속도로 움직이는 26,688 N의 픽업트럭 A가 9.1 m/s의 속도로 움직이는 17,792 N의 자동차 B와 충돌한다.

(a) 충돌 후 두 차의 공통 질량중심의 속도 크기는 얼마인가?

(b) 이 충돌을 완전 소성충돌로 취급하라. 손실되는 운동에너지는 얼마인가?

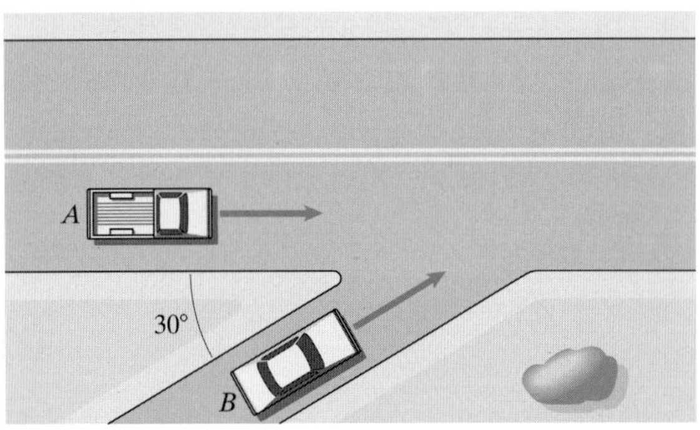

문제 5.128

5.129 $x = 0$, $y = 0$의 위치에 있는 퍽을 향해 접근하던 두 하키선수($m_A = 80$ kg, $m_B = 90$ kg)가 뒤엉켜 넘어졌다. 충돌 전 두 선수의 속도는 각각 $v_A = 9\mathbf{i} + 4\mathbf{j}$ (m/s), $v_B = -3\mathbf{i} + 6\mathbf{j}$ (m/s)이다. 두 선수와 얼음 사이의 동마찰계수가 $\mu_k = 0.1$이라면, 두 선수가 미끄러짐을 멈추는 위치는 대략 어느 지점인가?

문제 5.129

5.130 대포의 무게는 1780 N이며, 44.5 N의 포탄을 발사하고 총구의 속도는 61 m/s이다. 그림에 나타낸 10°의 발사각에 대해 다음을 구하라: (a) 포탄을 발사한 후 대포의 속도; (b) 포탄이 날아간 거리. (항력은 무시한다.)

문제 5.130

5.131 12 m/s의 수평 속도로 날아가던 1 kg의 공이 10 kg의 블록을 때린다. 충돌 반발계수는 $e = 0.6$이며, 블록과 경사면 사이의 동마찰계수는 $\mu_k = 0.4$이다. 블록이 멈추기 전까지 미끄러진 거리는 얼마인가?

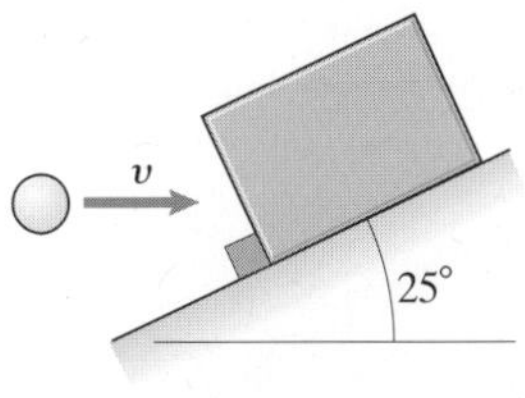

문제 5.131

5.132 평화 봉사단 대원이 벽지에서 우물을 파기 위해 그림과 같은 간단한 장치를 설계하였다. 콘크리트로 일부 채운 강철 드럼통이나 통나무와 같은, 70 kg의 "해머"를 $h = 1$ m까지 끌어올렸다가 파이프에 끼워진 보호 캡 위에 낙하시켜 파이프가 땅 속에 박히게 한다. 캡과 파이프의 전체 질량은 20 kg이다. 반발계수는 거의 0이라고 가정한다.

(a) 충돌 직후 캡과 파이프의 속도는 얼마인가?

(b) 해머가 떨어졌을 때 파이프가 밑으로 30 mm 내려갔다면, 땅이 파이프에 가한 저항력은 얼마인가? (파이프가 내려가는 동안 저항력은 일정하다고 가정한다.)

문제 5.132

5.133 밧줄로 서로 연결되어 있는 예인선(질량 = 40,000 kg)과 바지선(질량 = 160,000 kg)이 정지해 있으며, 밧줄은 느슨한 상태로 있다. 예인선이 가속하여 2 노트(1 knot = 1852 m/h)가 될 때 줄이 팽팽해졌다. (a) "(팽팽해질 때의) 충격"이 완전 소성인 경우($e = 0$)와 (b) "충격"이 완전 탄성인 경우($e = 1$)에 대해 줄이 팽팽해진 직후의 예인선과 바지선의 속도를 각각 구하라. 물과 예인선의 엔진이 가하는 힘들은 무시한다.

5.134 문제 5.133에서, 만일 "충격" 지속시간이 4초라면, 두 경우에 대해 예인선에 가해진 충격력의 크기를 구하라. 이 시간 동안 물과 예인선의 엔진이 가한 힘들은 무시한다.

문제 5.133/5.134

5.135 10 kg의 질량 A가 정지상태의 10 kg 질량 B로부터 1 m 떨어진 지점을 지날 때 속도가 5 m/s이다. 바닥과 두 질량 사이의 동마찰계수는 $\mu_k = 0.6$이며, 충돌 반발계수는 $e = 0.5$이다. 충돌 결과, B가 초기 위치로부터 이동한 거리를 구하라.

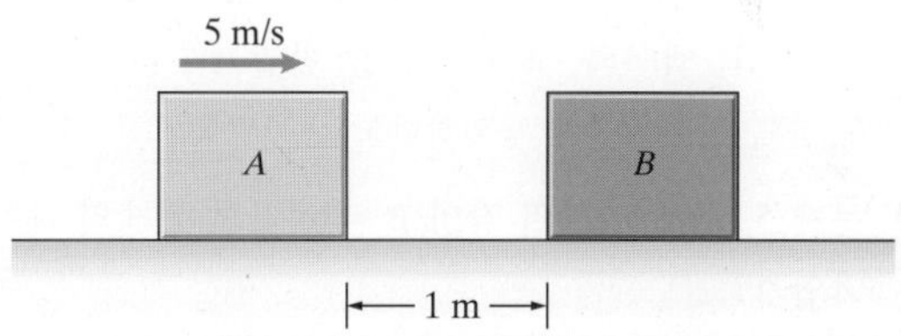

문제 5.135

5.136 5 kg의 나무상자 A, B와 경사면 사이의 동마찰계수는 각각 0.1과 0.4이다. 두 나무상자 사이의 반발계수는 $e = 0.8$이다. 만일 나무상자들이 그림의 위치에서 정지 상태에서 놓인다면, 서로 충돌한 직후 두 상자의 속도 크기를 각각 구하라.

5.137 문제 5.136에서, 그림의 위치에서 상자 A가 경사면을 따라 0.2 m/s의 속도로 내려가고 있으며 상자 B는 정지해 있다고 가정하고 문제 5.136을 풀어라.

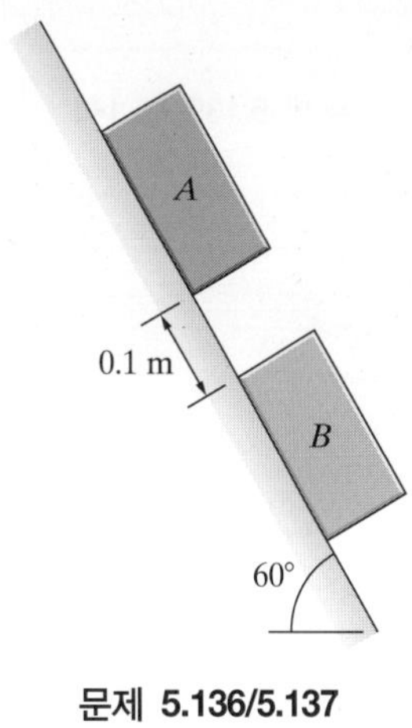

문제 5.136/5.137

5.138 작은 물체가 A에서 정지상태에서 매끄러운 경사면을 미끄러져 내려온다. 바닥과의 충돌 반발계수는 $e = 0.8$이다. A가 벽에 부딪치는 높이는 바닥으로부터 얼마인가?

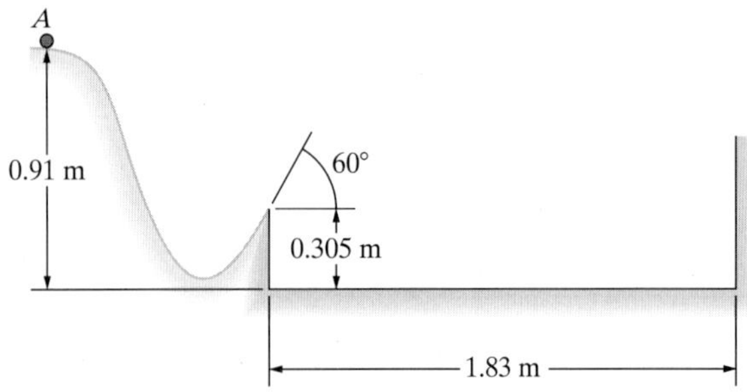

문제 5.138

5.139 큐(cue)가 백구(cue ball) A에 3 m/s 크기의 속도를 가한다. 각은 $\beta = 0$이며 백구와 8번 공 B의 충돌 반발계수는 $e = 1$이다. 만일 충돌 후 8번 공의 속도 크기가 0.9 m/s라면, 백구와 쿠션의 충돌 반발계수는 얼마인가? (공들의 질량은 모두 동일하다.)

5.140 문제 5.139에서 만일 각이 $\beta = 10°$라면 문제의 해는 얼마인가?

5.141 문제 5.139에서 각을 $\beta = 15°$라 하고 두 공 사이의 충돌 반발계수를 $e = 0.9$로 가정하여 문제의 해를 구하라.

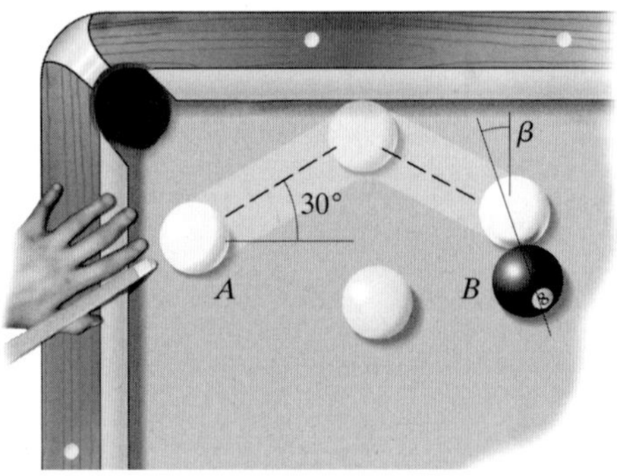

문제 5.139 – 5.141

5.142 매끄러운 바닥 위 2 m 높이에서 3 m/s의 수평 속도로 공을 던진다. 만일 반발계수가 $e = 0.6$이라면, 첫 번째 튀어오르는 지점과 두 번째 튀어오르는 지점 사이의 거리 D를 구하라.

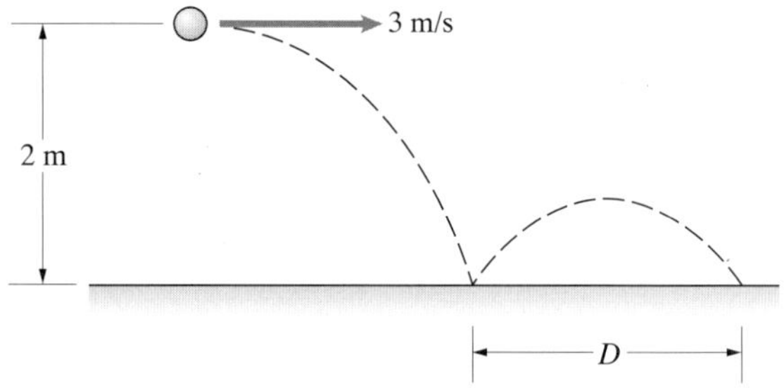

문제 5.142

5.143* 1.22 m의 높이에서 바닥에 떨어진 농구공은 0.91 m 높이까지 튀어오른다. 그림의 레이업 슛에서, 공의 속도 크기는 1.52 m/s이며, 공이 백보드를 맞추기 직전의 공의 속도벡터와 양의 좌표축들과의 사이 각은 $\theta_x = 42°$, $\theta_y = 68°$, $\theta_z = 124°$이다. 공이 백보드를 친 직후 공의 속도 크기는 얼마이며, 속도 벡터와 양의 좌표축들과의 사이 각은 얼마인가?

5.144* 문제 5.143에서, 농구공의 직경은 241.3 mm이며, 골 그물 테(rim)의 중심좌표는 $x = 0$, $y = 0$, $z = 305$ mm이고, 백보드는 x–y 평면 상에 놓여 있다. 공의 중심이 골 그물 테의 중심을 통과하도록 하기 위해 공이 맞춰야 할 백보드의 지점을 x, y 좌표로 구하라.

문제 5.143/5.144

5.145 지구중심으로부터 $r_0 = 16{,}090$ km에 있는 인공위성에 그림과 같은 방향으로 초기 속도 $v_0 = 6096$ m/s가 주어진다. $r = 32{,}180$ km일 때, 위성의 횡방향 속도 성분의 크기를 구하라. (지구의 반경은 6372 km이다.)

5.146 문제 5.145에서, $r = 24{,}135$ km일 때, 인공위성의 반경방향 및 횡방향 속도 성분의 크기를 구하라.

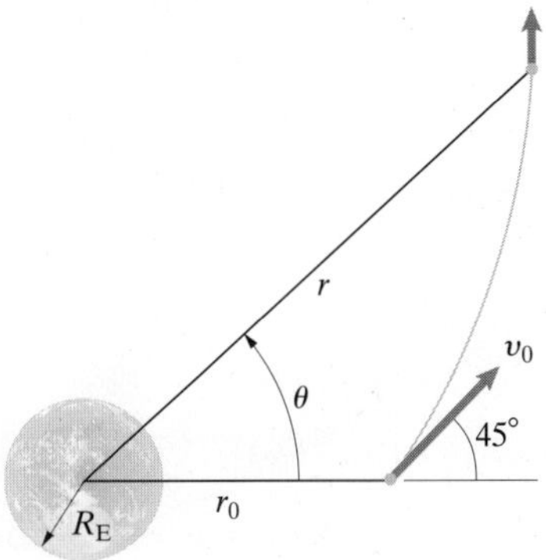

문제 5.145/5.146

5.147 눈 깊이가 0.61 m이며 눈의 무게가 3142 N/m^{3}이다. 제설기(snowplow)의 폭은 2.44 m이며 트럭은 8 km/h의 속도로 움직이고 있다. 눈이 트럭에 가하는 힘은 얼마인가?

문제 5.147

5.148 직경이 0.91 m인 244.6 N의 빈 드럼통이 저울 위에 놓여 있다. 드럼통 바닥으로부터 2.44 m의 높이에서 5338 N/min의 비율로 드럼에 물을 붓기 시작한다. 물의 비중은 약 9802 N/m^{3}이다. 물을 붓기 시작한지 40초가 지난 후 저울의 눈금은 얼마인가?

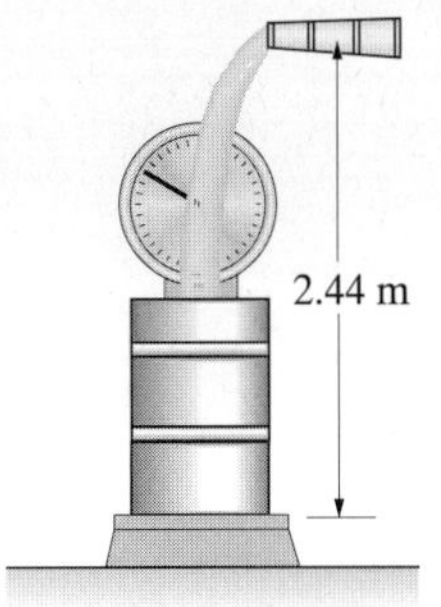

문제 5.148

5.149 스키 보트의 제트 추진 시스템은 A에서 물을 끌어들여 B에서 보트에 대해 24.4 m/s의 상대 속도로 내뿜는다. 유입되는 물은 주위 물에 대해 수평 속도를 갖지 않는다고 가정한다. 엔진을 통과하는 물의 최대 질량 유량은 36.5 kg/s이다. 유체역학적 항력이 $1.5v$ N 크기의 힘을 보트에 가한다. 여기서 v는 m/s 단위의 보트 속도이다. 공기역학적 항력을 무시한다면, 스키 보트의 최대 속도는 얼마가 되겠는가?

5.150 문제 5.149에서 스키 보트의 무게는 12,454 N이다. 엔진을 통과하는 물의 질량 유량은 36 kg/s이며, $t = 0$에서 정지상태로부터 출발한다. (a) $t = 20$ s일 때와 (b) $t = 60$ s일 때 보트의 속도를 구하라.

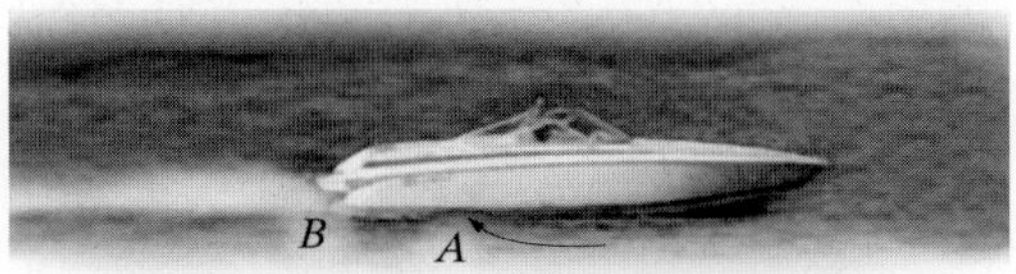

문제 5.149/16.150

5.151* 질량 m의 나무상자가 정지상태의 체인 더미로부터 체인을 끌고 매끄러운 바닥을 미끄러져 가고 있다. 체인의 단위 길이당 질량은 ρ_L이다. 나무상자의 속도가 $s = 0$에서 v_0라면, 상자의 속도는 s의 함수로 얼마인가?

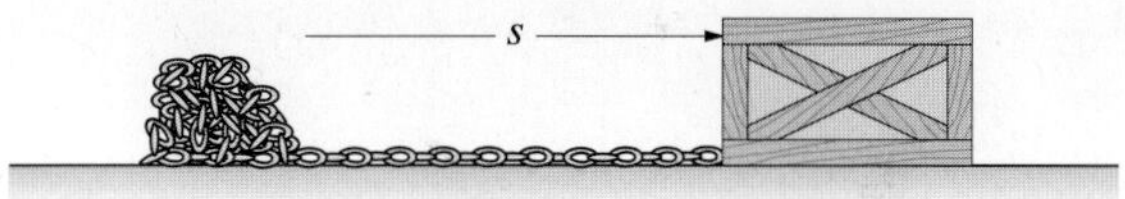

문제 5.151

설계 프로젝트

세 종류의 공, 즉 (a) 탁구공, (b) 테니스공, (c) 축구공 또는 농구공이 단단한 바닥에 부딪칠 때 반발계수를 측정하기 위한 실험을 계획하고 수행하라. 수행 결과의 반복성을 조사하라. 수행 결과가 공의 속도에 얼마나 민감한지를 구하라. 측정 과정을 기술하고 가능한 오차 원인들에 대한 의견을 적은 간단한 보고서를 작성하라. 또 세 종류의 공에 대해 얻은 결과에서 값이 다른 이유에 대해 기술하라.

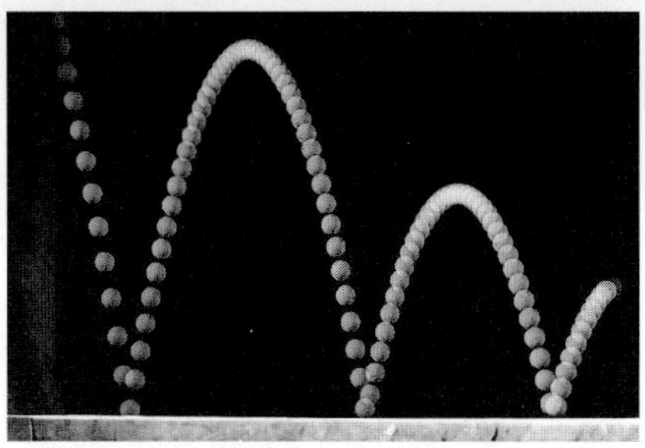

CAT
235C

6

강체의 평면운동학

물체에 작용하는 외력들이 알려져 있으면, 물체의 질량중심에 대한 어떠한 각운동도 고려하지 않고 Newton의 제2법칙을 이용하여 질량중심의 운동을 구할 수 있다. 그러나 많은 경우, 각운동(angular motion)도 고려되어야 한다. 어떤 물체에서는 기어, 바퀴, 발전기, 터빈 등의 경우에서 볼 수 있듯이 물체의 회전운동이 그 물체의 기능에서 중심 역할을 한다. 이 장에서는 물체의 회전운동을 포함한 운동에 대해 해석한다.

◀ 굴착기의 설계를 위해서는 엔지니어들은 굴착기 구조재들의 병진운동과 회전운동을 해석할 필요가 있다.

6.1 강체와 운동의 종류

만일 벽돌이 던져진다면(그림 6.1a), 벽돌의 회전운동을 고려할 필요 없이 벽돌의 질량중심의 운동을 결정할 수 있다. 이 경우 관련된 유일한 힘은 벽돌의 무게이며, Newton의 제2법칙에 의해 벽돌의 질량중심의 가속도를 결정할 수 있다. 그러나 바닥 위에 세워져 있는 벽돌을 넘어뜨린다고 가정하고(그림 6.1b), 벽돌이 넘어가는 동안 벽돌의 질량중심의 운동을 구하려고 한다고 하자. 이 경우, 벽돌은 자체 무게뿐만 아니라 바닥이 가하는 힘도 받는다. 벽돌의 회전운동을 해석하지 않고는 바닥이 가하는 힘을 구할 수 없으며, 결국 벽돌 질량중심의 운동도 구할 수 없다.

이러한 운동을 해석하기 전에, 운동을 어떻게 기술할 것인지 먼저 고려해야 한다. 벽돌은 강체로 취급하여 운동을 기술할 수 있는 물체의 한 예이다. **강체**(rigid body)는 변형되지 않는, 즉 형상이 변하지 않는 물체를 이상적으로 모델링한 것이다. 좀 더 엄밀하게 정의하면, 강체의 모든 점 사이의 거리는 일정하게 유지된다. 어떤 물체라도 움직임에 따라 변형을 하기는 하지만, 그 변형이 충분히 작다면 강체로 모델링하여 물체의 운동을 근사화할 수 있다. 예를 들어, 정상적인 사용 조건하에서 고적대 지휘자의 지휘봉은 강체로 모델링할 수 있으나(그림 6.2a), 낚싯대의 경우는 강체로 모델링할 수 없다(그림 6.2b).

강체의 운동을 기술하기 위해서는, 강체에 있는 점들의 운동과 각운동을 측정하기 위한 기준좌표계가 필요하다. 많은 경우, 지구에 고정된 기준좌표계

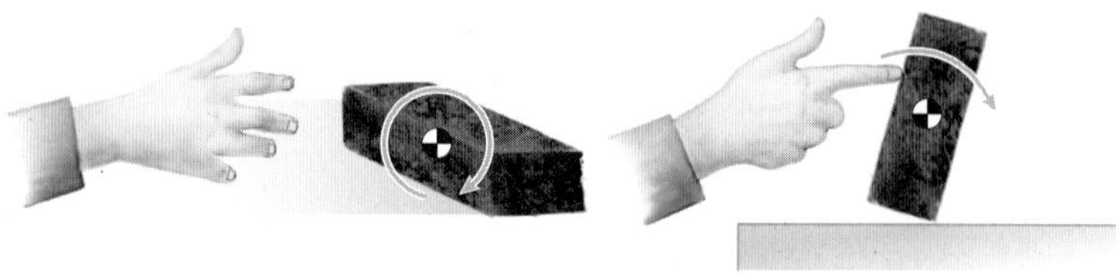

(a) (b)

그림 6.1
(a) 벽돌이 던져질 때—벽돌의 회전은 질량중심의 운동에 영향을 미치지 않는다.
(b) 벽돌이 넘어질 때—벽돌의 회전과 질량중심의 운동이 서로 연관되어 있다.

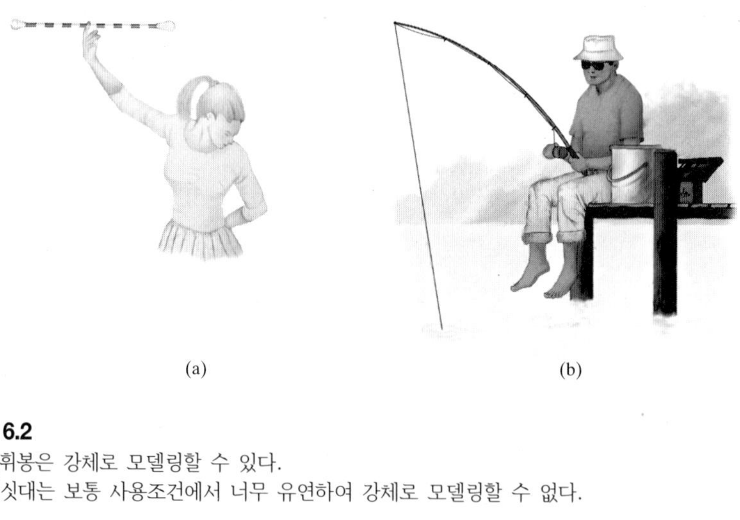

(a) (b)

그림 6.2
(a) 지휘봉은 강체로 모델링할 수 있다.
(b) 낚싯대는 보통 사용조건에서 너무 유연하여 강체로 모델링할 수 없다.

를 사용하는 것이 편하다. 예를 들어 그림 6.1에서 벽돌의 질량중심의 운동과 각운동을 기술하기 위해 지구에 고정된 기준좌표계를 사용할 수 있다. 응용 분야에서 자주 접하게 되는, 주어진 기준좌표계에 대한 강체 운동의 몇 가지 유형에 대해 다음에서 기술한다.

병진운동 주어진 기준좌표계에 대해 운동을 하는 강체가 회전을 하지 않는다면, 이 강체는 **병진운동**(translation)을 한다고 한다(그림 6.3a). 예를 들어 그림 6.3b의 어린이용 그네에서 좌석이 부착된 수평막대는 병진운동을 하도록 설계되어 있다. 수평막대의 각 점들은 원형 경로를 따라 움직이지만, 막대는 회전하지 않는다. 막대가 수평상태를 유지함으로써 어린아이가 더 쉽게 그네를 안전하게 탈 수 있다. 병진운동을 하는 강체의 모든 점은 동일한 속도와 가속도를 가지고 있으므로 한 점의 운동만 기술하면 강체의 운동을 완전하게 기술할 수 있다.

고정축에 대한 회전운동 병진운동 다음으로 간단한 유형의 강체 운동은 주어진 기준좌표계에 대해 고정된 축을 중심으로 한 회전운동이다(그림 6.4a). 축 상에 있는 강체의 각 점들은 움직이지 않으며, 축 상에 있지 않은 점들은 강체가 회전함에 따라 축에 대해 원형 경로를 그리며 움직인다. 전기모터의 회전자(그림 6.4b)는 고정축에 대해 회전하는 물체의 한 예이다. 배에 대한 프로펠러의 운동도 고정축에 대한 회전이다. 다음 절에서 이런 종류의 운동에 대해 좀 더 자세히 알아볼 것이다.

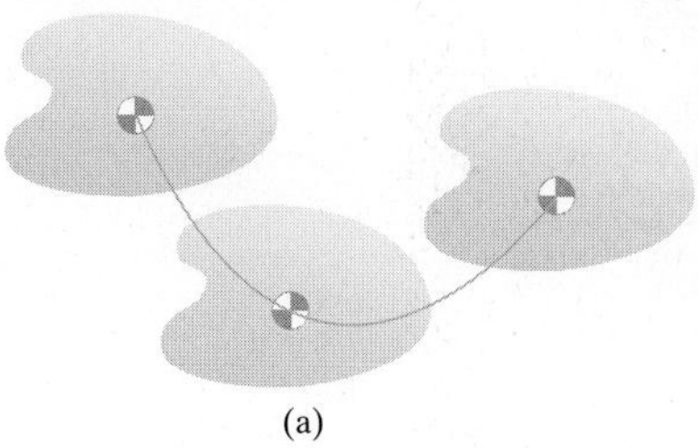

(a)

(b)

그림 6.3
(a) 병진운동을 하는 물체는 회전하지 않는다.
(b) 어린아이가 앉아 있는 그네 좌석은 병진운동으로 수평을 유지한다.

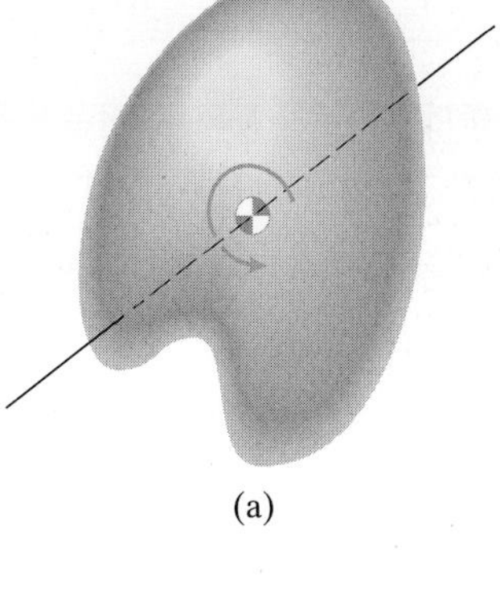

(a)

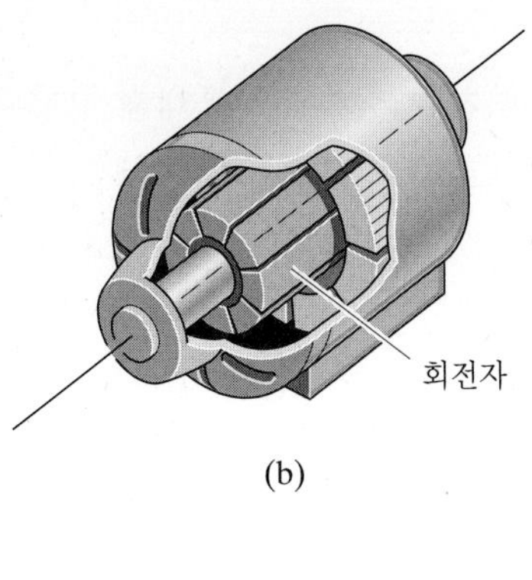

(b)

그림 6.4
(a) 고정축에 대해 회전하는 강체.
(b) 전기모터의 회전자는 모터 프레임에 대해 고정축을 중심으로 회전한다.

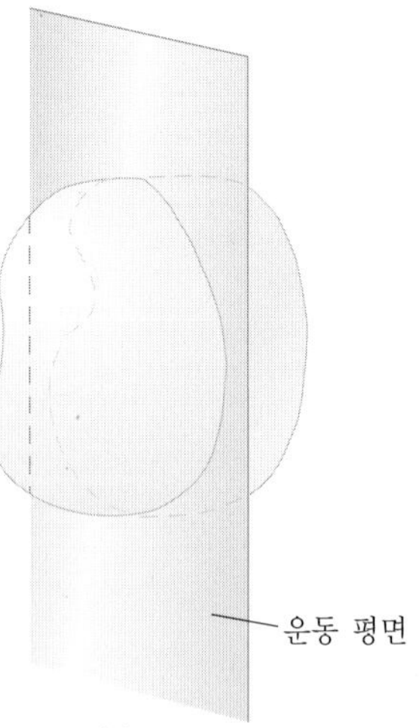

(a)

(b)

그림 6.5
(a) 고정 평면에 의해 교차되는 강체.
(b) 평면운동을 하는 차바퀴.

평면운동 주어진 기준좌표계에 대해 고정된 한 평면과 이 평면에 의해 교차되는 강체를 생각해 보자(그림 6.5a). 평면과 강체의 교차점들이 평면 상에서만 움직이도록 강체가 운동을 한다면, 이 강체는 **2차원** 또는 **평면운동**을 한다고 한다. 그리고 이 고정 평면을 운동 평면(plane of motion)이라고 한다. 고정축에 대한 강체의 회전은 평면운동의 특별한 경우이다. 다른 예로, 자동차가 직선 경로를 따라 움직일 때 차바퀴들은 평면운동을 한다(그림 6.5b).

내연 기관의 구성 부품들은 이러한 유형의 운동을 보여준다(그림 6.6). 엔진에 고정된 기준 축에 대해, 피스톤은 실린더 내에서 병진운동을 한다. 커넥팅 로드는 일반적인 평면운동을 하며, 크랭크축은 고정축에 대해 회전운동을 한다.

다음 절에서 고정축에 대한 회전운동을 시작으로 강체의 운동에 대한 해석을 시작한다. 그 다음, 축에 대한 회전운동과 병진운동이 결합된 일반적인 평면운동을 다룰 것이며, 강체 상의 여러 점들의 상대 속도와 상대 가속도를 강체의 각속도 및 각가속도와 연관시키는 표현식들을 유도할 것이다. 이러한 관계식들을 이용하여, 구름운동(rolling)과 연결된 강체들의 운동을 포함하여 일반 평면운동의 특정 예들을 해석할 것이다.

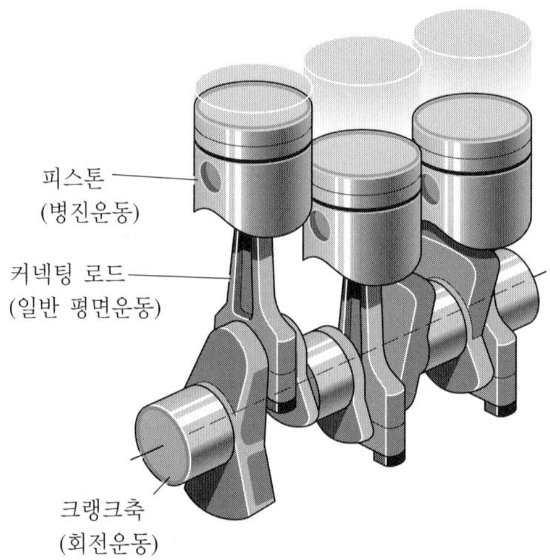

그림 6.6
자동차 엔진에서의 병진운동, 고정축에 관한 회전운동 그리고 평면운동.

6.2 고정축에 대한 회전운동

주어진 기준좌표계에 대해 고정되어 있는 축에 대한 물체의 회전운동을 고려함으로써, 강체운동의 개념 몇 가지를 도입할 수 있다. 이런 유형의 운동에서는 강체의 각 점은 원형 경로를 그리며 고정축 주위를 움직인다. 따라서 2장에서 유도한 결과들을 이용하여 운동을 해석할 수 있다.

그림 6.7에 고정축에 대해 회전하는 강체와 축에 수직인 두 선을 표시하였다. 기준선은 고정되어 있고 강체에 고정된 선은 강체와 함께 회전한다. 강체

에 고정된 선과 기준선 사이의 각도 θ는 고정축에 대한 강체의 위치, 즉 방위(orientation)를 나타낸다. 강체의 회전률(rate of rotation), 즉 각속도(angular velocity)와 강체의 각가속도(angular acceleration)는 다음과 같다:

$$\omega = \frac{d\theta}{dt}, \qquad \alpha = \frac{d\omega}{dt} = \frac{d^2\theta}{dt^2} \tag{6.1}$$

고정축 위에 있지 않은 물체의 각 점들은 고정축에 대해 원형 경로를 따라 움직인다. 원형 경로를 따라가는 한 점의 운동에 대한 지식을 이용하여, 한 점의 속도와 가속도를 강체의 각속도와 각가속도에 연관시킬 수 있다. 고정축과 평행한 방향에서 바라본 강체를 그림 6.8에 나타내었다. 고정축으로부터 거리 r에 있는 한 점의 속도는 이 점의 원형 경로에 접선방향이며(그림 6.8a), 다음 식과 같이 물체의 각속도 항으로 주어진다:

$$v = r\omega \tag{6.2}$$

한 점은 자신의 원형 경로에 접선방향인 가속도 성분과 법선방향인 가속도 성분을 갖는다(그림 6.8b). 가속도 성분들을 강체의 각속도와 각가속도에 의해 나타내면 다음과 같다:

$$a_t = r\alpha, \qquad a_n = \frac{v^2}{r} = r\omega^2 \tag{6.3}$$

이 관계식들을 이용하여 고정축에 대해 회전하는 물체들이 포함된 문제들을

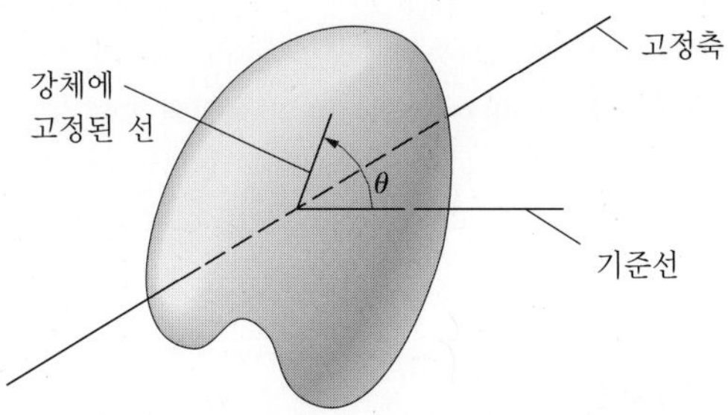

그림 6.7
고정축에 대해 회전하는 물체의 방위를 기술함.

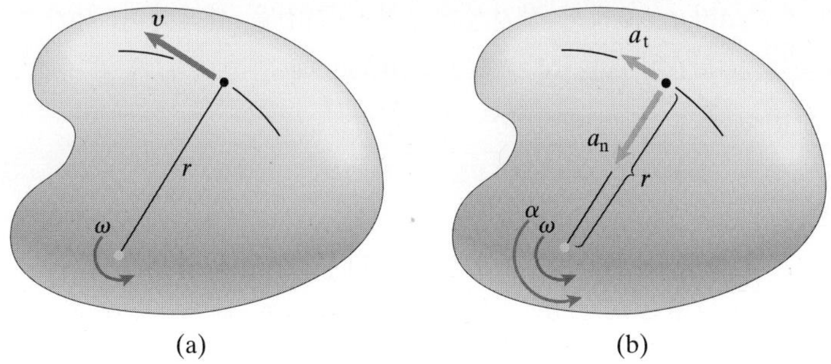

그림 6.8
고정축에 대해 회전하는 강체의 한 점의 (a) 속도와 (b) 가속도.

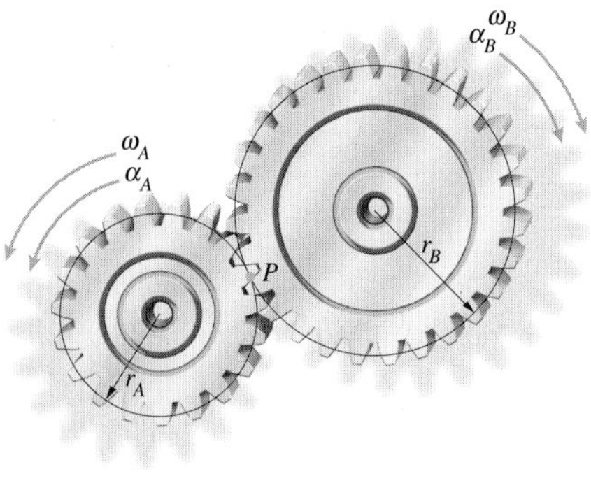

그림 6.9
맞물린 두 기어의 각속도와 각가속도의 관계.

해석할 수 있다. 예를 들어 그림 6.9에서 특정 기준좌표계에 대한 기어의 각속도 ω_A와 각가속도 α_A를 알고 있으며 ω_B와 α_B를 구하려고 한다고 가정해 보자. 점 P에서 두 기어 사이에 접선방향의 상대 운동이 없으므로 두 기어의 속도는 같아야 한다. 따라서 $r_A\omega_A = r_B\omega_B$이며, 기어 B의 각속도는 다음과 같다:

$$\omega_B = \left(\frac{r_A}{r_B}\right)\omega_A$$

이 식을 시간에 대해 미분하면, 기어 B의 각가속도를 구할 수 있다. 즉,

$$\alpha_B = \left(\frac{r_A}{r_B}\right)\alpha_A$$

이다. 이 결과로부터, P에서 두 기어의 가속도의 접선방향 성분은 서로 같다는 것을 알 수 있다. 즉, $r_A\alpha_A = r_B\alpha_B$이다. 그러나 P에서 두 기어의 법선방향 가속도 성분은 방향이 서로 다르며, 기어의 반경이 다른 경우에는 크기도 서로 달라진다. 기어 A의 법선방향 가속도 성분은 기어 A의 중심을 향하며, 크기는 $r_A\omega_A^2$이다. P에서 기어 B의 법선방향 가속도 성분은 기어 B의 중심을 향하며, 크기는 $r_B\omega_B^2 = (r_A/r_B)(r_A\omega_A^2)$이다.

연구 문제

1. 강체의 정의는 무엇인가?
2. 강체의 2차원 운동, 또는 평면운동은 무엇을 의미하는가?
3. 강체가 고정축에 대해 회전한다면, 축에 있지 않은 각 점의 운동경로에 대해 어떤 결과를 추측할 수 있는가?
4. 강체가 고정축에 대해 각속도 ω와 각가속도 α로 회전하고 있다면, 축으로부터 거리 r에 있는 점의 속도와 가속도에 대해 어떤 결과를 추측할 수 있는가?

예제 6.1 고정축에 대해 회전하는 물체들

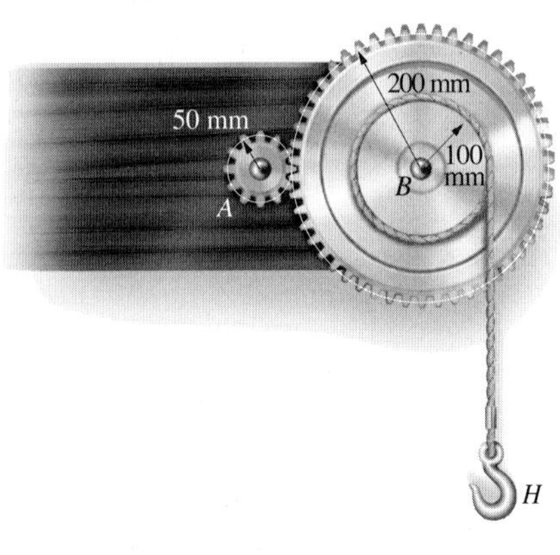

그림 6.10

그림 6.10에서 권양기(winch)의 기어 A가 기어 B를 돌려 갈고리 H를 끌어올린다. 만일 기어 A가 $t = 0$에서 정지상태로부터 회전을 시작하며, 각가속도가 시계 방향으로 $\alpha_A = 0.2t$ rad/s^{2}이라면, $t = 10$ s일 때 갈고리 H가 올라간 수직 거리와 갈고리의 속도는 얼마인가?

전략

기어 A와 B의 접촉점에서 두 기어의 접선방향 가속도 성분을 같게 놓음으로써 기어 B의 각가속도를 구할 수 있다. 그 다음, 두 번 적분하여 $t = 10$ s에서 기어 B의 각속도와 회전각을 구할 수 있다.

| 풀이 |

두 기어의 접촉점에서의 접선방향 가속도(그림 a)는

$$a_t = (0.05\text{ m})(0.2t\text{ rad/s}^2) = (0.2\text{ m})(\alpha_B)$$

이므로, 기어 B의 각가속도는

$$\alpha_B = \frac{d\omega_B}{dt} = \frac{(0.05\text{ m})(0.2t\text{ rad/s}^2)}{(0.2\text{ m})} = 0.05t\text{ rad/s}^2$$

이다. 이 식을 다음 식

$$\int_0^{\omega_B} d\omega_B = \int_0^t 0.05t\, dt$$

와 같이 적분하면 기어 B의 각속도를 얻을 수 있다:

$$\omega_B = \frac{d\theta_B}{dt} = 0.025t^2\text{ rad/s}$$

위 식을 다시 적분하여 기어 B가 회전한 각도를 구하면,

$$\theta_B = 0.00833t^3\text{ rad}$$

이다. $t = 10$ s에서, $\theta_B = 8.33$ rad이다. 드럼에 감긴 케이블의 길이, 즉 갈고리 H가 올라간 거리는 θ_B와 드럼 반경의 곱이다: (8.33 rad)(0.1 m) = 0.833 m.

$t = 10$ s에서 $\omega_B = 2.5$ rad/s이다. 테두리(rim) 상의 한 점의 속도는 갈고리 H의 속도와 같으며(그림 b), 다음과 같다:

$$v_H = (0.1\text{ m})(2.5\text{ rad/s}) = 0.25\text{ m/s}$$

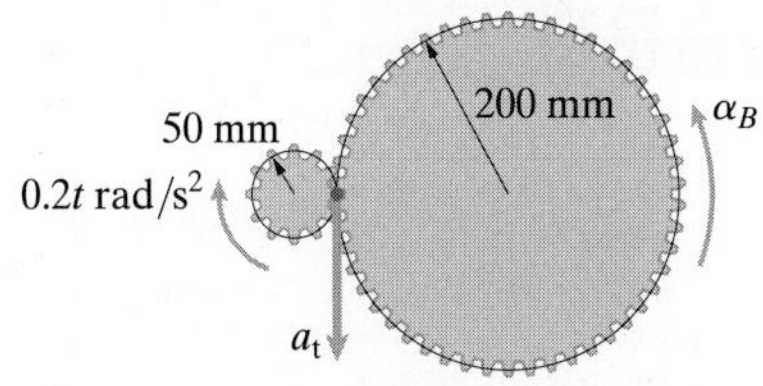

(a) 접촉점에서 두 기어의 접선 가속도는 동일하다.

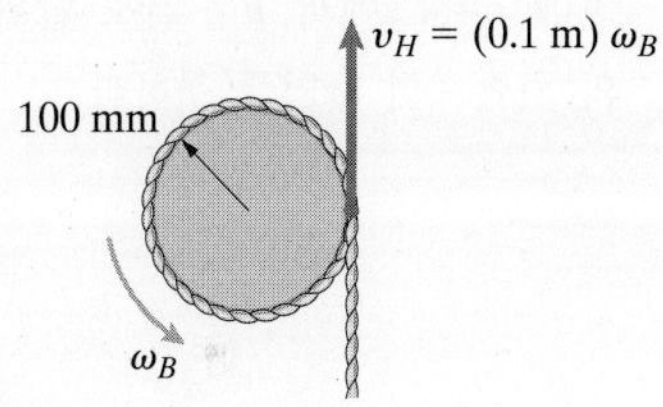

(b) 갈고리 H의 속도 구하기.

| 비판적 사고 |

왜 이 예제의 계산 과정들이 의미가 있는가? 기어의 각가속도가 시간의 함수로 주어졌으므로, 기어의 각운동과 갈고리 H의 운동을 구할 수 있었다. 엔지니어들은 기계들의 거동을 설계하고 평가하기 위해 이런 종류의 해석을 사용한다.

연습문제

6.1 그림과 같은 순간에, 원판의 각속도는 반시계 방향으로 2 rad/s, 각가속도는 반시계 방향으로 6 rad/s^{2}이다. 점 A의 속도와 가속도의 크기는 얼마인가?

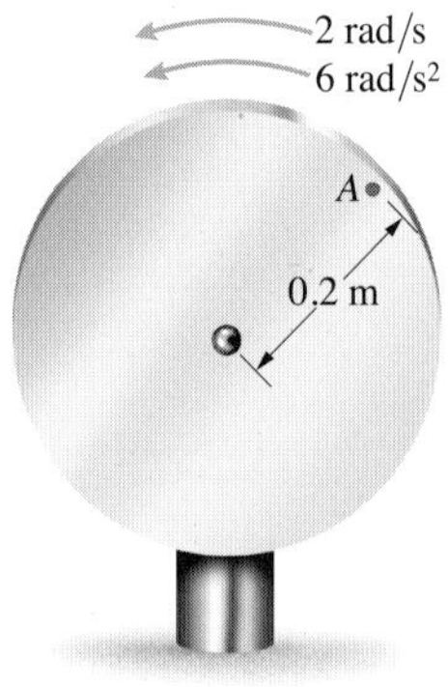

문제 6.1

6.2 각 θ는 시간의 함수로서 $\theta = 0.3t + 0.018t^3$ rad으로 주어진다. $t = 4$ s에서, θ를 각도 단위로 구하고, 점 A의 속도와 가속도의 크기를 구하라.

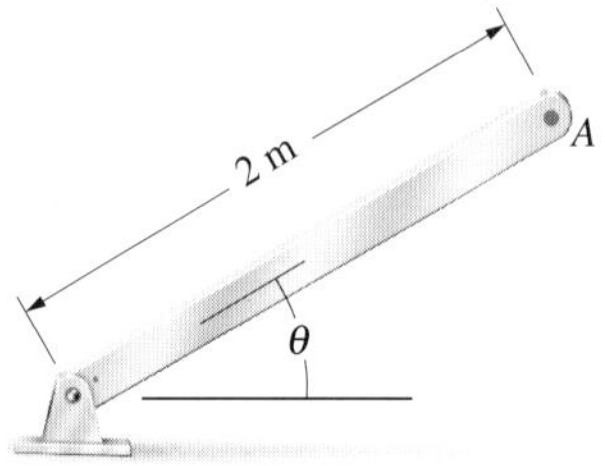

문제 6.2

6.3 중량 A가 $t = 0$에서 정지상태로부터 움직이기 시작하여 2 m/s^{2}의 일정한 가속도로 내려간다.

(a) $t = 1$ s에서 원판의 각속도 크기는 얼마인가?

(b) $t = 1$ s에서 원판의 테두리의 한 점의 속도 및 가속도 크기는 얼마인가?

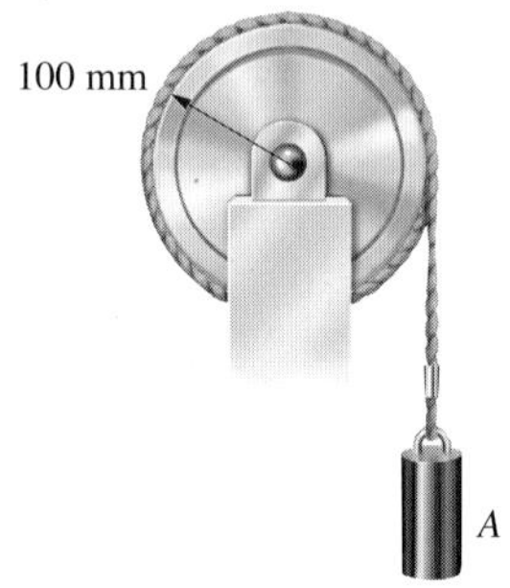

문제 6.3

6.4 그림과 같은 순간에, 왼쪽 원판은 3 rad/s의 반시계 방향 각속도와 1 rad/s^{2}의 시계 방향 각가속도를 가지고 있다.

(a) 오른쪽 원판의 각속도와 각가속도는 얼마인가? (두 원판의 접촉점에서 상대 운동은 없다고 가정한다.)

(b) 점 A의 속도와 가속도의 크기는 얼마인가?

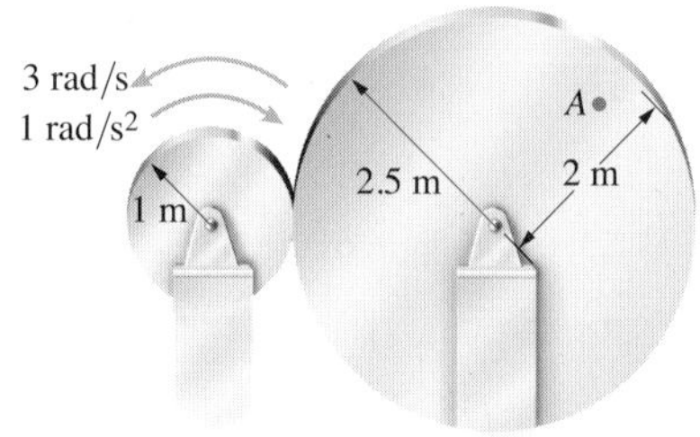

문제 6.4

6.5 왼쪽 원판의 각속도는 시간의 함수로서 $\omega_A = 4 + 0.2t$ rad/s로 주어진다.

(a) $t = 5$ s에서, 각속도 ω_B와 ω_C는 얼마인가?

(b) $t = 0$ s에서 $t = 5$ s까지 오른쪽 원판이 회전하는 각은 얼마인가?

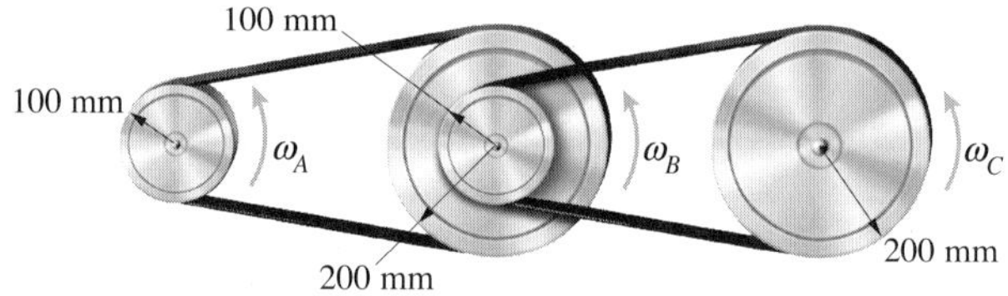

문제 6.5

6.6 (a) 자전거의 120 mm 체인 톱니바퀴(sprocket wheel)가 한 바퀴 회전한다면, 45 mm 기어는 몇 바퀴를 회전하는가? (b) 체인 톱니바퀴의 각속도가 1 rad/s라면, 기어의 각속도는 얼마인가?

6.7 자전거의 뒷바퀴는 반경이 330 mm이며 45 mm 기어에 단단히 부착되어 있다. 자전거를 탄 사람이 120 mm 톱니바퀴(sprocket wheel)에 단단히 부착되어 있는 페달을 초당 한 바퀴의 속도로 돌린다면, 자전거의 속도는 얼마가 되는가?

문제 6.6/6.7

6.8 주어진 좌표계에 대해, 원판이 10 rad/s의 일정한 각속도로 반시계 방향으로 원점에 대해 회전한다. 그림의 순간에서 점 A와 B의 속도와 가속도의 x, y 성분은 얼마인가?

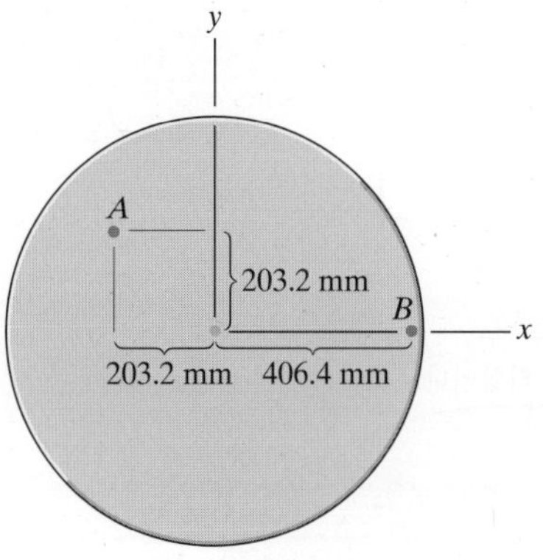

문제 6.8

6.9 Corvette(역주: Chevrolet의 스포츠카 브랜드)이 104.6 km/h의 일정한 속도로 달리고 있다. 이 차의 타이어의 직경은 711.2 mm이다.

(a) 이 차의 바퀴의 각속도는 얼마인가?

(b) 바퀴중심에 원점을 가진 비회전 기준좌표계에 대해, 바퀴중심으로부터 반경방향으로 254 mm 거리에 있는 한 점의 상대 가속도 크기는 얼마인가?

6.10 문제 6.9의 Corvette의 운전자가 갑자기 브레이크를 밟아 2.44 m/s^{2}의 일정한 감속도를 받게 되었다. 타이어는 도로 표면에서 미끄러지지 않고 계속 굴러가는 것으로 가정한다.

(a) 차 바퀴의 각가속도는 얼마가 되는가?

(b) 바퀴중심으로부터 반경방향으로 254 mm 되는 거리에 있는 점 A를 생각해 보자. 브레이크가 가해진 직후, 바퀴중심에 원점을 가진 비회전 기준좌표계에 대한 점 A의 접선방향 및 법선방향 가속도의 크기는 얼마인가?

문제 6.9/6.10

6.11 그림의 막대가 8 rad/s의 반시계 방향 각속도와 40 rad/s^{2}의 시계 방향 각가속도를 가지고 있다면, 점 A와 B의 가속도의 크기는 얼마인가?

6.12 회전하는 막대 위의 점 A의 속도와 가속도의 크기가 각각 $|\mathbf{v}_A| = 3$ m/s, $|\mathbf{a}_A| = 28$ m/s^{2}이라면, $|\mathbf{v}_B|$와 $|\mathbf{a}_B|$는 얼마인가?

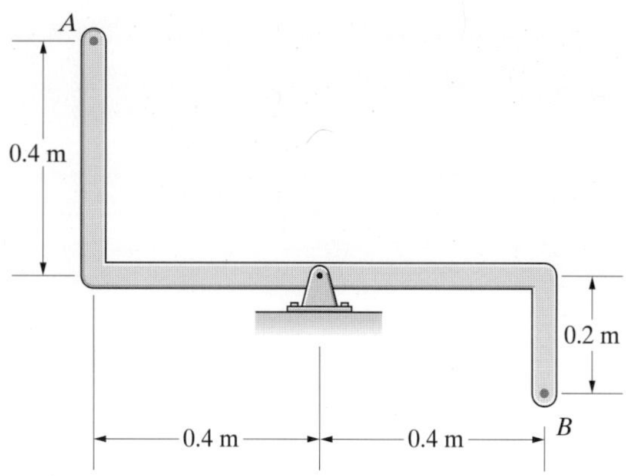

문제 6.11/6.12

6.13 반경이 $R = 0.5$ m인 원판이 평면 위를 굴러간다. 원판중심이 이동한 수평거리 x와 원판의 회전각 β 사이의 관계는 $x = R\beta$이다. 원판중심이 2 m/s의 일정한 속도로 오른쪽으로 움직이고 있다고 가정하자.

(a) 원판의 각속도는 얼마인가?

(b) 원판중심에 원점을 가진 비회전 기준좌표계에 대해 원판 가장자리에 있는 한 점의 상대 속도와 상대 가속도의 크기는 각각 얼마인가?

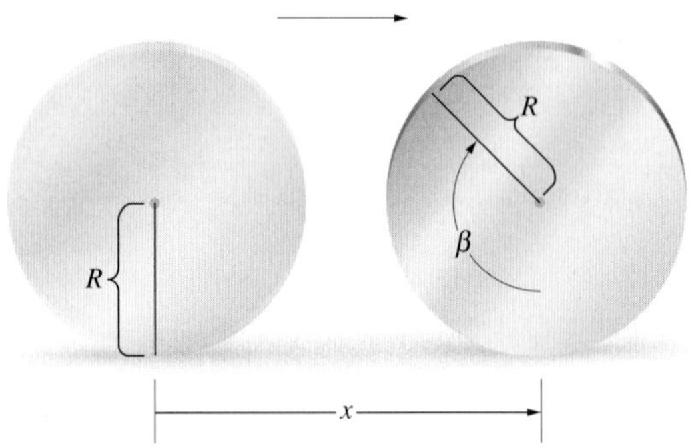

문제 6.13

6.3 일반 운동: 속도

병진운동을 하는 강체의 각 점들은 같은 운동을 한다. 고정축에 대해 회전하는 강체의 각 점들은 축에 대해 원운동을 한다. 병진운동과 회전운동이 결합된 좀 더 복잡한 운동을 해석하기 위해서는 강체 위에 있는 점들 사이의 상대 운동과 강체의 각운동과의 관계식을 유도해야 한다.

상대 속도

운동 평면에 수직인 위치에서 본 강체를 그림 6.11a에 나타내었다. 점 A와

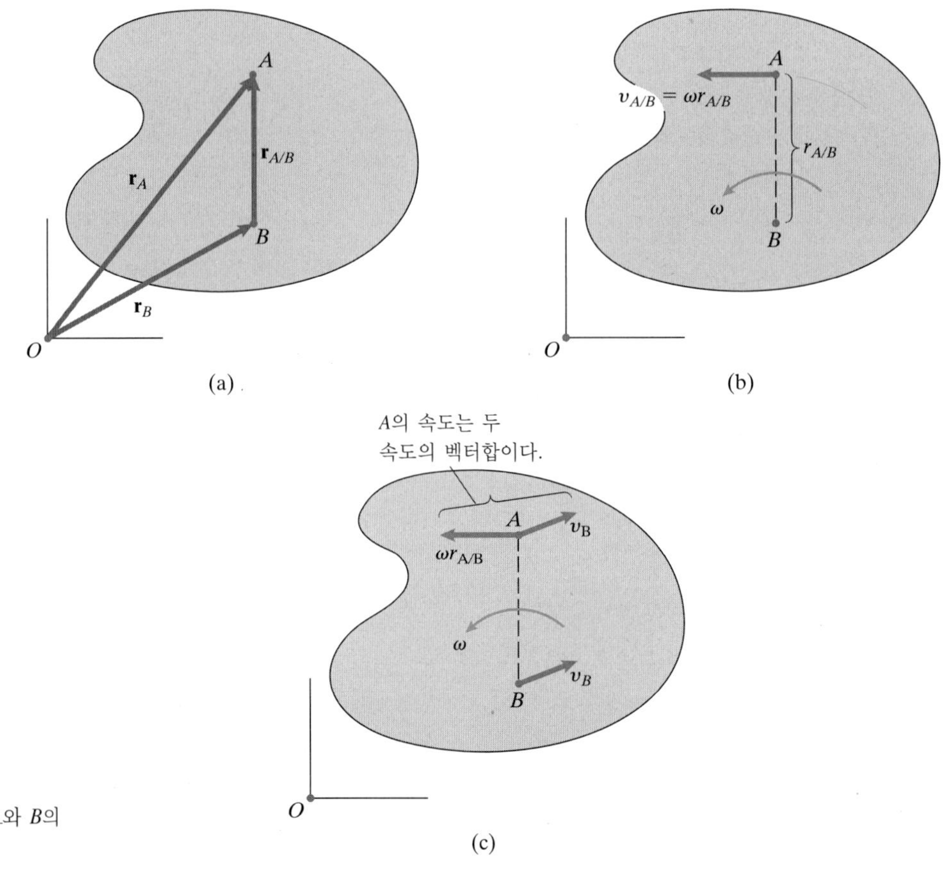

그림 6.11
(a) 평면운동을 하는 강체.
(b) B에 대한 A의 상대 속도.
(c) A의 속도는 B에 대한 A의 상대 속도와 B의 속도의 합이다.

B는 이 평면에 놓인 강체 상의 점들이며, O는 주어진 기준좌표계의 원점이다. B에 대한 A의 위치, $\mathbf{r}_{A/B}$는 O에 대한 A와 B의 위치들과 다음 관계가 있다:

$$\mathbf{r}_A = \mathbf{r}_B + \mathbf{r}_{A/B}$$

이 식을 시간에 대해 미분하면 다음 식을 얻는다:

$$\mathbf{v}_A = \mathbf{v}_B + \mathbf{v}_{A/B} \tag{6.4}$$

여기서 $\mathbf{v}_A$와 $\mathbf{v}_B$는 기준좌표계에 대한 A와 B의 속도이며, $\mathbf{v}_{A/B} = d\mathbf{r}_{A/B}/dt$는 B에 대한 A의 상대 속도이다. (한 점의 속도에 대해서만 언급할 때는 주어진 기준좌표계에 대한 속도를 의미한다.)

$\mathbf{v}_{A/B}$가 강체의 각속도와 간단한 방법으로 연관된다는 것을 보여줄 수 있다. A와 B가 강체의 점들이므로 이 점들 사이의 거리 $r_{A/B} = |\mathbf{r}_{A/B}|$는 일정하다. 이것은 강체가 회전할 때, A가 B에 대해 원형 경로를 따라 움직인다는 것을 의미한다. 따라서 B에 대한 A의 상대 속도는 원형 경로에 접선방향이며, $r_{A/B}$와 강체의 각속도 ω의 곱과 같다(그림 6.11b). 식 (6.4)로부터, A의 속도는 B의 속도와 B에 대한 A의 상대 속도의 합과 같다(그림 6.11c). 이 결과를 이용하여 강체의 각속도를 알고 있을 때 평면운동을 하는 강체 상의 두 점 사이의 속도 관계를 구할 수 있다.

예를 들어 그림 6.12a에서 정지상태의 평면 위를 반시계 방향의 각속도 ω로 굴러가는 반경 R의 원판을 생각해 보자. 평면이 정지상태라는 것은 평면에 고정된 기준좌표계에 의해 원판의 운동을 기술한다는 것을 의미한다. 굴

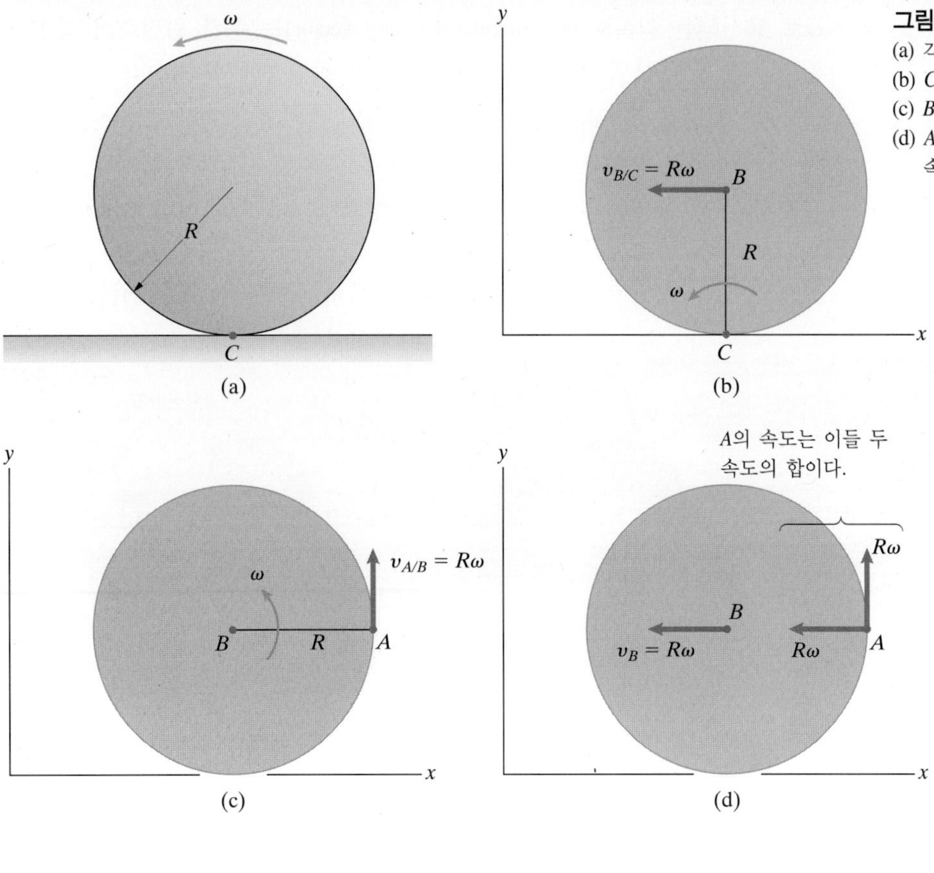

그림 6.12
(a) 각속도 ω로 굴러가는 원판.
(b) C에 대한 중심 B의 상대 속도.
(c) B에 대한 A의 상대 속도.
(d) A의 속도는 B의 속도와 B에 대한 A의 상대 속도의 합이다.

러간다는 것(rolling)은 평면에 대한 원판의 상대 속도가 접촉점 C에서 0임을 의미한다. 원판중심 B의 C에 대한 상대 속도를 그림 6.12b에 예를 들어 나타내었다. $\mathbf{v}_C = \mathbf{0}$이므로, B의 속도는 그림의 고정좌표계에 의해

$$\mathbf{v}_B = \mathbf{v}_C + \mathbf{v}_{B/C} = -R\omega\mathbf{i}$$

이다. 정지된 평면 위를 굴러가는 원형 물체의 중심 속도의 크기는 반경과 각속도의 크기를 곱한 값과 같다는 위의 결과는 매우 유용하다.

같은 방법으로, 원판의 다른 어떤 점의 속도도 구할 수 있다. 그림 6.12c는 점 B에 대한 점 A의 상대 속도를 보여준다. A의 속도는 B의 속도와 B에 대한 A의 상대 속도의 합이므로(그림 6.12d) 다음과 같다:

$$\mathbf{v}_A = \mathbf{v}_B + \mathbf{v}_{A/B} = -R\omega\mathbf{i} + R\omega\mathbf{j}$$

각속도 벡터

강체의 회전률(rate of rotation)을 벡터로 나타낼 수 있다. Euler의 정리에 의하면, 고정점 B에 대해 회전하도록 구속되어 있는 강체는 B를 통과하는 어떤 축에 대한 한 번의 회전으로 임의의 두 위치 사이를 움직일 수 있다. 시간 t에서 임의의 운동을 하는 강체의 한 점 B를 고려해 보자. Euler의 정리에 따르면, t에서 $t + dt$의 시간 동안 점 B에 대한 강체의 상대적인 위치 변화는 어떤 축에 대한 각도 $d\theta$만큼의 단일 회전으로 나타낼 수 있다. 시간 t에서, 축에 대한 강체의 회전률은 강체의 각속도 $\omega = d\theta/dt$이며, 강체가 회전하는 중심축을 순간 회전축(instantaneous axis of rotation)이라고 한다.

$\boldsymbol{\omega}$로 표시되는 각속도 벡터(angular velocity vector)는 순간 회전축의 방향과 각속도를 모두 나타낸다. 각속도 벡터는 순간 회전축에 평행하며(그림 6.13a), 그 크기는 회전률, 즉 ω의 절대값이다. 각속도 벡터의 방향은 오른손 법칙을 통해 강체의 회전방향과 연결된다. 즉, 오른손 엄지손가락으로 $\boldsymbol{\omega}$의 방향을 가리키게 하면, 나머지 손가락들은 회전방향으로 $\boldsymbol{\omega}$를 감싸며 돌게 된다(그림 6.13b).

예를 들어 그림 6.12에서 굴러가는 원판의 회전축은 z축에 평행하며, 따라

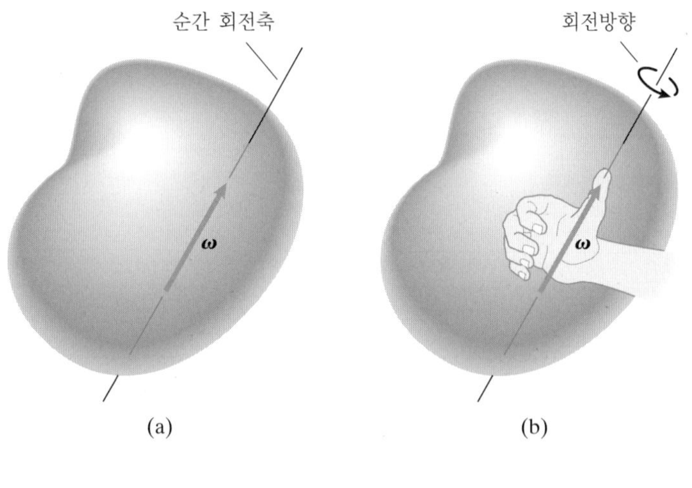

그림 6.13
(a) 각속도 벡터.
(b) 벡터의 방향 결정을 위한 오른손 법칙.

서 원판의 각속도 벡터는 z축에 평행하며 크기는 ω이다. 오른손 손가락들을 회전방향으로 z축을 감싸게 하면, 엄지손가락은 양의 z축 방향을 가리키게 된다(그림 6.14). 원판의 각속도 벡터는 $\boldsymbol{\omega} = \omega\mathbf{k}$이다.

각속도 벡터를 이용하면 앞 절의 결과들을 매우 편리한 형태로 나타낼 수 있다. 각속도가 $\boldsymbol{\omega}$인 강체 위의 두 점을 A와 B라고 하자(그림 6.15a). B에 대한 A의 상대 속도를 다음 식

$$\mathbf{v}_{A/B} = \frac{d\mathbf{r}_{A/B}}{dt} = \boldsymbol{\omega} \times \mathbf{r}_{A/B} \tag{6.5}$$

로 나타낼 수 있음을 보여줄 수 있다. 현재 순간에서, 점 A는 B에 대해 반경 $|\mathbf{r}_{A/B}|\sin\beta$의 원형 경로를 따라 움직인다. 여기서 β는 벡터 $|\mathbf{r}_{A/B}|$와 $\boldsymbol{\omega}$ 사이의 각이다. B에 대한 A의 상대 속도 크기는 원형 경로의 반경과 강체의 각속도의 곱과 같다. 즉, $|\mathbf{v}_{A/B}| = (|\mathbf{r}_{A/B}|\sin\beta)|\boldsymbol{\omega}|$이다. 이 식의 우변은 $\mathbf{r}_{A/B}$와 $\boldsymbol{\omega}$의 외적(cross product)의 크기이다. 또 $\mathbf{v}_{A/B}$는 $\boldsymbol{\omega}$에 수직이고 $\mathbf{r}_{A/B}$에 수직이다. 그러면 $\mathbf{v}_{A/B}$는 $\boldsymbol{\omega}\times\mathbf{r}_{A/B}$와 같은가, 아니면 $\mathbf{r}_{A/B}\times\boldsymbol{\omega}$와 같은가? 그림 6.15b에서, 오른손의 네 손가락이 $\boldsymbol{\omega}$의 방향을 가리키게 하되 손바닥은 $\mathbf{r}_{A/B}$쪽을 향하도록 하여 손가락을 감으면, 엄지손가락은 B에 대한 A의 상대 속도 방향을 가리키게 된다. 따라서 $\mathbf{v}_{A/B}$는 $\boldsymbol{\omega}\times\mathbf{r}_{A/B}$와 같다. 즉, $\mathbf{v}_{A/B} = \boldsymbol{\omega}\times\mathbf{r}_{A/B}$이다. 식 (6.5)를 식 (6.4)에 대입하면, 강체 위의 두 점의 속도들 사이의 관계식을 강체의 각속도에 의해 다음과 같이 나타낼 수 있다:

$$\mathbf{v}_A = \mathbf{v}_B + \underbrace{\boldsymbol{\omega} \times \mathbf{r}_{A/B}}_{\mathbf{v}_{A/B}} \tag{6.6}$$

강체의 한 점의 각속도 벡터와 속도가 알려져 있다면, 식 (6.6)을 이용하여 강체의 다른 임의의 점의 속도를 구할 수 있다. 각속도 ω로 굴러가는 반경 R인 원판의 예(그림 6.16)로 돌아가서, 식 (6.6)을 이용하여 점 A의 속도를 구해보자. 원판중심의 속도는 $\mathbf{v}_B = -R\omega\mathbf{i}$에 의해 각속도 항으로 주어지며, 원판의 각속도 벡터는 $\boldsymbol{\omega} = \omega\mathbf{k}$이고, 중심에 대한 A의 위치벡터는 $\mathbf{r}_{A/B} = R\mathbf{i}$이다. 따라서 점 A의 속도는

$$\mathbf{v}_A = \mathbf{v}_B + \boldsymbol{\omega}\times\mathbf{r}_{A/B} = -R\omega\mathbf{i} + (\omega\mathbf{k})\times(R\mathbf{i})$$

$$= -R\omega\mathbf{i} + R\omega\mathbf{j}$$

이다. 이 결과를 그림 6.12d의 점 A의 속도와 비교해 보라.

연구 문제

1. 물체가 표면 위를 굴러가고 있다(rolling)는 것을 무엇을 의미하는가?

2. 강체의 각속도 벡터는 어떻게 정의되는가?

3. 강체의 각속도 벡터의 방향을 안다면, 강체의 회전방향은 어떻게 결정하는가?

4. 강체의 한 점의 각속도 벡터와 속도를 안다면, 강체의 다른 점의 속도는 어떻게 구할 수 있는가?

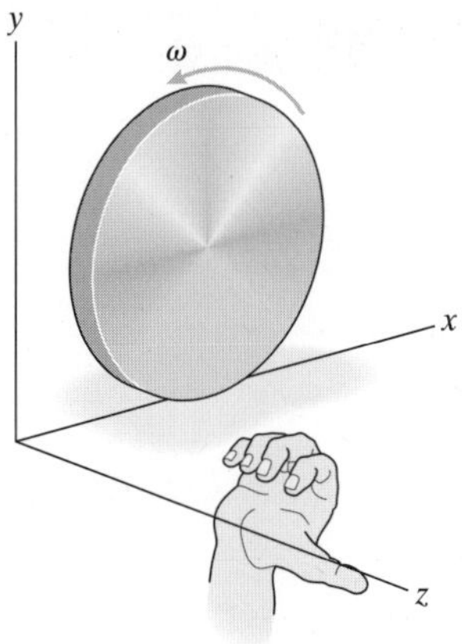

그림 6.14
굴러가는 원판의 각속도 벡터의 방향 결정.

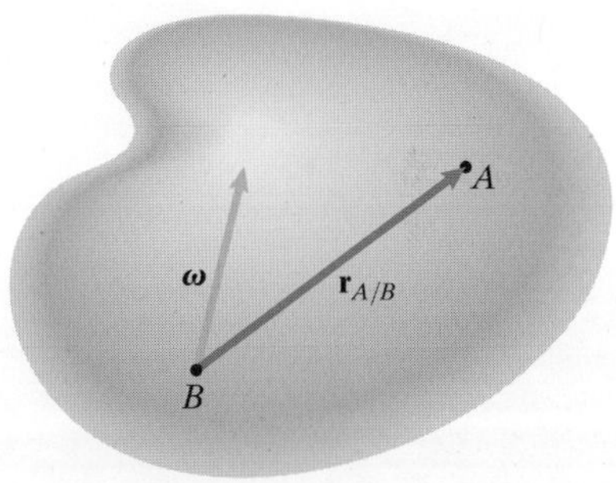

(a)

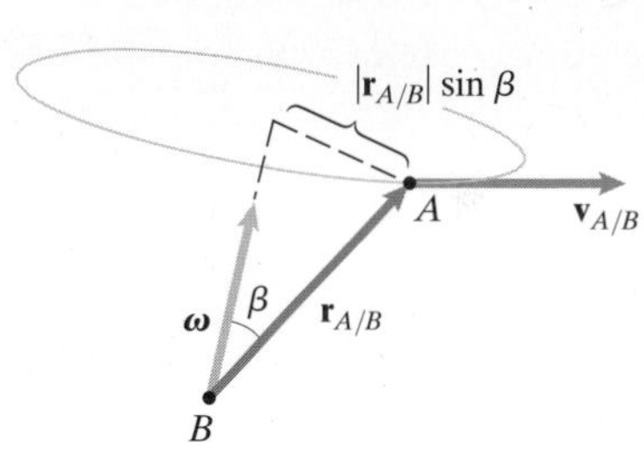

(b)

그림 6.15
(a) 회전하는 강체의 두 점 A와 B.
(b) A는 B에 대해 원형 경로로 움직인다.

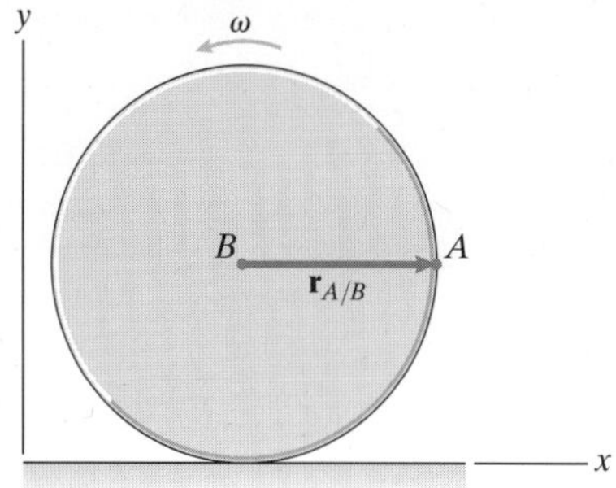

그림 6.16
구르는 원판과 B에 대한 A의 위치벡터.

예제 6.2 속도와 가속도 구하기

그림 6.17에서 막대 AB가 10 rad/s의 각속도로 시계 방향으로 회전하고 있다. 막대 BC의 각속도와 점 C의 속도를 구하라.

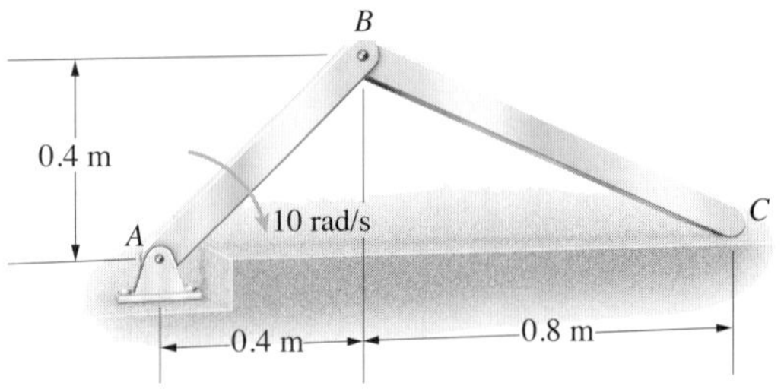

그림 6.17

| 전략 |

막대 AB가 고정점 A에 대해 알려진 각속도로 회전하므로 점 B의 속도를 구할 수 있다. 그 다음, 점 C의 수평방향 속도를 B의 속도와 막대 BC의 각속도로 나타냄으로써, 점 C의 속도와 막대 BC의 각속도로 표시된 식 두 개를 얻을 수 있다.

| 풀이 |

막대 AB의 각속도가 주어져 있고 점 A는 고정되어 있으므로, 식 (6.6)을 이용하여 점 B의 속도를 구할 수 있다. 그림 a로부터, A에 대한 B의 위치벡터는 $\mathbf{r}_{B/A} = 0.4\mathbf{i} + 0.4\mathbf{j}$ (m)이다. 막대 AB의 각속도 벡터는 $\boldsymbol{\omega}_{AB} = -10\mathbf{k}$ (rad/s)이므로, 점 B의 속도는 다음과 같다:

$$\mathbf{v}_B = \mathbf{v}_A + \boldsymbol{\omega} \times \mathbf{r}_{B/A}$$

$$= \mathbf{0} + \begin{bmatrix} \mathbf{i} & \mathbf{j} & \mathbf{k} \\ 0 & 0 & -10 \\ 0.4 & 0.4 & 0 \end{bmatrix}$$

$$= 4\mathbf{i} - 4\mathbf{j}\ (\mathrm{m/s})$$

이제 식 (6.6)을 이용하여 점 C의 속도를 점 B의 속도에 의해 나타낸다. ω_{BC}를 막대 BC의 반시계 방향 각속도라고 하자(그림 b). 그러면 막대 BC의 각속도

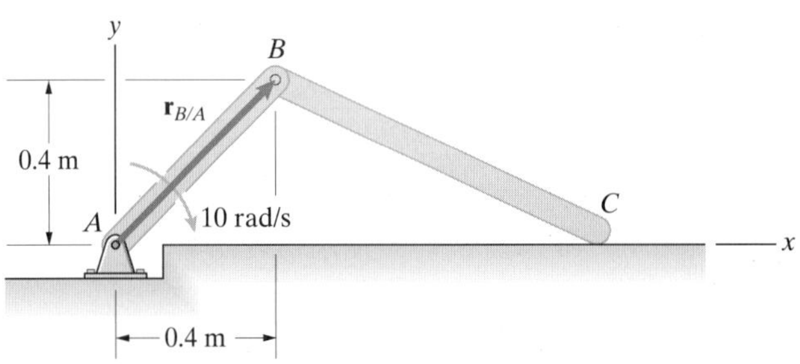

(a) 점 A에 대한 B의 위치벡터.

벡터는 $\boldsymbol{\omega}_{BC} = \omega_{BC}\mathbf{k}$이다. 점 C는 수평으로 움직이고 있으므로(그림 b), C의 속도를 $\mathbf{v}_C = v_C\mathbf{i}$로 쓸 수 있다. 따라서

$$\mathbf{v}_C = \mathbf{v}_B + \boldsymbol{\omega}_{BC} \times \mathbf{r}_{C/B}$$

$$v_C\mathbf{i} = 4\mathbf{i} - 4\mathbf{j} + \begin{bmatrix} \mathbf{i} & \mathbf{j} & \mathbf{k} \\ 0 & 0 & \omega_{BC} \\ 0.8 & -0.4 & 0 \end{bmatrix}$$

$$= (4 + 0.4\omega_{BC})\mathbf{i} - (4 - 0.8\omega_{BC})\mathbf{j}$$

이다.

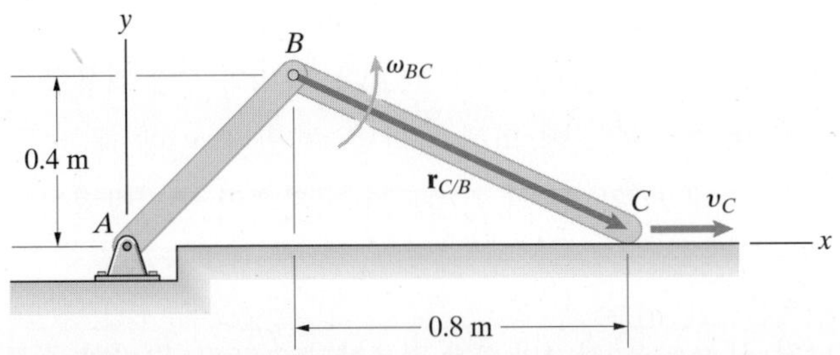

(b) 막대 BC의 각속도, C의 속도, 그리고 점 B에 대한 C의 위치벡터.

위 식의 $\mathbf{i}$와 $\mathbf{j}$의 성분들을 같다고 놓으면,

$$v_C = 4 + 0.4\omega_{BC}$$

$$0 = 4 - 0.8\omega_{BC}$$

이다. 이 식들을 풀면 $v_C = 6$ m/s와 $\omega_{BC} = 5$ rad/s를 얻는다. 막대 BC의 각속도는 $\boldsymbol{\omega}_{BC} = 5\mathbf{k}$ (rad/s)이며, 점 C의 속도는 $\mathbf{v}_C = 6\mathbf{i}$ (m/s)이다.

비판적 사고

점 C의 속도를 왜 $\mathbf{v}_C = v_C\mathbf{i}$로 표현했는가? 이렇게 함으로써 수평면이 막대 BC의 운동에 가하는 제약조건이 해에 들어가게 된다. 이 결정적 조치는 점 C의 수직방향 속도 성분이 0임을 나타낸다.

예제 6.3 링크장치의 해석

그림 6.18에서 막대 AB가 10 rad/s의 각속도로 시계 방향으로 회전하고 있다. 래크-피니언(rack-pinion) 기어의 래크의 수직방향 속도 v_R은 얼마인가?

전략

래크의 속도를 구하기 위해 부품 CD의 각속도를 구해야 한다. 막대 AB의 각속도를 알고 있으므로, 식 (6.6)을 적용하여 점 B의 속도를 구할 수 있다. 그 다음, 식 (6.6)을 점 C와 D에 적용하여 $\mathbf{v}_C$에 대한 식을 부품 CD의 각속도에

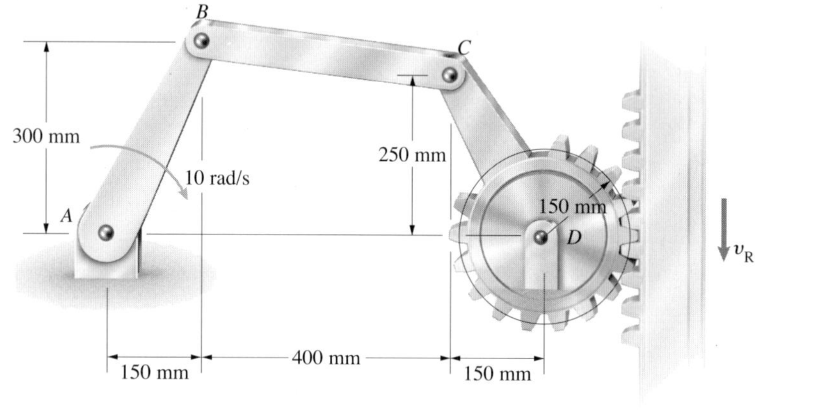

그림 6.18

의해 나타낼 수 있다. 또 식 (6.6)을 점 B와 C에 적용함으로써 $\mathbf{v}_C$에 대한 식을 막대 BC의 각속도에 의해 나타낼 수 있다. $\mathbf{v}_C$에 대한 두 식을 같다고 놓음으로써, 막대 BC와 CD의 각속도가 미지수인 벡터방정식을 얻을 수 있다.

풀이

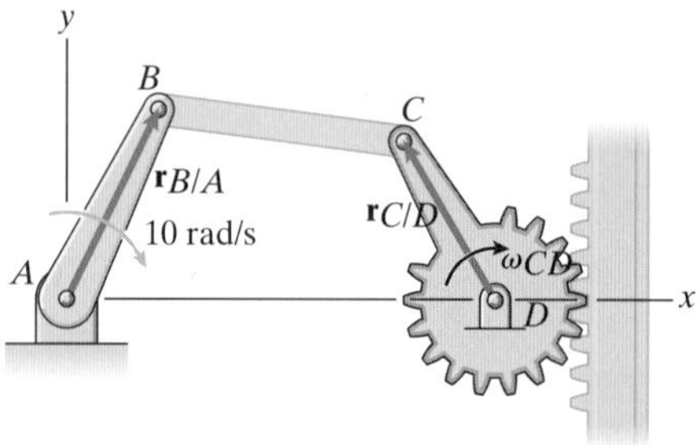

(a) 점 B와 C의 속도 구하기.

먼저 식 (6.6)을 점 A와 B에 적용한다(그림 a). 그림의 좌표계에 의해, A에 대한 B의 위치벡터는 $\mathbf{r}_{B/A} = 0.5\mathbf{i} + \mathbf{j}$ (mm)이며, 막대 AB의 각속도 벡터는 $\boldsymbol{\omega}_{AB} = -10\mathbf{k}$ (rad/s)이다. 따라서 B의 속도는

$$\mathbf{v}_B = \mathbf{v}_A + \boldsymbol{\omega}_{AB} \times \mathbf{r}_{B/A} = \mathbf{0} + \begin{vmatrix} \mathbf{i} & \mathbf{j} & \mathbf{k} \\ 0 & 0 & -10 \\ 0.5 & 1 & 0 \end{vmatrix}$$

$$= 10\mathbf{i} - 5\mathbf{j} \text{ (mm/s)}$$

이다. 이제 식 (6.6)을 점 C와 D에 적용한다. ω_{CD}는 부품 CD의 각속도로 미지수이다(그림 a). D에 대한 C의 위치벡터는 $\mathbf{r}_{C/D} = -0.500\mathbf{i} + 0.833\mathbf{j}$ (m)이며, 부품 CD의 각속도 벡터는 $\boldsymbol{\omega}_{CD} = -\omega_{CD}\mathbf{k}$이다. 따라서 C의 속도는 다음과 같다:

$$\mathbf{v}_C = \mathbf{v}_D + \boldsymbol{\omega}_{CD} \times \mathbf{r}_{C/D} = \mathbf{0} + \begin{vmatrix} \mathbf{i} & \mathbf{j} & \mathbf{k} \\ 0 & 0 & -\omega_{CD} \\ -0.500 & 0.833 & 0 \end{vmatrix}$$

$$= 0.833\omega_{CD}\mathbf{i} + 0.500\omega_{CD}\mathbf{j}$$

식 (6.6)을 점 B와 C에 적용한다(그림 b). 막대 BC의 미지의 각속도를 ω_{BC}로 표시한다. B에 대한 C의 위치벡터는 $\mathbf{r}_{C/B} = 400\mathbf{i} - 50\mathbf{j}$ (mm)이며, 막대 BC의 각속도 벡터는 $\boldsymbol{\omega}_{BC} = \omega_{BC}\mathbf{k}$이다. C의 속도를 B의 속도에 의해 나타내면, 다음 식과 같다:

$$\mathbf{v}_C = \mathbf{v}_B + \boldsymbol{\omega}_{BC} \times \mathbf{r}_{C/B} = \mathbf{v}_B + \begin{vmatrix} \mathbf{i} & \mathbf{j} & \mathbf{k} \\ 0 & 0 & \omega_{BC} \\ 400 & -50 & 0 \end{vmatrix}$$

$$= \mathbf{v}_B + 50\omega_{BC}\mathbf{i} + 400\omega_{BC}\mathbf{j}$$

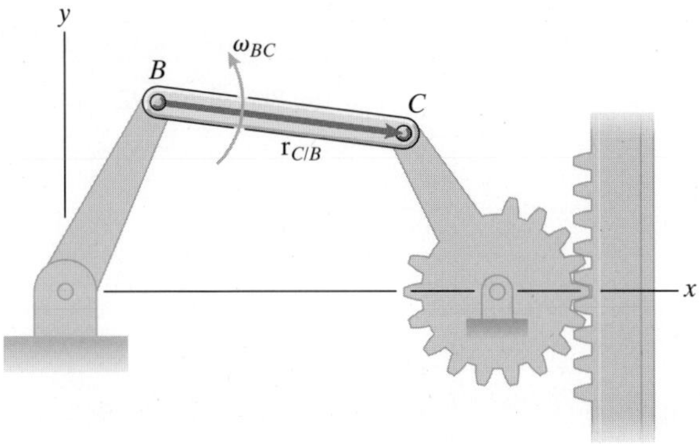

(b) 점 C의 속도를 점 B의 속도에 의해 나타냄.

앞에서 구한 $\mathbf{v}_B$와 $\mathbf{v}_C$에 대한 표현식을 위 식에 대입하면 다음 식을 얻을 수 있다:

$$0.833\omega_{CD}\mathbf{i} + 0.500\omega_{CD}\mathbf{j} = 10\mathbf{i} - 5\mathbf{j} + 50\omega_{BC}\mathbf{i} + 400\omega_{BC}\mathbf{j}$$

양변의 $\mathbf{i}$와 $\mathbf{j}$의 성분끼리 서로 같다고 놓으면, ω_{BC}와 ω_{CD}에 대한 다음 식 두 개를 얻을 수 있다:

$$0.833\omega_{CD} = 10 + 50\omega_{BC}\mathbf{i}$$

$$0.500\omega_{CD} = -5 + 400\omega_{BC}\mathbf{j}$$

이 식들을 풀면, $\omega_{BC} = 0.03$ rad/s와 $\omega_{CD} = 13.78$ rad/s를 얻게 된다.

래크의 수직방향 속도는 래크와 접촉하는 기어의 속도와 같다. 따라서

$$v_R = (0.15 \text{ m})\omega_{CD} = (0.15)(13.78) = 2.07 \text{ m/s}$$

이다.

| 비판적 사고 |

이 예제에서 래크와 피니언 기어의 속도를 구하기 위한 문제풀이 과정들을 어떻게 알 수 있었는가? 위의 **전략** 부분에서 풀이 방법은 하나뿐이며 분명해야 한다는 느낌을 받았을지도 모르지만, 둘 다 사실이 아니다. 이런 유형의 대부분의 문제들은 구하고자 하는 것을 구하기 위해 필요한 식을 충분히 얻을 수 있을 때까지 식 (6.6)을 반복해서 적용함으로써 해를 구할 수 있다. 기억해야 할 것은, 식 (6.6)은 같은 강체의 두 점에 대해서만 적용이 가능하다는 것이다. 예를 들면, 이 문제에서 점 B와 C에는 식 (6.6)을 적용할 수 있지만, 점 A와 C에는 적용할 수 없다.

연습문제

6.14 터빈이 x축과 일치하는 고정축에 대해 30 rad/s로 회전한다. 터빈의 각속도 벡터를 구하라.

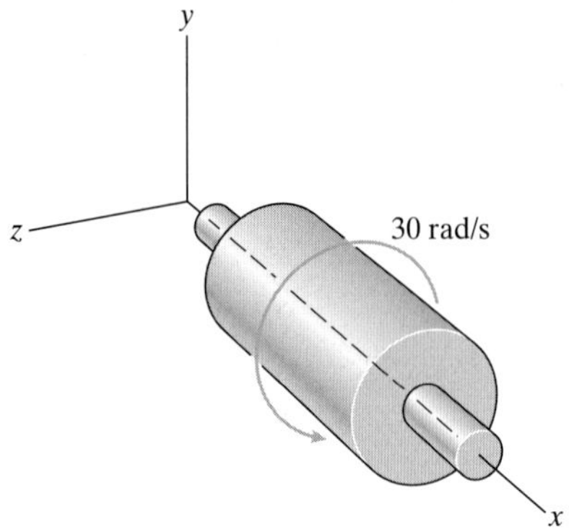

문제 6.14

6.15 직사각형 판이 $x-y$ 평면에서 같은 길이의 막대에 매달려 흔들린다. 직사각형 판과 막대 AB의 각속도 벡터를 각각 구하라.

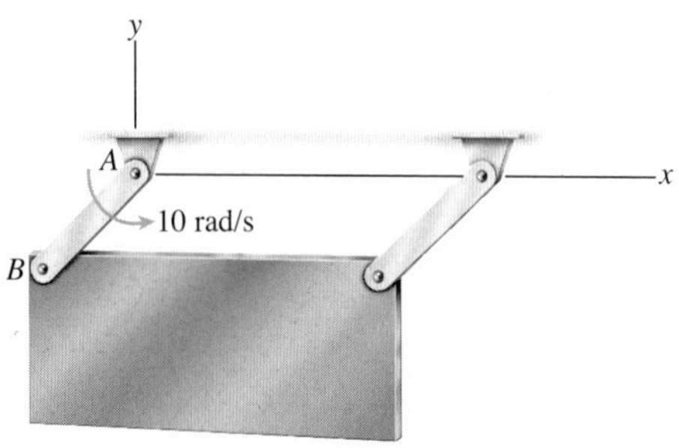

문제 6.15

6.16 막대 OQ가 4 rad/s로 시계 방향으로 회전하고 있다. 막대 OQ와 PQ의 각속도 벡터를 구하라.

전략: 막대 OQ의 각속도 벡터를 안다면, 막대 PQ의 각속도를 알 수 있음에 주목하라.

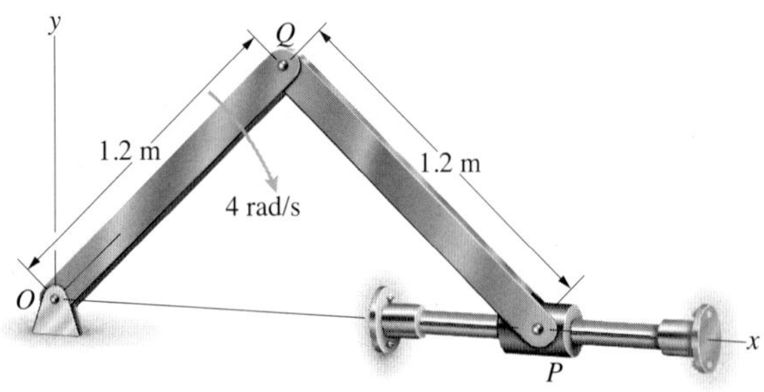

문제 6.16

6.17 반경이 $R = 0.5$ m인 원판이 수평면 위를 굴러간다. 원판 중심이 이동한 수평거리 x와 원판이 회전한 각 β 사이의 관계는 $x = R\beta$이다. 원판의 중심이 2 m/s의 일정한 속도로 오른쪽으로 움직이고 있다고 가정하자.

(a) 원판의 각속도를 구하라.

(b) 원판의 각속도 벡터를 구하라.

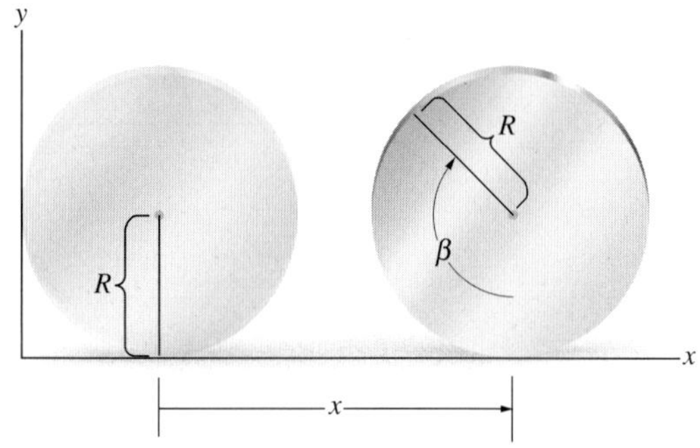

문제 6.17

6.18 강체가 각속도 $\omega = 12$ rad/s로 회전한다. 거리 $r_{A/B} = 0.4$ m이다.

(a) 그림 6.11b에 표시된 속도를 이용하여, B에 대한 A의 상대 속도의 x, y 성분을 구하라.

(b) 강체의 각속도 벡터는 얼마인가?

(c) 식 (6.5)를 이용하여 B에 대한 A의 속도를 구하라.

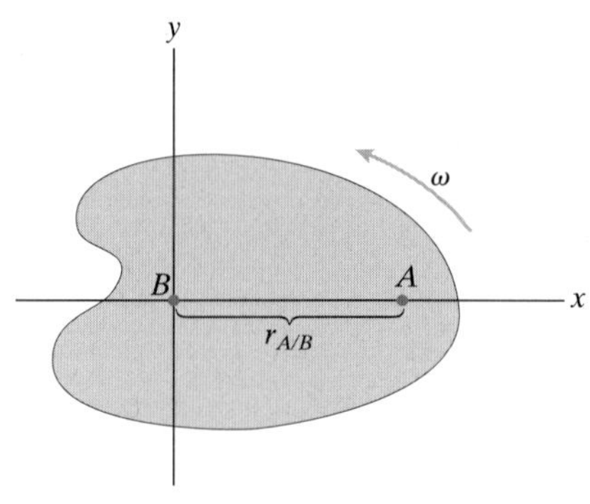

문제 6.18

6.19 막대가 8 rad/s로 반시계 방향으로 회전하고 있다. 식 (6.5)를 이용하여 B에 대한 A의 상대 속도를 구하라.

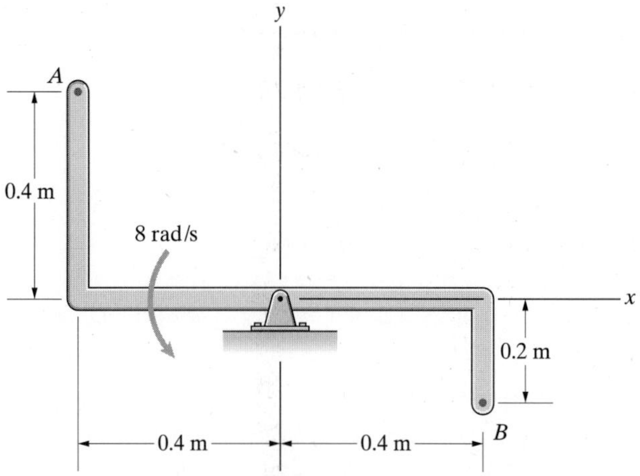

문제 6.19

6.20 브라켓(bracket)이 축 O에 대해 20 rad/s의 각속도로 반시계 방향으로 회전하고 있다. 식 (6.5)를 이용하여, (a) B에 대한 A의 상대 속도와 (b) A에 대한 B의 상대 속도를 구하라.

6.21 브라켓이 축 O에 대해 20 rad/s의 각속도로 반시계 방향으로 회전하고 있다.

(a) 점 A와 고정점 O에 식 (6.6)을 적용하여 A의 속도를 구하라.

(b) (a)의 결과를 이용하고 점 A와 B에 식 (6.6)을 적용하여, B의 속도를 구하라.

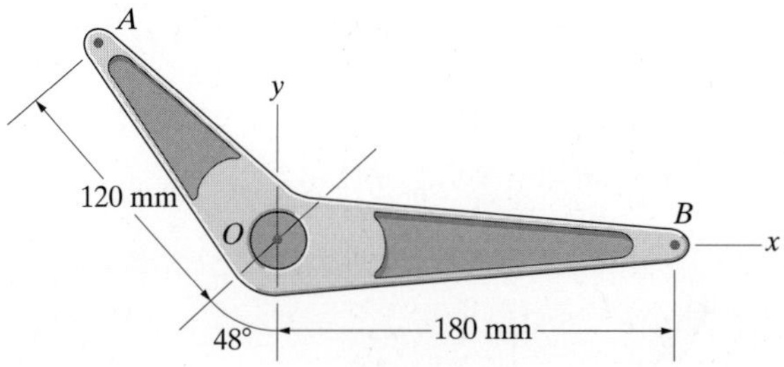

문제 6.20/6.21

6.22 점 A의 속도의 x, y 성분을 구하라.

6.23 막대의 각속도가 일정하다면, 그림의 순간으로부터 0.1초 후의 점 A의 속도의 x, y 성분을 구하라.

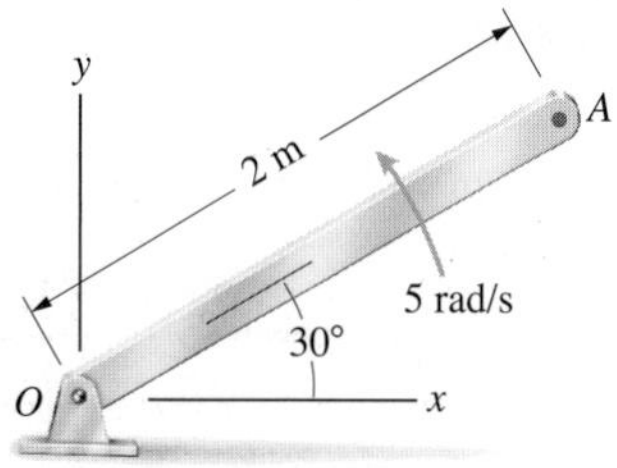

문제 6.22/6.23

6.24 원판이 z축에 대해 50 rad/s의 각속도로 시계 방향으로 회전하고 있다. 점 A, B, C의 속도의 x, y 성분들을 구하라.

6.25 점 B에 대한 점 A의 상대 속도 크기가 4 m/s라면, 원판의 각속도의 크기는 얼마인가?

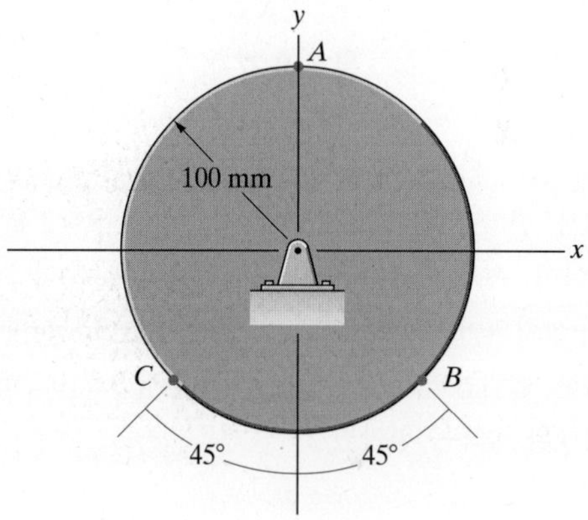

문제 6.24/6.25

6.26 Corvette(역주: Chevrolet의 스포츠카 브랜드)이 104.6 km/h의 일정한 속도로 달리고 있다. 타이어의 직경은 711.2 mm이다.

(a) 자동차 바퀴의 각속도 벡터를 구하라.

(b) 바퀴중심의 속도를 구하라.

(c) 식 (6.6)을 이용하여, 바퀴의 타이어의 가장 높은 점의 속도를 구하라.

문제 6.26

6.27 굴러가는 원판의 점 A는 오른쪽으로 움직이고 있다. 점 B에 대한 점 C의 상대 속도 크기는 8 m/s이다. 점 D의 속도는 얼마인가?

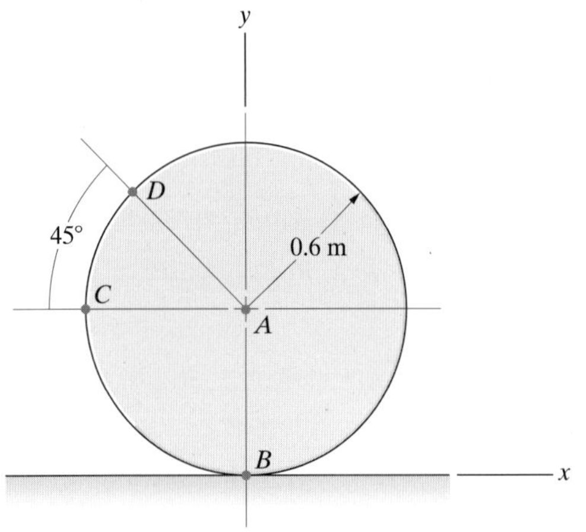

문제 6.27

6.28 헬리콥터가 $x-y$ 평면에서 평면운동을 한다. 그림의 순간에서, 헬리콥터의 질량중심 G의 위치는 $x = 2$ m, $y = 2.5$ m이며, 속도는 $\mathbf{v}_G = 12\mathbf{i} + 4\mathbf{j}$ (m/s)이다. 꼬리 회전날개가 설치되어 있는 점 T의 위치는 $x = -3.5$ m, $y = 4.5$ m이다. 헬리콥터의 각속도는 시계 방향으로 0.2 rad/s이다. 점 T의 속도는 얼마인가?

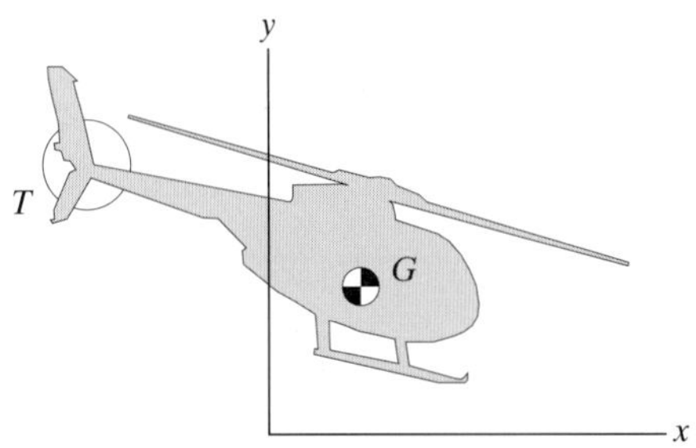

문제 6.28

6.29 막대 AB가 3 rad/s로 반시계 방향으로 회전하고 있다. 점 A는 단위벡터 $0.966\mathbf{i} - 0.259\mathbf{j}$의 방향으로 움직이고 있으며, 점 B는 단위벡터 $0.766\mathbf{i} + 0.643\mathbf{j}$의 방향으로 움직이고 있다. 점 A와 B의 속도를 구하라.

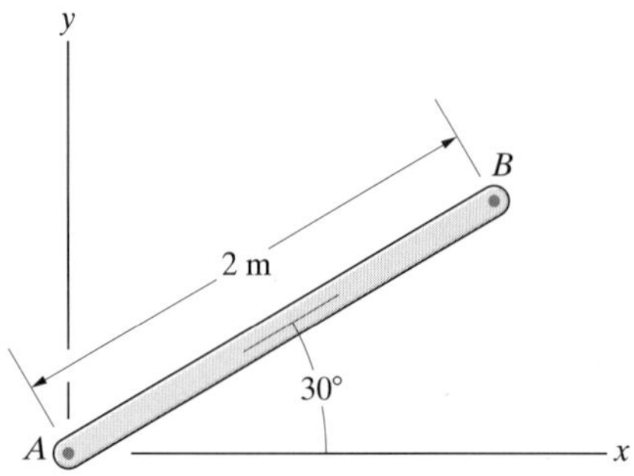

문제 6.29

6.30 2 m 막대의 점 A와 B가 평면 표면 위에서 미끄러진다. 점 B는 3 m/s로 오른쪽으로 움직이고 있다. 막대의 중심점 G의 속도는 얼마인가?

전략: 먼저 식 (17.6)을 점 A와 B에 적용하여 막대의 각가속도를 구한다. 그 다음, 식 (17.6)을 점 B와 G에 적용한다.

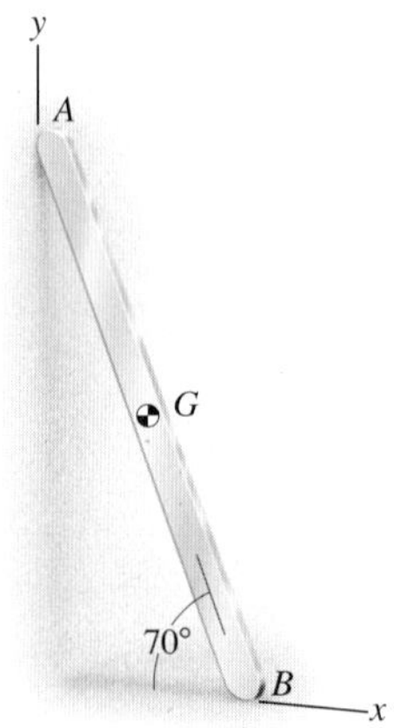

문제 6.30

6.31 점 B가 101.6 mm/s로 오른쪽으로 움직인다. 점 A의 속도와 막대 AB의 각속도를 구하라.

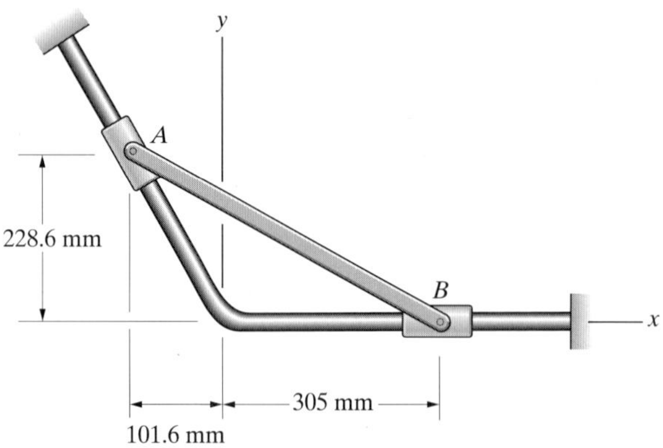

문제 6.31

6.32 만일 $\theta = 45°$인 슬리브(sleeve) P가 2 m/s로 오른쪽으로 움직이고 있다면, 막대 OQ와 PQ의 각속도는 각각 얼마인가?

6.33 만일 슬리브 P가 2m/s로 오른쪽으로 움직이고 막대 PQ가 1 rad/s로 반시계 방향으로 회전한다면, 각 θ는 얼마인가?

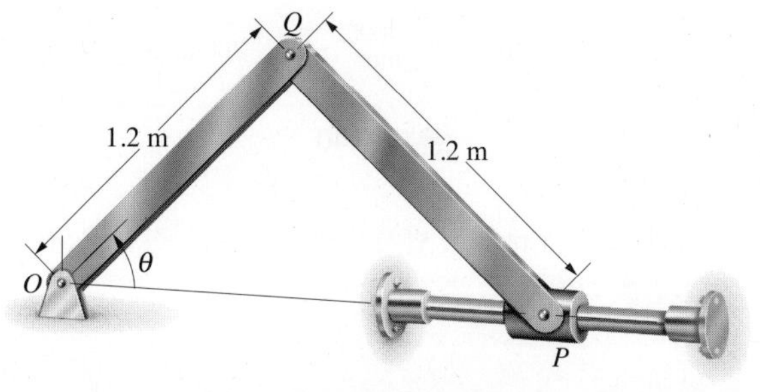

문제 6.32/6.33

6.34 막대 AB가 반시계 방향으로 6 rad/s로 회전한다. 막대 BD의 각속도와 점 D의 속도를 구하라.

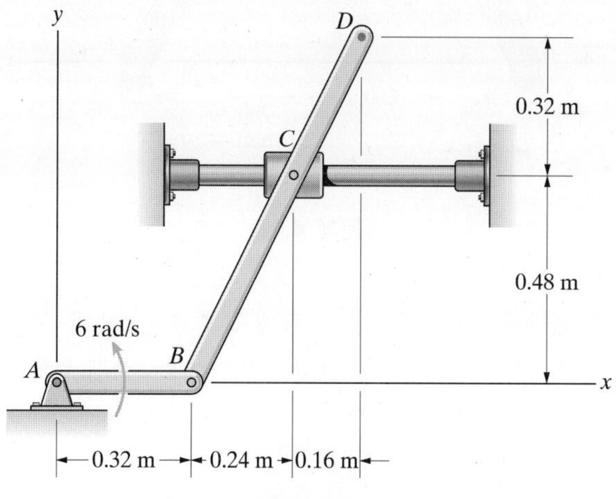

문제 6.34

6.35 크랭크 AB가 2000 rpm(분당 회전수)으로 시계 방향으로 회전하고 있다. 그림의 순간에 피스톤 C의 속도는 얼마인가?

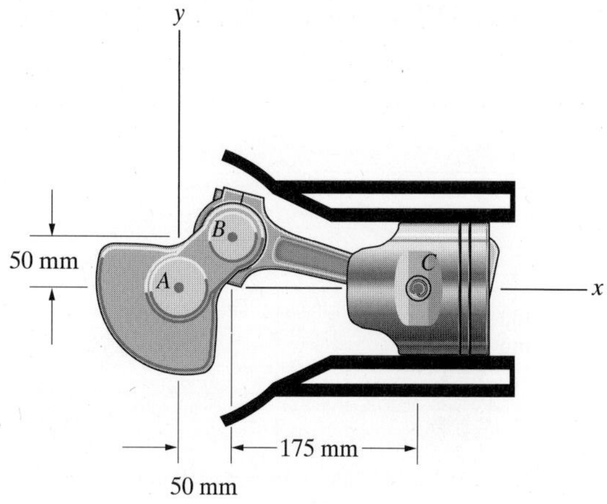

문제 6.35

6.36 막대 AB가 10 rad/s로 반시계 방향으로 회전하고 있다. 막대 CD의 각속도를 구하라.

전략: 막대 AB의 각속도를 알고 있으므로, B의 속도를 구할 수 있다. 식 (6.6)을 점 B와 C에 적용하여 $\mathbf{v}_C$에 대한 식을 막대 BC의 각속도에 의해 나타내고, 점 C와 D에도 적용하여 $\mathbf{v}_C$에 대한 식을 막대 CD의 각속도에 의해 나타낸다. 이 두 표현식을 같게 놓음으로써 두 개의 미지수, 즉 막대 BC와 CD의 각속도로 표현된 벡터식을 얻을 수 있다.

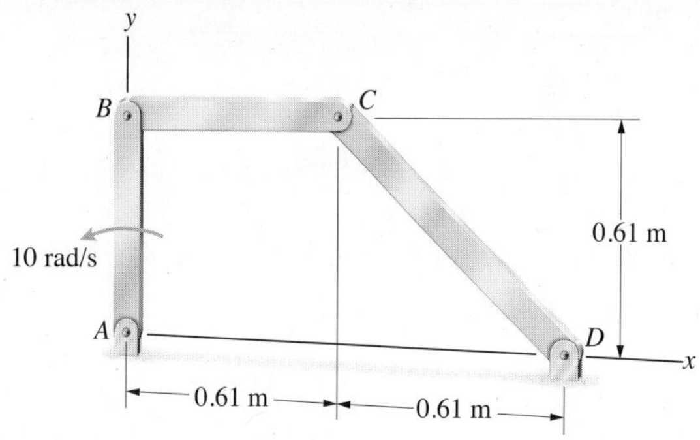

문제 6.36

6.37 막대 AB가 12 rad/s로 시계 방향으로 회전한다. 막대 BC와 CD의 각속도를 각각 구하라.

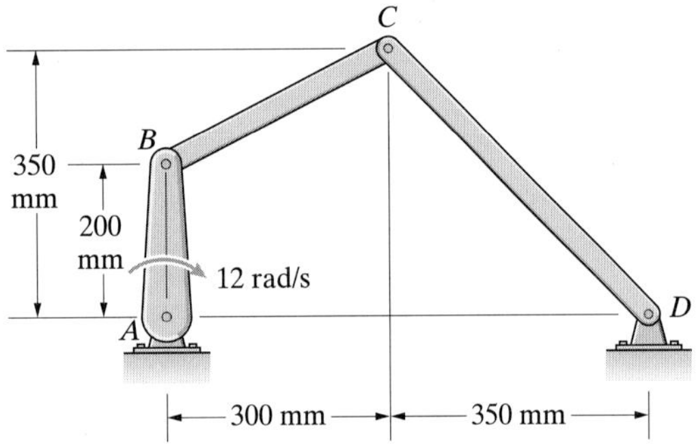

문제 6.37

6.38 막대 AB가 4 rad/s로 반시계 방향으로 회전한다. 막대 BC와 막대 CD의 각속도를 각각 구하라.

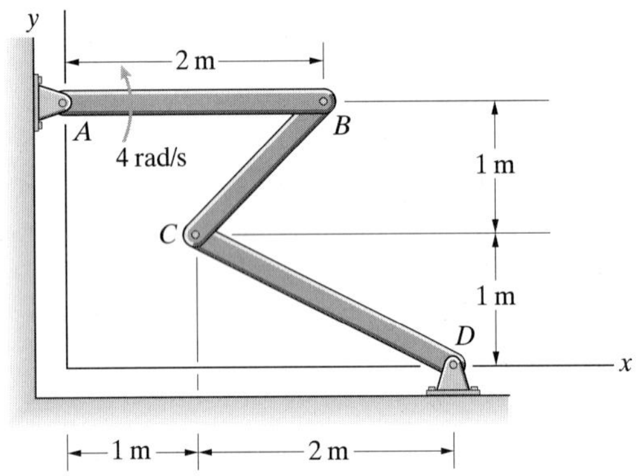

문제 6.38

6.39 막대 AB가 2 rad/s로 반시계 방향으로 회전한다. 막대 BC의 중앙점 G의 속도를 구하라.

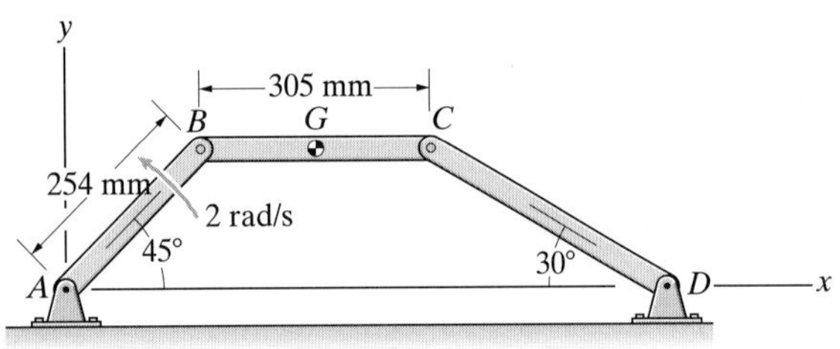

문제 6.39

6.40 막대 AB가 10 rad/s로 반시계 방향으로 회전한다. 점 E의 속도를 구하라.

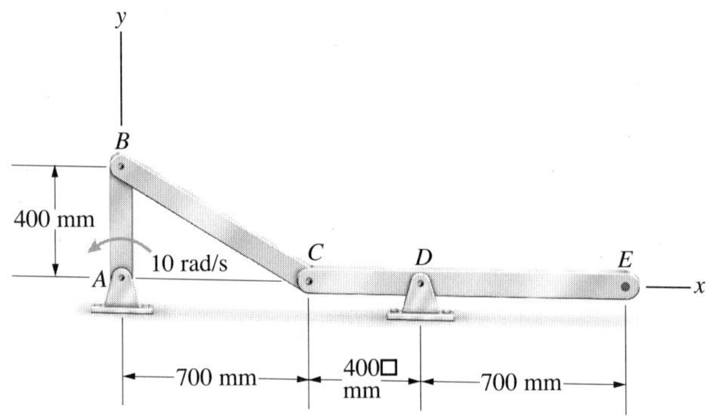

문제 6.40

6.41 막대 AB가 4 rad/s로 반시계 방향으로 회전한다. 점 C의 속도를 구하라.

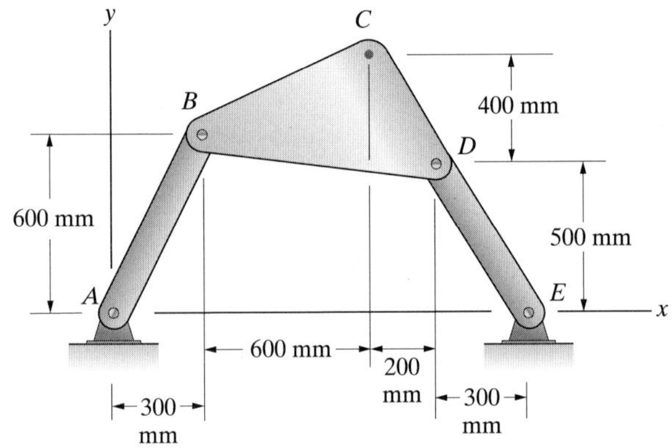

문제 6.41

6.42 플라이어(plier)의 위쪽 그립과 집게 부분 ABC는 고정되어 있고, 아래쪽 그립 DEF가 0.2 rad/s로 시계 방향으로 회전하고 있다. 그림의 순간에서, 아래쪽 집게 부분 CFG의 각속도는 얼마인가?

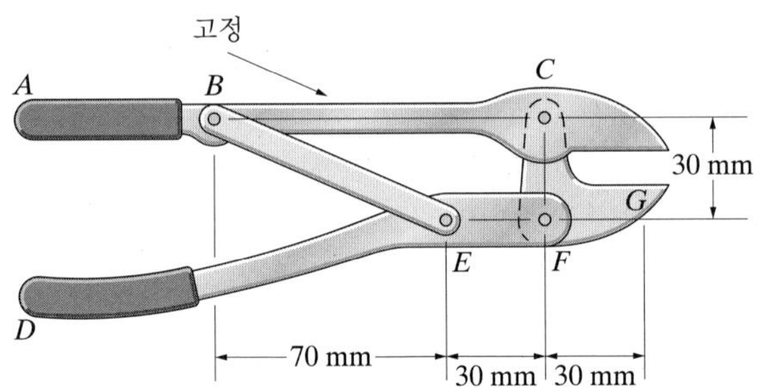

문제 6.42

6.43 굴삭기의 삽(scoop)을 지지하는 수평 구조재 *ADE*가 고정되어 있다. 만일 링크 *BD*가 1 rad/s로 시계 방향으로 회전한다면, 삽의 각속도는 얼마인가?

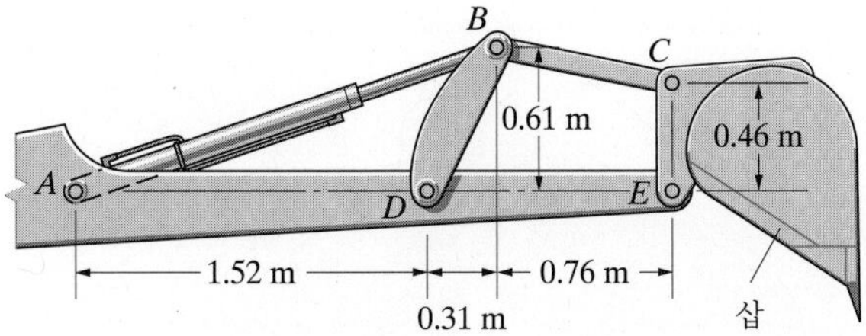

문제 6.43

6.44 원판의 직경이 1 m, 막대 *AB*의 길이가 1 m이다. 원판이 굴러가고 있으며, 점 *B*는 평면 표면 위에서 미끄러지고 있다. 막대 *AB*의 각속도와 점 *B*의 속도를 구하라.

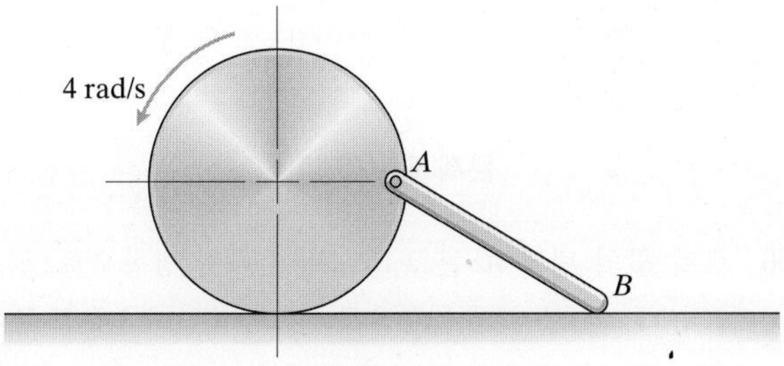

문제 6.44

6.45 모터가 *A*에 설치된 원판을 회전시켜 톱을 앞뒤로 움직이게 한다(톱은 수평 홈에 의해 지지되며, 점 *C*가 수평으로 움직이게 한다). 반경 *AB*는 101.6 mm이며, 링크 *BC*의 길이는 355.6 mm이다. 그림의 위치에서, $\theta = 45°$이며, 링크 *BC*는 수평이다. 원판의 각속도가 반시계 방향으로 1초당 1회전을 한다면, 톱의 속도는 얼마인가?

6.46 문제 6.45에서, 만일 원판의 각속도가 반시계 방향으로 1초당 1회전을 하며 $\theta = 270°$라면, 톱의 속도는 얼마인가?

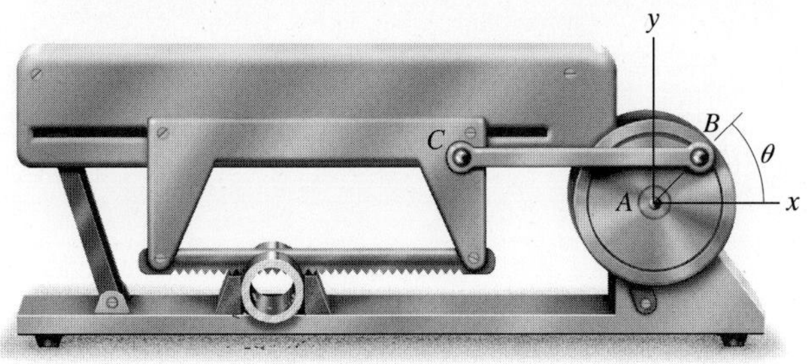

문제 6.45/6.46

6.47 원판이 평면 위에서 굴러간다. 왼쪽 원판의 각속도가 시계 방향으로 2 rad/s이다. 오른쪽 원판의 각속도는 얼마인가?

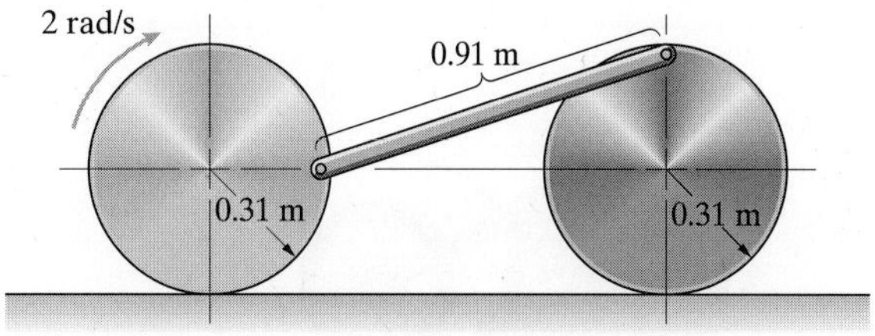

문제 6.47

6.48 원판이 곡면 위에서 굴러간다. 막대는 10 rad/s로 반시계 방향으로 회전한다. 점 *A*의 속도를 구하라.

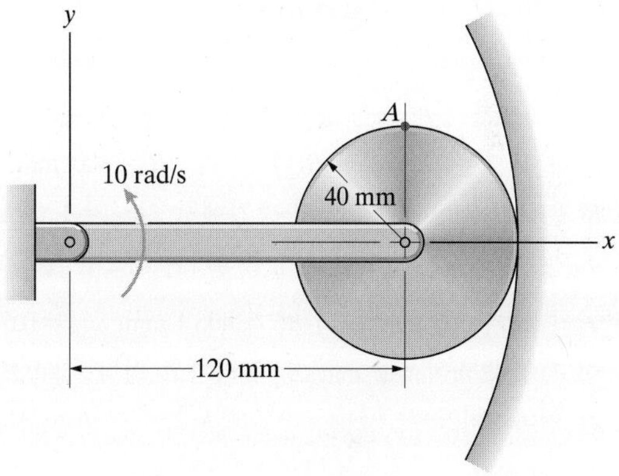

문제 6.48

6.49 $\omega_{AB} = 2$ rad/s이고 $\omega_{BC} = 4$ rad/s라면, 굴착기의 삽이 붙어 있는 점 *C*의 속도는 얼마인가?

6.50 $\omega_{AB} = 2$ rad/s라면, 점 *C*의 속도의 수직방향 성분이 0이 되게 하는 시계 방향의 각속도 ω_{BC}는 얼마인가? 또 이렇게 해서 얻어지는 점 *C*의 속도는 얼마인가?

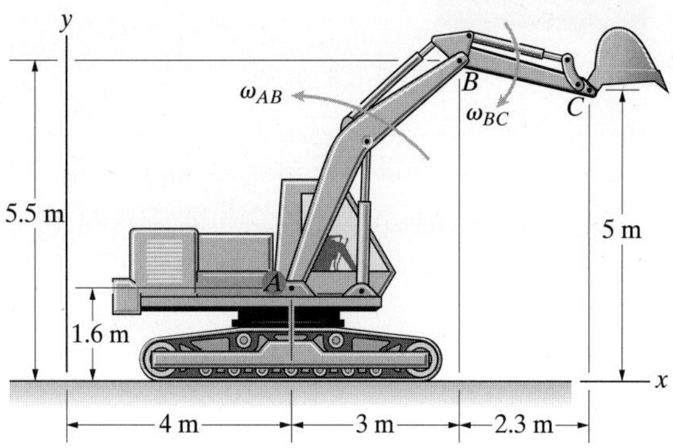

문제 6.49/6.50

6.51 오토바이의 뒷바퀴가 500 rpm으로 땅 위에서 굴러가고 있으며(땅과의 접촉점에서의 속도는 0이다), 바퀴의 반경은 280 mm이고, 오토바이의 몸체는 6 rad/s로 시계 방향으로 회전하고 있다. 질량중심 G의 속도를 구하라.

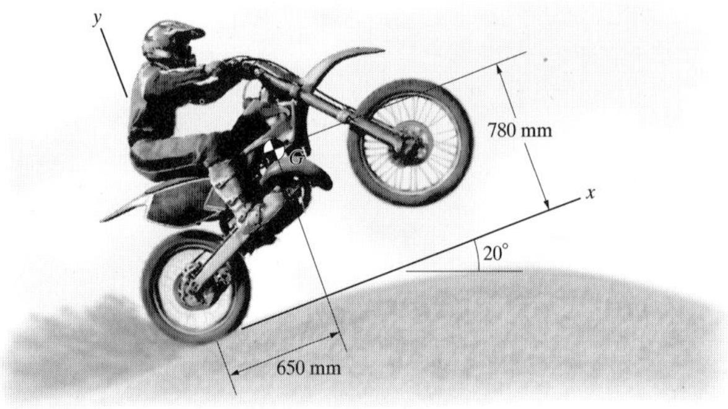

문제 6.51

6.52 운동선수가 질량 m을 들어 올리면서 팔운동을 한다. 어깨 관절 A는 고정되어 있다. 거리 AB는 300 mm, 거리 BC는 400 mm이다. 그림의 순간에서, $\omega_{AB} = 1$ rad/s이며 $\omega_{BC} = 2$ rad/s이다. 질량 m이 올라가는 속도는 얼마인가?

6.53 거리 AB가 305 mm, 거리 BC가 406.4 mm, $\omega_{AB} = 0.6$ rad/s이고 질량 m이 610 mm/s로 올라가고 있다. 각속도 ω_{BC}는 얼마인가?

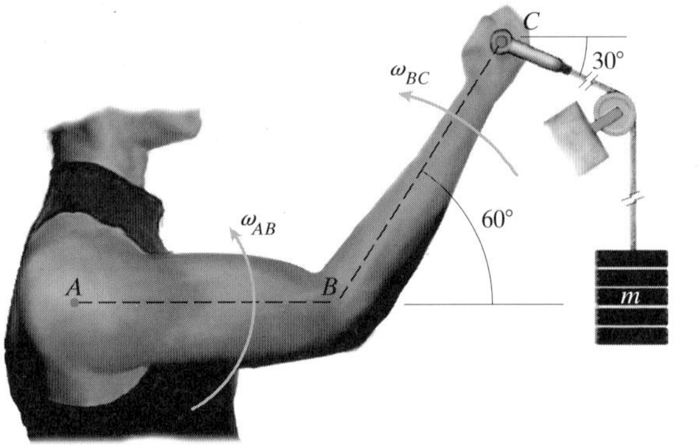

문제 6.52/6.53

6.54 점 B와 C가 $x-y$ 평면 상에 있다. 팔 AB와 BC의 각속도 벡터가 $\omega_{AB} = -0.2\mathbf{k}$ (rad/s), $\omega_{BC} = 0.4\mathbf{k}$ (rad/s)이다. 점 C의 속도는 얼마인가?

6.55 로봇 팔의 점 C의 속도가 $\mathbf{v}_C = -0.15\mathbf{i} + 0.42\mathbf{j}$ (m/s)라면, 팔 AB와 BC의 각속도는 각각 얼마인가?

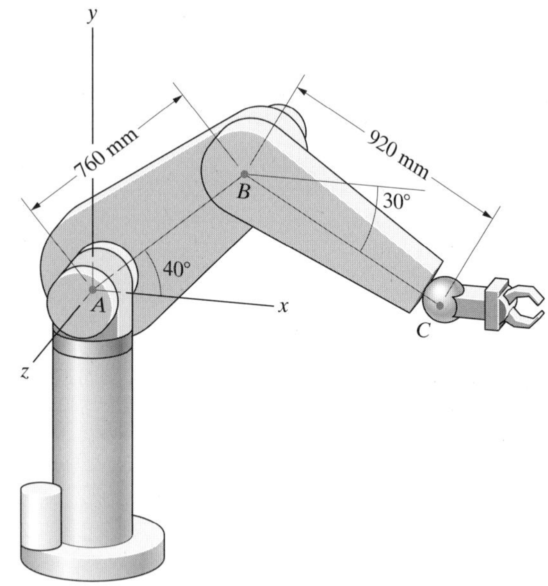

문제 6.54/6.55

6.56 로봇 팔의 링크 AB는 2 rad/s로 반시계 방향으로, 링크 BC는 3 rad/s로 시계 방향으로, 링크 CD는 4 rad/s로 반시계 방향으로 회전하고 있다. 점 D의 속도는 얼마인가?

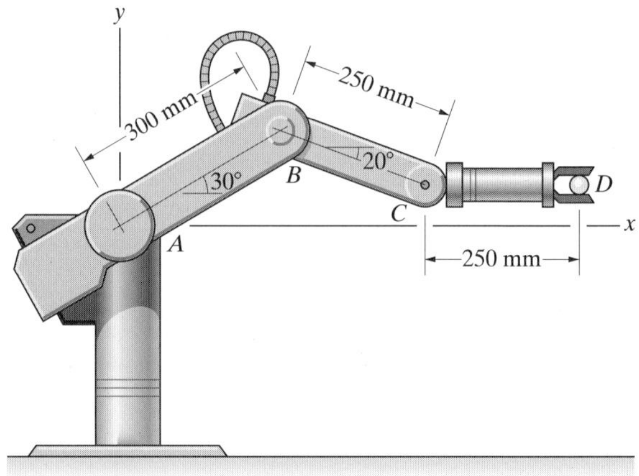

문제 6.56

6.57 그림과 같이 가위의 손잡이를 눌러 각속도를 일으키려고 한다. 집게 부분 *BD*의 각속도는 얼마가 되는가?

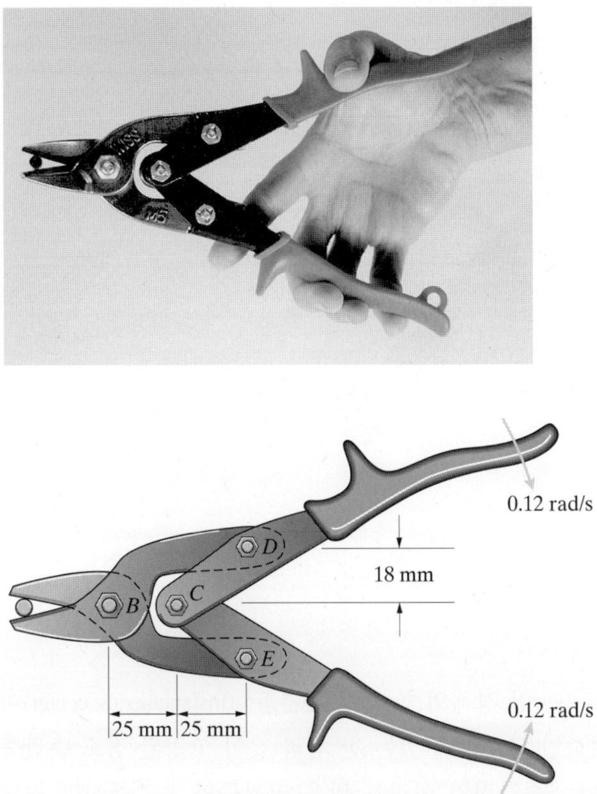

문제 6.57

6.58 속도 v_W와 작은 풀리의 각속도를 구하라.

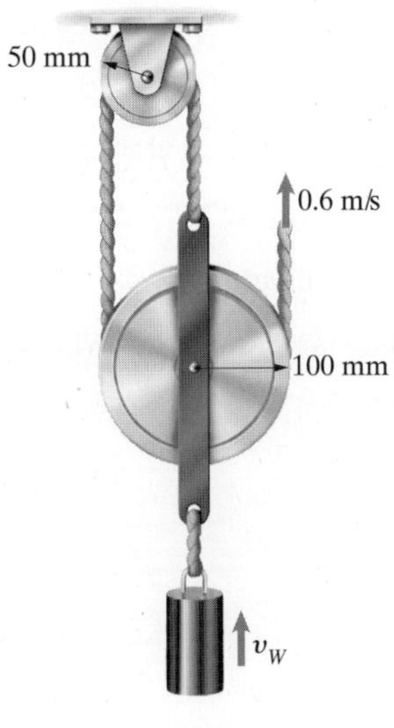

문제 6.58

6.59 블록의 속도와 작은 풀리의 각속도를 구하라.

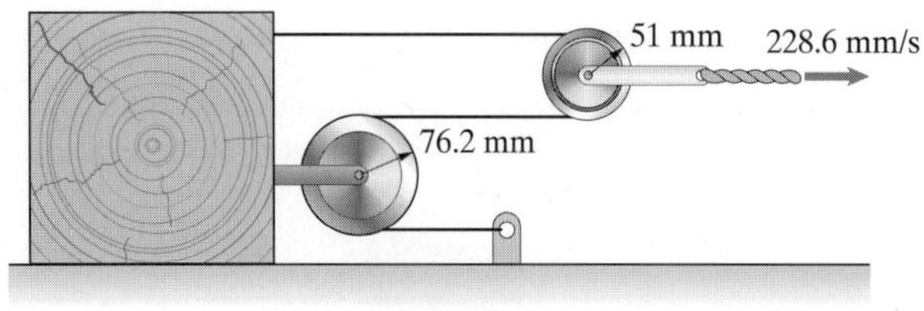

문제 6.59

6.60 그림의 장치는 반도체 산업에서 실리콘 웨이퍼를 연마하는 데 사용된다. 웨이퍼가 캐리어의 표면 위에 놓이면, 바깥쪽 링과 안쪽 링들이 회전하여, 연마용 표면 위에서 웨이퍼를 움직이면서 회전하게 만든다. 만일 바깥쪽 링이 7 rpm으로 시계 방향으로 회전하고, 안쪽 링이 12 rpm으로 반시계 방향으로 회전한다면, 캐리어의 각속도는 얼마인가?

6.61 바깥쪽 링이 5 rpm으로 시계 방향으로 회전하고, 연마 과정 동안 캐리어의 중심점들이 제자리에 있게 하려고 한다. 안쪽 링의 각속도는 얼마가 되어야 하는가?

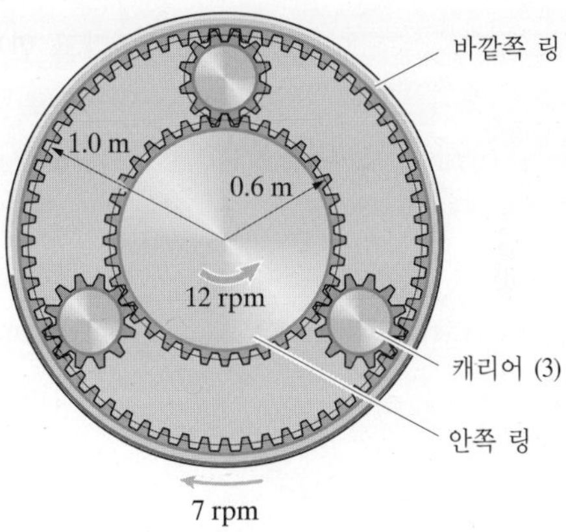

문제 6.60/6.61

6.62 링 기어는 고정되어 있으며, 허브 기어와 유성 기어는 서로 결합되어 있다. 연결 막대가 60 rpm으로 반시계 방향으로 회전한다. 태양 기어의 각속도와 점 A의 속도 크기를 구하라.

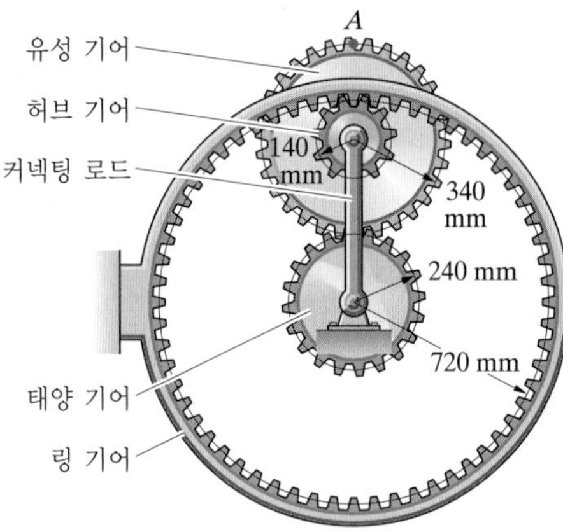

문제 6.62

6.63 큰 기어가 고정되어 있고, 막대 AB가 2 rad/s의 반시계 방향의 각속도를 가지고 있다. 막대 CD와 DE의 각속도는 얼마인가?

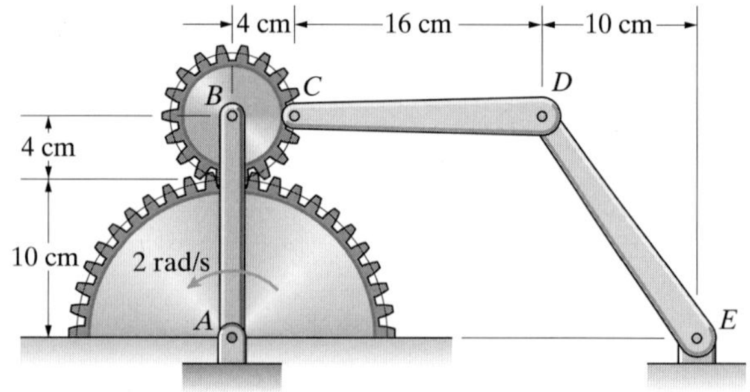

문제 6.63

순간중심

주어진 순간에서 속도가 0인 강체의 한 점을 **순간중심**(instantaneous center)이라고 한다. 강체의 회전축인 고정축에 있는 한 점과 같이 고정된 점도 순간중심으로 부르기는 하지만, "순간적인"이라는 말은 고려중인 순간에서만 속도가 0일 수도 있다는 것을 의미한다.

2차원 운동에서 강체의 순간중심의 위치와 각속도를 알고 있으면, 다른 점들의 속도를 구하는 것은 쉽다. 예를 들어 그림 6.19a에서 점 C를 각속도 ω로 평면운동을 하는 강체의 순간중심이라고 하자. 점 A는 C에 대해 원형 경로를 그리며 움직인다. C에 대한 A의 상대 속도는 이 원형 경로에 접하며, C에서 A까지의 거리와 각속도를 곱한 값과 같다. 그러나 현재 순간에서 C는 움직이지 않으므로 C에 대한 A의 상대 속도는 A의 속도와 같다. 이 순간에서 강체의 모든 점들은 C에 대해 회전한다(그림 6.19b).

평면운동을 하는 강체의 순간중심은 종종 간단한 방법으로 찾을 수 있다.

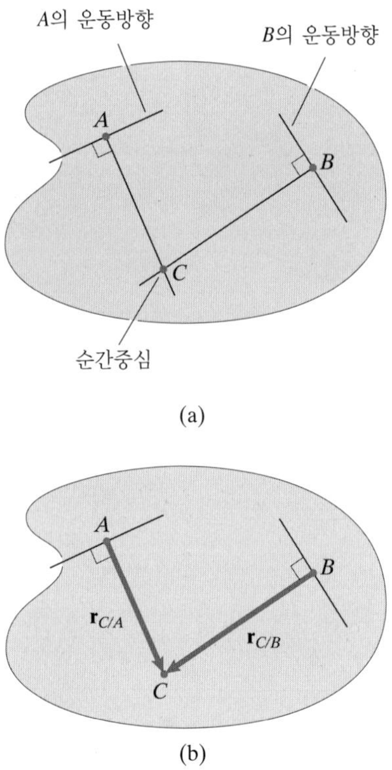

그림 6.20
(a) 평면운동에서 순간중심 찾기.
(b) $\mathbf{v}_C = 0$의 증명.

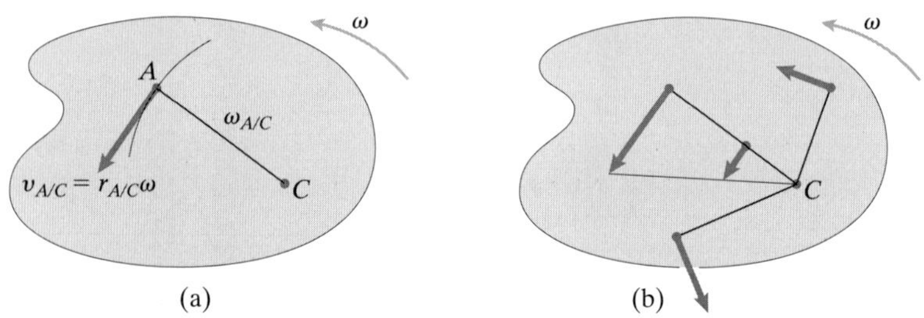

그림 6.19
(a) 순간중심 C와 다른 한 점 A.
(b) 모든 점들은 순간중심에 대해 회전한다.

두 점 A와 B의 운동방향을 알고 있으며 둘은 평행하지 않다고 가정하자(그림 6.20a). A와 B의 운동방향에 수직이면서 두 점을 지나는 직선을 각각 그리면, 두 직선이 교차하는 점 C가 순간중심이다. 이것을 입증하기 위해, C의 속도를 다음과 같이 A의 속도로 나타내 보자(그림 6.20b):

$$\mathbf{v}_C = \mathbf{v}_A + \boldsymbol{\omega} \times \mathbf{r}_{C/A}$$

벡터 $\boldsymbol{\omega} \times \mathbf{r}_{C/A}$는 $\mathbf{r}_{C/A}$에 수직이므로, 위 식은 $\mathbf{v}_C$가 A의 운동방향과 평행함을 나타낸다. 또 C의 속도를 B의 속도를 이용하여 나타낼 수도 있다. 즉,

$$\mathbf{v}_C = \mathbf{v}_B + \boldsymbol{\omega} \times \mathbf{r}_{C/B}$$

이다. 벡터 $\boldsymbol{\omega} \times \mathbf{r}_{C/B}$는 $\mathbf{r}_{C/B}$에 수직이므로, 위 식은 $\mathbf{v}_C$가 B의 운동방향과 평행함을 나타낸다. 따라서 A의 운동방향에 수직인 $\mathbf{v}_C$의 성분이 0이며, B의 운동방향에 수직인 $\mathbf{v}_C$의 성분이 0이므로 $\mathbf{v}_C = 0$이다.

순간중심은 강체의 한 점이 아닐 수도 있다(그림 6.21a). 이것은 단순히 문제가 되는 순간에서 강체가 외부의 한 점에 대해 회전하고 있다는 것을 의미한다. 강체를 잡아 늘여서 순간중심이 강체에 포함되게 하는 것을 상상한다면 도움이 될 것이다(그림 6.21b). 늘어난 강체 위의 점 C의 속도는 문제의 순간에서 0이다.

그림 6.21a에서, 만일 A와 B의 운동방향이 바뀌어 이들 운동방향에 수직인 두 직선이 서로 평행하게 된다면, C는 무한대로 이동하게 된다. 이 경우, 강체는 0의 각속도를 가지며 순수한 병진운동을 하게 된다.

각속도 ω로 굴러가는 반경 R인 원판의 예를 다시 보면(그림 6.22a), 바닥과

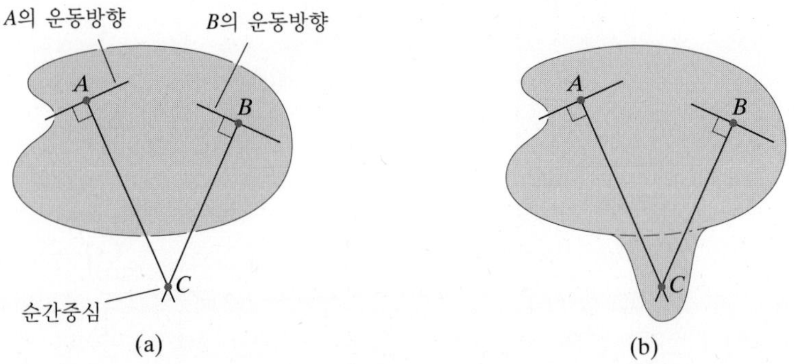

그림 6.21
(a) 강체 외부의 순간중심.
(b) 가상적으로 늘인 강체. 점 C는 정지상태이다.

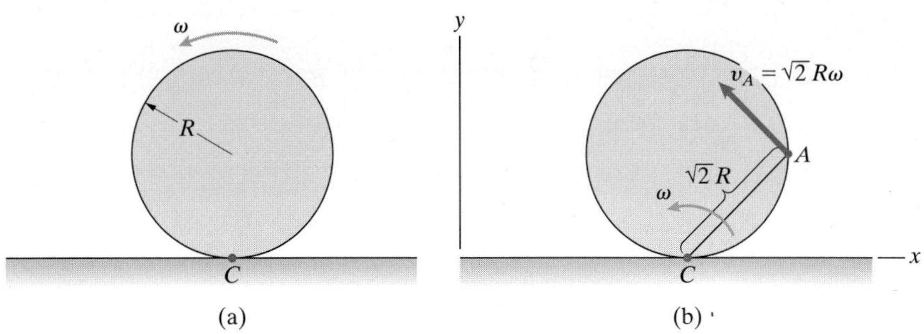

그림 6.22
(a) 점 C는 구름 원판의 순간중심이다.
(b) 점 A의 속도 구하기.

접촉하는 점 C는 그림의 순간에서 정지상태이므로, 점 C가 원판의 순간중심이다. 따라서 다른 임의의 점의 속도는 C에서 해당 점까지의 직선에 수직이고, 그 크기는 ω와 C에서 해당 점까지의 거리를 곱한 값과 같다. 그림 6.22b의 좌표계에 의해 점 A의 속도는 다음과 같다:

$$\begin{aligned}\mathbf{v}_A &= -\sqrt{2}R\omega\cos 45°\mathbf{i} + \sqrt{2}R\omega\sin 45°\mathbf{j}\\ &= -R\omega\mathbf{i} + R\omega\mathbf{j}\end{aligned}$$

연구 문제

1. 강체의 한 점이 순간중심이면, 이 점의 속도는 얼마인가?
2. 평면운동을 하는 강체의 각속도와 강체의 순간중심의 위치를 모두 알고 있다면, 강체의 다른 점의 속도에 대해 무엇을 알 수 있는가?
3. 만일 평면운동을 하는 강체의 두 점의 운동방향을 알고 있고 이 두 운동방향이 서로 평행하지 않다면, 강체의 순간중심의 위치를 어떻게 결정할 수 있는가?
4. 굴러가는 물체의 순간중심은 어디인가?

예제 6.4 순간중심에 의한 링크장치의 해석

그림 6.23에서 막대 AB가 10 rad/s의 각속도로 반시계 방향으로 회전하고 있다. 막대 BC와 CD의 각속도는 얼마인가?

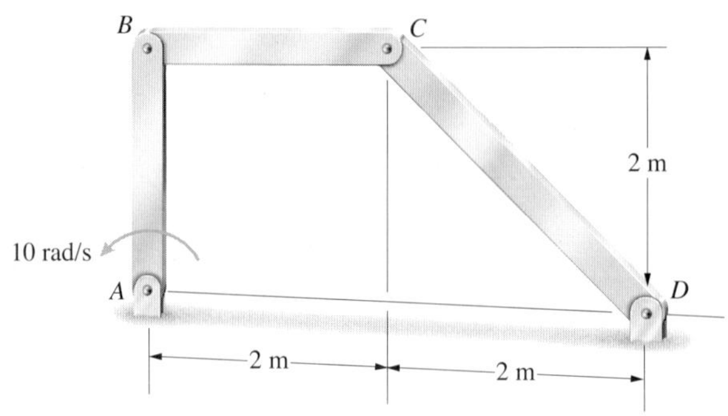

그림 6.23

전략

막대 AB와 CD는 고정축에 대해 회전하므로, 점 B와 C의 운동방향을 알 수 있으며, 따라서 막대 BC의 순간중심의 위치를 찾을 수 있다.
막대 AB로부터 시작하여(각속도를 알고 있으므로), 막대의 순간중심을 이용하여 두 연결점의 속도와 두 막대의 각속도를 각각 구할 수 있다.

| 풀이 |

막대 AB의 회전으로 인해 A에 대한 B의 속도는(그림 a)

$$v_B = (2\text{ m})(10\text{ rad/s}) = 20\text{ m/s}$$

이다. B와 C의 운동방향에 수직인 선을 각각 그리고, 막대 BC의 순간중심의 위치를 구한다(그림 b). B의 속도는 막대 BC의 순간중심으로부터 B까지의 거리와 각속도 ω_{BC}를 곱한 값, 즉

$$v_B = 20\text{ m/s} = (2\text{ m})\omega_{BC}$$

와 같으므로, $\omega_{BC} = 10\text{rad/s}$이다. (막대 BC는 시계 방향으로 회전함에 유의하라.) 막대 BC의 순간중심과 각속도를 이용하여 점 C의 속도를 구할 수 있다. 즉,

$$v_C = \left(\sqrt{8}\text{ m}\right)\omega_{BC} = 10\sqrt{8}\text{ m/s}$$

이다. 마지막으로 점 C의 속도를 이용하여 점 D에 대한 막대 CD의 각속도를 구한다(그림 c). 즉,

$$v_C = 10\sqrt{8}\text{ m/s} = \left(\sqrt{8}\text{ m}\right)\omega_{CD}$$

이며, 따라서 각속도는 반시계 방향으로 $\omega_{CD} = 10\text{ rad/s}$이다.

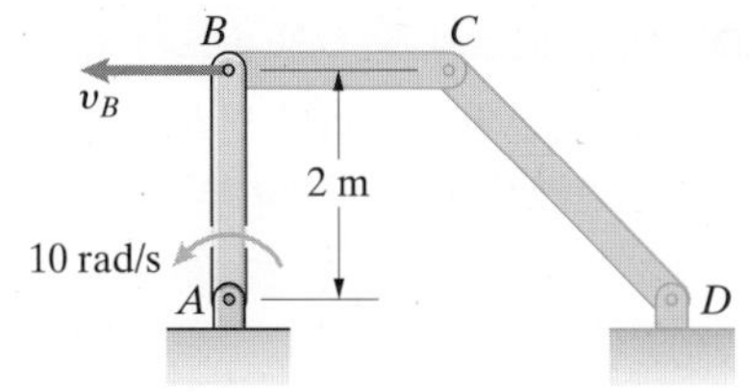

(a) v_B 구하기.

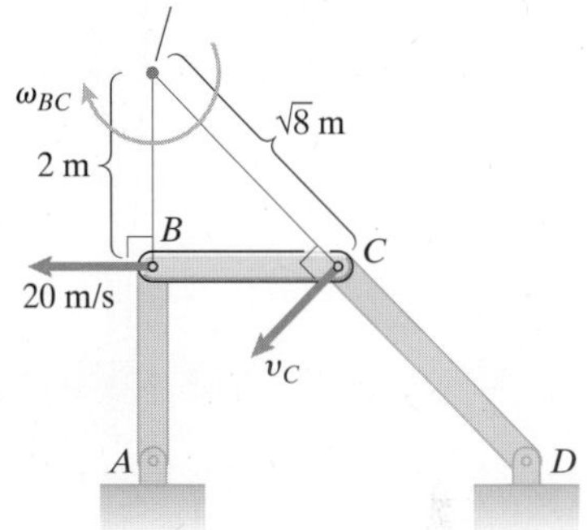

(b) ω_{BC}와 v_C 구하기.

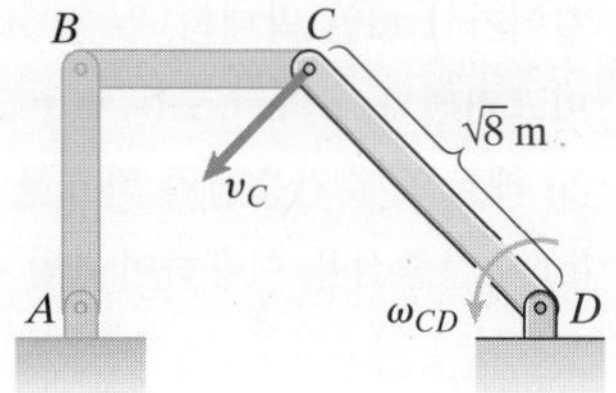

(c) ω_{CD} 구하기.

| 비판적 사고 |

이 예제에서, 순간중심을 이용하여 막대 BC와 CD의 각속도를 구하는 것이 앞에서 배운 방법과 비교할 때 매우 간단했다. 그러나 이 예제에서는 막대 길이와 위치 덕분에, 막대 BC의 순간중심 위치를 찾는 것이 상당히 쉬웠다는 점을 인식해야 한다. 만일 기하학적 구조가 굉장히 복잡하다면, 순간중심을 이용하는 것은 비현실적이 될 수 있다.

연습문제

6.64 막대가 10 rad/s의 시계 방향 각속도를 가지며 $v_A = 20$ m/s라면, 막대의 순간중심의 좌표는 얼마이며 v_B의 값은 무엇인가?

6.65 만일 $v_A = 24$ m/s, $v_B = 36$ m/s이면, 막대의 순간중심의 좌표는 무엇이며, 막대의 각속도는 얼마인가?

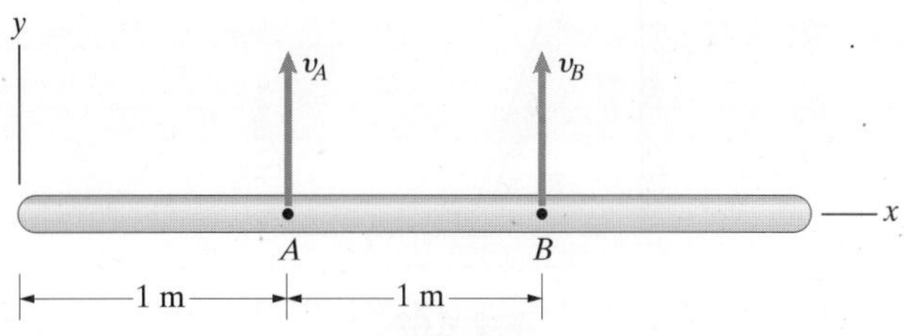

문제 6.64/6.65

6.66 야구 배트의 점 O의 속도가 $\mathbf{v}_O = -1.83\mathbf{i} - 4.27\mathbf{j}$ (m/s)이고, 배트가 4 rad/s의 반시계 방향 각속도로 z축에 대해 회전한다. 배트의 순간중심의 x, y 좌표를 구하라.

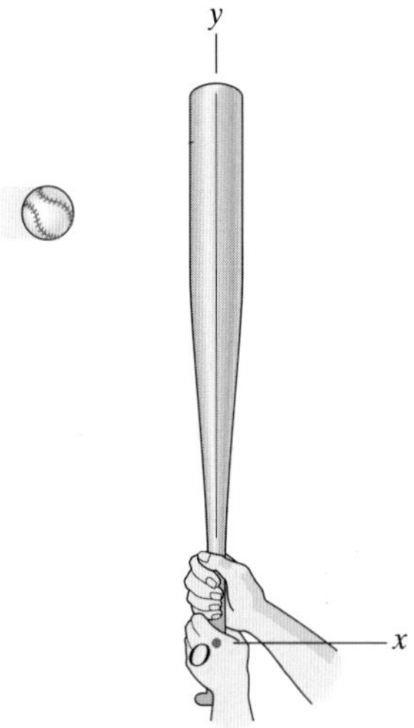

문제 6.66

6.67 길이가 1 m인 막대의 두 점 A와 B가 평면 표면 상에서 미끄러진다. B의 속도는 $\mathbf{v}_B = 2\mathbf{i}$ (m/s)이다.

(a) 배트의 순간중심의 좌표를 구하라.

(b) 순간중심을 이용하여 A의 속도를 구하라.

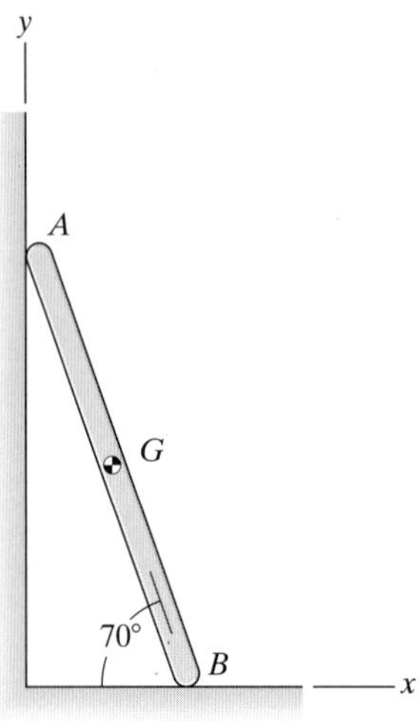

문제 6.67

6.68 막대가 x−y 평면에서 2차원 운동을 한다. 점 A의 속도는 $\mathbf{v}_A = 8\mathbf{i}$ (m/s)이며, B는 막대에 평행한 방향으로 움직이고 있다. B의 속도를 (a) 식 (6.6)을 이용하여, (b) 막대의 순간중심을 이용하여 각각 구하라.

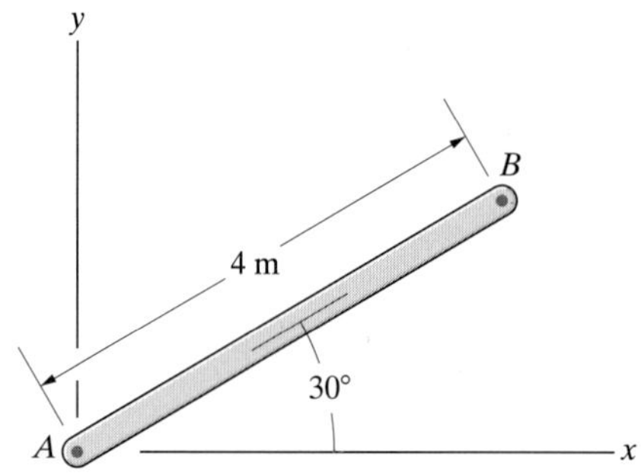

문제 6.68

6.69 막대의 점 A가 단위벡터 $0.966\mathbf{i} - 0.259\mathbf{j}$의 방향으로 8 m/s의 속도로 움직이고 있으며, 점 B는 단위벡터 $0.766\mathbf{i} + 0.643\mathbf{j}$의 방향으로 움직이고 있다.

(a) 막대의 순간중심의 좌표를 구하라.

(b) 막대의 각속도는 얼마인가?

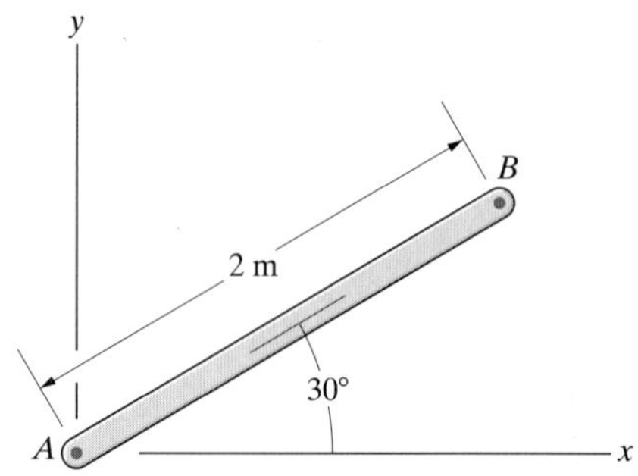

문제 6.69

6.70 4 m 막대의 두 점 A와 B가 평면 표면 상에서 미끄러진다. 점 B는 2 m/s로 경사면을 따라 미끄러져 내려온다.

(a) 막대의 순간중심의 좌표를 구하라.

(b) 순간중심을 이용하여 A의 속도를 구하라.

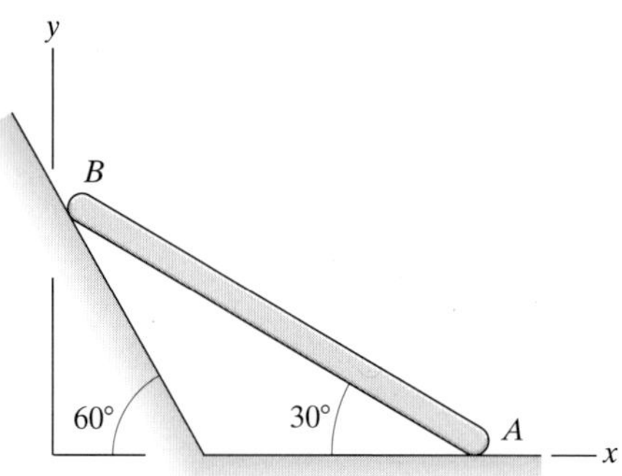

문제 6.70

6.71 순간중심을 이용하여 B의 수평 속도를 구하라.

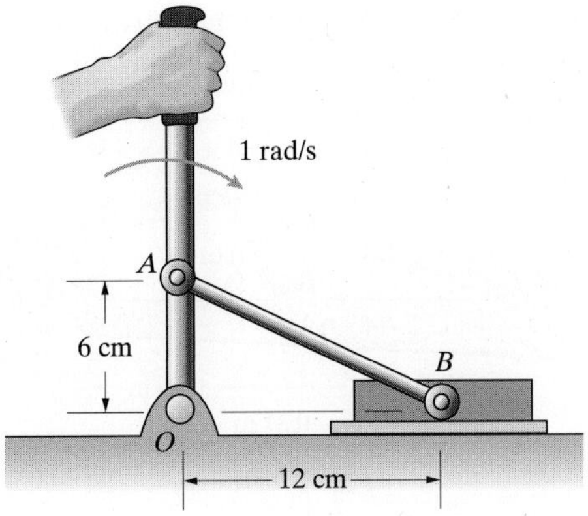

문제 6.71

6.72 문제 6.71의 기구가 아래의 그림 위치에 있을 때, 순간중심을 이용하여 B의 수평 속도를 구하라.

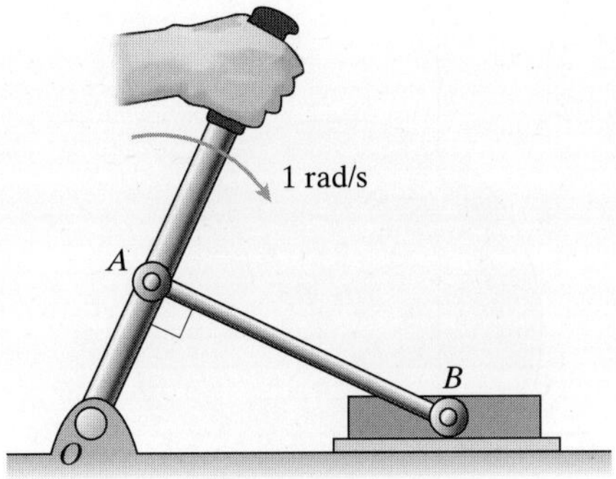

문제 6.72

6.73 각 $\theta = 45°$이며 막대 OQ가 0.2 rad/s로 반시계 방향으로 회전하고 있다. 순간중심을 이용하여 슬리브 P의 속도를 구하라.

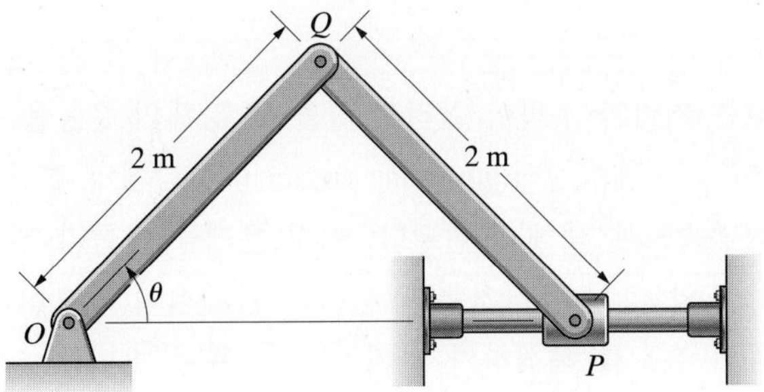

문제 6.73

6.74 막대 AB가 5 rad/s로 반시계 방향으로 회전하고 있다. 원판은 수평면 위에서 굴러간다. 막대 BC의 각속도를 구하라.

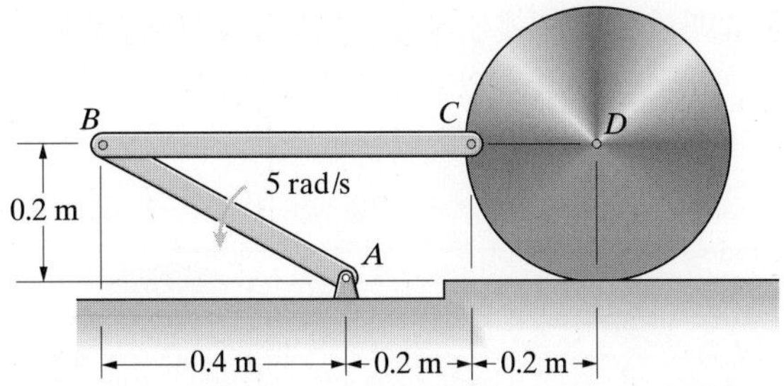

문제 6.74

6.75 막대 AB가 6 rad/s로 시계 방향으로 회전한다. 순간중심을 이용하여 막대 BC의 각속도를 구하라.

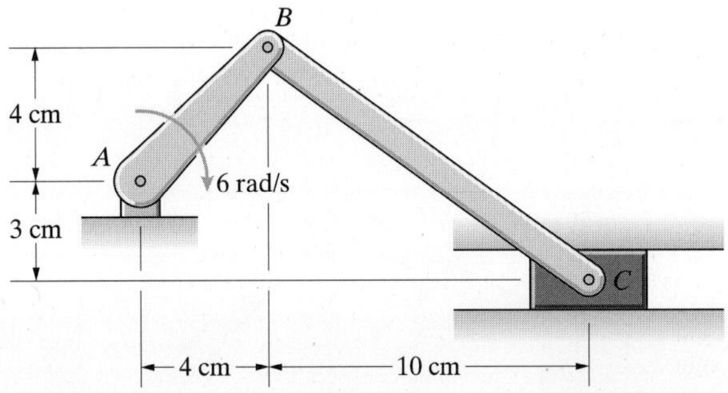

문제 6.75

6.76 크랭크 AB가 2000 rpm(분당 회전수)으로 시계 방향으로 회전하고 있다.

(a) 그림의 순간에서, 커넥팅 로드 BC의 순간중심의 좌표를 구하라.

(b) 순간중심을 이용하여, 그림의 순간에서 커넥팅 로드 BC의 각속도를 구하라.

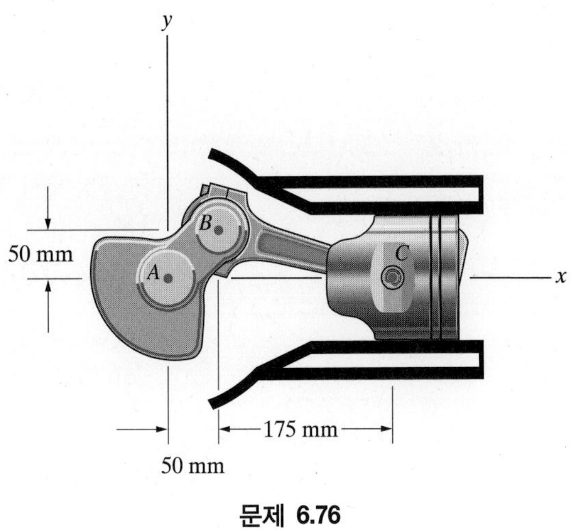

문제 6.76

6.77 원판이 평면 위에서 굴러간다. 왼쪽 원판이 2 rad/s로 시계 방향으로 돌고 있다. 순간중심을 이용하여 막대와 오른쪽 원판의 각속도를 구하라.

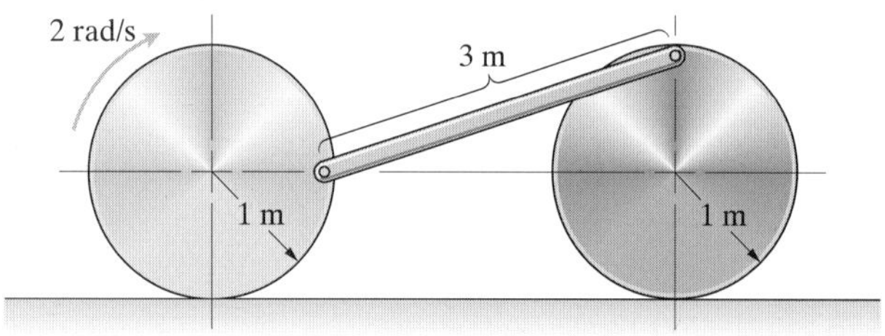

문제 6.77

6.78 막대 AB가 12 rad/s로 시계 방향으로 회전한다. 순간중심을 이용하여 막대 BC와 CD의 각속도를 구하라.

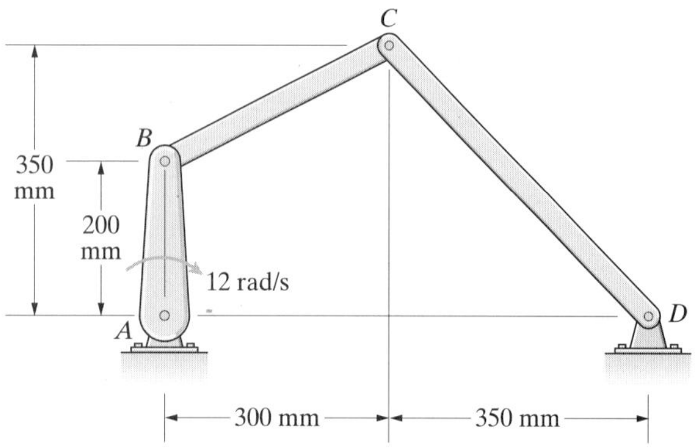

문제 6.78

6.79 굴삭기의 삽을 지지하고 있는 수평 구조재 ADE가 고정되어 있다. 링크 BD가 1 rad/s로 시계 방향으로 회전한다. 순간중심을 이용하여 굴삭기 삽(scoop)의 각속도를 구하라.

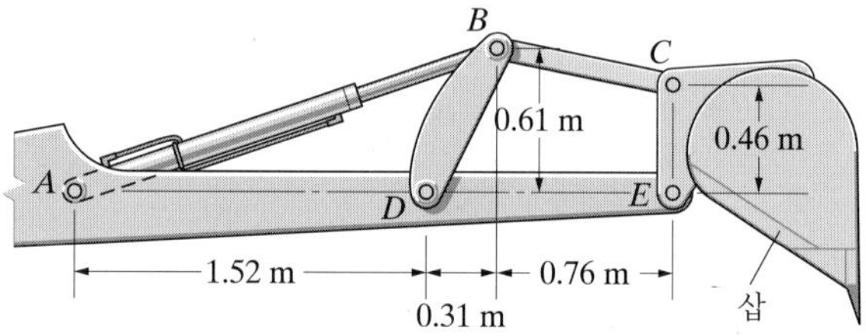

문제 6.79

6.80 원판이 평면운동을 하고 있다. 점 A와 B의 속도의 방향은 그림과 같다. 점 A의 속도는 $v_A = 2$ m/s이다.

(a) 원판의 순간중심의 좌표를 구하라.

(b) 속도 v_B와 원판의 각속도를 구하라.

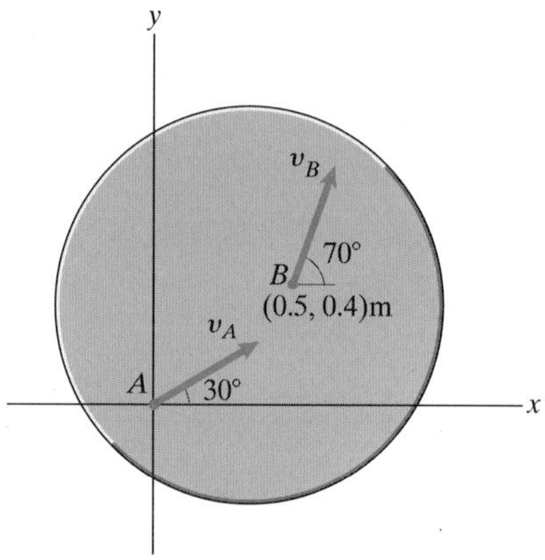

문제 6.80

6.4 일반 운동: 가속도

7장에서 강체에 작용하는 외력과 우력이 알려져 있을 때 강체의 운동을 구하는 것에 대해 다룰 것이다. 지배방정식(governing equation)은 강체의 질량중심의 가속도와 강체의 각가속도에 의해 표현된다. 이런 문제들을 풀기 위해서는 강체의 점들의 가속도와 강체의 각가속도 사이의 관계식이 필요하다. 이 절에서는 강체의 점들의 속도를 해석하기 위해 사용해 왔던 방법들을 가속도에까지 확장한다.

주어진 기준좌표계에 대해 평면운동을 하는 강체 상의 두 점 A와 B를 생각해 보자(그림 6.24a). 두 점의 속도 사이에는 다음 관계가 있다:

$$\mathbf{v}_A = \mathbf{v}_B + \mathbf{v}_{A/B}$$

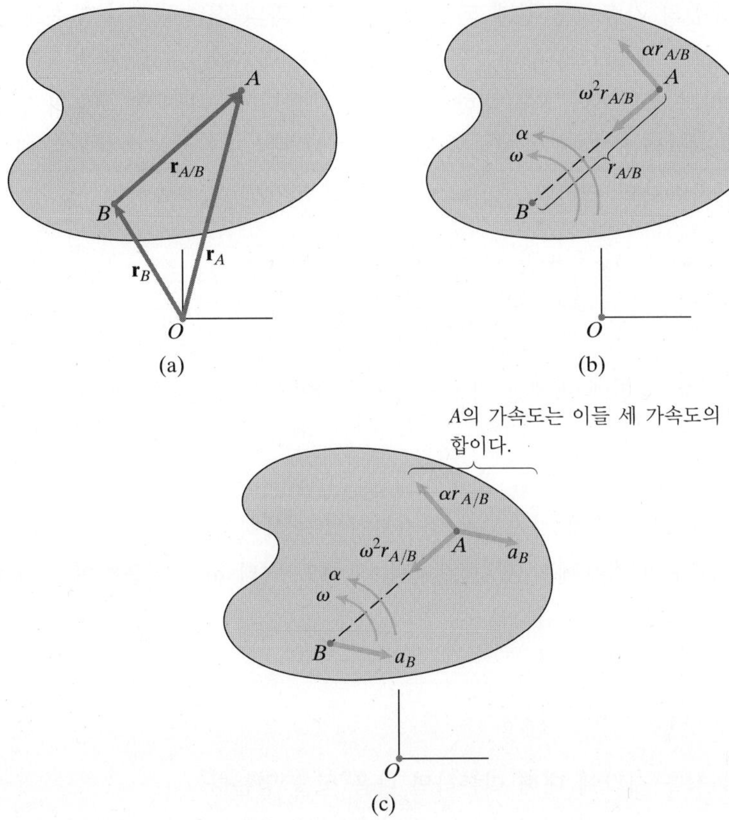

그림 6.24
(a) 평면운동을 하는 강체의 점 A, B와 B에 대한 A의 위치벡터.
(b) B에 대한 A의 상대 가속도의 성분들.
(c) A의 가속도.

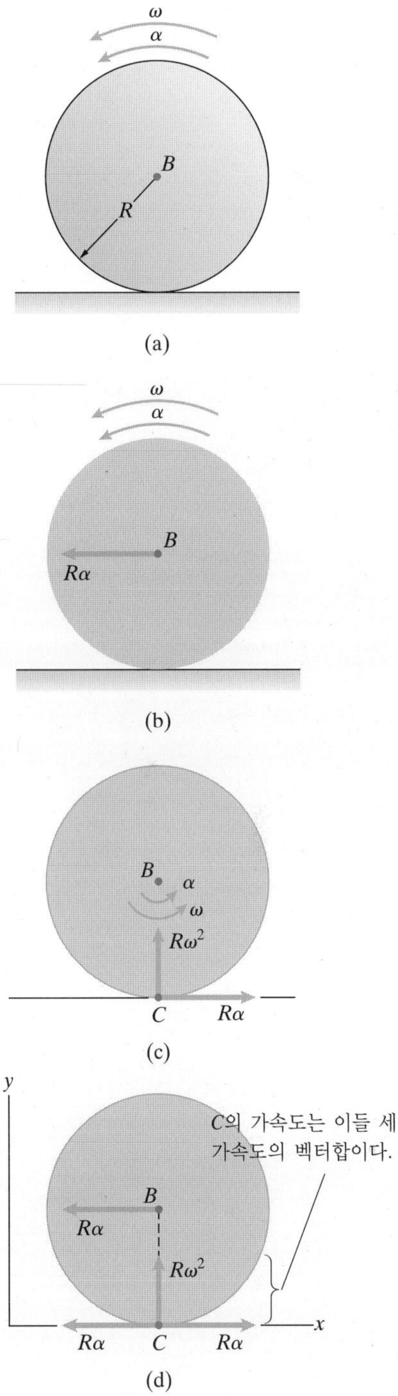

그림 6.25
(a) 각속도 ω, 각가속도 α로 굴러가는 원판.
(b) 중심 B의 가속도.
(c) B에 대한 C의 가속도 성분들.
(d) C의 가속도.

이 식을 시간에 대해 미분하면 다음 식을 얻는다:

$$\mathbf{a}_A = \mathbf{a}_B + \mathbf{a}_{A/B}$$

여기서 $\mathbf{a}_A$와 $\mathbf{a}_B$는 기준좌표계에 대한 A와 B의 가속도이며, $\mathbf{a}_{A/B}$는 B에 대한 A의 가속도이다(단순히 한 점의 가속도에 대해 말할 때는 주어진 기준좌표계에 대한 그 점의 가속도를 의미한다). 강체가 회전함에 따라 A는 B에 대해 원형 경로로 움직이므로, $\mathbf{a}_{A/B}$는 법선방향 성분과 접선방향 성분을 갖는다(그림 6.24b). 접선방향 성분은 거리 $r_{A/B} = |\mathbf{r}_{A/B}|$와 강체의 각가속도 α의 곱과 같다. 법선방향 성분은 원형 경로의 중심을 향하며, 크기는 $|\mathbf{v}_{A/B}|^2/r_{A/B} = \omega^2 r_{A/B}$이다. A의 가속도는 B의 가속도와 B에 대한 A의 가속도의 합이다(그림 6.24c).

예를 들어 고정 평면 위를 굴러가는 반경 R의 원판을 생각해 보자. 원판은 반시계 방향의 각속도 ω와 반시계 방향의 각가속도 α를 가지고 있다(그림 6.25a). 원판의 중심 B가 속도 $R\omega$로 일직선으로 움직이며, ω가 양인 경우 이 속도는 왼쪽을 향한다. 따라서 B의 가속도는 $d(R\omega)/dt = R\alpha$이며, α가 양이면 이 가속도는 왼쪽을 향한다(그림 6.25b). 다시 말하면, **정지된 평면 위를 굴러가는 원형 물체 중심의 가속도 크기는 반경과 각가속도를 곱한 값이다.**

원판중심의 가속도를 알게 되었으므로, 표면과의 접촉점 C의 가속도를 구해 보자. B에 대한 C의 상대운동은 각속도 ω와 각가속도 α로 반경 R의 원형 경로를 따라 움직인다. B에 대한 C의 상대 가속도의 접선방향 성분과 법선방향 성분을 그림 6.25c에 표시하였다. C의 가속도는 B의 가속도와 B에 대한 C의 상대 가속도의 합이다(그림 6.25d). 그림의 좌표계에 의해,

$$\begin{aligned}\mathbf{a}_C = \mathbf{a}_B + \mathbf{a}_{C/B} &= -R\alpha\mathbf{i} + R\alpha\mathbf{i} + R\omega^2\mathbf{j} \\ &= R\omega^2\mathbf{j}\end{aligned}$$

이다. 점 C의 표면에 평행한 가속도 성분은 0이지만, C는 표면에 수직인 가속도 성분을 갖는다.

이제까지 해 왔던 것처럼 점 B에 대한 점 A의 가속도를 B에 대한 A의 원형 경로로 나타내면 상대 가속도를 가시화하고 이해하는 데 도움이 된다. 그러나 상대 속도의 경우에서 했던 것처럼, 각속도 벡터 $\boldsymbol{\omega}$를 이용하여 적용하기 더 편한 형태로 $\mathbf{a}_{A/B}$를 나타낼 수 있다. B에 대한 A의 속도는 식 (6.5)에 의해 $\boldsymbol{\omega}$의 항으로 주어진다. 즉,

$$\mathbf{v}_{A/B} = \boldsymbol{\omega} \times \mathbf{r}_{A/B}$$

이다. 이 식을 시간에 대해 미분하면 다음 식을 얻는다:

$$\begin{aligned}\mathbf{a}_{A/B} &= \frac{d\boldsymbol{\omega}}{dt} \times \mathbf{r}_{A/B} + \boldsymbol{\omega} \times \mathbf{v}_{A/B} \\ &= \frac{d\boldsymbol{\omega}}{dt} \times \mathbf{r}_{A/B} + \boldsymbol{\omega} \times (\boldsymbol{\omega} \times \mathbf{r}_{A/B})\end{aligned}$$

각가속도 벡터 $\boldsymbol{\alpha}$를 각속도 벡터의 변화율로 정의하면

$$\boldsymbol{\alpha} = \frac{d\boldsymbol{\omega}}{dt} \tag{6.7}$$

이며, 그러면 B에 대한 A의 가속도는

$$\mathbf{a}_{A/B} = \boldsymbol{\alpha} \times \mathbf{r}_{A/B} + \boldsymbol{\omega} \times (\boldsymbol{\omega} \times \mathbf{r}_{A/B})$$

이다. 이 식을 이용하여, 강체의 각속도와 각가속도에 의해 강체의 두 점의 속도와 각속도를 연관시키는 식을 다음과 같이 쓸 수 있다:

$$\mathbf{v}_A = \mathbf{v}_B + \boldsymbol{\omega} \times \mathbf{r}_{A/B} \tag{6.8}$$

$$\mathbf{a}_A = \mathbf{a}_B + \boldsymbol{\alpha} \times \mathbf{r}_{A/B} + \boldsymbol{\omega} \times (\boldsymbol{\omega} \times \mathbf{r}_{A/B}) \tag{6.9}$$

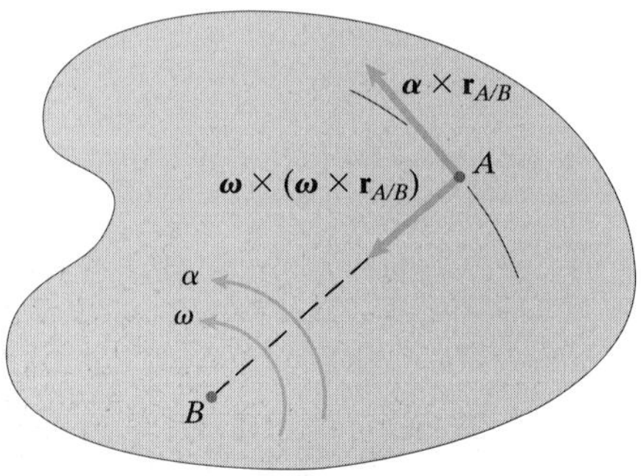

그림 6.26
평면운동에서 B에 대한 A의 가속도의 벡터 성분들.

평면운동의 경우, 식 (6.9)에서 $\boldsymbol{\alpha} \times \mathbf{r}_{A/B}$항은 B에 대한 A의 가속도의 접선방향 성분이며, $\boldsymbol{\omega} \times (\boldsymbol{\omega} \times \mathbf{r}_{A/B})$는 법선방향 성분이다(그림 6.26). 따라서 평면운동의 경우 식 (6.9)를 다음과 같이 간단한 형태로 쓸 수 있다:

$$\mathbf{a}_A = \mathbf{a}_B + \boldsymbol{\alpha} \times \mathbf{r}_{A/B} - \omega^2\mathbf{r}_{A/B} \qquad \text{평면운동} \tag{6.10}$$

연구 문제

1. 만일 강체가 각속도 ω와 각가속도 α로 평면운동을 하고 있다면, 강체의 점 B에 대한 점 A의 가속도에 대해 무엇을 알 수 있는가?
2. 각가속도 벡터의 정의는 무엇인가?
3. 강체의 한 점의 가속도와 각속도 벡터, 각가속도 벡터를 안다면, 다른 점의 가속도를 어떻게 구할 수 있는가?

예제 6.5 한 점의 가속도

그림 6.27의 원판은 반시계 방향의 각속도 ω와 반시계 방향의 각가속도 α로 굴러가고 있다. 점 A의 가속도는 얼마인가?

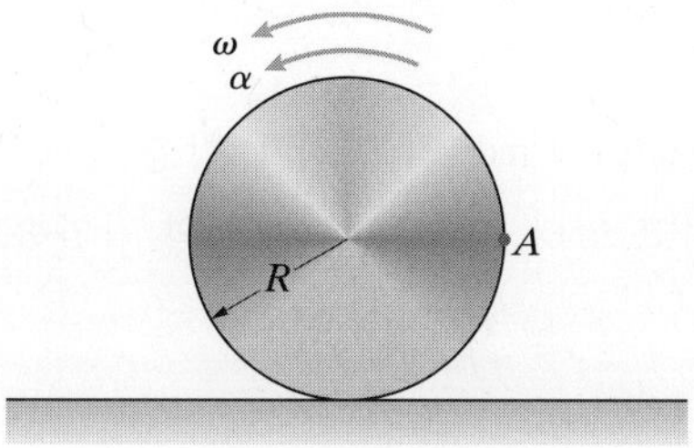

그림 6.27

전략

원판중심의 가속도의 크기가 반경과 각가속도의 곱이라는 것을 알고 있으므로, A의 가속도를 원판중심의 가속도와 중심에 대한 A의 가속도의 합으로 나타낼 수 있다. 먼저 그림 6.24c에 나타낸 것과 같이 벡터 도식을 이용하여 해를 구하고, 그 다음 식 (6.10)을 이용하여 해를 구할 것이다.

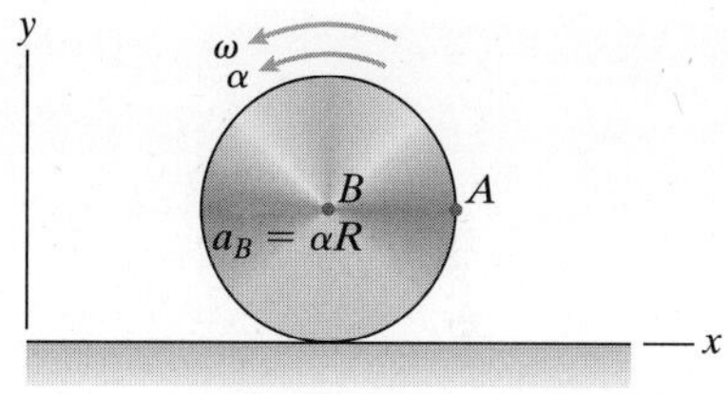

(a) 원판중심의 가속도.

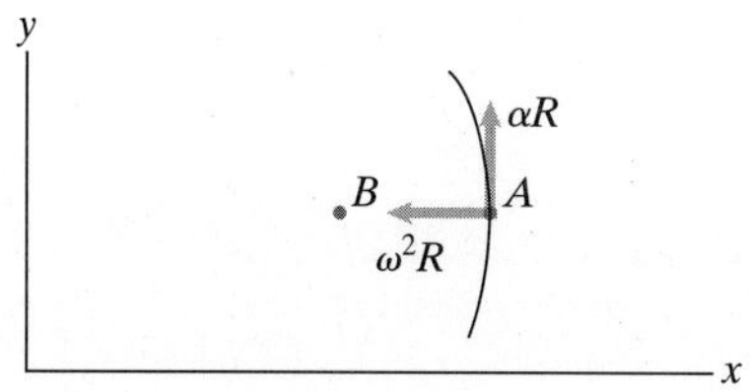

(b) B에 대한 A의 가속도 성분.

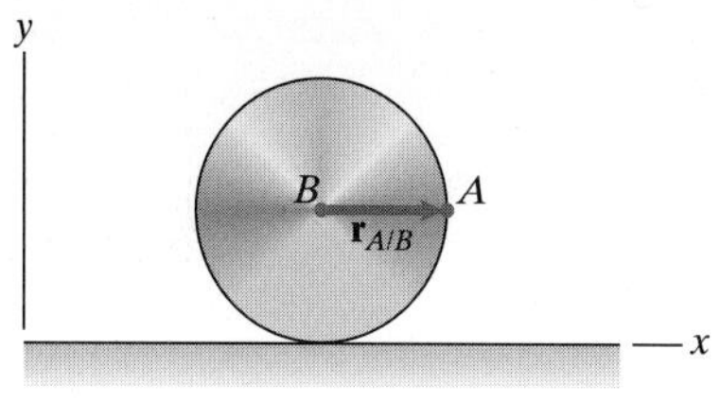

(c) B에 대한 A의 위치.

풀이

첫 번째 방법 그림 a의 좌표계에서, 중심 B의 가속도는 $\mathbf{a}_B = -\alpha R\mathbf{i}$이다. A는 B에 대해 반경 R의 원형 경로로 상대운동을 하므로, 그림 b와 같이 상대 가속도의 접선방향 성분과 법선방향 성분을 갖는다. 즉,

$$\mathbf{a}_{A/B} = -\omega^2 R\mathbf{i} + \alpha R\mathbf{j}$$

이므로, A의 가속도는 다음과 같다:

$$\mathbf{a}_A = \mathbf{a}_B + \mathbf{a}_{A/B} = -\alpha R\mathbf{i} - \omega^2 R\mathbf{i} + \alpha R\mathbf{j}$$

$$= (-\alpha R - \omega^2 R)\mathbf{i} + \alpha R\mathbf{j}$$

두 번째 방법 원판의 각가속도 벡터는 $\boldsymbol{\alpha} = \alpha\mathbf{k}$이며, B에 대한 A의 위치는

$\mathbf{r}_{A/B} = R\mathbf{i}$이다(그림 c). 식 (6.10)으로부터, A의 가속도는 다음과 같다:

$$\begin{aligned}\mathbf{a}_A &= \mathbf{a}_B + \boldsymbol{\alpha} \times \mathbf{r}_{A/B} - \omega^2\mathbf{r}_{A/B}\\ &= -\alpha R\mathbf{i} + (\alpha\mathbf{k}) \times (R\mathbf{i}) - \omega^2(R\mathbf{i})\\ &= (-\alpha R - \omega^2 R)\mathbf{i} + \alpha R\mathbf{j}\end{aligned}$$

| 비판적 사고 |

중심 B의 가속도를 원판의 각가속도에 의해 구할 수 있었기 때문에 굴러가는 원판의 점 A의 가속도를 구할 수 있었다. 굴러가는 원형 물체의 중심의 속도 크기는 반경과 각속도의 곱과 같으며, 중심의 가속도 크기는 반경과 각가속도의 곱과 같다는 것을 기억하면 매우 유용하게 쓸 수 있다.

예제 6.6 링크장치의 연결 막대들의 각가속도

그림 6.28에서 막대 AB가 10 rad/s의 반시계 방향 각속도와 300 rad/s^{2}의 시계 방향 각가속도를 가지고 있다. 막대 BC와 CD의 각가속도는 얼마인가?

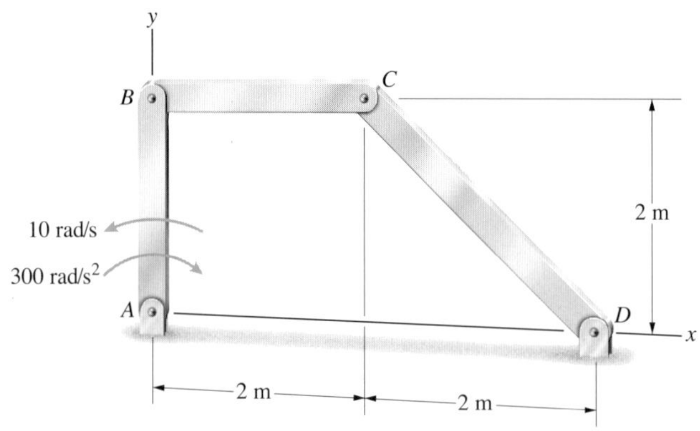

그림 6.28

| 전략 |

막대 AB의 각속도를 알고 있으므로 점 B의 속도를 구할 수 있다. 그 다음, 식 (6.8)을 점 C와 D에 적용하여 $\mathbf{v}_C$에 대한 식을 막대 CD의 각속도로 나타낼 수 있다. 또한 식 (6.8)을 점 B와 C에 적용하여 $\mathbf{v}_C$에 대한 식을 막대 BC의 각속도에 의해 나타낼 수 있다. $\mathbf{v}_C$에 대한 두 표현식을 같다고 놓음으로써 두 미지수, 즉 막대 BC의 각속도와 CD의 각속도로 표현된 벡터방정식을 얻을 수 있다. 그 다음, 식 (6.10)을 이용하여 같은 방법에 따라 막대 BC와 CD의 각가속도를 구할 수 있다.

| 풀이 |

B의 속도는 다음과 같다(그림 a):

$$\mathbf{v}_B = \mathbf{v}_A + \boldsymbol{\omega}_{AB} \times \mathbf{r}_{B/A}$$
$$= \mathbf{0} + (10\mathbf{k}) \times (2\mathbf{j})$$
$$= -20\mathbf{i}\ (\text{m/s})$$

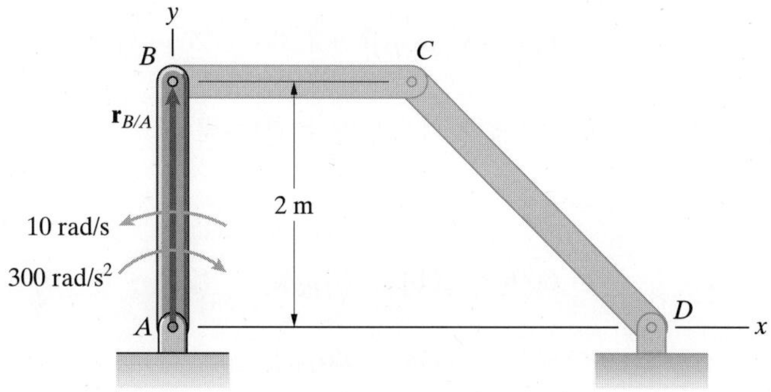

(a) B의 운동 구하기.

ω_{CD}를 막대 CD의 미지의 각속도라 하자(그림 b). C의 속도는 D의 속도에 의해

$$\mathbf{v}_C = \mathbf{v}_D + \boldsymbol{\omega}_{CD} \times \mathbf{r}_{C/D}$$
$$= \mathbf{0} + \begin{vmatrix} \mathbf{i} & \mathbf{j} & \mathbf{k} \\ 0 & 0 & \omega_{CD} \\ -2 & 2 & 0 \end{vmatrix}$$
$$= -2\omega_{CD}\mathbf{i} - 2\omega_{CD}\mathbf{j}$$

이다. 막대 BC의 각속도를 ω_{BC}로 표시하면(그림 c), C의 속도를 B의 속도에 의해 나타낼 수 있다. 즉,

$$\mathbf{v}_C = \mathbf{v}_B + \boldsymbol{\omega}_{BC} \times \mathbf{r}_{C/B}$$
$$= -20\mathbf{i} + (\omega_{BC}\mathbf{k}) \times (2\mathbf{i})$$
$$= -20\mathbf{i} + 2\omega_{BC}\mathbf{j}$$

이고, 위에서 구한 $\mathbf{v}_C$에 대한 두 식을 같다고 놓으면,

$$-2\omega_{CD}\mathbf{i} - 2\omega_{CD}\mathbf{j} = -20\mathbf{i} + 2\omega_{BC}\mathbf{j}$$

이다. $\mathbf{i}$와 $\mathbf{j}$ 성분들을 같다고 놓으면, $\omega_{CD} = 10$ rad/s와 $\omega_{BC} = -10$ rad/s를 얻게 된다.

동일한 과정에 의해 각가속도를 구할 수 있다. B의 가속도는 다음과 같다(그림 a):

$$\mathbf{a}_B = \mathbf{a}_A + \boldsymbol{\alpha}_{AB} \times \mathbf{r}_{B/A} - \omega_{AB}^2\mathbf{r}_{B/A}$$
$$= \mathbf{0} + (-300\mathbf{k}) \times (2\mathbf{j}) - (10)^2(2\mathbf{j})$$

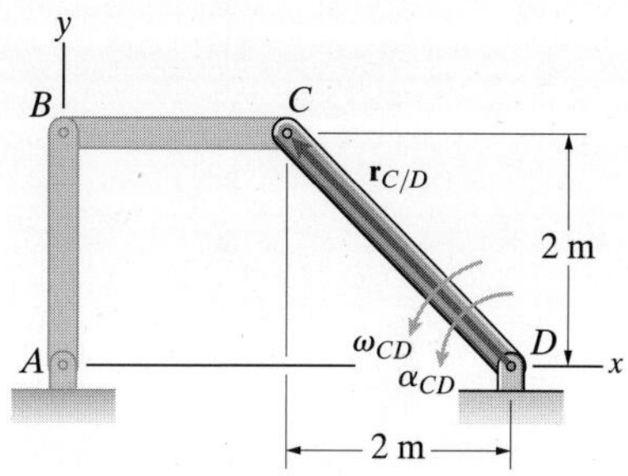

(b) C의 운동을 막대 CD의 각운동에 의해 결정함.

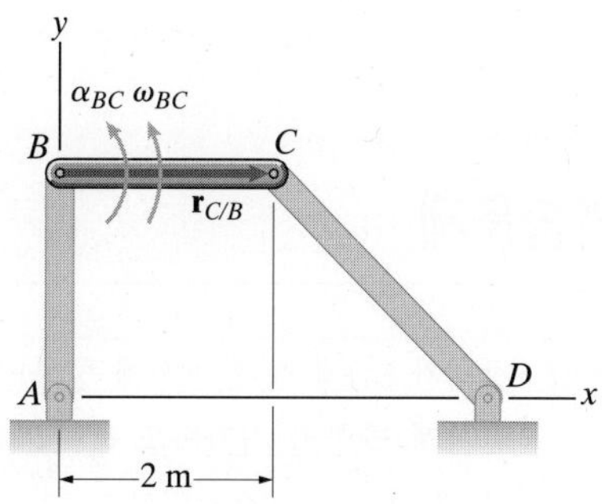

(c) C의 운동을 막대 BC의 각운동에 의해 결정함.

$$= 600\mathbf{i} - 200\mathbf{j}\ (\text{m/s}^2)$$

C의 가속도는 D의 가속도에 의해(그림 b),

$$\mathbf{a}_C = \mathbf{a}_D + \boldsymbol{\alpha}_{CD} \times \mathbf{r}_{C/D} - \omega_{CD}^2 \mathbf{r}_{C/D}$$

$$= \mathbf{0} + \begin{vmatrix} \mathbf{i} & \mathbf{j} & \mathbf{k} \\ 0 & 0 & \alpha_{CD} \\ -2 & 2 & 0 \end{vmatrix} - (10)^2(-2\mathbf{i} + 2\mathbf{j})$$

$$= (200 - 2\alpha_{CD})\mathbf{i} - (200 + 2\alpha_{CD})\mathbf{j}$$

이고, C의 가속도는 B의 가속도에 의해(그림 c),

$$\mathbf{a}_C = \mathbf{a}_B + \boldsymbol{\alpha}_{BC} \times \mathbf{r}_{C/B} - \omega_{BC}^2 \mathbf{r}_{C/B}$$

$$= 600\mathbf{i} - 200\mathbf{j} + (\alpha_{BC}\mathbf{k}) \times (2\mathbf{i}) - (-10)^2(2\mathbf{i})$$

$$= 400\mathbf{i} - (200 - 2\alpha_{BC})\mathbf{j}$$

이다. $\mathbf{a}_C$에 대한 두 표현식을 같다고 놓으면, 다음 식을 얻게 된다:

$$(200 - 2\alpha_{CD})\mathbf{i} - (200 + 2\alpha_{CD})\mathbf{j} = 400\mathbf{i} - (200 - 2\alpha_{BC})\mathbf{j}$$

i와 **j** 성분들을 같다고 놓으면, 각가속도 $\alpha_{BC} = 100\ \text{rad/s}^2$와 $\alpha_{CD} = -100\ \text{rad/s}^2$을 얻을 수 있다.

| 비판적 사고 |

여러 강체들이 핀으로 연결되어 있는 강체 기구에서, 강체들의 각가속도를 구하기 위해서는, 일반적으로 강체들의 각속도를 먼저 구하는 것이 필요하다. 식 (6.9)와 (6.10)에 각속도가 포함되어 있기 때문이다. 그러나 이 예제에서 볼 수 있듯이, 이 단계는 해를 완전히 얻기 위한 길잡이 역할을 한다. 일단 식 (6.8)을 이용하여 일련의 과정을 통해 각속도를 모두 구하게 되면, 각가속도도 식 (6.9)나 (6.10)을 이용하여 같은 과정을 통해 모두 구할 수 있게 된다.

연습문제

6.81 강체가 z축에 대해 반시계 방향의 각속도 $\omega = 4\ \text{rad/s}$와 반시계 방향의 각가속도 $\alpha = 2\ \text{rad/s}^2$으로 회전하고 있다. 거리 $r_{A/B} = 0.6\ \text{m}$이다.

(a) 강체의 각속도 벡터와 각가속도 벡터를 구하라.

(b) 먼저 식 (6.9)를 이용하여 점 B에 대한 점 A의 가속도를 구하고, 그 다음에는 식 (6.10)을 이용하여 구하라.

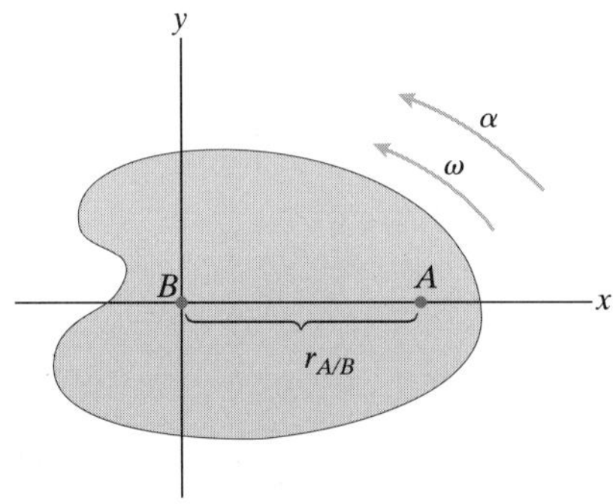

문제 6.81

6.82 막대가 5 rad/s의 반시계 방향 각속도와 30 rad/s^{2}의 반시계 방향 각가속도로 회전하고 있다. A의 가속도를 (a) 식 (6.9)를 이용하여 구하고, (b) 식 (6.10)을 이용하여 구하라.

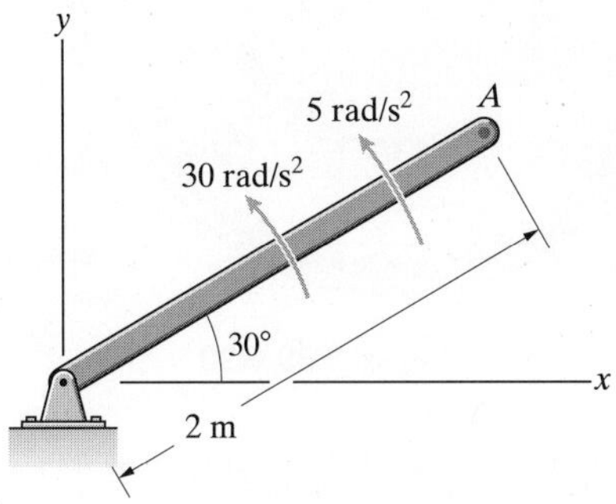

문제 6.82

6.83 막대가 20 rad/s의 반시계 방향 각속도와 6 rad/s^{2}의 반시계 방향 각가속도로 회전하고 있다.

(a) 식 (6.10)을 점 A와 고정점 O에 적용하여 A의 가속도를 구하라.

(b) (a)에서 구한 결과를 이용하고 식 (6.10)을 점 A와 B에 적용함으로써 B의 가속도를 구하라.

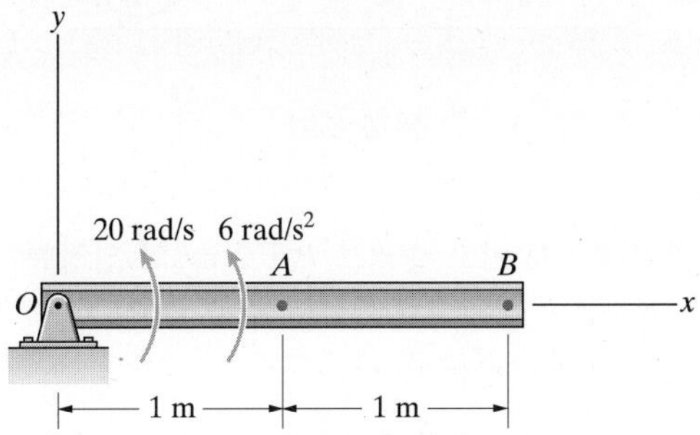

문제 6.83

6.84 헬리콥터가 $x-y$ 평면에서 평면운동을 한다. 그림의 순간에 질량중심 G의 위치는 $x = 2$ m, $y = 2.5$ m이며, 속도는 $\mathbf{v}_G = 12\mathbf{i} + 4\mathbf{j}$ (m/s), 가속도는 $\mathbf{a}_G = 2\mathbf{i} + 3\mathbf{j}$ (m/s^2)이다. 꼬리의 회전날개가 설치된 지점 T의 위치는 $x = -3.5$ m, $y = 4.5$ m이다. 헬리콥터의 각속도는 시계 방향으로 0.2 rad/s이며, 각가속도는 반시계 방향으로 0.1 rad/s^{2}이다. 점 T의 가속도는 얼마인가?

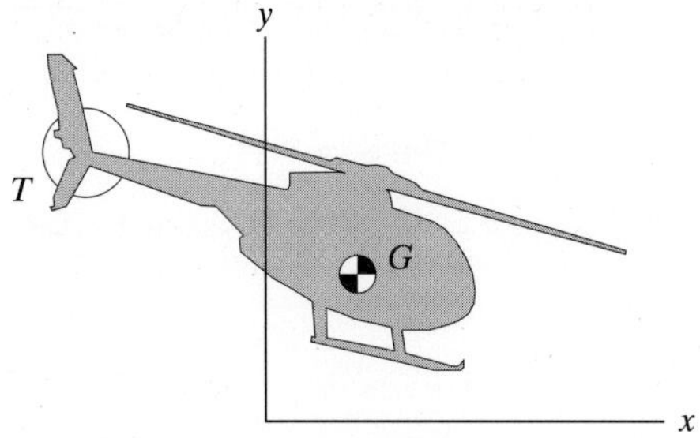

문제 6.84

6.85 원판이 평면 위에서 굴러가고 있다. 점 A의 속도는 오른쪽으로 6 m/s이며, A의 가속도는 오른쪽으로 20 m/s^{2}이다.

(a) 원판의 각가속도 벡터는 얼마인가?

(b) 점 B, C, D의 가속도를 구하라.

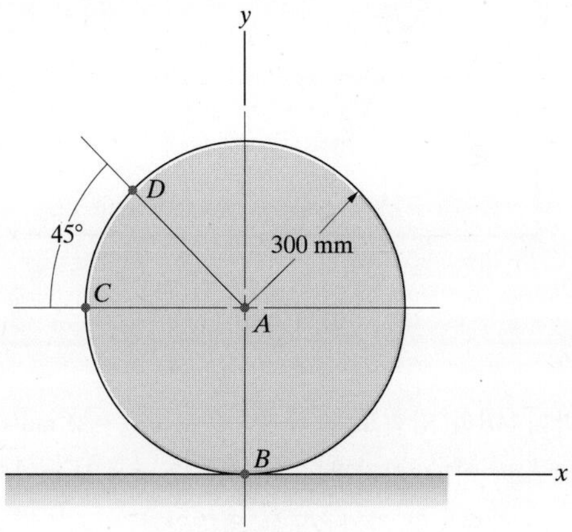

문제 6.85

6.86 원판이 1 rad/s의 일정한 시계 방향 각속도로 원형 표면 위를 굴러간다. 점 A와 B의 가속도는 얼마인가?

전략: 먼저 원판의 중심 가속도를 구한다. 중심은 원형 경로를 따라 움직이며, 중심의 속도 크기는 일정하다.

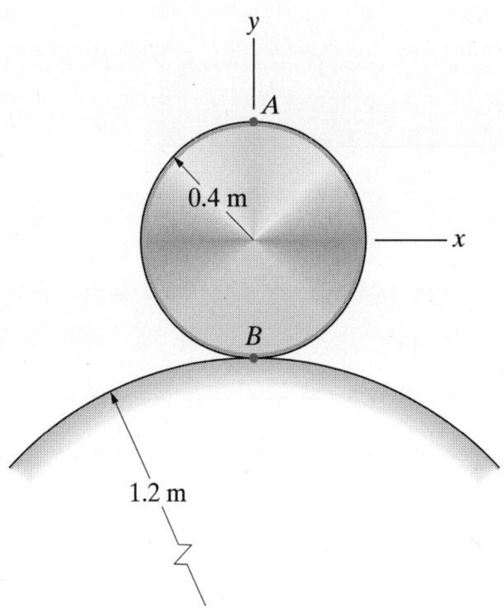

문제 6.86

6.87 막대의 양 끝점이 평면 표면 위에서 미끄러지고 있다. 중앙점 G의 가속도가 다음 식에 의해 막대의 각속도 및 각가속도와 관련됨을 보여라.

$$\mathbf{a}_G = \tfrac{1}{2}L[(\alpha\cos\theta - \omega^2\sin\theta)\mathbf{i} - (\alpha\sin\theta + \omega^2\cos\theta)\mathbf{j}]$$

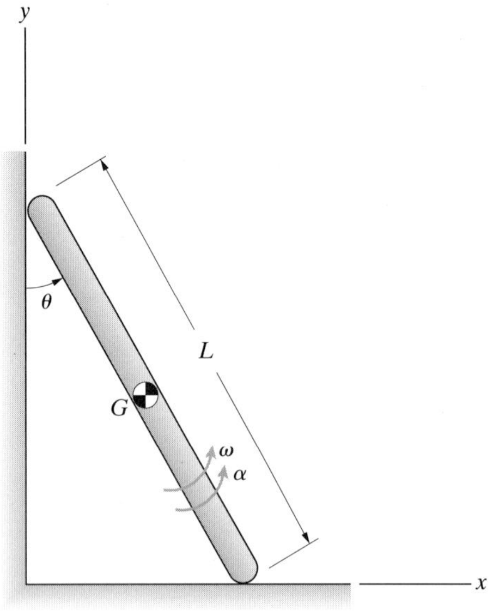

문제 6.87

6.88 막대 AB의 각속도와 각가속도는 $\omega_{AB} = 2$ rad/s, $\alpha_{AB} = 10$ rad/s^{2}이다. 사각판의 치수는 12 m × 24 m이다. 사각판의 각속도와 각가속도는 얼마인가?

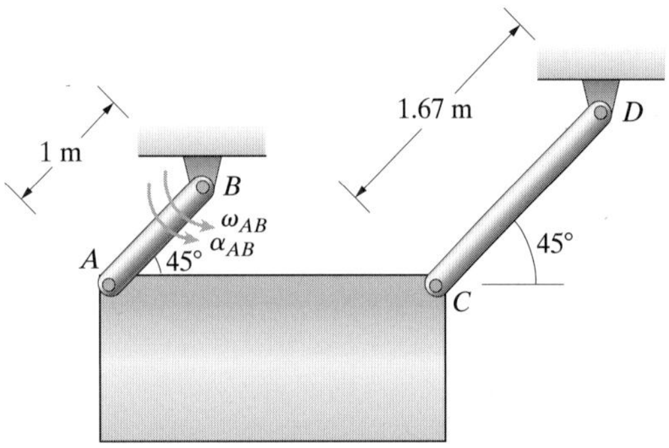

문제 6.88

6.89 링 기어(ring gear)는 고정되어 있으며, 태양 기어(sun gear)는 10 rad/s^{2}의 반시계 방향 각가속도를 갖는다. 유성 기어(planet gear)의 각가속도를 구하라.

6.90 태양 기어가 4 rad/s의 반시계 방향 각속도와 12 rad/s^{2}의 시계 방향 각가속도를 가지고 있다. 유성 기어의 중앙점의 가속도 크기는 얼마인가?

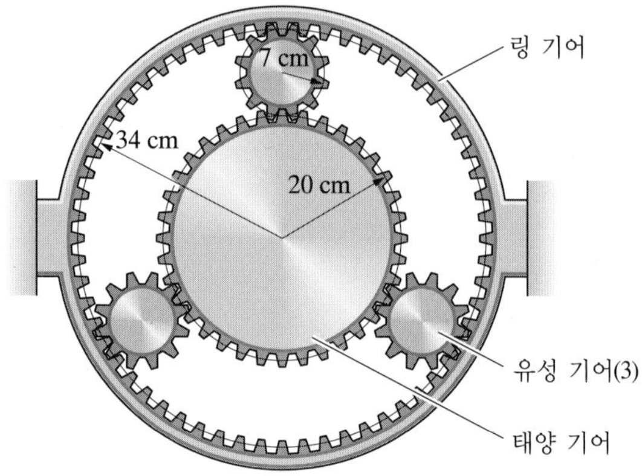

문제 6.89/6.90

6.91 직경이 1m인 원판이 굴러가며, 길이가 1 m인 막대의 점 B가 평면 위에서 미끄러진다. 막대의 각가속도와 점 B의 가속도를 구하라.

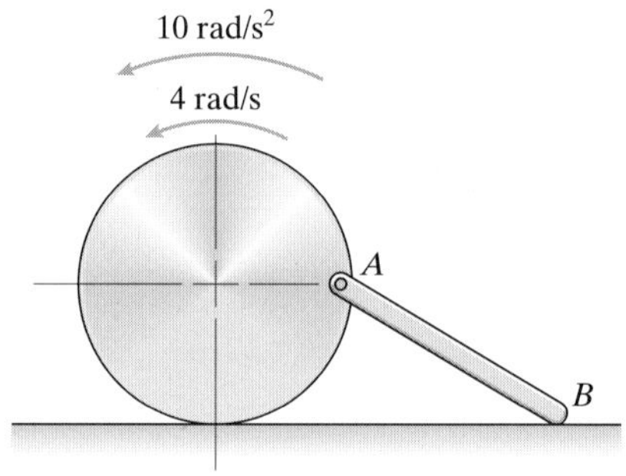

문제 6.91

6.92 만일 $\theta = 45°$이고 슬리브 P가 2 m/s의 일정한 속도로 오른쪽으로 움직이고 있다면, 막대 OQ와 PQ의 각가속도는 각각 얼마인가?

6.93 만일 $\theta = 50°$이고 막대 OQ가 1 rad/s의 일정한 시계 방향 각속도를 가진다면, 슬리브 P의 가속도는 얼마인가?

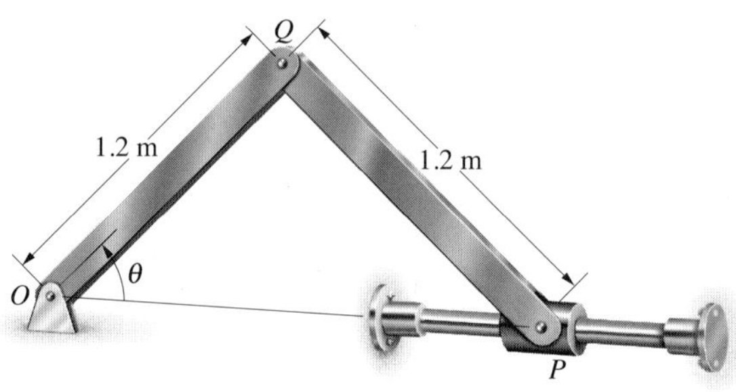

문제 6.92/6.93

6.94 각도 $\theta = 60°$이며, 막대 OQ가 2 rad/s의 일정한 반시계 방향 각속도를 가지고 있다. 막대 PQ의 각가속도는 얼마인가?

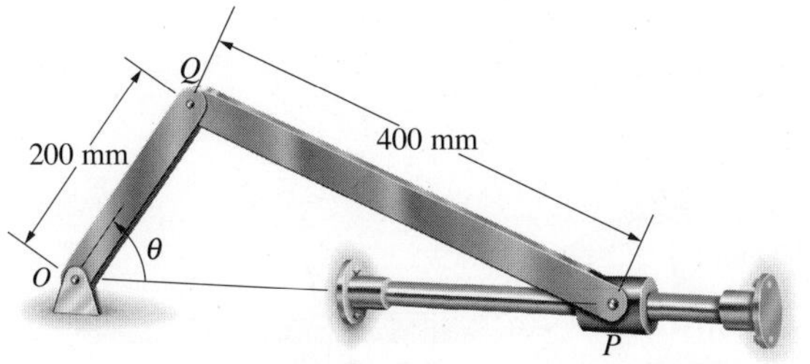

문제 6.94

6.95 크랭크 AB가 2000 rpm(1분당 회전수)의 일정한 각속도로 시계 방향으로 회전하고 있다. 그림의 순간에서 피스톤 C의 가속도는 얼마인가?

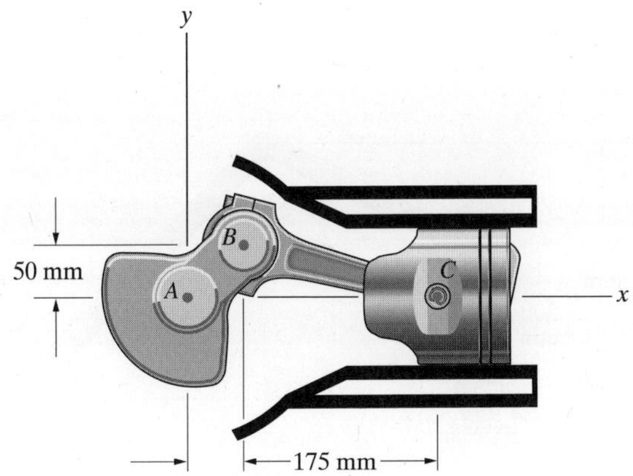

문제 6.95

6.96 막대 AB의 각속도와 각가속도가 $\omega_{AB} = 4$ rad/s, $\alpha_{AB} = -6$ rad/s^{2}이다. 막대 BC와 CD의 각가속도를 구하라.

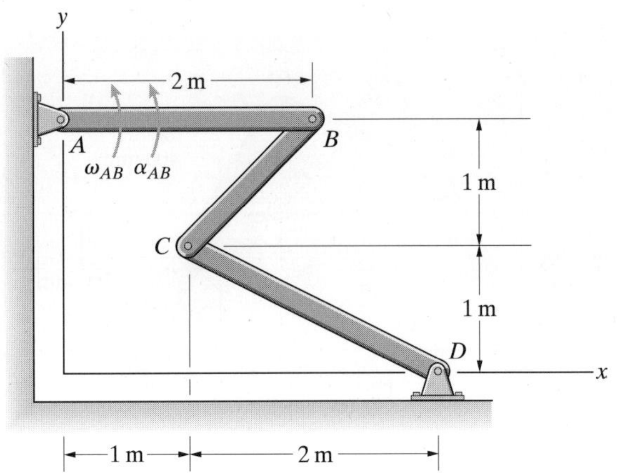

문제 6.96

6.97 막대 AB의 각속도와 각가속도가 $\omega_{AB} = 2$ rad/s, $\alpha_{AB} = 8$ rad/s^{2}이다. 점 D의 가속도는 얼마인가?

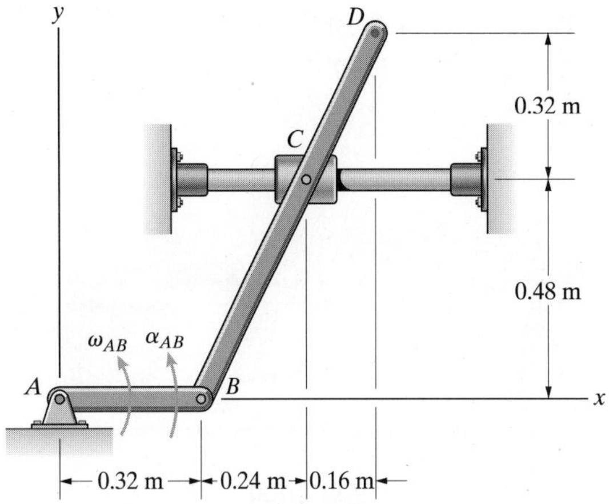

문제 6.97

6.98 만일 $\omega_{AB} = 6$ rad/s이고 $\alpha_{AB} = 20$ rad/s^{2}이라면, 점 C의 속도와 가속도는 얼마인가?

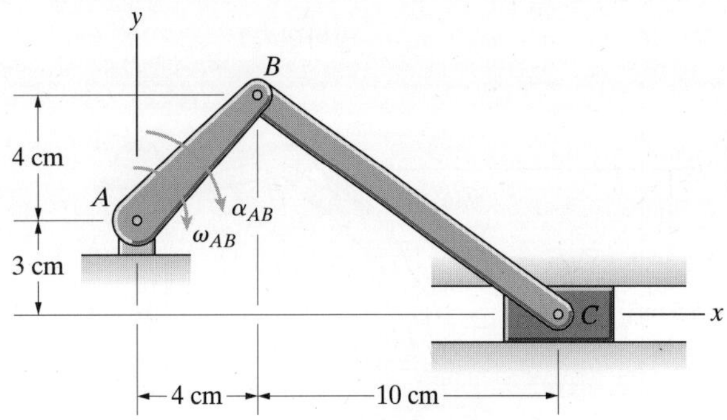

문제 6.98

6.99 막대 AB의 각속도와 각가속도가 $\omega_{AB} = 5$ rad/s, $\alpha_{AB} = 10$ rad/s^{2}이다. 막대 BC의 각가속도를 구하라.

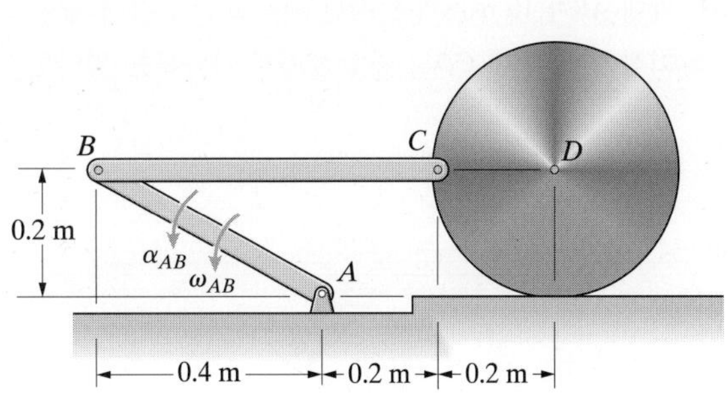

문제 6.99

6.100 모터가 A에 설치된 원판을 회전시켜 톱을 앞뒤로 움직이게 한다(톱은 수평 홈에 의해 지지되므로 점 C는 수평으로 움직인다). 반경 AB는 4 cm이며, 링크 BC의 길이는 14 cm이다. 그림의 위치에서 $\theta = 45°$이며, 링크 BC는 수평이다. 만일 원판이 반시계 방향으로 초당 1회전의 일정한 각속도를 갖는다면, 톱의 가속도는 얼마인가?

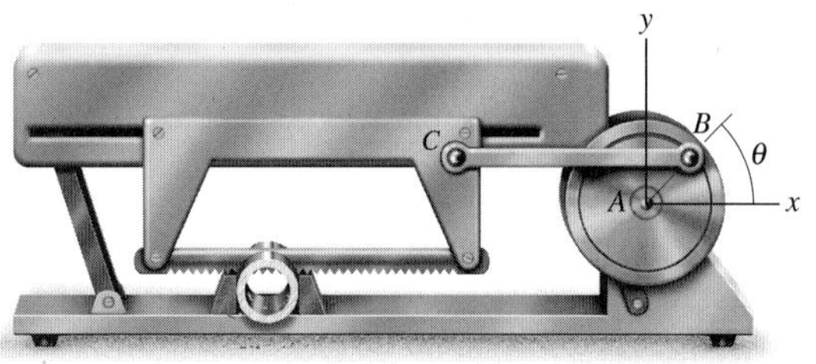

문제 6.100

6.101 만일 $\omega_{AB} = 2$ rad/s, $\alpha_{AB} = 2$ rad/s^2, $\omega_{BC} = 1$ rad/s, 그리고 $\alpha_{BC} = 4$ rad/s^{2}이라면, 굴삭기 삽(scoop)이 부착되어 있는 점 C의 가속도는 얼마인가?

6.102 만일 굴삭기의 점 C의 속도가 $\mathbf{v}_C = 4\mathbf{i}$ (m/s)로 일정하다면, ω_{AB}, α_{AB}, ω_{BC}, α_{BC}는 얼마인가?

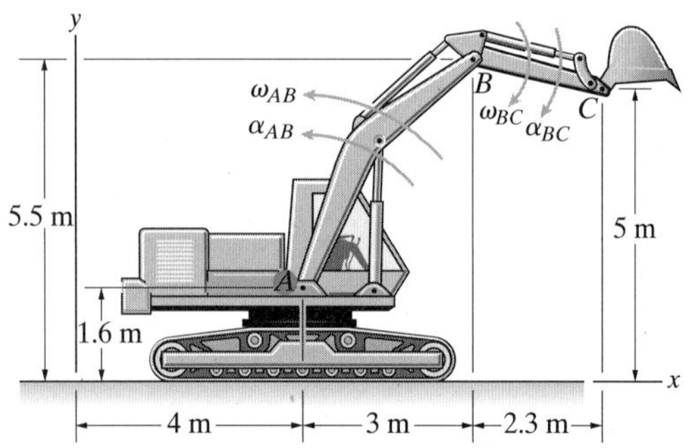

문제 6.101/6.102

6.103 막대 AB가 10 rad/s의 일정한 각속도로 반시계 방향으로 회전한다. 막대 CD의 중앙점 G의 가속도는 얼마인가?

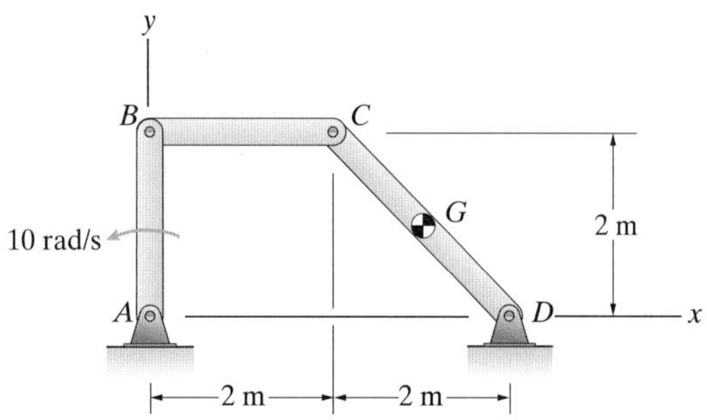

문제 6.103

6.104 그림의 순간에서, 막대 AB는 각속도가 0이지만 10 rad/s^{2}의 반시계 방향 각가속도를 가지고 있다. 점 E의 가속도를 구하라.

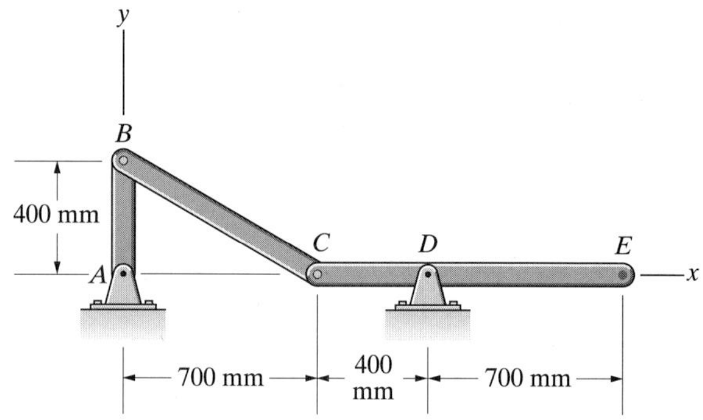

문제 6.104

6.105 $\omega_{AB} = 12$ rad/s이고 $\alpha_{AB} = 100$ rad/s^{2}이라면, 막대 BC와 CD의 각가속도는 얼마인가?

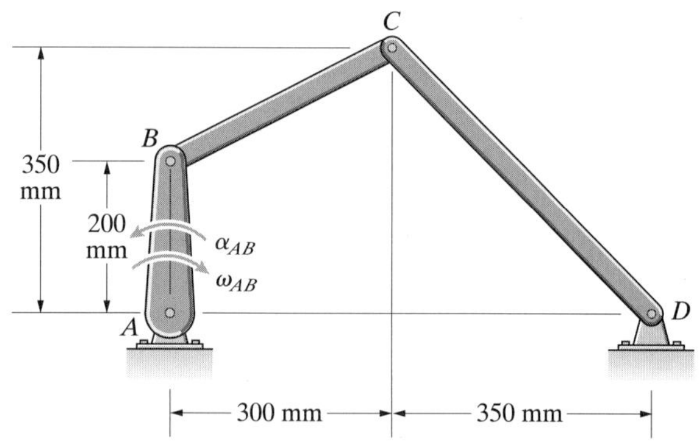

문제 6.105

6.106 ω_{AB}가 반시계 방향으로 4 rad/s이고, α_{AB}가 반시계 방향으로 12 rad/s^{2}이라면, 점 C의 가속도는 얼마인가?

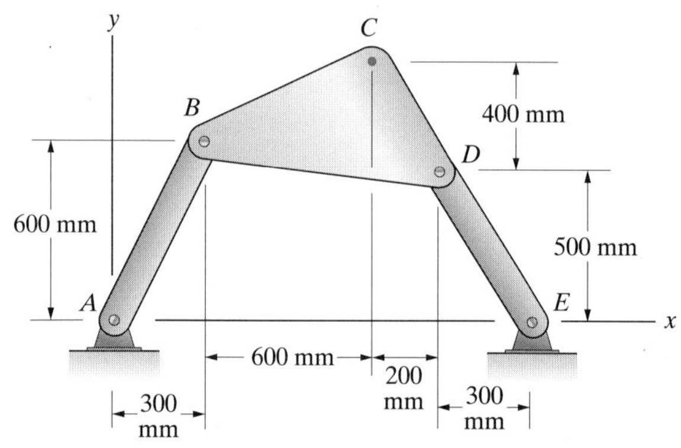

문제 6.106

6.107 가위의 두 손잡이의 각속도와 각가속도는 그림과 같다. 이때 집게 부분 BD의 각가속도는 얼마인가?

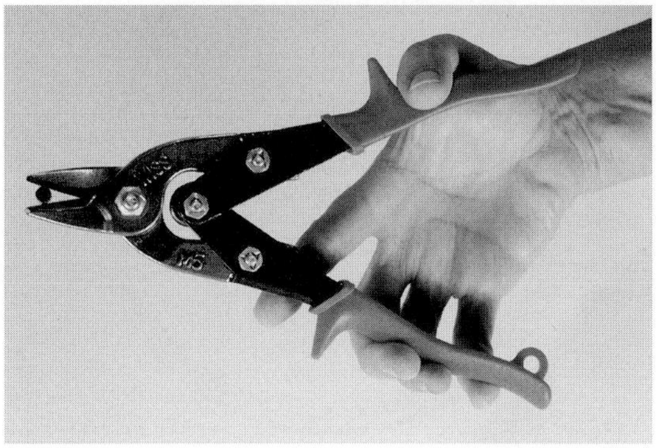

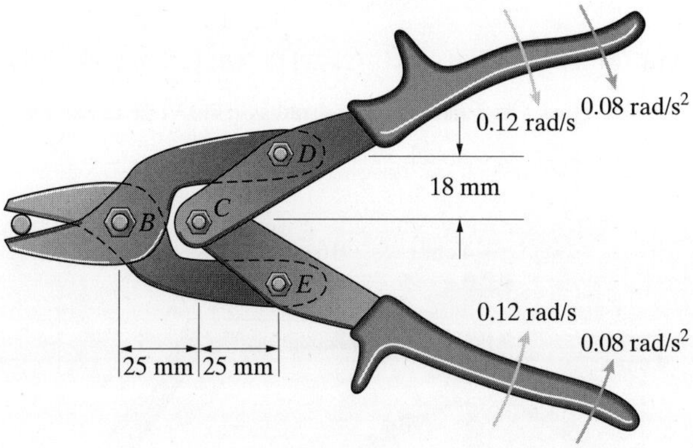

문제 6.107

6.108 만일 팔 AB가 0.8 rad/s의 일정한 시계 방향 각속도를 가지며, 팔 BC가 0.2 rad/s의 일정한 시계 방향 각속도를 가지며, 팔 CD가 수직을 유지한다면, 부품 D의 가속도는 얼마인가?

6.109 만일 팔 AB가 0.8 rad/s의 일정한 시계 방향 각속도를 가지고 있으며 D의 속도와 가속도가 0이 되게 하려고 한다면, 팔 BC와 CD의 각속도와 각가속도는 얼마가 되어야 하는가?

6.110 만일 팔 CD가 수직을 유지하고 부품 D가 속도 $\mathbf{v}_D = 1.0\mathbf{i}$ (m/s)와 가속도 0을 가지게 하려고 한다면, 팔 AB와 BC의 각속도와 각가속도는 얼마가 되어야 하는가?

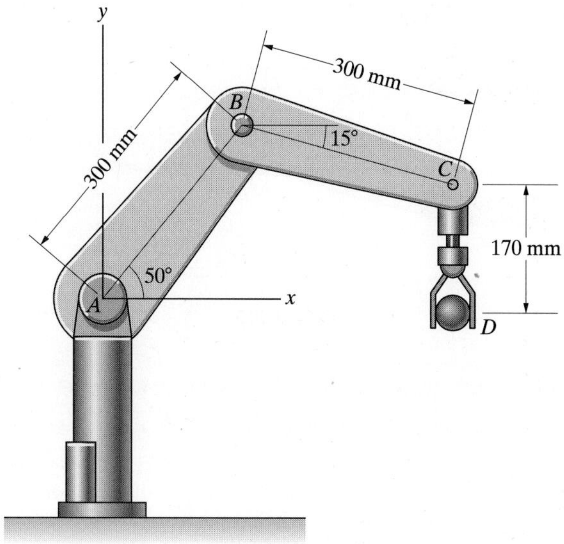

문제 6.108–6.110

6.111 로봇 팔의 링크 AB가 2 rad/s의 일정한 반시계 방향 각속도로 회전하고 있으며, 링크 BC는 3 rad/s의 일정한 시계 방향 각속도로 회전하고 있다. 링크 CD는 반시계 방향으로 4 rad/s로 회전하고 있으며 6 rad/s^{2}의 반시계 방향 각가속도를 갖는다. 점 D의 가속도는 얼마인가?

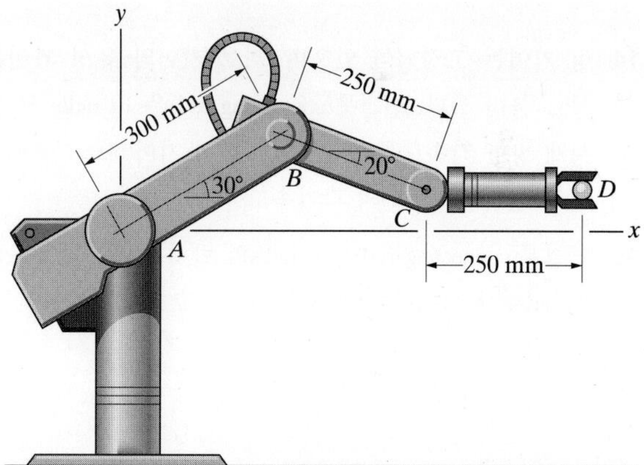

문제 6.111

6.112 플라이어 ABC의 위쪽 손잡이와 집게 부분은 고정되어 있다. 아래쪽 손잡이 DEF는 0.2 rad/s의 일정한 각속도로 시계 방향으로 회전하고 있다. 그림의 순간에서, 아래쪽 집게 부분 CFG의 각가속도는 얼마인가?

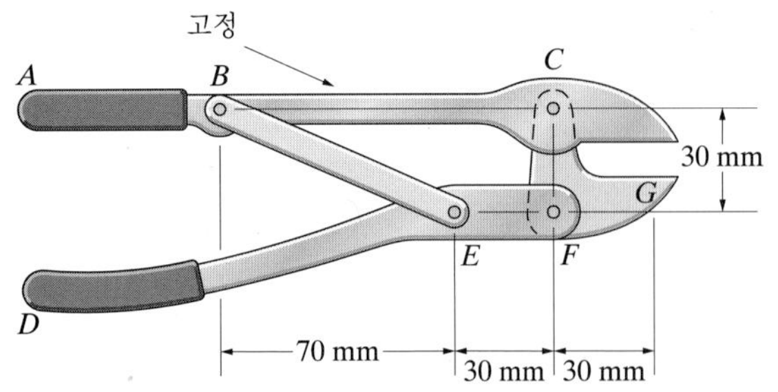

문제 6.112

6.113 굴삭기 삽(scoop)을 지지하는 수평 구조재 ADE가 고정되어 있다. 링크 BD가 1 rad/s의 시계 방향 각속도와 2 rad/s^{2}의 반시계 방향 각가속도를 갖는다면, 삽의 각가속도는 얼마인가?

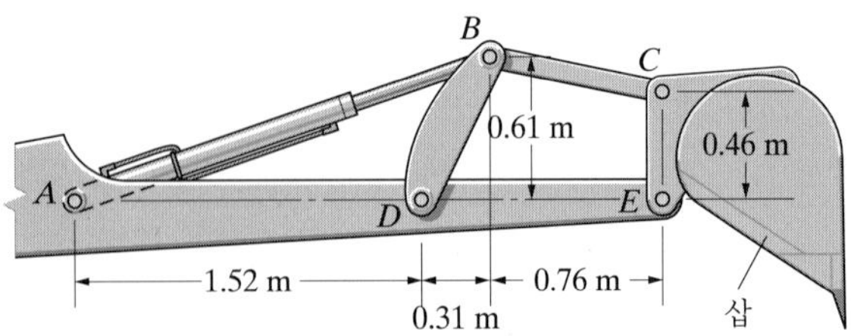

문제 6.113

6.114 링 기어는 고정되어 있으며, 허브 기어와 유성 기어는 서로 붙어 있다. 연결봉(connecting rod)은 10 rad/s^{2}의 반시계 방향 각속도를 갖고 있다. 유성 기어(planet gear)와 태양 기어(sun gear)의 각가속도를 구하라.

6.115 연결봉(connecting rod)이 4 rad/s의 반시계방향 각속도와 12 rad/s^{2}의 시계방향 각가속도를 갖고 있다. 점 A의 가속도의 크기를 구하라.

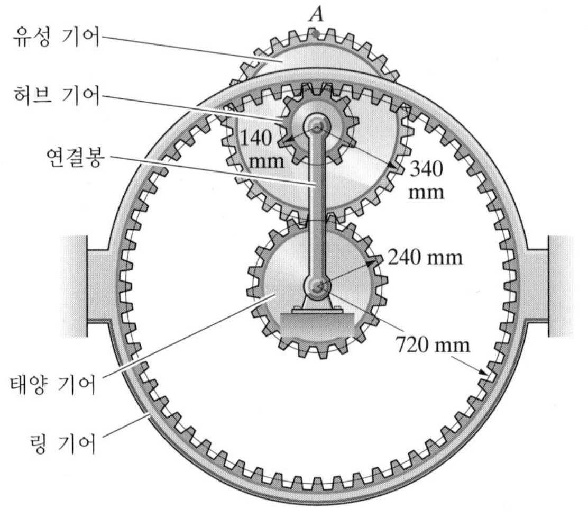

문제 6.114/6.115

6.116 큰 기어가 고정되어 있다. 막대 AB의 각속도와 각가속도는 $\omega_{AB} = 2$ rad/s, $\alpha_{AB} = 4$ rad/s^{2}이다. 막대 CD와 DE의 각가속도를 구하라.

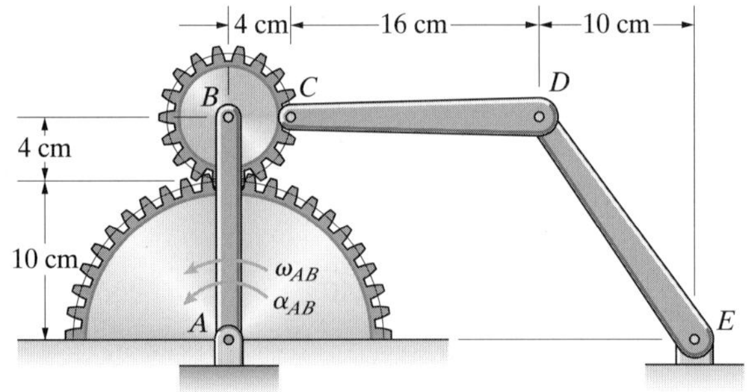

문제 6.116

6.5 미끄럼 접촉(Sliding Contacts)

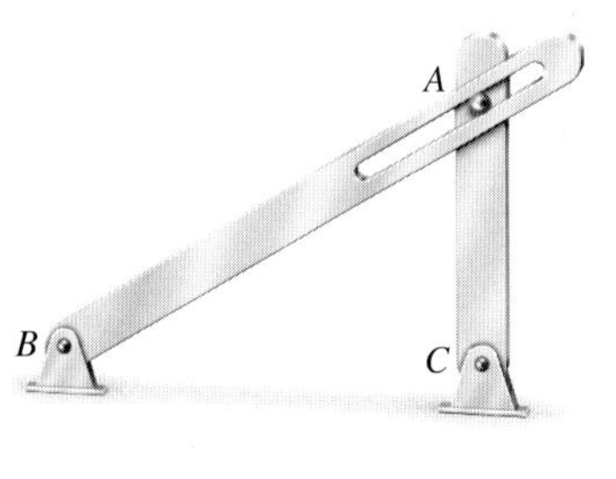

그림 6.29
미끄럼 접촉이 있는 링크장치.

이 절에서는 이 장의 앞부분에서 논의했던 것과 표면적으로는 유사하지만 다른 해법이 요구되는 형태의 문제에 대해 생각해 보기로 한다. 예를 들어 그림 6.29에서, C에 연결되어 있는 막대의 핀 A가 B에 연결되어 있는 막대의 홈(slot)에서 미끄러진다. B에 연결된 막대의 각속도를 알고 있으며 막대 AC의 각속도를 구하려고 한다고 가정해 보자. 식 $\mathbf{v}_A = \mathbf{v}_B + \boldsymbol{\omega} \times \mathbf{r}_{A/B}$를 이용하여 핀 A의 속도를 B에 고정된 막대 AB의 각속도에 의해 나타낼 수는 없다. 왜냐하면 이 식은 A와 B가 같은 강체 위의 점이라는 가정 하에 유도되었기 때문이다. 핀 A가 홈을 따라 미끄러면서 핀 A는 B에 고정된 막대에 대해 상대적으로 움직인다. 이것은 강체들 사이의 **미끄럼 접촉**의 한 예이다. 이런 유형의 문

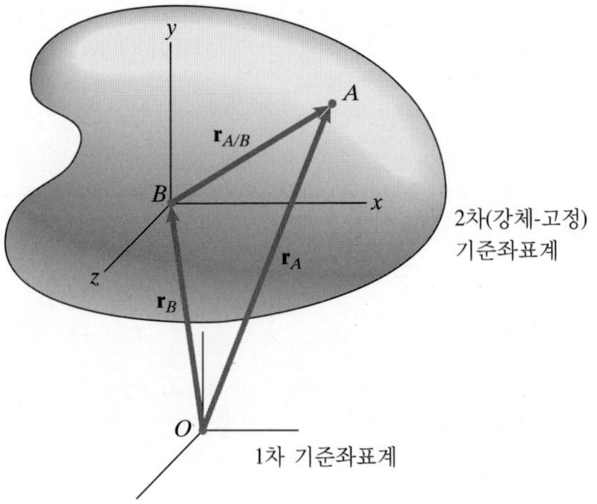

그림 6.30
강체 상의 한 점 B, 강체에 고정된 2차 기준좌표계와 임의의 한 점 A.

제를 풀기 위해서는 A가 강체의 한 점이라는 가정을 하지 않고 식 (6.8), (6.9), (6.10)을 다시 유도해야 한다.

주어진 강체에 대해 상대적으로 움직이는 한 점의 운동을 기술하기 위해서는 강체와 함께 움직이는 기준좌표계를 사용하는 것이 편리하다. 이런 강체에 고정된 좌표계를 **강체-고정 기준좌표계**(body-fixed reference frame)라고 한다. 그림 6.30에 원점이 O인 **주 기준좌표계**(primary reference frame)와 강체 위의 점 B가 원점인 강체-고정 기준좌표계 xyz를 표시하였다. (주 기준좌표계는 강체의 운동을 기술할 때 사용하는 기준좌표계이다.) 여기서 점 A가 강체 위의 한 점이라는 가정은 하지 않는다. O에 대한 A의 위치는

$$\mathbf{r}_A = \mathbf{r}_B + \underbrace{x\mathbf{i} + y\mathbf{j} + z\mathbf{k}}_{\mathbf{r}_{A/B}}$$

이다. 여기서 x, y, z는 강체-고정 기준좌표계에 의해 표시된 A의 좌표이다. A의 속도에 대한 식을 얻기 위해 위 표현식을 시간에 대해 미분한다. 이때 단위벡터 $\mathbf{i}$, $\mathbf{j}$, $\mathbf{k}$는 강체-고정 기준좌표계와 함께 회전하므로 더 이상 일정한 벡터가 아니라는 점에 주목해야 한다. 즉,

$$\mathbf{v}_A = \mathbf{v}_B + \frac{dx}{dt}\mathbf{i} + x\frac{d\mathbf{i}}{dt} + \frac{dy}{dt}\mathbf{j} + y\frac{d\mathbf{j}}{dt} + \frac{dz}{dt}\mathbf{k} + z\frac{d\mathbf{k}}{dt}$$

이다. 그러면 단위벡터들의 미분은 무엇일까? 6.3절에서, $\mathbf{r}_{P/B}$가 같은 강체 위의 두 점 P와 B에 대한 상대 위치벡터이면 $d\mathbf{r}_{P/B}/dt = \mathbf{v}_{P/B} = \boldsymbol{\omega} \times \mathbf{r}_{P/B}$가 성립함을 보였다. 단위벡터 $\mathbf{i}$를 강체 위의 한 점 P의 위치벡터로 생각할 수 있으므로(그림 6.31), $\mathbf{i}$의 시간 미분은 $d\mathbf{i}/dt = \boldsymbol{\omega} \times \mathbf{i}$이다. 단위벡터 $\mathbf{j}$와 $\mathbf{k}$도 마찬가지 방법을 적용하면, 다음 결과를 얻을 수 있다:

$$\frac{d\mathbf{i}}{dt} = \boldsymbol{\omega} \times \mathbf{i}, \qquad \frac{d\mathbf{j}}{dt} = \boldsymbol{\omega} \times \mathbf{j}, \qquad \frac{d\mathbf{k}}{dt} = \boldsymbol{\omega} \times \mathbf{k}$$

위의 표현식을 이용하여, 점 A의 속도를

그림 6.30
$\mathbf{i}$를 B에 대한 점 P의 위치벡터로 해석함.

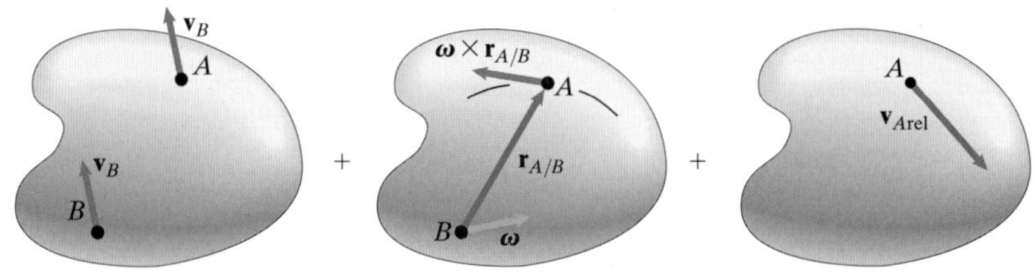

그림 6.32
A의 속도를 강체 위의 한 점 B의 속도로 나타냄.

$$\mathbf{v}_A = \mathbf{v}_B + \underbrace{\mathbf{v}_{A\,\text{rel}} + \boldsymbol{\omega} \times \mathbf{r}_{A/B}}_{\mathbf{v}_{A/B}} \tag{6.11}$$

와 같이 쓸 수 있다. 여기서

$$\mathbf{v}_{A\,\text{rel}} = \frac{dx}{dt}\mathbf{i} + \frac{dy}{dt}\mathbf{j} + \frac{dz}{dt}\mathbf{k} \tag{6.12}$$

는 강체-고정 기준좌표계에 대한 A의 속도이다. 즉, $\mathbf{v}_A$는 주 기준좌표계에 대한 A의 속도이며, $\mathbf{v}_{A\,\text{rel}}$은 강체에 대한 A의 속도이다.

식 (6.11)은 점 A의 속도를 세 개의 항, 즉 강체 위의 한 점 B의 속도 $\mathbf{v}_B$, 강체의 회전으로 인한 B에 대한 A의 속도 $\boldsymbol{\omega} \times \mathbf{r}_{A/B}$, 그리고 강체에 대한 A의 상대 속도 $\mathbf{v}_{A\,\text{rel}}$로 나타내고 있다(그림 6.32).

점 A의 가속도에 대한 식을 얻기 위해, 식 (6.11)을 시간에 대해 미분하고 식 (6.12)를 이용하면, 결과는 다음과 같다(문제 6.142 참조):

$$\mathbf{a}_A = \mathbf{a}_B + \underbrace{\mathbf{a}_{A\,\text{rel}} + 2\boldsymbol{\omega} \times \mathbf{v}_{A\,\text{rel}} + \boldsymbol{\alpha} \times \mathbf{r}_{A/B} + \boldsymbol{\omega} \times (\boldsymbol{\omega} \times \mathbf{r}_{A/B})}_{\mathbf{a}_{A/B}} \tag{6.13}$$

여기서

$$\mathbf{a}_{A\,\text{rel}} = \frac{d^2x}{dt^2}\mathbf{i} + \frac{d^2y}{dt^2}\mathbf{j} + \frac{d^2z}{dt^2}\mathbf{k} \tag{6.14}$$

는 강체-고정 기준좌표계에 대한 A의 가속도이다. 즉, $\mathbf{a}_A$는 주 기준좌표계에 대한 A의 가속도이며, $\mathbf{a}_{A\,\text{rel}}$은 강체에 대한 A의 상대 가속도이다.

평면운동의 경우에는 식 (6.13)을 다음과 같이 더 간단한 형태로 나타낼 수 있다:

$$\mathbf{a}_A = \mathbf{a}_B + \underbrace{\mathbf{a}_{A\,\text{rel}} + 2\boldsymbol{\omega} \times \mathbf{v}_{A\,\text{rel}} + \boldsymbol{\alpha} \times \mathbf{r}_{A/B} - \omega^2\mathbf{r}_{A/B}}_{\mathbf{a}_{A/B}} \tag{6.15}$$

요약하면, $\mathbf{v}_A$와 $\mathbf{a}_A$는 강체의 운동을 기술하는 데 사용되는 주 기준좌표계에 대한 점 A의 속도와 가속도이다. $\mathbf{v}_{A\,\text{rel}}$ 항과 $\mathbf{a}_{A\,\text{rel}}$ 항은 강체-고정 기준좌표계에 대한 점 A의 상대 속도와 상대 가속도로서, 강체와 함께 움직이는 관측자가 측정한 속도와 가속도이다(그림 6.33). 만일 A가 강체 위의 한 점이라면, $\mathbf{v}_{A\,\text{rel}}$과 $\mathbf{a}_{A\,\text{rel}}$은 0이며, 식 (6.11)과 (6.13)은 식 (6.8)과 (6.9)와 동일하다.

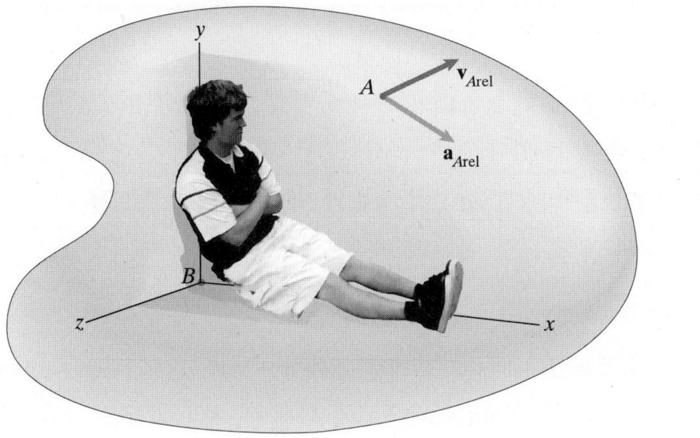

그림 6.33
자신이 강체에 대해 정지해 있어서 강체와 함께 움직인다고 상상하라.

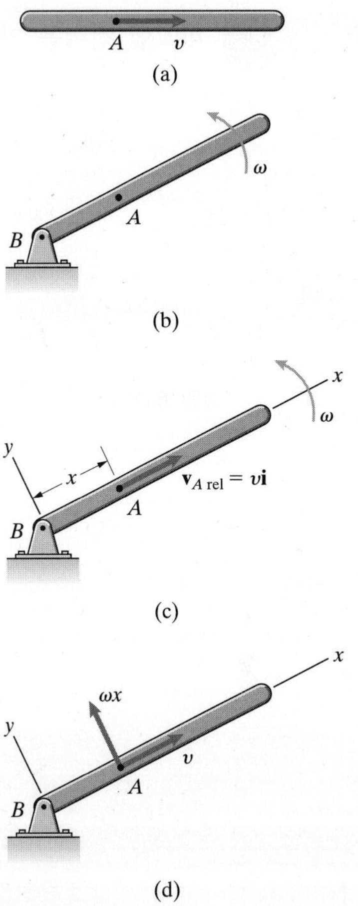

그림 6.34
(a) 막대를 따라 움직이는 점.
(b) 막대가 회전하고 있다.
(c) 강체-고정 기준좌표계.
(d) $\mathbf{v}_A$의 성분들.

간단한 예를 가지고 이 개념들을 설명할 수 있다. 그림 6.34(a)는 막대의 축에 평행한 속도 v로 움직이는 점 A를 나타낸다. (점 A를 막대 위를 기어가는 벌레로 상상해 보라.) 동시에, 지구에 고정된 기준좌표계에 대해 막대가 고정점 B에 대해 일정한 각속도 ω로 회전한다고 가정하자(그림 6.34b). 식 (6.11)을 이용하여 지구에 고정된 기준좌표계에 대한 A의 속도를 구해보자.

그림 6.34(c)의 좌표계가 막대에 고정되어 있어서 막대와 함께 회전한다고 하고, x를 A의 현재 위치라고 하자. 지구에 고정된 주 기준좌표계에 대한 막대(그리고 기준좌표계)의 각속도 벡터는 강체-고정 기준좌표계에 의해 $\boldsymbol{\omega} = \omega\mathbf{k}$로 표시된다. 강체-고정 기준좌표계에 대해, 점 A는 속도 v로 x축을 따라 움직이므로 $\mathbf{v}_{A\,\mathrm{rel}} = v\mathbf{i}$이다. 식 (6.11)로부터, 지구에 고정된 기준좌표계에 대한 A의 속도는

$$
\begin{aligned}
\mathbf{v}_A &= \mathbf{v}_B + \mathbf{v}_{A\,\mathrm{rel}} + \boldsymbol{\omega} \times \mathbf{r}_{A/B} \\
&= \mathbf{0} + v\mathbf{i} + (\omega\mathbf{k}) \times (x\mathbf{i}) \\
&= v\mathbf{i} + \omega x\mathbf{j}
\end{aligned}
$$

이다. 지구에 고정된 기준좌표계에 대해, A는 막대에 평행한 속도 성분과 함께 막대의 회전으로 인한 수직 성분도 갖는다(그림 6.34d). $\mathbf{v}_A$가 지구에 고정된 기준좌표계에 대한 A의 속도이기는 하지만, 강체-고정 기준좌표계에 의한 성분들로 표현되었음을 주목하라.

연구 문제

1. 강체-고정 기준좌표계는 무엇을 의미하는가?

2. 주 기준좌표계와 2차 기준좌표계를 어떻게 정의하는가?

3. 식 (6.11)에서 $\mathbf{v}_{A\,\mathrm{rel}}$의 정의는 무엇인가?

4. 식 (6.13)에서 $\mathbf{a}_{A\,\mathrm{rel}}$의 정의는 무엇인가?

예제 6.7 미끄럼 접촉을 가진 링크장치

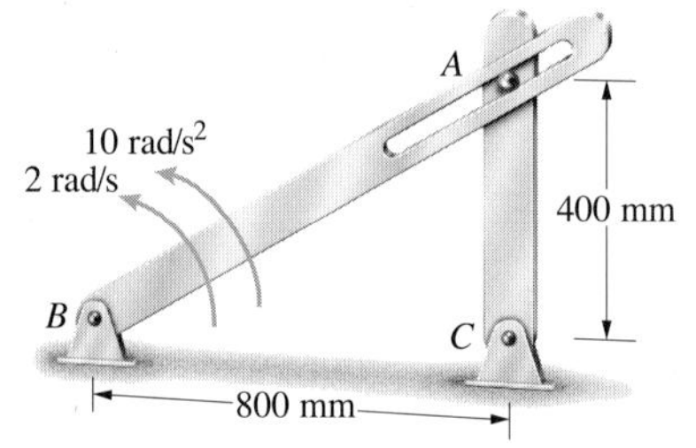

그림 6.35

그림 6.35의 막대 AB가 2 rad/s의 반시계 방향 각속도와 10 rad/s^{2}의 반시계 방향 각가속도를 갖고 있다.

(a) 막대 AB의 홈에 대한 핀 A의 속도와 막대 AC의 각속도를 구하라.

(b) 막대 AB의 홈에 대한 핀 A의 가속도와 막대 AC의 각가속도를 구하라.

❙ 전략 ❙

막대 AB에 고정된 2차 기준좌표계를 채택함으로써 식 (6.11)을 이용하여 홈에 대한 핀의 속도와 막대 AB의 각속도에 의해 핀 A의 속도를 나타낼 수 있다. 핀 A와 C는 둘 다 막대 AC의 점들이므로, $\mathbf{v}_A$를 일반적인 방법으로 막대 AC의 각속도로 나타낼 수 있다. $\mathbf{v}_A$에 대한 두 식을 같게 놓음으로써 홈에 대한 A의 속도와 막대 AC의 각속도로 표현된 벡터방정식을 얻을 수 있다. 그 다음, 식 (6.15)를 이용하여 같은 방법에 의해 홈에 대한 A의 가속도와 막대 AC의 각가속도를 구할 수 있다.

❙ 풀이 ❙

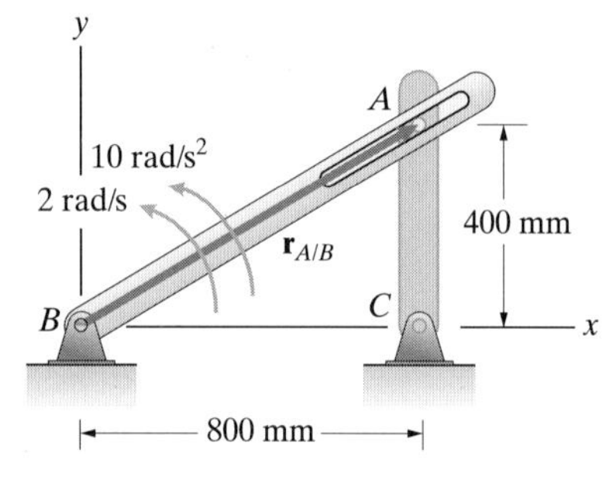

(a) 강체-고정 좌표계와 B에 대한 핀 A의 위치 벡터.

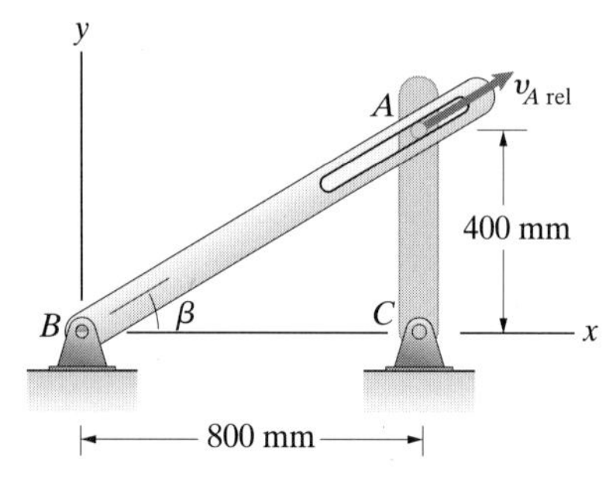

(b) 강체-고정 좌표계에 대한 핀 A의 상대 속도.

(a) 그림 a의 좌표계가 막대 AB에 고정되어 막대 AB와 함께 회전한다고 하자. 식 (6.11)을 점 A와 B에 적용하면, 점 A의 속도는 다음과 같다:

$$\mathbf{v}_A = \mathbf{v}_B + \mathbf{v}_{A\,\text{rel}} + \boldsymbol{\omega}_{AB} \times \mathbf{r}_{A/B}$$

$$= \mathbf{0} + \mathbf{v}_{A\,\text{rel}} + \begin{vmatrix} \mathbf{i} & \mathbf{j} & \mathbf{k} \\ 0 & 0 & 2 \\ 0.8 & 0.4 & 0 \end{vmatrix}$$

핀 A의 강체-고정 좌표계에 대한 속도는 홈에 평행하므로(그림 b), 이 속도는 다음과 같이 나타낼 수 있다:

$$\mathbf{v}_{A\,\text{rel}} = v_{A\,\text{rel}} \cos\beta\mathbf{i} + v_{A\,\text{rel}} \sin\beta\mathbf{j} \tag{1}$$

여기서 $\beta = \arctan(0.4/0.8)$이다. 위 식을 $\mathbf{v}_A$의 식에 대입하면 다음 식을 얻게 된다:

$$\mathbf{v}_A = (v_{A\,\text{rel}} \cos\beta - 0.8)\mathbf{i} + (v_{A\,\text{rel}} \sin\beta + 1.6)\mathbf{j} \tag{2}$$

AC를 막대 AC의 각속도라고 하자(그림 c). A의 속도를 C의 속도에 의해 나타내면 다음과 같다:

$$\begin{aligned} \mathbf{v}_A &= \mathbf{v}_C + \boldsymbol{\omega}_{AC} \times \mathbf{r}_{A/C} \\ &= \mathbf{0} + (\omega_{AC}\mathbf{k}) \times (0.4\mathbf{j}) \\ &= -0.4\omega_{AC}\mathbf{i} \end{aligned} \tag{3}$$

A는 막대 AC의 점이므로 위 식에는 상대 속도의 항이 없다는 점에 주의하라. 식 (2)와 (3)을 같다고 하면 다음 식을 얻는다:

$$(v_{A\,\text{rel}} \cos\beta - 0.8)\mathbf{i} + (v_{A\,\text{rel}} \sin\beta + 1.6)\mathbf{j} = -0.4\omega_{AC}\mathbf{i}$$

i와 **j** 성분들을 같다고 놓으면 다음 두 식이 얻어진다:

$$v_{A\,\mathrm{rel}}\cos\beta - 0.8 = -0.4\omega_{AC}$$
$$v_{A\,\mathrm{rel}}\sin\beta + 1.6 = 0$$

이 식들을 풀면, $v_{A\,\mathrm{rel}} = -3.58$ m/s와 $\omega_{AC} = 10$ rad/s를 얻을 수 있다. 이 순간에서, 핀 A는 홈에 대해 3.58 m/s의 상대 속도로 점 B를 향해 움직인다. 벡터 $\mathbf{v}_{A\,\mathrm{rel}}$은 다음과 같다:

$$\mathbf{v}_{A\,\mathrm{rel}} = -3.58(\cos\beta\mathbf{i} + \sin\beta\mathbf{j}) = -3.2\mathbf{i} - 1.6\mathbf{j}\ (\mathrm{m/s})$$

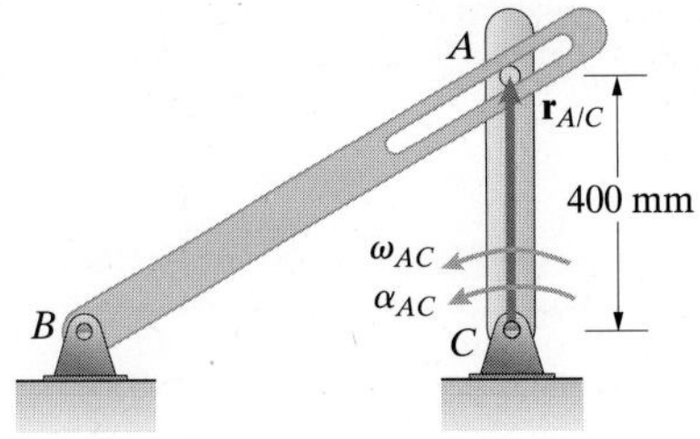

(c) C에 대한 A의 위치벡터.

(b) 식 (6.15)를 막대 AB에 적용하면(그림 b), A의 가속도를 얻을 수 있다. 즉,

$$\mathbf{a}_A = \mathbf{a}_B + \mathbf{a}_{A\,\mathrm{rel}} + 2\boldsymbol{\omega}_{AB}\times\mathbf{v}_{A\,\mathrm{rel}} + \boldsymbol{\alpha}_{AB}\times\mathbf{r}_{A/B} - \omega_{AB}^2\mathbf{r}_{A/B}$$

$$= \mathbf{0} + \mathbf{a}_{A\,\mathrm{rel}} + 2\begin{vmatrix}\mathbf{i} & \mathbf{j} & \mathbf{k}\\ 0 & 0 & 2\\ -3.2 & -1.6 & 0\end{vmatrix} + \begin{vmatrix}\mathbf{i} & \mathbf{j} & \mathbf{k}\\ 0 & 0 & 10\\ 0.8 & 0.4 & 0\end{vmatrix}$$
$$-(2)^2(0.8\mathbf{i} + 0.4\mathbf{j})$$

이다. 강체-고정 좌표계에 대한 A의 가속도는 홈에 평행하므로(그림 d), $\mathbf{v}_{A\,\mathrm{rel}}$을 표시할 때와 같은 방법으로 A의 가속도를 나타낼 수 있다. 즉,

$$\mathbf{a}_{A\,\mathrm{rel}} = a_{A\,\mathrm{rel}}\cos\beta\mathbf{i} + a_{A\,\mathrm{rel}}\sin\beta\mathbf{j} \qquad (4)$$

이다. 이 표현식을 $\mathbf{a}_A$에 대한 식에 대입하면

$$\mathbf{a}_A = (a_{A\,\mathrm{rel}}\cos\beta - 0.8)\mathbf{i} + (a_{A\,\mathrm{rel}}\sin\beta - 6.4)\mathbf{j} \qquad (5)$$

이고, A의 가속도를 C의 가속도에 의해 나타내면(그림 c),

$$\mathbf{a}_A = \mathbf{a}_C + \boldsymbol{\alpha}_{AC}\times\mathbf{r}_{A/C} - \omega_{AC}^2\mathbf{r}_{A/C}$$
$$= \mathbf{0} + (\alpha_{AC}\mathbf{k})\times(0.4\mathbf{j}) - (10)^2(0.4\mathbf{j}) \qquad (6)$$
$$= -0.4\alpha_{AC}\mathbf{i} - 40\mathbf{j}$$

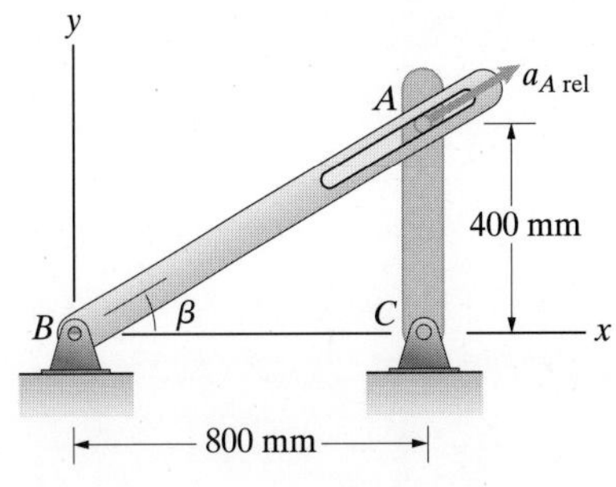

(d) 강체-고정 좌표계에 대한 핀 A의 가속도.

이다. 식 (5)와 (6)을 같다고 놓으면 다음과 같다:

$$(a_{A\,\mathrm{rel}}\cos\beta - 0.8)\mathbf{i} + (a_{A\,\mathrm{rel}}\sin\beta - 6.4)\mathbf{j} = -0.4\alpha_{AC}\mathbf{i} - 40\mathbf{j}$$

i와 **j** 성분들을 같다고 놓으면 다음 두 식을 얻을 수 있다:

$$a_{A\,\mathrm{rel}}\cos\beta - 0.8 = -0.4\alpha_{AC}$$
$$a_{A\,\mathrm{rel}}\sin\beta - 6.4 = -40$$

이 식들을 풀면, $a_{A\,\mathrm{rel}} = -75.1$ m/s^{2}과 $\alpha_{AC} = 170$ rad/s^{2}을 구할 수 있다. 주어진 순간에서, 핀 A는 홈에 대해 75.1 m/s^{2}의 상대 가속도로 점 B를 향해 가속되고 있다.

비판적 사고

이 예제는 강체들 사이의 전형적인 미끄럼 접촉의 예를 보여준다. 핀 A는 홈

이 있는 막대의 점이 아니므로, 점 A와 B에 식 (6.8)과 (6.10)을 적용하는 대신에 식 (6.11)과 (6.15)를 적용하였다. 이를 위해, 홈이 있는 막대에 고정된 2차 기준좌표계 $x-y$를 도입하였다. 이것은 홈이 있는 막대는 강체-고정 좌표계에 대해 상대운동을 하지 않는다는 것을 의미한다. 핀 A는 홈에서 미끄러지므로, A는 강체-고정 좌표계에 대해 직선으로 움직인다. 따라서 강체-고정 좌표계에 대한 A의 속도 $\mathbf{v}_{A\,\mathrm{rel}}$과 가속도 $\mathbf{a}_{A\,\mathrm{rel}}$은 홈에 평행하며 식 (1)과 (4)로 주어지는 형태로 나타낼 수 있음을 알 수 있다. 이것이 해를 위한 열쇠이다. 이 표현식들을 이용하여, 막대 AC의 각속도와 각가속도를 구할 수 있었고, 홈에 대한 핀 A의 속도와 가속도인 $\mathbf{v}_{A\,\mathrm{rel}}$과 $a_{A\,\mathrm{rel}}$도 구할 수 있었다.

예제 6.8 지지대에 대해 미끄러지는 막대

그림 6.36에서 B의 연결고리가 원형 막대를 따라 미끄러지면서, 핀 B가 반경 R의 원형 경로에서 일정한 속력 v_0로 움직이게 한다. 그림의 순간에서, 막대 BC의 각속도와 각가속도를 구하라.

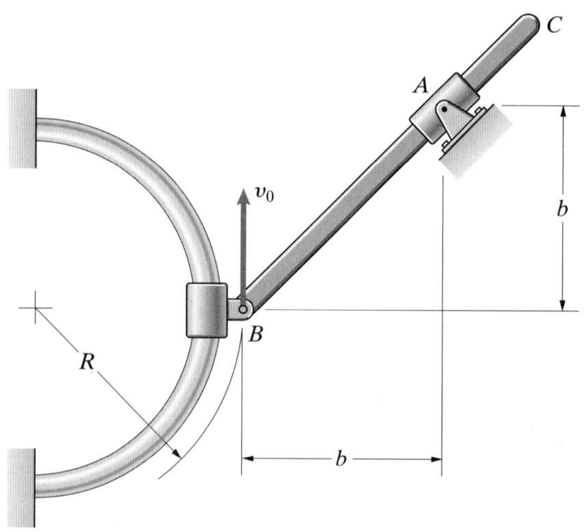

그림 6.36

전략

원점이 B이며 강체 BC에 고정된 2차 기준좌표계를 사용한다. 식 (6.11)과 (6.15)를 이용하여 고정핀 A의 속도와 가속도를 핀 B의 속도와 가속도에 의해 나타냄으로써, 막대 BC의 각속도와 각가속도를 구할 수 있다.

풀이

각속도 막대 BC의 각속도와 각가속도를 ω_{BC}와 α_{BC}라고 하자(그림 a). 이 ω_{BC}와 α_{BC}는 강체-고정 좌표계의 각속도와 각가속도이기도 하다. 고정핀 A의 속

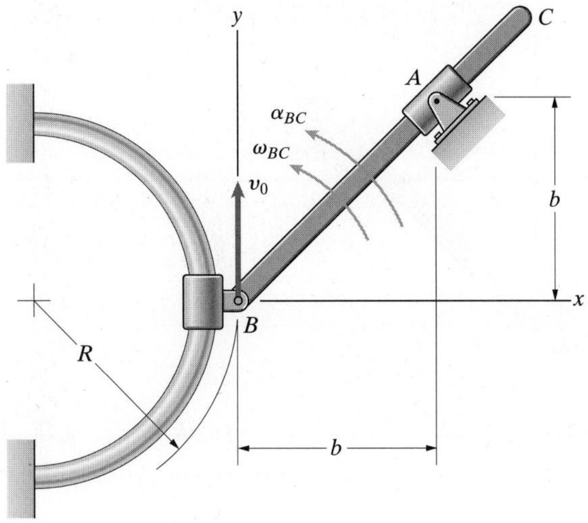

(a) 막대 BC에 고정되어 함께 회전하는 기준좌표계.

도는 0이다. 식 (6.11)로부터

$$\mathbf{v}_A = \mathbf{0} = \mathbf{v}_B + \mathbf{v}_{A\,\mathrm{rel}} + \boldsymbol{\omega} \times \mathbf{r}_{A/B} \qquad (1)$$

이다. 여기서 $\mathbf{v}_{A\,\mathrm{rel}}$은 강체-고정 좌표계에 대한 A의 상대 속도이며, $\boldsymbol{\omega} = \omega_{BC}\mathbf{k}$는 좌표계의 각속도 벡터이다. 핀 B의 속도는 $\mathbf{v}_B = v_0\mathbf{j}$이다. 막대에 고정된 좌표계에 대한 고정핀 A의 상대 속도는 막대에 평행하므로(그림 b),

$$\mathbf{v}_{A\,\mathrm{rel}} = v_{A\,\mathrm{rel}} \cos 45°\mathbf{i} + v_{A\,\mathrm{rel}} \sin 45°\mathbf{j} \qquad (2)$$

와 같이 나타낼 수 있으며, 식 (1)은 다음과 같이 쓸 수 있다:

$$\mathbf{0} = v_0\mathbf{j} + v_{A\,\mathrm{rel}} \cos 45°\mathbf{i} + v_{A\,\mathrm{rel}} \sin 45°\mathbf{j} + \begin{vmatrix} \mathbf{i} & \mathbf{j} & \mathbf{k} \\ 0 & 0 & \omega_{BC} \\ b & b & 0 \end{vmatrix}$$

$\mathbf{i}$와 $\mathbf{j}$ 성분들로부터 다음 식을 얻는다:

$$v_{A\,\mathrm{rel}} \cos 45° - b\omega_{BC} = 0$$

$$v_0 + v_{A\,\mathrm{rel}} \sin 45° + b\omega_{BC} = 0$$

이 식들을 풀면, 강체-고정 좌표계에 대한 핀 A의 상대 속도 $\mathbf{v}_{A\,\mathrm{rel}}$과 막대 BC의 각속도 BC를 다음과 같이 구할 수 있다:

$$\mathbf{v}_{A\,\mathrm{rel}} = v_{A\,\mathrm{rel}} \cos 45°\mathbf{i} + v_{A\,\mathrm{rel}} \sin 45°\mathbf{j}$$

$$= -\frac{v_0}{2}\mathbf{i} - \frac{v_0}{2}\mathbf{j}$$

$$\omega_{BC} = -\frac{v_0}{2b}$$

각가속도 핀 A의 가속도는 0이다. 식 (6.15)로부터,

$$\mathbf{a}_A = \mathbf{0} = \mathbf{a}_B + \mathbf{a}_{A\,\mathrm{rel}} + 2\boldsymbol{\omega} \times \mathbf{v}_{A\,\mathrm{rel}} + \boldsymbol{\alpha} \times \mathbf{r}_{A/B} - \omega^2\mathbf{r}_{A/B} \qquad (3)$$

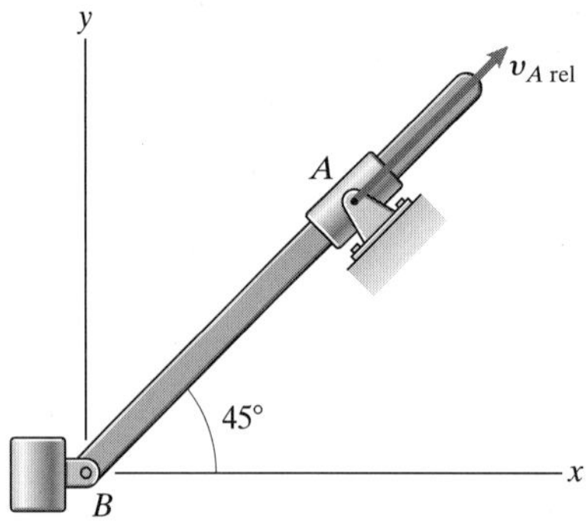

(b) 강체-고정 좌표계에 대한 고정핀 A의 속도의 방향.

이다. 핀 B의 가속도는 $\mathbf{a}_B = -(v_0^2/R)\mathbf{i}$이다. 강체-고정 좌표계에 대한 핀 A의 상대 가속도는 막대에 평행하다(그림 c). 따라서 이 상대 가속도를

$$\mathbf{a}_{A\,\mathrm{rel}} = a_{A\,\mathrm{rel}}\cos 45°\mathbf{i} + a_{A\,\mathrm{rel}}\sin 45°\mathbf{j} \tag{4}$$

와 같이 나타낼 수 있으며, 식 (3)을 다음과 같이 쓸 수 있다:

$$\mathbf{0} = -\frac{v_0^2}{R}\mathbf{i} + a_{A\,\mathrm{rel}}\cos 45°\mathbf{i} + a_{A\,\mathrm{rel}}\sin 45°\mathbf{j}$$

$$+ 2\begin{vmatrix} \mathbf{i} & \mathbf{j} & \mathbf{k} \\ 0 & 0 & \omega_{BC} \\ -v_0/2 & -v_0/2 & 0 \end{vmatrix} + \begin{vmatrix} \mathbf{i} & \mathbf{j} & \mathbf{k} \\ 0 & 0 & \alpha_{BC} \\ b & b & 0 \end{vmatrix}$$

$$- \omega_{BC}^2(b\mathbf{i} + b\mathbf{j})$$

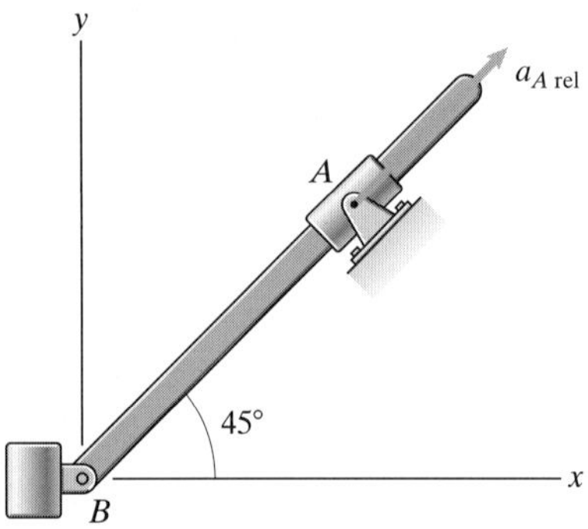

(c) 강체-고정 좌표계에 대한 고정핀 A의 가속도의 방향.

이 식의 $\mathbf{i}$와 $\mathbf{j}$ 성분들로부터 다음 식들을 얻을 수 있다:

$$-\frac{v_0^2}{R} + a_{A\,\mathrm{rel}}\cos 45° + v_0\omega_{BC} - b\alpha_{BC} - b\omega_{BC}^2 = 0$$

$$a_{A\,\mathrm{rel}}\sin 45° - v_0\omega_{BC} + b\alpha_{BC} - b\omega_{BC}^2 = 0$$

이 식들을 풀면, 막대 BC의 각가속도는 다음과 같다:

$$\alpha_{BC} = -\frac{v_0^2}{2b}\left(\frac{1}{R} + \frac{1}{b}\right)$$

| 비판적 사고 |

이 예제에서, 막대 BC는 A에 있는 지지슬리브에 대해 미끄러진다. 고정된 지지슬리브 A는 막대 BC에 고정되어 있는 강체-고정 좌표계에 대해 상대적으로 움직인다는 점에 주의하라. 막대 BC는 강체-고정 좌표계에 대해 고정되어 있으므로, 강체-고정 좌표계에 대한 지지슬리브 A의 상대 속도와 상대 가속도는 막대 BC와 평행함을 알 수 있다. 이 때문에 A의 속도와 가속도를 식 (2)와 (4)의 형태로 표현할 수 있었다.

예제 6.9 미끄럼 접촉의 해석

그림 6.37에서 막대 AB가 1 rad/s의 일정한 각속도로 반시계 방향으로 회전하고 있다. 블록 B는 원형 막대 BC의 원형 홈을 따라 미끄러진다. 그림의 순간에, 원형 홈의 중심은 D에 있다. 막대 BC의 각속도와 각가속도를 구하라.

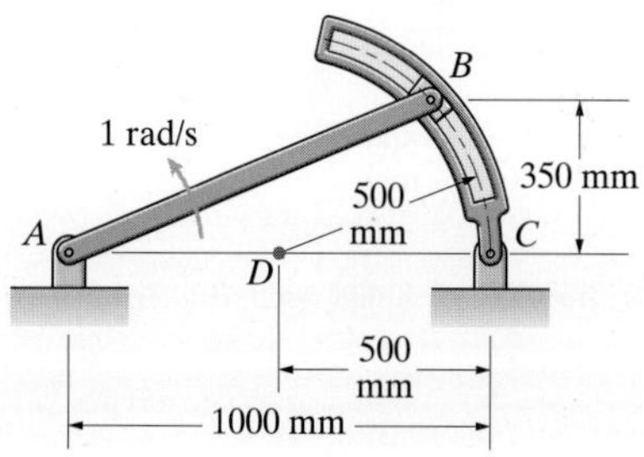

그림 6.37

| 전략 |

막대 AB의 각속도를 알고 있으므로 점 B의 속도를 구할 수 있다. B는 막대 BC 위의 점이 아니므로, 식 (6.11)을 점 B와 C에 적용해야 한다. $\mathbf{v}_B$에 대해 구한 두 식을 같다고 놓음으로써 막대 BC의 각속도를 구할 수 있다. 그 다음, 같은 방법으로 식 (6.15)를 이용하여 막대 BC의 각가속도를 구할 수 있다.

| 풀이 |

B의 속도를 구하기 위해, B의 속도를 A의 속도와 막대 AB의 각속도로 나타낸다. 즉, $\mathbf{v}_B = \mathbf{v}_A + \boldsymbol{\omega}_{AB} \times \mathbf{r}_{B/A}$이다. 그림 a에 나타낸 좌표계에 의해, A에 대한 B의 위치벡터는

$$\mathbf{r}_{B/A} = (0.500 + 0.500\cos\beta)\mathbf{i} + 0.350\mathbf{j} = 0.857\mathbf{i} + 0.350\mathbf{j}\ (\text{m})$$

이다. 여기서 $\beta = \arcsin(350/500) = 44.4°$이다. 따라서 B의 속도는 다음과 같다:

$$\mathbf{v}_B = \mathbf{v}_A + \boldsymbol{\omega}_{AB} \times \mathbf{r}_{B/A} = \mathbf{0} + \begin{vmatrix} \mathbf{i} & \mathbf{j} & \mathbf{k} \\ 0 & 0 & 1 \\ 0.857 & 0.350 & 0 \end{vmatrix}$$

$$= -0.350\mathbf{i} + 0.857\mathbf{j}\ (\text{m/s}) \qquad (1)$$

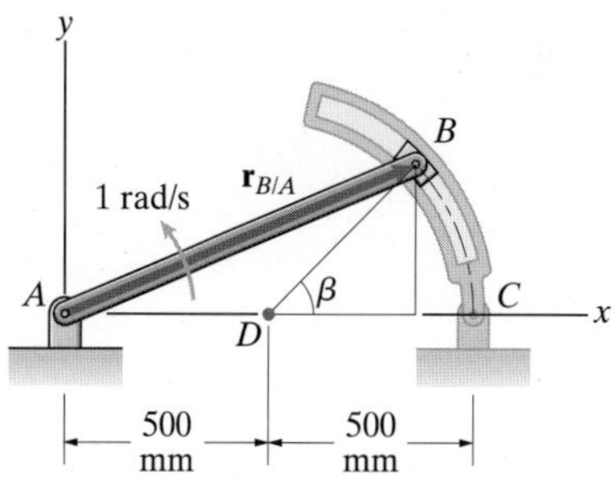

(a) 점 B의 속도 구하기.

식 (6.11)을 점 B와 C에 적용하기 위해, 원형 막대와 함께 회전하는 평행한 2차 좌표계를 도입한다(그림 b). B의 속도는

$$\mathbf{v}_B = \mathbf{v}_C + \mathbf{v}_{B\,\text{rel}} + \boldsymbol{\omega}_{BC} \times \mathbf{r}_{B/C} \qquad (2)$$

이고, C에 대한 B의 위치벡터는 다음과 같다:

$$\mathbf{r}_{B/C} = -(0.500 - 0.500\cos\beta)\mathbf{i} + 0.350\mathbf{j} = -0.143\mathbf{i} + 0.350\mathbf{j}\ (\text{m})$$

강체-고정 좌표계에 대해, 점 B는 점 D를 중심으로 하는 원형 경로를 따라 움직인다(그림 c). 각도 β에 의해, 벡터 $\mathbf{v}_{B\,\text{rel}}$은

$$\mathbf{v}_{B\,\text{rel}} = -v_{B\,\text{rel}}\sin\beta\mathbf{i} + v_{B\,\text{rel}}\cos\beta\mathbf{j}$$

이고, $\mathbf{r}_{B/C}$와 $\mathbf{v}_{B\,\text{rel}}$에 대한 위의 표현식들을 식 (2)에 대입하면 다음 식을 얻는다:

$$\mathbf{v}_B = -v_{B\,\text{rel}}\sin\beta\mathbf{i} + v_{B\,\text{rel}}\cos\beta\mathbf{j} + \begin{vmatrix} \mathbf{i} & \mathbf{j} & \mathbf{k} \\ 0 & 0 & \omega_{BC} \\ -0.143 & 0.350 & 0 \end{vmatrix}$$

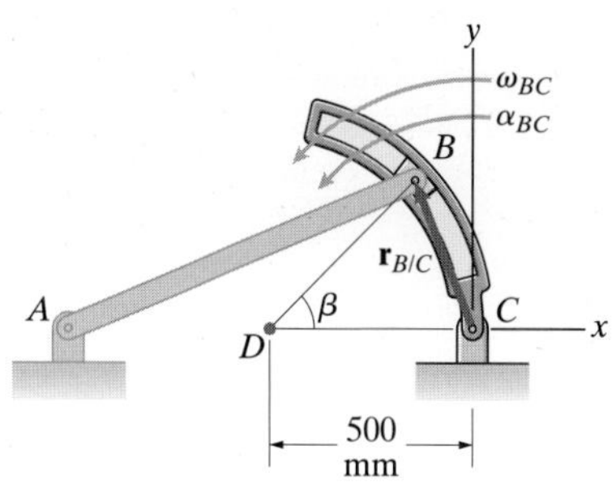

(b) 곡선 막대와 함께 회전하는 강체-고정 좌표계.

$\mathbf{v}_B$에 대한 이 식과 식 (1)에서 구한 값을 같다고 놓으면 다음 두 식을 얻는다:

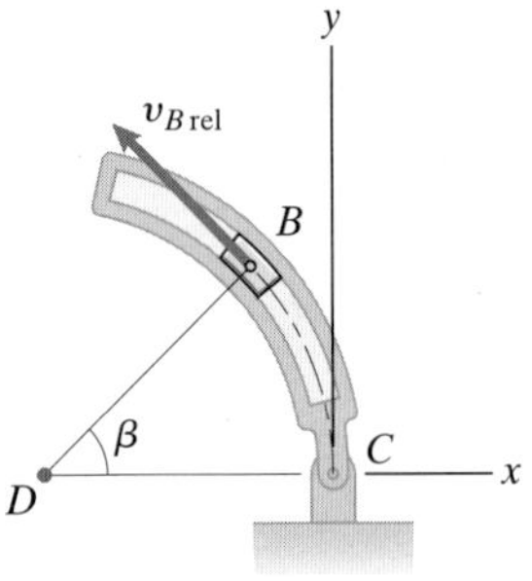

(c) 강체-고정 좌표계에 대한 B의 속도.

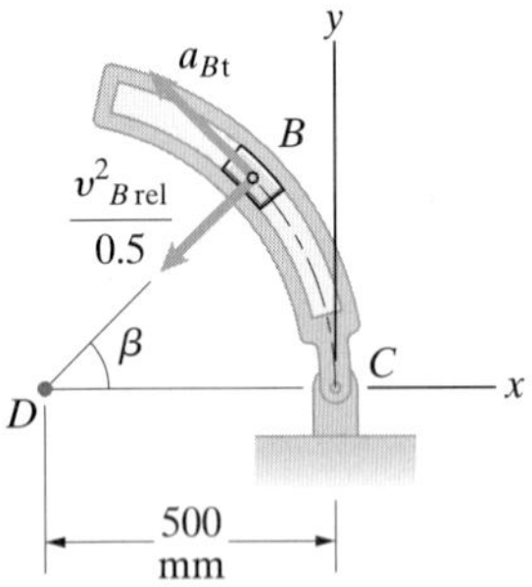

(d) 강체-고정 좌표계에 대한 B의 가속도.

$$-v_{B\,\mathrm{rel}} \sin\beta - 0.350\omega_{BC} = -0.350$$

$$v_{B\,\mathrm{rel}} \cos\beta - 0.143\omega_{BC} = 0.857$$

이 식들을 풀면, $v_{B\,\mathrm{rel}} = 1.0$ m/s와 $\omega_{BC} = -1.0$ rad/s를 얻을 수 있다.

같은 방법으로 막대 BC의 각가속도를 구한다. 점 B의 가속도는

$$\mathbf{a}_B = \mathbf{a}_A + \boldsymbol{\alpha}_{AB} \times \mathbf{r}_{B/A} - \omega_{AB}^2 \mathbf{r}_{B/A}$$

$$= \mathbf{0} + \mathbf{0} - (1)^2(0.857\mathbf{i} + 0.350\mathbf{j})$$

$$= -0.857\mathbf{i} - 0.350\mathbf{j}\ (\mathrm{m/s^2}) \qquad (3)$$

이다. 강체-고정 좌표계에 대한 점 B의 운동은 점 D에 대한 원형 경로이므로, 접선방향 가속도 성분 a_{Bt}와 법선방향 가속도 성분 $v_{B\,\mathrm{rel}}^2/(0.5\ \mathrm{m})$이 존재한다. 이 성분들을 그림 d에 표시하였다. 각 β에 의해 벡터 $\mathbf{a}_{B\,\mathrm{rel}}$은 다음과 같다:

$$\mathbf{a}_{B\,\mathrm{rel}} = -a_{Bt} \sin\beta\mathbf{i} + a_{Bt}\cos\beta\mathbf{j}$$

$$- (v_{B\,\mathrm{rel}}^2/0.5)\cos\beta\mathbf{i} - (v_{B\,\mathrm{rel}}^2/0.5)\sin\beta\mathbf{j}$$

식 (6.15)를 점 B와 C에 적용하면, B의 가속도를 얻는다:

$$\mathbf{a}_B = \mathbf{a}_C + \mathbf{a}_{B\,\mathrm{rel}} + 2\boldsymbol{\omega}_{BC} \times \mathbf{v}_{B\,\mathrm{rel}}$$

$$+ \boldsymbol{\alpha}_{BC} \times \mathbf{r}_{B/C} - \omega_{BC}^2 \mathbf{r}_{B/C}$$

$$= \mathbf{0} - a_{Bt}\sin\beta\mathbf{i} + a_{Bt}\cos\beta\mathbf{j}$$

$$- [(1)^2/0.5]\cos\beta\mathbf{i} - [(1)^2/0.5]\sin\beta\mathbf{j}$$

$$+ 2\begin{vmatrix} \mathbf{i} & \mathbf{j} & \mathbf{k} \\ 0 & 0 & -1 \\ -(1)\sin\beta & (1)\cos\beta & 0 \end{vmatrix}$$

$$+ \begin{vmatrix} \mathbf{i} & \mathbf{j} & \mathbf{k} \\ 0 & 0 & \alpha_{BC} \\ -0.143 & 0.350 & 0 \end{vmatrix} - (-1)^2(-0.143\mathbf{i} + 0.350\mathbf{j})$$

$\mathbf{a}_B$에 대한 위의 표현식과 식 (3)에서 구한 값을 같다고 놓으면, 다음 두 식이 얻어진다:

$$-a_{Bt}\sin\beta - 0.350\alpha_{BC} + 0.143 = -0.857$$

$$a_{Bt}\cos\beta - 0.143\alpha_{BC} - 0.350 = -0.350$$

이 식들을 풀면, $a_{Bt} = 0.408\ \mathrm{m/s^2}$과 $\alpha_{BC} = 2.040\ \mathrm{rad/s^2}$이 얻어진다.

| 비판적 사고 |

이 예제는 홈이 있는 막대가 곡선 호(arc)의 모양을 하고 있다는 점에서 차별화된다. 이로 인해, 블록 B는 원형 막대에 고정된 좌표계에 대해 원형 경로로 움직인다. 속도 $\mathbf{v}_{B\,\mathrm{rel}}$의 방향은 원형 경로에 접선방향이다. 그러나 원형 경로로 인해 $\mathbf{a}_{B\,\mathrm{rel}}$은 경로에 접선방향인 성분과 법선방향인 성분을 갖는다. 법선 성분의 크기는 속도 크기와 원형 경로의 반경으로 나타낼 수 있으므로, 일단 $\mathbf{v}_{B\,\mathrm{rel}}$이 결정되면 $\mathbf{a}_{B\,\mathrm{rel}}$은 접선 성분만 구하면 된다.

연습문제

6.117 막대가 10 rad/s의 일정한 각속도로 반시계 방향으로 회전하고 있으며, 슬리브 A가 막대에 대해 4 m/s의 속도로 미끄러지고 있다. 식 (6.11)과 그림의 강체-고정 좌표계를 이용하여 A의 속도를 구하라.

6.118 막대가 10 rad/s의 일정한 반시계 방향 각속도로 회전하고 있으며, 슬리브 A가 막대에 대해 4 m/s의 일정한 속도로 미끄러지고 있다. 식 (6.15)를 이용하여 A의 가속도를 구하라.

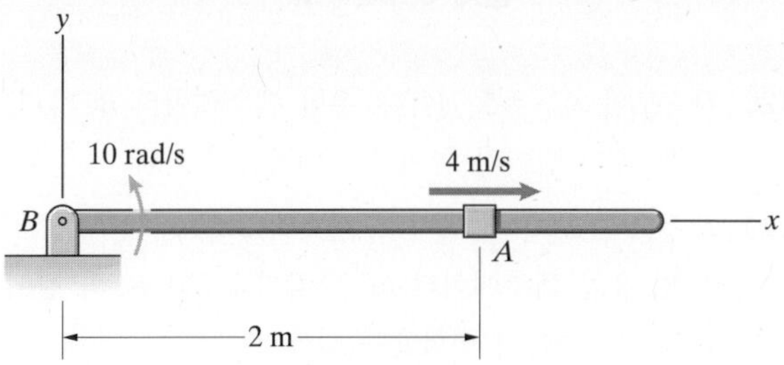

문제 6.117/6.118

6.119 슬리브 C가 막대 BD에 대해 1 m/s의 속도로 미끄러지고 있다. 그림의 강체-고정 좌표계를 이용하여 C의 속도를 구하라.

6.120 두 막대의 각가속도가 0이고, 슬리브 C가 막대 BD에 대해 1 m/s의 일정한 속도로 미끄러지고 있다. 슬리브 C의 가속도는 얼마인가?

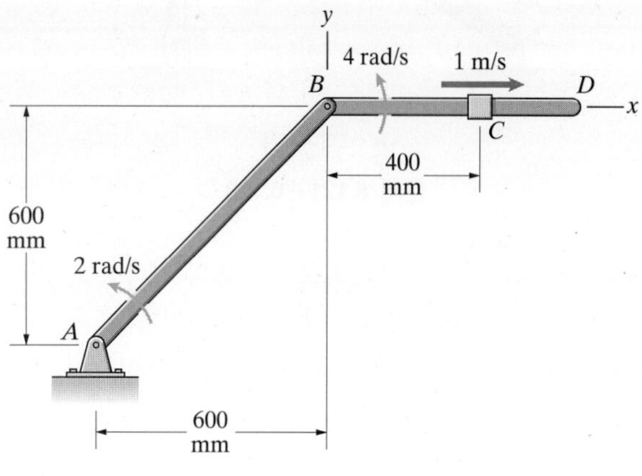

문제 6.119/6.120

6.121 막대 AC가 2 rad/s의 반시계 방향 각속도를 가지고 있으며 4 rad/s^{2}으로 감속하고 있다. C의 핀은 막대 BD의 홈에서 미끄러지고 있다.

(a) 막대 BD의 각속도와 홈에 대한 핀의 속도를 구하라.

(b) 막대 BD의 각가속도와 홈에 대한 핀의 가속도를 구하라.

6.122 홈에 대한 핀 C의 속도는 위쪽으로 21 cm/s이며 42 cm/s^{2}으로 감속되고 있다. 막대 AC의 각속도와 각가속도는 얼마인가?

6.123 막대 BD의 각속도와 각가속도가 반시계 방향으로 4 rad/s와 24 rad/s^{2}이 되게 하려면, 막대 AC의 각속도와 각가속도는 각각 얼마가 되어야 하는가?

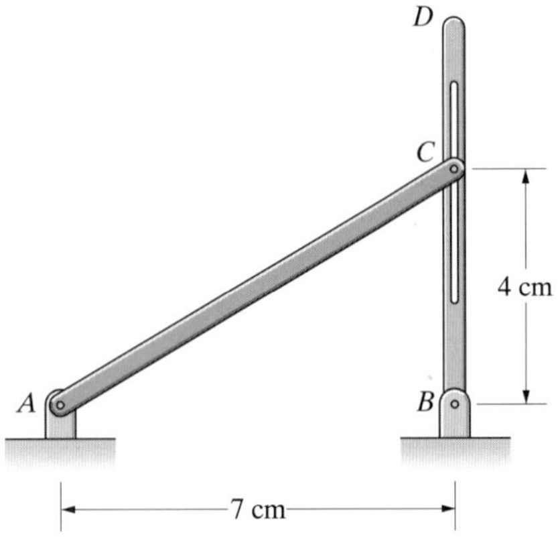

문제 6.121 – 6.123

6.124 막대 AB가 시계 방향으로 4 rad/s의 각속도를 가지고 있다. 홈에 대한 핀 B의 속도는 얼마인가?

6.125 막대 AB가 4 rad/s의 시계 방향 각속도와 10 rad/s^{2}의 반시계 방향 각가속도를 가지고 있다. 홈에 대한 핀 B의 가속도는 얼마인가?

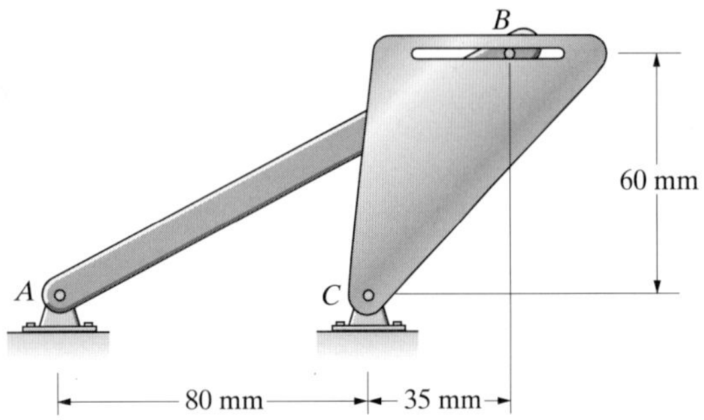

문제 6.124/6.125

6.126 크레인의 유압 액추에이터 BC가 0.2 m/s의 속도로 길이를 늘이고 있다. 그림의 순간에서, 크레인의 팔(boom) AD의 각속도는 얼마인가?

전략: 식 (6.8)을 이용하여 점 C의 속도를 점 A의 속도로 나타내고, 식 (6.11)을 이용하여 점 C의 속도를 점 B의 속도로 나타낸다. 그 다음, 점 C의 속도에 대한 두 식을 같다고 놓는다.

6.127 크레인의 유압 액추에이터 BC가 0.2 m/s의 일정한 속도로 길이를 늘이고 있다. 그림의 순간에서, 크레인의 팔(boom) AD의 각가속도는 얼마인가?

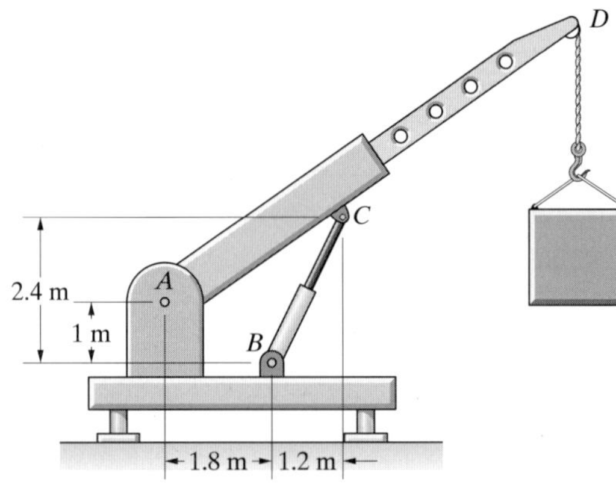

문제 6.126/6.127

6.128 각속도가 $\omega_{AC} = 5$ °/s이다. 유압 액추에이터 BC의 각속도와 BC의 길이가 늘어나는 비율을 구하라.

6.129 각속도가 $\omega_{AC} = 5$ °/s이고, 각가속도가 $\alpha_{AC} = -2$ °/s^{2}이라면, 유압 액추에이터 BC의 각가속도와 BC의 길이가 늘어나는 비율의 변화율은 얼마인가?

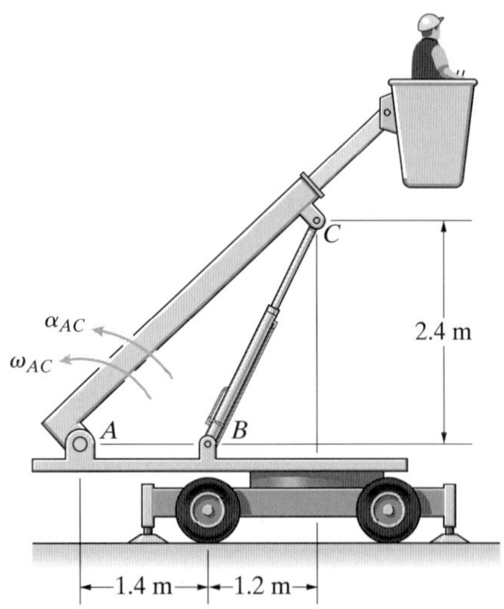

문제 6.128/6.129

6.130 A의 슬리브가 10 m/s의 일정한 속도로 미끄러져 올라가고 있다. 막대 AC는 B의 슬리브를 미끄러지면서 지나간다. 막대 AC의 각속도와 B의 슬리브에 대해 미끄러지는 속도를 구하라.

6.131 A의 슬리브가 10 m/s의 일정한 속도로 미끄러져 올라가고 있다. 막대 AC의 각가속도와 B의 슬리브에 대해 미끄러지는 속도의 변화율을 구하라.

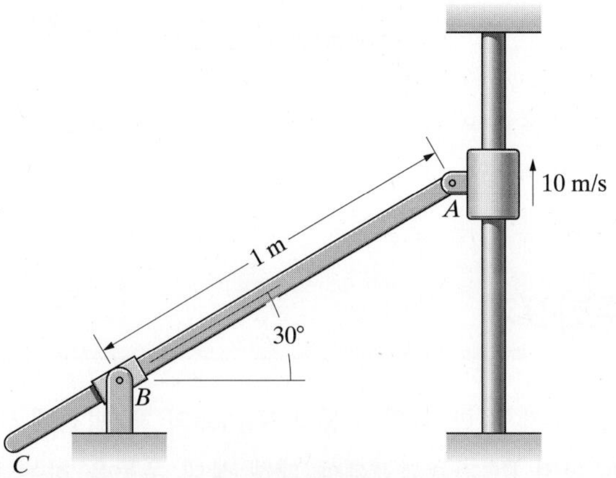

문제 6.130/6.131

6.132 블록 A가 2 m/s로 경사면을 따라 미끄러져 올라간다. 막대 AC의 각속도와 점 C의 속도를 구하라.

6.133 블록 A가 2 m/s의 일정한 속도로 경사면을 따라 미끄러져 올라간다. 막대 AC의 각가속도와 점 C의 가속도를 구하라.

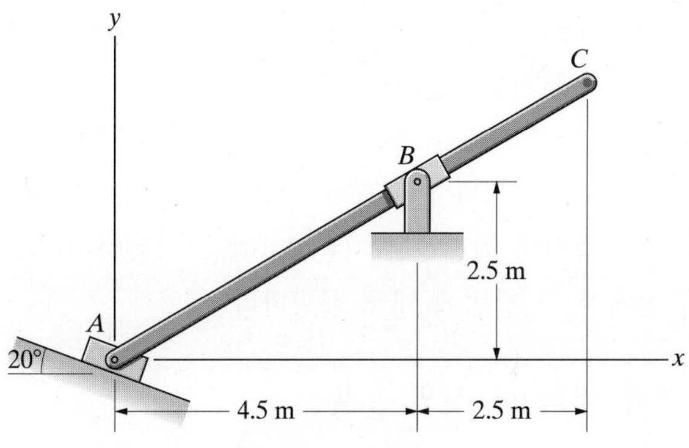

문제 6.132/6.133

6.134 굴삭기 삽의 각속도가 시계 방향으로 1 rad/s이다. 유압 액추에이터 AB가 길어지는 비율을 구하라.

6.135 굴삭기 삽의 각가속도가 시계 방향으로 1 rad/s이며, 각가속도는 0이다. 유압 액추에이터 AB의 길이가 길어지는 비율의 변화율을 구하라.

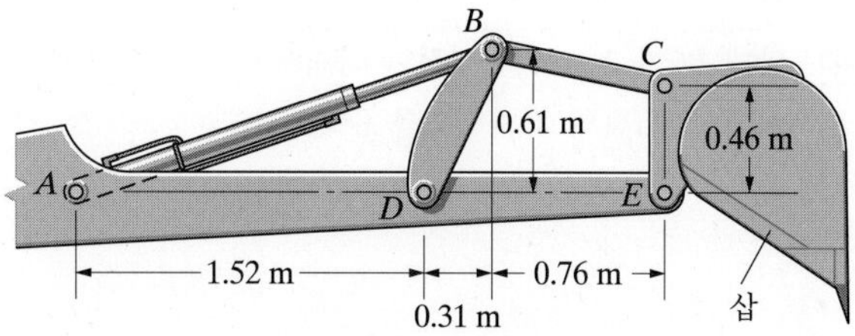

문제 6.134/6.135

6.136 예제 6.9에서 곡선 모양의 막대가 2 rad/s의 각속도로 반시계 방향으로 회전한다고 가정하자.

(a) 막대 AB의 각속도는 얼마인가?

(b) 홈에 대한 블록 B의 속도는 얼마인가?

6.137 예제 6.9에서 곡선 모양의 막대가 4 rad/s의 반시계 방향 각속도와 10 rad/s^{2}의 반시계 방향 각가속도를 갖고 있다고 가정하자. 막대 AB의 각가속도는 얼마인가?

6.138* 원판이 10 rad/s의 반시계 방향 각속도를 가지고 평면 위에서 굴러가고 있다. 막대 AB는 A에서 원판의 원주 표면 상에서 미끄러진다. 막대 AB의 각속도를 구하라.

6.139* 원판이 10 rad/s의 일정한 각속도로 반시계 방향으로 평면 표면 위에서 굴러가고 있다. 막대 AB의 각가속도를 구하라.

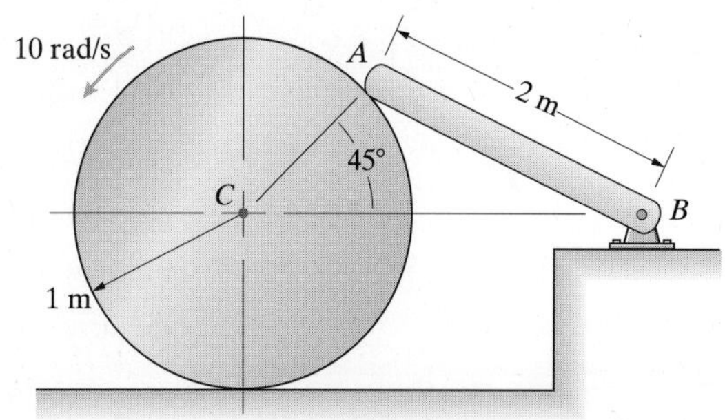

문제 6.138/6.139

6.140* 막대 BC가 2 rad/s의 각속도로 반시계 방향으로 회전한다. B의 핀은 사각 판의 원형 홈에서 미끄러진다. 판의 각속도와 핀이 원형 홈에 대해 미끄러지는 상대 속도를 구하라.

6.141* 막대 BC가 2 rad/s의 일정한 각속도로 반시계 방향으로 회전한다. 판의 각가속도를 구하라.

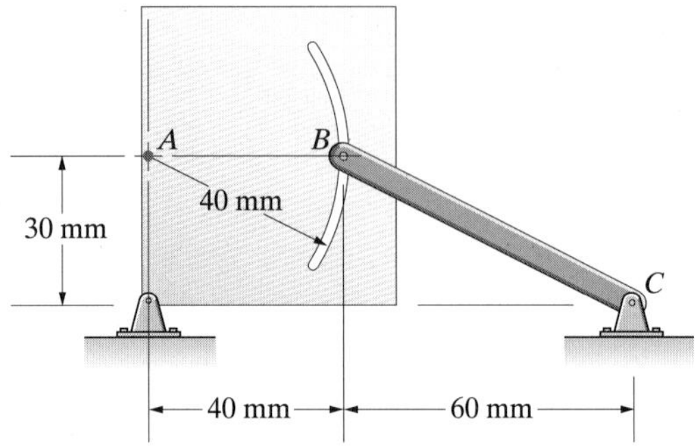

문제 6.140/6.141

6.142* 식 (6.11)을 시간에 대해 미분하고, 식 (6.12)를 이용하여 식 (6.13)을 유도하라.

6.6 움직이는 기준좌표계

이 절에서는 2장과 3장의 주제인 한 점의 운동과 Newton의 제2법칙에 대해 다시 생각해 보고자 한다. 어떤 주 기준좌표계에 대해 상대 운동을 하는 2차 기준좌표계를 이용하여 한 점의 운동을 기술하는 것이 편리한 경우가 많다. 예를 들어 움직이는 차량에 대해 상대 운동을 하는 한 점의 운동을 측정하기 위해, 차량에 고정된 2차 기준좌표계를 택할 수 있을 것이다. 이 절에서 주 기준좌표계에 대한 한 점의 속도와 가속도가 움직이는 2차 기준좌표계에 대한 속도 및 가속도 값과 어떻게 관련되는지 보여주려고 한다. 또한 주 기준좌표계가 관성일 때, 움직이는 2차 기준좌표계를 이용하여 Newton의 제2법칙을 어떻게 적용할 것인지에 대해서도 논의할 것이다. 3장에서 순양함 갑판에서 테니스를 치는 예에 대해 언급하였다. 순양함이 일정한 속도로 운항한다면, 배에 고정된 기준좌표계에 의해 표현된 식 $\Sigma\mathbf{F} = m\mathbf{a}$를 이용하여 테니스 공의 운동을 해석할 수 있으나, 순양함이 회전을 하고 있거나 속도를 바꾸고 있다면 이런 방법으로 해석할 수 없다. 그러나 가속도와 회전을 적절히 고려해 주면 관성 기준좌표계에 대해 가속하며 회전하는 기준좌표계를 이용하여 제2법칙을 적용할 수 있다. 이 절에서 그 방법에 대해 설명한다.

움직이는 기준좌표계에 대한 한 점의 운동

식 (6.11)과 (6.13)으로부터, 강체 위의 한 점 B에 대한 임의의 점 A의 상대 속도와 상대 가속도는 다음 식과 같이 강체에 고정된 2차 기준좌표계의 항에 의해 주어진다:

$$\mathbf{v}_A = \mathbf{v}_B + \mathbf{v}_{A\,\mathrm{rel}} + \boldsymbol{\omega} \times \mathbf{r}_{A/B} \tag{6.16}$$

$$\mathbf{a}_A = \mathbf{a}_B + \mathbf{a}_{A\,\mathrm{rel}} + 2\boldsymbol{\omega} \times \mathbf{v}_{A\,\mathrm{rel}} + \boldsymbol{\alpha} \times \mathbf{r}_{A/B} + \boldsymbol{\omega} \times (\boldsymbol{\omega} \times \mathbf{r}_{A/B}) \tag{6.17}$$

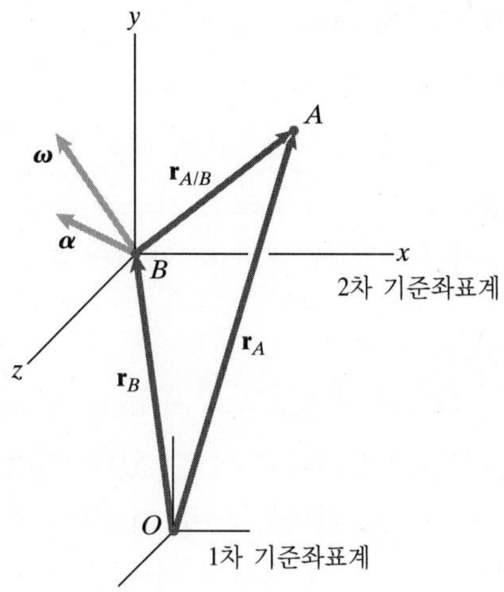

그림 6.38
원점이 B인 2차 기준좌표계와 임의의 점 A.

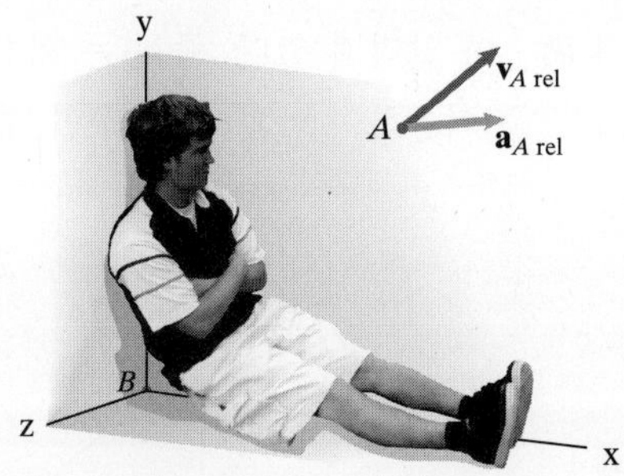

그림 6.39
2차 기준좌표계에 대해 자신이 정지해 있다고 상상하라.

그러나 이 식들을 적용할 때 2차 기준좌표계가 어떤 강체에 연결되어 있다고 가정할 필요는 없다. 주 기준좌표계에 대해 각속도 $\boldsymbol{\omega}$와 각가속도 $\boldsymbol{\alpha}$로 회전하며 원점 B가 움직이는 어떠한 2차 기준좌표계에도 이 식들을 적용할 수 있다(그림 6.38). $\mathbf{v}_A$와 $\mathbf{a}_A$는 주 기준좌표계에 대한 A의 속도와 가속도이다. $\mathbf{v}_{A\ \mathrm{rel}}$과 $\mathbf{a}_{A\ \mathrm{rel}}$은 2차 기준좌표계에 대한 A의 속도와 가속도이다. 즉, 2차 기준좌표계와 함께 움직이는 "관측자"가 측정한 속도와 가속도이다(그림 6.39).

움직이는 2차 기준좌표계에 대한 점 A의 속도와 가속도가 주어진 경우, 식 (6.16)과 (6.17)을 이용하여 주 기준좌표계에 대한 점 A의 속도와 가속도를 구할 수 있다. 주 기준좌표계에 대한 A의 속도와 가속도가 주어지고 식 (6.16)과 (6.17)을 이용하여 움직이는 2차 기준좌표계에 대한 A의 속도와 가속도를 구하는 경우도 있을 수 있다.

예제 6.10 회전하는 2차 기준좌표계

그림 6.40의 회전 기구가 반시계 방향의 일정한 각속도 ω로 회전하고 있다. 당신이 관측자로서 중심 B에 앉아 있으며 회전 기구와 함께 회전하는 좌표계를 이용하여 두 번째 사람 A의 운동을 관찰한다고 가정해 보자. 다음 두 경우

를 생각해 보자.

경우 1 사람 A가 회전 기구 위에 있지 않고 옆의 지면 위에 서 있다. 그림의 순간에, 당신의 좌표계에 대한 사람 A의 속도와 가속도는 얼마인가?
경우 2 사람 A가 회전 기구의 가장자리 위에 올라서서 회전 기구와 함께 회전한다. 지면에 대한 이 사람의 속도와 가속도는 얼마인가?

| 전략 |

이 간단한 예제로부터 식 (6.16)과 (6.17)에 있는 $\mathbf{v}_A$, $\mathbf{a}_A$ 항과 $\mathbf{v}_{A\,\mathrm{rel}}$, $\mathbf{a}_{A\,\mathrm{rel}}$ 항의 차이점을 분명하게 알 수 있다. 회전 기구와 같이 회전하는 좌표계를 2차 기준좌표계로 선택하고, 주 기준좌표계는 지면에 고정되어 있도록 한다. 경우 1에서, 여자 A가 가만히 서 있으므로, 지면에 대한 A의 속도와 가속도인 $\mathbf{v}_A$와 $\mathbf{a}_A$를 알 수 있다. 식 (6.16)과 (6.17)을 이용하여 회전좌표계에 대한 여자 A의 상대 속도와 상대 가속도인 $\mathbf{v}_{A\,\mathrm{rel}}$과 $\mathbf{a}_{A\,\mathrm{rel}}$을 구할 수 있다. 경우 2에서는, $\mathbf{v}_{A\,\mathrm{rel}}$과 $\mathbf{a}_{A\,\mathrm{rel}}$이 알려져 있다. 즉, A는 회전좌표계에 대해 정지상태이다. 식 (6.16)과 (6.17)을 이용하여 $\mathbf{v}_A$와 $\mathbf{a}_A$를 구할 수 있다.

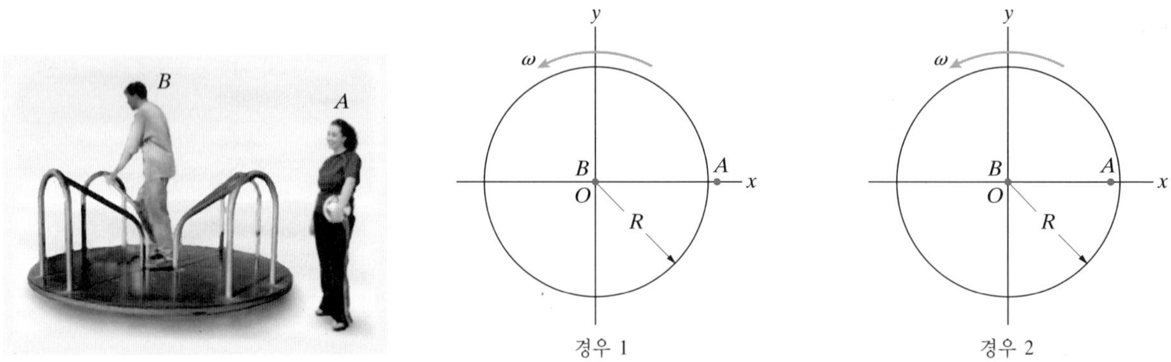

그림 6.40

| 풀이 |

경우 1 A가 지면에 서 있으므로, 지면에 대한 이 여자의 속도는 $\mathbf{v}_A = \mathbf{0}$이다. 당신 자신의 좌표계의 각속도 벡터는 $\boldsymbol{\omega} = \omega\mathbf{k}$이며, 그림의 순간에서 $\mathbf{r}_{A/B} = R\mathbf{i}$이다. 식 (6.16)으로부터

$$\mathbf{v}_A = \mathbf{v}_B + \mathbf{v}_{A\,\mathrm{rel}} + \boldsymbol{\omega} \times \mathbf{r}_{A/B}$$

$$\mathbf{0} = \mathbf{0} + \mathbf{v}_{A\,\mathrm{rel}} + (\omega\mathbf{k}) \times (R\mathbf{i})$$

이고, 따라서 $\mathbf{v}_{A\,\mathrm{rel}} = -\omega R\mathbf{j}$이다. A가 지면에 대해서는 정지상태이지만, $\mathbf{v}_{A\,\mathrm{rel}}$은 0이 아니다. $\mathbf{v}_{A\,\mathrm{rel}}$은 무엇을 나타내는가? 회전 기구의 중심에 앉아 있는 당신 눈에는 A가 원형 경로를 그리며 당신 주위를 도는 것처럼 보일 것이다. 당신의 회전좌표계에 대해, A는 반경 R의 원형 경로를 따라 일정한 크기 ωR의 속

도로 시계 방향으로 움직인다. 그림의 순간에서, 회전좌표계에 대한 A의 속도는 $-\omega R\mathbf{j}$이다.

속도 v로 반경 R의 원형 경로를 따라 움직이는 한 점은 v^2/R과 같은 법선방향의 가속도 성분을 갖는다는 것은 이미 알고 있다. 회전좌표계에 대해, 사람 A는 반경 R의 원형 경로를 따라 속도 ωR로 움직인다. 따라서 **회전좌표계**에 대해, A는 법선방향 가속도 성분 $(\omega R)^2/R = \omega^2 R$을 갖는다. 그림의 순간에서, 가속도의 법선방향 성분은 음의 x축 방향을 향한다. 따라서 회전좌표계에 대한 A의 가속도는 $\mathbf{a}_{A\,\mathrm{rel}} = -\omega^2 R\mathbf{i}$라는 결론을 얻게 된다.

이 결과는 식 (6.17)로 확인할 수 있다. A의 지면에 대한 가속도는 $\mathbf{a}_A = \mathbf{0}$이다. 좌표계의 각속도 벡터는 일정하므로 $\alpha = \mathbf{0}$이다. 식 (6.17)로부터

$$\mathbf{a}_A = \mathbf{a}_B + \mathbf{a}_{A\,\mathrm{rel}} + 2\boldsymbol{\omega} \times \mathbf{v}_{A\,\mathrm{rel}} + \boldsymbol{\alpha} \times \mathbf{r}_{A/B} + \boldsymbol{\omega} \times (\boldsymbol{\omega} \times \mathbf{r}_{A/B})$$

$$\mathbf{0} = \mathbf{0} + \mathbf{a}_{A\,\mathrm{rel}} + 2(\omega\mathbf{k}) \times (-\omega R\mathbf{j}) + \mathbf{0} + (\omega\mathbf{k}) \times [(\omega\mathbf{k}) \times (R\mathbf{i})]$$

이다. 이 식을 $\mathbf{a}_{A\,\mathrm{rel}}$에 대해 풀면, $\mathbf{a}_{A\,\mathrm{rel}} = -\omega^2 R\mathbf{i}$를 얻는다. 회전좌표계에 대한 A의 속도와 가속도를 그림 (a)에 표시하였다.

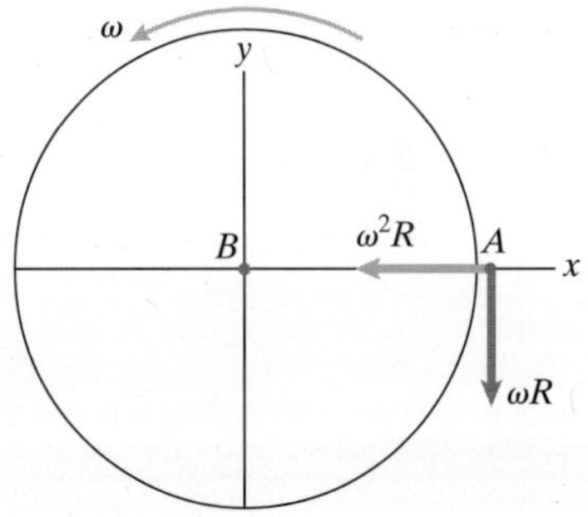

(a) 경우 1에서 회전좌표계에 대한 A의 속도와 가속도.

경우 2 회전좌표계에 대해, A는 정지상태이므로 $\mathbf{v}_{A\,\mathrm{rel}} = \mathbf{0}$, $\mathbf{a}_{A\,\mathrm{rel}} = \mathbf{0}$이다. 식 (6.16)으로부터 지면에 대한 A의 속도는

$$\mathbf{v}_A = \mathbf{v}_B + \mathbf{v}_{A\,\mathrm{rel}} + \boldsymbol{\omega} \times \mathbf{r}_{A/B} = \mathbf{0} + \mathbf{0} + (\omega\mathbf{k}) \times (R\mathbf{i})$$

$$= \omega R\mathbf{j}$$

이다. 이 경우, A는 지면에 대해 ωR의 일정한 크기의 속도로 반경 R의 원형 경로를 따라 움직인다.

식 (6.17)로부터, 지면에 대한 A의 가속도는

$$\mathbf{a}_A = \mathbf{a}_B + \mathbf{a}_{A\,\mathrm{rel}} + 2\boldsymbol{\omega} \times \mathbf{v}_{A\,\mathrm{rel}} + \boldsymbol{\alpha} \times \mathbf{r}_{A/B} + \boldsymbol{\omega} \times (\boldsymbol{\omega} \times \mathbf{r}_{A/B})$$

$$= \mathbf{0} + \mathbf{0} + \mathbf{0} + \mathbf{0} + (\omega\mathbf{k}) \times [(\omega\mathbf{k}) \times (R\mathbf{i})]$$

$$= -\omega^2 R\mathbf{i}$$

이다. 이것은 A의 원운동으로 인해 발생하는 A의 지면에 대한 가속도이다. 지면에 대한 A의 속도와 가속도를 그림 (b)에 표시하였다.

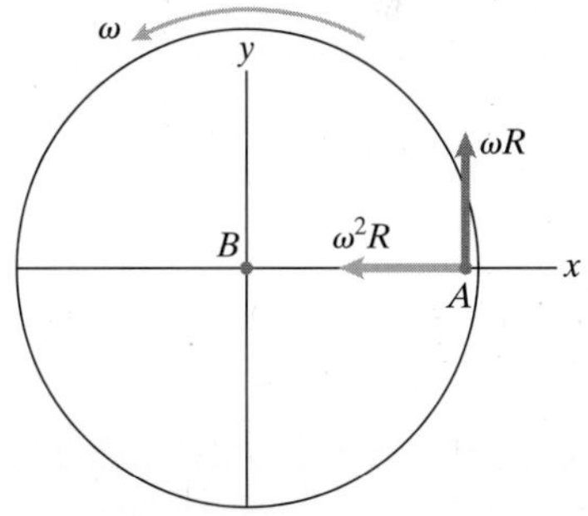

(b) 경우 2에서 지면에 대한 A의 속도와 가속도.

| 비판적 사고 |

이 예제는 식 (6.16)과 (6.17)의 두 가지 주된 사용 예를 보여준다. 첫 번째 경우, 주 기준좌표계에 대한 속도와 가속도를 알고 있고 2차 기준좌표계에 대한 속도와 가속도를 구하고자 할 때 식 (6.16)과 (6.17)을 사용할 수 있다. 이 예제의 경우 1에서, 사람 A는 주 기준좌표계(지구-고정 좌표계)에 대해 정지상태이며, 회전좌표계에 대한 사람 A의 속도와 가속도를 구하였다. 2차 기준좌표계에 대한 물체의 속도와 가속도를 아는 경우에는 식 (6.16)과 (6.17)을 이용하여 주 기준좌표계에 대한 속도와 가속도를 구할 수 있다. 이 예제의 경우 2에서,

사람 A는 회전좌표계에 대해 정지상태이며, 지구-고정 좌표계에 대한 A의 속도와 가속도를 구하였다. 이 예제에서는 매우 간단한 경우에 대해 다루었지만, 예제 6.11에서 운항중인 배에 고정된 2차 기준좌표계와 지구-고정 기준좌표계에 대한 헬리콥터의 운동을 해석하기 위해 똑같은 접근 방법을 사용할 것이다.

예제 6.11 배에 대해 고정된 기준좌표계

그림의 순간에서, 그림 6.41의 함선이 지구에 대해 15.0 m/s의 일정한 속력으로 북쪽을 향하여 움직이고 있으며, 5.0 °/s의 비율로 서쪽을 향하여 회전한다. 함선의 레이더에 의하면, 함선의 강체-고정 좌표계에 대한 헬리콥터의 위치와 속도, 그리고 가속도는

$$\mathbf{r}_{A/B} = 420.0\mathbf{i} + 236.2\mathbf{j} + 212.0\mathbf{k}\ (\text{m})$$

$$\mathbf{v}_{A\ \text{rel}} = -53.5\mathbf{i} + 2.0\mathbf{j} + 6.6\mathbf{k}\ (\text{m/s})$$

$$\mathbf{a}_{A\ \text{rel}} = 0.4\mathbf{i} - 0.2\mathbf{j} - 13.0\mathbf{k}\ (\text{m/s}^2)$$

이다. 지구에 대한 헬리콥터의 속도와 가속도는 얼마인가?

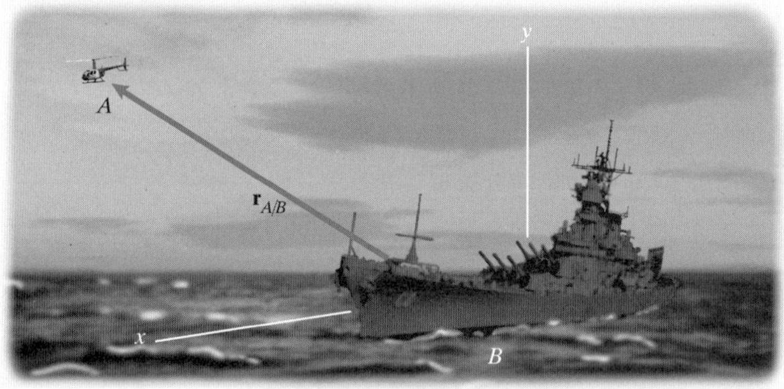

그림 6.41

‖ 전략 ‖

지구에 대한 함선의 가속도와 각속도, 각가속도를 구하는 데 필요한 충분한 정보와 함선의 속도가 주어져 있다. 또한 2차 강체-고정 좌표계에 대한 헬리콥터의 위치와 속도, 가속도를 알고 있다. 따라서 식 (6.16)과 (6.17)을 이용하여 지구에 대한 헬리콥터의 속도와 가속도를 구할 수 있다.

‖ 풀이 ‖

강체-고정 좌표계에 의해, 함선의 속도는 $\mathbf{v}_B = 15.0\mathbf{i}$ (m/s)이다. 함선의 회전율(rate of turning)로 인한 함선의 각속도는 $\omega = (5.0/180)\pi = 0.0873$ rad/s이다. 함

선은 y축에 대해 회전하고 있다. 오른손 네 손가락을 함선의 회전방향을 따라 y축 주위를 감싸게 하면, 엄지손가락은 양의 y축 방향을 가리키게 되므로, 함선의 각속도 벡터는 $\boldsymbol{\omega} = 0.0873\mathbf{j}$ (rad/s)이다. 지구에 대한 헬리콥터의 속도는 다음과 같다:

$$\begin{aligned}
\mathbf{v}_A &= \mathbf{v}_B + \mathbf{v}_{A\,\mathrm{rel}} + \boldsymbol{\omega} \times \mathbf{r}_{A/B} \\
&= 15.0\mathbf{i} + (-53.5\mathbf{i} + 2.0\mathbf{j} + 6.6\mathbf{k}) + \begin{vmatrix} \mathbf{i} & \mathbf{j} & \mathbf{k} \\ 0 & 0.0873 & 0 \\ 420.0 & 236.2 & 212.0 \end{vmatrix} \\
&= -20.0\mathbf{i} + 2.0\mathbf{j} - 30.1\mathbf{k} \ (\mathrm{m/s})
\end{aligned}$$

가속도를 식 (2.37)에서 주어진 형태로 법선방향 성분과 접선방향 성분으로 나타냄으로써 함선의 가속도를 구할 수 있다(그림 a). 즉,

$$\begin{aligned}
\mathbf{a}_B &= \frac{dv}{dt}\mathbf{e}_\mathrm{t} + v\frac{d\theta}{dt}\mathbf{e}_\mathrm{n} = \mathbf{0} + (15)(0.0873)\mathbf{e}_\mathrm{n} \\
&= 1.31\mathbf{e}_\mathrm{n} \ (\mathrm{m/s^2})
\end{aligned}$$

이다. z축은 함선의 경로에 수직이며 경로의 볼록한 쪽을 향한다(그림 b). 따라서 강체-고정 좌표계에 의해 함선의 가속도는 $\mathbf{a}_B = -1.31\mathbf{k}$ (m/s^2)이다. 함선의 각속도 벡터는 일정하므로 $\boldsymbol{\alpha} = \mathbf{0}$이다. 따라서 지구에 대한 헬리콥터의 가속도는 다음과 같다:

$$\begin{aligned}
\mathbf{a}_A &= \mathbf{a}_B + \mathbf{a}_{A\,\mathrm{rel}} + 2\boldsymbol{\omega} \times \mathbf{v}_{A\,\mathrm{rel}} + \boldsymbol{\alpha} \times \mathbf{r}_{A/B} \\
&\quad + \boldsymbol{\omega} \times (\boldsymbol{\omega} \times \mathbf{r}_{A/B}) \\
&= -1.31\mathbf{k} + (0.4\mathbf{i} - 0.2\mathbf{j} - 13.0\mathbf{k}) + 2\begin{vmatrix} \mathbf{i} & \mathbf{j} & \mathbf{k} \\ 0 & 0.0873 & 0 \\ -53.5 & 2.0 & 6.6 \end{vmatrix} \\
&\quad + \mathbf{0} + (0.0873\mathbf{j}) \times \begin{vmatrix} \mathbf{i} & \mathbf{j} & \mathbf{k} \\ 0 & 0.0873 & 0 \\ 420.0 & 236.2 & 212.0 \end{vmatrix} \\
&= -1.65\mathbf{i} - 0.20\mathbf{j} - 6.59\mathbf{k} \ (\mathrm{m/s^2})
\end{aligned}$$

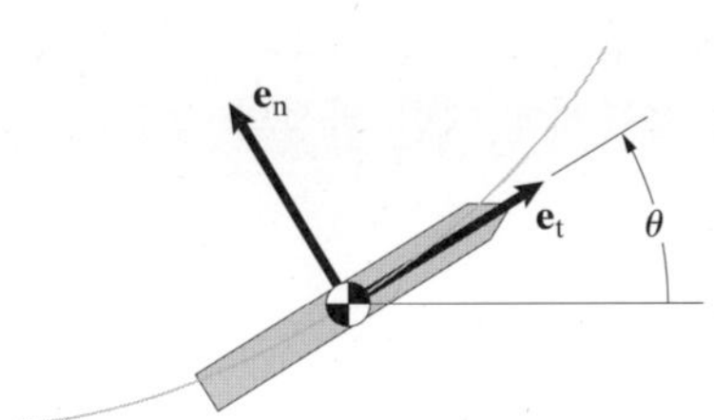

(a) 함선의 가속도 결정.

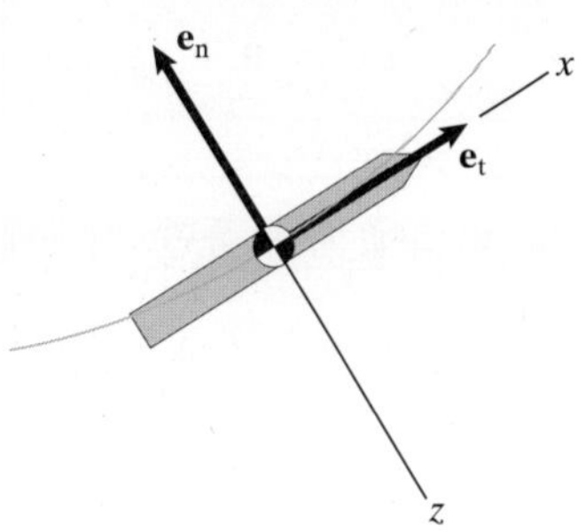

(b) 법선 및 접선 방향 성분과 강체-고정 좌표계와의 관계.

| 비판적 사고 |

지구에 대한 헬리콥터의 속도와 가속도는, 배에 고정된 좌표계로 배에서 측정한 값과는 상당한 차이가 있음을 주목하라. 배의 장비들은 다른 이동용 수송수단에서 사용되는 것과 같이 본질적으로 강체-고정 좌표계에 대한 값을 측정한다. 속도 및 가속도 측정치를 다른 좌표계에 대한 값으로 변환하려면 식 (6.16)과 (6.17)을 사용해야 한다.

예제 6.12 지구에 고정된 기준좌표계

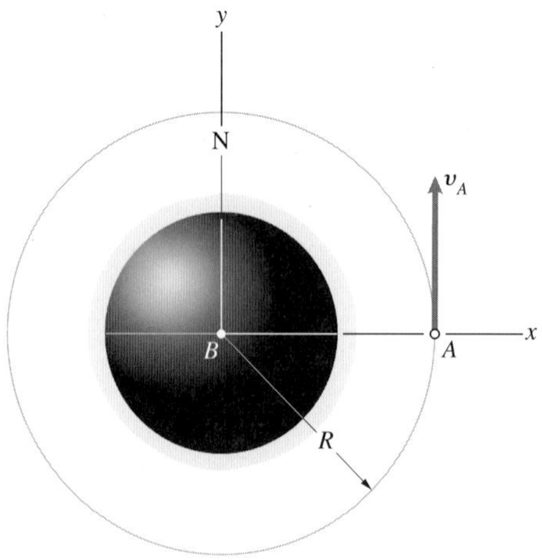

그림 6.42

그림 6.42에서 위성 A가 원형 극궤도(polar orbit; 지구의 회전축과 교차하는 궤도)를 따라 가고 있다. 지구중심이 원점인 비회전 주 기준좌표계(nonrotating primary reference frame)에 대해, 위성이 일정한 속도 크기 v_A로 반경 R의 원형 경로를 따라 움직이고 있다. 위성은 현재 순간에서 적도 위에 있다. 지구에 고정된 2차 기준좌표계는 그림과 같이 y축이 북극 방향이며, x축이 위성 방향이다. 지구에 고정된 기준좌표계에 대한 위성의 속도와 가속도는 얼마인가? ω_E를 지구의 각속도라고 하자.

| 전략 |

문제에서 주어진 정보로부터 비회전 주 기준좌표계에 대한 위성의 속도 $\mathbf{v}_A$와 가속도 $\mathbf{a}_A$, 2차 기준좌표계의 각속도 벡터 $\boldsymbol{\omega}$를 구할 수 있다. 따라서 식 (6.16)과 (6.17)을 이용하여 지구에 고정된 기준좌표계에 대한 위성의 속도 $\mathbf{v}_{A\,\mathrm{rel}}$과 가속도 $\mathbf{a}_{A\,\mathrm{rel}}$을 구할 수 있다.

| 풀이 |

현재의 순간에서, 지구중심이 원점인 비회전 주 기준좌표계에 대한 위성의 속도와 가속도는 $\mathbf{v}_A = v_A\mathbf{j}$와 $\mathbf{a}_A = -(v_A^2/R)\mathbf{i}$이다. 지구의 각속도는 북쪽을 향하고 있으므로(오른손 법칙을 사용하여 이를 확인하라), 지구에 고정된 기준좌표계의 각속도는 $\boldsymbol{\omega} = \omega_E\mathbf{j}$이다. 식 (6.16)으로부터,

$$\mathbf{v}_A = \mathbf{v}_B + \mathbf{v}_{A\,\mathrm{rel}} + \boldsymbol{\omega} \times \mathbf{r}_{A/B}:$$

$$v_A\mathbf{j} = \mathbf{0} + \mathbf{v}_{A\,\mathrm{rel}} + \begin{vmatrix} \mathbf{i} & \mathbf{j} & \mathbf{k} \\ 0 & \omega_E & 0 \\ R & 0 & 0 \end{vmatrix}$$

이다. $\mathbf{v}_{A\,\mathrm{rel}}$에 대해 풀면, 지구에 고정된 기준좌표계에 대한 위성의 속도는

$$\mathbf{v}_{A\,\mathrm{rel}} = v_A\mathbf{j} + R\omega_E\mathbf{k}$$

이다. 이 식의 우변의 두 번째 항은 지구에 고정되어 회전하는 기준좌표계에 대해 서쪽 방향인 위성의 속도를 나타낸다.

식 (6.17)로부터

$$\mathbf{a}_A = \mathbf{a}_B + \mathbf{a}_{A\,\mathrm{rel}} + 2\boldsymbol{\omega} \times \mathbf{v}_{A\,\mathrm{rel}} + \boldsymbol{\alpha} \times \mathbf{r}_{A/B} + \boldsymbol{\omega} \times (\boldsymbol{\omega} \times \mathbf{r}_{A/B})$$

$$-\frac{v_A^2}{R}\mathbf{i} = \mathbf{0} + \mathbf{a}_{A\,\mathrm{rel}} + 2\begin{vmatrix} \mathbf{i} & \mathbf{j} & \mathbf{k} \\ 0 & \omega_{\mathrm{E}} & 0 \\ 0 & v_A & R\omega_{\mathrm{E}} \end{vmatrix} + \mathbf{0} + \begin{vmatrix} \mathbf{i} & \mathbf{j} & \mathbf{k} \\ 0 & \omega_{\mathrm{E}} & 0 \\ 0 & 0 & -R\omega_{\mathrm{E}} \end{vmatrix}$$

$\mathbf{a}_{A\,\mathrm{rel}}$에 대해 풀면, 지구에 고정된 기준좌표계에 대한 위성의 가속도는

$$\mathbf{a}_{A\,\mathrm{rel}} = -\left(\frac{v_A^2}{R} + \omega_{\mathrm{E}}^2 R\right)\mathbf{i}$$

임을 알 수 있다.

| 비판적 사고 |

이 예제에서, 위성의 운동이 원점이 지구중심인 비회전 주 기준좌표계에 대해 알려져 있다고 가정하고 식 (6.16)과 (6.17)을 이용하여 2차 지구-고정 기준좌표계에 대한 위성의 속도와 가속도를 구하였다. 실제로는 이 예제의 경우와 반대인 상황이 더 일반적이다. 지상에서 측정하는 장비들은 지구-고정 기준좌표계에 대한 속도와 가속도를 측정하며, 식 (6.16)과 (6.17)을 이용하여 다른 기준좌표계에 대한 값을 구한다. 다음 절에서, 왜 지구중심에 원점을 가진 비회전 기준좌표계가 주 기준좌표계로 자주 사용되는지에 대한 이유를 보여 준다.

관성 기준좌표계

만일 어떤 기준좌표계가 Newton의 제2법칙을 $\Sigma\mathbf{F} = m\mathbf{a}$의 형태로 적용하는데 사용될 수 있다면, 이 기준좌표계는 **관성 기준좌표계(inertial reference frames)**라고 한다. 지구에 고정된 기준좌표계가 가속과 회전을 모두 함에도 불구하고, 많은 경우에 이 좌표계가 관성 좌표계로 취급될 수 있는 이유는 무엇일까? 배나 비행기에 대해 고정된 기준좌표계를 사용하여 Newton의 제2법칙을 어떻게 적용할 수 있는가? 이제 이러한 질문들에 답을 할 시점이다.

지구중심이 원점인 비회전 기준좌표계 지구중심에 원점을 가진 비회전 기준좌표계 — 중심이 지구와 같이 움직이나 회전하지는 않는다 — 는 지구에 가까운 물체들의 운동을 기술하기 위한 목적으로 사용될 경우 관성 좌표계로 가정할 수 있는데, 그 이유를 먼저 설명하기로 한다. 그림 6.43a에 가속하지 않고 회전하지 않는, 원점 O의 가상 기준좌표계와 **지구중심의 비회전 2차 기준좌표계**를 나타내었다. 지구는 태양, 달 등의 만유인력에 의해 가속을 받는다. 따라서 지구중심의 2차 기준좌표계도 가속을 받는다. 지구의 가속도를 벡터 $\mathbf{g}_B$로 표시하자.

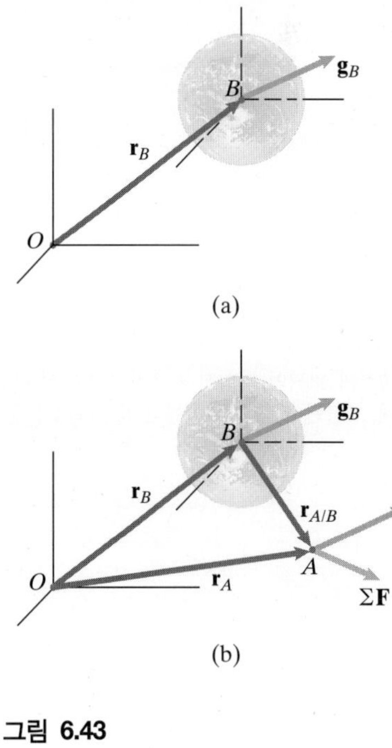

그림 6.43
(a) 관성 기준좌표계와 지구중심이 원점인 비회전 기준좌표계.
(b) 물체 A의 운동 결정.

질량 m인 물체 A의 운동을 결정하려고 한다고 하자(그림 6.43b). A도 태양, 달 등의 만유인력을 받는다. 이로 인한 A의 중력가속도를 벡터 $\mathbf{g}_A$로 표시하자. 벡터 $\Sigma\mathbf{F}$는 지구가 A에 가하는 중력을 포함하여 A에 작용하는 다른 모든

외력들의 합이다. A에 작용하는 전체 외력은 $\Sigma\mathbf{F} + m\mathbf{g}_A$이다. 위의 가상 기준좌표계를 이용하여 다음과 같이 Newton의 제2법칙을 A에 적용할 수 있다. 즉,

$$\Sigma\mathbf{F} + m\mathbf{g}_A = m\mathbf{a}_A \tag{6.18}$$

이다. 여기서 $\mathbf{a}_A$는 O에 대한 A의 가속도이다. 지구중심의 기준좌표계가 회전을 하지 않으므로, 식 (6.17)을 이용하여 $\mathbf{a}_A$를 다음과 같이 쓸 수 있다:

$$\mathbf{a}_A = \mathbf{a}_B + \mathbf{a}_{A\,\text{rel}}$$

여기서 $\mathbf{a}_{A\,\text{rel}}$은 지구중심의 기준좌표계에 대한 A의 가속도이다. 이 관계와 지구의 가속도에 대한 정의 $\mathbf{a}_B = \mathbf{g}_B$를 이용하면, 식 (6.18)로부터 다음을 얻는다:

$$\Sigma\mathbf{F} = m\mathbf{a}_{A\,\text{rel}} + m(\mathbf{g}_B - \mathbf{g}_A) \tag{6.19}$$

만일 물체 A가 지구 상에 있거나 지구 가까이에 있다면, 태양 등의 만유인력으로 인한 물체의 중력가속도 $\mathbf{g}_A$는 지구의 중력가속도 $\mathbf{g}_B$와 거의 같다. 그 차이를 무시한다면, 식 (6.19)는 다음 식이 된다:

$$\Sigma\mathbf{F} = m\mathbf{a}_{A\,\text{rel}} \tag{6.20}$$

따라서 지구중심의 비회전 기준좌표계를 이용하여 Newton의 제2법칙을 적용할 수 있다. 이 기준좌표계가 가속을 한다고 할지라도, 사실상 같은 중력 가속도가 물체에 작용한다. 이 사실은 물체가 지구 가까이에 있지 않은 경우에는 성립하지 않는다는 점을 주의해야 한다.

지구에 고정된 기준좌표계 많은 응용문제들에서 가장 편리한 기준좌표계는 관심 영역 부근에서 **지구에 고정시킨 기준좌표계**이다. 지구에 고정된 기준좌표계를 일반적으로 관성 기준좌표계로 가정할 수 있는 이유는 무엇일까? 그림 6.44에 지구중심이 원점 O인 비회전 기준좌표계와 점 B가 원점인 지구에 고정된 2차 기준좌표계를 나타내었다. 지구에 고정된 비회전 기준좌표계는 관성 좌표계로 가정할 수 있으므로, 다음과 같이 질량이 m인 물체 A에 대해 Newton의 제2법칙을 쓸 수 있다:

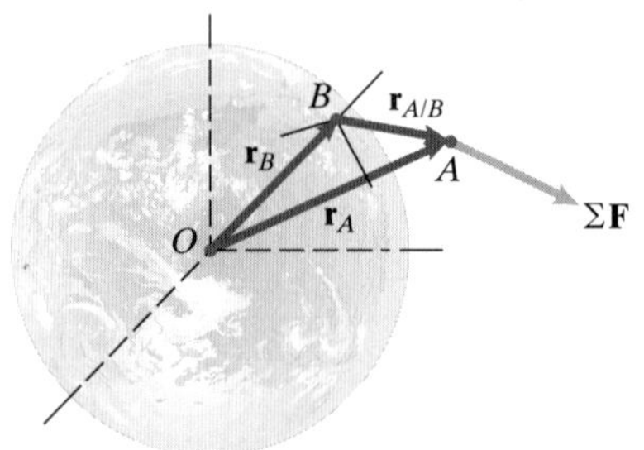

그림 6.44
지구중심이 원점인 비회전 기준좌표계(원점 O), 지구에 고정된 기준좌표계(원점 B), 그리고 물체 A.

$$\Sigma\mathbf{F} = m\mathbf{a}_A \tag{6.21}$$

여기서 $\mathbf{a}_A$는 O에 대한 A의 가속도이다. 지구에 고정된 2차 기준좌표계는 지구의 각속도 $\boldsymbol{\omega}_\text{E}$로 회전한다. 식 (6.17)을 이용하여 식 (6.21)을 다음과 같이 쓸 수 있다:

$$\Sigma\mathbf{F} = m\mathbf{a}_{A\,\text{rel}} + m[\mathbf{a}_B + 2\boldsymbol{\omega}_\text{E} \times \mathbf{v}_{A\,\text{rel}} + \boldsymbol{\omega}_\text{E} \times (\boldsymbol{\omega}_\text{E} \times \mathbf{r}_{A/B})] \tag{6.22}$$

여기서 $\mathbf{a}_{A\,\text{rel}}$은 지구에 고정된 2차 기준좌표계에 대한 A의 가속도이다. 만일 식 (6.22)의 우변의 꺾은 괄호 안에 있는 항들을 무시할 수 있다면, 지구에 고정된 기준좌표계를 관성 좌표계로 취급할 수 있다. 각 항들을 자세히 살펴보자. [외적의 정의로부터 $|\mathbf{U} \times \mathbf{V}| = |\mathbf{U}||\mathbf{V}| \sin\theta$임을 상기하라. 여기서 θ는 두 벡터 사이의 각(角)이다. 따라서 외적의 크기는 두 벡터의 크기의 곱에 의해 제한된다.]

- $\boldsymbol{\omega}_E \times (\boldsymbol{\omega}_E \times \mathbf{r}_{A/B})$항: 지구의 각속도 ω_E는 하루에 거의 1회전하는 속도로서 7.27×10^{-5} rad/s이다. 따라서 이 항의 크기는 $\omega_E^2|\mathbf{r}_{A/B}| = (5.29 \times 10^{-9})$ $|\mathbf{r}_{A/B}|$에 의해 제한을 받는다. 예를 들어, 만일 지구에 고정된 기준좌표계의 원점으로부터 물체 A까지의 거리 $|\mathbf{r}_{A/B}|$가 10,000 m라고 하면, 이 항은 5.3×10^{-5} m/s^{2}보다 크지 않다.
- $\mathbf{a}_B$항: 이 항은 지구에 고정된 기준좌표계의 원점 B의 지구중심에 대한 상대 가속도이다. B는 지구가 회전함에 따라 원형 경로를 따라 움직인다. 만일 B가 지구 표면 상에 놓여 있다면, $\mathbf{a}_B$는 $\omega_E^2 R_E$의 크기를 넘지 못한다. 여기서 R_E는 지구의 반경이다. $R_E = 6370$ km를 사용하면 $\omega_E^2 R_E = 0.0337$ m/s^{2}이다. 이 값은 너무 커서 많은 경우 무시할 수가 없다. 그러나 보통 $\mathbf{a}_B$는 중력가속도의 국지적인 값의 일부로 고려된다.
- $2\boldsymbol{\omega}_E \times \mathbf{v}_{A\,\mathrm{rel}}$항: 이 항은 Coriolis 가속도로 불린다. 이 항의 크기는 $2\omega_E|\mathbf{v}_{A\,\mathrm{rel}}| = (1.45 \times 10^{-4})|\mathbf{v}_{A\,\mathrm{rel}}|$에 의해 제한을 받는다. 예를 들어 지구에 고정된 기준좌표계에 대한 A의 속도 크기를 10 m/s라고 하면, 이 항은 1.45×10^{-3} m/s^{2}보다 크지 않다.

대부분의 응용에서 식 (6.22)의 꺾은 괄호 안의 항들은 무시할 수 있으나 무시할 수 없는 경우도 있다. 지구에 대한 물체의 상대 속도가 크다면 Coriolis 가속도는 중요한 항이 되며, 가속도가 매우 작을지라도 오랜 시간에 걸쳐 물체의 운동을 예측해야 한다면 무시할 수 없게 된다. 이런 경우, 여전히 식 (6.22)를 이용하여 운동을 결정할 수 있으나, 중요한 항들을 포함해야 한다. 이때 꺾은 괄호 안의 항들은 다음과 같이 일반적으로 좌변으로 옮겨진다:

$$\Sigma \mathbf{F} - m\mathbf{a}_B - 2m\boldsymbol{\omega}_E \times \mathbf{v}_{A\,\mathrm{rel}} - m\boldsymbol{\omega}_E \times (\boldsymbol{\omega}_E \times \mathbf{r}_{A/B}) = m\mathbf{a}_{A\,\mathrm{rel}} \tag{6.23}$$

이렇게 쓰면, 위 식은 좌변에 "힘"이 추가된 것을 제외하고는 Newton의 제2법칙의 일반적인 형태를 갖게 된다. (여기서 인용 부호를 사용한 이유는 이 항들이 나타내는 양들이 진짜 힘이 아니라 지구에 고정된 2차 기준좌표계의 운동으로부터 발생한 것이기 때문이다.)

Coriolis 효과 식 (6.23)의 $-2m\boldsymbol{\omega}_E \times \mathbf{v}_{A\,\mathrm{rel}}$항은 코리올리 힘(Coriolis force)으로 불린다. 이 힘은 북반구와 남반구에서 다른 거동을 나타내는 많은 물리적인 현상들을 설명한다. 지구의 각속도 벡터 $\boldsymbol{\omega}_E$는 북쪽을 가리킨다. 북반구에 있는 물체가 지구 표면에 접선방향으로 북쪽으로 움직이고 있을 때(그림 6.45a), 외적 $\boldsymbol{\omega}_E \times \mathbf{v}_{A\,\mathrm{rel}}$은 서쪽을 가리킨다(그림 6.45b). 따라서 Coriolis 힘은 동쪽을 향하게 되며, 이 힘은 북쪽으로 움직이고 있는 물체를 오른쪽으로 돌게 한다(그림 6.45c). 만일 물체가 남쪽으로 움직인다면, $\mathbf{v}_{A\,\mathrm{rel}}$의 방향은 반대가 되며, Coriolis 힘은 서쪽을 향하게 된다. 즉, 이 힘은 서쪽으로 움직이고 있는 물체를 왼쪽으로 돌게 한다(그림 6.45c). 예를 들어 북반구에서 저기압 중심으로 모이는 바람은 이 중심에 대해 반시계 방향으로 회전하려는 경향이 있다(그림 6.46a).

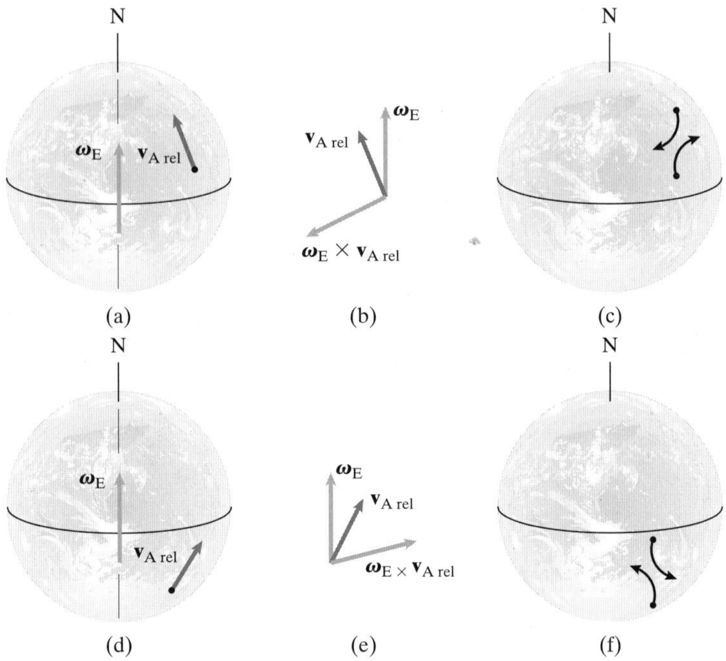

그림 6.45
(a) 북쪽으로 움직이는 북반구의 물체.
(b) 지구의 각속도와 물체 속도의 외적.
(c) 북반구에서의 Coriolis 힘의 영향.
(d) 북쪽으로 움직이는 남반구의 물체.
(e) 지구의 각속도와 물체 속도의 외적.
(f) 남반구에서의 Coriolis 힘의 영향.

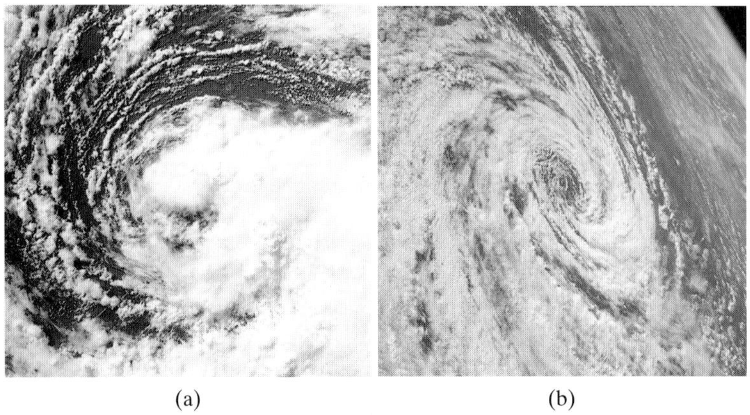

그림 6.46
(a) 북반구에서의 폭풍.
(b) 남반구에서의 폭풍.

남반구에 있는 물체가 북쪽을 향해 움직일 때(그림 6.45d), 외적 $\boldsymbol{\omega}_E \times \mathbf{v}_{A\ rel}$은 동쪽을 향한다(그림 6.45e). Coriolis 힘은 서쪽을 향하게 되며 물체를 왼쪽으로 돌게 한다(그림 6.45f). 물체가 남쪽으로 움직인다면, Coriolis 힘은 동쪽을 향하게 되며 물체를 오른쪽으로 돌게 한다(그림 6.45f). 남반구에서 저기압 중심으로 모이는 바람은 이 중심에 대해 시계 방향으로 회전하려는 경향이 있다(그림 6.46b).

임의의 운동을 하는 기준좌표계 움직이는 차량에 대해 고정된 기준좌표계의 경우처럼 임의의 운동(arbitrary motion)을 하는 기준좌표계에 대한 물체의 운동은 어떻게 해석할 수 있을까? 그림 6.47에서 원점이 O인 주 기준좌표계는 관성 좌표계이며 원점이 B인 2차 기준좌표계는 각속도 $\boldsymbol{\omega}$와 각가속도 $\boldsymbol{\alpha}$로 임의의 운동을 한다고 가정하자. 질량 m의 물체 A에 대해 Newton의 제2법칙

을 다음과 같이 쓸 수 있다:

$$\Sigma \mathbf{F} = m\mathbf{a}_A \tag{6.24}$$

여기서 $\mathbf{a}_A$는 O에 대한 A의 가속도이다. 식 (6.17)을 이용하여 식 (6.24)를 다음 형태로 쓸 수 있다:

$$\Sigma \mathbf{F} - m[\mathbf{a}_B - 2\boldsymbol{\omega} \times \mathbf{v}_{A\,\text{rel}} + \boldsymbol{\alpha} \times \mathbf{r}_{A/B} + \boldsymbol{\omega} \times (\boldsymbol{\omega} \times \mathbf{r}_{A/B})] = m\mathbf{a}_{A\,\text{rel}} \tag{6.25}$$

여기서 $\mathbf{a}_{A\,\text{rel}}$은 2차 기준좌표계에 대한 A의 가속도이다. 위 식은 관성 주 기준좌표계(inertial primary reference frame)에 대해 임의의 운동을 하는 2차 기준좌표계로 Newton의 제2법칙을 표현한 것이다. 만일 A에 작용하는 힘들과 2차 기준좌표계의 운동을 안다면, 식 (6.25)를 이용하여 $\mathbf{a}_{A\,\text{rel}}$을 구할 수 있다.

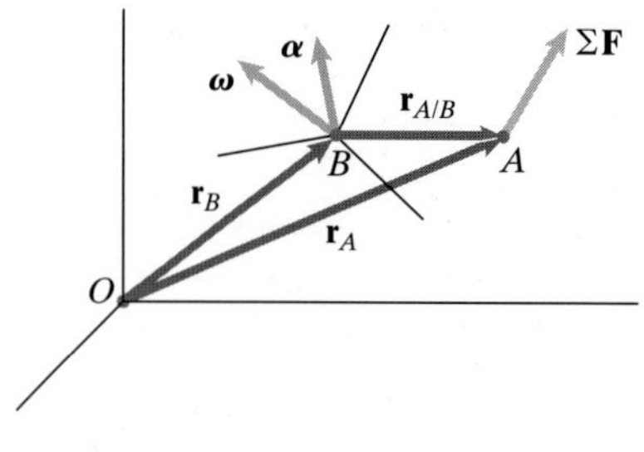

그림 6.47
관성 기준좌표계(원점 O)와 임의의 운동을 하는 2차 기준좌표계(원점 B).

예제 6.13 관성 기준좌표계

두 사람이 순항함 갑판 위에서 테니스를 치고 있으며(그림 6.48), 함선에 고정된 원점 B의 좌표계를 이용하여 공 A의 운동을 해석한다고 가정하자. 그림의 순간에서, 배에 고정된 좌표계에 대한 공의 위치와 속도는 $\mathbf{r}_{A/B} = 5\mathbf{i} + 2\mathbf{j} + 12\mathbf{k}$ (m)이며 $\mathbf{v}_{A\,\text{rel}} = \mathbf{i} - 2\mathbf{j} + 7\mathbf{k}$ (m/s)이다. 공의 무게는 0.056 kg이다. 이 예제에서 공에 작용하는 공기역학적 힘은 무시한다. 함선이 움직이는 동안, 지구에 대한 원점 B의 가속도는 $\mathbf{a}_B = 1.10\mathbf{i} + 0.07\mathbf{k}$ (m/s^2)이며, 배에 고정된 좌표계의 각속도는 $\boldsymbol{\omega} = 0.1\mathbf{j}$ (rad/s)로 일정하다. 다음의 두 경우에 대해 배에 고

그림 6.48

정된 좌표계에 대한 공의 가속도를 구하라: (a) 배에 고정된 좌표계를 관성 좌표계라고 가정할 때; (b) 배에 고정된 좌표계를 관성 좌표계로 가정하지 않고, 근처의 지구에 고정된 좌표계를 관성 좌표계로 가정할 때.

‖ 전략 ‖

문제 (a)에서는, 공의 질량과 공에 작용하는 외력들을 알고 있으므로 Newton의 제2법칙을 적용하면 간단하게 가속도를 구할 수 있다. 문제 (b)에서는, 관성 기준좌표계에 대해 임의 운동을 하는 좌표계에 적용하는 식 (6.25)의 형태로 Newton의 제2법칙을 나타낼 수 있다.

‖ 풀이 ‖

(a) 배에 고정된 좌표계를 관성 좌표계로 가정한다면, Newton의 제2법칙을 $\Sigma\mathbf{F} = m\mathbf{a}_{A\,\mathrm{rel}}$의 형태로 공에 적용할 수 있다. 공에 가해지는 유일한 외력은 공의 무게이므로,

$$-(0.056)(9.81)\mathbf{j} = 0.056\mathbf{a}_{A\,\mathrm{rel}}$$

이며, 따라서 $\mathbf{a}_{A\,\mathrm{rel}} = -9.81\mathbf{j}\ (\mathrm{m/s^2})$이다.

(b) 지구에 고정된 기준좌표계를 관성 좌표계로 취급한다면, 식 (6.25)로부터 배에 고정된 기준좌표계에 대한 공의 가속도를 구할 수 있다:

$$\begin{aligned}
\mathbf{a}_{A\,\mathrm{rel}} &= \frac{1}{m}\Sigma\mathbf{F} - \mathbf{a}_B - 2\boldsymbol{\omega}\times\mathbf{v}_{A\,\mathrm{rel}} - \boldsymbol{\alpha}\times\mathbf{r}_{A/B} - \boldsymbol{\omega}\times(\boldsymbol{\omega}\times\mathbf{r}_{A/B}) \\
&= \frac{1}{0.056}[-(0.056)(9.81)\mathbf{j}] - (1.10\mathbf{i} + 0.07\mathbf{k}) - 2\begin{bmatrix}\mathbf{i} & \mathbf{j} & \mathbf{k}\\ 0 & 0.1 & 0\\ 1 & -2 & 7\end{bmatrix} \\
&\quad - \mathbf{0} - (0.1\mathbf{j})\times\begin{bmatrix}\mathbf{i} & \mathbf{j} & \mathbf{k}\\ 0 & 0.1 & 0\\ 5 & 2 & 12\end{bmatrix} \\
&= -2.45\mathbf{i} - 9.81\mathbf{j} + 0.25\mathbf{k}\ (\mathrm{m/s^2})
\end{aligned}$$

‖ 비판적 사고 ‖

이 예제는 Newton의 제2법칙을 적용할 때 주의해야 할 점을 예를 들어 보여주고 있다. 배에 고정된 좌표계를 관성 좌표계로 취급했을 때, Newton의 제2법칙은 공의 좌표계에 대한 가속도를 정확히 예측하지 못했다. 이것은 좌표계의 운동이 공의 상대 운동에 미치는 영향이 고려되지 못했기 때문이다.

연습문제

6.143 $x-y$ 좌표계가 막대에 고정되어 있다. 각 θ는 시간의 함수로 $\theta = 0.16t$ rad이다. 슬리브 A의 x좌표는 시간의 함수로서 $x = 1.2 + 0.018t^2$ m이다. 식 (6.16)을 이용하여 $t = 5$ s일 때 원점이 B인 비회전 기준좌표계에 대한 슬리브 A의 속도를 구하라. (비회전 기준좌표계에 대한 A의 속도를 구하는 것이 목적이기는 하지만, 답은 막대에 고정된 기준좌표계에 의한 성분으로 표현될 것이다.)

6.144 문제 6.143에서 $t = 5$ s일 때 원점이 B인 비회전 기준좌표계에 대한 슬리브 A의 가속도를 구하라.

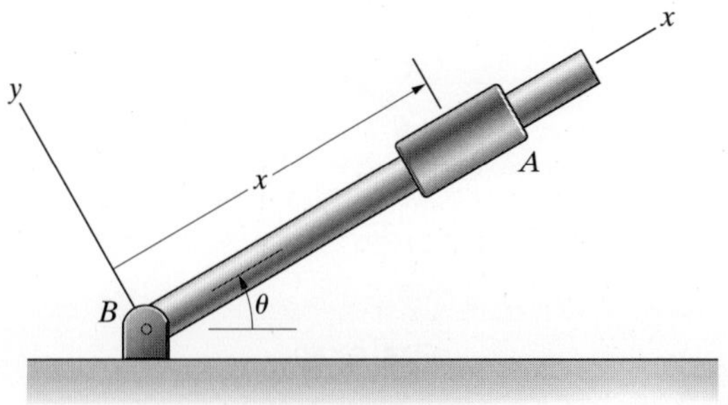

문제 6.143/6.144

6.145 O에 고정되어 있는 볼-소켓 지지 장치에 금속판이 붙어 있다. 핀 A는 판에 있는 홈을 따라 미끄러진다. 그림의 순간에 $x_A = 1$ m, $dx_A/dt = 2$ m/s, $d^2x_A/dt^2 = 0$이고, 판의 각속도와 각가속도는 $\boldsymbol{\omega} = 2\mathbf{k}$ (rad/s), $\boldsymbol{\alpha} = \mathbf{0}$이다. O에 고정된 비회전 기준좌표계에 대한 A의 속도와 가속도를 x, y, z 성분으로 구하라.

6.146 핀 A가 금속판의 홈에서 미끄러진다. 그림의 순간에서, $x_A = 1$ m, $dx_A/dt = -3$ m/s, $d^2x_A/dt^2 = 4$ m/s^{2}이며, 판의 각속도와 각가속도는 $\boldsymbol{\omega} = -4\mathbf{j} + 2\mathbf{k}$ (rad/s), $\boldsymbol{\alpha} = 3\mathbf{i} - 6\mathbf{j}$ (rad/s^2)이다. O에 대해 고정된 비회전 기준좌표계에 대한 A의 속도와 가속도를 x, y, z 성분으로 구하라.

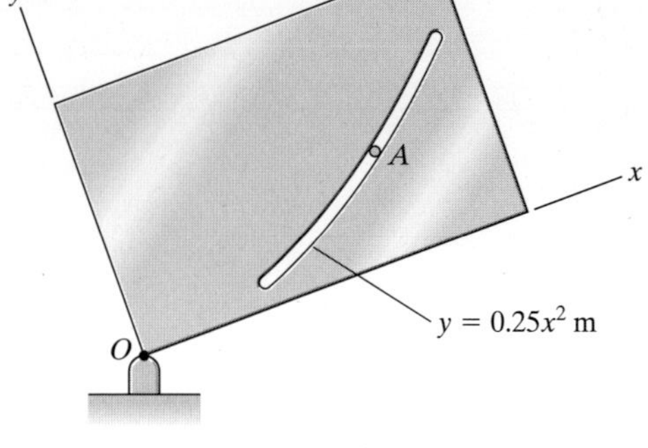

문제 6.145/6.146

6.147 그림의 좌표계는 배 B에 고정되어 있다. 주어진 순간에서, 배는 지구에 대해 10 m/s의 속도로 북쪽으로 항해하고 있으며, 배의 각속도는 시계 방향으로 0.02 rad/s이다. 비행기는 지구에 대해 400 m/s의 속도로 동쪽을 향해 비행하고 있으며, 비행기의 배에 대한 위치는 $\mathbf{r}_{A/B} = 2000\mathbf{i} + 2000\mathbf{j} + 1000\mathbf{k}$ (m)이다. 만일 배가 자체 레이더를 이용하여 배에 고정된 좌표계에 대한 비행기의 상대 속도를 측정한다면, 그 결과는 얼마가 되겠는가?

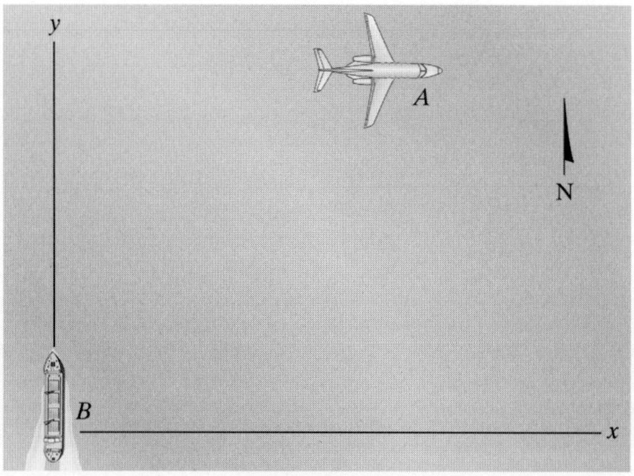

문제 6.147

6.148 우주 왕복선이 인공위성을 수리해 기능을 회복시키려고 한다. 현재 시각에서, 우주 왕복선에 고정된 좌표계에 대한 인공위성의 위치는 $50\mathbf{i}$ (m)이다. 왕복선의 회전율 측정기에 의하면, 왕복선의 현재 각속도는 $0.05\mathbf{j} + 0.03\mathbf{k}$ (rad/s)이다. 조종사가 왕복선에 고정된 좌표계에 대한 위성의 상대 속도를 측정한 결과 $-2\mathbf{i} - 1.5\mathbf{j} + 2.5\mathbf{k}$ (m/s)였다. 왕복선의 질량중심에 원점이 고정되어 있는 비회전 좌표계에 대한 위성 속도의 x, y, z 성분들은 얼마인가?

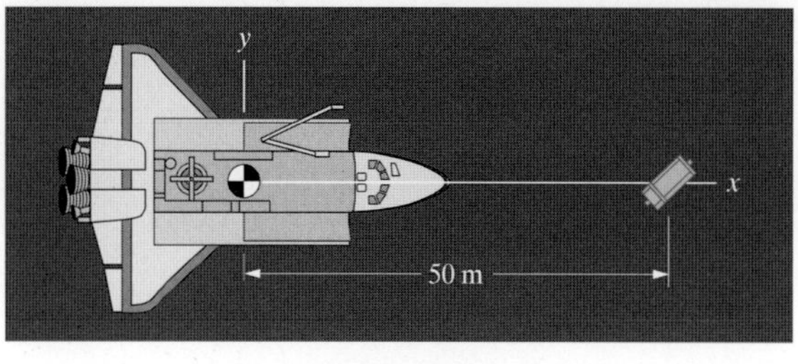

문제 6.148

6.149 원형 궤도 상의 기차가 그림의 방향으로 50 m/s의 일정한 속력으로 주행하고 있다. 직선 궤도 상의 기차는 그림의 방향으로 20 m/s로 주행하고 있으며, 2 m/s²의 비율로 가속하고 있다. 그림의 좌표계는 승객 B가 타고 있는 차량에 고정되어 있다. 그림의 좌표계에 대해 승객 B가 관측한 승객 A의 속도는 얼마인가?

6.150 문제 6.149에서, 승객 B가 타고 있는 객차에 고정된 그림의 좌표계에 대해, 승객 B가 관측한 승객 A의 가속도는 얼마인가?

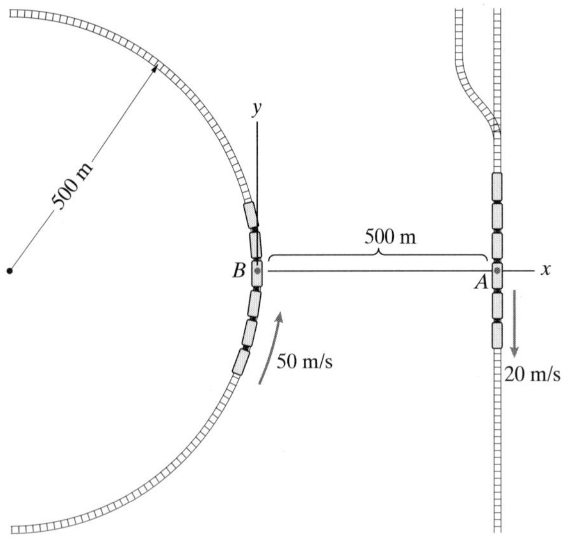

문제 6.149/6.150

6.151 위성 A가 원형 극궤도(지구의 회전축과 교차하는 원형 궤도) 상에 있다. 궤도의 반경은 R이며, 지구중심이 원점인 비회전 기준좌표계에 대한 위성의 속도 크기는 v_A이다. 그림의 순간에, 위성은 적도 위에 있다. 위성 바로 밑에 있는 지구 상의 관측자 B가 그림에 표시된, 지구에 고정된 좌표계를 이용하여 위성의 운동을 측정한다. 지구에 고정된 B의 좌표계에 대한 위성의 속도와 가속도는 얼마인가? 지구의 반경은 R_E이며 지구의 각속도는 ω_E이다.

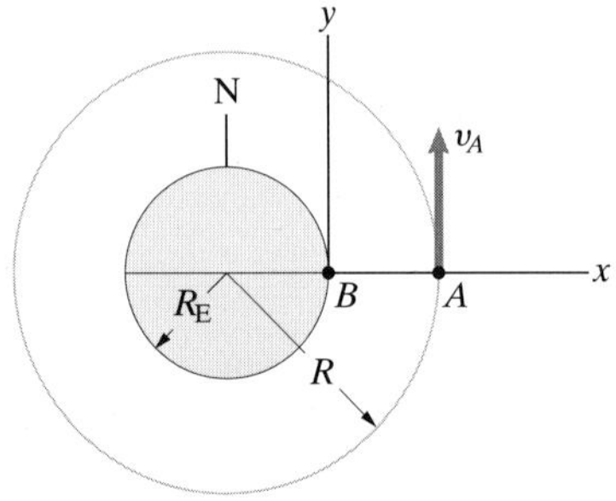

문제 6.151

6.152 북위 L에서 자동차 A가 남-북 고속도로 상에서 일정한 속력 v로 북쪽으로 달리고 있다. 지구의 반경은 R_E이고 지구의 각속도는 ω_E이다. (지구의 각속도 벡터는 북쪽을 가리킨다.) 좌표계는 지구에 고정되어 있으며, x축은 그림의 순간에서 차의 위치를 관통한다. 다음 두 좌표계에 대한 차의 속도와 가속도를 구하라: (a) 지구에 고정된 좌표계에 대해; (b) 지구중심이 원점인 비회전 기준좌표계에 대해.

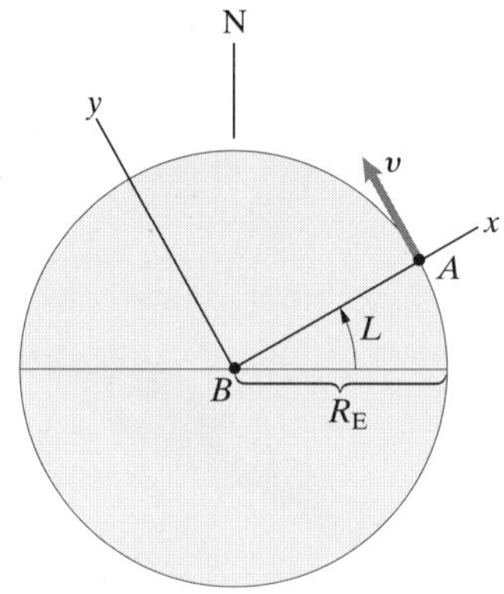

문제 6.152

6.153 비행기 B가 미사일 발사시험을 하고 있다. 그림의 순간에, 비행기는 수평면 상에서 반경 2000 m의 원형 경로를 따라 지구에 대해 200 m/s의 속도로 날아가고 있다. 좌표계는 비행기에 고정되어 있다. x축은 비행기의 경로에 접선이며 전방을 향한다. y축은 비행기의 우측에서 바깥쪽을 향하며, z축은 비행기 바닥으로부터 나온다. 비행기의 뱅크 각(연직선으로부터 z축의 경사각)은 20°로 일정하다. 조종사가 비행기의 좌표계에 대해 미사일의 위치와 속도를 측정한 결과, $\mathbf{r}_{A/B} = 1000\mathbf{i}$ (m), $\mathbf{v}_{A/B} = 100.0\mathbf{i} + 94.0\mathbf{j} + 34.2\mathbf{k}$ (m/s)였다.

(a) 비행기의 각속도 벡터의 x, y, z 성분은 얼마인가?

(b) 지구에 대한 미사일 속도의 x, y, z 성분은 얼마인가?

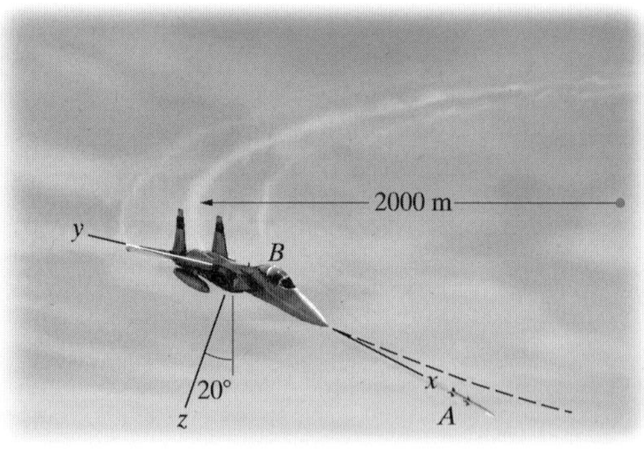

문제 6.153

6.154 장기간의 우주비행과 관련된 실험을 수행하기 위해, 엔지니어들이 B의 수직축에 대해 일정한 각속도 ω로 회전하여 6초마다 1회전을 하는 실험실을 지상에 건설하였다. 엔지니어들은 원점이 B에 있고 z축이 위를 향하는, 실험실에 고정된 좌표계를 설정하였다. 한 엔지니어가 회전축으로부터 3 m 떨어진 점 A에서 실험실에 대해 물건을 정지상태로 들고 있다가 떨어뜨린다. 이 사람이 물건을 떨어뜨리는 순간에, 실험실에 고정된 좌표계에 대한 이 물건의 가속도를 다음 두 경우에 대해 구하라: (a) 실험실에 고정된 좌표계를 관성 좌표계라고 가정하는 경우; (b) 실험실에 고정된 좌표계를 관성 좌표계로 가정하지 않고, 원점이 B인 지구에 고정된 좌표계를 관성 좌표계라고 가정하는 경우.

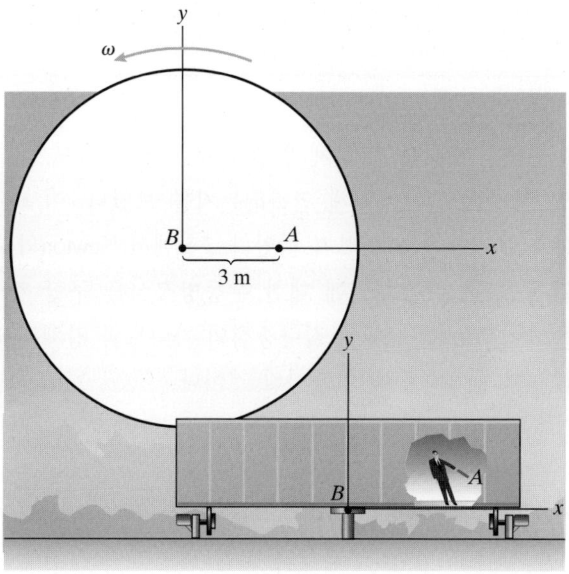

문제 6.154

6.155 원판이 일정한 각속도 $\omega = 10$ rad/s로 원점에 있는 고정축에 대해 수평면 상에서 회전하고 있다. 2 kg의 슬라이더 A가 원판의 매끄러운 홈 안에서 움직인다. 스프링은 $x = 0$일 때 늘어나지 않은 상태이며, 스프링상수는 $k = 400$ N/m이다. $x = 0.4$ m일 때 물체에 고정된 좌표계에 대한 A의 가속도를 구하라.

전략: 식 (6.25)를 이용하여 슬라이더에 대한 Newton의 제2법칙을 물체에 고정된 좌표계로 표현하라.

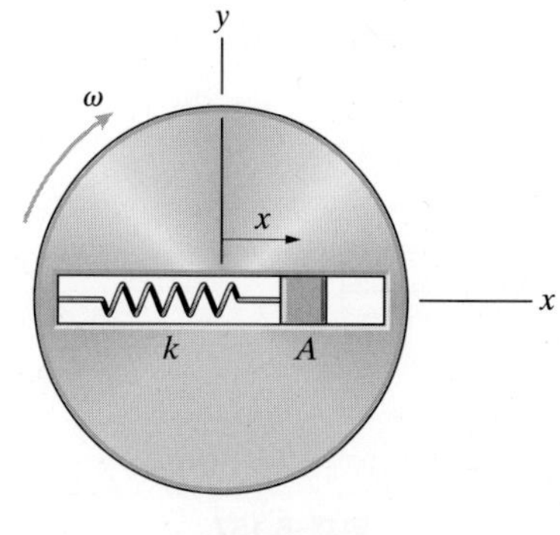

문제 6.155

6.156* 엔지니어들이 북위 30°에서 로켓의 비행시험을 수행한다. x축이 위를 향하며 y축이 북쪽을 가리키는 지구에 고정된 좌표계를 이용하여 로켓의 운동을 측정한다. 특정 순간에서, 로켓의 질량은 4000 kg이고, 엔지니어가 설정한 좌표계에 대한 로켓의 속도는 $2000\mathbf{i} + 2000\mathbf{j}$ (m/s)이며, 로켓의 추력과 무게, 공기역학적 힘 등이 로켓에 가하는 합력은 $400\mathbf{i} + 400\mathbf{j}$ (N)이다. 다음 두 경우에 대해 엔지니어가 설정한 좌표계에 대한 로켓의 가속도를 구하라: (a) 지구에 고정된 좌표계를 관성 좌표계로 가정할 때; (b) 지구에 고정된 좌표계를 관성 좌표계로 가정하지 않을 때.

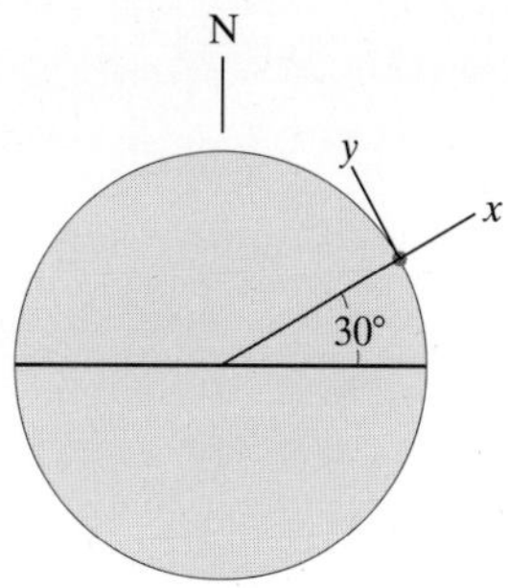

문제 6.156

6.157* 북위 L의 지구 표면 상의 한 점 A를 생각해 보자. 지구의 반경이 R_E이고 각속도가 ω_E이다. 점 A에서 지면 바로 위에 매달려 있는 측량추는 지구의 자전 때문에 연직선에 대해 작은 각도 β를 이루게 될 것이다. β와 위도의 관계가 다음 식과 같음을 보여라:

$$\tan\beta = \frac{\omega_E^2 R_E \sin L \cos L}{g - \omega_E^2 R_E \cos^2 L}$$

전략: 그림에 나타낸 지구에 고정된 좌표계를 이용하여 Newton의 제2법칙을 식 (6.22)의 형태로 나타내어라.

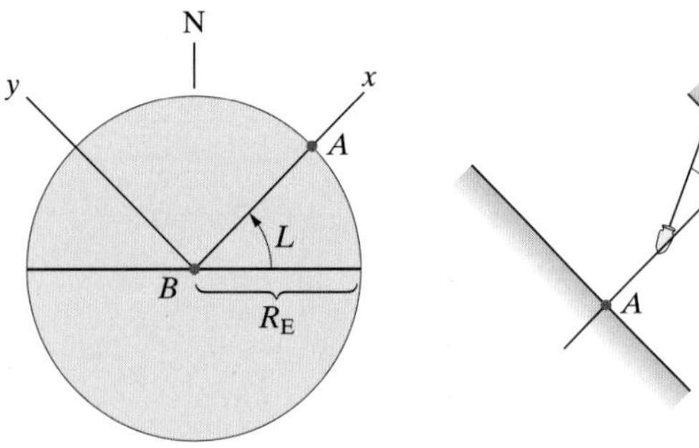

문제 6.157

6.158* 우주 정거장이 지구 주위의 궤도 상에 있으며, 정거장에 있는 두 우주인이 공을 서로 주고받는다고 가정해 보자. 두 사람이 관찰하기에는 공이 두 사람 사이를 일정한 속력으로 직선을 따라 이동하는 것처럼 보인다.

(a) 공이 두 우주인 사이에서 움직이는 동안, 원점이 우주 정거장에 고정되어 있는 비회전 좌표계를 이용하여 공에 대한 Newton의 제2법칙을 써라. $\Sigma\mathbf{F}$항은 무엇인가? 당신이 쓴 식을 이용하여 우주인들이 관찰한 공의 거동에 대해 설명하라.

(b) 공이 두 우주인 사이에서 움직이는 동안, 지구중심에 고정된 비회전 좌표계로 공에 대한 Newton의 제2법칙을 써라. $\Sigma\mathbf{F}$항은 무엇인가? 이 식과 (a)에서 구한 식 사이의 차이를 설명하라.

요약

이 장에서는 강체들의 운동을 해석하고, 강체 위에 있는 점들의 속도 및 가속도가 강체의 각속도 및 각가속도와 어떻게 연관되는지를 보였다. 이 과정에서 운동을 일으키는 힘과 우력들은 고려하지 않았다. 7장에서 Newton의 제2법칙을 이용하여 평면운동을 하는 강체들에 대한 운동방정식을 구할 것이다. 강체의 자유물체도를 그림으로써, 강체의 질량중심의 가속도와 강체의 각가속도를 강체에 작용하는 힘과 우력들에 연결시킬 것이다.

운동의 유형

운동을 하는 강체가 주어진 기준좌표계에 대해 회전하지 않는다면, 이 강체는 **병진운동**(translation)을 한다고 말한다. 강체와 고정 평면의 교차면에 있는 강체의 점들이 계속 고정 평면 상에 있게 된다면, 강체는 **평면운동**(planar motion)을 한다고 말한다. 고정축에 대한 회전은 평면운동의 특별한 경우이다.

상대 속도와 상대 가속도

강체의 **각속도 벡터** $\boldsymbol{\omega}$는 회전축에 평행하며, 그 크기 $|\boldsymbol{\omega}|$는 회전율(rate of rotation)이다. 오른손의 엄지손가락이 $\boldsymbol{\omega}$의 방향을 가리킨다면, 나머지 네 손가락은 회전방향으로 $\boldsymbol{\omega}$ 주위를 감는다. **각가속도 벡터** $\boldsymbol{\alpha} = d\boldsymbol{\omega}/dt$는 각속도 벡터의 변화율이다.

강체의 한 점 B와 원점이 B인 강체-고정 기준좌표계, 그리고 임의의 점 A를 생각해 보자(그림 a). 주 기준좌표계(primary reference frame)에 대한 두 점의 속도 $\mathbf{v}_A$와 $\mathbf{v}_B$는 다음 관계가 있다:

$$\mathbf{v}_A = \mathbf{v}_B + \mathbf{v}_{A\,\mathrm{rel}} + \boldsymbol{\omega} \times \mathbf{r}_{A/B} \tag{6.11}$$

여기서 $\mathbf{v}_{A\,\mathrm{rel}}$은 강체-고정 기준좌표계에 대한 A의 상대 속도이다. 만일 A가 강

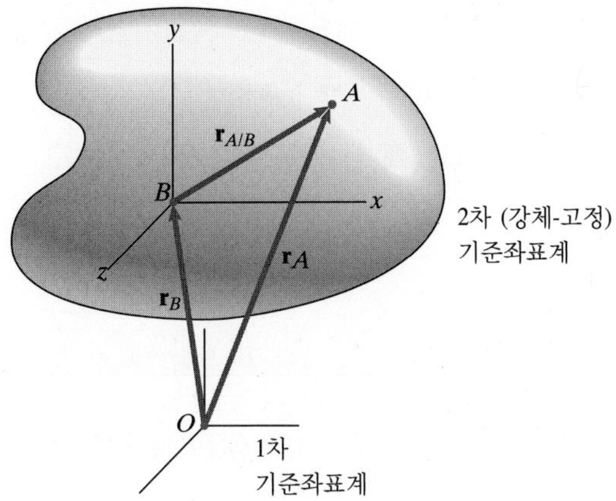

(a)

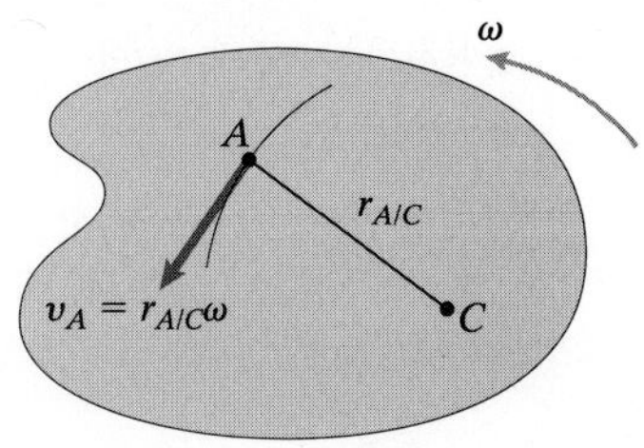

(b)

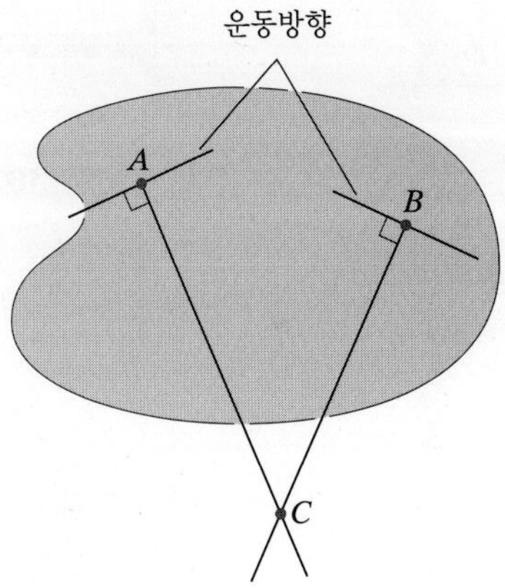

(c)

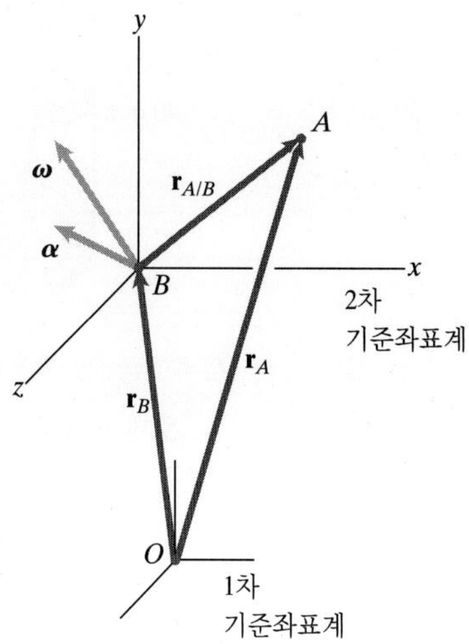

(d)

체 위의 한 점이라면, $\mathbf{v}_{A\,\mathrm{rel}}$은 0이다.

주 기준좌표계에 대한 두 점의 가속도 $\mathbf{a}_A$와 $\mathbf{a}_B$는 다음 관계를 갖는다:

$$\mathbf{a}_A = \mathbf{a}_B + \mathbf{a}_{A\,\mathrm{rel}} + 2\boldsymbol{\omega} \times \mathbf{v}_{A\,\mathrm{rel}} + \boldsymbol{\alpha} \times \mathbf{r}_{A/B} + \boldsymbol{\omega} \times (\boldsymbol{\omega} \times \mathbf{r}_{A/B}) \quad (6.13)$$

여기서 $\mathbf{a}_{A\,\mathrm{rel}}$은 강체-고정 기준좌표계에 대한 A의 가속도이다. 평면운동에서, $\boldsymbol{\omega} \times (\boldsymbol{\omega} \times \mathbf{r}_{A/B})$항은 간단한 형태인 $-\omega^2\mathbf{r}_{A/B}$로 쓸 수 있다. 만일 A가 강체의 한 점이라면, $\mathbf{a}_{A\,\mathrm{rel}}$은 0이다.

순간중심

주어진 순간에 속도가 0인 강체의 한 점(또는 강체의 외부에 있는 점으로서 이 점을 포함하도록 강체를 확장한다면, 이 점의 속도가 0이 되는 점-그림 6.21 참조)을 순간중심(instantaneous centers)이라고 한다. 평면운동을 하는 강체에서 C가 순간중심이라고 가정해 보자. 점 A의 속도는 C와 A를 잇는 직선에 수직이며, 그 속도 크기는 C와 A의 거리와 각속도의 곱이다(그림 b).

만일 평면운동을 하는 강체의 두 점 A와 B의 운동방향이 평행하지 않다면, 점 A와 B를 통과하면서 두 점의 운동방향에 수직인 선을 각각 그리면, 두 직선은 순간중심에서 교차하게 된다(그림 c).

움직이는 기준좌표계

주 기준좌표계에 대해 각속도 $\boldsymbol{\omega}$와 각가속도 $\boldsymbol{\alpha}$로 회전하는 원점 B의 기준좌표계와 점 A를 생각해 보자(그림 d). 주 기준좌표계에 대한 점 A, B의 속도는 다음 관계식을 만족한다:

$$\mathbf{v}_A = \mathbf{v}_B + \mathbf{v}_{A\,\mathrm{rel}} + \boldsymbol{\omega} \times \mathbf{r}_{A/B} \quad (6.16)$$

여기서 $\mathbf{v}_{A\,\mathrm{rel}}$은 움직이는 기준좌표계에 대한 A의 속도이다. 주 기준좌표계에 대한 A와 B의 가속도는 다음 관계식을 만족한다:

$$\mathbf{a}_A = \mathbf{a}_B + \mathbf{a}_{A\,\mathrm{rel}} + 2\boldsymbol{\omega} \times \mathbf{v}_{A\,\mathrm{rel}} + \boldsymbol{\alpha} \times \mathbf{r}_{A/B} + \boldsymbol{\omega} \times (\boldsymbol{\omega} \times \mathbf{r}_{A/B}) \quad (6.17)$$

여기서 $\mathbf{a}_{A\,\mathrm{rel}}$은 움직이는 기준좌표계에 대한 A의 가속도이다.

복습문제

6.159 만일 $\theta = 60°$이고 막대 OQ가 5 rad/s로 반시계 방향으로 회전한다면, 막대 PQ의 각속도는 얼마인가?

6.160 만일 $\theta = 55°$이고 슬리브 P가 2 m/s로 왼쪽으로 이동하고 있다면, 막대 OQ와 PQ의 각속도는 얼마인가?

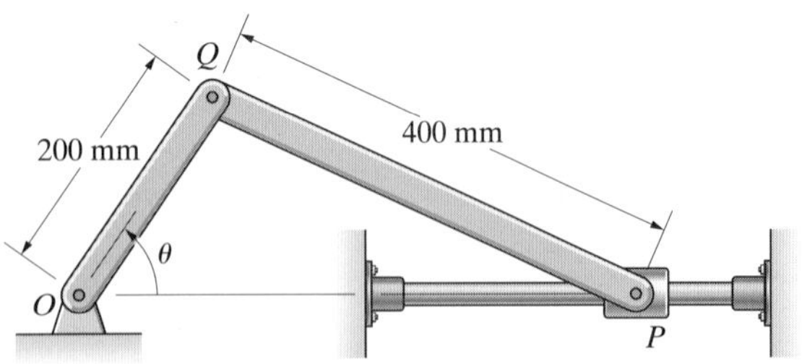

문제 6.159/6.160

6.161 갈고리의 수직방향 속도 v_H와 작은 풀리의 각속도를 구하라.

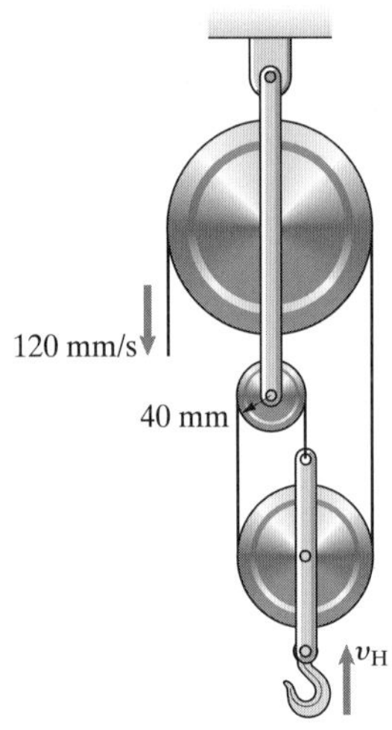

문제 6.161

6.162 크랭크축 AB가 2000 rpm으로 반시계 방향으로 회전하고 있다면, 피스톤의 속도는 얼마인가?

6.163 피스톤이 속도 $\mathbf{v}_C = 6.1\mathbf{j}$ (m/s)로 움직이고 있다면, 크랭크축 AB와 커넥팅 로드 BC의 각속도는 얼마인가?

6.164 피스톤이 속도 $\mathbf{v}_C = 6.1\mathbf{j}$ (m/s)로 움직이고 있으며 가속도가 0이라고 하면, 크랭크축 AB와 커넥팅 로드 BC의 각가속도는 얼마인가?

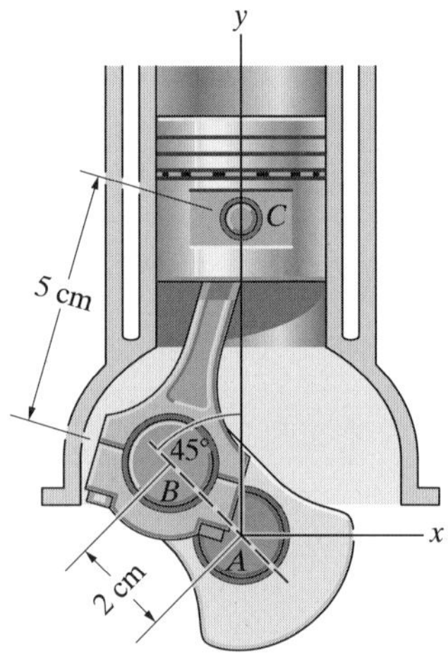

문제 6.162 – 6.164

6.165 막대 AB가 6 rad/s로 반시계 방향으로 회전한다. 순간중심을 이용하여 막대 BCD의 각속도와 점 D의 속도를 구하라.

6.166 막대 AB가 6 rad/s의 일정한 각속도로 반시계 방향으로 회전한다. 점 D의 가속도를 구하라.

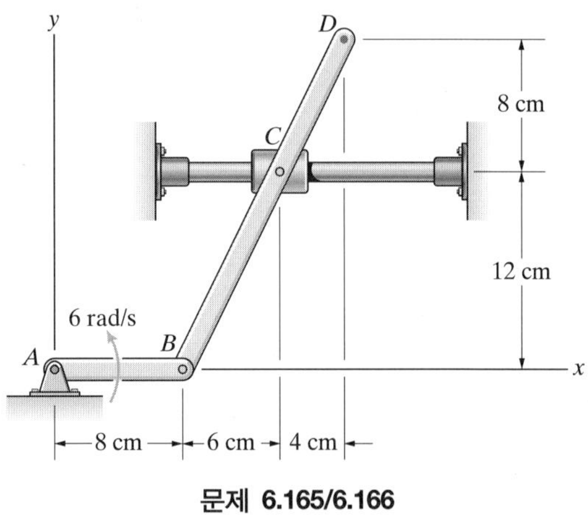

문제 6.165/6.166

6.167 점 C가 20 cm/s로 오른쪽으로 움직이고 있다. 막대 BC의 중앙점 G의 속도는 얼마인가?

6.168 점 C가 508 mm/s의 일정한 속도로 오른쪽으로 움직이고 있다. 막대 BC의 중앙점 G의 가속도는 얼마인가?

6.169 점 C의 속도가 $\mathbf{v}_C = 1.0\mathbf{i}$ (cm/s)라고 하면, 팔 AB와 BC의 각속도 벡터는 얼마인가?

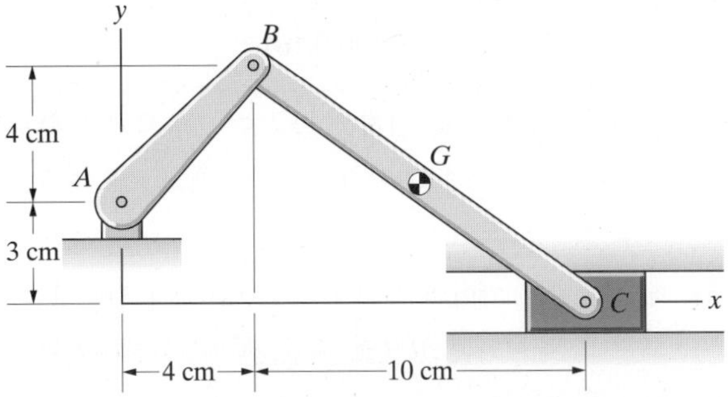

문제 6.167 – 6.169

6.170 점 B와 C가 x–y 평면 상에 있다. 팔 AB와 BC의 각속도 벡터가 $\boldsymbol{\omega}_{AB} = -0.5\mathbf{k}$ (rad/s), $\boldsymbol{\omega}_{BC} = -2.0\mathbf{k}$ (rad/s)이다. 점 C의 속도를 구하라.

6.171 만일 점 C의 속도가 $\mathbf{v}_C = 1.0\mathbf{i}$ (m/s)라면, 팔 AB와 BC의 각속도 벡터는 얼마인가?

6.172 팔 AB와 BC의 각속도 벡터가 $\boldsymbol{\omega}_{AB} = -0.5\mathbf{k}$ (rad/s), $\boldsymbol{\omega}_{BC} = 2.0\mathbf{k}$ (rad/s)이고, 각가속도 벡터가 $\boldsymbol{\alpha}_{AB} = 1.0\mathbf{k}$ (rad/s^2), $\boldsymbol{\alpha}_{BC} = 1.0\mathbf{k}$ (rad/s^2)이라면, 점 C의 가속도는 얼마인가?

6.173 점 C의 속도가 $\mathbf{v}_C = 1.0\mathbf{i}$ (m/s)이고 $\mathbf{a}_C = \mathbf{0}$이라면, 팔 BC의 각속도 벡터와 각가속도 벡터는 얼마인가?

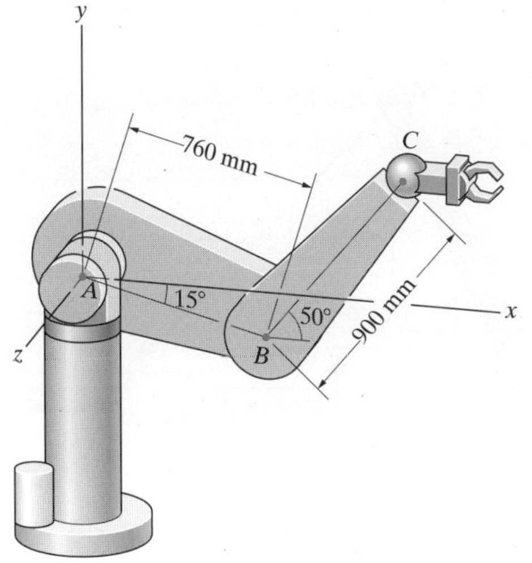

문제 6.170 – 6.173

6.174 크랭크 AB가 200 rpm의 일정한 시계 방향 각속도를 가지고 있다. 피스톤 P의 속도와 가속도는 얼마인가?

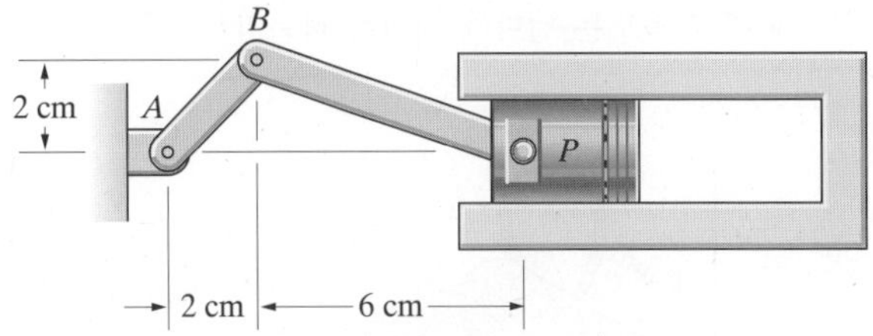

문제 6.174

6.175 막대 AB가 10 rad/s의 반시계 방향 각속도와 20 rad/s^{2}의 시계 방향 각가속도를 가지고 있다. 막대 BC의 각가속도와 점 C의 가속도를 구하라.

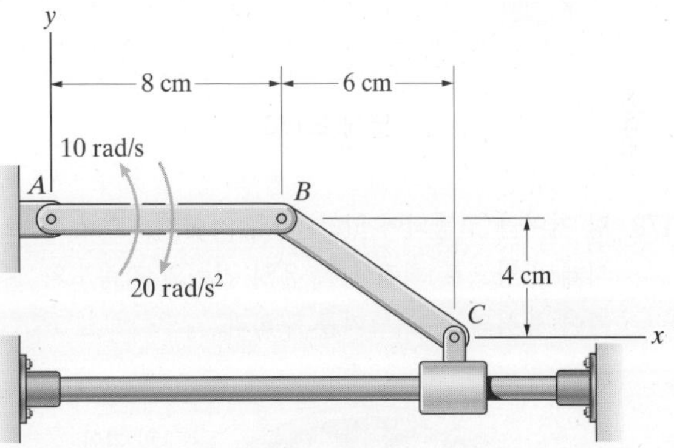

문제 6.175

6.176 팔 AC의 각속도는 반시계 방향으로 1 rad/s이다. 굴삭기 삽의 각속도는 얼마인가?

6.177 팔 AC의 각속도는 반시계 방향으로 2 rad/s이며, 각가속도는 시계 방향으로 4 rad/s^{2}이다. 굴삭기 삽의 각가속도는 얼마인가?

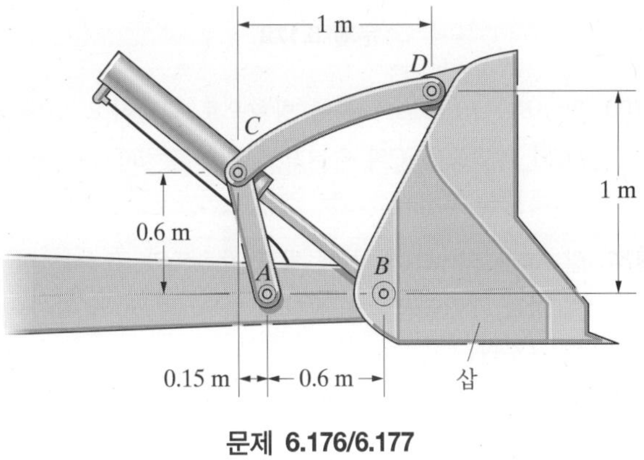

문제 6.176/6.177

6.178 로봇을 프로그래밍하여, 그림의 순간에서 점 D의 속도가 $\mathbf{v}_D = 0.2\mathbf{i} + 0.8\mathbf{j}$ (m/s)이고 팔 CD의 각속도가 반시계 방향으로 0.3 rad/s가 되게 하려고 한다면, 팔 AB와 BC의 각속도는 얼마가 되어야 하는가?

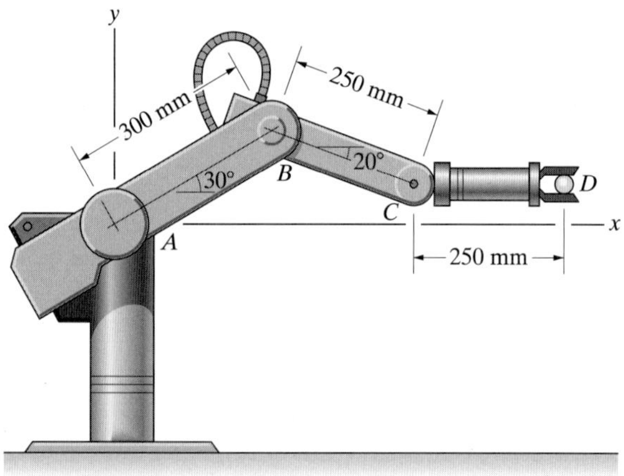

문제 6.178

6.179 링 기어가 고정되어 있고, 태양 기어가 120 rpm으로 반시계 방향으로 회전한다. 유성 기어의 각속도와 유성 기어 중심의 속도 크기를 구하라.

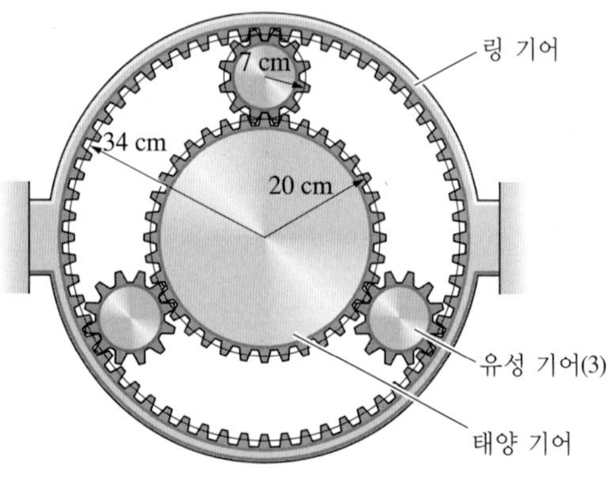

문제 6.179

6.180 팔 AB가 10 rad/s로 시계 방향으로 회전하고 있다. 팔 BC의 각속도와 C의 슬리브에 대해 팔 BC가 미끄러지는 속도를 구하라.

6.181 팔 AB가 10 rad/s의 시계 방향 각속도와 20 rad/s^{2}의 시계 방향 각가속도로 회전하고 있다. 팔 BC의 각가속도를 구하라.

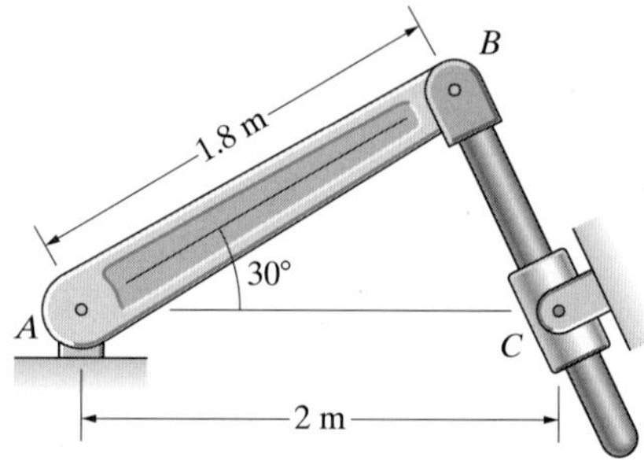

문제 6.180/6.181

6.182 팔 AB가 10 rad/s의 일정한 각속도로 반시계 방향으로 회전하고 있다. 래크-피니언 기어의 래크 R의 수직방향 속도 및 가속도를 구하라.

6.183 래크-피니언 기어의 래크 R이 120 cm/s의 일정한 속도로 위로 움직이고 있다면, 막대 BC의 각속도와 각가속도는 얼마인가?

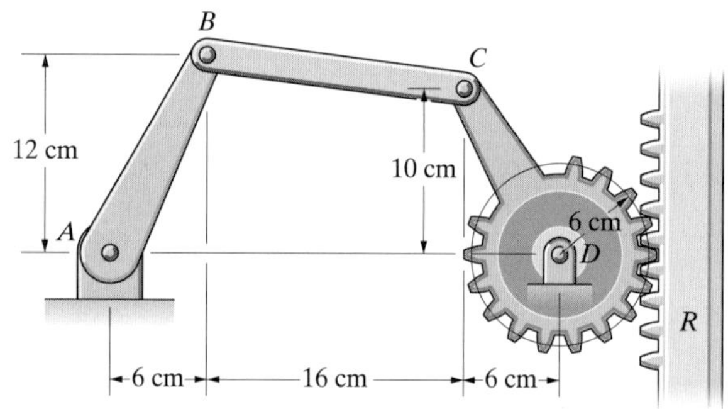

문제 6.182/6.183

6.184 막대 AB가 2 rad/s의 일정한 반시계 방향 각속도를 가지고 있다. 1 kg의 연결고리 C가 매끄러운 수평막대 상에서 미끄러지고 있다. 그림의 순간에서, 케이블 BC에서의 장력은 얼마인가?

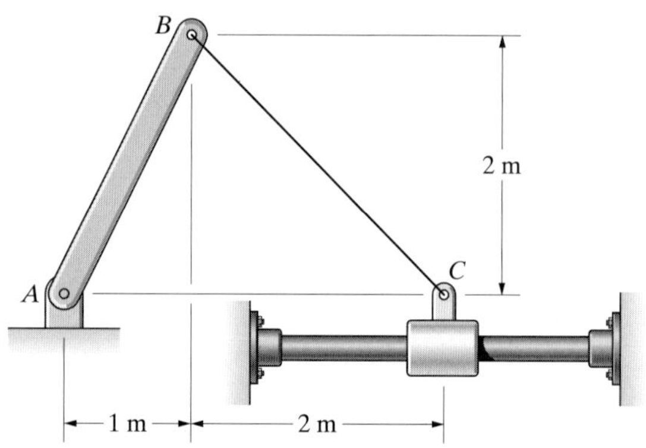

문제 6.184

6.185 운동선수가 8 kg의 질량 m을 드는 팔 운동을 한다. 어깨 관절 A는 움직이지 않는다. 거리 AB는 300 mm이고, 거리 BC는 400 mm이며, C에서 풀리까지의 거리는 340 mm이다. 각속도 $\omega_{AB} = 1.5$ rad/s와 $\omega_{BC} = 2$ rad/s는 일정하다. 케이블에서의 장력은 얼마인가?

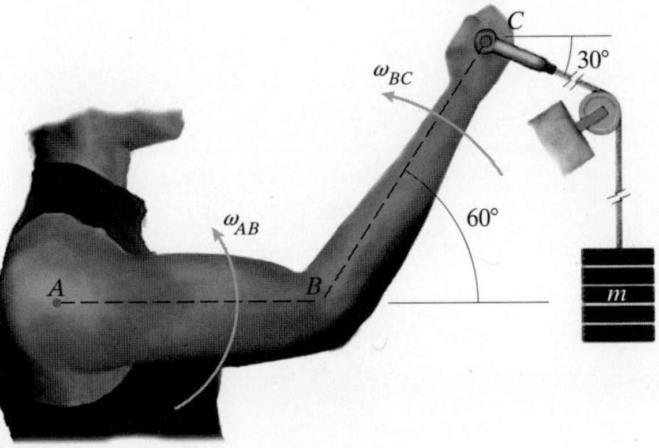

문제 6.185

6.186 크레인의 유압 액추에이터 BC가 0.2 m/s의 일정한 비율로 길이가 늘어나고 있다. 각 $\beta = 35°$일 때, 크레인의 붐(boom) AD의 각속도는 얼마인가?

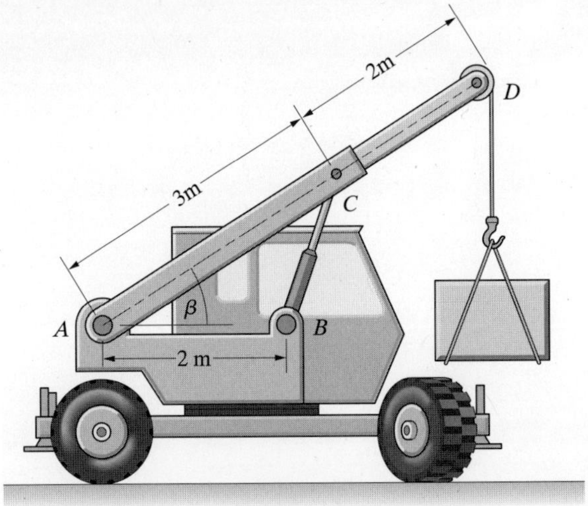

문제 6.186

6.187 그림의 좌표계는 배 B에 고정되어 있다. 배가 자체 레이더를 사용하여 움직이지 않는 부표 A의 위치를 측정한 결과 $400\mathbf{i} + 200\mathbf{j}$ (m)였다. 또한 배에 고정된 좌표계에 대한 부표의 상대 속도를 측정하여 $2\mathbf{i} - 8\mathbf{j}$ (m/s)를 구했다. 지구에 대한 배의 속도와 각속도는 얼마인가? (배의 속도는 y축 방향이라고 가정한다.)

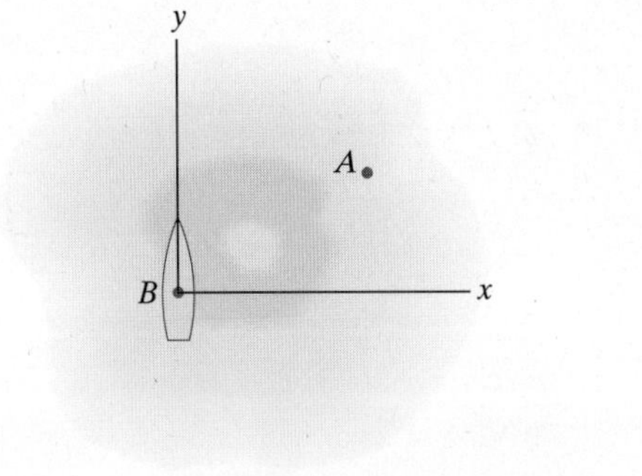

문제 6.187

설계 프로젝트

막대 AB가 일정한 각속도 ω_0로 고정점 A에 대해 회전을 한다.

(a) 막대 AB가 회전함에 따라 연결고리 C가 위치 D와 E 사이에서 왕복을 하도록 막대 AB와 BC의 길이를 결정하라.

(b) 연결고리 C의 속도와 가속도의 그래프를 막대 AB의 각(角) 위치의 함수로 그려라.

(c) 설계 시 연결고리 C의 가속도 크기가 200 m/s^{2}을 넘으면 안 된다는 제한이 있다고 가정해 보자. 허용 가능한 최대 ω_0의 값은 얼마인가?

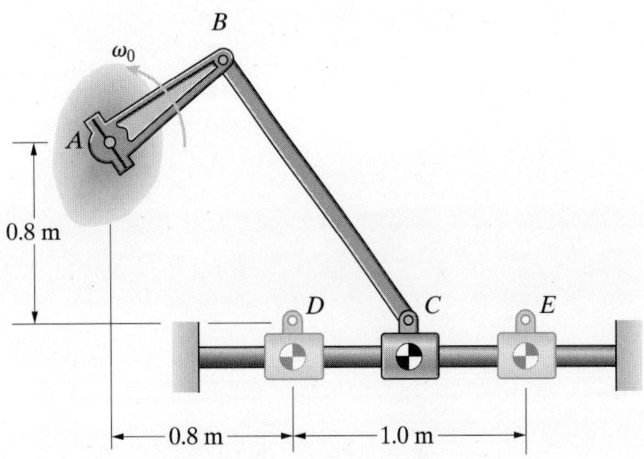

7

강체의 평면 동역학

6장에서는 운동을 일으키는 힘과 우력을 고려하지 않고 강체의 **평면운동**을 해석하였다. 이 장에서는 강체에 대한 평면 각운동방정식을 유도한다. 물체의 자유물체도를 그리고 운동방정식을 적용함으로써, 물체가 받는 힘과 우력에 의해 물체의 질량중심의 가속도와 각가속도를 모두 구할 수 있다.

◀ 전기모터는 풍동 팬에 토크를 가하여, 팬을 운전 각속도까지 가속시킨다.

7.1 운동방정식의 개요

강체에 대한 2차원 각(角)운동방정식은 형태는 단순하지만, 유도 과정은 다소 복잡하다. 다음 유도 과정을 이해하는 데 도움을 주기 위해, 먼저 이 절에서 운동방정식들을 요약하여 기술한다.

강체의 평면운동을 지배하는 운동방정식은 Newton의 제2법칙

$$\Sigma \mathbf{F} = m\mathbf{a}$$

와 각운동방정식이다. Newton의 제2법칙은 강체에 가해지는 **외력들의 합**이 강체의 질량과 강체의 질량중심 가속도의 곱과 같음을 나타낸다. 만일 강체가 고정축 O에 대해 회전한다면(그림 7.1a), 강체에 작용하는 외력들과 우력들(couples)이 축에 대해 일으키는 모멘트의 합은 강체의 각가속도와 다음 관계를 갖는다:

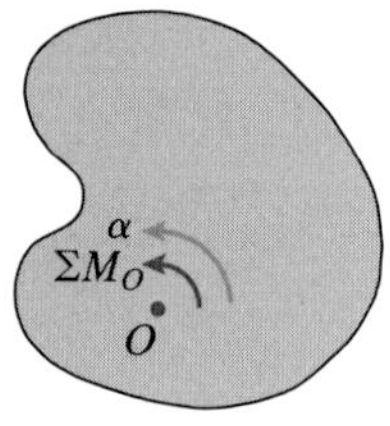

(a)

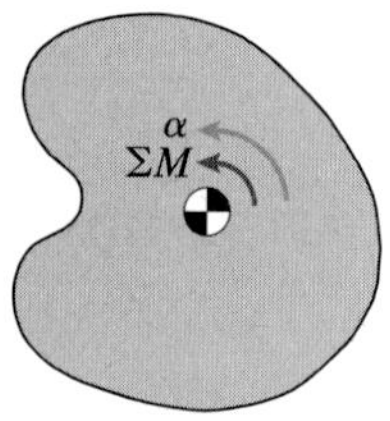

(b)

그림 7.1
(a) 고정축 O에 대해 회전하는 강체.
(b) 일반 평면운동을 하는 강체.

$$\Sigma M_O = I_O \alpha$$

여기서 I_O는 O에 대한 강체의 **관성모멘트**이다. 물체의 질량이 물체에 가해지는 힘으로 인한 가속도를 결정하듯이 고정축에 대한 **물체의 관성모멘트** I_O가 축에 대한 모멘트의 합으로 인한 각가속도를 결정한다.

일반 평면운동(그림 7.1b)에서, 강체의 질량중심에 대한 모멘트의 합은 다음 식에 의해 강체의 각가속도와 관련된다:

$$\Sigma M = I\alpha$$

여기서 I는 강체의 질량중심에 대한 관성모멘트이다. 평면운동을 하는 강체에 가해지는 외력과 우력을 안다면, 이 식들을 이용하여 강체의 질량중심의 가속도와 각가속도를 구할 수 있다.

7.2 질점계에 대한 운동량의 원리

강체에 대한 운동방정식의 유도는 질점계(system of particles)의 운동을 지배하는 원리들에 바탕을 두고 있다. 이 절에서 이러한 일반적이고 중요한 원리들을 요약하여 기술한다.

힘과 선형운동량의 원리

먼저 질점계에 작용하는 외력들의 합이 전체 선형운동량의 변화율과 같음을 보여주기로 한다. N개의 질점으로 구성된 질점계를 고려해 보자. i번째 질점의 질량을 m_i로 표시하고, 관성 기준좌표계의 원점 O에 대한 이 질점의 위치벡터를 $\mathbf{r}_i$로 표시한다(그림 7.2). $\mathbf{f}_{ij}$를 j번째 질점이 i번째 질점에 가하는 힘이라 하고, i번째 질점에 작용하는 외력(즉, 질점계가 아닌 다른 물체들이 가하는 합력)을 $\mathbf{f}_i^E$라고 하자. Newton의 제2법칙에 의하면 i번째 질점에 가해지는 합력

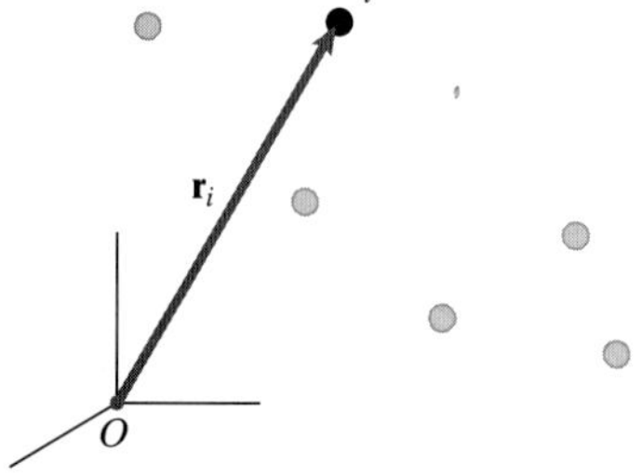

그림 7.2
질점계. 벡터 $\mathbf{r}_i$는 i번째 질점의 위치벡터이다.

은 질점의 질량과 선형운동량 변화율의 곱과 같다. 즉,

$$\sum_j \mathbf{f}_{ij} + \mathbf{f}_i^E = \frac{d}{dt}(m_i \mathbf{v}_i) \tag{7.1}$$

이며, 여기서 $\mathbf{v}_i = d\mathbf{r}_i/dt$는 i번째 질점의 속도이다. 질점계의 각 질점에 대해 이 식을 쓰고, $i = 1$에서 N까지 더하면, 다음 식을 얻는다:

$$\sum_i \sum_j \mathbf{f}_{ij} + \sum_i \mathbf{f}_i^E = \frac{d}{dt}\sum_i m_i \mathbf{v}_i \tag{7.2}$$

이 식의 좌변의 첫 번째 항은 질점계에 작용하는 내력들의 합이다. Newton의 제3법칙의 결과($\mathbf{f}_{ji} + \mathbf{f}_{ij} = 0$)에 따라, 이 항은 0과 같다:

$$\sum_i \sum_j \mathbf{f}_{ij} = \mathbf{f}_{12} + \mathbf{f}_{21} + \mathbf{f}_{13} + \mathbf{f}_{31} + \cdots = \mathbf{0}$$

식 (7.2)의 좌변의 두 번째 항은 질점계에 작용하는 외력들의 합이다. 이것을 $\Sigma\mathbf{F}$로 나타내면, 질점계에 작용하는 외력들의 합은 질점계의 전체 선형운동량의 변화율과 같다고 할 수 있다. 즉,

$$\Sigma\mathbf{F} = \frac{d}{dt}\sum_i m_i \mathbf{v}_i \tag{7.3}$$

이다. 질점들의 질량의 합을 m이라고 하면

$$m = \sum_i m_i$$

이며, 질점계의 질량중심의 위치는

$$\mathbf{r} = \frac{\sum_i m_i \mathbf{r}_i}{m} \tag{7.4}$$

이므로, 질량중심의 속도는

$$\mathbf{v} = \frac{d\mathbf{r}}{dt} = \frac{\sum_i m_i \mathbf{v}_i}{m}$$

이다. 이 식을 이용하여 식 (7.3)을 다음과 같이 쓸 수 있다:

$$\Sigma\mathbf{F} = \frac{d}{dt}(m\mathbf{v})$$

따라서 질점계에 가해지는 전체 외력은 질점계의 총 질량과 질량중심 속도의 곱의 변화율과 같다. 강체를 포함하여 어떠한 물체나 물체들의 집합체도 질점계로 모델링될 수 있으므로, 이 결과는 역학에서 가장 일반적이면서도 훌륭한 결과 중의 하나이다. 여기서 만일 총 질량 m이 일정하다면, 다음 식이 얻어진다:

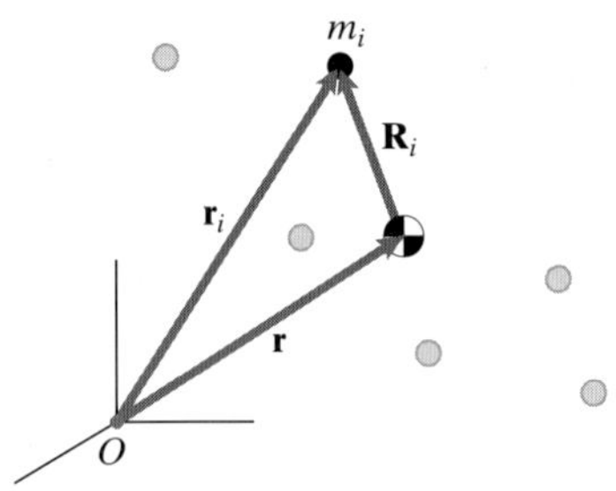

그림 7.3
벡터 $\mathbf{R}_i$는 질량중심에 대한 i번째 질점의 위치 벡터이다.

$$\Sigma \mathbf{F} = m\mathbf{a}$$

여기서 $\mathbf{a} = d\mathbf{v}/dt$는 질량중심의 가속도이다. 전체 외력은 총 질량과 질량중심 가속도의 곱과 같다는 것을 알 수 있다.

모멘트와 각운동량의 원리

이제 질점계에 가해지는 힘들에 의한 모멘트의 합과 질점계의 전체 각운동량의 변화율 사이의 관계를 구하도록 한다. 그림 7.3에서, $\mathbf{r}_i$는 질점계의 i번째 질점의 위치벡터이고, $\mathbf{r}$은 질점계의 질량중심의 위치벡터이며, $\mathbf{R}_i$는 질량중심에 대한 i번째 질점의 위치벡터이다. 이 벡터들의 관계는 다음과 같다:

$$\mathbf{r}_i = \mathbf{r} + \mathbf{R}_i \tag{7.5}$$

i번째 질점에 대한 Newton의 제2법칙인 식 (7.1)과 위치벡터 $\mathbf{r}_i$의 외적(cross product)을 취하고 $i = 1$부터 N까지 더하면, 결과식을 다음과 같은 형태로 쓸 수 있다:

$$\sum_i \sum_j \mathbf{r}_i \times \mathbf{f}_{ij} + \sum_i \mathbf{r}_i \times \mathbf{f}_i^E = \frac{d}{dt} \sum_i \mathbf{r}_i \times m_i \mathbf{v}_i \tag{7.6}$$

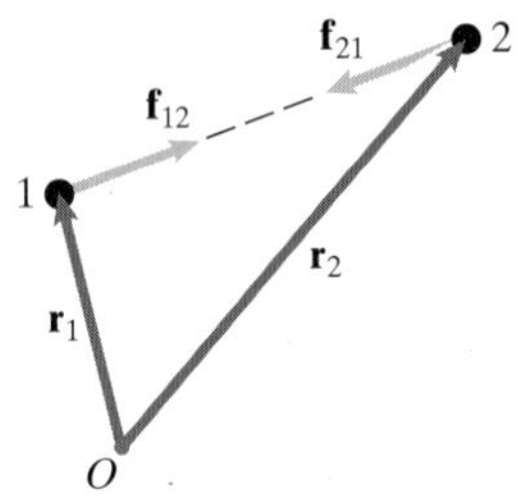

그림 7.4
질점 1과 2, 그리고 두 질점이 서로에게 가하는 힘들. 만일 두 질점 사이의 직선을 따라 힘들이 가해진다면, O에 대한 두 힘의 전체 모멘트는 0이다.

이 식의 좌변의 첫 번째 항은 질점계의 한 질점에 나머지 질점들이 가하는 힘들에 의한 O에 대한 모멘트의 합이다. 만일 각 쌍의 두 질점 사이의 내력이 크기가 같고 방향이 반대일 뿐만 아니라 두 질점을 잇는 직선을 따라 작용한다고 가정하면, 이 항은 소거된다. 예를 들어, 그림 7.4의 질점 1과 2를 생각해 보자. 만일 두 질점이 서로에게 가하는 힘이 두 질점 사이의 직선을 따라 가해진다면, O에 대한 모멘트는 다음과 같이 쓸 수 있다:

$$\mathbf{r}_1 \times \mathbf{f}_{12} + \mathbf{r}_1 \times \mathbf{f}_{21} = \mathbf{r}_1 \times (\mathbf{f}_{12} + \mathbf{f}_{21}) = \mathbf{0} \tag{7.7}$$

식 (7.6)의 좌변의 두 번째 항은 외력에 의한 O에 대한 모멘트의 합이며 $\Sigma \mathbf{M}_O$로 표시하면, 식 (7.6)은 다음과 같이 쓸 수 있다:

$$\Sigma \mathbf{M}_O = \frac{d\mathbf{H}_O}{dt} \tag{7.8}$$

여기서

$$\mathbf{H}_O = \sum_i \mathbf{r}_i \times m_i \mathbf{v}_i \tag{7.9}$$

는 O에 대한 전체 각운동량이다. O에 대한 모멘트의 합은 O에 대한 전체 각운동량의 변화율과 같다. 식 (7.4)와 (7.5)를 이용하여, 식 (7.8)을 다음과 같이 쓸 수 있다:

$$\Sigma \mathbf{M}_O = \frac{d}{dt}(\mathbf{r} \times m\mathbf{v} + \mathbf{H}) \tag{7.10}$$

여기서

$$\mathbf{H} = \sum_i \mathbf{R}_i \times m_i \frac{d\mathbf{R}_i}{dt} \tag{7.11}$$

는 질량중심에 대한 질점계의 전체 각운동량이다.

질량중심에 대한 모멘트의 합 $\Sigma\mathbf{M}$과 $\mathbf{H}$ 사이의 관계를 구할 필요가 있다. 이 관계는 고정점 O를 현재 순간의 질량중심에 일치시킴으로써 구할 수 있다. 이 경우, $\Sigma\mathbf{M}_O = \Sigma\mathbf{M}$이고 $\mathbf{r} = \mathbf{0}$이며, 식 (7.10)으로부터

$$\Sigma\mathbf{M} = \frac{d\mathbf{H}}{dt} \tag{7.12}$$

임을 알 수 있다. 질량중심에 대한 모멘트의 합은 질량중심에 대한 전체 각운동량의 변화율과 같다. 점 O에 대한 각운동량과 질량중심에 대한 각운동량의 관계(그림 7.5)는 다음과 같다:

$$\mathbf{H}_O = \mathbf{H} + \mathbf{r} \times m\mathbf{v} \tag{7.13}$$

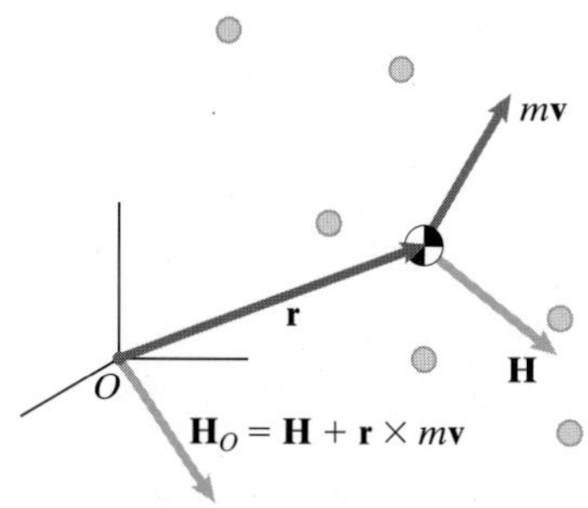

그림 7.5
O에 대한 각운동량은 질량중심에 대한 각운동량과 O에 대한 질량중심의 속도로 인한 각운동량의 합과 같다.

7.3 운동방정식의 유도

이제 평면운동을 하는 강체에 대한 운동방정식을 유도한다. 임의의 물체에 작용하는 전체 외력은 물체의 질량과 질량중심 가속도의 곱과 같다는 것을 보였다. 즉,

$$\Sigma\mathbf{F} = m\mathbf{a}$$

임을 보였다. Newton의 제2법칙으로 불리는 이 식은 강체의 질량중심의 운동을 기술한다. 각운동방정식을 유도하기 위해, 먼저 고정축에 대한 회전을 고려하고, 그 다음에 일반 평면운동을 고려하기로 한다.

고정축에 대한 회전

O를 관성 기준좌표계에 대해 움직이지 않는 점이라고 하고, 이 O를 통과하는 비회전 직선을 L_O라고 하자. 강체가 L_O에 대해 회전한다고 가정하자. L_O와 z축이 일직선으로 정렬된 좌표계(그림 7.6a)에 의해, 강체의 각속도 벡터를 $\boldsymbol{\omega} = \omega\mathbf{k}$로, 강체의 i번째 질점의 속도를

$$\frac{d\mathbf{r}_i}{dt} = \boldsymbol{\omega} \times \mathbf{r}_i = \omega\mathbf{k} \times \mathbf{r}_i$$

로 나타낼 수 있다.

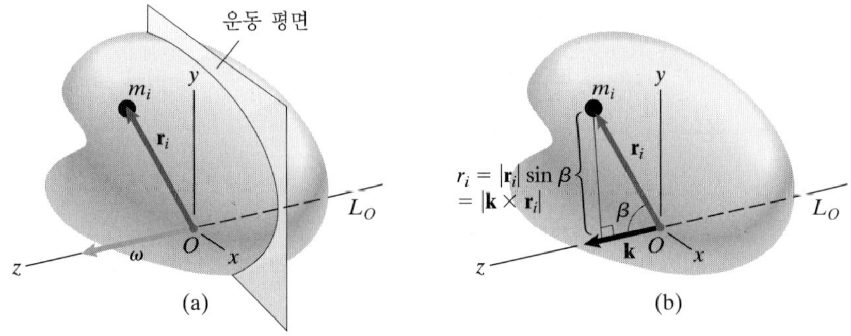

그림 7.6
(a) z축이 회전축 L_O와 일치하는 좌표계.
(b) $\mathbf{k} \times \mathbf{r}_i$의 크기는 회전축으로부터 m_i까지의 수직거리이다.

$\Sigma M_O = \Sigma \mathbf{M}_O \cdot \mathbf{k}$가 L_O에 대한 모멘트의 합을 나타낸다고 하자. 식 (7.8)과 $\mathbf{k}$의 내적(dot product)을 취하면 다음을 얻는다:

$$\Sigma M_O = \frac{dH_O}{dt} \tag{7.14}$$

여기서

$$H_O = \mathbf{H}_O \cdot \mathbf{k} = \sum_i [\mathbf{r}_i \times m_i(\omega \mathbf{k} \times \mathbf{r}_i)] \cdot \mathbf{k} \tag{7.15}$$

는 L_O에 대한 각운동량이다. 항등식 $\mathbf{U} \cdot (\mathbf{V} \times \mathbf{W}) = (\mathbf{U} \times \mathbf{V}) \cdot \mathbf{W}$를 이용하여 식 (7.15)를 다음과 같이 쓸 수 있다:

$$H_O = \sum_i m_i(\mathbf{k} \times \mathbf{r}_i) \cdot (\mathbf{k} \times \mathbf{r}_i)\omega = \sum_i m_i |\mathbf{k} \times \mathbf{r}_i|^2 \omega \tag{7.16}$$

그림 7.6b에, $|\mathbf{k} \times \mathbf{r}_i|$가 L_O에서 i번째 질점까지의 수직거리임을 나타내고, r_i로 표시하였다. 강체의 L_O에 대한 관성모멘트의 정의식

$$I_O = \sum_i m_i r_i^2$$

을 이용하여 식 (7.16)을 다음과 같이 쓸 수 있다:

$$H_O = I_O \omega$$

위 식을 식 (7.14)에 대입하여 고정축에 대해 회전하는 강체에 대한 각운동방정식을 얻을 수 있다. 고정축에 대한 모멘트의 합은 고정축에 대한 관성모멘트와 각가속도의 곱과 같다:

$$\Sigma M_O = I_O \alpha \tag{7.17}$$

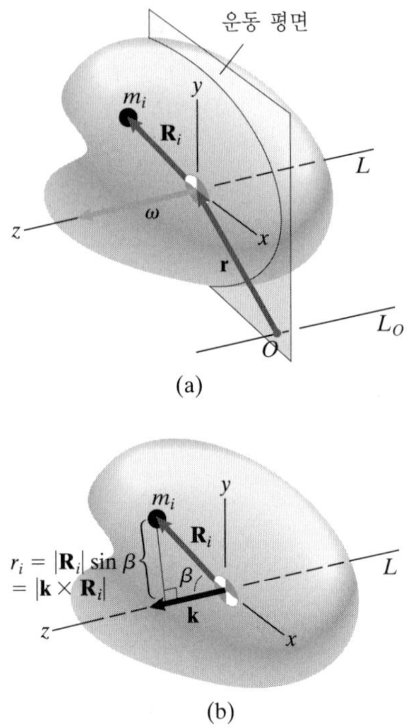

그림 7.7
(a) z축이 L과 일치하는 좌표계.
(b) $\mathbf{k} \times \mathbf{R}_i$의 크기는 L에서 m_i까지의 수직거리이다.

일반 평면운동

그림 7.7a는 일반 평면운동을 하는 강체의 운동 평면을 보여준다. 점 O는 평면에 포함된 고정점이며, L_O는 평면에 수직이면서 고정점 O를 통과하는 축이다. L은 L_O에 평행이며 강체의 질량중심을 통과하는 직선이다. 그림의 좌표계에 의해, 강체의 각속도 벡터를 $\boldsymbol{\omega} = \omega\mathbf{k}$로, 질량중심에 대한 강체의 i번째 질점의 속도를

$$\frac{d\mathbf{R}_i}{dt} = \boldsymbol{\omega} \times \mathbf{R}_i = \omega\mathbf{k} \times \mathbf{R}_i$$

로 나타낼 수 있다. 식 (7.10)과 **k**의 내적을 취하면 다음을 얻는다:

$$\Sigma M_O = \frac{d}{dt}[(\mathbf{r} \times m\mathbf{v}) \cdot \mathbf{k} + H] \tag{7.18}$$

여기서

$$H = \mathbf{H} \cdot \mathbf{k} = \sum_i [\mathbf{R}_i \times m_i(\omega\mathbf{k} \times \mathbf{R}_i)] \cdot \mathbf{k}$$

는 L에 대한 각운동량이다. 식 (7.15)에 적용했던 같은 항등식을 이용하여, H에 대한 위의 식을 다음과 같이 쓸 수 있다:

$$H = \sum_i m_i(\mathbf{k} \times \mathbf{R}_i) \cdot (\mathbf{k} \times \mathbf{R}_i)\omega = \sum_i m_i|\mathbf{k} \times \mathbf{R}_i|^2\omega$$

항 $|\mathbf{k} \times \mathbf{R}_i| = r_i$는 L에서 i번째 질점까지의 수직거리이다(그림 7.7b). L에 대한 강체의 관성모멘트

$$I = \sum_i m_i r_i^2$$

에 의해, L에 대한 강체의 각운동량은

$$H = I\omega$$

이다. 이 식을 식 (7.18)에 대입하면 다음 식을 얻는다:

$$\Sigma M_O = \frac{d}{dt}[(\mathbf{r} \times m\mathbf{v}) \cdot \mathbf{k} + I\omega] = (\mathbf{r} \times m\mathbf{a}) \cdot \mathbf{k} + I\alpha \tag{7.19}$$

이 식으로 L에 대한 모멘트의 합인 ΣM과 각가속도 사이의 관계를 얻을 수 있다. 만일 고정축 L_O를 현재 순간에서 L과 일치시키면 $\Sigma M_O = \Sigma M$, $\mathbf{r} = \mathbf{0}$이며, 식 (7.19)로부터 일반 평면운동을 하는 강체에 대한 각운동방정식을 얻을 수 있다. 질량중심에 대한 모멘트의 합은 질량중심에 대한 관성모멘트와 각가속도의 곱과 같다:

$$\Sigma M = I\alpha \tag{7.20}$$

7.4 응용

평면운동을 하는 강체에 대한 운동방정식은 두 방정식, 즉 Newton의 제2법칙

$$\Sigma\mathbf{F} = m\mathbf{a} \tag{7.21}$$

와 힘과 우력에 의한 모멘트를 강체의 각가속도와 연관시키는 식을 포함한다는 것을 알게 되었다. 여기서 **a**는 질량중심의 가속도이다. 만일 강체가 고정축 O에 대해 회전한다면, O에 대한 전체 모멘트는 O에 대한 관성모멘트와 각

가속도의 곱과 같다. 즉,

$$\Sigma M_O = I_O \alpha \tag{7.22}$$

이다. 임의의 평면운동에서, 질량중심에 대한 전체 모멘트는 질량중심에 대한 관성모멘트와 각가속도의 곱과 같다. 즉,

$$\Sigma M = I\alpha \tag{7.23}$$

이다. 물론 이 식은 고정축에 대한 회전인 경우에 적용되지만, 이런 종류의 운동에는 식 (7.22)를 사용하는 것이 더 편한 경우가 많다.

이 식들은 물체의 운동에 대한 정보를 얻거나, 물체에 작용하는 미지의 힘이나 우력의 값을 구하기 위해, 또는 힘과 우력 모두를 구하기 위해 사용될 수 있다. 이 과정은 전형적으로 다음의 세 단계를 포함한다:

1. **자유물체도를 그린다.** 물체를 격리시키고, 물체에 작용하는 외력과 우력들을 표시한다.
2. **운동방정식을 적용한다.** Newton의 제2법칙을 적용하기 위해 적당한 좌표계를 선택하고 운동 형태에 맞는 운동방정식을 쓴다. 예를 들어 질량중심이 원형 경로로 움직인다면, 법선 및 접선 성분을 사용하는 것이 더 유리할 수 있다.
3. **기구학적 관계를 구한다.** 필요하다면 물체의 질량중심의 가속도와 각가속도 사이의 관계를 운동방정식에 추가한다.

다음 절에서 보여주겠지만, 가장 좋은 접근 방법은 포함된 운동의 종류에 따라 부분적으로 달라진다.

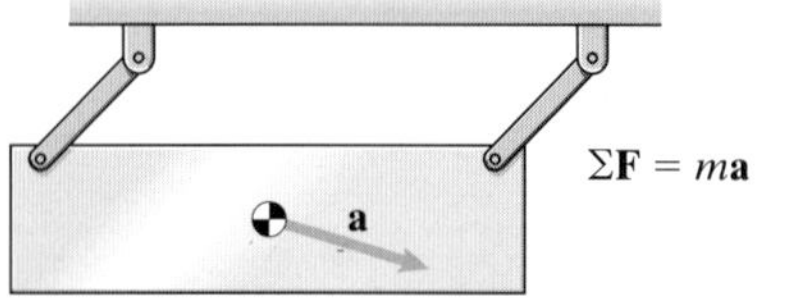

그림 7.8
병진운동을 하는 강체. 구해야 할 회전운동은 없다.

병진운동

만일 강체가 병진운동을 한다면(그림 7.8), 이 강체의 운동을 구하는 데는 Newton의 제2법칙만 있으면 된다. 구해야 할 회전운동이 없기 때문이다. 그럼에도 불구하고, 미지의 힘과 우력을 구하기 위해서는 각운동방정식을 적용할 필요가 있을 수도 있다. $\alpha = 0$이므로, 식 (7.23)으로부터 **질량중심에 대한 전체 모멘트는 0이다**:

$$\Sigma M = 0$$

예제 7.1 병진운동하는 물체

그림 7.9에서 비행기의 질량은 m = 250,000 kg이며, 비행기의 이륙주행 동안의 엔진 추력은 T = 700 kN이다. 비행기의 가속도와 A와 B에서의 비행기의 바퀴에 가해지는 수직력들을 구하라. 바퀴에 가해지는 수평력은 무시한다.

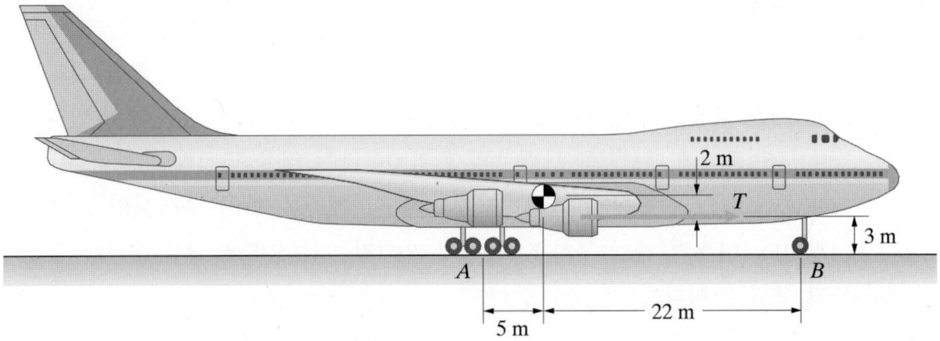

그림 7.9

| 전략 |

비행기는 이륙주행을 하는 동안 병진운동을 하며, 따라서 비행기의 질량중심에 대한 모멘트의 합은 0과 같다. 이 조건과 Newton의 제2법칙을 이용하여, 비행기의 가속도와 비행기 바퀴에 작용하는 수직력들을 구할 수 있다.

| 풀이 |

자유물체도를 그린다 그림 a에 자유물체도를 그리고, 비행기의 무게와 바퀴에 가해지는 수직력 A와 B를 나타내었다.

운동방정식을 적용한다 그림 a의 좌표계에 의해, Newton의 제2법칙은

$$\Sigma F_x = T = ma_x$$

$$\Sigma F_y = A + B - mg = 0$$

이다. 첫 번째 식으로부터 비행기의 가속도는

$$a_x = \frac{T}{m} = \frac{700{,}000\ \text{N}}{250{,}000\ \text{kg}} = 2.8\ \text{m/s}^2$$

이며, 각운동방정식은

$$\Sigma M = (2\ \text{m})T + (22\ \text{m})B - (5\ \text{m})A = 0$$

이다. 이 식을 Newton의 제2법칙으로부터 얻은 두 번째 식과 함께 풀면, A = 2050 kN과 B = 402 kN을 구할 수 있다.

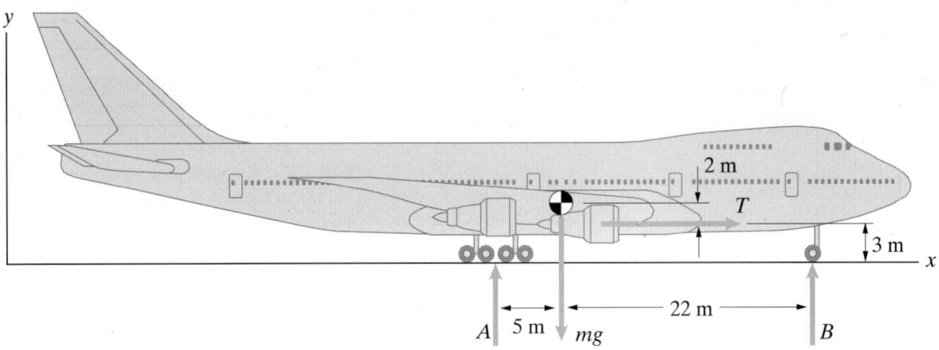

(a) 비행기의 자유물체도.

| 비판적 사고 |

물체가 평형상태에 있을 때, 물체에 작용하는 외력과 우력에 의한 임의의 점에 대한 모멘트의 합은 0이다. 병진운동을 하는 강체가 평형상태에 있지 않을 때, 질량중심에 대해서만 모멘트의 합이 0이라는 것을 명심해야 한다. *A*나 *B*에 대한 모멘트의 합이 0이라고 가정하여 이 예제를 다시 풀어보면 도움이 될 것이다. 이렇게 해를 구하면, 바퀴에 가해지는 수직력에 대한 올바른 값을 얻지 못할 것이다.

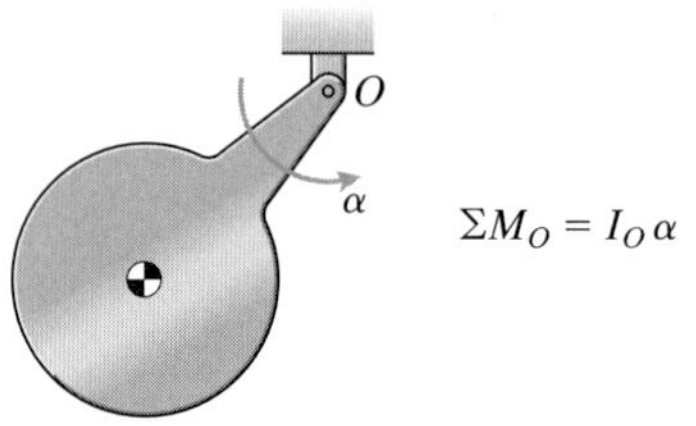

그림 7.10
*O*에 대해 회전하는 강체. *O*에 대한 각운동방정식만 있으면 강체의 각가속도를 구할 수 있다.

고정축에 대한 회전

고정축에 대한 회전의 경우(그림 7.10), 식 (7.22)만 있으면 회전운동을 구할 수 있다. 그러나 미지의 힘이나 우력을 구하기 위해서는 Newton의 제2법칙이 필요할 수도 있다.

예제 7.2 고정축에 대해 회전하는 물체

그림 7.11의 나무상자가 권양기(winch)에 의해 경사면을 따라 끌려 올라간다. 나무상자의 질량은 m = 45 kg이며, 치수 b는 b = 0.15 m이다. 나무상자와 경사면 사이의 동마찰계수는 μ_k = 0.4이다. 드럼에 감긴 케이블을 포함한 드럼의 관성모멘트가 I_A = 4 kg-m^{2}이다. 만일 모터가 드럼에 우력 M = 50 N-m를 가한다면, 상자의 가속도는 얼마인가?

그림 7.11

| 전략 |

나무상자와 드럼의 자유물체도를 별도로 그린 후, 두 물체에 운동방정식을 각각 적용한다. 드럼이 고정축에 대해 회전하므로, 축에 대한 각운동방정식을 이용하여 드럼의 각가속도를 구할 수 있다. 해를 완전히 구하기 위해, 나무상자의 가속도와 드럼의 각가속도 사이의 관계를 구해야 한다.

| 풀이 |

자유물체도를 그린다 그림 a에 자유물체도를 그리고, 케이블이 나무상자에 가하는 힘과 케이블이 드럼에 가하는 힘을 표시한다. 이 두 힘의 크기는 같다.

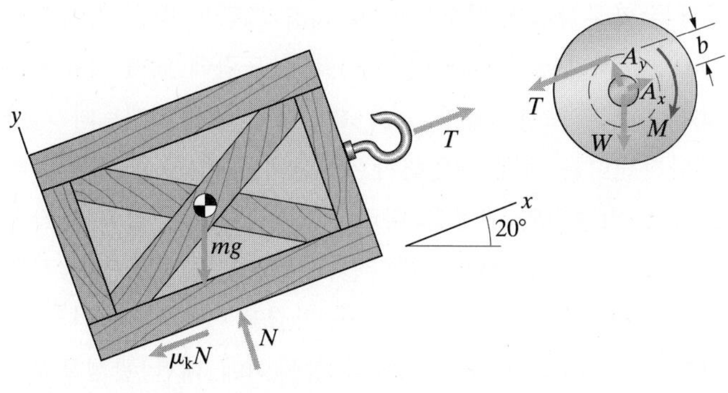

(a) 나무상자와 드럼의 자유물체도.

(b) 나무상자의 가속도와 드럼의 각가속도.

운동방정식을 적용한다 경사면을 올라가는 나무상자의 가속도를 a_x, 드럼의 시계방향 각가속도를 α로 표시한다(그림 b). 상자에 대한 Newton의 제2법칙으로부터 다음 식을 얻는다:

$$\Sigma F_x = T - mg \sin 20° - \mu_k N = ma_x$$

$$\Sigma F_y = N - mg \cos 20° = 0$$

드럼에 대한 각운동방정식은

$$\Sigma M_A = M - bT = I_A \alpha$$

이다. 운동방정식으로부터 미지수가 T, N, a_x, α인 세 개의 방정식을 얻었다. 이 식들로부터 T와 N을 소거하면, 다음과 같이 a_x와 α에 의한 방정식 한 개를 얻는다:

$$M - bmg(\sin 20° + \mu_k \cos 20°) - bma_x = I_A \alpha \qquad (1)$$

해를 완전히 구하기 위해, a_x와 α 사이의 관계를 구해야 한다.

기구학적 관계를 구한다 케이블이 드럼에 감기기 시작하는 점에서 드럼 가속도의 접선 성분은 나무상자의 가속도와 같다(그림 b). 즉,

$$a_x = b\alpha$$

이다. 이 식과 식 (1)을 함께 풀면, 나무상자의 가속도를 다음과 같이 구할 수 있다:

$$a_x = \frac{M - bmg(\sin 20° + \mu_k \cos 20°)}{bm + I_A/b}$$

$$= \frac{(50\text{ N-m}) - (0.15\text{ m})(45\text{ kg})(9.81\text{ m/s}^2)(\sin 20° + 0.4\cos 20°)}{(0.15\text{ m})(45\text{ kg}) + (4\text{ kg-m}^2)/(0.15\text{ m})}$$

$$= 0.0737\ \text{m/s}^2$$

| 비판적 사고 |

왜 여기서 드럼의 각가속도의 양의 방향을 시계 방향으로 정의했는가? 이 선택은 경사면을 올라가는 나무상자의 양의 가속도 a_x가 드럼의 양의 각가속도와 대응되며, $a_x = b\alpha$의 관계가 있음을 의미한다. 위의 드럼에 대한 각운동방정식은 A에 대한 시계 방향의 모멘트들의 합이 A에 대한 관성모멘트와 각가속도의 곱과 같음을 나타낸다는 점에 유의하라. 이 선택이 이 특정 예제의 풀이를 간단하게 하였지만, 일반적인 관행을 따라 드럼의 반시계 방향 각가속도를 양으로 정의할 수도 있었다. 이렇게 했다면 경사면을 올라가는 상자의 가속도는 드럼의 각가속도와 $a_x = -b\alpha$의 관계를 가졌을 것이며, 드럼의 각운동방정식은 A에 대한 반시계 방향 모멘트들의 합이 A에 대한 관성모멘트와 각가속도의 곱과 같음을 나타냈을 것이다. 결국 나무상자의 가속도에 대해서는 같은 결과를 얻게 된다는 것을 확인할 수 있다.

예제 7.3 고정축에 대해 회전하는 막대

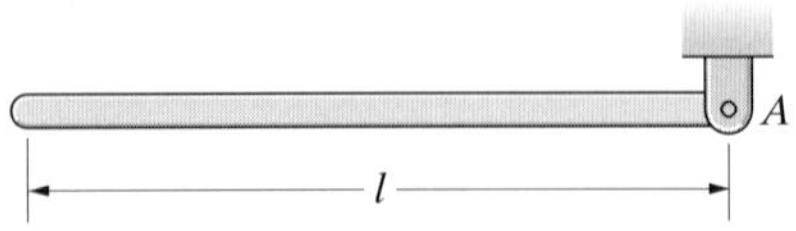

그림 7.12

그림 7.12에서 질량 m의 가는 막대가 그림의 수평 위치에서 정지상태에서 놓여진다. 이 순간, 막대의 각가속도와 핀 A가 막대에 가하는 힘을 구하라.

| 전략 |

막대가 고정점에 대해 회전하므로, 식 (7.22)를 이용하여 막대의 각가속도를 구할 수 있다. 식 (7.23) 대신 이 식을 이용하면, A에서의 미지의 반력이 각운동방정식에 나타나지 않는다는 장점이 있다. 일단 각가속도를 구하면, 질량중심의 가속도를 구할 수 있으며, Newton의 제2법칙을 이용하여 A에서의 반력을 구할 수 있다.

| 풀이 |

자유물체도를 그린다 그림 a에 막대의 자유물체도를 그리고, 핀 지지점에서의 반력을 표시한다.

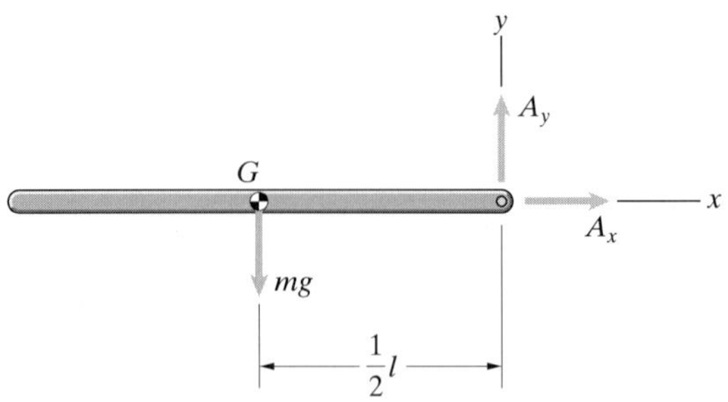

(a) 막대의 자유물체도.

운동방정식을 적용한다 막대의 질량중심 G의 가속도를 $\mathbf{a}_G = a_x\mathbf{i} + a_y\mathbf{j}$라 하고, 막대의 반시계 방향 각가속도를 α라고 하자(그림 b). 막대에 대한 Newton의 제2법칙은

$$\Sigma F_x = A_x = ma_x$$

$$\Sigma F_y = A_y - mg = ma_y$$

이다.

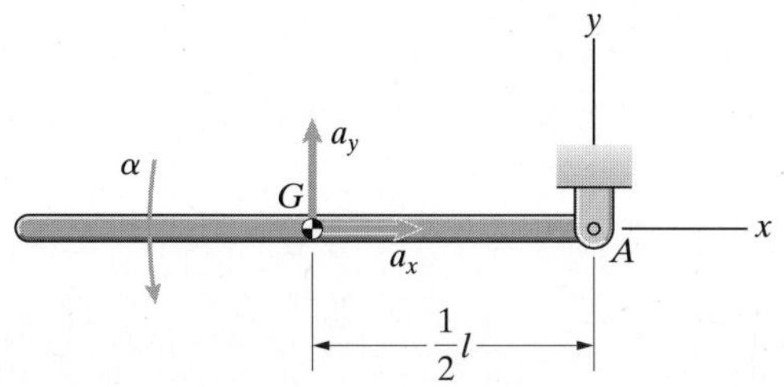

(b) 각가속도와 질량중심의 가속도 성분들.

고정점 A에 대한 각운동방정식은 다음과 같다:

$$\Sigma M_A = \left(\frac{1}{2}l\right)mg = I_A\alpha \tag{1}$$

막대의 질량중심에 대한 관성모멘트는 $I = \frac{1}{12}ml^2$이다(부록 C 참조). 평행축 정리로부터, A에 대한 막대의 관성모멘트는

$$I_A = I + d^2m = \frac{1}{12}ml^2 + \left(\frac{1}{2}l\right)^2 m = \frac{1}{3}ml^2$$

이다. 이 식을 식 (1)에 대입하여 각가속도를 구하면 다음과 같다:

$$\alpha = \frac{\frac{1}{2}mgl}{\frac{1}{3}ml^2} = \frac{3}{2}\frac{g}{l}$$

기구학적 관계를 구한다 반력 A_x와 A_y를 구하기 위해서는 가속도 성분 a_x와 a_y를 구해야 한다. A의 가속도에 의해 G의 가속도를 나타냄으로써 이 값들을 구할 수 있다. 즉,

$$\mathbf{a}_G = \mathbf{a}_A + \boldsymbol{\alpha} \times \mathbf{r}_{G/A} - \omega^2\mathbf{r}_{G/A}$$

이다. 막대가 놓여지는 순간, 막대의 각속도는 $\omega = 0$이다. 또 $\mathbf{a}_A = \mathbf{0}$이므로 다음 식을 얻게 된다:

$$\mathbf{a}_G = a_x\mathbf{i} + a_y\mathbf{j} = (\alpha\mathbf{k}) \times \left(-\frac{1}{2}l\mathbf{i}\right) = -\frac{1}{2}l\alpha\mathbf{j}$$

$\mathbf{i}$와 $\mathbf{j}$ 성분들을 같다고 하면 다음을 얻는다:

$$a_x = 0$$

$$a_y = -\frac{1}{2}l\alpha = -\frac{3}{4}g$$

이 가속도 성분들을 Newton의 제2법칙에 대입하여, 막대를 놓는 순간 A에서의 반력들을 구할 수 있다. 즉,

$$A_x = 0$$

$$A_y = mg + m\left(-\frac{3}{4}g\right) = \frac{1}{4}mg$$

이다.

| 비판적 사고 |

막대의 각가속도와 질량중심 가속도 사이의 기구학적 관계를 다소 비공식적인 방법으로 구할 수도 있다. G가 A에 대해 원형 경로를 그리므로, G의 접선 방향 가속도 성분은 A에서 G까지의 반경 거리와 막대의 각가속도의 곱과 같다는 것을 알 수 있다. 양의 방향으로 정의한 α와 a_y의 방향에 따라, $a_y = -(l/2)\alpha$이다. G의 가속도의 법선 성분은 G의 속도의 제곱을 원형 경로의 반경으로 나눈 값과 같다. 막대가 놓여지는 순간에서의 속도는 0이므로 $a_x = 0$이다.

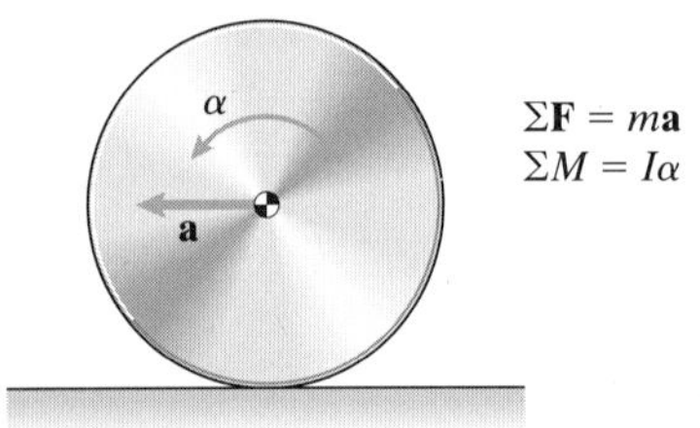

그림 7.13
평면운동을 하는 강체. Newton의 제2법칙과 질량중심에 대한 각운동방정식을 적용해야 한다.

일반 평면운동

만일 강체가 일반 평면운동을 한다면, 강체의 운동을 구하기 위해서는 Newton의 제2법칙과 각운동방정식이 모두 필요하다. 만일 질량중심의 운동과 회전운동이 서로 독립적이지 않다면—그림 7.13에서 굴러가는 원판이 예이다—운동방정식보다 미지수가 더 많을 것이다. 이러한 경우, 질량중심의 가속도와 각가속도 사이의 기구학적 관계를 이끌어냄으로써 식을 추가로 더 얻을 필요가 있다.

예제 7.4 일반 평면운동을 하는 막대

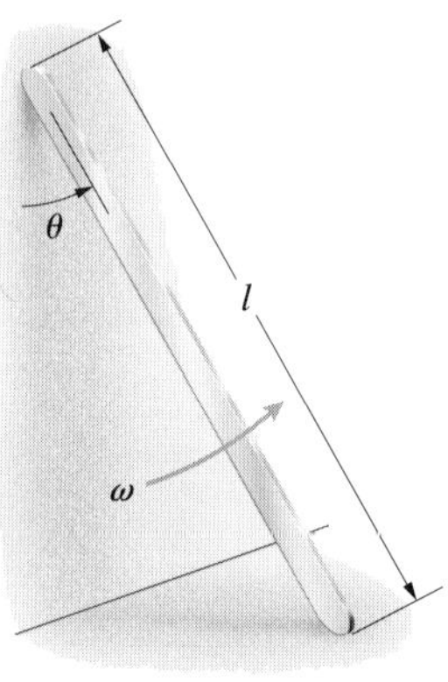

그림 7.14

그림 7.14에서 질량 m의 가는 막대가 그림의 순간에서 매끄러운 바닥과 벽 위에서 반시계 방향의 각속도 ω로 미끄러지고 있다. 막대의 각가속도는 얼마인가?

| 전략 |

막대의 자유물체도를 그리고, Newton의 제2법칙과 각운동방정식을 적용해야 한다. 이렇게 하면, 막대의 질량중심의 각속도 성분 두 개, 막대의 각가속도, 바닥과 벽이 막대에 가하는 미지의 힘 등에 의한 세 개의 식을 얻게 된다. 해를 구하기 위해서는 두 개의 기구학적 관계식이 더 필요할 것이다.

| 풀이 |

자유물체도를 그린다 그림 a에 자유물체도를 그리고, 막대의 무게와 바닥과 벽이 가하는 수직력들을 표시한다.

운동방정식을 적용한다 막대의 질량중심 G의 가속도를 $\mathbf{a}_G = a_x\mathbf{i} + a_y\mathbf{j}$로 쓰면(그림 b), Newton의 제2법칙으로부터 다음 식을 얻는다:

$$\Sigma F_x = P = ma_x$$

$$\Sigma F_y = N - mg = ma_y$$

α를 막대의 반시계 방향 각가속도라고 하자(그림 b). 각운동방정식은

$$\Sigma M = N\left(\frac{1}{2}l\sin\theta\right) - P\left(\frac{1}{2}l\cos\theta\right) = I\alpha$$

이며, 여기서 I는 질량중심에 대한 막대의 관성모멘트이다. 다섯 개의 미지수 P, N, a_x, a_y, α로 표현된 세 개의 운동방정식을 얻었다. 해를 구하기 위해서는 막대의 질량중심 가속도와 각가속도 사이의 관계식을 얻어야 한다.

기구학적 관계를 구한다 양 끝점인 A와 B의 가속도는 알지 못하지만(그림 c), A는 수평으로, B는 수직으로 움직인다는 것은 알고 있다. 이 정보를 이용하여 질량중심의 가속도와 각가속도 사이의 필요한 관계를 얻을 수 있다. A의 가속도를 $\mathbf{a}_A = a_A\mathbf{i}$로 나타내면, 질량중심의 가속도는 다음과 같이 쓸 수 있다(그림 b와 c):

$$\mathbf{a}_G = \mathbf{a}_A + \boldsymbol{\alpha} \times \mathbf{r}_{G/A} - \omega^2\mathbf{r}_{G/A}:$$

$$a_x\mathbf{i} + a_y\mathbf{j} = a_A\mathbf{i} + \begin{vmatrix} \mathbf{i} & \mathbf{j} & \mathbf{k} \\ 0 & 0 & \alpha \\ -\frac{1}{2}l\sin\theta & \frac{1}{2}l\cos\theta & 0 \end{vmatrix} - \omega^2\left(-\frac{1}{2}l\sin\theta\mathbf{i} + \frac{1}{2}l\cos\theta\mathbf{j}\right)$$

$\mathbf{a}_A$는 $\mathbf{j}$ 성분을 갖고 있지 않다는 사실을 이용하여, 이 식에서 $\mathbf{j}$ 성분끼리 같다고 놓으면, 다음 식을 얻을 수 있다:

$$a_y = -\frac{1}{2}l(\alpha\sin\theta + \omega^2\cos\theta)$$

이제 B의 가속도를 $\mathbf{a}_B = a_B\mathbf{j}$로 나타내고, 질량중심의 가속도를 다음과 같이 쓴다:

$$\mathbf{a}_G = \mathbf{a}_B + \alpha \times \mathbf{r}_{G/B} - \omega^2\mathbf{r}_{G/B}:$$

$$a_x\mathbf{i} + a_y\mathbf{j} = a_B\mathbf{j} + \begin{vmatrix} \mathbf{i} & \mathbf{j} & \mathbf{k} \\ 0 & 0 & \alpha \\ \frac{1}{2}l\sin\theta & -\frac{1}{2}l\cos\theta & 0 \end{vmatrix} - \omega^2\left(\frac{1}{2}l\sin\theta\mathbf{i} - \frac{1}{2}l\cos\theta\mathbf{j}\right)$$

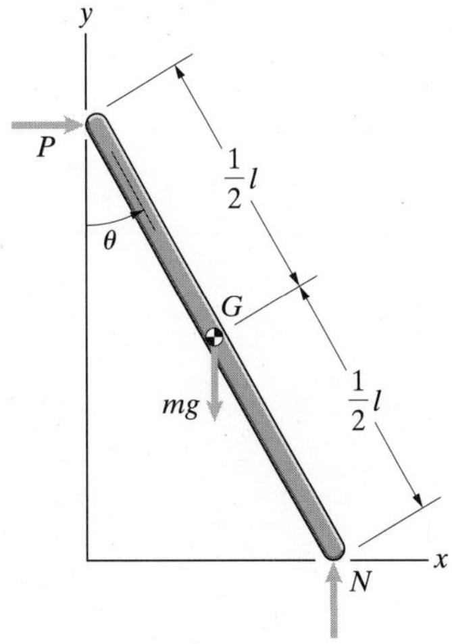

(a) 막대의 자유물체도.

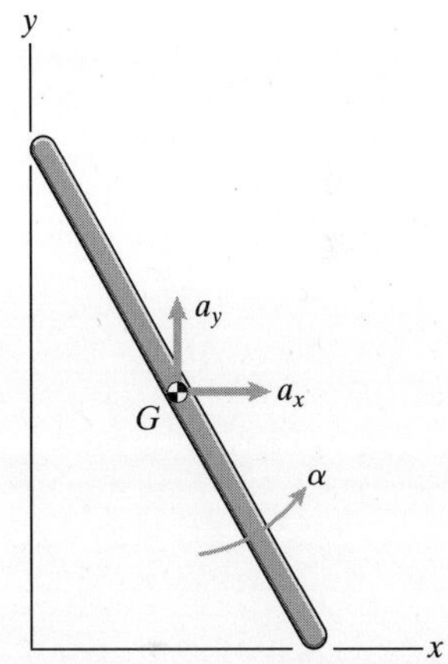

(b) 질량중심의 가속도 성분들과 각가속도.

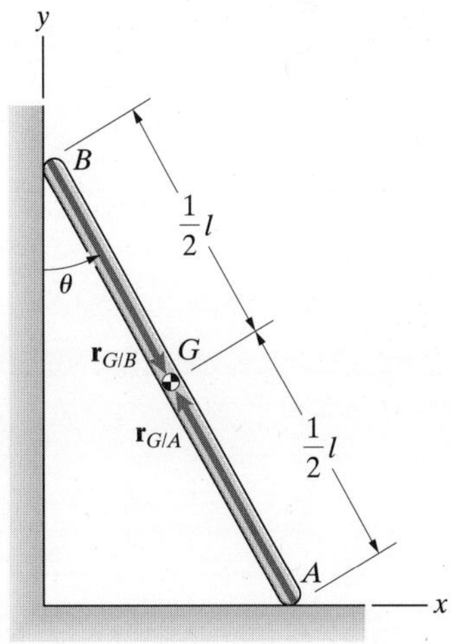

(c) 양쪽 끝점 A와 B에 대한 G의 위치벡터.

이 식에서 **i** 성분들을 같게 놓으면 다음 식을 얻는다:

$$a_x = \frac{1}{2}l(\alpha \cos\theta - \omega^2 \sin\theta)$$

위의 두 기구학적 관계식으로 인해 다섯 개의 미지수로 된 다섯 개의 방정식을 갖게 되었다. 이 식들을 각가속도에 대해 풀고, 막대의 관성모멘트 $I = \frac{1}{12}ml^2$(부록 C)을 이용하면, 다음과 같이 해를 구할 수 있다:

$$\alpha = \frac{3}{2}\frac{g}{l}\sin\theta$$

비판적 사고

왜 이 예제에서 질량중심 G의 가속도를 점 A의 가속도에 의해 나타내고 또 다시 질량중심 G의 가속도를 점 B의 가속도에 의해 나타내었는가? 그 답은 실리적인 이유 때문이다. 즉, 이렇게 함으로써 문제를 풀 수 있도록 해주는 식들을 얻을 수 있었다. 그러나 이 과정으로 인해 공식을 표시할 때 바닥과 벽이 막대의 운동에 미치는 영향을 포함하게 되었다는 점에 주목해야 한다. A의 가속도를 $\mathbf{a}_A = a_A\mathbf{i}$로 씀으로써, A가 수평으로 움직인다는 구속조건을 포함하게 되었으며, B의 가속도를 $\mathbf{a}_B = a_B\mathbf{j}$로 씀으로써, B는 수직으로 움직인다는 구속조건을 포함하게 되었다.

예제 7.5 연결된 강체들의 운동

그림 7.15의 매끄러운 수평면 위에 놓여 있는 질량 m_B의 금속 블록에 질량 m의 가는 막대가 A에서 핀으로 연결되어 있다. 이 시스템이 그림의 위치에서 정지상태에서 놓여진다. 이 순간 막대의 각가속도는 얼마인가?

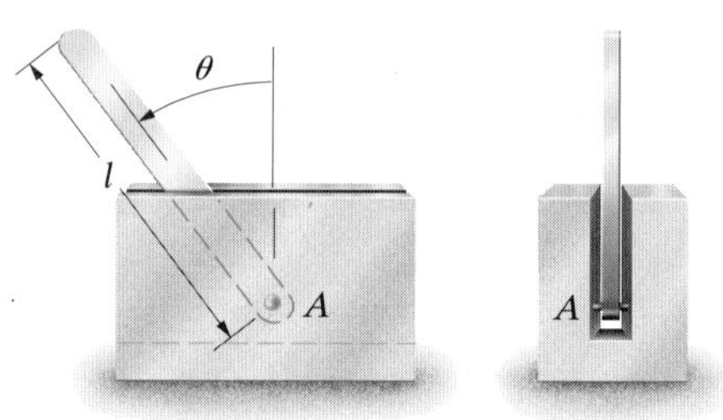

그림 7.15

전략

막대와 블록의 자유물체도를 그리고, 이들 각각에 운동방정식을 적용해야 한다. 해를 구하기 위해서는 막대의 질량중심 가속도와 각가속도를 블록의 가속도와 관련시켜야 한다.

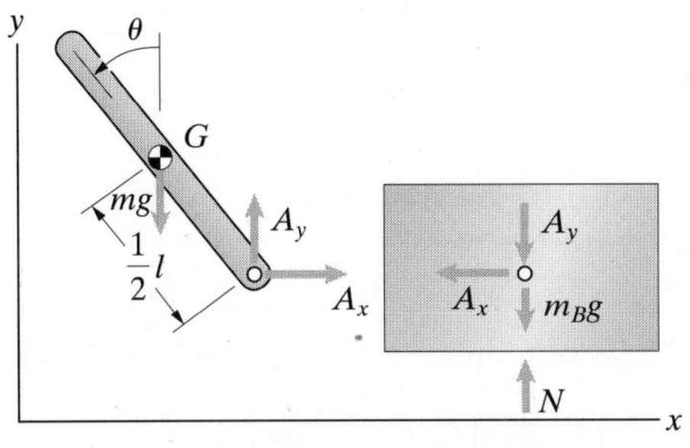

(a) 막대와 블록의 자유물체도.

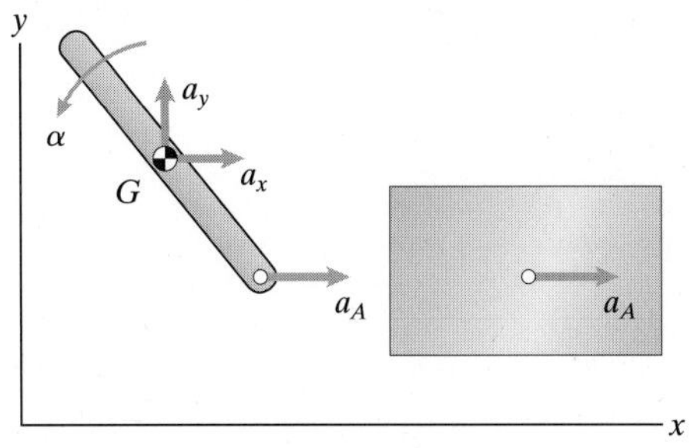

(b) 가속도들의 정의.

| 풀이 |

자유물체도를 그린다 그림 a에 막대와 블록의 자유물체도를 그렸다. 막대와 블록이 핀으로 연결된 곳에서 서로 상대에게 가하는 반대 방향의 힘들에 주의하라.

운동방정식을 적용한다 막대의 질량중심 G의 가속도를 $\mathbf{a}_G = a_x\mathbf{i} + a_y\mathbf{j}$로 표시하면(그림 b), Newton의 제2법칙으로부터

$$\Sigma F_x = A_x = ma_x$$

$$\Sigma F_y = A_y - mg = ma_y$$

이다. α를 막대의 반시계 방향 각가속도라고 하면(그림 b), 막대의 각운동방정식은

$$\Sigma M = A_x\left(\frac{1}{2}l\cos\theta\right) + A_y\left(\frac{1}{2}l\sin\theta\right) = I\alpha$$

이다. 블록의 가속도는 $a_A\mathbf{i}$로 표시하고(그림 b), 블록에 대한 Newton의 제2법칙을 다음과 같이 쓴다:

$$\Sigma F_x = -A_x = m_B a_A$$

$$\Sigma F_y = N - A_y - m_B g = 0$$

기구학적 관계를 구한다 막대의 운동을 블록의 운동과 관련시키기 위해 막대의 질량중심의 가속도를 점 A의 가속도로 나타낸다(그림 b와 c):

$$\mathbf{a}_G = \mathbf{a}_A + \boldsymbol{\alpha} \times \mathbf{r}_{G/A} - \omega^2\mathbf{r}_{G/A}$$

$$a_x\mathbf{i} + a_y\mathbf{j} = a_A\mathbf{i} + \begin{vmatrix} \mathbf{i} & \mathbf{j} & \mathbf{k} \\ 0 & 0 & \alpha \\ -\frac{1}{2}l\sin\theta & \frac{1}{2}l\cos\theta & 0 \end{vmatrix} - \mathbf{0}$$

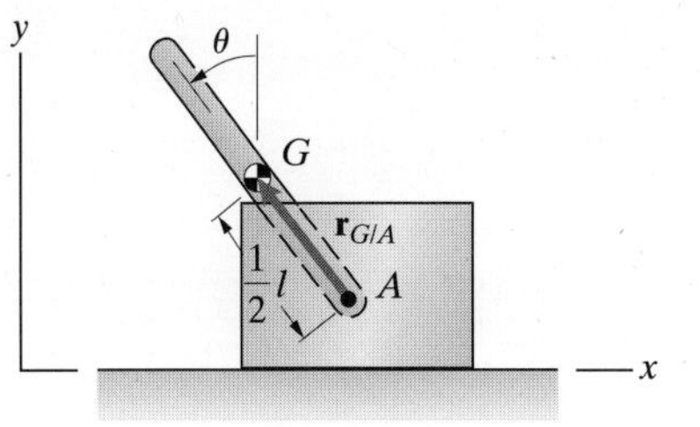

(c) A에 대한 G의 위치벡터.

$\mathbf{i}$와 $\mathbf{j}$의 성분끼리 같다고 놓으면 다음 식을 얻을 수 있다:

$$a_x = a_A - \frac{1}{2}l\alpha\cos\theta$$

$$a_y = -\frac{1}{2}l\alpha\sin\theta$$

이제 A_x, A_y, N, a_x, a_y, α, a_A 등의 일곱 개의 미지수로 표시된 다섯 개의 운동 방정식과 두 개의 기구학적 관계식을 가지게 되었다. 각가속도에 대해 식들을 풀고, 막대의 관성모멘트에 대한 관계식 $I = \frac{1}{12}ml^2$을 이용하면, 다음 해를 얻는다:

$$\alpha = \frac{\frac{3}{2}(g/l)\sin\theta}{1 - \frac{3}{4}\left[m/(m + m_B)\right]\cos^2\theta}$$

비판적 사고

이 예제는 매우 중요한 문제 유형으로서 간단한 경우를 보여주고 있다. 여기서 사용한 접근 방법은 서로 연결된 운동 부품들로 이루어져 있는 광범위한 종류의 기계들의 평면운동을 해석하는 데 적용할 수 있다. 먼저 개개 부품들의 자유물체도를 각 부품이 서로에게 가하는 힘과 우력들을 포함하여 그리고, 각 부품에 대해 운동방정식을 쓴다. 풀이는 기구학적 관계식을 구함으로써 완성된다. 이 예제에서, 블록은 수평으로 움직이도록 되어 있다. 블록과 막대는 핀 A에서 같은 가속도를 가지며, 막대의 질량중심의 가속도는 막대의 각가속도와 연관되며, 또 막대가 핀 A에 연결되어 있으므로 핀 A의 가속도와도 연관된다. 이 예제에서 보여주듯이, 일반적으로 기구학적 관계를 구하는 것이 풀이에서 가장 도전적인 부분이다.

예제 7.6 질량중심과 기구학적 중심이 다른 바퀴

그림 7.16에서 구동바퀴가 수평 궤도를 따라 굴러가고 있다. 바퀴는 차축 A에 의한 연직방향 힘 F_A와 커넥팅 로드에 의한 수평력 F_C를 받고 있다. 바퀴의 질량은 m이며, 질량중심에 대한 관성모멘트는 I이다. 질량중심 G는 바퀴의 중심으로부터 거리 b만큼 떨어져 있다. 그림의 순간에 바퀴는 반시계 방향의 각속도 ω를 가진다. 바퀴의 각가속도는 얼마인가?

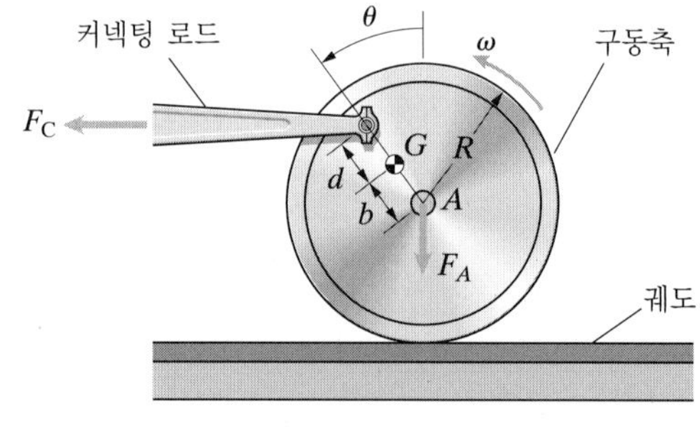

그림 7.16

| 전략 |

바퀴의 자유물체도를 그리고, Newton의 제2법칙과 각운동방정식을 적용함으로써, 바퀴의 질량중심의 가속도 두 성분과 바퀴의 각가속도, 그리고 바닥이 바퀴에 가하는 미지의 수직력 및 마찰력 등에 의해 세 방정식을 얻을 수 있다. 해를 구하기 위해서는 두 개의 기구학적 관계식을 얻어야 한다.

| 풀이 |

자유물체도를 그린다 그림 a에 구동바퀴의 자유물체도를 그리고, 바퀴의 무게와 궤도가 가하는 수직력 및 마찰력을 표시하였다.

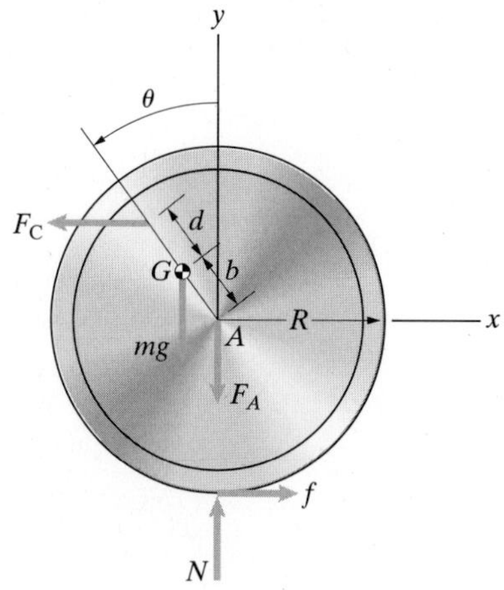

(a) 바퀴의 자유물체도.

운동방정식을 적용한다 질량중심 G의 가속도를 $\mathbf{a}_G = a_x\mathbf{i} + a_y\mathbf{j}$로 쓰면(그림 b), Newton의 제2법칙으로부터

$$\Sigma F_x = f - F_C = ma_x$$

$$\Sigma F_y = N - F_A - mg = ma_y$$

를 얻는다. 각운동방정식은 바퀴의 중심이 아닌 질량중심 G에 대한 모멘트의 합으로 표현해야 한다는 점을 명심해야 한다. 각운동방정식은

$$\Sigma M = F_C(d\cos\theta) - F_A(b\sin\theta) + N(b\sin\theta) + f(b\cos\theta + R) = I\alpha$$

이다(그림 a와 b). N, f, a_x, a_y, α 등 다섯 개의 미지수에 의한 세 개의 운동방정식을 가지고 있으므로, 해를 구하기 위해서는 바퀴의 질량중심의 가속도와 각가속도의 관계를 구해야 한다.

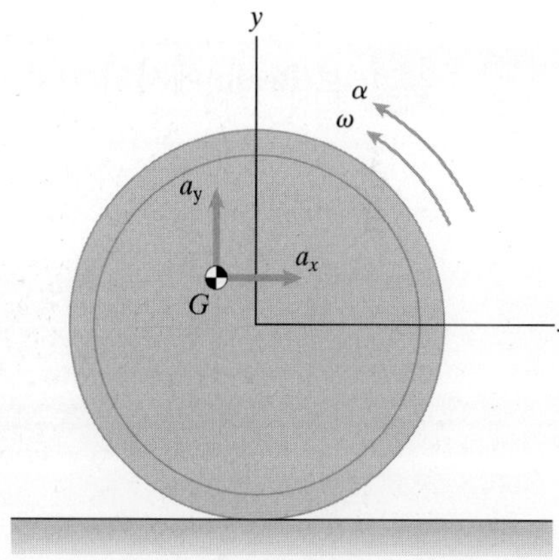

(b) G의 가속도 성분들, 각속도, 각가속도.

기구학적 관계를 구한다 구르는 바퀴의 중심 A의 가속도는 $\mathbf{a}_A = -R\alpha\mathbf{i}$이다. 질량중심의 가속도 $\mathbf{a}_G$를 $\mathbf{a}_A$에 의해 나타냄으로써(그림 b와 c), $\mathbf{a}_G$와 α 사이의 관계식을 얻는다. 즉,

$$\mathbf{a}_G = \mathbf{a}_A + \boldsymbol{\alpha} \times \mathbf{r}_{G/A} - \omega^2\mathbf{r}_{G/A}:$$

$$a_x\mathbf{i} + a_y\mathbf{j} = -R\alpha\mathbf{i} + \begin{vmatrix} \mathbf{i} & \mathbf{j} & \mathbf{k} \\ 0 & 0 & \alpha \\ -b\sin\theta & b\cos\theta & 0 \end{vmatrix} - \omega^2(-b\sin\theta\mathbf{i} + b\cos\theta\mathbf{j})$$

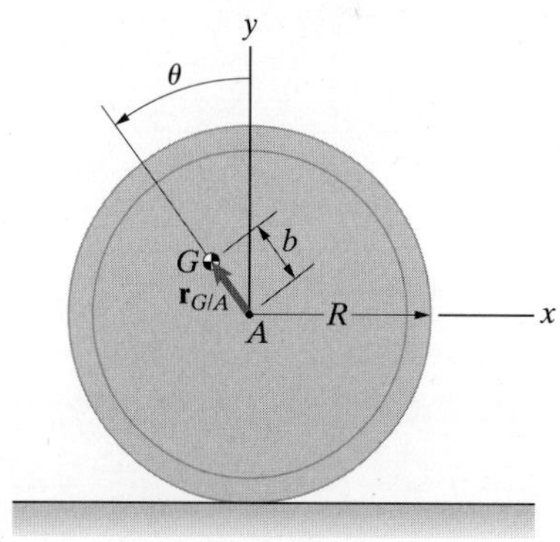

(c) A에 대한 G의 위치벡터.

이다. 위 식에서 **i**와 **j** 성분들끼리 같다고 하면, 다음 식들을 얻을 수 있다:

$$a_x = -R\alpha - b\alpha\cos\theta + b\omega^2\sin\theta$$

$$a_y = -b\alpha\sin\theta - b\omega^2\cos\theta$$

이 두 기구학적 관계식에 의해, 다섯 개의 미지수에 의한 다섯 개의 방정식을 가지게 되었다. 이 식들을 각가속도에 대해 풀면 다음 해를 얻는다:

$$\alpha = \frac{F_C(R + b\cos\theta + d\cos\theta) + mgb\sin\theta + mbR\omega^2\sin\theta}{m(b^2 + 2bR\cos\theta + R^2) + I}$$

| 비판적 사고 |

질량중심 G의 가속도를 바퀴중심 A의 가속도에 의해 표현하면 해를 얻는 데 필요한 기구학적 관계식들을 얻게 된다는 것을 어떻게 알게 되었을까? G의 가속도 성분들을 바퀴의 각가속도와 관련시키는 것이 필요했는데, A의 가속도가 바퀴의 각가속도에 의해 표현될 수 있다는 것을 알고 있었다. 적당한 기구학적 관계식들을 얻는 것은 약간의 시행착오가 필요하다는 것을 종종 알게 될 것이다.

예제 7.7 보(Beam)에서의 내력과 내부 모멘트

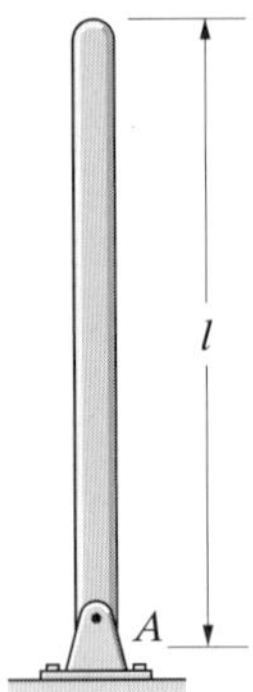

그림 7.17

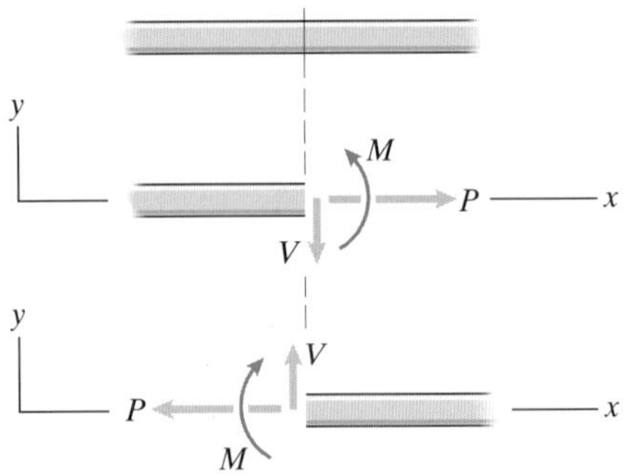

(a) 보에서의 축방향 힘과 전단력, 굽힘모멘트.

그림 7.17에서 질량 m의 가는 막대가 그림의 위치에서 정지상태에서 넘어지기 시작한다. 막대가 각 θ만큼 회전하였을 때, 막대의 최대 굽힘모멘트는 얼마이며, 발생 위치는 어디인가?

| 전략 |

2차원 부하를 받는 보에서의 내력과 모멘트는 축방향 힘 P, 전단력 V, 그리고 굽힘모멘트 M이다(그림 a). 먼저 막대의 각운동방정식을 이용하여 막대의 각가속도를 구해야 한다. 그 다음, 막대의 한쪽 끝으로부터 임의의 거리 x에서 막대를 자른 후 운동방정식을 적용하여 굽힘모멘트를 x의 함수로 구할 수 있다.

| 풀이 |

A에 대한 막대의 관성모멘트는

$$I_A = I + d^2 m = \frac{1}{12}ml^2 + \left(\frac{1}{2}l\right)^2 m = \frac{1}{3}ml^2$$

이다. 막대가 각 θ만큼 회전하였을 때(그림 b), A에 대한 전체 모멘트는 $\Sigma M_A = mg\left(\frac{1}{2}l\sin\theta\right)$이다. 점 A가 고정되어 있으므로 각운동방정식을 다음과 같이 쓸 수 있다:

$$\Sigma M_A = I_A\alpha:$$

$$\frac{1}{2}mgl\sin\theta = \frac{1}{3}ml^2\alpha$$

각가속도에 대해 풀면 다음을 얻는다:

$$\alpha = \frac{3}{2}\frac{g}{l}\sin\theta$$

그림 c에 좌표계를 도입하고, 막대의 위로부터 거리 x만큼 떨어진 곳에서 막대를 자른 후 윗부분의 자유물체도를 그린다. 질량중심은 중앙에 있으며, 막대길이에 대한 자유물체(잘라낸 부분)의 길이의 비를 막대의 질량에 곱하여 자유물체의 질량을 구한다. Newton의 제2법칙을 y 방향에 적용하면 다음 식을 얻는다:

$$\Sigma F_y = -V - \frac{x}{l} mg \sin\theta = \frac{x}{l} m a_y$$

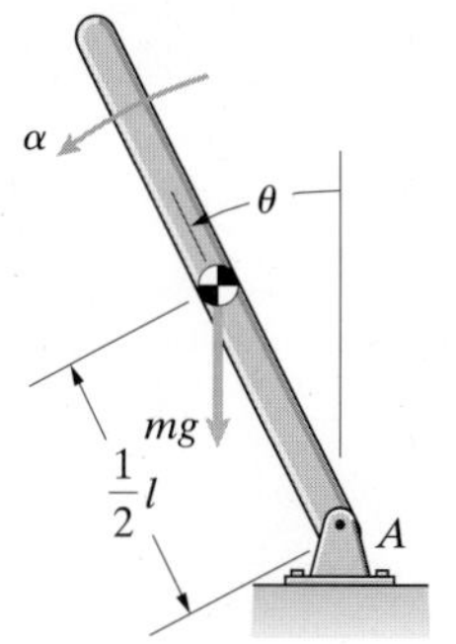

(b) A에 대한 모멘트 구하기.

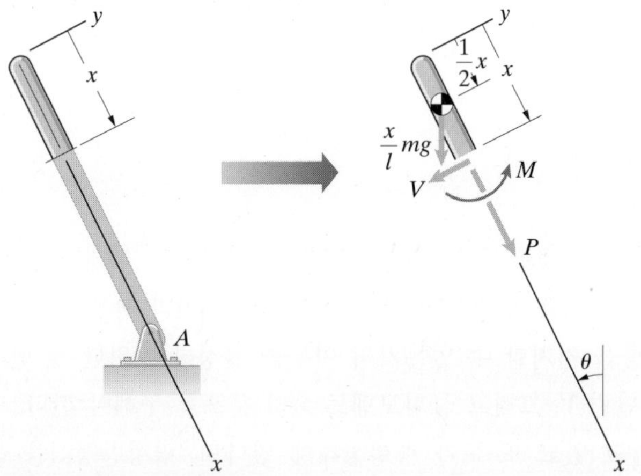

(c) 임의의 거리 x에서 막대를 자름.

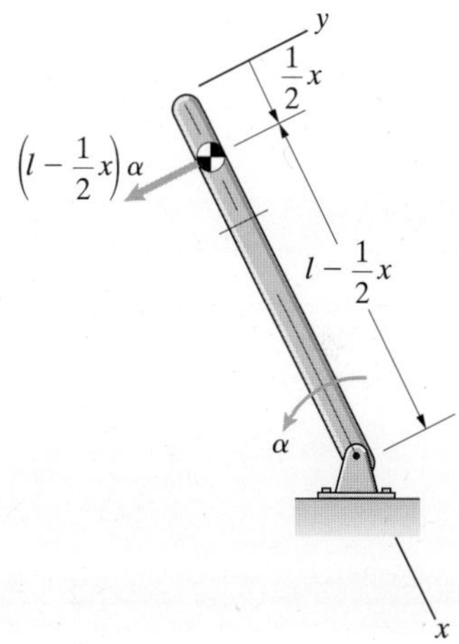

(d) 자유물체의 질량중심의 가속도 구하기.

자유물체의 질량중심에 대한 관성모멘트는 $\frac{1}{12}[(x/l)m]x^2$이며, 따라서 각운동방정식은

$$\Sigma M = I\alpha:$$

$$M - \left(\frac{1}{2}x\right)V = \frac{1}{12}\left(\frac{x}{l}m\right)x^2 \frac{3}{2}\frac{g}{l}\sin\theta$$

이다. 질량중심 가속도의 y 방향 성분은 A에서 질량중심까지 반경 거리와 각가속도의 곱과 같다(그림 d). 즉,

$$a_y = -\left(l - \frac{1}{2}x\right)\alpha = -\left(l - \frac{1}{2}x\right)\frac{3}{2}\frac{g}{l}\sin\theta$$

이다. 이 식을 이용하여 V와 M에 대한 두 운동방정식을 θ에 의해 풀 수 있다. M에 대한 해는

$$M = \frac{1}{4} mgl \sin\theta \left(\frac{x}{l}\right)^2 \left(1 - \frac{x}{l}\right) \tag{1}$$

이다. 굽힘모멘트는 막대의 양단에서 0이다. 위 식을 x에 대해 미분하여 0과 같다고 놓으면 M이 최대가 되는 위치 $x = \frac{2}{3}l$을 구할 수 있다. 이 x값을 식

(1)에 대입하면 최대 굽힘모멘트를 구할 수 있다. 즉,

$$M_{\max} = \frac{1}{27} mgl \sin\theta$$

가 되고, M의 분포는 그림 7.18과 같다.

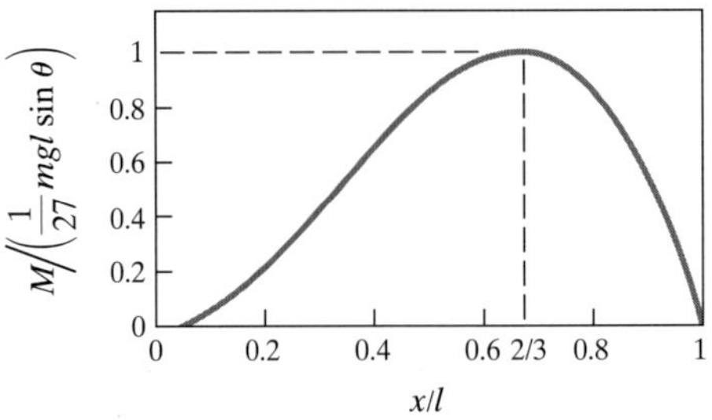

그림 7.18
넘어지는 막대의 굽힘모멘트 분포.

‖ 설계 관점 ‖

구조물의 부재(member)를 설계하기 위해, 엔지니어는 부재가 받을 외력과 내력, 그리고 모멘트를 모두 고려해야 한다. 보(beam)의 경우, 보가 파손되지 않고 설계 하중을 지지할 수 있는지의 여부를 결정하기 위한 첫 단계로서 축방향 힘 P, 전단력 V, 그리고 굽힘모멘트 M의 분포를 구해야 한다. 만일 외력과 반력들을 알고 있고 또 보가 평형상태에 있다면, 평형방정식을 적용하여 주어진 단면에서 내력과 모멘트를 구할 수 있다. 그러나 많은 경우, 보는 평형상태에 있지 않을 것이다. 그것은 가속하는 비행기의 내부 프레임과 같이 가속을 받는 부재일 수도 있고, 내연 기관의 커넥팅 로드일 수도 있다. 이러한 경우 최대 내력과 모멘트는 정적인 해석에 의해 예측한 값들을 훨씬 능가할 수 있으므로, 이 예제에서 기술한 과정이 사용되어야 한다.

벽돌 굴뚝의 해체 과정에서 보아왔던 현상을 설명하기 위해 이 예제에서 얻은 동적 굽힘모멘트 분포(그림 7.18)를 이용할 수 있다. 굴뚝 기초의 폭약이

그림 7.19
굴뚝이 넘어지면서 받게 되는 굽힘모멘트에 의해 부러진다.

굴뚝을 넘어뜨리는데, 처음에는 굴뚝 기초에 대해 강체로서 회전을 한다. 굴뚝이 넘어지는 동안, 최대 굽힘모멘트가 발생하는 위치 부근에서 굴뚝이 부러지는 것을 볼 수 있다(그림 7.19).

연습문제

7.1 수평력 F = 133.4 N이 그림과 같이 1023 N의 냉장고에 가해진다. 마찰은 무시할 만하다.

(a) 냉장고의 가속도 크기는 얼마인가?

(b) A와 B에서 바닥에 의해 냉장고에 가해지는 수직력은 각각 얼마인가?

7.2 A와 B에서의 동마찰계수를 μ_k = 0.1이라고 하고 문제 7.1을 다시 풀어라.

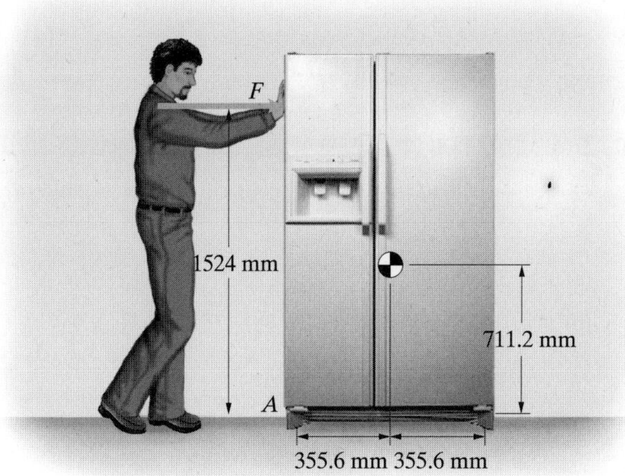

문제 7.1/7.2

7.3 비행기가 이륙주행을 함에 따라, 활주로가 A와 B에서 비행기 타이어에 수직력 N_A = 3202.6 N과 N_B = 7384 N을 가한다. 비행기의 가속도 크기는 얼마인가?

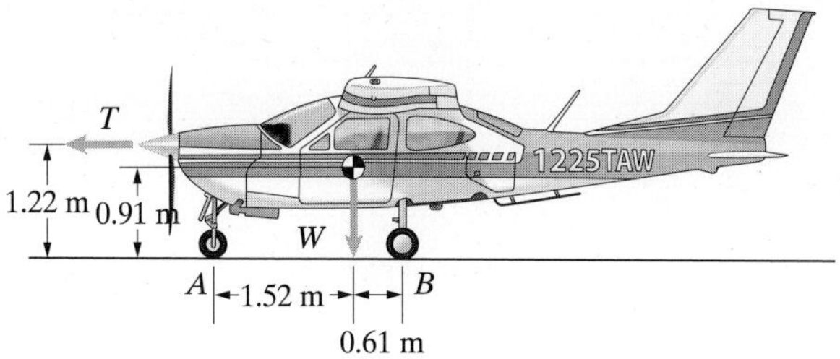

문제 7.3

7.4 보잉 747의 질량은 300,000 kg이다. 비행기가 이륙주행을 시작함에 따라, 네 엔진이 총 수평추력 T = 670 kN을 가한다. 타이어에 가해지는 수평력들은 무시한다.

(a) 비행기의 가속도 크기는 얼마인가?

(b) A와 B에서 타이어에 가해지는 수직력은 각각 얼마인가?

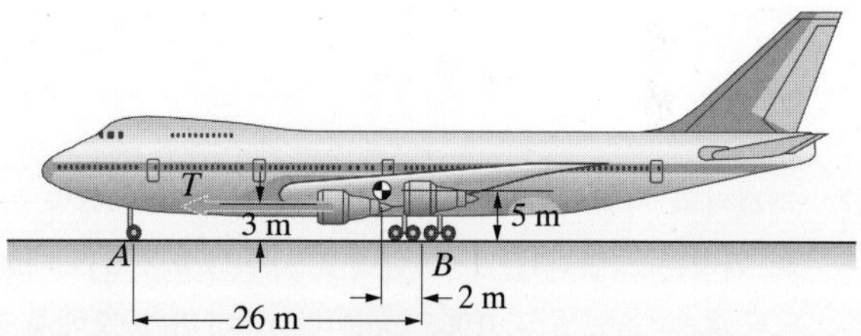

문제 7.4

7.5 크레인이 일정한 가속도로 오른쪽으로 움직이며, 800 kg의 부하가 흔들림 없이 움직인다.

(a) 크레인과 부하의 가속도는 얼마인가?

(b) A와 B에 부착된 케이블에서의 장력은 각각 얼마인가?

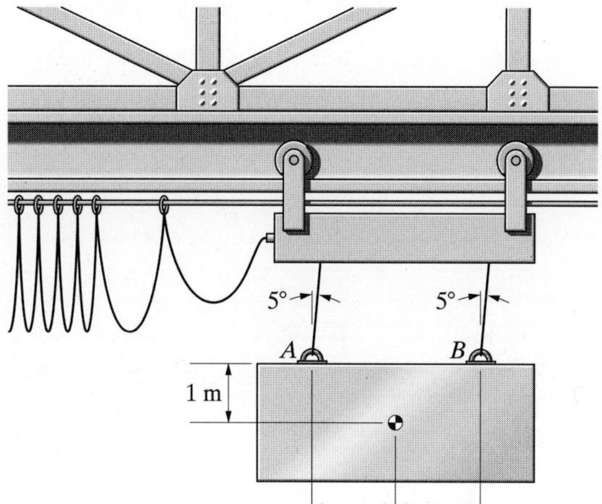

문제 7.5

7.6 Go-cart(역주: 2사이클 엔진의 1인용 오픈 카)와 운전자의 총 무게는 1068 N이며, 차와 운전자의 전체 질량중심의 위치는 그림과 같다. 뒤쪽 구동바퀴가 트랙에 106.7 N의 수평력을 가한다. 앞바퀴에 가하는 수평력은 무시한다.

(a) Go-cart의 가속도 크기는 얼마인가?

(b) A와 B에서 타이어에 가해지는 수직력은 각각 얼마인가?

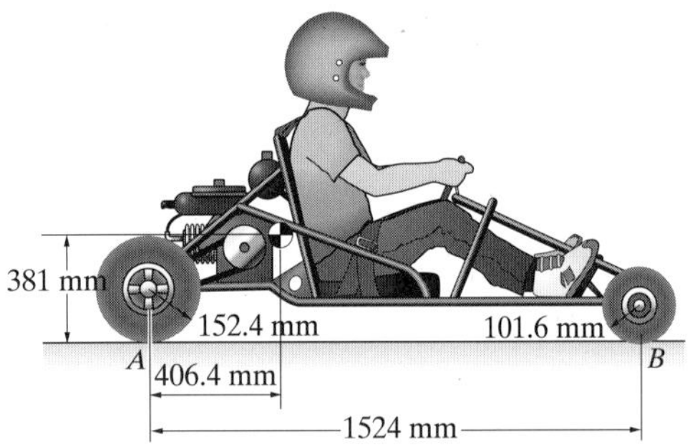

문제 7.6

7.7 자전거와 사람의 총 질량이 711.7 N이다. 전체 질량중심의 위치는 그림과 같다. 그림에서 치수는 b = 533.4 mm, c = 406.4 mm, h = 0.965 mm이다. 앞바퀴가 땅에서 떨어지지 않고 자전거가 가질 수 있는 최대 가속도는 얼마인가? 도로가 앞바퀴에 가하는 수평력은 무시한다.

전략: 도로가 앞바퀴에 가하는 수직력이 0과 같게 하는 가속도 값을 구한다.

7.8 자전거와 사람의 총 질량이 72 kg이다. 전체 질량중심의 위치는 그림과 같다. 그림에서 치수는 b = 530 mm, c = 400 mm, h = 960 mm이다. 만일 자전거가 5 m/s로 달리고 있고 사람이 브레이크를 가하여 뒷바퀴가 땅에서 들리지 않고 얻을 수 있는 최대 감속도가 가해진다면, 자전거가 정지하는 데 걸리는 시간은 얼마이며, 이 시간 동안 진행한 거리는 얼마인가?

문제 7.7/7.8

7.9 오토바이와 운전자의 총 질량이 160 kg이다. 뒷바퀴가 400 N의 수평력을 도로에 가하고 있으며, 앞바퀴가 도로에 가하는 수평력은 무시할 수 있다. 오토바이와 바퀴를 하나의 강체로 모델링하여 (a) 오토바이의 가속도, (b) 앞바퀴와 뒷바퀴가 도로에 가하는 수직력을 구하라.

문제 7.9

7.10 O에 대한 원판의 관성모멘트는 22 kg-m^{2}이다. t = 0에서, 정지상태의 원판이 일정한 50 N-m의 토크를 받는다.

(a) t = 5 s에서 원판의 각속도 크기는 얼마인가?

(b) t = 0에서 t = 5 s까지 원판은 몇 바퀴를 도는가?

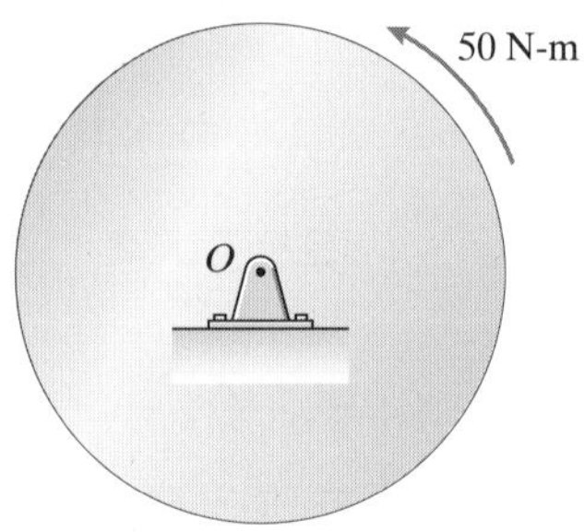

문제 7.10

7.11 우주비행사가 우주 유영을 하는 동안 방향 조정장치의 추진기를 발사하여 $T = 14.2$ N의 힘을 1초 동안 가하도록 한다. 이 우주비행사가 한 바퀴를 회전하기 위해서는 추진기 발사 후 60초가 걸린다. 우주비행사와 방향 조정장치를 하나의 강체로 모델링한다면, 이 강체의 질량중심에 대한 관성모멘트는 얼마인가?

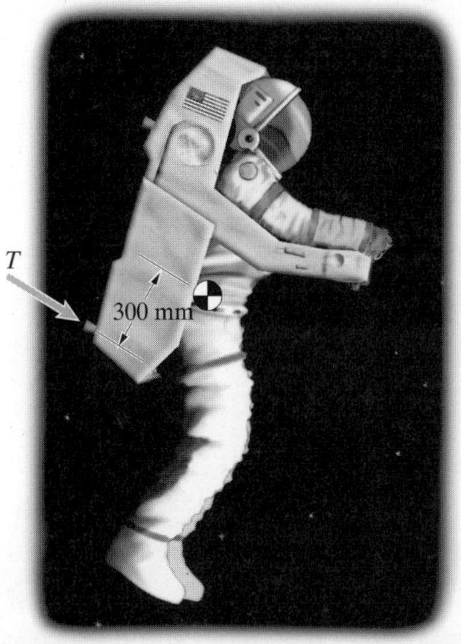

문제 7.11

7.12 헬리콥터의 회전날개의 관성모멘트가 420 N-m^{2}이다. 회전날개가 $t = 0$에서 정지상태에서 움직이기 시작한다. 엔진이 회전날개에 가하는 토크는 시간의 함수로서 $500 - 20t$ N-m으로 주어진다.

(a) $t = 10$ s에서 회전날개의 각속도 크기는 얼마인가?

(b) $t = 0$ s에서 $t = 10$ s까지 회전날개가 회전하는 회전수는 얼마인가?

문제 7.12

7.13 수직 y축에 대한 로봇 팔의 관성모멘트는 10 kg-m^{2}이다. 로봇 팔이 잡고 있는 14 kg인 주물의 y축에 대한 관성모멘트는 1.2 kg-m^{2}이다. 시스템은 초기에 정지상태이다. $t = 0$에서, 로봇 팔이 y축에 대해 시간의 함수인 $220 + 100t$ N-m의 토크를 받는다. 팔이 1회전하는 데 걸리는 시간은 얼마인가?

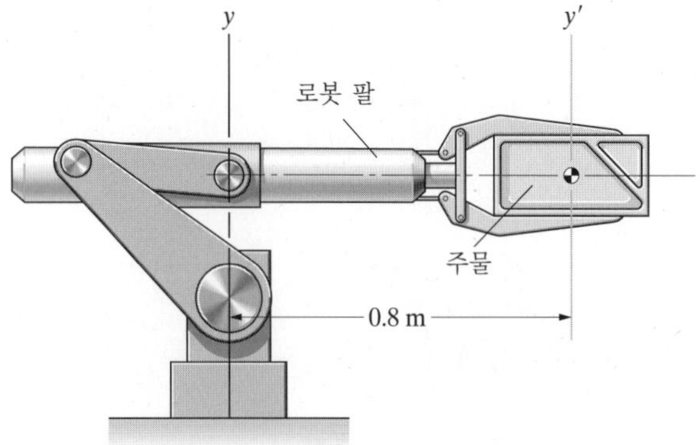

문제 7.13

7.14 풍동 팬의 관성모멘트가 225 kg-m^{2}이다. 팬이 정지상태에서 출발한다. 엔진이 팬에 가하는 토크는 팬 각속도의 함수로서 $T = 140 - 0.02\,\omega^2$ N-m로 주어진다.

(a) 팬이 620회전을 했을 때, 팬의 각속도는 몇 rpm(revolutions per minute)인가?

(b) 팬이 얻게 되는 최대 각속도는 몇 rpm인가?

전략: 각속도방정식을 써서, 팬의 각가속도를 팬의 각속도에 의해 구하라. 그 다음, 다음과 같은 연쇄법칙을 사용한다:

$$\alpha = \frac{d\omega}{dt} = \frac{d\omega}{d\theta}\frac{d\theta}{dt} = \frac{d\omega}{d\theta}\omega$$

문제 7.14

7.15 기어 A와 B는 자신의 핀 지지점에서 자유롭게 회전할 수 있다. 두 기어의 관성모멘트는 $I_A = 0.002$ kg-m^2, $I_B = 0.006$ kg-m^{2}이며, 초기에는 정지상태이다. $t = 0$에서 일정한 우력 $M = 2$ N-m가 기어 B에 가해진다. $t = 4$ s에서 기어 A가 회전한 회전수는 얼마인가?

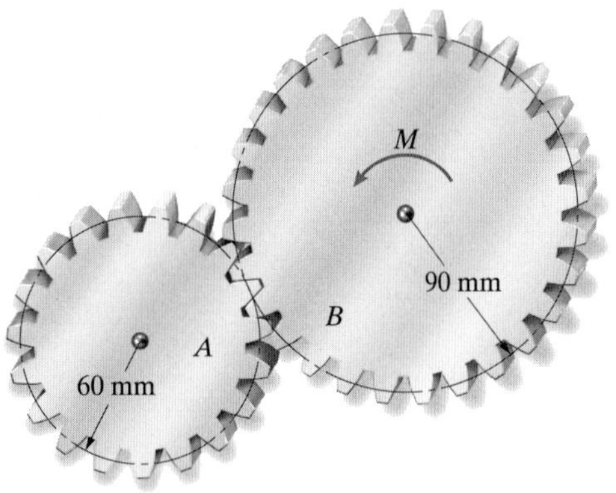

문제 7.15

7.16 원판 A와 B, C는 각 접촉점에서 상대방에 대해 미끄러지지 않으며, 질량은 $m_A = 4$ kg, $m_B = 16$ kg, $m_C = 9$ kg이다. 이들은 처음에 정지상태로 있다. $t = 0$에서, 10 N-m의 일정한 반시계 방향 우력이 원판 A에 가해진다. $t = 5$ s에서 원판 C의 각속도는 얼마인가?

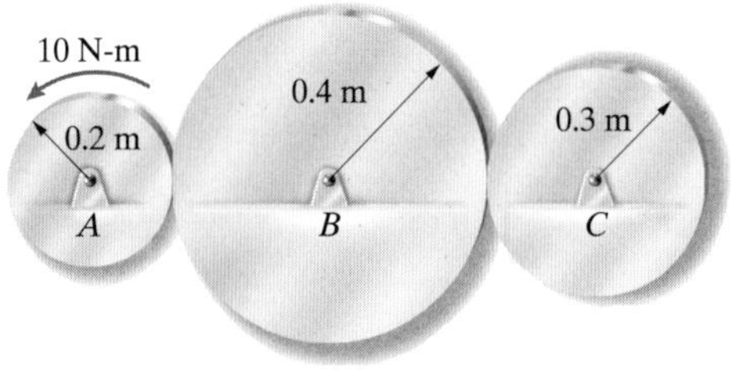

문제 7.16

7.17 풀리의 관성모멘트가 0.54 kg-m^{2}이다. 22.2 N의 무게가 매끄러운 수평면에서 미끄러진다. 만일 시스템이 정지상태에서 출발한다면, 다음 각 경우에서 1초 동안 22.2 N의 무게가 오른쪽으로 움직이는 거리를 구하라.

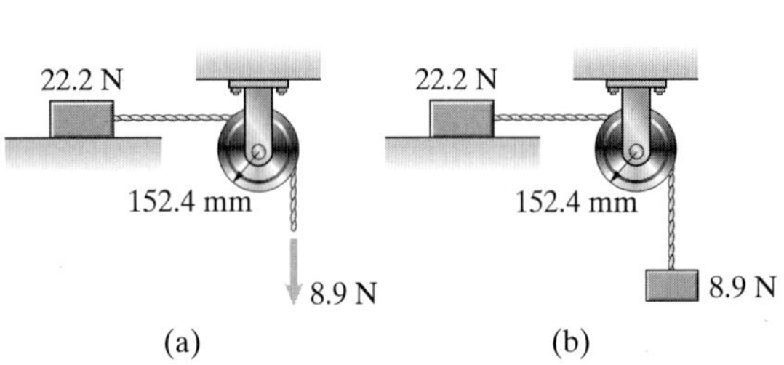

문제 7.17

7.18 가는 막대와 원판의 질량은 각각 5 kg과 10 kg이다. 원판과 수평면 사이의 동마찰계수는 $\mu_k = 0.1$이다. 다음의 두 경우에 대해 원판의 각가속도를 구하라: (a) 원판이 8 N-m의 반시계 방향 우력을 받는 경우; (b) 원판이 8 N-m이 시계 방향 우력을 받는 경우.

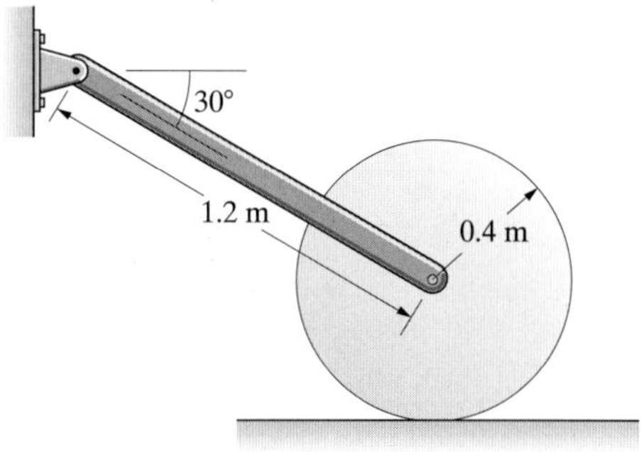

문제 7.18

7.19 5 kg의 가는 막대가 그림의 수평 위치에서 정지상태에서 놓여진다. 막대가 수직 위치까지 내려갔을 때 막대의 각속도의 크기를 구하라.

전략: 막대가 임의의 각 θ만큼 내려간 위치에서 막대의 자유물체도를 그리고, 각운동방정식을 이용하여 막대의 각가속도를 θ의 함수로 구하라. 그 다음, 다음의 연쇄법칙을 적용한다:

$$\alpha = \frac{d\omega}{dt} = \frac{d\omega}{d\theta}\frac{d\theta}{dt} = \frac{d\omega}{d\theta}\omega$$

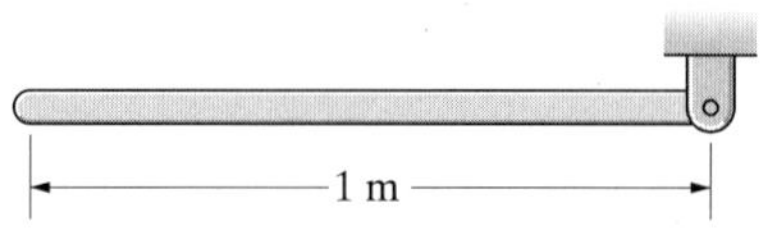

문제 7.19

7.20 길이가 3 m이고 무게가 10 N인 똑같은 막대 두 개를 용접하여 그림과 같이 두 물체를 만들었다. 그림의 위치에서 두 물체를 놓는다면, 이 순간 두 물체의 각가속도와 A에서의 반력 성분들을 각각 얼마인가? (y축은 수직이다.)

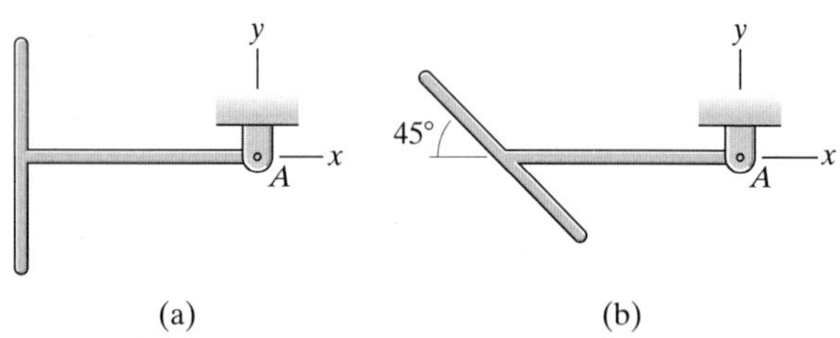

문제 7.20

7.21 그림의 물체는 2 kg의 가는 막대 ABC를 3 kg의 가는 막대 BDE에 용접하여 만든 것이다. y축은 수직이다. 물체가 그림의 위치에서 정지상태로부터 놓여진다. 놓여지는 순간, 물체의 각가속도와 D에서 핀이 물체에 가하는 힘의 성분들을 구하라.

7.22 문제 7.21에서 막대 BDE가 수직 위치까지 떨어진 순간, 물체의 각가속도와 D에서 핀이 물체에 가하는 힘의 성분들을 구하라.

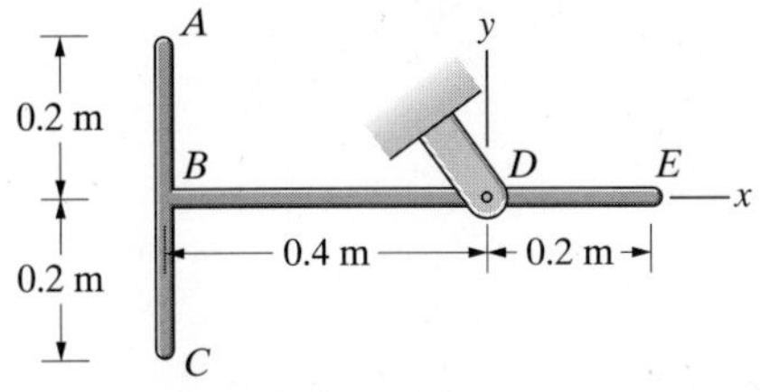

문제 7.21/7.22

7.23 수평막대의 각가속도가 최대가 되는 x의 값은 얼마이며, 이때의 최대 각가속도는 얼마인가?

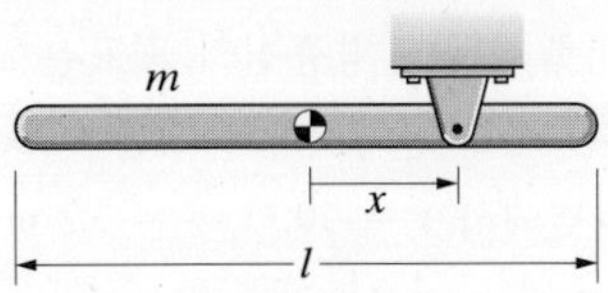

문제 7.23

7.24 팔 ABC를 하나의 강체로 모델링한다. 팔의 질량은 300 kg이며, 팔의 질량중심에 대한 관성모멘트는 $I = 360$ kg-m^{2}이다. 만일 점 A가 정지해 있고, 팔의 각가속도가 반시계 방향으로 0.6 rad/s^{2}이라면, 유압 실린더가 B에서 팔에 가하는 힘은 얼마인가? (차량의 양쪽에 있는 두 개의 유압 실린더가 팔을 구동한다. 두 실린더가 가하는 합력을 구해야 한다.)

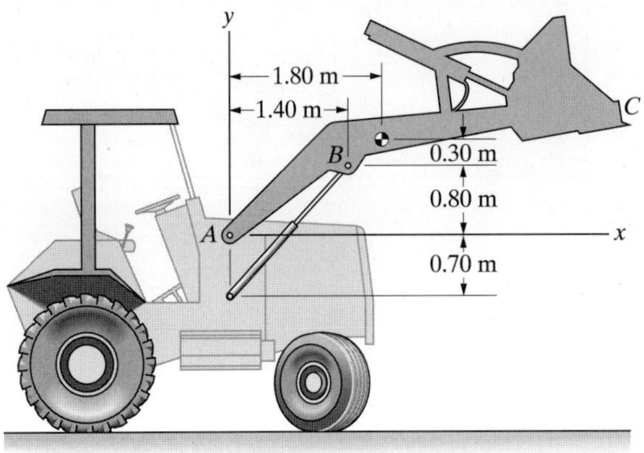

문제 7.24

7.25 트럭 적재함의 질량은 2500 kg이고 O에 대한 관성모멘트는 78,000 kg-m^{2}이다. 그림의 순간에서, 적재함의 질량중심의 좌표는 (3, 3.75) m이고 점 B의 좌표는 (4.5, 3.5) m이다. 만일 적재함의 각가속도가 시계 방향으로 0.5 rad/s^{2}이라면, 유압실린더 AB가 B에서 적재함에 가하는 힘의 크기는 얼마인가?

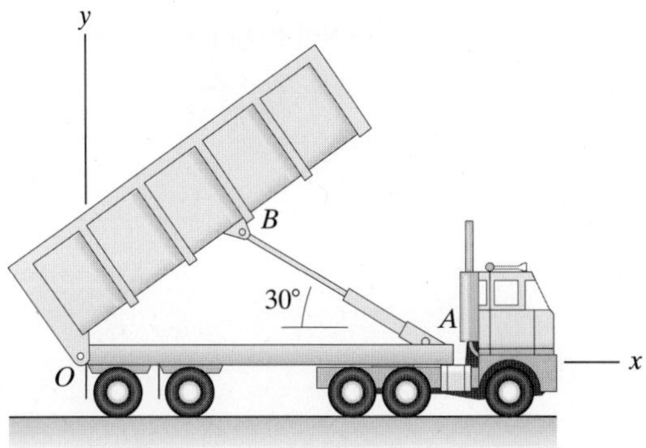

문제 7.25

7.26 팔 BC는 질량이 12 kg이고, 질량중심에 대한 관성모멘트가 3 kg-m^{2}이다. 점 B가 정지상태이고, 팔 BC가 그림의 순간에서 반시계 방향으로 2 rad/s의 일정한 각속도를 갖는다면, B에서 팔 BC에 가해지는 우력과 힘의 성분들은 얼마인가?

7.27 팔 BC는 질량이 12 kg이고, 질량중심에 대한 관성모멘트가 3 kg-m^{2}이다. 그림의 순간에서, 팔 AB는 시계 방향으로 2 rad/s의 일정한 각속도를 가지며, 팔 BC는 2 rad/s의 반시계 방향 각속도와 4 rad/s^{2}의 시계 방향 각가속도를 갖는다. B에서 팔 BC에 가해지는 우력과 힘의 성분들은 얼마인가?

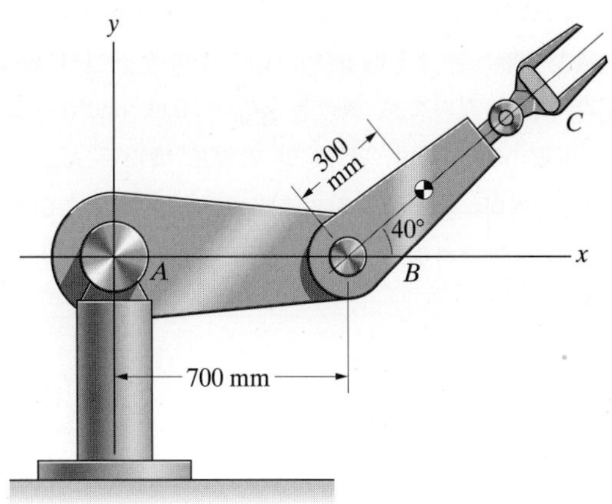

문제 7.26/7.27

7.28 우주 왕복선의 자세(attitude) 제어 엔진들이 힘 $F_f = 8$ kN과 $F_r = 2$ kN을 가한다. 두 힘벡터와 질량중심 G는 관성 기준좌표계의 $x-y$ 평면 상에 놓여 있다. 왕복선의 질량은 54,000 kg이며, z축에 평행하면서 질량중심을 통과하는 축에 대한 관성모멘트는 4.5×10^6 kg-m^{2}이다. 질량중심의 가속도와 각가속도를 구하라. (자체 중량이 왕복선에 가하는 힘은 무시할 수 있다.)

7.29 문제 7.28에서, $F_f = 4$ kN이고 왕복선의 각가속도가 0이 되기를 원한다고 가정하자. 필요한 힘 F_r과 이때의 질량중심의 가속도를 구하라.

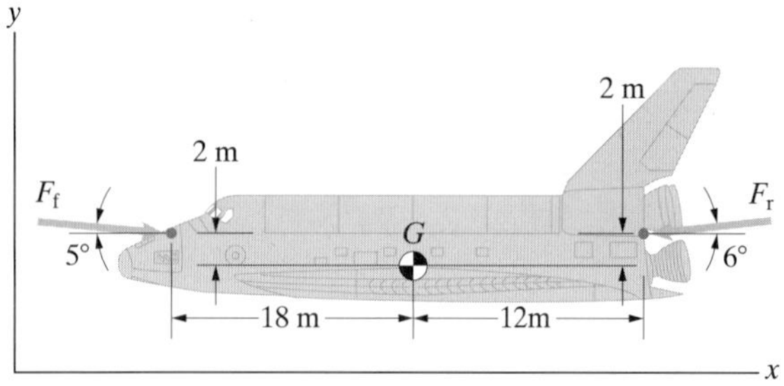

문제 7.28/7.29

7.30 점 B와 C가 $x-y$ 평면에 있고, y축은 수직이다. 18 kg인 팔 BC의 질량중심은 B와 C 사이의 직선 중앙점에 있으며, z축에 평행이면서 질량중심을 통과하는 축에 대한 관성모멘트는 1.5 kg-m^{2}이다. 그림의 순간에서, 팔 AB의 각속도와 각가속도 벡터는 $\boldsymbol{\omega}_{AB} = 0.6\mathbf{k}$ (rad/s)와 $\boldsymbol{\alpha}_{AB} = -0.3\mathbf{k}$ (rad/s^2)이다. 팔 BC의 각속도와 각가속도 벡터는 $\boldsymbol{\omega}_{BC} = 0.4\mathbf{k}$ (rad/s)와 $\boldsymbol{\alpha}_{BC} = 2\mathbf{k}$ (rad/s^2)이다. B에서 팔 BC에 가해진 힘과 우력을 구하라.

7.31 점 B와 C가 $x-y$ 평면에 있고, y축은 수직이다. 18 kg인 팔 BC의 질량중심은 B와 C 사이의 직선 중앙점에 있으며, z축에 평행이면서 질량중심을 통과하는 축에 대한 관성모멘트는 1.5 kg-m^{2}이다. 그림의 순간에서 팔 AB의 각속도와 각가속도 벡터는 $\boldsymbol{\omega}_{AB} = 0.6\mathbf{k}$ (rad/s)와 $\boldsymbol{\alpha}_{AB} = -0.3\mathbf{k}$ (rad/s^2)이다. 팔 BC의 각속도 벡터는 $\boldsymbol{\omega}_{BC} = 0.4\mathbf{k}$ (rad/s)이다. 팔 BC의 각가속도가 이 순간에서 0이 되도록 프로그램하려면, B에서 팔 BC에 가해져야 할 우력은 얼마인가?

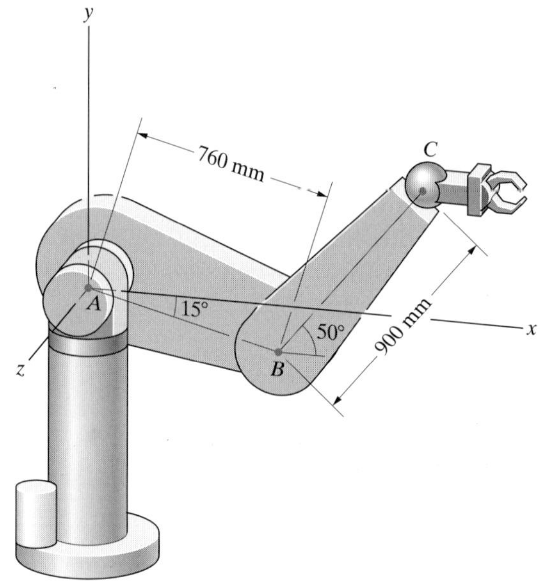

문제 7.30/7.31

7.32 9000 kg의 비행기가 막 착륙을 한다. 그림의 순간에서 이 비행기의 각속도는 0이다. 비행기의 착륙용 바퀴가 $x = 10$ m에서 활주로에 닿는다. 바퀴에 대한 마찰력은 무시한다. 비행기의 질량중심의 좌표는 $x = 10.50$, $y = 3.00$ m이다. 전체 공기역학적 힘은 $-26.8\mathbf{i} + 30.4\mathbf{j}$ (kN)이며, 효과면에서 $x = 10.75$, $y = 3.2$ m에 위치한 압력중심에 작용하는 것으로 생각할 수 있다. 추력 $T = 4.40$ kN은 질량중심에 대해 아무런 모멘트도 가하지 않는다. 비행기의 질량중심에 대한 관성모멘트는 75,000 kg-m^{2}이다. 비행기의 각가속도를 구하라.

전략: 착륙용 바퀴에 가해지는 수직력을 포함하여 비행기의 자유물체도를 그린다. 비행기(강체로 취급)의 가속도는 바퀴가 활주로와 접촉하는 점에서는 수평 성분만 가지고 있다는 사실을 이용하여, 질량중심의 가속도와 각가속도의 관계식을 얻는다.

문제 7.32

7.33 질량이 2 kg인 원판의 반경이 R = 80 mm이다. 이 원판이 거친 경사면 위에서 정지상태에서 놓여진다.

(a) 원판이 한 바퀴를 구르는 데 걸리는 시간은 얼마인가?

(b) 원판이 놓인 후 미끄러지지 않고 굴러가기 위해 필요한 원판과 표면 사이의 최소 정마찰계수는 얼마인가?

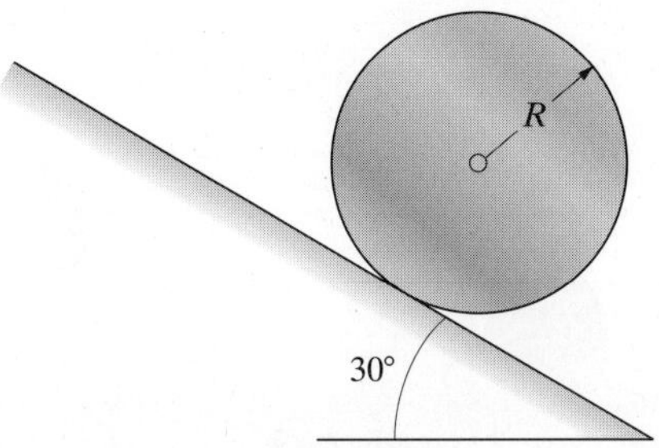

문제 7.33

7.34 질량이 m이고 반경이 R인 얇은 링과 원판을 경사면에서 정지상태에서 놓고 거리 D만큼 굴러가게 한다. 두 경우에서 거리 D를 가는 데 걸린 시간의 비(ratio)를 구하라.

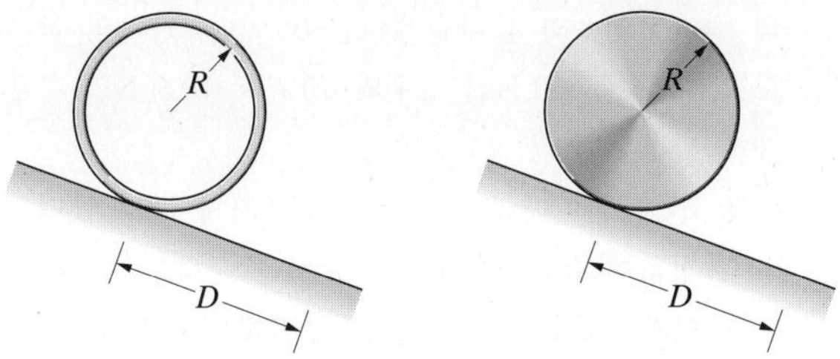

문제 7.34

7.35 그림의 원판은 무게가 178 N이고 관성모멘트가 I = 0.27 kg-m^{2}이다. 만일 이 원판을 정지상태에서 놓는다면, 원판의 중심이 0.91 m 내려가는 데 걸리는 시간은 얼마인가? (줄은 수직상태를 유지한다고 가정한다.)

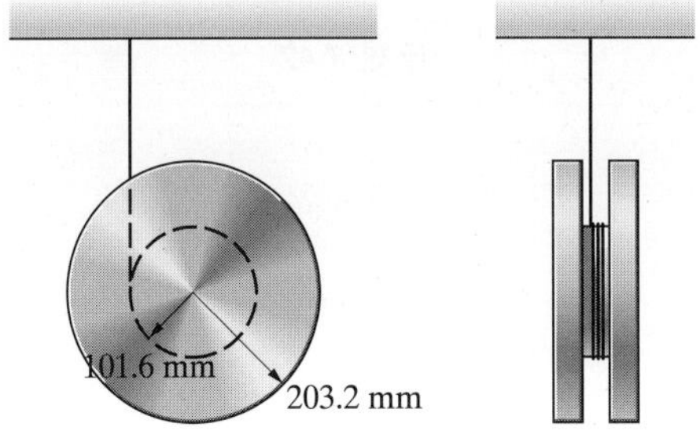

문제 7.35

7.36 풀리의 반경은 R = 100 mm이며, 관성모멘트는 I = 0.1 kg-m^{2}이다. 질량은 m = 5 kg이며, 스프링상수는 k = 135 N/m이다. 스프링이 늘어나지 않은 상태에서 시스템을 정지상태에서 놓는다. 질량이 거리 x = 0.5 m만큼 낙하했을 때, 질량의 속도를 구하라.

전략: 질량과 풀리의 자유물체도를 각각 그리고, 이들을 이용하여 질량의 가속도 a를 질량이 낙하한 거리 x의 함수로 구하라. 그 다음, 연쇄법칙 $a = dv/dt = (dv/dx)(dx/dt) = (dv/dx)v$를 이용한다.

7.37 풀리의 반경은 R = 100 mm이며 관성모멘트는 I = 0.1 kg-m^{2}이다. 질량은 m = 5 kg이며, 스프링상수는 k = 135 N/m이다. 스프링이 늘어나지 않은 상태에서 시스템을 정지상태에서 놓는다. 질량이 낙하하면서 얻게 되는 최대 속도는 얼마인가?

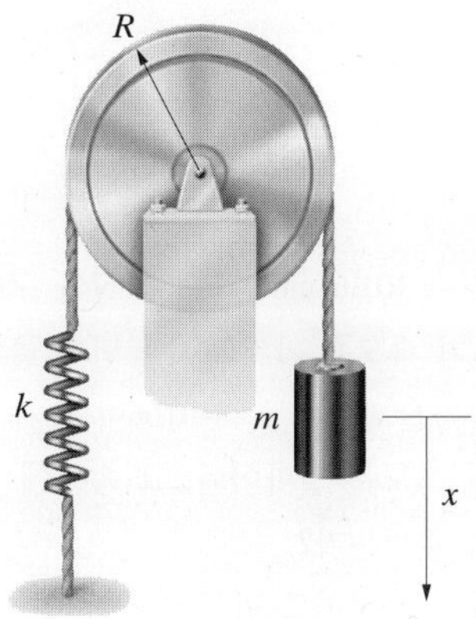

문제 7.36/7.37

7.38 원판의 질량은 45 kg이며, 반경은 R = 0.3 m이다. 스프링상수는 k = 600 N/m이다. 스프링이 0.5 m 압축될 때까지 원판을 왼쪽으로 굴러가게 간 후 정지상태에서 놓는다.

(a) 원판의 구름 운동을 가정할 때, 원판을 놓는 순간 원판의 각가속도는 얼마인가?

(b) 원판을 놓는 순간, 원판이 미끄러지지 않기 위해 필요한 최소 정마찰계수는 얼마인가?

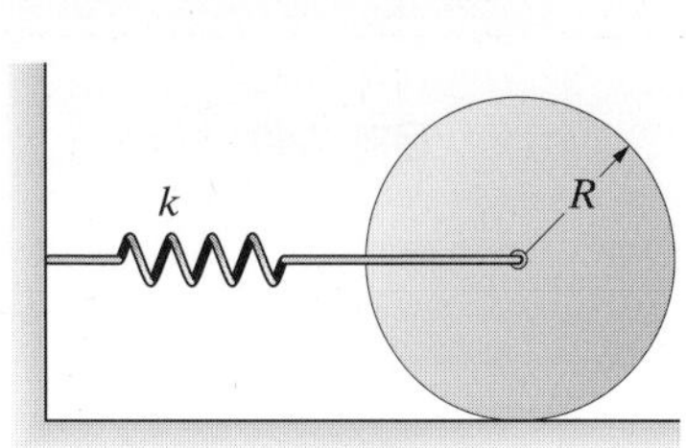

문제 7.38

7.39 원판의 무게가 53.4 N이고, 반경이 R = 152.4 mm이다. 스프링상수는 k = 43.8 N/m이다. 스프링이 늘어나지 않은 상태에서 원판이 정지상태에서 놓인다. 원판이 처음 위치에서 0.61 m 움직였을 때 원판중심의 속도 크기를 (a) 경사면이 매끄러운 경우(마찰을 무시할 수 있는 경우)와 (b) 원판이 표면에서 굴러가는 경우에 대해 각각 구하라.

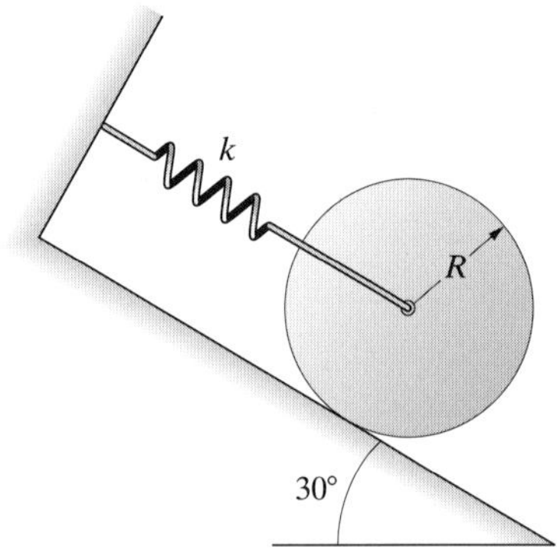

문제 7.39

7.40 반경이 R = 101.6 mm인 186.8 N의 구(球)가 ω_0 = 40 rad/s의 초기 속도를 가지고 수평면에 놓인다. 구와 표면 사이의 동마찰계수는 μ_k = 0.06이다. 구의 중심이 갖게 되는 최대 속도는 얼마이며, 그 속도에 이르게 되는 데는 얼마가 걸리는가?

전략: 회전하는 구에 표면이 가하는 마찰력은 구를 오른쪽으로 가속하게 만들 것이다. 또 마찰력은 구의 각속도를 감소시킬 것이다. 구의 중심은 구가 표면에서 더 이상 미끄러지지 않고 굴러갈 때까지 가속될 것이다. 구가 굴러가기 시작하는 시점을 구하기 위해, 구가 굴러갈 때의 구의 중심 속도와 각속도 사이의 관계를 이용하라.

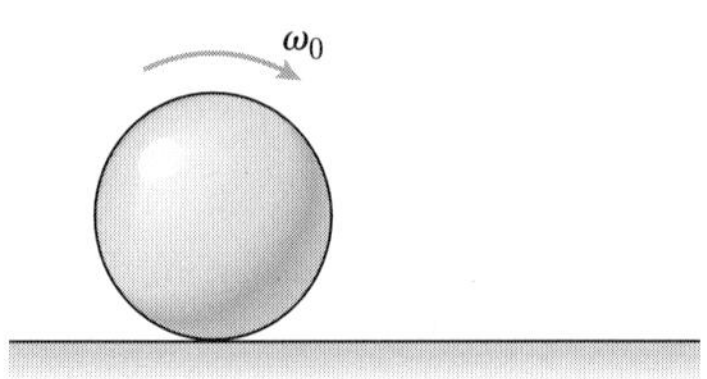

문제 7.40

7.41 축구선수가 8 m 떨어져 있는 팀 동료에게 공을 찬다. 공은 선수의 발을 떠나 각속도 없이 6 m/s로 지면에 평행하게 움직인다. 공과 잔디 사이의 동마찰계수는 μ_k = 0.32이다. 공이 팀 동료에게 도달하는 데 걸리는 시간은 얼마인가? 공의 반경은 112 mm이며 질량은 0.4 kg이다. 얇은 구형 쉘(shell)에 대한 관성모멘트 식 $I = \frac{2}{3}mR^2$을 이용하여 공의 관성모멘트를 근사적으로 계산하라.

문제 7.41

7.42 100 kg의 원통형 원판이 정지상태에 있을 때, 원판 주위에 감겨 있는 줄에 힘 F가 가해진다. 원판과 표면 사이의 정마찰계수와 동마찰계수는 0.2이다. 원판의 각가속도를 (a) F = 500 N인 경우와 (b) F = 1000 N인 경우에 대해 각각 구하라.

전략: 먼저 원판이 표면에서 미끄러지지 않고 굴러간다고 가정하여 문제를 푼다. 마찰력을 구하고, 이 마찰력이 마찰계수와 수직력의 곱을 초과하는지 조사한다. 만일 초과한다면, 원판이 미끄러진다고 가정하여 문제를 다시 풀어야 한다.

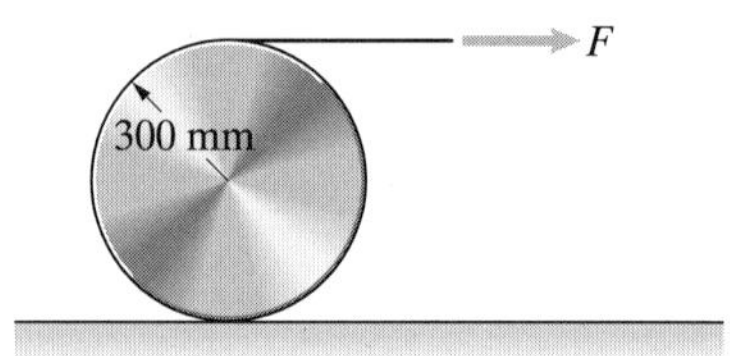

문제 7.42

7.43 링 기어는 고정되어 있고 태양 기어의 질량과 관성모멘트는 m_S = 320 kg, I_S = 40 kg-m^{2}이다. 유성 기어의 질량과 관성모멘트는 각각 m_p = 38 kg, I_p = 0.60 kg-m^{2}이다. 만일 우력 M = 200 N-m가 태양 기어에 가해진다면, 태양 기어의 각가속도는 얼마인가?

7.44 문제 7.43에서 200 N-m의 우력이 태양 기어에 가해질 때, 태양 기어와 유성 기어의 접촉점들에서 각 유성 기어가 태양 기어에 가하는 접선방향 힘의 크기는 얼마인가?

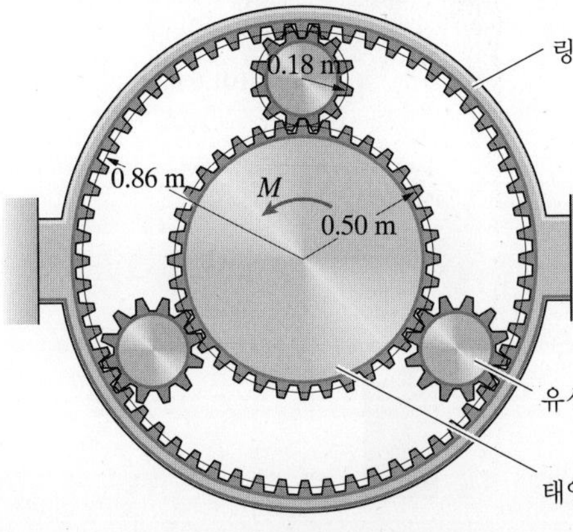

문제 7.43/7.44

7.45 18 kg의 사다리가 그림의 위치에서 정지상태로부터 놓여진다. 사다리를 가는 막대로 모델링하고 마찰은 무시한다. 사다리가 놓여지는 순간, (a) 사다리의 각가속도와 (b) 바닥이 사다리에 가하는 수직력을 구하라.

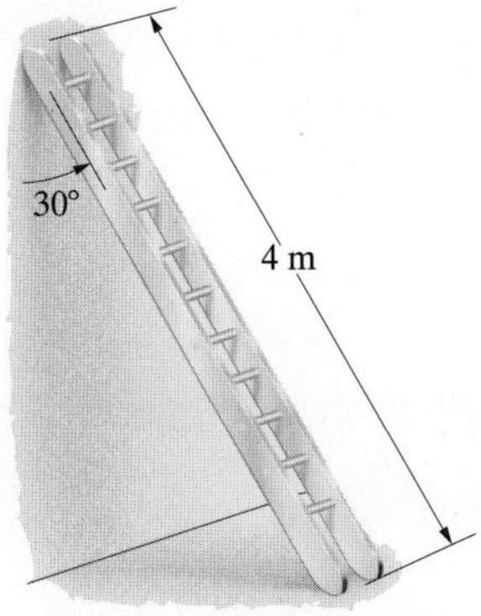

문제 7.45

7.46 18 kg의 사다리가 그림의 위치에서 정지상태로부터 놓여진다. 사다리를 가는 막대로 모델링하고 마찰은 무시한다. 사다리가 놓여지는 순간에서 막대의 각가속도를 구하라.

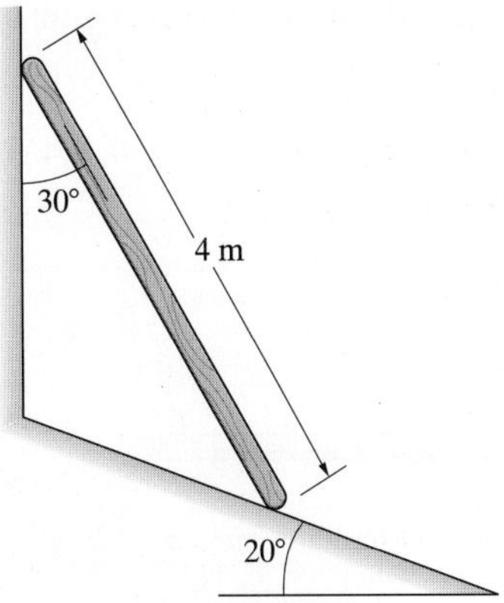

문제 7.46

7.47 4 kg의 가는 막대가 그림의 위치에서 거친 표면 위에서 정지상태에서 놓여진다. 막대가 놓여질 때 바닥에 대해 막대가 미끄러지지 않는 데 필요한 최소 정마찰계수를 구하라.

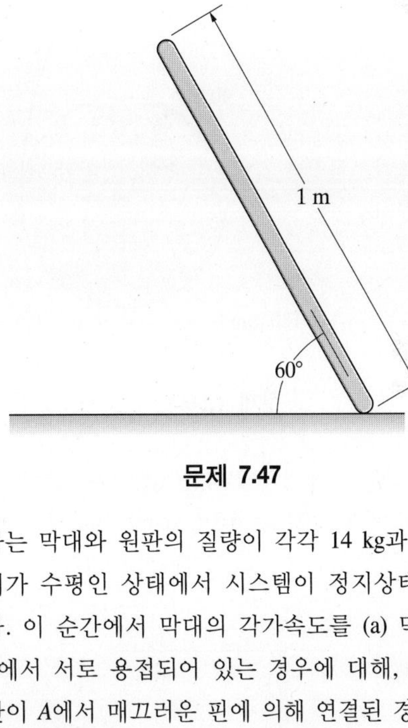

문제 7.47

7.48 가는 막대와 원판의 질량이 각각 14 kg과 9 kg이다. 막대가 수평인 상태에서 시스템이 정지상태에서 놓여진다. 이 순간에서 막대의 각가속도를 (a) 막대와 원판이 A에서 서로 용접되어 있는 경우에 대해, (b) 막대와 원판이 A에서 매끄러운 핀에 의해 연결된 경우에 대해 각각 구하라.

전략: (b)를 풀 때, 막대와 원판에 대해 각각 자유물체도를 그린다.

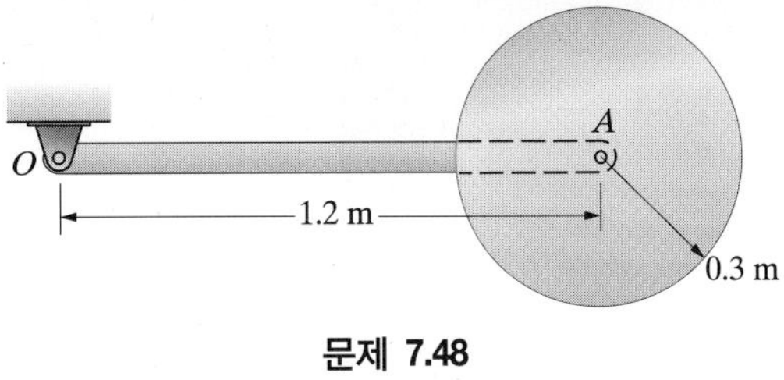

문제 7.48

7.49 22.2 N의 수평막대가 A에서 매끄러운 핀에 의해 44.5 N의 원판에 연결되어 있다. 시스템이 그림의 위치에서 정지 상태에서 놓여진다. 이 순간, 막대와 원판의 각가속도는 얼마인가?

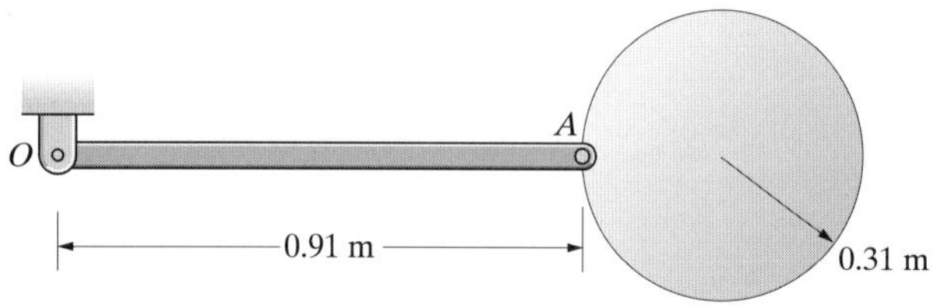

문제 7.49

7.50 0.1 kg의 가는 막대와 0.2 kg의 원통형 원판이 막대가 수평인 위치에서 정지상태에서 놓여진다. 원판은 곡면 상에서 굴러간다. 시스템이 놓이는 순간, 막대의 각가속도는 얼마인가?

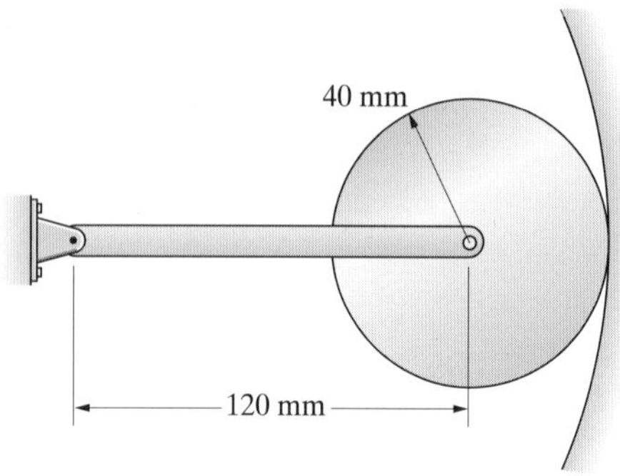

문제 7.50

7.51 매달려 있는 물체 A의 질량은 8 kg이다. 풀리의 질량은 5 kg이고 관성모멘트는 0.036 kg-m^{2}이다. 만일 힘이 T = 70 N이라면, A의 가속도 크기는 얼마인가?

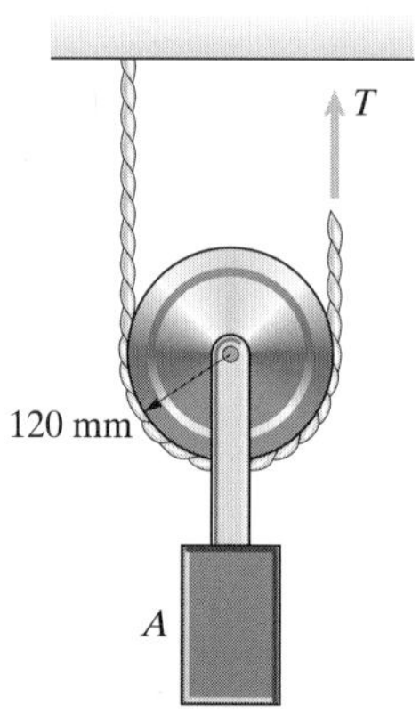

문제 7.51

7.52 매달려 있는 물체 A의 무게는 89 N이다. 두 풀리는 동일하며, 각각 무게가 44.5 N이고 관성모멘트는 0.03 kg-m^{2}이다. 만일 힘이 T = 66.7 N이라면, A의 가속도 크기는 얼마인가?

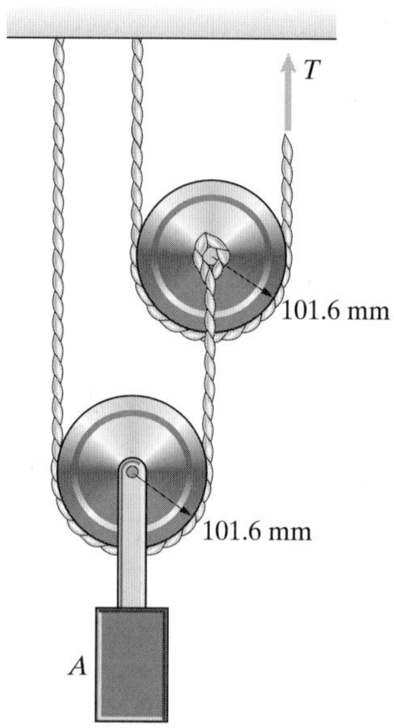

문제 7.52

7.53 2 kg의 가는 막대와 5 kg의 블록이 그림의 위치에서 정지상태에서 놓여진다. 마찰을 무시한다면, 이 순간 블록의 가속도는 얼마인가?

7.54 2 kg의 가는 막대와 5 kg의 블록이 그림의 위치에서 정지상태에서 놓여진다. 시스템이 놓여질 때 블록이 움직이지 않기 위해 필요한 블록과 수평면 사이의 최소 정마찰계수는 얼마인가?

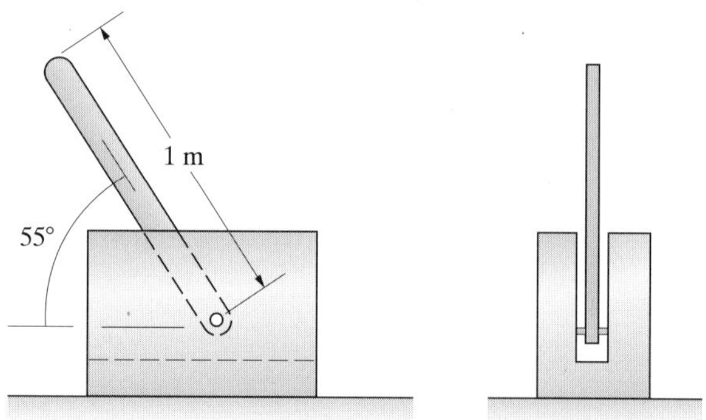

문제 7.53/7.54

7.55 0.4 kg의 가는 막대와 1 kg의 원판이 그림의 위치에서 정지상태에서 놓여진다. 만일 원판이 굴러간다면, 이 순간 막대의 각가속도는 얼마인가?

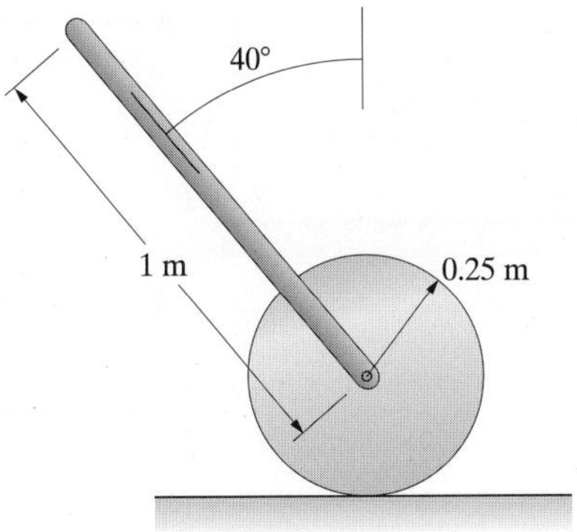

문제 7.55

7.56 가는 막대와 나무상자의 질량이 각각 9 kg과 36 kg이다. 나무상자가 매끄러운 수평면에 놓여 있다. 만일 그림의 순간에서 시스템이 정지해 있고 반시계 방향 우력 M = 300 N-m가 막대에 가해진다면, 이로 인한 나무상자의 가속도는 얼마인가?

7.57 문제 7.56에서 나무상자와 수평면 사이의 동마찰계수가 $\mu_k = 0.2$라면, 얻어지는 나무상자의 가속도는 얼마인가?

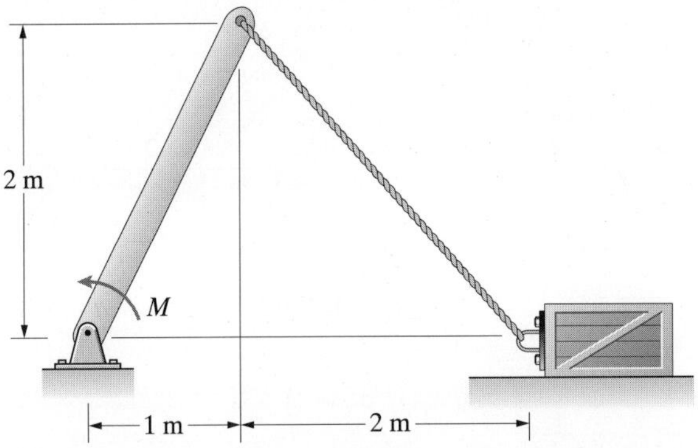

문제 7.56/7.57

7.58 막대 AB가 반시계 방향으로 6 rad/s의 일정한 각속도로 회전하고 있다. 가는 막대 BCD의 무게는 44.5 N이며, C에서 막대 BCD와 연결시키는 고리의 무게는 8.9 N이다. y축은 위를 가리킨다. 마찰을 무시하고, 그림의 순간에서 B와 C의 핀이 막대 BCD에 가하는 힘의 성분들을 구하라.

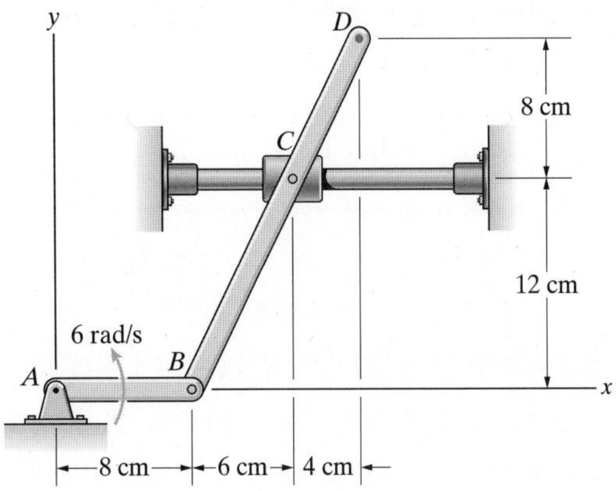

문제 7.58

7.59 막대 AB와 BC의 질량은 10 kg과 12 kg이다. 그림의 순간에서 막대들의 각속도는 0이며 수평력 F는 F = 150 N이다. 수평면은 매끄럽다. 두 막대의 각가속도를 구하라.

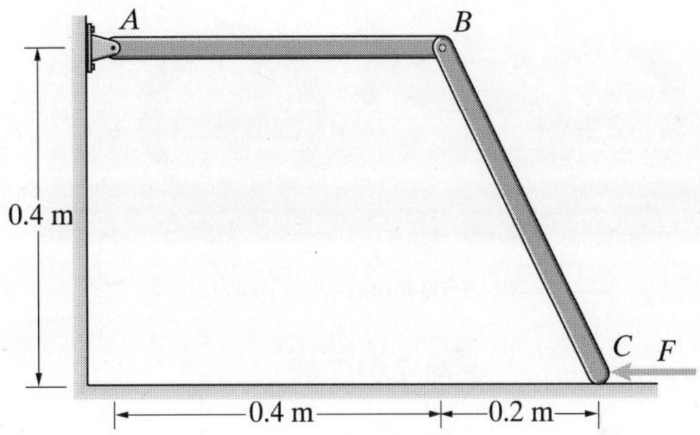

문제 7.59

7.60 자동차의 두 뒷바퀴와 차축의 전체 관성모멘트를 I_R이라 하고, 두 앞바퀴의 전체 관성모멘트를 I_F라고 하자. 타이어의 반경은 R이며, 바퀴를 포함한 차의 총 질량은 m이다. 만일 자동차의 엔진이 뒷바퀴에 토크(우력) T를 가하며 바퀴가 미끄러지지 않는다고 하면, 자동차의 가속도가 다음과 같음을 보여라:

$$a = \frac{RT}{R^2 m + I_R + I_F}$$

전략: 바퀴들을 격리시키고, 세 개의 자유물체도를 그린다.

문제 7.60

7.61 오토바이와 운전자의 전체 질량은 160 kg이다. 바퀴는 각각 질량이 9 kg이고, 반경이 330 mm이며, 관성모멘트가 I = 0.8 kg-m^{2}이다. 엔진이 뒷바퀴에 우력을 가하여 구동시킨다. 만일 뒷바퀴가 도로에 400 N의 수평력을 가하며 앞바퀴가 도로에 가하는 수평력을 무시하지 않는다고 할 때, (a) 오토바이의 가속도와 (b) 뒷바퀴와 앞바퀴가 도로에 가하는 수직력을 구하라. (바퀴를 포함하지 않은 오토바이의 질량중심의 위치를 그림에 표시하였다.)

7.62 문제 7.61에서, 만일 운전자가 가속을 할 때 앞바퀴가 도로에서 살짝 들린다고 하면, (a) 오토바이의 가속도와 (b) 엔진이 뒷바퀴에 가하는 토크는 얼마인가?

문제 7.61/7.62

7.63 수직 핸들의 O에 대한 관성모멘트는 0.16 kg-m^{2}이다. 물체 B는 무게가 66.7 N이며, 매끄러운 표면 위에 놓여 있다. 막대 AB의 무게는 무시한다(즉, 이 막대는 두 힘을 받는 부재로 취급할 수 있다). 만일 어떤 사람이 O에서 15 cm 위에 있는 핸들에 0.89 N의 수평력을 가한다면, 이로 인한 핸들의 각가속도는 얼마가 되겠는가?

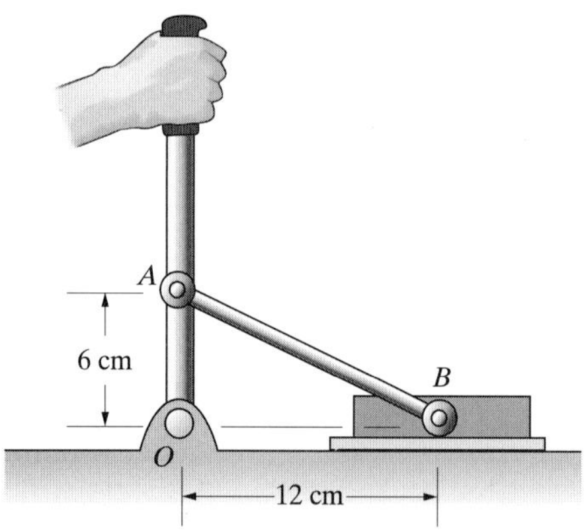

문제 7.63

7.64 두 막대는 각각 길이가 1 m이고 질량이 2 kg이다. 두 막대는 수평면 상에서 회전한다. 막대 AB가 반시계 방향으로 4 rad/s의 일정한 각속도로 회전한다. 그림의 순간에서 막대 BC가 6 rad/s로 반시계 방향으로 회전하고 있다. 막대 BC의 각가속도는 얼마인가?

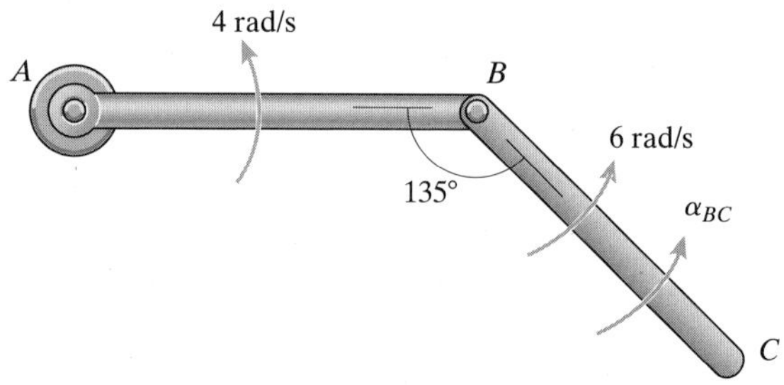

문제 7.64

7.65 막대 OQ와 PQ의 무게는 각각 6 N이다. 연결고리 P의 무게와, 연결고리와 수평막대 사이의 마찰은 무시한다. 만일 시스템이 θ = 45°에서 정지상태에서 놓여진다면, 두 막대의 각가속도는 얼마인가?

7.66 문제 7.65에서, 만일 연결고리 P의 무게가 2 N이라면, 두 막대의 각가속도는 얼마인가?

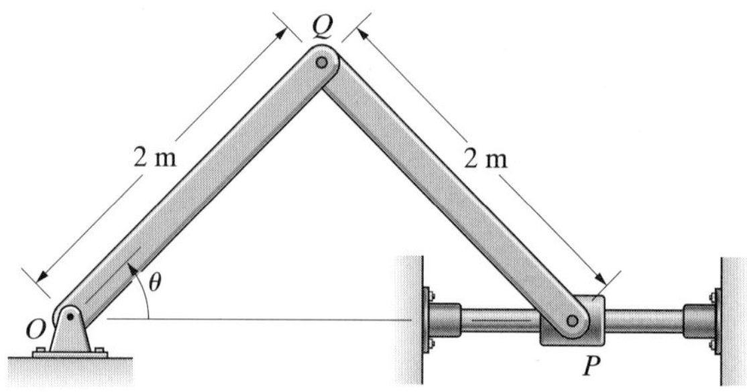

문제 7.65/7.66

7.67 4 kg의 가는 막대가 *A*와 *B*에서 2 kg의 슬라이더에 핀으로 연결되어 있다. 마찰을 무시하고, 그림의 위치에서 시스템이 정지상태에서 놓여진다면, 이 순간 막대의 각가속도는 얼마인가?

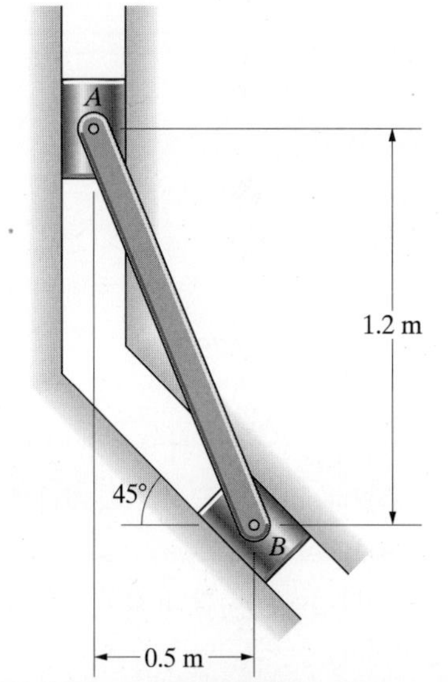

문제 7.67

7.68 가는 막대의 질량이 m이며, 균질 원판의 질량이 $4m$이다. 그림의 위치에서 시스템이 정지상태에서 놓여진다. 만일 원판이 굴러가고 막대와 수평면 사이의 마찰을 무시한다면, 원판의 각가속도는 반시계 방향으로 $\alpha = 6\,g/95R$임을 보여라.

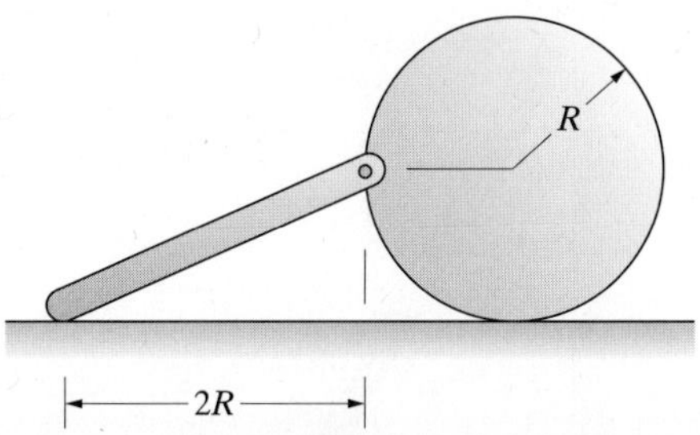

문제 7.68

7.69 막대 *AB*가 수평면 상에서 10 rad/s의 일정한 각속도로 반시계 방향으로 회전한다. 막대 *BC*와 *CD*의 질량은 각각 3 kg과 4.5 kg이다. 그림의 순간에서 *B*와 *C*의 핀들이 막대 *BC*에 가하는 힘들의 *x*, *y* 성분을 구하라.

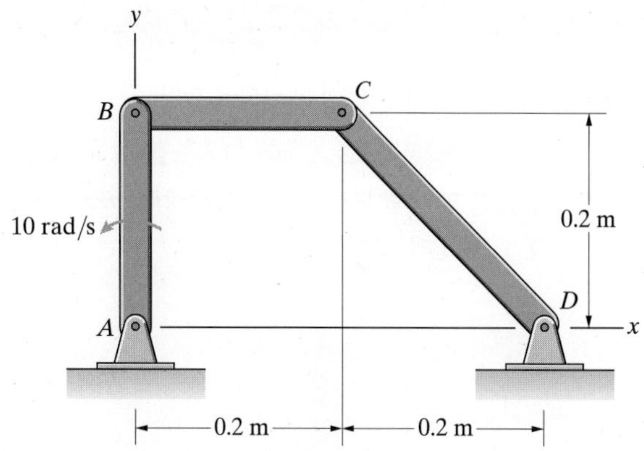

문제 7.69

7.70 2 kg의 막대가 수평면 상에서 매끄러운 핀에 대해 회전한다. 6 kg의 고리 *A*가 매끄러운 막대를 따라 미끄러진다. 그림의 순간에서, r = 1.2 m, ω = 0.4 rad/s이며, 고리는 바깥쪽으로 막대에 대해 0.5 m/s의 속도로 미끄러지고 있다. 고리의 관성모멘트를 무시한다면(즉, 고리를 하나의 질점으로 취급한다면), 막대의 각가속도는 얼마인가?

전략: 막대와 고리에 대한 자유물체도를 각각 그리고, 고리에 대한 Newton의 제2법칙을 극좌표로 나타낸다.

7.71 문제 7.70에서, 고리의 질량중심에 대한 관성모멘트는 0.2 kg-m^{2}이다. 막대의 각가속도를 구하고, 문제 7.70의 해와 비교하라.

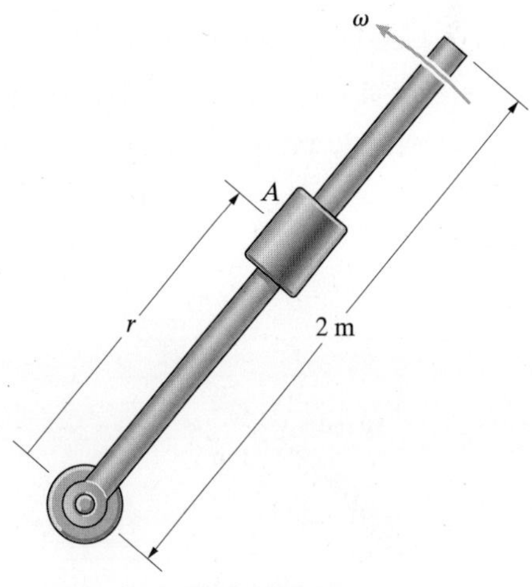

문제 7.70/7.71

설계 문제

문제 7.72–7.78은 설계예제 7.7과 관련되어 있다.

7.72 3 Mg의 로켓이 위쪽으로 2 g의 가속도를 받고 있다. 이 로켓을 균질 막대로 모델링한다면, 중앙점(midpoint)에서의 축방향 힘 P의 크기는 얼마인가?

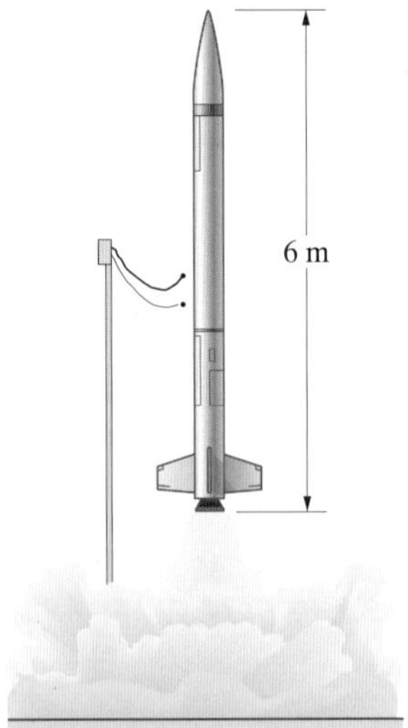

문제 7.72

7.73 20 kg의 가는 막대가 A에서 수직축에 붙어 있으며, 10 rad/s의 일정한 각속도로 수평면 상에서 회전한다. 막대 중앙점에서의 축방향 힘 P는 얼마인가?

7.74 20 kg의 가는 막대가 A에서 수직축에 붙어 있으며, 10 rad/s의 일정한 각속도로 수평면 상에서 회전한다. 막대에서의 축방향 힘을 x의 함수로 그래프를 그려라.

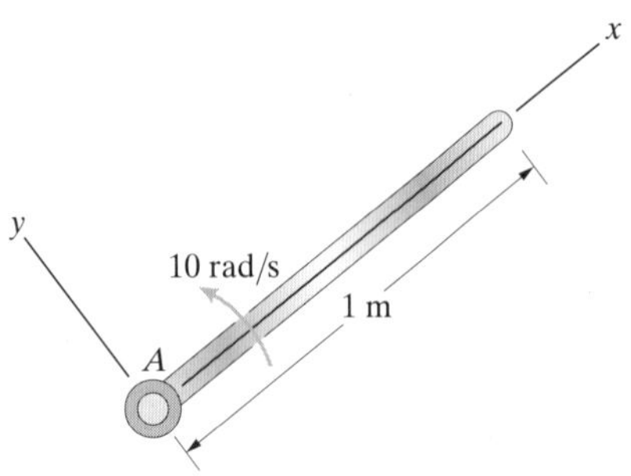

문제 7.73/7.74

7.75 100 N의 가는 막대 AB가 A에서 지지대에 박혀 있다. y축은 위를 가리킨다. 막대의 중앙점에서의 전단력과 굽힘모멘트를 다음 두 경우에 대해 구하라: (a) 지지대가 고정되어 있는 경우, (b) 지지대가 3.05 m/s^{2}으로 위로 가속되고 있는 경우.

7.76 문제 7.75의 막대에 대해, 두 경우에 대한 전단력과 굽힘모멘트 선도를 그려라.

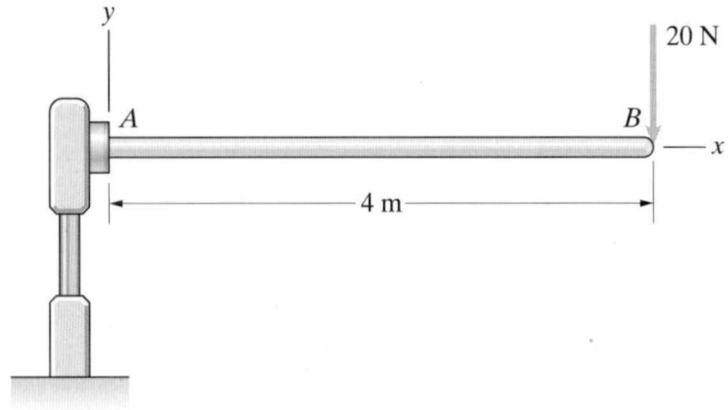

문제 7.75/7.76

7.77 18 kg의 사다리가 그림의 위치에서 힘 F에 의해 평형 상태로 유지된다. 마찰을 무시하고, 사다리를 가는 막대로 모델링한다.

(a) 막대의 중앙점에서 축방향 힘과 전단력, 굽힘모멘트는 얼마인가?

(b) 힘 F를 갑자기 제거하는 경우, 이 순간 막대 중앙점에서의 축방향 힘과 전단력, 굽힘모멘트를 구하라.

7.78 문제 7.77의 사다리에 대해, 두 경우에 대한 전단력과 굽힘모멘트 선도를 그려라.

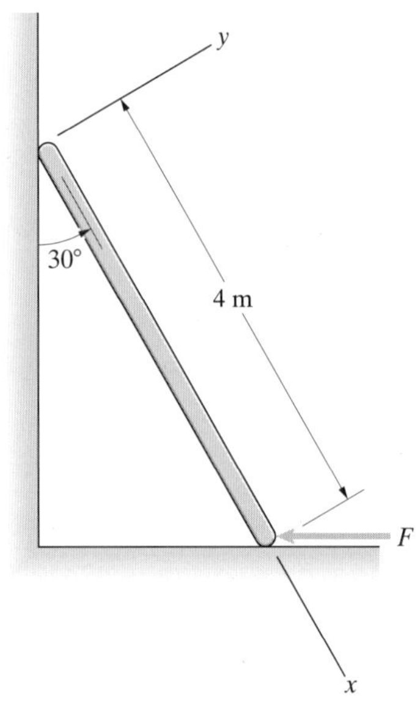

문제 7.77/7.78

7.5 수치해

강체에 작용하는 힘과 우력을 알고 있을 때, 운동방정식을 이용하여 강체 질량중심의 가속도와 각가속도를 구할 수 있다. 어떤 경우에는 이들을 적분하여 질량중심의 속도와 위치, 각속도와 각위치에 대한 닫힌 형태의 식을 시간의 함수로 얻을 수 있다. 그러나 만일 가속도를 기술하는 함수가 너무 복잡하거나 힘과 우력이 식 대신에 연속적인 아날로그 데이터로 주어진다면, 속도와 위치를 시간의 함수로 구하기 위해서는 수치적인 방법을 사용해야 한다.

3장에서, 물체의 질량중심의 위치와 속도를 시간의 함수로 구하기 위한 간단한 유한차분법(finite-difference method)을 기술하였다. 같은 방법으로 각위치와 각속도를 구할 수 있다. 강체의 각가속도를 시간과 강체의 각위치, 그리고 각속도의 함수라고 하자. 즉,

$$\alpha = \alpha(t, \theta, \omega)$$

이다. 특정 시간 t_0에서 각 $\theta(t_0)$와 각속도 $\omega(t_0)$를 알고 있다고 가정하자. t_0에서 각가속도는

$$\frac{d\omega}{dt}(t_0) = \alpha(t_0, \theta(t_0), \omega(t_0)) \tag{7.24}$$

이다. 시간 $t + \Delta t$에서 각속도를 구하기 위해, Taylor 급수로 나타내면,

$$\omega(t_0 + \Delta t) = \omega(t_0) + \frac{d\omega}{dt}(t_0)\Delta t + \frac{1}{2}\frac{d^2\omega}{dt^2}(t_0)(\Delta t)^2 + \cdots$$

이다. 충분히 작은 Δt 값을 선택하면, 이 식에서 Δt의 2차 및 고차 항들을 무시할 수 있으므로, 식 (7.24)를 대입하여 다음과 같이 $t_0 + \Delta t$에서의 각속도에 대한 근사치를 구할 수 있다:

$$\omega(t_0 + \Delta t) = \omega(t_0) + \alpha(t_0, \theta(t_0), \omega(t_0))\Delta t \tag{7.25}$$

같은 방법으로, $t_0 + \Delta t$에서의 각의 근사치를 구한다. 이것을 Taylor 급수로 나타내면

$$\theta(t_0 + \Delta t) = \theta(t_0) + \frac{d\theta}{dt}(t_0)\Delta t + \frac{1}{2}\frac{d^2\theta}{dt^2}(t_0)(\Delta t)^2 + \cdots$$

이며, Δt의 고차 항들을 무시하면 다음 식을 얻는다:

$$\theta(t_0 + \Delta t) = \theta(t_0) + \omega(t_0)\Delta t \tag{7.26}$$

식 (7.25)와 (7.26)에 의해 $t_0 + \Delta t$에서의 각속도와 각위치의 근사치를 구할 수 있다. 이 값들을 초기 조건으로 사용하여 같은 과정을 반복함으로써 $t_0 + 2\Delta t$에서의 각속도와 각위치를 구할 수 있으며, 계속해서 다른 시간에서의 계산을 할 수 있다.

전산역학

다음 예제와 문제들은 프로그램 가능한 계산기나 컴퓨터를 사용하여 풀도록 만들어졌다.

전산예제 7.8

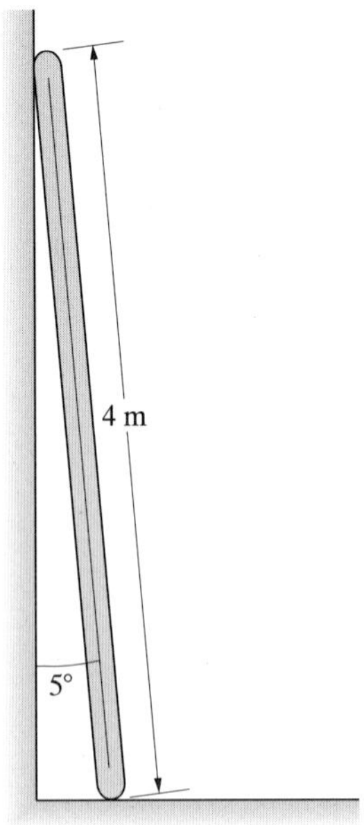

그림 7.20

그림 7.20의 18 kg의 사다리가 $t = 0$에서 그림의 위치에서 정지상태에서 놓여진다. 마찰을 무시하고, 시간의 함수로 사다리의 각위치와 각속도를 구하라. 0.1초, 0.01초, 0.001초의 시간 증분 Δt를 사용하라.

전략

초기 단계들—사다리의 자유물체도 그리기, 운동방정식의 적용, 각가속도 구하기—은 예제 7.4에서 제시하였다. 사다리의 각가속도는

$$\alpha = \frac{3g}{2l}\sin\theta$$

이다. 여기서 θ는 사다리와 벽 사이의 각이며, l은 사다리의 길이이다. 이 식에 의해 식 (7.25)와 (7.26)을 이용하여 사다리의 각위치와 각속도를 시간의 함수로 근사화할 수 있다.

풀이

각가속도는

$$\alpha = \frac{3(9.81\ \text{m/s}^2)}{2(4\ \text{m})}\sin\theta = 3.68\sin\theta\ \text{rad/s}^2$$

이다. $\Delta t = 0.1$ s라고 하자. 초기 시간에서 $t_0 = 0$, $\theta(t_0) = 5° = 0.0873$ rad, $\omega(t_0) = 0$이다. 식 (7.26)으로부터, 시간 $t_0 + \Delta t = 0.1$ s에서 각위치는

$$\theta(t_0 + \Delta t) = \theta(t_0) + \omega(t_0)\Delta t:$$

$$\theta(0.1) = \theta(0) + \omega(0)\Delta t$$

$$= 0.0873 + (0)(0.1) = 0.0873\ \text{rad}$$

이다. 식 (7.25)로부터 각속도는

$$\omega(t_0 + \Delta t) = \omega(t_0) + \alpha(t_0)\Delta t:$$

$$\omega(0.1) = 0 + [3.68\sin(0.0873)](0.1) = 0.0321\ \text{rad/s}$$

이다. 이 값들을 다음 시간 단계에 대한 초기 조건으로 이용하여, $t = 0.2$ s에서 각위치를 구하면

$$\theta(0.2) = \theta(0.1) + \omega(0.1)\Delta t$$

$$= 0.0873 + (0.0321)(0.1) = 0.0905 \text{ rad}$$

이며, 각속도는

$$\omega(0.2) = \omega(0.1) + \alpha(0.1)\Delta t$$

$$= 0.0321 + [3.68 \sin(0.0873)](0.1) = 0.0641 \text{ rad/s}$$

이다. 이런 식으로 계속하면, 처음 다섯 개의 시간 단계에 대한 값들을 다음과 같이 얻을 수 있다:

Time (s)	θ (rad)	ω (rad/s)
0.0	0.0873	0.0000
0.1	0.0873	0.0321
0.2	0.0905	0.0641
0.3	0.0969	0.0974
0.4	0.1066	0.0321
0.5	0.1199	0.1721

그림 7.21과 7.22는 Δt = 0.1 s, Δt = 0.01 s, Δt = 0.001 s를 사용하여 얻은 각위치와 각속도에 대한 수치해를 나타낸 것이다. 시간 간격을 더 작게 하여 계산한 결과에 의하면, Δt = 0.001 s가 정확한 해에 가장 가깝게 근사화되었다. 그림 7.23에 미끄러지는 사다리의 위치를 0.2초 간격으로 나타내었다.

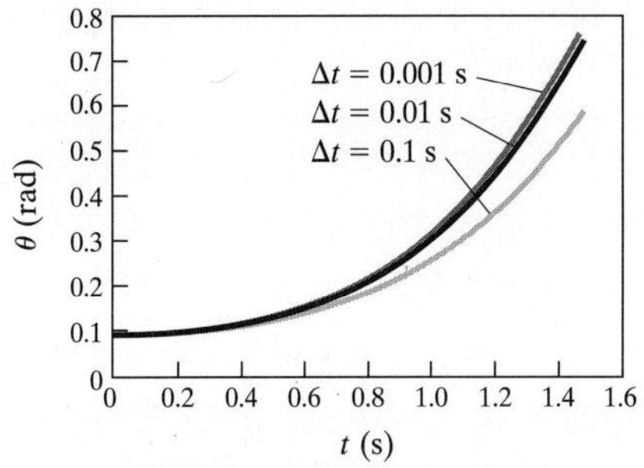

그림 7.21
사다리의 각위치에 대한 수치해.

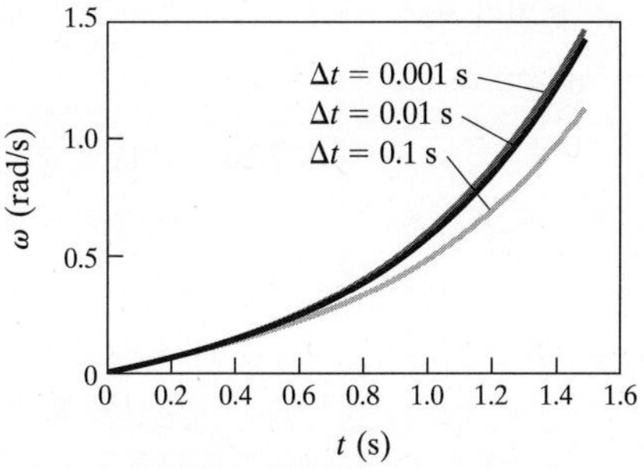

그림 7.22
사다리의 각속도에 대한 수치해.

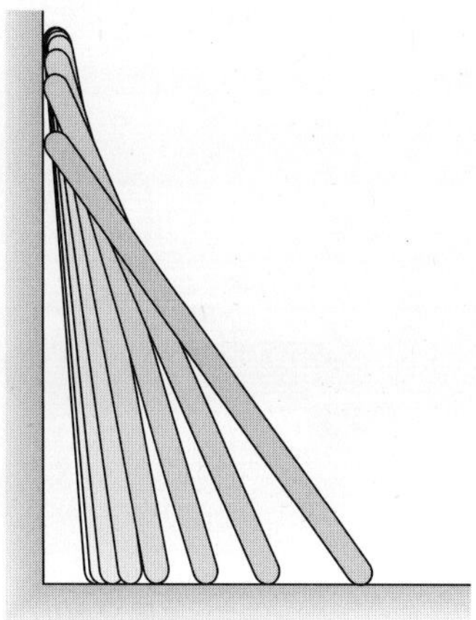

그림 7.23
미끄러지는 다리의 위치를 t = 0에서 t = 1.4 s까지 0.2초 간격으로 표시함.

비판적 사고

연쇄법칙을 이용하면, 사다리의 각가속도를 다음과 같이 쓸 수 있다:

$$\alpha = \frac{d\omega}{dt} = \frac{d\omega}{d\theta}\omega = \frac{3g}{2l}\sin\theta$$

변수들을 분리하여 적분하면, 각속도를 각위치의 함수로 구할 수 있다. 즉,

$$\int_0^{\omega} \omega\, d\omega = \int_{5°}^{\theta} \frac{3g}{2l}\sin\theta\, d\theta$$

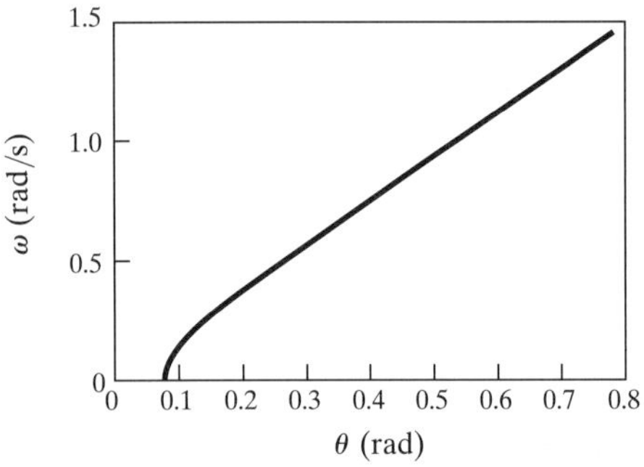

그림 7.24
사다리의 각위치의 함수로서 사다리의 각속도에 대한 해석적 해와 수치해.

로부터 다음을 얻는다:

$$\omega = \sqrt{\left(\frac{3g}{l}\right)(\cos 5^\circ - \cos\theta)}$$

그림 7.24에서 위의 닫힌 형태의 결과와 수치해($\Delta t = 0.001$ s 사용)의 그래프를 비교하였다. 두 곡선은 구별이 어렵다.

전산 문제

7.79 $t = 0.1$ s를 이용하여 예제 7.8의 계산을 계속하고, $t = 0.6$ s와 $t = 0.7$ s에서의 사다리의 각위치와 각속도를 구하라.

7.80 헬리콥터 회전날개의 관성모멘트는 400 kg-m^{2}이다. 헬리콥터가 $t = 0$에서 정지상태에서 출발하며, 엔진이 500 m-N의 일정한 토크를 가하고, 공기역학적 항력이 $20\omega^2$ m-N 크기의 토크를 가한다. 여기서 ω는 초당 라디안으로 표시된 회전날개의 각속도이다. $\Delta t = 0.2$ s를 이용하여, 처음 다섯 개의 시간 단계에 대한 회전날개의 각위치와 각속도를 구하라. 각속도에 대한 이 결과를 닫힌 형태(closed-form)의 해와 비교하라.

7.81 문제 7.80에서 $t = 0$에서 $t = 10$ s까지 회전날개의 각속도를 시간의 함수로 하여 그래프를 그리고, $\Delta t = 1.0$ s를 사용한 수치해와 $\Delta t = 0.2$ s를 사용한 수치해를 닫힌 형태의 해와 비교하라.

문제 7.80/7.81

7.82 10 kg의 가는 막대가 그림의 수평 위치에서 정지상태에서 놓여진다. $\Delta t = 0.1$ s를 사용하여 처음 다섯 개의 시간 단계에 대한 막대의 각위치와 각속도를 구하라.

7.83 10 kg의 가는 막대가 그림의 수평 위치에서 정지상태에서 놓여진다. $\Delta t = 0.1$ s, $\Delta t = 0.01$ s, $\Delta t = 0.001$ s를 사용하여 $t = 0$에서 $t = 0.8$ s까지 막대의 각위치와 각속도를 시간의 함수로 구하라. 이들 세 경우에 대해 각속도를 각위치의 함수로 그래프를 그리고, 각위치의 함수인 각속도에 대한 닫힌 형태의 해의 그래프와 비교하라.

7.84 10 kg의 가는 막대가 그림의 수평 위치에서 정지상태에서 놓여진다. 막대의 핀 지지대가 감쇠장치를 가지고 있어서 $c\omega$ (N-m)의 크기로 운동을 방해하는 우력을 가한다고 가정하자. 여기서 ω는 초당 라디안으로 나타낸 회전날개의 각속도이다. $\Delta t = 0.001$ s를 사용하여 $c = 0$, $c = 2$, $c = 4$, $c = 8$의 네 경우에 대해 $t = 0$에서 $t = 0.8$ s까지 막대의 각속도의 그래프를 시간의 함수로 그려라.

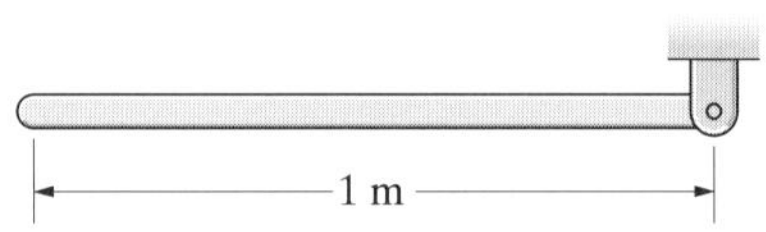

문제 7.82–7.84

7.85 18 kg의 사다리가 그림의 위치에서 정지상태에서 놓여진다. 바닥과 벽은 매끄럽다. 사다리가 바닥에 부딪히기 전에 벽과의 접촉을 잃게 될 것이다. $\Delta t = 0.001$ s를 사용하여, 사다리가 벽과의 접촉을 잃게 되는 시각과 이때의 벽과 사다리 사이의 각을 근사적으로 계산하라.

전략: 사다리가 벽과 접촉을 유지한다는 가정 하에 문제를 푼다. 접촉을 잃을 시간보다 큰 시간에 대해, 벽이 사다리에 가하는 수직력에 대한 해는 음수가 될 것이다. 따라서 수직력이 0으로 감소하는 시간을 결정함으로써 접촉을 잃게 되는 시간을 구할 수 있다.

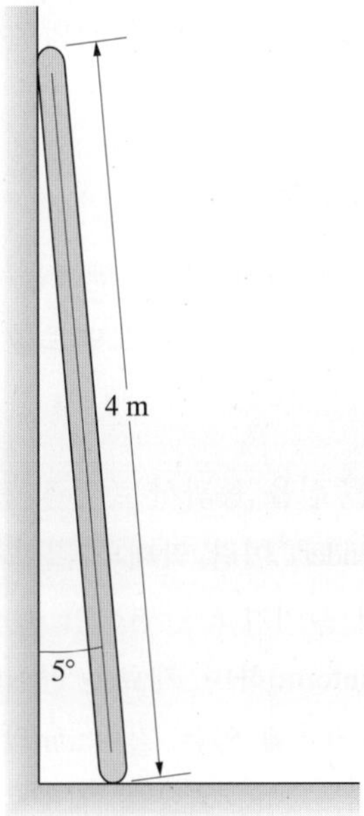

문제 7.85

7.86 비틀림 스프링이 막대에 반시계 방향의 우력 $k\theta$를 가한다. 여기서 $k = 20$ N-m이고 θ는 라디안 단위이다. 2 kg인 막대의 길이는 1 m이다. $t = 0$에서, 막대가 수평 위치($\theta = 0$)에서 정지상태에서 놓여진다. $\Delta t = 0.01$ s를 사용하여 처음 다섯 개의 시간 단계에 대해 막대의 각 위치와 각속도를 구하라.

7.87 문제 7.86에서 막대가 수평 위치에서 정지상태에서 놓일 때, 막대가 도달하게 되는 최대 각 θ를 $\Delta t = 0.001$ s인 수치해를 이용하여 근사적으로 구하라. 최대 각은 막대를 놓은 후로부터 얼마 후에 일어나는가?

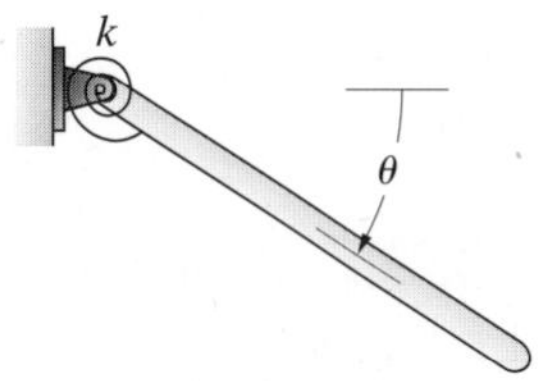

문제 7.86/7.87

부록: 관성모멘트

강체가 힘과 우력을 받을 때 일어나는 회전운동은 강체의 질량뿐만 아니라 강체의 질량이 어떻게 분포되어 있는가에 따라서도 영향을 받는다. 그림 7.25의 두 물체는 같은 질량을 가지고 있지만, 우력 M에 의해 발생되는 각가속도는 서로 다르다. 이러한 차이는 관성모멘트 I를 통해 각운동방정식 $M = I\alpha$에 반영된다. 그림 7.25에서 (a)의 물체가 (b)의 물체보다 축 L에 대한 관성모멘트가 더 작으며, 따라서 각가속도는 더 크다.

7.2절과 7.3절에서 강체의 운동방정식을 유도할 때, 강체를 유한개의 질점으로 모델링하고, 강체의 축 L_O에 대한 **관성모멘트**(moment of inertia)를 다음과 같이 나타내었다:

$$I_O = \sum_i m_i r_i^2$$

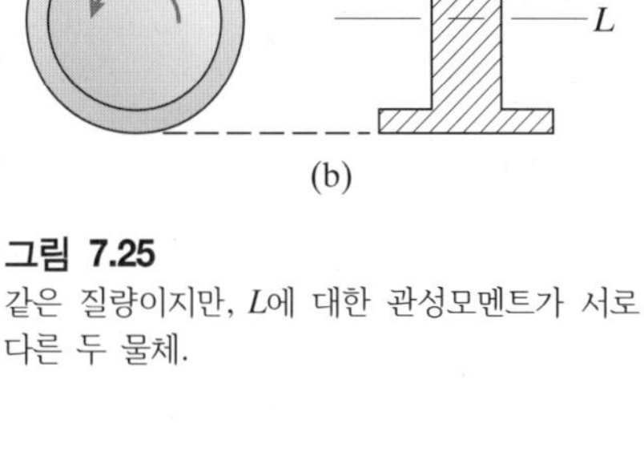

그림 7.25
같은 질량이지만, L에 대한 관성모멘트가 서로 다른 두 물체.

여기서 m_i는 i번째 질점의 질량이며, r_i는 L_O에서 i번째 질점까지의 수직거리이다(그림 7.26a). 물체의 관성모멘트를 계산하기 위해, 물체를 질량의 연속적인 분포로 모델링하고 L_O에 대한 관성모멘트를 다음 식으로 나타내는 것이 종종 더 편리하다:

$$I_O = \int_m r^2\, dm \tag{7.27}$$

여기서 r은 L_O에서 미소 질량요소 dm까지의 수직거리이다(그림 7.26b). 축이 물체의 질량중심을 통과할 때, 이 축을 L로 표시하고, L에 대한 관성모멘트를 I로 표시한다.

물체의 관성모멘트의 차원은 (질량) × (길이)^{2}이며, 정의로부터 이 값은 양수이어야 한다는 것을 알 수 있다.

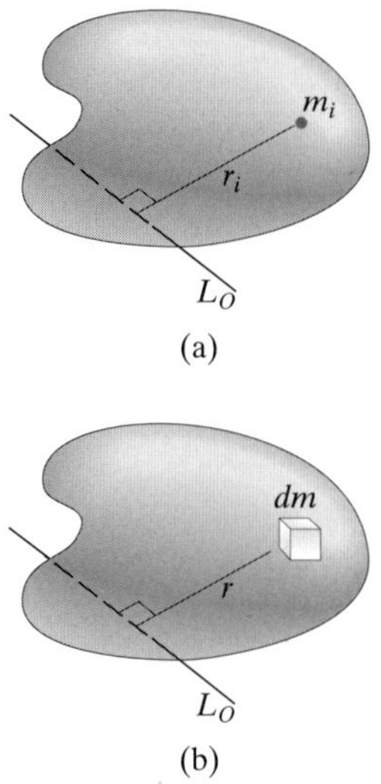

그림 7.26
관성모멘트를 구하기 위한 물체의 모델링:
(a) 유한개의 질점들에 의한 모델링.
(b) 질량의 연속적인 분포에 의한 모델링.

간단한 형상의 물체들

먼저 몇 가지 간단한 형상의 물체들에 대한 관성모멘트를 구하고, 다음 절에서 간단한 형상들의 조합으로 구성된 물체의 관성모멘트를 쉽게 구하게 해주는 평행축 정리에 대해 설명한다.

가는 막대 가는 직선 막대의 질량중심을 통과하는 수직축 L에 대한 관성모멘트를 구한다(그림 7.27a). "가는(slender)"이란 막대의 길이가 폭에 비해 훨씬 크다고 가정함을 의미한다. 막대의 길이가 l, 단면적이 A, 질량이 m이라고 하자. A는 막대의 길이를 따라 균일(uniform)하며, 재료는 균질(homogeneous)하다고 가정한다. 질량중심으로부터 거리 r에 있는 길이 dm의 막대 미분요소(differential element)를 생각해 보자(그림 7.27b). 요소의 질량은 요소의 체적과 질량밀도의 곱과 같다. 즉, $dm = \rho A\, dr$이다. 이 표현을 식 (7.27)에 대입하면, 질량중심을 통과하는 수직축에 대한 막대의 관성모멘트를 구할 수 있다. 즉,

$$I = \int_m r^2\, dm = \int_{-l/2}^{l/2} \rho A r^2\, dr = \frac{1}{12}\rho A l^3$$

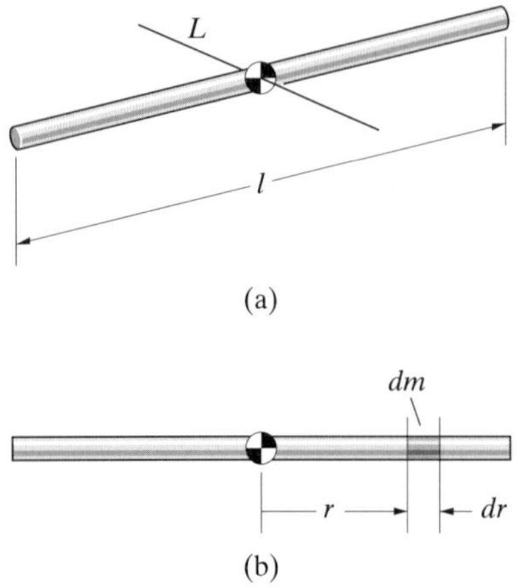

그림 7.27
(a) 가는 막대.
(b) 미분 길이 요소 dr.

이다. 막대의 질량은 질량밀도와 체적의 곱과 같으므로 $m = \rho A l$이며, 따라서 가는 막대의 관성모멘트는 다음과 같이 나타낼 수 있다:

$$I = \frac{1}{12} m l^2 \tag{7.28}$$

이 결과를 얻을 때, 막대 폭의 크기는 무시하였다. 즉, 질량 dm의 미분요소가 막대의 축에 집중되어 있는 것처럼 취급하였다. 결과적으로, 식 (7.28)은 막대의 관성모멘트에 대한 근사식이다. 이 절의 후반부에서 유한한 크기의 폭을 가진 막대의 관성모멘트를 구하고, 막대의 폭이 길이에 비해 작은 경우 식 (7.28)이 좋은 근사식임을 보여줄 것이다.

얇은 평판 질량이 m이고 두께가 균일한 균질 평판을 생각해 보자. 판의 단면적의 형상은 따로 정하지 않는다. 평판이 직각좌표계의 $x-y$ 평면에 놓이도

록 좌표계의 방향을 조정하였다고 하자(그림 7.28a). 여기서는 x, y, z축에 대한 평판의 관성모멘트를 구하기로 한다.

판의 면적요소 dA를 판 두께 T에 대해 투사시키면 미소 체적요소를 얻을 수 있으며(그림 7.28b), 이 요소의 체적은 TdA이고 질량은 질량밀도와 요소체적의 곱과 같다. 즉, $dm = \rho T\, dA$이다. 이 식을 식 (7.27)에 대입하면, z축에 대한 평판의 관성모멘트를 얻을 수 있다. 즉,

$$I_{z\text{ axis}} = \int_m r^2\, dm = \rho T \int_A r^2\, dA$$

이다. 여기서 r은 z축으로부터 dA까지의 거리이다. 판의 질량은 $m = \rho T\, A$이므로 $\rho T = m/A$이다. 여기서 A는 판의 전체 면적이다. 오른쪽의 적분은 평판 단면적의 극관성모멘트(polar moment of inertia) J_O이다. 따라서 z축에 대한 평판의 관성모멘트는 다음과 같이 쓸 수 있다:

$$I_O = \sum_i m_i r_i^2 \tag{7.29}$$

그림 7.28b로부터, x축에서 면적요소 dA까지의 수직거리가 dA의 y좌표임을 알 수 있다. 따라서 x축에 대한 평판의 관성모멘트는

$$I_{x\text{ axis}} = \int_m y^2\, dm = \rho T \int_A y^2\, dA = \frac{m}{A} I_x \tag{7.30}$$

이다. 여기서 I_x는 x축에 대한 평판 단면적의 관성모멘트이다. y축에 대한 평판의 관성모멘트는

$$I_{y\text{ axis}} = \int_m x^2\, dm = \rho T \int_A x^2\, dA = \frac{m}{A} I_y \tag{7.31}$$

이다. 여기서 I_y는 y축에 대한 평판 단면적의 관성모멘트이다.

면적 관성모멘트 I_x와 I_y의 합은 극관성모멘트 J_O와 같으므로, z축에 대한 얇은 평판의 관성모멘트는 x축과 y축에 대한 관성모멘트의 합과 같다. 즉,

$$I_{z\text{ axis}} = I_{x\text{ axis}} + I_{y\text{ axis}} \tag{7.32}$$

이다. 이렇게 해서 균일한 두께의 얇은 균질 평판의 관성모멘트를 평판의 단면적 관성모멘트에 의해 나타내었다. 사실 이 결과들은 면적적분 I_x, I_y, J_O가 왜 관성모멘트로 불리는지 그 이유를 설명한다.

물체의 관성모멘트와 면적의 관성모멘트에 대한 같은 용어와 유사한 기호의 사용으로 혼란스러울 수 있으나, 공학 실무에서는 확립이 잘 되어 있다. 언급되는 관성모멘트의 유형은 문맥이나 단위로부터 결정될 수 있는데, 면적 관성모멘트의 단위는 (길이)^{4}이며, 관성모멘트의 단위는 (질량) × (길이)^{2}이다.

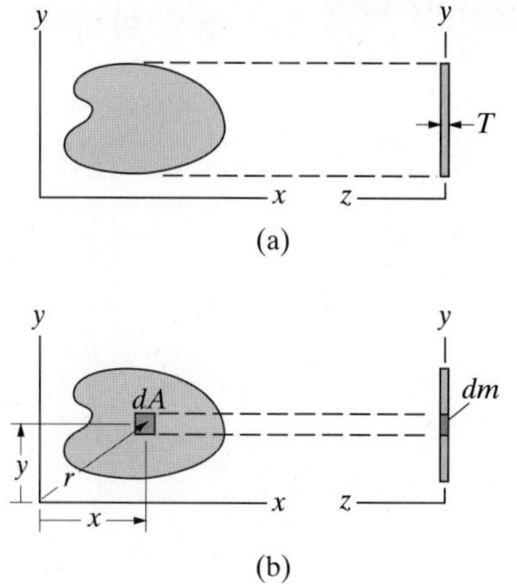

그림 7.28
(a) 균일한 두께 T와 임의 형상의 판.
(b) 면적요소 dA를 판 두께에 대해 투사시켜 얻은 체적요소.

예제 7.9 L자 형상 막대의 관성모멘트

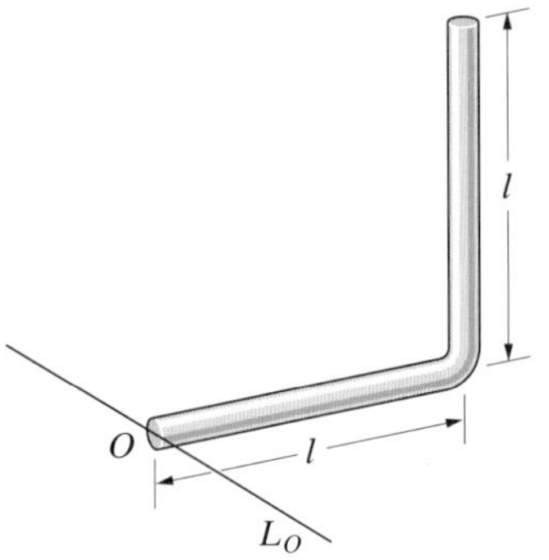

그림 7.29

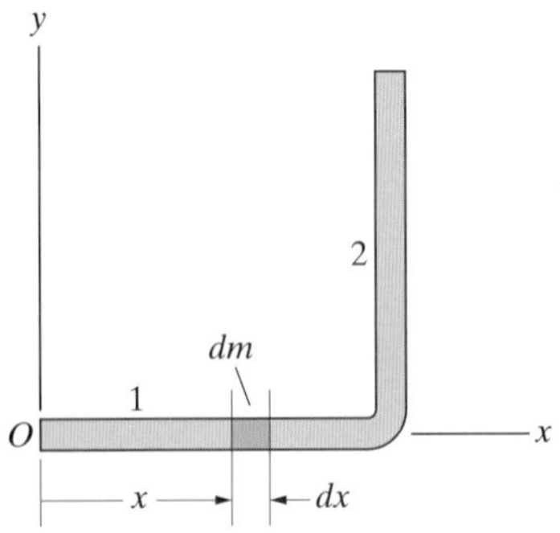

(a) 막대 1의 미분요소.

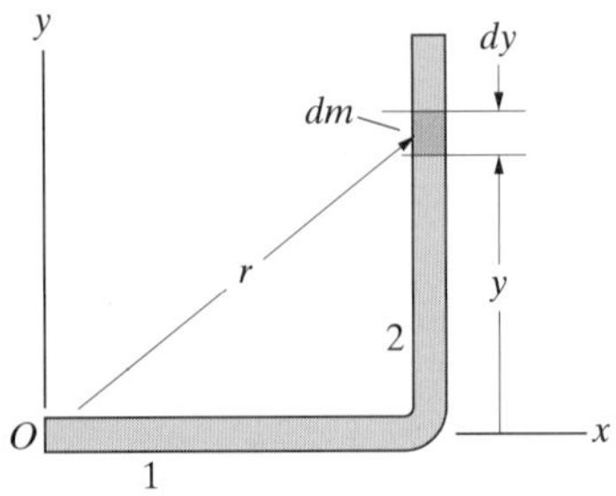

(b) 막대 2의 미분요소.

길이가 l이고, 질량이 m이며 단면적이 A인 두 개의 가는 균질 막대를 서로 용접하여 L자 형태로 만들었다(그림 7.29). O점을 통과하는 축 L_O에 대해 물체의 관성모멘트를 구하라. (축 L_O는 두 막대에 수직이다.)

전략

한 개의 막대에 대해 사용했던 적분 과정을 똑같이 사용하여, 각 막대에 대해 L_O에 대한 관성모멘트를 구한 후 결과를 합산한다.

풀이

z축을 L_O와 일치시키고 x축은 막대 1과 일치하도록 좌표계를 조정한다(그림 a). 막대 1의 길이 dx의 미분요소의 질량은 $dm = \rho A\, dx$이다. 막대 1의 L_O에 대한 관성모멘트는

$$(I_O)_1 = \int_m r^2\, dm = \int_0^l \rho A x^2\, dx = \frac{1}{3}\rho A l^3$$

이다. 막대의 질량 $m = \rho A l$에 의해, 이 식을 다음과 같이 쓸 수 있다:

$$(I_O)_1 = \frac{1}{3}ml^2$$

그림 b의 막대 2에서 길이가 dy인 요소의 질량은 $dm = \rho A\, dy$이다. 그림으로부터 L_O에서 이 요소까지의 수직거리는 $r = \sqrt{l^2 + y^2}$이다. 따라서 막대 2의 L_O에 대한 관성모멘트는

$$(I_O)_2 = \int_m r^2\, dm = \int_0^l \rho A(l^2 + y^2)\, dy = \frac{4}{3}\rho A l^3$$

이며, 막대의 질량으로 다시 표시하면,

$$(I_O)_2 = \frac{4}{3}ml^2$$

이다. L_O에 대한 L자형 물체의 관성모멘트는 다음과 같다:

$$I_O = (I_O)_1 + (I_O)_2 = \frac{1}{3}ml^2 + \frac{4}{3}ml^2 = \frac{5}{3}ml^2$$

비판적 사고

이 예제에서는 두 직선 막대로 구성된 물체의 관성모멘트를 구하기 위해 적분을 사용하였다. 이런 막대들로 구성된 더 복잡한 물체에 대해서도 같은 방법을 적용할 수 있으나, 이렇게 하면 꽤 귀찮은 일이 될 것이다. 일단 적분을 사용하여 식 (7.28)과 같이 막대 한 개의 관성모멘트를 구하면, 더 이상 적분에 의존하지 않고 이 결과를 이용하여 여러 막대로 구성된 복합체의 관성모멘트를 구할 수 있다면 매우 편할 것이다. 다음 절에서 이 방법에 대해 설명할 것이다.

예제 7.10 삼각형 평판의 관성모멘트

그림 7.30의 얇은 균질 평판은 두께가 균일하며 질량이 m이다. x축, y축, z축 각각에 대한 관성모멘트를 구하라

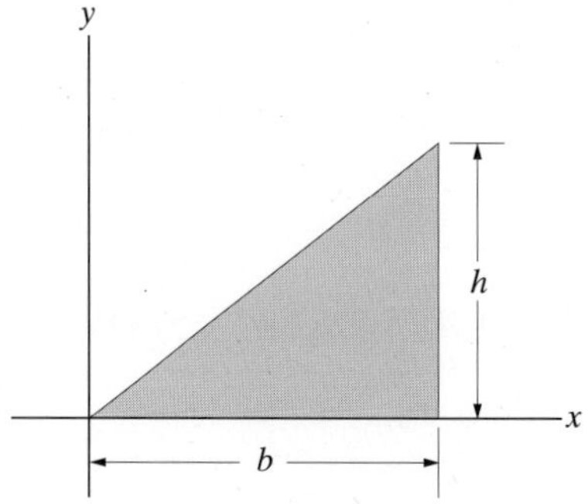

그림 7.30

| 전략 |

x축과 y축에 대한 관성모멘트는 평판 단면적의 관성모멘트에 의해 식 (7.30)과 (7.31)로 주어진다. z축에 대한 평판의 관성모멘트를 식 (7.32)로부터 구할 수 있다.

| 풀이 |

부록 B로부터, x축과 y축에 대한 삼각형 면적의 관성모멘트는 $I_x = \frac{1}{12}bh^3$, $I_y = \frac{1}{12}hb^3$이다. 따라서 x축과 y축에 대한 평판의 관성모멘트는

$$I_{x\text{ axis}} = \frac{m}{A}I_x = \frac{m}{\frac{1}{2}bh}\left(\frac{1}{12}bh^3\right) = \frac{1}{6}mh^2$$

$$I_{y\text{ axis}} = \frac{m}{A}I_y = \frac{m}{\frac{1}{2}bh}\left(\frac{1}{4}hb^3\right) = \frac{1}{2}mb^2$$

이다. z축에 대한 관성모멘트는

$$I_{z\text{ axis}} = I_{x\text{ axis}} + I_{y\text{ axis}} = m\left(\frac{1}{6}h^2 + \frac{1}{2}b^2\right)$$

이다.

| 비판적 사고 |

이 예제가 보여준 것과 같이, 얇은 균질 평판의 관성모멘트를 구하기 위해 부록 B에 표로 만들어진 면적 관성모멘트를 이용할 수 있다. 더 복잡한 형상을 가진 평판에 대해서는 여러 형상으로 구성된 면적의 관성모멘트를 구하는 방법을 사용할 수 있다.

평행축 정리

평행축 정리(parallel-axis theorem)는 각 부품들의 관성모멘트를 알고 있을 때 이 부품들로 구성된 복합체의 관성모멘트를 구할 수 있도록 해준다. 물체의 질량중심을 통과하는 축 L에 대한 관성모멘트 I를 알고 있을 때 L에 평행한 축 L_O에 대한 관성모멘트 I_O를 구하려고 한다고 하자(그림 7.31a). I_O를 구하기 위해, 그림 7.31b와 같이, z축이 L_O와 일치하고, z'축이 L과 일치하는 두 평행좌표계 xyz와 $x'y'z'$를 도입한다(이 그림에서 축 L_O와 L은 책 지면에 수직이다). xyz 좌표계의 원점 O는 $x'-y'$ 평면에 포함되어 있다. d_x, d_y항은 xyz 좌표계에 대한 질량중심의 좌표이다.

L_O에 대한 물체의 관성모멘트는

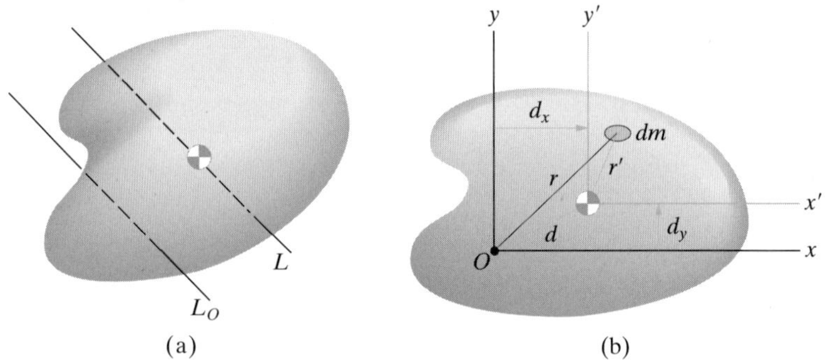

그림 7.31
(a) 물체의 질량중심을 통과하는 축 L과 여기에 평행한 축 L_O.
(b) xyz 좌표계와 $x'y'z'$ 좌표계.

$$I_O = \int_m r^2\, dm = \int_m (x^2 + y^2)\, dm \tag{7.33}$$

이다. 여기서 r은 L_O에서 질량 미분요소 dm까지의 수직거리이며, x와 y는 $x-y$ 평면에서 dm의 좌표이다. dm의 $x-y$ 좌표는 $x'-y'$ 좌표와 다음 관계가 있다:

$$x = x' + d_x$$

$$y = y' + d_y$$

이 식들을 식 (7.33)에 대입하면 다음과 같이 쓸 수 있다:

$$I_O = \int_m [(x')^2 + (y')^2]\, dm + 2d_x \int_m x'\, dm + 2d_y \int_m y'\, dm + \int_m (d_x^2 + d_y^2)\, dm \tag{7.34}$$

L에서 dm까지의 수직거리를 r'라고 하면 $(x')^2 + (y')^2 = (r')^2$이므로, 이 식 우변의 첫 번째 적분은 L에 대한 물체의 관성모멘트 I이다. $x'y'z'$ 좌표계에 대한 물체의 질량중심의 x', y' 좌표는 다음 식으로 정의된다:

$$\bar{x}' = \frac{\int_m x'\, dm}{\int_m dm}, \quad \bar{y}' = \frac{\int_m y'\, dm}{\int_m dm}$$

물체의 질량중심이 $x'y'z'$ 좌표계의 원점에 있으므로 $\bar{x}' = 0$, $\bar{y}' = 0$이다. 따라서 식 (7.34)의 우변의 둘째 항과 셋째 항의 적분은 0이다. 그림 7.31(b)에서, d가 축 L과 L_O 사이의 수직거리이므로 $d_x^2 + d_y^2 = d^2$이다. 따라서 다음 결과를 얻을 수 있다:

$$I_O = I + d^2 m \tag{7.35}$$

이것이 물체의 관성모멘트에 대한 **평행축 정리**(parallel-axis theorem)이다. 식 (7.35)는 **질량중심을 통과하는** 축에 대한 물체의 관성모멘트 I와 임의의 평행축에 대한 관성모멘트 I_O 사이의 관계를 나타내는 식이다. 여기서 d는 두 축 사이의 수직거리이며 m은 물체의 질량이다.

평행축 정리는 여러 형상으로 구성된 복합체의 관성모멘트를 결정하는 것

을 가능케 한다. 주어진 축 L_O에 대해 관성모멘트를 계산하기 위해서는 다음의 세 단계가 필요하다:

1. **부품으로 적절히 나눈다.** 관성모멘트를 알고 있거나, 쉽게 계산할 수 있는 부품들로 물체를 나눈다.
2. **부품들의 관성모멘트를 구한다.** L_O에 평행하면서 각 부품의 자체 질량중심을 통과하는 축에 대한 관성모멘트를 각각 계산한 다음, 평행축 정리를 이용하여 각 부품의 L_O에 대한 관성모멘트를 구한다.
3. **결과들을 더한다.** 각 부품들의 관성모멘트를 더하여(구멍이나 잘라낸 부분인 경우에는 빼서) 복합체의 관성모멘트를 구한다.

예제 7.11 평행축 정리의 응용

길이가 l이고, 질량이 m인 두 개의 가는 균질 막대를 서로 용접하여 L자형 물체로 만들었다(그림 7.32). 점 O를 통과하는 축 L_O에 대한 물체의 관성모멘트를 구하라(축 L_O는 두 막대에 수직이다).

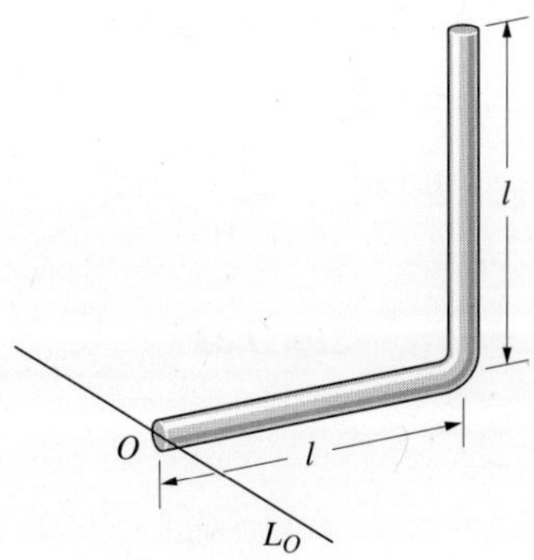

그림 7.32

전략

가는 직선 막대의 질량중심을 통과하는 수직축에 대한 막대의 관성모멘트는 식 (7.28)로 주어진다. 평행축 정리를 이용하여 L_O에 대한 두 막대의 관성모멘트를 각각 구한 후 더하여 L자형 막대의 관성모멘트를 구한다.

풀이

부품으로 적절히 나눈다 부품은 막대 두 개이며, 막대 1과 막대 2로 부른다(그림 a).

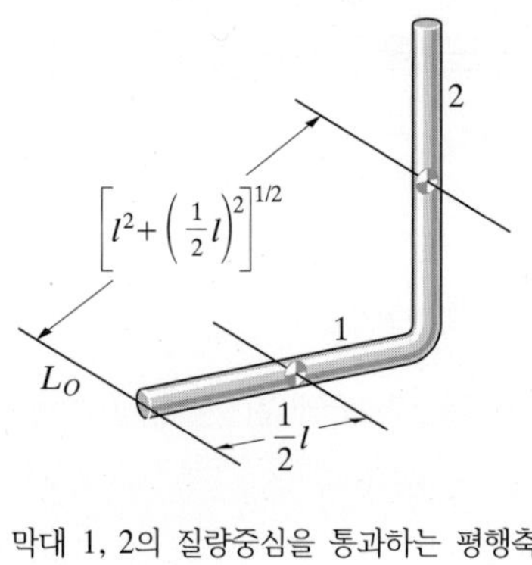

(a) 막대 1, 2의 질량중심을 통과하는 평행축들과 L_O 사이의 거리.

부품들의 관성모멘트를 구한다 부록 C로부터, 막대의 질량중심을 통과하는 수직축에 대한 막대의 관성모멘트는 $I = \frac{1}{12}ml^2$이다. L_O에서 막대 1의 질량중심을 통과하는 평행축까지의 거리는 $\frac{1}{12}l$이다(그림 a). 따라서 막대 1의 L_O에 대한 관성모멘트는

$$(I_O)_1 = I + d^2m = \frac{1}{12}ml^2 + \left(\frac{1}{2}l\right)^2 m = \frac{1}{3}ml^2$$

이다. L_O에서 막대 2의 질량중심을 통과하는 평행축까지의 거리는 $[l^2 + \left(\frac{1}{2}l\right)^2]^{1/2}$이다. 막대 2의 L_O에 대한 관성모멘트는 다음과 같다:

$$(I_O)_2 = I + d^2m = \frac{1}{12}ml^2 + \left[l^2 + \left(\frac{1}{2}l\right)^2\right] m = \frac{4}{3}ml^2$$

결과들을 더한다 L자형 막대의 L_O에 대한 관성모멘트는

$$I_O = (I_O)_1 + (I_O)_2 = \frac{1}{3}ml^2 + \frac{4}{3}ml^2 = \frac{5}{3}ml^2$$

이다.

| 비판적 사고 |

이 물체의 L_O에 대한 관성모멘트를 적분에 의해 구했던 예제 7.9와 이 해를 비교하라. 평행축 정리로 결과를 훨씬 쉽게 얻었지만, 막대의 질량중심을 통과하는 축에 대한 각 막대의 관성모멘트는 당연히 알고 있어야 한다.

예제 7.12 복합체의 관성모멘트

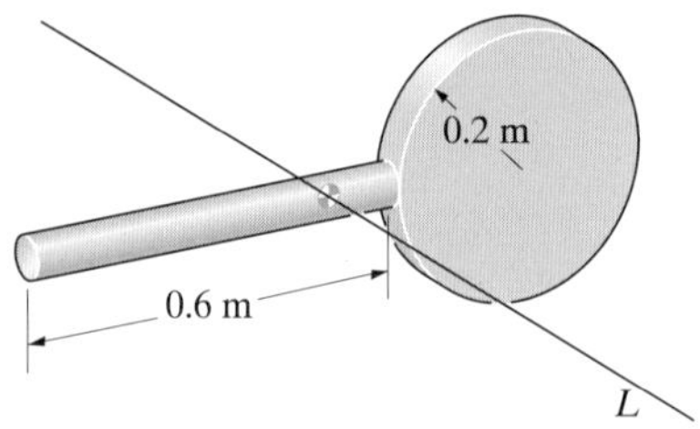

그림 7.33

그림 7.33의 물체는 3 kg의 가는 막대와 2 kg의 얇은 원판을 용접한 형태이다. 물체의 질량중심을 통과하는 축 L에 대한 관성모멘트를 구하라. (축 L은 막대와 원판에 수직이다.)

| 전략 |

복합체의 질량중심을 찾아서 평행축 정리를 적용해야 한다. 부록 C로부터 막대와 원판의 관성모멘트를 얻을 수 있다.

| 풀이 |

부품으로 적절히 나눈다 막대와 원판의 두 부품으로 나눈다. 그림 a의 좌표계를 도입하면, 복합체의 질량중심의 x좌표는

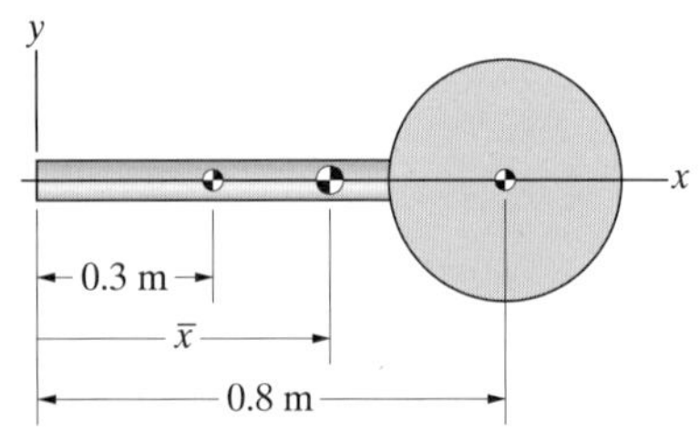

(a) 물체의 질량중심의 좌표 $\bar{x}$.

$$\bar{x} = \frac{\bar{x}_{\text{bar}}m_{\text{bar}} + \bar{x}_{\text{disk}}m_{\text{disk}}}{m_{\text{bar}} + m_{\text{disk}}}$$

$$= \frac{(0.3\text{ m})(3\text{ kg}) + (0.6\text{ m} + 0.2\text{ m})(2\text{ kg})}{(3\text{ kg}) + (2\text{ kg})} = 0.5\text{ m}$$

이다.

부품들의 관성모멘트를 구한다 막대의 질량중심에서 복합체의 질량중심까지의 거리는 0.2 m이다(그림 b). 따라서 막대의 L에 대한 관성모멘트는

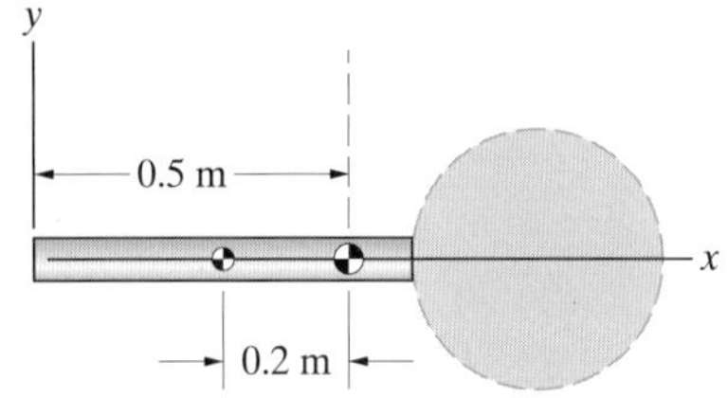

(b) L에서 막대의 질량중심까지의 거리.

$$I_{\text{bar}} = \frac{1}{12}(3\text{ kg})(0.6\text{ m})^2 + (3\text{ kg})(0.2\text{ m})^2 = 0.210\text{ kg-m}^2$$

이다. 원판의 질량중심에서 복합체의 질량중심까지의 거리는 0.3 m이다(그림 c). L에 대한 원판의 관성모멘트는

$$I_{\text{disk}} = \frac{1}{2}(2\text{ kg})(0.2\text{ m})^2 + (2\text{ kg})(0.3\text{ m})^2 = 0.220\text{ kg-m}^2$$

이다.

결과들을 더한다 L에 대한 복합체의 관성모멘트는

$$I = I_{bar} + I_{disk} = 0.430 \text{ kg-m}^2$$

이다.

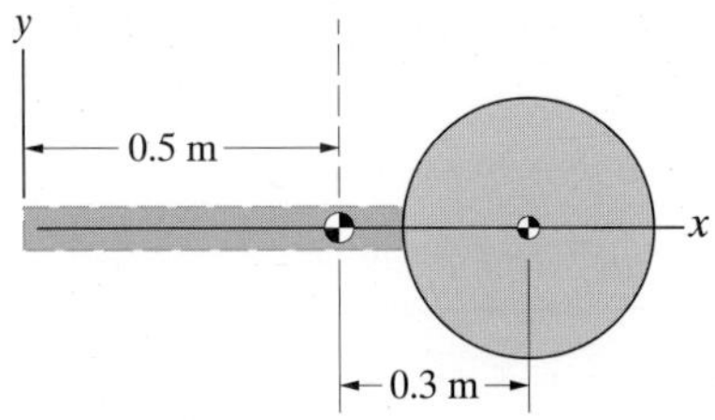

(c) L에서 원판의 질량중심까지의 거리.

비판적 사고

이 예제는 공학 응용에서 물체의 관성모멘트를 결정하기 위한 가장 일반적인 과정을 보여주고 있다. 물체는 일반적으로 부품들의 조립품들로 구성된다. 각 부품의 질량중심과 질량중심을 통과하는 축에 대한 관성모멘트가 결정되어야 한다. (이 정보는 실험적으로 구해야 할 때도 있고, 부품 제조업자가 제공하는 경우도 있다.) 그 다음 복합체의 질량중심을 구하고, 평행축 정리를 이용하여 복합체의 질량중심을 통과하는 축에 대한 각 부품들의 관성모멘트를 구한다. 마지막으로, 각 관성모멘트들을 더하여 복합체의 관성모멘트를 구한다.

예제 7.13 균질 원통의 관성모멘트

그림 7.34의 균질 원통은 질량이 m, 길이가 l, 반경이 R이다. x축, y축, z축 각각에 대한 관성모멘트를 구하라.

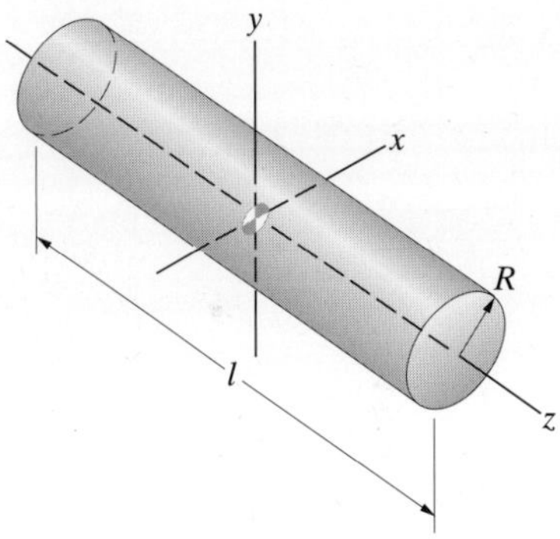

그림 7.34

전략

평행축 정리의 흥미로운 적용에 의해 원통의 관성모멘트를 구할 수 있다. 평행축 정리를 이용하여 두께가 dz인 원판으로 구성된 원통의 미소 원판 요소의 x, y, z축에 대한 관성모멘트를 구한다. 그리고 z축에 대해 이 결과들을 적분하여 원통의 관성모멘트를 구한다.

풀이

원통중심으로부터 z 거리에 있는 두께 dz의 원판 요소를 생각해 보자(그림 a). (원통 축에 직각으로 원통을 "얇게 잘라" 이 요소를 얻은 것으로 상상할 수 있다.) 원판 요소의 질량은 질량밀도와 요소의 체적을 곱한 값과 같다. 즉, $dm = \rho(\pi R^2\, dz)$이다. 부록 C에 주어진 얇은 원판에 대한 값들을 이용하여 이 요소의 관성모멘트를 구한다. z축에 대한 관성모멘트는

$$dI_{z\text{ axis}} = \frac{1}{2} dm\, R^2 = \frac{1}{2}(\rho \pi R^2\, dz) R^2$$

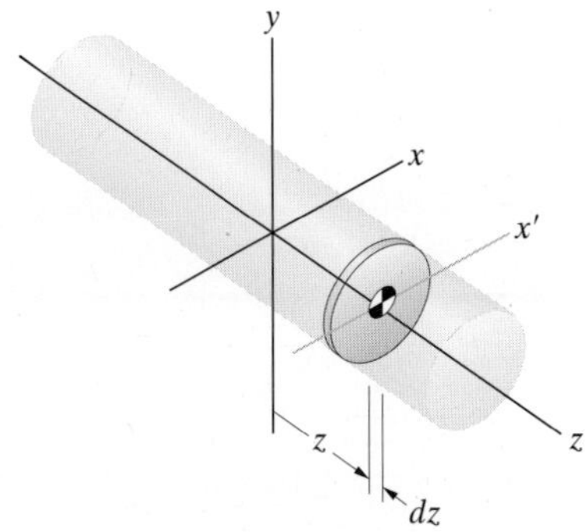

(a) 원판 형태인 원통의 미분요소.

이다. 이 결과를 z축에 대해 $-l/2$에서 $l/2$까지 적분함으로써, 원통을 이루는 미소 원판 요소들의 관성모멘트를 모두 더한다. 이 결과가 z축에 대한 원통의 관성모멘트이다. 즉,

$$I_{z\text{ axis}} = \int_{-l/2}^{l/2} \frac{1}{2} \rho \pi R^4\, dz = \frac{1}{2} \rho \pi R^4 l$$

이다. 이 결과를 원통의 질량 $m = \rho(\pi R^2/l)$에 의해 다음과 같이 쓸 수 있다:

$$I_{z\text{ axis}} = \frac{1}{2}mR^2$$

x'축에 대한 원판 요소의 관성모멘트는

$$dI_{x'\text{ axis}} = \frac{1}{4}dm\,R^2 = \frac{1}{4}(\rho\pi R^2\,dz)R^2$$

이다. 이 결과와 평행축 정리를 이용하여, x축에 대한 원판 요소의 관성모멘트를 다음과 같이 구할 수 있다:

$$dI_{x\text{ axis}} = dI_{x'\text{ axis}} + z^2\,dm = \frac{1}{4}(\rho\pi R^2\,dz)R^2 + z^2(\rho\pi R^2\,dz)$$

이 식을 $-l/2$에서 $l/2$까지 z축에 대해 적분하여 x축에 대한 원통의 관성모멘트를 얻을 수 있다. 즉,

$$I_{x\text{ axis}} = \int_{-l/2}^{l/2}\left(\frac{1}{4}\rho\pi R^4 + \rho\pi R^2 z^2\right)dz = \frac{1}{4}\rho\pi R^4 l + \frac{1}{12}\rho\pi R^2 l^3$$

이다. 원통의 질량에 의해 나타내면

$$I_{x\text{ axis}} = \frac{1}{4}mR^2 + \frac{1}{12}ml^2$$

이며, 원통의 대칭에 의해 다음이 성립한다.

$$I_{y\text{ axis}} = I_{x\text{ axis}}$$

| 비판적 사고 |

원통이 폭에 비해 매우 길 때($l \gg R$), $I_{x\text{ axis}}$에 대한 식의 첫 번째 항은 무시할 수 있으므로 가는 막대의 수직축에 대한 관성모멘트인 식 (7.28)을 얻을 수 있다. 이와 반대로, 원통의 반경이 길이보다 훨씬 크다면($R \gg l$), $I_{x\text{ axis}}$에 대한 식에서 둘째 항은 무시될 수 있으므로 원통의 중심축에 대한 얇은 원판의 관성모멘트를 얻을 수 있다. 이것으로부터 "가는" 막대와 "얇은" 원판의 관성모멘트에 대한 근사식을 사용할 때 무시되는 항의 크기를 알 수 있다.

연습문제

7.88 축 L_O는 L자형 가는 막대의 두 막대 부분에 대해 수직이다. 이 균질 막대의 질량은 6 kg이다. 적분을 이용하여 L_O에 대한 막대의 관성모멘트를 구하라.

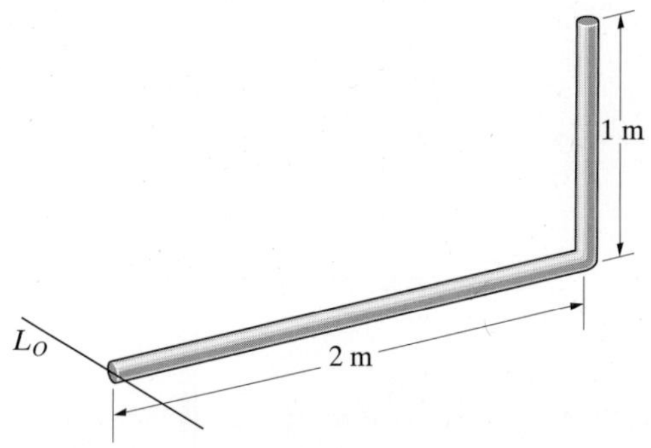

문제 7.88

7.89 질량이 m이고 길이가 l인 두 개의 가는 균질 막대를 서로 용접하여 T자형의 물체를 만들었다. 적분을 이용하여, 점 O를 통과하며 두 막대에 수직인 축에 대한 물체의 관성모멘트를 구하라.

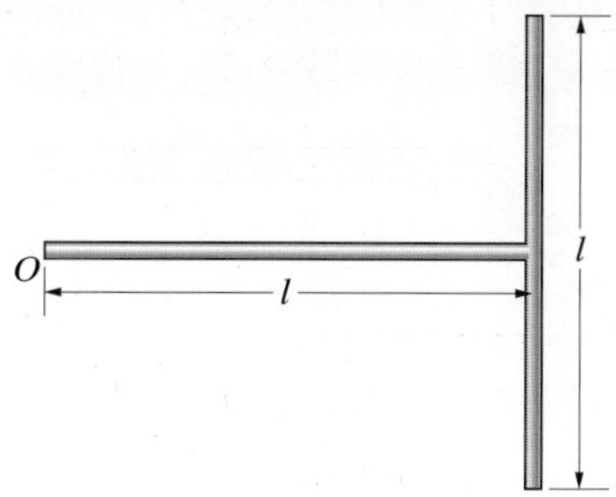

문제 7.89

7.90 가는 막대가 $x-y$ 평면에 놓여 있다. 이 균질 막대의 질량은 6 kg이다. 적분을 이용하여 이 막대의 z축에 대한 관성모멘트를 구하라.

7.91 가는 막대가 $x-y$ 평면에 놓여 있다. 이 균질 막대의 질량은 6 kg이다. 적분을 이용하여 이 막대의 y축에 대한 관성모멘트를 구하라.

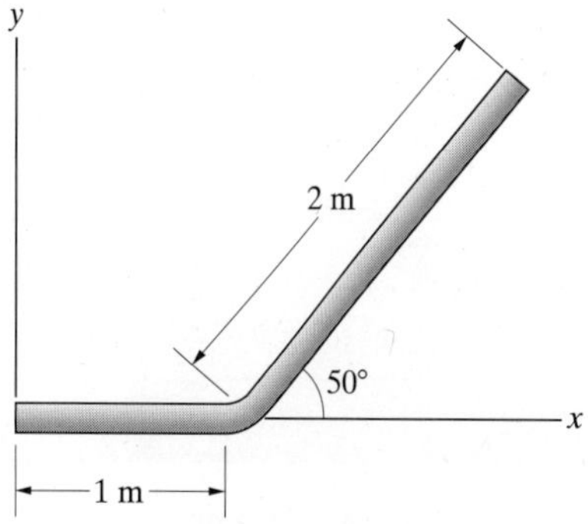

문제 7.90/7.91

7.92 얇은 균질 평판의 질량이 m = 12 kg이고 치수는 b = 1 m, h = 2 m이다. x, y, z축에 대한 이 판의 관성모멘트를 구하라.

전략: 임의의 형상을 가진 얇은 평판의 관성모멘트는 평판의 단면적 관성모멘트에 의해 식 (7.30)–(7.32)로 주어진다. 부록 B에서 삼각형 면적의 관성모멘트를 얻을 수 있다.

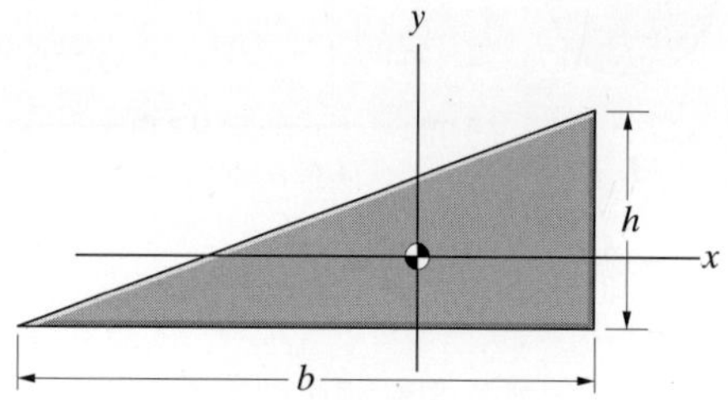

문제 7.92

7.93 황동 와셔(brass washer)의 두께가 균일하고 질량이 m이다.

(a) x축과 z축에 대한 와셔의 관성모멘트를 구하라.

(b) R_i = 0으로 하여 구한 결과를 부록 C의 얇은 원판에 대한 값들과 비교하라.

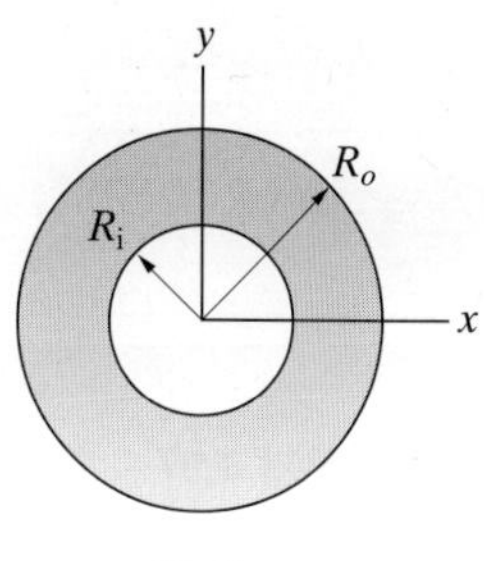

문제 7.93

7.94 얇은 균질 평판이 두께가 균일하고, 무게가 20 N이다. 이 판의 y축에 대한 관성모멘트를 구하라.

7.95 20 N 평판의 x축에 대한 관성모멘트를 구하라.

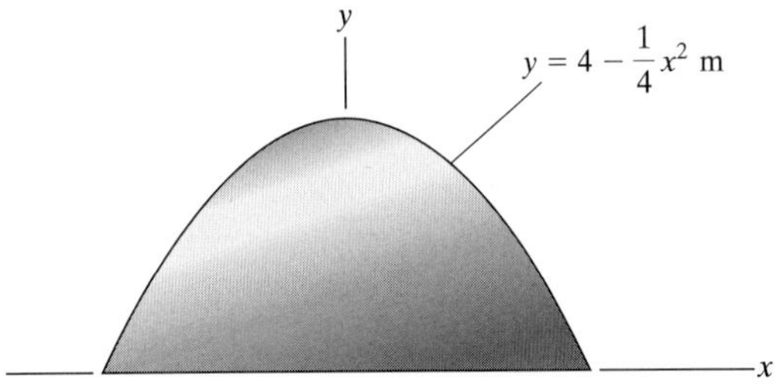

문제 7.94/7.95

7.96 물체의 질량이 10 kg이다. L_1에 대한 물체의 관성모멘트는 10 kg-m^{2}이다. L_2에 대한 물체의 관성모멘트는 얼마인가? (세 축은 같은 평면 상에 놓여 있다.)

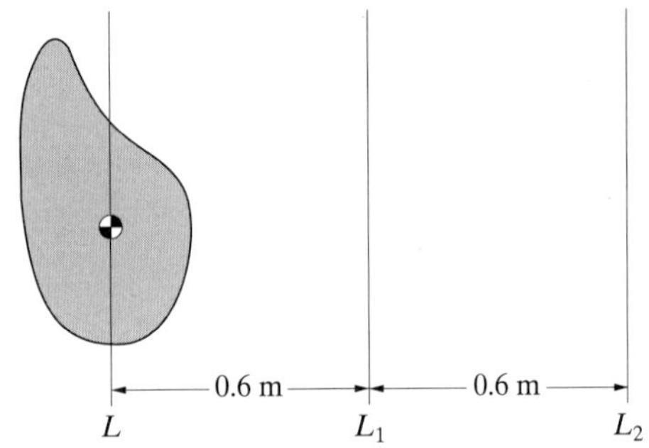

문제 7.96

7.97 조종장치의 설계를 위해 데이터를 수집하는 엔지니어가 측정을 통해 우주비행사의 질량중심이 x = 1.01 m, y = 0.16 m에 있으며, z축에 대한 비행사의 관성모멘트가 105.6 kg-m^{2}임을 알게 되었다. 우주비행사의 질량은 81.6 kg이다. 질량중심을 통과하는 z'축에 대한 비행사의 관성모멘트는 얼마인가?

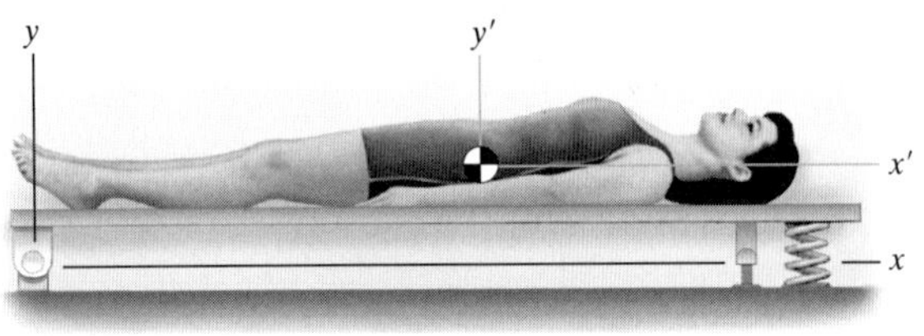

문제 7.97

7.98 질량이 m이고 길이가 l인 두 개의 가는 균질 막대를 용접하여 T자형의 물체를 만들었다. 평행축 정리를 이용하여 두 막대에 수직이며 점 O를 통과하는 축에 대한 물체의 관성모멘트를 구하라.

7.99 평행축 정리를 이용하여, 문제 7.98의 T자형 물체의 관성모멘트를 두 막대에 수직이면서 물체의 질량중심을 통과하는 축에 대해 구하라.

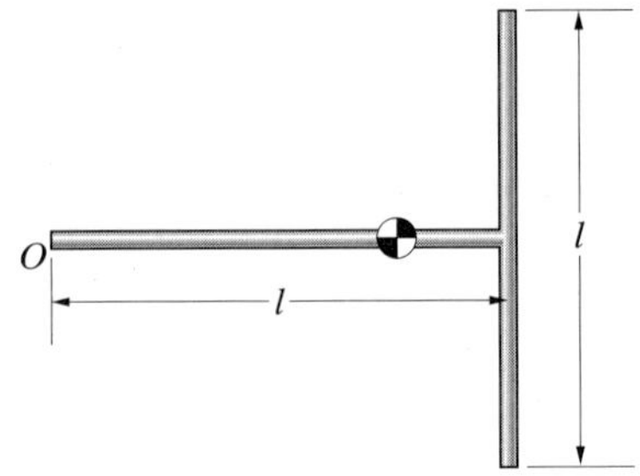

문제 7.98/7.99

7.100 가는 균질 막대의 질량이 30 kg이다. 이 막대의 z축에 대한 관성모멘트를 구하라.

7.101 가는 균질 막대의 질량이 30 kg이다. 막대의 질량중심을 통과하는 z'축에 대해 막대의 관성모멘트를 구하라.

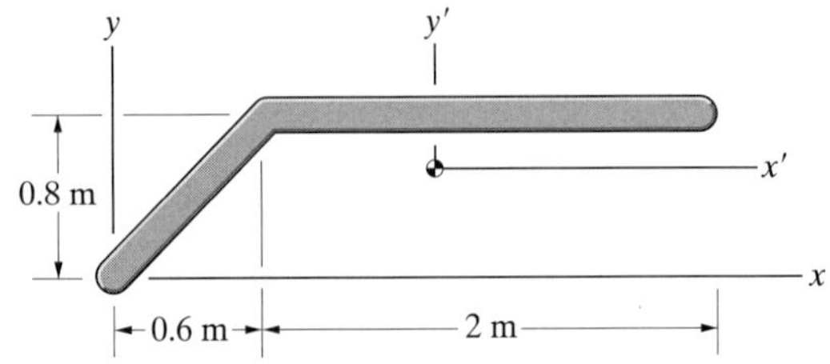

문제 7.100/7.101

7.102 가는 균질 막대의 무게가 1.52 N이다. 막대의 z축에 대한 관성모멘트를 구하라.

7.103 5 N 막대의 질량중심을 통과하는 z'축에 대한 막대의 관성모멘트를 구하라.

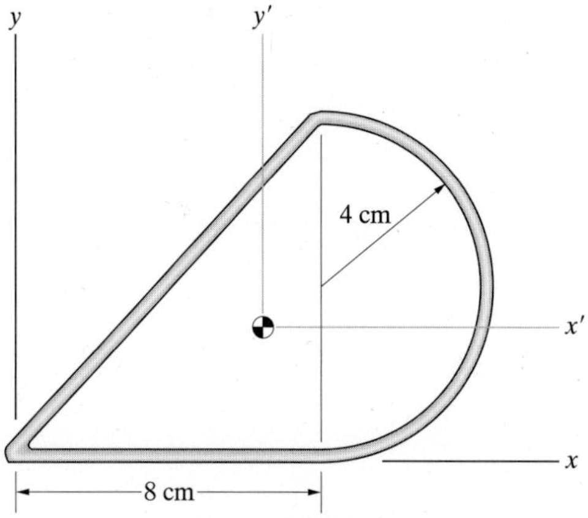

문제 7.102/7.103

7.104 로켓이 대기 연구에 이용된다. 로켓의 무게는 44,480 N이며, 질량(연료 포함)중심을 통과하는 z축에 대한 관성모멘트는 13,826 kg-m^{2}이다. 로켓의 연료 무게는 26,688 N이며, 질량중심은 $x = -0.91$ m, $y = 0$, $z = 0$이다. 또 z축에 평행하면서 연료의 질량중심을 통과하는 축에 대한 연료의 관성모멘트는 2,983 kg-m^{2}이다. 연료가 다 소모되었을 때, z축에 평행하면서 로켓의 새 질량중심을 통과하는 축에 대한 로켓의 관성모멘트는 얼마인가?

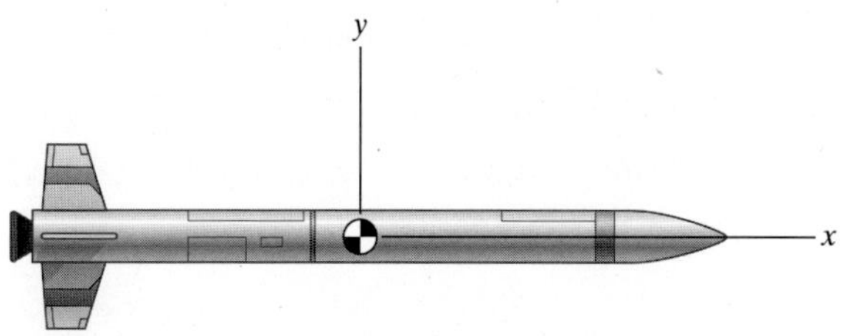

문제 7.104

7.105 얇은 균질 평판의 질량이 36 kg이다. 이 균질 평판의 x축에 대한 관성모멘트를 구하라.

7.106 z축에 대한 36 kg 평판의 관성모멘트를 구하라.

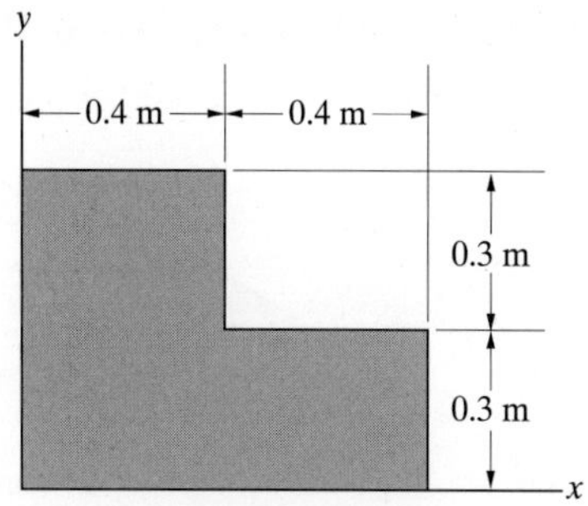

문제 7.105/7.106

7.107 얇은 균질 평판의 무게가 20 kg이다. 이 판의 x축에 대한 관성모멘트를 구하라.

7.108 얇은 균질 평판의 질량이 20 kg이다. y축에 대한 평판의 관성모멘트를 구하라.

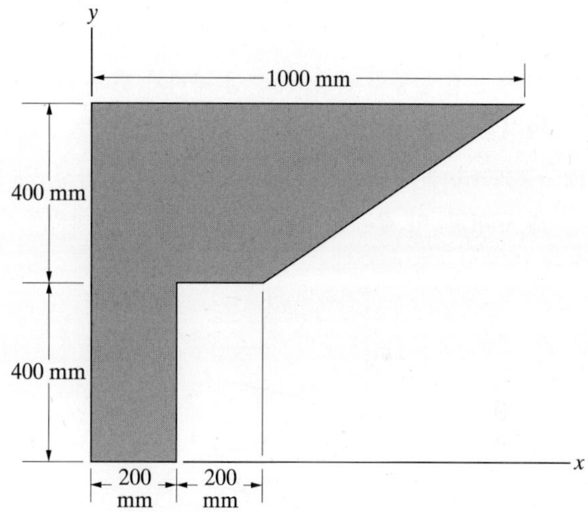

문제 7.107/7.108

7.109 방열기(위성으로부터 과도한 열을 제거할 때 사용함)는 얇은 균질 직사각형 판으로 모델링할 수 있다. 방열기의 질량은 5 kg이다. x, y, z축에 대한 방열기의 관성모멘트를 구하라.

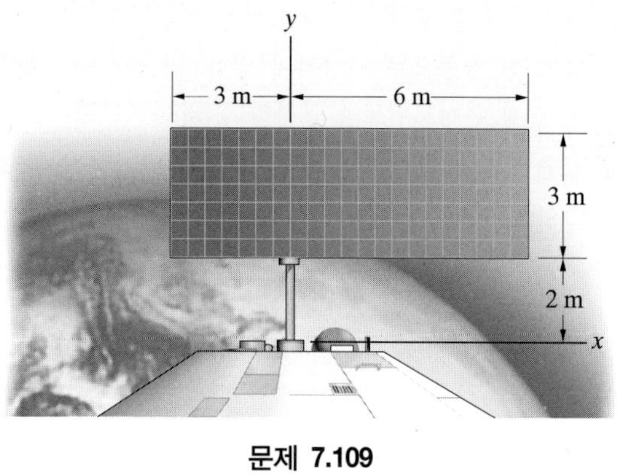

문제 7.109

7.110 얇은 균질 평판의 질량이 2 kg이다. 점 O를 지나면서 평판에 수직인 축에 대해 평판의 관성모멘트를 구하라.

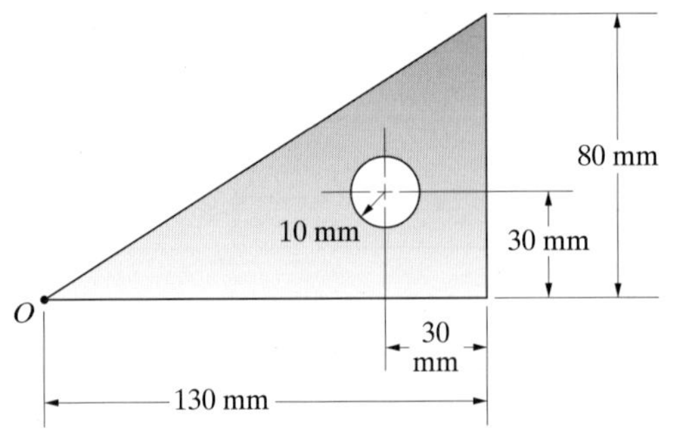

문제 7.110

7.111 균질 원뿔의 질량이 m이다. 이 원뿔의 관성모멘트를 z축에 대해 구하고, 그 결과를 부록 C에 주어진 값들과 비교하라.

전략: 균질 원통의 관성모멘트를 구하기 위해 예제 7.13에서 사용한 것과 같은 접근 방법을 사용하라.

7.112 x축과 y축에 대해 질량이 m인 균질 원뿔의 관성모멘트를 구하고, 이 결과를 부록 C의 값들과 비교하라.

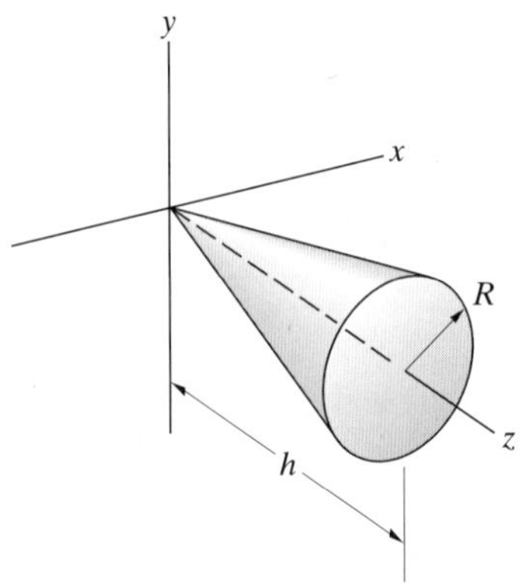

문제 7.111/7.112

7.113 잘려진 원뿔 모양의 균질 물체는 질량밀도가 $\rho = 8200$ kg/m^{3}인 청동으로 구성되어 있다. 이 물체의 z축에 대한 질량 관성모멘트를 구하라.

7.114 문제 7.113에서 물체의 질량 관성모멘트를 x축에 대해 구하라.

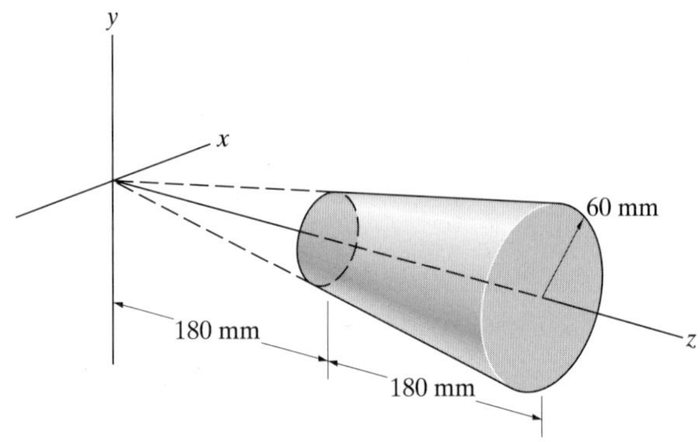

문제 7.113/7.114

7.115 균질한 직육면체의 질량이 m이다. x, y, z축 각각에 대한 직육면체의 관성모멘트를 구하고, 부록 C에 주어진 값들과 비교하라.

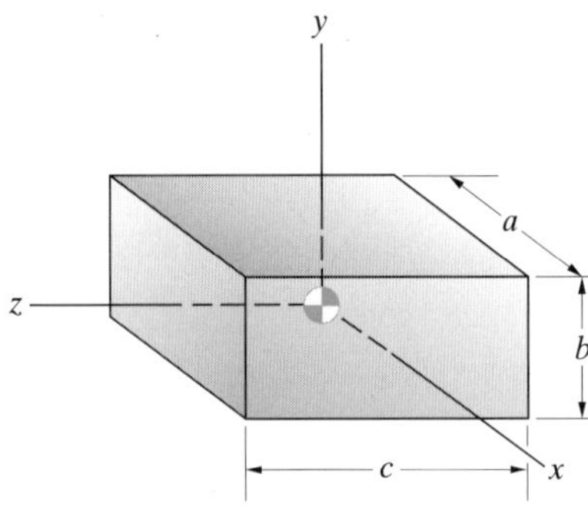

문제 7.115

7.116 반구로 덮인 원뿔은 밀도가 7800 kg/m^{3}인 물질로 구성되어 있다. 반경은 R = 80 mm이다. 이 원뿔의 x축에 대한 관성모멘트를 구하라.

7.117 문제 7.116에서 기술된 반구로 덮인 원뿔의 y축에 대한 관성모멘트를 구하라.

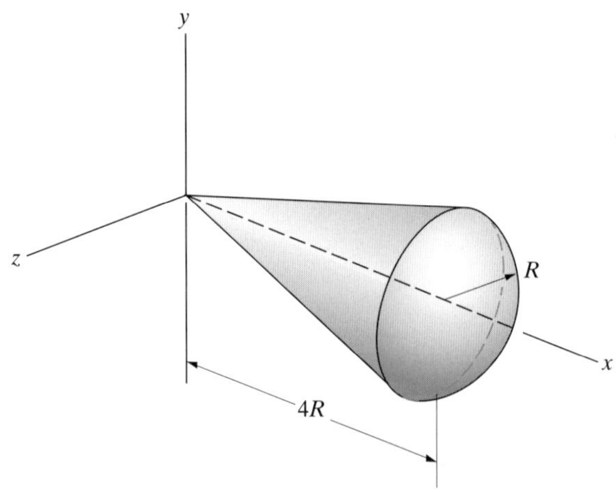

문제 7.116/7.117

7.118 원통이 밀도 2700 kg/m^3인 알루미늄(Al)과 밀도 7860 kg/m^3인 철(Fe)로 만들어졌다. x'축에 대한 원통의 관성모멘트를 구하라.

7.119 문제 7.118에서 기술된 복합 원통의 y'에 대한 관성모멘트를 구하라.

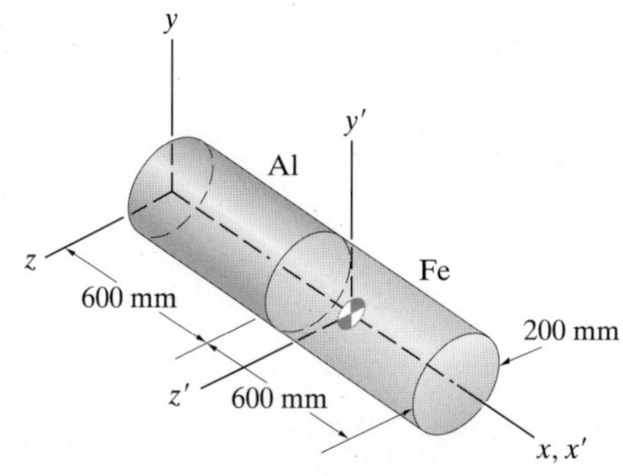

문제 7.118/7.119

7.120 균질한 기계 부품이 질량밀도가 ρ = 2800 kg/m^3인 알루미늄 합금으로 만들어졌다. 이 부품의 z축에 대한 관성모멘트를 구하라.

7.121 문제 7.120에서 기술된 기계 부품의 x축에 대한 관성모멘트를 구하라.

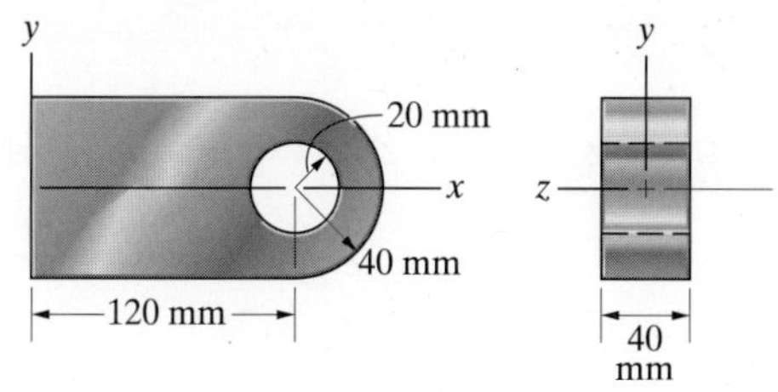

문제 7.120/7.121

7.122 그림의 물체는 밀도가 ρ = 7800 kg/m^3인 강철로 이루어져 있다. 점 O를 통과하는 축 L_O에 대해 이 물체의 관성모멘트를 구하라.

7.123 문제 7.122에서 기술된 물체에 대해, L_O에 평행하면서 이 물체의 질량중심을 통과하는 축에 대한 물체의 관성모멘트를 구하라.

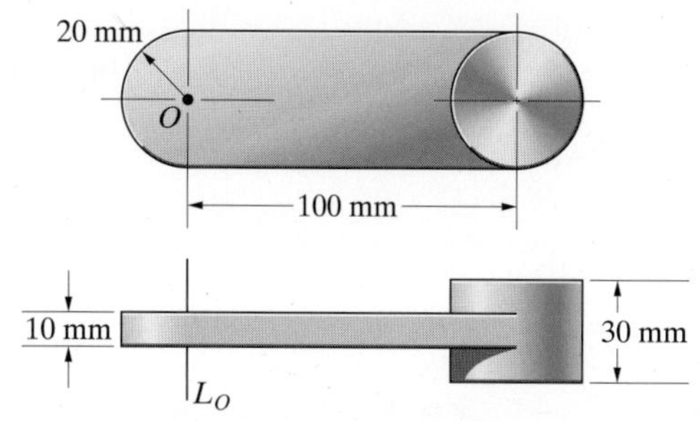

문제 7.122/7.123

7.124 두꺼운 판이 밀도가 ρ = 7729 kg/m^3인 강철로 이루어져 있다. z축에 대한 이 판의 관성모멘트를 구하라.

7.125 문제 7.124에서 기술된 물체의 x축에 대한 관성모멘트를 구하라.

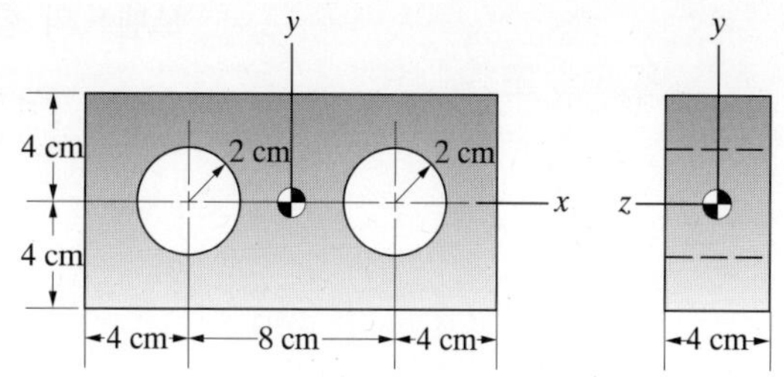

문제 7.124/7.125

요약

이 장에서 강체에 대한 평면운동방정식을 유도하였다. 6장에서 전개한 기구학적 관계식과 함께, 이 운동방정식들을 이용하여 강체에 작용하는 힘과 우력에 의해 일어나는 강체의 운동을 결정하였다. 8장에서는 운동에너지와 운동량 방법을 강체에 적용할 것이며, 이 방법으로 특정 형태의 문제를 매우 쉽게 풀 수 있음을 보여줄 것이다.

모멘트와 각운동량의 관계

고정점 O에 대한 질점계의 i번째 질점의 위치를 $\mathbf{r}_i$, 시스템의 질량중심의 위치를 $\mathbf{r}$, 질량중심에 대한 i번째 질점의 위치를 $\mathbf{R}_i$라고 하자. 외력이 일으키는 O에 대한 모멘트의 합은 O에 대한 전체 각운동량의 변화율과 같다. 즉,

$$\Sigma \mathbf{M}_O = \frac{d\mathbf{H}_O}{dt} \tag{7.8}$$

이며, O에 대한 각운동량은

$$\mathbf{H}_O = \sum_i \mathbf{r}_i \times m_i \mathbf{v}_i \tag{7.9}$$

이다. 여기서 m_i는 i번째 질점의 질량이며 $\mathbf{v}_i$는 i번째 질점의 속도이다. 위 관계식은 다음과 같이 쓸 수도 있다:

$$\Sigma \mathbf{M}_O = \frac{d}{dt}(\mathbf{r} \times m\mathbf{v} + \mathbf{H}) \tag{7.10}$$

여기서 m은 질점계의 총 질량이고, $\mathbf{v}$는 질량중심의 속도이며, $\mathbf{H}$는

$$\mathbf{H} = \sum_i \mathbf{R}_i \times m_i \frac{d\mathbf{R}_i}{dt} \tag{7.11}$$

로서 질량중심에 대한 전체 각운동량이다. 질량중심에 대해 외력이 일으키는 모멘트의 합은 질량중심에 대한 전체 각운동량의 변화율과 같다. 즉,

$$\Sigma \mathbf{M} = \frac{d\mathbf{H}}{dt} \tag{7.12}$$

이며, 점 O에 대한 각운동량과 질량중심에 대한 각운동량 사이의 관계는

$$\mathbf{H}_O = \mathbf{H} + \mathbf{r} \times m\mathbf{v} \tag{7.13}$$

이다.

평면운동의 방정식들

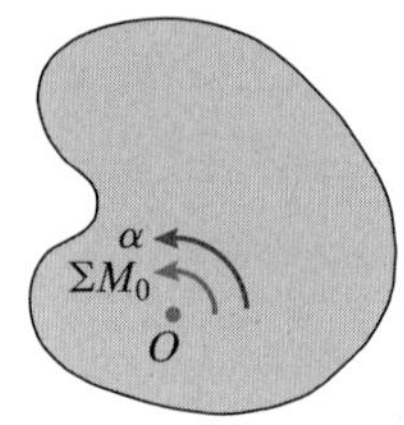

(a)

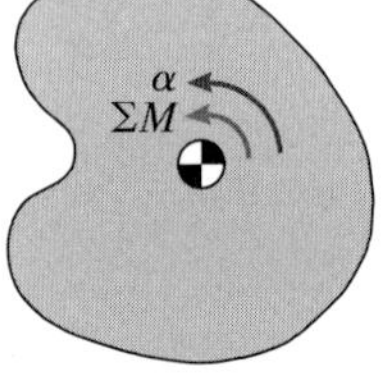

(b)

평면운동을 하는 강체에 대한 운동방정식들은 Newton의 제2법칙

$$\Sigma \mathbf{F} = m\mathbf{a} \tag{7.21}$$

를 포함한다. 여기서 $\mathbf{a}$는 강체 질량중심의 가속도이다. 만일 강체가 고정점 O에 대해 회전한다면, O에 대한 전체 모멘트는 O에 대한 관성모멘트와 각가속도의 곱과 같다(그림 a). 즉,

$$\Sigma M_O = I_O \alpha \tag{7.22}$$

이다. 임의의 평면운동에서, 질량중심에 대한 전체 모멘트는 질량중심에 대한 관성모멘트와 각가속도의 곱과 같다(그림 b). 즉,

$$\Sigma M = I\alpha \tag{7.23}$$

이다. 만일 강체가 병진운동을 한다면, Newton의 제2법칙만으로도 강체의 운동을 구하는 데 충분하지만, 미지의 힘과 우력을 구하기 위해서는 각운동방정식이 필요할 수도 있다. $\alpha = 0$이므로, 질량중심에 대한 전체 모멘트는 0이다. 고정축에 대한 회전의 경우, 식 (7.22)만으로 충분히 회전운동을 구할 수 있다. 그러나 미지의 힘과 우력을 구하기 위해서는 Newton의 제2법칙이 필요할 수도 있다. 만일 강체가 일반적인 평면운동을 한다면, Newton의 제2법칙과 각운동방정식이 모두 필요하다.

관성모멘트

축 L_O에 대한 물체의 관성모멘트는

$$I_O = \int_m r^2\, dm \tag{7.27}$$

이며, 여기서 r은 L_O에서 질량의 미분요소 dm까지의 수직거리이다(그림 c).

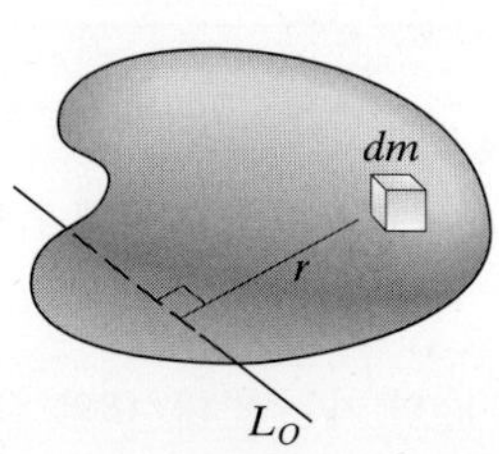

(c)

물체의 질량중심을 통과하는 축을 L이라 하고, L_O를 평행축이라고 하자. L_O에 대한 관성모멘트 I_O는 **평행축 정리**에 따라 L에 대한 관성모멘트 I에 의해 주어진다. 즉,

$$I_O = I + d^2 m \tag{7.35}$$

이다. 여기서 m은 물체의 질량이며, d는 L과 L_O 사이의 거리이다.

복습문제

7.126 비행기가 이륙 주행을 시작한다. 비행기의 무게는 4448 N이며, 엔진이 가하는 초기 추력 T는 1334 N이다. 추력이 수평이라고 가정하고, 바퀴에 가해지는 접선방향 힘들은 무시한다.

(a) 만일 비행기의 가속도가 일정하게 유지된다면, 128.7 km/h의 이륙 속도에 도달하는 데 걸리는 시간은 얼마인가?

(b) 이륙 주행을 시작할 때, 앞쪽 착륙용 바퀴에 가해지는 수직력을 구하라.

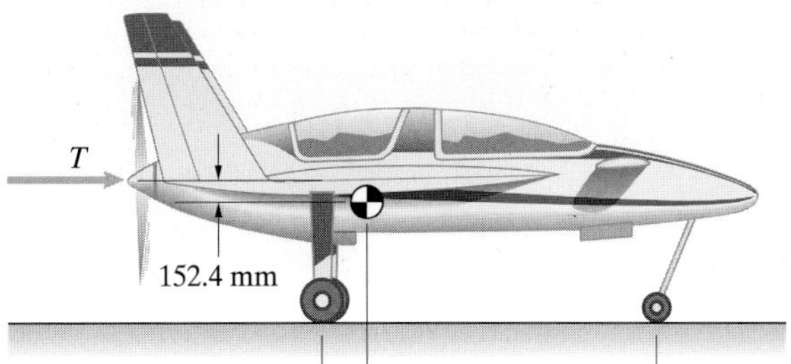

문제 7.126

7.127 세 풀리는 핀 지지점 상에서 자유롭게 회전할 수 있다. 세 풀리의 관성모멘트는 각각 $I_A = 0.002$ kg-m^2, $I_B = 0.036$ kg-m^2, $I_C = 0.032$ kg-m^{2}이다. 세 풀리는 처음에 정지상태였으며, $t = 0$에서 일정한 우력 $M = 2$ N-m가 풀리 A에 가해진다. $t = 2$ s에서 풀리 C의 각속도는 얼마이며, 그동안 회전한 회전수는 얼마인가?

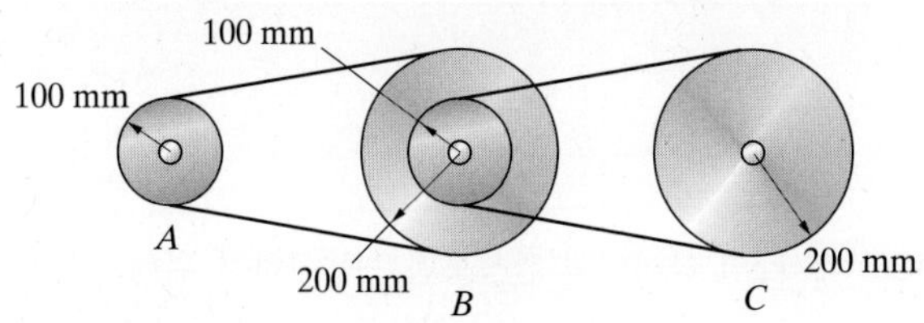

문제 7.127

7.128 2 kg의 상자가 40 N의 수평력을 받고 있다. 마찰은 무시한다.

(a) 상자가 (넘어지지 않고) 바닥과 계속 접촉을 유지한다면, 상자의 가속도는 얼마인가?

(b) 힘이 가해질 때, 상자가 (넘어가지 않고) 바닥 위에서 있기 위한 c 값의 범위를 구하라.

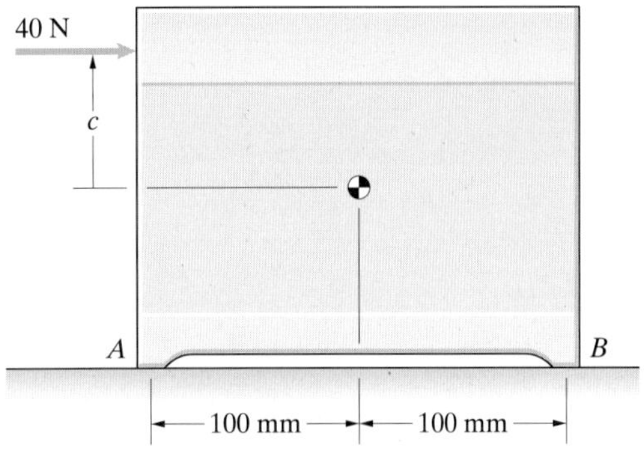

문제 7.128

7.129 2 kg의 가는 막대 AB의 길이는 3 m이다. 이 막대는 A에서 핀으로 손수레에 연결되어 있고, B에서 수레에 기대어 있다.

(a) 손수레의 가속도가 $a = 20 \text{ m/s}^2$이라면, B에서 손수레가 막대에 가하는 수직력은 얼마인가?

(b) 막대가 B에서 면과 접촉을 유지할 수 있는 가장 큰 가속도 a의 크기는 얼마인가?

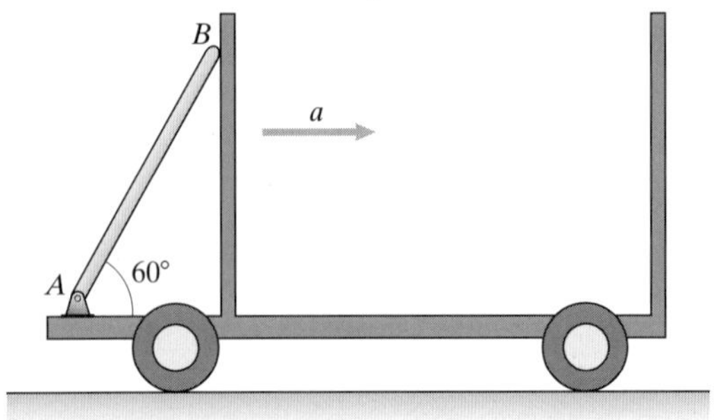

문제 7.129

7.130 4.5 kg인 타이어의 관성모멘트를 구하기 위해, 한 엔지니어가 경사면에서 타이어를 굴린다. 정지 상태에서 출발하여 경사면을 따라 3 m를 굴러가는 데 3.5초가 걸렸다면, 이 타이어의 질량중심에 대한 관성모멘트는 얼마인가?

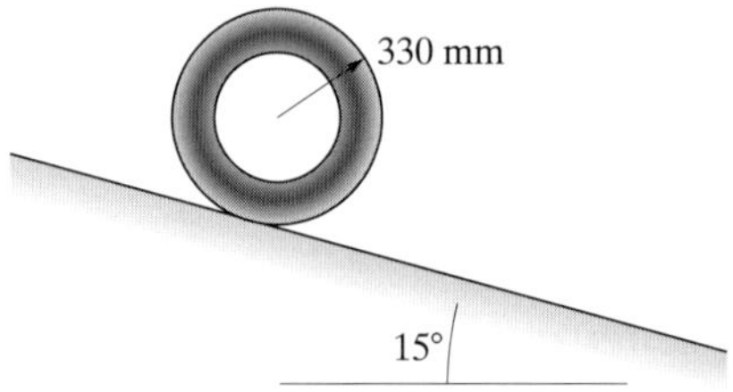

문제 7.130

7.131 풀리 A의 무게는 17.8 N이며, $I_A = 0.081 \text{ kg-m}^2$, $I_B = 0.019 \text{ kg-m}^2$이다. 이 시스템이 정지상태에서 놓여진다면, 71.2 N의 중량이 0.5초 동안 내려간 거리는 얼마인가?

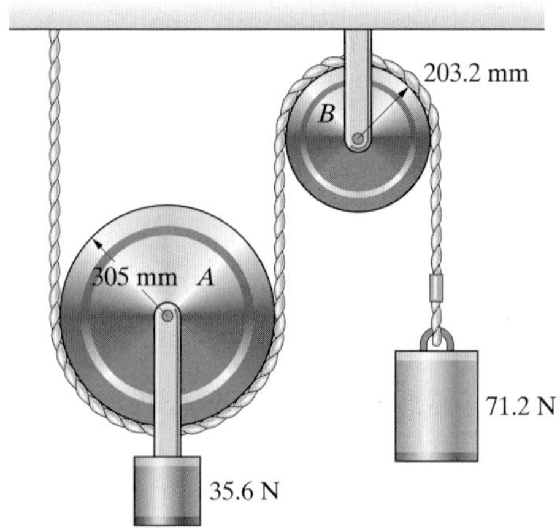

문제 7.131

7.132 굴착기의 팔 ABC를 하나의 강체로 모델링한다. 팔 ABC의 질량은 1200 kg이며, 팔의 질량중심에 대한 관성모멘트는 $I = 3600 \text{ kg-m}^2$이다. 팔의 각속도가 0이며 팔의 각가속도가 반시계 방향으로 1 rad/s^2이다. 수직 유압 실린더가 B에서 팔에 가하는 힘은 얼마인가?

7.133 굴착기의 팔 ABC를 하나의 강체로 모델링한다. 팔 ABC의 질량은 1200 kg이며, 팔의 질량중심에 대한 관성모멘트는 $I = 3600 \text{ kg-m}^2$이다. 팔의 각속도가 반시계 방향으로 2 rad/s이고, 각가속도가 반시계 방향으로 1 rad/s^2이다. A에서 팔에 가해지는 힘의 성분들을 구하라.

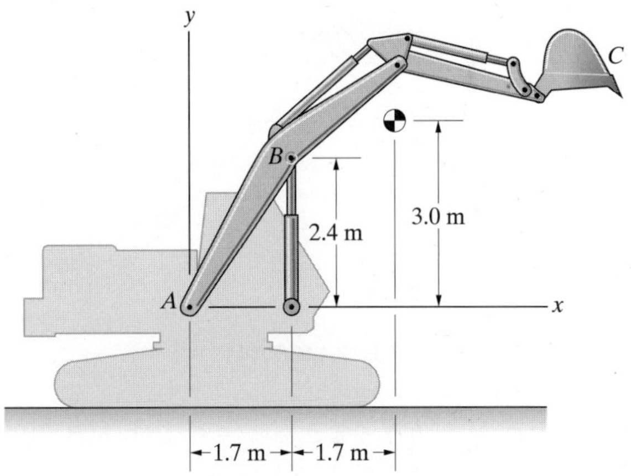

문제 7.132/7.133

7.134 정지한 200 kg 사다리의 高角(elevation angle)을 줄이기 위해 사다리를 올리는 기어를 빼는 순간, 사다리를 내리는 두 번째 기어열이 물린다. 사다리를 올리는 기어를 빼는 순간, 사다리의 각가속도는 얼마이며, O의 지지점이 사다리에 가한 힘의 성분들은 얼마인가? O에 대한 사다리의 관성모멘트는 $I_O = 14{,}000$ kg-m^{2}이며, 기어를 빼는 순간, 사다리의 질량중심의 좌표는 $\bar{x} = 3$ m, $\bar{y} = 4$ m이다.

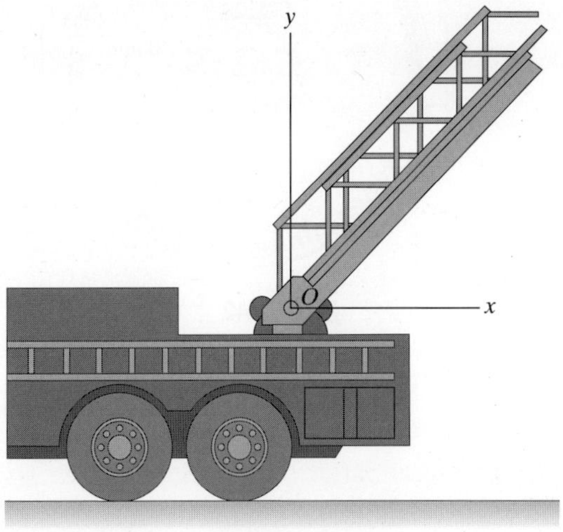

문제 7.134

7.135 가는 두 막대의 무게가 각각 17.8 N이며, 길이는 254 mm이다. 균질 평판의 무게는 44.5 N이다. 만일 시스템이 그림의 위치에서 정지상태에서 놓여진다면, 이 순간 막대의 각가속도는 얼마인가?

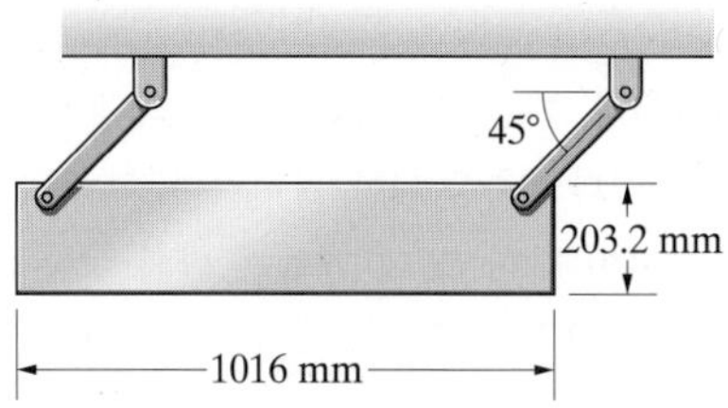

문제 7.135

7.136 질량 m의 가는 막대가 그림의 위치에서 정지상태에서 놓여진다. 바닥과 벽에서의 정마찰계수와 동마찰계수는 같은 값 μ를 갖는다. 만일 막대가 미끄러진다면, 놓여지는 순간에서 막대의 각가속도는 얼마인가?

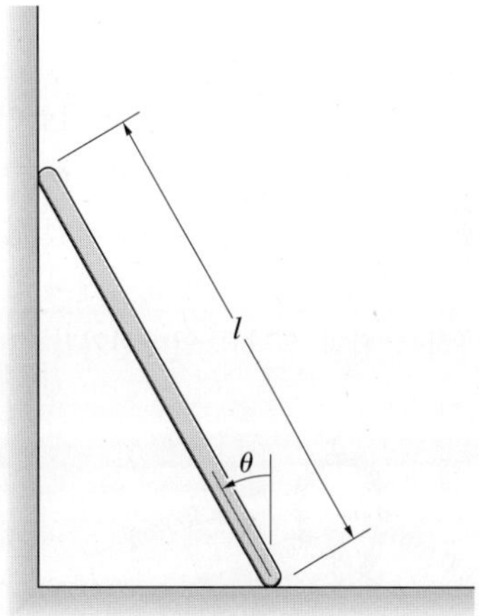

문제 7.136

7.137 Go-cart(2사이클 엔진의 1인용 오픈 카)의 앞바퀴의 각 무게는 22.2 N이며, 관성모멘트는 0.014 kg-m^{2}이다. 뒷바퀴 두 개와 뒷 차축(axle)은 무게가 177.9 N인 하나의 강체를 이루며, 관성모멘트는 0.136 kg-m^{2}이다. Go-cart와 운전자의 총 무게는 1067 N이다(앞바퀴와 뒷바퀴, 뒷 차축을 포함하지 않은 go-cart와 운전자의 질량중심의 위치를 그림에 표시하였다). 만일 엔진이 뒷 차축에 16.3 m-N의 토크를 가한다면, 이 자동차의 가속도는 얼마인가?

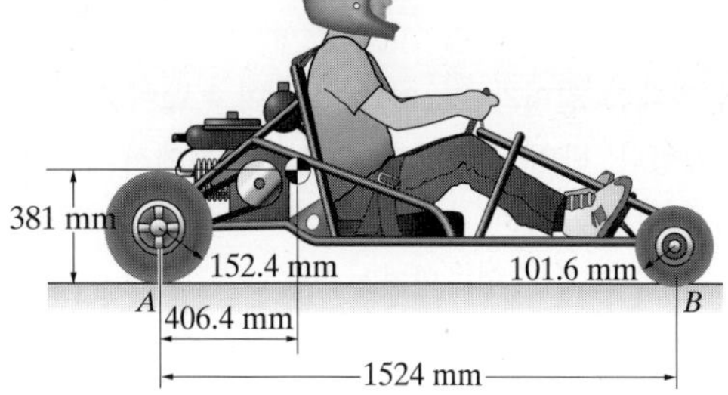

문제 7.137

7.138 막대 AB가 10 rad/s의 일정한 각속도로 반시계 방향으로 회전한다. 가는 막대 BC와 CDE의 질량은 각각 2 kg과 3.6 kg이다. y축은 위를 가리킨다. 그림의 순간에서 B와 C의 핀이 막대 BC에 가하는 힘의 성분들을 구하라.

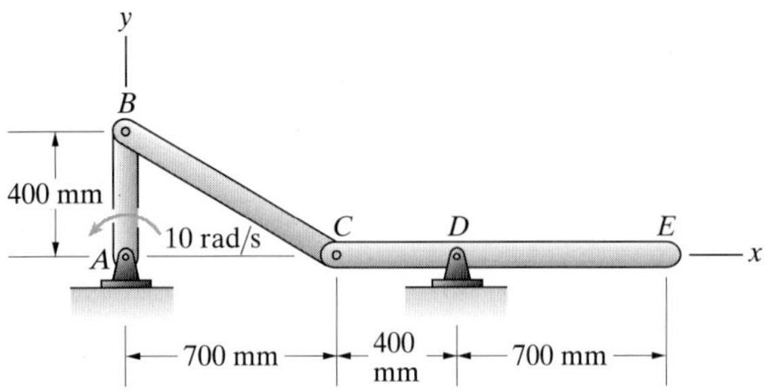

문제 7.138

7.139 그림의 순간에서, 로봇 조종장치의 팔들이 반시계 방향의 일정한 각속도 $\omega_{AB} = -0.5$ rad/s, $\omega_{BC} = 2$ rad/s, $\omega_{CD} = 4$ rad/s로 회전한다. 로봇 팔 CD의 질량은 10 kg이며, 질량중심은 중앙에 있다. 이 순간에서, C에서 로봇 팔 CD에 가하는 힘과 우력은 얼마인가?

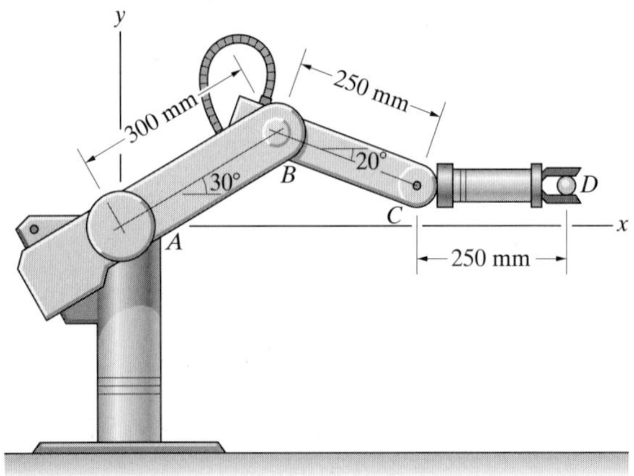

문제 7.139

7.140 각 막대는 길이가 1 m이고, 질량이 4 kg이다. 경사면은 매끄럽다. 만일 시스템이 그림의 위치에서 정지상태에서 놓여진다면, 이 순간 두 막대의 각가속도는 얼마인가?

7.141 각 막대는 길이가 1 m이고, 질량이 4 kg이다. 경사면은 매끄럽다. 만일 시스템이 그림의 위치에서 정지상태에서 놓여진다면, 이 순간 O의 지지점이 막대 OA에 가하는 힘의 크기는 얼마인가?

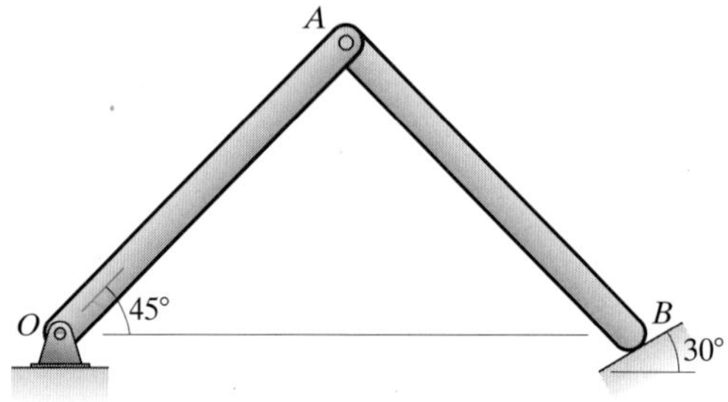

문제 7.140/7.141

7.142 고정된 링 기어가 수평면 상에 놓여 있다. 허브 기어와 유성 기어는 붙어 있다. 결합된 허브 기어와 유성 기어의 전체 질량과 관성모멘트는 $m_{HP} = 130$ kg, $I_{HP} = 130$ kg-m^{2}이다. 태양 기어의 관성모멘트는 $I_S = 60$ kg-m^{2}이다. 연결 막대는 질량이 5 kg이며 가는 막대로 모델링 될 수 있다. 만일 1 kN-m의 반시계 방향 우력이 태양 기어에 가해진다면, 붙어 있는 허브와 유성 기어의 각가속도는 얼마가 되는가?

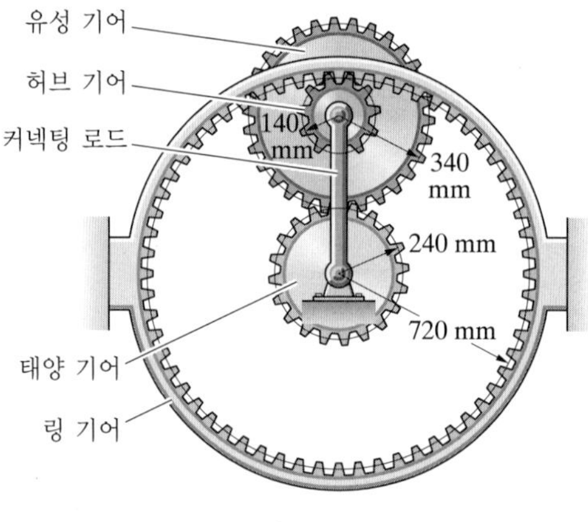

문제 7.142

7.143 시스템이 그림의 순간에서 정지해 있다. 연료-공기 혼합물의 폭발과 마찰이 피스톤에 가하는 최종 힘은 좌측으로 5 kN이다. 시계 방향의 우력 M = 200 N-m가 크랭크 AB에 작용한다. A에 대한 크랭크의 관성모멘트는 0.0003 kg-m^{2}이다. 커넥팅 로드 BC의 질량은 0.36 kg이며, 질량중심은 B와 C를 잇는 직선 상에서 B로부터 40 mm 되는 지점에 있다. 커넥팅 로드의 자체 질량중심에 대한 관성모멘트는 0.0004 kg-m^{2}이며, 피스톤의 질량은 4.6 kg이다. 피스톤의 가속도는 얼마인가? (크랭크와 커넥팅 로드에 작용하는 중력은 무시한다.)

7.144 만일 문제 7.143의 크랭크 AB가 그림의 순간에서 2000 rpm의 반시계 방향 각속도를 갖는다면, 연료－공기 혼합물이 가하는 우력 M과 힘에 의한 피스톤의 가속도는 얼마인가?

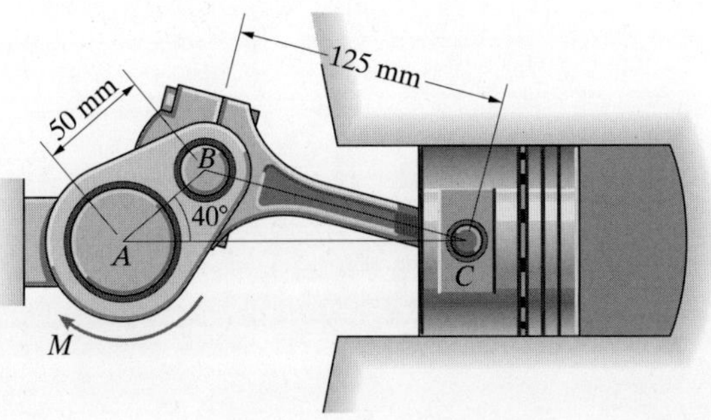

문제 7.143/7.144

설계 프로젝트

마찰계수와 치수 b, c, h가 자전거 운전자의 가속 및 감속 능력에 미치는 영향에 대해 조사하라. 마찰계수는 도로 표면이 마른 경우, 젖은 경우, 빙판길인 경우를 모두 포함한다고 생각되는 범위에 대해 고려하라. 감속도 연구에서, 브레이크가 앞바퀴에만 작용하는 경우, 뒷바퀴에만 작용하는 경우, 앞뒤 바퀴 모두에 작용하는 경우에 대해 고려해보라. 자전거의 앞뒤 바퀴가 지면에서 떨어져서는 안 된다는 구속조건에 특히 주의하라. 자전거 설계를 위한 자신의 해석 결과를 제시하고 내포된 의미에 대한 관찰 결과에 대해 간단한 리포트를 작성하라. 자전거 운전자가 자신의 상체 위치를 바꿔서 어느 정도는 치수 h, b, c를 바꿀 수 있다는 점에 주의하라. 이 결과, 운전자가 가속도와 감속도에 대한 자전거의 성능에 어떻게 영향을 미칠 수 있는지에 대해 언급하라.

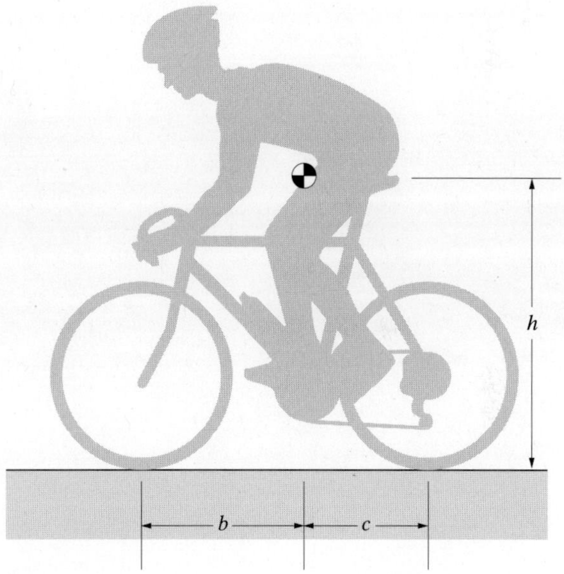

8

강체 동역학의 에너지와 운동량

4장과 5장에서 에너지와 운동량 방법이 특정 형태의 동역학 문제에 유용함을 보았다. 물체에 가해지는 힘이 위치의 함수로 주어진다면, 일과 원리를 이용하여 물체가 두 지점 사이를 움직이면서 변하는 물체의 속도의 크기를 구할 수 있다. 만일 힘이 시간의 함수로 주어진다면, 충격량과 운동량의 원리를 이용하여 어떤 시간 동안의 물체의 속도 변화를 구할 수 있다. 이 장에서는 물체의 병진운동과 회전운동을 모두 고려해야 하는 경우에 대해 이 방법들을 확대 적용한다.

◀ 바람은 풍력발전기에 토크를 가하여 전기에너지로 변환될 수 있는 일을 한다. 이 장에서 일과 운동량 방법을 이용하여 강체의 운동을 해석한다.

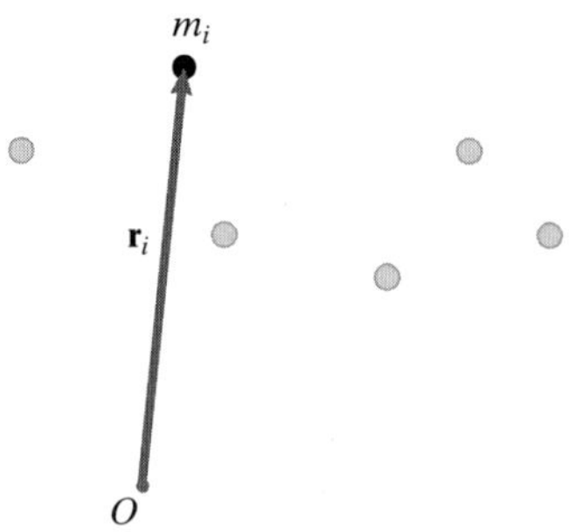

그림 8.1
질점계. 벡터 $\mathbf{r}_i$는 i번째 질점.

8.1 일과 에너지의 원리

이 절에서는 강체가 두 지점 사이를 움직이는 동안 외력과 우력이 강체에 한 일은 강체의 운동에너지 변화와 같다는 것을 보여주려고 한다. 이 결과를 얻기 위해, 강체에 대한 운동방정식을 얻기 위해 7장에서 사용한 것과 같은 접근 방법을 택한다. 즉, 질점계에 대해 일과 에너지의 원리를 유도하고 이 원리를 이용하여 강체에 대한 원리를 이끌어내기로 한다.

N개의 질점으로 구성된 질점계의 i번째 질점의 질량을 m_i라고 하자. 관성 기준좌표계에 대해 고정된 점 O에 대한 질점의 위치를 $\mathbf{r}_i$라고 하자(그림 8.1). 질점들의 운동에너지의 합을 다음 식으로 나타낸다:

$$T = \sum_i \tfrac{1}{2} m_i \mathbf{v}_i \cdot \mathbf{v}_i \tag{8.1}$$

여기서 $\mathbf{v}_i = d\mathbf{r}_i/dt$는 i번째 질점의 속도이다. 이 절의 목표는 질점계에 행해진 일과 T의 변화량 사이의 관계를 구하는 것이다. i번째 질점에 Newton의 제2법칙을 적용하는 것으로 시작한다. 즉,

$$\sum_j \mathbf{f}_{ij} + \mathbf{f}_i^E = \frac{d}{dt}(m_i \mathbf{v}_i)$$

이며, 여기서 $\mathbf{f}_{ij}$는 j번째 질점이 i번째 질점에 가하는 힘(내력)이고, $\mathbf{f}_i^{\mathrm{E}}$는 i번째 질점에 작용하는 외력이다. 위 식과 $\mathbf{v}_i$의 내적을 취한 후, $i = 1$에서 N까지 더한다:

$$\sum_i \sum_j \mathbf{f}_{ij} \cdot \mathbf{v}_i + \sum_i \mathbf{f}_i^{\mathrm{E}} \cdot \mathbf{v}_i = \sum_i \mathbf{v}_i \cdot \frac{d}{dt}(m_i \mathbf{v}_i) \tag{8.2}$$

이 식의 우변을 다음과 같이 전체 운동에너지의 변화율로 나타낼 수 있다:

$$\sum_i \mathbf{v}_i \cdot \frac{d}{dt}(m_i \mathbf{v}_i) = \frac{d}{dt} \sum_i \frac{1}{2} m_i \mathbf{v}_i \cdot \mathbf{v}_i = \frac{dT}{dt}$$

식 (8.2)에 dt를 곱하면

$$\sum_i \sum_j \mathbf{f}_{ij} \cdot d\mathbf{r}_i + \sum_i \mathbf{f}_i^{\mathrm{E}} \cdot d\mathbf{r}_i = dT$$

이며, 이 식을 적분하면 다음 식을 얻을 수 있다:

$$\sum_i \sum_j \int_{(\mathbf{r}_i)_1}^{(\mathbf{r}_i)_2} \mathbf{f}_{ij} \cdot d\mathbf{r}_i + \sum_i \int_{(\mathbf{r}_i)_1}^{(\mathbf{r}_i)_2} \mathbf{f}_i^{\mathrm{E}} \cdot d\mathbf{r}_i = T_2 - T_1 \tag{8.3}$$

좌변의 항들은 질점들이 위치 $(\mathbf{r}_i)_1$에서 $(\mathbf{r}_i)_2$까지 움직이는 동안 내력과 외력들이 질점계에 한 일이다. 질점계가 두 지점 사이를 움직이는 동안 내력과 외력이 질점계에 한 일은 질점계의 전체 운동에너지의 변화량과 같다는 것을 알 수 있다.

만일 질점들이 하나의 강체를 나타낸다면, 그리고 각 질점 쌍들 사이의 내력이 서로를 잇는 직선 상에서 가해진다고 가정하면, 내력들이 하는 일은 0이다. 이것을 입증하기 위해, 1과 2로 표시된 강체의 두 질점을 생각해 보자(그림 8.2). 두 질점이 서로에게 가하는 힘의 합은 0이며($\mathbf{f}_{12} + \mathbf{f}_{21} = \mathbf{0}$), 따라서 힘들이 일을 하는 비율, 즉 일률은

$$\mathbf{f}_{12} \cdot \mathbf{v}_1 + \mathbf{f}_{21} \cdot \mathbf{v}_2 = \mathbf{f}_{21} \cdot (\mathbf{v}_2 - \mathbf{v}_1)$$

이다. $\mathbf{f}_{21}$이 $\mathbf{v}_2 - \mathbf{v}_1$에 수직임을 보여주면, 이들 두 질점 사이의 내력이 한 일의 비율이 0임을 보여줄 수 있다. 두 질점이 강체의 점들이므로, 두 점의 상대 속도는 강체의 각속도 $\boldsymbol{\omega}$에 의해 다음과 같이 나타낼 수 있다:

$$\mathbf{v}_2 - \mathbf{v}_1 = \boldsymbol{\omega} \times (\mathbf{r}_2 - \mathbf{r}_1) \tag{8.4}$$

이 식은 상대 속도 $\mathbf{v}_2 - \mathbf{v}_1$이 위치 1에서 위치 2까지의 위치벡터인 $\mathbf{r}_2 - \mathbf{r}_1$에 수직임을 보여준다. 힘 $\mathbf{f}_{21}$이 $\mathbf{r}_2 - \mathbf{r}_1$에 평행하므로, 결국 힘 $\mathbf{f}_{21}$은 $\mathbf{v}_2 - \mathbf{v}_1$에 수직이다. 마찬가지로, 강체의 각 질점 쌍들에게 이와 같은 논리를 적용할 수 있으며, 따라서 내력들이 한 일의 전체 비율은 0이다. 이것은 강체가 두 위치 사이를 움직이는 동안 내력들이 한 일이 0임을 의미한다. 만일 물체가 강체가 아니라면, 내력들은 일을 할 수 있다는 점에 유의해야 한다.

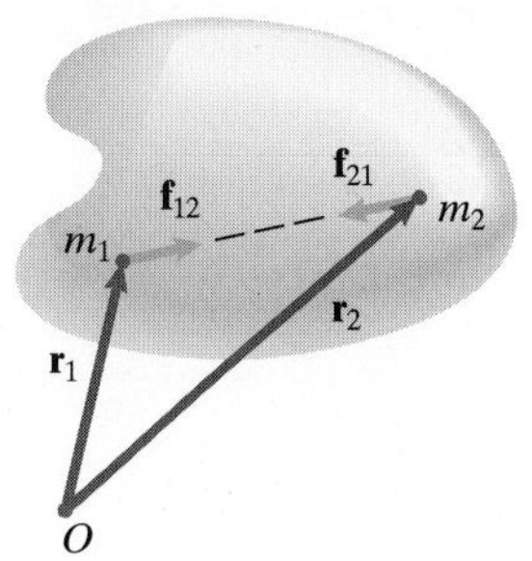

그림 8.2
질점 1과 2, 그리고 두 질점이 서로에게 가하는 힘.

따라서 강체의 경우, 식 (8.3)에서 내력들이 한 일은 없어진다. 외력들이 한 일을 U_{12}라고 표시하면, 다음과 같은 강체에 대한 일과 에너지의 원리를 얻을 수 있다. 즉, 강체가 두 위치 사이에서 움직이는 동안 외력과 우력이 강체에 한 일은 강체의 전체 운동에너지의 변화량과 같다:

$$U_{12} = T_2 - T_1 \tag{8.5}$$

강체들로 구성된 시스템에 대해서도 이 원리를 다음과 같이 기술할 수 있다: 강체들의 시스템이 두 위치 사이를 움직이는 동안 외력과 내력들이 한 일은 시스템의 전체 운동에너지의 변화량과 같다.

8.2 운동에너지

강체의 운동에너지는 물체의 질량중심의 속도와 각속도에 의해 표현될 수 있다. 먼저 일반 평면운동에 대해 논의한 후, 고정축에 대한 회전운동에 대해 알아보기로 한다.

일반 평면운동

강체를 질점계로 모델링하고 $\mathbf{R}_i$를 물체의 질량중심에 대한 i번째 질점의 위치벡터라고 하자(그림 8.3). 질량중심의 위치는

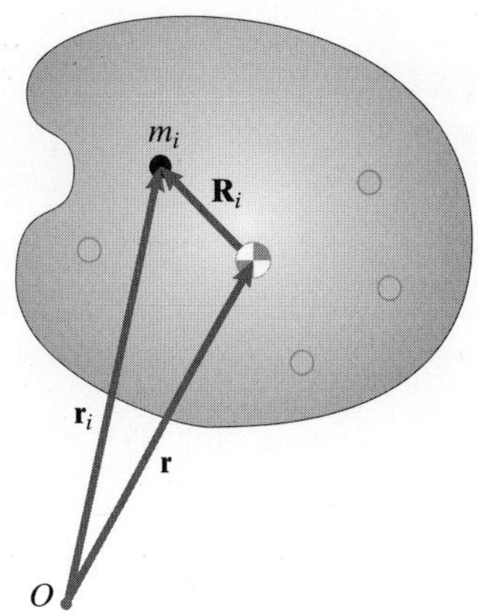

그림 8.3
강체를 질점계로 나타냄.

$$\mathbf{r} = \frac{\sum_i m_i \mathbf{r}_i}{m}$$

이며, 여기서 m은 강체의 질량이다. 원점 O에 대한 i번째 질점의 위치 $\mathbf{r}_i$는 질량중심에 대한 질점의 위치 $\mathbf{R}_i$와 다음 식

$$\mathbf{r}_i = \mathbf{r} + \mathbf{R}_i \tag{8.6}$$

의 관계가 있으며, 벡터 $\mathbf{R}_i$는 다음 식을 만족한다:

$$\sum_i m_i \mathbf{R}_i = \mathbf{0} \tag{8.7}$$

강체의 운동에너지는 식 (8.1)로 주어진 것과 같이 강체의 질점들의 운동에너지의 합이다. 즉,

$$T = \sum_i \tfrac{1}{2} m_i \mathbf{v}_i \cdot \mathbf{v}_i \tag{8.8}$$

이다. 식 (8.6)을 시간에 대해 미분하면 다음 식을 얻는다:

$$\mathbf{v}_i = \mathbf{v} + \frac{d\mathbf{R}_i}{dt}$$

여기서 $\mathbf{v}$는 질량중심의 속도이다. 이 식을 식 (8.8)에 대입하고 식 (8.7)을 이용하면 강체의 운동에너지를 다음 형태로 얻을 수 있다:

$$T = \tfrac{1}{2} m v^2 + \sum_i \frac{1}{2} m_i \frac{d\mathbf{R}_i}{dt} \cdot \frac{d\mathbf{R}_i}{dt} \tag{8.9}$$

여기서 v는 질량중심의 속도 크기이다.

운동 평면에 수직이면서 질량중심을 지나는 축을 L이라고 하자(그림 8.4a). 그림의 좌표계에 의해 각속도 벡터를 $\boldsymbol{\omega} = \omega \mathbf{k}$로 나타낼 수 있다. 질량중심에 대한 i번째 질점의 속도는 $d\mathbf{R}_i/dt = \omega \mathbf{k} \times \mathbf{R}_i$이며, 따라서 식 (8.9)는 다음과 같이 쓸 수 있다:

$$T = \tfrac{1}{2} m v^2 + \tfrac{1}{2}\left[\sum_i m_i (\mathbf{k} \times \mathbf{R}_i) \cdot (\mathbf{k} \times \mathbf{R}_i)\right]\omega^2 \tag{8.10}$$

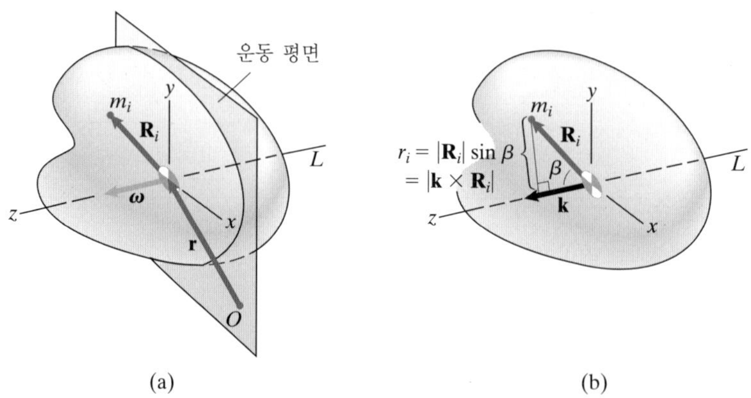

그림 8.4

(a) z축이 L과 일직선인 좌표계.
(b) $\mathbf{k} \times \mathbf{R}_i$의 크기는 L에서 m_i까지의 수직거리이다.

벡터 $\mathbf{k} \times \mathbf{R}_i$의 크기는 L에서 i번째 질점까지의 수직거리 $\mathbf{r}_i$이므로(그림 8.4b), 식 (8.10)의 괄호 안의 항은 L에 대한 관성모멘트이다. 즉,

$$\sum_i m_i(\mathbf{k} \times \mathbf{R}_i) \cdot (\mathbf{k} \times \mathbf{R}_i) = \sum_i m_i|\mathbf{k} \times \mathbf{R}_i|^2 = \sum_i m_i r_i^2 = I$$

이다. 따라서 일반 평면운동을 하는 강체의 운동에너지를 다음 형태로 얻을 수 있다:

$$T = \tfrac{1}{2}mv^2 + \tfrac{1}{2}I\omega^2 \tag{8.11}$$

여기서 m은 강체의 질량, v는 질량중심의 속도 크기, I는 질량중심을 통과하는 축 L에 대한 관성모멘트이며, ω는 각속도이다. 운동에너지는 질량중심의 속도에 의한 **병진 운동에너지**와 각속도에 의한 **회전 운동에너지**의 두 항으로 구성되어 있다는 것을 알 수 있다(그림 8.5).

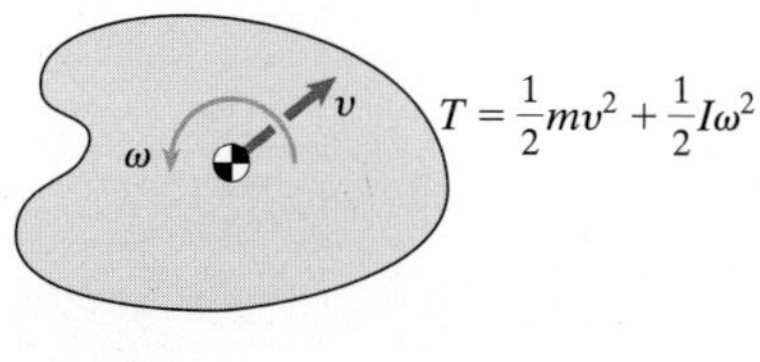

그림 8.5
일반 평면운동에서의 운동에너지.

고정축 회전

고정축에 대해 회전하는 물체의 운동은 일반 평면운동이며, 이때의 운동에너지는 식 (8.11)로 주어진다. 그러나 이 경우에는 편하게 사용할 수 있는 운동에너지의 다른 표현 방법이 있다. 강체가 고정축 O에 대해 각속도 ω로 회전한다고 가정해 보자. O에서 물체의 질량중심까지의 거리 d에 의해, 질량중심의 속도는 $v = \omega d$이다(그림 8.6a). 식 (8.11)로부터 운동에너지는

$$T = \tfrac{1}{2}m(\omega d)^2 + \tfrac{1}{2}I\omega^2 = \tfrac{1}{2}(I + d^2m)\omega^2$$

이다. 평행축 정리에 따라, O에 대한 관성모멘트는 $I_O = I + d^2m$이므로, 고정축 O에 대해 회전하는 강체의 운동에너지는 다음 식과 같다(그림 8.6b):

$$T = \tfrac{1}{2}I_O\omega^2 \tag{8.12}$$

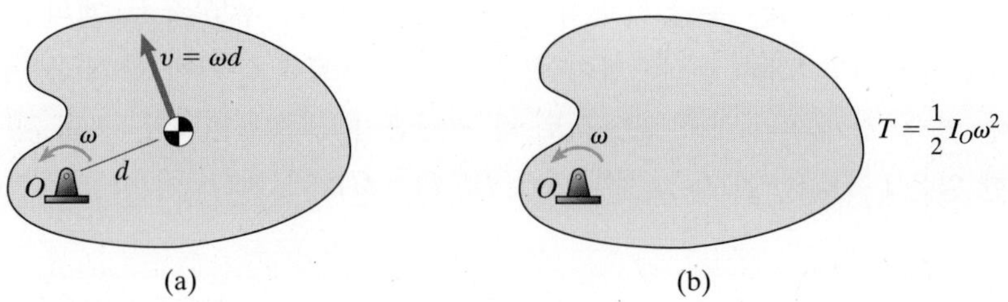

그림 8.6
(a) 질량중심의 속도.
(b) 고정축에 대해 회전하는 강체의 운동에너지.

8.3 일과 위치에너지

4장에서 기술한 여러 유형의 힘들에 의한 일의 계산 과정과 힘의 위치에너지에 대한 표현식들이 일과 에너지의 원리를 강체에 적용할 때 중요한 수단을 제공한다. 힘 $\mathbf{F}$가 강체에 한 일은 다음 식

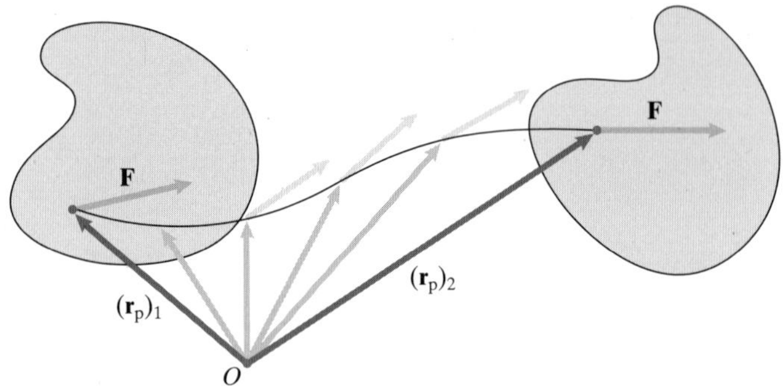

그림 8.7
힘이 강체에 한 일은 작용점의 경로에 의해 결정된다.

$$U_{12} = \int_{(\mathbf{r}_p)_1}^{(\mathbf{r}_p)_2} \mathbf{F} \cdot d\mathbf{r}_p \tag{8.13}$$

로 주어진다. 여기서 $\mathbf{r}_p$는 $\mathbf{F}$의 작용점의 위치이다(그림 8.7). 만일 작용점이 정지상태에 있거나, 작용점의 운동방향이 힘 $\mathbf{F}$에 수직이면, 힘이 하는 일은 없다.

만일 다음 식

$$\mathbf{F} \cdot d\mathbf{r}_p = -dV \tag{8.14}$$

를 만족하는 위치에너지 V가 존재한다면, 힘 $\mathbf{F}$는 보존력(conservative force)이다. 보존력 $\mathbf{F}$에 의한 일을 보존력 $\mathbf{F}$의 위치에너지에 의해 나타내면,

$$U_{12} = \int_{(\mathbf{r}_p)_1}^{(\mathbf{r}_p)_2} \mathbf{F} \cdot d\mathbf{r}_p = \int_{V_1}^{V_2} -dV = -(V_2 - V_1)$$

이다. 여기서 V_1과 V_2는 $(\mathbf{r}_p)_1$과 $(\mathbf{r}_p)_2$에서의 V의 값이다.

만일 강체가 우력(couple) M의 작용을 받는다면(그림 8.8a), 강체가 두 위치 사이에서 움직이는 동안 우력이 한 일은 얼마일까? 우력을 두 개의 힘으로 표현하고(그림 8.8b), 이 두 힘이 한 일을 구함으로써 우력이 한 일을 계산할 수 있다. 강체가 우력의 방향으로 각 $d\theta$만큼 회전한다면(그림 8.8c), 각 힘이 한 일은 $(\frac{1}{2}D\,d\theta)F$이므로, 전체 일은 $DF\,d\theta = M\,d\theta$가 된다. 이 식을 적분하면,

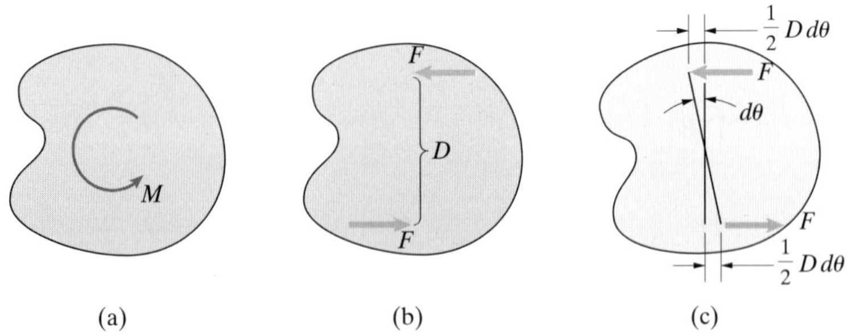

그림 8.8
(a) 우력을 받고 있는 강체.
(b) 두 힘으로 이루어진 등가 우력: $DF = M$.
(c) 두 힘에 의한 일의 계산.

강체가 M의 방향으로 θ_1에서 θ_2까지 회전하는 동안 우력 M이 한 일을 구할 수 있다. 즉,

$$U_{12} = \int_{\theta_1}^{\theta_2} M\, d\theta \tag{8.15}$$

이다. 만일 M이 일정하다면, 일은 다음과 같이 모멘트와 각(角) 변위의 곱으로 나타낼 수 있다:

$$U_{12} = M(\theta_2 - \theta_1) \qquad \text{(일정한 모멘트)}$$

만일 다음 식

$$M\, d\theta = -dV \tag{8.16}$$

를 만족하는 위치에너지 V가 존재한다면, 우력 M은 보존 우력(conservative couple)이다. 보존 우력에 의한 일은 우력의 위치에너지에 의해 나타낼 수 있다. 즉,

$$U_{12} = \int_{\theta_1}^{\theta_2} M\, d\theta = \int_{V_1}^{V_2} -dV = -(V_2 - V_1)$$

이다. 예를 들어 그림 8.9에서 비틀림 스프링은 막대의 회전각에 비례하는 우력 $M = -k\theta$를 막대에 가한다. 다음 관계식

$$M\, d\theta = -k\theta\, d\theta = -dV$$

로부터 위치에너지는 다음 식을 만족해야 함을 알 수 있다:

$$\frac{dV}{d\theta} = k\theta$$

이 식을 적분하면, 비틀림 스프링의 위치에너지가

$$V = \tfrac{1}{2}k\theta^2 \tag{8.17}$$

임을 알 수 있다.

만일 강체 시스템에 일을 하는 모든 힘과 우력이 보존력이면, 강체가 위치 1과 2 사이에서 움직이는 동안 강체에 행해진 전체 일은 힘과 우력의 전체 위치에너지에 의해 나타낼 수 있다. 즉,

$$U_{12} = V_1 - V_2$$

이다. 이 식을 일과 에너지의 원리인 식 (8.5)와 결합하면, 운동에너지와 전체 위치에너지의 합은 일정하다. 즉, 에너지는 보존된다는 결론을 얻을 수 있다:

$$T_1 + V_1 = T_2 + V_2 \tag{8.18}$$

만일 시스템이 보존력과 비보존력을 동시에 받는다면, 일과 에너지의 원리는 다음 형태로 쓸 수 있다:

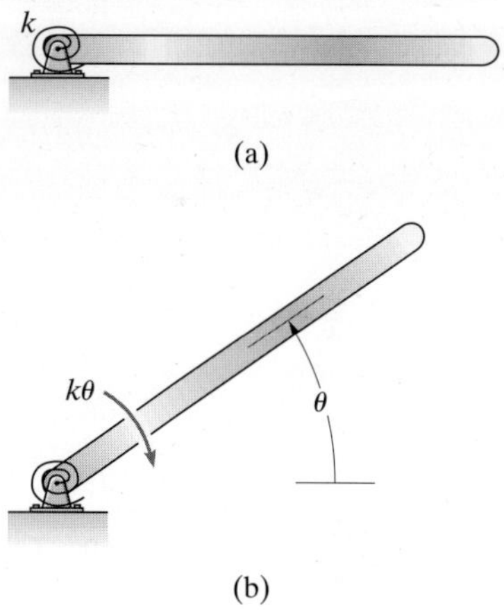

그림 8.9
(a) 막대에 연결된 선형 비틀림 스프링.
(b) 스프링이 막대의 회전방향과 반대로 크기 $k\theta$의 우력을 가한다.

$$T_1 + V_1 + U_{12} = T_2 + V_2 \tag{8.19}$$

U_{12}항은 시스템이 위치 1에서 위치 2까지 움직이는 동안 시스템에 가해지는 모든 비보존력들이 한 일을 포함한다. 힘이 보존력인 경우에는 선택을 할 수 있다. 보존력이 한 일을 계산해서 U_{12}에 포함시키거나, 힘의 위치에너지를 V에 포함시킬 수 있다.

8.1−8.3절에서 제시한 결과들을 이용하여 물체의 병진 속도 및 각속도에서의 변화와 물체의 위치 변화 사이의 관계를 구할 수 있다. 여기에는 전형적으로 다음의 세 단계가 포함된다:

1. **일을 하는 힘과 우력들을 확인한다.** 자유물체도를 이용하여 어떤 외력과 우력이 일을 하는지 결정한다.
2. **일과 에너지의 원리나 에너지 보존을 적용한다.** 물체의 위치가 변하는 동안 행해진 전체 일과 운동에너지의 변화량을 같다고 놓거나, 두 위치에서의 운동에너지와 위치에너지의 합을 같다고 놓는다.
3. **기구학적 관계를 구한다.** 해를 구하기 위해, 강체 상의 점의 속도와 각속도 사이의 관계를 구할 필요가 종종 있을 것이다.

| 연구 문제 |

1. 강체에 대한 일과 에너지의 원리는 무엇인가?
2. 일반 평면운동에서 강체의 운동에너지는 무엇인가?
3. 평면운동에서 강체에 가해지는 우력에 의한 일은 어떻게 구하는가?
4. 강체에 일을 하는 모든 힘과 우력이 보존력이라면, 강체의 운동에너지와 전체 위치에너지의 합에 대해 무엇을 알 수 있는가?

예제 8.1 구르는 원판에 대한 일과 에너지의 적용

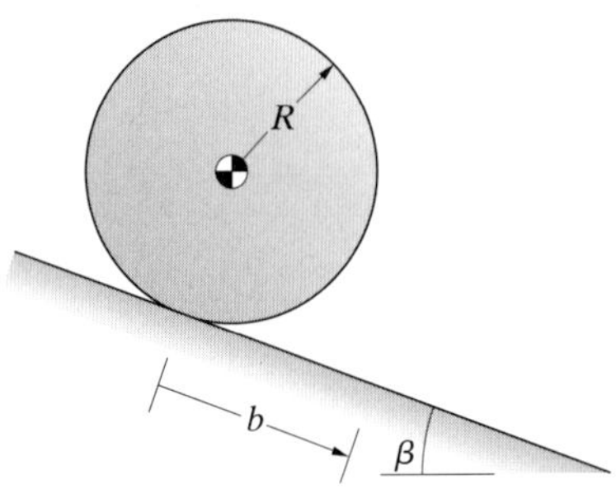

그림 8.10

질량이 m이고 관성모멘트가 I인 원판이 경사면에서 정지상태로부터 놓여진다(그림 8.10). 원판이 굴러간다고 가정하면, 원판이 거리 b만큼 움직였을 때 원판중심의 속도는 얼마인가?

| 전략 |

원판이 거리 b만큼 굴러가는 동안 원판에 행해진 전체 일을 원판의 운동에너지의 변화와 같다고 놓음으로써 속도를 구할 수 있다.

| 풀이 |

일을 하는 힘과 우력들을 확인한다 그림 a에 원판의 자유물체도를 그렸다. 원판이 굴러가는 동안 원판의 무게는 일을 하지만, 수직력 N과 마찰력 f는 일을 하지 않는다. 마찰력이 일을 하지 않는 이유를 설명하기 위해, 힘 $\mathbf{F}$에 의한

일을 다음과 같이 쓸 수 있다:

$$\int_{(\mathbf{r}_p)_1}^{(\mathbf{r}_p)_2} \mathbf{F} \cdot d\mathbf{r}_p = \int_{t_1}^{t_2} \mathbf{F} \cdot \frac{d\mathbf{r}_p}{dt} dt = \int_{t_1}^{t_2} \mathbf{F} \cdot \mathbf{v}_p \, dt$$

여기서 $\mathbf{v}_p$는 $\mathbf{F}$의 작용점의 속도이다. 원판이 굴러가는 동안 f가 작용하는 점의 속도는 0이므로, f에 의한 일은 0이다.

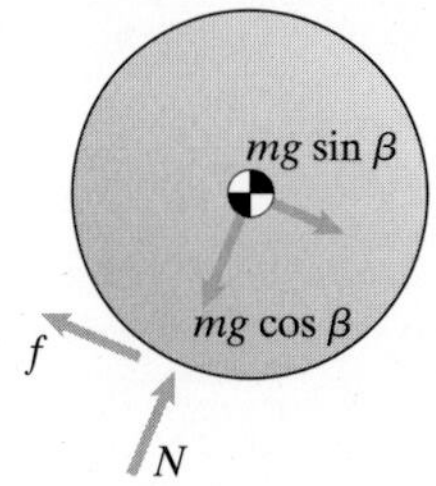

(a) 원판의 자유물체도.

일과 에너지를 적용한다 원판중심의 운동방향에 대한 무게의 성분과 거리 b를 곱하면 무게에 의한 일을 구할 수 있다:

$$U_{12} = (mg \sin \beta) b$$

원판이 거리 b만큼 움직였을 때 원판의 각속도와 중심의 속도를 v와 ω라고 하고(그림 b), 일과 원판의 운동에너지 변화가 같다고 놓는다:

$$mgb \sin \beta = \tfrac{1}{2} m v^2 + \tfrac{1}{2} I \omega^2 - 0 \qquad (1)$$

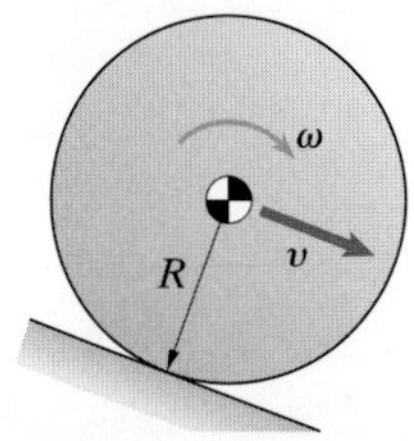

(b) 원판이 거리 b만큼 움직였을 때의 중심의 속도 및 각속도.

기구학적 관계를 구한다 구르는 원판의 각속도 ω와 속도 v는 $\omega = v/R$의 관계가 있다. 이 관계를 식 (1)에 대입하여 v에 대해 풀면, 다음 해를 얻을 수 있다:

$$v = \sqrt{\frac{2gb \sin \beta}{1 + I/mR^2}}$$

| 비판적 사고 |

표면이 매끄러워서 원판이 구르는 대신 미끄러진다고 가정해 보자. 이 경우 원판은 각속도가 없으므로, 식 (1)은

$$mgb \sin \beta = \tfrac{1}{2} m v^2 - 0$$

이 되며, 원판중심의 속도는

$$v = \sqrt{2gb \sin \beta}$$

이 된다. 속도는 원판이 미끄러질 때가 더 크다. 일과 에너지에 대한 두 식을 비교해보면 그 이유를 알 수 있다. 원판의 무게가 한 일은 두 경우 모두 같다. 원판이 굴러가는 경우, 일의 일부가 원판의 병진 운동에너지를 증가시키며 나머지는 원판의 회전 운동에너지를 증가시킨다. 원판이 미끄러질 때는 일의 전부가 원판의 병진 운동에너지를 증가시키게 된다.

예제 8.2 오토바이에 대한 일과 에너지의 적용

그림 8.11의 오토바이의 각 바퀴는 질량이 $m_W = 9$ kg, 반경이 $R = 330$ mm, 관성모멘트가 $I = 0.8$ kg-m^{2}이다. 바퀴를 제외한 운전자와 오토바이의 전체 질량은 $m_C = 142$ kg이다. 오토바이가 정지상태에서 출발하며, 오토바이의 엔진이 뒷바퀴에 일정한 우력 $M = 140$ N-m를 가한다. 바퀴는 미끄러지지 않는다고

가정한다. 오토바이가 25 m/s의 속도에 도달하기 위해 주행해야 할 수평거리 b는 얼마인가?

그림 8.11

| 전략 |

바퀴를 포함한 오토바이와 운전자로 구성된 시스템에 일과 에너지의 원리를 적용하여 거리 b를 구할 수 있다.

| 풀이 |

거리 b를 구하기 위해서는 세 단계가 필요하다.

일을 하는 힘과 우력들을 확인한다 그림 a에 계의 자유물체도를 나타내었다. 운동이 수평방향이므로 무게는 일을 하지 않으며, 도로가 바퀴에 가하는 힘들은 작용점의 속도가 0이므로 일을 하지 않는다. (예제 8.1 참조.) 따라서 외력과 외부 우력이 한 일은 없다! 그러나 엔진이 뒷바퀴에 가하는 우력 M은 일을 한다(그림 b). 비록 이 우력이 문제에서 대상으로 하고 있는 계의 내부 우력(internal couple)이기는 하지만 바퀴는 오토바이 몸체에 반대의 우력을 가한다. 몸체는 회전하지 않는 데 비해 바퀴는 회전하므로, 결국 일이 행해지게 된다.

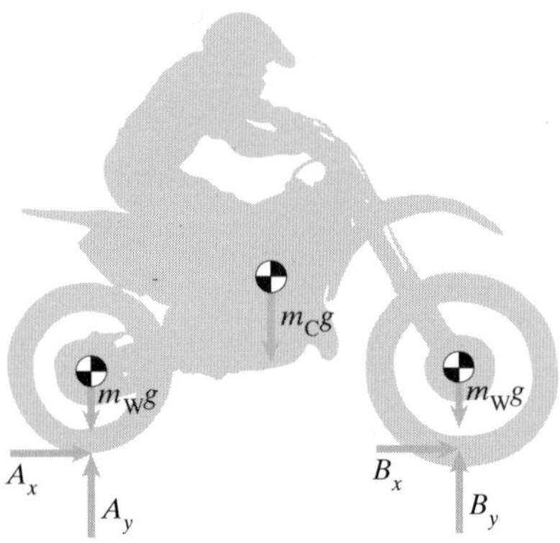

(a) 계의 자유물체도.

(b) 뒷바퀴를 격리시킴.

일과 에너지를 적용한다 오토바이가 수평거리 b를 달린다면, 바퀴는 b/R rad의 각을 회전하며, 일정한 우력 M에 의한 일은

$$U_{12} = M(\theta_2 - \theta_1) = M\left(\frac{b}{R}\right)$$

이다. 오토바이가 거리 b를 달렸을 때, 오토바이의 속도를 v, 바퀴의 각속도를 ω라고 하자. 일은 전체 운동에너지의 변화량과 같으므로 다음과 같이 쓸 수 있다:

$$M\left(\frac{b}{R}\right) = \tfrac{1}{2}m_C v^2 + 2\left(\tfrac{1}{2}m_W v^2 + \tfrac{1}{2}I\omega^2\right) - 0 \qquad (1)$$

기구학적 관계를 구한다 구르는 바퀴의 각속도와 속도 v는 $\omega = v/R$의 관계가 있다. 이 관계식을 식 (1)에 대입하고 b에 대해 풀면, 다음 결과를 얻을 수 있다:

$$\begin{aligned} b &= \left(\tfrac{1}{2}m_C + m_W + \frac{I}{R^2}\right)\frac{Rv^2}{M} \\ &= \left[\tfrac{1}{2}(142\text{ kg}) + (9\text{ kg}) + \frac{0.8\text{ kg-m}^2}{(0.33\text{ m})^2}\right]\frac{(0.33\text{ m})(25\text{ m/s})^2}{140\text{ N-m}} \\ &= 129\text{ m} \end{aligned}$$

| 비판적 사고 |

엔진이 가하는 우력이 일을 한다는 것을 명확히 하기 위해 오토바이와 뒷바퀴의 자유물체도를 별도로 그리기는 했지만, 일과 에너지의 원리를 적용할 때 바퀴를 포함한 오토바이를 하나의 시스템으로 취급했다는 점에 주의해야 한다. 이렇게 함으로써 오토바이 몸체와 바퀴 사이의 내력이 한 일은 고려할 필요가 없었다. 일과 에너지의 원리를 강체들의 시스템에 적용할 때, 일반적으로 시스템 전체를 하나로 취급하여 원리를 적용하는 것이 가장 간단함을 알 수 있을 것이다. 이것은 운동방정식을 이용하여 강체들의 시스템의 운동을 구할 때, 강체 개개의 자유물체도를 그리고, 이 자유물체도 각각에 운동방정식을 적용하는 것과 대조된다.

예제 8.3 링크장치에 대한 에너지 보존의 적용

그림 8.12의 링크장치의 가는 막대 AB와 BC는 질량이 m, 길이가 l이며, 고리 C의 질량은 m_C이다. A의 비틀림 스프링이 막대 AB에 시계 방향의 우력 $k\theta$ 를 가한다. 시스템이 위치 $\theta = 0$에서 정지상태로부터 놓여지며 아래로 내려간다. 마찰을 무시하고, 막대 AB의 각속도 $\omega = d\theta/dt$를 θ의 함수로 구하라.

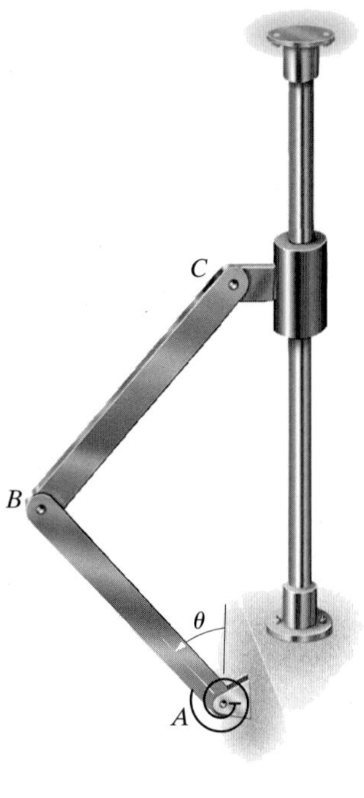

그림 8.12

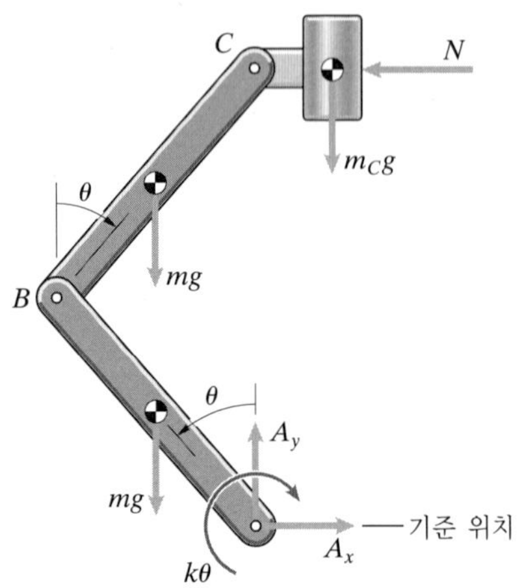

(a) 시스템의 자유물체도.

| 전략 |

이 예제의 목적—각속도를 시스템 위치의 함수로 구하는 것—이 에너지 접근법을 사용하도록 하고 있다. 먼저 시스템에 일을 하는 힘과 우력이 어떤 것인지 확인한다. 이 힘들이 보존력이면, 에너지 보존을 적용하여 ω를 θ의 함수로 구할 수 있다. 만일 비보존력이 시스템에 일을 한다면, 일과 에너지의 원리를 적용할 수 있다.

| 풀이 |

일을 하는 힘과 우력을 확인한다 그림 a에 시스템의 자유물체도를 그렸다. 일을 하는 힘과 우력—막대와 고리의 무게 및 비틀림 스프링이 가하는 우력—이 보존력이다. 에너지 보존과 두 막대의 각속도와 고리 속도 사이의 기구학적 관계를 이용하여 ω를 θ의 함수로 구할 수 있다.

에너지 보존을 적용한다 막대 BC의 질량중심을 G, 막대의 각속도를 ω_{BC}로 표시한다(그림 b). 각 막대의 자체 질량중심에 대한 관성모멘트는 $I = \frac{1}{12}ml^2$이다. 막대 AB는 고정점 A에 대해 회전하므로, 막대 AB의 운동에너지는 다음과 같이 쓸 수 있다:

$$T_{\text{bar } AB} = \frac{1}{2}I_A\omega^2 = \frac{1}{2}\left[I + \left(\frac{1}{2}l\right)^2 m\right]\omega^2 = \frac{1}{6}ml^2\omega^2$$

막대 BC의 운동에너지는

$$T_{\text{bar } BC} = \frac{1}{2}mv_G^2 + \frac{1}{2}I\omega_{BC}^2 = \frac{1}{2}mv_G^2 + \frac{1}{24}ml^2\omega_{BC}^2$$

이며, 연결고리 C의 운동에너지는

$$T_{\text{collar}} = \frac{1}{2}m_C v_C^2$$

이다. 그림 (a)의 기준 위치를 이용하여 무게의 위치에너지를 구할 수 있다. 즉,

$$V_{\text{bar } AB} + V_{\text{bar } BC} + V_{\text{collar}} = mg\left(\tfrac{1}{2}l\cos\theta\right) + mg\left(\tfrac{3}{2}l\cos\theta\right) + m_C g(2l\cos\theta)$$

이며, 비틀림 스프링의 위치에너지는 식 (8.18)에 의해 다음과 같이 주어진다:

$$V_{\text{spring}} = \frac{1}{2}k\theta^2$$

이제 에너지 보존의 적용에 필요한 모든 데이터를 얻었다. 위치 $\theta = 0$에서의 운동에너지와 위치에너지의 합을 임의의 θ에서의 위치에너지와 운동에너지의 합과 같게 놓는다:

$$T_1 + V_1 = T_2 + V_2:$$

$$0 + 2mgl + 2m_C gl = \frac{1}{6}ml^2\omega^2 + \frac{1}{2}mv_G^2 + \frac{1}{24}ml^2\omega_{BC}^2 + \frac{1}{2}m_C v_C^2$$
$$+ 2mgl\cos\theta + 2m_C gl\cos\theta + \frac{1}{2}k\theta^2$$

이 방정식으로부터 ω를 구하기 위해, 속도 v_G와 v_C, ω_{BC}를 ω에 의해 나타내야 한다.

기구학적 관계를 구한다 점 B의 속도를 ω에 의해 결정할 수 있으며, 그 다음 점 C의 속도를 점 B의 속도와 각속도 ω_{BC}에 의해 나타낼 수 있다.

B의 속도는

$$\mathbf{v}_B = \mathbf{v}_A + \boldsymbol{\omega}_{AB} \times \mathbf{r}_{B/A}$$

$$= \mathbf{0} + \begin{vmatrix} \mathbf{i} & \mathbf{j} & \mathbf{k} \\ 0 & 0 & \omega \\ -l\sin\theta & l\cos\theta & 0 \end{vmatrix}$$

$$= -l\omega\cos\theta\,\mathbf{i} - l\omega\sin\theta\,\mathbf{j}$$

이며, C의 속도는 B의 속도로 나타내면 다음과 같다:

$$v_C\mathbf{j} = \mathbf{v}_B + \boldsymbol{\omega}_{BC} \times \mathbf{r}_{C/B}$$

$$= -l\omega\cos\theta\,\mathbf{i} - l\omega\sin\theta\,\mathbf{j} + \begin{vmatrix} \mathbf{i} & \mathbf{j} & \mathbf{k} \\ 0 & 0 & \omega_{BC} \\ l\sin\theta & l\cos\theta & 0 \end{vmatrix}$$

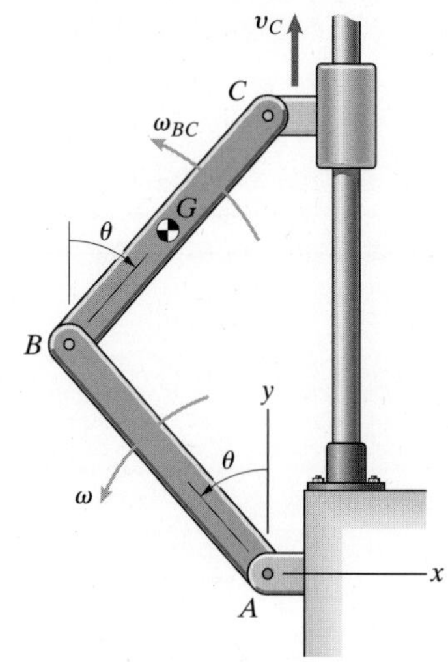

(b) 막대들의 각속도와 고리의 속도.

i와 **j** 성분들끼리 서로 같다고 놓으면, 다음 식을 얻는다:

$$\omega_{BC} = -\omega, \qquad v_C = -2l\omega\sin\theta$$

(마이너스 부호는 속도의 방향이 그림 b에서 가정한 방향과 반대임을 나타낸다.) ω에 의한 막대 BC의 각속도를 알았으므로, 이 막대의 질량중심의 속도 $\mathbf{v}_G$를 $\mathbf{v}_B$에 의해 나타냄으로써 $\mathbf{v}_G$를 ω에 의해 나타낼 수 있다. 즉,

$$\mathbf{v}_G = \mathbf{v}_B + \boldsymbol{\omega}_{BC} \times \mathbf{r}_{G/B}$$

$$= -l\omega\cos\theta\,\mathbf{i} - l\omega\sin\theta\,\mathbf{j} + \begin{vmatrix} \mathbf{i} & \mathbf{j} & \mathbf{k} \\ 0 & 0 & -\omega \\ \frac{1}{2}l\sin\theta & \frac{1}{2}l\cos\theta & 0 \end{vmatrix}$$

$$= -\tfrac{1}{2}l\omega\cos\theta\,\mathbf{i} - \tfrac{3}{2}l\omega\sin\theta\,\mathbf{j}$$

이며, ω_{BC}와 v_C, $\mathbf{v}_G$에 대한 위의 식들을 앞의 에너지 보존식에 대입하여 ω에 대해 풀면, 다음을 얻을 수 있다:

$$\omega = \left[\frac{2gl(m + m_C)(1 - \cos\theta) - \frac{1}{2}k\theta^2}{\frac{1}{3}ml^2 + (m + 2m_C)l^2\sin^2\theta}\right]^{1/2}$$

‖ 비판적 사고 ‖

에너지 보존 대신에 강체에 대한 Newton의 제2법칙과 각운동방정식을 이 예제에 적용할 수 있다. 그렇다면 어떤 방법을 적용할 것인가를 어떻게 결정할 수 있을까? 이제까지 기술한 에너지 방법은 일반적으로 시스템에 가해지는 힘과 우력에 의한 일이나 이들과 관련된 위치에너지를 쉽게 결정할 수 있는 경우에만 유용하다. 이런 경우에 해당되면, 에너지 방법을 선택하는 것이 더 나은 경우가 많다. Newton의 제2법칙과 각운동방정식을 이 예제에 적용하기

위해서는, 두 막대와 연결고리 C의 자유물체도를 각각 따로 그리고, 이들로부터 막대의 연결핀에서 막대와 고리에 가해지는 힘들을 공식에 삽입하는 것이 필요할 것이다. 이에 비해, 여기서는 에너지 보존을 시스템 전체에 적용함으로써 풀이를 매우 간단하게 할 수 있었다.

8.4 일률

힘 $\mathbf{F}$에 의해 힘의 작용점이 미소 변위 $d\mathbf{r}_p$를 겪는다면, 강체에 행해진 일은

$$\mathbf{F} \cdot d\mathbf{r}_p$$

이다. 변위가 일어난 시간 간격 dt로 위 식을 나눔으로써 강체에 전달된 일률, 즉 일이 강체에 행해진 비율 P를 얻을 수 있다. 즉,

$$P = \mathbf{F} \cdot \mathbf{v}_p \tag{8.20}$$

이다. 여기서 $\mathbf{v}_p$는 힘 $\mathbf{F}$의 작용점의 속도이다.

마찬가지로, 평면운동을 하는 강체가 우력 M의 방향으로 $d\theta$의 미소 회전을 하는 동안, 우력에 의해 강체에 행해진 일은

$$M d\theta$$

이다. 이 식을 dt로 나누면, 강체에 전달된 일률은 우력과 각속도의 곱임을 알 수 있다:

$$P = M\omega \tag{8.21}$$

어떤 시간 간격 동안 강체에 행해진 전체 일은 강체의 운동에너지의 변화량과 같으므로, 강체에 전달된 전체 일률은 강체의 운동에너지의 변화율과 같다. 즉,

$$P = \frac{dT}{dt}$$

이며, t_1에서 t_2까지의 시간 동안 시간에 대한 일률의 평균값은

$$P_{av} = \frac{1}{t_2 - t_1}\int_{t_1}^{t_2} P\,dt = \frac{1}{t_2 - t_1}\int_{T_1}^{T_2} dT = \frac{T_2 - T_1}{t_2 - t_1}$$

이다. 이 식은 강체의 운동에너지 변화량 또는 강체에 행해진 전체 일을 시간 간격으로 나눔으로써, 이 시간 동안 강체에 전달되거나 강체로부터 전달받은 평균 일률을 구할 수 있음을 보여준다:

$$P_{av} = \frac{T_2 - T_1}{t_2 - t_1} = \frac{U_{12}}{t_2 - t_1} \tag{8.22}$$

연습문제

8.1 의료용 원심분리기의 회전부분이 6000 rpm(분당 회전수)으로 돌고 있다. 이 부분의 관성모멘트는 $I = 0.2\ \text{kg-m}^2$이다.

(a) 이 회전부분의 운동에너지는 얼마인가?

(b) 이 회전부분이 정지상태에서 6000 rpm까지 가속되는 동안 여기에 행해진 일은 얼마인가?

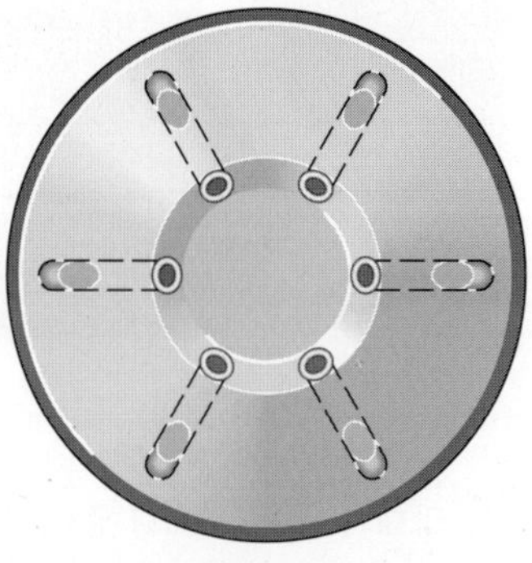

문제 8.1

8.2 17.8 N의 가는 막대의 길이가 0.61 m이다. 그림의 순간에서, 막대의 끝 A의 속도는 $6.71\mathbf{i} + 4.27\mathbf{j}$ (m/s)이며, 막대는 16 rad/s의 반시계 방향 각속도를 갖는다. 막대의 운동에너지는 얼마인가?

전략: 주어진 정보를 사용하여 막대의 질량중심 속도를 구해야 한다.

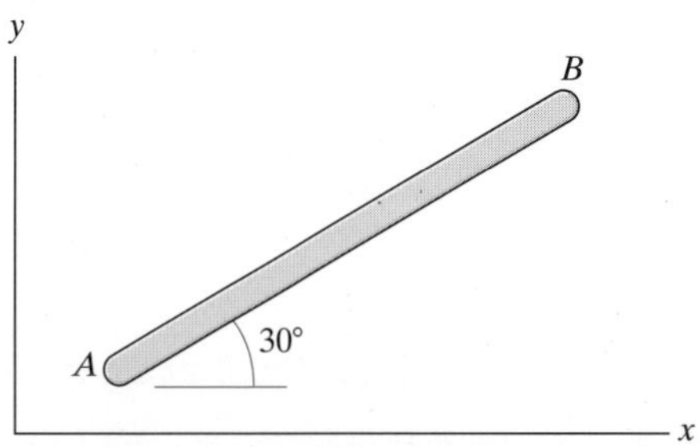

문제 8.2

8.3 정지상태의 8 kg 원판에 10 N-m의 일정한 반시계 방향 우력이 가해진다.

(a) 원판이 5회전하는 동안, 원판에 가해진 일은 얼마인가?

(b) 일과 에너지의 원리를 이용하여 원판이 5회전했을 때의 원판의 각속도를 구하라.

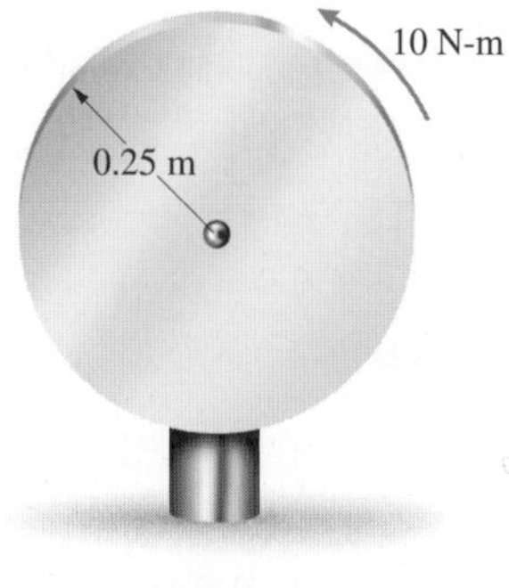

문제 8.3

8.4 우주 정거장의 각속도가 0이다. 반작용 제어 시스템이 특정 축에 대해 우주 정거장에 5000 N-m의 일정한 우력을 가하며, 우주 정거장은 그 축에 대해 평면운동을 하게 된다고 가정하자. 그 축에 대한 정거장의 관성모멘트는 $I = 1.5 \times 10^{10}\ \text{kg-m}^2$이다.

(a) 일과 에너지를 이용하여 우주 정거장이 2°의 각도만큼 회전했을 때의 각속도를 구하라.

(b) 우주 정거장이 2°의 각도만큼 회전하는 동안 우주 정거장에 전달된 평균 일률(power)은 얼마인가?

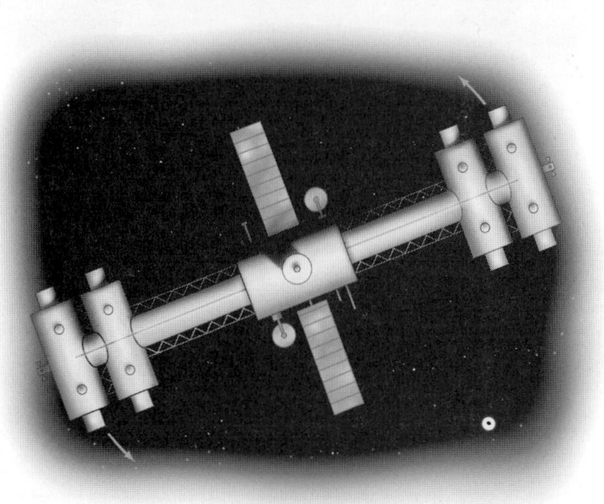

문제 8.4

8.5 헬리콥터의 회전날개가 정지상태에서 움직이기 시작한다. 엔진이 회전날개에 1627 m-N의 일정한 우력을 가하며 공기역학적 항력은 무시할 만하다고 가정하자. 회전날개의 관성모멘트는 $I = 542$ kg-m^{2}이다.

(a) 일과 에너지를 이용하여 회전날개가 5회전했을 때의 각속도 크기를 구하라.

(b) 회전날개가 5회전하는 동안 날개에 전달된 평균 일률은 얼마인가?

8.6 헬리콥터의 회전날개가 정지상태에서 움직이기 시작한다. 엔진과 공기역학적 항력에 의해 회전날개에 가해지는 우력 M은 날개가 회전한 각 θ(라디안)의 함수로서 $M = 1200e^{-0.008\theta}$ m-N로 주어진다. 회전날개의 관성모멘트는 $I = 542$ kg-m^{2}이다.

(a) 회전날개가 5회전했을 때 회전날개에 행해진 일은 얼마인가?

(b) 일과 에너지를 이용하여 회전날개가 5회전했을 때의 각속도 크기를 구하라.

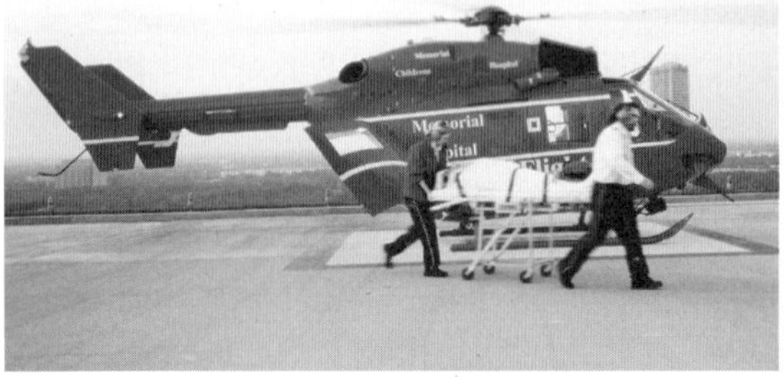

문제 8.5/8.6

8.7 우주 유영을 하는 동안, 우주비행사의 각속도는 처음에는 0이었다. 우주비행사가 방향 조종장치의 자세제어용 분사기(thruster) 두 개를 가동시켜 같은 크기이면서 방향이 반대인 두 힘 $T = 10$ N을 가하여 6°의 각도만큼 회전한 다음, 분사기를 끈다. 우주비행사와 장치의 전체 질량중심을 통과하면서 지면에 수직인 축에 대한 이들의 관성모멘트는 45 kg-m^{2}이다.

(a) 일과 에너지를 이용하여, 비행사가 6°의 각도만큼 회전했을 때의 각속도를 구하라.

(b) 우주비행사가 분사기를 가동시켰을 때의 위치로부터 1/4회전하는 데 걸리는 시간은 얼마인가?

문제 8.7

8.8 8 kg의 가는 막대가 수평 위치 1에서 정지상태에서 놓인 후 위치 2까지 낙하한다.

(a) 일과 에너지를 이용하여 막대가 위치 2에 왔을 때의 각속도 크기를 구하라.

(b) 막대가 위치 2에 있을 때, 연결핀 A가 막대에 가하는 힘의 x 및 y 성분을 구하라.

전략: (b)를 구하기 위해 막대가 위치 2에 있을 때 자유물체도를 그리고, Newton의 제2법칙과 각운동방정식을 적용하라. 막대의 질량중심이 원운동을 한다는 점에 유의하라.

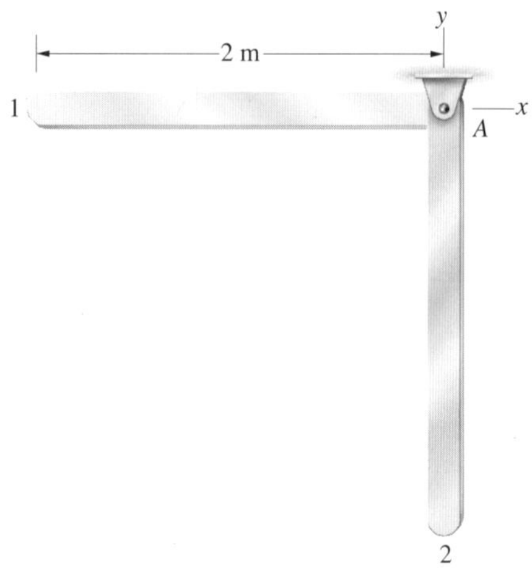

문제 8.8

8.9 8 kg의 가는 막대가 수평 위치 1에서 정지상태에서 놓인 후 위치 2까지 낙하한다.

(a) 일과 에너지를 이용하여 막대가 위치 2에 있을 때의 각속도 크기를 구하라.

(b) 막대가 위치 2에 있을 때, 연결핀 A가 막대에 가하는 힘의 x 및 y 성분을 구하라.

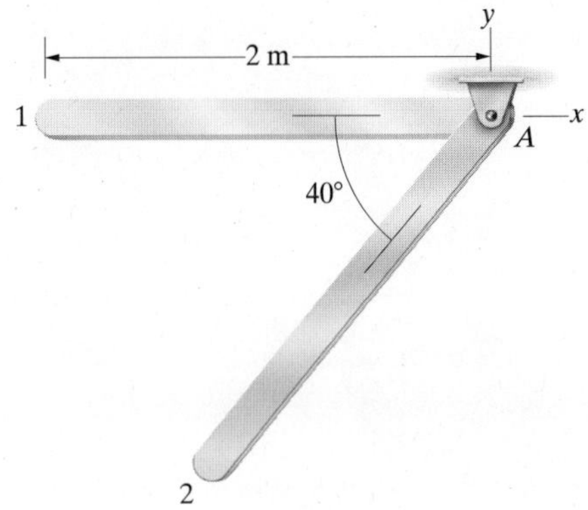

문제 8.9

8.10 그림의 물체는 35.6 N의 가는 막대와 여기에 용접된 53.4 N의 원판으로 구성되어 있다. 이 물체가 수평 위치 1에서 정지상태에서 놓여 위치 2까지 낙하한다.

(a) 일과 에너지를 이용하여 이 물체가 위치 2에 있을 때의 각속도 크기를 구하라.

(b) 막대가 위치 2에 있을 때, 연결핀 A가 물체에 가하는 힘의 x 및 y 성분을 구하라.

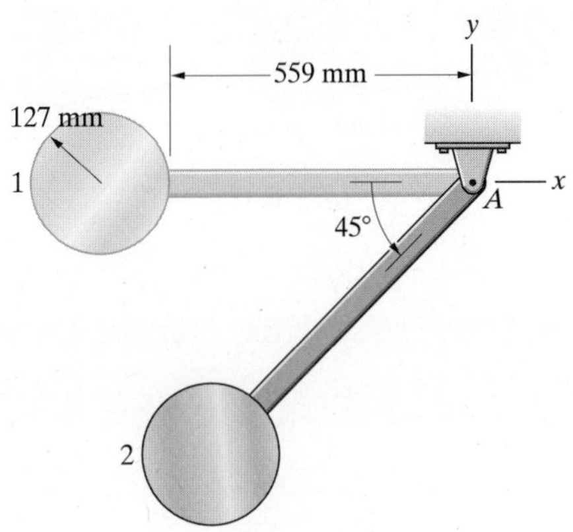

문제 8.10

8.11 홈이 있는 막대가 수평면 상에서 회전한다. 막대 끝의 핀 회전축에 대한 막대의 관성모멘트는 0.2 kg-m^{2}이다. 막대의 핀 회전축에서 스프링의 고정된 끝점까지의 거리는 0.3 m이다. 스프링상수는 $k = 960$ N/m이며 스프링의 변형 전 길이는 0.25 m이다. 종동부(follower)가 고정 캠의 매끄러운 표면 위에서 미끄러지는 동안, 반경방향 거리 r (미터 단위)은 다음과 같이 각 θ의 함수로 주어진다:

$$r = \frac{0.15}{1 + 0.5\cos\theta}$$

종동부의 질량은 무시할 수 있다. 만일 막대가 $\theta = 90°$의 위치에서 정지상태에서 놓여진다면, $\theta = 0$의 위치에서 막대의 각속도 크기는 얼마인가?

8.12 만일 문제 8.11의 홈이 있는 막대가 $\theta = 180°$의 위치에서 정지상태에서 놓여진다면, $\theta = 0$의 위치에서 막대의 각속도 크기는 얼마인가?

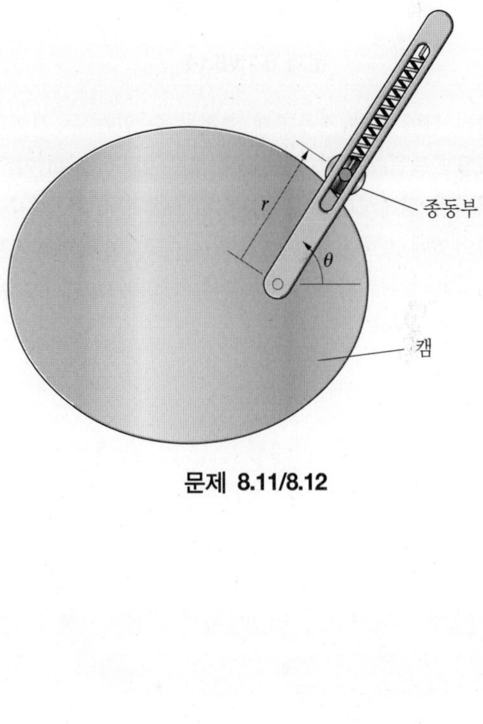

문제 8.11/8.12

8.13 4 kg의 막대가 수평 위치 1에서 정지상태로부터 놓여지며 위치 2까지 낙하한다. 스프링의 변형 전 길이는 0.6 m이며 스프링상수는 $k = 20$ N/m이다. 막대가 위치 2에 있을 때, 막대의 각속도 크기는 얼마인가?

8.14* 4 kg의 막대가 수평 위치 1에서 정지상태로부터 놓여지며 위치 2까지 낙하한다. 스프링의 변형 전 길이는 0.6 m이며 스프링상수는 $k = 20$ N/m이다. 막대가 위치 2에 있을 때, 연결핀 A에 의해 물체에 가해지는 힘의 x 및 y 성분을 구하라.

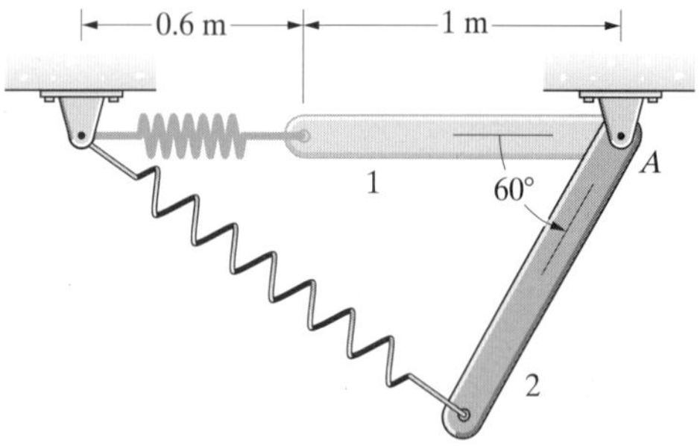

문제 8.13/8.14

8.15 지지 핀에 대해 자유롭게 회전할 수 있는 두 기어의 관성모멘트는 $I_A = 0.002$ kg-m^2, $I_B = 0.006$ kg-m^{2}이다. 두 기어가 정지상태에 있을 때 일정한 우력 $M = 2$ N-m가 기어 B에 가해진다. 마찰을 무시하고, 일과 에너지의 원리를 이용하여 기어 A가 100회전했을 때 두 기어의 각속도를 구하라.

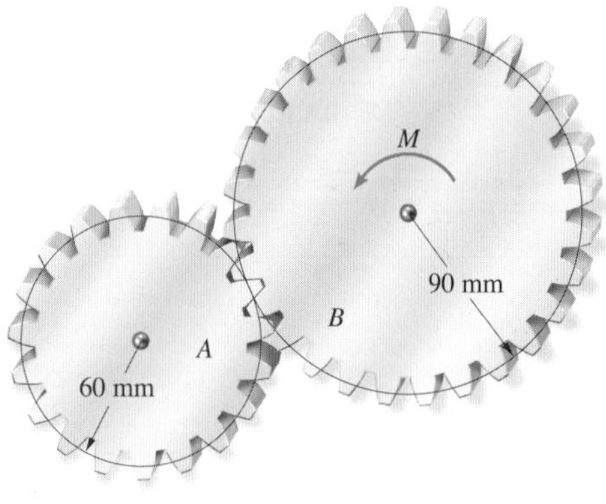

문제 8.15

8.16 기어 A와 B의 관성모멘트는 $I_A = 0.02$ kg-m^2, $I_B = 0.09$ kg-m^{2}이다. 기어 A는 스프링상수 $k = 12$ N-m/rad인 비틀림 스프링에 연결되어 있다. 만일 비틀림 스프링이 변형되지 않은 상태에서 기어 B에 10 rad/s의 반시계 방향 초기 각속도가 주어진다면, 기어 B가 회전하게 되는 최대 반시계 방향 각도는 얼마인가?

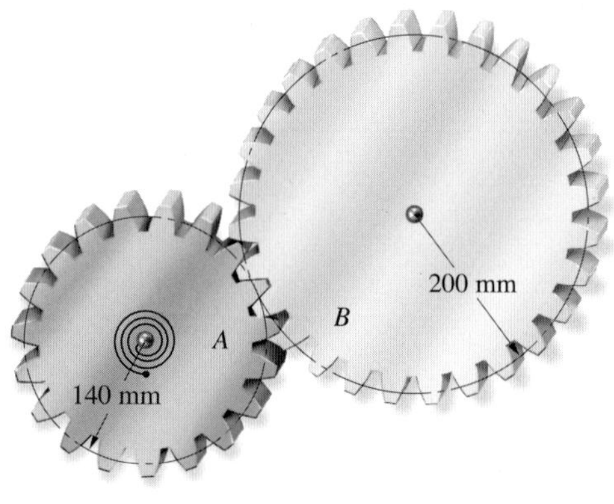

문제 8.16

8.17 지지 핀에 대해 자유롭게 회전할 수 있는 세 풀리의 관성모멘트는 $I_A = 0.002$ kg-m^2, $I_B = 0.036$ kg-m^2, $I_C = 0.032$ kg-m^{2}이다. 세 풀리가 정지상태에 있을 때 일정한 우력 $M = 2$ N-m가 풀리 A에 가해진다. 풀리 A가 10회전했을 때 풀리 A의 각속도는 얼마인가?

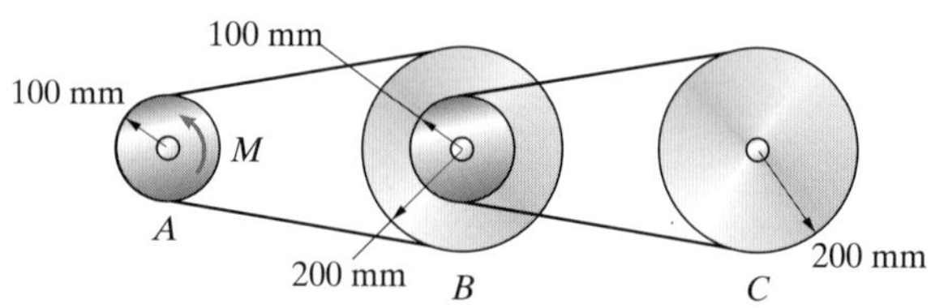

문제 8.17

8.18 팔 ABC를 한 개의 강체로 모델링한다. 이 팔의 질량은 300 kg이며, 팔의 질량중심에 대한 관성모멘트는 $I = 360\ \text{kg-m}^2$이다. 팔 ABC의 질량중심이 지면으로부터 2 m 위에 있을 때(위치 1) 정지상태에서 유압 실린더에 의해 위로 밀어 올려진다. 팔이 그림의 위치(위치 2)에 있을 때, 팔은 1.4 rad/s의 반시계 방향 각속도를 갖는다. 유압 실린더가 팔 ABC를 위치 1에서 위치 2까지 움직이는 데 한 일은 얼마인가?

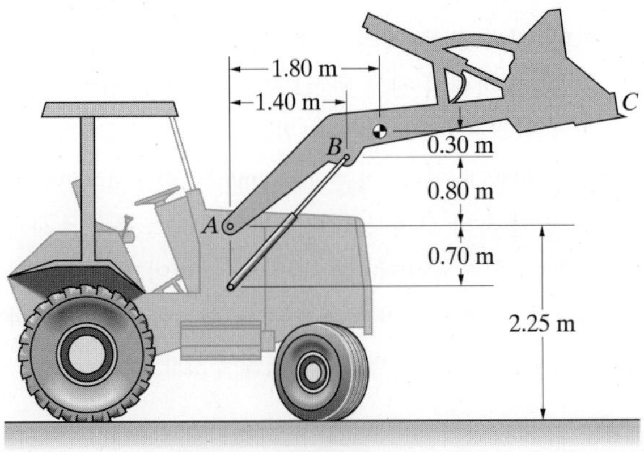

문제 8.18

8.19 원통형 균질 원판의 질량이 $m = 5$ kg이며, 반경이 $R = 0.2$ m이다. 정지상태인 원판에 시계 방향의 일정한 우력 $M = 10$ N-m가 가해진다. 원판이 거리 $b = 0.4$ m만큼 움직였을 때 원판의 중심 속도는 얼마인가? 다음 두 방법으로 속도를 구하라:

(a) 원판의 자유물체도를 그리고, 운동방정식을 써서 원판중심의 가속도를 구하고 이 값을 이용하여 속도를 구하라.

(b) 일과 에너지를 이용하라.

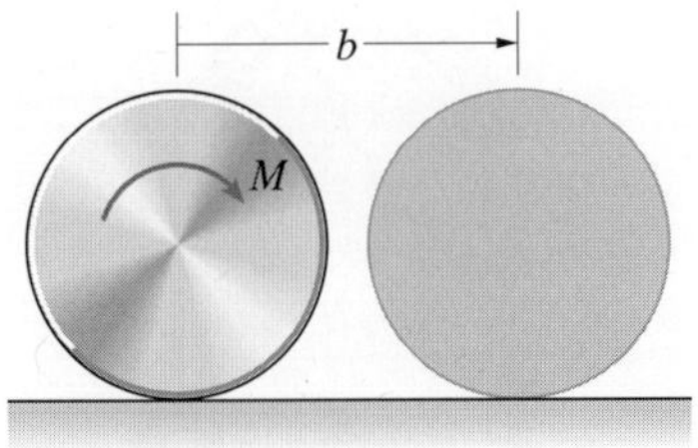

문제 8.19

8.20 원통형 균질 원판의 질량이 $m = 5$ kg이며, 반경이 $R = 0.2$ m이다. 각은 $\beta = 15°$이다. 정지상태인 원판에 시계 방향의 일정한 우력 $M = 10$ N-m가 가해진다. 원판이 거리 $b = 0.4$ m만큼 움직였을 때 원판의 중심 속도는 얼마인가?

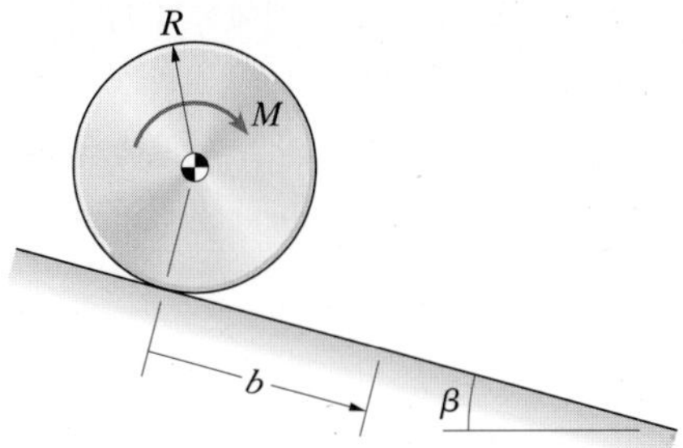

문제 8.20

8.21 가운데 홈이 있는 원판의 질량이 18 kg이며, 원판의 관성모멘트는 $0.28\ \text{kg-m}^2$이다. 원판이 정지상태에서 놓인다면, 원판중심이 1 m 내려갔을 때 원판의 각속도는 얼마인가?

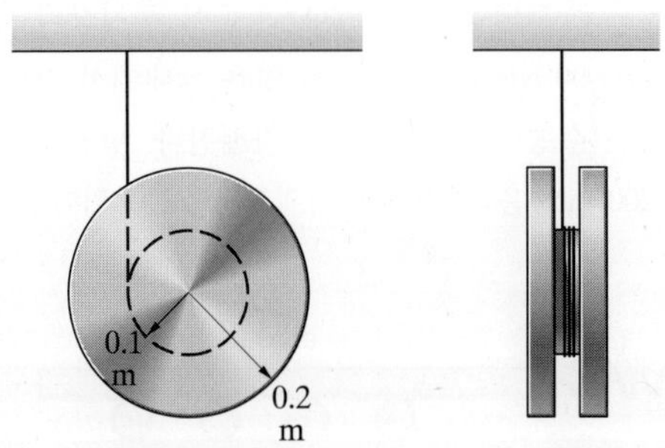

문제 8.21

8.22 100 kg의 원통형 균질 원판이 정지상태에서 원판 주위에 감긴 끈을 통해 힘 $F = 500$ N의 힘을 받아 굴러가기 시작한다. 일과 에너지의 원리를 이용하여, 원판이 1회전했을 때 원판의 각속도를 구하라.

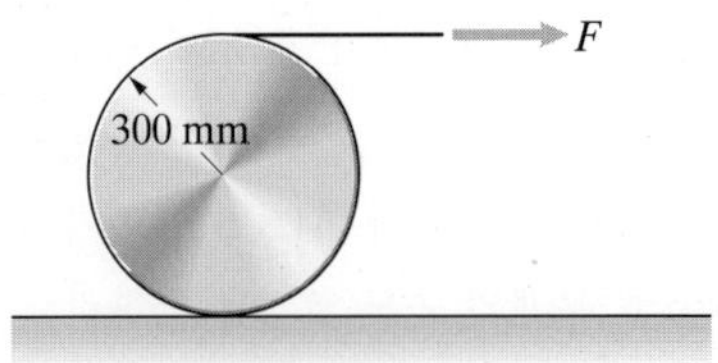

문제 8.22

8.23 스프링이 늘어나지 않은 상태에서, 1 kg의 원통형 균질 원판에 2 rad/s의 시계 방향 각속도가 주어진다. 스프링 상수는 $k = 43.8$ N/m이다. 만일 원판이 굴러간다면, 원판의 중심은 오른쪽으로 얼마나 움직일 수 있는가?

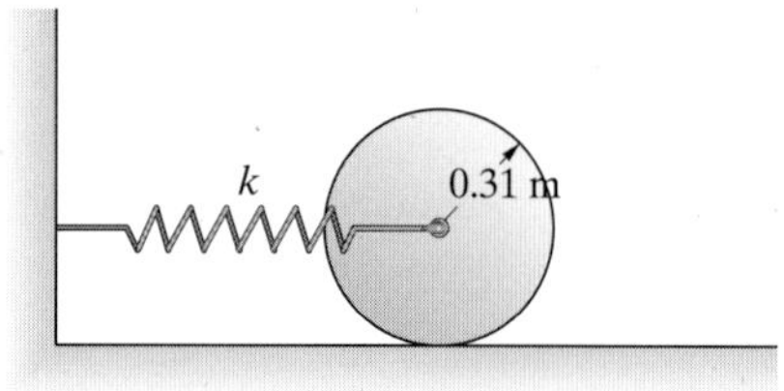

문제 8.23

8.24 22 kg의 평판 테이블 P가 네 개의 구름 베어링 위에 놓여 있다. 구름 베어링은 반경이 30 mm인 1 kg의 균질 원통으로 모델링할 수 있다. 평판이 정지상태이고 스프링($k = 900$ N/m)이 변형되지 않은 상태에서 그림과 같이 일정한 수평력 $F = 100$ N이 가해진다. 평판이 오른쪽으로 200 mm 움직였을 때 평판의 속도는 얼마인가?

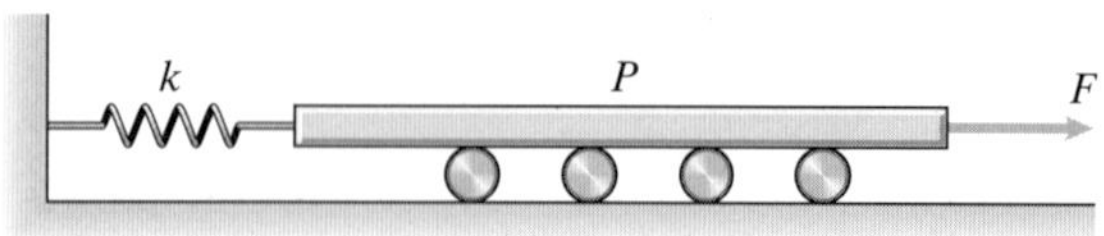

문제 8.24

8.25 두 무게가 정지상태에서 놓인다. 22.2 N의 무게가 매끄러운 수평면 위에서 미끄러진다. 풀리의 관성모멘트는 $I = 0.027$ kg-m^{2}이다. 44.5 N의 무게가 0.61 m 하강했을 때 44.5 N 무게의 속도 크기를 구하라.

8.26 두 무게가 정지상태에서 놓인다. 22.2 N 무게와 수평면 사이의 동마찰계수는 $\mu_k = 0.4$이다. 풀리의 관성모멘트는 $I = 0.027$ kg/m^{2}이다. 44.5 N 무게가 0.61 m 하강했을 때 44.5 N 무게의 속도 크기를 구하라.

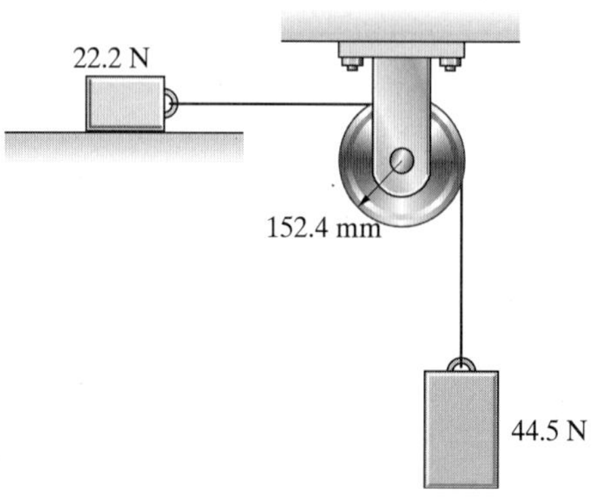

문제 8.25/8.26

8.27 자동차의 뒷바퀴 두 개와 차축의 전체 관성모멘트는 I_R이며, 앞바퀴 두 개의 전체 관성모멘트는 I_F이다. 타이어의 반경은 R이며, 바퀴를 포함한 자동차의 총 질량은 m이다. 차가 v_0의 속도로 달리고 있을 때 운전자가 브레이크를 밟는다. 차의 브레이크가 각 바퀴에 속도를 감소시키는 일정한 우력 M을 가하며, 타이어가 미끄러지지 않는다고 할 때, 차의 속도를 브레이크를 밟은 지점부터의 거리 s의 함수로 나타내어라.

8.28 자동차의 뒷바퀴 두 개와 차축의 전체 관성모멘트는 I_R이며, 앞바퀴 두 개의 전체 관성모멘트는 0.24 kg-m^{2}이다. 두 앞바퀴의 전체 관성모멘트는 0.2 kg-m^{2}이다. 타이어의 반경은 0.3 m이다. 바퀴를 포함한 자동차의 총 질량은 1480 kg이다. 차는 100 km/h의 속도로 달리고 있다. 만일 차의 브레이크가 각 바퀴에 속도를 감소시키는 일정한 우력 650 N-m를 가하며 타이어가 미끄러지지 않는다고 하면, 차가 정지하는 데 필요한 거리는 얼마인가? (이 해석은 공기역학적 항력을 무시하였다.)

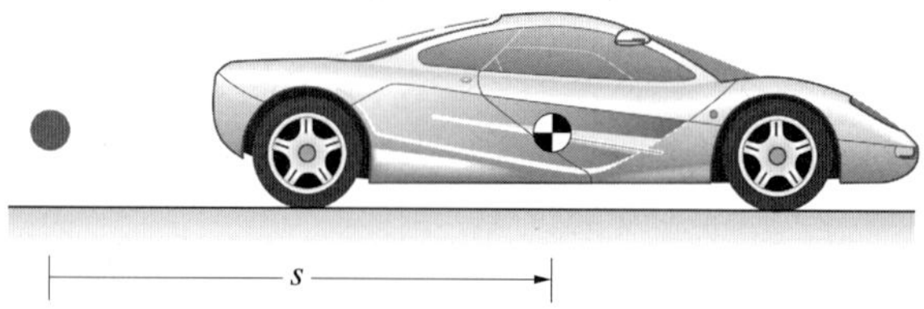

문제 8.27/8.28

8.29 풀리의 반경은 $R = 100$ mm이며 관성모멘트는 $I = 0.1$ kg-m^{2}이다. 질량은 $m = 5$ kg이며, 스프링상수는 $k = 135$ N/m이다. 시스템이 스프링이 변형되지 않은 상태에서 정지상태에서 놓인다. 질량이 0.5 m 하강했을 때 질량이 움직이는 속도를 구하라.

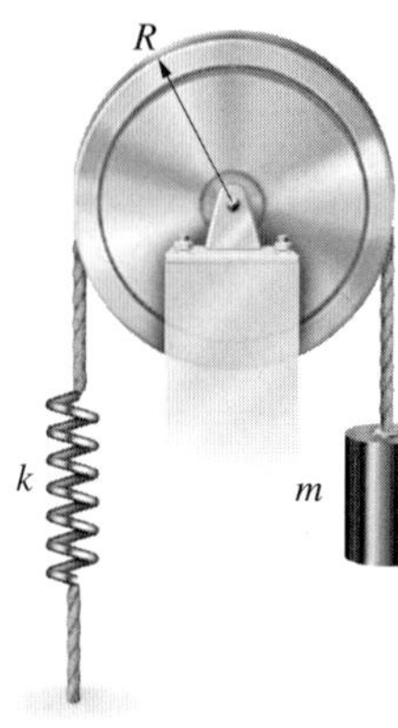

문제 8.29

8.30 막대와 원판의 질량이 각각 14 kg과 9 kg이다. 막대가 수평인 상태에서 시스템이 정지상태에서 놓여진다. 막대와 원판이 *A*에서 서로 용접되어 있다면, 막대가 수직이 될 때 막대의 각속도를 구하라.

8.31 막대와 원판의 질량은 각각 14 kg과 9 kg이다. 막대가 수평인 상태에서 시스템이 정지상태에서 놓여진다. 만일 막대와 원판이 *A*에서 매끄러운 핀으로 연결되어 있다면, 막대가 수직이 될 때 막대의 각속도를 구하라.

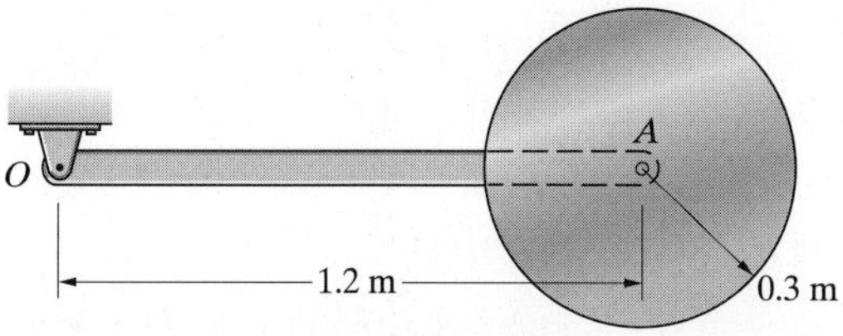

문제 8.30/8.31

8.32 권양기(winch)가 45 kg의 나무상자를 경사면을 따라 끌어올린다. 나무상자와 경사면 사이의 동마찰계수는 $\mu_k = 0.4$이다. 밧줄이 감겨 있는 드럼의 관성모멘트는 $I_A = 4$ kg-m^{2}이다. 모터가 드럼에 일정한 우력 $M = 50$ N-m를 가하며, 나무상자가 정지상태에서 움직이기 시작한다. 일과 에너지의 원리를 이용하여, 나무상자가 1 m 움직였을 때의 속도 크기를 구하라.

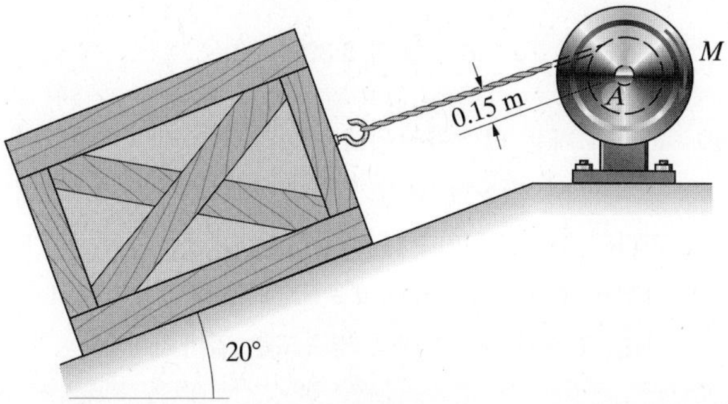

문제 8.32

8.33 0.61 m의 가는 막대의 무게는 각각 17.8 N이며, 사각형 판의 무게는 89 N이다. 만일 시스템이 그림의 위치에서 정지상태로부터 놓인다면, 두 막대가 수직이 될 때 판의 속도는 얼마인가?

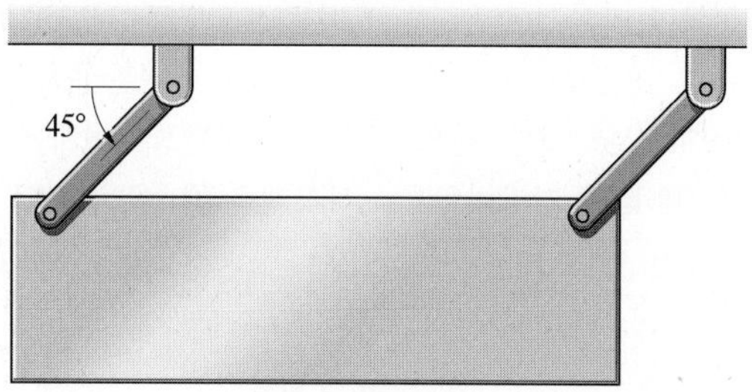

문제 8.33

8.34 가는 막대의 질량이 $m = 8$ kg이고 길이가 $l = 2$ m이다. 스프링상수가 $k = 65$ N-m/rad인 비틀림 스프링이 연결 핀에서 막대에 부착되어 있다. 막대가 수직일 때 스프링은 변형 전 상태이다. 막대가 $\theta = 35°$에서 정지상태에서 놓여진다.

(a) $\theta = 55°$일 때 막대의 각속도 크기는 얼마인가?

(b) 막대가 도달하게 되는 최대 각 θ는 얼마인가?

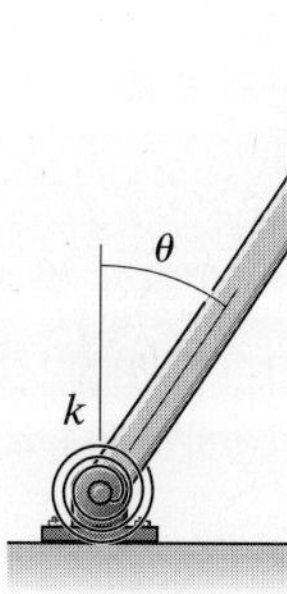

문제 8.34

8.35 매달린 물체 *A*의 질량은 8 kg이다. 풀리의 질량은 5 kg 이며 관성모멘트는 0.036 kg-m^{2}이다. 만일 힘 $T = 70$ N 이 정지상태의 시스템에 가해진다면, *A*가 0.2 m 하강했을 때 *A*의 속도 크기는 얼마인가?

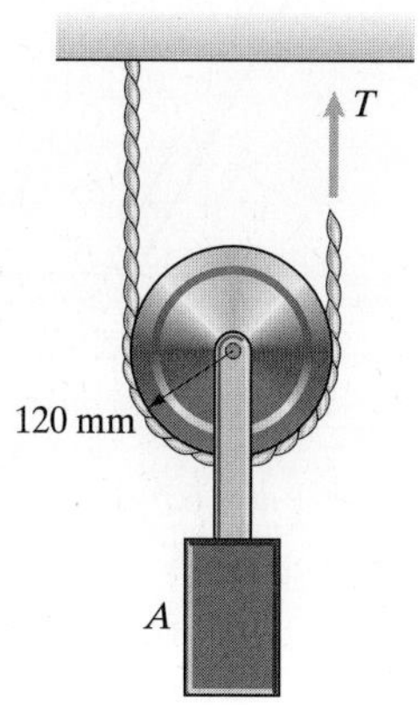

문제 8.35

8.36 왼쪽 풀리의 질량은 7 kg이며 관성모멘트는 0.330 kg-m^2이다. 오른쪽 풀리의 질량은 3 kg이며 관성모멘트는 0.054 kg-m^2이다. 만일 시스템이 정지상태에서 놓인다면, 18 kg의 질량이 0.1 m 하강했을 때, 이 질량의 하강 속도는 얼마인가?

문제 8.36

8.37 18 kg의 사다리가 $\theta = 10°$에서 정지상태에서 놓여진다. 벽과 마루는 매끄럽다. 사다리를 가는 막대로 모델링하고, 에너지 보존을 이용하여 $\theta = 40°$일 때 막대의 각속도를 구하라.

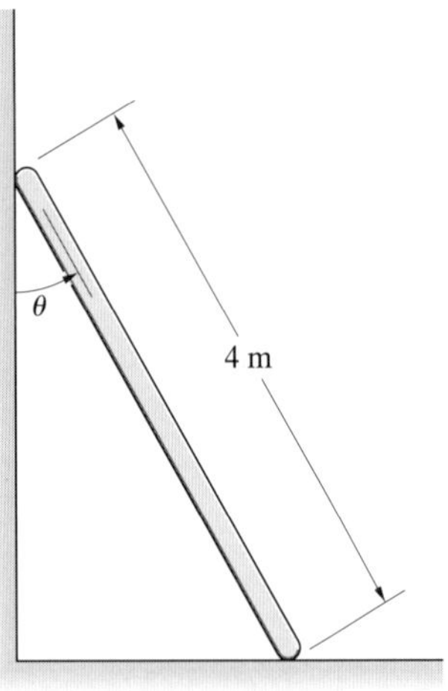

문제 8.37

8.38 8 kg의 가는 막대가 $\theta = 60°$에서 정지상태에서 놓여진다. 수평면은 매끄럽다. $\theta = 30°$일 때 막대의 각속도는 얼마인가?

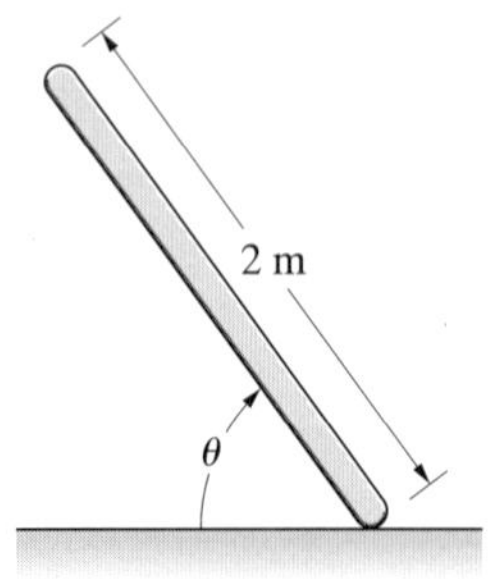

문제 8.38

8.39 막대의 질량과 길이는 $m = 4$ kg, $l = 1.2$ m이다. 스프링 상수는 $k = 180$ N/m이다. 막대가 위치 $\theta = 10°$에서 정지상태에서 놓인다면, 막대가 $\theta = 20°$까지 내려왔을 때 막대의 각속도는 얼마인가?

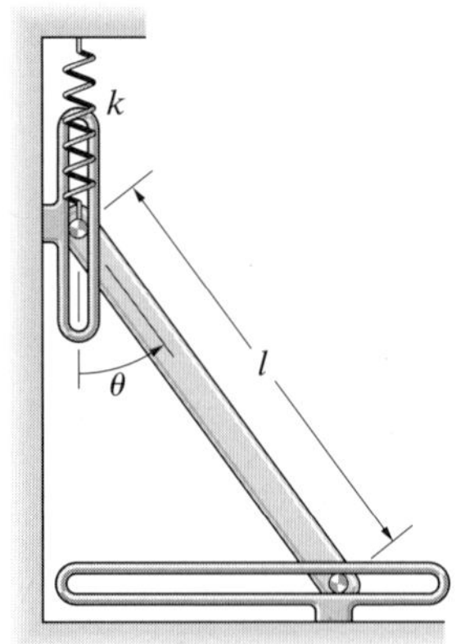

문제 8.39

8.40 4 kg의 가는 막대가 A에서는 2 kg의 슬라이더에, B에서는 4 kg의 원통형 균질 원판에 핀으로 연결되어 있다. 슬라이더에서의 마찰력을 무시하며, 원판은 굴러간다고 가정한다. 이 시스템이 $\theta = 60°$에서 정지상태에서 놓인다면, $\theta = 0$일 때 막대의 각속도는 얼마인가?

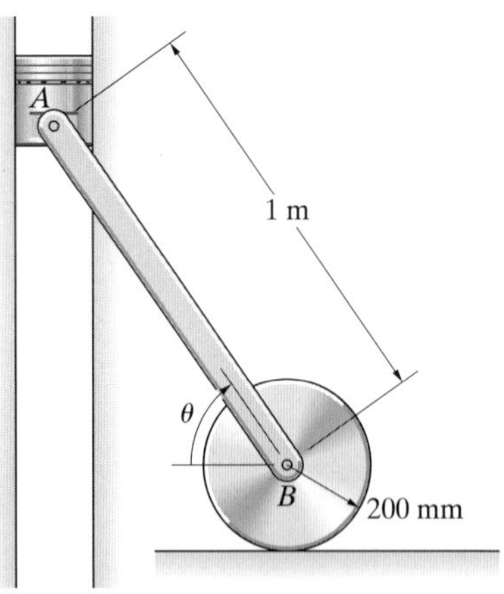

문제 8.40

8.41* 슬리브 P가 매끄러운 수평막대 상에서 미끄러진다. 각 막대의 질량은 4 kg이며 슬리브 P의 질량은 2 kg이다. 만일 시스템이 $\theta = 60°$에서 정지상태에서 놓인다면, $\theta = 40°$일 때 슬리브 P의 속도 크기는 얼마인가?

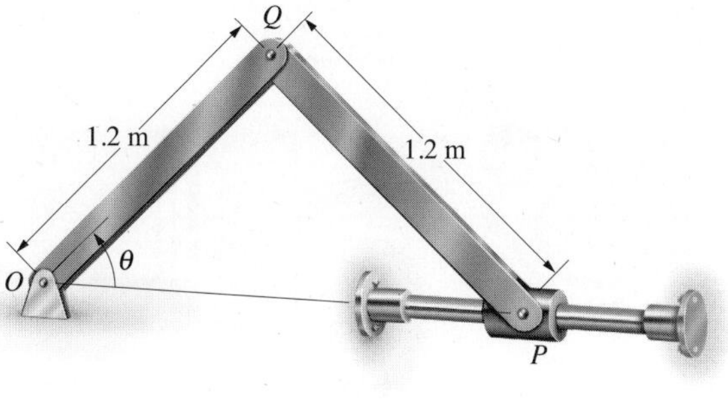

문제 8.41

8.42* 시스템이 그림의 위치에서 평형상태에 있다. 가는 막대 ABC의 질량이 6 kg, 가는 막대 BD의 질량이 3 kg, C의 슬라이더의 질량이 1 kg이다. 스프링상수는 $k = 200$ N/m이다. 만일 아래쪽으로 100 N의 일정한 힘이 A에 가해진다면, 막대 ABC가 원래 위치에서 20° 회전했을 때 막대의 각속도는 얼마인가?

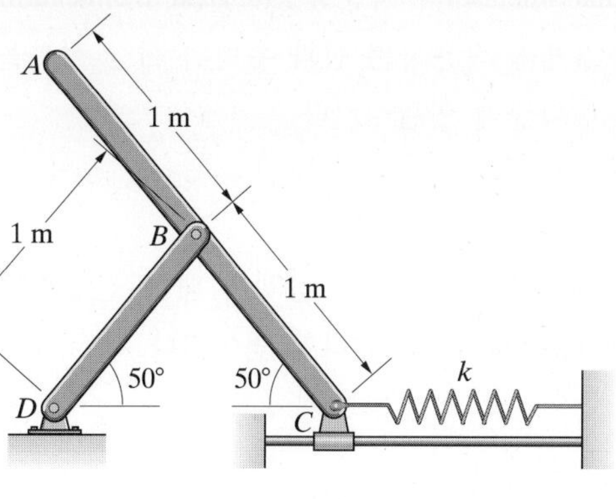

문제 8.42

8.43* 막대 AB와 BC의 질량은 각각 5 kg과 3 kg이다. 만일 시스템이 그림의 위치에서 정지상태로부터 놓인다면, 조인트 B가 매끄러운 바닥에 닿기 직전 두 막대의 각속도는 얼마인가?

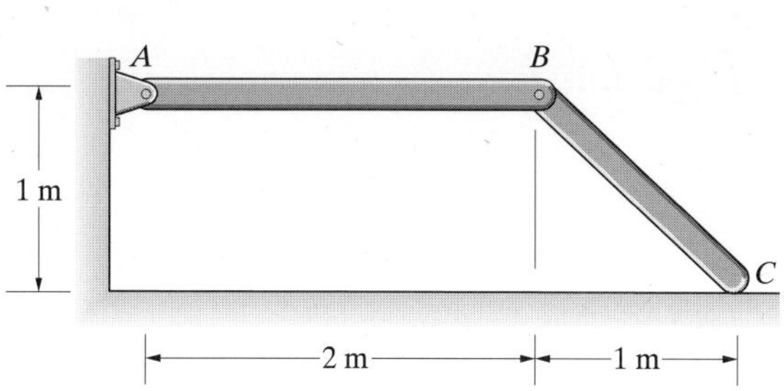

문제 8.43

8.44* 막대 AB의 무게는 22.2 N이다. 슬리브 A와 B의 무게는 각각 8.9 N이다. 시스템이 그림의 위치에서 정지상태에서 놓여진다. 슬리브 B가 오른쪽으로 76.2 mm 움직였을 때 막대의 각속도 크기는 얼마인가?

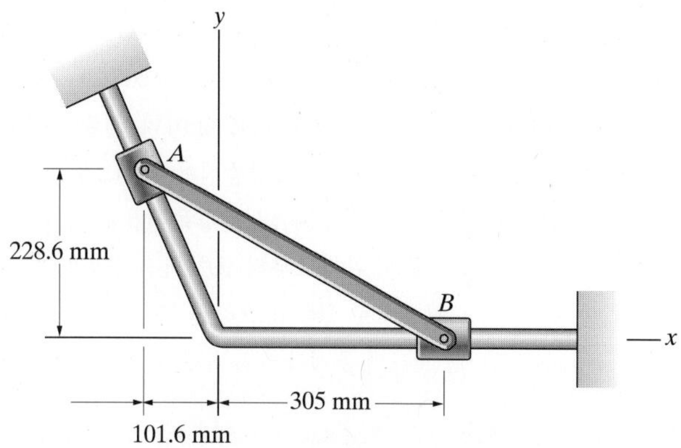

문제 8.44

8.45* 각 막대의 질량은 8 kg이며 길이는 1 m이다. 스프링상수는 $k = 100$ N/m이며, $\theta = 0$일 때 스프링은 변형 전 상태이다. 만일 시스템이 막대가 수직일 때 정지상태로부터 놓인다면, $\theta = 30°$일 때 두 막대의 각속도 크기는 얼마인가?

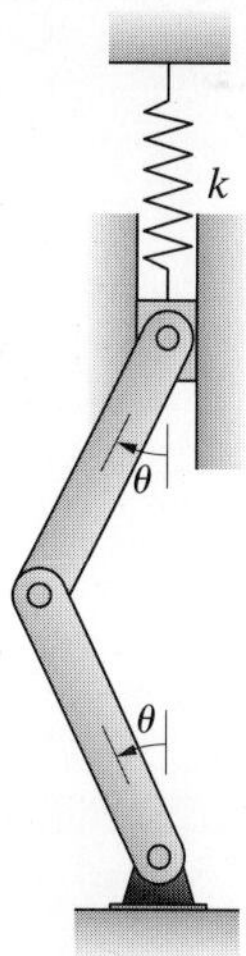

문제 8.45

8.46* 크랭크 AB가 수직일 때 시스템이 정지상태로부터 움직이기 시작한다. 일정한 우력 M이 크랭크에 가해져 크랭크를 시계 방향으로 돌게 하여 실린더의 가스를 압축시킨다. 피스톤의 초기 위치에 대해 오른쪽으로 움직인 변위(미터 단위)를 s라고 하자. 대기압과 실린더 내의 가스가 피스톤에 가하는 최종 힘은 왼쪽으로 $350/(1-10s)$ N이다. A에 대한 크랭크의 관성모멘트는 0.0003 kg-m^{2}이다. 커넥팅 로드 BC의 질량은 0.36 kg이며 질량중심은 중앙에 있다. 커넥팅 로드의 질량중심에 대한 관성모멘트는 0.0004 kg-m^{2}이며, 피스톤의 질량은 4.6 kg이다. 만일 크랭크 AB가 초기 위치로부터 90° 회전하였을 때의 각속도가 시계 방향으로 200 rad/s라면, M은 얼마인가? (크랭크와 커넥팅 로드의 무게가 하는 일은 무시한다.)

8.47 문제 8.46에서 크랭크 AB가 수직일 때 시스템이 정지상태로부터 움직이기 시작하며 우력이 $M = 40$ N-m라면, 크랭크 AB가 초기 위치로부터 45° 회전하였을 때 크랭크의 각속도는 시계 방향으로 얼마인가?

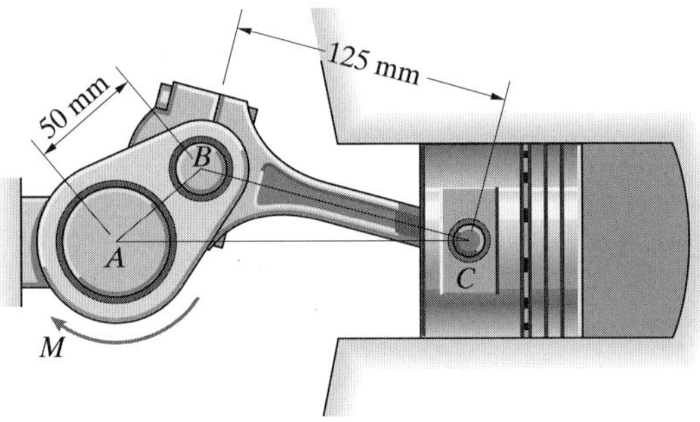

문제 8.46/8.47

8.5 충격량과 운동량의 원리

이 절에서는 5장에서 배운 선형충격량과 선형운동량의 원리를 복습한 후, 강체에 대한 각충격량(angular impulse)과 각운동량(angular momentum)의 원리를 유도한다. 이 두 원리는 강체에 작용하는 힘과 우력의 시간 적분을 강체의 질량중심 속도와 각속도의 변화량에 연관시킨다.

선형운동량

Newton의 제2법칙을 시간에 대해 적분하면 강체에 대한 선형충격량(linear impulse)과 선형운동량(linear momentum)의 원리가 얻어진다. 즉,

$$\int_{t_1}^{t_2} \Sigma \mathbf{F}\, dt = m\mathbf{v}_2 - m\mathbf{v}_1 \tag{8.23}$$

이다. 여기서 $\mathbf{v}_1$과 $\mathbf{v}_2$는 시간 t_1과 t_2에서의 질량중심의 속도이다(그림 8.13). 만일 강체에 작용하는 외력들이 시간의 함수로 주어진다면, 이 원리로부터 어떤 시간 구간 동안 강체의 질량중심 속도의 변화량을 구할 수 있다. t_1에서 t_2까지 합력의 평균은

$$\Sigma \mathbf{F}_{\text{av}} = \frac{1}{t_2 - t_1}\int_{t_1}^{t_2} \Sigma \mathbf{F}\, dt$$

이며, 이 힘에 의해 식 (8.23)을 다음과 같이 쓸 수 있다:

$$(t_2 - t_1)\Sigma \mathbf{F}_{\text{av}} = m\mathbf{v}_2 - m\mathbf{v}_1 \tag{8.24}$$

이 형태의 선형충격량과 선형운동량의 원리는 물체가 충격력을 받을 때 종종

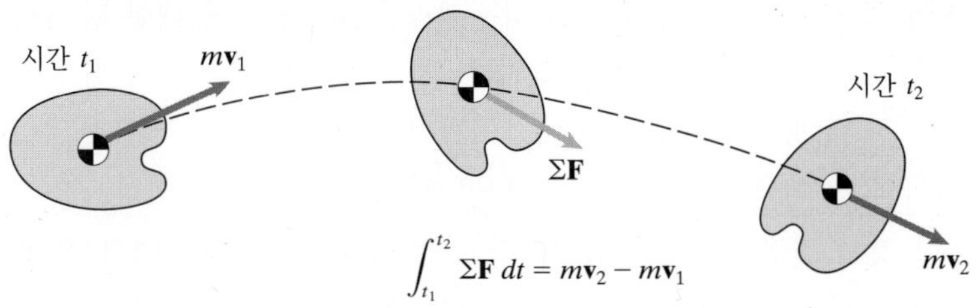

그림 8.13
선형충격량과 선형운동량의 원리.

유용하게 쓸 수 있다. (5.1절 참조.)

만일 두 강체 A와 B에 작용하는 유일한 힘이 두 강체가 서로 상대방에게 가하는 힘뿐이거나 다른 힘들을 무시할 수 있다면, A와 B의 전체 선형운동량은 보존된다. 즉,

$$m_A\mathbf{v}_A + m_B\mathbf{v}_B = \text{constant} \tag{8.25}$$

이다.

각운동량

운동량의 원리를 강체에 적용할 때, 강체의 질량중심의 속도와 각속도를 모두 구할 필요가 있을 때가 종종 있다. 이런 경우, 선형운동량 원리만으로는 충분하지 않다. 이 절에서는 평면운동을 하는 강체에 대해 각운동량 원리를 유도한다.

각충격량과 각운동량의 원리 평면운동을 하는 강체의 질량중심에 대한 전체 모멘트는 질량중심에 대한 관성모멘트와 각가속도의 곱과 같다. 즉,

$$\Sigma M = I\alpha$$

이며, 이 식은 다음 형태로 쓸 수 있다:

$$\Sigma M = \frac{dH}{dt} \tag{8.26}$$

여기서

$$H = I\omega \tag{8.27}$$

는 강체의 질량중심에 대한 각운동량이다. 식 (8.26)을 시간에 대해 적분하면, 다음 형태의 각충격량(angular impulse)과 각운동량(angular momentum)의 원리를 얻을 수 있다:

$$\int_{t_1}^{t_2} \Sigma M\, dt = H_2 - H_1 \tag{8.28}$$

여기서 H_1과 H_2는 시간 t_1과 t_2에서의 각운동량의 값이다. t_1에서 t_2까지의 시간

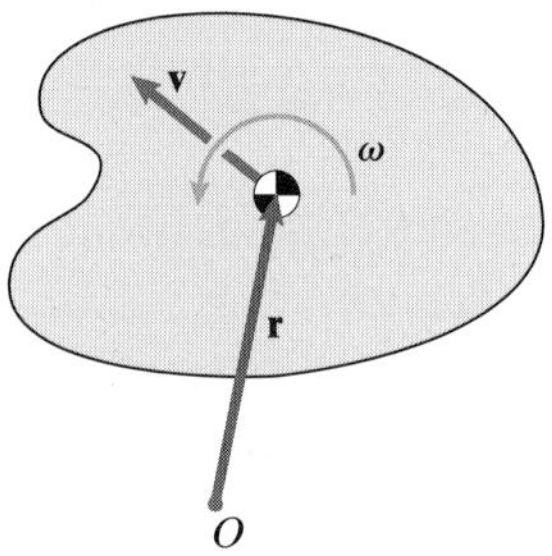

그림 8.14
속도가 $\mathbf{v}$, 각속도가 ω인 평면운동을 하는 강체.

구간 동안 강체의 질량중심에 대한 각충격량은 질량중심에 대한 강체의 각운동량 변화와 같다. 만일 질량중심에 대한 전체 모멘트가 시간의 함수로서 주어진다면, 식 (8.28)을 이용하여 t_1에서 t_2까지 각속도의 변화를 구할 수 있다.

이 원리의 또 다른 유용한 형태를 다음과 같이 유도할 수 있다. $\mathbf{r}$을 고정점 O에 대한 강체 질량중심의 위치벡터라고 하자(그림 8.14). 7장에서, 외력과 우력으로 인한 O에 대한 전체 모멘트와 O에 대한 강체의 각운동량 변화율 사이의 관계식

$$\Sigma M_O = \frac{dH_O}{dt} \tag{8.29}$$

를 유도했다. 여기서

$$H_O = (\mathbf{r} \times m\mathbf{v}) \cdot \mathbf{k} + I\omega \tag{8.30}$$

이다. 식 (8.29)를 시간에 대해 적분하면, 각충격량과 각운동량 원리의 두 번째 형태를 얻을 수 있다:

$$\int_{t_1}^{t_2} \Sigma M_O \, dt = H_{O2} - H_{O1} \tag{8.31}$$

t_1에서 t_2까지의 시간 구간 동안 고정점 O에 대한 각충격량은 O에 대한 강체의 각운동량 변화와 같다(그림 8.15).

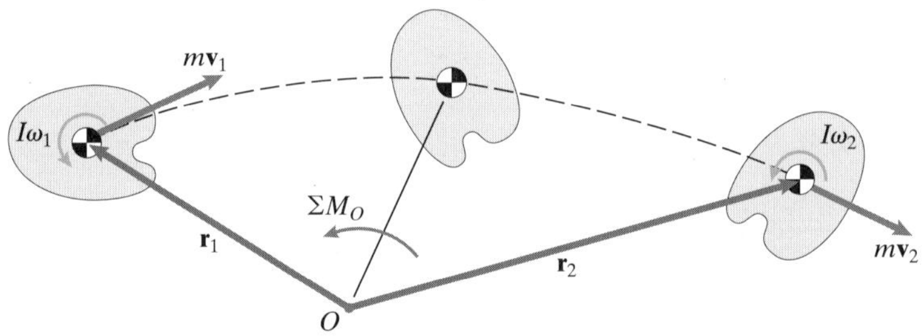

$$(\mathbf{r}_1 \times m\mathbf{v}_1) \cdot \mathbf{k} + I\omega_1 + \int_{t_1}^{t_2} \Sigma M_O \, dt = (\mathbf{r}_2 \times m\mathbf{v}_2) \cdot \mathbf{k} + I\omega_2$$

그림 8.15
O에 대한 충격량은 O에 대한 각운동량 변화와 같다.

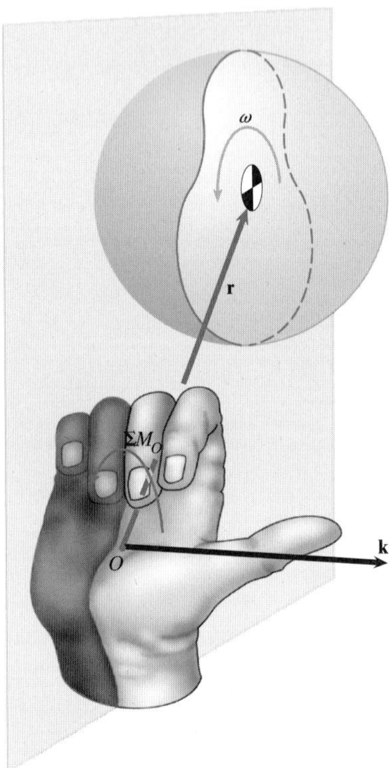

그림 8.16 $\mathbf{k}$의 방향.

식 (8.30)의 $(\mathbf{r} \times m\mathbf{V}) \cdot \mathbf{k}$항은 강체의 질량중심 속도에 의한 O에 대한 각운동량이다. 이 항은 힘의 모멘트와 같은 형태지만, 힘 대신 선형운동량 $m\mathbf{v}$가 들어가 있다. ΣM_O와 ω가 반시계 방향일 때를 양의 부호로 정의하면, 단위벡터 $\mathbf{k}$는 책 지면 밖으로 나오는 방향이며(그림 8.16), $(\mathbf{r} \times m\mathbf{V}) \cdot \mathbf{k}$는 선형운동량의 반시계 방향 "모멘트"이다. 이 양을 계산하기 위해 벡터 표현식을 쓸 수도 있으나, 이 항의 크기는 선형운동량의 크기와 점 O에서 속도 작용선(line of action)까지의 수직거리를 곱한 값과 같다는 사실을 이용하는 것이 더 쉬운

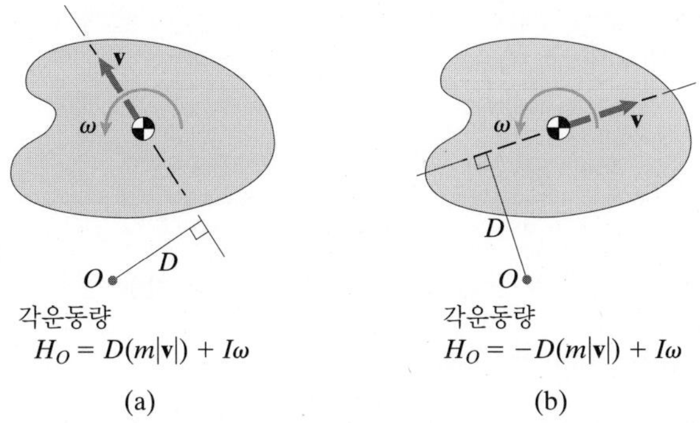

그림 8.17
선형운동량의 "모멘트"를 계산하여 O에 대한 각운동량을 구함.

경우가 종종 있다. "모멘트"는 반시계 방향일 때 양이며(그림 8.17a), 시계 방향일 때 음이다(그림 8.17b).

충격력과 충격우력 t_1에서 t_2까지 질량중심에 대한 모멘트의 평균은

$$\Sigma M_{\text{av}} = \frac{1}{t_2 - t_1}\int_{t_1}^{t_2} \Sigma M\, dt$$

이다. 이 식을 이용하여 식 (8.28)을 다음과 같이 쓸 수 있다:

$$(t_2 - t_1)\Sigma M_{\text{av}} = H_2 - H_1 \tag{8.32}$$

같은 방법으로, 식 (8.31)을 점 O에 대한 평균 모멘트로 나타낼 수 있다. 즉,

$$(t_2 - t_1)(\Sigma M_O)_{\text{av}} = H_{O2} - H_{O1} \tag{8.33}$$

이다. 모멘트의 평균값과 그 지속시간이 알려져 있을 때, 식 (8.32)나 (8.33)을 이용하여 각운동량의 변화를 구할 수 있다. 이 식들은 강체가 충격력(impulsive force)과 충격우력(impulsive couple)을 받을 때 종종 유용하다.

각운동량의 보존 식 (8.31)을 이용하여 두 강체에 대한 전체 각운동량의 보존방정식을 얻을 수 있다. A와 B를 같은 평면 상에서 2차원 운동을 하는 강체라고 하고, 두 강체는 서로에게 가하는 힘과 우력만을 받으며 다른 힘들과 우력들은 무시할 수 있다고 가정하자. A에 가해지는 힘과 우력에 의한 고정점 O에 대한 모멘트를 M_{OA}라고 하고, B에 가해지는 힘과 우력으로 인한 고정점 O에 대한 모멘트를 M_{OB}라고 하자. 운동방정식을 유도할 때 했던 것과 같은 가정—각 쌍의 질점들 사이의 힘은 질점 간의 직선을 따라 작용한다—하에서 모멘트는 $M_{OB} = -M_{OA}$이다. 예를 들어 그림 8.18에서 강체 A와 B는 접촉에 의해 서로에게 힘을 가한다. 이 힘들에 의한 O에 대한 모멘트는 $M_{OA} = (\mathbf{r}_\text{p} \times \mathbf{R}) \cdot \mathbf{k}$와 $M_{OB} = [\mathbf{r}_\text{p} \times (-\mathbf{R})] \cdot \mathbf{k} = -M_{OA}$이다.

임의의 시간 t_1과 t_2에 대해 식 (8.31)을 A와 B에 적용하면, 다음 식을 얻는다:

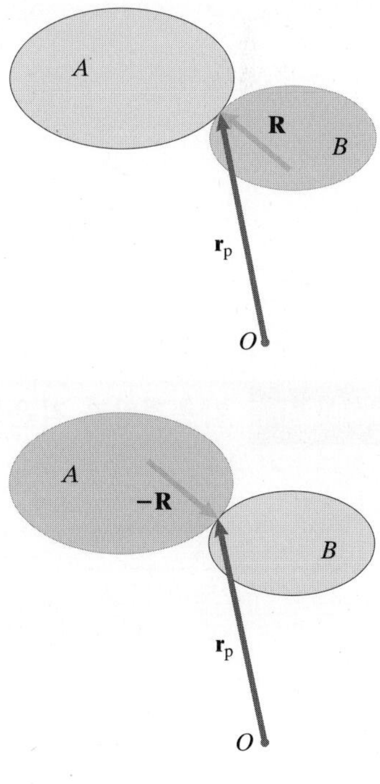

그림 8.18
접촉에 의해 서로에게 힘을 가하는 강체 A와 B.

$$\int_{t_1}^{t_2} M_{OA}\,dt = H_{OA2} - H_{OA1}$$

$$\int_{t_1}^{t_2} M_{OB}\,dt = H_{OB2} - H_{OB1}$$

이 식들을 더하면, 좌변의 항들이 소거되므로 다음 식을 얻는다:

$$H_{OA1} + H_{OB1} = H_{OA2} + H_{OB2}$$

따라서 O에 대한 A와 B의 전체 각운동량이 보존됨을 알 수 있다:

$$H_{OA} + H_{OB} = \text{constant} \tag{8.34}$$

만일 O에 대한 외력과 우력으로 인한 전체 모멘트가 0이라면, A와 B가 상당한 크기의 외력과 우력을 받는 경우에도 이 결과는 유효하다는 점에 유의하라. 점 O를 적절히 선택함으로써 이러한 상태를 만족시킬 수 있는 경우가 가끔 있다. 이 결과는 어떤 개수의 강체들에 대해서도 적용할 수 있다. 즉, 만일 O에 대한 외력과 우력의 전체 모멘트가 0이라면, O에 대한 강체들의 전체 각운동량은 보존된다.

연구 문제

1. 어떤 시간 동안 평면운동을 하는 강체의 질량중심에 대한 전체 운동량을 안다면, 각충격량과 각운동량의 원리를 이용하여 강체의 각속도의 변화를 구할 수 있다. 방법을 설명하라.
2. 식 (8.30)은 평면운동을 하는 강체의 고정점 O에 대한 각운동량이다. 선형운동량의 "모멘트"를 계산함으로써 첫 번째 항을 계산할 수 있다. 어떻게 이렇게 되는가?
3. 어떤 시간 동안 강체에 가해지는 힘과 우력에 의한 고정점 O에 대한 전체 모멘트가 0이라면, 강체의 O에 대한 각운동량에 대해 무엇을 알 수 있는가?

예제 8.4 각충격량과 각운동량의 원리

그림 8.19의 원판 A는 처음에 반시계 방향의 각속도 ω_0를 가지고 있으며, 원판 B는 정지해 있다. $t = 0$에서 두 원판이 움직여서 서로 접촉하게 된다. 접촉점에서의 마찰로 인해, 두 원판 사이에 미끄러짐이 없어질 때까지 A의 각속도는 감소하며 B의 각속도는 증가한다. 두 원판의 최종 각속도 ω_A와 ω_B는 얼마인가? 원판은 자신의 질량중심에서 지지되며, 관성모멘트는 각각 I_A와 I_B이다.

전략

두 원판이 접촉하고 있는 동안 각 원판은 자신의 질량중심을 통과하는 고정축에 대해 회전하므로, 식 (8.28)로 주어진 형태의 각충격량과 각운동량의 원리를 두 원판에 각각 적용할 수 있다. 두 원판 사이에 더 이상 미끄러짐이 없을 때, 두 원판의 속도는 둘 사이의 접촉점에서 동일하다. 각충격량과 각운동량의 원리로부터 얻은 식과 이 기구학적 관계에 의해 최종 각속도들을 구할 수 있다.

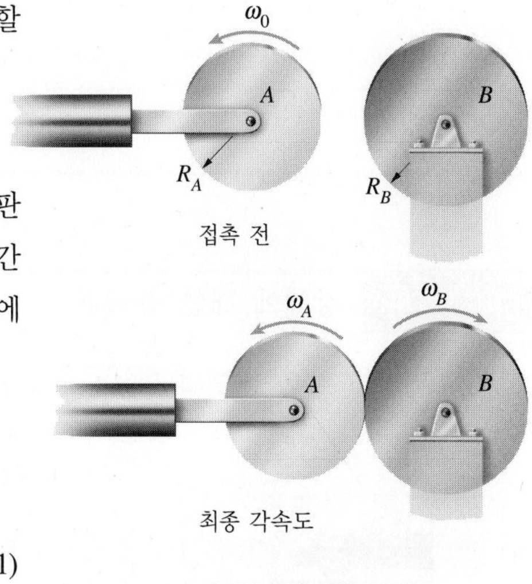

그림 8.19

‖ 풀이 ‖

미끄러짐이 일어나는 동안 두 원판의 자유물체도를 그림 a에 그리고, 두 원판이 서로에게 가하는 수직력과 마찰력을 나타내었다. 미끄러짐이 멈추는 시간을 t_f라고 하자. $t = 0$에서 $t = t_f$까지의 시간 구간에 대해 식 (8.28)을 원판 A에 적용한다:

$$\int_{t_1}^{t_2} \Sigma M \, dt = H_2 - H_1 = I\omega_2 - I\omega_1:$$

$$\int_0^{t_f} -R_A f \, dt = I_A\omega_A - I_A\omega_0 \qquad (1)$$

원판 B에도 식 (8.28)을 적용한다:

$$\int_{t_1}^{t_2} \Sigma M \, dt = H_2 - H_1 = I\omega_2 - I\omega_1:$$

$$\int_0^{t_f} -R_B f \, dt = -I_B\omega_B - 0 \qquad (2)$$

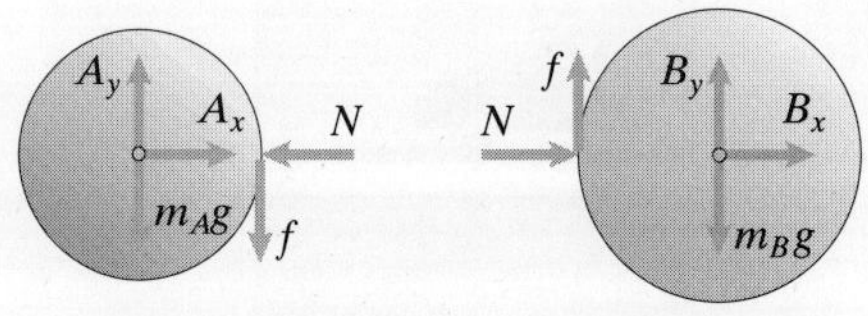

(a) 두 원판의 자유물체도.

ω_B는 시계 방향이므로, $\omega_2 = -\omega_B$임에 주의하라. 식 (1)을 식 (2)로 나눈 후 정리하면 다음과 같다:

$$\omega_A + \frac{R_A I_B}{R_B I_A}\omega_B = \omega_0$$

미끄러짐이 없을 때, 두 원판의 속도는 접촉점에서 같으므로

$$R_A\omega_A = R_B\omega_B$$

이다. 이 두 식을 풀면 다음 결과를 얻을 수 있다:

$$\omega_A = \omega_0\left[\frac{1}{1 + \dfrac{R_A^2 I_B}{R_B^2 I_A}}\right], \qquad \omega_B = \omega_0\left[\frac{R_A/R_B}{1 + \dfrac{R_A^2 I_B}{R_B^2 I_A}}\right]$$

만일 두 원판이 동일한 반경과 관성모멘트를 갖는다면, $\omega_A = \frac{1}{2}\omega_0$, $\omega_B = \frac{1}{2}\omega_0$이다.

‖ 비판적 사고 ‖

원판 A를 원판 B에 누르기 위해 왼쪽에서 어떤 힘이 원판 A에 가해졌는지 알지 못했는데, 이는 두 원판이 서로에게 가하는 수직력 N을 모른다는 것을 의미한다. 두 원판이 서로에 대해 미끄러지는 동안 원판에 가해지는 마찰력 f는

N에 의존하므로 f도 미지수이다. 두 원판의 각가속도를 일으키는 것은 마찰력 f이다. 따라서 두 원판의 최종 각속도를 구할 수 있었다는 것은 주목할 만한 일이다. N을 알지 못하므로 원판이 최종 각속도에 도달하는 데 필요한 시간을 구할 수는 없지만, 각충격량과 각운동량의 원리는 최종 각속도를 구하는 것을 가능하게 만들었다.

예제 8.5 강체에 대한 충격력

그림 8.20

자동차가 가로등을 들이받았을 때 승객들의 부상 방지를 돕기 위해 가로등이 지면 높이에서 절단되도록 설계하려고 한다(그림 8.20). 충돌 시험을 기록한 비디오테입으로부터, 엔지니어가 충돌 후 기둥의 각속도를 $\omega = 0.74$ rad/s, 기둥의 질량중심의 수평 속도를 $v = 6.8$ m/s로 추정하였으며, 충돌 지속시간을 $\Delta t = 0.01$ s로 추정하였다. 만일 기둥을 길이가 $l = 6$ m이고 질량이 70 kg인 가는 막대로 모델링할 수 있고, 자동차가 지면 위 $h = 0.5$ m 높이에서 기둥에 부딪히며, 충돌하는 동안 기둥의 지지대가 기둥에 가하는 우력을 무시한다면, 기둥을 지지하는 볼트들을 절단하는 데 필요한 평균 힘은 얼마인가?

전략

기둥에 가해지는 평균 힘과 모멘트들에 의해 표현된 선형충격량과 선형운동량의 원리와 각충격량과 각운동량의 원리를 적용함으로써 평균 힘을 구할 것이다. 식 (8.32)나 (8.33)을 이용하여 각충격량과 각운동량의 원리를 적용할 수 있다. 여기서는 식 (8.33)을 이용하여 이 원리의 사용을 보여줄 것이다.

풀이

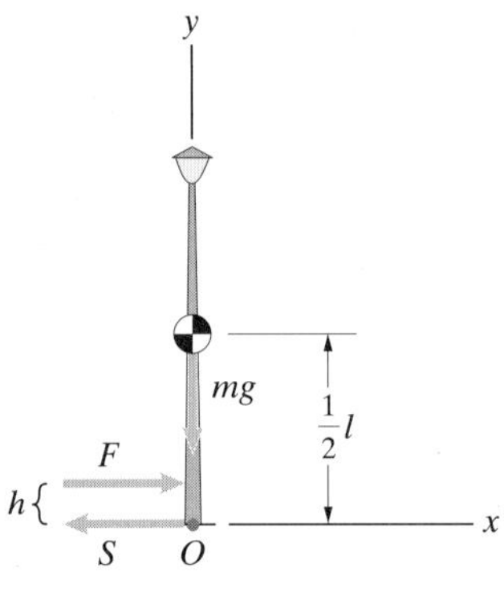

(a) 기둥의 자유물체도.

기둥의 자유물체도를 그림 a에 나타내었다. 여기서 F는 자동차에 의해 가해진 평균 힘이며, S는 볼트에 의해 기둥에 가해진 평균 전단력(shearing force)이다. m을 기둥의 질량이라 하고, v와 ω를 충돌이 끝나는 시점에서의 기둥의 질량중심의 속도와 기둥의 각속도라고 하자(그림 b). 식 (8.24)로부터, 평균 수평력에 의한 선형충격량과 선형운동량의 원리는

$$(t_2 - t_1)(\Sigma F_x)_{av} = (mv_x)_2 - (mv_x)_1:$$
$$\Delta t(F - S) = mv - 0 \qquad (1)$$

이다. 각충격량과 각운동량의 원리를 적용하기 위해 식 (8.33)을 이용하며, 고정점 O는 기둥의 바닥에 둔다(그림 a와 b). 충돌이 끝나는 시점에서의 O에 대한 기둥의 각운동량은 다음과 같다:

$$H_{O2} = [(\mathbf{r} \times m\mathbf{v}) \cdot \mathbf{k} + I\omega]_2 = \left[\left(\tfrac{1}{2}l\mathbf{j}\right) \times m(v\mathbf{i})\right] \cdot \mathbf{k} + I\omega$$
$$= -\tfrac{1}{2}lmv + I\omega$$

O에 대한 선형운동량의 "모멘트"를 계산하고 여기에 $I\omega$ 항을 더함으로써 이

결과를 얻을 수도 있다. "모멘트"의 크기는 선형운동량의 크기(mv)와 O에서 선형운동량의 작용선까지의 수직거리($\frac{1}{2}l$)의 곱이며, "모멘트"가 시계 방향이므로 음의 부호를 갖는다. (그림 8.17 참조.) 식 (8.33)으로부터 다음 식을 얻을 수 있다:

$$(t_2 - t_1)(\Sigma M_O)_{av} = H_{O2} - H_{O1}:$$

$$\Delta t(-hF) = -\tfrac{1}{2}lmv + I\omega - 0$$

이 식을 식 (1)과 함께 평균 전단력 S에 대해 풀면, 다음 해를 얻을 수 있다:

$$S = \frac{\left(\frac{1}{2}l - h\right)mv - I\omega}{h\,\Delta t}$$

$$= \frac{\left[\frac{1}{2}(6\text{ m}) - 0.5\text{ m}\right](70\text{ kg})(6.8\text{ m/s}) - \left[\frac{1}{12}(70\text{ kg})(6\text{ m})^2\right](0.74\text{ rad/s})}{(0.5\text{ m})(0.01\text{ s})}$$

$$= 207{,}000\text{ N}$$

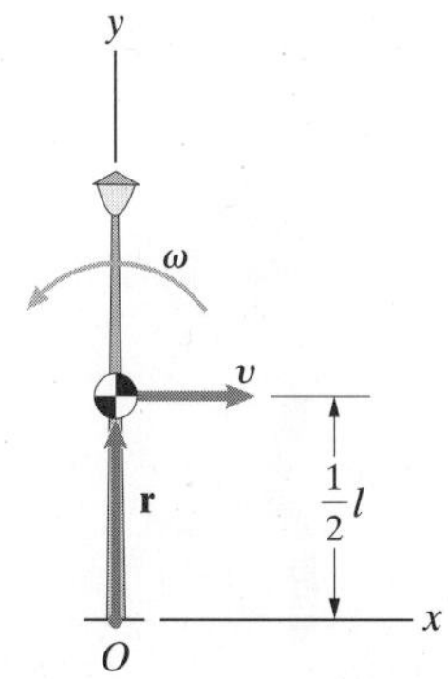

(b) 충돌 끝에서의 속도와 각속도.

| 비판적 사고 |

이 예제는 운동량 방법의 능력과 한계를 모두 보여준다. 자동차가 경량 기둥과 충돌함에 따라, 자동차의 구조가 변형되고 경량 기둥이 변형되며, 기둥을 지지하는 볼트들이 파손된다. 충돌에 의해 자동차와 기둥에 가해지는 힘의 시간 이력(time history)은 이러한 복잡한 현상들의 세부내용에 따라 정해진다. 충돌 후 기둥의 운동에 대한 정보와 운동량 방법을 이용하여 힘의 **평균값**을 추정할 수 있었지만, 이 힘의 시간 이력은 구할 수 없었다. 힘의 시간 이력을 구하기 위해서는 좀 더 정교한 실험을 하거나 자동차와 기둥의 변형을 모델링하는 충돌 해석이 필요할 수 있다. 이런 상충관계는 공학분야에서 종종 일어난다. 현상에 대한 제한적인 정보는 이 예제에서와 같이 빨리 얻어지지만, 좀 더 정확하고 완전한 정보는 필요한 시간과 자원을 투입함으로써 얻어질 수 있을 것이다. 결론을 내려야 할 질문은 필요한 공학적 목적을 달성하기 위한 추가 투자가 필수적이냐 하는 것이다.

예제 8.6 각운동량의 보존

잘 알려진 각운동량 보존 시범에서, 한 여자가 양손에 질량 m의 아령을 들고 회전판 위에 서 있다(그림 8.21). 여자와 회전판의 관성모멘트는 $I_p = 0.4$ kg-m^{2}이며, 아령의 질량은 $m = 4$ kg이다. 아령의 질량중심을 통과하는 수직축에 대한 각 아령의 관성모멘트는 $I_M = 0.001$ kg-m^{2}이다. 이 여자가 $r_l = 0.6$ m까지 팔을 뻗었을 때 각속도가 $\omega_1 = 1$ rev/s라면, 팔을 구부려 아령을 $r_2 = 0.2$ m까지 당겼을 때 각속도 ω_2는 얼마가 되겠는가? (스케이트선수들이 이 현상을 이용하여 팔 위치를 바꿈으로써 회전 각속도를 조절하는 것을 본 적이 있을 것이다.)

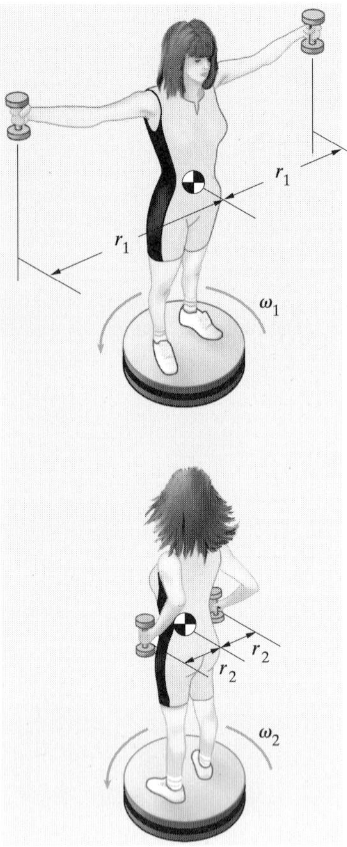

그림 8.21

| 전략 |

회전판에서의 마찰을 무시한다면, 수직 회전축에 대한 여자와 회전판, 아령의 전체 각운동량은 보존된다. 이 조건을 이용하여 ω_2를 구할 수 있다.

| 풀이 |

먼저 팔을 뻗었을 때 회전축에 대한 아령 한 개의 각운동량을 구해 보자. 회전축에 대한 아령 한 개의 속도 크기는 $r_1\omega_1$이며, 따라서 아령의 선형운동량의 회전축에 대한 "모멘트"는 $r_1(mr_1\omega_1) = mr_1^2\omega_1$이다. 팔을 뻗었을 때 회전축에 대한 두 아령의 전체 각운동량은

$$(\mathbf{r} \times m\mathbf{v}) \cdot \mathbf{k} + I\omega = mr_1^2\omega_1 + I_M\omega_1$$

이다. 여자와 회전판의 질량중심이 회전축에 놓여 있으므로, 회전축에 대한 이 둘의 각운동량은 $I_P\omega_1$이다. 따라서 팔을 뻗었을 때 여자와 회전판과 두 아령의 전체 각운동량은

$$H_{O1} = I_P\omega_1 + 2(mr_1^2\omega_1 + I_M\omega_1) = [I_P + 2(I_M + mr_1^2)]\omega_1$$

이다. 이 식에서 ω_1을 ω_2로, r_1을 r_2로 바꾸면, 아령을 안쪽으로 당겼을 때의 전체 각운동량을 구할 수 있다. 각운동량은 보존되므로 $H_{O1} = H_{O2}$이다:

$$[I_P + 2(I_M + mr_1^2)]\omega_1 = [I_P + 2(I_M + mr_2^2)]\omega_2:$$

$$\{0.4 \text{ kg-m}^2 + 2[0.001 \text{ kg-m}^2 + (4 \text{ kg})(0.6 \text{ m})^2]\}\omega_1$$

$$= \{0.4 \text{ kg-m}^2 + 2[0.001 \text{ kg-m}^2 + (4 \text{ kg})(0.2 \text{ m})^2]\}\omega_2$$

이 식을 풀면 $\omega_2 = 4.55\omega_1 = 4.55$ rev/s이다.

| 비판적 사고 |

평행축 정리에 의하면, 만일 여자가 회전축에서 r의 거리에 아령을 들고 있다면, 각 아령의 회전축에 대한 관성모멘트는 $I_M + mr^2$이다. 각운동량 보존의 식에 있는 $I_P + 2(I_M + mr^2)$항은 단지 회전축에 대한 여자와 회전판과 두 아령의 전체 관성모멘트이다.

연습문제

8.48 O에 대한 원판의 관성모멘트가 22 kg-m^{2}이다. $t = 0$에서, 정지상태의 원판이 50 N-m의 일정한 토크를 받는다.

(a) $t = 0$에서 $t = 5$ s까지 원판에 가해진 각충격량을 구하라.

(b) $t = 5$ s에서 원판의 각속도는 얼마인가?

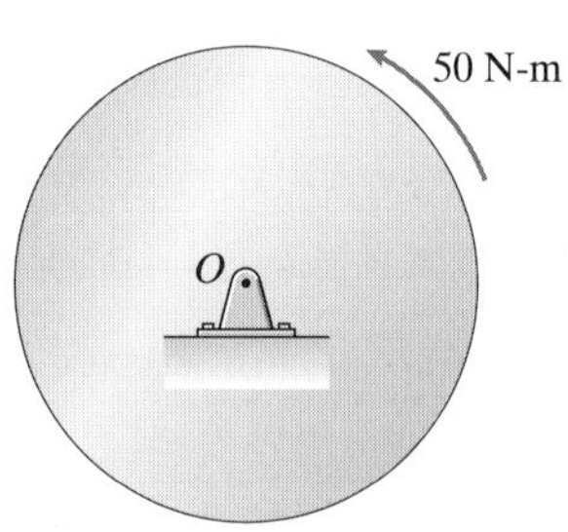

문제 8.48

8.49 제트엔진의 회전 어셈블리의 관성모멘트가 400 kg-m^{2}이다. 어셈블리가 정지상태에서 움직이기 시작한다. $t = 0$에서, 엔진의 터빈이 어셈블리에 시간의 함수인 우력 $M = 6500 - 125t$ N-m를 가한다.

(a) $t = 0$에서 $t = 20$ s까지 어셈블리에 가해진 각충격량의 크기는 얼마인가?

(b) $t = 20$ s에서 어셈블리의 각속도 크기는 rpm으로 얼마인가?

문제 8.49

8.50 우주비행사가 방향조정 장치의 자세제어 추진기를 가동시켜 힘 $T = 2(1 + t)$ N을 가한다. 여기서 t는 초 단위이다. 우주비행사와 장치의 전체 질량은 122 kg이며, 이 둘의 질량중심에 대한 관성모멘트는 45 kg-m^{2}이다. 우주비행사와 장치를 하나의 강체로 모델링하고, 각충격량과 각운동량의 원리를 이용하여 우주비행사의 각속도가 0.1 rad/s가 되는 데 걸리는 시간을 구하라.

8.51 우주비행사와 장착한 장치의 전체 질량이 122 kg이며, 이 둘의 질량중심에 대한 관성모멘트가 45 kg-m^{2}이다. 방향조정 장치가 0.2초 동안 충격력 T를 가하여 우주비행사에게 1 rpm의 반시계 방향 각속도를 부여한다.

(a) 충격력의 평균 크기는 얼마인가?

(b) 우주비행사의 질량중심의 속도 변화량의 크기는 얼마인가?

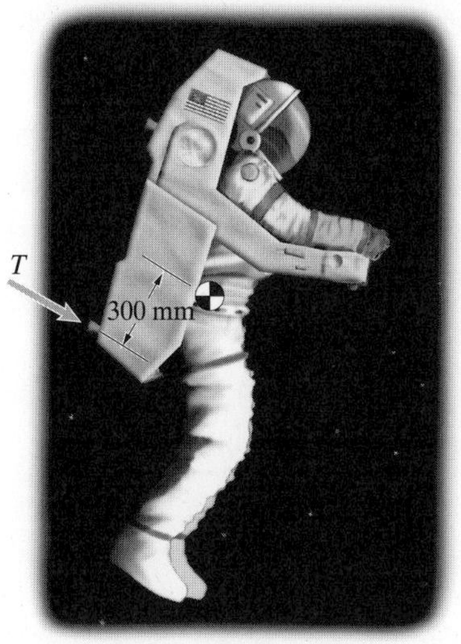

문제 8.50/8.51

8.52 전기 모터에 부착된 플라이휠이 처음에 정지상태에 있었다. $t = 0$에서 모터가 플라이휠에 우력 $M = 200e^{-0.1t}$ N-m를 가한다. 플라이휠의 관성모멘트는 10 kg-m^{2}이다.

(a) $t = 10$ s에서 플라이휠의 각속도는 얼마인가?

(b) 플라이휠이 얻게 될 최대 각속도는 얼마인가?

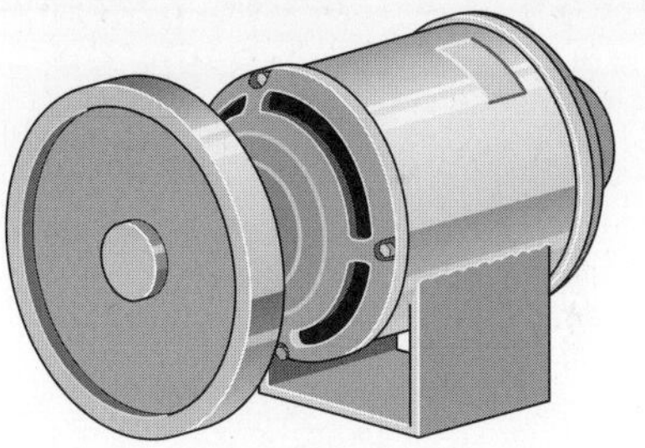

문제 8.52

8.53 보잉 777기의 주 착륙장치의 바퀴는 반경이 0.62 m이고 관성모멘트가 24 kg-m^{2}이다. 비행기가 75 m/s의 속도로 착륙을 한 후, 바퀴 타이어의 미끄럼 자국(skid mark)을 측정한 결과 그 길이가 18 m이었다. 활주로에 의해 바퀴에 가해진 평균 마찰력을 구하라. 활주로에서 타이어가 미끄러지는 동안 비행기의 속도는 일정하다고 가정한다.

문제 8.53

8.54 골프클럽이 0.045 kg의 골프공에 그림과 같이 힘을 가한다. 공의 직경은 42 mm이며, 균질구(homegeneous sphere)로 모델링할 수 있다. 골프채는 골프공과 0.0006초 동안 접촉하며, 타격 후 공의 질량중심의 속도 크기는 36 m/s이다. 타격 후 골프공의 각속도 크기는 얼마인가?

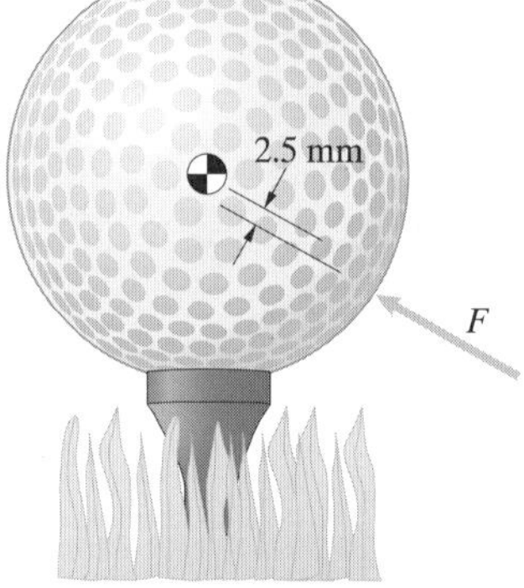

문제 8.54

8.55 원판 A는 초기에 $\omega_0 = 50$ rad/s의 반시계 방향 각속도를 가지고 있었으며, 원판 B와 C는 초기에 정지해 있었다. $t = 0$에서, 원판 A가 움직여 원판 B와 닿게 된다. 세 원판이 서로 미끄러지지 않게 되었을 때 세 원판의 각속도를 구하라. 세 원판의 질량은 $m_A = 4$ kg, $m_B = 16$ kg, $m_C = 9$ kg이다.

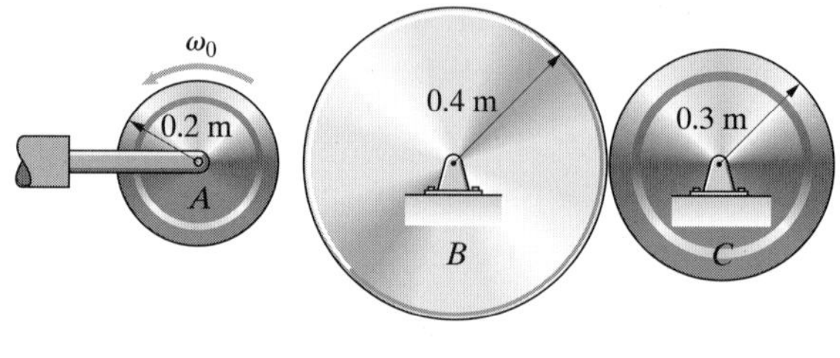

문제 8.55

8.56* 매달려 있는 막대 A와 B의 질량은 각각 2 kg이다. 두 막대가 정지상태일 때 수평 충격력 F가 막대 B의 아래 끝에 가해진다. 힘의 평균값은 1500 N이고 지속시간은 0.0001초이다. 충격력이 가해진 직후, 두 막대의 각속도는 얼마인가?

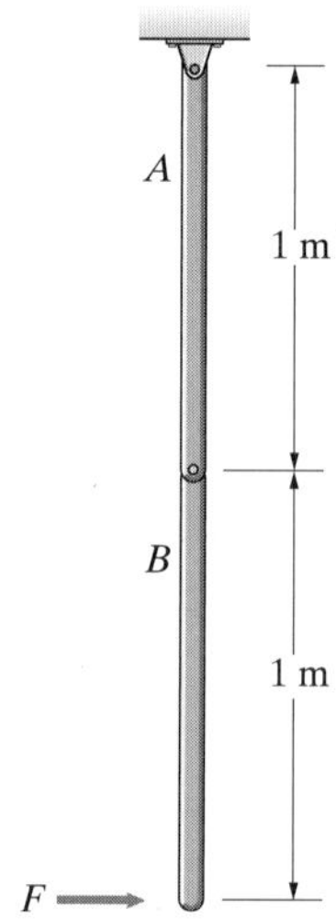

문제 8.56

8.57 큐(cue)가 당구공에 가하는 힘이 수평이다. 공이 미끄러짐 없이 굴러가게 하는 h의 값을 구하라. (단, 테이블이 공에 가하는 마찰력은 무시할 수 있다고 가정한다.)

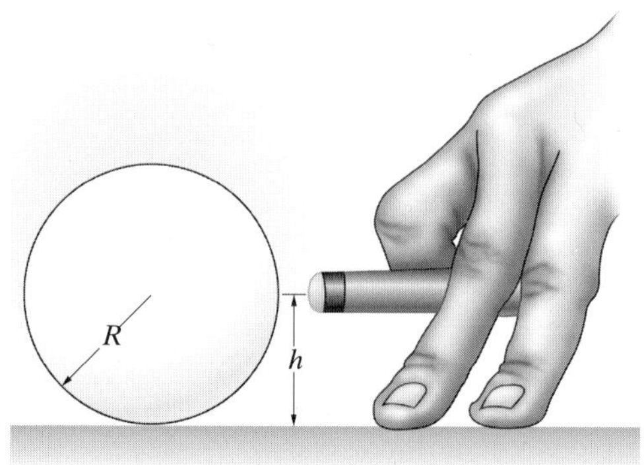

문제 8.57

8.58 두 중력연구용 위성($m_A = 250$ kg, $I_A = 350$ kg-m^2; $m_B = 50$ kg, $I_B = 16$ kg-m^2)이 케이블로 연결되어 있다. 위성과 케이블이 각속도 $\omega_0 = 0.25$ rpm으로 회전한다. 지상 관제사들의 지시에 따라 위성 A가 6 m 길이의 케이블을 천천히 추가로 푼다. 케이블을 푼 후의 각속도는 얼마가 되는가?

8.59 문제 8.58에서 위성들을 질점으로 취급하여(즉, 위성들의 관성모멘트 I_A, I_B를 무시한다) 문제를 풀고 문제 8.58의 해와 비교하라.

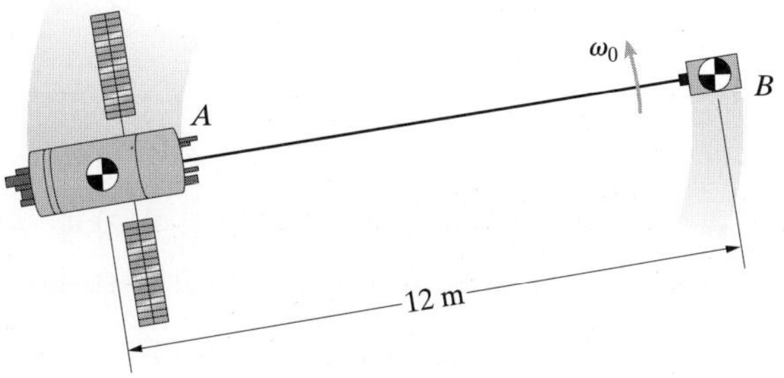

문제 8.58/8.59

8.60 2 kg의 막대가 매끄러운 핀을 중심으로 **수평면 상에서** 회전한다. 6 kg의 고리 A가 매끄러운 막대를 따라 미끄러진다. 고리 A의 자체 질량중심에 대한 관성모멘트는 무시한다고 가정한다. 즉, 고리를 질점으로 취급한다. 그림의 순간에서, 막대의 각속도는 $\omega_0 = 60$ rpm이며, 핀에서 고리까지의 거리는 $r = 1.8$ m이다. $r = 2.4$ m일 때 막대의 각속도를 구하라.

8.61 2 kg의 막대가 매끄러운 핀을 중심으로 **수평면 상에서** 회전한다. 6 kg의 고리 A가 매끄러운 막대를 따라 미끄러진다. 고리 A의 자체 질량중심에 대한 관성모멘트는 0.2 kg-m^{2}이다. 그림의 순간에서, 막대의 각속도는 $\omega_0 = 60$ rpm이며, 핀에서 고리까지의 거리는 $r = 1.8$ m이다. $r = 2.4$ m일 때 막대의 각속도를 구하고 문제 8.60의 해와 비교하라.

8.62* 2 kg의 막대가 매끄러운 핀을 중심으로 **수평면 상에서** 회전한다. 6 kg의 고리 A가 매끄러운 막대를 따라 미끄러진다. 고리 A의 자체 질량중심에 대한 관성모멘트는 0.2 kg-m^{2}이다. $r = 0$일 때 스프링의 변형 전 상태이며 스프링상수는 $k = 10$ N/m이다. 그림의 순간에서, 막대의 각속도는 $\omega_0 = 2$ rad/s이며, 핀에서 고리까지의 거리는 $r = 1.8$ m이고, 고리의 반경방향 속도는 0이다. $r = 2.4$ m일 때 고리의 반경방향 속도를 구하라.

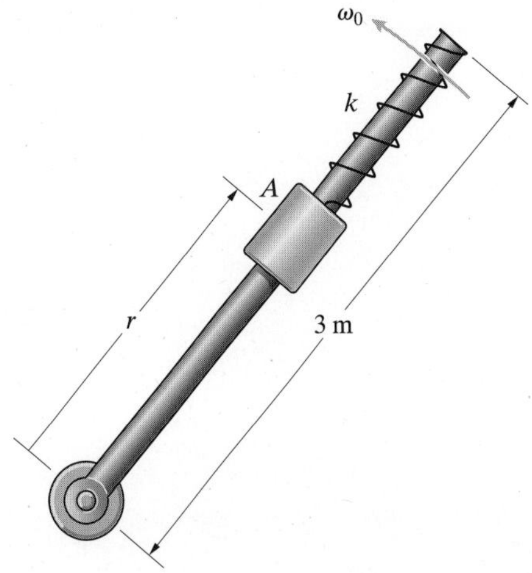

문제 8.60 – 8.62

8.63 A와 B의 베어링에 의해 자유롭게 회전할 수 있는 두 수직 샤프트에 원형 봉이 용접되어 있다. 수직축에 대한 원형 봉과 두 샤프트의 관성모멘트를 I라고 하자. 원형 봉의 초기 각속도는 ω_0이며, 질량 m이 그림의 위치에서 봉에 대한 상대 속도 없이 놓여진다. 원형 봉의 각속도를 수직선과 질량 위치 사이의 각인 β의 함수로 구하라. 질량 m의 질량중심에 대한 관성모멘트는 무시한다. 즉, 질량 m을 하나의 질점으로 취급한다.

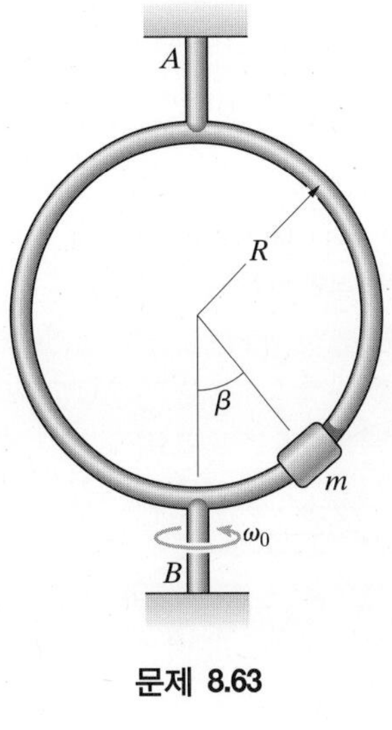

문제 8.63

8.6 충돌

5장에서, 물체들의 충돌 후 질량중심의 속도를 구하기 위해 물체들 사이의 충돌을 해석했었다. 여기서는 강체들의 충돌 후 질량중심의 속도와 각속도를 어떻게 구하는지에 대해 논의한다.

운동량 보존

같은 평면에서 2차원 운동을 하는 두 개의 강체 A와 B가 서로 충돌한다고 하자. 선형운동량과 각운동량의 원리로부터 충돌 후의 강체들의 운동에 대해 무엇을 알 수 있는가?

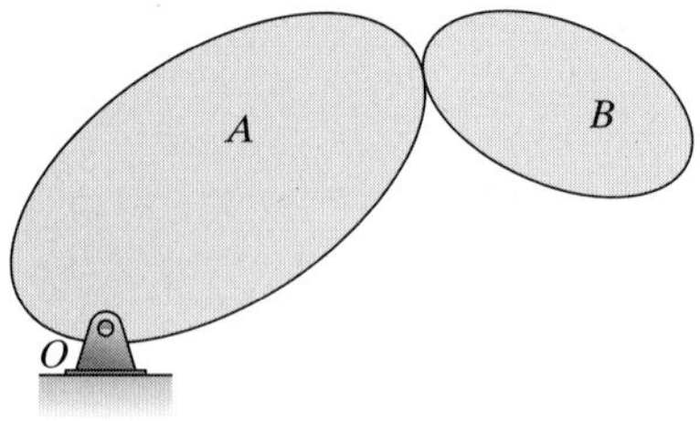

그림 8.22
충돌하는 강체 A와 B. 핀으로 지지되므로 두 강체의 전체 선형운동량은 보존되지 않는다. 그러나 O에 대한 전체 각운동량은 보존된다.

선형운동량 강체 A와 B가 서로 상대방에게 가하는 충격력과 비교하여 다른 힘들을 무시할 수 있다면, 두 강체의 전체 선형운동량은 충돌 전과 충돌 후가 같다. 그러나 이 결과는 조심해서 적용해야 한다. 예를 들어 강체 중의 하나가 핀으로 지지된다면(그림 8.22), 이 지지 핀이 가하는 반력은 무시할 수 없으며, 선형운동량도 보존되지 않는다.

각운동량 강체 A와 B가 서로에게 가하는 충격력과 충격우력에 비해 다른 힘과 우력을 무시할 수 있다면, 임의의 고정점 O에 대한 전체 각운동량은 충돌 전과 후가 같다[식 (8.34) 참조]. 여기서 만일 강체 A와 B가 충돌 점 P에서만 상대방에게 힘을 가하며 아무런 우력도 가하지 않는다면, 각 강체의 P에 대한 각운동량은 충돌 전과 후가 같다(그림 8.23). 이러한 결과는 각충격량과 각운동량의 원리인 식 (8.31)로부터 당연하다. 왜냐하면 A와 B가 가하는 충격력들은 P에 대해 아무런 모멘트도 발생시키지 않기 때문이다. 만일 강체 중의 하나가 그림 8.22에서와 같이 점 O에서 핀으로 지지되고 있다면, O에 대한 강체들의 전체 각운동량은 충돌 전과 후가 동일하다.

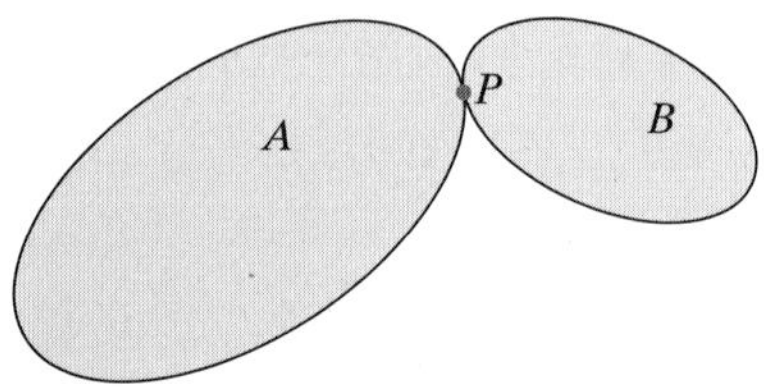

그림 8.23
P에서 충돌하는 강체 A와 B. 힘이 P에서만 가해진다면, P에 대한 A의 각운동량과 P에 대한 B의 각운동량은 각각 보존된다.

반발계수

두 강체가 충돌 후에 붙은 채로 하나의 강체로 움직인다면, 운동량 보존과 기구학적 관계만을 이용하여 이들의 속도와 각속도를 구할 수 있다. 만일 두 물체가 붙지 않는다면, 이들 관계만으로는 충분치 않다. 그러나 반발계수(coefficient of restitution)의 개념을 추가로 이용하면 충돌 후 물체가 붙지 않는 형태의 충돌 문제들을 해석할 수 있다.

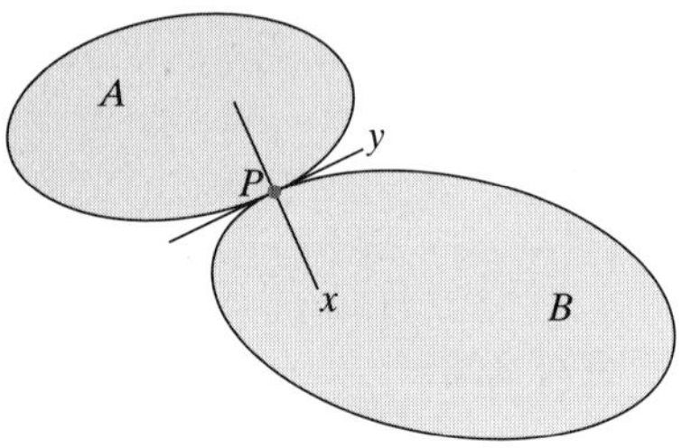

그림 8.24
P에서 충돌하는 강체 A와 B. x좌표는 접촉면에 수직이다.

강체 A와 B의 충돌이 일어나는 동안 두 강체의 접촉점을 P라고 하자(그림 8.24). 또 P에서 충돌 직전의 두 강체의 속도를 $\mathbf{v}_{AP}$, $\mathbf{v}_{BP}$라 하고 충돌 직후의 속도를 $\mathbf{v}'_{AP}$, $\mathbf{v}'_{BP}$라고 하자. x축은 P에서의 접촉면에 수직이다. 충돌로 인해 생기는 마찰력을 무시할 수 있다면, P에서 접촉면에 수직인 속도의 성분들은 반발계수 e와 다음 식의 관계가 있음을 보여줄 수 있다:

$$e = \frac{(\mathbf{v}'_{BP})_x - (\mathbf{v}'_{AP})_x}{(\mathbf{v}_{AP})_x - (\mathbf{v}_{BP})_x} \tag{8.35}$$

이 결과를 유도하기 위해서는 충돌이 개개의 물체에 미치는 영향을 고려해야 한다. 두 물체가 처음으로 접촉하게 되는 시간을 t_1이라고 하자. 물체는 실제로는 강체가 아니며, 충돌로 인해 변형될 것이다. 시간 t_C에서 최대 변형이 일어날 것이며, 두 물체가 원래 형상을 회복하려는 "복구" 단계를 시작할 것이다. 두 물체가 분리되는 시간을 t_2라고 하자.

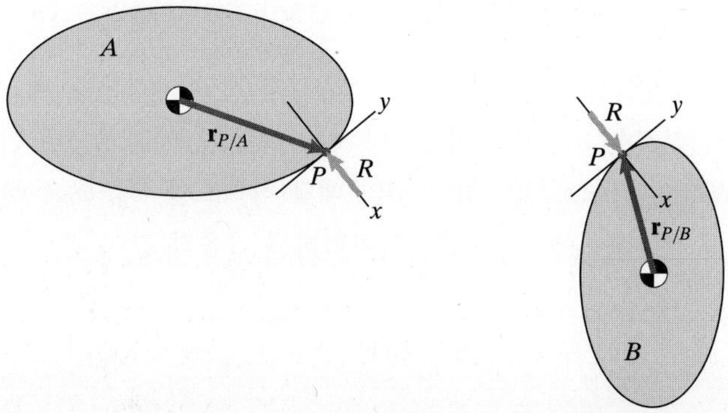

그림 8.25
충돌 결과로 나타난 수직력 R.

첫 번째 단계로 t_1에서 t_C까지, t_C에서 t_2까지의 시간 구간에 대해 선형충격량과 선형운동량의 원리를 A와 B에 적용한다. 충돌하는 동안 가해지는 수직력의 크기를 R이라고 하자(그림 8.25). t_1, t_C, t_2 시간에서의 A의 질량중심 속도를 $\mathbf{v}_A$, $\mathbf{v}_{AC}$, $\mathbf{v}'_A$로 표시하고, 같은 시간에서의 B의 질량중심 속도를 $\mathbf{v}_B$, $\mathbf{v}_{BC}$, $\mathbf{v}'_B$로 표시한다. A의 경우,

$$\int_{t_1}^{t_C} -R\,dt = m_A(\mathbf{v}_{AC})_x - m_A(\mathbf{v}_A)_x \tag{8.36}$$

$$\int_{t_C}^{t_2} -R\,dt = m_A(\mathbf{v}'_A)_x - m_A(\mathbf{v}_{AC})_x \tag{8.37}$$

이며, B의 경우,

$$\int_{t_1}^{t_C} R\,dt = m_B(\mathbf{v}_{BC})_x - m_B(\mathbf{v}_B)_x \tag{8.38}$$

$$\int_{t_C}^{t_2} R\,dt = m_B(\mathbf{v}'_B)_x - m_B(\mathbf{v}_{BC})_x \tag{8.39}$$

이다. 반발계수는 복구 단계에서의 선형충격량과 변형 단계에서의 선형충격량의 비이다. 즉,

$$e = \frac{\displaystyle\int_{t_C}^{t_2} R\,dt}{\displaystyle\int_{t_1}^{t_C} R\,dt} \tag{8.40}$$

이다. 식 (8.37)를 식 (8.36)으로 나누고, 식 (8.39)를 식 (8.38)로 나눈 결과 식을 다음과 같이 쓸 수 있다:

$$(\mathbf{v}'_A)_x = -(\mathbf{v}_A)_x e + (\mathbf{v}_{AC})_x(1 + e)$$

$$(\mathbf{v}'_B)_x = -(\mathbf{v}_B)_x e + (\mathbf{v}_{BC})_x(1 + e) \tag{8.41}$$

이제 t_1에서 t_C까지, t_C에서 t_2까지의 시간 구간에 대해 각충격량과 각운동량의 원리를 A와 B에 적용한다. t_1, t_C, t_2 시간에서의 A의 반시계 방향 각속도를 ω_A, ω_{AC}, ω'_A로 표시하고, B의 해당 각속도를 ω_B, ω_{BC}, ω'_B로 표시한다. A와 B의 질량중심에 대한 P의 위치벡터를 다음과 같이 쓴다(그림 8.25):

$$\mathbf{r}_{P/A} = x_A\mathbf{i} + y_A\mathbf{j}$$

$$\mathbf{r}_{P/B} = x_B\mathbf{i} + y_B\mathbf{j} \tag{8.42}$$

충돌로 인해 A에 가해지는 힘이 A의 질량중심에 대해 일으키는 모멘트는 $\mathbf{r}_{P/A} \times (-R\mathbf{i}) = y_A R\mathbf{k}$이다. 식 (8.28)로부터 다음 식을 얻는다:

$$\int_{t_1}^{t_C} y_A R\,dt = I_A\omega_{AC} - I_A\omega_A \tag{8.43}$$

$$\int_{t_C}^{t_2} y_A R\,dt = I_A\omega'_A - I_A\omega_{AC} \tag{8.44}$$

마찬가지로, B에 대한 식은 다음과 같다:

$$\int_{t_1}^{t_C} -y_B R\,dt = I_B\omega_{BC} - I_B\omega_B \tag{8.45}$$

$$\int_{t_C}^{t_2} -y_B R\,dt = I_B\omega'_B - I_B\omega_{BC} \tag{8.46}$$

식 (8.44)를 식 (8.43)으로 나누고, 식 (8.46)을 식 (8.45)로 나눈 결과 식을 다음과 같이 쓸 수 있다:

$$\omega'_A = -\omega_A e + \omega_{AC}(1 + e)$$

$$\omega'_B = -\omega_B e + \omega_{BC}(1 + e) \tag{8.47}$$

강체 A쪽의 점 P의 속도 $\mathbf{v}_{AP}$를 A의 질량중심의 속도와 A의 각속도에 의해 나타내고, 강체 B쪽의 점 P의 속도 $\mathbf{v}_{BP}$를 B의 질량중심의 속도와 B의 각속도로 나타냄으로써, 다음 식을 얻는다:

$$(\mathbf{v}_{AP})_x = (\mathbf{v}_A)_x - \omega_A y_A$$
$$(\mathbf{v}'_{AP})_x = (\mathbf{v}'_A)_x - \omega'_A y_A$$
$$(\mathbf{v}_{BP})_x = (\mathbf{v}_B)_x - \omega_B y_B$$
$$(\mathbf{v}'_{BP})_x = (\mathbf{v}'_B)_x - \omega'_B y_B \tag{8.48}$$

시간 t_C에서, 두 물체의 속도의 x성분은 P에서 동일하므로 다음 관계가 성립한다:

$$(\mathbf{v}_{AC})_x - \omega_{AC} y_A = (\mathbf{v}_{BC})_x - \omega_{BC} y_B \tag{8.49}$$

식 (8.48)로부터

$$\frac{(\mathbf{v}'_{BP})_x - (\mathbf{v}'_{AP})_x}{(\mathbf{v}_{AP})_x - (\mathbf{v}_{BP})_x} = \frac{(\mathbf{v}'_B)_x - \omega'_B y_B - (\mathbf{v}'_A)_x + \omega'_A y_A}{(\mathbf{v}_A)_x - \omega_A y_A - (\mathbf{v}_B)_x + \omega_B y_B}$$

이다. 식 (8.41)과 (8.47)을 위 식에 대입하여 각 항을 정리하면, 다음 식이 얻어진다:

$$\frac{(\mathbf{v}'_{BP})_x - (\mathbf{v}'_{AP})_x}{(\mathbf{v}_{AP})_x - (\mathbf{v}_{BP})_x} = e - \left[\frac{(\mathbf{v}_{AC})_x - \omega_{AC} y_A - (\mathbf{v}_{BC})_x + \omega_{BC} y_B}{(\mathbf{v}_A)_x - \omega_A y_A - (\mathbf{v}_B)_x + \omega_B y_B}\right](e + 1)$$

식 (8.49)로부터, 위의 대괄호 안의 항은 0이 되며, 따라서 접촉점에서의 두 법선방향 속도 성분과 반발계수의 관계식을 다음과 같이 얻을 수 있다:

$$e = \frac{(\mathbf{v}'_{BP})_x - (\mathbf{v}'_{AP})_x}{(\mathbf{v}_{AP})_x - (\mathbf{v}_{BP})_x} \tag{8.50}$$

이 식을 얻는 과정에서, 접촉 표면은 매끄러우며, 따라서 충돌 시 **접촉면의 접선방향으로는** A나 B에 어떤 힘도 가해지지 않는다고 가정하였다.

A와 B의 운동이 제약을 받지 않는다는 가정 하에 식 (8.50)을 유도했지만, 물체 중의 하나가 핀에 연결되어 있는 경우와 같이 구속을 받는 경우에도 이 식은 성립한다.

정리하면, 평면운동을 하는 강체들의 충돌을 해석하기 위해 사용한 접근 방법은 충돌의 형태에 따라 좌우된다는 것을 알게 되었다. 만일 충격력에 비해 다른 힘들을 무시할 수 있다면, 전체 선형운동량은 보존된다. 충격력과 충격 우력에 비해 다른 힘과 우력들을 무시할 수 있다면, 어떤 고정점에 대해서도 전체 각운동량은 보존된다. 더구나 힘들이 충돌점 P에만 가해진다면, 각 강체의 P에 대한 각운동량도 보존된다. 만일 강체 중의 하나가 점 O에서 핀으로 지지된다면, O에 대한 전체 각운동량은 보존된다. 만일 충돌이 두 물체의 접촉 표면에 접선방향으로 아무 힘도 가하지 않는다면, 반발계수 e는 식 (8.50)을 통하여 접촉점에서의 법선방향 속도 성분들을 서로 연관시킨다.

연구 문제

1. 두 강체가 충돌할 때, 두 강체의 전체 선형운동량이 항상 보존된다고 가정할 수는 없다. 그 이유를 설명하라.
2. 만일 P가 충돌하는 두 강체의 충돌점이며 외력과 우력을 무시할 수 있다면, P에 대한 각 강체의 각운동량은 보존되는가?
3. 점 O의 고정 연결핀에 연결되어 있는 강체와 자유롭게 움직이는 강체가 충돌한다면, O에 대한 전체 각운동량은 보존되는가? 각 강체의 O에 대한 각운동량은 보존되는가?
4. P가 충돌하는 두 강체의 충돌점이라면, 반발계수는 두 강체의 질량중심의 속도에 의해 정의되는가, 아니면 P에서의 두 강체의 속도에 의해 정의되는가?

예제 8.7 구와 매달려 있는 막대의 충돌

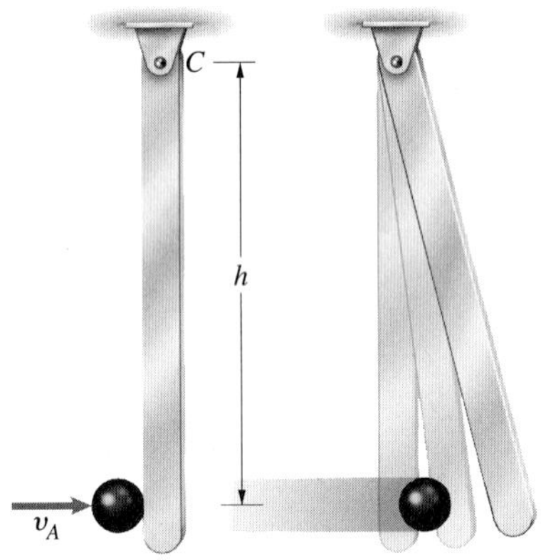

그림 8.26

그림 8.26에서 균질구가 각속도 없이 속도 v_A로 수평으로 날아가 정지한 가는 막대를 때린다. 구의 질량은 m_A이며, 막대의 질량은 m_B이고 길이는 l이다. 충돌 반발계수는 e이다.

(a) 충돌 후 막대의 각속도는 얼마인가?

(b) 충돌 지속시간이 Δt라면, 충돌 결과 연결핀 C가 막대에 가한 평균 수평력은 얼마인가?

전략

(a) 충돌이 일어난 후의 구의 수평 속도와 충돌점에서의 막대의 속도를 연관시키는 식을 반발계수의 정의로부터 얻을 수 있다. 또 연결핀 C에 대한 막대와 구의 전체 각운동량이 보존된다. 이들 두 식과 기구학적 관계로부터 충돌 후의 구의 속도와 막대의 각속도를 구할 수 있다.

(b) 각충격량과 각운동량의 원리를 막대에 적용함으로써 연결핀이 막대에 가하는 평균 힘을 구할 수 있다.

풀이

(a) 그림 a에 충돌 직후의 속도들을 나타내었다. 여기서 v'_{BP}는 충돌점에서의 막대의 속도이다. 식 (8.35)의 반발계수의 정의로부터 다음을 얻는다:

$$e = \frac{v'_{BP} - v'_A}{v_A - 0}$$

C에 대한 전체 각운동량의 보존식은

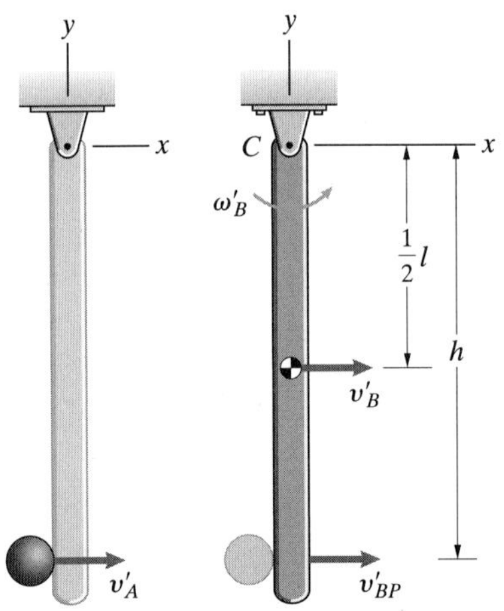

(a) 충돌 후 구와 막대의 속도.

$$H_{CA} + H_{CB} = H'_{CA} + H'_{CB}:$$

$$(\mathbf{r}_A \times m_A\mathbf{v}_A) \cdot \mathbf{k} + I_A\omega_A + (\mathbf{r}_B \times m_B\mathbf{v}_B) \cdot \mathbf{k} + I_B\omega_B$$

$$= (\mathbf{r}_A \times m_A\mathbf{v}'_A) \cdot \mathbf{k} + I_A\omega'_A + (\mathbf{r}_B \times m_B\mathbf{v}'_B) \cdot \mathbf{k} + I_B\omega'_B$$

$$(-h\mathbf{j} \times m_Av_A\mathbf{i}) \cdot \mathbf{k} = (-h\mathbf{j} \times m_Av'_A\mathbf{i}) \cdot \mathbf{k} + \left(-\tfrac{1}{2}l\mathbf{j} \times m_Bv'_B\mathbf{i}\right) \cdot \mathbf{k} + I_B\omega'_B$$

이다. 벡터 연산을 하면 다음 식을 얻는다:

$$hm_Av_A = hm_Av'_A + \tfrac{1}{2}lm_Bv'_B + I_B\omega'_B$$

그림 a에서 속도 v'_B와 v'_{BP}는 막대의 각속도 ω'_B와 다음 관계가 있음을 알 수 있다:

$$v'_B = \tfrac{1}{2}l\omega'_B, \qquad v'_{BP} = h\omega'_B$$

이제 네 개의 미지수 v'_A, v'_B, v'_{BP}, ω'_B에 의한 네 개의 방정식을 가지게 되었다. 막대의 각속도에 대해 이 식들을 풀고 $I_B = \frac{1}{12}m_Bl^2$의 관계를 이용하면, 다음을 얻을 수 있다:

$$\omega'_B = \frac{(1+e)hm_Av_A}{h^2m_A + \frac{1}{3}m_Bl^2}.$$

(b) 그림 b에서 막대의 자유물체도에 표시한 힘들은 충돌하는 동안 가해진 평균 힘들을 나타낸 것이다. 각충격량과 각운동량의 원리를 식 (8.33)에 주어진 형태로 충돌점에 대해 적용한다:

$$(t_2 - t_1)(\Sigma M_P)_{\text{av}} = H'_B - H_B:$$

$$(t_2 - t_1)(\Sigma M_P)_{\text{av}} =$$

$$[(\mathbf{r}_B \times m_B\mathbf{v}'_B) \cdot \mathbf{k} + I_B\omega'_B] - [(\mathbf{r}_B \times m_B\mathbf{v}_B) \cdot \mathbf{k} + I_B\omega_B],$$

$$\Delta t(-hC_x) = [(h - \tfrac{1}{2}l)\mathbf{j} \times m_Bv'_B\mathbf{i}] \cdot \mathbf{k} + I_B\omega'_B - 0$$

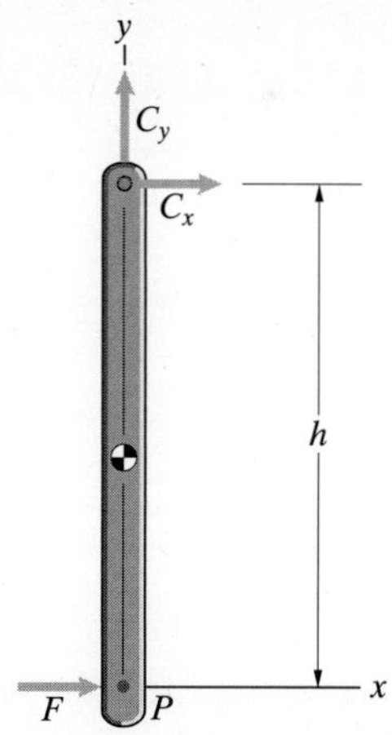

(b) 충돌하는 동안 막대에 가해지는 평균 힘들.

C_x에 대해 풀면,

$$C_x = \frac{(h - \frac{1}{2}l)m_Bv'_B - I_B\omega'_B}{h\,\Delta t}$$

이다. (a)의 ω'_B에 대한 해와 $v'_B = \frac{1}{2}\omega'_B$를 이용하여, 연결핀이 가하는 평균 수평력을 구할 수 있다:

$$C_x = \frac{(1+e)\left(\frac{1}{2}h - \frac{1}{3}l\right)lm_Am_Bv_A}{(h^2m_A + \frac{1}{3}m_Bl^2)\,\Delta t}$$

| 비판적 사고 |

충돌이 일어날 때, C의 연결핀이 막대에 힘을 가한다. 따라서 구와 막대의 전체 선형운동량이 충돌 전과 충돌 후에 대해 같다고 가정할 수 없다. 그러나 충돌에 의해 연결핀이 가한 힘은 C에 대한 모멘트를 일으키지 않으므로, 구와 막대의 전체 **각운동량**은 충돌 전후가 같다고 가정할 수 있다. 이 관계와 반발계수를 이용하여 충돌 후의 구의 속도와 막대의 각속도를 모두 구할 수 있었다. 막대가 핀으로 연결되어 있다는 사실은 전체 선형운동량이 보존되지 않는다는 것을 의미하지만, 막대의 각속도와 질량중심의 속도가 독립적이 아니므로 미지수의 개수를 줄여주기도 한다.

예제 8.8 고정 장애물과의 충돌

그림 8.27에서 오토바이와 운전자의 전체 질량은 $m = 170$ kg이며, 이들의 질량중심에 대한 관성모멘트는 22 kg-m^{2}이다. 점프를 한 후, 뒷바퀴가 지면에 닿기 직전 오토바이와 운전자의 위치는 그림과 같다. 이들의 질량중심의 속도 크기는 $|\mathbf{v}_G| = 8.8$ m/s이며, 각속도는 $\omega = 0.2$ rad/s이다. 오토바이와 운전자를 하나의 강체로 모델링하고 충돌 반발계수를 $e = 0.8$이라고 하면, 충돌 후 각속도 ω'와 속도 $\mathbf{v}'_G$는 얼마인가? 충돌하는 동안 오토바이의 바퀴에 가해지는 힘의 접선 성분은 무시한다.

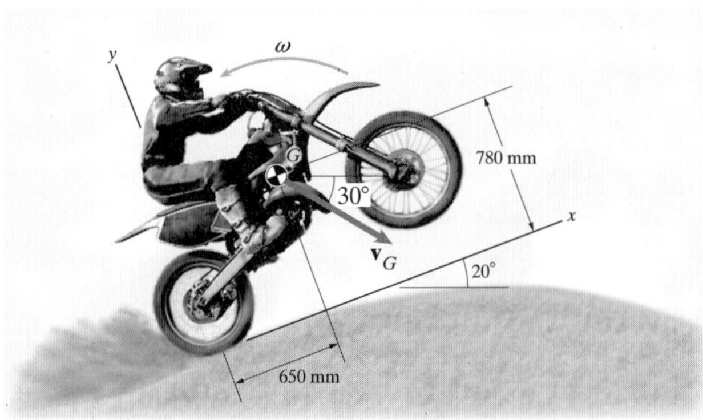

그림 8.27

| 전략 |

충돌하는 동안 오토바이 바퀴에 가해지는 힘의 접선 성분은 무시되므로, 질량중심 속도의 지면에 평행한 성분은 충돌에 의해 변하지 않는 것으로 생각할 수 있다. 반발계수는 충돌점에서 지면에 수직인 오토바이의 충돌 전의 속도 성분을 충돌 후의 속도 성분과 연관시킨다. 또한 충격력이 충돌점에 대해 모멘트를 가하지 않으므로, 충돌점에 대한 오토바이의 각운동량은 보존된다. (충돌이 매우 짧은 시간에 일어나서 무게에 의한 각충격량은 무시할 수 있다고 가정한다.) 이 세 가지 관계에 의해 충돌 후의 질량중심 속도의 두 성분과 각속도를 구할 수 있다.

| 풀이 |

그림 a에서, 지면에 평행한 x축과 지면에 수직인 y축을 가진 좌표계를 충돌이 일어나는 점 P에 설정하였다. 충돌 전후의 질량중심의 속도 성분들을 각각 $\mathbf{v}_G = v_x\mathbf{i} + v_y\mathbf{j}$, $\mathbf{v}'_G = v'_x\mathbf{i} + v'_y\mathbf{j}$라고 하자. 속도의 x, y 성분은

$$v_x = 8.8\cos 50° = 5.66 \text{ m/s}$$

$$v_y = -8.8\sin 50° = -6.74 \text{ m/s}$$

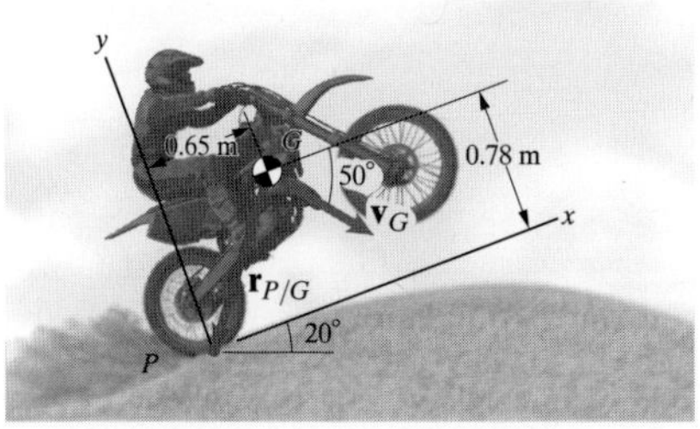

(a) 좌표계의 x축이 P에서 지면에 접하도록 설정함.

이다. 지면에 접선방향인 충격력 성분은 무시되므로, 질량중심 속도의 x 성분은 변하지 않는다. 즉,

$$v'_x = v_x = 5.66 \text{ m/s}$$

이다. 충돌 전 P에서의 바퀴 속도의 y 성분은 질량중심의 속도와 각속도에 의해 다음과 같이 나타낼 수 있다(그림 a):

$$\begin{aligned}\mathbf{j}\cdot\mathbf{v}_P &= \mathbf{j}\cdot(\mathbf{v}_G + \boldsymbol{\omega}\times\mathbf{r}_{P/G})\\ &= \mathbf{j}\cdot\left\{v_x\mathbf{i} + v_y\mathbf{j} + \begin{vmatrix}\mathbf{i} & \mathbf{j} & \mathbf{k}\\ 0 & 0 & \omega\\ -0.65 & -0.78 & 0\end{vmatrix}\right\}\\ &= v_y - 0.65\omega\end{aligned}$$

(이 식은 바퀴가 헛도는 경우에도 P에서의 속도의 y 성분을 준다는 점에 유의하라.) 충돌 후 P에서의 바퀴 속도의 y 성분은

$$\begin{aligned}\mathbf{j}\cdot\mathbf{v}'_P &= \mathbf{j}\cdot(\mathbf{v}'_G + \boldsymbol{\omega}'\times\mathbf{r}_{P/G})\\ &= v'_y - 0.65\omega'\end{aligned}$$

이다. 반발계수는 충돌 전과 후의 P에서의 바퀴 속도의 y 성분들을 서로 연관시킨다. 즉,

$$e = \frac{-(\mathbf{j}\cdot\mathbf{v}'_P)}{\mathbf{j}\cdot\mathbf{v}_P} = \frac{-(v'_y - 0.65\omega')}{v_y - 0.65\omega} \qquad (1)$$

이다. 충격력은 P에 대해 모멘트를 발생시키지 않으므로, P에 대한 각운동량은 보존된다. 따라서

$$H_P = H'_P:$$

$$[(\mathbf{r}_{G/P}\times m\mathbf{v}_G)\cdot\mathbf{k} + I\omega] = [(\mathbf{r}_{G/P}\times m\mathbf{v}'_G)\cdot\mathbf{k} + I\omega'],$$

$$\begin{vmatrix}\mathbf{i} & \mathbf{j} & \mathbf{k}\\ 0.65 & 0.78 & 0\\ mv_x & mv_y & 0\end{vmatrix}\cdot\mathbf{k} + I\omega = \begin{vmatrix}\mathbf{i} & \mathbf{j} & \mathbf{k}\\ 0.65 & 0.78 & 0\\ mv'_x & mv'_y & 0\end{vmatrix}\cdot\mathbf{k} + I\omega'$$

이다. 행렬식을 전개하고 내적을 계산하면, 다음 식을 얻는다:

$$0.65mv_y - 0.78mv_x + I\omega = 0.65mv'_y - 0.78mv'_x + I\omega' \qquad (2)$$

v_x'를 이미 구했으므로, 식 (1)과 (2)를 v_y'와 ω'에 대해 풀면,

$$v_y' = -3.84 \text{ m/s}$$

$$\omega' = -14.4 \text{ rad/s}$$

이다. 충돌 후 질량중심의 속도는 $\mathbf{v}_G' = 5.66\mathbf{i} - 3.84\mathbf{j}$ m/s이며, 각속도는 시계 방향으로 14.4 rad/s이다.

| 비판적 사고 |

충돌로 인한 힘이 매우 커서 다른 힘들의 효과를 무시할 수 있는 경우가 종종 있기는 하지만, 항상 그런 것은 아니다. 이 예제에서는, 뒷바퀴가 지면과 충돌한 뒤에 오토바이와 운전자의 속도 및 각속도를 결정할 때 이 둘의 무게를 무시하였다. 운동량 방법의 공학적 적용에서 확실치 않으면 항상 다른 힘들의 효과를 해석에 포함시켜야 한다. 이렇게 하기 위해서는 다른 힘들에 의한 선형충격량 및 각충격량이 계산될 수 있도록 충돌 지속시간이 알려지거나 추정할 필요가 있다.

예제 8.9 자동차의 충돌

한 엔지니어가 1600 kg의 두 자동차를 강체로 모델링하여 둘 사이의 충돌을 모의실험한다(그림 8.28). 각 자동차의 자체 질량중심에 대한 관성모멘트는 960 kg-m^{2}이다. P에서 두 접촉면은 매끄럽고 x축에 평행하다고 가정하며, 반발계수는 $e = 0.2$라고 가정한다. 충돌 후 두 자동차의 각속도와 질량중심의 속도를 구하라.

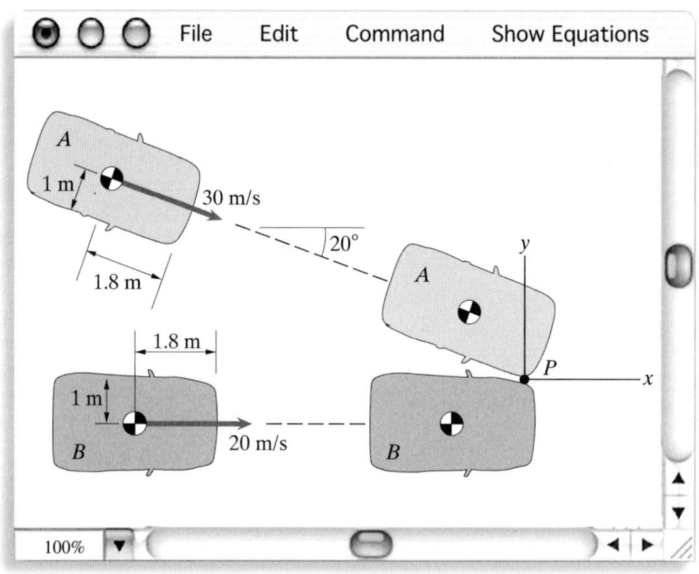

그림 8.28

| 전략 |

접촉면이 매끄럽기 때문에, 각 차의 질량중심 속도의 x 성분은 충돌에 의해 변하지 않는다. 속도의 y 성분들은 선형운동량의 보존을 만족시켜야 하며, 충돌점에서의 충돌 전과 후의 y 방향 속도 성분들은 반발계수에 의해 서로 연관된다. 충격력은 어느 자동차에도 P에 대한 모멘트를 가하지 않으므로 P에 대한 각 차의 각운동량은 보존된다. 이 조건들과, 질량중심의 속도와 P에서의 속도 사이의 기구학적 관계로부터, 충돌 후 질량중심의 속도와 각속도를 구할 수 있다.

| 풀이 |

충돌 전, 두 질량중심의 속도는

$$\mathbf{v}_A = 30\cos 20°\mathbf{i} - 30\sin 20°\mathbf{j}$$

$$= 28.2\mathbf{i} - 10.3\mathbf{j}\ (\text{m/s})$$

와

$$\mathbf{v}_B = 20\mathbf{i}\ (\text{m/s})$$

이다.

속도의 x 성분들은 충돌에 의해 변하지 않으므로,

$$v'_{Ax} = v_{Ax} = 28.2\ \text{m/s}, \qquad v'_{Bx} = v_{Bx} = 20\ \text{m/s}$$

이며, 속도의 y 성분들은 다음과 같이 선형운동량 보존을 만족해야 한다:

$$m_A v_{Ay} + m_B v_{By} = m_A v'_{Ay} + m_B v'_{By} \tag{1}$$

충돌 전 P에서의 두 차의 속도를 $\mathbf{v}_{AP}$, $\mathbf{v}_{BP}$라고 하자. 반발계수 $e = 0.2$에 의해 P에서의 y 방향 속도 성분들 사이의 관계식을 얻을 수 있다. 즉,

$$0.2 = \frac{v'_{BPy} - v'_{APy}}{v_{APy} - v_{BPy}} \tag{2}$$

이다. 충돌 후 P에서의 속도들을 충돌 후의 질량중심의 속도와 각속도에 의해 나타낼 수 있다(그림 a). 자동차 A의 질량중심에 대한 P의 위치는

$$\mathbf{r}_{P/A} = [(1.8)\cos 20° - (1)\sin 20°]\mathbf{i} - [(1.8)\sin 20° + (1)\cos 20°]\mathbf{j}$$

$$= 1.35\mathbf{i} - 1.56\mathbf{j}\ (\text{m})$$

이다. 따라서 충돌 후 자동차 A의 점 P의 속도를 다음과 같이 나타낼 수 있다:

$$\mathbf{v}'_{AP} = \mathbf{v}'_A + \omega'_A \times \mathbf{r}_{P/A}:$$

$$v'_{APx}\mathbf{i} + v'_{APy}\mathbf{j} = v'_{Ax}\mathbf{i} + v'_{Ay}\mathbf{j} + \begin{vmatrix} \mathbf{i} & \mathbf{j} & \mathbf{k} \\ 0 & 0 & \omega'_A \\ 1.35 & -1.56 & 0 \end{vmatrix}$$

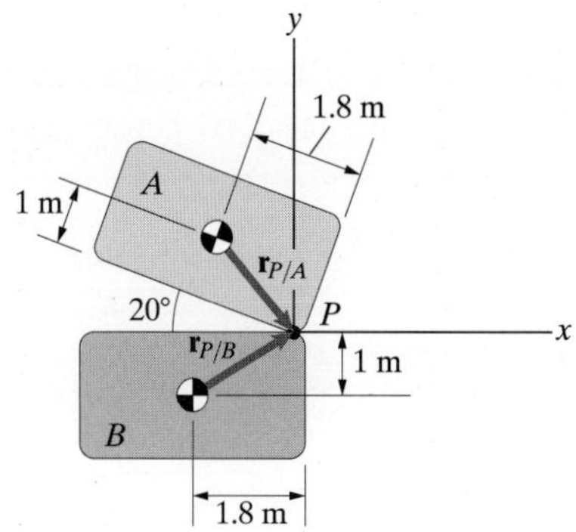

(a) 질량중심에 대한 P의 위치벡터들.

이 식의 양변의 **i**와 **j**의 성분들을 같다고 놓으면, 다음 식을 얻는다:

$$v'_{APx} = v'_{Ax} + 1.56\omega'_A$$

$$v'_{APy} = v'_{Ay} + 1.35\omega'_A \tag{3}$$

자동차 B의 질량중심에 대한 P의 위치는

$$\mathbf{r}_{P/B} = 1.8\mathbf{i} + \mathbf{j}\ (\text{m})$$

이다. 충돌 후 자동차 B의 점 P의 속도는 다음과 같이 나타낼 수 있다:

$$\mathbf{v}'_{BP} = \mathbf{v}'_B + \boldsymbol{\omega}'_B \times \mathbf{r}_{P/B}:$$

$$v'_{BPx}\mathbf{i} + v'_{BPy}\mathbf{j} = v'_{Bx}\mathbf{i} + v'_{By}\mathbf{j} + \begin{vmatrix} \mathbf{i} & \mathbf{j} & \mathbf{k} \\ 0 & 0 & \omega'_B \\ 1.8 & 1 & 0 \end{vmatrix}$$

양변의 **i**와 **j**의 성분들을 같다고 놓으면, 다음 식이 얻어진다:

$$\begin{aligned} v'_{BPx} &= v'_{Bx} - \omega'_B, \\ v'_{BPy} &= v'_{By} + 1.8\omega'_B \end{aligned} \tag{4}$$

P에 대한 자동차 A의 각운동량이 보존되므로,

$$H_{PA} = H'_{PA}:$$

$$[(\mathbf{r}_{A/P} \times m_A\mathbf{v}_A)\cdot\mathbf{k} + I_A\omega_A] = [(\mathbf{r}_{A/P} \times m_A\mathbf{v}'_A)\cdot\mathbf{k} + I_A\omega'_A],$$

$$\begin{vmatrix} \mathbf{i} & \mathbf{j} & \mathbf{k} \\ -1.35 & 1.56 & 0 \\ m_Av_{Ax} & m_Av_{Ay} & 0 \end{vmatrix}\cdot\mathbf{k} + 0 = \begin{vmatrix} \mathbf{i} & \mathbf{j} & \mathbf{k} \\ -1.35 & 1.56 & 0 \\ m_Av'_{Ax} & m_Av'_{Ay} & 0 \end{vmatrix}\cdot\mathbf{k} + I_A\omega'_A$$

이다. 행렬식을 전개하고 내적을 계산하면, 다음 식이 얻어진다:

$$\begin{aligned} &-1.35m_Av_{Ay} - 1.56m_Av_{Ax} \\ &\quad = -1.35m_Av'_{Ay} - 1.56m_Av'_{Ax} + I_A\omega'_A \end{aligned} \tag{5}$$

P에 대한 자동차 B의 각운동량도 보존되므로,

$$H_{PB} = H'_{PB}:$$

$$[(\mathbf{r}_{B/P} \times m_B\mathbf{v}_B)\cdot\mathbf{k} + I_B\omega_B] = [(\mathbf{r}_{B/P} \times m_B\mathbf{v}'_B)\cdot\mathbf{k} + I_B\omega'_B],$$

$$\begin{vmatrix} \mathbf{i} & \mathbf{j} & \mathbf{k} \\ -1.8 & -1 & 0 \\ m_Bv_{Bx} & 0 & 0 \end{vmatrix}\cdot\mathbf{k} + 0 = \begin{vmatrix} \mathbf{i} & \mathbf{j} & \mathbf{k} \\ -1.8 & -1 & 0 \\ m_Bv'_{Bx} & m_Bv'_{By} & 0 \end{vmatrix}\cdot\mathbf{k} + I_B\omega'_B$$

이다. 위 식으로부터 다음 식이 성립한다:

$$m_Bv_{Bx} = -1.8m_Bv'_{By} + m_Bv'_{Bx} + I_B\omega'_B \tag{6}$$

식 (1)−(6)을 $\mathbf{v}'_A$, $\mathbf{v}'_{AP}$, ω'_A, $\mathbf{v}'_B$, $\mathbf{v}'_{BP}$, ω'_B에 대해 풀 수 있다. 두 자동차의 질량중

심의 속도와 각속도에 대한 결과는 다음과 같다:

$$\mathbf{v}'_A = 28.2\mathbf{i} - 9.08\mathbf{j}\ (\text{m/s}), \qquad \omega'_A = 2.65\ \text{rad/s}$$

$$\mathbf{v}'_B = 20.0\mathbf{i} - 1.18\mathbf{j}\ (\text{m/s}), \qquad \omega'_B = -3.54\ \text{rad/s}$$

비판적 사고

충돌에 의한 힘을 제외한 수평력들의 영향을 무시하였으므로 두 자동차의 임의의 점에 대한 전체 각운동량은 충돌 전과 충돌 후가 같다. 그러나 충돌 후의 운동을 결정하기 위해서는 P에 대한 각 자동차의 충돌 전과 후의 각운동량이 같다는 사실을 이용할 필요가 있었는데, 충격력이 각 자동차에 가한 P에 대한 모멘트가 0이므로 이 사실이 성립하였다. 임의의 점에 대한 각 차의 각운동량이 충돌 전과 후에 대해 동일하다고 가정할 수 없었다는 점에 유의하라.

연습문제

8.64 2 kg의 막대가 수직 위치에서 정지상태로부터 넘어지기 시작하여, P에서 매끄러운 표면과 부딪친다. 충돌 반발계수는 $e = 0.5$이다. 막대가 되튀어오를 때 수평선에 대해 몇 도까지 올라가겠는가?

전략: 반발계수를 이용하여 P에서 막대의 충돌 직전과 직후의 속도를 서로 연관시킨다.

문제 8.64

8.65 A의 매끄러운 고정 돌출부 위에서 2 kg의 막대를 정지상태에서 놓는다. 만일 충돌 반발계수가 $e = 0.4$이고 $b = 0.35$ m라면, 충돌 후의 막대 각속도는 얼마인가?

8.66 A의 매끄러운 고정 돌출부 위에서 2 kg의 막대를 정지상태에서 놓는다. 충돌 반발계수는 $e = 0.4$이다. 충돌 직후 막대의 질량중심 속도가 0이 되게 하려면, 거리 b의 값은 얼마가 되어야 하는가?

8.67 A의 매끄러운 고정 돌출부 위에서 2 kg의 막대를 정지상태에서 놓는다. 충돌 반발계수가 $e = 0.4$이고 $b = 0.35$ m이다. 만일 충돌시간이 0.02초이면, A의 돌출부가 막대에 가하는 평균 힘의 크기는 얼마인가?

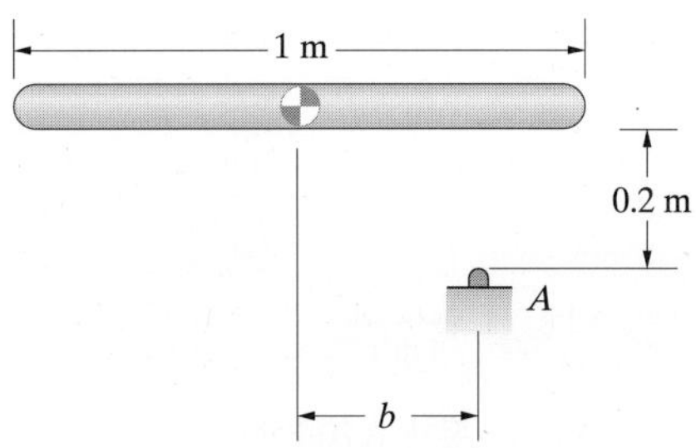

문제 8.65 – 8.67

8.68 배의 질량이 544,000 kg이며, 배의 질량중심에 대한 관성모멘트는 4×10^8 kg-m^{2}이다. 바람 때문에 배가 옆으로 0.1 m/s의 속도로 밀려서 P의 고정 말뚝과 부딪친다. 충돌 반발계수는 $e = 0.2$이다. 충돌 후 배의 각속도는 얼마인가?

8.69 문제 8.68에서, 배와 말뚝과의 충돌시간이 10초라면, 충돌이 배에 가하는 평균 힘의 크기는 얼마인가?

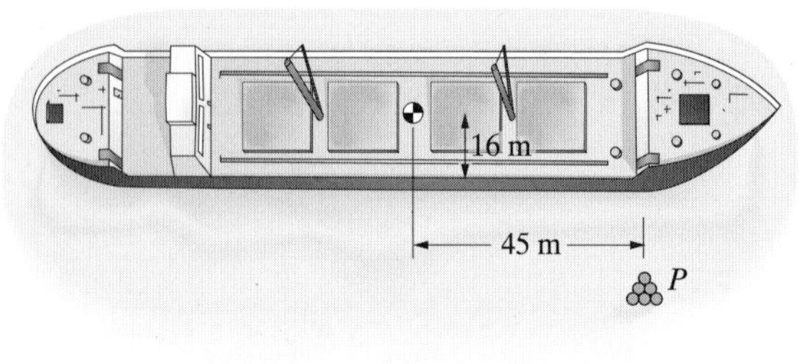

문제 8.68/8.69

8.70 2 kg의 구 A가 4 m/s의 속도로 날아와 5 kg의 가는 막대 B의 끝을 때린다. 막대는 O의 고정점에서 핀으로 연결되어 있다. 만일 구 A가 막대에 들어붙는다면, 충돌 후 막대의 각속도는 얼마인가?

8.71 문제 8.70에서, 만일 반발계수가 $e = 0.8$이라면, 충돌 후 막대의 각속도는 얼마인가?

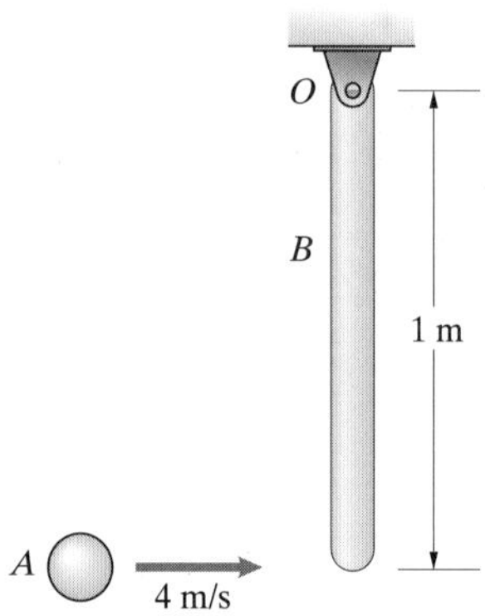

문제 8.70/8.71

8.72 2 kg의 구 A가 10 m/s의 속도로 정지상태인 4 kg의 자유로운 막대 B의 끝을 때린다. 반발계수는 $e = 1$이다.

(a) 충돌 후 막대의 각속도는 얼마인가?

(b) 구와 막대의 전체 운동에너지를 충돌 전과 후에 대해 각각 구하라.

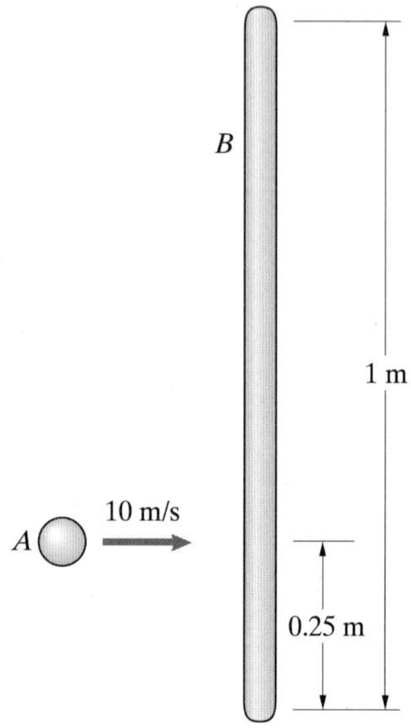

문제 8.72

8.73* 매달려 있는 막대 A와 B의 각 무게는 22.2 N이다. 두 막대가 정지상태에 있을 때, 4.5 N의 구 A가 3.05 m/s로 날아와서 막대 B의 끝을 때린다. 구가 막대 B에 들어붙는다면, 충돌 후 두 막대의 각속도는 각각 얼마인가?

8.74* 매달려 있는 막대 A와 B의 각 무게는 22.2 N이다. 두 막대가 정지상태에 있을 때, 4.5 N의 구 A가 3.05 m/s로 날아와서 막대 B의 끝을 때린다. 반발계수가 $e = 0.5$라면, 두 막대의 각속도는 각각 얼마인가?

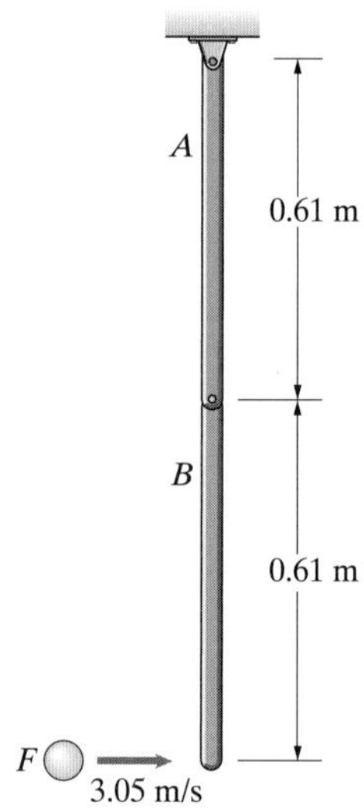

문제 8.73/8.74

8.75 1.4 N의 공이 $v_A = 24.4$ m/s의 속도로 배트에 수직으로 날아와 배트와 충돌한다. 충돌 전에 야구선수는 8.6 N의 배트를 각속도 $\omega = 6\pi$ rad/s로 휘두르고 있었다. 점 C는 충돌 전과 후의 배트의 순간중심이다. 거리는 $b = 355.6$ mm, $\bar{y} = 660.4$ mm이다. 배트의 질량중심에 대한 관성모멘트는 $I_B = 0.045$ kg-m^{2}이다. 반발계수는 $e = 0.6$이며, 충돌시간은 0.008초이다. (a) $d = 0$, (b) $d = 76.2$ mm, (c) $d = 203.2$ mm의 세 경우에 대해, 충돌 후의 공의 속도 크기와 충돌하는 동안 선수가 배트에 가하는 평균 힘 A_x를 구하라.

8.76 문제 8.75에서, m_B가 배트의 질량일 때 만일 $d = I_B/(m_B \bar{y})$이면, 힘 A_x는 0이 됨을 보여라.

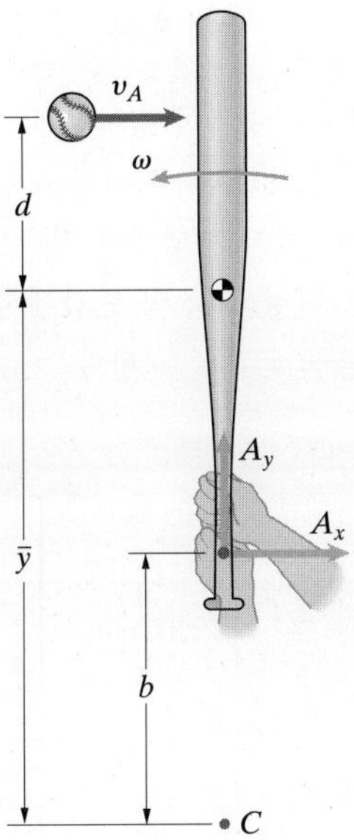

문제 8.75/8.76

8.77 못 위로 h 높은 곳에서 질량 m의 가는 막대가 수평 위치에서 정지상태로부터 놓여진다(그림 a). 막대의 끝에 있는 작은 갈고리가 못에 걸리면서 막대는 못에 대해 회전을 하게 된다(그림 b). 막대가 못에 걸린 위치로부터 270° 회전하는 데 필요한 최소 높이 h는 얼마인가?

8.78 문제 8.77에서 에너지가 보존되는가? 만일 에너지가 보존되지 않는다면, 손실되는 에너지는 얼마인가?

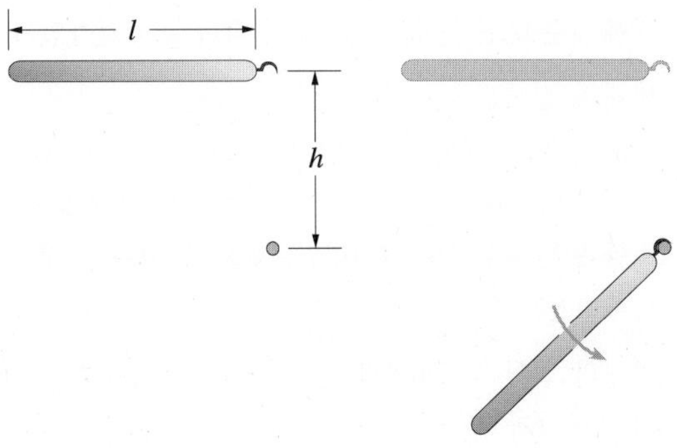

문제 8.77/8.78

8.79 14.6 kg의 원판이 $v = 3.05$ m/s의 속도로 152.4 mm 높이의 계단을 향해 굴러간다. 원판은 계단과 접촉한 상태에서 미끄러지지 않고 계단 위로 굴러 올라간다. 원판이 계단 위로 올라간 다음의 속도는 얼마인가?

8.80 14.6 kg의 원판이 152.4 mm 높이의 계단을 향해 굴러간다. 원판은 계단과 접촉한 상태에서 미끄러지지 않고 계단 위로 굴러 올라간다. 원판이 계단 위로 올라가기 위해 가져야 할 최소 속도 v는 얼마인가?

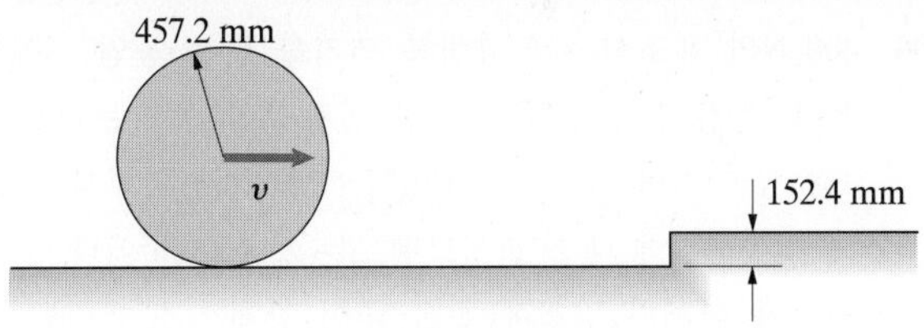

문제 8.79/8.80

8.81 막대의 길이는 1 m이며, 질량은 2 kg이다. 막대가 바닥과 부딪치기 직전, 막대의 각속도는 $\omega = 0$이며, 질량중심은 4 m/s로 아래로 움직이고 있었다. 막대의 끝이 바닥에 붙는다면, 충돌 후 막대의 각속도는 얼마인가?

8.82 막대의 길이는 1 m이며, 질량은 2 kg이다. 막대가 **매끄러운** 바닥과 부딪치기 직전, 막대의 각속도는 $\omega = 0$이며, 질량중심은 4 m/s로 아래로 움직이고 있었다. 만일 충돌 반발계수가 $e = 0.4$라면, 충돌 후 막대의 각속도는 얼마인가?

8.83 막대의 길이는 1 m이며, 질량은 2 kg이다. 막대가 **매끄러운** 바닥과 부딪치기 직전, 막대의 각속도는 $\omega = 0$이며, 질량중심은 4 m/s로 아래로 움직이고 있었다. 충돌 반발계수는 $e = 0.4$이다. 충돌 후 막대의 각속도가 0이 되려면 ω의 값은 얼마가 되어야 하는가?

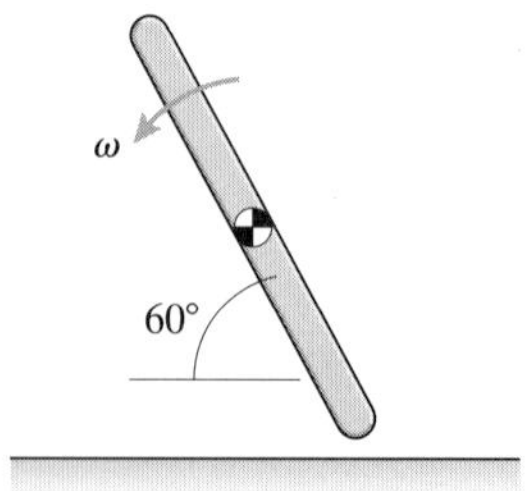

문제 8.81 – 8.83

8.84 400 N의 체조선수가 평행봉 연기를 하는 동안, A에서 봉을 붙잡기 직전의 선수의 질량중심 속도는 $1.2\mathbf{i} - 3.05\mathbf{j}$ (m/s)이며, 각속도는 0이다. 그림의 위치에서, 선수의 질량중심에 대한 관성모멘트는 2.44 kg-m^{2}이다. 만일 선수가 어깨와 다리에 힘을 주어 강체로 모델링될 수 있다면, 봉을 붙잡은 직후의 선수의 질량중심의 속도와 각속도는 얼마인가?

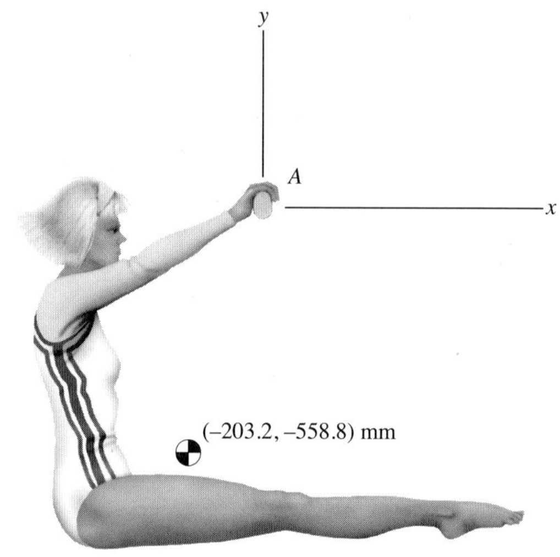

문제 8.84

8.85 20 kg의 균질 사각평판이 정지상태(그림 a)에서 놓여 아래로 200 mm 떨어진 후, 모서리 A에 부착된 줄이 팽팽해진다(그림 b). 줄이 팽팽해진 직후, A의 수직 속도 성분을 0이라고 가정하고, 이 순간에서 평판의 각속도와 모서리 B의 속도 크기를 구하라.

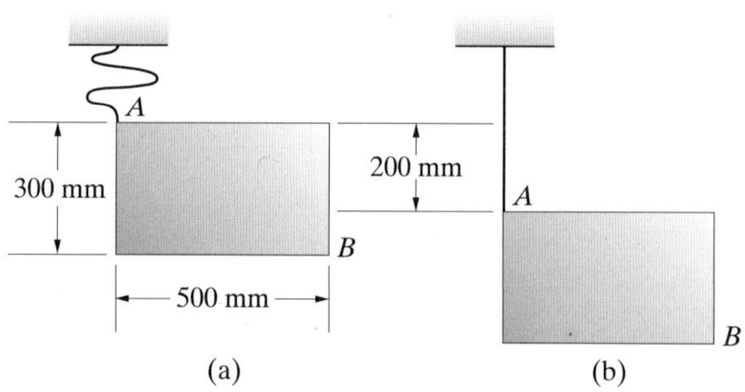

문제 8.85

8.86* 막대 A와 B는 각각 길이가 2 m이고 질량이 4 kg이다. 그림 a에서 막대 A는 각속도 없이 오른쪽으로 1 m/s의 속도로 움직이고 있으며, 막대 B는 정지상태이다. 만일 두 막대가 충돌하면서 서로 붙는다면(그림 b), 충돌 후 이들의 각속도 ω'는 얼마인가?

8.87* 문제 8.86에서 만일 충돌 시 두 막대가 서로 붙지 않고 반발계수가 $e = 0.8$이라면, 충돌 후 두 막대의 각속도는 얼마인가?

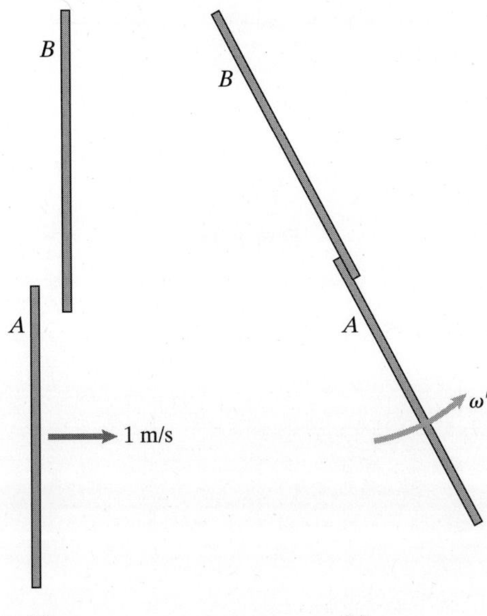

(a) (b)

문제 8.86/8.87

8.88* 막대 A와 B는 각각 길이가 2 m이고 질량이 4 kg이다. 그림 a에서 막대 A는 각속도 없이 오른쪽으로 1 m/s의 속도로 움직이고 있으며, 막대 B는 정지상태이다. 만일 두 막대가 충돌하면서 서로 붙는다면(그림 b), 충돌 후 이들의 각속도 ω'는 얼마인가?

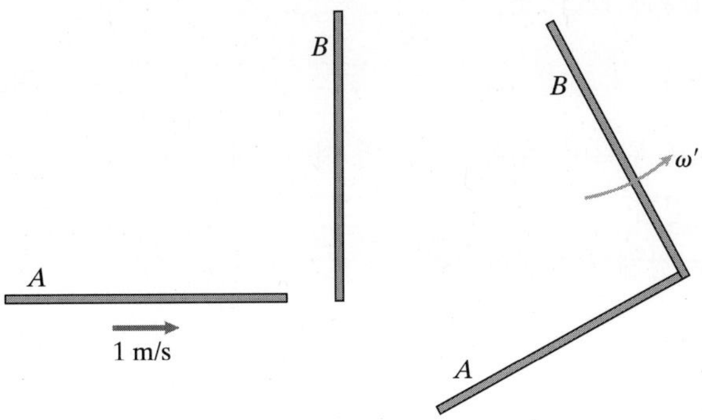

(a) (b)

문제 8.88

8.89* 착륙하는 비행기의 수평 속도가 50 m/s이고, 수직 속도(하강률)가 2 m/s이며, 비행기의 각속도는 0이다. 비행기의 질량은 12 Mg이며, 질량중심에 대한 관성모멘트는 1×10^5 kg-m^{2}이다. 뒷바퀴가 활주로에 닿을 때, 뒷바퀴는 활주로에 닿은 채로 유지된다. 활주로가 바퀴에 가하는 수평력을 무시하고 비행기가 활주로에 닿은 직후 비행기의 각속도를 구하라.

8.90* 문제 8.89에서, 만일 바퀴가 활주로에 닿은 채로 있지 않고 충돌 반발계수가 $e = 0.4$라면, 비행기가 활주로에 닿은 직후 비행기의 각속도를 구하라.

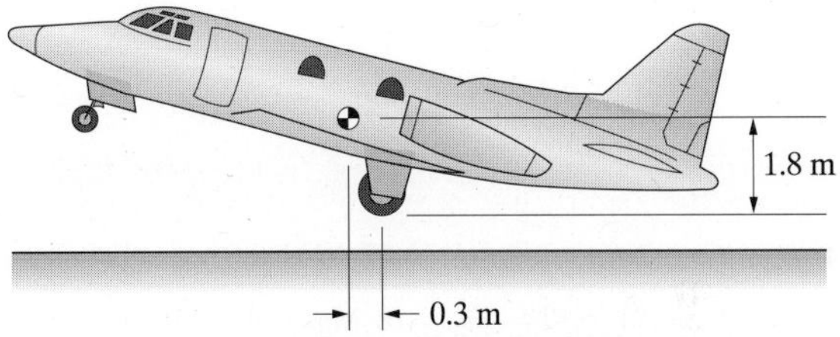

문제 8.89/8.90

8.91* 한 학생이 처음으로 빙판길에서 운전을 하려고 하던 중, 1260 kg인 학생 차(A)가 정지해 있는 대학 총장의 2700 kg 롤스로이스 코니쉬(B) 쪽으로 미끄러져 간다. 충돌 지점은 P이다. 충돌 표면은 매끄럽고 y축에 평행하며 충돌 반발계수가 $e = 0.5$라고 가정한다. 두 자동차의 자체 질량중심에 대한 관성모멘트는 $I_A = 2400$ kg-m^2, $I_A = 7600$ kg-m^{2}이다. 충돌 후 두 자동차의 각속도와 질량중심의 속도를 각각 구하라.

8.92* 문제 8.91에서 학생이 충돌 전에 5 km/h의 속도로 달리고 있었다고 주장하였으나, 경찰관은 충돌 후에 롤스로이스의 질량중심이 1.7 m/s의 속도로 움직였다고 추정하였다. 학생의 실제 속력은 얼마였겠는가?

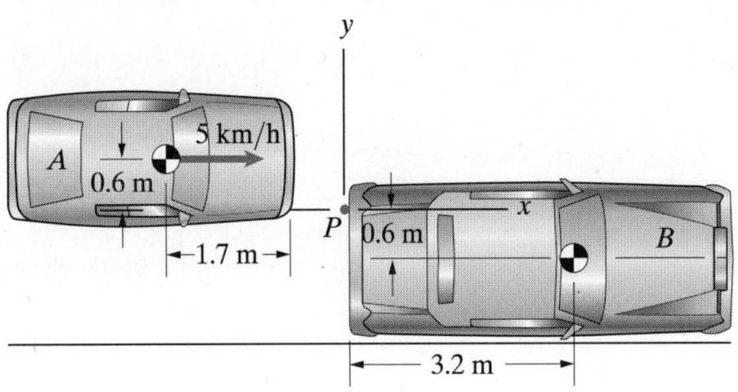

문제 8.91/8.92

8.93 두 가는 막대는 각각 길이가 1219 mm, 무게가 89 N이다. 막대 A가 그림의 수평 위치에서 놓여진다. 두 막대는 매끄러우며, 둘 사이의 충돌 반발계수는 $e = 0.8$이다. 막대 B가 충돌 후 흔들리게 되는 각도를 구하라.

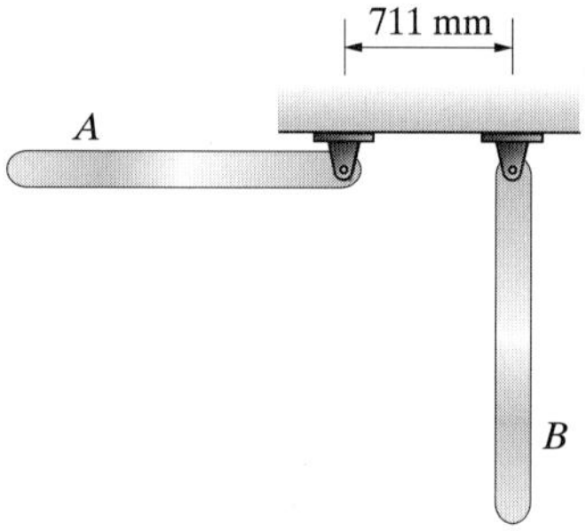

문제 8.93

8.94* *Apollo* CSM(A)이 *Soyuz* 우주 정거장(B)에 접근하고 있다. *Apollo*의 질량은 $m_A = 18$ Mg이며, z축에 평행하면서 질량중심을 통과하는 축에 대한 관성모멘트는 $I_A = 114$ Mg-m^{2}이다. *Soyuz*의 질량은 $m_B = 6.6$ Mg이며, z축에 평행하면서 질량중심을 통과하는 축에 대한 관성모멘트는 $I_B = 70$ Mg-m^{2}이다. *Soyuz*는 그림의 기준좌표계에 대해 정지상태이며, CSM은 각속도 없이 속도 $\mathbf{v}_A = 0.21\mathbf{i} + 0.05\mathbf{j}$ (m/s)로 접근한다. 도킹 후 부착된 우주선의 각속도는 얼마인가?

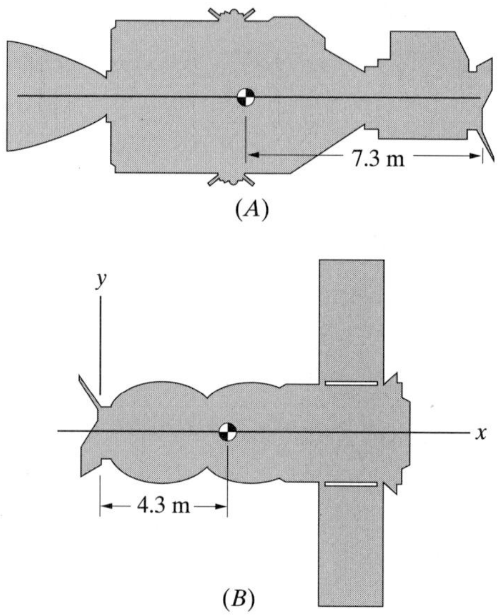

문제 8.94

요약

일과 에너지

강체가 두 위치 사이에서 움직이는 동안 외력과 우력에 의해 행해진 일은 강체의 운동에너지 변화량과 같다. 즉,

$$U_{12} = T_2 - T_1 \tag{8.5}$$

이다. 외력과 내력, 그리고 우력에 의해 강체들의 시스템에 행해진 일은 전체 운동에너지의 변화량과 같다.

일반 평면운동을 하는 강체의 운동에너지는

$$T = \frac{1}{2}mv^2 + \frac{1}{2}I\omega^2 \tag{8.11}$$

이다. 여기서 v는 강체의 질량중심의 속도 크기이며, I는 질량중심에 대한 관성모멘트이다. 만일 강체가 고정축 O에 대해 회전한다면, 강체의 운동에너지는 다음과 같이 표현될 수도 있다:

$$T = \frac{1}{2} I_O \omega^2 \tag{8.12}$$

힘 **F**가 강체에 한 일은

$$U_{12} = \int_{(\mathbf{r}_p)_1}^{(\mathbf{r}_p)_2} \mathbf{F} \cdot d\mathbf{r}_p \tag{8.13}$$

이다. 여기서 $\mathbf{r}_p$는 **F**의 작용점의 위치이다. 만일 작용점이 정지상태이거나 강체의 운동방향이 **F**에 수직이라면, **F**가 하는 일은 없다.

평면운동을 하는 강체가 θ_1에서 θ_2까지 M의 방향으로 회전하는 동안 우력 M이 한 일은

$$U_{12} = \int_{\theta_1}^{\theta_2} M\, d\theta \tag{8.15}$$

이다. 다음 식

$$M\, d\theta = -dV \tag{8.16}$$

를 만족하는 위치에너지 V가 존재한다면, 우력 M은 보존력이다. 각변위 θ와 반대 방향으로 우력 $k\theta$를 가하는 선형 비틀림 스프링(그림 a)의 위치에너지는 $\frac{1}{2}k\theta^2$이다.

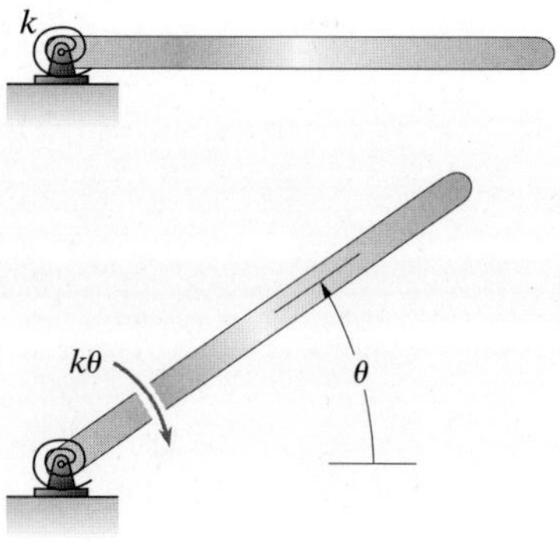

(a)

강체들의 시스템에 일을 하는 모든 힘과 우력이 보존력이면, 운동에너지와 전체 위치에너지의 합은 일정하다. 즉,

$$T_1 + V_1 = T_2 + V_2 \tag{8.18}$$

이다. 만일 시스템이 보존력과 비보존력을 모두 받고 있다면, 일과 에너지의 원리는 다음 형태로 쓸 수 있다:

$$T_1 + V_1 + U_{12} = T_2 + V_2 \tag{8.19}$$

U_{12}항은 시스템에 가해지는 모든 비보존력에 의한 일을 포함한다. 보존력에 의한 일은 계산할 수 있으며 U_{12}에 포함시키거나, 보존력의 위치에너지를 V에 포함시킬 수 있다.

일률

힘 **F**에 의해 강체에 전달되는 일률은

$$P = \mathbf{F} \cdot \mathbf{v}_p \tag{8.20}$$

이며, 여기서 $\mathbf{v}_p$는 **F**의 작용점의 속도이다. 우력 M에 의해 평면운동을 하는 강체에 전달되는 일률은

$$P = M\omega \tag{8.21}$$

이다. 어떤 시간 동안 강체에 전달된 평균 일률은 이 시간 동안의 강체 운동에너지의 변화, 즉 강체에 행해진 전체 일을 시간으로 나눈 값과 같다:

$$P_{av} = \frac{T_2 - T_1}{t_2 - t_1} = \frac{U_{12}}{t_2 - t_1} \tag{8.22}$$

충격량과 운동량

선형충격량과 운동량의 원리에 의하면, 어떤 시간 동안 강체에 가해진 선형충격량(linear impulse)은 이 시간 동안의 강체의 선형운동량(linear momentum)의 변화와 같다. 즉,

$$\int_{t_1}^{t_2} \Sigma \mathbf{F}\, dt = m\mathbf{v}_2 - m\mathbf{v}_1 \tag{8.23}$$

이다. 이 결과는 다음과 같이 합력의 시간에 대한 평균에 의해 나타낼 수도 있다:

$$(t_2 - t_1)\Sigma \mathbf{F}_{av} = m\mathbf{v}_2 - m\mathbf{v}_1 \tag{8.24}$$

만일 두 강체 A와 B에 가해지는 힘이 두 강체가 서로에게 가하는 힘뿐이거나 다른 힘들을 무시할 수 있다면, 두 강체의 전체 선형운동량은 보존되며 다음과 같이 나타낼 수 있다:

$$m_A\mathbf{v}_A + m_B\mathbf{v}_B = \text{constant} \tag{8.25}$$

평면운동을 하는 강체의 질량중심에 대한 각운동량(angular momentum)은

$$H = I\omega \tag{8.27}$$

이다. 여기서 I는 강체의 질량중심에 대한 관성모멘트이다. 첫 번째 형태의 각충격량과 각운동량의 원리는, t_1에서 t_2까지의 시간 동안 질량중심에 대한 각충격량(angular impulse)은 같은 시간 동안의 강체의 질량중심에 대한 각운동량의 변화와 같다는 것을 나타내며 다음 식과 같다:

$$\int_{t_1}^{t_2} \Sigma M\, dt = H_2 - H_1 \tag{8.28}$$

고정점 O에 대한 강체의 각운동량은

$$H_O = (\mathbf{r} \times m\mathbf{v}) \cdot \mathbf{k} + I\omega \tag{8.30}$$

이다. 여기서 $\mathbf{r}$은 O에 대한 질량중심의 위치이며, $\mathbf{v}$는 질량중심의 속도이다. 두 번째 형태의 각충격량과 각운동량의 원리는, t_1에서 t_2까지의 시간 동안 O에 대한 각충격량은 같은 시간 동안의 O에 대한 강체의 각운동량의 변화와 같다는 것을 나타내며 다음 식과 같다:

$$\int_{t_1}^{t_2} \Sigma M_O\, dt = H_{O2} - H_{O1} \tag{8.31}$$

식 (8.28)과 (8.31)을 시간에 대한 전체 모멘트의 평균값으로 나타내면 다음과 같다:

$$(t_2 - t_1)\Sigma M_{av} = H_2 - H_1 \quad (8.32)$$

$$(t_2 - t_1)(\Sigma M_O)_{av} = H_{O2} - H_{O1} \quad (8.33)$$

평면운동을 하는 두 강체 A와 B가 내부의 힘과 우력만을 받거나, 고정점 O에 대한 외력과 우력의 전체 모멘트가 0이라면, O에 대한 A와 B의 전체 각운동량은 보존되며 다음과 같이 쓸 수 있다:

$$H_{OA} + H_{OB} = \text{constant} \quad (8.34)$$

충돌

같은 평면에서 2차원 운동을 하는 두 강체 A와 B가 충돌한다고 가정하자. 만일 A와 B가 서로에게 가하는 충격력과 충격 우력에 비해 다른 힘과 우력을 무시할 수 있다면, A와 B의 전체 선형운동량과 임의의 고정점 O에 대한 전체 각운동량은 보존된다. 또한 A와 B가 충돌점 P에서 서로에게 충격력만 가한다면, P에 대한 강체 각각의 각운동량은 보존된다. 만일 두 강체 중의 하나가 점 O에서 핀으로 지지되어 있다면, 이 점에 대한 두 강체의 전체 각운동량은 보존된다.

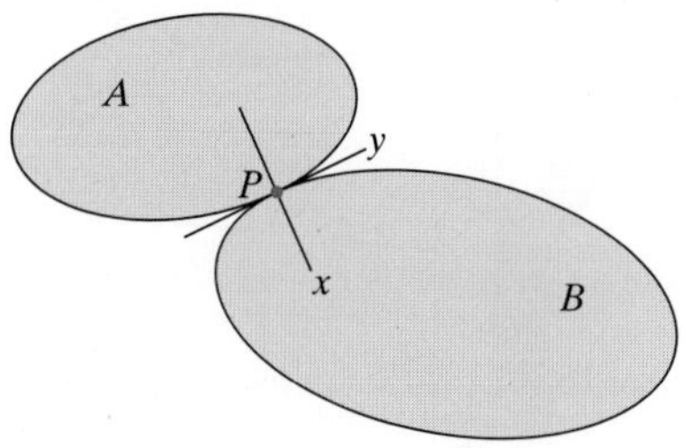

(b)

P를 충돌점이라고 하자(그림 b). P에서의 법선 속도 성분들은 다음 식에 의해 반발계수 e와 연관된다:

$$e = \frac{(\mathbf{v}'_{BP})_x - (\mathbf{v}'_{AP})_x}{(\mathbf{v}_{AP})_x - (\mathbf{v}_{BP})_x} \quad (8.35)$$

복습문제

8.95 풀리의 관성모멘트는 0.2 kg-m^{2}이다. 이 시스템이 정지상태에서 놓여진다. 일과 에너지의 원리를 이용하여, 10 kg의 원통이 1 m 내려갔을 때의 속도를 구하라.

8.96 풀리의 관성모멘트는 0.2 kg-m^{2}이다. 이 시스템이 정지상태에서 놓여진다. 운동량의 원리를 이용하여, 시스템이 정지상태에서 놓인 후 1초 뒤의 10 kg 원통의 속도를 구하라.

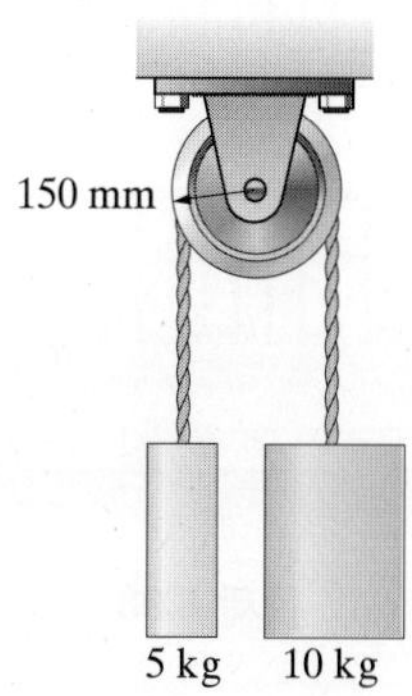

문제 8.95/8.96

8.97 로봇 팔 BC는 질량이 12 kg이고, 질량중심에 대한 관성모멘트가 3 kg-m^{2}이다. 점 B는 정지상태이다. 처음에 팔 BC는 각속도 0으로 수평 x축과 일직선 상에 있었으며, B에 가해진 일정한 우력 M이 팔 BC를 위로 회전시킨다. 팔이 그림의 위치에 있을 때, 팔의 반시계 방향 각속도는 2 rad/s이다. M을 구하라.

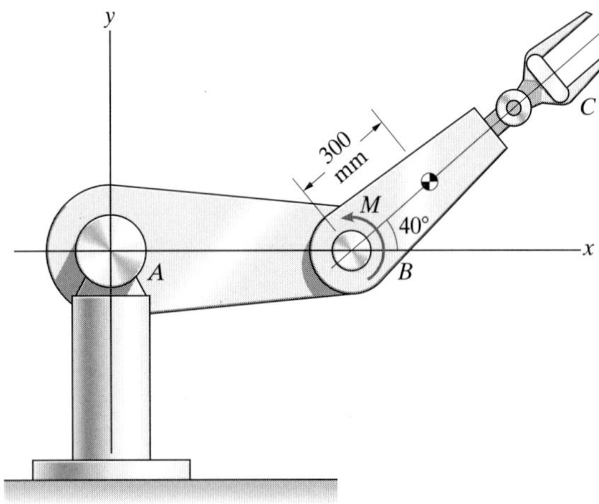

문제 8.97

8.98 카트(cart)가 정지해 있을 때 일정한 힘 F가 가해진다. 카트가 거리 b만큼 굴러갔을 때 카트의 속도는 얼마가 되는가? 카트 몸체의 질량은 m_c이며, 네 바퀴 각각의 질량은 m, 반경은 R, 관성모멘트는 I이다.

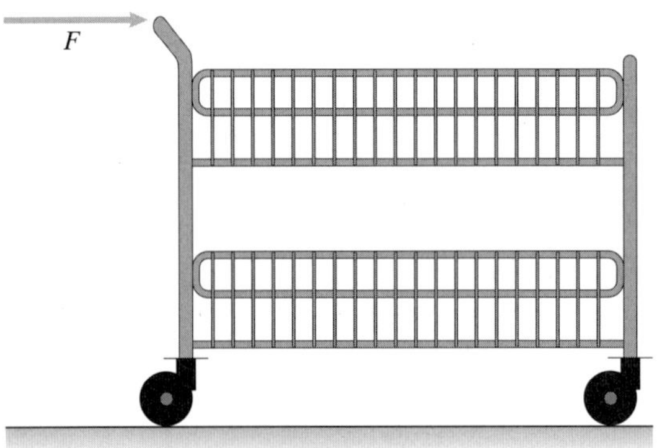

문제 8.98

8.99 각 풀리의 관성모멘트는 I = 0.003 kg-m^{2}이고 벨트의 질량은 0.2 kg이다. 만일 일정한 우력 M = 4 N-m가 아래쪽 풀리에 가해진다면, 아래쪽 풀리가 10회전했을 때의 각속도는 얼마가 되겠는가?

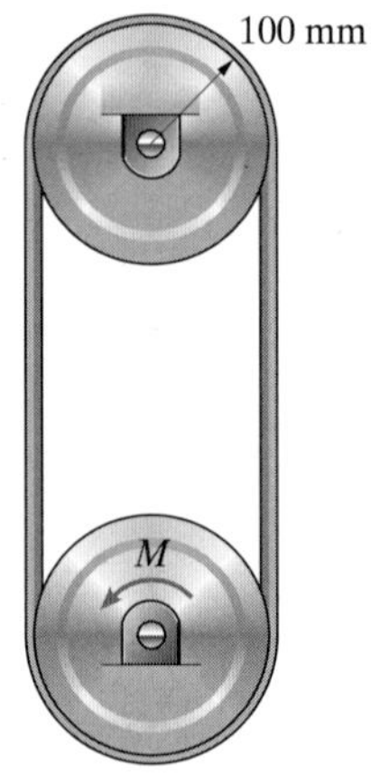

문제 8.99

8.100 링 기어는 고정되어 있다. 태양 기어의 질량과 관성모멘트는 m_S = 321 kg, I_S = 5962 kg-m^{2}이다. 유성 기어 각각의 질량과 관성모멘트는 m_P = 39.4 kg, I_P = 88.1 kg-m^{2}이다. 우력 M = 814 m-N이 태양 기어에 가해진다. 일과 에너지를 이용하여 태양 기어가 100회전했을 때의 각속도를 구하라.

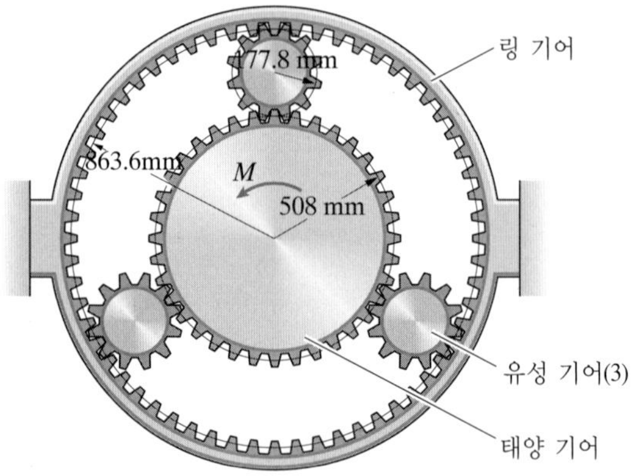

문제 8.100

8.101 기어 A와 B의 관성모멘트는 I_A = 0.019 kg-m^{2}과 I_B = 0.136 kg-m^{2}이다 기어 A는 스프링상수 k = 0.27 m-N/rad의 비틀림 스프링에 연결되어 있다. 만일 스프링이 변형되지 않은 상태에서 22.2 N 중량을 받치던 받침을 제거한다면, 중량이 76.2 mm 하강했을 때 중량의 속도는 얼마인가?

8.102 문제 8.101의 시스템에 대해 다음 물음에 답하라.

(a) 중량을 받치던 받침이 제거되었을 때, 22.2 N 중량이 하강하게 되는 최대 거리는 얼마인가?

(b) 중량이 얻게 되는 최대 속도는 얼마인가?

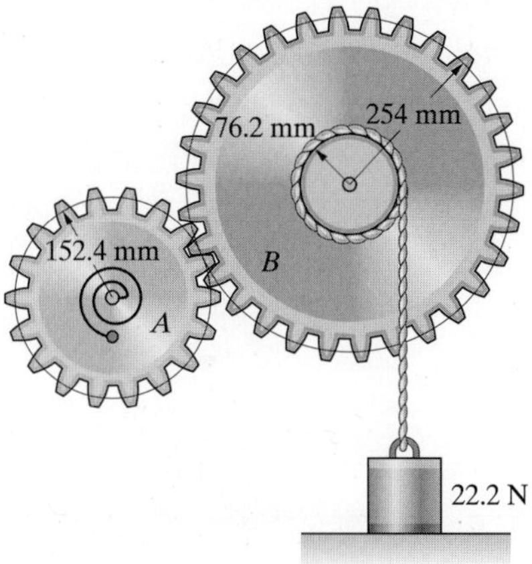

문제 8.101/8.102

8.103 Go-cart(역주: 프레임 위에 아무런 보디도 부착시키지 않은 금속제의 1인용 자동차)의 앞바퀴는 각각 무게가 22.2 N이고 관성모멘트가 0.0136 kg-m^{2}이다. 두 뒷바퀴와 리어액슬(rear axle)은 무게가 178 N이고 관성모멘트가 0.136 kg-m^{2}인 하나의 강체를 이룬다. 운전자와 바퀴들을 포함한 go-cart의 전체 무게는 1067 N이다. Go-cart가 정지상태에서 출발하며, 엔진이 리어액슬에 20.3 m-N의 일정한 토크를 가하고, 바퀴는 미끄러지지 않는다. 마찰과 공기역학적 항력을 무시하면, go-cart가 15.2 m 주행했을 때 go-cart의 속도는 얼마인가?

8.104 문제 8.103에서 엔진이 go-cart에 전달한 최대 일률(power) 및 평균 일률을 구하라.

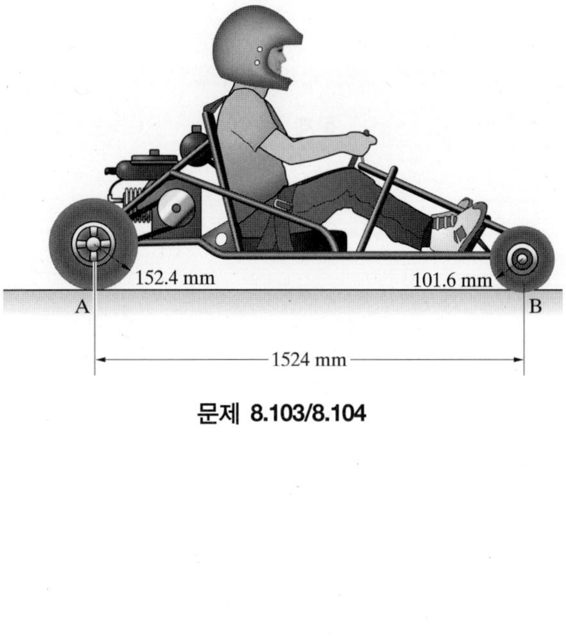

문제 8.103/8.104

8.105 수평으로 있던 4 kg의 가는 막대가 정지상태에서 움직이기 시작한다. 매달려 있는 원통의 질량은 10 kg이다. 막대가 그림의 위치에 있을 때, 막대의 각속도는 얼마인가?

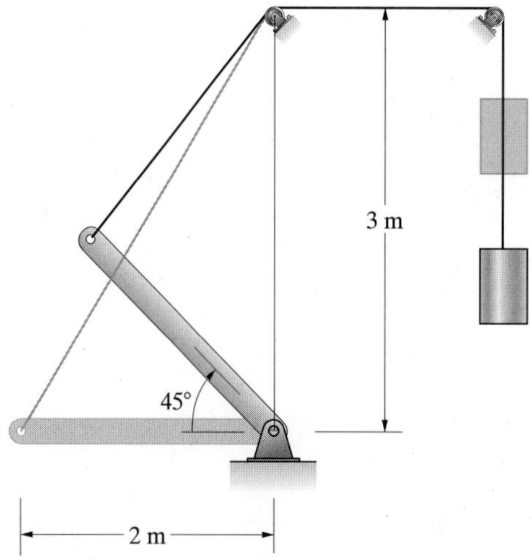

문제 8.105

8.106 0.1 kg의 가는 막대와 0.2 kg의 원통형 원판이 막대가 수평인 위치에서 정지상태로부터 놓여진다. 원판은 곡면을 따라 굴러간다. 막대가 수직이 되었을 때 막대의 각속도는 얼마인가?

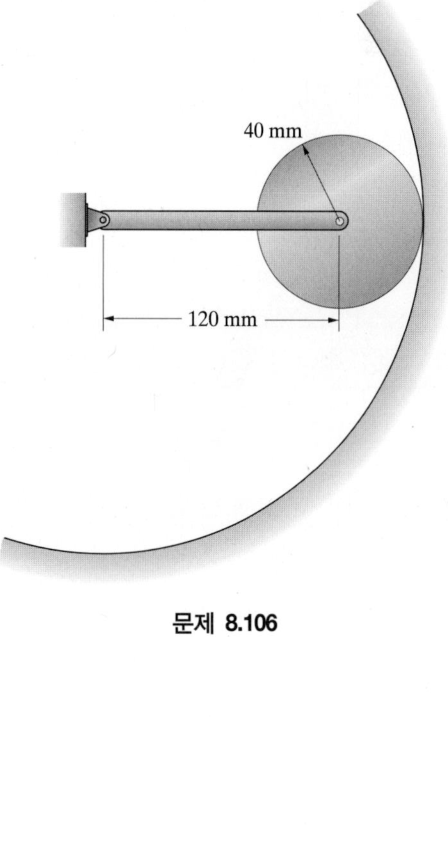

문제 8.106

8.107 질량 m의 가는 막대가 수직 위치에서 정지상태로부터 놓여진다. 저항을 무시하며 막대가 벽과 바닥에 계속 닿아 있다고 가정할 때, 막대의 각속도를 θ의 함수로 구하라.

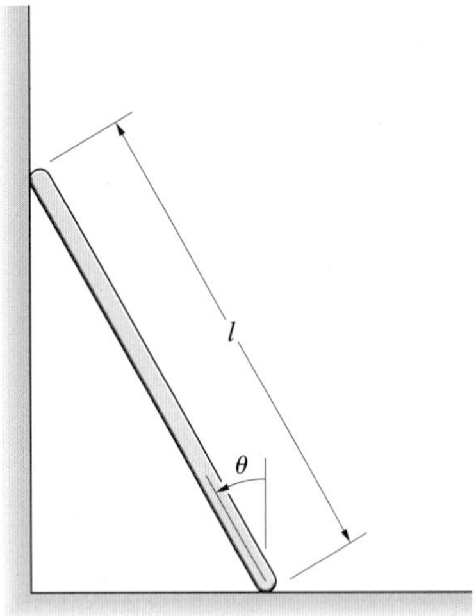

문제 8.107

8.108 4 kg의 가는 막대가 A와 B에서 2 kg의 슬라이더에 핀으로 연결되어 있다. 만일 저항을 무시하고 시스템이 그림의 위치에서 정지상태로부터 움직이기 시작한다면, A의 슬라이더가 0.5 m 내려갔을 때 막대의 각속도는 얼마인가?

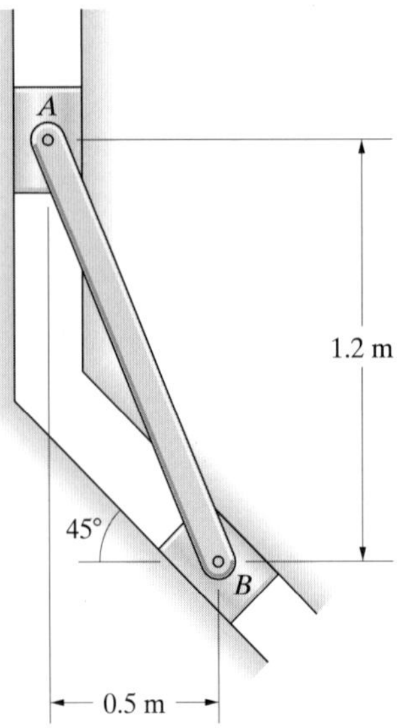

문제 8.108

8.109 질량 m의 균질 반구가 그림의 위치에서 정지상태로부터 놓여진다. 만일 반구가 수평면에서 구른다면, 반구의 평면이 수평이 될 때 반구의 각속도는 얼마인가?

8.110 질량 m의 균질 반구가 그림의 위치에서 정지상태로부터 놓여진다. 반구는 수평면에서 구른다. 반구의 평면이 수평이 되는 순간, 바닥면이 반구에 가하는 수직력은 얼마인가?

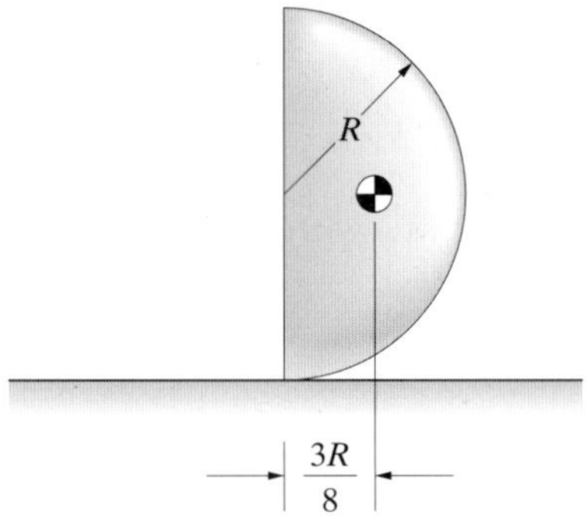

문제 8.109/8.110

8.111 가는 막대가 수평면 상에서 O의 수직 회전축에 대해 자유롭게 회전한다. 막대는 무게가 89.0 N이고 길이가 1.83 m이다. 슬라이더 A의 무게는 8.9 N이다. 만일 $r = 0.31$ m일 때 막대의 각속도가 $\omega = 10$ rad/s이고 A의 반경방향 속도 성분이 0이라면, $r = 1.22$ m일 때 막대의 각속도는 얼마인가? (A의 질량중심에 대한 관성모멘트는 무시한다. 즉, A를 한 개의 질점으로 취급한다.)

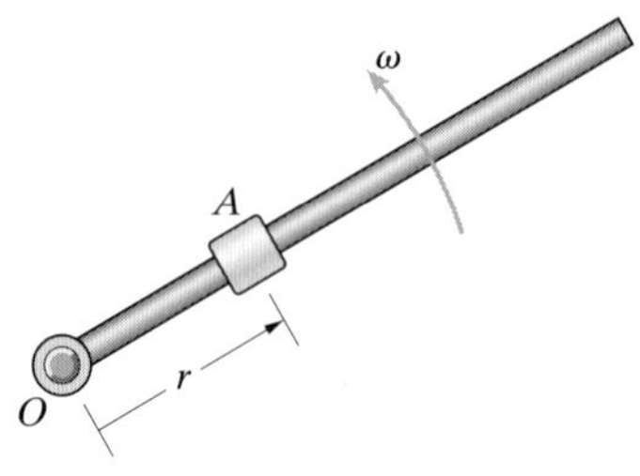

문제 8.111

8.112 각속도가 $\omega = 1$ rad/s인 인공위성이 안테나를 전개한다(그림 a). 위성의 직경에 걸쳐 내장되어 있던 두 개의 안테나가 펴지면서 인공위성의 각속도는 ω'으로 감소한다(그림 b). 위성을 반경이 1.2 m인 500 kg의 구로 모델링하고, 안테나 각각을 10 kg의 가는 막대로 모델링하여 ω'을 구하라.

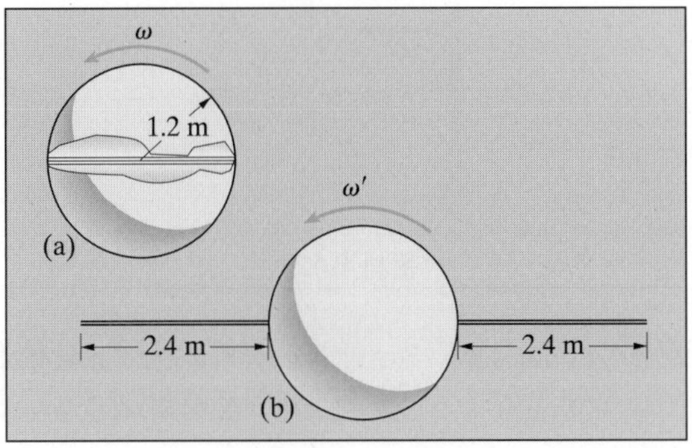

문제 8.112

8.113 한 엔지니어가 인공위성의 각속도를 케이블에 붙어 있는 작은 질량들을 전개하여 제어하기로 결정하였다. 만일 (a)의 형태에서 인공위성의 각속도가 4 rpm이라면, (b)의 형태에서 인공위성의 각속도가 1 rpm이 되도록 하려면 거리 d는 얼마가 되어야 하는가? 인공위성의 관성모멘트는 $I = 500$ kg-m^{2}이며, 각 질량은 2 kg이다. (케이블과 질량은 인공위성과 같은 각속도로 회전한다고 가정한다. 두 질량의 질량중심에 대한 관성모멘트와 케이블의 질량은 무시한다.)

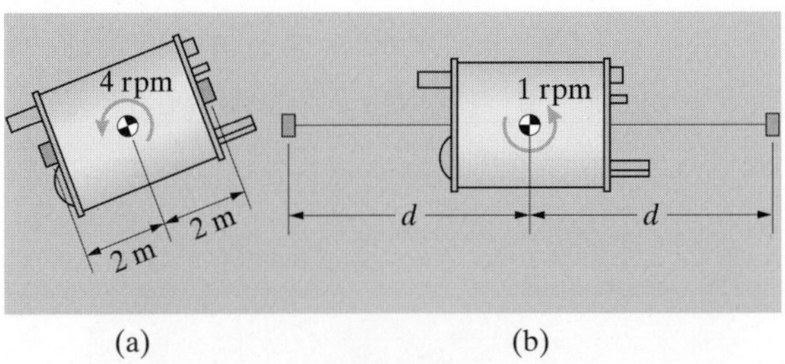

문제 8.113

8.114 질량 m의 원통형 균질 원판이 각속도 ω로 수평면을 굴러간다. 만일 원판이 경사면에 닿게 될 때 미끄러지지 않거나 경사면을 떠나지 않는다면, 경사면에 닿은 직후 원판의 각속도 ω'은 얼마인가?

문제 8.114

8.115 정지상태의 44.5 N의 가는 막대가 수직 위치에서 넘어지며 B에 있는 매끄러운 돌출부를 친다. 충돌 반발계수가 $e = 0.6$이고 충돌 지속시간이 0.1초이며, $b = 0.31$ m이다. 충돌 결과 B에서 막대에 가해지는 평균 힘을 구하라.

8.116 정지상태의 44.5 N의 가는 막대가 수직 위치에서 넘어지며 B에 있는 매끄러운 돌출부를 친다. 충돌 반발계수가 $e = 0.6$이고 충돌 지속시간이 0.1초이다. 충돌 결과 연결핀 A에 의해 막대에 가해지는 평균 힘이 0이 되기 위한 b의 값을 구하라.

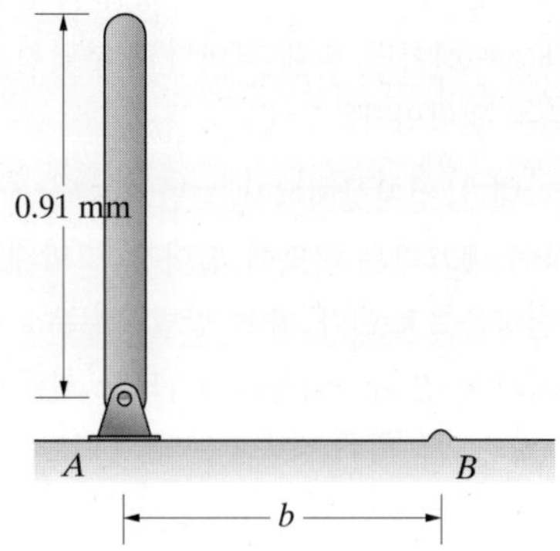

문제 8.115/8.116

8.117 1 kg인 구 A가 2 m/s의 속도로 날아와서 정지상태인 2 kg의 가는 막대 B의 끝을 때린다. 만일 충돌 후 구의 속도가 오른쪽으로 0.8 m/s라면, 반발계수는 얼마인가?

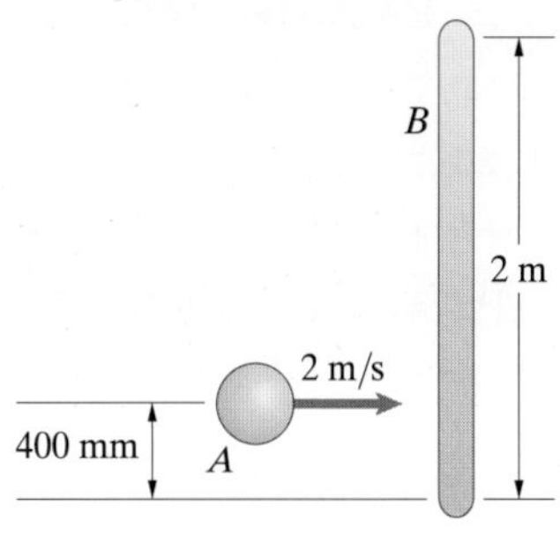

문제 8.117

8.118 가는 막대가 그림 a의 위치에서 정지상태에서 놓이며 $h = 0.31$ m 거리만큼 낙하한다. 막대가 바닥과 부딪칠 때, 막대 끝이 바닥의 들어간 부분에 의해 지지되며 바닥에 계속 붙어 있다(그림 b). 막대의 길이는 0.31 m이며, 무게는 1.1 N이다. 막대가 바닥과 부딪친 직후 막대의 각속도 는 얼마인가?

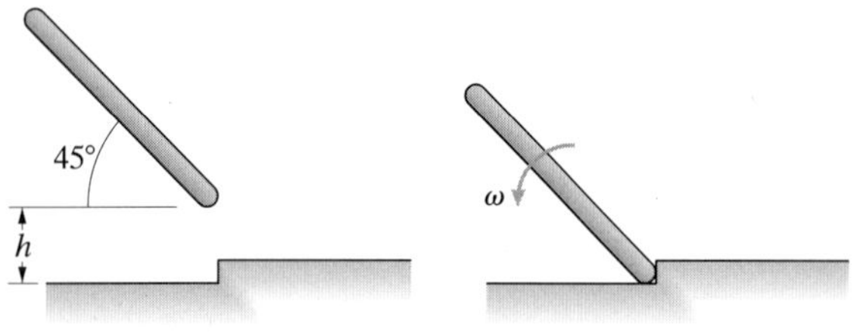

(a) (b)

문제 8.118

8.119 가는 막대가 $\theta = 45°$에서 정지상태로부터 놓인 후, $h = 1$ m 거리만큼 낙하하여 매끄러운 바닥에 떨어진다. 막대 길이는 1 m이며 질량은 2 kg이다. 만일 충돌 반발계수가 $e = 0.4$이면, 막대가 바닥과 부딪친 직후 막대의 각속도는 얼마인가?

8.120 가는 막대가 정지상태에서 놓인 후, $h = 1$ m 거리만큼 낙하하여 매끄러운 바닥에 떨어진다. 막대 길이는 1 m이며 질량은 2 kg이다. 충돌 반발계수는 $e = 0.4$이다. 막대가 바닥을 친 후 막대의 각속도가 최대가 되는 각도 θ를 구하라. 또 최대 각속도는 얼마인가?

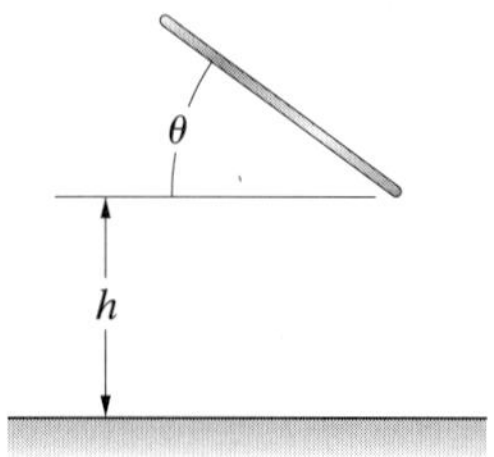

문제 8.119/8.120

8.121 가는 막대 A가 회전 없이 속도 v_0로 정지상태의 가는 막대 B를 때린다. 두 막대는 각각 질량이 m이고 길이가 l이다. 만일 두 막대가 충돌할 때 서로 들러붙는다면, 충돌 후 두 막대의 각속도는 얼마인가?

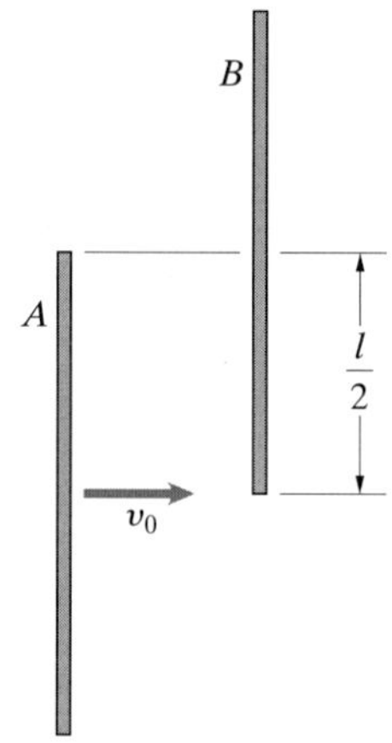

문제 8.121

8.122 질량이 136 kg인 우주비행사가 비회전 인공위성에 대해 1.0**i** (m/s)의 속도로 인공위성을 향해 직선으로 다가간다. z축에 평행하면서 우주비행사의 질량중심을 통과하는 축에 대한 우주비행사의 관성모멘트는 45 kg-m^{2}이다. 위성의 질량은 450 kg이며 z축에 대한 위성의 관성모멘트는 675 kg-m^{2}이다. 우주비행사가 위성에 붙어 같이 움직이기 시작하는 순간, 우주비행사의 질량중심의 위치는 $(-1.8, -0.9, 0)$ m이다. 우주비행사가 위성에 붙은 후, 위성의 회전축은 z축에 평행하다. 이들의 각속도는 얼마인가?

8.123 문제 8.122에서, 인공위성 제어 시스템의 설계변수들 때문에 위성의 각속도가 0.02 rad/s를 초과해서는 안 된다고 가정하자. 만일 우주비행사가 x축에 평행하게 움직이고 있으며 위성에 붙을 때 우주비행사의 질량중심 위치가 $(-1.8, -0.9, 0)$ m라고 하면, 우주비행사가 위성에 접근해야 할 최대 상대 속도는 얼마인가?

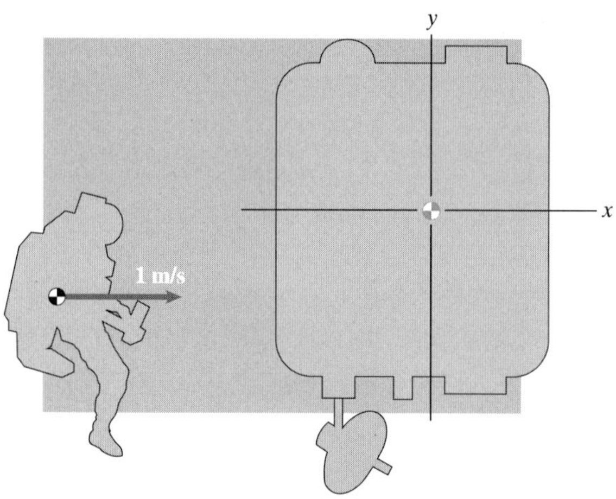

문제 8.122/8.123

8.124 12,454 N의 자동차가 빙판에서 미끄러져서 4.83 km/h의 속도로 콘크리트 교각에 부딪힌다. 자동차의 질량중심에 대한 관성모멘트는 2439 kg-m^{2}이다. 충돌 표면들은 매끄럽고 y축에 평행하며 충돌 반발계수는 $e = 0.8$이라고 가정한다. 충돌 후, 자동차의 각속도와 질량중심의 속도는 얼마인가?

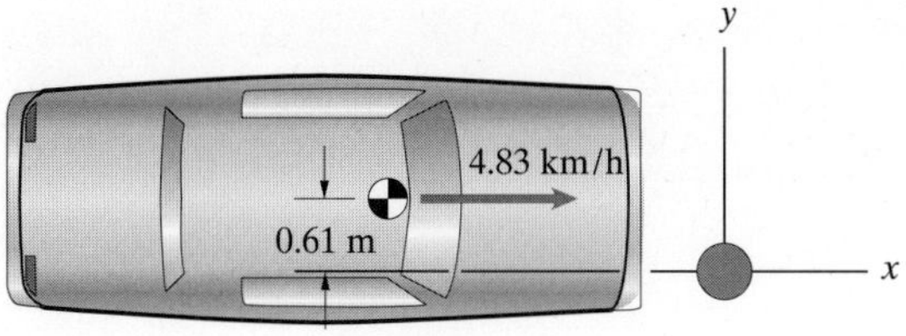

문제 8.124

8.125 756 N의 wide receiver(역주: 미식축구에서 쿼터백이 던져주는 공을 받아 터치다운으로 연결하는 역할의 선수)가 패스를 받기 위해 수직으로 점프하여 볼을 받을 때 순간적으로 정지한다. 그 순간 4.6 m/s의 속도로 수평방향으로 움직이는 801 N의 linebacker(역주: 미식축구 수비팀의 핵심선수로 수비대형을 지시하고 러닝 공격 및 짧은 패스를 막는 수비수)가 P에서 wide receiver와 부딪친다. Wide receiver의 질량중심에 대한 관성모멘트는 9.5 kg-m^{2}이다. 만일 선수들을 강체로 모델링하고 반발계수를 $e = 0$이라고 가정한다면, 충돌 직후 wide receiver의 각속도는 얼마인가?

문제 8.125

설계 프로젝트

다음 두 물체의 관성모멘트를 구하기 위한 실험을 설계하고 수행하라: (a) 1 m 막대자와 같은 가는 막대, (b) 축구공 또는 농구공. 가는 막대에 대해, 관성모멘트에 대한 실험값과 길이가 l인 가는 막대에 대한 이론값 $I = \frac{1}{12}ml^2$을 비교하라. 공에 대해, 실험값과 반경 R의 얇은 구형 쉘(shell)에 대한 이론값인 $I = \frac{2}{3}mR^2$을 비교하라. 제안한 실험 방법의 반복성을 조사하라. 제안한 실험을 기술하고 에러가 발생할 수 있는 원인에 대해 논하고, 결과를 나타내는 간단한 리포트를 작성하라.

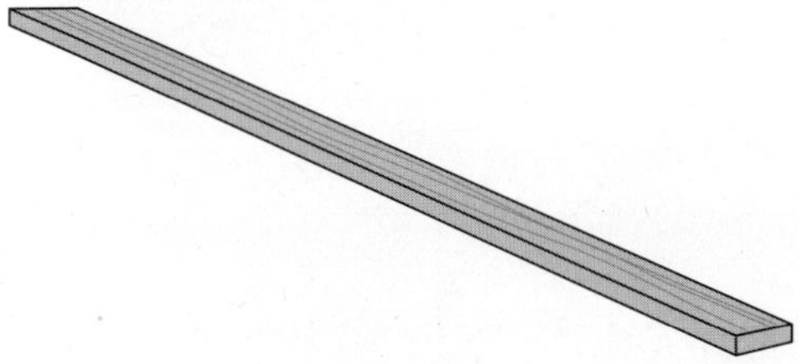

(a)

(b)

9

강체의 3차원 운동학과 동역학

비행기와 다른 수송 수단의 설계와 같은 동역학의 많은 공학적 응용분야에서 3차원 운동이 고려되어야 한다. 이 장에서는 강체의 3차원 운동을 어떻게 기술할 것인지에 대해 설명한 후, 운동방정식을 유도하고 이들을 이용하여 간단한 운동들을 해석한다. 끝으로, Euler 각을 도입하여 3차원에서 강체의 방위(orientation)를 기술하고 이들에 의해 각운동방정식을 나타낼 것이다.

◀ 팽이와 자이로스코프의 흥미로운 거동을 예측하려면, 3차원 해석이 필요하다. 이 장에서 강체의 3차원 운동에 대해 논의한다.

9.1 운동학

만일 사이클선수가 직선 경로로 자전거를 탄다면, 바퀴는 평면운동을 하게 된다. 그러나 선수가 회전을 하고 있다면, 바퀴는 3차원 운동을 하게 된다(그림 9.1a). 마찬가지로, 비행기가 수평 비행이나 하강, 상승, 또는 회전 비행을 하고 있는 동안은 평면운동 상태로 남아 있을 수 있다. 그러나 비행기가 비스듬하게 선회한다면, 비행기는 3차원 운동을 하게 된다(그림 9.1b). 팽이를 돌리면 잠깐동안 팽이가 고정된 수직축에 대해 회전하면서 평면운동 상태를 유지할 수도 있지만, 결국에는 팽이의 축이 기울어지면서 회전하기 시작한다. 이때 팽이는 3차원 운동을 하며 중력에 저항하는 재미있는 거동을 나타낸다(그림 9.1c). 이 절에서는 3차원 운동을 하는 강체들의 운동학에 대한 논의를 시작으로 이러한 운동들에 대한 해석을 한다.

속도와 가속도

주어진 기준좌표계에 대한 강체의 3차원 운동을 기술하는 데 필요한 일부 개념에 대해서는 이미 논의하였다. 6장에서, 병진운동을 제외한 임의의 운동을 하는 강체는 오일러 정리에 따라 순간 회전축을 갖는다는 것을 보였다. 특정 순간에서 이 축의 방향과 이 축에 대한 강체의 회전율은 각속도 벡터 $\boldsymbol{\omega}$로 나타낸다.

(a) (b)

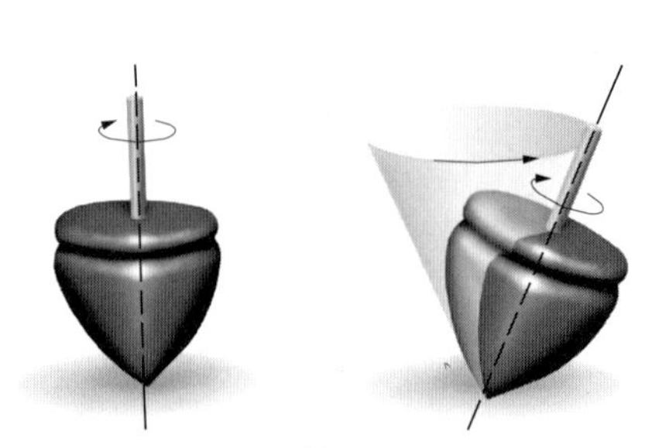
(c)

그림 9.1
평면운동과 3차원 운동의 예.

또 강체의 속도는 강체의 각속도 벡터와 강체의 한 점의 속도에 의해 완전하게 기술될 수 있음을 보였다. 그림 9.2의 강체와 기준좌표계에 대해, 각속도 벡터 $\boldsymbol{\omega}$와 점 B의 속도벡터 $\mathbf{v}_B$를 알고 있다고 가정해 보자. 이때 강체의 다른 임의의 점 A의 속도는 식 (6.8)에 의해 다음과 같이 주어진다:

$$\mathbf{v}_A = \mathbf{v}_B + \boldsymbol{\omega} \times \mathbf{r}_{A/B} \tag{9.1}$$

강체의 가속도는 강체의 각가속도 벡터 $\boldsymbol{\alpha} = d\boldsymbol{\omega}/dt$와 각속도 벡터, 그리고 강체의 한 점의 가속도에 의해 완전하게 기술된다. 만일 그림 9.2에서 $\boldsymbol{\alpha}$와 $\boldsymbol{\omega}$, 점 B의 가속도 $\mathbf{a}_B$를 안다면, 강체의 다른 임의의 점 A의 가속도는 식 (6.9)에 의해 다음과 같이 주어진다:

$$\mathbf{a}_A = \mathbf{a}_B + \boldsymbol{\alpha} \times \mathbf{r}_{A/B} + \boldsymbol{\omega} \times (\boldsymbol{\omega} \times \mathbf{r}_{A/B}) \tag{9.2}$$

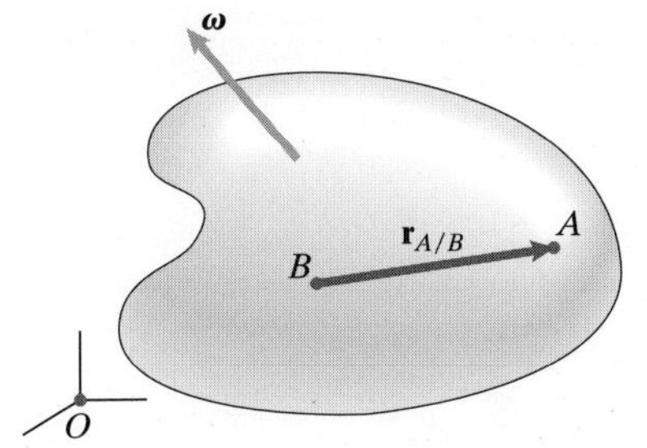

그림 9.2
강체의 점 A와 B. 만일 B의 속도와 강체의 각속도 벡터 $\boldsymbol{\omega}$를 안다면, A의 속도를 구할 수 있다. 만일 B의 가속도와 각속도 벡터, 각가속도 벡터를 안다면, A의 가속도를 구할 수 있다.

움직이는 기준좌표계

식 (9.1)과 (9.2)의 속도와 가속도는 그림 9.2에 표시된, 주 기준좌표계(primary reference frame)로 불리는 기준좌표계에 대해 측정된다. 상황에 따라 다른 좌표계를 선택하게 되지만, 공학적인 응용에 사용되는 대부분의 일반적인 주 기준좌표계는 지구에 대해 고정된 좌표계이다. 앞으로 특별히 언급하지 않는 한, 주 기준좌표계는 지구에 고정된 것으로 생각한다. 또한 주 기준좌표계에 대해 움직이는 2차 기준좌표계도 사용한다. 특정 강체의 운동을 기술하는 데 편리하도록 2차 기준좌표계와 이 좌표계의 운동을 선택한다. 어떤 경우에는 2차 기준좌표계를 강체에 대해 고정된 것으로 정의한다. 또 주 기준좌표계에 대해 움직이지만 강체에 고정되어 있지 않은 2차 기준좌표계를 이용하는 것이 유리한 경우도 있다. (예제 9.1−9.3 참조.)

그림 9.3은 주 기준좌표계와 2차 기준좌표계 xyz, 그리고 강체를 나타낸다. 주 기준좌표계에 대한 2차 기준좌표계의 각속도는 벡터 $\boldsymbol{\Omega}$에 의해 기술되며, 주 기준좌표계에 대한 강체의 각속도는 벡터 $\boldsymbol{\omega}$에 의해 기술된다. 만일 2차 기준좌표계가 강체에 대해 고정되어 있다면, $\boldsymbol{\Omega} = \boldsymbol{\omega}$이다. $\boldsymbol{\omega}$를 2차 기준좌표계에서의 성분으로 나타내면

$$\boldsymbol{\omega} = \omega_x\mathbf{i} + \omega_y\mathbf{j} + \omega_z\mathbf{k}$$

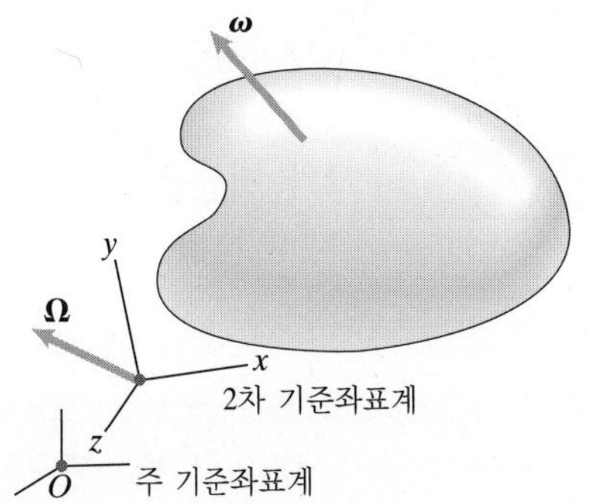

그림 9.3
주 기준좌표계와 2차 기준좌표계. 벡터 $\boldsymbol{\Omega}$는 주 기준좌표계에 대한 2차 기준좌표계의 각속도이다. 벡터 $\boldsymbol{\omega}$는 주 기준좌표계에 대한 강체의 각속도이다.

이며, 주 기준좌표계에 대한 강체의 각가속도 벡터는

$$\boldsymbol{\alpha} = \frac{d\boldsymbol{\omega}}{dt} = \frac{d\omega_x}{dt}\mathbf{i} + \omega_x\frac{d\mathbf{i}}{dt} + \frac{d\omega_y}{dt}\mathbf{j} + \omega_y\frac{d\mathbf{j}}{dt} + \frac{d\omega_z}{dt}\mathbf{k} + \omega_z\frac{d\mathbf{k}}{dt} \tag{8.3}$$

이다. $\mathbf{i}, \mathbf{j}, \mathbf{k}$의 미분은 다음과 같이 각속도 벡터 $\boldsymbol{\Omega}$에 의해 나타낼 수 있다(6.5절 참조):

$$\frac{d\mathbf{i}}{dt} = \boldsymbol{\Omega} \times \mathbf{i}, \qquad \frac{d\mathbf{j}}{dt} = \boldsymbol{\Omega} \times \mathbf{j}, \qquad \frac{d\mathbf{k}}{dt} = \boldsymbol{\Omega} \times \mathbf{k}$$

이 표현식들을 식 (9.3)에 대입하면, 주 기준좌표계에 대한 강체의 각가속도

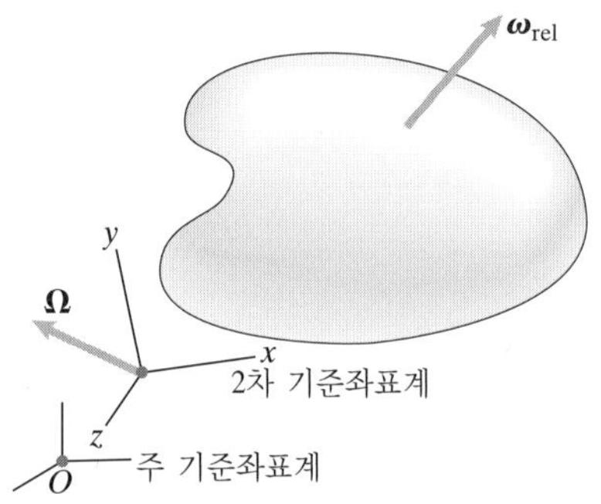

그림 9.4
벡터 $\boldsymbol{\omega}_{\text{rel}}$은 2차 기준좌표계에 대한 강체의 각속도이며, 벡터 $\boldsymbol{\Omega}$는 주 기준좌표계에 대한 2차 기준좌표계의 각속도이다. 주 기준좌표계에 대한 강체의 각속도 벡터는 $\boldsymbol{\omega}_{\text{rel}} + \boldsymbol{\Omega}$이다.

벡터를 다음 형태로 얻을 수 있다:

$$\boldsymbol{\alpha} = \frac{d\omega_x}{dt}\mathbf{i} + \frac{d\omega_y}{dt}\mathbf{j} + \frac{d\omega_z}{dt}\mathbf{k} + \boldsymbol{\Omega} \times \boldsymbol{\omega} \tag{9.4}$$

일반적으로, 미분 $d\omega_x/dt$, $d\omega_y/dt$, $d\omega_z/dt$는 $\boldsymbol{\Omega} = 0$ 또는 $\boldsymbol{\Omega} = \boldsymbol{\omega}$일 때만 $\boldsymbol{\alpha}$의 성분이 된다는 점에 유의하라. 그렇지 않은 경우, 강체의 주 기준좌표계에 대한 각가속도 벡터는 반드시 식 (9.4)에 의해 구해야 한다.

2차 기준좌표계가 강체에 고정되어 있지 않은 경우, 강체의 각속도 벡터 $\boldsymbol{\omega}$를 다음 식

$$\boldsymbol{\omega} = \boldsymbol{\Omega} + \boldsymbol{\omega}_{\text{rel}} \tag{9.5}$$

과 같이 2차 기준좌표계의 각속도 벡터 $\boldsymbol{\Omega}$와 2차 기준좌표계에 대한 강체의 각속도 벡터 $\boldsymbol{\omega}_{\text{rel}}$의 합으로 나타내는 것이 종종 편리하다.

연구 문제

1. 주어진 기준좌표계에 대한 강체의 한 점 B의 속도를 알고 있다면, 주어진 기준좌표계에 대한 강체의 두 번째 점 A의 속도를 구하기 위해서는 어떤 정보가 더 필요한가?
2. 주어진 기준좌표계에 대한 강체의 한 점 B의 가속도를 알고 있다면, 주어진 기준좌표계에 대한 강체의 두 번째 점 A의 가속도를 구하기 위해서는 어떤 정보가 더 필요한가?
3. 주 기준좌표계에 대한 2차 기준좌표계의 각속도 벡터를 $\boldsymbol{\Omega}$라고 가정하자. 만일 2차 기준좌표계에 대한 강체의 각속도 벡터가 $\boldsymbol{\omega}_{\text{rel}}$이면, 주 기준좌표계에 대한 강체의 각속도 벡터는 얼마인가?

예제 9.1 2차 기준좌표계의 사용

그림 9.5에서 타이어가 평평한 지면 위를 굴러가고 있다. 자동차가 회전함에 따라, 타이어의 중심점 B는 고정점 P에 대해 원형 경로를 따라 5 m/s의 속도로 움직이며(평면도 참조), 타이어는 B와 P를 잇는 직선과 수직을 유지한다.
(a) 지구에 고정된 기준좌표계에 대한 타이어의 각속도 벡터 $\boldsymbol{\omega}$는 얼마인가?
(b) 그림의 순간에서 타이어의 가장 뒤쪽에 있는 점 A의 속도를 구하라.

전략

(a) 그림 a에 원점이 B이고 y축이 B에서 P까지의 직선과 일직선인 2차 기준좌표계를 도입하였다. x축이 수평을 유지한다고 가정하자. 이 기준좌표계의 움직임은 단순하다. 즉, 자동차가 회전함에 따라 기준좌표계는 z축에 대해 회전한다. 2차 기준좌표계에 대한 타이어의 운동 역시 단순하다. 즉, 타이어는 y축에 대해 회전한다. 2차 기준좌표계의 각속도 벡터 $\boldsymbol{\Omega}$와 2차 기준좌표계에 대한 타이어의 각속도 벡터 $\boldsymbol{\omega}_{\text{rel}}$을 구함으로써, 식 (9.5)를 이용

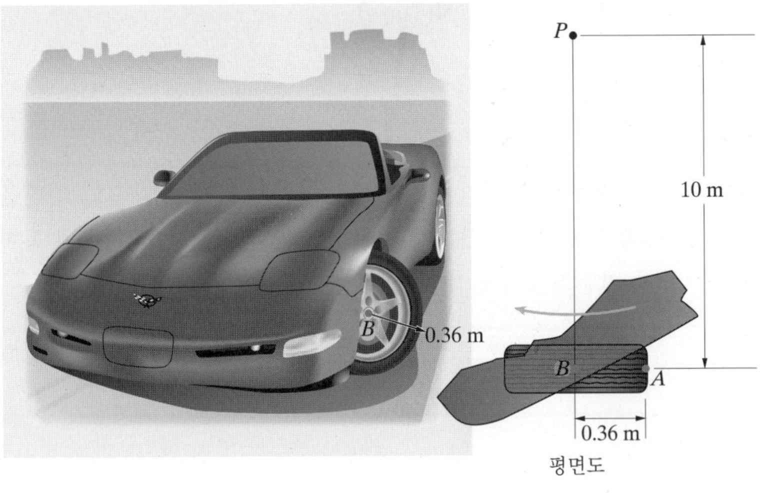

그림 9.5

하여 지구에 고정된 기준좌표계에 대한 타이어의 각속도 벡터를 구할 수 있다.

(b) 점 B의 속도와 타이어의 각속도 벡터 $\boldsymbol{\omega}$를 알면, 식 (9.1)을 이용하여 점 A의 속도를 구할 수 있다.

| 풀이 |

(a) P에 대한 직선 PB의 각속도 크기는 (5 m/s)/(10 m) = 0.5 rad/s이다. 2차 좌표계가 그림 a에 보이는 것과 같이 자신의 z축에 대해 시계 방향으로 회전하며, 따라서 좌표계의 각속도 벡터는

$$\boldsymbol{\Omega} = -0.5\mathbf{k} \text{ (rad/s)}$$

이다. 타이어의 중심이 5 m/s로 움직이므로 y축에 대한 타이어의 각속도 크기는 (5 m/s)/(0.36 m) = 13.9 rad/s이다. 2차 좌표계에 대한 타이어의 각속도 벡터는

$$\boldsymbol{\omega}_{\text{rel}} = -13.9\mathbf{j} \text{ (rad/s)}$$

이다. 따라서 지구에 고정된 기준좌표계에 대한 타이어의 각속도 벡터는 다음과 같다:

$$\boldsymbol{\omega} = \boldsymbol{\Omega} + \boldsymbol{\omega}_{\text{rel}} = -13.9\mathbf{j} - 0.5\mathbf{k} \text{ (rad/s)}$$

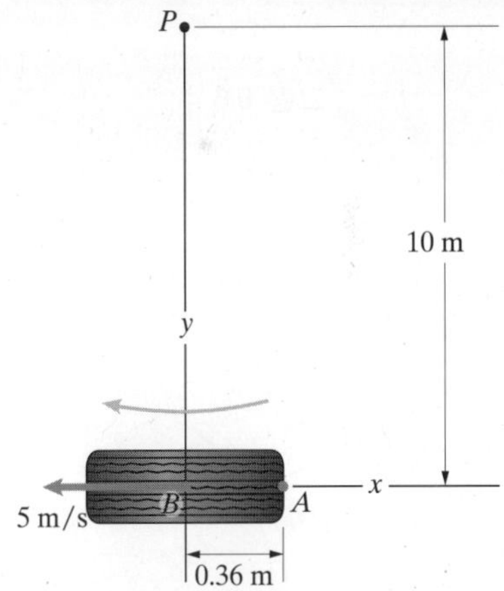

(a) 회전하는 2차 기준좌표계. y축은 직선 BP와 일직선을 유지하며 x축은 수평을 유지한다.

(b) 점 B에 대한 점 A의 위치벡터는 $\mathbf{r}_{A/B} = 0.36\mathbf{i}$ (m)이다. 식 (9.1)로부터 점 A의 속도는

$$\mathbf{v}_A = \mathbf{v}_B + \boldsymbol{\omega} \times \mathbf{r}_{A/B}$$

$$= -5\mathbf{i} + \begin{vmatrix} \mathbf{i} & \mathbf{j} & \mathbf{k} \\ 0 & -13.9 & -0.5 \\ 0.36 & 0 & 0 \end{vmatrix}$$

$$= -5\mathbf{i} - 0.18\mathbf{j} + 5\mathbf{k}\ (\mathrm{m/s})$$

이다.

| 비판적 사고 |

자동차와 함께 회전하는 2차 기준좌표계의 사용이 타이어 각속도 벡터를 구하는 과정을 어떻게 단순화시켰는지 주목하라. 공간에서의 타이어 운동이 꽤 복잡하지만, 2차 기준좌표계에 대한 상대 운동은 단순하다.

예제 9.2 회전하는 원판의 각속도와 각가속도

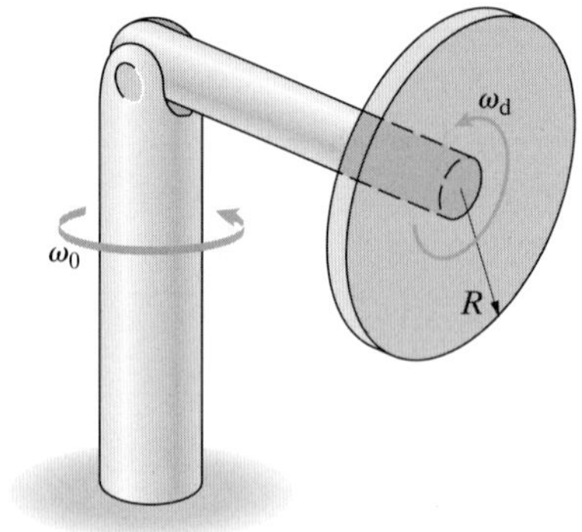

그림 9.6

그림 9.6에 보이는 원판은 회전축의 수평막대에 수직이며 수평막대에 대해 일정한 각속도 ω_d로 회전한다. 지구에 고정된 기준좌표계에 대해, 회전축이 수직 좌표축(axis)에 대해 일정한 각속도 ω_0로 회전한다. 지구에 고정된 기준좌표계에 대한 원판의 각속도 벡터와 각가속도 벡터를 구하라.

| 전략 |

지구에 고정된 기준좌표계에 대한 원판의 운동은 다소 복잡하다. 그러나 회전축에 고정된 기준좌표계에 대한 원판의 운동은 단지 고정축에 대한 일정한 각속도의 회전운동일 뿐이다. 따라서 회전축에 대해 고정된 2차 좌표계를 도입한다. 우리가 찾는 각속도는 2차 좌표계의 각속도 벡터와 2차 좌표계에 대한 원판의 각속도 벡터의 합이다. 원판의 각가속도 벡터는 식 (9.4)에 의해 주어진다.

| 풀이 |

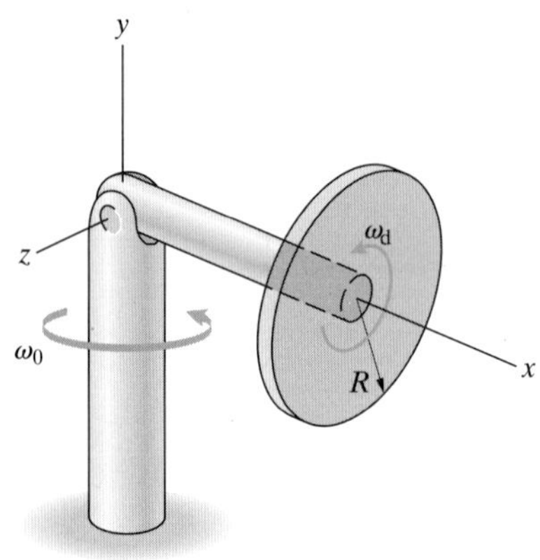

(a)

회전축에 고정된 2차 좌표계를 도입하고 그림 a에 표시하였다. 지구에 고정된 기준좌표계에 대한 2차 좌표계의 각속도 벡터는 $\boldsymbol{\Omega} = \omega_0\mathbf{j}$이다. 2차 기준좌표계에 대한 원판의 각속도 벡터는 $\boldsymbol{\omega}_{\mathrm{rel}} = \omega_d\mathbf{j}$이다. 따라서 지구에 고정된 기준좌표계에 대한 원판의 각속도 벡터는

$$\boldsymbol{\omega} = \boldsymbol{\Omega} + \boldsymbol{\omega}_{\mathrm{rel}} = \omega_d\mathbf{i} + \omega_0\mathbf{j}$$

이다. ω_d와 ω_0는 일정하므로, 식 (9.4)로부터 지구에 고정된 기준좌표계에 대한 원판의 각가속도 벡터는

$$\boldsymbol{\alpha} = \boldsymbol{\Omega} \times \boldsymbol{\omega} = -\omega_0\omega_d\mathbf{k}$$

이다.

| 비판적 사고 |

원판의 각속도 벡터 성분이 일정하다면, 어떻게 원판이 지구에 고정된 기준좌표계에 대해 각가속도를 가질 수 있는가? ω_d와 ω_0는 2차 기준좌표계에 의해 표현된 $\boldsymbol{\omega}$의 성분임을 상기하라. 이 예제에서, 벡터 $\boldsymbol{\omega}$의 크기와 방향은 2차

좌표계에 대해서는 일정하지만, 지구에 고정된 기준좌표계에 대해서는 $\boldsymbol{\omega}$가 회전한다.

예제 9.3 구르는 원판의 각속도와 각가속도

그림 9.7에서 구부러진 막대가 일정한 각속도 ω_0로 회전하는 수직 회전축에 단단히 붙어 있다. 원판은 구부러진 막대에 핀으로 연결되어 있으며 수평면 위에서 굴러간다.

(a) 원판의 각속도 $\boldsymbol{\omega}_{\text{disk}}$와 각가속도 $\boldsymbol{\alpha}_{\text{disk}}$를 구하라.

(b) 현재 순간에서 원판의 가장 위쪽 점인 P의 속도를 구하라.

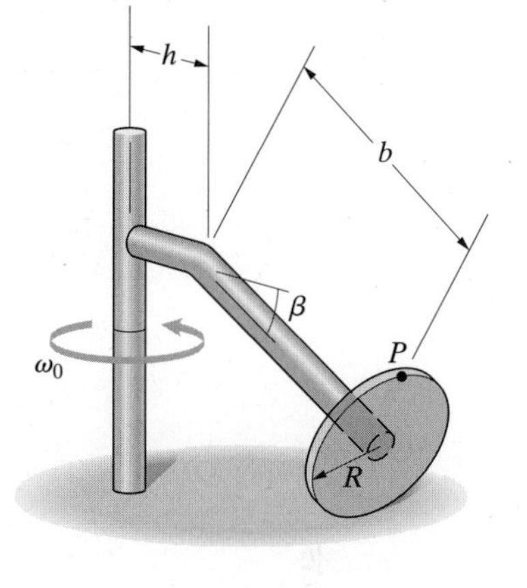

그림 9.7

전략

(a) 이 예제에서 주 기준좌표계는 원판이 굴러가는 표면에 고정되어 있다. 원판의 각운동 해석을 단순화하기 위해, 구부러진 막대에 고정된 2차 기준좌표계를 사용할 것이다. 식 (9.1)을 구부러진 막대에 적용하여, 원판중심의 속도를 구할 것이다. 수평면과 닿은 원판의 접촉점의 속도가 0인 것을 이용하여 원판의 각속도 벡터를 구할 것이다. 그러면, 식 (9.4)를 이용하여 원판의 각가속도 벡터를 구할 수 있다.

(b) 원판중심의 속도와 원판의 각속도 벡터를 알면, 식 (9.1)을 원판에 적용하여 점 P의 속도를 구할 수 있다.

풀이

(a) 그림 a의 좌표계가 구부러진 막대에 대해 고정되어 있다고 하자. x축은 막대의 수평 부속품과 일치하며, y축은 수직 회전축과 일치한다. 막대의 각속도 벡터 $\boldsymbol{\omega}_{\text{bar}}$와 좌표계의 각속도 벡터 $\boldsymbol{\Omega}$는 같다. 즉,

$$\boldsymbol{\omega}_{\text{bar}} = \boldsymbol{\Omega} = \omega_0\mathbf{j}$$

이다. 점 B를 좌표계의 고정된 원점이라 하고, 점 A를 원판의 중심이라고 하자(그림 a). B에 대한 A의 위치벡터는

$$\mathbf{r}_{A/B} = (h + b\cos\beta)\mathbf{i} - b\sin\beta\mathbf{j}$$

이다. 식 (9.1)로부터, 점 A의 속도는 다음과 같다:

$$\mathbf{v}_A = \mathbf{v}_B + \boldsymbol{\omega}_{\text{bar}} \times \mathbf{r}_{A/B}$$

$$= \mathbf{0} + \begin{vmatrix} \mathbf{i} & \mathbf{j} & \mathbf{k} \\ 0 & \omega_0 & 0 \\ h + b\cos\beta & -b\sin\beta & 0 \end{vmatrix}$$

$$= -\omega_0(h + b\cos\beta)\mathbf{k}.$$

좌표계가 구부러진 막대에 대해 고정되어 있으므로, 이 좌표계에 대한 원판의 각속도 벡터를 다음과 같이 쓸 수 있다(그림 b):

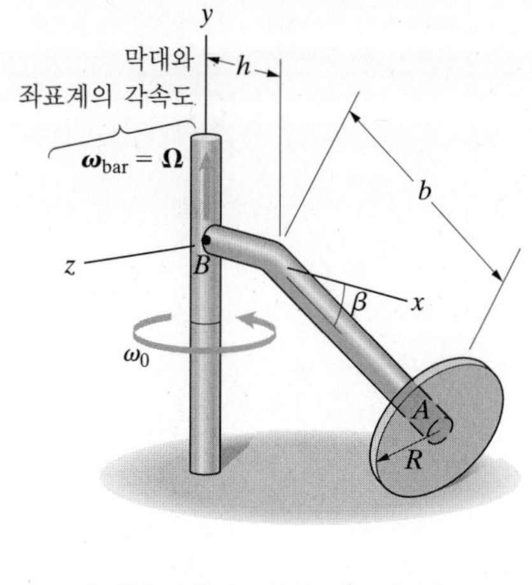

(a) 구부러진 막대에 고정된 2차 기준좌표계.

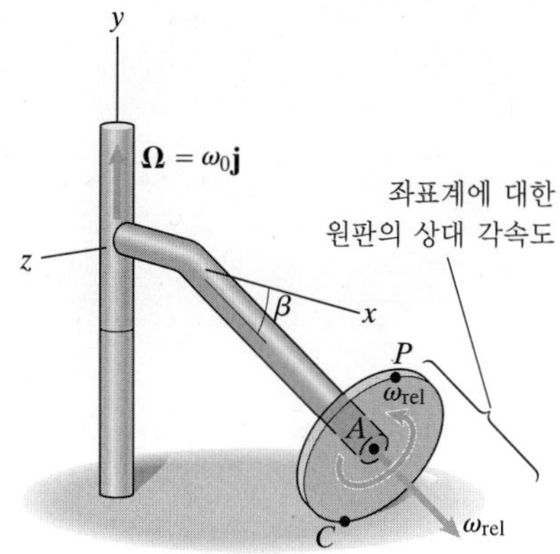

(b) 원판의 운동 해석.

$$\boldsymbol{\omega}_{\text{rel}} = \omega_{\text{rel}}\cos\beta\mathbf{i} - \omega_{\text{rel}}\sin\beta\mathbf{j}$$

그림 b에서 점 C를 표면과 닿은 원판의 점이라고 하자. ω_{rel}을 구하기 위해, 조건 $\mathbf{v}_C = \mathbf{0}$을 이용한다. A에 대한 C의 위치는

$$\mathbf{r}_{C/A} = -R\sin\beta\mathbf{i} - R\cos\beta\mathbf{j}$$

이다. 따라서

$$\begin{aligned}\mathbf{v}_C &= \mathbf{v}_A + \boldsymbol{\omega}_{\text{disk}} \times \mathbf{r}_{C/A}\\ &= -\omega_0(h + b\cos\beta)\mathbf{k} + \begin{vmatrix}\mathbf{i} & \mathbf{j} & \mathbf{k}\\ \omega_{\text{rel}}\cos\beta & \omega_0 - \omega_{\text{rel}}\sin\beta & 0\\ -R\sin\beta & -R\cos\beta & 0\end{vmatrix} = \mathbf{0}\end{aligned}$$

이다. 이 식을 ω_{rel}에 대해 풀면, 다음을 얻는다:

$$\omega_{\text{rel}} = -\omega_0\left(\frac{h}{R} + \frac{b}{R}\cos\beta - \sin\beta\right)$$

좌표계의 각속도 벡터는 $\boldsymbol{\Omega} = \omega_0\mathbf{j}$이므로, 원판의 각속도 벡터는

$$\boldsymbol{\omega}_{\text{disk}} = \boldsymbol{\Omega} + \boldsymbol{\omega}_{\text{rel}} = \omega_{\text{rel}}\cos\beta\mathbf{i} + (\omega_0 - \omega_{\text{rel}}\sin\beta)\mathbf{j}$$

이다.

$\boldsymbol{\omega}_{\text{disk}}$의 성분들이 상수임에도 불구하고, 식 (9.4)로부터 원판의 각가속도가 다음과 같이 0이 아님을 알 수 있다:

$$\begin{aligned}\boldsymbol{\alpha}_{\text{disk}} = \boldsymbol{\Omega} \times \boldsymbol{\omega}_{\text{disk}} &= \begin{vmatrix}\mathbf{i} & \mathbf{j} & \mathbf{k}\\ 0 & \omega_0 & 0\\ \omega_{\text{rel}}\cos\beta & \omega_0 - \omega_{\text{rel}}\sin\beta & 0\end{vmatrix}\\ &= -\omega_0\omega_{\text{rel}}\cos\beta\mathbf{k}\end{aligned}$$

(b) 원판중심에 대한 점 P의 위치벡터는

$$\mathbf{r}_{P/A} = R\sin\beta\mathbf{i} + R\cos\beta\mathbf{j}$$

이다. 식 (9.1)과 원판중심의 속도 $\mathbf{v}_A$에 대한 위의 결과를 이용하여 다음과 같이 점 P의 속도를 구한다:

$$\begin{aligned}\mathbf{v}_P &= \mathbf{v}_A + \boldsymbol{\omega}_{\text{disk}} \times \mathbf{r}_{P/A}\\ &= -\omega_0(h + b\cos\beta)\mathbf{k} + \begin{vmatrix}\mathbf{i} & \mathbf{j} & \mathbf{k}\\ \omega_{\text{rel}}\cos\beta & \omega_0 - \omega_{\text{rel}}\sin\beta & 0\\ R\sin\beta & R\cos\beta & 0\end{vmatrix}\\ &= [-\omega_0(h + b\cos\beta + R\sin\beta) + \omega_{\text{rel}}R]\mathbf{k}\\ &= -2\omega_0(h + b\cos\beta)\mathbf{k}\end{aligned}$$

비판적 사고

예제 9.2와 비교하면, 이 예제는 막대에 대한 원판의 각속도를 모른다는 점

때문에 복잡하였다. 그러나 원판 회전축의 방향은 알고 있었다. ω_{rel}을 구하기 위해 표면과 닿은 원판의 점 C의 속도가 0이라는 사실과 원판 회전축 방향에 대한 정보를 어떻게 이용하였는지 주목하라. 이것이 주 기준좌표계에 대한 원판의 각속도 벡터를 구하는 데 필수적인 단계였다.

연습문제

9.1 비행기의 비율 자이로(rate gyro)에 의하면, 지구에 고정된 기준좌표계에 대한 비행기의 각속도가 $\boldsymbol{\omega} = -0.24\mathbf{i} + 0.62\mathbf{j} - 0.16\mathbf{k}$ (rad/s)이다. 비행기의 점 A의 좌표는 (4, 1, −0.5) m이다. 비행기의 질량중심에 대한 A의 속도벡터는 얼마인가?

전략: 식 (9.1)을 점 A와 질량중심에 적용하라.

9.2 비행기의 비율 자이로(rate gyro)에 의하면, 지구에 고정된 기준좌표계에 대한 비행기의 각속도 벡터는 $\boldsymbol{\omega} = -0.24\mathbf{i} + 0.62\mathbf{j} - 0.16\mathbf{k}$(rad/s)이며, 각가속도는 $\boldsymbol{\alpha} = 0.032\mathbf{i} + 0.140\mathbf{j} + 0.074\mathbf{k}$(rad/s^2)이다. 비행기의 점 A의 좌표는 (4, 1, −0.5) m이다. 비행기의 질량중심에 대한 A의 가속도는 얼마인가?

문제 9.1/9.2

9.3 단단한 정육면체의 주 기준좌표계에 대한 각속도 벡터가 $\boldsymbol{\omega} = 10\mathbf{i} + 8\mathbf{j} + 6\mathbf{k}$ (rad/s)이다. 주 기준좌표계에 대한 정육면체의 중심 G의 속도는 $\mathbf{v}_G = 4\mathbf{i} - 2\mathbf{j} + 3\mathbf{k}$ (m/s)이다. 주 기준좌표계에 대한 정육면체의 점 A의 속도는 얼마인가?

9.4 xyz 좌표계가 단단한 정육면체에 대해 고정되어 있다. 주 기준좌표계에 대한 정육면체의 각속도 벡터는 $\boldsymbol{\omega} = 10\mathbf{i} + 8\mathbf{j} + 6\mathbf{k}$ (rad/s)로 일정하다. 주 기준좌표계에 대한 정육면체의 중심 G의 가속도는 0이다. 주 기준좌표계에 대한 정육면체의 점 A의 가속도는 얼마인가?

9.5 xyz 좌표계의 원점은 단단한 정육면체의 중심 G에 고정되어 있다. 점 G는 주 기준좌표계에 대해 고정되어 있다. 정육면체는 xyz 좌표계에 대해 일정한 각속도 $\boldsymbol{\omega}_{rel} = -6\mathbf{i} + 2\mathbf{j} + 4\mathbf{k}$ (rad/s)로 회전하고 있다. xyz 좌표계는 주 기준좌표계에 대해 일정한 각속도 $\boldsymbol{\Omega} = 10\mathbf{i} + 8\mathbf{j} + 6\mathbf{k}$ (rad/s)로 회전하고 있다.

(a) 주 기준좌표계에 대한 정육면체의 점 A의 속도는 얼마인가?

(b) 주 기준좌표계에 대한 정육면체의 각가속도 벡터는 얼마인가?

(c) 주 기준좌표계에 대한 정육면체의 점 A의 가속도는 얼마인가?

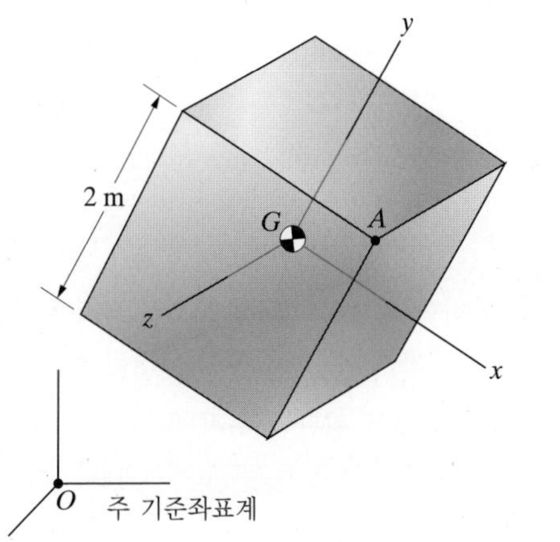

문제 9.3 – 9.5

9.6 단단한 직육면체의 점 A와 B가 지구에 고정된 기준좌표계에 대해 고정되어 있으며 축 AB에 대해 30 rad/s의 각속도로 회전한다. 지구에 고정된 기준좌표계에 대해 점 C와 D의 속도를 구하라.

9.7 단단한 직육면체의 점 A와 B가 그림의 xyz 기준좌표계에 대해 고정되어 있으며, 정육면체는 축 AB에 대해 30 rad/s의 각속도로 회전을 한다. 지구에 고정된 기준좌표계에 대해 점 A는 고정되어 있으며 xyz 좌표계는 각속도 $\mathbf{\Omega} = -5\mathbf{i} + 8\mathbf{j} + 6\mathbf{k}$ (rad/s)로 회전한다. 지구에 고정된 기준좌표계에 대해 점 C와 D의 속도를 구하라.

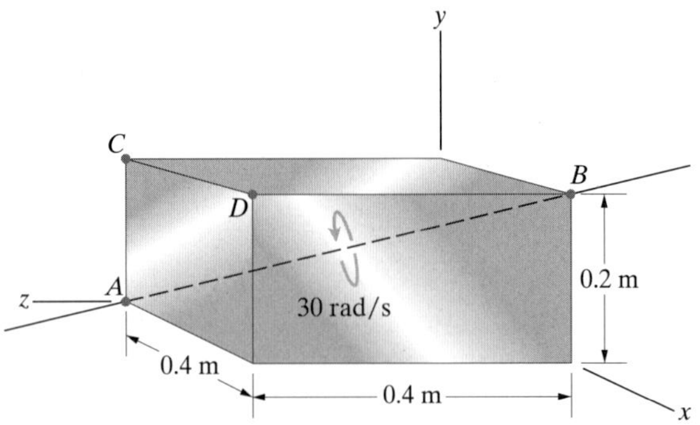

문제 9.6/9.7

9.8 반경이 0.2 m인 원판이 수직 회전축에 의해 지지되고 있다. 지구에 고정된 기준좌표계에 대해, 회전축이 각속도 $\omega_0 = 4$ rad/s로 회전한다. 원판은 회전축에 대해 각속도 $\omega_d = 6$ rad/s로 회전한다.

(a) 지구에 고정된 기준좌표계에 대한 원판의 각속도 벡터 $\boldsymbol{\omega}$는 얼마인가?

(b) 지구에 고정된 기준좌표계에 대한 원판의 한 점 A의 속도는 얼마인가?

전략: (a) 그림의 좌표계를 회전축에 대해 고정된 2차 기준좌표계라고 하자. 2차 기준좌표계의 각속도 벡터 $\mathbf{\Omega}$와 2차 기준좌표계에 대한 원판의 각속도 벡터 $\boldsymbol{\omega}_{rel}$을 구하고, 식 (9.5)를 사용하라. (b) 일단 $\boldsymbol{\omega}$가 알려지면, 식 (9.1)을 이용하여 점 A의 속도를 구하라. 원판의 중심은 지구에 고정된 기준좌표계에 대해 고정된 점임을 유의하라.

9.9 반경이 0.2 m인 원판이 수직 회전축에 의해 지지되고 있다. 지구에 고정된 기준좌표계에 대해, 회전축이 일정한 각속도 $\omega_0 = 4$ rad/s로 회전한다. 원판은 회전축에 대해 일정한 각속도 $\omega_d = 6$ rad/s로 회전한다.

(a) 지구에 고정된 기준좌표계에 대한 원판의 각가속도 벡터 $\boldsymbol{\alpha}$는 얼마인가?

(b) 지구에 고정된 기준좌표계에 대한 점 A의 가속도는 얼마인가?

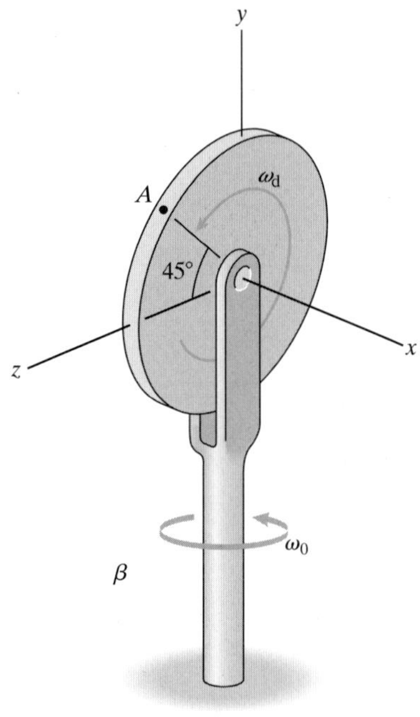

문제 9.8/9.9

9.10 원판의 반경이 $R = 0.61$ m이다. 원판은 회전축의 수평 부분에 수직이며 이 수평 부분에 대해 일정한 각속도 $\omega_d = 36$ rad/s로 회전한다. 지구에 고정된 기준좌표계에 대해, 회전축은 일정한 각속도 $\omega_0 = 8$ rad/s로 수직축에 대해 회전한다.

(a) 원판의 제일 위쪽에 있는 점 P의 지구에 고정된 기준좌표계에 대한 속도를 구하라.

(b) 지구에 고정된 좌표계에 대한 원판의 각가속도 벡터 $\boldsymbol{\alpha}$를 구하라.

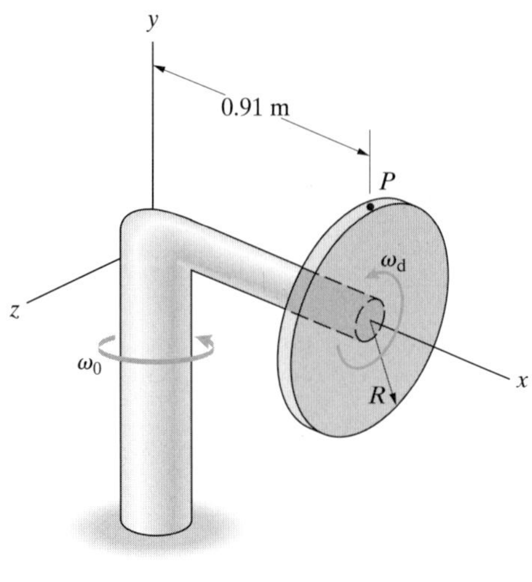

문제 9.10

9.11 접시 안테나를 지지하는 수직 회전축이 각속도 $\omega_0 = 0.2$ rad/s로 회전하고 있다. 수평선에서 안테나 축까지의 각도 θ는 그림의 순간에서 30°이며 초당 15°의 비율로 증가하고 있다.

(a) 지구에 고정된 기준좌표계에 대한 안테나의 각속도 벡터 $\boldsymbol{\omega}$는 얼마인가?

(b) 지구에 고정된 기준좌표계에 대한 좌표가 (2, 2, −2) m인 안테나 상의 한 점의 속도는 얼마인가?

문제 9.11

9.12 원판의 반경이 $R = 0.2$ m이고, $b = 0.3$ m이다. 원판이 수평막대에 대해 각속도 $\omega_d = 6$ rad/s로 회전한다. 수평막대는 수직 회전축에 대해 각속도 $\omega_b = 4$ rad/s로 회전하며, 수직 회전축은 지구에 고정된 기준좌표계에 대해 각속도 $\omega_0 = 2$ rad/s로 회전한다. 그림의 2차 기준좌표계는 수평막대에 고정되어 있다.

(a) 2차 기준좌표계에 대한 원판의 각속도 벡터 $\boldsymbol{\omega}_{rel}$은 얼마인가?

(b) 원판의 가장 위쪽에 있는 점 P의 지구에 고정된 기준좌표계에 대한 속도를 구하라.

9.13 문제 9.12에서 2차 기준좌표계가 수직 회전축에 고정되어 있다고 가정하여 문제 9.12를 풀어라.

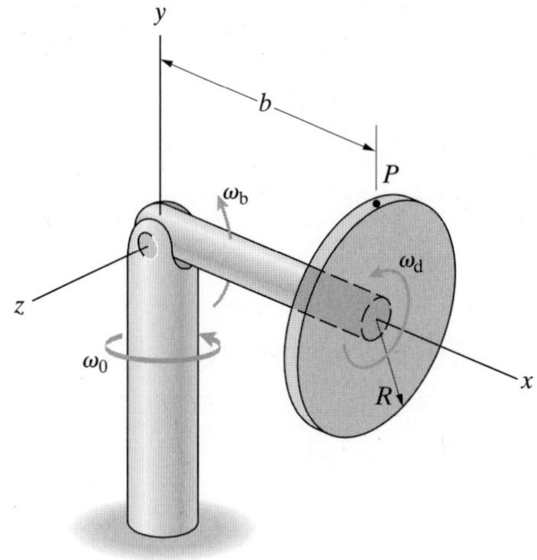

문제 9.12/9.13

9.14 지구에 고정된 기준좌표계에 대해 각속도 ω_0로 회전하는 수직 회전축에 구부러진 막대가 단단하게 부착되어 있다. 원판은 구부러진 막대에 핀으로 연결되어 있으며 막대에 대해 각속도 ω_d로 회전한다.

(a) 지구에 고정된 기준좌표계에 대한 원판의 각속도 벡터 $\boldsymbol{\omega}_{disk}$를 구하라.

(b) 원판의 가장 위쪽에 있는 점 P의 지구에 고정된 기준좌표계에 대한 속도를 구하라.

9.15 지구에 고정된 기준좌표계에 대해 각속도 ω_0로 회전하는 수직 회전축에 구부러진 막대가 단단하게 부착되어 있다. 원판은 구부러진 막대에 핀으로 연결되어 있으며 막대에 대해 일정한 각속도 ω_d로 회전한다.

(a) 지구에 고정된 기준좌표계에 대한 원판의 각가속도 벡터 $\boldsymbol{\alpha}_{disk}$를 구하라.

(b) 원판의 가장 위쪽에 있는 점 P의 지구에 고정된 기준좌표계에 대한 가속도를 구하라.

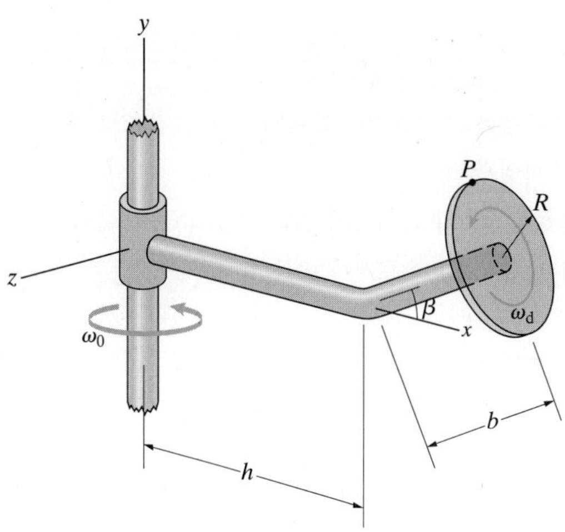

문제 9.14/9.15

9.16 주 기준좌표계에 대해, 자이로스코프의 원형 프레임이 2 rad/s로 수직축에 대해 회전한다. 직경이 60 mm인 회전원판(wheel)이 프레임에 대해 10 rad/s로 회전한다. 주 기준좌표계에 대한 점 A와 B의 속도를 구하라.

9.17 주 기준좌표계에 대해, 자이로스코프의 원형 프레임이 2 rad/s의 일정한 각속도로 수직축에 대해 회전한다. 직경이 60 mm인 회전원판(wheel)이 프레임에 대해 10 rad/s의 일정한 각속도로 회전한다. 주 기준좌표계에 대한 점 A와 B의 가속도를 구하라.

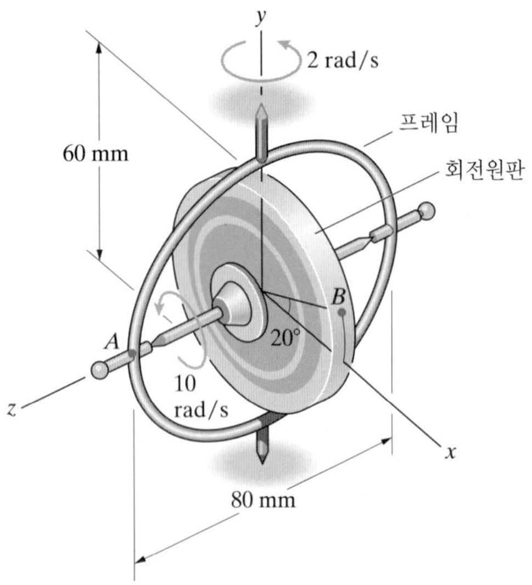

문제 9.16/9.17

9.18 지구에 고정된 기준좌표계에 대해, 로봇 팔이 각속도 $\omega_y = 0.1$ rad/s로 수직축에 대해 회전한다. 2차 기준좌표계의 y축은 수직상태를 유지하며, x축은 로봇 팔과 함께 회전하므로, 점 A, B, C는 $x-y$ 평면 상에 있게 된다. 2차 좌표계에 대한 팔 AB와 BC의 각속도는 각각 $-0.2\mathbf{k}$ (rad/s)와 $0.4\mathbf{k}$ (rad/s)이다.

(a) 지구에 고정된 기준좌표계에 대한 팔 BC의 각속도 벡터 $\boldsymbol{\omega}_{BC}$는 얼마인가?

(b) 지구에 고정된 기준좌표계에 대한 점 C의 속도는 얼마인가?

9.19 문제 9.18에서 수직축에 대한 로봇 팔의 각속도는 일정하다. 2차 기준좌표계에 대한 팔 AB와 BC의 각가속도는 0이다. 지구에 고정된 기준좌표계에 대한 점 C의 가속도는 얼마인가?

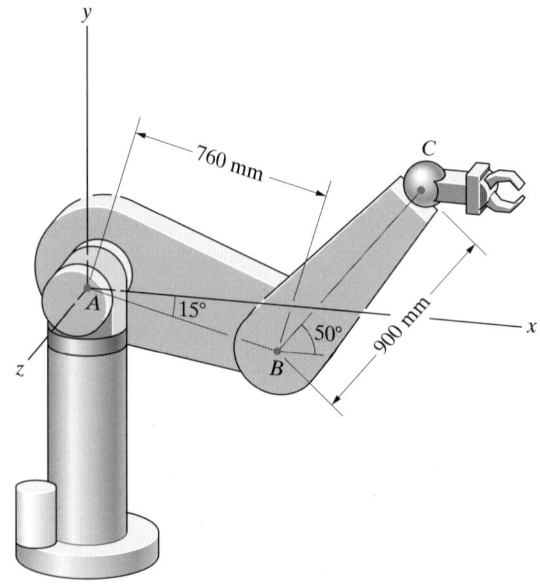

문제 9.18/9.19

9.20* 지구에 고정된 기준좌표계에 대해 고정되어 있는 수평면 위에서 원뿔이 굴러간다. 2차 기준좌표계의 x축은 원뿔 축에 고정되어 있으며 z축은 수평상태를 유지한다. 원뿔이 굴러감에 따라, z축은 수평면에서 2 rad/s의 각속도로 회전한다.

(a) 2차 기준좌표계의 각속도 벡터 $\boldsymbol{\Omega}$는 얼마인가?

(b) 2차 기준좌표계에 대한 원뿔의 각속도 벡터 $\boldsymbol{\omega}_{\text{rel}}$은 얼마인가?

전략: (b)를 풀기 위해, 표면과 닿은 원뿔의 점들은 지구에 고정된 기준좌표계에 대해 0의 속도를 갖는다는 사실을 이용하라.

9.21* 지구에 고정된 기준좌표계에 대해 고정되어 있는 수평면 위에서 원뿔이 굴러간다. 2차 기준좌표계의 x축은 원뿔 축에 고정되어 있으며, z축은 수평상태를 유지한다. 원뿔이 굴러감에 따라, z축은 수평면에서 2 rad/s의 각속도로 회전한다. 원뿔 밑면의 한 점의 좌표가 $x = 0.4$ m, $y = 0$, $z = 0.2$ m이다. 이 점의 지구에 고정된 좌표계에 대한 속도를 구하라.

9.22* 지구에 고정된 기준좌표계에 대해 고정되어 있는 수평면 위에서 원뿔이 굴러간다. 2차 기준좌표계의 x축은 원뿔 축에 고정되어 있으며, z축은 수평상태를 유지한다. 원뿔이 굴러감에 따라, z축은 수평면에서 2 rad/s의 일정한 각속도로 회전한다. 원뿔 밑면의 한 점의 좌표가 $x = 0.4$ m, $y = 0$, $z = 0.2$ m이다. 이 점의 지구에 고정된 좌표계에 대한 가속도를 구하라.

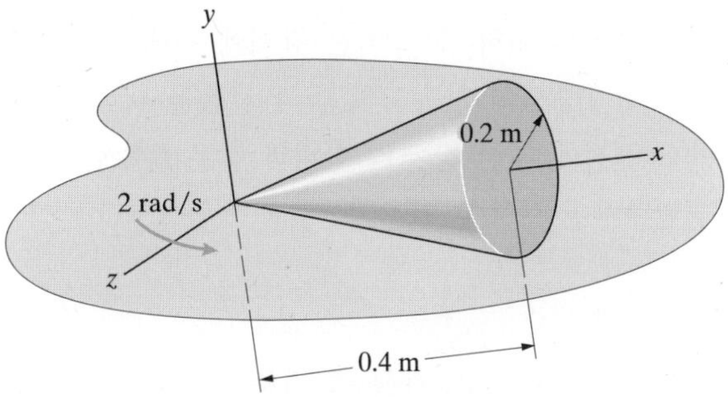

문제 9.20 – 9.22

9.23* 원통의 반경과 길이가 $R = 0.1$ m, $l = 0.4$ m이다. 수평면은 지구에 고정된 기준좌표계에 대해 고정되어 있다. 2차 기준좌표계의 원점인 원통의 중심이 움직이지 않도록 하면서 원통의 한쪽 밑면이 평면 위에서 굴러간다. 각 β는 $\beta = 45°$이다. 2차 기준좌표계의 z축은 원통 축에 고정되어 있으며, y축은 수평을 유지한다. 원통이 굴러감에 따라, y축은 수평면 상에서 각속도 $\omega_0 = 2$ rad/s로 회전한다.

(a) 2차 기준좌표계의 각속도 벡터 $\mathbf{\Omega}$는 얼마인가?

(b) 2차 기준좌표계에 대한 원통의 각속도 벡터 $\boldsymbol{\omega}_{\text{rel}}$은 얼마인가?

9.24* 원통의 반경과 길이가 $R = 0.1$ m, $l = 0.4$ m이다. 수평면은 지구에 고정된 기준좌표계에 대해 고정되어 있다. 2차 기준좌표계의 원점인 원통의 중심이 움직이지 않도록 하면서 원통의 한쪽 밑면이 평면 위에서 굴러간다. 각 β는 $\beta = 45°$이다. 2차 기준좌표계의 z축은 원통의 축에 고정되어 있으며, y축은 수평을 유지한다. 원통이 굴러감에 따라, y축은 수평면 상에서 각속도 $\omega_0 = 2$ rad/s로 회전한다. 지구에 고정된 기준좌표계에 대해 좌표가 $x = 0.1$ m, $y = 0$, $z = 0.2$ m인 원통 윗면의 한 점의 속도를 구하라.

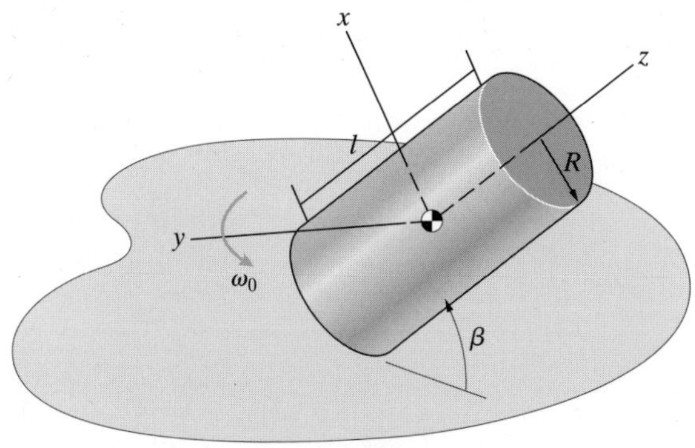

문제 9.23/9.24

9.25* 2차 세계대전에서 사용된 P-40 비행기의 착륙장치(landing gear)가 비행기 후방을 향해 수평축에 대해 90° 회전함으로써 비행기 몸체 내로 접혀 들어간다. 바퀴가 접히는 동안, 링크장치가 바퀴를 지지하는 스트러트(strut)를 스트러트의 길이방향 축에 대해 90° 회전시킴으로써 바퀴는 비행기 내의 접힌 위치에서 수평이 된다. (수평축에서 바퀴를 향해 보면, 스트러트는 시계 방향으로 회전한다.) 바퀴가 접히는 동안, 그림의 좌표계의 x축은 수평축에 대해 평행을 유지하며 y축은 스트러트와 평행을 유지한다. 비행기가 이륙할 때의 바퀴의 각속도 크기를 ω_W라고 하고 이 값이 일정하게 유지된다고 가정한다. 착륙장치가 접히는 동안 수평축에 대한 스트러트의 일정한 각속도 크기를 ω_0라고 하자. $t = 0$에서 착륙장치가 접히기 시작한다. 바퀴의 비행기에 대한 각속도 벡터를 시간의 함수로 구하라.

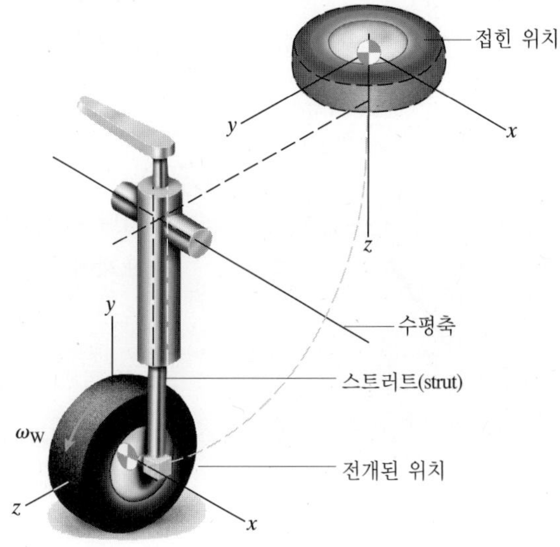

문제 9.25

9.2 Euler의 방정식

강체에 대한 3차원 운동방정식은 Euler의 방정식으로 불린다. Euler의 방정식은, 강체에 가해지는 외력들의 합은 강체의 질량과 강체 질량중심의 가속도의 곱과 같다는 Newton의 제2법칙

$$\Sigma \mathbf{F} = m\mathbf{a} \tag{9.6}$$

와 각운동방정식으로 구성된다. Newton의 제2법칙은 강체에 가해지는 외력들의 합이 강체의 질량과 강체 질량중심의 가속도의 곱과 같음을 나타낸다. 각운동방정식의 유도는 먼저 고정점에 대한 강체의 회전과 같은 특수한 경우를 먼저 고려한 후, 강체의 일반 3차원 운동을 다룰 것이다.

고정점에 대한 회전

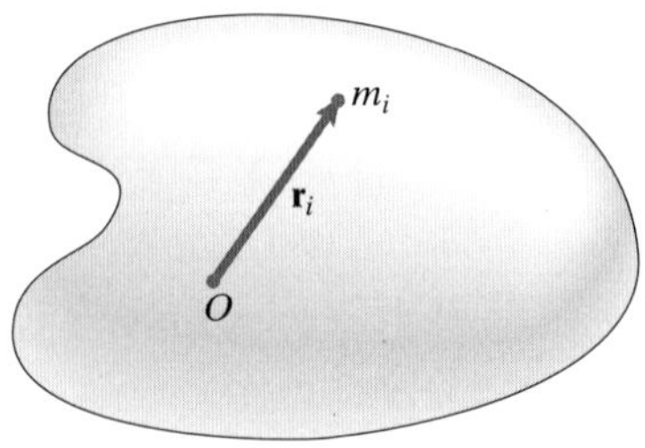

그림 9.8
강체의 i번째 질점의 질량과 위치.

m_i를 강체의 i번째 질점의 질량이라 하고, 관성 주 기준좌표계에 대해 고정되어 있는 점 O에 대한 이 질점의 상대 위치를 $\mathbf{r}_i$라고 하자(그림 9.8). 7.2절에서, 임의의 질점계에 대해 O에 대한 모멘트의 합은 O에 대한 전체 각운동량의 변화율과 같다는 것을 보았다. 즉,

$$\Sigma \mathbf{M}_O = \frac{d\mathbf{H}_O}{dt} \tag{9.7}$$

이며, 여기서 전체 각운동량은

$$\mathbf{H}_O = \sum_i \mathbf{r}_i \times m_i \frac{d\mathbf{r}_i}{dt}$$

이다. 만일 강체가 O에 대해 각속도 $\boldsymbol{\omega}$로 회전한다면, i번째 질점의 속도는 $d\mathbf{r}_i/dt = \boldsymbol{\omega} \times \mathbf{r}_i$이며, 각운동량은

$$\mathbf{H}_O = \sum_i \mathbf{r}_i \times m_i(\boldsymbol{\omega} \times \mathbf{r}_i) \tag{9.8}$$

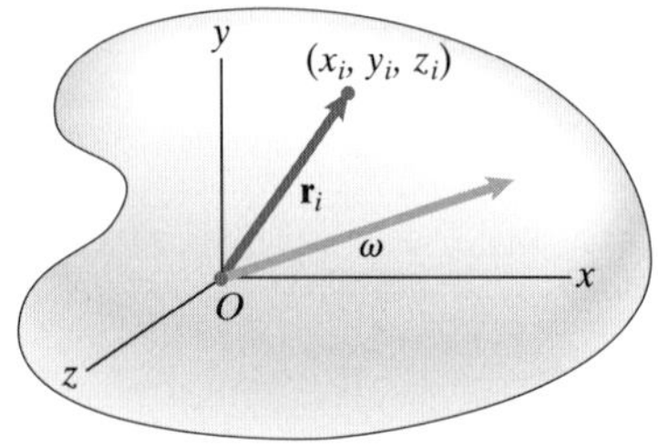

그림 9.9
원점이 O인 2차 기준좌표계.

이다. 그림 9.9에 원점이 O인 2차 좌표계를 도입하였다. 벡터 $\boldsymbol{\omega}$와 $\mathbf{r}_i$를 이 좌표계에서의 성분들로 나타내면 다음과 같다:

$$\boldsymbol{\omega} = \omega_x\mathbf{i} + \omega_y\mathbf{j} + \omega_z\mathbf{k}$$
$$\mathbf{r}_i = x_i\mathbf{i} + y_i\mathbf{j} + z_i\mathbf{k}$$

여기서 (x_i, y_i, z_i)는 i번째 질점의 좌표이다. 위의 두 식을 식 (9.8)에 대입하고 외적(cross product)을 계산하면, 각운동량 벡터의 성분은 다음 형태로 나타낼 수 있다:

$$H_{Ox} = I_{xx}\omega_x - I_{xy}\omega_y - I_{xz}\omega_z$$

$$H_{Oy} = -I_{yx}\omega_x + I_{yy}\omega_y - I_{yz}\omega_z \tag{20.9}$$

$$H_{Oz} = -I_{zx}\omega_x - I_{zy}\omega_y + I_{zz}\omega_z$$

위 식에 표시된 다음 계수들

$$I_{xx} = \sum_i m_i(y_i^2 + z_i^2)$$

$$I_{yy} = \sum_i m_i(x_i^2 + z_i^2) \tag{9.10}$$

$$I_{zz} = \sum_i m_i(x_i^2 + y_i^2)$$

을 각각 x, y, z축에 대한 **관성모멘트**(moment of inertia)라고 하며, 다음 계수들

$$I_{xx} = \sum_i m_i(y_i^2 + z_i^2)$$

$$I_{yy} = \sum_i m_i(x_i^2 + z_i^2) \tag{9.11}$$

$$I_{zz} = \sum_i m_i(x_i^2 + y_i^2)$$

을 **관성적**(product of inertia)이라고 한다. (관성모멘트와 관성적의 계산은 이 장의 부록에서 다룬다.)

각운동방정식을 얻기 위해, 식 (9.9)로 주어진 각운동량 성분들을 식 (9.7)에 대입해야 한다. 이 성분들을 나타내는 데 사용한 2차 좌표계는 보통 강체에 고정된 좌표계로 선택하며, 따라서 이 2차 좌표계는 주 기준좌표계에 대해 강체의 각속도 $\boldsymbol{\omega}$로 회전한다. 그러나 앞 절에서 회전은 하지만 강체에 고정되어 있지 않은 2차 좌표계를 사용하는 것이 편리한 경우도 있다는 것을 알았다. 2차 좌표계의 각속도 벡터를 $\boldsymbol{\Omega}$로 표시하자. 여기서 좌표계가 강체에 고정되어 있다면 $\boldsymbol{\Omega} = \boldsymbol{\omega}$이다. 각운동량 벡터를 다음 식,

$$\mathbf{H}_O = H_{Ox}\mathbf{i} + H_{Oy}\mathbf{j} + H_{Oz}\mathbf{k}$$

와 같이 성분들로 표시하고, 시간에 대한 $\mathbf{H}_O$의 미분을 얻는다. 즉,

$$\frac{d\mathbf{H}_O}{dt} = \frac{dH_{Ox}}{dt}\mathbf{i} + H_{Ox}\frac{d\mathbf{i}}{dt} + \frac{dH_{Oy}}{dt}\mathbf{j} + H_{Oy}\frac{d\mathbf{j}}{dt} + \frac{dH_{Oz}}{dt}\mathbf{k} + H_{Oz}\frac{d\mathbf{k}}{dt}$$

이다. 위 식에서 단위벡터의 시간 미분을 좌표계의 각속도 $\boldsymbol{\Omega}$에 의해

$$\frac{d\mathbf{i}}{dt} = \boldsymbol{\Omega} \times \mathbf{i}, \qquad \frac{d\mathbf{j}}{dt} = \boldsymbol{\Omega} \times \mathbf{j}, \qquad \frac{d\mathbf{k}}{dt} = \boldsymbol{\Omega} \times \mathbf{k}$$

와 같이 쓰면, 식 (9.7)을 다음과 같이 쓸 수 있다:

식 (9.9)의 $\mathbf{H}_O$의 성분들을 위 식에 대입하면, 다음 각운동방정식을 얻을 수 있다(문제 9.60 참조):

$$\begin{aligned}
\Sigma M_{Ox} &= I_{xx}\frac{d\omega_x}{dt} - I_{xy}\frac{d\omega_y}{dt} - I_{xz}\frac{d\omega_z}{dt} \\
&\quad - \Omega_z(-I_{yx}\omega_x + I_{yy}\omega_y - I_{yz}\omega_z) \\
&\quad + \Omega_y(-I_{zx}\omega_x - I_{zy}\omega_y + I_{zz}\omega_z) \\
\Sigma M_{Oy} &= -I_{yx}\frac{d\omega_x}{dt} + I_{yy}\frac{d\omega_y}{dt} - I_{yz}\frac{d\omega_z}{dt} \\
&\quad + \Omega_z(I_{xx}\omega_x - I_{xy}\omega_y - I_{xz}\omega_z) \\
&\quad - \Omega_x(-I_{zx}\omega_x - I_{zy}\omega_y + I_{zz}\omega_z) \\
\Sigma M_{Oz} &= -I_{zx}\frac{d\omega_x}{dt} - I_{zy}\frac{d\omega_y}{dt} + I_{zz}\frac{d\omega_z}{dt} \\
&\quad - \Omega_y(I_{xx}\omega_x - I_{xy}\omega_y - I_{xz}\omega_z) \\
&\quad + \Omega_x(-I_{yx}\omega_x + I_{yy}\omega_y - I_{yz}\omega_z)
\end{aligned} \tag{9.12}$$

위 식을 얻을 때, 관성모멘트와 관성적이 상수라고 가정하였다. 2차 기준좌표계가 강체에 고정되어 있는 경우에는 이 가정이 성립하지만, 그렇지 않은 경우에는 확인을 해야 한다. 식 (9.12)는 다음과 같이 행렬방정식으로 쓸 수 있다:

$$\begin{bmatrix} \Sigma M_{Ox} \\ \Sigma M_{Oy} \\ \Sigma M_{Oz} \end{bmatrix} = \begin{bmatrix} I_{xx} & -I_{xy} & -I_{xz} \\ -I_{yx} & I_{yy} & -I_{yz} \\ -I_{zx} & -I_{zy} & I_{zz} \end{bmatrix} \begin{bmatrix} d\omega_x/dt \\ d\omega_y/dt \\ d\omega_z/dt \end{bmatrix}$$

$$+ \begin{bmatrix} 0 & -\Omega_z & \Omega_y \\ \Omega_z & 0 & -\Omega_x \\ -\Omega_y & \Omega_x & 0 \end{bmatrix} \begin{bmatrix} I_{xx} & -I_{xy} & -I_{xz} \\ -I_{yx} & I_{yy} & -I_{yz} \\ -I_{zx} & -I_{zy} & I_{zz} \end{bmatrix} \begin{bmatrix} \omega_x \\ \omega_y \\ \omega_z \end{bmatrix} \tag{9.13}$$

여기서

$$\begin{bmatrix} I_{xx} & -I_{xy} & -I_{xz} \\ -I_{yx} & I_{yy} & -I_{yz} \\ -I_{zx} & -I_{zy} & I_{zz} \end{bmatrix} = [I] \tag{9.14}$$

는 강체의 관성행렬(inertia matrix)로 불린다.

일반 3차원 운동

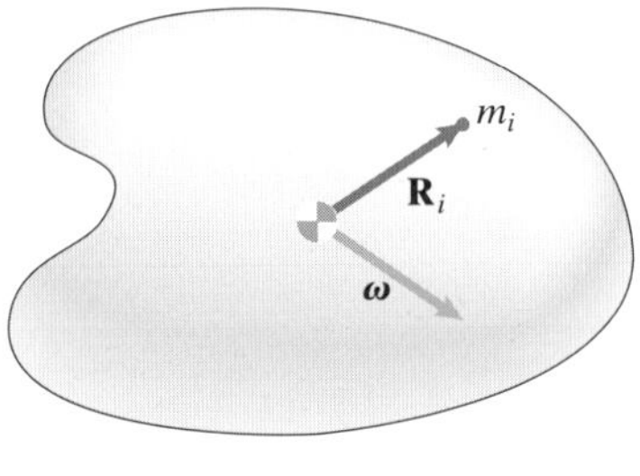

그림 9.10
강체의 질량중심에 대한 i번째 질점의 위치.

$\mathbf{R}_i$를 강체의 질량중심에 대한 i번째 질점의 위치라고 하자(그림 9.10). 7.2절에서, 질량중심에 대한 모멘트의 합은 질량중심에 대한 전체 각운동량의 변화율과 같다는 것을 보였다. 즉,

$$\Sigma \mathbf{M} = \frac{d\mathbf{H}}{dt} \tag{9.15}$$

이며, 여기서 전체 각운동량은

$$\mathbf{H} = \sum_i \mathbf{R}_i \times m_i \frac{d\mathbf{R}_i}{dt}$$

이다. 강체의 각속도 $\boldsymbol{\omega}$에 의해 i번째 질점의 속도는 $d\mathbf{R}_i/dt = \boldsymbol{\omega} \times \mathbf{R}_i$이며, 각운동량은

$$\mathbf{H} = \sum_i \mathbf{R}_i \times m_i(\boldsymbol{\omega} \times \mathbf{R}_i) \tag{9.16}$$

이다. 질량중심이 원점인 2차 좌표계를 도입하고(그림 9.11), 벡터 $\boldsymbol{\omega}$와 $\mathbf{R}_i$를 다음과 같이 좌표계에서의 성분들로 나타낸다:

$$\boldsymbol{\omega} = \omega_x\mathbf{i} + \omega_y\mathbf{j} + \omega_z\mathbf{k}$$
$$\mathbf{R}_i = x_i\mathbf{i} + y_i\mathbf{j} + z_i\mathbf{k}$$

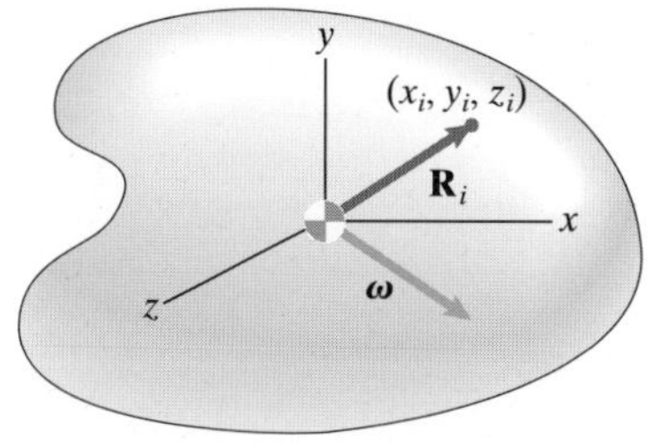

그림 9.11
강체의 질량중심이 원점인 좌표계.

위 식을 식 (9.16)에 대입하고 벡터의 외적을 계산하면, 각운동량 벡터의 성분을 다음 형태로 얻을 수 있다:

$$\begin{aligned} H_x &= I_{xx}\omega_x - I_{xy}\omega_y - I_{xz}\omega_z \\ H_y &= -I_{yx}\omega_x + I_{yy}\omega_y - I_{yz}\omega_z \\ H_z &= -I_{zx}\omega_x - I_{zy}\omega_y + I_{zz}\omega_z \end{aligned} \tag{9.17}$$

여기서 관성모멘트와 관성적에 대한 표현들은 모두 식 (9.10)과 (9.11)로 주어진다. 좌표계의 각속도 벡터를 $\boldsymbol{\Omega}$로 표시하고 식 (9.12)를 얻기 위해 사용한 것과 같은 단계를 따라가면, 다음의 각운동방정식을 얻을 수 있다:

$$\begin{aligned} \Sigma M_x &= I_{xx}\frac{d\omega_x}{dt} - I_{xy}\frac{d\omega_y}{dt} - I_{xz}\frac{d\omega_z}{dt} \\ &\quad - \Omega_z(-I_{yx}\omega_x + I_{yy}\omega_y - I_{yz}\omega_z) \\ &\quad + \Omega_y(-I_{zx}\omega_x - I_{zy}\omega_y + I_{zz}\omega_z) \\ \Sigma M_y &= -I_{yx}\frac{d\omega_x}{dt} + I_{yy}\frac{d\omega_y}{dt} - I_{yz}\frac{d\omega_z}{dt} \\ &\quad + \Omega_z(I_{xx}\omega_x - I_{xy}\omega_y - I_{xz}\omega_z) \\ &\quad - \Omega_x(-I_{zx}\omega_x - I_{zy}\omega_y + I_{zz}\omega_z) \\ \Sigma M_z &= -I_{zx}\frac{d\omega_x}{dt} - I_{zy}\frac{d\omega_y}{dt} + I_{zz}\frac{d\omega_z}{dt} \\ &\quad - \Omega_y(I_{xx}\omega_x - I_{xy}\omega_y - I_{xz}\omega_z) \\ &\quad + \Omega_x(-I_{yx}\omega_x + I_{yy}\omega_y - I_{yz}\omega_z) \end{aligned} \tag{9.18}$$

위 식을 행렬방정식으로 쓰면 다음과 같다:

$$\begin{aligned} \begin{bmatrix} \Sigma M_x \\ \Sigma M_y \\ \Sigma M_z \end{bmatrix} &= \begin{bmatrix} I_{xx} & -I_{xy} & -I_{xz} \\ -I_{yx} & I_{yy} & -I_{yz} \\ -I_{zx} & -I_{zy} & I_{zz} \end{bmatrix} \begin{bmatrix} d\omega_x/dt \\ d\omega_y/dt \\ d\omega_z/dt \end{bmatrix} \\ &\quad + \begin{bmatrix} 0 & -\Omega_z & \Omega_y \\ \Omega_z & 0 & -\Omega_x \\ -\Omega_y & \Omega_x & 0 \end{bmatrix} \begin{bmatrix} I_{xx} & -I_{xy} & -I_{xz} \\ -I_{yx} & I_{yy} & -I_{yz} \\ -I_{zx} & -I_{zy} & I_{zz} \end{bmatrix} \begin{bmatrix} \omega_x \\ \omega_y \\ \omega_z \end{bmatrix} \end{aligned} \tag{9.19}$$

고정점에 대한 회전의 경우와 같은 형태의 각운동방정식을 얻었다. 식 (9.12)와 (9.13)은 강체가 회전하는 고정점 O에 대한 총 모멘트에 의해 표현되었으며, 관성모멘트와 관성적, 벡터 성분들은 원점이 O인 좌표계에 의해 표현되었다. 식 (9.18)과 (9.19)는 강체의 질량중심에 대한 총 모멘트에 의해 표현되었으며, 관성모멘트와 관성적, 벡터 성분들은 질량중심이 원점인 좌표계에 의해 표현되었다.

만일 식 (9.12), (9.13), (9.18), (9.19)를 적용하는 데 사용한 2차 좌표계가 강체에 고정되어 있다면, $d\omega_x/dt$와 $d\omega_y/dt$, $d\omega_z/dt$ 항은 강체의 각가속도 $\boldsymbol{\alpha}$의 성분이지만, 2차 좌표계가 회전은 하지만 강체에 고정되어 있지 않다면, 일반적으로는 그렇게 되지 않는다[식 (9.4) 참조].

Euler 방정식을 이용하여 강체의 3차원 운동을 해석하는 것은 일반적으로 다음 세 단계를 포함한다:

1. **좌표계를 선택한다.** 만일 물체가 고정점 O에 대해 회전한다면, 원점이 O인 2차 좌표계를 사용하여 식 (9.12)나 (9.13)에서 주어진 형태로 각운동방정식을 나타내는 것이 일반적으로 더 바람직하다. 물체가 고정점에 대해 회전하는 경우가 아니라면, 원점이 강체의 질량중심에 있는 좌표계를 이용하여 식 (9.18)이나 (9.19)에 의해 주어진 형태로 각운동방정식을 나타내는 것이 필요하다. 두 경우 모두 관성모멘트와 관성적의 계산을 단순화시키는 좌표계를 선택하는 것이 일반적으로 더 바람직하다.

2. **자유물체도를 그린다.** 물체를 격리하고 물체에 작용하는 외력과 우력을 확인한다.

3. **운동방정식을 적용한다.** Euler 방정식을 이용하여 물체에 작용하는 힘과 우력을 물체의 질량중심의 가속도와 각가속도 벡터에 연관시킨다.

평면운동의 방정식

평면운동을 하는 강체에 대한 각운동방정식을 3차원 방정식으로부터 어떻게 얻는지 여기서 보여주려고 한다. 고정축 L_O에 대해 회전하는 강체를 생각해 보자. 강체에 고정된 2차 좌표계의 z축이 L_O와 일치하도록 하면, 강체의 각속도 벡터는 $\boldsymbol{\omega} = \omega_z \mathbf{k}$가 된다(그림 9.12). $\Omega_x = \omega_x = 0$, $\Omega_y = \omega_y = 0$, $\Omega_z = \omega_z$를 식 (9.12)에 대입하면, 세 번째 방정식이 $\Sigma M_{Oz} = I_{zz}(d\omega_z/dt)$로 간단해진다는 것을 알 수 있다. 간단한 기호로서 $\Sigma M_{Oz} = \Sigma M_O$, $I_{zz} = I_O$, $\omega_z = \omega$를 대입하면 다음 식을 얻게 된다:

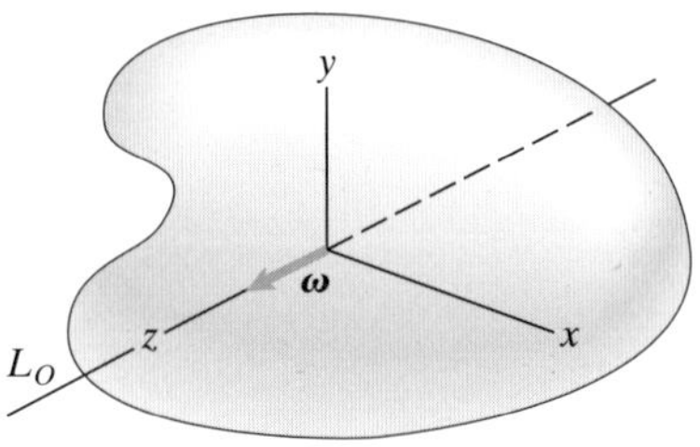

그림 9.12

$$\Sigma M_O = I_O \frac{d\omega}{dt} \tag{9.20}$$

이 식은 고정축에 대한 강체의 회전을 해석하기 위해 7장에서 사용했던 식이다. [식 (7.17) 참조.] 고정축에 대한 총 모멘트는 고정축에 대한 관성모멘트와 각가속도의 곱과 같다.

일반 평면운동을 위해, 원점이 강체의 질량중심에 있고 z축이 운동 평면에 수직이며 강체에 고정된 2차 좌표계를 도입한다(그림 9.13). 강체의 각속도 벡터는 $\boldsymbol{\omega} = \omega_z \mathbf{k}$이다. $\Omega_x = \omega_x = 0$, $\Omega_y = \omega_y = 0$, $\Omega_z = \omega_z$를 식 (9.18)에 대입하면, 세 번째 식이 $\Sigma M_z = I_{zz}(d\omega_z/dt)$로 간단해진다. 기호 $\Sigma M_z = \Sigma M$, $I_{zz} = I$, $\omega_z = \omega$에 의해 다음 식을 얻게 된다:

$$\Sigma M = I\frac{d\omega}{dt} \tag{9.21}$$

이 식은 강체의 일반 평면운동을 해석하기 위해 7장에서 사용했던 각운동방정식과 같다. [식 (7.20) 참조.] 강체의 질량중심에 대한 총 모멘트는 질량중심에 대한 관성모멘트와 각가속도의 곱과 같다. (I는 운동 평면에 수직이면서 질량중심을 통과하는 축에 대한 관성모멘트이다.)

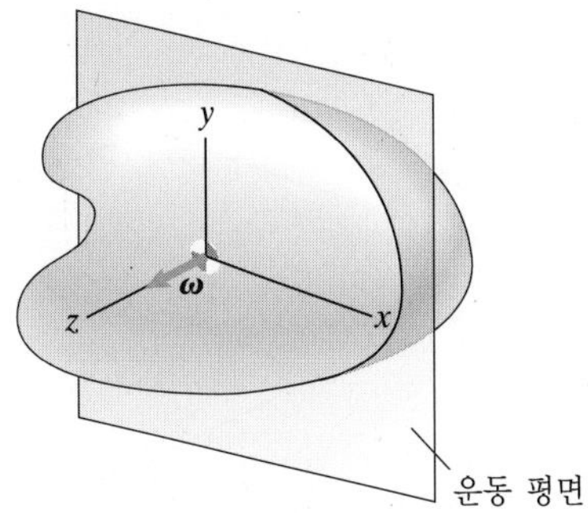

그림 9.13

연구 문제

1. Euler 방정식은 무엇인가?

2. 강체의 관성모멘트와 관성적은 어떻게 정의되는가?

3. 강체가 알려진 각속도 벡터로 고정점 O에 대해 회전한다고 가정하자. 만일 원점이 O이면서 강체에 고정된 2차 기준좌표계에 의해 강체의 관성모멘트와 관성적을 알고 있다면, O에 대한 강체의 각운동량을 어떻게 구할 수 있는가?

4. 식 (9.12)와 (9.18)의 차이는 무엇인가?

예제 9.4 평판의 3차원 동역학

그림 9.14에서, 조립공정 중에 로봇 팔이 4 kg의 사각 평판을 O에서 잡고 있다. 점 O는 정지상태에 있다. 그림의 순간에서, 평판은 수평이고, 평판의 각속도 벡터는 $\boldsymbol{\omega} = 4\mathbf{i} - 2\mathbf{j}$ (rad/s)이며, 각가속도 벡터는 $\boldsymbol{\alpha} = -10\mathbf{i} + 6\mathbf{j}$ (rad/s^2)이다. 로봇 팔이 평판에 가하는 우력을 구하라.

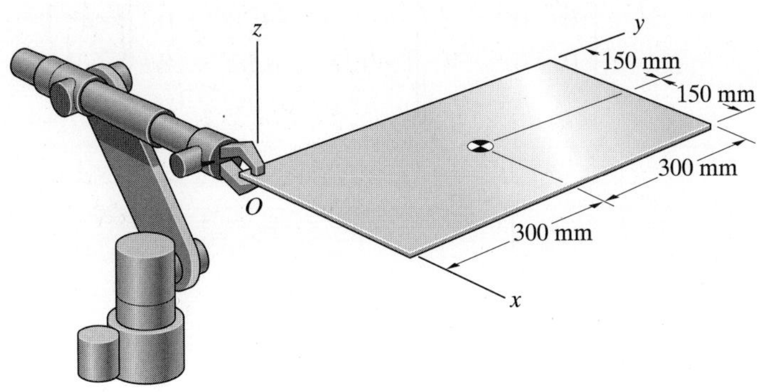

그림 9.14

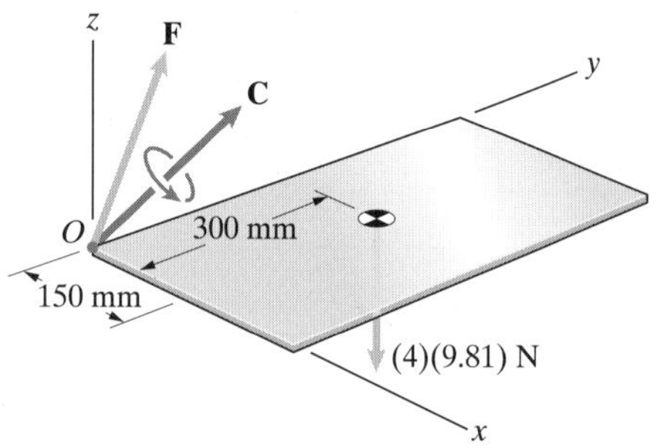

(a) 평판의 자유물체도.

| 전략 |

평판이 고정점 O에 대해 회전하므로, 식 (9.13)을 이용하여 O에 대해 평판에 가해지는 전체 모멘트를 구할 수 있다.

| 풀이 |

자유물체도를 그린다 로봇 팔이 평판에 가하는 힘과 우력을 **F**와 **C**로 표시하였다(그림 a).

운동방정식을 적용한다 O에 대한 전체 모멘트는 로봇 팔이 가하는 우력과 평판의 무게로 인한 O에 대한 모멘트의 합이다. 즉,

$$\begin{aligned}\Sigma \mathbf{M}_O &= \mathbf{C} + (0.15\mathbf{i} + 0.30\mathbf{j}) \times [-(4)(9.81)\mathbf{k}] \\ &= \mathbf{C} - 11.77\mathbf{i} + 5.89\mathbf{j} \text{ (N-m)}\end{aligned} \tag{1}$$

이다. 미지의 우력 **C**를 얻기 위해, 식 (9.13)으로부터 O에 대한 전체 모멘트를 구할 수 있다.

2차 좌표계를 강체에 고정하면, 2차 좌표계의 각속도 $\mathbf{\Omega}$는 평판의 각속도 $\boldsymbol{\omega}$와 같다. 예제 9.9에서 평판의 관성 행렬을 구하면,

$$[I] = \begin{bmatrix} 0.48 & -0.18 & 0 \\ -0.18 & 0.12 & 0 \\ 0 & 0 & 0.6 \end{bmatrix} \text{kg-m}^2$$

이다. 따라서 평판에 가해지는 O에 대한 전체 모멘트는 다음과 같다:

$$\begin{aligned}\begin{bmatrix} \Sigma M_{Ox} \\ \Sigma M_{Oy} \\ \Sigma M_{Oz} \end{bmatrix} &= \begin{bmatrix} I_{xx} & -I_{xy} & -I_{xz} \\ -I_{yx} & I_{yy} & -I_{yz} \\ -I_{zx} & -I_{zy} & I_{zz} \end{bmatrix} \begin{bmatrix} d\omega_x/dt \\ d\omega_y/dt \\ d\omega_z/dt \end{bmatrix} \\ &\quad + \begin{bmatrix} 0 & -\omega_z & \omega_y \\ \omega_z & 0 & -\omega_x \\ -\omega_y & \omega_x & 0 \end{bmatrix} \begin{bmatrix} I_{xx} & -I_{xy} & -I_{xz} \\ -I_{yx} & I_{yy} & -I_{yz} \\ -I_{zx} & -I_{zy} & I_{zz} \end{bmatrix} \begin{bmatrix} \omega_x \\ \omega_y \\ \omega_z \end{bmatrix} \\ &= \begin{bmatrix} 0.48 & -0.18 & 0 \\ -0.18 & 0.12 & 0 \\ 0 & 0 & 0.6 \end{bmatrix} \begin{bmatrix} -10 \\ 6 \\ 0 \end{bmatrix} \\ &\quad + \begin{bmatrix} 0 & 0 & -2 \\ 0 & 0 & -4 \\ 2 & 4 & 0 \end{bmatrix} \begin{bmatrix} 0.48 & -0.18 & 0 \\ -0.18 & 0.12 & 0 \\ 0 & 0 & 0.6 \end{bmatrix} \begin{bmatrix} 4 \\ -2 \\ 0 \end{bmatrix} \\ &= \begin{bmatrix} -5.88 \\ 2.52 \\ 0.72 \end{bmatrix} \text{N-m}\end{aligned}$$

위의 결과를 식 (1)에 대입하면

$$\Sigma \mathbf{M}_O = \mathbf{C} - 11.77\mathbf{i} + 5.89\mathbf{j} = -5.88\mathbf{i} + 2.52\mathbf{j} + 0.72\mathbf{k}$$

이며, 우력 **C**에 대해 풀면,

$$\mathbf{C} = 5.89\mathbf{i} - 3.37\mathbf{j} + 0.72\mathbf{k}\ (\text{N-m})$$

이다.

| 비판적 사고 |

평판의 각속도와 각가속도가 주어지고 각운동방정식을 이용하여 평판에 가해지는 우력을 구했다는 점에 주목하라. 이 장에서, 물체의 운동이 주어지고 Euler 방정식을 이용하여 물체에 가해지는 힘과 우력을 구하는 여러 예제를 다룰 것이다. 물체에 가해지는 힘과 우력을 알고 물체의 3차원 운동을 구하는 역문제(inverse problem)는 더 어려우며 일반적으로 수치 방법에 의해 풀어야 한다.

예제 9.5 막대의 3차원 동역학

질량 m의 가는 수직막대가 일정한 각속도 ω_0로 회전하는 수평 원판에 단단히 부착되어 있다(그림 9.15). 원판이 막대에 가하는 힘과 우력은 얼마인가?

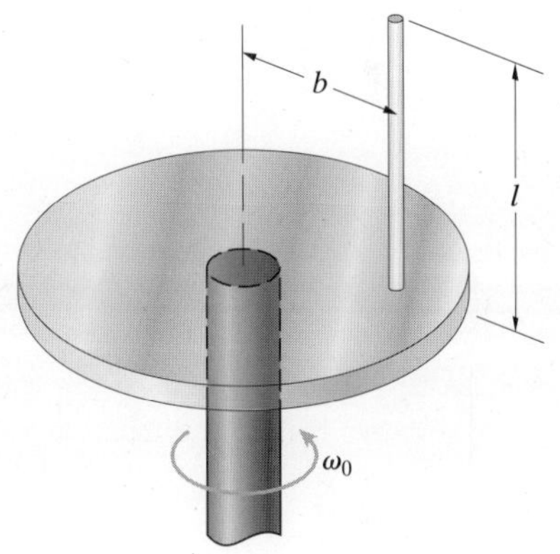

그림 9.15

| 전략 |

막대에 가해지는 외력과 우력은 자체 무게와 원판이 막대에 가하는 힘과 우력이다. 막대의 각속도와 각가속도가 주어져 있고, 막대의 질량중심 가속도를 구할 수 있으므로, Euler 방정식을 이용하여 막대에 가해지는 합력과 우력을 구할 수 있다.

| 풀이 |

좌표계를 선택한다 그림 a에서, 강체에 고정시킬 좌표계의 원점을 막대의 질량중심에 놓고 y축을 수직으로, x축을 반경방향으로 한다. 이 방향에 따라 막대의 각속도 벡터와 막대 질량중심의 가속도에 대한 간단한 표현식들을 얻을 것이다.

자유물체도를 그린다 그림 a에 막대의 자유물체도를 그리고, 원판이 가하는 힘 **F**와 우력 **C**를 표시하였다.

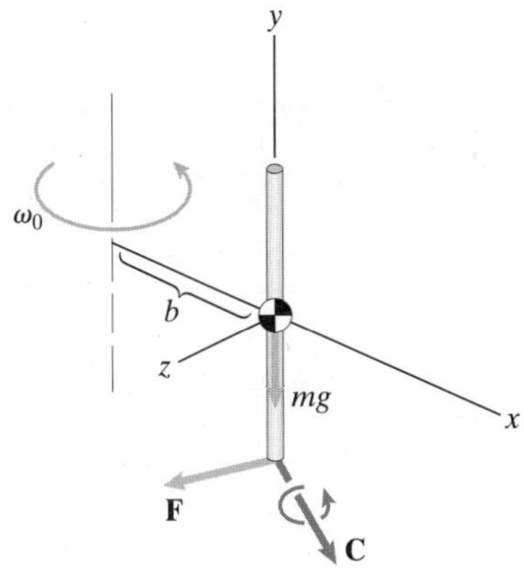

(a) 막대의 자유물체도.

운동방정식을 적용한다 원형 경로를 따라 막대가 운동할 때 막대 질량중심의 가속도는 $\mathbf{a} = -\omega_0^2 b\mathbf{i}$이다. Newton의 제2법칙으로부터

$$\Sigma\mathbf{F} = \mathbf{F} - mg\mathbf{j} = m(-\omega_0^2 b\mathbf{i})$$

이므로, 원판이 막대에 가하는 힘을 다음과 같이 구할 수 있다:

$$\mathbf{F} = -m\omega_0^2 b\mathbf{i} + mg\mathbf{j}$$

질량중심에 대한 전체 모멘트는 우력 **C**와 **F**에 의한 모멘트의 합이다. 즉,

$$\begin{aligned}\Sigma\mathbf{M} &= \mathbf{C} + \left(-\tfrac{1}{2}l\mathbf{j}\right) \times (-m\omega_0^2 b\mathbf{i} + mg\mathbf{j}) \\ &= C_x\mathbf{i} + C_y\mathbf{j} + \left(C_z - \tfrac{1}{2}mlb\omega_0^2\right)\mathbf{k}\end{aligned}$$

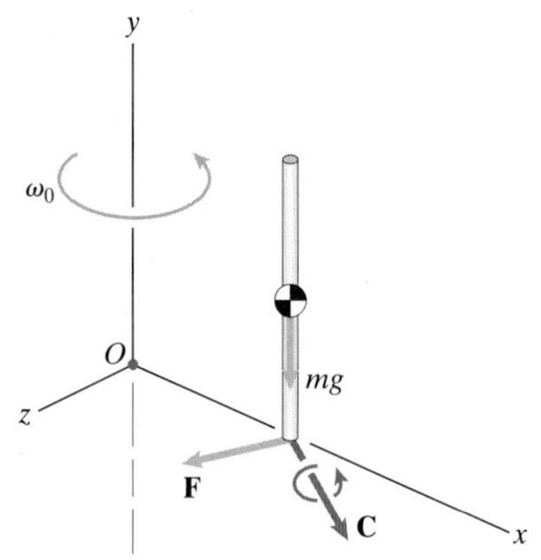

(b) 고정점 O에 의한 각운동방정식의 표현.

이다. 막대의 관성 행렬은 그림 a의 좌표계에 의해

$$[I] = \begin{bmatrix} \frac{1}{12}ml^2 & 0 & 0 \\ 0 & 0 & 0 \\ 0 & 0 & \frac{1}{12}ml^2 \end{bmatrix}$$

이며, 막대의 각속도 벡터 $\boldsymbol{\omega} = \omega_0\mathbf{j}$는 일정하다. 식 (9.19)로부터 각운동방정식은

$$\begin{bmatrix} C_x \\ C_y \\ C_z - \frac{1}{2}mlb\omega_0^2 \end{bmatrix} = \begin{bmatrix} 0 & 0 & \omega_0 \\ 0 & 0 & 0 \\ -\omega_0 & 0 & 0 \end{bmatrix} \begin{bmatrix} \frac{1}{12}ml^2 & 0 & 0 \\ 0 & 0 & 0 \\ 0 & 0 & \frac{1}{12}ml^2 \end{bmatrix} \begin{bmatrix} 0 \\ \omega_0 \\ 0 \end{bmatrix}$$

이다. 위 방정식의 우변은 0과 같으므로, 원판이 막대에 가하는 우력 성분은 $C_x = 0,\ C_y = 0,\ C_z = \frac{1}{2}mlb\omega_0^2$이다.

다른 방법 막대가 고정축에 대해 회전하므로, 식 (9.13)을 이용하여 우력 **C**를 구할 수도 있다. 고정점 O를 원판의 중심에 두고(그림 b), 강체에 고정된 좌표계의 x축이 막대의 밑면을 지나가도록 좌표계의 방향을 정한다. 그러면 O에 대한 전체 모멘트는

$$\begin{aligned} \Sigma\mathbf{M}_O &= \mathbf{C} + (b\mathbf{i}) \times (-m\omega_0^2 b\mathbf{i} + mg\mathbf{j}) + \left(b\mathbf{i} + \tfrac{1}{2}l\mathbf{j}\right) \times (-mg\mathbf{j}) \\ &= \mathbf{C} \end{aligned}$$

이다. 따라서 O에 대한 유일한 모멘트는 원판이 가하는 우력이다. 평행축 정리 식 (9.42)를 적용하면, 막대의 관성모멘트와 관성적에 대해 다음을 얻을 수 있다(그림 c):

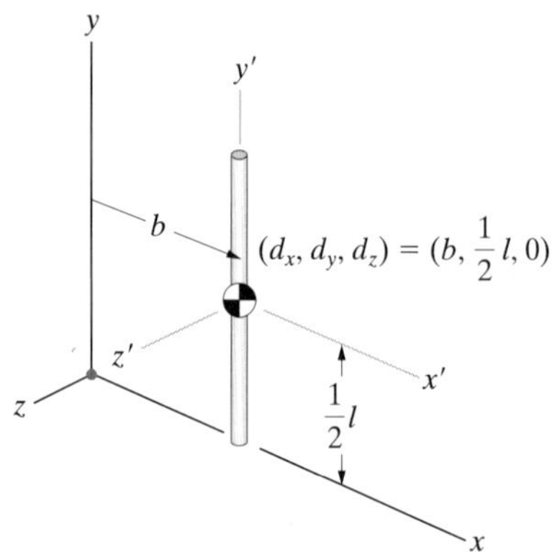

(c) 평행축 정리의 적용.

$$\begin{aligned} I_{xx} &= I_{x'x'} + (d_y^2 + d_z^2)\,m = \tfrac{1}{12}ml^2 + \left(\tfrac{1}{2}l\right)^2 m = \tfrac{1}{3}ml^2 \\ I_{yy} &= I_{y'y'} + (d_x^2 + d_z^2)\,m = mb^2 \\ I_{zz} &= I_{z'z'} + (d_x^2 + d_y^2)\,m = \tfrac{1}{12}ml^2 + \left[b^2 + \left(\tfrac{1}{2}l\right)^2\right] m = \tfrac{1}{3}ml^2 + mb^2 \\ I_{xy} &= I_{x'y'} + d_x d_y m = 0 + (b)\left(\tfrac{1}{2}l\right) m = \tfrac{1}{2}mbl \\ I_{yz} &= I_{y'z'} + d_y d_z m = 0 \\ I_{zx} &= I_{z'x'} + d_z d_x m = 0 \end{aligned}$$

위의 결과를 식 (9.13)에 대입하면 다음을 얻는다:

$$\begin{aligned} \Sigma\mathbf{M}_O &= \mathbf{C} - 11.77\mathbf{i} + 5.89\mathbf{j} = -5.88\mathbf{i} + 2.52\mathbf{j} + 0.72\mathbf{k} \\ \mathbf{C} &= 5.89\mathbf{i} - 3.37\mathbf{j} + 0.72\mathbf{k}\ (\text{N-m}) \end{aligned}$$

▌비판적 사고▐

원판이 막대에 가하는 힘과 우력에 대한 물리적인 해석은 무엇인가? 막대는 수직방향의 가속도를 갖지 않으며, 따라서 원판은 막대의 무게와 같은 수직력을 막대에 가한다. 막대는 원운동에 의한 법선 가속도 성분을 가지며, 이는 원판이 막대에 법선방향으로 힘을 가해야 함을 의미한다. 만일 막대가 고정

지지 대신에 볼-소켓 지지로 원판에 붙어 있다면, 막대는 원판의 회전에 의해 바깥쪽으로 회전할 것이다. 원판이 막대에 가하는 우력은 막대가 바깥쪽으로 회전하는 것을 막는다.

예제 9.6 기울어진 원통의 3차원 동역학

그림 9.16에서, 기울어진 균질 원통이 질량중심은 제자리에 있으면서 밑면이 바닥 위를 굴러가는 정상운동(steady motion)을 하고 있다. 원통 축과 수평선 사이의 각 β가 일정하게 유지되며, 원통 축이 수직축에 대해 일정한 각속도 ω_0로 회전한다. 원통은 질량이 m이고 반경이 R이며 길이가 l이다. ω_0는 얼마인가?

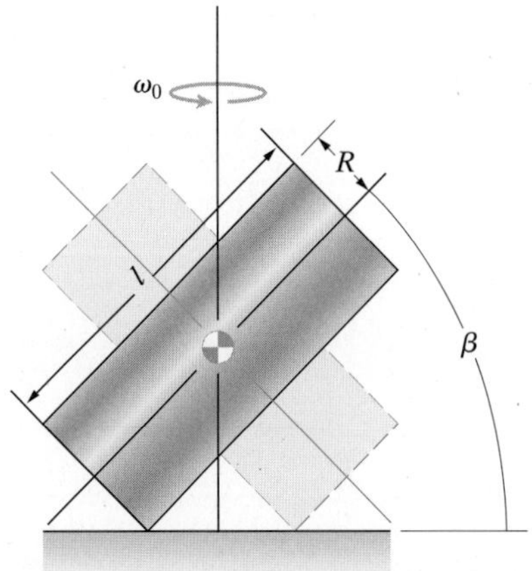

그림 9.16

전략

ω_0에 의해 각운동방정식을 나타냄으로써, 방정식을 만족시키는 데 필요한 ω_0의 값을 구할 수 있다. 따라서 첫 번째 과제는 원통의 각속도 $\boldsymbol{\omega}$를 ω_0에 의해 구하는 것이다. 강체에 고정되어 있지 않은 2차 좌표계를 이용하여 이 과제를 간단하게 할 수 있다.

풀이

좌표계를 선택한다 z축이 원통 축과 일직선을 유지하며 y축이 수평을 유지하는 2차 좌표계를 사용한다(그림 a). 이렇게 하면 좌표계의 각속도를 기술하기가 쉽고—좌표계가 수직축에 대해 각속도 ω_0로 회전한다—또 좌표계에 대한 원통의 회전도 기술하기가 쉽다. 좌표계의 각속도 벡터는

$$\boldsymbol{\Omega} = \omega_0 \cos \beta \mathbf{i} + \omega_0 \sin \beta \mathbf{k}$$

이다. 좌표계에 대해, 원통은 z축을 중심으로 회전을 한다. 좌표계에 대한 원통의 각속도 벡터를 $\omega_{rel}\mathbf{k}$로 쓰면, 원통의 각속도 벡터는

$$\boldsymbol{\omega} = \boldsymbol{\Omega} + \omega_{rel}\mathbf{k} = \omega_0 \cos \beta \mathbf{i} + (\omega_0 \sin \beta + \omega_{rel})\mathbf{k}$$

와 같이 쓸 수 있다. 바닥과 닿은 점 P의 속도가 0이라는 조건으로부터 ω_{rel}을 구할 수 있다. P의 속도를 질량중심 C의 속도에 의해 나타내면,

$$\mathbf{v}_P = \mathbf{v}_C + \boldsymbol{\omega} \times \mathbf{r}_{P/C}:$$

$$\mathbf{0} = \mathbf{0} + [\omega_0 \cos \beta \mathbf{i} + (\omega_0 \sin \beta + \omega_{rel})\mathbf{k}] \times [-R\mathbf{i} - \tfrac{1}{2}l\mathbf{k}]$$

$$= \left[\tfrac{1}{2}l\omega_0 \cos \beta - R(\omega_0 \sin \beta + \omega_{rel})\right]\mathbf{j}$$

이다. ω_{rel}에 대해 풀면,

$$\omega_{rel} = \left[\frac{1}{2}\left(\frac{l}{R}\right) \cos \beta - \sin \beta\right]\omega_0$$

이다. 따라서 원통의 각속도 벡터는 다음과 같다:

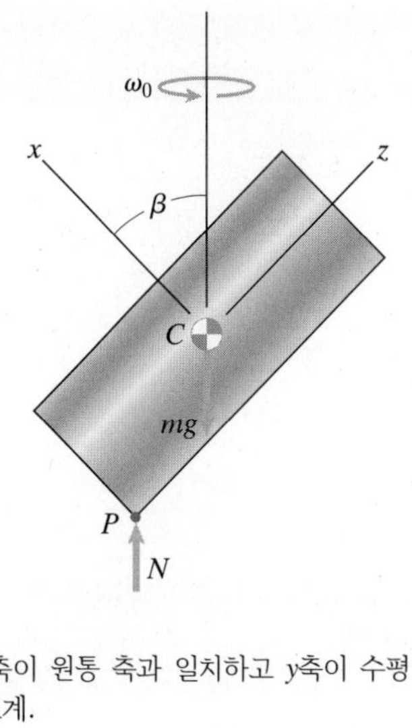

(a) z축이 원통 축과 일치하고 y축이 수평인 좌표계.

$$\boldsymbol{\omega} = \omega_0 \cos\beta\mathbf{i} + \frac{1}{2}\left(\frac{l}{R}\right)\omega_0 \cos\beta\mathbf{k}$$

자유물체도를 그린다 그림 a에 원통의 자유물체도를 그리고, 원통의 무게와 바닥이 가하는 수직력을 표시하였다. 원통의 질량중심은 움직이지 않으므로, 바닥은 원통에 아무런 수평력도 가하지 않으며, 수직력은 $N = mg$이다.

운동방정식을 적용한다 수직력에 의한 질량중심에 대한 모멘트는

$$\Sigma\mathbf{M} = \left(mgR\sin\beta - \tfrac{1}{2}mgl\cos\beta\right)\mathbf{j}$$

이다. 부록 C로부터, 관성 행렬과 관성적은

$$\begin{bmatrix} \frac{1}{4}mR^2 + \frac{1}{12}ml^2 & 0 & 0 \\ 0 & \frac{1}{4}mR^2 + \frac{1}{12}ml^2 & 0 \\ 0 & 0 & \frac{1}{2}mR^2 \end{bmatrix}$$

이다. 앞에서 구한 $\mathbf{\Omega}$와 $\boldsymbol{\omega}$, $\Sigma\mathbf{M}$에 대한 식들과 관성모멘트 및 관성적을 각운동방정식 (9.19)에 대입한 후, 행렬 곱을 계산하면, 다음 식을 얻는다:

$$mg\left(R\sin\beta - \tfrac{1}{2}l\cos\beta\right) = \left(\tfrac{1}{4}mR^2 + \tfrac{1}{12}ml^2\right)\omega_0^2 \sin\beta\cos\beta - \frac{1}{2}\left(\frac{1}{2}mR^2\right)\omega_0^2\left(\frac{l}{R}\right)\cos^2\beta$$

이 식을 ω_0^2에 대해 풀면 다음과 같다:

$$\omega_0^2 = \frac{g\left(R\sin\beta - \frac{1}{2}l\cos\beta\right)}{\left(\frac{1}{4}R^2 + \frac{1}{12}l^2\right)\sin\beta\cos\beta - \frac{1}{4}lR\cos^2\beta} \tag{1}$$

| 비판적 사고 |

만일 주어진 β 값에 대한 위의 해의 결과가 음의 ω_0^2으로 나오면, 가정한 원통의 정상 운동은 가능하지 않다. 예를 들어, 만일 원통의 직경이 원통의 길이와 같다면($2R = l$), 식 (1)을 다음 식

$$\frac{R\omega_0^2}{g} = \frac{\sin\beta - \cos\beta}{\frac{7}{12}\sin\beta\cos\beta - \frac{1}{2}\cos^2\beta}$$

와 같이 쓸 수 있다. 위 식의 β에 대한 그래프를 그림 9.17에 나타내었다. 대략 40°에서 45° 사이의 β 값에 대해서는 ω_0에 대한 실수해가 없다. $\beta = 45°$에서 $\omega_0 = 0$이며, 이것은 점 P의 바로 위쪽에 질량중심이 있어서 원통이 정지상태이며 균형을 유지함을 의미한다.

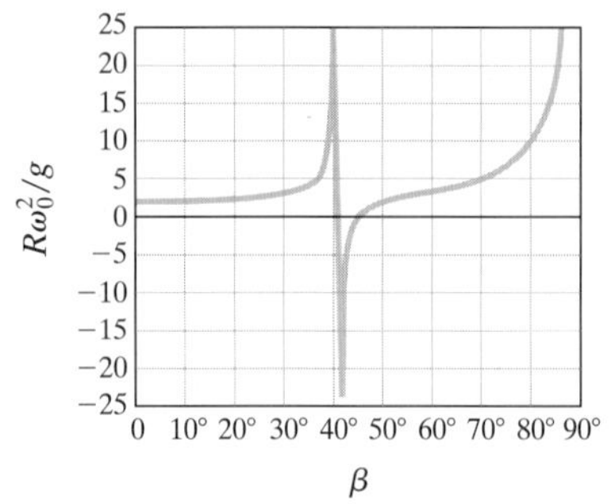

그림 9.17
$R\omega_0^2/g$축의 β에 대한 그래프.

연습문제

9.26 강체에 고정된 좌표계에 의한 비행기의 관성 행렬은 그림과 같다. 비행기의 각속도가 0일 때, 조종사가 승강타(elevator)와 보조날개(aileron)를 조종하여 비행기가 우력 $\Sigma\mathbf{M} = 6.4\mathbf{i} + 12.2\mathbf{j}$ (kN-m)를 받는다. 이 순간 비행기의 각가속도는 얼마인가?

전략: 식 (9.18)이나 (9.19)를 이용하라. 좌표계가 강체에 고정되어 있으므로 $d\omega_x/dt$, $d\omega_y/dt$, $d\omega_z/dt$ 항은 각가속도의 성분들이다.

9.27 강체에 고정된 좌표계에 의한 비행기의 관성 행렬은 그림과 같다. 그림의 순간에서 비행기의 각속도와 각가속도는 $\boldsymbol{\omega} = 0.13\mathbf{i} + 0.24\mathbf{j} - 0.08\mathbf{k}$ (rad/s)이며 $\boldsymbol{\alpha} = 0.139\mathbf{i} + 0.108\mathbf{j}$ (rad/s^2)이다. 비행기에 가해지는 힘과 우력에 의한 질량중심에 대한 총 모멘트는 얼마인가?

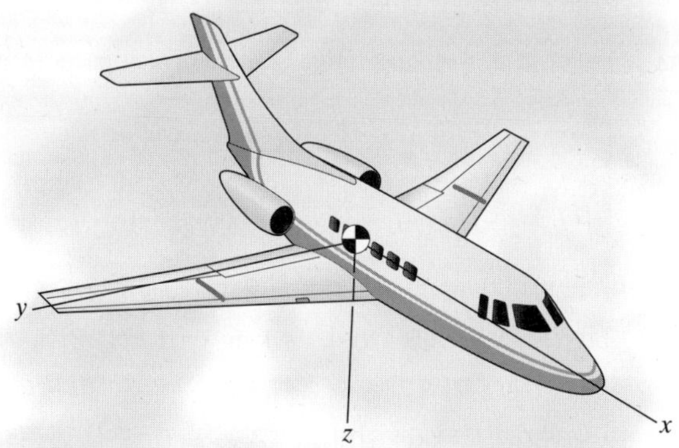

$$\begin{bmatrix} I_{xx} & -I_{xy} & -I_{xz} \\ -I_{yx} & I_{yy} & -I_{yz} \\ -I_{zx} & -I_{zy} & I_{zz} \end{bmatrix} = \begin{bmatrix} 46{,}000 & 0 & 0 \\ 0 & 113{,}000 & 0 \\ 0 & 0 & 134{,}000 \end{bmatrix} \text{ kg-m}^2$$

문제 9.26/9.27

9.28 로봇 팔이 주물을 옮긴다. 강체의 질량중심에 원점이 있는 강체에 고정된 좌표계에 의한 주물의 관성 행렬은 그림과 같다. 그림의 순간에서, 주물의 각속도와 각가속도는 $\boldsymbol{\omega} = 1.2\mathbf{i} + 0.8\mathbf{j} - 0.4\mathbf{k}$ (rad/s)와 $\boldsymbol{\alpha} = 0.26\mathbf{i} - 0.07\mathbf{j} + 0.13\mathbf{k}$ (rad/s^2)이다. 로봇 팔이 주물의 질량중심에 대해 가하는 모멘트는 얼마인가?

9.29 로봇 팔이 주물을 잡고 있다. 강체의 질량중심에 원점이 있는 강체에 고정된 좌표계에 의한 주물의 관성 행렬은 그림과 같다. 그림의 순간에서, 주물은 정지상태이다. 만일 로봇 팔이 질량중심에 대해 모멘트 $\Sigma\mathbf{M} = 0.042\mathbf{i} + 0.036\mathbf{j} + 0.066\mathbf{k}$ (N-m)를 가한다면, 이 순간 주물의 각가속도는 얼마인가?

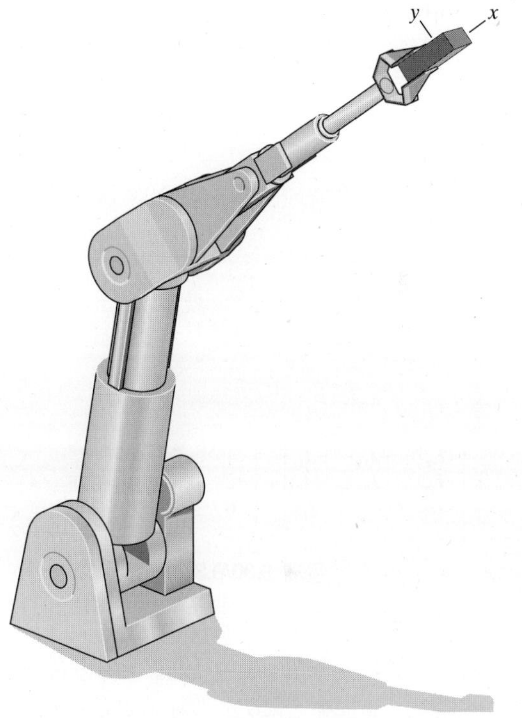

$$\begin{bmatrix} I_{xx} & -I_{xy} & -I_{xz} \\ -I_{yx} & I_{yy} & -I_{yz} \\ -I_{zx} & -I_{zy} & I_{zz} \end{bmatrix} = \begin{bmatrix} 0.05 & -0.03 & 0 \\ -0.03 & 0.08 & 0 \\ 0 & 0 & 0.04 \end{bmatrix} \text{ kg-m}^2$$

문제 9.28/9.29

9.30 강체가 고정점 O에 대해 회전한다. 강체에 고정된 좌표계에 의한 강체의 관성 행렬은 그림과 같다. 현재 순간에서, 강체의 각속도는 $\boldsymbol{\omega} = 6\mathbf{i} + 6\mathbf{j} - 4\mathbf{k}$ (rad/s)이며 각가속도는 0이다. 강체에 가해지고 있는 O에 대한 전체 모멘트는 얼마인가?

9.31 강체가 고정점 O에 대해 회전한다. 강체에 고정된 좌표계에 의한 강체의 관성 행렬은 그림과 같다. 현재 순간에서, 강체의 각속도는 $\boldsymbol{\omega} = 6\mathbf{i} + 6\mathbf{j} - 4\mathbf{k}$ (rad/s)이다. 강체에 가해지는 힘과 우력들에 의한 O에 대한 전체 모멘트는 0이다. 강체의 각가속도는 얼마인가?

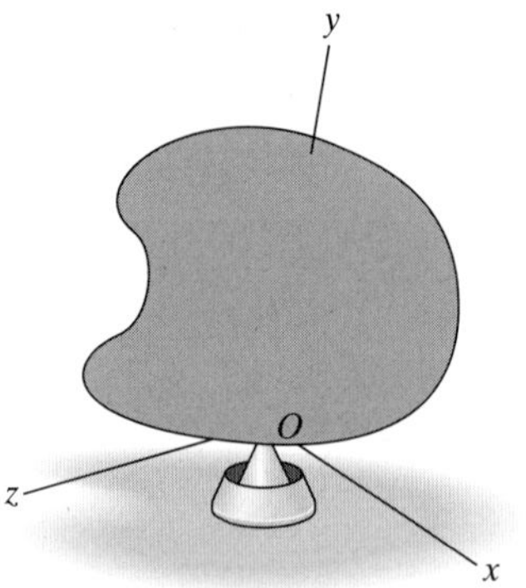

$$\begin{bmatrix} I_{xx} & -I_{xy} & -I_{xz} \\ -I_{yx} & I_{yy} & -I_{yz} \\ -I_{zx} & -I_{zy} & I_{zz} \end{bmatrix} = \begin{bmatrix} 4 & -2 & 0 \\ -2 & 3 & 1 \\ 0 & 1 & 5 \end{bmatrix} \text{kg-m}^2$$

문제 9.30/9.31

9.32 20 kg의 얇은 평판의 크기는 $h = 0.4$ m, $b = 0.6$ m이다. 평판이 관성 기준좌표계에 대해 정지상태일 때 힘 $F = 10$ N이 평판에 수직으로 가해진다. 평판에 가해지는 다른 외력이나 우력은 없다. F가 가해지는 순간에서, 관성 기준좌표계에 대한 점 A의 가속도 크기는 얼마인가?

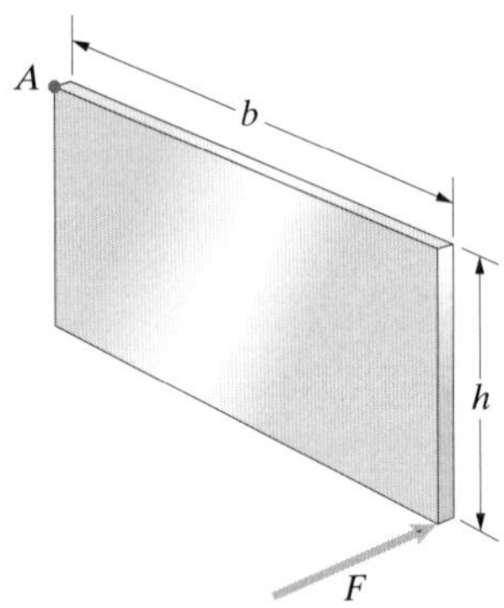

문제 9.32

9.33 그림의 좌표계에 의한 6 kg 가는 막대의 관성 행렬은

$$\begin{bmatrix} I_{xx} & -I_{xy} & -I_{xz} \\ -I_{yx} & I_{yy} & -I_{yz} \\ -I_{zx} & -I_{zy} & I_{zz} \end{bmatrix} = \begin{bmatrix} 0.500 & 0.667 & 0 \\ 0.667 & 2.667 & 0 \\ 0 & 0 & 3.167 \end{bmatrix} \text{kg-m}^2$$

이다. 막대가 관성 기준좌표계에 대해 정지상태에 있을 때 힘 $\mathbf{F} = 12\mathbf{k}$ (N)이 막대의 오른쪽 끝에 가해진다. 막대에 가해지는 다른 힘이나 우력은 없다. (a) 관성 기준좌표계에 대한 막대의 각가속도와 (b) 힘이 가해지는 순간 관성 기준좌표계에 대한 막대 오른쪽 끝의 가속도를 구하라.

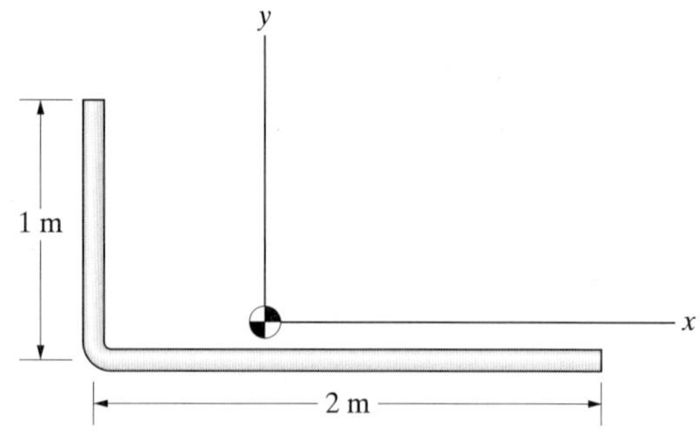

문제 9.33

9.34 그림의 좌표계에 의한 12 kg의 가는 막대의 관성 행렬은

$$\begin{bmatrix} I_{xx} & -I_{xy} & -I_{xz} \\ -I_{yx} & I_{yy} & -I_{yz} \\ -I_{zx} & -I_{zy} & I_{zz} \end{bmatrix} = \begin{bmatrix} 2 & -3 & 0 \\ -3 & 8 & 0 \\ 0 & 0 & 10 \end{bmatrix} \text{kg-m}^2$$

이다. 막대가 관성 기준좌표계에 대해 정지상태에 있을 때 힘 $\mathbf{F} = 20\mathbf{i} + 40\mathbf{k}$ (N)이 $x = 1$ m, $y = 1$ m인 점에 가해진다. 막대에 가해지는 다른 힘이나 우력은 없다. (a) 막대의 각가속도와 (b) 힘이 가해지는 순간, 관성 기준좌표계에 대한 $x = -1$ m, $y = -1$ m인 점의 가속도를 구하라.

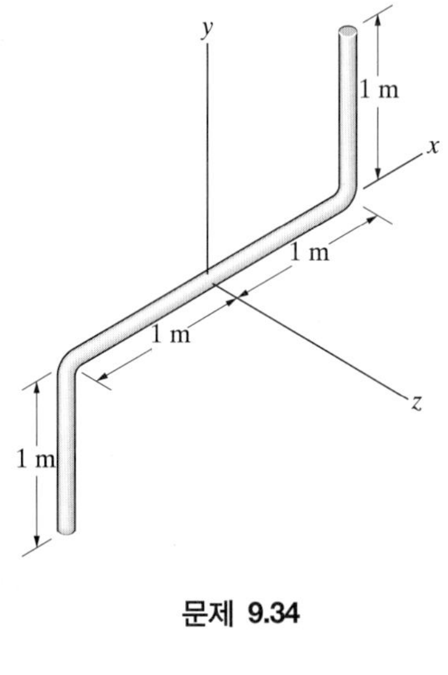

문제 9.34

9.35 2.4 kg인 평판의 주어진 좌표계에 의한 관성 행렬은 그림과 같다. 평판의 각속도 벡터는 $\boldsymbol{\omega} = 6.4\mathbf{i} + 8.2\mathbf{j} + 14\mathbf{k}$ (rad/s)이며, 각가속도 벡터는 $\boldsymbol{\alpha} = 60\mathbf{i} + 40\mathbf{j} - 120\mathbf{k}$ (rad/s^2)이다. 평판에 가해지는 평판의 질량중심에 대한 총 모멘트의 성분은 얼마인가?

9.36 2.4 kg인 평판의 주어진 좌표계에 의한 관성 행렬은 그림과 같다. $t = 0$에서, 평판은 정지상태이며, 좌표가 (220, 0, 0) mm인 점에 힘 $\mathbf{F} = -10\mathbf{k}$ (N)이 가해진다. 평판에 가해지는 다른 힘이나 우력은 없다. (a) 평판의 질량중심의 가속도와 (b) 힘이 가해지는 순간의 평판의 각가속도를 구하라.

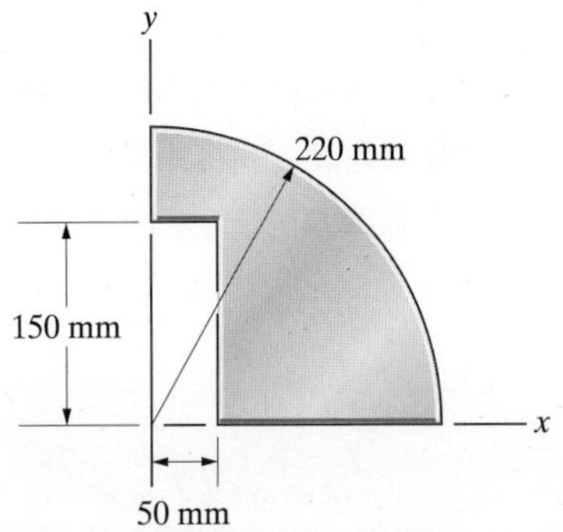

$$\begin{bmatrix} I_{xx} & -I_{xy} & -I_{xz} \\ -I_{yx} & I_{yy} & -I_{yz} \\ -I_{zx} & -I_{zy} & I_{zz} \end{bmatrix} = \begin{bmatrix} 0.0318 & -0.0219 & 0 \\ -0.0219 & 0.0357 & 0 \\ 0 & 0 & 0.0674 \end{bmatrix} \text{kg-m}^2$$

문제 9.35/9.36

9.37 3 kg의 가는 막대가 2 kg의 얇은 원판에 단단하게 결합되어 있다. 그림의 강체에 고정된 좌표계에 의한 복합체의 각속도 벡터는 $\boldsymbol{\omega} = 100\mathbf{i} - 4\mathbf{j} + 6\mathbf{k}$ (rad/s)이며, 각가속도는 0이다. 물체에 가해지는 물체의 질량중심에 대한 전체 모멘트의 성분은 얼마인가?

9.38 3 kg의 가는 막대가 2 kg의 얇은 원판에 단단하게 결합되어 있다. $t = 0$에서, 복합체는 정지상태이며 질량중심에 대해 모멘트 $\Sigma\mathbf{M} = -10\mathbf{i} + 10\mathbf{j}$ (N-m)를 받는다. 물체에 가해지는 다른 힘이나 우력은 없다. $t = 0$에서 물체의 각가속도를 구하라.

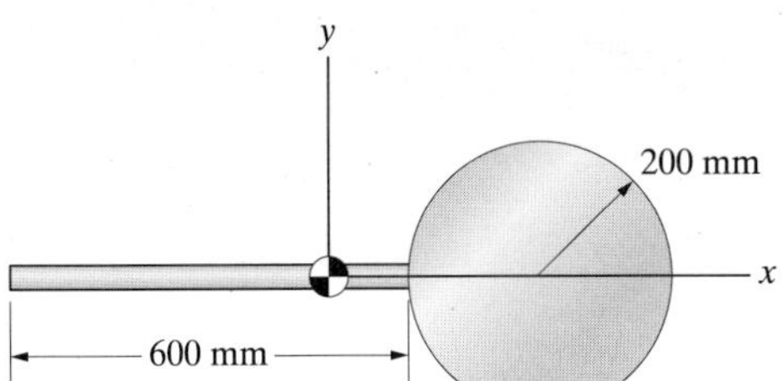

문제 9.37/9.38

9.39 접시 안테나를 지지하는 수직 회전축이 1 rad/s의 일정한 각속도로 회전하고 있으며, $\theta = 30°$, $d\theta/dt = 20°$/s, $d^2\theta/dt^2 = -40°$/s^{2}이다. 안테나의 질량은 280 kg이며, 안테나의 관성모멘트와 관성적은 kg-m^2 단위로 $I_{xx} = 140$, $I_{yy} = I_{zz} = 220$, $I_{xy} = I_{yx} = I_{zx} = 0$이다. 그림의 순간에 A의 지지부가 안테나에 가하는 우력을 구하라.

문제 9.39

9.40 5 kg의 삼각형 평판이 O에서 볼-소켓 조인트에 연결되어 있다. 만일 평판이 수평 위치에서 정지상태에서 놓인다면, 이 순간 평판의 각가속도 성분은 얼마인가?

9.41 만일 5 kg의 평판이 수평 위치에서 정지상태에서 놓인다면, 이 순간 볼-소켓 조인트가 평판에 가하는 힘은 얼마인가?

9.42 5 kg의 삼각형 평판이 O에서 볼-소켓 조인트에 연결되어 있다. 만일 평판이 수평 위치에서 각속도 $\boldsymbol{\omega} = 4\mathbf{i}$ (rad/s)로 놓인다면, 이 순간 평판의 각가속도 벡터의 성분은 얼마인가?

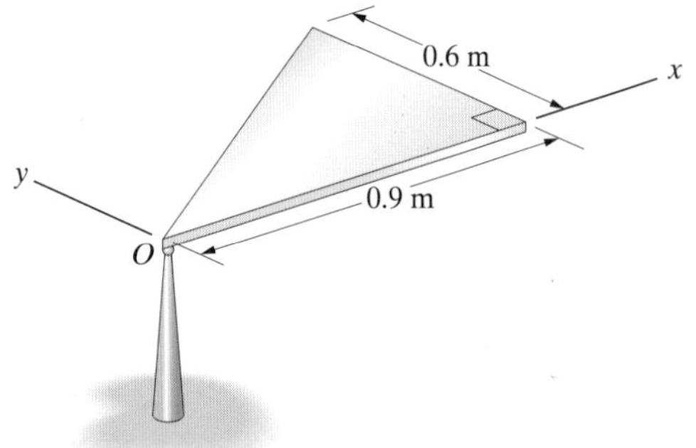

문제 9.40–9.42

9.43 우주 정거장의 소단위 조립품을 질량이 5000 kg인 두 개의 가는 막대가 단단하게 연결된 것으로 모델링한다. $t = 0$에서 조립품은 회전하고 있지 않으며, 이때 반력조절 모터가 B에 힘 $\mathbf{F} = 400\mathbf{k}$ (N)을 가한다. $t = 0$에서 조립품의 질량중심에 대한 점 A의 가속도는 얼마인가?

9.44 우주 정거장의 부분 조립품은 질량이 5000 kg인 두 개의 가는 막대가 단단하게 연결된 것으로 모델링할 수 있다. 만일 조립품이 10분당 1회전의 일정한 속도로 x축에 대해 회전하고 있다면, 반력조절 시스템이 조립품에 가하는 우력의 크기는 얼마인가?

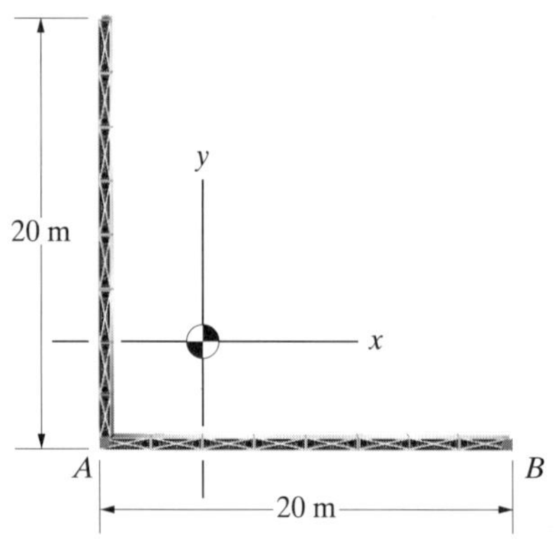

문제 9.43/9.44

9.45 반경이 $R = 0.2$ m이고 질량이 $m = 4$ kg인 얇은 원판이 수직 회전축에 단단하게 결합되어 있다. 원판의 평면이 수평면에 대해 각도 $\beta = 30°$의 각도로 기울어져 있다. 회전축은 일정한 각속도 $\omega_0 = 25$ rad/s로 회전한다. 회전축이 원판에 가하는 우력의 크기를 구하라.

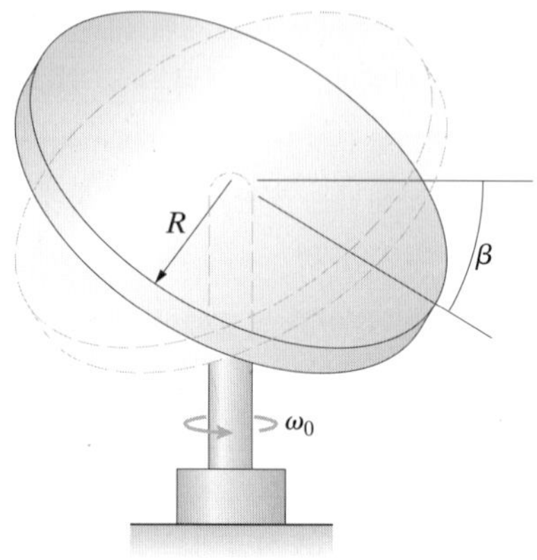

문제 9.45

9.46 질량이 $m = 8$ kg이고 길이가 $l = 1.2$ m인 가는 막대가 일정한 가속도 $\omega_0 = 25$ rad/s로 회전하는 수평 회전축에 용접되어 있으며, 각은 $\beta = 30°$이다. 회전축이 막대에 가하는 힘 $\mathbf{F}$와 우력 $\mathbf{C}$의 크기를 구하라. (그림과 같은 막대에 고정된 좌표계에 의한 각운동방정식을 써라.)

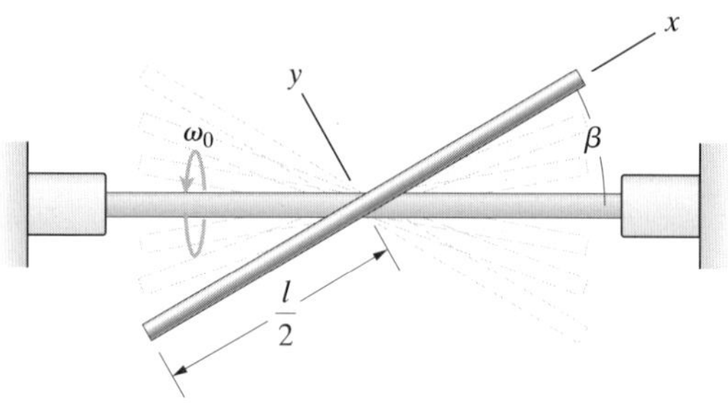

문제 9.46

9.47 질량이 $m = 8$ kg이고 길이가 $l = 1.2$ m인 가는 막대가 일정한 가속도 $\omega_0 = 25$ rad/s로 회전하는 수평 회전축에 용접되어 있으며, 각은 $\beta = 30°$이다. 회전축이 막대에 가하는 힘 $\mathbf{F}$와 우력 $\mathbf{C}$의 크기를 구하라. (그림과 같은 막대에 고정된 좌표계에 의한 각운동방정식을 써라. 문제 9.98 참조.)

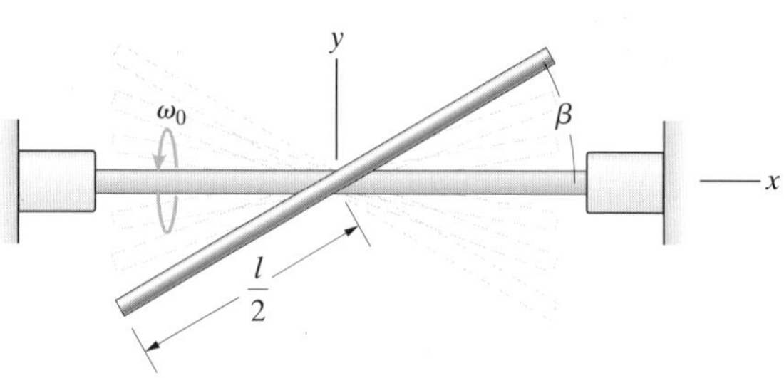

문제 9.47

9.48 길이가 l이고 질량이 m인 가는 막대가 O에서 수직 회전축에 핀으로 연결되어 있다. 수직 회전축은 일정한 각속도 ω_0로 회전한다. 막대가 수직 회전축에 대해 일정한 각 β를 유지하기 위해 필요한 ω_0의 값이 다음과 같음을 보여라:

$$\omega_0 = \sqrt{3g/(2l\cos\beta)}$$

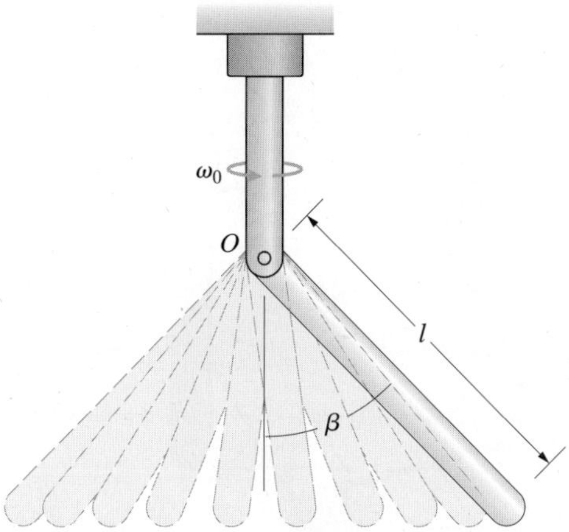

문제 9.48

9.49 수직 회전축이 일정한 각속도 ω_0로 회전한다. 회전축에 핀으로 연결된 44.5 N의 얇은 사각 평판의 모서리와 회전축 사이의 각은 35°로 일정하게 유지된다. ω_0를 구하라.

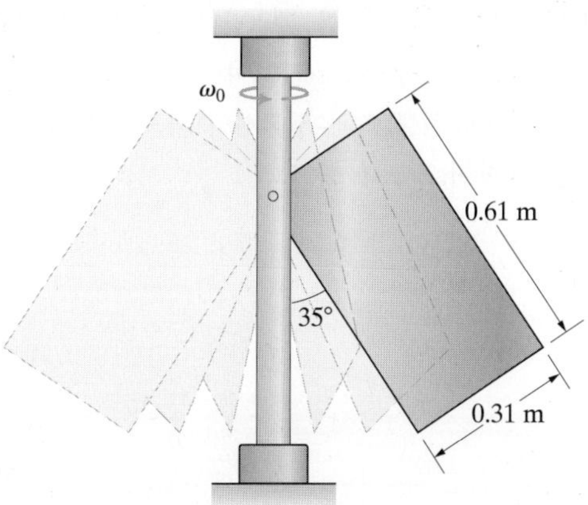

문제 9.49

9.50 5 kg인 얇은 원판의 반경은 $R = 0.2$ m이다. 원판은 수평 회전축에 설치되어 있으며 회전축에 대해 일정한 각속도 $\omega_d = 6$ rad/s로 회전한다. 수직 회전축은 일정한 각속도 $\omega_0 = 2$ rad/s로 회전한다. 수평 회전축이 원판에 가하는 우력의 크기를 구하라.

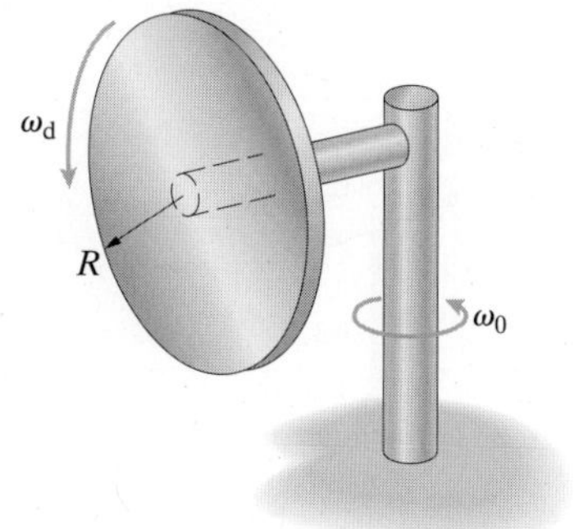

문제 9.50

9.51 얇은 삼각형 평판이 A와 B에서 볼-소켓 조인트에 의해 지지되고 있다. y축은 수직이다. 만일 평판이 일정한 각속도 ω_0로 회전한다면, A와 B에서의 평판에 대한 반력들의 수평 성분은 얼마인가?

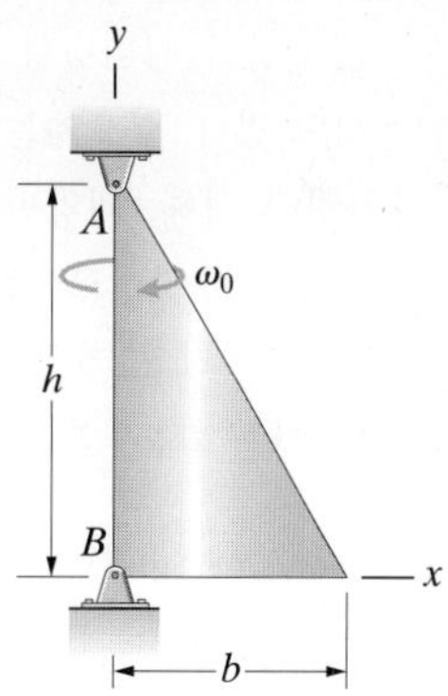

문제 9.51

9.52 44.5 N의 얇은 원판이 53.4 N의 가는 수평 회전축에 단단하게 결합되어 있다. 원판과 수평 회전축이 z축에 대해 $\omega_d = 20$ rad/s의 일정한 각속도로 회전하고 있다. 전체 조립품이 수직 좌표축에 대해 $\omega_0 = 4$ rad/s의 일정한 각속도로 회전한다. 원판이 수평 회전축에 가하는 힘과 우력의 성분을 구하라.

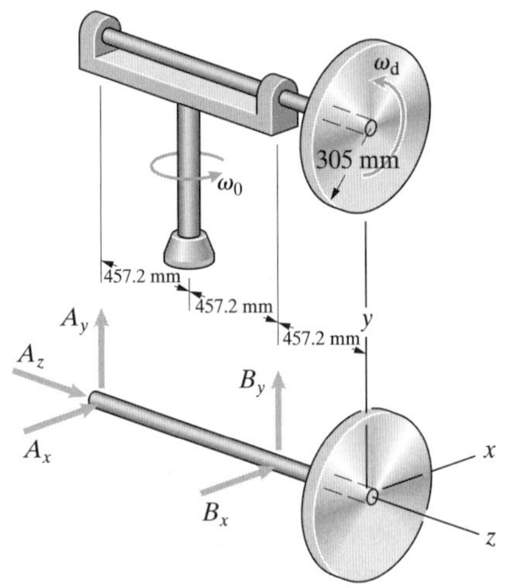

문제 9.52

9.53 Hubble 망원경이 망원경의 길이방향 축에 대해 일정한 각속도 ω_0로 회전하고 있다. 좌표계는 태양판에 대해 고정되어 있다. 망원경에 대해, 태양판은 일정한 각속도 ω_x로 x축에 대해 회전한다. 관성모멘트 I_{xx}, I_{yy}, I_{zz}는 알고 있으며, $I_{xy} = I_{yz} = I_{zx} = 0$이라고 가정한다. 서보메커니즘이 태양판에 가해야 하는 x축에 대한 모멘트가

$$\Sigma M_x = (I_{zz} - I_{yy})\omega_0^2 \sin\theta \cos\theta$$

임을 보여라.

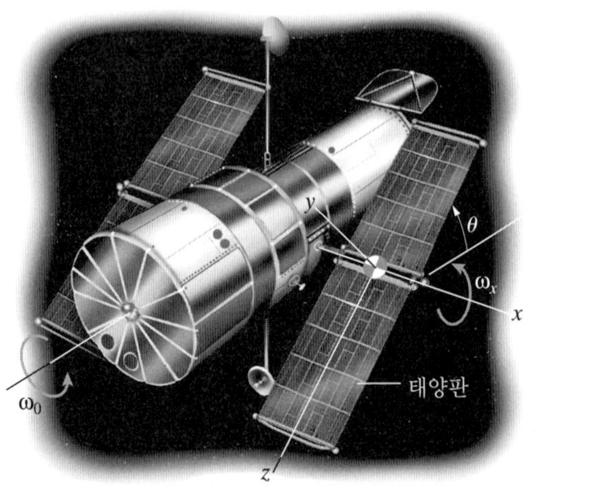

문제 9.53

9.54 얇은 사각형 평판이 사각형 프레임에 핀으로 연결되어 있다. 프레임이 일정한 각속도 ω_0로 회전한다. 다음을 보여라:

$$\frac{d^2\beta}{dt^2} = -\omega_0^2 \sin\beta \cos\beta$$

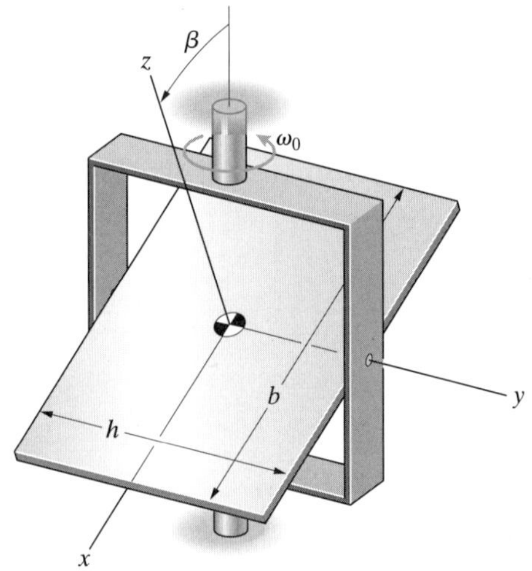

문제 9.54

9.55* 질량이 m이고 높이가 h이며 반경이 R인 직원뿔(right circular cone)의 축이 수직축에 대해 일정한 각속도 ω_0로 돌고 있다. 직원뿔의 질량중심은 움직이지 않으며, 직원뿔의 밑면이 바닥 위를 굴러간다. 이 운동에 필요한 각속도가 $\omega_0 = \sqrt{10g/3R}$임을 보여라.

전략: z축이 원뿔 축과 일직선이 되도록 하고, x축은 연직선 방향이 되도록 한다.

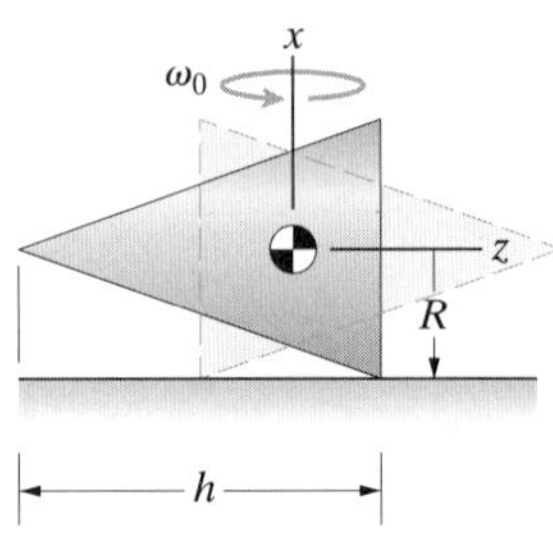

문제 9.55

9.56* 반경이 R이고 질량이 m인 얇은 원판이 반경 r의 원형 경로를 따라 굴러가고 있다. 원판중심의 속도 크기 v와 원판의 축과 연직선 사이의 각 θ는 상수이다. v가 다음 식을 만족함을 보여라:

$$v^2 = \frac{\frac{2}{3}g \cot\theta(r - R\cos\theta)^2}{r - \frac{5}{6}R\cos\theta}$$

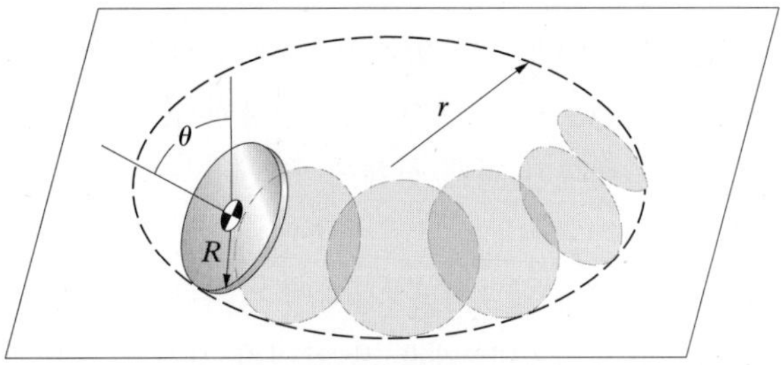

문제 9.56

9.57* 두 개의 얇은 원판이 가는 막대에 의해 단단하게 연결되어 있다. 큰 원판의 반경은 200 mm이며, 질량은 4 kg이다. 작은 원판의 반경은 100 mm이며, 질량은 1 kg이다. 막대의 길이는 400 mm이며, 질량은 무시할 만하다. 이 복합체는 질량중심을 통과하는 수직 y축에 대해 각속도 ω_0로 회전을 하는 정상 운동을 한다. 이 운동을 하는 동안 막대는 수평이며, 큰 원판은 바닥 위를 굴러간다. ω_0는 얼마인가?

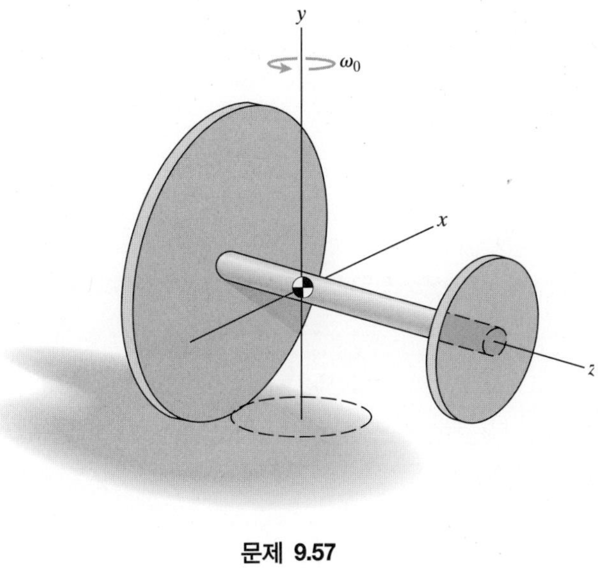

문제 9.57

9.58 비행기 뒤쪽에서 비행기의 착륙장치를 보면 그림 a와 같다. 바퀴의 반경은 300 mm이고, 관성모멘트는 2 kg-m^{2}이다. 비행기는 30 m/s로 이륙한다. 이륙 후, 착륙장치는 그림 b와 같이 비행기의 오른쪽을 향해 회전하면서 몸체 속으로 들어간다. 바퀴가 바퀴의 지지대에 가하는 우력의 크기를 구하라. (비행기의 각운동은 무시한다.)

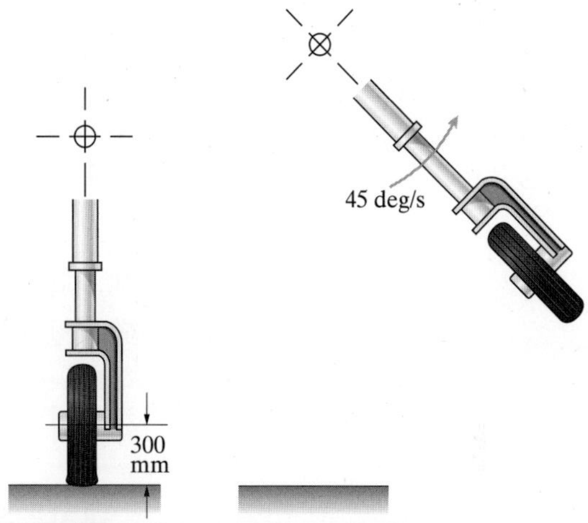

문제 9.58

9.59 만일 운전자가 왼쪽으로 돈다면, 바퀴가 오토바이에 가하는 우력은 오토바이를 운전자의 왼쪽으로 기울어지게 할 것인가, 오른쪽으로 기울어지게 할 것인가?

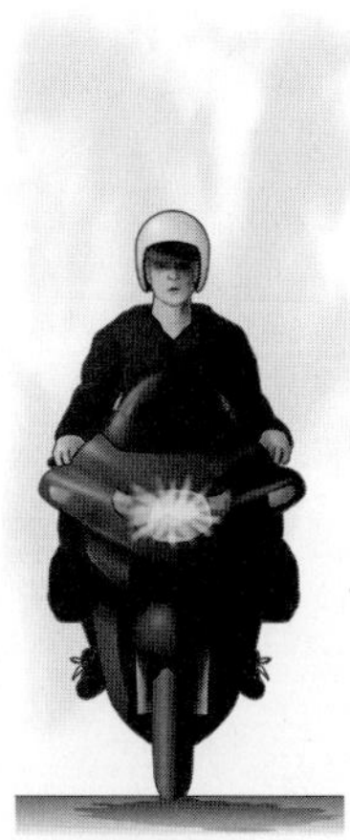

문제 9.59

9.60* 식 (9.9)의 $\mathbf{H}_O$의 성분들을 다음 식,

$$\Sigma \mathbf{M}_O = \frac{dH_{Ox}}{dt}\mathbf{i} + \frac{dH_{Oy}}{dt}\mathbf{j} + \frac{dH_{Oz}}{dt}\mathbf{k} + \mathbf{\Omega} \times \mathbf{H}_O$$

에 대입하여 식 (9.12)를 유도하라.

9.3 오일러 각

각운동방정식은 강체에 작용하는 전체 모멘트를 강체의 각속도 및 각가속도에 연관시킨다. 전체 모멘트와 각속도를 안다면 각가속도를 구할 수 있다. 그러나 강체의 각(角)위치, 즉 방위(orientation)를 시간의 함수로 구하기 위해서는 각가속도를 어떻게 이용할 수 있을까? 이에 대한 방법을 설명하기 위해, 3차원에서 강체의 방위를 어떻게 기술하는지 먼저 살펴보아야 한다.

평면운동을 하는 강체의 방위는 어떤 기준 방위에 대해 강체의 회전을 나타내는 각 θ만으로 기술할 수 있다는 것을 알고 있다. 3차원 운동에서는 세 개의 각이 필요한데, 그 이유를 이해하기 위해 강체에 고정된 특정 축을 생각해 보자. 두 개의 각은 축의 방향을 나타내기 위해 필요하며, 세 번째 각은 축에 대한 강체의 방위를 나타내기 위해 필요하다. 강체의 방위를 기술하기 위해 여러 각(角)시스템이 흔하게 사용되지만, 가장 잘 알려진 시스템은 오일러 각(Eulerian angle)으로 불리는 시스템이다. 이 절에서 이 각들을 정의하고 오일러 각들에 의해 각운동방정식을 나타내도록 한다.

대칭축을 가진 물체

오일러 각이 회전대칭(rotational symmetry)의 축을 가진 물체의 방위를 기술하는 데 어떻게 사용되는지를 먼저 설명하기로 한다. 회전대칭축을 가진 경

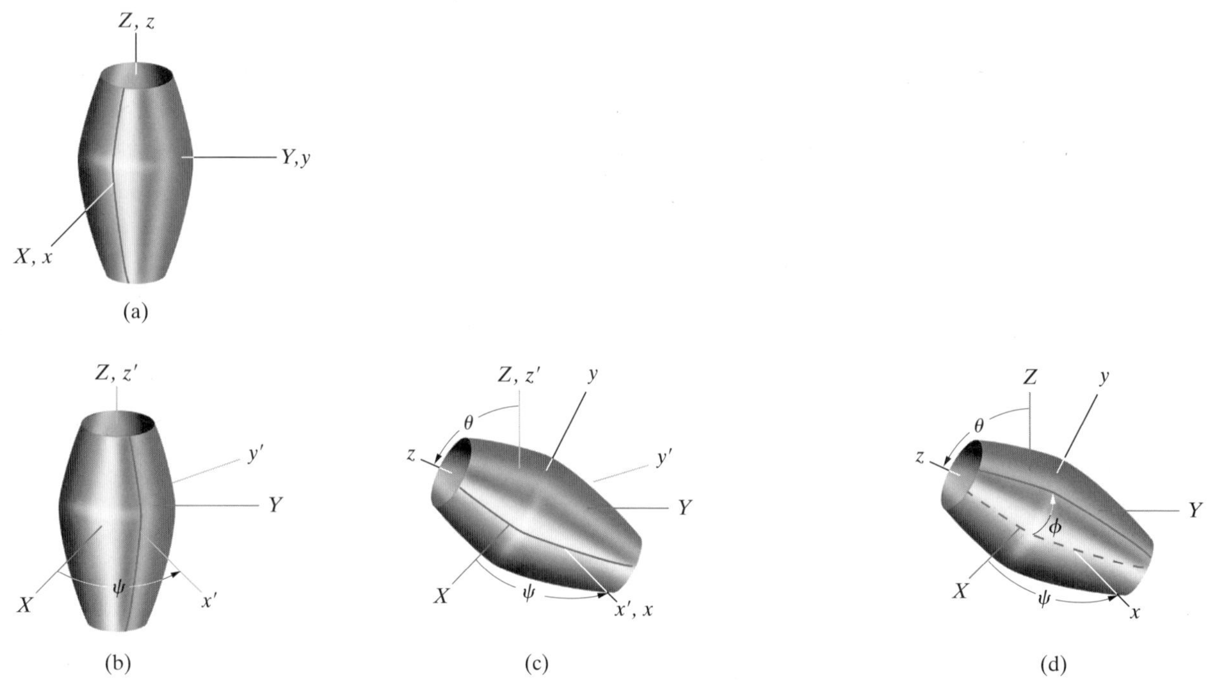

그림 9.18
(a) 기준 위치.
(b) Z축에 대한 회전 ψ.
(c) x'축에 대한 회전 θ.
(d) xyz 좌표계에 대한 물체의 회전 ϕ.

우에는 각운동방정식이 더 간단해지기 때문이다.

정의 물체가 회전대칭축을 갖는다고 가정하고, *z*축이 물체의 대칭축과 일치하는 2차 기준좌표계 *xyz*와 관성 주 기준좌표계 *XYZ*의 두 기준좌표계를 도입한다. 물체가 *xyz*와 *XYZ*가 서로 중첩되는 기준 위치에 있을 때부터 시작한다(그림 9.18a).

첫 번째 단계로 물체와 *xyz* 좌표계를 *Z*축에 대해 각 ψ만큼 회전시킨다(그림 9.18b). 회전 후의 2차 좌표계를 $x'y'z'$로 표시한다. 그 다음, 물체와 *xyz* 좌표계를 x'축에 대해 각도 θ만큼 함께 회전시킨다(그림 9.18c). 마지막으로, 물체의 대칭축에 대해 각도 ϕ만큼 물체를 *xyz* 좌표계에 대해 회전시킨다(그림 9.18d). *x*축은 *XY* 평면 상에 계속 있다는 점에 유의하라.

각 ψ와 θ는 주 기준좌표계 *XYZ*에 대한 2차 기준좌표계 *XYZ*의 방위를 나타낸다. 각 ψ는 **세차각**(precession angle), θ는 **장동각**(nutation angle)이라고 부른다. *xyz* 좌표계에 대한 강체의 회전을 기술하는 각 ϕ는 **스핀각**(spin angle)이라고 부른다. 이 세 개의 각(角)은 주 기준좌표계에 대한 강체의 방위를 기술하며, 이 세 각을 **오일러 각**(Euler angle)이라고 한다. 오일러 각을 적절하게 선택함으로써 주 기준좌표계에 대한 물체의 임의의 방위를 얻을 수 있다. 즉, 원하는 대칭축의 방향을 얻기 위해 ψ와 θ를 선택한 후, 물체의 대칭축에 대한 원하는 회전 위치를 얻기 위해 ϕ를 선택한다.

각운동방정식 오일러 각에 의한 물체의 운동을 해석하기 위해서는 각운동방정식을 오일러 각에 의해 나타내야 한다. 그림 9.19a는 *xyz* 좌표계의 기준 방위로부터 중간 방위 $x'y'z'$까지의 회전 ψ를 나타낸다. ψ의 변화율로 인한 좌표계의 각속도를 z' 방향을 가리키는 각속도 벡터 $\dot{\psi}$로 나타내기로 한다. (여기서는 점을 이용하여 시간에 대한 미분을 나타낸다.) 그림 9.19b는 두 번째 회전 θ를 나타낸다. θ의 변화율로 인한 각속도를 *x* 방향을 가리키는 벡터 $\dot{\theta}$로 나타내기로 한다. 또한 각속도 벡터 $\dot{\psi}$를 *y*와 *z* 방향 성분으로 분해한다. 주 기준좌표계에 대한 *xyz* 좌표계의 각속도 성분은

$$\Omega_x = \dot{\theta}$$
$$\Omega_y = \dot{\psi}\sin\theta \qquad (9.22)$$
$$\Omega_z = \dot{\psi}\cos\theta$$

이다. 그림 9.19c에서, *xyz* 좌표계에 대한 강체의 각속도를 $\dot{\phi}$로 나타낸다. 이 각속도를 *xyz* 좌표계의 각속도에 더하면, *XYZ* 좌표계에 대한 강체의 각속도 성분을 얻을 수 있다. 즉,

$$\omega_x = \dot{\theta}$$
$$\omega_y = \dot{\psi}\sin\theta \qquad (9.23)$$
$$\omega_z = \dot{\phi} + \dot{\psi}\cos\theta$$

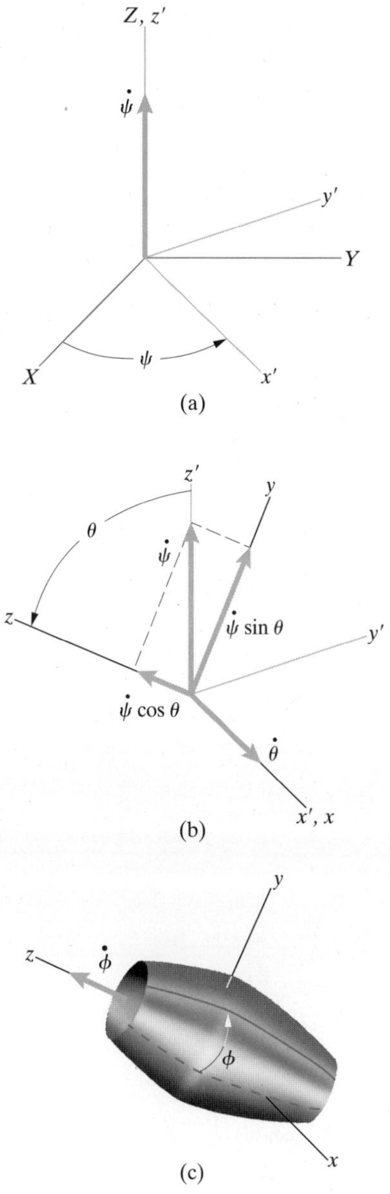

그림 9.19
(a) 회전각 ψ와 각속도 $\dot{\psi}$.
(b) 회전 θ, 각속도 $\dot{\theta}$, 각속도 $\dot{\phi}$의 성분들.
(c) 회전 ϕ와 각속도 $\dot{\phi}$.

이고, 이 식들을 시간에 대해 미분하면 다음과 같다:

$$\frac{d\omega_x}{dt} = \ddot{\theta}$$
$$\frac{d\omega_y}{dt} = \ddot{\psi}\sin\theta + \dot{\psi}\dot{\theta}\cos\theta \tag{9.24}$$
$$\frac{d\omega_z}{dt} = \ddot{\phi} + \ddot{\psi}\cos\theta - \dot{\psi}\dot{\theta}\sin\theta$$

물체가 회전대칭성을 가지므로, 관성적 I_{xy}, I_{xz}, I_{yz}는 0이며 $I_{xx} = I_{yy}$이다. 관성행렬은 다음 형태를 갖는다:

$$[I] = \begin{bmatrix} I_{xx} & 0 & 0 \\ 0 & I_{xx} & 0 \\ 0 & 0 & I_{zz} \end{bmatrix} \tag{9.25}$$

식 (9.22)−(9.25)를 식 (9.18)에 대입하면, 오일러 각에 의한 각운동방정식을 구할 수 있다. 즉,

$$\Sigma M_x = I_{xx}\ddot{\theta} + (I_{zz} - I_{xx})\dot{\psi}^2\sin\theta\cos\theta + I_{zz}\dot{\phi}\dot{\psi}\sin\theta \tag{9.26}$$

$$\Sigma M_y = I_{xx}(\ddot{\psi}\sin\theta + 2\dot{\psi}\dot{\theta}\cos\theta) - I_{zz}(\dot{\phi}\dot{\theta} + \dot{\psi}\dot{\theta}\cos\theta) \tag{9.27}$$

$$\Sigma M_z = I_{zz}(\ddot{\phi} + \ddot{\psi}\cos\theta - \dot{\psi}\dot{\theta}\sin\theta) \tag{9.28}$$

이다. 전체 모멘트가 알려져 있을 때 오일러 각을 시간의 함수로 구하기 위해서는, 일반적으로 이 방정식들을 수치 적분으로 풀어야 한다. 그러나 특정 형태의 운동을 가정함으로써 중요한 부류의 닫힌 형태의 해를 구할 수 있다.

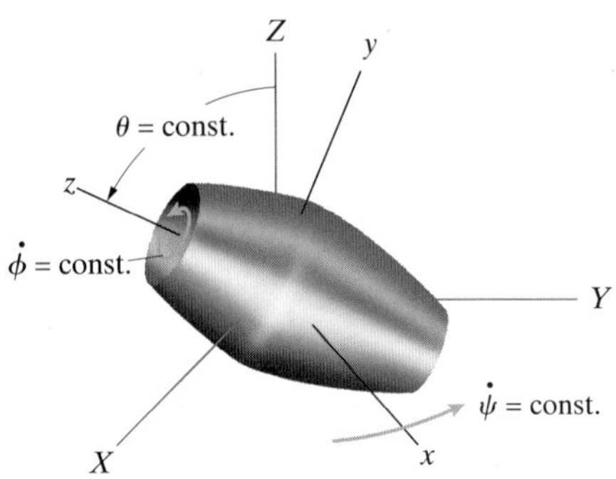

그림 9.20
정상 세차운동.

정상 세차운동 정상 세차운동(steady precession)으로 불리는 운동은 팽이와 자이로스코프에서 흔하게 관찰된다. xyz 좌표계에 대한 물체의 스핀율(spin rate) $\dot{\phi}$가 일정하다고 가정한다(그림 9.20). Z축에 대한 스핀축(spin axis) z의 기울어진 정도를 나타내는 장동각(nutation angle) θ가 일정하다고 가정하며, Z축에 대해 xyz 좌표계가 회전하는 비율인 세차율(precession rate) $\dot{\psi}$도 일정하다고 가정한다. 이 운동의 이름은 마지막 가정 때문에 주어졌다.

이 가정들로부터 식 (9.26)−(9.28)은 다음과 같이 간단하게 나타낼 수 있다:

$$\Sigma M_x = (I_{zz} - I_{xx})\dot{\psi}^2\sin\theta\cos\theta + I_{zz}\dot{\phi}\dot{\psi}\sin\theta \tag{9.29}$$

$$\Sigma M_y = 0 \tag{9.30}$$

$$\Sigma M_z = 0 \tag{9.31}$$

자전하는 팽이의 정상 세차운동과 외부 모멘트가 가해지지 않는 축대칭 물체의 정상 세차운동의 두 예에 대해 살펴보자.

팽이의 세차운동 팽이 특유의 움직임(그림 9.21a)은 강체의 3차원 운동에 대

한 해석적인 연구에 대한 일부 동기가 되었다. 팽이가 운동을 하게 될 때, 팽이의 스핀축은 초기에 수직상태를 유지할 수도 있는데, 이때 팽이는 잠을 잔다고 말한다. 마찰이 스핀율(spin rate)을 감소시킴에 따라, 스핀축이 기울어지면서 수직축에 대해 회전하기 시작한다. 이 단계의 팽이 운동은 정상 세차운동에 가깝다. (팽이의 스핀율은 마찰 때문에 계속 감소하는 데 반해 정상 세차운동에서는 스핀율이 일정하다고 가정한다.)

운동을 해석하기 위해, 주 좌표계 XYZ의 원점을 팽이의 뾰족한 끝점에 두고 Z축은 위를 향하게 한다. 그 다음, xyz 좌표계의 z축이 스핀축과 일직선이 되도록 정렬시킨다(그림 9.21b). 팽이의 뾰족한 끝점이 약간 파인 곳에 놓여 있어 팽이가 바닥의 고정점에서 계속 운동한다고 가정하자. 세차각 ψ와 장동각 θ는 스핀축의 방위를 나타내며, xyz 좌표계에 대한 팽이의 스핀율은 $\dot{\phi}$이다.

팽이의 무게는 원점에 대해 모멘트 $\Sigma M_x = mgh\sin\theta$를 가하며 $\Sigma M_y = 0$, $\Sigma M_z = 0$이다. $\Sigma M_x = mgh\sin\theta$를 식 (9.29)에 대입하면 다음 식

$$mgh = (I_{zz} - I_{xx})\dot{\psi}^2\cos\theta + I_{zz}\dot{\phi}\dot{\psi} \tag{9.32}$$

을 얻으며, 식 (9.30)과 (9.31)은 똑같이 만족된다. 식 (9.32)는 스핀율과 장동각, 그리고 세차율의 관계를 나타낸다. 예를 들어 스핀율 $\dot{\phi}$와 장동각 θ를 안다면, 팽이의 세차율 $\dot{\psi}$에 대해 식을 풀 수 있다.

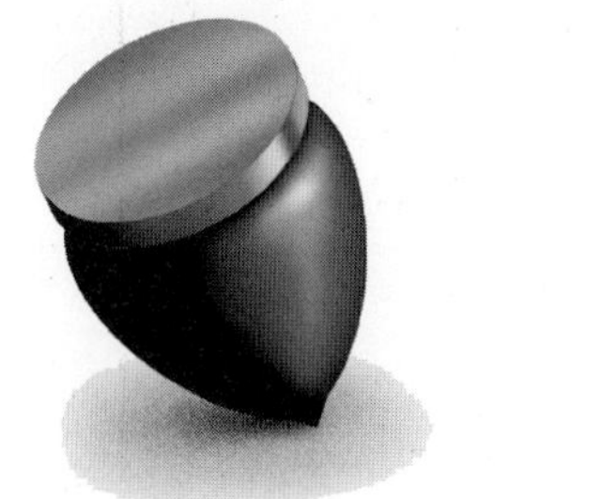

(a)

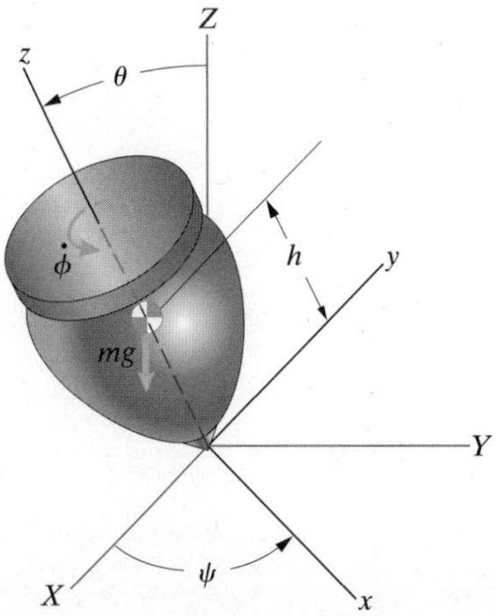

(b)

그림 9.21
(a) 회전하는 팽이는 중력에 저항한다.
(b) 세차각 ψ와 장동각 θ는 스핀축의 방위를 나타낸다.

모멘트가 없는 정상 세차운동 궤도 상의 축대칭 인공위성과 같이 외부의 모멘트 없이 자전하는 축대칭 물체는 팽이의 정상 세차운동과 유사한 운동을 나타낸다. 미식 축구공이 "뒤뚱거리며" 나선모양으로 날아갈 때 이런 운동을 관찰할 수 있다. 이 운동을 해석하기 위해, xyz 좌표계의 원점을 물체의 질량중심에 놓는다(그림 9.22a). 식 (9.29)는

$$(I_{zz} - I_{xx})\dot{\psi}\cos\theta + I_{zz}\dot{\phi} = 0 \tag{9.33}$$

이 되며, 식 (9.30)과 (9.31)은 똑같이 만족된다. 주어진 장동각에 대해, 식 (9.33)은 물체의 세차율과 스핀율을 연관시킨다.

식 (9.33)을 이용하여 운동을 가시화(可視化)함으로써 이 식의 의미를 해석할 수 있다. 현재 순간에서 질량중심에 대한 물체의 속도가 0인 y−z 평면 상의 한 점을 찾는다. 즉, 다음 식

$$\begin{aligned}\boldsymbol{\omega} \times (y\mathbf{j} + z\mathbf{k}) &= [(\dot{\psi}\sin\theta)\mathbf{j} + (\dot{\phi} + \dot{\psi}\cos\theta)\mathbf{k}] \times [y\mathbf{j} + z\mathbf{k}] \\ &= [z\dot{\psi}\sin\theta - y(\dot{\phi} + \dot{\psi}\cos\theta)]\mathbf{i} = 0\end{aligned}$$

을 만족하는 좌표 (0, y, z)를 가진 점을 찾고자 한다. 위 식은 다음 식

$$\frac{y}{z} = \frac{\dot{\psi}\sin\theta}{\dot{\phi} + \dot{\psi}\cos\theta}$$

를 만족하는 y−z 평면 상의 점들에서 만족된다. 이 관계식은 그림 9.22b의 z축에 대해 각도 β만큼 기울어진 직선 상의 점들에 의해 만족된다. 여기서

$$\tan\beta = \frac{y}{z} = \frac{\dot{\psi}\sin\theta}{\dot{\phi} + \dot{\psi}\cos\theta}$$

이다. 식 (9.33)을 $\dot{\phi}$에 대해 풀고, 결과를 위 식에 대입하면 다음을 얻는다:

$$\tan\beta = \left(\frac{I_{zz}}{I_{xx}}\right)\tan\theta$$

만일 $I_{xx} > I_{zz}$이면 $\beta < \theta$이다. 그림 9.22c에 **강체 원뿔**(body cone)로 불리는 반각(half-angle) β의 가상의 원뿔을 나타내었다. 이 원뿔의 축은 z축과 일치한다. 강체 원뿔은 **공간 원뿔**(space cone)로 불리는 고정된 원뿔과 접촉한다. 공간 원뿔의 축은 Z축과 일치한다. 만일 z축이 Z축에 대해 세차운동을 함에 따라 강체 원뿔이 공간 원뿔의 곡면 상에서 굴러간다면(그림 9.22d), 그림 9.22b에서 두 원뿔이 접촉하는 직선 상에 있는 강체 원뿔의 점들은 XYZ 좌표계에 대해 0의 속도를 갖는다. 이것은 **강체 원뿔의 운동이 물체의 운동과 동일함을 의미한**

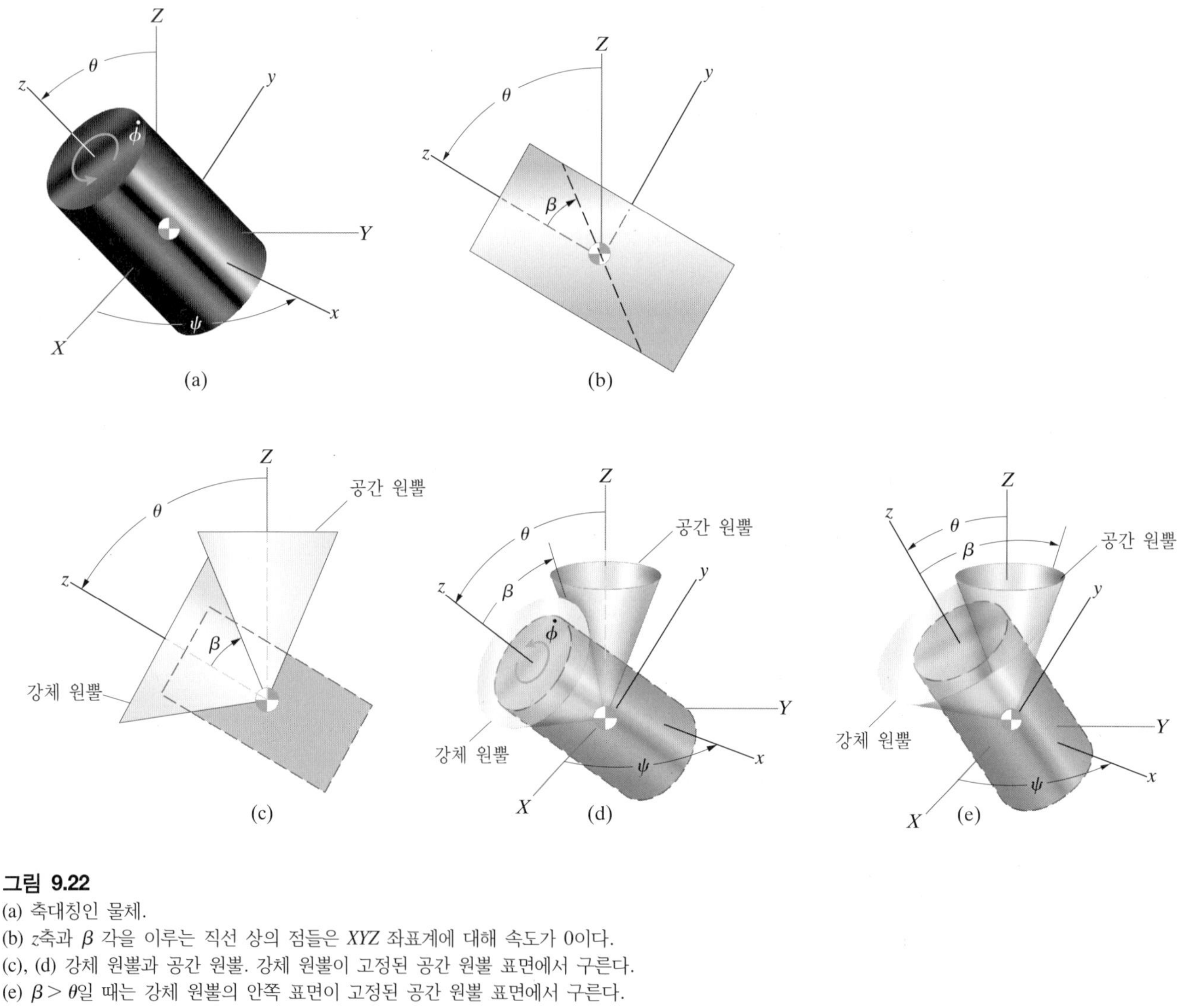

그림 9.22
(a) 축대칭인 물체.
(b) z축과 β 각을 이루는 직선 상의 점들은 XYZ 좌표계에 대해 속도가 0이다.
(c), (d) 강체 원뿔과 공간 원뿔. 강체 원뿔이 고정된 공간 원뿔 표면에서 구른다.
(e) $\beta > \theta$일 때는 강체 원뿔의 안쪽 표면이 고정된 공간 원뿔 표면에서 구른다.

다. 강체 원뿔이 공간 원뿔의 바깥 표면 위를 구르며 회전하는 동안 강체 원뿔의 운동을 가시화함으로써 물체의 운동을 가시화할 수 있다. 이 운동을 **정세차운동**(direct precession)이라고 한다.

만일 $I_{xx} < I_{zz}$이면 $\beta > \theta$이다. 이 경우 강체 원뿔의 안쪽 표면이 고정된 공간 원뿔 표면에서 구르는 것을 가시화해야 한다(그림 9.22e). 이 운동을 **역세차운동**(retrograde precession)이라 한다.

임의 형상의 물체

축대칭인 물체의 해석에서, 물체는 2차 xyz 좌표계에 대해 상대운동을 하며 z축에 대해 회전한다. 이 결과, 세차각 ψ와 장동각 θ의 두 각만이 xyz 좌표계의 방위를 기술하는 데 필요하며, 이 때문에 각운동방정식이 간단해진다. 물체는 z축에 대해 축대칭이어야 하며, 그래서 물체가 회전하는 동안 관성모멘트와 관성적은 변하지 않는다. 임의 형상의 물체인 경우, xyz 좌표계가 물체에 고정되어 있는 경우에만 관성모멘트와 관성적이 일정할 것이다. 이것은 좌표계의 방위를 나타내는 데 세 개의 각이 필요하며, 얻어진 각운동방정식은 좀 더 복잡할 것임을 의미한다.

정의 강체에 고정된 xyz 좌표계와 주 XYZ 좌표계가 중첩된 기준 위치에서부터 시작하자(그림 9.23a). 먼저 xyz 좌표계를 Z축에 대해 세차각 ψ만큼 회전시킨 후(그림 9.23b), 이 좌표계를 $x'y'z'$로 표시한다. 그 다음, $x'y'z'$ 좌표계를 x'축에 대해 장동각 θ만큼 회전시키고(그림 9.23c) 이 좌표계를 $x''y''z''$로 표시한다. 이 좌표계를 z''축에 대해 각 ϕ만큼 회전시킴으로써 xyz 좌표계의 최종 방위를 얻게 된다(그림 9.23d). 축대칭 물체의 경우보다 xyz 좌표계를 한 번 더

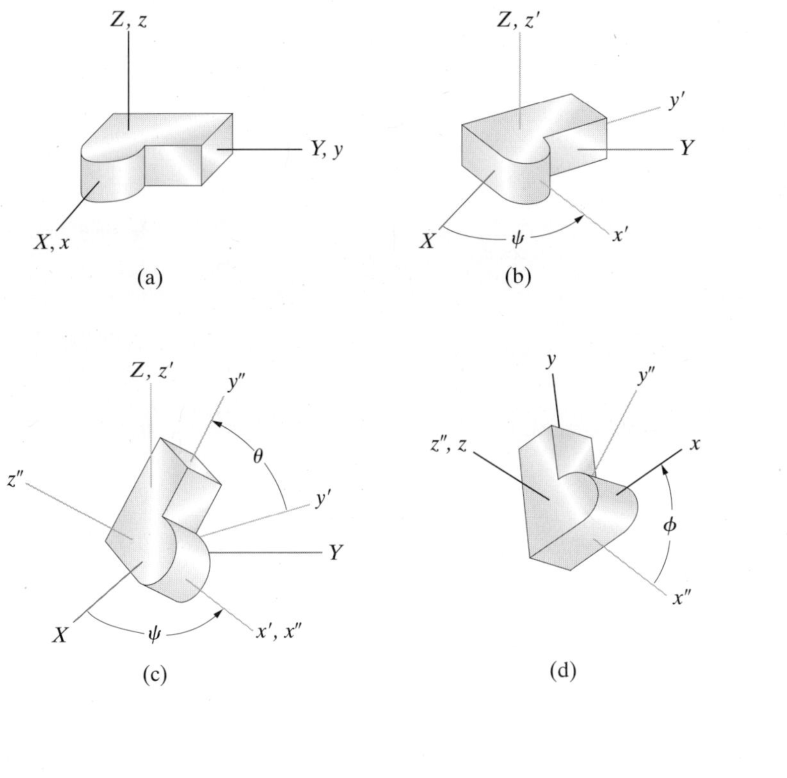

그림 9.23
(a) 기준 위치.
(b) Z축에 대한 회전 ψ.
(c) x'축에 대한 회전 θ.
(d) z''축에 대한 회전 ϕ.

회전시켰음에 유의하라.

강체에 고정된 좌표계의 기준좌표계에 대한 어떠한 방위도 이 세 회전에 의해 얻을 수 있다. 원하는 z축의 방향을 얻기 위해 ψ와 θ를 선택한 후, x축과 y축의 원하는 방향을 얻기 위해 ϕ를 선택한다.

회전대칭인 물체의 경우와 마찬가지로, 각운동방정식을 얻기 위해 강체의 각속도 성분들을 오일러 각들에 의해 나타내어야 한다. 그림 9.24a는 xyz 좌표계의 기준 방위로부터 중간 방위 $x'y'z'$까지 ψ만큼 회전한 것을 보여준다. ψ의 변화율로 인한 강체에 고정된 좌표계의 각속도를 z' 방향을 가리키는 벡터 $\dot{\psi}$에 의해 나타낸다. 그림 9.24b는 강체에 고정된 좌표계를 중간 방위 $x''y''z''$까지 회전시키는 각 θ를 나타낸다. θ의 변화율로 인한 각속도를 x'' 방향을 가리키는 벡터 $\dot{\theta}$로 나타낸다. 이 그림에 각속도 벡터 $\dot{\psi}$의 y'' 성분과 z'' 성분도 표시하였다. 그림 9.24c는 세 개의 오일러 각에 의해 정의된 최종 방위까지 강체에 고정된 좌표계를 회전시키는 세 번째 회전각 ϕ를 나타낸다. ϕ의 변화율로 인한 각속도는 z 방향을 가리키는 $\dot{\phi}$로 나타낸다.

ω_x, ω_y, ω_z를 오일러 각에 의해 구하기 위해서는 그림 9.24c에 표시한 각속도들을 x축, y축, z축 방향의 성분으로 구해야 한다. 벡터 $\dot{\phi}$와 $\dot{\psi}\cos\theta$는 z축 방향을 가리킨다. z축이 지면 밖을 향하도록 그려진 그림 9.24d와 e에서, 벡터 $\dot{\psi}\sin\theta$와 $\dot{\theta}$의 x축 및 y축 방향의 성분을 구한다.

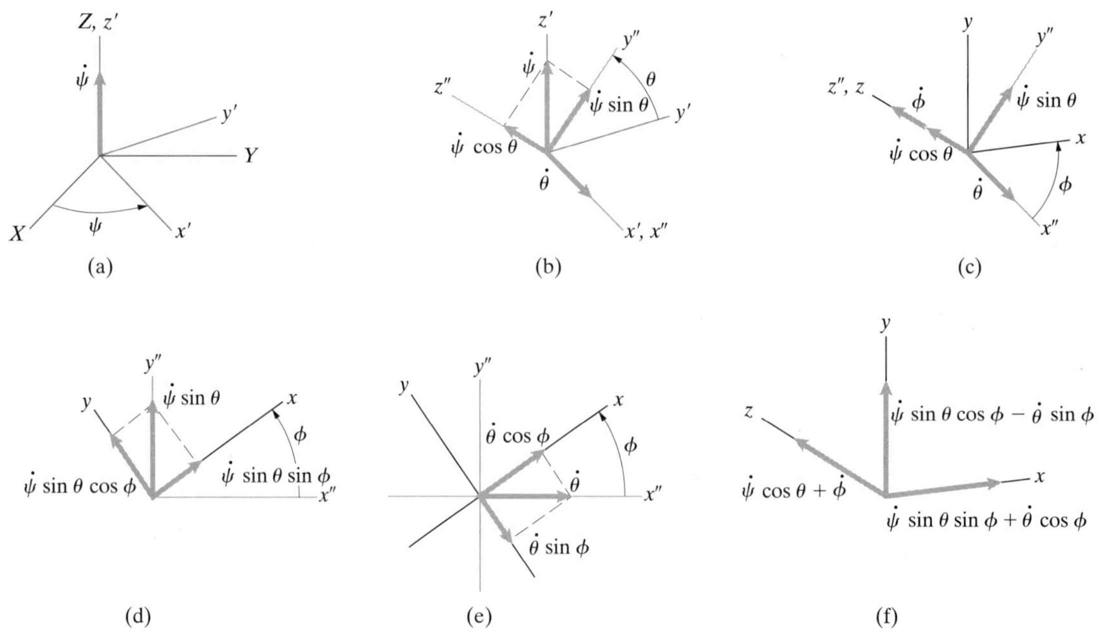

그림 9.24

(a) 회전 ψ와 $\dot{\psi}$.

(b) 회전 θ와 각속도 $\dot{\theta}$, 그리고 $\dot{\psi}$의 $x''y''z''$ 좌표계에서의 성분들.

(c) 회전 ϕ와 각속도 $\dot{\phi}$.

(d), (e) xyz 좌표계에서의 각속도 $\dot{\psi}\sin\theta$와 $\dot{\theta}$의 성분들.

(f) 각속도 ω_x, ω_y, ω_z.

세 좌표축 방향의 각속도 성분을 더하면(그림 9.24f), 다음 식들을 얻게 된다:

$$\begin{aligned} \omega_x &= \dot{\psi} \sin \theta \sin \phi + \dot{\theta} \cos \phi \\ \omega_y &= \dot{\psi} \sin \theta \cos \phi - \dot{\theta} \sin \phi \\ \omega_z &= \dot{\psi} \cos \theta + \dot{\phi} \end{aligned} \tag{9.34}$$

이 식들의 시간에 대한 미분은

$$\begin{aligned} \frac{d\omega_x}{dt} &= \ddot{\psi} \sin \theta \sin \phi + \dot{\psi}\dot{\theta} \cos \theta \sin \phi + \dot{\psi}\dot{\phi} \sin \theta \cos \phi \\ &\quad + \ddot{\theta} \cos \phi - \dot{\theta}\dot{\phi} \sin \phi \\ \frac{d\omega_y}{dt} &= \ddot{\psi} \sin \theta \cos \phi + \dot{\psi}\dot{\theta} \cos \theta \cos \phi - \dot{\psi}\dot{\phi} \sin \theta \sin \phi \\ &\quad - \ddot{\theta} \sin \phi - \dot{\theta}\dot{\phi} \cos \phi) \\ \frac{d\omega_z}{dt} &= \ddot{\psi} \cos \theta - \dot{\psi}\dot{\theta} \sin \theta + \ddot{\phi} \end{aligned} \tag{9.35}$$

이다.

각운동방정식 식 (9.34)와 (9.35)를 가지고, 각운동방정식을 세 오일러 각에 의해 나타낼 수 있다. 이 식들을 간단히 하기 위해, **강체에 고정된 좌표계** *xyz* **가 주축**(principal axis)**들로 이루어진 좌표계라고 가정한다.** (이 장의 부록 참조.) 그러면 각운동방정식, 식 (9.18)은

$$\begin{aligned} \Sigma M_x &= I_{xx}\frac{d\omega_x}{dt} - (I_{yy} - I_{zz})\omega_y\omega_z \\ \Sigma M_y &= I_{yy}\frac{d\omega_y}{dt} - (I_{zz} - I_{xx})\omega_z\omega_x \\ \Sigma M_z &= I_{zz}\frac{d\omega_z}{dt} - (I_{xx} - I_{yy})\omega_x\omega_y \end{aligned}$$

가 된다. 식 (9.34)와 (9.35)를 위 식들에 대입하면, 오일러 각에 의한 각운동방정식을 얻을 수 있다. 즉,

$$\begin{aligned} \Sigma M_x &= I_{xx}\ddot{\psi} \sin \theta \sin \phi + I_{xx}\ddot{\theta} \cos \phi \\ &\quad + I_{xx}(\dot{\psi}\dot{\theta} \cos \theta \sin \phi + \dot{\psi}\dot{\phi} \sin \theta \cos \phi - \dot{\theta}\dot{\phi} \sin \phi) \\ &\quad - (I_{yy} - I_{zz})(\dot{\psi} \sin \theta \cos \phi - \dot{\theta} \sin \phi)(\dot{\psi} \cos \theta + \dot{\phi}) \\ \Sigma M_y &= I_{yy}\ddot{\psi} \sin \theta \cos \phi - I_{yy}\ddot{\theta} \sin \phi \\ &\quad + I_{yy}(\dot{\psi}\dot{\theta} \cos \theta \cos \phi - \dot{\psi}\dot{\phi} \sin \theta \sin \phi - \dot{\theta}\dot{\phi} \cos \phi) \\ &\quad - (I_{zz} - I_{xx})(\dot{\psi} \cos \theta + \dot{\phi})(\dot{\psi} \sin \theta \sin \phi + \dot{\theta} \cos \phi) \\ \Sigma M_z &= I_{zz}\ddot{\psi} \cos \theta + I_{zz}\ddot{\phi} - I_{zz}\dot{\psi}\dot{\theta} \sin \theta \\ &\quad - (I_{xx} - I_{yy})(\dot{\psi} \sin \theta \sin \phi + \dot{\theta} \cos \phi)(\dot{\psi} \sin \theta \cos \phi - \dot{\theta} \sin \phi) \end{aligned} \tag{9.36}$$

이다. 만일 오일러 각과 이들의 시간에 대한 1차 및 2차 미분함수들이 알려져 있다면, 전체 모멘트의 성분들에 대해 식 (9.36)을 풀 수 있다. 만일 전체 모멘트와 오일러 각, 그리고 오일러 각의 1차 시간 미분함수들이 알려져 있다면, 오일러 각의 2차 시간 미분함수들에 대해 식 (9.36)을 풀 수 있다. 이런 방법으로, 전체 모멘트가 시간의 함수로 알려져 있을 때 오일러 각을 시간의 함수로 구할 수 있다. 그러나 일반적으로는 수치적분이 필요하다.

연구 문제

1. 오일러 각은 어떻게 정의되는가?
2. 정상 세차운동은 무엇인가?
3. 강체 원뿔과 공간 원뿔은 모멘트가 없는 정상 세차운동을 가시화하기 위해 어떻게 사용될 수 있는가?
4. 만일 강체의 오일러 각과 시간에 대한 오일러 각의 미분함수를 알고 있다면, 강체의 각속도 벡터를 어떻게 구할 수 있는가?

예제 9.7 원판의 정상 세차운동

그림 9.25에서 반경 R과 질량 m의 얇은 원판이 반경 r의 수평 원형 경로를 따라 굴러가고 있다. 원판의 축과 연직선 사이의 각 θ는 일정하게 유지된다. 원판중심의 속도 크기 v를 θ의 함수로 구하라.

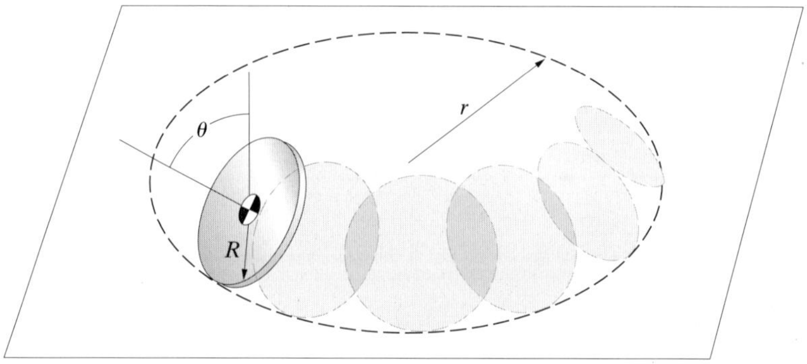

그림 9.25

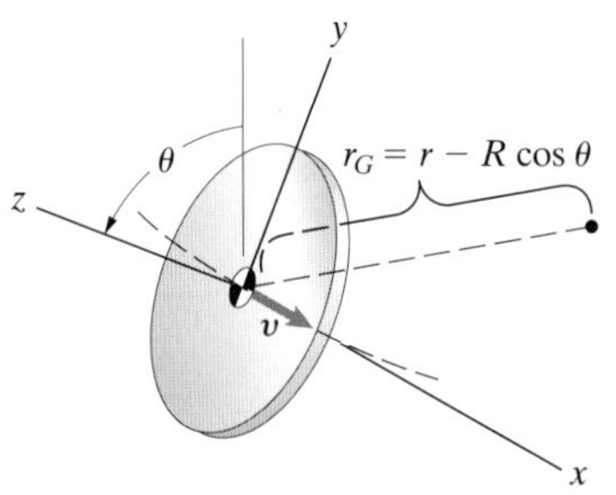

(a) z축을 스핀축과 정렬시킴. x축은 수평이다.

전략

원판이 정상 세차운동을 한다고 가정하고 운동방정식들이 만족되기 위한 조건들을 구함으로써 원판중심의 속도를 구할 수 있다.

풀이

그림 a에서 2차 좌표계의 z축을 원판의 스핀축에 일치시킨다. x축은 원판이 굴러가는 평면 표면에 평행하게 유지된다고 가정한다. 각 θ는 장동각이다. 질량중심은 반경이 $r_G = r - R\cos\theta$인 원형 경로를 따라 움직인다. 따라서 x축이 수평면에서 회전하는 비율, 즉 세차율은

$$\dot{\psi} = \frac{v}{r_G}$$

이다. 식 (9.23)으로부터 원판의 각속도 성분들은

$$\omega_x = \dot{\theta} = 0$$

$$\omega_y = \dot{\psi}\sin\theta = \frac{v}{r_G}\sin\theta$$

$$\omega_z = \dot{\phi} + \dot{\psi}\cos\theta = \dot{\phi} + \frac{v}{r_G}\cos\theta$$

이다. 여기서 $\dot{\phi}$는 스핀율이다. $\dot{\phi}$를 구하기 위해 표면과 접촉하는 원판 접촉점의 속도는 0이라는 조건을 이용한다. 원판중심의 속도에 의해, 접촉점의 속도는

$$\mathbf{0} = v\mathbf{i} + \boldsymbol{\omega} \times (-R\mathbf{j}) = v\mathbf{i} + \begin{vmatrix} \mathbf{i} & \mathbf{j} & \mathbf{k} \\ 0 & \dfrac{v}{r_G}\sin\theta & \dot{\phi} + \dfrac{v}{r_G}\cos\theta \\ 0 & -R & 0 \end{vmatrix}$$

이다. 행렬식을 전개하고 $\dot{\phi}$에 대해 풀면 다음을 얻는다:

$$\dot{\phi} = -\frac{v}{R} - \frac{v}{r_G}\cos\theta$$

원판의 자유물체도를 그림 b에 나타내었다. 질량중심이 수평면에서 움직이므로, 질량중심의 수직방향 가속도는 0이다. 따라서 수직력은 $N = mg$이다. 원판의 원형 경로에 법선방향인 질량중심의 가속도는 $a_n = v^2/r_G$이다. 원형 경로의 법선방향에 대한 Newton의 제2법칙은

$$T = m\frac{v^2}{r_G}$$

이다. 따라서 질량중심에 대한 전체 모멘트의 성분은

$$\Sigma M_x = TR\sin\theta - NR\cos\theta = m\frac{v^2}{r_G}R\sin\theta - mgR\cos\theta$$

$$\Sigma M_y = 0$$

$$\Sigma M_z = 0$$

이다. 위에서 구한 $\dot{\psi}$와 $\dot{\phi}$, ΣM_x에 대한 식을 정상 세차운동에 대한 각운동방정식[식 (9.29)]에 대입하면 다음 해를 얻는다:

$$v = \sqrt{\frac{\frac{2}{3}g\cot\theta(r - R\cos\theta)^2}{r - \frac{5}{6}R\cos\theta}}$$

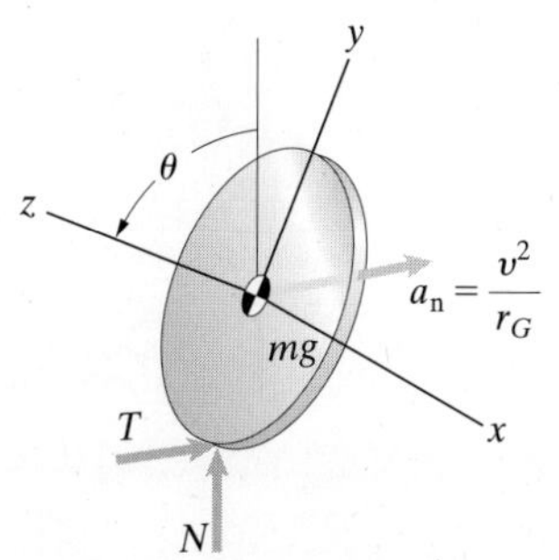

(b) 질량중심의 법선 가속도를 보여주는 원판의 자유물체도.

| 비판적 사고 |

정상 세차운동의 개념이 자전하는 팽이에 의해 동기부여가 되긴 했지만, 이로 인한 해석은 자전하는 대칭물체를 포함하여 놀랄만큼 다양한 응용분야에 적용될 수 있다. (문제 9.61 – 9.79 참조.) 이 예제는 다소 인위적이긴 하지만 기본적인 기법을 보여준다. 2차 좌표계의 z축이 자전하는 물체의 대칭축과 일치하도록 정의함으로써 좌표계의 방위와 운동이 팽이의 정상 세차운동 해석의 경우와 같도록 한다. 일단 이렇게 하면, 식 (9.29)나 (9.33)으로 운동을 해석할 수 있다.

연습문제

9.61 함선이 터빈엔진을 장착하고 있다. 축대칭 터빈의 스핀축은 수평이며 함선의 길이방향 축과 일치한다. 터빈은 10,000 rpm으로 회전한다. 터빈의 스핀축에 대한 관성모멘트는 1000 kg-m^{2}이다. 만일 함선이 분당 20°의 일정한 비율로 회전한다면, 터빈이 함선에 가하는 모멘트의 크기는 얼마인가?

전략: 터빈의 운동을 장동각이 $\theta = 90°$인 정상 세차운동으로 취급하라.

문제 9.61

9.62 자동차 바퀴의 중심 A가 중심 O에 대한 원형 경로를 따라 24.1 km/h로 주행하고 있다. 바퀴의 반경은 0.31 m이며, 회전축에 대한 바퀴의 관성모멘트는 1.08 kg-m^{2}이다. 바퀴의 질량중심에 대한 총 외부 모멘트의 크기는 얼마인가?

전략: 바퀴의 운동을 장동각이 $\theta = 90°$인 정상 세차운동으로 취급하라.

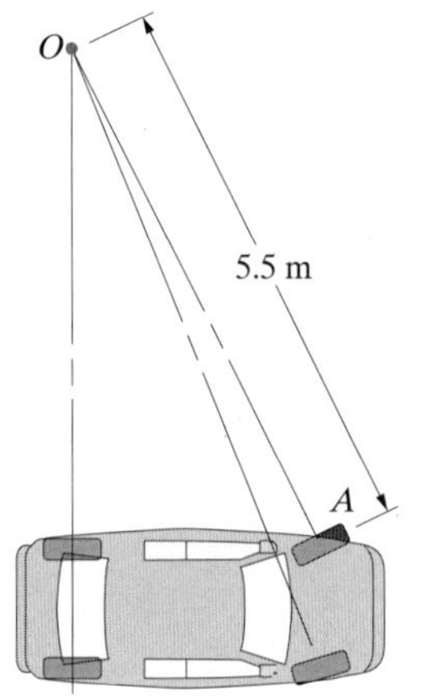

문제 9.62

9.63 5 kg 원판의 반경이 $R = 0.2$ m이다. 원판은 수평 회전축에 핀으로 연결되어 있으며 이 회전축에 대해 $\omega_d = 6$ rad/s의 일정한 각속도로 회전한다. 수직 회전축은 $\omega_0 = 2$ rad/s의 일정한 각속도로 회전한다. 원판의 운동을 정상 세차운동으로 취급하여, 수평 회전축이 원판에 가하는 우력의 크기를 구하라.

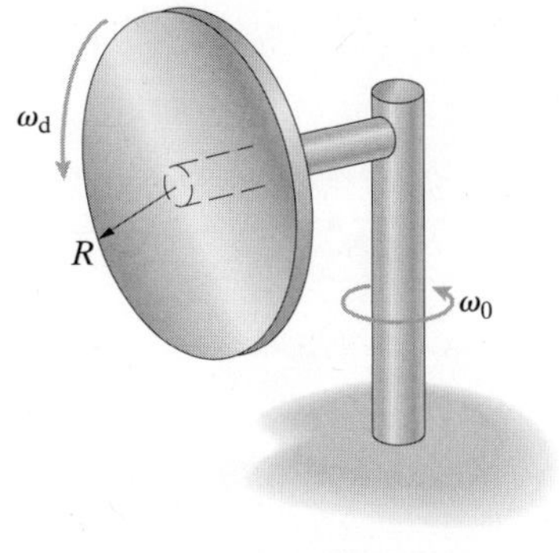

문제 9.63

9.64 헬리콥터가 정지상태에 있다. 강체에 고정된 좌표계의 z축이 아래를 가리키며 헬리콥터의 회전날개의 축과 일치한다. z축에 대한 회전날개의 관성모멘트는 8600 kg-m^{2}이고, 회전날개의 각속도는 $-258\mathbf{k}$ (rpm)이다. 만일 헬리콥터가 피치(pitch) 조종을 시작하여 각속도가 $0.02\mathbf{j}$ (rad/s)가 된다면, 회전날개가 헬리콥터에 가하는 자이로스코프 모멘트의 크기는 얼마인가?

문제 9.64

9.65 일정한 각속도 ω_0로 회전하는 수직 회전축에 구부러진 막대가 단단히 결합되어 있다. 반경이 R인 질량 m의 얇은 원판이 구부러진 막대에 핀으로 연결되어 있고 막대에 대해 일정한 각속도 ω_d로 회전하고 있다. 막대가 원판에 가하는 힘과 우력의 크기를 구하라.

9.66 일정한 각속도 ω_0로 회전하는 수직 회전축에 구부러진 막대가 단단히 결합되어 있다. 반경이 R인 질량 m의 얇은 원판이 구부러진 막대에 핀으로 연결되어 있고 막대에 대해 일정한 각속도 ω_d로 회전하고 있다. 막대가 원판에 우력을 가하지 않게 하려면, 각속도 ω_d의 값은 얼마가 되어야 하는가?

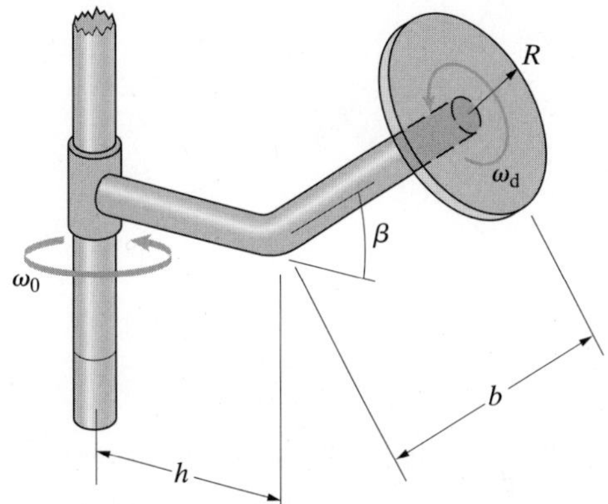

문제 9.65/9.66

9.67 얇은 원판이 모멘트가 없는 정상 세차운동을 하고 있다. z축은 원판에 수직이다. 원판의 세차율이 $\dot{\psi} = -2\dot{\phi}/\cos\theta$임을 보여라. (장동각이 작을 때, 세차율은 대략 스핀율의 두 배가 된다는 점에 주목하라.)

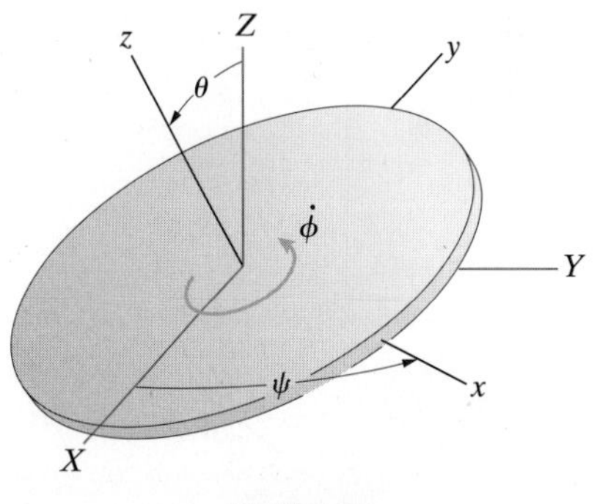

문제 9.67

9.68 로켓이 장동각 $\theta = 40°$와 스핀율 $\dot{\phi} = 4$ rev/s로 모멘트 없는 정상 세차운동을 하고 있다. 로켓의 관성모멘트는 $I_{xx} = 10{,}000$ kg-m^{2}과 $I_{zz} = 2000$ kg-m^{2}이다. 로켓의 세차율 $\dot{\psi}$를 초당 회전수로 구하라.

9.69 문제 9.68의 로켓의 운동에 대해 강체 원뿔과 공간 원뿔을 개략적으로 그려라.

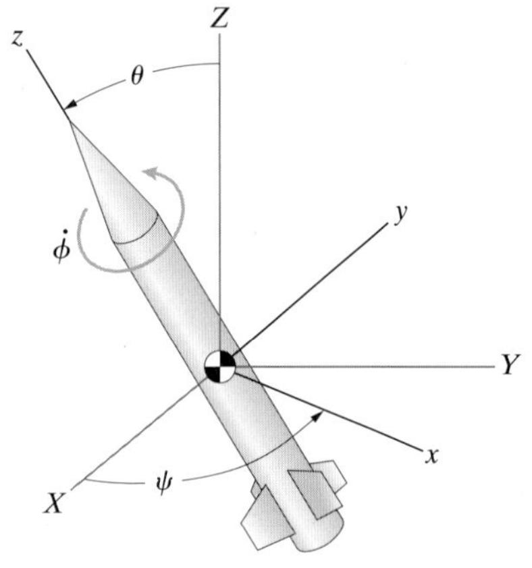

문제 9.68/9.69

9.70 팽이가 장동각 $\theta = 15°$와 세차율 $\dot{\psi} = 1$ rev/s로 정상 세차운동을 하고 있다. 팽이의 질량은 0.012 kg이며, 질량중심은 팽이의 뾰족한 끝점으로부터 25.4 m의 거리에 있고, 관성모멘트는 $I_{xx} = 8.13 \times 10^{-6}$ kg-m^{2}과 $I_{zz} = 2.71 \times 10^{-6}$ kg-m^{2}이다. 팽이의 스핀율 $\dot{\phi}$를 초당 회전수로 구하라.

9.71 문제 9.70에서 기술된 팽이가 스핀율 $\dot{\phi} = 15$ rev/s를 가지고 있다. 0에서 45°까지의 장동각 θ의 값들에 대해, 세차율(rev/s 단위)의 그래프를 장동각 θ의 함수로 그려라.

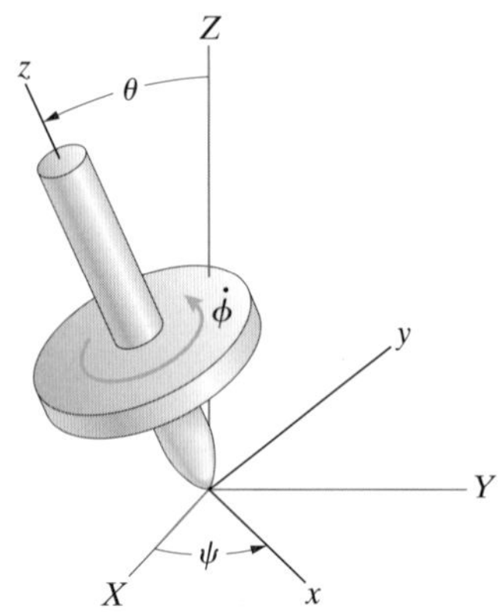

문제 9.70/9.71

9.72 텀블링 자이로스코프(tumbling gyroscope)의 회전자는 모멘트가 없는 정상 세차운동을 하는 것으로 모델링할 수 있다. 자이로스코프의 관성모멘트는 $I_{xx} = I_{yy} = 0.04$ kg-m^{2}과 $I_{zz} = 0.18$ kg-m^{2}이다. 자이로스코프의 스핀율은 $\dot{\phi} = 1500$ rpm이며, 장동각은 $\theta = 20°$이다.

(a) 자이로스코프의 세차율은 몇 rpm인가?

(b) 강체 원뿔과 공간 원뿔을 스케치하라.

9.73 인공위성을 길이가 4 m이고 직경이 2 m이며 질량이 800 kg인 원통으로 모델링할 수 있다. 만일 장동각이 $\theta = 20°$이고, 스핀율 $\dot{\phi}$가 1초당 1회전하는 속도라고 할 때, 위성의 세차율(rev/s) $\dot{\psi}$를 초당 회전수로 구하라.

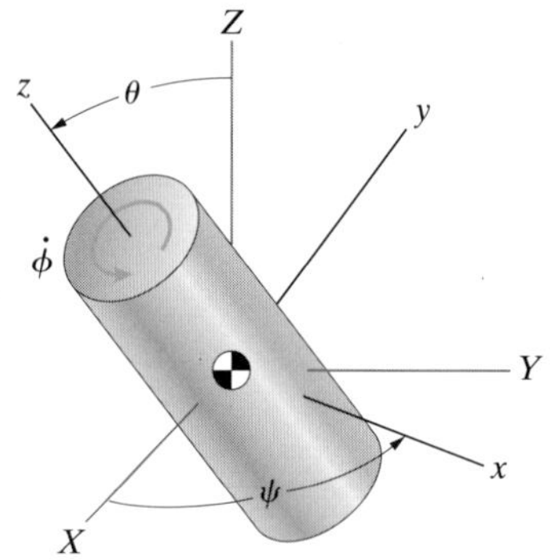

문제 9.73

9.74* 팽이가 가는 막대와 여기에 붙여진 얇은 원판으로 구성되어 있다. 원판의 반경은 30 mm이며 질량은 0.008 kg이다. 막대의 길이는 80 mm이며 질량은 원판과 비교하여 무시할 만한다. 팽이가 10°의 장동각으로 정상 세차운동을 하고 있을 때, 세차율은 팽이의 자전 방향과 같은 방향으로 초당 2회전의 비율로 관측되었다. 팽이의 스핀율은 얼마인가?

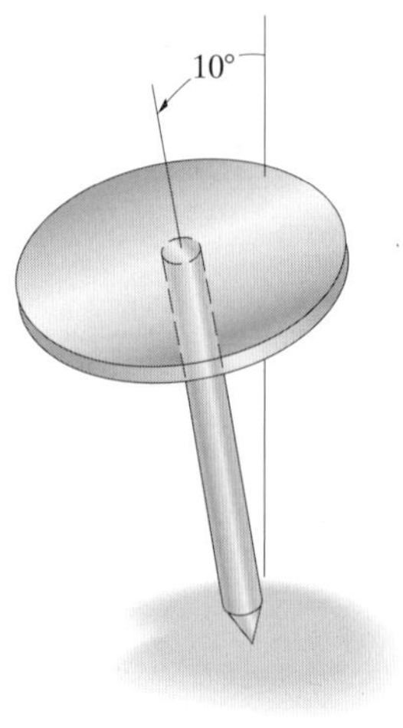

문제 9.74

9.75 문제 9.58을 정상 세차운동으로 취급하여 풀어라.

9.76* 얇은 두 원판이 가는 막대에 의해 단단하게 결합되어 있다. 큰 원판의 반경은 200 mm이며 질량은 4 kg이다. 작은 원판의 반경은 100 mm이며 질량은 1 kg이다. 막대의 길이는 400 mm이며 질량은 무시할 만하다. 이 복합체가 질량중심을 지나는 수직 y축에 대해 각속도 ω_0로 자전(spin)을 하는 정상 운동을 하고 있다. 이 운동을 하는 동안 막대는 수평이며, 큰 원판은 바닥에서 구른다. 운동을 정상 세차운동으로 취급하여 ω_0를 구하라.

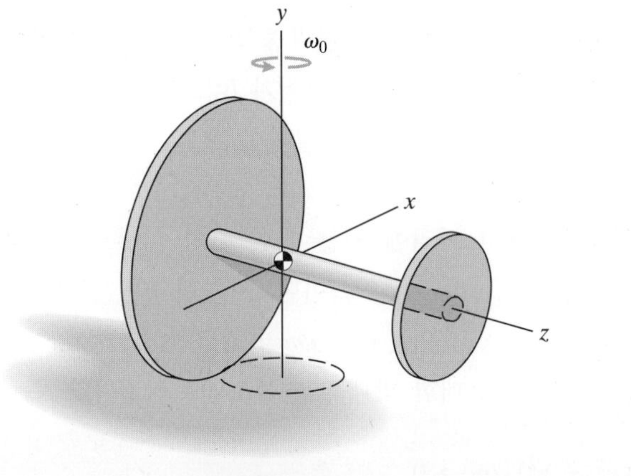

문제 9.76

9.77* 자동차 시험 중에 가속도계와 자이로스코프를 사용하여 기준좌표계에 대한 자동차의 오일러 각과 이들의 미분값을 측정한다고 가정하자. 특정 순간에서 $\psi = 15°$, $\theta = 4°$, $\phi = 15°$이고, 오일러 각의 변화율은 모두 0이며, 시간에 대한 2차 미분함수는 $\ddot{\psi} = 0, \ddot{\theta} = 1\ \text{rad/s}^2$, $\ddot{\phi} = -0.5\ \text{rad/s}^2$이다. 자동차의 주 관성모멘트는 kg-m^2 단위로 $I_{xx} = 2200$, $I_{yy} = 480$, $I_{zz} = 2600$이다. 자동차의 질량중심에 대한 전체 모멘트의 성분은 얼마인가?

9.78* 문제 9.77에서 기술된 자동차에 대해 오일러 각과 이들의 2차 미분함수는 주어진 값을 갖지만, 변화율은 $\dot{\psi} = 0.2\ \text{rad/s}, \dot{\theta} = -2\ \text{rad/s}$, $\dot{\phi} = 0$이라면, 자동차의 질량중심에 대한 전체 모멘트의 성분은 얼마인가?

9.79* 문제 9.77에서 기술된 자동차의 오일러 각이 $\psi = 40°$, $\theta = 20°$, $\phi = 5°$이고, 이 값들의 변화율이 0이며, 자동차 질량중심에 대한 전체 모멘트의 성분이 $\Sigma M_x = -400$ N-m, $\Sigma M_y = 200$ N-m, $\Sigma M_z = 0$이라고 가정하자. 이 자동차의 각가속도의 x, y, z 성분은 각각 얼마인가?

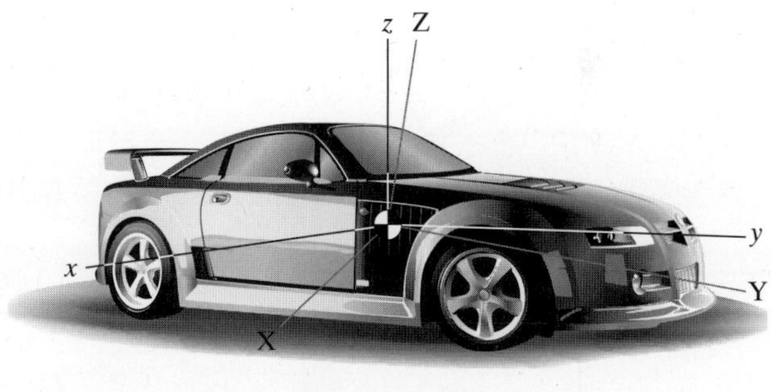

문제 9.77–9.79

부록: 관성모멘트와 관성적

3차원 운동을 하는 강체의 거동을 예측하기 위한 운동방정식을 사용하기 위해서는 식 (9.10)과 (9.11)로 주어진 물체의 관성모멘트(moment of inertia)와 관성적(product of inertia)을 알아야 한다. 이 부록에서는 가는 막대와 얇은 평판 같은 간단한 물체들에 대한 관성모멘트와 관성적을 계산하는 방법을 보여줄 것이다. 여러 형상으로 구성된 물체들의 관성모멘트와 관성적을 구할 수 있도록 해주는 평행축 정리(parallel-axis theorem)를 유도하고, 각운동방정식을 간단하게 해주는 주축(principal axis)의 개념에 대해서도 소개한다.

간단한 물체

만일 강체를 질량의 연속 분포로 모델링한다면, 관성모멘트와 관성적[식 (9.10)과 (9.11)]은 다음 식

$$[I] = \begin{bmatrix} I_{xx} & -I_{xy} & -I_{xz} \\ -I_{yx} & I_{yy} & -I_{yz} \\ -I_{zx} & -I_{zy} & I_{zz} \end{bmatrix}$$

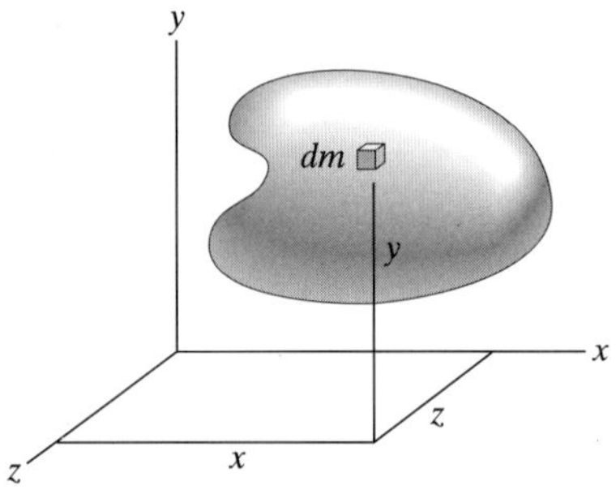

그림 9.26
한 물체를 질량의 연속 분포로 모델링하여 관성모멘트와 관성적을 구함.

$$
= \begin{bmatrix} \int_m (y^2 + z^2)\, dm & -\int_m xy\, dm & -\int_m xz\, dm \\ -\int_m yx\, dm & \int_m (x^2 + z^2)\, dm & -\int_m yz\, dm \\ -\int_m zx\, dm & -\int_m zy\, dm & \int_m (x^2 + y^2)\, dm \end{bmatrix} \quad (9.37)
$$

과 같이 나타낼 수 있다. 여기서 x, y, z는 질량 미분요소 dm의 좌표이다(그림 9.26).

가는 막대 좌표계의 원점을 가는 막대의 질량중심에 두고 x축을 막대의 길이방향과 일치하게 한다(그림 9.27a). 막대는 길이가 l이고 단면적이 A이며 질량이 m이다. A는 막대의 전체 길이에 대해 균일하며 재질은 균질하다고 가정한다.

막대의 질량중심으로부터 x의 거리에 있는 길이 dx의 미분요소를 생각해 보자(그림 9.27b). 요소의 질량은 $dm = \rho A\ dx$이며, 여기서 ρ는 질량밀도이다. 막대의 반경방향 크기는 무시하고, 미분요소 dm의 좌표를 $(x, 0, 0)$으로 가정한다. 이와 같이 가정하면, x축에 대한 막대의 관성모멘트는 0이다. 즉,

$$
I_{xx} = \int_m (y^2 + z^2)\, dm = 0
$$

이고, y축에 대한 관성모멘트는

$$
I_{yy} = \int_m (x^2 + z^2)\, dm = \int_{-l/2}^{l/2} \rho A x^2\, dx = \frac{1}{12}\rho A l^3
$$

이다. 이 결과를 막대의 질량 $m = \rho Al$에 의해 나타내면, 다음 결과를 얻는다:

$$
I_{yy} = \frac{1}{12} m l^2
$$

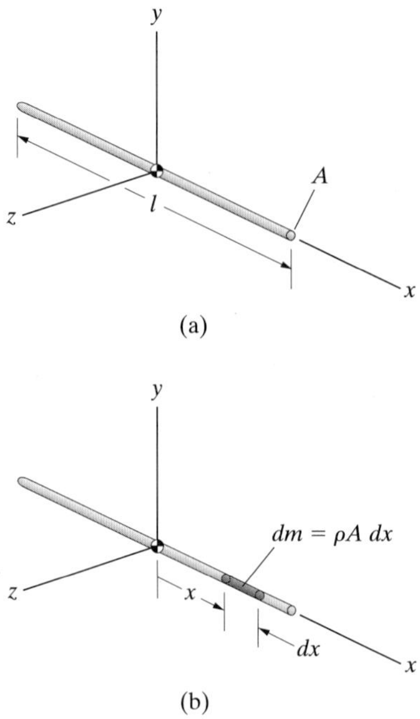

그림 9.27
(a) 가는 막대와 x축이 막대와 일직선인 좌표계.
(b) 길이 dx의 질량 미분요소.

z축에 대한 관성모멘트는 y축에 대한 관성모멘트와 같다. 즉,

$$
I_{zz} = \int_m (x^2 + y^2)\, dm = \frac{1}{12} m l^2
$$

이다. dm의 y좌표와 z좌표가 0이므로, 관성적은 0이며, 따라서 가는 막대의 관성 행렬은

$$
[I] = \begin{bmatrix} 0 & 0 & 0 \\ 0 & \frac{1}{12} m l^2 & 0 \\ 0 & 0 & \frac{1}{12} m l^2 \end{bmatrix} \quad (9.38)
$$

이다. 관성모멘트와 관성적은 좌표계가 물체에 대해 어떤 방향으로 설정되어 있는가에 따라 좌우된다는 점을 명심해야 한다. 막대의 관성 행렬을 그림 9.28과 같은 다른 좌표계에 의해 나타내면 다음과 같다.

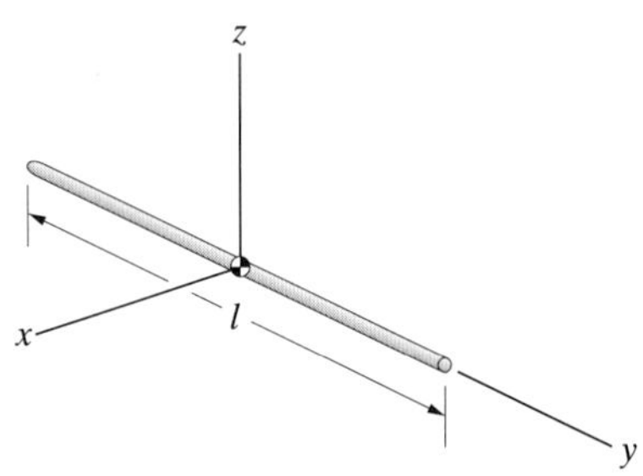

그림 9.28
y축을 막대에 정렬시킴.

$$[I] = \begin{bmatrix} \frac{1}{12}ml^2 & 0 & 0 \\ 0 & 0 & 0 \\ 0 & 0 & \frac{1}{12}ml^2 \end{bmatrix}$$

얇은 평판

균일한 두께 T와 면적 A를 가진 임의형상의 균질 평판이 $x-y$ 평면 상에 놓여 있다고 하자(그림 9.29a). 이 평판의 관성모멘트를 평판 단면적의 관성모멘트들에 의해 나타낼 수 있다.

면적요소 dA를 평판 두께 T를 통과하여 투사시킴으로써(그림 9.29b), 질량 미분요소 $dm = \rho T\ dA$를 얻을 수 있다. 관성모멘트의 계산에서 평판 두께는 무시한다. 따라서 요소 dm의 좌표는 $(x, y, 0)$이다. x축에 대한 평판의 관성모멘트는

$$I_{xx} = \int_m (y^2 + z^2)\, dm = \rho T \int_A y^2\, dA = \rho T I_x$$

이다. 여기서 I_x는 x축에 대한 평판 단면적의 관성모멘트이다. 평판의 질량은 $m = \rho T\ A$이므로, ρT는 $\rho T = m/A$이며, 따라서 관성모멘트를 다음 형태로 얻을 수 있다:

$$I_{xx} = \frac{m}{A} I_x$$

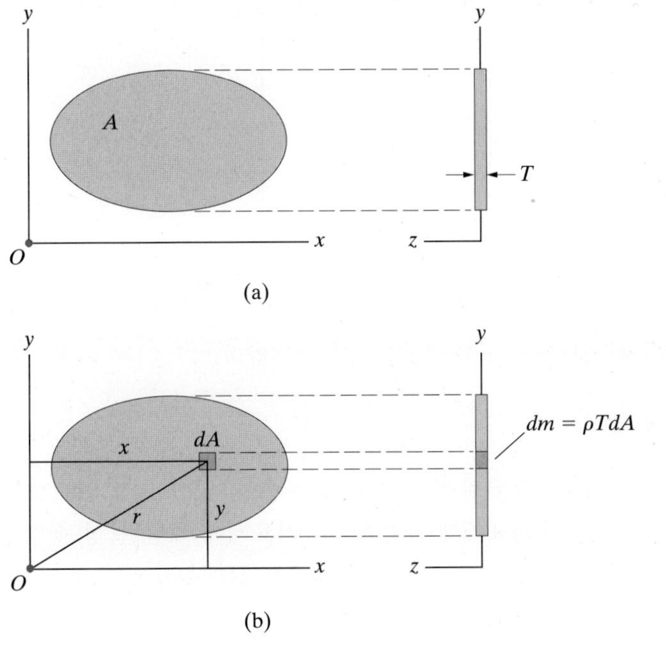

그림 9.29
(a) $x-y$ 평면에 놓여 있는 얇은 평판.
(b) 면적요소 dA를 평판을 통과하여 투사시킴으로써 질량 미분요소를 얻음.

y축에 대한 관성모멘트는

$$I_{yy} = \int_m (x^2 + z^2)\, dm = \rho T \int_A x^2\, dA = \frac{m}{A} I_y$$

이며, 여기서 I_y는 y축에 대한 단면적의 관성모멘트이다. z축에 대한 관성모멘트는

$$I_{zz} = \int_m (x^2 + y^2)\, dm = \frac{m}{A} J_O$$

이며, 여기서 $J_O = I_x + I_y$는 단면적의 극관성모멘트(polar moment of inertia)이다. 관성적(product of inertial) I_{xy}는

$$I_{xy} = \int_m xy\, dm = \frac{m}{A} I_{xy}^A$$

이며, 여기서

$$I_{xy}^A = \int_A xy\, dA$$

는 단면적의 관성적이다. (여기서는 평판 단면적의 관성적과 평판 질량의 관성적을 구별하기 위해 위첨자 A를 사용한다.) 만일 단면적 A가 x축이나 y축에 대해 대칭이면 $I_{xy}^A = 0$이다.

dm의 z좌표가 0이므로, 관성적 I_{xz}와 I_{yz}는 0이다. 따라서 얇은 평판에 대한 관성 행렬은

$$[I] = \begin{bmatrix} \frac{m}{A} I_x & -\frac{m}{A} I_{xy}^A & 0 \\ -\frac{m}{A} I_{xy}^A & \frac{m}{A} I_y & 0 \\ 0 & 0 & \frac{m}{A} J_O \end{bmatrix} \tag{9.39}$$

이다. 평판 단면적의 관성모멘트와 관성적을 알고 있다면, 식 (9.39)를 이용하여 평판의 관성모멘트와 관성적을 구할 수 있다.

평행축 정리

원점이 물체의 질량중심에 있는 좌표계 $x'y'z'$에 의한 물체의 관성 행렬 $[I']$를 알고 있으며 이 좌표계에 평행한 xyz 좌표계에 대한 관성 행렬 $[I]$를 구하려고 한다고 하자(그림 9.30). xyz 좌표계에서 질량중심의 좌표를 (d_x, d_y, d_z)라고 하자. xyz 좌표계에서 질량 미분요소 dm의 좌표는 $x'y'z'$ 좌표계에서의 좌표에 의해 다음과 같이 주어진다:

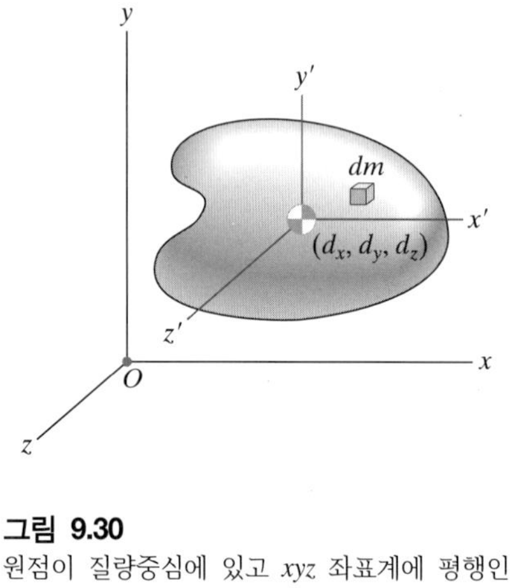

그림 9.30
원점이 질량중심에 있고 xyz 좌표계에 평행인 $x'y'z'$ 좌표계.

$$x = x' + d_x, \qquad y = y' + d_y, \qquad z = z' + d_z \tag{9.40}$$

위의 식들을 I_{xx}의 정의식에 대입하면 다음 식이 얻어진다:

$$I_{xx} = \int_m \left[(y')^2 + (z')^2\right] dm + 2d_y \int_m y'\, dm + 2d_z \int_m z'\, dm + (d_y^2 + d_z^2) \int_m dm \tag{9.41}$$

우변의 첫 번째 적분은 x'축에 대한 물체의 관성모멘트이다. $x'y'z'$ 좌표계에 의해 표현된 물체의 질량중심의 정의식

$$\bar{x}' = \frac{\int_m x'\, dm}{\int_m dm}, \qquad \bar{y}' = \frac{\int_m y'\, dm}{\int_m dm}, \qquad \bar{z}' = \frac{\int_m z'\, dm}{\int_m dm}$$

을 이용하여 두 번째 적분과 세 번째 적분이 0임을 알 수 있다. 물체의 질량중심이 $x'y'z'$ 좌표계의 원점에 있으므로 $\bar{x}' = \bar{y}' = \bar{z}' = 0$이다. 따라서 식 (9.41)의 우변의 두 번째 적분과 세 번째 적분은 0이므로 다음 식을 얻을 수 있다:

$$I_{xx} = I_{x'x'} + (d_y^2 + d_z^2)\, m$$

여기서 m은 물체의 질량이다. 식 (9.40)을 I_{xy}의 정의식에 대입하면 다음을 얻는다:

$$\begin{aligned} I_{xy} &= \int_m x'y'\, dm + d_x \int_m y'\, dm + d_y \int_m x'\, dm + d_x d_y \int_m dm \\ &= I_{x'y'} + d_x d_y m \end{aligned}$$

관성모멘트와 관성적 각각에 대해 같은 방법으로 진행하면, 다음의 **평행축 정리**를 얻을 수 있다:

$$\begin{aligned} I_{xx} &= I_{x'x'} + (d_y^2 + d_z^2)\, m \\ I_{yy} &= I_{y'y'} + (d_x^2 + d_z^2)\, m \\ I_{zz} &= I_{z'z'} + (d_x^2 + d_y^2)\, m \\ I_{xy} &= I_{x'y'} + d_x d_y m \\ I_{yz} &= I_{y'z'} + d_y d_z m \\ I_{zx} &= I_{z'x'} + d_z d_x m \end{aligned} \tag{9.42}$$

만일 물체의 관성 행렬이 특정 좌표계에 의해 주어진다면, 평행축 정리를 이용하여 이 좌표계에 평행한 임의의 좌표계에 의한 관성 행렬을 구할 수 있다. 또한 이 정리를 이용하여 여러 형상으로 구성된 물체의 관성 행렬도 구할 수 있다.

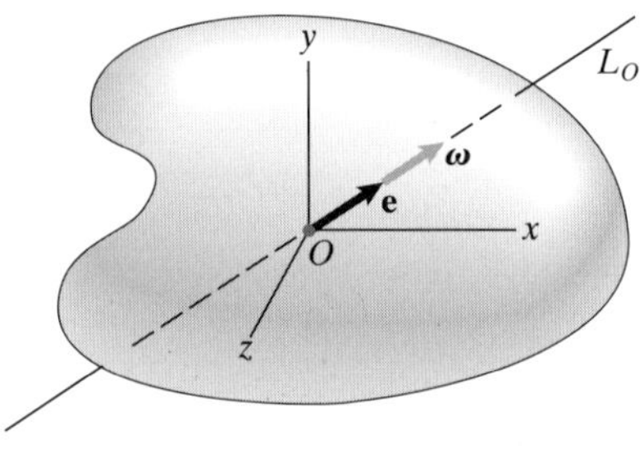

그림 9.31
L_O에 대해 회전하는 강체.

임의의 축에 대한 관성모멘트

원점이 O인 주어진 좌표계에 대한 강체의 관성 행렬을 안다면, O를 통과하는 어떤 축에 대해서도 강체의 관성모멘트를 구할 수 있다. O를 통과하는 임의의 고정축 L_O에 대해 강체가 각속도 $\boldsymbol{\omega}$로 회전한다고 가정하고, $\mathbf{e}$를 $\boldsymbol{\omega}$와 같은 방향의 단위벡터라고 하자(그림 9.31). 그러면 L_O에 대한 강체의 각운동량은 L_O에 대한 관성모멘트 I_O에 의해

$$H_O = I_O|\boldsymbol{\omega}|$$

이다. 각속도 벡터를

$$\boldsymbol{\omega} = |\boldsymbol{\omega}|(e_x\mathbf{i} + e_y\mathbf{j} + e_z\mathbf{k})$$

로 나타낼 수 있으므로, $\omega_x = |\boldsymbol{\omega}|e_x$, $\omega_y = |\boldsymbol{\omega}|e_y$, $\omega_z = |\boldsymbol{\omega}|e_z$이다. 이 표현들과 식 (9.9)를 이용하면, 다음과 같이 L_O에 대한 각운동량을 얻을 수 있다:

$$\begin{aligned} H_O = \mathbf{H}_O \cdot \mathbf{e} &= (I_{xx}|\boldsymbol{\omega}|e_x - I_{xy}|\boldsymbol{\omega}|e_y - I_{xz}|\boldsymbol{\omega}|e_z)e_x \\ &\quad + (-I_{yx}|\boldsymbol{\omega}|e_x + I_{yy}|\boldsymbol{\omega}|e_y - I_{yz}|\boldsymbol{\omega}|e_z)e_y \\ &\quad + (-I_{zx}|\boldsymbol{\omega}|e_x - I_{zy}|\boldsymbol{\omega}|e_y + I_{zz}|\boldsymbol{\omega}|e_z)e_z \end{aligned}$$

H_O에 대한 위의 두 식을 같다고 놓으면, 다음 식을 얻을 수 있다:

$$I_O = I_{xx}e_x^2 + I_{yy}e_y^2 + I_{zz}e_z^2 - 2I_{xy}e_xe_y - 2I_{yz}e_ye_z - 2I_{zx}e_ze_x \quad (9.43)$$

임의의 축에 대한 관성모멘트는 좌표축에 대한 관성모멘트뿐만 아니라 관성적에도 의존한다는 점에 유의하라. 만일 물체의 관성 행렬을 안다면, 식 (9.43)을 이용하여 방향이 단위벡터 $\mathbf{e}$로 규정되고 O를 통과하는 축에 대한 물체의 관성모멘트를 구할 수 있다.

주축

원점 O와 임의의 물체에 대해, 관성적이 모두 0이 되어 관성 행렬이

$$[I] = \begin{bmatrix} I_{xx} & 0 & 0 \\ 0 & I_{yy} & 0 \\ 0 & 0 & I_{zz} \end{bmatrix} \quad (9.44)$$

와 같이 되는 좌표계가 적어도 하나 존재하는데, 이 좌표축을 **주축**(principal axis)이라고 하며, 이 주축들에 대한 관성모멘트를 **주관성모멘트**(principal moment of inertia)라고 한다.

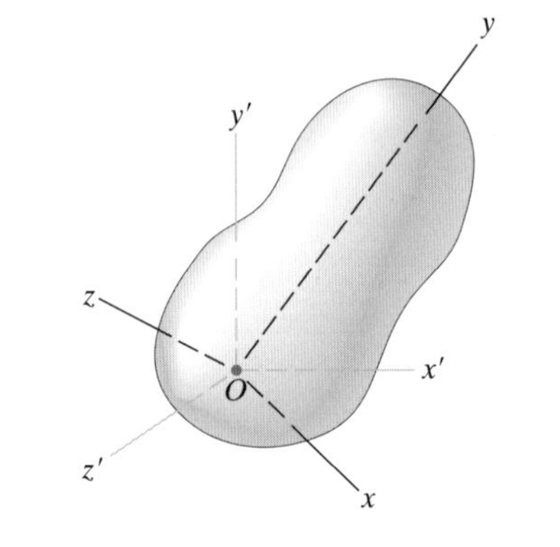

그림 9.32
원점이 O인 $x'y'z'$ 좌표계와 주축 좌표계 xyz.

만일 강체의 관성 행렬이 좌표계 $x'y'z'$에 대해 알려져 있고 관성적이 0이라면, 이때 $x'y'z'$는 주축들의 좌표계이다. 관성적이 0이 아니라고 가정하고, 주축 좌표계 xyz와 주관성모멘트를 구하려고 한다고 하자(그림 9.32). 주관성모멘트는 다음 3차 방정식

$$
\begin{aligned}
&I^3 - (I_{x'x'} + I_{y'y'} + I_{z'z'})I^2 \\
&\quad + (I_{x'x'}I_{y'y'} + I_{y'y'}I_{z'z'} + I_{z'z'}I_{x'x'} - I^2_{x'y'} - I^2_{y'z'} - I^2_{z'x'})I \qquad (9.45) \\
&\quad - (I_{x'x'}I_{y'y'}I_{z'z'} - I_{x'x'}I^2_{y'z'} - I_{y'y'}I^2_{x'z'} - I_{z'z'}I^2_{x'y'} - 2I_{x'y'}I_{y'z'}I_{z'x'}) = 0
\end{aligned}
$$

의 근임을 보여줄 수 있다. 각각의 주관성모멘트 I에 대해 벡터 $\mathbf{V}$의 성분이 다음 식

$$
\begin{aligned}
V_{x'} &= (I_{y'y'} - I)(I_{z'z'} - I) - I^2_{y'z'} \\
V_{y'} &= I_{x'y'}(I_{z'z'} - I) + I_{x'z'}I_{y'z'} \qquad (9.46) \\
V_{z'} &= I_{x'z'}(I_{y'y'} - I) + I_{x'y'}I_{y'z'}
\end{aligned}
$$

을 만족하면, 벡터 $\mathbf{V}$는 해당 주축에 평행이다.

물체의 관성 행렬이 원점이 O인 좌표계에 의해 주어졌을 때, 관련 주관성모멘트와 주축 좌표계를 구하기 위해서는 다음 두 단계가 필요하다:

1. 식 (9.45)의 근을 구하여 주관성모멘트를 결정한다.
2. 주관성모멘트 세 개가 서로 다르면, 각각 식 (9.46)에 대입하여 해당 주축에 평행한 벡터의 성분들을 구한다. 세 주축을 적당히 x, y, z로 표시하되, 얻어진 좌표계가 오른손 법칙을 만족시키도록 한다. 만일 주관성모멘트 세 개가 모두 같다면, O를 통과하는 어떠한 축에 대해서도 관성모멘트는 같은 값을 가지며, 원점이 O인 어떠한 좌표계도 모두 주축 좌표계이다. 물체가 균질구(homogeneous sphere)이고 원점 O가 중심에 있는 경우가 바로 여기에 해당된다(그림 9.33a). 만일 주관성모멘트 중에서 두 개가 같다면, 세 번째 주관성모멘트를 식 (9.46)에 대입하여 관련 주축을 구할 수 있다. 그 다음, 구한 주축에 수직이면서 O를 지나는 임의의 축에 대한 관성모멘트는 같은 값을 가지므로, 구한 주축과 일치하는 축을 가진 원점 O의 어떠한 좌표계도 주축 좌표계이다. 물체가 회전 대칭축을 가지고 있고 O가 이 축 위에 있을 때가 이 경우에 해당된다(그림 9.33b).

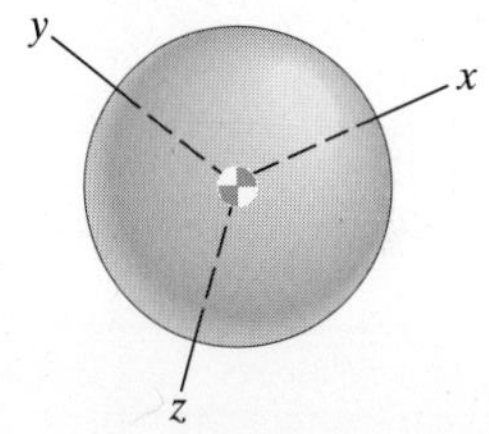

(a)

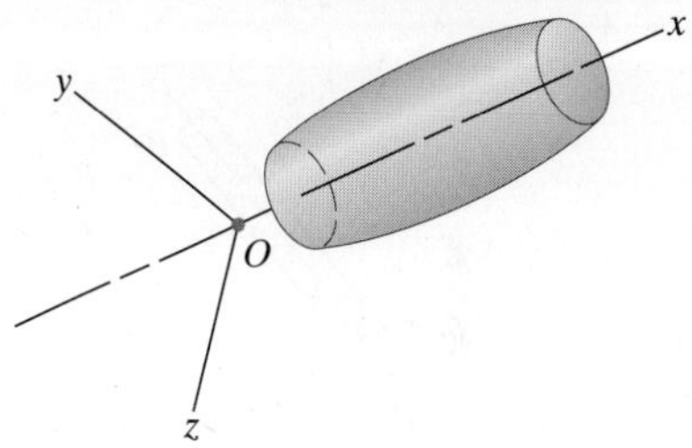

(b)

그림 9.33
(a) 균질구. 원점이 중심에 있는 어떠한 좌표계도 주축 좌표계이다.
(b) 회전축에 대해 대칭인 물체. 대칭축이 주축이며, 이 축에 수직인 어떤 축들도 모두 주축이다.

예제 9.8 평행축 정리

그림 9.34에서 기중기의 팔 AB는 질량이 4800 kg이며, 팔 BC는 질량이 1600 kg이고 팔 AB에 수직이다. 두 팔을 가는 막대로 모델링하고, 이 둘을 하나의 물체로 취급하여, 그림의 좌표계에 의한 물체의 관성모멘트와 관성적을 구하라.

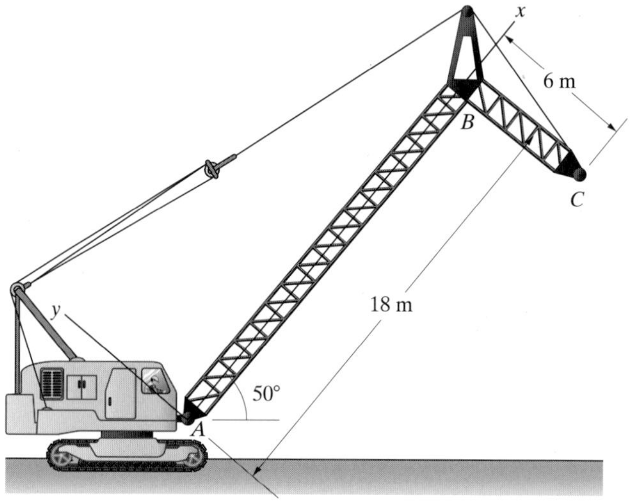

그림 9.34

| 전략 |

평행축 정리를 각 팔에 적용하여 주어진 좌표계에 대한 각 팔의 관성모멘트와 관성적을 구할 수 있다. 조립된 물체의 관성모멘트와 관성적은 두 팔의 관성모멘트와 관성적의 합이다.

| 풀이 |

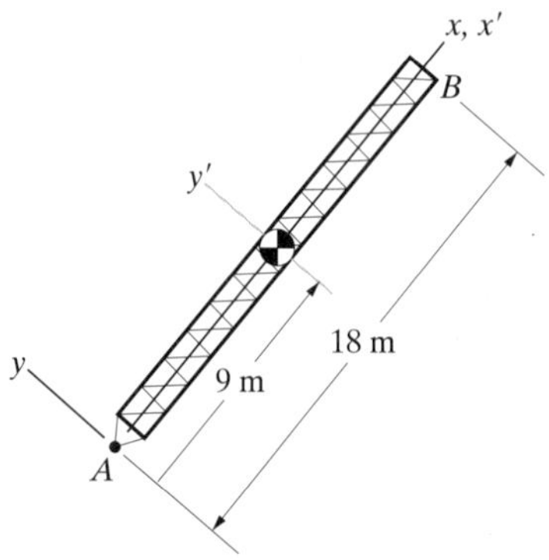

(a) 팔 *AB*에 대한 평행축 정리의 적용.

팔 *AB* 그림 a에 원점이 팔 *AB*의 질량중심에 있는 평행 좌표계 $x'y'z'$를 도입하였다. $x'y'z'$ 좌표계에 의한 팔 *AB*의 관성 행렬은

$$[I'] = \begin{bmatrix} 0 & 0 & 0 \\ 0 & \frac{1}{12}ml^2 & 0 \\ 0 & 0 & \frac{1}{12}ml^2 \end{bmatrix} = \begin{bmatrix} 0 & 0 & 0 \\ 0 & \frac{1}{12}(4800)(18)^2 & 0 \\ 0 & 0 & \frac{1}{12}(4800)(18)^2 \end{bmatrix} \text{kg-m}^2$$

이다. xyz 좌표계에 대한 $x'y'z'$ 좌표계의 원점의 좌표는 $dx = 9$ m, $dy = 0$, $dz = 0$이다. 평행축 정리를 적용하면 다음을 얻을 수 있다:

$$I_{xx} = I_{x'x'} + (d_y^2 + d_z^2)\,m = 0$$

$$I_{yy} = I_{y'y'} + (d_x^2 + d_z^2)\,m = \frac{1}{12}(4800)(18)^2 + (9)^2(4800)$$
$$= 518{,}400 \text{ kg-m}^2$$

$$I_{zz} = I_{z'z'} + (d_x^2 + d_y^2)\,m = \frac{1}{12}(4800)(18)^2 + (9)^2(4800)$$
$$= 518{,}400 \text{ kg-m}^2$$

$$I_{xy} = I_{x'y'} + d_x d_y m = 0$$
$$I_{yz} = I_{y'z'} + d_y d_z m = 0$$

$$I_{zx} = I_{z'x'} + d_z d_x m = 0$$

팔 *BC* 그림 b에 원점이 팔 *BC*의 질량중심에 있고 xyz 좌표계에 평행한

$x'y'z'$좌표계를 도입하였다. $x'y'z'$ 좌표계에 의한 팔 BC의 관성 행렬은

$$[I'] = \begin{bmatrix} \frac{1}{12}ml^2 & 0 & 0 \\ 0 & 0 & 0 \\ 0 & 0 & \frac{1}{12}ml^2 \end{bmatrix} = \begin{bmatrix} \frac{1}{12}(1600)(6)^2 & 0 & 0 \\ 0 & 0 & 0 \\ 0 & 0 & \frac{1}{12}(1600)(6)^2 \end{bmatrix} \text{kg-m}^2$$

이다. xyz 좌표계에 대한 $x'y'z'$ 좌표계의 원점의 좌표는 $d_x = 18$ m, $d_y = -3$ m, $d_z = 0$이다. 평행축 정리를 적용하면 다음을 얻을 수 있다:

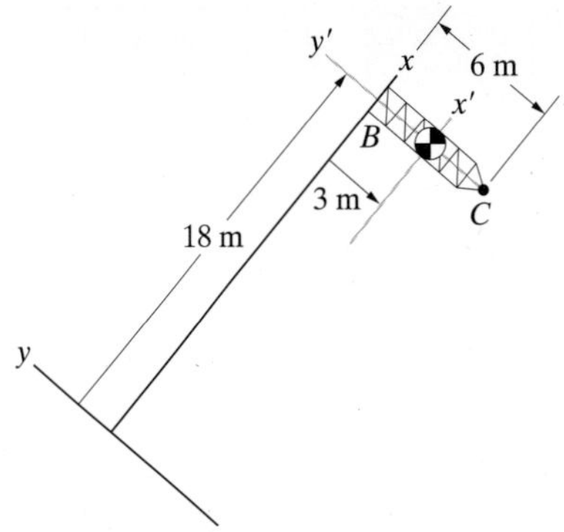

(b) 팔 BC에 대한 평행축 정리의 적용.

$$I_{xx} = I_{x'x'} + (d_y^2 + d_z^2)\,m = \frac{1}{12}(1600)(6)^2 + (-3)^2(1600)$$
$$= 19{,}200 \text{ kg-m}^2$$
$$I_{yy} = I_{y'y'} + (d_x^2 + d_z^2)\,m = 0 + (18)^2(1600) = 518{,}400 \text{ kg-m}^2$$
$$I_{zz} = I_{z'z'} + (d_x^2 + d_y^2)\,m = \frac{1}{12}(1600)(6)^2 + [(18)^2 + (-3)^2](1600)$$
$$= 537{,}600 \text{ kg-m}^2$$
$$I_{xy} = I_{x'y'} + d_x d_y m = 0 + (18)(-3)(1600) = -86{,}400 \text{ kg-m}^2$$
$$I_{yz} = I_{y'z'} + d_y d_z m = 0$$
$$I_{zx} = I_{z'x'} + d_z d_x m = 0$$

두 팔에 대한 결과를 더하면, 조립된 한 개의 물체에 대한 관성 행렬을 다음과 같이 구할 수 있다:

$$[I] = \begin{bmatrix} 19{,}200 & -(-86{,}400) & 0 \\ -(-86{,}400) & 518{,}400 + 518{,}400 & 0 \\ 0 & 0 & 518{,}400 + 537{,}600 \end{bmatrix}$$

$$= \begin{bmatrix} 19{,}200 & 86{,}400 & 0 \\ 86{,}400 & 1{,}036{,}800 & 0 \\ 0 & 0 & 1{,}056{,}000 \end{bmatrix} \text{kg-m}^2$$

| 비판적 사고 |

공학분야에서 만나게 되는 대부분의 물체들은 이 예제의 기중기 팔과 같이 간단한 부품들의 조합이 될 것이다. 부품들의 관성모멘트와 관성적이 알려져 있을 때, 조립품의 관성모멘트와 관성적은 이 예제의 과정을 이용하여 구할 수 있다. 각 부품에 평행축 정리를 적용하여 주어진 좌표계에서의 관성모멘트와 관성적을 구한 후, 부품들에 대한 결과를 더하여 조립품의 관성모멘트와 관성적을 구할 수 있다. 평행축 정리를 적용하기 위해서는 부품들의 관성모멘트와 관성적이 평행 좌표계에 의해 표현되어야 한다는 점에 유의하라.

예제 9.9 평판의 관성 행렬

그림 9.35의 4 kg 사각 평판이 강체에 고정된 좌표계의 $x-y$ 평면 상에 있다.

(a) 평판의 관성모멘트와 관성적을 구하라.

(b) 대각선 축 L_O에 대한 평판의 관성모멘트를 구하라.

(c) 만일 평판이 고정점 O에 대해 각속도 $\boldsymbol{\omega} = 4\mathbf{i} - 2\mathbf{j}$ (rad/s)로 회전하고 있다면, O에 대한 평판의 각운동량은 얼마인가?

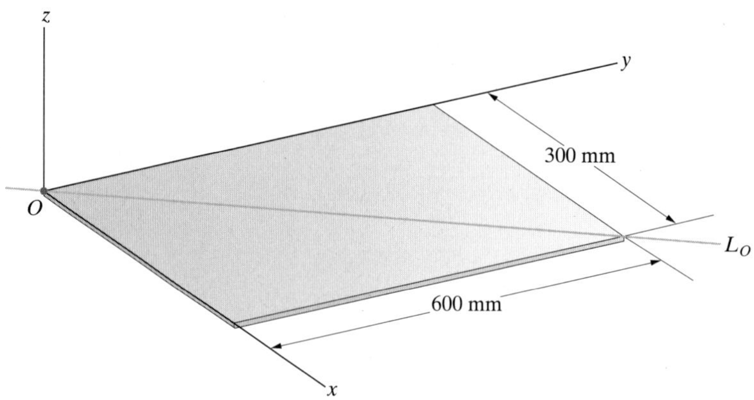

그림 9.35

‖ 전략 ‖

(a) 부록 B로부터 평판의 사각형 면적의 관성모멘트와 관성적을 구할 수 있으며, 식 (9.39)를 이용하여 평판의 질량 관성모멘트와 관성적을 구할 수 있다.

(b) 관성모멘트와 관성적을 알면, 식 (9.43)을 이용하여 L_O에 대한 관성모멘트를 구할 수 있다.

(c) O에 대한 각운동량은 식 (9.9)에 의해 주어진다.

‖ 풀이 ‖

(a) 부록 B로부터, 평판 단면적의 관성모멘트는 다음과 같다(그림 a):

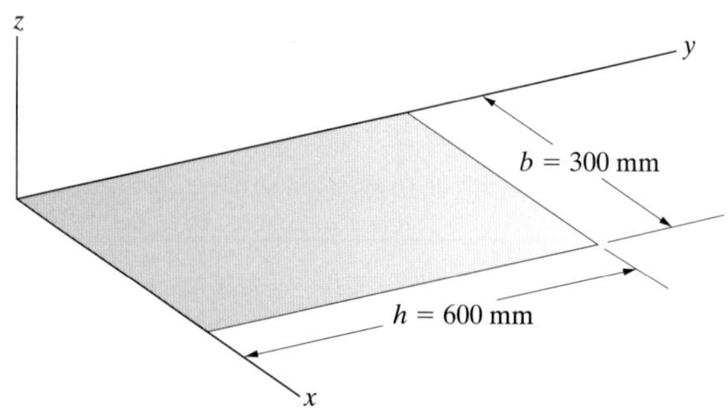

(a) 평판 단면적의 관성모멘트 계산.

$$I_x = \frac{1}{3}bh^3, \qquad I_y = \frac{1}{3}hb^3,$$

$$I_{xy}^A = \frac{1}{4}b^2h^2, \quad J_O = \frac{1}{3}(bh^3 + hb^3)$$

따라서 평판의 관성모멘트와 관성적은 다음과 같다:

$$I_{xx} = \frac{m}{A}I_x = \frac{(4)}{(0.3)(0.6)}\left(\frac{1}{3}\right)(0.3)(0.6)^3 = 0.48 \text{ kg-m}^2$$

$$I_{yy} = \frac{m}{A}I_y = \frac{(4)}{(0.3)(0.6)}\left(\frac{1}{3}\right)(0.6)(0.3)^3 = 0.12 \text{ kg-m}^2$$

$$I_{xy} = \frac{m}{A}I_{xy}^A = \frac{(4)}{(0.3)(0.6)}\left(\frac{1}{4}\right)(0.3)^2(0.6)^2 = 0.18 \text{ kg-m}^2$$

$$I_{zz} = \frac{m}{A}J_O = \frac{(4)}{(0.3)(0.6)}\left(\frac{1}{3}\right)[(0.3)(0.6)^3 + (0.6)(0.3)^3] = 0.60 \text{ kg-m}^2$$

$$I_{xz} = I_{yz} = 0$$

(b) 식 (9.43)을 적용하기 위해, L_O에 평행한 단위벡터 **e**의 성분들을 구해야 한다. 즉,

$$\mathbf{e} = \frac{300\mathbf{i} + 600\mathbf{j}}{|300\mathbf{i} + 600\mathbf{j}|} = 0.447\mathbf{i} + 0.894\mathbf{j}$$

이다. L_O에 대한 관성모멘트는 다음과 같다:

$$\begin{aligned} I_O &= I_{xx}e_x^2 + I_{yy}e_y^2 + I_{zz}e_z^2 - 2I_{xy}e_xe_y - 2I_{yz}e_ye_z - 2I_{zx}e_ze_x \\ &= (0.48)(0.447)^2 + (0.12)(0.894)^2 - 2(0.18)(0.447)(0.894) \\ &= 0.048 \text{ kg-m}^2 \end{aligned}$$

(c) O에 대한 평판의 각운동량은 다음과 같다:

$$\begin{aligned} \begin{bmatrix} H_{Ox} \\ H_{Oy} \\ H_{Oz} \end{bmatrix} &= \begin{bmatrix} I_{xx} & -I_{xy} & -I_{xz} \\ -I_{yx} & I_{yy} & -I_{yz} \\ -I_{zx} & -I_{zy} & I_{zz} \end{bmatrix} \begin{bmatrix} \omega_x \\ \omega_y \\ \omega_z \end{bmatrix} \\ &= \begin{bmatrix} 0.48 & -0.18 & 0 \\ -0.18 & 0.12 & 0 \\ 0 & 0 & 0.6 \end{bmatrix} \begin{bmatrix} 4 \\ -2 \\ 0 \end{bmatrix} \\ &= \begin{bmatrix} 2.28 \\ -0.96 \\ 0 \end{bmatrix} \text{kg-m}^2/\text{s} \end{aligned}$$

| 비판적 사고 |

다른 임의의 평행한 좌표계에 대한 평판의 관성모멘트와 관성적을 구하기 위해 (a)의 결과와 평행축 정리를 이용할 수 있는가? 평행축 정리는 원점이 질량중심에 있는 좌표계에 의한 물체의 관성모멘트와 관성적을 평행한 다른 좌표계에 대한 값들과 연관시킨다는 점을 상기하라. 따라서 질량중심에 원점이

있는 평행 좌표계에 의한 평판의 관성모멘트와 관성적을 구하기 위해서는 먼저 (a)의 결과에 평행축 정리를 적용해야 한다.

예제 9.10 관성 주축과 관성모멘트

원점이 질량중심에 있는 좌표계 $x'y'z'$에 대한 강체의 관성 행렬이

$$[I'] = \begin{bmatrix} 4 & -2 & 1 \\ -2 & 2 & -1 \\ 1 & -1 & 3 \end{bmatrix} \text{kg-m}^2$$

이다. 주관성모멘트와 $x'y'z'$에 대한 주축 좌표계의 방향을 구하라.

전략

주관성모멘트는 식 (9.45)의 근이다. 각각의 주관성모멘트에 대해, 식 (9.46)은 해당 주축에 평행한 벡터의 성분들을 제공한다.

풀이

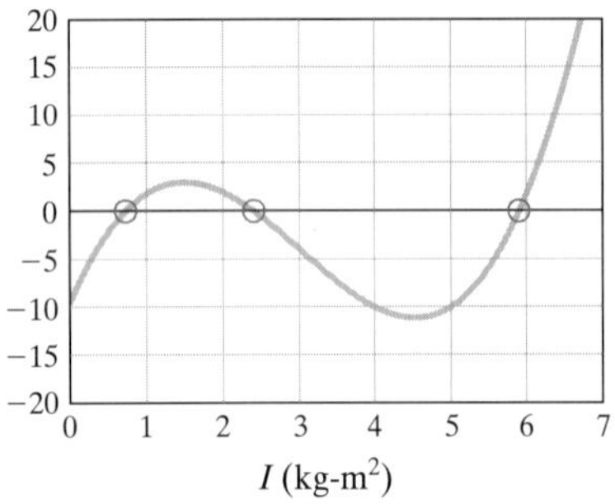

그림 9.36
$I^3 - 9I^2 + 20I - 10$의 그래프.

관성모멘트와 관성적을 식 (9.45)에 대입하면 다음 식을 얻는다:

$$I^3 - 9I^2 + 20I - 10 = 0 \tag{1}$$

그림 9.36에 I의 함수로서 위 식의 좌변의 값을 나타내었다. kg-m^2 단위로 주관성모멘트의 값인 세 개의 근은 $I_1 = 0.708$, $I_2 = 2.397$, $I_3 = 5.895$이다.

주관성모멘트 $I_1 = 0.708$ kg-m^{2}을 식 (9.46)에 대입하여 얻은 벡터 $\mathbf{V}$를 벡터의 크기로 나누면, 다음과 같이 해당 주축에 평행한 단위벡터를 얻게 된다:

$$\mathbf{e}_1 = 0.473\mathbf{i} + 0.864\mathbf{j} + 0.171\mathbf{k}$$

$I_2 = 2.397$ kg-m^{2}을 식 (9.46)에 대입하면, 다음 단위벡터

$$\mathbf{e}_2 = -0.458\mathbf{i} + 0.076\mathbf{j} + 0.886\mathbf{k}$$

를 구할 수 있고, $I_3 = 5.895$ kg-m^{2}을 식 (9.46)에 대입하면, 다음 단위벡터를 구할 수 있다:

$$\mathbf{e}_3 = 0.753\mathbf{i} - 0.497\mathbf{j} + 0.432\mathbf{k}$$

주관성모멘트와 해당 주축에 평행한 단위벡터의 성분들을 구한 후, 그림 9.37에 $I_{xx} = 5.895$ kg-m^2, $I_{yy} = 0.708$ kg-m^2, $I_{zz} = 2.397$ kg-m^{2}이 되도록 주축들을 적절히 배치하였다.

비판적 사고

비선형 대수방정식의 근을 구할 수 있는 프로그램 가능한 계산기와 컴퓨터 프로그램들이 많이 있다. 이들을 이용하여 이 예제에서 식 (1)의 근을 정확하게 구할 수 있었다. 3차 방정식의 근 세 개를 모두 구해야 하는데, 만일 사용

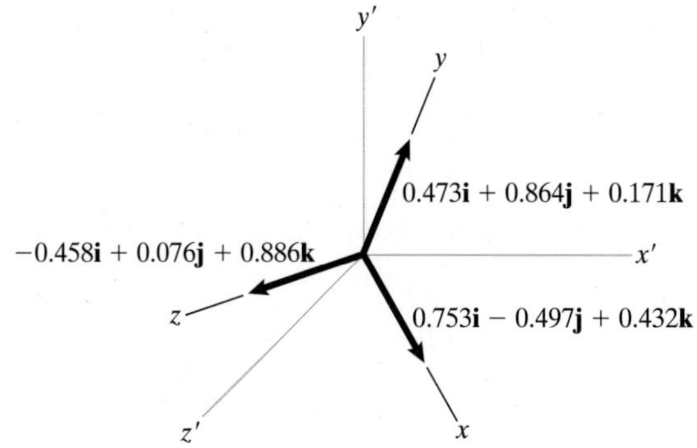

그림 9.37
주축들. 어느 축을 x, y, z 축으로 할 것인지는 임의대로 결정한다.

하는 프로그램이 N차 방정식의 근을 모두 구하도록 설계되지 않았다면, 프로그램은 구해야 할 근 대신에 이미 구한 근에 계속해서 수렴할 수도 있다. 다음과 같은 간단한 방법으로 이러한 현상을 해결할 수 있다. 먼저 이 예제에서 프로그램을 이용하여 식 (1)의 근 한 개를 구한다. 이 근이 0.708이라고 가정하자. (이 값은 유효숫자 세 자리까지 반올림되었다. 계산할 때, 컴퓨터가 허용하는 한 최대의 정확도를 유지하라.) 그 다음, 다음 방정식의 근 한 개를 찾는다:

$$\frac{I^3 - 9I^2 + 20I - 10}{I - 0.708} = 0$$

이 방법으로 이미 구한 근을 나누어 소거할 수 있다. 이렇게 해서 구한 다음 근이 2.397이라면, 마지막 근은 다음 방정식의 근으로부터 구할 수 있다:

$$\frac{I^3 - 9I^2 + 20I - 10}{(I - 0.708)(I - 2.397)} = 0$$

연습문제

9.80 막대의 질량이 6 kg이다. 그림의 좌표계에 의한 막대의 관성모멘트와 관성적을 구하라.

9.81 막대의 질량이 6 kg이다.

(a) 원점이 막대의 질량중심에 있는 평행 좌표계 $x'y'z'$에 의한 관성모멘트와 관성적을 구하라

(b) 만일 막대가 각속도 $\boldsymbol{\omega} = 4\mathbf{i}$ (rad/s)로 회전한다면, 강체의 질량중심에 대한 각운동량은 얼마인가?

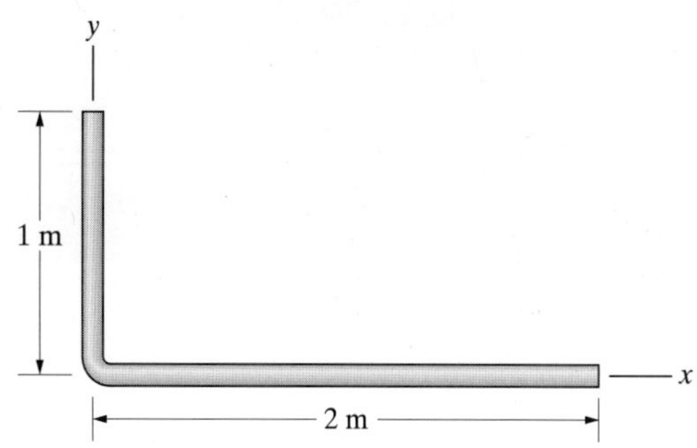

문제 9.80/9.81

9.82 4 kg의 얇은 사각 평판이 $x-y$ 평면 상에 놓여 있다. 그림의 좌표계에 의한 평판의 관성모멘트와 관성적을 구하라.

9.83 만일 4 kg의 평판이 각속도 $\boldsymbol{\omega} = 6\mathbf{i} + 4\mathbf{j} - 2\mathbf{k}$ (rad/s)로 회전한다면, 평판의 질량중심에 대한 각운동량은 얼마인가?

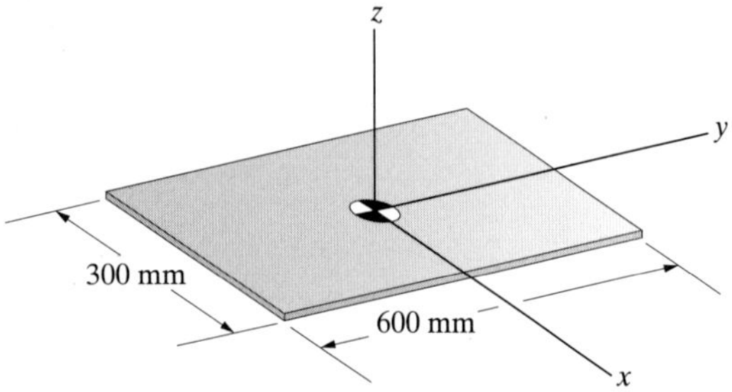

문제 9.82/9.83

9.84 133.4 N의 삼각형 평판이 $x-y$ 평면 상에 놓여 있다. 이 평판의 관성모멘트와 관성적을 그림의 좌표계에 의해 구하라.

9.85 133.4 N의 삼각형 평판이 $x-y$ 평면 상에 놓여 있다.

(a) 원점이 평판의 질량중심에 있는 평행 좌표계 $x'y'z'$에 의한 관성모멘트와 관성적을 구하라.

(b) 만일 평판이 각속도 $\boldsymbol{\omega} = 20\mathbf{i} - 12\mathbf{j} + 16\mathbf{k}$ (rad/s)로 회전하고 있다면, 평판의 질량중심에 대한 각운동량은 얼마인가?

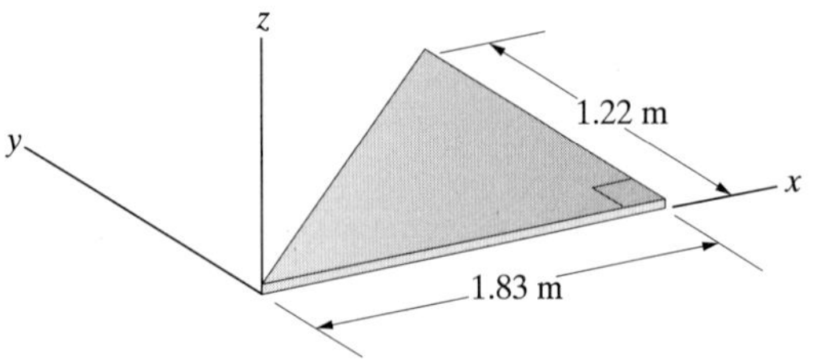

문제 9.84/9.85

9.86 그림의 좌표계에 의한 2.4 kg 강판의 관성 행렬을 구하라.

9.87 강판의 질량은 2.4 kg이다.

(a) 원점이 강판의 질량중심에 있는 평행 좌표계 $x'y'z'$에 의한 강판의 관성모멘트와 관성적을 구하라.

(b) 강판이 각속도 $\boldsymbol{\omega} = 20\mathbf{i} + 10\mathbf{j} - 10\mathbf{k}$ (rad/s)로 회전하고 있다면, 강판의 질량중심에 대한 각운동량은 얼마인가?

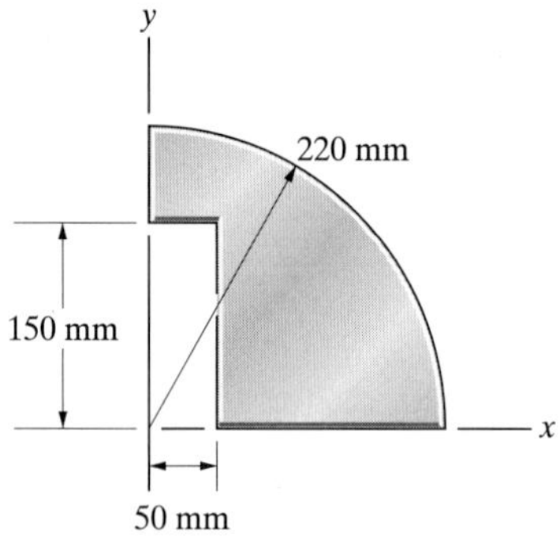

문제 9.86/9.87

9.88 질량 m의 가는 막대가 고정점 O에 대해 각속도 $\boldsymbol{\omega} = \omega_y\mathbf{j} + \omega_z\mathbf{k}$로 회전한다. 이 막대의 각운동량을 (a) 막대의 질량중심에 대해, (b) 점 O에 대해 각각 구하라.

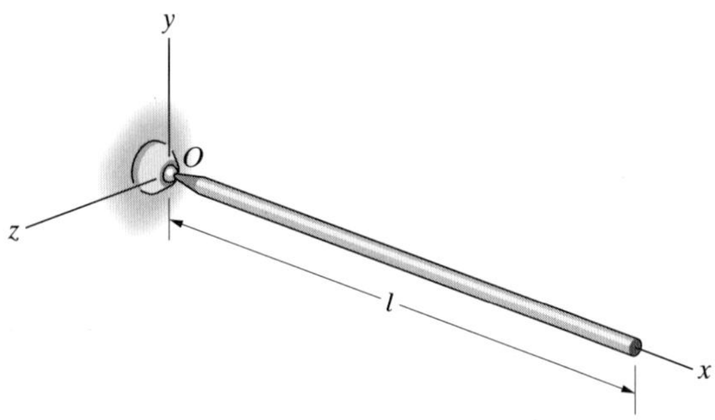

문제 9.88

9.89 질량 m의 가는 막대가 x축에 평행하다. 만일 좌표계가 막대에 고정되어 있고 고정점 O에 대한 막대의 각속도가 $\omega = \omega_y \mathbf{j}$라면, O점에 대한 막대의 각운동량은 얼마인가?

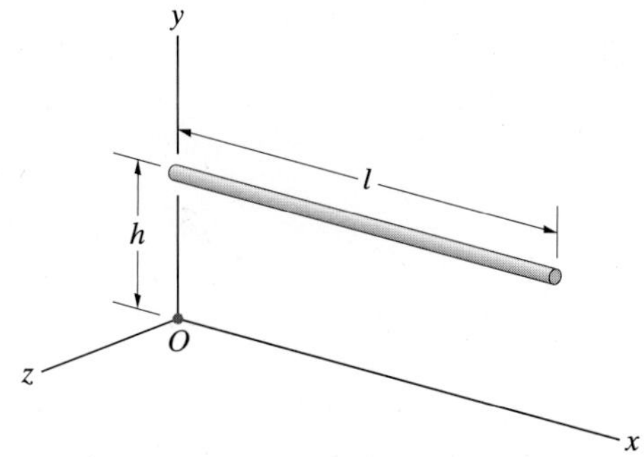

문제 9.89

9.90 예제 9.8에서 팔 AB와 BC로 구성된 물체의 관성모멘트와 관성적이 그림 9.34의 좌표계에 의해 구해졌다. 원점이 물체의 질량중심에 있는 평행 좌표계 $x'y'z'$에 의해 물체의 관성모멘트와 관성적을 구하라.

9.91 예제 9.8에서 기술된 기중기가 수직축에 대해 위에서 볼 때 반시계 방향으로 0.1 rad/s의 속도로 강체로서 회전을 한다고 가정하자.

(a) 그림 9.34의 강체에 고정된 좌표계에 의한 기중기의 각속도 벡터 $\boldsymbol{\omega}$는 얼마인가?

(b) 팔 AB와 BC로 구성된 물체의 질량중심에 대한 물체의 각운동량은 얼마인가?

9.92 3 kg의 가는 막대가 2 kg의 얇은 원판에 단단하게 결합되어 있다. 그림의 강체에 고정된 좌표계에 의해 복합체의 각속도는 $\boldsymbol{\omega} = 100\mathbf{i} - 4\mathbf{j} + 6\mathbf{k}$ (rad/s)이다. 이 복합체의 질량중심에 대한 각운동량은 얼마인가?

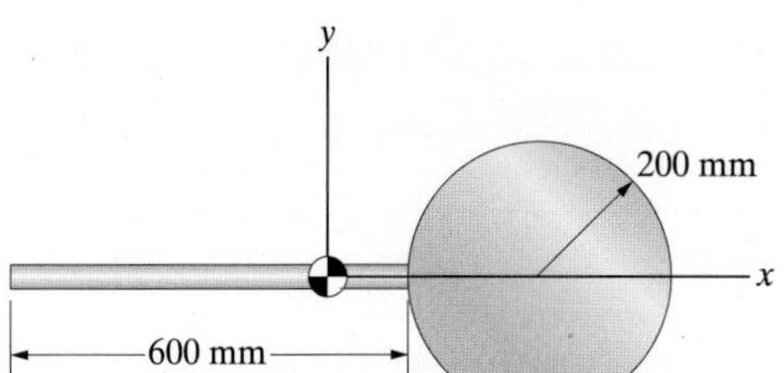

문제 9.92

9.93* 가는 균질 막대의 질량이 m이다. 이 막대가 각속도 $\boldsymbol{\omega} = \omega_0(24\mathbf{i} + 12\mathbf{j} - 6\mathbf{k})$로 회전한다면, 이 막대의 질량중심에 대한 각운동량은 얼마인가?

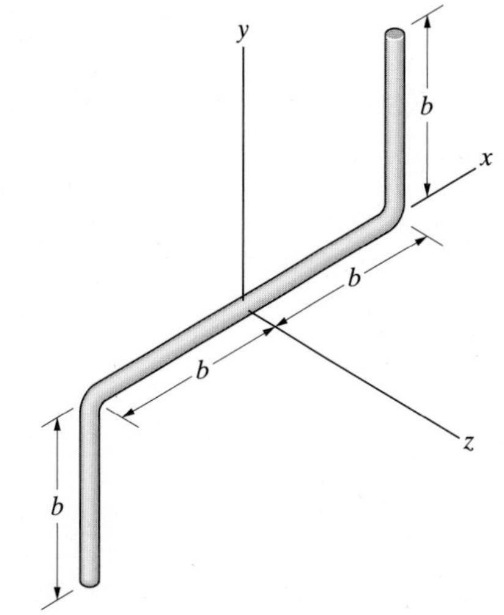

문제 9.93

9.94* 8 kg의 가는 균질 막대가 A와 B에서 볼-소켓 조인트에 연결되어 있다.

(a) 축 AB에 대한 막대의 관성모멘트는 얼마인가?

(b) 만일 막대가 축 AB에 대해 4 rad/s로 회전한다면, 막대의 회전축에 대한 각운동량의 크기는 얼마인가?

9.95* 8 kg의 가는 균질 막대가 그림의 위치에서 정지상태로부터 놓여진다. (x−z 평면은 수평이다.) 이 순간, 축 AB에 대한 막대의 각가속도의 크기는 얼마인가?

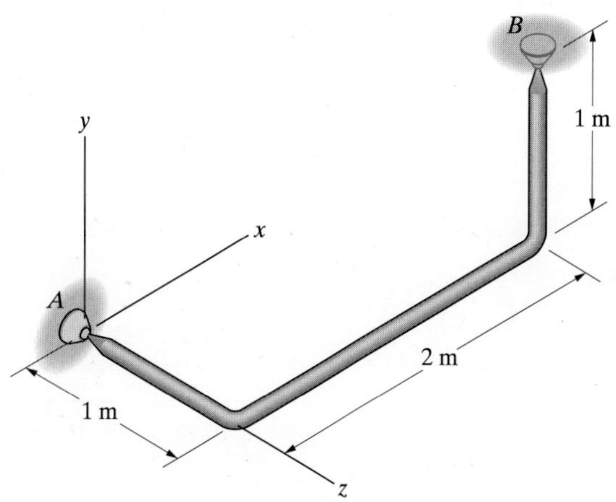

문제 9.94/9.95

9.96 원점이 질량중심에 있는 좌표계 $x'y'z'$에 의한 강체의 관성 행렬이

$$[I'] = \begin{bmatrix} 20 & 10 & -10 \\ 10 & 60 & 0 \\ -10 & 0 & 80 \end{bmatrix} \text{kg-m}^2$$

이다. 주 관성모멘트들과 해당 주축들에 평행한 단위벡터들을 구하라.

9.97 문제 9.86의 강판과 좌표계에 대해, 주관성모멘트와 해당 주축에 평행한 단위벡터들을 구하라. 강판과 주축들을 대략적으로 그려라.

9.98 질량이 1 kg이고 길이가 1 m인 가는 막대가 $x'-y'$ 평면상에 놓여 있다. 막대의 관성모멘트 행렬은 kg-m^2 단위로

$$[I'] = \begin{bmatrix} \frac{1}{12}\sin^2\beta & -\frac{1}{12}\sin\beta\cos\beta & 0 \\ -\frac{1}{12}\sin\beta\cos\beta & \frac{1}{12}\cos^2\beta & 0 \\ 0 & 0 & \frac{1}{12} \end{bmatrix}$$

이다. 식 (9.45)와 (9.46)을 이용하여 주관성모멘트와 해당 주축에 평행한 단위벡터들을 구하라.

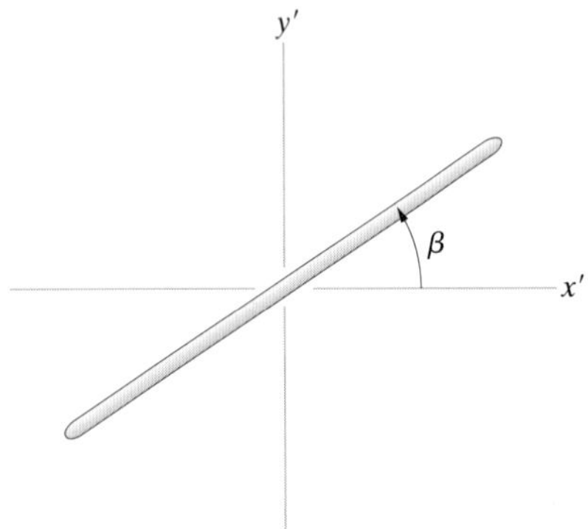

문제 9.98

9.99* 얇은 균질 평판의 질량이 3 kg이다. 그림의 좌표계에 대해, 평판의 주관성모멘트와 해당 주축에 평행한 단위벡터들을 구하라.

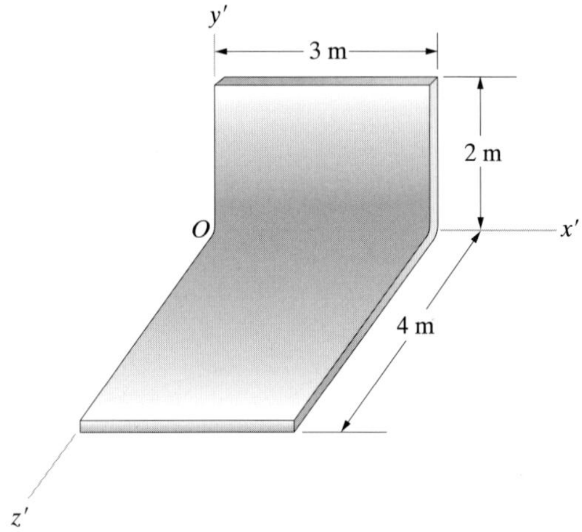

문제 9.99

요약

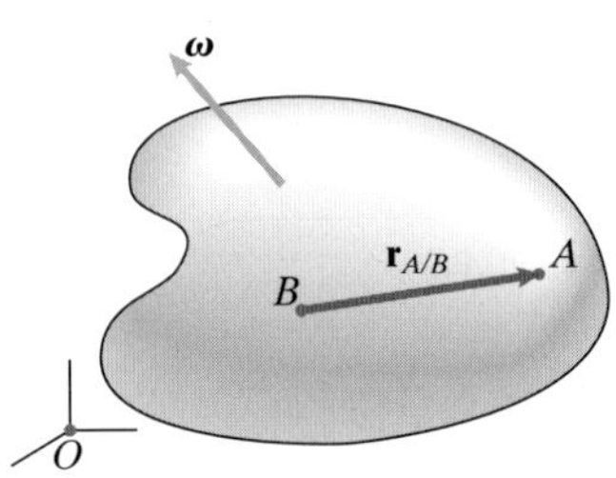

(a)

운동학

주어진 기준좌표계에 대한 강체의 한 점 A의 속도는 강체의 한 점 B의 속도와 강체의 각속도에 의해 다음 식으로 주어진다(그림 a):

$$\mathbf{v}_A = \mathbf{v}_B + \boldsymbol{\omega} \times \mathbf{r}_{A/B} \tag{9.1}$$

점 A의 가속도는 점 B의 가속도와 강체의 각가속도 및 각속도에 의해 다음 식으로 주어진다:

$$\mathbf{a}_A = \mathbf{a}_B + \boldsymbol{\alpha} \times \mathbf{r}_{A/B} + \boldsymbol{\omega} \times (\boldsymbol{\omega} \times \mathbf{r}_{A/B}) \tag{9.2}$$

주 기준좌표계에 대해 각속도 $\mathbf{\Omega}$로 회전하는 2차 기준좌표계 *xyz*와 주 기준좌표계에 대해 각속도 $\boldsymbol{\omega}$로 회전하는 강체를 생각해 보자(그림 b). 만일 2차 기준좌표계가 강체에 고정되어 있다면 $\mathbf{\Omega} = \boldsymbol{\omega}$이다. 주 기준좌표계에 대한 강체의 각가속도는

$$\boldsymbol{\alpha} = \frac{d\omega_x}{dt}\mathbf{i} + \frac{d\omega_y}{dt}\mathbf{j} + \frac{d\omega_z}{dt}\mathbf{k} + \mathbf{\Omega} \times \boldsymbol{\omega} \tag{9.4}$$

이다. 2차 기준좌표계가 강체에 고정되어 있지 않을 때는 $\boldsymbol{\omega}$를 $\mathbf{\Omega}$와 2차 기준좌표계에 대한 강체의 각속도 $\boldsymbol{\omega}_{\text{rel}}$의 합, 즉

$$\boldsymbol{\omega} = \mathbf{\Omega} + \boldsymbol{\omega}_{\text{rel}} \tag{9.5}$$

로 나타내는 것이 편리하다.

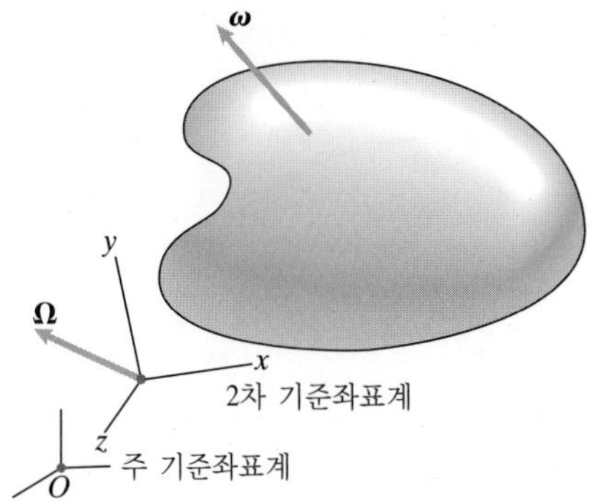

(b)

오일러 방정식

강체에 대한 3차원 운동방정식을 오일러 방정식(Euler's equation)이라고 하며, 여기에는 Newton의 제2법칙과 각운동방정식들이 포함된다. 고정점 *O*에 대해 회전하는 강체의 경우(그림 c), 각운동방정식들은 *O*에 대한 전체 모멘트의 성분에 의해 다음과 같이 표현된다:

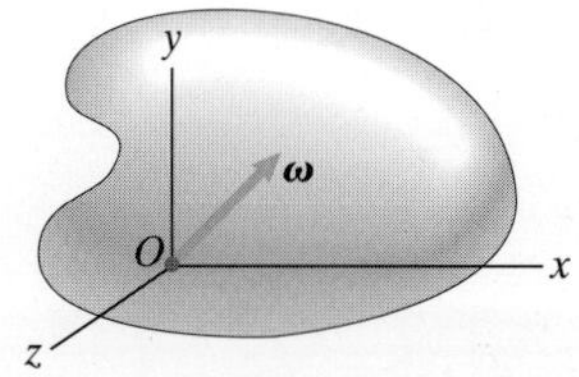

(c)

$$\begin{aligned}
\Sigma M_{Ox} &= I_{xx}\frac{d\omega_x}{dt} - I_{xy}\frac{d\omega_y}{dt} - I_{xz}\frac{d\omega_z}{dt} \\
&\quad - \Omega_z(-I_{yx}\omega_x + I_{yy}\omega_y - I_{yz}\omega_z) \\
&\quad + \Omega_y(-I_{zx}\omega_x - I_{zy}\omega_y + I_{zz}\omega_z) \\
\Sigma M_{Oy} &= -I_{yx}\frac{d\omega_x}{dt} + I_{yy}\frac{d\omega_y}{dt} - I_{yz}\frac{d\omega_z}{dt} \\
&\quad + \Omega_z(I_{xx}\omega_x - I_{xy}\omega_y - I_{xz}\omega_z) \\
&\quad - \Omega_x(-I_{zx}\omega_x - I_{zy}\omega_y + I_{zz}\omega_z) \\
\Sigma M_{Oz} &= -I_{zx}\frac{d\omega_x}{dt} - I_{zy}\frac{d\omega_y}{dt} + I_{zz}\frac{d\omega_z}{dt} \\
&\quad - \Omega_y(I_{xx}\omega_x - I_{xy}\omega_y - I_{xz}\omega_z) \\
&\quad + \Omega_x(-I_{yx}\omega_x + I_{yy}\omega_y - I_{yz}\omega_z)
\end{aligned} \tag{9.12}$$

여기서 $\boldsymbol{\omega}$는 강체의 각속도이며, $\mathbf{\Omega}$는 원점이 *O*에 있는 2차 기준좌표계의 각속도이다. 만일 2차 기준좌표계가 강체에 고정되어 있다면 $\mathbf{\Omega} = \boldsymbol{\omega}$이다. 일반 3차원 운동의 경우(그림 d), 각운동방정식[식 (9.18)]은 고정점에 대한 운동의 경우와 형태는 동일하지만 질량중심에 대한 전체 모멘트의 성분들에 의해 표현되었다는 점과 2차 기준좌표계의 원점이 질량중심에 있다는 점이 다르다.

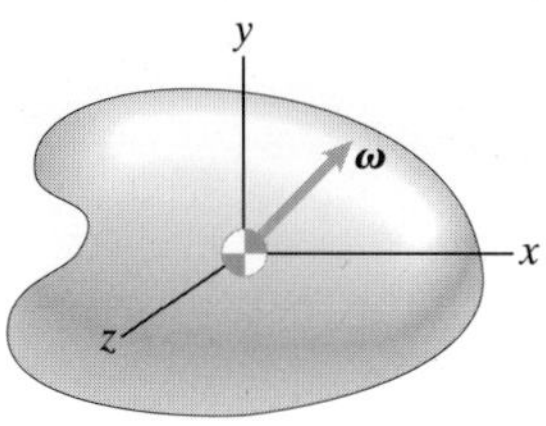

(d)

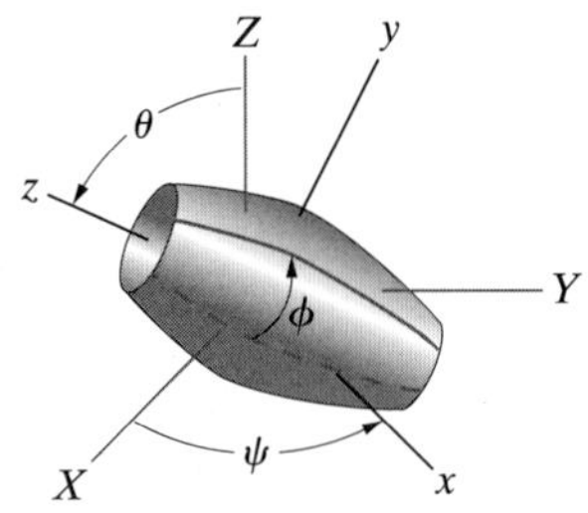

(e)

오일러 각: 축대칭 물체

회전 대칭축을 갖는 물체의 경우, 기준좌표계 *XYZ*에 대한 *xyz* 좌표계의 방위는 세차각(precession angle) ψ와 장동각(nutation angle) θ에 의해 나타낸다(그림 e). *xyz* 좌표계에 대한 물체의 회전은 스핀각(spin angle) ϕ에 의해 나타낸다. *XYZ* 좌표계에 대한 강체의 각속도 성분은 다음 식으로 주어진다:

$$\omega_x = \dot{\theta}$$

$$\omega_y = \dot{\psi} \sin\theta \tag{9.23}$$

$$\omega_z = \dot{\phi} + \dot{\psi}\cos\theta$$

오일러 각에 의해 표현된 각운동방정식은 다음과 같다:

$$\Sigma M_x = I_{xx}\ddot{\theta} + (I_{zz} - I_{xx})\dot{\psi}^2 \sin\theta\cos\theta + I_{zz}\dot{\phi}\dot{\psi}\sin\theta \tag{9.26}$$

$$\Sigma M_y = I_{xx}(\ddot{\psi}\sin\theta + 2\dot{\psi}\dot{\theta}\cos\theta) - I_{zz}(\dot{\phi}\dot{\theta} + \dot{\psi}\dot{\theta}\cos\theta) \tag{9.27}$$

$$\Sigma M_z = I_{zz}(\ddot{\phi} + \ddot{\psi}\cos\theta - \dot{\psi}\dot{\theta}\sin\theta) \tag{9.28}$$

자전하는 축대칭 물체의 정상 세차운동(steady precession)에서, 스핀율(spin rate) $\dot{\phi}$와 장동각(nutation angle) θ, 세차율(precession rate) $\dot{\psi}$는 일정하다고 가정한다. 이러한 가정들에 의해 각운동방정식은 다음과 같이 간단하게 나타낼 수 있다:

$$\Sigma M_x = (I_{zz} - I_{xx})\dot{\psi}^2\sin\theta\cos\theta + I_{zz}\dot{\phi}\dot{\psi}\sin\theta \tag{9.29}$$

$$\Sigma M_y = 0 \tag{9.30}$$

$$\Sigma M_z = 0 \tag{9.31}$$

관성모멘트와 관성적

주어진 좌표계 *xyz*에 의해 물체의 관성 행렬(inertia matrix)은 다음과 같이 정의된다:

$$[I] = \begin{bmatrix} I_{xx} & -I_{xy} & -I_{xz} \\ -I_{yx} & I_{yy} & -I_{yz} \\ -I_{zx} & -I_{zy} & I_{zz} \end{bmatrix}$$

$$= \begin{bmatrix} \int_m (y^2 + z^2)\,dm & -\int_m xy\,dm & -\int_m xz\,dm \\ -\int_m yx\,dm & \int_m (x^2 + z^2)\,dm & -\int_m yz\,dm \\ -\int_m zx\,dm & -\int_m zy\,dm & \int_m (x^2 + y^2)\,dm \end{bmatrix} \tag{9.37}$$

여기서 x, y, z는 질량 미분요소 dm의 좌표이다. I_{xx}와 I_{yy}, I_{zz} 항은 x, y, z 축에 대한 관성모멘트(moment of inertia)이며, I_{xy}와 I_{yz}, I_{zx} 항은 관성적(product of inertia)이다.

만일 $x'y'z'$가 물체의 질량중심에 원점이 있는 좌표계이며 xyz가 이 좌표계에 평행한 좌표계라면(그림 f), **평행축 정리(parallel-axis theorem)**는 다음 관계식을 나타낸다:

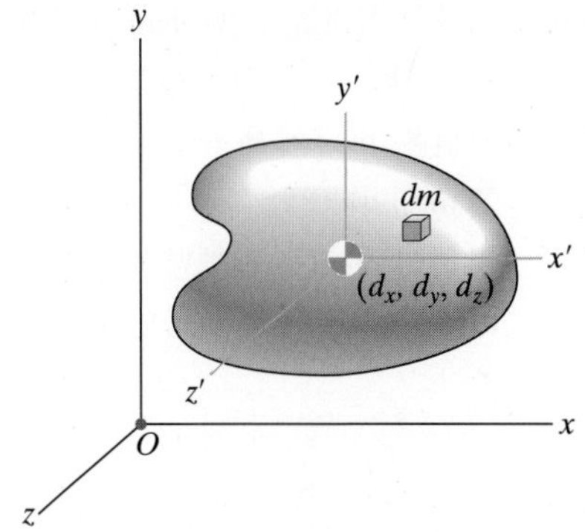

(f)

$$
\begin{aligned}
I_{xx} &= I_{x'x'} + (d_y^2 + d_z^2)\,m \\
I_{yy} &= I_{y'y'} + (d_x^2 + d_z^2)\,m \\
I_{zz} &= I_{z'z'} + (d_x^2 + d_y^2)\,m \\
I_{xy} &= I_{x'y'} + d_x d_y m \\
I_{yz} &= I_{y'z'} + d_y d_z m \\
I_{zx} &= I_{z'x'} + d_z d_x m
\end{aligned} \tag{9.42}
$$

여기서 (d_x, d_y, d_z)는 xyz 좌표계에서 물체의 질량중심 좌표이다.

단위벡터 **e**에 평행하면서 원점을 지나는 축에 대한 물체의 관성모멘트는 다음 식으로 주어진다:

$$I_O = I_{xx}e_x^2 + I_{yy}e_y^2 + I_{zz}e_z^2 - 2I_{xy}e_xe_y - 2I_{yz}e_ye_z - 2I_{zx}e_ze_x \tag{9.43}$$

복습문제

9.100 원판이 수평 회전축에 핀으로 연결되어 있으며 수평 회전축에 대해 상대 각속도 ω_d로 회전한다. 지구에 고정된 기준좌표계에 대해 수직 회전축은 각속도 ω_0로 회전한다.

(a) 지구에 고정된 기준좌표계에 대한 원판의 각속도 벡터 $\boldsymbol{\omega}$를 구하라.

(b) 지구에 고정된 기준좌표계에 대한 원판의 점 A의 속도는 얼마인가?

9.101 원판이 수평 회전축에 핀으로 연결되어 있으며 수평 회전축에 대해 상대 각속도 ω_d로 회전한다. 지구에 고정된 기준좌표계에 대해 수직 회전축은 각속도 ω_0로 회전한다. 지구에 고정된 기준좌표계에 대한 원판의 점 A의 가속도는 얼마인가?

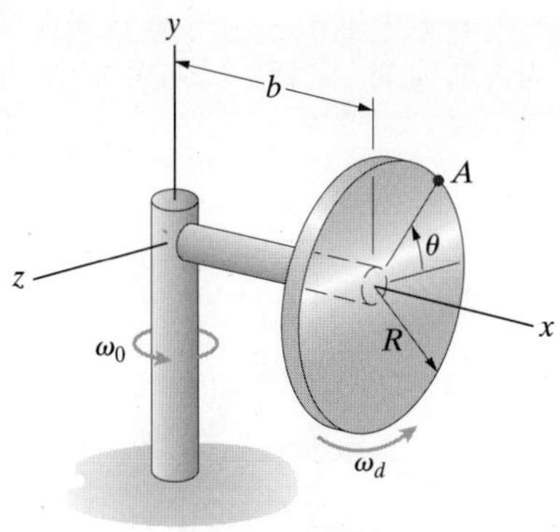

문제 9.100/9.101

9.102 원뿔의 꼭지점이 100 mm 길이의 기둥에 볼-소켓 조인트로 연결되어 있다. 원뿔 밑면의 반경은 100 mm이며, 밑면은 바닥에서 구른다. 밑면의 중심 속도는 $\mathbf{v}_C = 2\mathbf{k}$ (m/s)이다.

(a) 원뿔의 각속도 벡터 $\boldsymbol{\omega}$는 얼마인가?

(b) 점 A의 속도는 얼마인가?

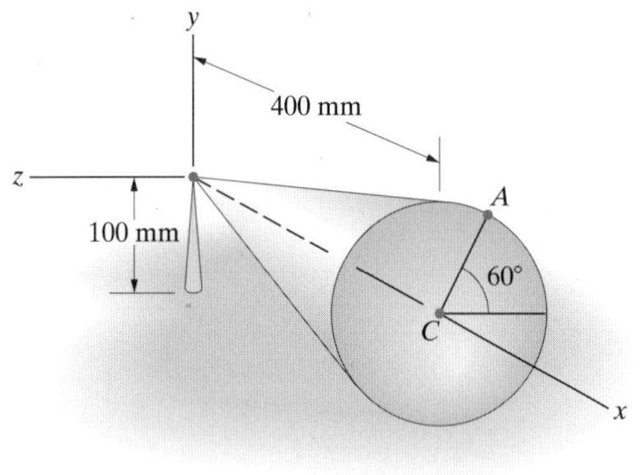

문제 9.102

9.103 그림의 기구는 요크(yoke)와 스파이더(spider)로 불리는 유니버설 조인트(universal joint)의 한 형태이다. 축 L은 x–z 평면에 놓여 있다. 그림의 순간에서 각속도 ω_R에 의해 각속도 ω_L과 십자형 "스파이더"의 각속도 벡터 $\boldsymbol{\omega}_S$를 구하라.

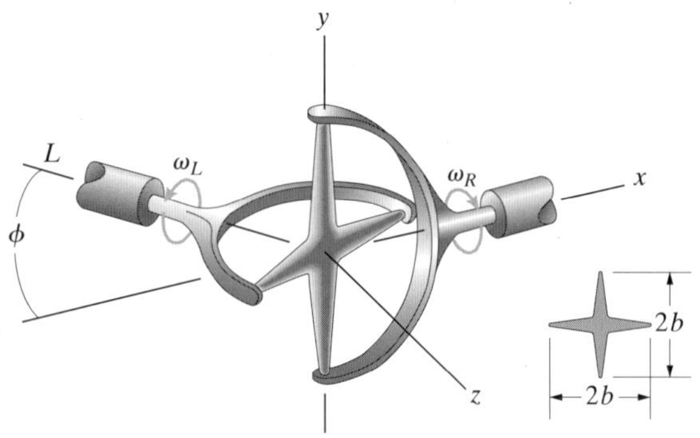

문제 9.103

9.104 원점이 질량중심에 있는 강체에 고정된 좌표계에 의한 강체의 관성 행렬이

$$[I] = \begin{bmatrix} 4 & 1 & -1 \\ 1 & 2 & 0 \\ -1 & 0 & 6 \end{bmatrix} \text{kg-m}^2$$

이다. 강체의 각속도가 $\omega = 10\mathbf{i} - 5\mathbf{j} + 10\mathbf{k}$ (rad/s)이면, 강체의 질량중심에 대한 각운동량은 얼마인가?

9.105 원점과 (4, −4, 7) m의 점을 통과하는 축에 대해 문제 9.104에서 기술된 강체의 관성모멘트는 얼마인가?

전략: 축에 평행한 단위벡터의 성분들을 구하고 식 (9.43)을 이용하라.

9.106 그림의 좌표계에 의해 0.6 kg의 얇은 원판의 관성 행렬을 구하라.

9.107 $t = 0$에서, 0.6 kg의 얇은 원판이 각속도 $\boldsymbol{\omega} = 10\mathbf{i} + 10\mathbf{j}$ (rad/s)를 가지며, (0, 0.5, 0) m의 지점에서 힘 $\mathbf{F} = -10\mathbf{k}$ (N)를 받는다. 원판에 다른 외력과 우력은 작용하지 않는다. 이 순간 원판의 각가속도 성분은 얼마인가?

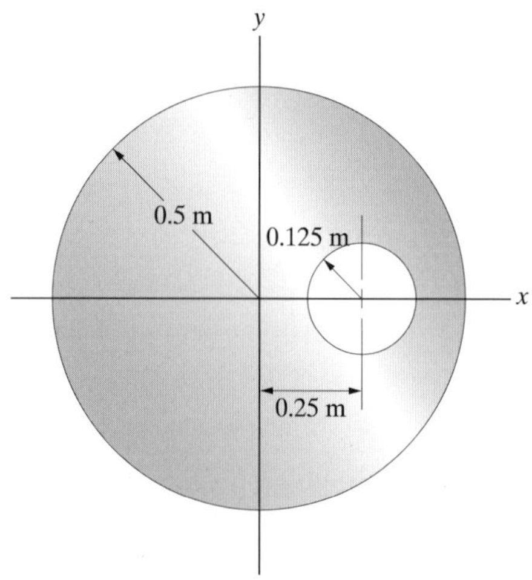

문제 9.106/9.107

9.108 질량중심에 원점이 있는 강체에 고정된 좌표계에 의한 강체의 관성 행렬이

$$[I] = \begin{bmatrix} 4 & 1 & -1 \\ 1 & 2 & 0 \\ -1 & 0 & 6 \end{bmatrix} \text{kg-m}^2$$

이다. 강체의 각속도가 $\boldsymbol{\omega} = 10\mathbf{i} - 5\mathbf{j} + 10\mathbf{k}$ (rad/s)이면, 강체의 질량중심에 대한 총 모멘트의 성분은 얼마인가?

9.109 만일 문제 9.108에서 기술된 강체의 질량중심에 대한 전체 모멘트가 0이라면, 강체의 각가속도의 성분은 얼마인가?

9.110 길이가 l이고 질량이 m인 가는 막대가 O에서 L자형 막대에 핀으로 연결되어 있다. L자형 막대는 수직축에 대해 일정한 각속도 ω_0로 회전한다. 막대가 수직축에 대해 일정한 각 β를 유지하기 위해 필요한 ω_0의 값은 얼마인가?

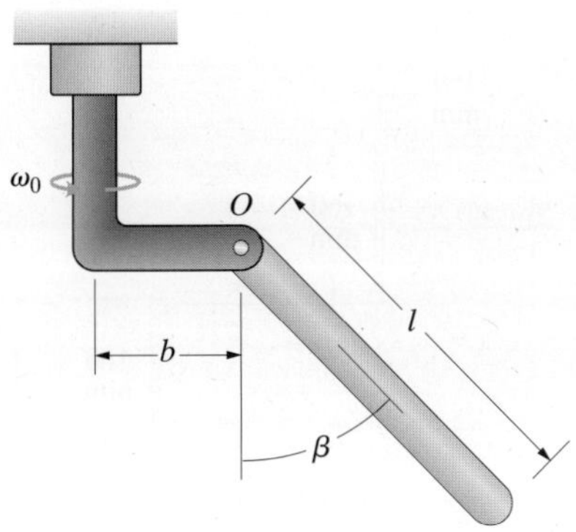

문제 9.110

9.111 길이가 l이고 질량이 m인 가는 막대가 반경이 R이고 질량이 m인 얇은 원판중심에 단단히 부착되어 있다. 이 복합체의 막대는 수평면에서 복합체의 질량중심에 대해 일정한 각속도 ω_0로 회전하며, 원판은 바닥에서 굴러간다. $\omega_0 = 2\sqrt{g/R}$임을 보여라.

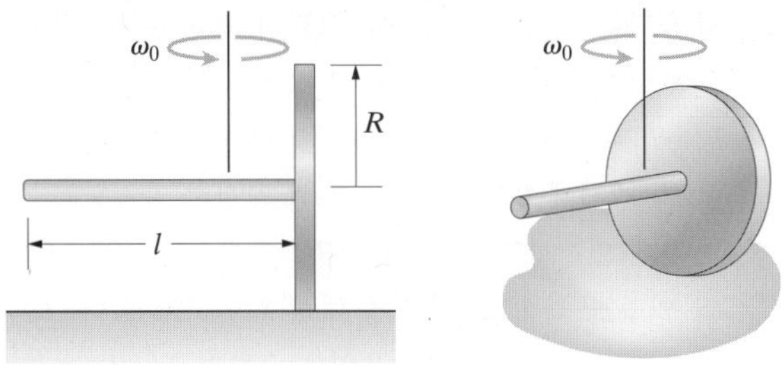

문제 9.111

9.112* 질량 m의 얇은 평판이 바닥에 대해 수직인 상태에서 수직축에 대해 회전한다. 평판의 모서리는 O의 파인 곳에 놓여 있어서 계속 바닥의 같은 점에 있게 된다. 평판은 일정한 각속도 ω_0로 회전하며, 각 β는 일정하다.

(a) 각속도 ω_0는 각 β와 다음 관계가 있음을 보여라:

$$\frac{h\omega_0^2}{g} = \frac{2\cos\beta - \sin\beta}{\sin^2\beta - 2\sin\beta\cos\beta - \cos^2\beta}$$

(b) (a)에서 얻은 식에 의하면, $2\cos\beta - \sin\beta = 0$일 때 $\omega_0 = 0$이다. 이 결과를 어떻게 해석할 것인가?

9.113* 문제 9.112에서, 평판이 계속 기술된 정상 운동을 유지하기 위한 각 β의 범위를 구하라.

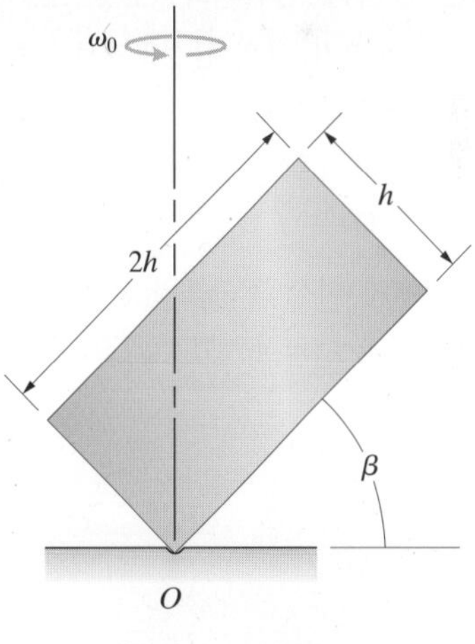

문제 9.112/9.113

9.114 팔 BC는 질량이 12 kg이며, 그림의 좌표계에 대한 관성모멘트와 관성적이 $I_{xx}=0.03$ kg-m^2, $I_{yy}=I_{zz}=4$ kg-m^2, $I_{xy}=I_{yz}=I_{xz}=0$이다. 그림의 순간에서, 팔 AB는 위에서 볼 때 반시계 방향으로 1 rad/s의 일정한 각속도로 수평면에서 회전하고 있다. 팔 AB에 대해, 팔 BC는 2 rad/s의 일정한 각속도로 z축에 대해 회전하고 있다. B에서 팔 BC에 가해지는 힘과 우력을 구하라.

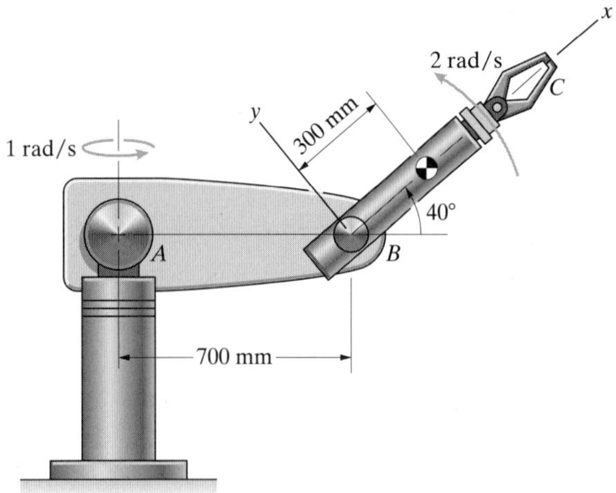

문제 9.114

9.115 장동각 25°로 뒤뚱거리는 나선모양으로 미식 축구공을 던진다고 가정하자. 공의 관성모멘트는 $I_{xx}=I_{yy}=0.0041$ kg-m^2, $I_{zz}=0.00136$ kg-m^{2}이다. 만일 스핀율이 $\dot{\phi}=4$ rev/s이면, 세차율(공이 뒤뚱거리며 도는 속도)의 크기는 얼마인가?

9.116 문제 9.115에서 미식 축구공의 운동에 대해 강체 원뿔과 공간 원뿔을 대략적으로 그려라.

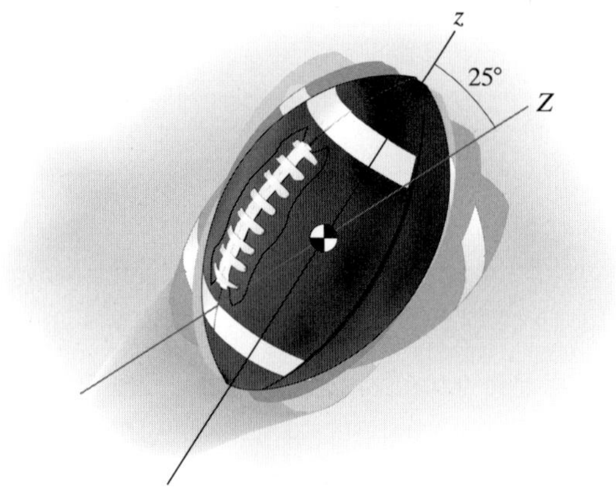

문제 9.115/9.116

9.117 얇은 균질 평판의 질량이 1 kg이다. 그림의 좌표계에 대해, 평판의 주관성모멘트들을 구하고, 해당 주축에 평행한 단위벡터들의 방향을 구하라.

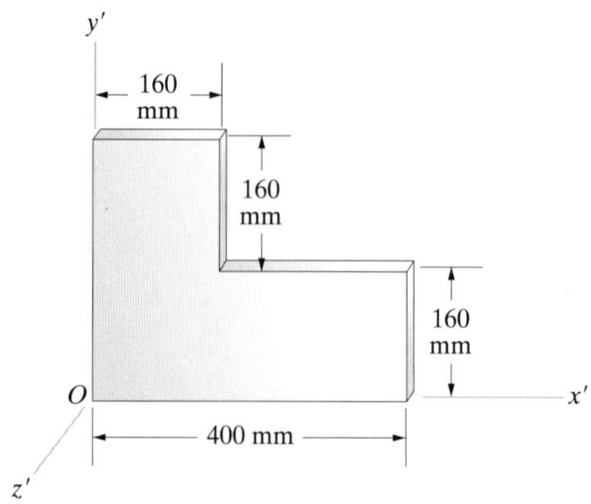

문제 9.117

9.118 비행기의 주관성모멘트가 kg-m^2 단위로 $I_{xx} = 10{,}844$, $I_{yy} = 65{,}062$, $I_{zz} = 67{,}773$이다.

(a) 비행기가 그림의 기준 위치에서 시작하여, 방위 $\psi = \theta = \phi = 45°$로 방향을 조종한다. XYZ 좌표계에 대한 비행기의 방위를 나타내는 그림을 대략적으로 그려라.

(b) 만일 비행기가 (a)에서 기술한 방위에 있고, 오일러 각의 변화율이 $\dot{\psi} = 0$, $\dot{\theta} = 0.2$ rad/s, $\dot{\phi} = 0.2$ rad/s이며, 시간에 대한 오일러 각의 2차 미분이 모두 0이라면, 비행기의 질량중심에 대한 총 모멘트의 성분은 얼마인가?

9.119 문제 9.118에서 기술한 비행기의 각가속도의 x, y, z 성분은 얼마인가?

9.120 문제 9.118에서 비행기의 방위가 $\psi = 45°$, $\theta = 60°$, $\phi = 45°$이고, 오일러 각의 변화율이 $\dot{\psi} = 0$, $\dot{\theta} = 0.2$ rad/s, $\dot{\phi} = 0.1$ rad/s이며, 비행기의 질량중심에 대한 전체 모멘트의 성분이 $\Sigma M_x = 542$ m-N, $\Sigma M_y = 1627$ m-N, $\Sigma M_z = 0$이라면, 비행기의 각가속도의 x, y, z 성분은 얼마인가?

문제 9.118 – 9.120

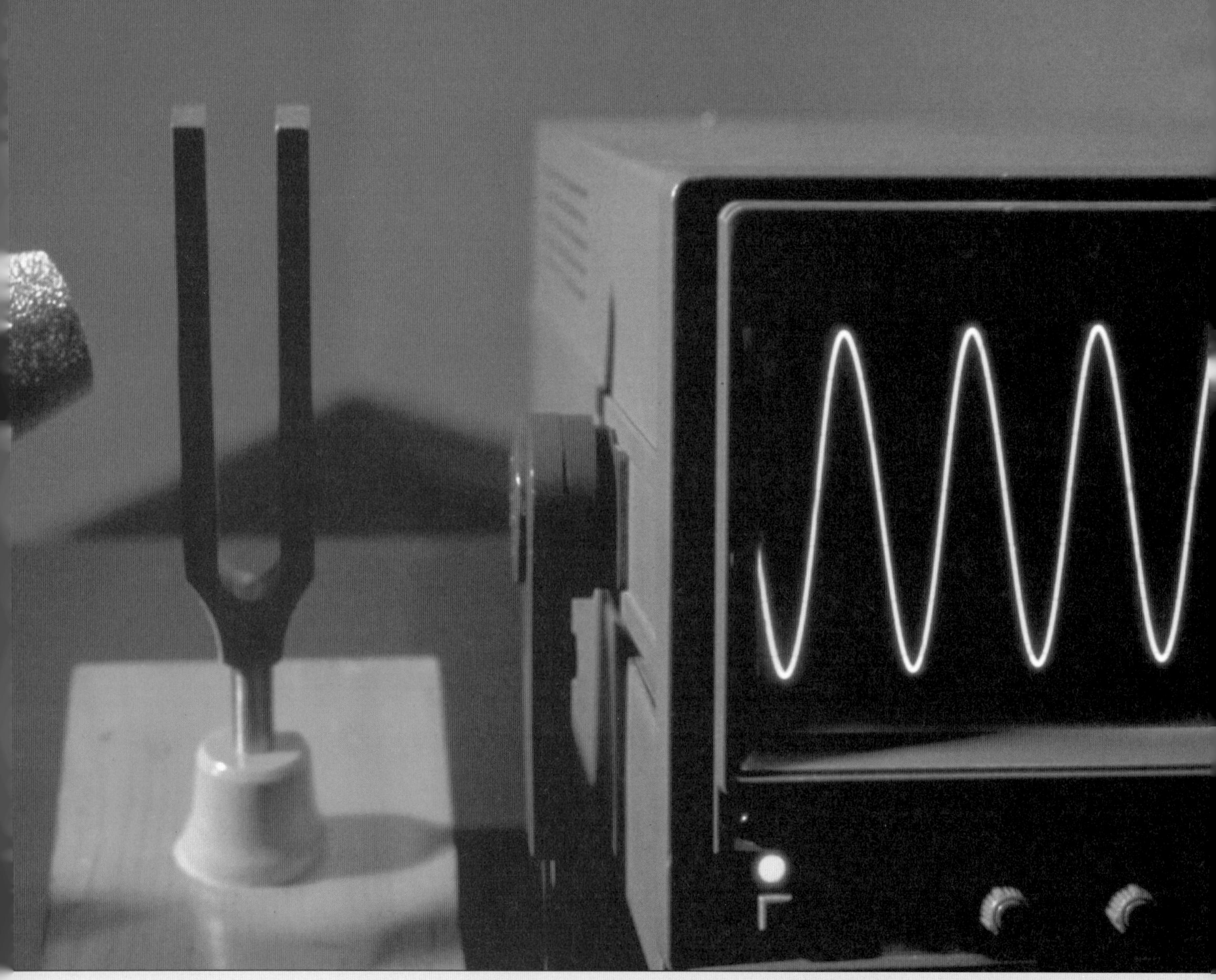

10

진동

진동은 산업혁명이 시작된 이래로 공학의 관심분야가 되어왔다. 기계 진동을 일으키거나 측정할 수 있는 전자기계 장치의 개발로부터 시작하여, 진동의 공학 분야 적용은 건축음향에서 지진 감지 및 해석까지 음향학의 다양한 분야를 포함하게 되었다. 시스템의 위치, 또는 구성요소의 배치가 한 개의 변수에 의해 기술될 수 있는 시스템인 1자유도 진동계에 대해 고려해 보려고 한다. 진폭, 주파수, 주기, 감쇠, 공진 등을 포함하여 여기서 소개하는 기본 개념들은 다자유도를 가진 시스템의 해석에도 사용된다.

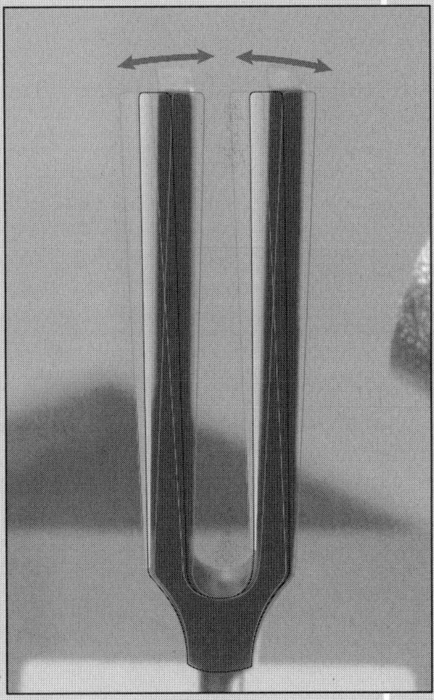

◀ 소리굽쇠(tuning fork)의 두 기둥의 진동은 마이크로폰에 감지되어 오실로스코프에 표시되는 음파를 만든다. 이 장에서 간단한 기계시스템의 진동을 해석한다.

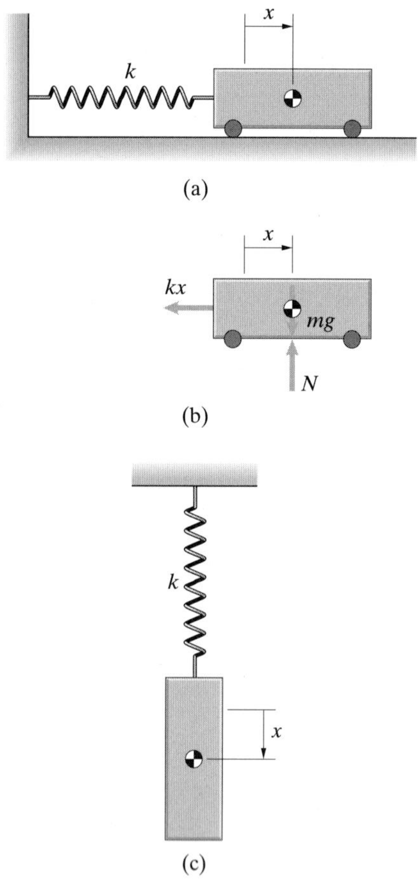

그림 10.1
(a) 1자유도를 가진 스프링－질량계.
(b) 질량의 자유물체도.
(c) 스프링에 매달린 질량.

10.1 보존계

먼저 보존력이 가해지는 1자유도계의 몇 가지 예를 보이고, 이들의 운동이 같은 미분방정식에 의해 기술됨을 예를 통해 설명한다. 그런 다음, 이 방정식의 해들을 검토하고, 이 해들을 이용하여 1자유도 보존계의 진동을 기술한다.

1자유도 진동계의 예

스프링－질량 진동계(그림 10.1a)는 1자유도 진동계의 가장 간단한 예이다. 기준점에 대한 질량의 변위를 나타내는 한 개의 좌표 x만으로도 계의 위치를 충분히 기술할 수 있다. 마찰을 무시하고 $x = 0$일 때 스프링이 변형 전 상태임을 가정하여, 그림 10.1b에 질량의 자유물체도를 나타내었다. Newton의 제2법칙을 적용하면, 질량의 수평방향 운동을 기술하는 식을 다음과 같이 쓸 수 있다:

$$\frac{d^2x}{dt^2} + \frac{k}{m}x = 0 \tag{10.1}$$

다른 매우 유용한 방법으로 이 식을 구할 수도 있다. 질량에 일을 하는 유일한 힘은 스프링이 가하는 힘이며 이 힘은 보존력이므로, 운동에너지와 위치에너지의 합은 일정하다. 즉,

$$\frac{1}{2}m\left(\frac{dx}{dt}\right)^2 + \frac{1}{2}kx^2 = \text{constant}$$

이다. 위 식을 시간에 대해 미분하면 다음 식

$$\left(\frac{dx}{dt}\right)\left(\frac{d^2x}{dt^2} + \frac{k}{m}x\right) = 0$$

과 같이 쓸 수 있으며, 이로부터 식 (10.1)을 다시 얻을 수 있다.

그림 10.1c와 같이 질량이 스프링에 매달려 있으며 수직 운동을 한다고 가정하자. $x = 0$일 때 스프링이 변형 전 상태라면, 운동방정식은

$$\frac{d^2x}{dt^2} + \frac{k}{m}x = g$$

임을 쉽게 확인할 수 있다. 매달려 있는 질량이 정지상태에 있다면, 스프링이 가하는 힘의 크기는 무게와 같아야 하므로($kx = mg$), 질량의 평형 위치는 $x = mg/k$이다. (운동방정식에서 가속도를 0으로 놓음으로써 평형 위치를 구할 수도 있다.) 새로운 변수 $\tilde{x}$를 도입하여 평형 위치에 대한 질량의 위치를 나타내도록 한다. 즉, $\tilde{x} = x - mg/k$이다. 운동방정식을 이 변수에 의해 다시 쓰면

$$\frac{d^2\tilde{x}}{dt^2} + \frac{k}{m}\tilde{x} = 0 \tag{10.2}$$

과 같으며, 식 (10.1)과 동일하다. 그림 10.1c에서 질량의 평형 위치에 대한 수

직 운동은 그림 10.1a의 질량의 평형 위치에 대한 수평 운동을 기술한 식과 같은 식에 의해 기술된다.

이제 다른 1자유도계에 대해 살펴보기로 하자. 그림 10.2a의 가는 막대를 어떤 각도만큼 돌렸다가 놓으면, 막대는 앞뒤로 왕복 운동할 것이다[고정점에 대해 흔들리는 물체를 **진자**(pendulum)라고 부른다]. θ가 막대의 위치를 나타내므로, 단 한 개의 자유도가 존재한다. 막대의 자유물체도(그림 10.2b)를 그리고, A에 대해 각운동방정식을 쓰면 다음 식과 같다:

$$\frac{d^2\theta}{dt^2} + \frac{3g}{2l}\sin\theta = 0 \tag{10.3}$$

에너지의 보존을 이용하여 이 방정식을 얻을 수도 있다. 막대의 운동에너지는 $T = \frac{1}{2}I_A(d\theta/dt)^2$이다. 기준 위치를 점 A의 높이로 한다면(그림 10.2b), 막대의 무게와 관련된 위치에너지는 $V = -mg(\frac{1}{2}l\cos\theta)$이므로, 다음 식을 얻을 수 있다:

$$T + V = \frac{1}{2}\left(\frac{1}{3}ml^2\right)\left(\frac{d\theta}{dt}\right)^2 - \frac{1}{2}mgl\cos\theta = \text{constant}$$

이 식을 시간에 대해 미분하고 그 결과를 다음 형태로 쓰면,

$$\left(\frac{d\theta}{dt}\right)\left(\frac{d^2\theta}{dt^2} + \frac{3g}{2l}\sin\theta\right) = 0$$

식 (10.3)을 얻을 수 있다. 식 (10.3)은 식 (10.1)과 동일한 형태를 갖고 있지 않다는 점에 유의하라. 그러나 $\sin\theta$를 Taylor 급수에 의해

$$\sin\theta = \theta - \frac{1}{6}\theta^3 + \frac{1}{120}\theta^5 + \cdots$$

과 같이 나타내고 θ가 충분히 작아서 $\sin\theta$를 θ로 근사화할 수 있다고 가정한다면, 식 (10.3)은 다음과 같이 식 (10.1)과 같은 형태가 된다:

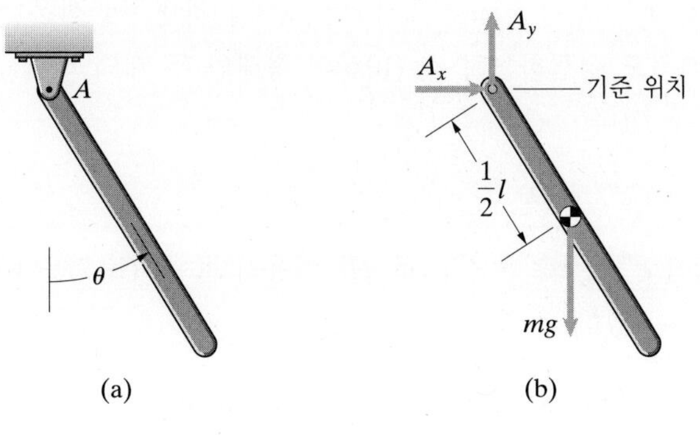

(a) (b)

그림 10.2
(a) 가는 막대로 구성된 진자.
(b) 막대의 자유물체도.

$$\frac{d^2\theta}{dt^2} + \frac{3g}{2l}\theta = 0 \tag{10.4}$$

스프링–질량 진동계와 진자에 대한 해석 결과, 형태가 동일한 운동방정식을 얻었다. 이를 위해, 매달려 있는 스프링–질량 진동계의 경우 평형 위치에 대한 변위로 운동방정식을 나타내어야 했으며, 진자의 경우 운동이 작다고 가정해야 했다. 그러나 이러한 제한 내에서 얻은 방정식의 형태는 많은 1자유도 보존계의 운동을 기술한다.

미분방정식의 해

다음 미분방정식을 살펴보자:

$$\frac{d^2x}{dt^2} + \omega^2 x = 0 \tag{10.5}$$

여기서 ω는 상수이다. $\omega^2 = k/m$이면, 이 식은 스프링–질량 진동계의 운동을 기술하며, $\omega^2 = 3g/2l$이면, 매달려 있는 가는 막대의 미소 운동을 기술한다. 식 (10.5)는 독립변수 t에 대한 종속변수 x의 (편미분이 아닌) 상미분에 의해 표현되므로 **상미분방정식**(ordinary differential equation)이다. 또한, 식 (10.5)는 x나 x의 미분(derivative)으로 이루어진 비선형 항을 포함하고 있지 않으므로 **선형**(linear)이며, 각 항이 x나 x의 미분 중의 하나를 포함하고 있으므로 **제차**(homogeneous)**방정식**이다. 결국, 식 (10.5)는 **상수 계수**들을 가지며, 이것은 각 항에서 종속변수 x나 x의 미분에 곱해지는 계수들이 종속변수 t에 의존하지 않는다는 것을 의미한다. 이런 유형의 미분방정식을 풀기 위한 일반적인 방법은 다음 형태의 해를 가정하는 것이다:

$$x = Ce^{\lambda t} \tag{10.6}$$

여기서 C와 λ는 상수이다. 이 식을 식 (10.5)에 대입하면 다음 식을 얻는다:

$$Ce^{\lambda t}(\lambda^2 + \omega^2) = 0$$

만일 $\lambda = i\omega$ 또는 $\lambda = -i\omega$(여기서 $i = \sqrt{-1}$)라면, 이 식은 상수 C의 어떠한 값에 대해서도 성립하므로 식 (10.6)의 형태인 두 개의 해가 존재하며 다음과 같이 쓸 수 있다:

$$x = Ce^{i\omega t} + De^{-i\omega t} \tag{10.7}$$

Euler의 항등식 $e^{i\theta} = \cos\theta + i\sin\theta$를 이용하면, 식 (10.7)을 다음의 다른 형태로 나타낼 수 있다:

$$x = A\sin\omega t + B\cos\omega t \tag{10.8}$$

여기서 A와 B는 임의의 상수이다.

실제 응용에서는 식 (10.8)이 일반적으로 식 (10.5)의 가장 편리한 형태의 해이지만, 이 해를 다음 형태, 즉

$$x = E \sin(\omega t - \phi) \tag{10.9}$$

로 표현함으로써 해의 특성을 좀 더 쉽게 기술할 수 있다. 여기서 E와 ϕ는 상수이다. 이 해가 식 (10.8)과 동등하다는 것을 보여주기 위해 다음 항등식을 사용한다:

$$\begin{aligned} E \sin(\omega t - \phi) &= E(\sin \omega t \cos \phi - \cos \omega t \sin \phi) \\ &= (E \cos \phi) \sin \omega t + (-E \sin \phi) \cos \omega t \end{aligned}$$

이 식은 상수 A, B가 E, ϕ와 다음 관계를 만족한다면 식 (10.8)과 같다:

$$A = E \cos \phi, \quad B = -E \sin \phi \tag{10.10}$$

식 (10.9)는 식 (10.5)의 해의 진동 특성을 명확하게 보여준다. 이 해는 **단순 조화운동**(simple harmonic motion)으로 불리며, ωt의 사인 함수를 기술한다(그림 10.3). 양의 상수 E는 진동의 **진폭**(amplitude)이라 한다. 식 (10.10)을 제곱하여 서로 더하면, 다음과 같이 진폭과 상수 A, B 사이의 관계를 얻을 수 있다:

$$E = \sqrt{A^2 + B^2} \tag{10.11}$$

식 (10.9)는 원형 경로를 따라 도는 한 점의 등속 운동에 의해 해석될 수 있다. 진폭과 같은 반경을 가진 원을 그리고(그림 10.4), O에서 P까지의 반지름 선이 일정한 각속도 ω로 반시계 방향으로 회전한다고 가정하자. $t = 0$에서 P의 위치를 그림과 같이 선택한다면, 선 OP를 수직축에 투영하면 $E \sin(\omega t - \phi)$가 된다. 따라서 P의 원운동과 식 (10.9) 사이에 일대일 대응관계가 성립한다. 점 P는 각도 ωt가 2π 라디안만큼 증가하는 데 걸리는 시간 동안 완전한 한 바퀴, 즉 한 **사이클**(cycle)을 회전한다. 한 사이클에 필요한 시간 $\tau = 2\pi/\omega$를 진동의 **주기**(period)라고 한다. τ는 한 사이클에 필요한 시간이므로, τ의 역수 $f = 1/\tau$은 단위 시간당 사이클 수, 즉 진동의 **주파수**(frequency)이다. 주파수는 보통 초당 사이클 수, 즉 Hertz(Hz)로 표시한다. 주기와 주파수의 변화가 미치는 영향을 그림 10.5에 예를 들어 나타내었다.

주기와 주파수는 다음 식으로 주어진다:

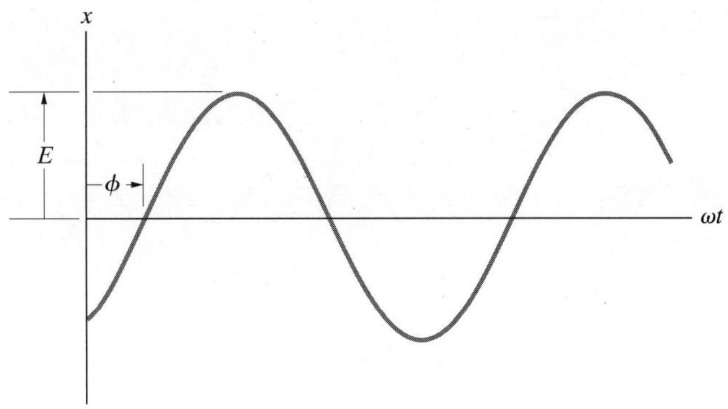

그림 10.3
ωt의 함수로 나타낸 x의 그래프.

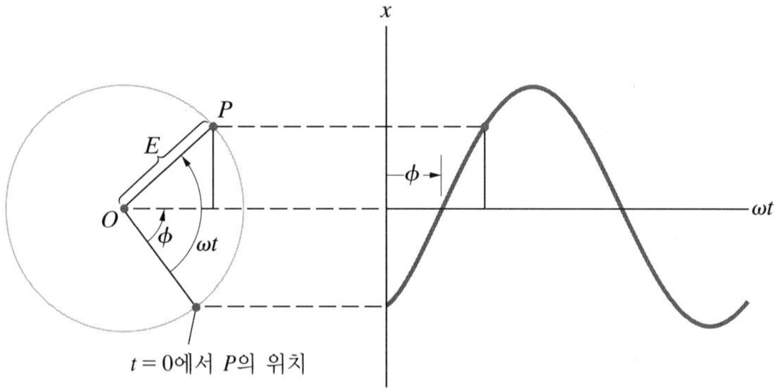

그림 10.4
단순 조화운동과 한 점의 원운동 사이의 대응.

$$\tau = \frac{2\pi}{\omega} \tag{10.12}$$

$$f = \frac{\omega}{2\pi} \tag{10.13}$$

시스템의 주기와 고유진동수는 시스템의 물리적 특성에 의해 결정되며 운동을 표현하는 함수 형태와는 무관하다. 주파수 f는 그림 10.4의 원형 경로를 따라 움직이는 점 P의 단위 시간당 회전수이므로, $\omega = 2\pi f$는 단위 시간당 라디안(radian) 수이다. 따라서 ω도 주파수의 측정 단위이며, rad/s로 표시된다.

식 (10.9)가 그림 10.1a의 스프링–질량 진동계의 변위를 기술하며, 따라서 $\omega^2 = k/m$라고 가정해 보자. 질량의 운동에너지는

$$T = \frac{1}{2}m\left(\frac{dx}{dt}\right)^2 = \frac{1}{2}mE^2\omega^2 \cos^2(\omega t - \phi) \tag{10.14}$$

이며, 스프링의 위치에너지는

$$V = \frac{1}{2}kx^2 = \frac{1}{2}mE^2\omega^2 \sin^2(\omega t - \phi) \tag{10.15}$$

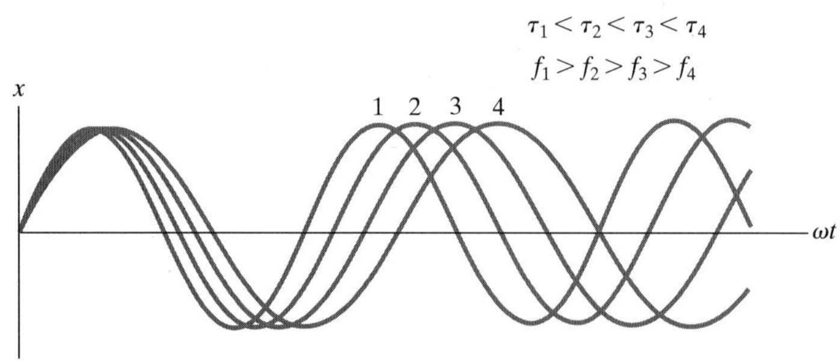

그림 10.5
단순 조화운동의 주기를 증가시킨(주파수를 감소시킨) 효과.

이다. 운동에너지와 위치에너지의 합 $T + V = \frac{1}{2}mE^2\omega^2$은 일정하다(그림 10.6). 진동계가 진동함에 따라, 계의 운동에너지와 위치에너지는 전체 에너지 사이에서 진동한다. 전체 에너지는 진폭의 제곱과 고유진동수(natural frequency)의 제곱에 비례한다는 점에 유의하라.

정리하면, 많은 1자유도 보존계의 평형 위치에 대한 운동은 식 (10.5)로 나타낼 수 있다. 이 형태로 식을 얻기 위해서는, 식 (10.3)으로부터 식 (10.4)를 얻을 때 했던 것처럼, 평형 위치로부터의 변위가 작다고 가정함으로써 시스템의 운동방정식을 선형화하는 것이 필요할 수도 있다. 일단 운동방정식이 식 (10.5)의 형태로 표현되면, ω의 값은 시스템의 물리적인 파라미터들(스프링 상수와 질량)에 의해 구해지며, 식 (10.12)와 (10.13)으로부터 시스템의 주기와 고유진동수를 구하는 데 이용될 수 있다. 임의의 상수들을 계산할 수 있도록 충분한 정보만 주어진다면, 시스템의 변위는 식 (10.8)이나 (10.9)로부터 시간의 함수로 결정될 수 있다.

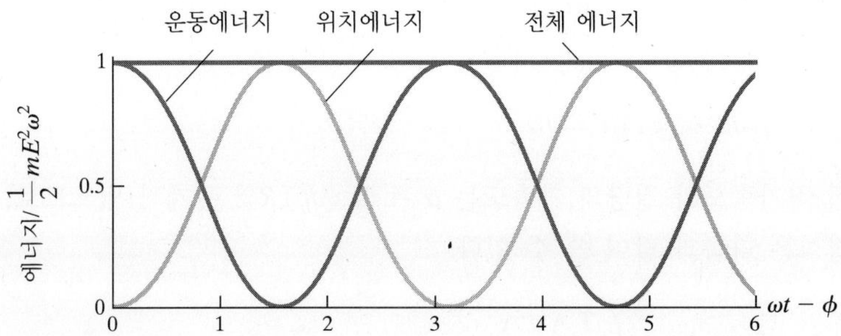

그림 10.6
스프링–질량 진동계의 운동에너지와 위치에너지, 전체 에너지.

| 연구 문제 |

1. 1자유도계란 무엇인가? 예를 들어라.

2. 에너지 보존을 이용하여 1자유도 보존계에 대한 운동방정식을 구하는 방법을 설명하라.

3. 만일 1자유도계의 운동이 식 (10.5)에 의해 기술된다면, 계의 주기와 주파수는 어떻게 결정할 수 있는가?

4. 식 (10.8)에서 상수 A와 B를 안다면, 식이 기술하는 진동의 진폭은 어떻게 구할 수 있는가?

예제 10.1 보존계의 진동

그림 10.7의 풀리는 반경이 R이고 관성모멘트가 I이며, 케이블은 도르래에 대해 미끄러지지 않는다. 질량 m이 평형 위치로부터 거리 h만큼 아래로 당겨진 후, $t = 0$에서 정지상태에서 놓여진다.

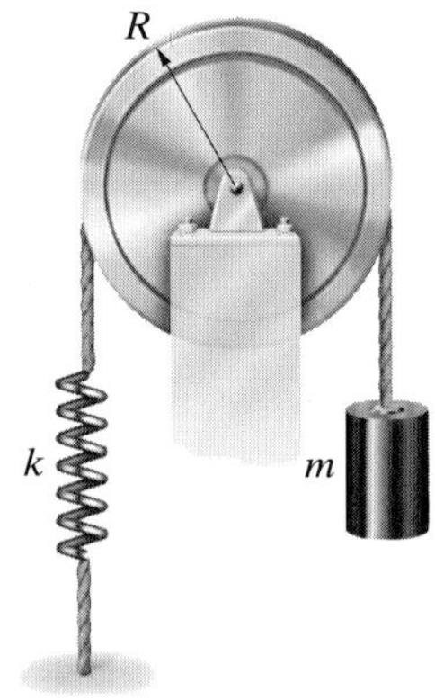

그림 10.7

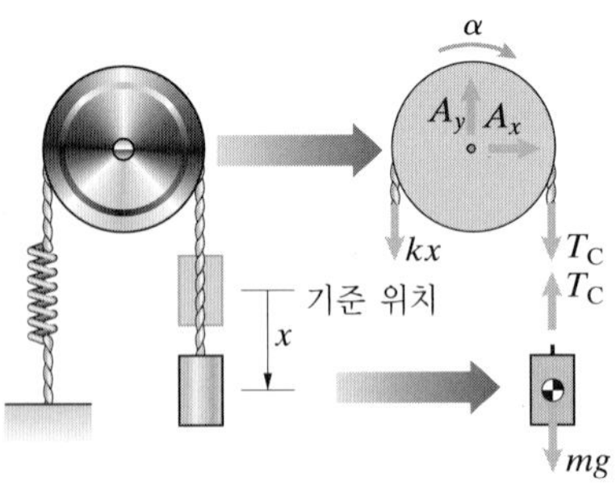

(a) 풀리와 질량의 자유물체도.

(a) 발생하는 진동의 주파수는 얼마인가?

(b) 평형 위치에 대한 질량의 위치를 시간의 함수로 구하라.

| 전략 |

질량 m의 수직 변위를 나타내는 단 한 개의 좌표로 질량과 풀리의 위치를 모두 기술할 수 있으므로 1자유도계이다. 질량과 풀리에 대해 각각 운동방정식을 쓰거나 에너지 보존을 이용하여 계의 운동방정식을 얻을 수 있다.

| 풀이 |

스프링의 변형 전 질량 위치에 대한 아래 방향으로의 질량 변위를 x라고 하자. 그림 a에 풀리와 질량의 자유물체도를 그렸다. 여기서 T_C는 케이블의 장력이며, α는 풀리의 각가속도이다. Newton의 제2법칙을 질량에 적용하면, 다음 식을 얻을 수 있다:

$$mg - T_C = m\frac{d^2x}{dt^2} \qquad (1)$$

풀리에 대한 각운동방정식은 다음과 같다:

$$T_C R - (kx)R = I\alpha$$

풀리의 각가속도와 질량의 가속도는 $\alpha = (d^2x/dt^2)/R$의 관계가 있으므로, 각운동방정식은 다음과 같이 쓸 수 있다:

$$T_C - kx = \left(\frac{I}{R^2}\right)\frac{d^2x}{dt^2}$$

이 식과 식 (1)을 더하면, 다음 운동방정식을 얻는다:

$$\left(m + \frac{I}{R^2}\right)\frac{d^2x}{dt^2} + kx = mg \qquad (2)$$

다른 해법 풀리의 각속도는 질량의 속도로부터 $(dx/dt)/R$이다. 따라서 질량과 풀리의 전체 운동에너지는 다음과 같이 쓸 수 있다:

$$T = \frac{1}{2}m\left(\frac{dx}{dt}\right)^2 + \frac{1}{2}I\left[\frac{1}{R}\left(\frac{dx}{dt}\right)\right]^2$$

질량의 무게와 관련된 위치에너지 계산을 위해 기준 위치를 $x = 0$에 두면, 다음 전체 위치에너지를 얻는다:

$$V = -mgx + \frac{1}{2}kx^2$$

운동에너지와 위치에너지의 합은 일정하다. 즉,

$$T + V = \frac{1}{2}\left(m + \frac{I}{R^2}\right)\left(\frac{dx}{dt}\right)^2 - mgx + \frac{1}{2}kx^2 = \text{constant}$$

이다. 이 식을 시간에 대해 미분하면 식 (2)를 다시 얻을 수 있다.

식 (2)에서 $d^2x/dt^2 = 0$으로 놓음으로써, 평형 위치가 $x = mg/k$임을 알 수 있다. 질량의 위치를 평형 위치에 대한 상대 위치로 나타내는 새 변수 $\tilde{x} = x - mg/k$에 의해 식 (2)를 나타내면, 식 (10.5)의 형태로 운동방정식을 얻을 수 있다. 즉,

$$\frac{d^2\tilde{x}}{dt^2} + \omega^2\tilde{x} = 0$$

이다. 여기서

$$\omega^2 = \frac{k}{m + I/R^2}$$

이다.

(a) 시스템의 주파수는 다음과 같다:

$$f = \frac{\omega}{2\pi} = \frac{1}{2\pi}\sqrt{\frac{k}{m + I/R^2}}$$

(b) 식 (10.8)로부터 $\tilde{x}$에 대한 일반해를 다음 형태로 쓸 수 있다:

$$\tilde{x} = A \sin \omega t + B \cos \omega t$$

$t = 0$일 때, $\tilde{x} = h$이며, $d\tilde{x}/dt = 0$이다. 일반해의 미분은

$$\frac{d\tilde{x}}{dt} = A\omega \cos \omega t - B\omega \sin \omega t$$

이다. 초기조건으로부터,

$$h = B$$

와

$$0 = A\omega$$

를 얻을 수 있으므로, 평형 위치에 대한 질량 위치는 시간의 함수로 다음과 같다:

$$\tilde{x} = h \cos \omega t$$

| 비판적 사고 |

그림 10.1의 스프링 – 질량계에 Newton의 제2법칙을 적용함으로써, 식 (10.5)의 형태를 갖는 운동방정식을 얻었다. 이 예제의 시스템이 다소 복잡하지만, 1자유도만을 가지며 그 운동을 지배하는 방정식 또한 식 (10.5)와 동일한 형태이다. 운동방정식을 이 형태로 얻기 위해, 시스템의 변위를 평형 위치에 대해 상대적으로 나타내는 새 변수를 도입해야 했음에 유의하라.

예제 10.2 시스템의 주파수

그림 10.8에서 질량 m의 가는 막대에 붙어 있는 스프링은 $\theta = 0$일 때 변형 전 상태이다. 마찰을 무시하고, 막대의 평형 위치에 대한 미소 진동의 주파수를 구하라.

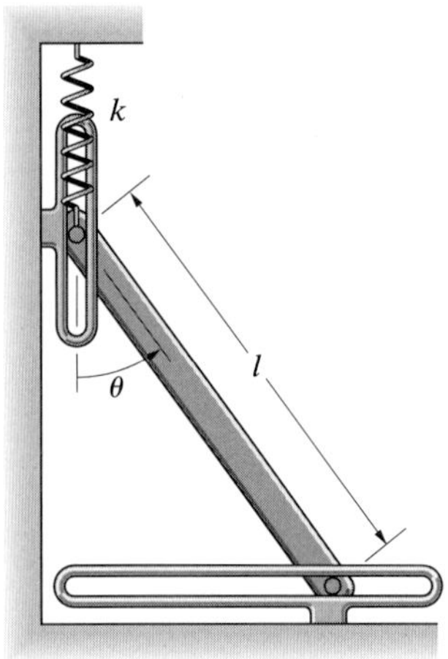

그림 10.8

| 전략 |

각 θ에 의해 막대의 위치를 기술할 수 있으므로, 자유도가 1이다. 운동에너지와 위치에너지를 θ와 θ의 시간 미분으로 나타낸 후, 전체 에너지를 시간 미분함으로써 운동방정식을 구할 수 있다.

| 풀이 |

막대의 운동에너지는

$$T = \frac{1}{2}mv^2 + \frac{1}{2}I\left(\frac{d\theta}{dt}\right)^2$$

이다. 여기서 v는 질량중심의 속도이며 $I = \frac{1}{12}ml^2$이다. 막대의 순간중심으로부터 막대의 질량중심까지의 거리가 $\frac{1}{2}l$(그림 a)이므로, $v = (\frac{1}{2}l)(d\theta/dt)$이며, 운동에너지는 다음과 같다:

$$T = \frac{1}{2}m\left[\frac{1}{2}l\left(\frac{d\theta}{dt}\right)\right]^2 + \frac{1}{2}\left(\frac{1}{12}ml^2\right)\left(\frac{d\theta}{dt}\right)^2 = \frac{1}{6}ml^2\left(\frac{d\theta}{dt}\right)^2$$

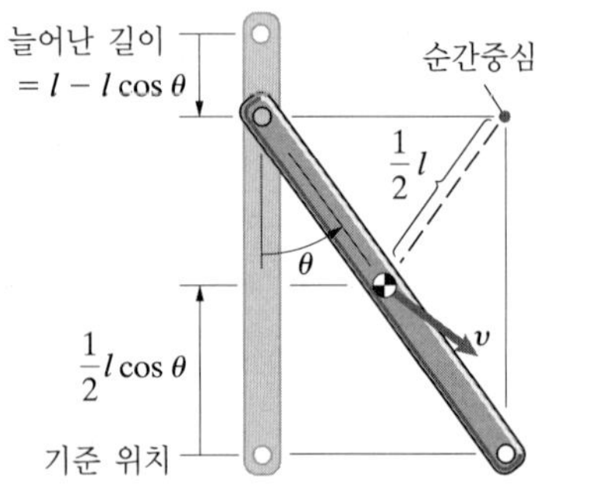

(a) 질량중심의 속도와 스프링의 변형 길이, 기준 위치로부터 질량중심의 높이 계산.

스프링이 늘어난 길이를 θ에 의해 표시하면 $l - l\cos\theta$이다. 무게와 관련된 위치에너지의 기준 위치(datum)를 막대의 하단으로 하면(그림 a), 전체 위치에너지는 다음과 같다:

$$V = mg\left(\frac{1}{2}l\cos\theta\right) + \frac{1}{2}k(l - l\cos\theta)^2$$

운동에너지와 위치에너지의 합은 일정하므로,

$$T + V = \frac{1}{6}ml^2\left(\frac{d\theta}{dt}\right)^2 + \frac{1}{2}mgl\cos\theta + \frac{1}{2}kl^2(1 - \cos\theta)^2 = \text{constant}$$

이다. 이 식을 시간에 대해 미분하면, 다음 운동방정식을 얻을 수 있다:

$$\frac{1}{3}ml^2\frac{d^2\theta}{dt^2} - \frac{1}{2}mgl\sin\theta + kl^2(1 - \cos\theta)\sin\theta = 0 \qquad (1)$$

이 식을 식 (10.5)의 형태로 나타내기 위해서는 평형 위치에 대한 미소 진동의 항들로 식을 나타내어야 한다. 막대가 평형상태에 있을 때의 θ 값을 θ_e라고 하자. 식 (1)에서 $d^2\theta/dt^2 = 0$으로 놓음으로써, θ_e는 다음 관계를 만족시켜야 함

을 알 수 있다:

$$\cos\theta_e = 1 - \frac{mg}{2kl} \tag{2}$$

$\tilde{\theta} = \theta - \theta_e$를 정의하고, $\sin\theta$와 $\cos\theta$를 $\tilde{\theta}$에 의해 Taylor 급수로 전개하면,

$$\sin\theta = \sin(\theta_e + \tilde{\theta}) = \sin\theta_e + \cos\theta_e\tilde{\theta} + \cdots$$

$$\cos\theta = \cos(\theta_e + \tilde{\theta}) = \cos\theta_e - \cos\theta_e\tilde{\theta} + \cdots$$

이다. 이 식들을 식 (1)에 대입한 후, $\tilde{\theta}$의 2차 이상의 고차항들을 무시하고 식 (2)를 이용하면, 다음 식을 얻을 수 있다:

$$\frac{d^2\tilde{\theta}}{dt^2} + \omega^2\tilde{\theta} = 0$$

여기서

$$\omega^2 = \frac{3g}{l}\left(1 - \frac{mg}{4kl}\right)$$

이다. 식 (10.13)으로부터, 막대의 미소 진동의 주파수는

$$f = \frac{\omega}{2\pi} = \frac{1}{2\pi}\sqrt{\frac{3g}{l}\left(1 - \frac{mg}{4kl}\right)}$$

이다.

| 비판적 사고 |

이 예제는 1자유도 보존계의 운동방정식을 구할 때 에너지 보존을 이용함으로써 얻게 되는 장점을 예로 보여준다. 막대의 자유물체도를 그리고, Newton의 제2법칙을 적용하여 각운동방정식을 얻음으로써 운동방정식을 얻을 수도 있음을 확인해보라. 그러나 이 과정이 훨씬 더 복잡한데, 이것은 부분적으로 막대의 양 끝에 가해지는 수직력을 고려해야 한다는 점 때문이다. 수직력은 막대에 일을 하지 않기 때문에 에너지 보존을 적용할 때는 수직력을 무시할 수 있었다.

연습문제

10.1 $x = A\sin\omega t + B\cos\omega t$가 식 (10.5)를 만족함을 보여라. 단, A와 B는 임의의 상수이다.

10.2 $x = E\sin(\omega t - \phi)$가 식 (10.5)를 만족함을 보여라. 단, E와 ϕ는 임의의 상수이다.

10.3 질량이 $m = 4$ kg이고 스프링상수가 $k = 64$ N/m이다. 스프링-질량 진동계의 평형 위치에 대한 진동에서, (a) 주파수를 Hz 단위로 구하고, (b) 주기를 구하라.

10.4 질량이 $m = 4$ kg이고 스프링상수가 $k = 64$ N/m이다. $x = 0$일 때 스프링은 변형되지 않은 상태이다. $t = 0$에서, $x = 0$이며 질량은 오른쪽으로 2 m/s의 속도를 갖는다. $t = 1$ s에서 x의 값은 얼마인가?

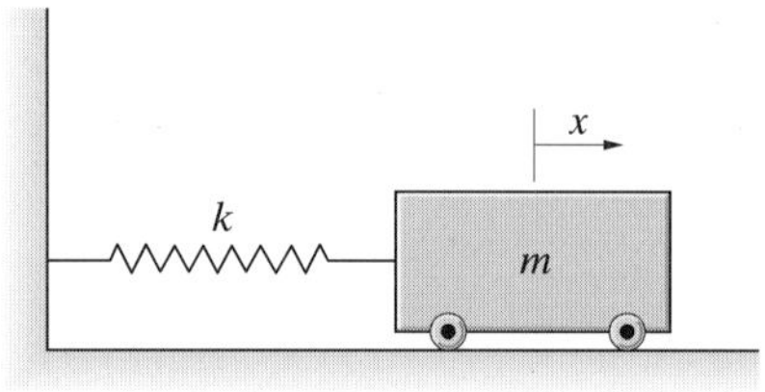

문제 10.3/10.4

10.5 질량이 $m = 4$ kg이고 스프링상수가 $k = 64$ N/m이다. 스프링–질량 진동계의 평형 위치에 대한 진동에서, (a) 주파수를 Hz 단위로 구하고, (b) 주기를 구하라.

10.6 질량이 $m = 4$ kg이고 스프링상수가 $k = 64$ N/m이다. $x = 0$일 때 스프링은 변형되지 않은 상태이다. $t = 0$에서, $x = 0$이며 질량은 경사면을 따라 아래쪽으로 2 m/s의 속도를 갖는다. $t = 0.8$ s에서 x의 값은 얼마인가?

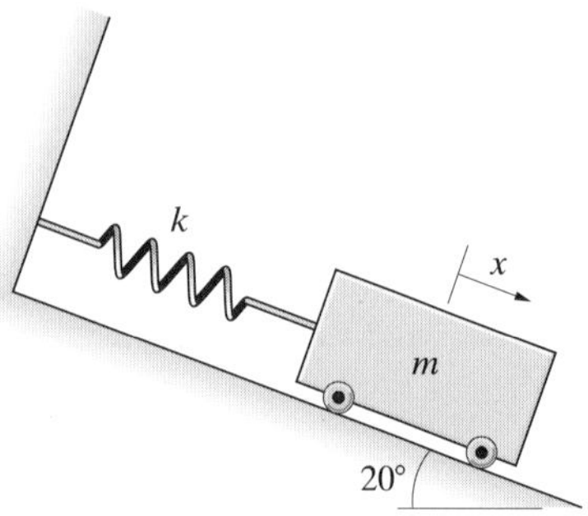

문제 10.5/10.6

10.7 기계설계 과목에서 진자시계를 설계하도록 숙제를 받았으며, 우선 진자부터 시작하려고 한다고 하자. 원판의 질량은 2 kg이다. 진자의 작은 진동 주기가 1초가 되도록 막대의 길이 L을 구하라. 대략적으로 구해 보기 위해 막대의 질량은 무시한다.

10.8 원판의 질량은 2 kg이다. 막대의 길이는 $L = 60$ mm이며 막대의 질량은 무시한다. $t = 0$에서, 진자가 수직이며 각속도는 반시계 방향으로 35 °/s이다. 이 진자의 진동의 진폭은 몇 도(°)인가?

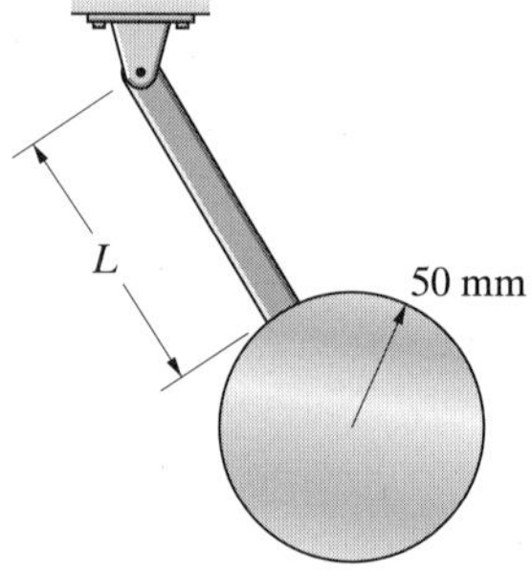

문제 10.7/10.8

10.9 매달려 있는 물체 A의 무게가 44.5 N이다. 풀리의 반경은 $R = 101.6$ mm이며 관성모멘트는 0.108 kg-m^{2}이다. 스프링상수는 $k = 175.1$ N/m이다. 시스템의 평형 위치에 대한 진동에 대해, (a) 주파수(Hz)와 (b) 주기를 구하라.

10.10 매달려 있는 물체 A의 무게는 44.5 N이다. 풀리의 반경은 $R = 101.6$ mm이며 관성모멘트는 0.108 kg-m^{2}이다. 스프링상수는 $k = 175.1$ N/m이다. $x = 0$일 때 스프링은 변형되지 않은 상태이다. $t = 0$에서, 시스템이 $x = 0$의 정지상태에서 놓여진다. $t = 3$ s에서 x의 값은 얼마인가?

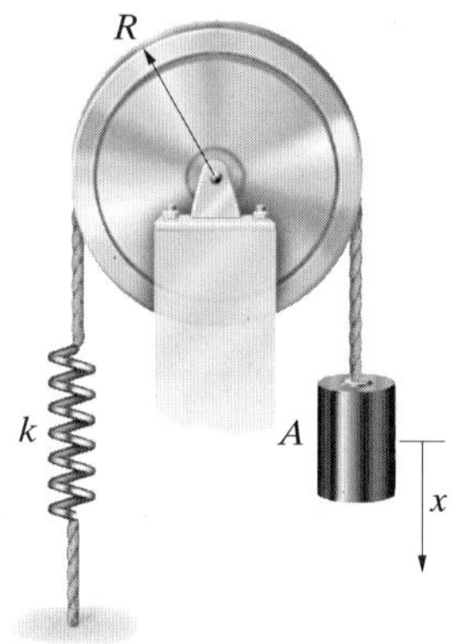

문제 10.9/10.10

10.11 몸무게가 711.7 N인 어떤 사람이 강 위의 다리에서 "번지점프"를 한다. 점프용 줄(bungee cord)의 변형 전 길이는 18.3 m이며, 12.2 m만큼 추가로 늘어났다가 사람이 되튀어 오르게 된다. 줄은 선형 스프링으로 모델링한다. 이 사람의 운동이 거의 멈췄을 때, 이 사람의 수직 진동의 주기와 주파수는 얼마인가? (이 사람의 초기 운동 중에는 선형 스프링으로 모델링할 수 없다. 왜 그런가?)

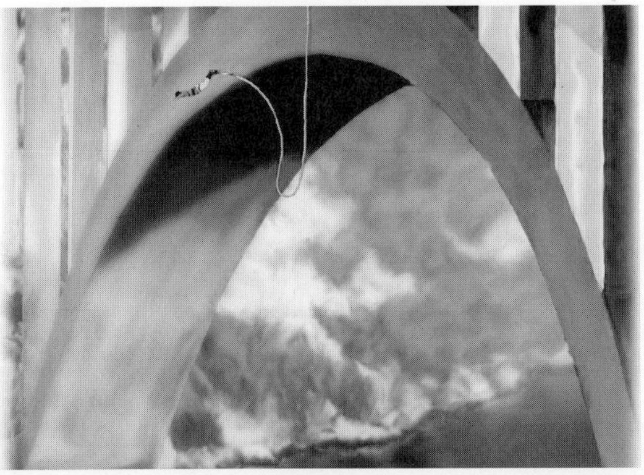

문제 10.11

10.12 스프링상수가 k = 800 N/m이다. 풀리의 반경이 120 mm이고 관성모멘트가 0.03 kg-m^{2}이다. 시스템의 평형 위치에 대한 진동에서 (a) 주파수(Hz)와 (b) 주기를 구하라.

10.13 스프링상수가 k = 800 N/m이다. 풀리의 반경이 120 mm이며 관성모멘트가 0.03 kg-m^{2}이다. x = 0일 때 스프링은 변형되지 않은 상태이다. t = 0에서, x = 0이며 20 kg의 질량이 아래쪽으로 1 m/s로 움직이고 있다. t = 2 s에서 x의 값은 얼마인가?

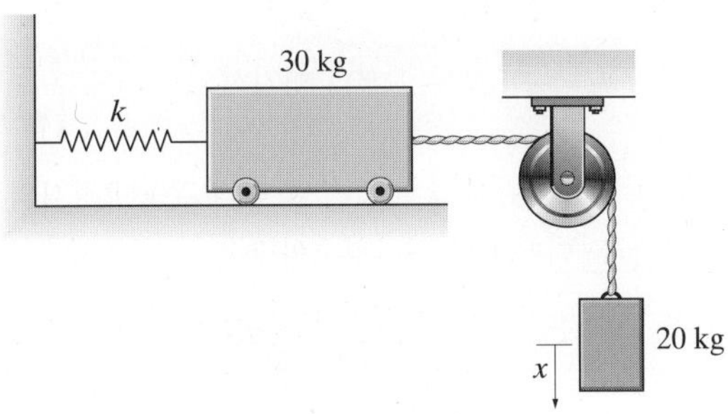

문제 10.12/10.13

10.14 89.0 N의 원판이 수평면 상에서 굴러간다. 원판의 반경은 R = 152.4 mm이다. 시스템의 평형 위치에 대한 진동주파수가 f = 1 Hz가 되도록 스프링상수 k를 구하라.

10.15 89.0 N의 원판이 수평면 상에서 굴러간다. 원판의 반경은 R = 152.4 mm이며, 스프링상수는 k = 218.9 N/m이다. t = 0에서, 스프링은 변형 전 상태이며, 원판은 시계 방향으로 2 rad/s의 각속도를 가진다. 원판중심의 진동 진폭은 얼마인가?

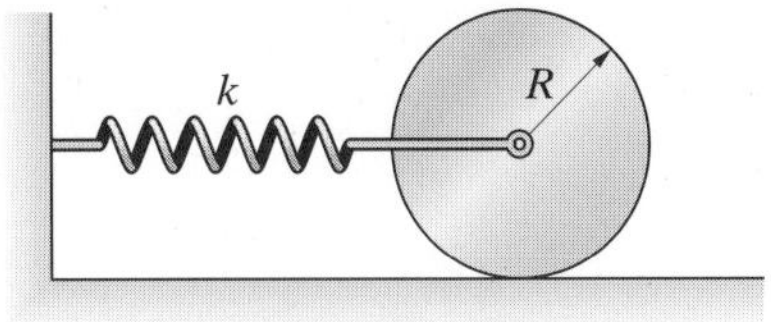

문제 10.14/10.15

10.16 8.9 N인 막대가 22.2 N의 원판에 핀으로 연결되어 있다. 원판이 원형 표면에서 굴러간다. 이 시스템의 수직 평형 위치에 대한 작은 진동의 주파수는 얼마인가?

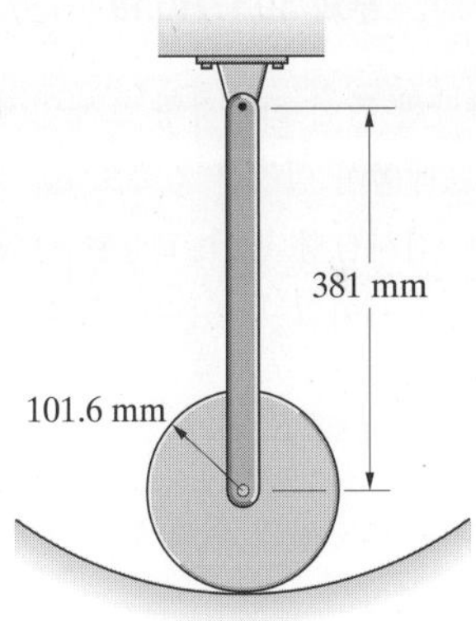

문제 10.16

10.17 매달려 있는 물체 A의 질량이 4 kg이다. 풀리의 질량은 2 kg이며 관성모멘트는 0.018 kg-m^{2}이다. 스프링상수는 k = 150 N/m이다. 시스템의 평형 위치에 대한 진동에 대해, (a) 주파수(Hz)와 (b) 주기를 구하라.

10.18 매달려 있는 물체 A의 질량이 4 kg이다. 풀리의 질량은 2 kg이며 관성모멘트는 0.018 kg-m^{2}이다. 스프링상수는 k = 150 N/m이다. $x = 0$일 때 스프링은 변형되지 않은 상태이다. $t = 0$에서, 시스템이 $x = 0$의 정지상태에서 놓여진다. t = 1 s에서 물체 A의 속도는 얼마인가?

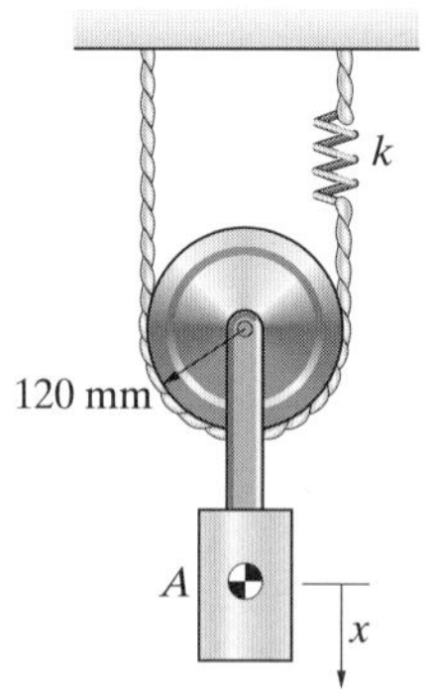

문제 10.17/10.18

10.19 얇은 직사각형 판이 직사각형 프레임에 핀으로 연결되어 있다. 프레임이 일정한 각속도 ω_0 = 6 rad/s로 회전하고 있다. 직사각형 판에 고정된 강체-고정 좌표계의 z축과 수직선 사이의 각 β는 다음 식

$$\frac{d^2\beta}{dt^2} = -\omega_0^2 \sin\beta\cos\beta$$

에 의해 지배된다. 판의 수평 위치에 대한 미소 진동의 주파수를 구하라.

전략: sin β와 cos β를 Taylor 급수로 쓰고, β가 작다고 가정함으로써 β에 대한 지배방정식을 식 (10.5)의 형태로 나타낼 수 있다.

10.20 문제 10.19에서 기술한 시스템을 생각해 보자. $t = 0$에서, 각 β = 0.01 rad이며 $d\beta/dt = 0$이다. 시간의 함수로서 β를 구하라.

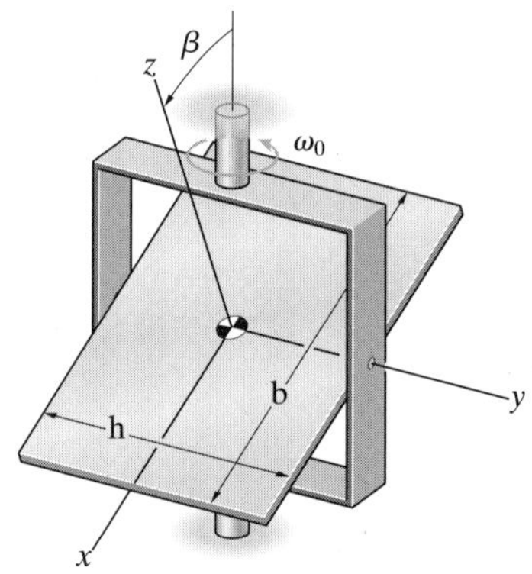

문제 10.19/10.20

10.21 질량이 m이고 길이가 l인 가는 막대가 그림과 같이 고정 지지대에 핀으로 연결되어 있다. 지지대에서 막대에 붙어 있는 비틀림 스프링의 스프링상수는 k이며, 막대가 수직일 때 스프링은 늘어나지 않은 상태이다. 막대의 수직 평형 위치로부터의 미소 진동을 지배하는 방정식이 다음과 같음을 보여라:

$$\frac{d^2\theta}{dt^2} + \omega^2\theta = 0, \quad \text{여기서} \quad \omega^2 = \frac{\left(k - \frac{1}{2}mgl\right)}{\frac{1}{3}ml^2}$$

10.22 문제 10.21에서 가는 막대의 초기조건이 다음과 같다:

$$t = 0 \begin{cases} \theta = 0 \\ \dfrac{d\theta}{dt} = \dot{\theta}_0 \end{cases}$$

(a) $k > \frac{1}{2}mgl$이면, θ가 시간의 함수로서 다음 식으로 주어짐을 보여라:

$$\theta = \frac{\dot{\theta}_0}{\omega}\sin\omega t, \quad \text{여기서} \quad \omega^2 = \frac{\left(k - \frac{1}{2}mgl\right)}{\frac{1}{3}ml^2}$$

(b) $k > \frac{1}{2}mgl$이면, θ가 시간의 함수로서 다음 식으로 주어짐을 보여라:

$$\theta = \frac{\dot{\theta}_0}{2h}(e^{ht} - e^{-ht}), \quad \text{여기서} \quad h^2 = \frac{\left(\frac{1}{2}mgl - k\right)}{\frac{1}{3}ml^2}$$

전략: (b)를 위해, $x = Ce^{\lambda t}$ 형태의 운동방정식의 해를 찾아라. 이때 C와 λ는 상수이다.

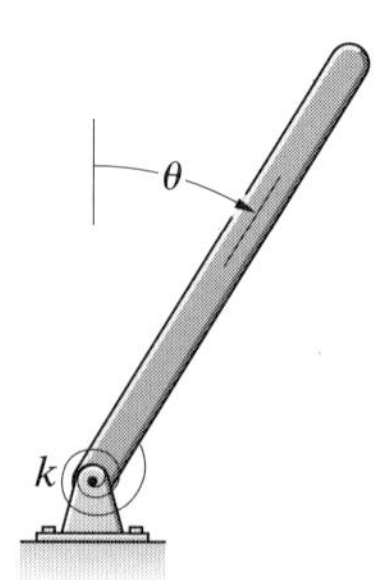

문제 10.21/10.22

10.23 엔지니어들은 우주비행사의 관성모멘트 측정을 위해 그림과 같은 장치를 사용한다. 수평 판이 O에서 핀 연결되어 있으며 $k = 12$ kN/m의 선형 스프링에 의해 지지되고 있다. 우주비행사 없이 O에 대한 판의 미소진동 주파수를 측정한 결과 6.0 Hz이었다. 그림과 같이 우주비행사가 판에 누워 있을 때, O에 대한 판의 미소진동 주파수는 2.8 Hz이다. z축에 대한 우주비행사의 관성모멘트는 얼마인가?

10.24 문제 10.23에서 우주비행사의 질량중심이 $x = 1.01$ m, $y = 0.16$ m에 있고, 질량이 81.6 kg이다. 비행사의 질량중심을 통과하는 z'축에 대한 비행사의 관성모멘트는 얼마인가?

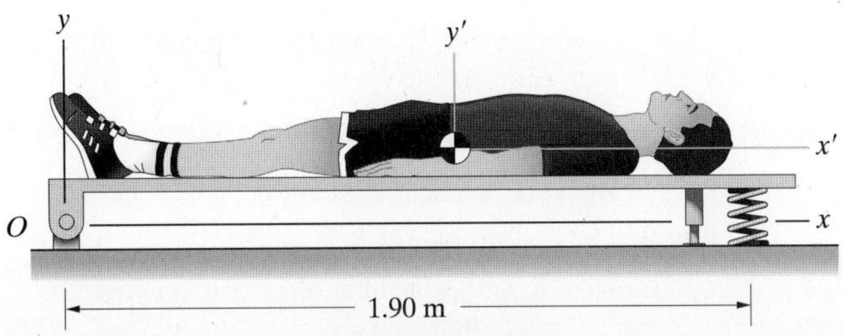

문제 10.23/10.24

10.25* 물에 떠 있는 자동 전파발신장치(sonobuoy; 역주: 수면 밑의 소리를 탐지하여 증폭해서 무선신호로 보내는 장치)가 그림과 같이 수직 위치에서 평형상태에 있다. (이 장치의 질량중심은 충분히 낮아서 이 위치에서 안정적이다.) 이 장치는 길이가 1 m, 직경이 125 mm인 10 kg의 원통이다. 물의 밀도는 1025 kg/m^{3}이며, 장치를 떠받치는 부력은 수면 밑에 있는 실린더 부피에 해당하는 물의 무게와 같다. 이 장치를 물 속으로 약간 밀어 넣었다가 놓았을 때 발생하는 수직방향 진동의 고유진동수는 얼마인가?

문제 10.25

10.26* 원판이 고정된 수직축에 대해 일정한 각속도 Ω로 회전하고 있다. (원판의 평면은 수평이다.) 질량 m은 원판의 매끄러운 홈을 따라 미끄러지며 스프링상수 k의 스프링에 연결되어 있다. 스프링이 변형되지 않았을 때, 원판의 중심으로부터 질량까지의 거리는 r_0이다. 만일 $k/m > \Omega^2$이면, 질량의 진동주파수가 $f = (1/2\pi)\sqrt{k/m - \Omega^2}$ 임을 보여라.

10.27* 문제 10.26에서, $t = 0$에서 질량이 $r = r_0$에 있으며, 질량의 반경방향 속도가 $dr/dt = 0$이다. 질량 위치 r을 시간의 함수로 구하라.

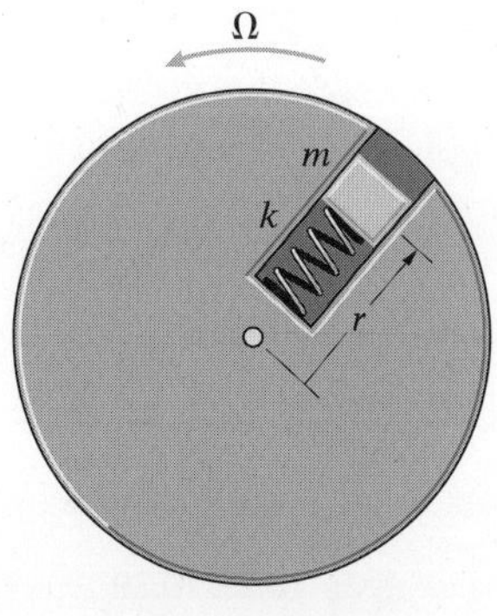

문제 10.26/10.27

10.28 반경이 $R = 0.31$ m인 445 N의 균질 원판이 두 개의 동일한 원통형 강철봉에 붙어 있다. 두 강철봉의 길이는 $L = 0.31$ m이다. 강철봉 한 개가 원판에 가하는 모멘트 M과 원판의 회전각 θ와의 관계는

$$M = \frac{GJ}{L}\theta$$

이다. 여기서 J는 강철봉 단면의 극관성모멘트이며, $G = 8.14 \times 10^{10}$ N/m^{2}은 강철의 전단계수(shear modulus)이다. 원판의 회전진동의 고유진동수가 10 Hz가 되게 하려고 한다면, 강철봉의 반경은 얼마가 되어야 하는가?

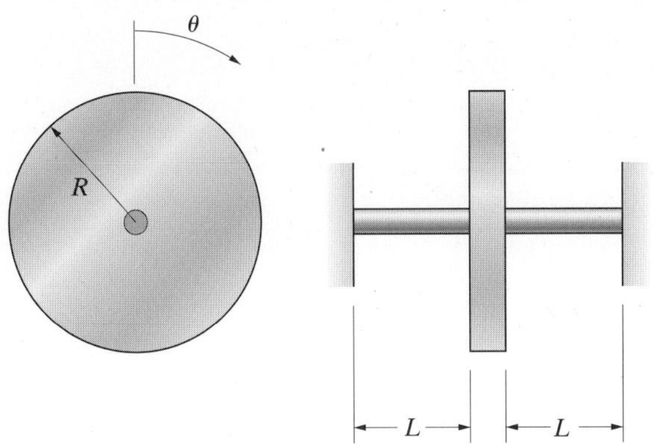

문제 10.28

10.29 기어 A와 B의 관성모멘트는 각각 $I_A = 0.025$ kg-m^2, $I_B = 0.100$ kg-m^{2}이다. 기어 A는 스프링상수가 $k = 10$ N-m/rad인 비틀림 스프링에 연결되어 있다. 두 기어의 미소 회전진동의 주파수는 얼마인가?

10.30 문제 10.29에서, $t = 0$에서 비틀림 스프링은 늘어나지 않은 상태이며, 기어 B가 2 rad/s의 반시계 방향 각속도를 갖고 있다. 기어 B의 평형 위치에 대한 반시계 방향 각(角)위치를 시간의 함수로 구하라.

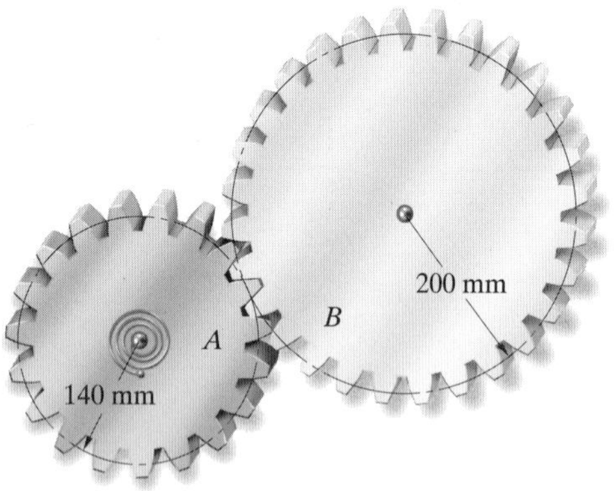

문제 10.29/10.30

10.31 세 개의 가는 막대는 각각 질량이 2 kg이고 길이가 1 m이다. 시스템의 미소 진동의 주기와 주파수는 얼마인가?

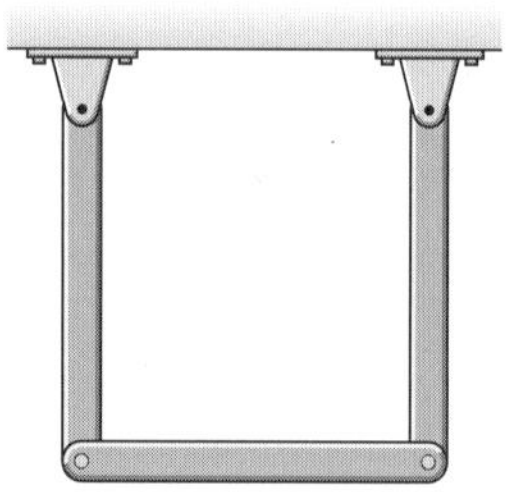

문제 10.31

10.32* 가는 막대와 균질 원판의 질량이 각각 m과 m_d이다. $\theta = 0$일 때 스프링은 변형 전 상태이다. 원판이 수평 표면 위를 굴러간다고 가정하자.

(a) 시스템의 운동이 다음 식에 의해 지배됨을 보여라:

$$\left(\frac{1}{3} + \frac{3m_d}{2m}\cos^2\theta\right)\frac{d^2\theta}{dt^2} - \frac{3m_d}{2m}\sin\theta\cos\theta\left(\frac{d\theta}{dt}\right)^2 - \frac{g}{2l}\sin\theta + \frac{k}{m}(1-\cos\theta)\sin\theta = 0$$

(b) 만일 시스템이 각도 $\theta = \theta_e$에서 평형상태이며 $\tilde{\theta} = \theta - \theta_e$이면, 평형 위치에 대해 미소 진동을 지배하는 방정식이 다음과 같음을 보여라:

$$\left(\frac{1}{3} + \frac{3m_d}{2m}\cos^2\theta_e\right)\frac{d^2\tilde{\theta}}{dt^2} + \left[\frac{k}{m}(\cos\theta_e - \cos^2\theta_e + \sin^2\theta_e) - \frac{g}{2l}\cos\theta_e\right]\tilde{\theta} = 0$$

10.33* 문제 10.32에서 막대와 원판의 질량이 각각 $m = 2$ kg, $m_d = 4$ kg이다. 치수는 $l = 1$ m, $R = 0.28$ m이며, 스프링상수는 $k = 70$ N/m이다.

(a) 시스템이 평형상태에 있게 되는 θ_e를 구하라.

(b) 시스템이 평형 위치에서 정지상태에 있으며, 원판에 0.1 rad/s의 시계 방향 각속도가 주어진다. θ를 시간의 함수로 구하라.

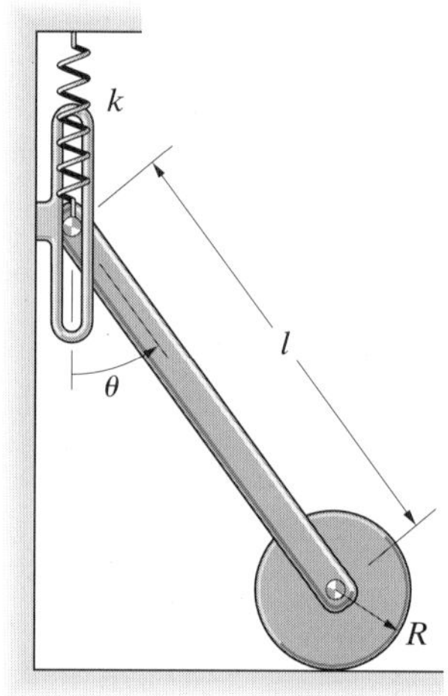

문제 10.32/10.33

10.34 세 개의 가는 막대의 질량이 각각 1 kg이다. 만일 시스템의 미소 진동의 주파수가 0.935 Hz라면, 물체 A의 질량은 얼마인가?

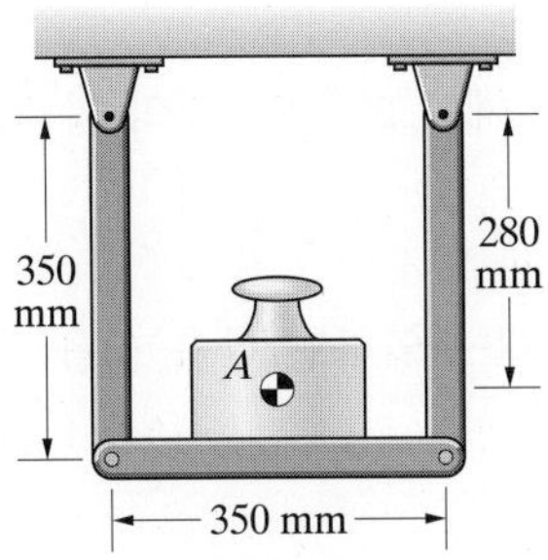

문제 10.34

10.35* 질량이 4 kg이고 길이가 2 m인 가는 막대가 비틀림 스프링상수 k의 비틀림 스프링에 의해 $\theta_0 = 35°$의 위치에서 평형상태로 유지되고 있다. 스프링은 막대가 수직일 때 늘어나지 않은 상태이다. 그림의 평형 위치에 대한 미소 진동의 주기와 주파수를 구하라.

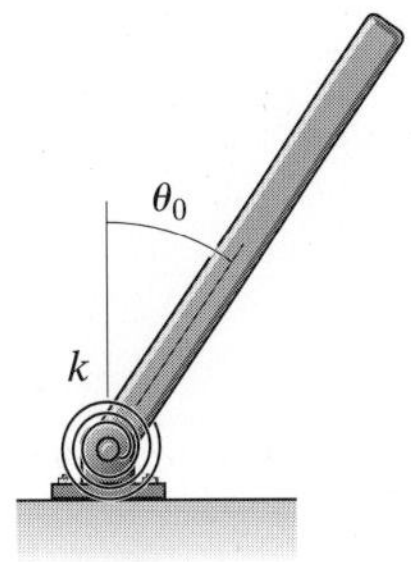

문제 10.35

10.2 감쇠진동

스프링-질량 진동계의 질량을 당겼다 놓으면, 질량은 무한히 진동하지는 않을 것이다. 질량은 진동계에 작용하는 마찰력, 즉 감쇠 기구(damping mechanism)의 영향으로 점점 느려지게 되며 결국에는 정지하게 된다. 감쇠 기구는 진동을 약화시켜 멈추게 한다. 즉, 진동을 감쇠시킨다. 어떤 경우에는 엔지니어들이 의도적으로 진동계에 감쇠 기구를 포함시키기도 한다. 예를 들어 차의 완충기(shock absorber)는 차체에 대한 현가장치(suspension)의 진동을 감쇠시키도록 설계된다. 앞 절에서는 감쇠를 무시했으므로, 구한 해는 감쇠의 영향을 무시할 수 있을 정도로 짧은 시간 동안에 대한 시스템의 운동만을 기술한다. 이제 진동계에서 감쇠를 모델링하는 간단한 방법에 대해 논의하기로 한다.

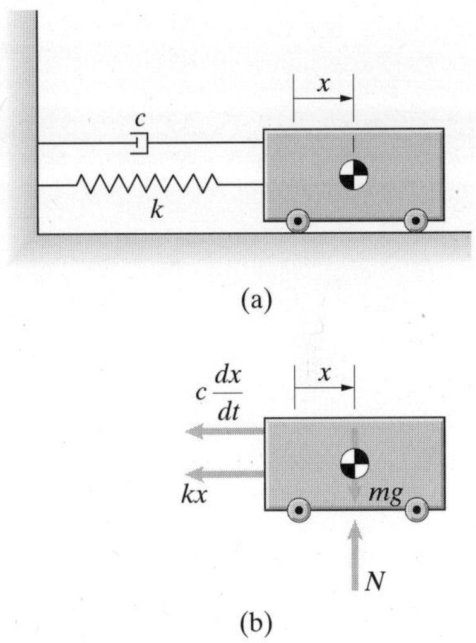

그림 10.9
(a) 감쇠 스프링-질량 진동계.
(b) 질량의 자유물체도.

그림 10.9a의 스프링-질량 진동계는 **감쇠 요소**(damping element)를 가지고 있다. 감쇠 요소에 대한 그림기호는 점성 유체가 들어 있는 실린더 안에서 움직이는 피스톤을 나타낸다. 감쇠 요소를 길게 하거나 짧게 하는 데 필요한 힘은 **감쇠계수**(damping constant)로 불리는 상수 c와 감쇠 요소의 길이 변화율의 곱으로 정의된다(그림 10.9b). 따라서 질량의 운동방정식은 다음과 같다:

$$-c\frac{dx}{dt} - kx = m\frac{d^2x}{dt^2}$$

$\omega = \sqrt{k/m}$ 와 $d = c/2m$를 정의함으로써 위 식을 다음 형태로 쓸 수 있다:

$$\frac{d^2x}{dt^2} + 2d\frac{dx}{dt} + \omega^2 x = 0 \qquad (10.16)$$

이 식은 많은 1자유도 감쇠진동계의 진동을 기술한다. 이 식의 해의 형태와

이 식이 기술하는 시스템의 예상 거동의 특성은 d가 ω보다 작은지, 같은지, 큰지에 따라 좌우된다. 이 세 경우에 대해 다음에서 논의한다.

부족감쇠(Subcritical Damping)

만일 $d < \omega$이면, 진동계는 부족감쇠계라고 한다. 해의 형태를

$$x = Ce^{\lambda t} \tag{10.17}$$

와 같이 가정하고, 이 식을 식 (10.16)에 대입하면 다음 식을 얻을 수 있다:

$$\lambda^2 + 2d\lambda + \omega^2 = 0$$

이 이차방정식으로부터 상수 λ에 대한 두 개의 근을 다음과 같이 얻을 수 있다:

$$\lambda = -d \pm i\omega_d$$

여기서

$$\omega_d = \sqrt{\omega^2 - d^2} \tag{10.18}$$

이다. $d < \omega$로 가정하고 있으므로, 상수 ω_d는 실수이다. λ에 대한 두 근으로부터 식 (10.17) 형태의 두 해를 얻을 수 있다. 결국 식 (10.16)의 일반해는 다음과 같다:

$$x = e^{-dt}(Ce^{i\omega_d t} + De^{-i\omega_d t})$$

여기서 C와 D는 상수이다. Euler 항등식 $e^{i\theta} = \cos\theta + i\sin\theta$를 이용하여 일반해를 다음 형태로 나타낼 수 있다:

$$x = e^{-dt}(A\sin\omega_d t + B\cos\omega_d t) \tag{10.19}$$

여기서 A와 B는 상수이다. 식 (10.19)는 지수적으로(exponentially) 감소하는 시간 함수와 비감쇠계의 해와 동일한 형태의 식을 곱한 것이다. 지수 함수는 예상된 감쇠 효과를 나타낸다. 즉, 진동 진폭이 시간에 따라 작아진다. 계수 d는 진폭이 작아지는 비율을 결정한다.

감쇠는 진폭을 감소시키는 것 외에도 중요한 효과를 가지고 있다. 해의 진동 성분은 ω가 ω_d로 대체된 것을 제외하고는 식 (10.8)의 형태와 동일하므로, 식 (10.12)와 (10.13)으로부터 감쇠진동계의 주기와 주파수는 다음과 같다:

$$\tau_d = \frac{2\pi}{\omega_d}, \qquad f_d = \frac{\omega_d}{2\pi} \tag{10.20}$$

식 (10.18)로부터, $\omega_d < \omega$임을 알 수 있으며, 따라서 부족감쇠의 결과로 진동의 주기는 증가하며 고유진동수는 감소한다.

감쇠율(rate of damping)은 종종 대수감소율(logarithmic decrement) δ에 의해 표현되는데, 대수감소율은 시간 t에서의 진폭과 시간 $t + \tau_d$에서의 진폭의 비에 자연로그를 취한 값이다. 진폭이 e^{-dt}에 비례하므로, 대수감소율과 계수 d,

그리고 주기 사이의 간단한 관계를 다음과 같이 얻을 수 있다:

$$\delta = \ln\left[\frac{e^{-dt}}{e^{-d(t+\tau_d)}}\right] = d\tau_d$$

임계 및 과도감쇠

$d \geq \omega$일 때, 식 (10.16)의 해의 특성은 부족감쇠의 경우와 상당히 다르다. $d > \omega$라고 가정해 보자. 이 경우를 **과도감쇠**(supercritically damped) 진동계라고 한다. 다시 다음 형태의 해

$$x = Ce^{\lambda t} \tag{10.21}$$

를 식 (10.16)에 대입하면, 다음 식이 얻어진다:

$$\lambda^2 + 2d\lambda + \omega^2 = 0 \tag{10.22}$$

이 방정식의 근은 다음과 같이 쓸 수 있다:

$$\lambda = -d \pm h$$

여기서 h는 다음과 같다:

$$h = \sqrt{d^2 - \omega^2} \tag{10.23}$$

따라서 식 (10.16)의 일반해는 다음과 같다:

$$x = Ce^{-(d-h)t} + De^{-(d+h)t} \tag{10.24}$$

여기서 C와 D는 상수이다.

$d = \omega$일 때, 시스템은 **임계감쇠**(critically damped)라고 한다. 이때 상수 h는 $h = 0$이므로, 식 (10.22)는 중근 $\lambda = -d$를 가지며, 식 (10.21) 형태의 해를 한 개만 갖게 된다. 이 경우, 식 (10.16)의 일반해는

$$x = Ce^{-dt} + Dte^{-dt} \tag{10.25}$$

이다. 여기서 C와 D는 상수이다.

식 (10.24)와 (10.25)로부터, $d \geq \omega$일 때 계의 운동은 진동하지 않음을 알 수 있다. 이들 두 식은 지수 함수로 표현되었으며 sin과 cos을 포함하지 않았다. $d = \omega$의 조건은 계의 진동을 막는 데 필요한 최소 감쇠량을 정의하며, 이 때문에 이 조건을 임계감쇠 조건이라고 한다. 그림 10.10은 감쇠량의 증가가 진동의 거동에 어떤 영향을 미치는지를 보여준다.

임계감쇠의 개념은 많은 계의 설계에서 중요한 영향을 미친다. 예를 들어 자동차 현가장치의 경우, 현가장치가 진동하지 않도록 충분한 감쇠를 갖게 하는 것이 바람직하지만, 너무 많은 감쇠는 현가장치를 지나치게 "딱딱하게" 할 수도 있다.

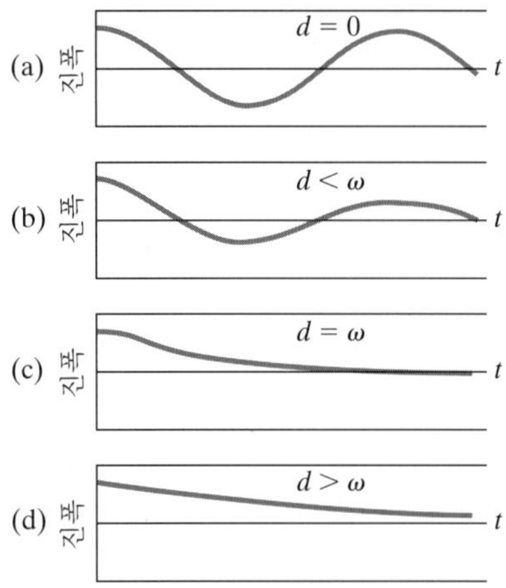

그림 10.10
진동계의 시간에 따른 진폭 변화:
(a) 비감쇠계;
(b) 부족감쇠계;
(c) 임계감쇠계;
(d) 과도감쇠계.

정리하면, 많은 감쇠 1자유도계의 운동은 식 (10.16)에 의해 모델링될 수 있다. 일단 운동방정식이 이 형태로 표현되면, d와 ω의 값은 시스템의 물리적인 요소에 의해 구해진다. 이 값들이 감쇠가 부족감쇠인지, 임계 또는 과도감쇠인지의 여부를 결정하며, 이에 따라 식 (10.16)의 해의 형태가 결정된다. 만일 시스템이 부족감쇠계이면, 이 계의 진동주기와 주파수는 식 (10.20)으로 주어진다.

감쇠의 유형	해	
$d < \omega$:	부족감쇠	식 (10.19)
$d = \omega$:	임계감쇠	식 (10.25)
$d > \omega$:	과도감쇠	식 (10.24)

| 연구 문제 |

1. 감쇠 요소(damping element)는 무엇인가? 감쇠계수는 어떻게 정의되는가?
2. 운동이 식 (10.16)으로 기술되는 진동계의 감쇠가 부족감쇠인지, 임계 또는 과도감쇠인지를 어떻게 결정하는가?
3. 부족감쇠계에 대해서는 주기와 주파수를 계산할 수 있는데, 임계감쇠계나 과도감쇠계의 경우에는 계산이 불가능한 이유가 무엇인가?
4. 대수감소율(logarithmic decrement)은 무엇인가?

예제 10.3 감쇠 스프링 – 질량 진동계

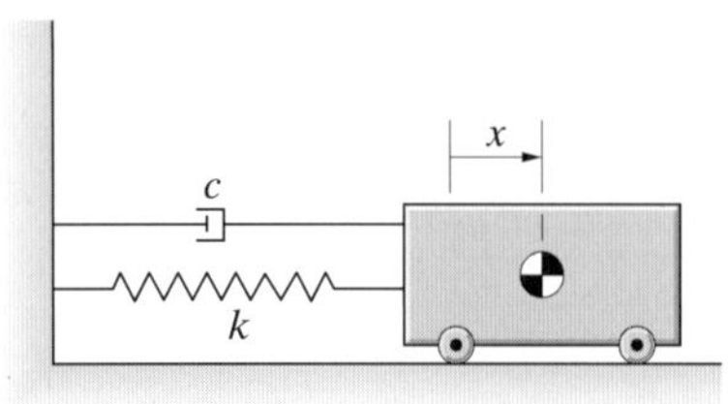

그림 10.11

그림 10.11의 감쇠 스프링–질량 진동계는 질량이 $m = 2$ kg, 스프링상수가 $k = 8$ N/m, 감쇠계수가 $c = 1$ N-s/m이다. $t = 0$에서, 질량이 $x = 0.1$ m의 위치에서 정지상태로부터 놓여진다. 질량의 위치를 시간의 함수로 구하라.

| 전략 |

감쇠 스프링–질량 진동계의 운동방정식은 식 (10.16)으로 주어진다. ω와 d의 값을 계산함으로써, 감쇠가 부족인지 임계 또는 과도인지를 결정할 것이며, 따라서 적당한 형태의 해를 선택할 것이다. 그 다음, 주어진 초기조건을 이용하여 시간의 함수로서 위치를 구할 것이다.

| 풀이 |

$\omega = \sqrt{k/m} = 2$ rad/s이고, $d = c/2m = 0.25$ rad/s이므로, 감쇠는 부족감쇠이며 운동은 식 (10.19)에 의해 기술된다. 식 (10.18)로부터

$$\omega_d = \sqrt{\omega^2 - d^2} = 1.98 \text{ rad/s}$$

이고, 식 (10.19)로부터

$$x = e^{-0.25t}(A \sin 1.98t + B \cos 1.98t)$$

이며, 질량의 속도는

$$\frac{dx}{dt} = -0.25e^{-0.25t}(A \sin 1.98t + B \cos 1.98t)$$
$$+ e^{-0.25t}(1.98A \cos 1.98t - 1.98B \sin 1.98t)$$

이다. $t = 0$에서 $x = 0.1$ m, $dx/dt = 0$이라는 조건으로부터, $A = 0.0126$ m와 $B = 0.1$ m를 구할 수 있으며, 따라서 질량의 위치는 다음과 같다:

$$x = e^{-0.25t}(0.0126 \sin 1.98t + 0.1 \cos 1.98t) \text{ m}$$

그림 10.12에서 처음 10초에 대한 x의 그래프에서 진폭의 감쇠를 분명하게 볼 수 있다.

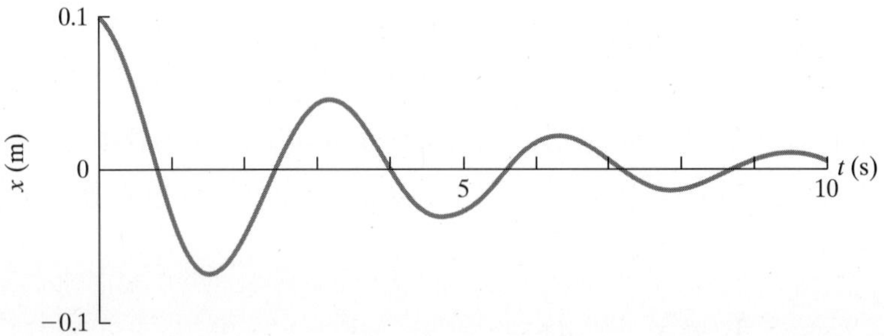

그림 10.12
시간에 따른 질량의 위치.

| 비판적 사고 |

식 (10.16)을 얻기 위해 사용한 것과 동일한, 이런 매우 인위적인 시스템을 해석하는 이유는 무엇인가? 그 이유는 많은 실제 1자유도 진동계의 거동이 식 (10.16)과 같은 형태의 식에 의해 기술되기 때문이다. 그림 10.11의 간단한 시스템의 거동에 대해 배움으로써, 공학에서 더 큰 범위의 중요한 진동 문제들에 대한 통찰력을 배우게 된다.

예제 10.4 감쇠계의 운동

그림 10.13에서 2단 원판의 질량은 $m = 20$ kg이며, 반경은 $R = 0.3$ m, 관성모멘트는 $I = \frac{1}{2}mR^2$이다. 스프링상수는 $k = 60$ N/m이며, 감쇠계수는 $c = 24$ N-s/m이다. 스프링이 늘어나지 않은 상태에서 원판이 정지상태로부터 풀려난다고 할 때 원판중심의 위치를 시간의 함수로 구하라.

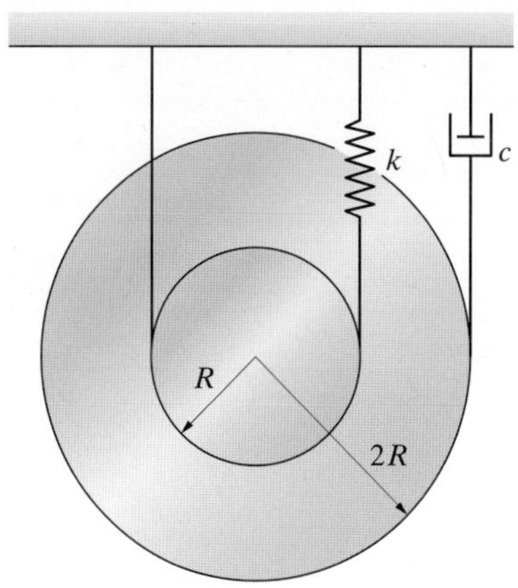

그림 10.13

| 전략 |

원판의 자유물체도를 그리고, Newton의 제2법칙과 각운동방정식을 이용하여 원판에 대한 운동방정식을 얻을 수 있다. 얻어진 방정식을 식 (10.16)의 형태로 나타낼 수 있다면, 예제 10.3에서 감쇠 스프링 – 질량 진동계에 적용했던 것과 같은 방법으로 원판의 운동을 해석할 수 있다.

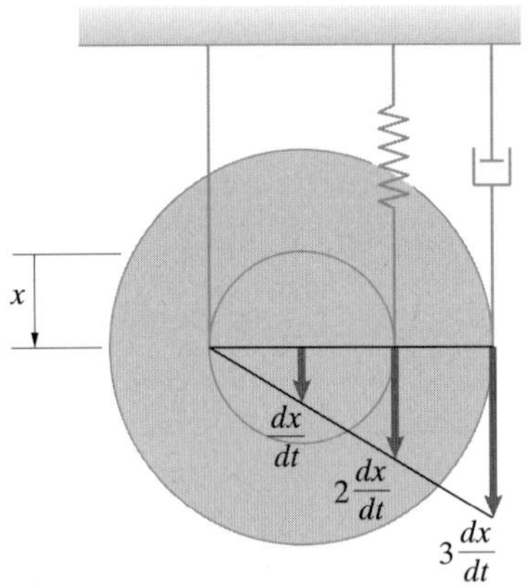

(a) 순간중심을 이용한 속도 사이의 관계 구하기.

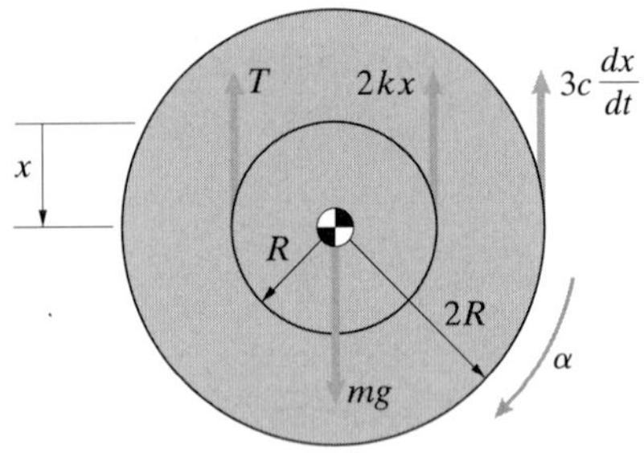

(b) 원판의 자유물체도.

| 풀이 |

스프링이 변형되기 전 원판의 중심 위치에 대한 원판의 하향 변위를 x라고 하자. 원판의 순간중심 위치(그림 a)로부터, 스프링이 늘어나는 비율은 $2(dx/dt)$이며, 감쇠 요소가 길어지는 비율은 $3(dx/dt)$임을 알 수 있다. 원판의 중심이 x만큼 움직이면, 스프링은 $2x$만큼 늘어난다.

그림 b에 원판의 자유물체도를 그리고, 스프링과 감쇠 요소가 가하는 힘과 케이블의 장력을 표시하였다. Newton의 제2법칙은

$$mg - T - 2kx - 3c\frac{dx}{dt} = m\frac{d^2x}{dt^2}$$

이며, 각운동방정식은

$$RT - R(2kx) - 2R\left(3c\frac{dx}{dt}\right) = \left(\frac{1}{2}mR^2\right)\alpha$$

이다. 각가속도는 원판중심의 가속도와 $\alpha = (d^2x/dt^2)/R$의 관계가 있다. Newton의 제2법칙과 각운동방정식으로부터 T를 소거하면, 다음 운동방정식을 얻을 수 있다:

$$\frac{3}{2}m\frac{d^2x}{dt^2} + 9c\frac{dx}{dt} + 4kx = mg$$

이 식에서 d^2x/dt^2과 dx/dt를 0으로 놓음으로써, 원판의 평형 위치 $x = mg/4k$를 얻을 수 있다. 원판의 평형 위치에 대한 원판중심의 상대 위치 $\tilde{x} = x - mg/4k$에 의해 운동방정식을 다시 쓰면, 다음과 같다:

$$\frac{d^2\tilde{x}}{dt^2} + \left(\frac{6c}{m}\right)\frac{d\tilde{x}}{dt} + \left(\frac{8k}{3m}\right)\tilde{x} = 0$$

이 식은 식 (10.16)과 형태가 동일하며, 여기서 상수는

$$d = \frac{6c}{2m} = \frac{(6)(24)}{(2)(20)} = 3.60 \text{ rad/s}$$

$$\omega = \sqrt{\frac{8k}{3m}} = \sqrt{\frac{(8)(60)}{(3)(20)}} = 2.83 \text{ rad/s}$$

이다. 감쇠는 과도감쇠($d > \omega$)이며, 따라서 운동은 $h = \sqrt{d^2 - \omega^2} = 2.23$ rad/s인 식 (10.24)에 의해 기술된다:

$$\tilde{x} = Ce^{-(d-h)t} + De^{-(d+h)t} = Ce^{-1.37t} + De^{-5.83t}$$

속도는

$$\frac{d\tilde{x}}{dt} = -1.37Ce^{-1.37t} - 5.83De^{-5.83t}$$

이다. $t = 0$에서, $\tilde{x} = -mg/4k = -0.818$ m이며 $d\tilde{x}/dt = 0$이다. 이 조건들로부

터 $C = -1.069$ m와 $D = 0.252$ m를 구할 수 있으며, 따라서 평형 위치에 대한 원판중심의 위치는

$$\tilde{x} = -1.069e^{-1.37t} + 0.252e^{-5.83t} \text{ m}$$

이다. 그림 10.14에 처음 4초 동안의 운동에 대한 위치 그래프를 나타내었다.

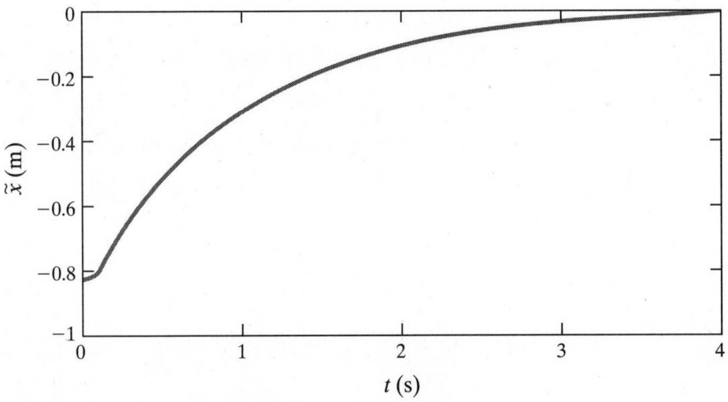

그림 10.14
시간에 따른 원판중심의 위치.

| 비판적 사고 |

이 예제의 원판은 회전을 하면서 중심이 수직방향으로 움직이게 된다. 이 시스템은 왜 1자유도계인가? 중심이 x만큼 밑으로 내려오면, 원판은 각 $\theta = x/R$ 만큼 시계 방향으로 회전을 하게 된다. x의 위치가 정해지면 원판의 중심 위치와 원판의 각(角)위치가 모두 정해지므로 시스템은 1자유도를 갖는다.

연습문제

10.36 질량이 $m = 2$ kg이고 스프링상수가 $k = 8$ N/m이다. 시스템의 평형 위치에 대한 진동주파수를 (a) $c = 0$인 경우와 (b) $c = 6$ N-s/m인 경우에 대해 각각 구하라.

10.37 질량이 $m = 2$ kg이고 스프링상수가 $k = 8$ N/m이다. 시스템의 감쇠가 부족감쇠, 임계감쇠, 과도감쇠가 되기 위한 감쇠계수 c의 범위를 구하라.

10.38 질량이 $m = 2$ kg, 스프링상수가 $k = 8$ N/m, 감쇠계수가 $c = 4$ N-s/m이다. $x = 0$일 때 스프링은 늘어나지 않은 상태이다. $t = 0$에서, $x = 0$이며 질량은 오른쪽으로 1 m/s의 속도를 갖고 있다. x를 시간의 함수로 구하라.

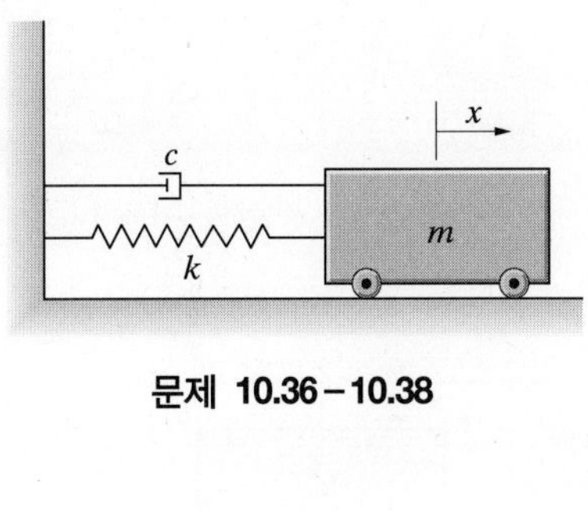

문제 10.36–10.38

10.39 질량이 $m = 2$ kg, 스프링상수가 $k = 8$ N/m, 감쇠계수가 $c = 12$ N-s/m이다. $x = 0$일 때 스프링은 늘어나지 않은 상태이다. $t = 0$에서, $x = 0$이며 질량이 정지상태로부터 풀려난다. $t = 2$ s에서 x의 값을 구하라.

10.40 질량이 $m = 2.19$ kg, 스프링상수가 $k = 7.3$ N/m, 감쇠계수가 $c = 11.67$ N-s/m이다. $x = 0$일 때 스프링은 늘어나지 않은 상태이다. $t = 0$에서, $x = 0$이며 질량이 정지상태로부터 풀려난다. $t = 2$ s에서 x의 값을 구하라.

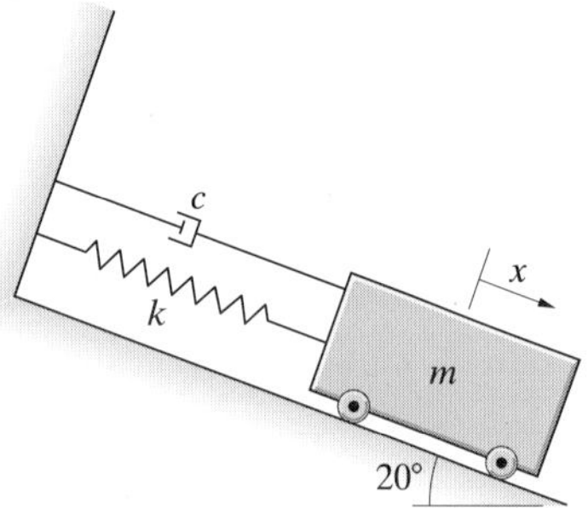

문제 10.39/10.40

10.41 $v_0 = 2$ km/h의 속도로 움직이는 1270 kg의 시험용 자동차가 $t = 0$에서 단단한 벽과 충돌한다. 에너지 흡수용 범퍼의 거동으로 인해, 충돌에 대한 자동차의 응답은 $k = 40$ kN/m, $c = 20$ kN-s/m의 감쇠 스프링–질량 진동계의 응답으로 시뮬레이션될 수 있다. 1270 kg의 질량이 $v_0 = 2$ km/h의 속도로 왼쪽으로 움직이고 있으며, 스프링은 $t = 0$에서 늘어나지 않은 상태라고 가정한다. (a) 자동차가 벽과 닿은 직후, (b) $t = 0.1$ s에서, (c) $t = 0.2$ s에서의 자동차 감속도를 각각 구하라.

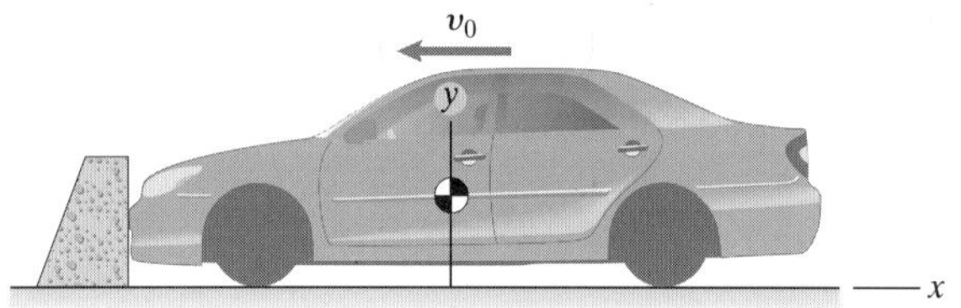

단단한 벽과 충돌하는 자동차

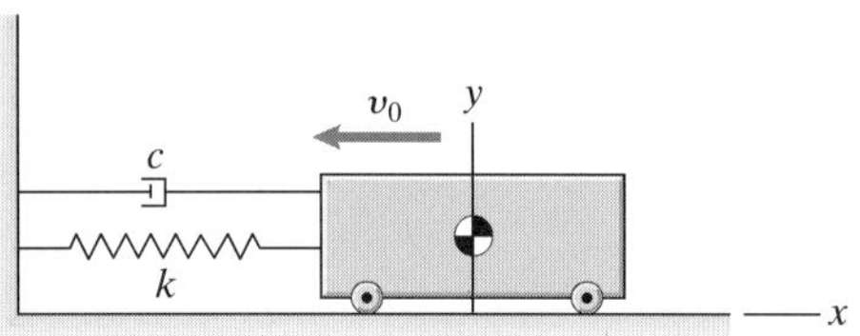

시뮬레이션 모델

문제 10.41

10.42 타이어와 휠의 미소 수직 변위에 대해, 자동차 현가장치의 운동은 $m = 36$ kg, $k = 22$ kN/m인 감쇠 스프링–질량 진동계로 모델링할 수 있다. 임계감쇠가 되려면, 현가장치의 완충기(shock absorber)의 감쇠계수 c는 얼마가 되어야 하는가?

10.43 자동차 현가장치의 운동은 $m = 36$ kg, $k = 22$ kN/m, $c = 2.2$ kN-s/m인 감쇠 스프링–질량 진동계로 모델링할 수 있다. 타이어와 휠에는 외력이 작용하지 않는다고 가정한다. $t = 0$에서, 스프링은 늘어나지 않은 상태이며, 타이어와 휠에는 $dx/dt = 10$ m/s의 속도가 주어져 있다. 위치 x를 시간의 함수로 구하라.

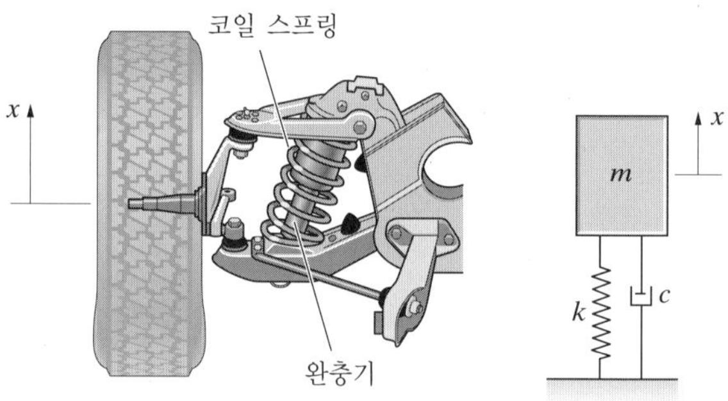

문제 10.42/10.43

10.44 4 kg의 가는 막대의 길이가 2 m이다. 공기역학적 항력과 회전축에서의 마찰이 핀 조인트에 대해 크기 $1.4(d\theta/dt)$ N-m의 모멘트를 막대에 가하여 운동을 방해한다. 여기서 $d\theta/dt$는 막대의 각속도(rad/s)이다.

(a) 막대의 미소 진동의 주기와 고유진동수는 얼마인가?

(b) 진동 진폭이 초기값의 1/2로 감소하는 데 걸리는 시간은 얼마인가?

10.45 문제 10.44의 막대에 변위 $\theta = 2°$가 주어지고 $t = 0$에서 정지상태로부터 놓여진다. $t = 2$ s에서 θ는 각도로 얼마인가?

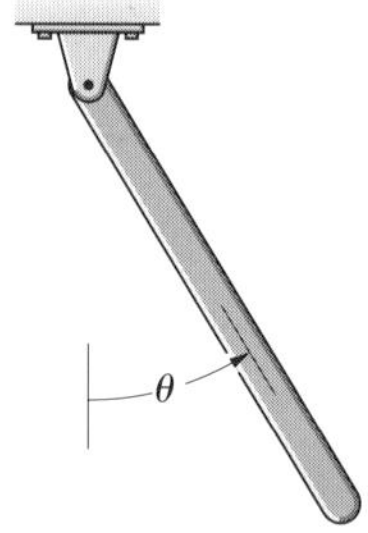

문제 10.44/10.45

10.46 풀리의 반경이 R = 100 mm이고, 관성모멘트가 I = 0.1 kg-m^{2}이다. 질량이 m = 5 kg이고, 스프링상수가 k = 135 N/m이다. 케이블은 풀리에 대해 미끄러지지 않는다. 좌표 x는 스프링의 변형 전 위치에 대한 질량의 변위를 나타낸다. c = 60 N-s/m이고 x = 0에서 시스템이 정지상태로부터 놓여지는 경우, x를 시간의 함수로 구하라.

10.47 문제 10.46에서 기술된 시스템에 대해, c = 120 N-s/m이고 x = 0에서 계가 정지상태로부터 놓여질 때, x를 시간의 함수로 구하라.

10.48 문제 10.46에서 기술된 시스템에 대해, 시스템이 임계감쇠계가 되도록 c의 값을 결정하고, x = 0에서 시스템이 정지상태로부터 놓여지는 경우 x를 시간의 함수로 구하라.

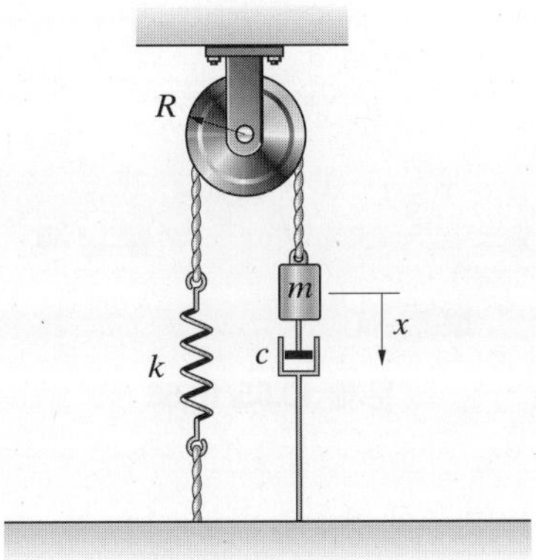

문제 10.46 – 10.48

10.49 스프링상수가 k = 800 N/m이다. 풀리의 반경이 120 mm이며, 관성모멘트는 0.03 kg-m^{2}이다. 시스템의 평형위치에 대한 진동주파수를 (a) c = 0인 경우와 (b) c = 40 N-s/m인 경우에 대해 각각 구하라.

10.50 스프링상수가 k = 800 N/m이며, 감쇠계수가 c = 40 N-s/m이다. 풀리의 반경은 120 mm이며, 관성모멘트는 0.03 kg-m^{2}이다. x = 0에서 스프링은 변형되기 전 상태이다. t = 0에서, x = 0이며 20 kg의 질량이 1 m/s의 속도로 아래로 움직이고 있다. t = 2 s에서 x의 값은 얼마인가?

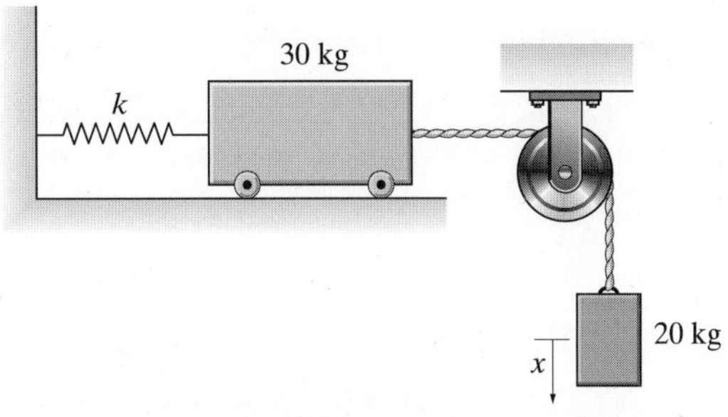

문제 10.49/10.50

10.51 균질 원판의 무게가 445 N이고, 반경이 R = 0.31 m이다. 원판이 수평면 위에서 굴러간다. 스프링상수는 k = 1459.3 N/m이며 감쇠계수는 c = 43.8 N-s/m이다. 평형위치에 대한 원판의 미소 진동의 고유진동수를 구하라.

10.52 문제 10.51에서, t = 0에서 스프링은 늘어나지 않은 상태이며 원판은 2 rad/s의 시계 방향 각속도를 갖고 있다. t = 3 s일 때, 원판의 각속도는 얼마인가?

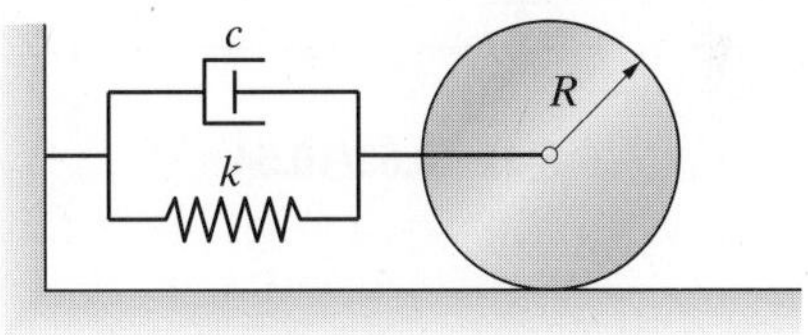

문제 10.51/10.52

10.53 2단 원판의 관성모멘트가 I이다. 스프링이 늘어나지 않은 상태에서의 원판의 위치를 기준으로 원판의 각(角)변위를 θ라고 하자. d와 ω가

$$d = \frac{R^2 c}{2I}, \quad \omega^2 = \frac{4R^2 k}{I}$$

일 때, θ를 지배하는 방정식이 식 (10.16)과 동일한 형태임을 보여라.

10.54 문제 10.53에서 반경이 R = 250 mm, 스프링상수가 k = 150 N/m, 원판의 관성모멘트가 I = 2 kg-m^{2}이다.

(a) 시스템이 임계감쇠계가 되기 위한 c의 값은 얼마인가?

(b) t = 0에서, 스프링은 변형 전 상태이며, 원판의 시계방향 각속도는 10 rad/s이다. 시스템이 임계감쇠계인 경우, θ를 시간의 함수로 구하라.

(c) (b)의 결과를 이용하여, 원판의 최대 각(角)변위와 최대 각변위가 발생하는 시간을 구하라.

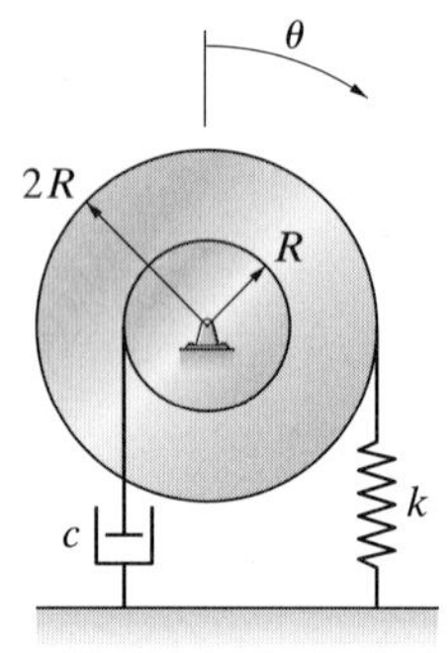

문제 10.53/10.54

10.55 기어 A와 B의 관성모멘트가 각각 I_A = 0.025 kg-m^2, I_B = 0.100 kg-m^{2}이다. 기어 A는 비틀림 스프링상수가 k = 10 N-m/rad인 비틀림 스프링에 연결되어 있다. 기어 B를 지지하고 있는 베어링은 감쇠 요소를 포함하고 있어 크기 $2(d\theta_B/dt)$ N-m의 저항모멘트를 기어 B에 가한다. 여기서 $d\theta_B/dt$는 기어 B의 각속도(단위: rad/s)이다. 기어의 미소 각(角)진동의 주파수는 얼마인가?

10.56 t = 0에서, 문제 10.55의 비틀림 스프링은 늘어나지 않은 상태이며, 기어 B가 2 rad/s의 반시계 방향 각속도를 갖고 있다. 기어 B의 평형 위치에 대한 반시계 방향 각(角)위치를 시간의 함수로 구하라.

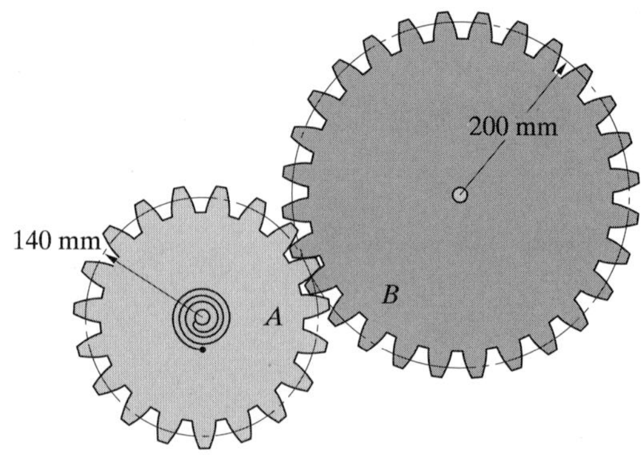

문제 10.55/10.56

10.57 임계감쇠진동의 경우에 대해, 다음 식

$$x = Ce^{-dt} + Dte^{-dt}$$

가 식 (10.16)의 해임을 보여라.

10.3 강제진동

강제진동(forced vibration)이란 용어는 외력이 계의 진동에 영향을 주고 있음을 의미한다. 지금까지는 외력의 영향을 받지 않는, 계의 자유진동(free vibration)에 대해 논의하였다. 예를 들어, 지진이 일어나는 동안, 빌딩은 빌딩 기초에 가해지는 밀고 당기는 힘에 의해 유발되는 강제진동을 겪게 된다. 지진이 사라진 후, 빌딩은 감쇠에 의해 진동이 소멸될 때까지 자유진동을 한다.

그림 10.15a에서 감쇠 스프링－질량 진동계가 시간에 따라 변하는 수평력 $F(t)$를 받는다. 질량의 자유물체도(그림 10.15b)로부터, 질량의 운동방정식은 다음과 같다:

$$F(t) - kx - c\frac{dx}{dt} = m\frac{d^2x}{dt^2}$$

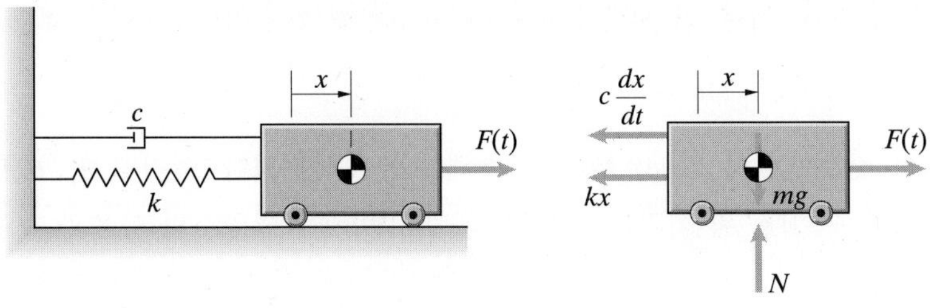

그림 10.15
(a) 시간에 따라 변하는 힘을 받는 감쇠 스프링–질량 진동계.
(b) 질량의 자유물체도.

$d = c/2m$, $\omega^2 = k/m$, $a(t) = F(t)/m$로 정의하면, 위 식은 다음 형태로 쓸 수 있다:

$$\frac{d^2x}{dt^2} + 2d\frac{dx}{dt} + \omega^2 x = a(t) \tag{10.26}$$

$a(t)$를 강제 함수(forcing function)라고 한다. 식 (10.26)은 많은 1자유도 감쇠진동계의 강제진동을 기술한다. 이 식은 강제 함수가 x나 x의 미분 함수 중의 하나를 포함하고 있지 않으므로, 비제차(nonhomogeneous)방정식이다. 이 식의 일반해는 **제차해**(homogeneous solution)와 **특수해**(particular solution)의 두 부분으로 구성된다. 즉,

$$x = x_h + x_p$$

이다. 제차해 x_h는 식 (10.26)의 우변을 0으로 놓은 경우의 일반해이다. 따라서 제차해는 자유진동에 대한 일반해이며, 이것에 대해서는 10.2절에서 기술하였다. 특수해 x_p는 식 (10.26)을 만족하는 해이다. 응용분야에서 자주 일어나는 두 가지 유형의 강제 함수에 대한 특수해에 대해 다음에서 논의한다.

조화 가진 함수

불균형 바퀴와 축은 자신들의 회전주파수로 변동하는 힘을 가한다. 자동차 바퀴가 불균형일 때, 바퀴는 조화 가진력(oscillatory force)을 가하여 탑승자가 느낄 수 있는 진동을 일으킨다. 엔지니어들은 변동 전류(oscillating current)를 가진력으로 변환시키는 전자기계 장치를 설계하여 진동계의 시험에 사용한다. 이 유형의 강제 함수에 관심을 갖는 주된 이유는 거의 모든 강제 함수가 여러 주파수의 조화가진 함수들의 합으로 또는 연속적인 주파수 스펙트럼의 조화가진 함수들의 합으로 표시될 수 있기 때문이다.

조화 가진력을 받는 진동계의 운동을 연구함으로써, 진동계의 응답(response)을 외력주파수의 함수로 구할 수 있다. 가진 함수가 다음 형태의 조화 함수라고 가정하자:

$$a(t) = a_0 \sin \omega_0 t + b_0 \cos \omega_0 t \tag{10.27}$$

여기서 a_0와 b_0, 강제 함수의 주파수 ω_0는 주어진 상수이다. 다음 형태

$$x_p = A_p \sin \omega_0 t + B_p \cos \omega_0 t \tag{10.28}$$

의 해를 찾음으로써 식 (10.26)의 특수해를 구할 수 있다. 여기서 A_p, B_p는 구해야 할 상수이다. 위 식과 식 (10.27)을 식 (10.26)에 대입하면 다음과 같이 쓸 수 있다:

$$(-\omega_0^2 A_p - 2d\omega_0 B_p + \omega^2 A_p - a_0)\sin \omega_0 t$$

$$+ (-\omega_0^2 B_p + 2d\omega_0 A_p + \omega^2 B_p - b_0)\cos \omega_0 t = 0$$

$\sin \omega_0 t$와 $\cos \omega_0 t$의 계수를 0으로 놓고 A_p와 B_p에 대해 풀면, 다음 식을 얻는다:

$$A_p = \frac{(\omega^2 - \omega_0^2)a_0 + 2d\omega_0 b_0}{(\omega^2 - \omega_0^2)^2 + 4d^2\omega_0^2}$$

$$B_p = \frac{-2d\omega_0 a_0 + (\omega^2 - \omega_0^2)b_0}{(\omega^2 - \omega_0^2)^2 + 4d^2\omega_0^2} \tag{10.29}$$

이 결과를 식 (10.28)에 대입하면, 특수해는

$$x_p = \left[\frac{(\omega^2 - \omega_0^2)a_0 + 2d\omega_0 b_0}{(\omega^2 - \omega_0^2)^2 + 4d^2\omega_0^2}\right]\sin \omega_0 t + \left[\frac{-2d\omega_0 a_0 + (\omega^2 - \omega_0^2)b_0}{(\omega^2 - \omega_0^2)^2 + 4d^2\omega_0^2}\right]\cos \omega_0 t \tag{10.30}$$

이며, 특수해의 진폭은 다음과 같다:

$$E_p = \sqrt{A_p^2 + B_p^2} = \frac{\sqrt{a_0^2 + b_0^2}}{\sqrt{(\omega^2 - \omega_0^2)^2 + 4d^2\omega_0^2}} \tag{10.31}$$

10.2절에서, 감쇠진동계의 자유진동을 나타내는 방정식의 해는 시간에 따라 점점 감소함을 보았다. 이 때문에 가진력을 받는 감쇠진동계의 운동에 대한 특수해는 **정상상태 해**(steady-state solution)로 불리기도 한다. 감쇠진동계의 운동은 시간이 증가함에 따라 정상상태 해에 가까워진다. (예제 10.5 참조.)

감쇠와 강제 함수의 주파수가 특수해의 진폭에 미치는 영향을 그림 10.16에 나타내었다. 매개변수 d/ω의 여러 값에 대해, 무차원 표현 $\omega^2 E_p/\sqrt{a_0^2 + b_0^2}$을 ω_0/ω의 함수로 그래프를 그렸다. 감쇠가 없는 경우($d = 0$), 특수해의 진폭은 강제 함수의 주파수 ω_0가 주파수 ω에 가까워짐에 따라 무한대로 접근한다. 감쇠가 작은 경우, 특수해의 진폭은 ω보다 작은 ω_0의 값에서 유한한 크기의 최대값에 접근한다. 특수해의 진폭이 최대값이 되는 주파수를 **공진주파수**(resonant frequency)라고 한다. (문제 10.67 참조.)

공진(resonance) 현상은 일상생활에서 흔히 볼 수 있다. 예를 들어 자동차 바퀴가 불균형일 때, 이로 인한 진동은 자동차가 특정 속력으로 달릴 때 느낄 수 있다. 이 속력에서, 바퀴는 자동차 현가장치의 공진주파수로 회전한다. 공

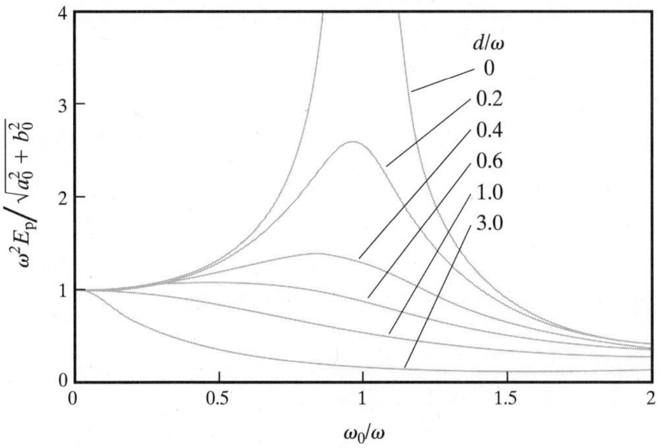

그림 10.16
강제함수의 주파수의 함수인 특수(정상상태)해의 진폭.

진은 많은 응용 문제에서 실제적으로 매우 중요한데, 그 이유는 비교적 작은 가진력이라도 큰 진동 진폭을 일으켜 시스템에 손상을 주거나 기능을 방해할 수 있기 때문이다. 고전적인 예로는 다리 위를 건너가는 군인들의 행진을 들 수 있다. 박자를 맞추며 걸어가는 군인들의 스텝이 다리의 공진주파수 중의 하나와 일치한다면, 비록 다리가 군인들의 무게를 안전하게 지탱할 수는 있다 하더라도 군인들의 스텝은 다리에 손상을 줄 수도 있다.

다항식 강제 함수

식 (10.26)의 강제 함수 $a(t)$가 다음과 같은 시간의 다항식 함수라고 가정하자:

$$a(t) = a_0 + a_1 t + a_2 t^2 + \cdots + a_N t^N$$

여기서 $a_1, a_2, \ldots, a_N$은 주어진 상수이다. 많은 원활 함수(smooth function)들이 주어진 시간 구간에 대해 다항식으로 근사화될 수 있기 때문에, 위의 강제함수는 응용분야에서 중요하다. 이 경우, 다음 형태의 해를 찾음으로써 식 (10.26)의 특수해를 구할 수 있다:

$$x_p = A_0 + A_1 t + A_2 t^2 + \cdots + A_N t^N \tag{10.32}$$

여기서 $A_0, A_1, A_2, \ldots, A_N$은 구해야 할 상수이다.

예를 들어, 만일 $a(t) = a_0 + a_1 t$이면, 식 (10.26)은

$$\frac{d^2x}{dt^2} + 2d\frac{dx}{dt} + \omega^2 x = a_0 + a_1 t \tag{10.33}$$

이며, $x_p = A_0 + A_1 t$ 형태의 특수해를 구한다. 식 (10.33)에 이 해를 대입하여 얻은 결과를 다음과 같이 쓸 수 있다:

$$(2dA_1 + \omega^2 A_0 - a_0) + (\omega^2 A_1 - a_1)t = 0$$

위 식은

$$2dA_1 + \omega^2 A_0 - a_0 = 0$$

과

$$\omega^2 A_1 - a_1 = 0$$

이면, 시간 구간에 대해 만족될 수 있다. 이 두 식을 A_0와 A_1에 대해 풀면, 다음 특수해를 얻게 된다:

$$x_\mathrm{p} = \frac{a_0 - 2da_1/\omega^2 + a_1 t}{\omega^2}$$

이 식을 식 (10.33)에 대입해서 특수해가 맞는지 확인할 수 있다.

연구 문제

1. 식 (10.26)의 제차해는 어떻게 구하는가?
2. 가진 외력을 받는 감쇠진동계의 운동에 대한 특수해를 정상상태 해로 부르기도 하는 이유는 무엇인가?
3. 공진주파수는 무엇인가? 공진주파수는 왜 중요한가?
4. 진동계가 다항식 가진 함수에 의해 가진되는 경우, 시스템의 운동을 기술하는 방정식의 특수해는 어떻게 구하는가?

예제 10.5 가진 강제 함수

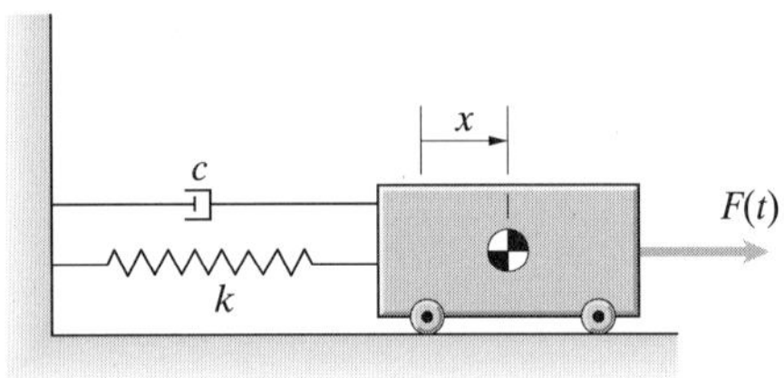

그림 10.17

장비 콘솔을 위한 진동절연 시스템을 설계하고 있는 한 엔지니어가 콘솔과 절연 시스템을 그림 10.17과 같이 감쇠 스프링–질량 진동계로 모델링하였다. 질량은 $m = 2$ kg, 스프링상수는 $k = 8$ N/m이며, 감쇠계수는 $c = 1$ N-s/m이다. 외부 진동에 대한 계의 응답을 구하기 위해, 질량은 스프링이 늘어나지 않은 상태에서 처음에 정지해 있었으며 $t = 0$에서 다음 외력

$$F(t) = 20 \sin 4t \text{ N}$$

이 질량에 가해진다고 가정하였다.

(a) 특수(정상상태)해의 진폭은 얼마인가?

(b) 질량의 위치는 시간의 함수로 얼마인가?

전략

강제 함수는 $a(t) = F(t)/m = 10 \sin 4t$ m/s^{2}이며, 식 (10.27)에서 $a_0 = 10$ m/s^2, $b_0 = 0$, $\omega_0 = 4$ rad/s인 가진 함수이다. 특수해의 진폭은 식 (10.31)에 의해 주어지며, 특수해는 식 (10.30)으로 주어진다. 또한 감쇠가 부족감쇠인지, 임계감쇠인지, 과도감쇠인지를 결정하여 적절한 형태의 제차해를 선택해야 한다.

| 풀이 |

(a) 비감쇠진동계의 주파수는 $\omega = \sqrt{k/m} = 2$ rad/s이며 상수 d는 $d = c/2m = 0.25$ rad/s이다. 따라서 특수해의 진폭은 다음과 같다:

$$E_{\mathrm{p}} = \frac{a_0}{\sqrt{(\omega^2 - \omega_0^2)^2 + 4d^2\omega_0^2}} = \frac{10}{\sqrt{[(2)^2 - (4)^2]^2 + 4(0.25)^2(4)^2}}$$

$$= 0.822 \text{ m}$$

(b) $d < \omega$이므로, 계는 부족감쇠이며, 제차해는 식 (10.19)로 주어진다. 감쇠진동계의 회전주파수는 $\omega_d = \sqrt{\omega^2 - d^2} = 1.98$ rad/s이며, 따라서 제차해는

$$x_{\mathrm{h}} = e^{-0.25t}(A \sin 1.98t + B \cos 1.98t)$$

이다. 식 (10.30)으로부터, 특수해는

$$x_{\mathrm{p}} = -0.811 \sin 4t - 0.135 \cos 4t$$

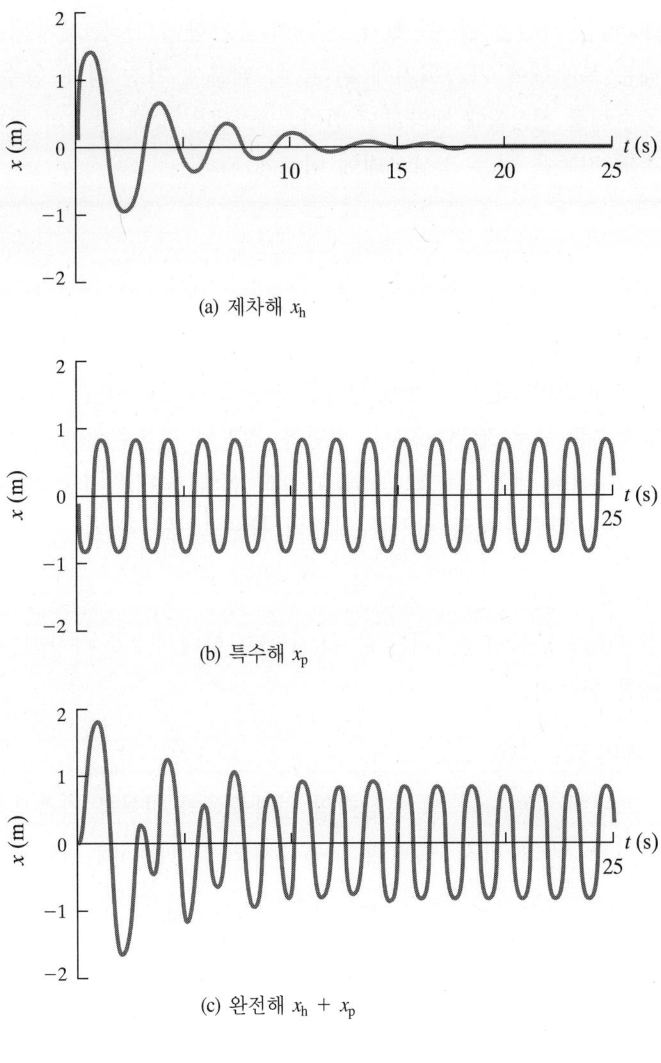

(a) 제차해 x_{h}

(b) 특수해 x_{p}

(c) 완전해 $x_{\mathrm{h}} + x_{\mathrm{p}}$

그림 10.18
제차해, 특수해와 완전해.

이며, 완전해는 다음과 같다:

$$x = x_h + x_p$$
$$= e^{-0.25t}(A \sin 1.98t + B \cos 1.98t) - 0.811 \sin 4t - 0.135 \cos 4t$$

$t = 0$에서, $x = 0$이며 $dx/dt = 0$이다. 이 조건을 이용하여 상수 A와 B를 결정하면 $A = 1.651$ m, $B = 0.135$ m이다. 질량의 위치는 시간의 함수로 다음과 같다:

$$x = e^{-0.25t}(1.651 \sin 1.98t + 0.135 \cos 1.98t)$$
$$- 0.811 \sin 4t - 0.135 \cos 4t \text{ m}$$

그림 10.18은 처음 25초 동안의 시스템의 운동에 대한 제차해와 특수해, 그리고 완전해를 보여준다.

| 비판적 사고 |

이 예제는 가진 강제 함수에 대한 감쇠계의 응답을 명확히 보여준다. 그림 10.18c에서 완전해가 해의 제차해 부분으로 인한 초기 과도 단계(transient phase)를 가짐을 알 수 있다. 시간이 증가함에 따라, 제차해는 약화되며 완전해는 특수해에 가까워지게 된다. 이 때문에 가진 강제 함수로부터 얻어지는 특수해를 **정상상태 해**라고도 한다. 시스템은 강제 함수의 주파수로 일정한 진폭의 진동을 하는 정상상태에 이르게 된다.

예제 10.6 다항식 강제 함수

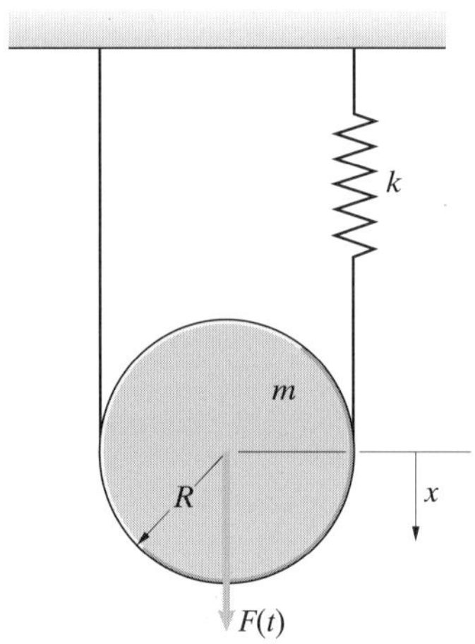

그림 10.19

그림 10.19의 균질 원판의 반경은 $R = 2$ m이고, 질량은 $m = 4$ kg이다. 스프링상수는 $k = 30$ N/m이다. 원판은 초기에 평형위치에서 정지상태에 있었으며, $t = 0$에서 $F(t) = 12 + 12t - 0.6t^2$ N의 힘이 원판중심에서 아래쪽으로 가해진다. 원판중심의 위치를 시간의 함수로 구하라.

| 전략 |

힘 $F(t)$가 2차 다항식이므로, 식 (10.32) 형태의 2차 다항식의 형태로 된 특수해를 찾는다.

| 풀이 |

스프링이 늘어나지 않은 상태의 원판중심의 위치를 기준으로 한 원판중심의 변위를 x라고 하자. 원판의 자유물체도를 그림 a에 나타내었다. 여기서 T는 원판 왼쪽 편에 있는 케이블의 장력이다. Newton의 제2법칙으로부터,

$$F(t) + mg - 2kx - T = m\frac{d^2x}{dt^2} \qquad (1)$$

이다. 원판의 시계 방향 각가속도는 $\alpha = (d^2x/dt^2)/R$에 의해 원판중심의 가속

도와 연관된다. 이 표현을 이용하여, 원판의 각운동방정식을 다음과 같이 쓸 수 있다:

$$\Sigma M = I\alpha:$$

$$TR - 2kxR = \left(\frac{1}{2}mR^2\right)\left(\frac{1}{R}\frac{d^2x}{dt^2}\right)$$

이 방정식을 T에 대해 풀고, 그 결과를 식 (1)에 대입하면, 다음 운동방정식을 얻을 수 있다:

$$\frac{3}{2}m\frac{d^2x}{dt^2} + 4kx = F(t) + mg \tag{2}$$

이 식에서 $d^2x/dt^2 = 0$과 $F(t) = 0$으로 놓으면, 원판의 평형 위치는 $x = mg/4k$임을 알 수 있다. 원판의 평형 위치에 대한 원판중심의 상대 위치 $\tilde{x} = x - mg/4k$에 의해 식 (2)를 다시 표현하면,

$$\frac{d^2\tilde{x}}{dt^2} + \frac{8k}{3m}\tilde{x} = \frac{2F(t)}{3m}$$

이다. 이 식은 식 (10.26)과 형태가 동일하다. k와 m, 다항식 $F(t)$의 값들을 대입하면 다음 식을 얻는다:

$$\frac{d^2\tilde{x}}{dt^2} + 20\tilde{x} = 2 + 2t - 0.1t^2 \tag{3}$$

이 식을 식 (10.26)과 비교하면, $d = 0$(비감쇠)이며 $\omega^2 = 20\ (\text{rad/s})^2$임을 알 수 있다. 식 (10.19)로부터 제차해는 다음과 같다:

$$\tilde{x}_{\text{h}} = A \sin 4.472t + B \cos 4.472t$$

특수해를 구하기 위해, $F(t)$와 같은 차수를 가진 다항식 형태의 해를 찾는다. 즉,

$$\tilde{x}_{\text{p}} = A_0 + A_1t + A_2t^2$$

이며, 여기서 A_0, A_1, A_2는 구해야 할 상수이다. 이 표현식을 식 (3)에 대입한 후, 같은 차수의 t의 거듭제곱 항들을 모으면 다음과 같다:

$$(2A_2 + 20A_0 - 2) + (20A_1 - 2)t + (20A_2 + 0.1)t = 0$$

다음과 같이 t의 각 거듭제곱 항의 계수가 0이 되면 위의 식이 만족된다. 즉,

$$2A_2 + 20A_0 = 2$$

$$20A_1 = 2$$

$$20A_2 = -0.1$$

이며, 위의 세 방정식을 A_0, A_1, A_2에 대해 풀면, 다음 특수해를 얻을 수 있다:

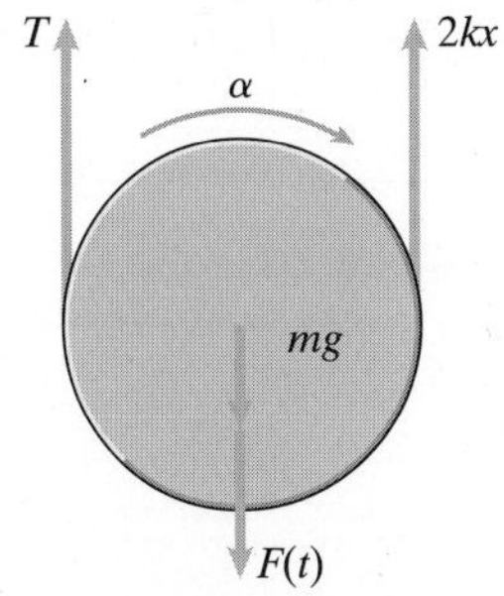

(a) 원판의 자유물체도.

$$\tilde{x}_p = 0.101 + 0.100t - 0.005t^2$$

완전해는

$$\tilde{x} = \tilde{x}_h + \tilde{x}_p$$

$$= A \sin 4.472t + B \cos 4.472t + 0.101 + 0.100t - 0.005t^2$$

이다. $t = 0$에서 $\tilde{x} = 0$, $d\tilde{x}/dt = 0$이다. 이 조건들을 이용하여 A와 B를 구하면, 원판중심의 위치(미터 단위)를 시간의 함수로 구할 수 있다. 즉,

$$\tilde{x} = -0.022 \sin 4.472t - 0.101 \cos 4.472t + 0.101 + 0.100t - 0.005t^2$$

이다. 처음 25초 동안의 운동에 대한 위치를 그림 10.20에 나타내었다. 비감쇠 진동 제차해가 천천히 변하는 특수해 위에 중첩되어 있다.

비판적 사고

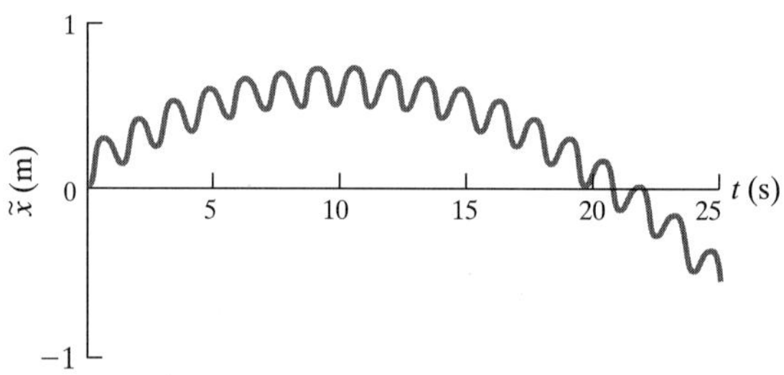

그림 10.20
시간의 함수로서 원판중심의 위치.

공학 응용분야에서 일어나는 강제 함수들은 종종 Taylor 급수로 나타낼 수 있다. 즉, 어떤 시간 구간에 대한 멱급수(power series)로 근사화할 수 있다. 이런 경우에는, 이 예제에서 사용한 접근 방법에 의해 해당 시간 구간 동안의 시스템 응답을 해석할 수 있다.

예제 10.7 변위 변환기

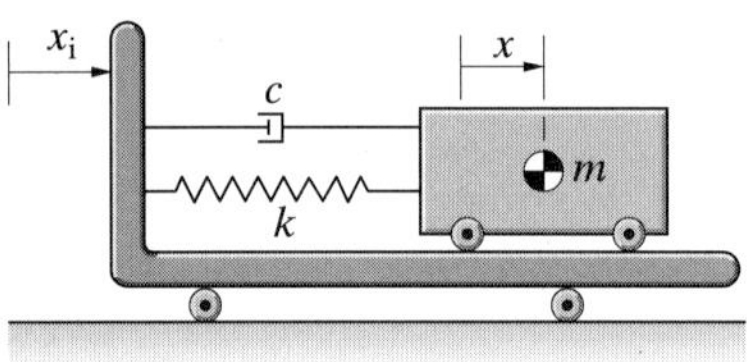

그림 10.21

감쇠 스프링-질량 진동계나 감쇠 스프링-질량 진동계로 모델링될 수 있는 장치를 이용하여 물체의 변위를 측정할 수 있다. 그림 10.21에서 스프링-질량 진동계의 기저부(base)가 물체에 붙어 있으며 좌표 x_i는 관성 기준좌표계에 대해 측정한 변위를 나타낸다고 가정하자. 좌표 x는 진동계의 기저부에 대해 측정한 질량의 변위이다. $x = 0$일 때 스프링은 늘어나지 않은 상태이다. 계는 초기에 정지상태이며, $t = 0$에서 진동계의 기저부가 다음의 가진 운동을 한다고 가정하자:

$$x_i = a_i \sin \omega_i t + b_i \cos \omega_i t \qquad (1)$$

만일 $m = 2$ kg, $k = 8$ N/m, $c = 4$ N-s/m, $a_i = 0.1$ m, $b_i = 0.1$ m, 그리고 $\omega_i = 10$ rad/s라면, 진동계의 기저부에 대한 질량의 정상상태 변위 진폭은 얼마

인가?

| 전략 |

기저부의 가진 운동을 고려하여 질량에 대한 운동방정식을 얻어야 한다. 이를 위해 Newton의 제2법칙을 관성 기준좌표계에 대한 질량의 가속도로 나타내야 한다.

| 풀이 |

바닥에 대한 질량의 가속도는 d^2x/dt^2이며, 따라서 관성 기준좌표계에 대한 질량의 가속도는 $(d^2x/dt^2) + (d^2x_i/dt^2)$이다. 질량에 대한 Newton의 제2법칙은

$$-c\frac{dx}{dt} - kx = m\left(\frac{d^2x}{dt^2} + \frac{d^2x_i}{dt^2}\right)$$

이다. 이 식은 다음과 같이 쓸 수 있다:

$$\frac{d^2x}{dt^2} + 2d\frac{dx}{dt} + \omega^2 x = a(t)$$

여기서 $d = c/2m = 1$ rad/s, $\omega = \sqrt{k/m} = 2$ rad/s이며, 함수 $a(t)$는

$$a(t) = -\frac{d^2x_i}{dt^2} = a_i\omega_i^2 \sin\omega_i t + b_i\omega_i^2 \cos\omega_i t \tag{2}$$

이다. 따라서 가진력을 받는 스프링–질량 진동계에 대한 운동방정식과 동일한 형태의 운동방정식을 얻게 된다. 식 (2)를 식 (10.27)과 비교하면, 식 (10.31)에서 $a_0 = a_i\omega_i^2$, $b_0 = b_i\omega_i^2$, $\omega_0 = \omega_i$에 해당되므로 특수(정상상태)해의 진폭을 다음과 같이 구할 수 있다:

$$E_p = \frac{\omega_i^2\sqrt{a_i^2 + b_i^2}}{\sqrt{(\omega^2 - \omega_i^2)^2 + 4d^2\omega_i^2}} \tag{3}$$

따라서 진동계 바닥에 대한 질량의 정상상태 변위 진폭은 다음과 같다:

$$E_p = \frac{(10)^2\sqrt{(0.1)^2 + (0.1)^2}}{\sqrt{[(2)^2 - (10)^2]^2 + 4(1)^2(10)^2}} = 0.144 \text{ m}$$

| 설계 관점 |

마이크는 음파를 전압신호로 변환함으로써 녹음이 가능하게 하거나 스피커에 의해 음파로 다시 재생될 수 있게 한다. 기계적인 입력을 전자기적인 출력으로 변환하는 장치를 **변환기**(transducer)라고 한다. 변환기는 변위, 속도, 가속도 등을 측정 가능한 전압이나 전류로 변환시켜 이 양들을 측정할 수 있다.

그림 10.21에서, 좌표 x_i는 측정할 변위(입력)이다. 스프링–질량 진동계를 변환기로 사용하기 위해서는 변위 x에 비례하는 전압이나 전류(출력)가 나오도록 설계해야 할 것이다. 입력과 출력 사이의 관계가 알려지면, 변위 x_i를 구할 수 있다. 일부 **지진계들**(그림 10.22)은 지구의 운동을 이런 식으로 측정한다.

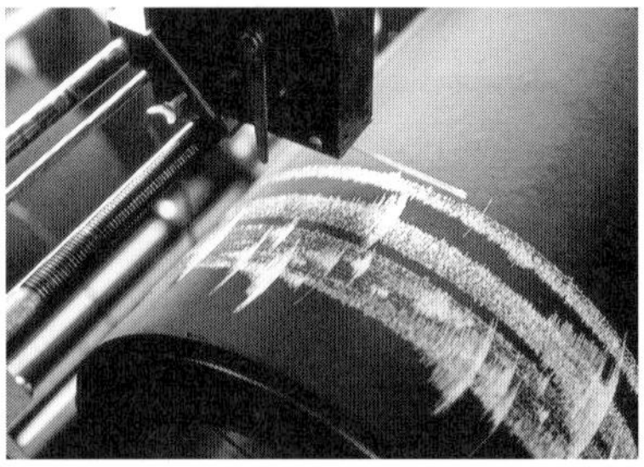

그림 10.22
땅의 국부적인 변위를 측정하는 지진계.

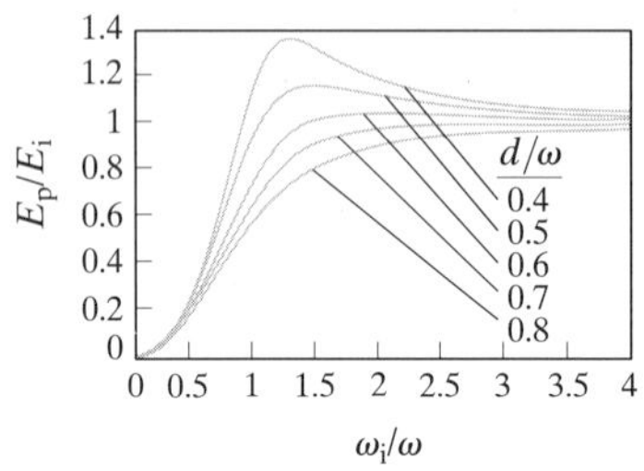

그림 10.23
입력 진폭에 대한 출력 진폭의 비.

입력이 식 (1)로 주어지는 진동 변위라면, 출력 진폭은 식 (3)으로 주어지며, 다음과 같이 쓸 수 있다:

$$\frac{E_p}{E_i} = \frac{(\omega_i/\omega)^2}{\sqrt{[1-(\omega_i/\omega)^2]^2 + 4(d/\omega)^2(\omega_i/\omega)^2}}$$

여기서 $E_i = \sqrt{a_i^2 + b_i^2}$는 입력 진폭이다. 그림 10.23에 몇 개의 d/ω 값에 대하여 E_p/E_i를 비감쇠계의 주파수에 대한 입력주파수의 비(ω_i/ω)의 함수로 나타내었다. 스프링–질량 진동계의 매개변수를 알고 있다면, 이런 형태의 그래프를 이용하여 측정 출력 진폭으로부터 입력 진폭을 구할 수 있다.

실제로는 일반적으로 입력 변위는 한 개의 주파수만으로 이루어져 있지 않고, 다른 주파수들의 조합이나 주파수들의 연속 **스펙트럼**으로 구성된다. 예를 들어 지진으로 인한 변위는 주파수 스펙트럼을 갖는다. 이 경우, 입력 진폭에 대한 출력 진폭의 비는 입력주파수의 범위에 대해 거의 일정한 것이 바람직하다. 이 경우 계기의 응답이 "평탄하다(flat)"라고 말한다. 그림 10.23에서, d/ω가 0.6–0.7의 범위에 있도록 계의 감쇠를 선택한다면, 대략 2ω보다 큰 주파수 ω_i에 대해 응답은 근사적으로 평탄하다. 또한 고유진동수 ω를 작게 하면, 계기의 응답이 평탄한 입력주파수의 범위가 증가한다는 것에 주목하라. 이러한 이유 때문에, 지진계는 질량을 크게 하고 스프링을 비교적 약하게 설계하는 경우가 자주 있다.

연습문제

10.58 질량이 m = 1 kg이고, 스프링상수가 k = 100 N/m이다. 스프링의 변형 전 상태를 기준으로 한 질량의 위치를 x라고 하자. 힘은 $F(t)$ = 360 sin 8t N이다. 특수해를 구하라

10.59 질량이 m = 1 kg이고 스프링상수가 k = 100 N/m이다. 스프링의 변형 전 상태를 기준으로 한 질량의 위치를 x라고 하자. 힘은 $F(t) = 100 - 200t^2$ N이다. 특수해를 구하라.

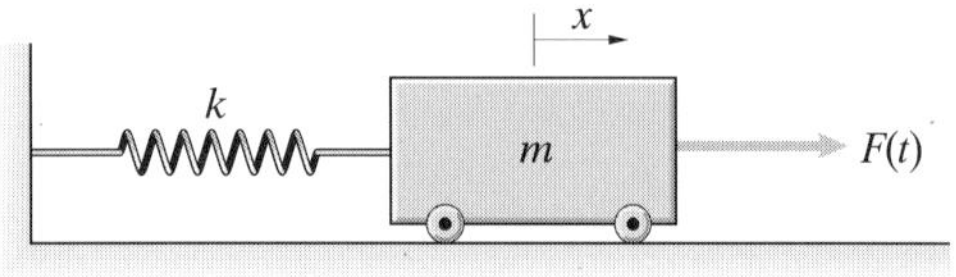

문제 10.58/10.59

10.60 감쇠 스프링–질량 진동계가 초기에 스프링이 늘어나지 않은 상태에서 정지상태에 있다. t = 0에서 일정한 힘 $F(t)$ = 6 N이 질량에 가해진다.

(a) 정상상태(특수) 해를 구하라.

(b) 질량의 위치를 시간의 함수로 구하라.

10.61 감쇠 스프링–질량 진동계가 스프링이 늘어나지 않은 상태에서 정지상태에 있다. t = 0에서, 힘 $F(t)$ = 6 cos 1.6t N이 질량에 가해진다.

(a) 정상상태(특수) 해를 구하라.

(b) 질량의 위치를 시간의 함수로 구하라.

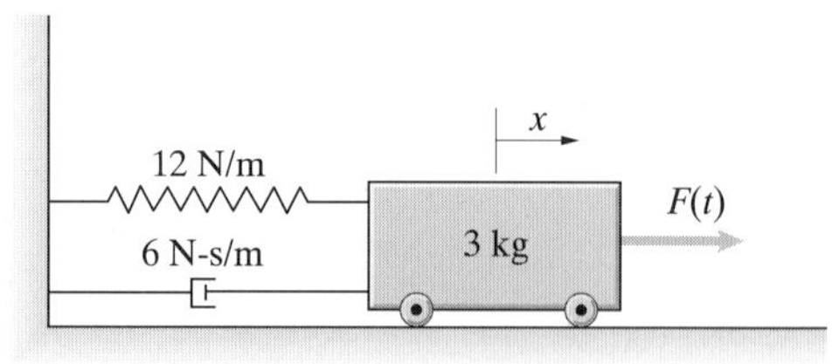

문제 10.60/10.61

10.62 관성모멘트 $I = 3\ \text{kg-m}^2$을 가진 원판이 고정축에 대해 회전하며 스프링상수 $k = 20\ \text{N-m/rad}$인 비틀림 스프링에 연결되어 있다. $t = 0$에서, $\theta = 0$이고 각속도가 $d\theta/dt = 4\ \text{rad/s}$이며, 원판이 우력 $M(t) = 10 \sin 2t\ \text{N-m}$를 받는다. θ를 시간의 함수로 구하라.

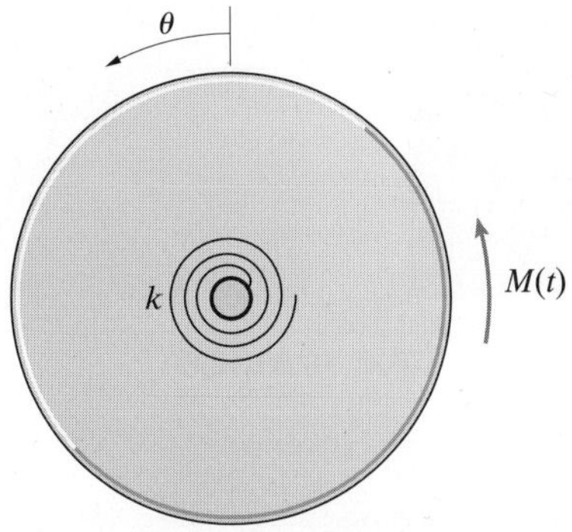

문제 10.62

10.63 2단 원판의 무게가 89.0 N이고, 관성모멘트가 $I = 0.81\ \text{kg-m}^2$이다. 원판이 수평면 상에서 굴러간다. 원판은 초기에 스프링이 늘어나지 않은 상태에서 정지상태에 있었으며, $t = 0$에서 일정한 힘 $F(t) = 44.5$ N이 그림과 같이 가해진다. 원판중심의 위치를 시간의 함수로 구하라.

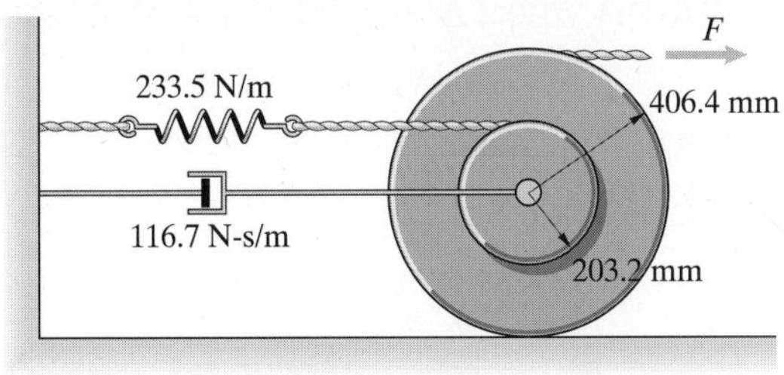

문제 10.63

10.64* 전기 모터가 금속탁자에 볼트로 고정되어 있다. 모터가 켜지면, 모터에 의해 탁자 윗면이 수평으로 진동하게 된다. 탁자의 다리가 선형 스프링처럼 거동하며 감쇠는 무시한다고 가정한다. 모터와 탁자 윗면의 총 무게는 667 N이다. 모터가 켜지지 않았을 때, 탁자 윗면과 모터의 수평진동의 주파수는 5 Hz이다. 모터가 600 rpm으로 회전하고 있을 때, 수평진동의 진폭은 0.25 mm이다. 600 rpm 회전 속도에서 모터가 탁자에 가하는 가진력의 크기는 얼마인가?

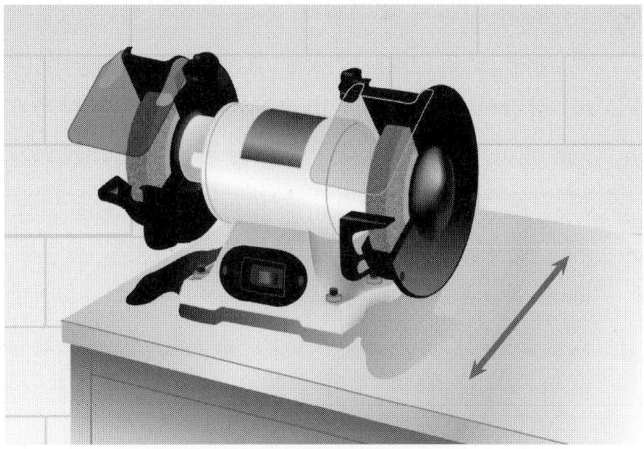

문제 10.64

10.65 기어 A와 B의 관성모멘트가 각각 $I_A = 0.019\ \text{kg-m}^2$, $I_B = 0.136\ \text{kg-m}^2$이다. 기어 A는 스프링상수가 $k = 2.71$ m-N/rad인 비틀림 스프링에 연결되어 있다. $t = 0$에서 평형상태의 시스템이 가진력 $F(t) = 17.8 \sin 3t$ N을 받는다. 22.2 N 무게의 하향 변위를 시간의 함수로 구하라.

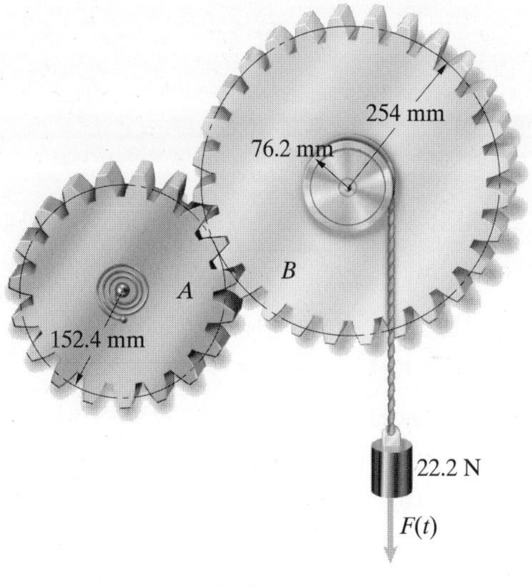

문제 10.65

10.66* 1.5 kg의 실린더를 실린더 축이 유동방향과 교차되도록 풍동 안의 가는 막대에 설치하였다. 유동이 없을 때, 실린더에 가해지는 10 N의 수직력이 실린더를 0.15 mm 휘어지게 한다. 공기가 풍동 속을 흐를 때, 와류들에 의해 실린더는 측면방향의(lateral) 가진력을 받는다. 공기의 속도는 5 m/s이고, 상하 와류 사이의 거리는 80 mm이며, 측면방향 힘들의 크기는 1 N이다. 측면방향 힘들을 가진 함수 $F(t) = (1.0)\sin\omega_0 t$ N으로 모델링한다면, 실린더의 정상상태 측면 운동의 진폭은 얼마인가?

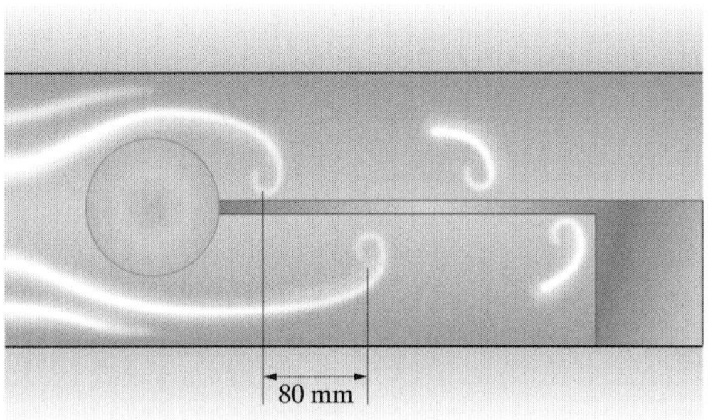

문제 10.66

10.67 식 (10.31)로 주어진 특수해의 진폭이 가진 함수의 주파수가 $\omega_0 = \sqrt{\omega^2 - 2d^2}$일 때 최대가 됨을 보여라.

10.68* 자동 전파발신 장치(sonobuoy; **역주**: 수면 밑의 소리를 탐지하여 증폭해서 무선신호를 보내는 장치)가 정재파(standing wave) 탱크 안에 떠 있다. 이 장치는 질량이 m이고, 단면적이 A인 실린더이다. 물의 밀도는 ρ이며, 장치를 떠받치는 부력은 수면 아래의 실린더 체적에 해당하는 물의 무게와 같다. 탱크 안의 물은 정지상태이며, 발신장치는 왼쪽 그림의 수직 위치에서 평형상태이다. 이때 탱크 안에 파도가 발생하여 발신장치가 있는 곳에서 물의 깊이가 평형상태에서의 깊이에 대해 $d = d_0 \sin\omega_0 t$가 된다. 발신장치의 원래 위치에 대한 수직 위치를 y라고 하자. 발신 장치의 수직 위치가 다음 식에 의해 지배됨을 보여라:

$$\frac{d^2y}{dt^2} + \left(\frac{A\rho g}{m}\right)y = \left(\frac{A\rho g}{m}\right)d_0 \sin\omega_0 t$$

10.69 문제 10.68의 자동 전파 발신장치는 질량이 m = 10 kg이고 직경이 125 mm이며, 물의 밀도가 ρ = 1025 kg/m^{3}이라고 가정하자. 만일 $d = 0.1\sin 2t$ m라면, 발신장치의 정상상태 수직진동의 진폭은 얼마인가?

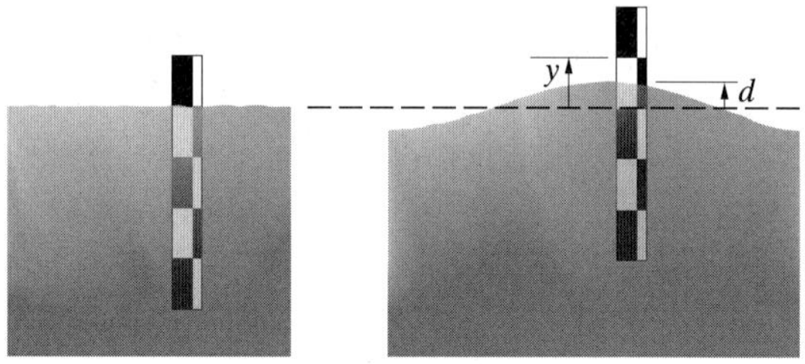

문제 10.68/10.69

설계 문제

문제 10.70–10.73은 설계 예제 10.7과 관련되어 있다.

10.70 질량의 무게가 222 N이다. 스프링상수는 k = 2919 N/m이며, c = 146 N-s/m이다. 만일 기저부(base)가 진폭 0.254 m, 주파수 ω_i = 15 rad/s인 진동변위 x_i를 받는다면, 기저부에 대한 질량 변위의 정상상태 진폭은 얼마인가?

10.71 질량이 100 kg이다. 스프링상수는 k = 4 N/m, c = 24 N-s/m이다. 기저부가 회전주파수 ω_i = 0.2 rad/s의 가진 변위를 받는다. 기저부에 대한 질량 변위의 정상상태 진폭을 측정한 결과 200 mm이었다. 기저부의 변위 진폭은 얼마인가?

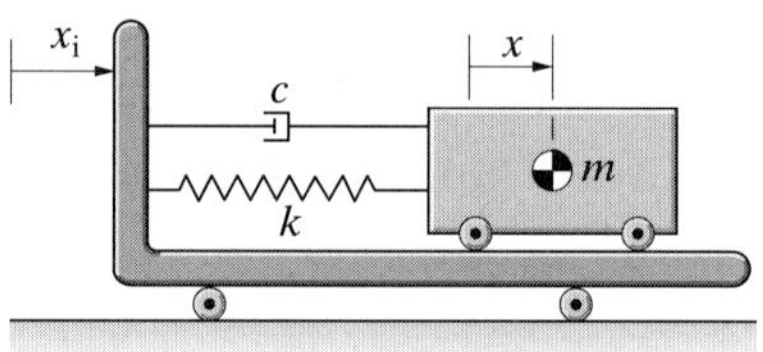

문제 10.70/10.71

10.72 공대생 한 팀이 그림과 같은 간단한 지진계를 만들었다. 좌표 x_i는 국부적인 지면의 수평 운동을 측정한다. 좌표 x는 지진계의 프레임에 대한 질량의 위치를 측정한다. $x = 0$일 때, 스프링은 늘어나지 않은 상태이다. $m = 1$ kg, $k = 10$ N/m, $c = 2$ N-s/m이다. 지진계가 초기에 정지상태였으며, $t = 0$에서 지면의 가진 운동 $x_i = 10 \sin 2t$ mm를 받는다. 질량의 정상상태 응답의 진폭은 얼마인가?

10.73 문제 10.72에서, 기초에 대한 질량 위치 x를 시간의 함수로 구하라.

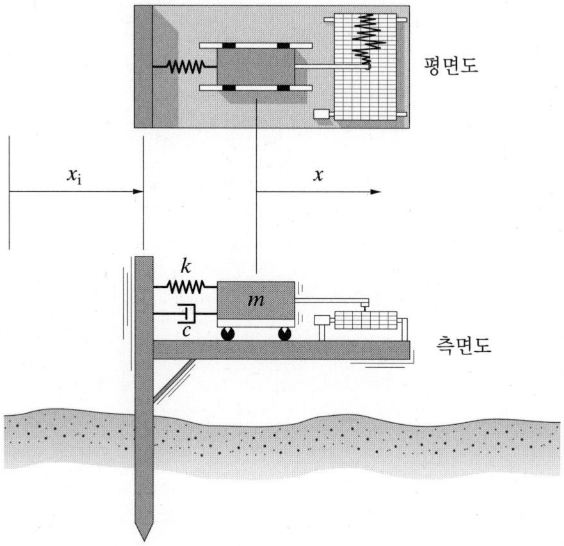

문제 10.72/10.73

요약

보존계

많은 1자유도 보존계(conservative systems)의 평형 위치에 대한 미소진동은 다음 방정식에 의해 지배된다:

$$\frac{d^2x}{dt^2} + \omega^2 x = 0 \tag{10.4}$$

여기서 ω는 시스템의 특성에 의해 결정되는 상수이다. 위 방정식의 일반해는

$$x = A \sin \omega t + B \cos \omega t \tag{10.8}$$

이며, 여기서 A와 B는 상수이다. 위의 일반해는 다음 형태로도 나타낼 수 있다:

$$x = E \sin(\omega t - \phi) \tag{10.9}$$

여기서 상수 E와 ϕ는 다음 식에 의해 A와 B에 관계된다:

$$A = E \cos \phi, \quad B = -E \sin \phi \tag{10.10}$$

진동의 진폭은 다음과 같다:

$$E = \sqrt{A^2 + B^2} \tag{10.11}$$

진동의 주기 τ는 완전한 한 번의 진동, 즉 한 사이클을 완료하는 데 필요한 시간이다. 주파수 f는 단위 시간당 사이클 수이다. 주기와 고유진동수는 다음 식에 의해 ω와 관련된다:

$$\tau = \frac{2\pi}{\omega} \tag{10.12}$$

$$f = \frac{\omega}{2\pi} \tag{10.13}$$

$\omega = 2\pi f$도 주파수의 크기이며 rad/s로 표현된다.

감쇠진동(Damped Vibrations)

많은 1자유도 감쇠계의 평형 위치에 대한 미소진동은 다음 방정식에 의해 지배된다:

$$\frac{d^2x}{dt^2} + 2d\frac{dx}{dt} + \omega^2 x = 0 \tag{10.16}$$

부족감쇠 $d < \omega$이면, 계는 부족감쇠계라고 한다. 이 경우, 식 (10.16)의 일반해는

$$x = e^{-dt}(A \sin \omega_d t + B \cos \omega_d t) \tag{10.19}$$

이다. 여기서 A와 B는 상수이며,

$$\omega_d = \sqrt{\omega^2 - d^2} \tag{10.18}$$

이다. 감쇠진동의 주기와 주파수는 다음과 같다:

$$\tau_d = \frac{2\pi}{\omega_d}, \quad f_d = \frac{\omega_d}{2\pi} \tag{10.20}$$

임계감쇠와 과도감쇠 $d > \omega$이면, 계는 과도감쇠계라고 말한다. 일반해는

$$x = Ce^{-(d-h)t} + De^{-(d+h)t} \tag{10.24}$$

이다. 여기서 C와 D는 상수이며,

$$h = \sqrt{d^2 - \omega^2} \tag{10.23}$$

이다. 만일 $d = \omega$이면, 계는 임계감쇠계라고 한다. 일반해는

$$x = Ce^{-dt} + Dte^{-dt} \tag{10.25}$$

이며, 여기서 C와 D는 상수이다.

강제진동(Forced Vibrations)

많은 1자유도 감쇠계의 강제진동은 다음 방정식에 의해 지배된다:

$$\frac{d^2x}{dt^2} + 2d\frac{dx}{dt} + \omega^2 x = a(t) \tag{10.26}$$

여기서 $a(t)$는 강제함수(forcing function)이다. 식 (10.26)의 일반해는 제차해와 특수해의 합이다:

$$x = x_h + x_p$$

제차해 x_h는 식 (10.26)에서 우변을 0으로 놓은 경우의 일반해이며, 특수해 x_p는 식 (10.26)을 만족하는 해이다.

가진 강제 함수 만일 $a(t)$가 다음 형태

$$a(t) = a_0 \sin \omega_0 t + b_0 \cos \omega_0 t$$

의 조화 가진 함수라면, 특수해는

$$x_p = \left[\frac{(\omega^2 - \omega_0^2)a_0 + 2d\omega_0 b_0}{(\omega^2 - \omega_0^2)^2 + 4d^2\omega_0^2}\right] \sin \omega_0 t + \left[\frac{-2d\omega_0 a_0 + (\omega^2 - \omega_0^2)b_0}{(\omega^2 - \omega_0^2)^2 + 4d^2\omega_0^2}\right] \cos \omega_0 t \tag{10.30}$$

이며, 진폭은

$$E_p = \frac{\sqrt{a_0^2 + b_0^2}}{\sqrt{(\omega^2 - \omega_0^2)^2 + 4d^2\omega_0^2}} \tag{10.31}$$

이다. 여기서 a_0, b_0, ω_0는 상수이다. 외부의 가진력을 받는 감쇠진동계의 운동에 대한 특수해를 **정상상태 해**(steady-state solution)라고도 한다. 시간이 증가함에 따라 운동은 정상상태 해에 가까워진다.

다항식 강제 함수 $a(t)$가 다음 형태

$$a(t) = a_0 + a_1 t + a_2 t^2 + \cdots + a_N t^N$$

의 다항식이라면, 특수해는 같은 형태, 즉

$$x_p = A_0 + A_1 t + A_2 t^2 + \cdots + A_N t^N \tag{10.32}$$

이다. 여기서 $a_1, a_2, \ldots, a_N$은 상수이며, $A_0, A_1, A_2, \ldots, A_N$은 구해야 할 상수이다.

복습문제

10.74 좌표 x는 스프링의 변형 전 위치에 대한 질량의 변위를 나타낸다. 질량에 다음 초기조건이 주어진다:

$$t = 0 \begin{cases} x = 0.1 \text{ m}, \\ \dfrac{dx}{dt} = 0. \end{cases}$$

(a) 질량의 위치를 시간의 함수로 구하라.

(b) 처음 5초 동안의 운동에 대해 질량의 위치와 속도를 시간의 함수로 그래프를 그려라.

10.75 t = 0일 때, 질량은 스프링의 변형 전 상태에 있으며 오른쪽 방향으로 0.3 m/s의 속도를 갖는다. 시간의 함수인 질량의 위치와 진동 진폭을 다음의 두 경우에 대해 구하라:

(a) 해를 식 (10.9)의 형태로 가정한다.

(b) 해를 식 (10.9)의 형태로 가정한다.

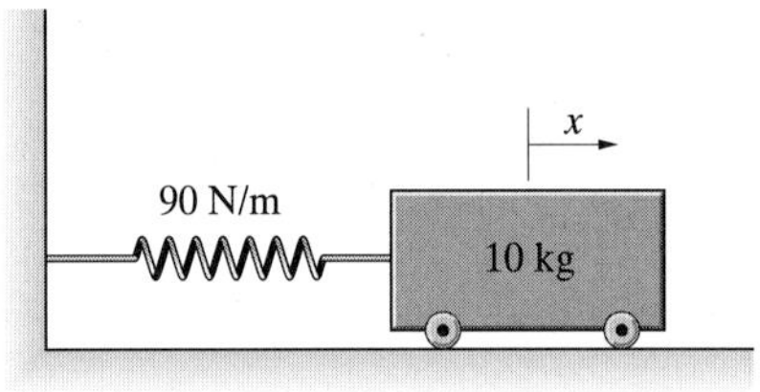

문제 10.74/10.75

10.76 반경이 R인 질량 m의 균질 원판이 고정축에 대해 회전하며, 스프링상수 k의 비틀림 스프링에 연결되어 있다(비틀림 스프링은 크기 $k\theta$의 복원모멘트를 가한다. 여기서 θ는 스프링의 변형 전 원판 위치에 대한 원판의 회전각이다). 원판의 회전진동의 주기가 $\tau = \pi R\sqrt{2m/k}$ 임을 보여라.

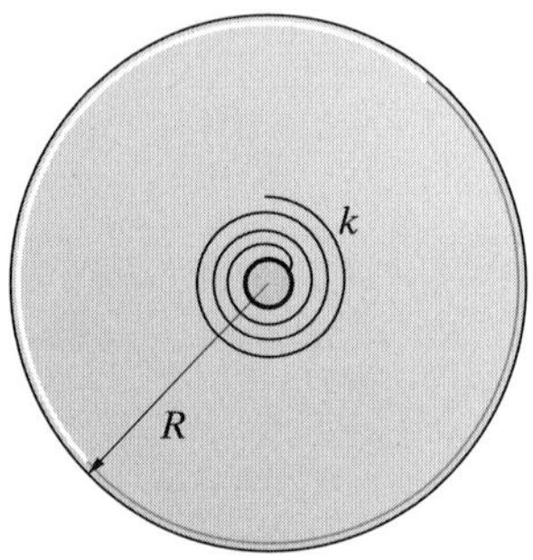

문제 10.76

10.77 우주비행 지원자의 관성모멘트를 구하는 일을 맡은 한 엔지니어가 수직 강철봉에 수평 판을 부착시켰다. L에 대한 판의 관성모멘트는 7.5 kg-m^{2}이며, 하중을 가하지 않은 상태에서의 판의 비틀림 진동의 주파수는 1 Hz이다. 지원자가 그림과 같이 판 위에 누워 있을 때 비틀림 진동의 주파수는 0.520 Hz이다. 지원자의 L에 대한 관성모멘트는 얼마인가?

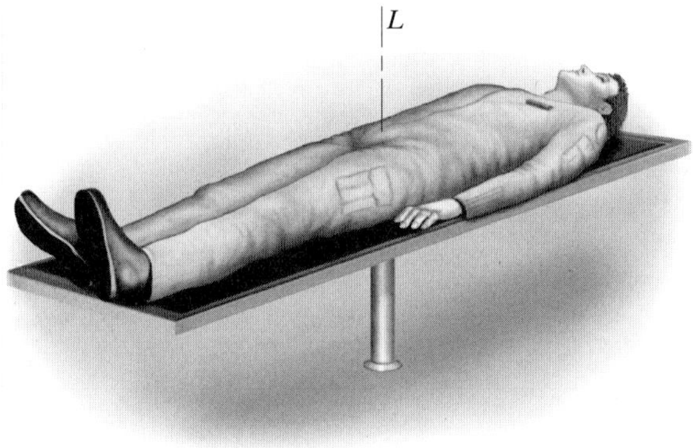

문제 10.77

10.78 22 kg의 정반 P가 네 개의 구름베어링 위에 올려져 있다. 구름베어링은 반경이 30 mm이고 질량이 1 kg인 균질 원통으로 모델링될 수 있으며, 스프링상수는 k = 900 N/m이다. 정반의 평형 위치에 대한 수평진동의 주파수는 얼마인가?

10.79 t = 0에서 문제 10.78의 정반이 평형 위치로부터 왼쪽으로 0.1 m 지점에 있으며, 오른쪽으로 2 m/s의 속도로 움직이고 있다. t = 4 s에서, 정반의 위치와 속도는 얼마인가?

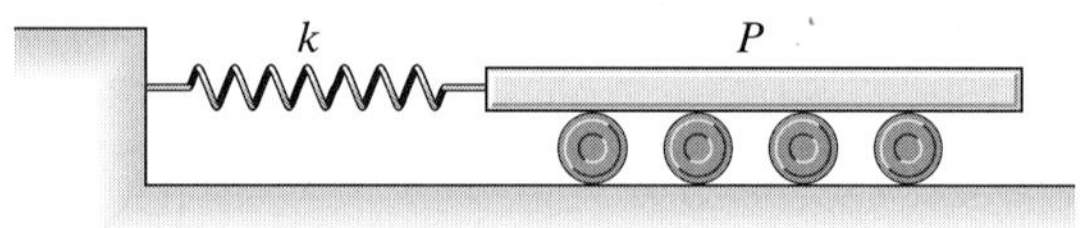

문제 10.78/10.79

10.80 기어 A와 B의 관성모멘트가 각각 $I_A = 0.019$ kg-m^2, $I_B = 0.136$ kg-m^{2}이다. 기어 A는 스프링상수가 $k = 2.71$ m-N/rad인 비틀림 스프링에 연결되어 있다. 두 기어의 평형 위치에 대한 미소 각진동의 주파수는 얼마인가?

10.81 문제 10.80에서 22.2 N의 무게를 평형 위치로부터 12.7 mm 올린 후, $t = 0$에서 정지상태에서 놓는다. 기어 B의 평형 위치에 대한 반시계 방향의 각(角)위치를 시간의 함수로 구하라.

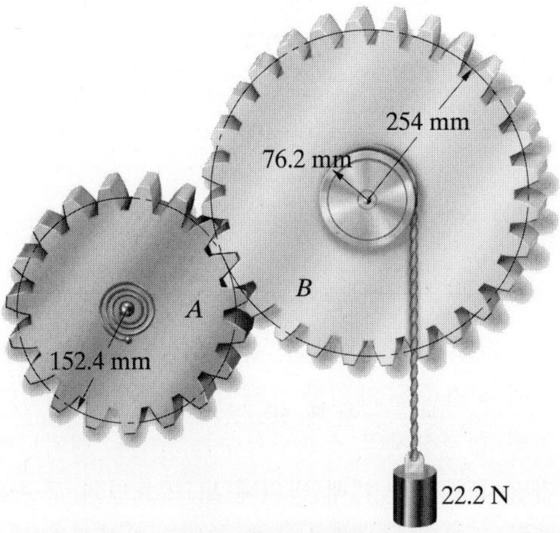

문제 10.80/10.81

10.82 가는 막대의 질량이 m이다. 막대가 수직일 때, 스프링은 늘어나지 않은 상태이다. 스프링이 수평상태를 유지할 수 있도록 가벼운 연결고리 C가 매끄러운 수직막대 상에서 미끄러진다. 막대의 미소진동의 주파수를 구하라.

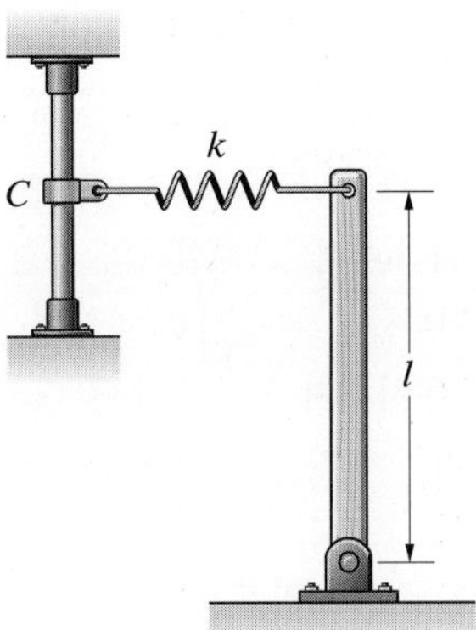

문제 10.82

10.83 반경이 R이고 질량이 m인 균질 반구가 평평한 표면 위에 놓여 있다. 반구를 평형 위치로부터 조금 기울였다가 놓는다면, 반구의 진동주파수는 얼마가 되겠는가?

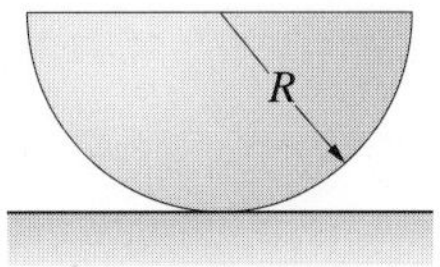

문제 10.83

10.84 스프링–질량 진동계의 주파수를 측정하면 4.00 Hz이다. 그 다음 스프링–질량 진동계를 기름통 안에 넣고 주파수를 측정하면 3.80 Hz이다. 진동계가 기름에 잠겨 있을 때 질량의 진동 대수감소율은 얼마인가?

10.85 문제 10.84의 기름에 잠긴 진동계를 생각해 보자. 질량을 평형 위치로부터 오른쪽으로 0.1 m만큼 옮긴 후, 정지상태에서 놓는다고 할 때, 질량의 평형 위치에 대한 상대 위치를 시간의 함수로 구하라.

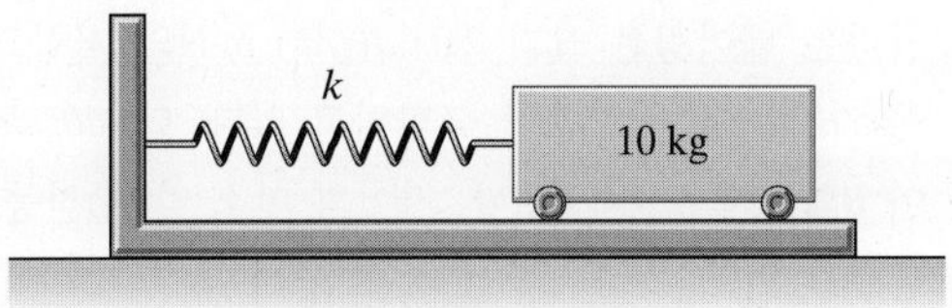

문제 10.84/10.85

10.86 2단 원판의 무게가 89.0 N이고, 관성모멘트가 $I = 0.81$ kg-m^{2}이다. 원판이 수평면 상에서 굴러가고 있다. 만일 $c = 116.7$ N-s/m라면, 원판 미소진동의 주파수는 얼마인가?

10.87 문제 10.86의 2단 원판이 초기에 평형상태에 있었으며, $t = 0$에서 1 rad/s의 시계방향 각속도가 주어진다. 평형 위치에 대한 원판중심의 위치를 시간의 함수로 구하라.

10.88 문제 10.86의 2단 원판이 초기에 평형상태에 있었으며, $t = 0$에서 1 rad/s의 시계 방향 각속도가 주어진다. $c = 233.5$ N-s/m일 때, 평형 위치에 대한 원판중심의 위치를 시간의 함수로 구하라.

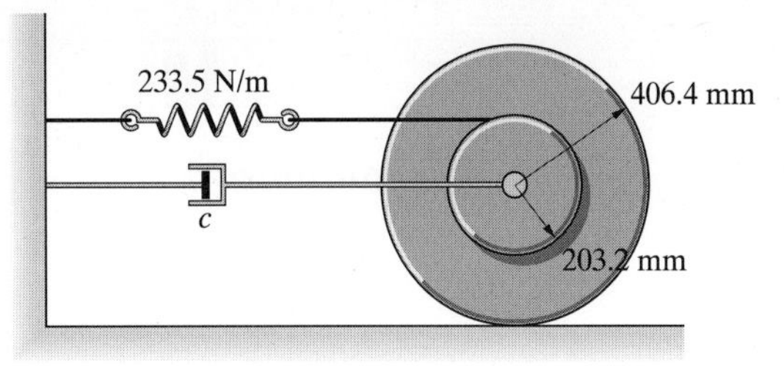

문제 10.86 – 10.88

10.89 22 kg의 정반 P가 네 개의 구름베어링 위에 놓여 있다. 구름베어링은 반경이 30 mm이고 질량이 1 kg인 균질 원통으로 모델링할 수 있으며, 스프링상수는 k = 900 N/m이다. 정반에 힘 $F(t)$ = 100 sin 3t N이 가해진다. 정반의 정상상태 수평진동의 크기는 얼마인가?

10.90 t = 0에서, 문제 10.89의 정반이 평형 위치로부터 오른쪽으로 0.1 m 위치에 있으며, 2 m/s의 속도로 오른쪽으로 움직이고 있다. 평형 위치에 대한 정반의 위치를 시간의 함수로 구하라.

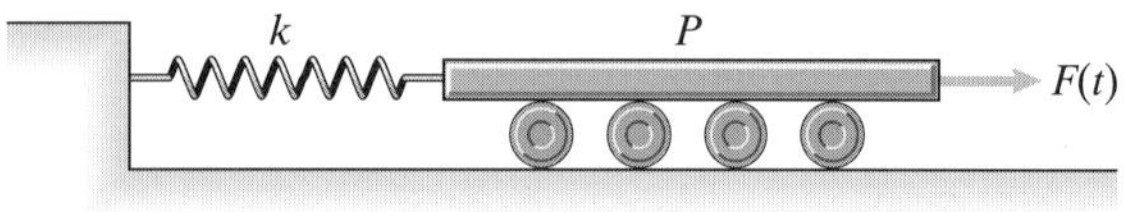

문제 10.89/10.90

10.91 기어 A, B의 관성모멘트가 I_A = 0.019 kg-m^2, I_B = 0.136 kg-m^{2}이다. 기어 A는 스프링상수가 k = 2.71 m-N/rad인 비틀림 스프링에 연결되어 있다. 기어 B를 지지하는 베어링은 크기 2.03($d\theta_B/dt$) m-N의 저항모멘트를 가하는 감쇠 요소를 포함하고 있다. 단, $d\theta_B/dt$는 기어 B의 각속도(rad/s)이다. 기어의 미소 각(角)진동의 주파수는 얼마인가?

10.92 문제 10.91에서 22.2 N의 무게가 평형 위치로부터 12.7 mm 올려진 후, t = 0에서 정지상태로부터 놓여진다. 평형위치에 대한 기어 B의 반시계 방향 각(角)진동을 시간의 함수로 구하라.

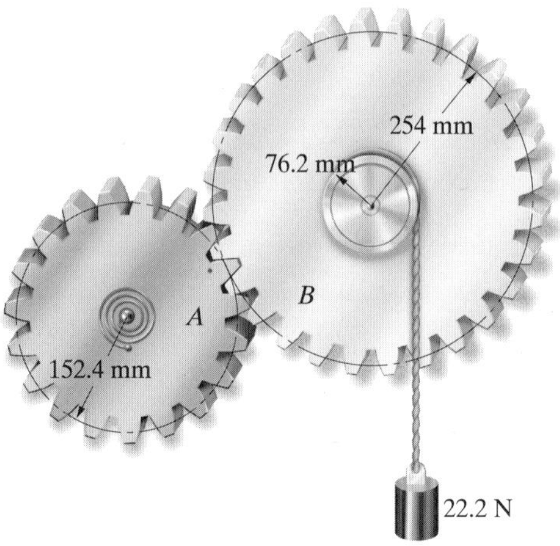

문제 10.91/10.92

10.93 기초(base)와 질량 m이 처음에 정지상태에 있다. 이 기초에 초기 위치에 대한 h sin $\omega_i t$의 수직 변위가 주어진다. 이로 인해 발생하는 질량 m의 기초에 대한 정상상태 진동의 크기는 얼마인가?

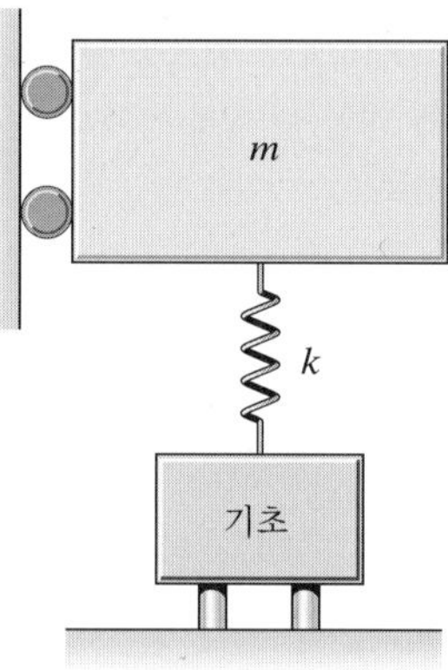

문제 10.93

10.94* 바퀴와 차축을 제외한 트레일러의 질량이 m이며, 트레일러 현가장치의 스프링상수는 k이다. 엔지니어는 현가장치의 거동 해석을 위해 도로 표면의 평균 높이에 대한 표면의 높이를 h sin($2\pi x/\lambda$)로 가정하였다. 트레일러의 바퀴는 도로와 접촉한 채로 달리며, 바퀴 속도의 수평방향 성분은 v라고 가정한다. 현가장치의 완충기에 의한 감쇠는 무시한다.

(a) 도로 표면에 대한 트레일러의 수직 정상상태 진동의 크기를 구하라.

(b) 공진이 일어나는 속도 v는 얼마인가?

10.95* 문제 10.94에서 바퀴와 차축이 포함되지 않은 트레일러의 무게는 4448 N이다. 현가장치의 스프링상수는 k = 35,024 N/m이며, 완충기에 의한 감쇠계수는 c = 2919 N-s/m이다. 도로 표면의 매개변수는 h = 51 mm와 λ = 2.44 m이다. 트레일러의 수평방향 속도는 v = 9.65 km/h이다. (a) 완충기의 감쇠를 무시하는 경우와 (b) 감쇠를 무시하지 않는 경우에 대해 도로 표면에 대한 트레일러의 수직 정상상태 진동의 크기를 구하라.

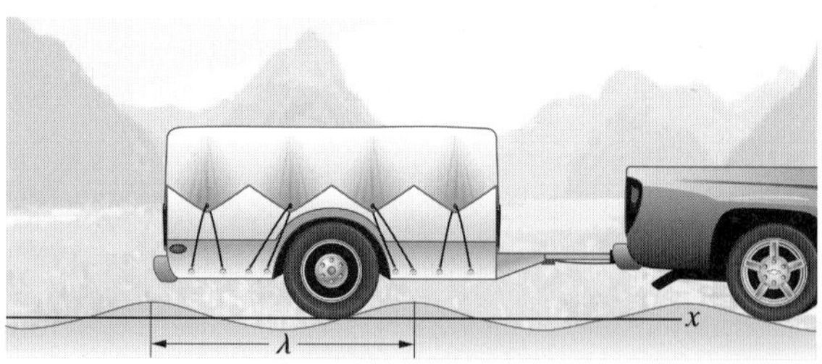

문제 10.94/10.95

10.96* 관성모멘트가 I인 원판이 고정축에 대해 회전하며, 스프링상수가 k인 비틀림 스프링에 연결되어 있다. 각 θ는 스프링의 변형 전 원판 위치에 대한 각(角)위치를 나타낸다. 원판은 초기에 스프링이 늘어나지 않은 상태에서 정지해 있다. $t = 0$에서 시간에 따라 크기가 변하는 모멘트 $M(t) = M_0(1 - e^{-t})$가 원판에 가해진다. 여기서 M_0는 일정하다. 원판의 각위치가 시간의 함수로서

$$\theta = \frac{M_0}{I}\left[-\frac{1}{\omega(1+\omega^2)}\sin\omega t - \frac{1}{\omega^2(1+\omega^2)}\cos\omega t + \frac{1}{\omega^2} - \frac{1}{(1+\omega^2)}e^{-t}\right]$$

임을 보여라.

전략: 특수해를 구하기 위해 다음 형태의 해를 찾아라:

$$\theta_p = A_p + B_p e^{-t}$$

여기서 A_p와 B_p는 구해야 할 상수이다.

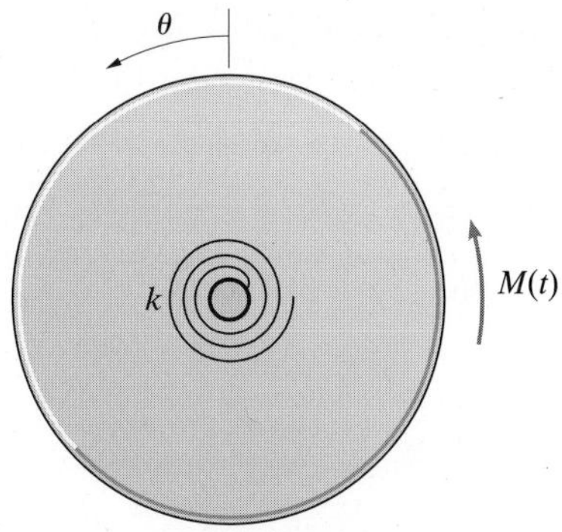

문제 10.96

부록

A

수학 정리

A.1 대수학(Algebra)

2차 방정식

2차 방정식

$$ax^2 + bx + c = 0$$

의 해는

$$x = \frac{-b \pm \sqrt{b^2 - 4ac}}{2a}$$

이다.

자연 로그

양의 실수 x의 자연로그는 $\ln x$로 표시되며, 다음과 같이 정의된다:

$$e^{\ln x} = x$$

여기서 $e = 2.7182\ldots$는 자연로그의 밑(base)이다.

로그는 다음과 같은 특성을 갖는다:

$$\begin{aligned} \ln(xy) &= \ln x + \ln y \\ \ln(x/y) &= \ln x - \ln y \\ \ln y^x &= x \ln y \end{aligned}$$

A.2 삼각법(Trigonometry)

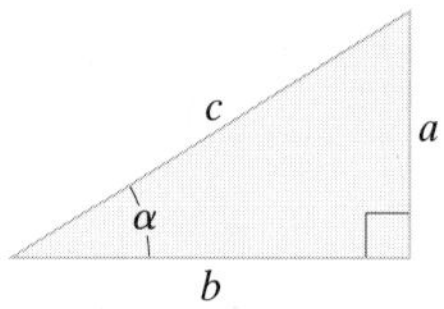

직각삼각형에 대한 삼각함수는

$$\sin\alpha = \frac{1}{\csc\alpha} = \frac{a}{c}, \quad \cos\alpha = \frac{1}{\sec\alpha} = \frac{b}{c}, \quad \tan\alpha = \frac{1}{\cot\alpha} = \frac{a}{b}$$

이다. 사인과 코사인은 관계식

$$\sin^2\alpha + \cos^2\alpha = 1$$

을 만족하며, 두 각의 합과 차에 대한 사인과 코사인은 다음 식들을 만족한다:

$$\sin(\alpha + \beta) = \sin\alpha\cos\beta + \cos\alpha\sin\beta$$

$$\sin(\alpha - \beta) = \sin\alpha\cos\beta - \cos\alpha\sin\beta$$

$$\cos(\alpha + \beta) = \cos\alpha\cos\beta - \sin\alpha\sin\beta$$

$$\cos(\alpha - \beta) = \cos\alpha\cos\beta + \sin\alpha\sin\beta$$

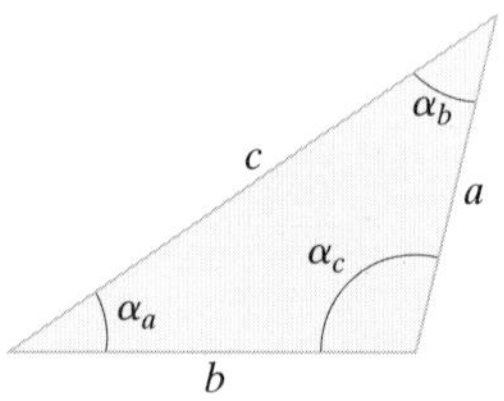

임의의 삼각형에 대한 **코사인 법칙**(law of cosine)은

$$c^2 = a^2 + b^2 - 2ab\cos\alpha_c$$

이며, **사인 법칙**(law of sine)은

$$\frac{\sin\alpha_a}{a} = \frac{\sin\alpha_b}{b} = \frac{\sin\alpha_c}{c}$$

이다.

A.3 미분(Derivatives)

$$\frac{d}{dx}x^n = nx^{n-1} \qquad \frac{d}{dx}\sin x = \cos x \qquad \frac{d}{dx}\sinh x = \cosh x$$

$$\frac{d}{dx}e^x = e^x \qquad \frac{d}{dx}\cos x = -\sin x \qquad \frac{d}{dx}\cosh x = \sinh x$$

$$\frac{d}{dx}\ln x = \frac{1}{x} \qquad \frac{d}{dx}\tan x = \frac{1}{\cos^2 x} \qquad \frac{d}{dx}\tanh x = \frac{1}{\cosh^2 x}$$

A.4 적분(Integrals)

$$\int x^n\,dx = \frac{x^{n+1}}{n+1} \qquad (n \neq -1)$$

$$\int x^{-1}\,dx = \ln x$$

$$\int \frac{dx}{a - bx^2} = \frac{1}{(ab)^{1/2}}\arctan\frac{(ab)^{1/2}x}{a}$$

$$\int \frac{dx}{a - bx^2} = \frac{1}{2(ab)^{1/2}}\ln\frac{a + x(ab)^{1/2}}{a - x(ab)^{1/2}}$$

$$\int \frac{x\,dx}{a - bx^2} = -\frac{1}{2b}\ln(a - bx^2)$$

$$\int (a + bx)^{1/2}\,dx = \frac{2}{3b}(a + bx)^{3/2}$$

$$\int x(a + bx)^{1/2}\,dx = -\frac{2(2a - 3bx)(a + bx)^{3/2}}{15b^2}$$

$$\int (1 + a^2x^2)^{1/2}\,dx = \frac{1}{2}\left\{x(1 + a^2x^2)^{1/2}\right.$$

$$\left. + \frac{1}{a}\ln\left[x + \left(\frac{1}{a^2} + x^2\right)^{1/2}\right]\right\}$$

$$\int x(1 + a^2x^2)^{1/2}\,dx = \frac{a}{3}\left(\frac{1}{a^2} + x^2\right)^{3/2}$$

$$\int x^2(1 + a^2x^2)^{1/2}\,dx = \frac{1}{4}ax\left(\frac{1}{a^2} + x^2\right)^{3/2}$$

$$- \frac{1}{8a^2}x(1 + a^2x^2)^{1/2} - \frac{1}{8a^3}\ln\left[x + \left(\frac{1}{a^2} + x^2\right)^{1/2}\right]$$

$$\int (1 - a^2x^2)^{1/2}\,dx = \frac{1}{2}\left[x(1 - a^2x^2)^{1/2} + \frac{1}{a}\arcsin ax\right]$$

$$\int x(1 - a^2x^2)^{1/2}\,dx = -\frac{a}{3}\left(\frac{1}{a^2} - x^2\right)^{3/2}$$

$$\int x^2(a^2 - x^2)^{1/2}\,dx = -\frac{1}{4}x(a^2 - x^2)^{3/2}$$

$$+ \frac{1}{8}a^2\left[x(a^2 - x^2)^{1/2} + a^2\arcsin\frac{x}{a}\right]$$

$$\int \frac{dx}{(1 + a^2x^2)^{1/2}} = \frac{1}{a}\ln\left[x + \left(\frac{1}{a^2} + x^2\right)^{1/2}\right]$$

$$\int \frac{dx}{(1 - a^2x^2)^{1/2}} = \frac{1}{a}\arcsin ax \text{ 또는 } -\frac{1}{a}\arccos ax$$

$$\int \sin x\,dx = -\cos x$$

$$\int \cos x\,dx = \sin x$$

$$\int \sin^2 x\,dx = -\frac{1}{2}\sin x\cos x + \frac{1}{2}x$$

$$\int \cos^2 x\,dx = \frac{1}{2}\sin x\cos x + \frac{1}{2}x$$

$$\int \sin^3 x\,dx = -\frac{1}{3}\cos x(\sin^2 x + 2)$$

$$\int \cos^3 x\,dx = \frac{1}{3}\sin x(\cos^2 x + 2)$$

$$\int \cos^4 x\,dx = \frac{3}{8}x + \frac{1}{4}\sin 2x + \frac{1}{32}\sin 4x$$

$$\int \sin^n x\cos x\,dx = \frac{(\sin x)^{n+1}}{n+1} \qquad (n \neq -1)$$

$$\int \sinh x\,dx = \cosh x$$

$$\int \cosh x\,dx = \sinh x$$

$$\int \tanh x\,dx = \ln\cosh x$$

$$\int e^{ax}\,dx = \frac{e^{ax}}{a}$$

$$\int xe^{ax}\,dx = \frac{e^{ax}}{a^2}(ax - 1)$$

A.5 Taylor 급수

함수 $f(x)$의 Taylor 급수는

$$f(a+x)=f(a)+f'(a)x+\frac{1}{2!}f''(a)x^2+\frac{1}{3!}f'''(a)x^3+\cdots$$

이다. 여기서 프라임(′)은 미분을 나타낸다.

몇 가지 유용한 Taylor 급수는 다음과 같다:

$$e^x=1+x+\frac{x^2}{2!}+\frac{x^3}{3!}+\cdots$$

$$\sin(a+x)=\sin a+(\cos a)x-\frac{1}{2}(\sin a)x^2-\frac{1}{6}(\cos a)x^3+\cdots$$

$$\cos(a+x)=\cos a-(\sin a)x-\frac{1}{2}(\cos a)x^2+\frac{1}{6}(\sin a)x^3+\cdots$$

$$\tan(a+x)=\tan a+\left(\frac{1}{\cos^2 a}\right)x+\left(\frac{\sin a}{\cos^3 a}\right)x^2+\left(\frac{\sin^2 a}{\cos^4 a}+\frac{1}{3\cos^3 a}\right)x^3+\cdots$$

A.6 벡터 해석

직각 좌표계

스칼라장(scalar field) ψ의 기울기(gradient)는

$$\nabla\psi=\frac{\partial\psi}{\partial x}\mathbf{i}+\frac{\partial\psi}{\partial y}\mathbf{j}+\frac{\partial\psi}{\partial z}\mathbf{k}$$

이다. 벡터장(vector field) $\mathbf{v}=v_x\mathbf{i}+v_y\mathbf{j}+v_z\mathbf{k}$의 발산(divergence)과 회전(curl)은 다음과 같다:

$$\nabla\cdot\mathbf{v}=\frac{\partial v_x}{\partial x}+\frac{\partial v_y}{\partial y}+\frac{\partial v_z}{\partial z}$$

$$\nabla\times\mathbf{v}=\begin{vmatrix}\mathbf{i} & \mathbf{j} & \mathbf{k}\\ \dfrac{\partial}{\partial x} & \dfrac{\partial}{\partial y} & \dfrac{\partial}{\partial z}\\ v_x & v_y & v_z\end{vmatrix}$$

실린더 좌표계

스칼라장 ψ의 기울기는

$$\nabla\psi=\frac{\partial\psi}{\partial r}\mathbf{e}_r+\frac{1}{r}\frac{\partial\psi}{\partial\theta}\mathbf{e}_\theta+\frac{\partial\psi}{\partial z}\mathbf{e}_z$$

이다. 벡터장 $\mathbf{v}=v_r\mathbf{e}_r+v_\theta\mathbf{e}_\theta+v_z\mathbf{e}_z$의 발산과 회전은 다음과 같다.

$$\nabla\cdot\mathbf{v}=\frac{\partial v_r}{\partial r}+\frac{v_r}{r}+\frac{1}{r}\frac{\partial v_\theta}{\partial\theta}+\frac{\partial v_z}{\partial z}$$

$$\nabla\times\mathbf{v}=\frac{1}{r}\begin{vmatrix}\mathbf{e}_r & r\mathbf{e}_\theta & \mathbf{e}_z\\ \dfrac{\partial}{\partial r} & \dfrac{\partial}{\partial\theta} & \dfrac{\partial}{\partial z}\\ v_r & rv_\theta & v_z\end{vmatrix}$$

부록

B

면적과 선의 성질

B.1 면적

면적 A의 중심 좌표는 다음과 같다:

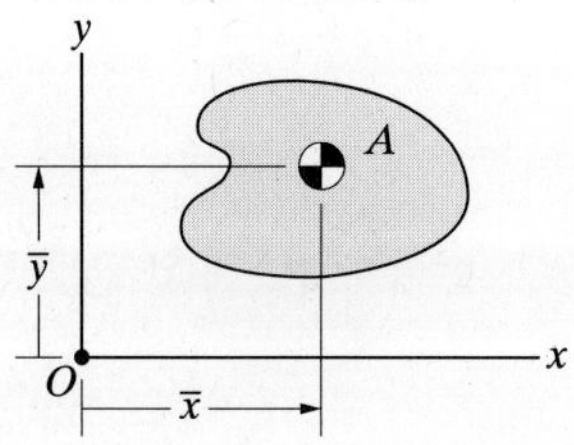

$$\bar{x} = \frac{\int_A x\, dA}{\int_A dA}, \qquad \bar{y} = \frac{\int_A y\, dA}{\int_A dA}$$

x축에 대한 관성모멘트 I_x와 y축에 대한 관성모멘트 I_y, 그리고 관성적(product of inertia) I_{xy}는

$$I_x = \int_A y^2\, dA, \qquad I_y = \int_A x^2\, dA, \qquad I_{xy} = \int_A xy\, dA$$

이다. O에 대한 극관성모멘트(polar moment of inertia)는 다음과 같다:

$$J_O = \int_A r^2\, dA = \int_A (x^2 + y^2)\, dA = I_x + I_y$$

면적 $= bh$

$$I_x = \frac{1}{3}bh^3, \qquad I_y = \frac{1}{3}hb^3, \qquad I_{xy} = \frac{1}{4}b^2h^2$$

$$I_{x'} = \frac{1}{12}bh^3, \qquad I_{y'} = \frac{1}{12}hb^3, \qquad I_{x'y'} = 0$$

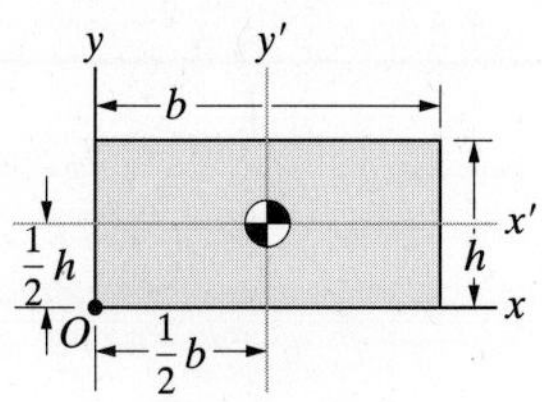

직사각형 면적

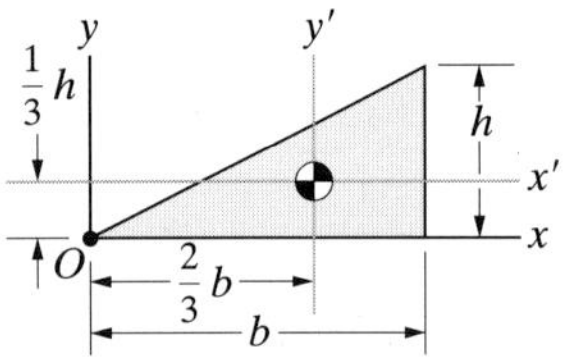

삼각형 면적

면적 $= \frac{1}{2}bh$

$I_x = \frac{1}{12}bh^3$, $I_y = \frac{1}{4}hb^3$, $I_{xy} = \frac{1}{8}b^2h^2$

$I_{x'} = \frac{1}{36}bh^3$, $I_{y'} = \frac{1}{36}hb^3$, $I_{x'y'} = \frac{1}{72}b^2h^2$

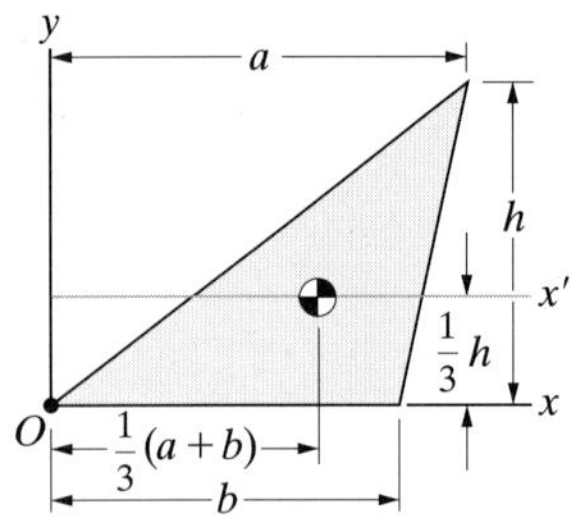

삼각형 면적

면적 $= \frac{1}{2}bh$ $I_x = \frac{1}{12}bh^3$, $I_{x'} = \frac{1}{36}bh^3$

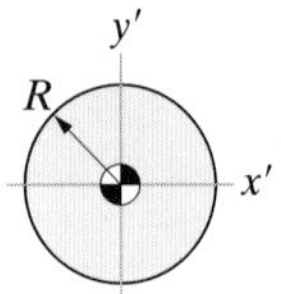

원 면적

면적 $= \pi R^2$ $I_{x'} = I_{y'} = \frac{1}{4}\pi R^4$, $I_{x'y'} = 0$

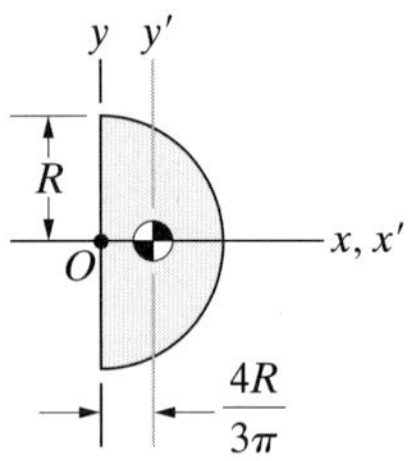

반원 면적

면적 $= \frac{1}{2}\pi R^2$ $I_x = I_y = \frac{1}{8}\pi R^4$, $I_{xy} = 0$

$I_{x'} = \frac{1}{8}\pi R^4$, $I_{y'} = \left(\frac{\pi}{8} - \frac{8}{9\pi}\right)R^4$, $I_{x'y'} = 0$

면적 $= \dfrac{1}{4}\pi R^2$ $\qquad I_x = I_y = \dfrac{1}{16}\pi R^4, \qquad I_{xy} = \dfrac{1}{8}R^4$

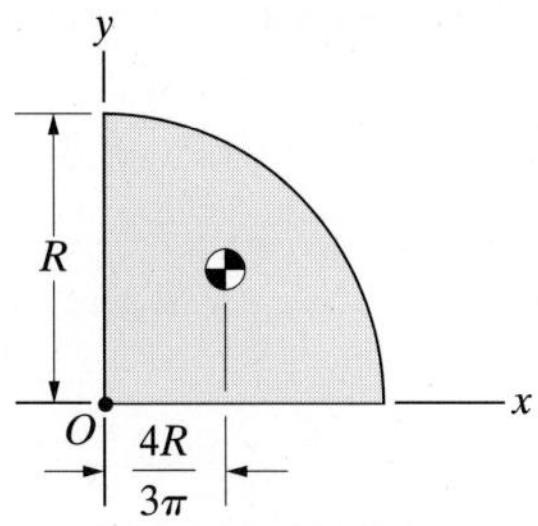

사분원 면적

면적 $= \alpha R^2$

$$I_x = \frac{1}{4}R^4\left(\alpha - \frac{1}{2}\sin 2\alpha\right), \qquad I_y = \frac{1}{4}R^4\left(\alpha + \frac{1}{2}\sin 2\alpha\right),$$

$$I_{xy} = 0$$

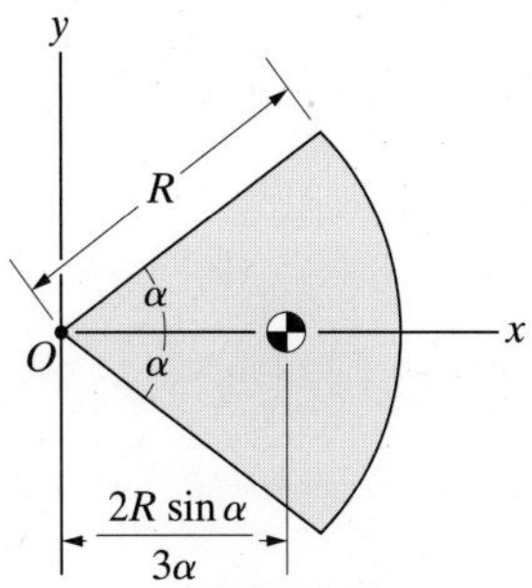

부채꼴 면적

면적 $= \dfrac{1}{4}\pi ab$

$$I_x = \frac{1}{16}\pi ab^3, \qquad I_y = \frac{1}{16}\pi a^3 b, \qquad I_{xy} = \frac{1}{8}a^2b^2$$

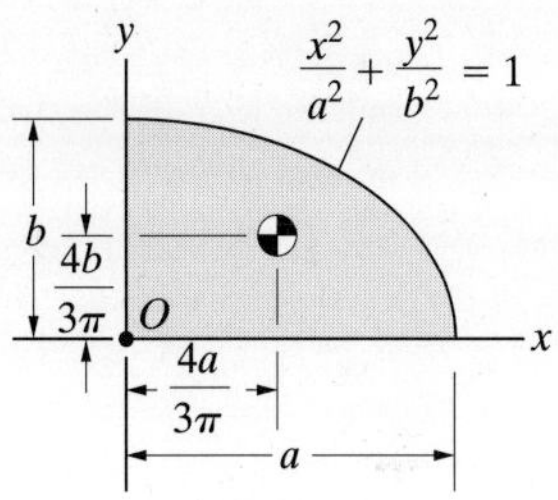

$\frac{1}{4}$타원형 면적

면적 $= \dfrac{cb^{n+1}}{n+1}$

$$I_x = \frac{c^3b^{3n+1}}{9n+3}, \qquad I_y = \frac{cb^{n+3}}{n+3}, \qquad I_{xy} = \frac{c^2b^{2n+2}}{4n+4}$$

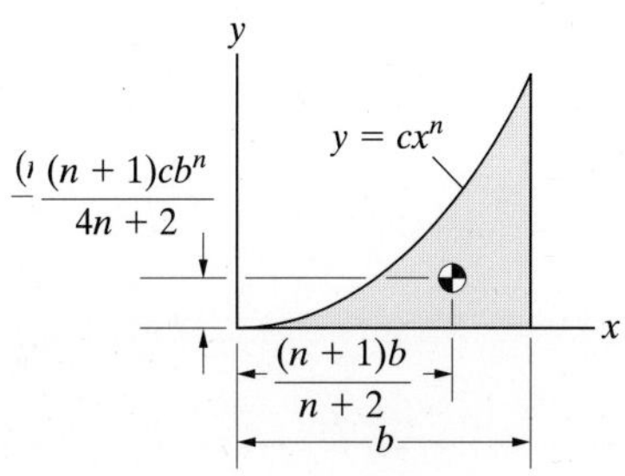

곡선 밑의 면적

B.2 선

선 L의 중심 좌표는 다음과 같다.

$$\bar{x} = \frac{\int_L x\,dL}{\int_L dL}, \qquad \bar{y} = \frac{\int_L y\,dL}{\int_L dL}, \qquad \bar{z} = \frac{\int_L z\,dL}{\int_L dL}$$

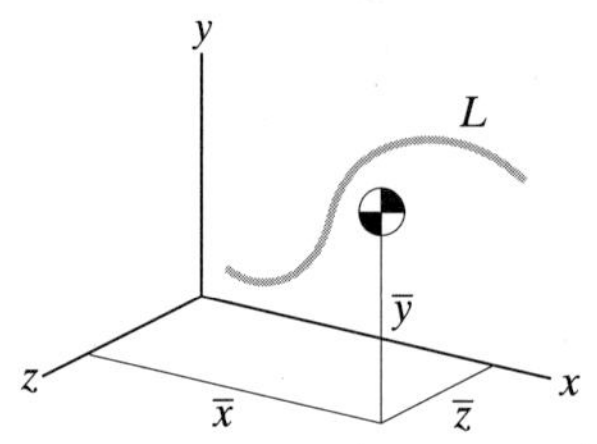

길이 $= \pi R$

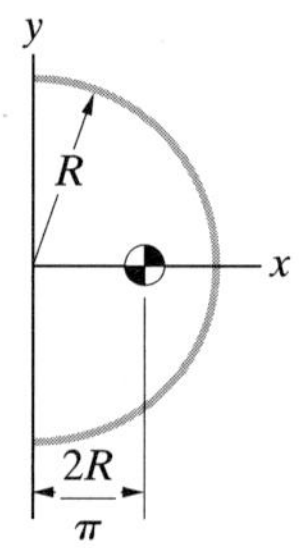

반원 호

길이 $= \frac{1}{2}\pi R$

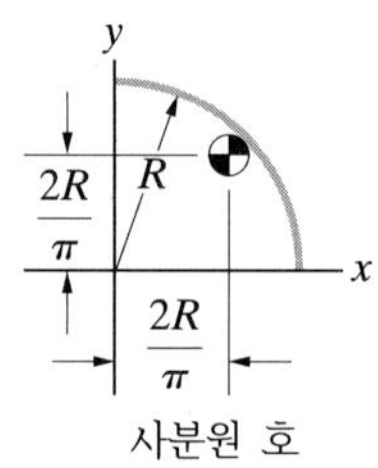

사분원 호

길이 $= 2\alpha R$

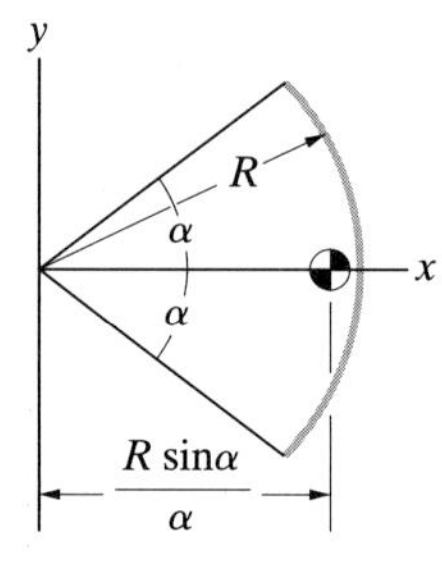

원호

부록

C

체적과 균질물체의 성질

xyz 좌표계에 의한 물체의 관성모멘트와 관성적은 다음과 같다:

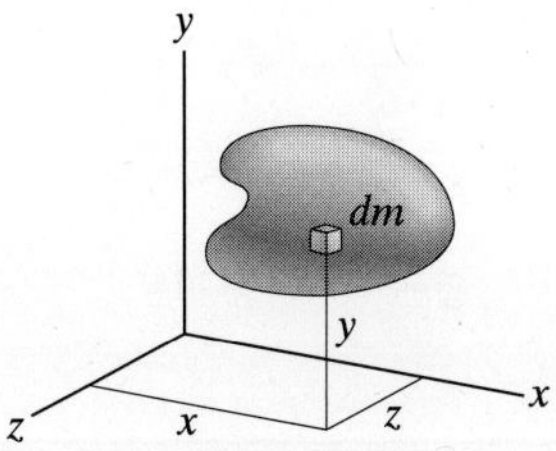

$$I_{x\,\text{axis}} = I_{xx} = \int_m (y^2 + z^2)\,dm$$

$$I_{y\,\text{axis}} = I_{yy} = \int_m (x^2 + z^2)\,dm$$

$$I_{z\,\text{axis}} = I_{zz} = \int_m (x^2 + y^2)\,dm$$

$$I_{xy} = \int_m xy\,dm, \quad I_{yz} = \int_m yz\,dm$$

$$I_{zx} = \int_m zx\,dm$$

$$I_{x\,\text{axis}} = 0, \qquad I_{y\,\text{axis}} = I_{z\,\text{axis}} = \frac{1}{3}ml^2$$

$$I_{xy} = I_{yz} = I_{zx} = 0$$

$$I_{x'\,\text{axis}} = 0, \qquad I_{y'\,\text{axis}} = I_{z'\,\text{axis}} = \frac{1}{12}ml^2$$

$$I_{x'y'} = I_{y'z'} = I_{z'x'} = 0$$

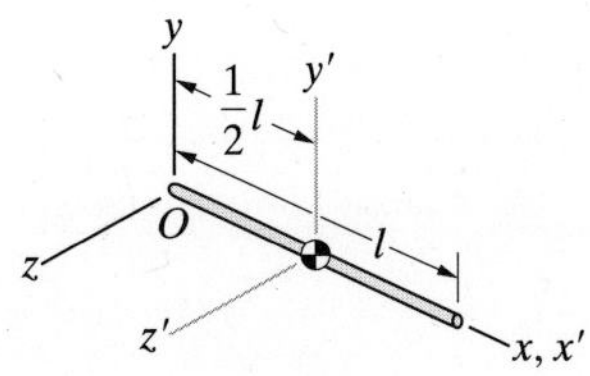

가는 막대

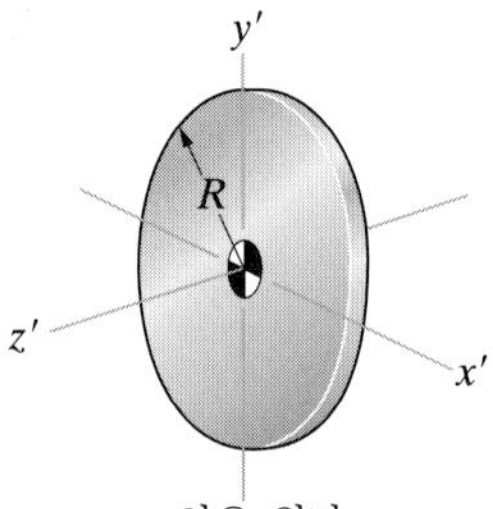

얇은 원판

$$I_{x'\text{ axis}} = I_{y'\text{ axis}} = \frac{1}{4}mR^2, \qquad I_{z'\text{ axis}} = \frac{1}{2}mR^2$$

$$I_{x'y'} = I_{y'z'} = I_{z'x'} = 0$$

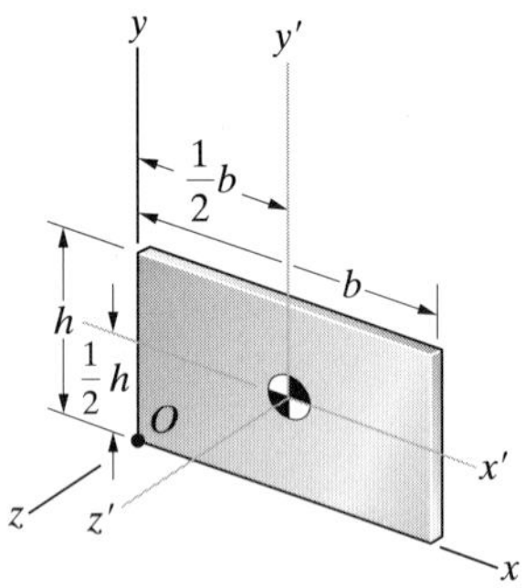

얇은 직사각형 평판

$$I_{x\text{ axis}} = \frac{1}{3}mh^2, \qquad I_{y\text{ axis}} = \frac{1}{3}mb^2, \qquad I_{z\text{ axis}} = \frac{1}{3}m(b^2 + h^2)$$

$$I_{xy} = \frac{1}{4}mbh, \qquad I_{yz} = I_{zx} = 0$$

$$I_{x'\text{ axis}} = \frac{1}{12}mh^2, \qquad I_{y'\text{ axis}} = \frac{1}{12}mb^2, \qquad I_{z'\text{ axis}} = \frac{1}{12}m(b^2 + h^2)$$

$$I_{x'y'} = I_{y'z'} = I_{z'x'} = 0$$

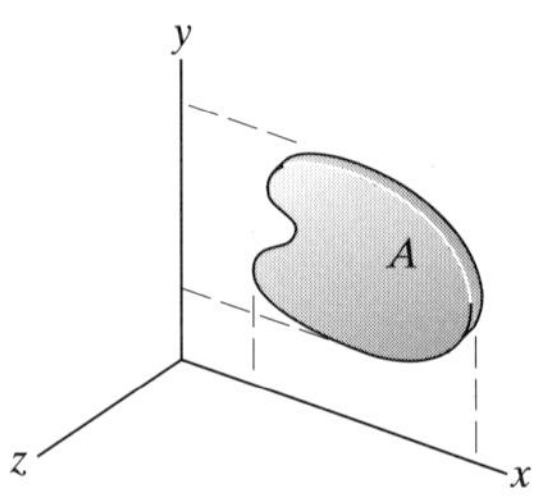

얇은 평판

$$I_{x\text{ axis}} = \frac{m}{A}I_x, \qquad I_{y\text{ axis}} = \frac{m}{A}I_y, \qquad I_{z\text{ axis}} = I_{x\text{ axis}} + I_{y\text{ axis}}$$

$$I_{xy} = \frac{m}{A}I_{xy}^A, \qquad I_{yz} = I_{zx} = 0$$

(I_x, I_y, I_{xy}^A는 평판의 단면적 A의 관성모멘트와 관성적이다).

체적 $= abc$

$$I_{x'\text{ axis}} = \frac{1}{12}m(a^2 + b^2), \qquad I_{y'\text{ axis}} = \frac{1}{12}m(a^2 + c^2)$$

$$I_{z'\text{ axis}} = \frac{1}{12}m(b^2 + c^2), \qquad I_{x'y'} = I_{y'z'} = I_{z'x'} = 0$$

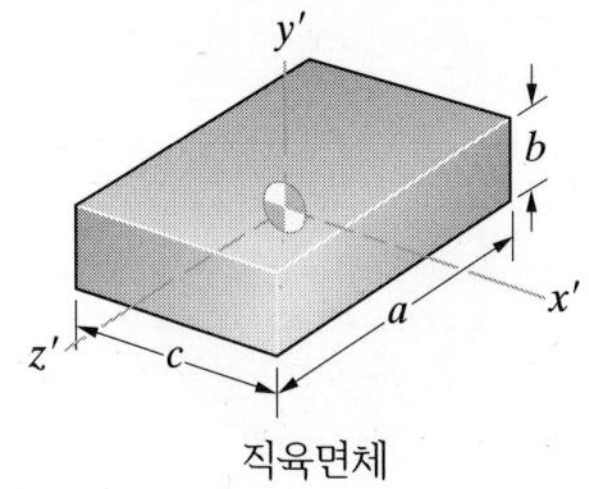

직육면체

체적 $= \pi R^2 l$

$$I_{x\text{ axis}} = I_{y\text{ axis}} = m\left(\frac{1}{3}l^2 + \frac{1}{4}R^2\right), \qquad I_{z\text{ axis}} = \frac{1}{2}mR^2$$

$$I_{xy} = I_{yz} = I_{zx} = 0$$

$$I_{x'\text{ axis}} = I_{y'\text{ axis}} = m\left(\frac{1}{12}l^2 + \frac{1}{4}R^2\right), \qquad I_{z'\text{ axis}} = \frac{1}{2}mR^2$$

$$I_{x'y'} = I_{y'z'} = I_{z'x'} = 0$$

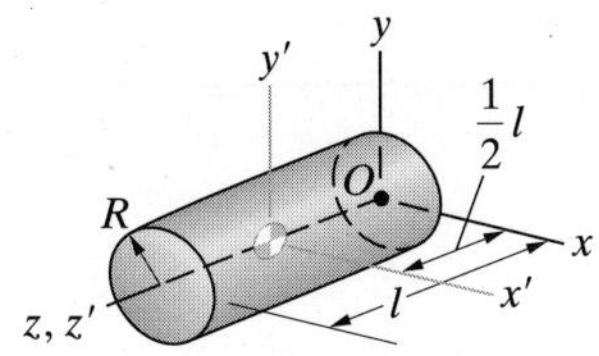

원기둥

체적 $= \frac{1}{3}\pi R^2 h$

$$I_{x\text{ axis}} = I_{y\text{ axis}} = m\left(\frac{3}{5}h^2 + \frac{3}{20}R^2\right), \qquad I_{z\text{ axis}} = \frac{3}{10}mR^2$$

$$I_{xy} = I_{yz} = I_{zx} = 0$$

$$I_{x'\text{ axis}} = I_{y'\text{ axis}} = m\left(\frac{3}{80}h^2 + \frac{3}{20}R^2\right), \qquad I_{z'\text{ axis}} = \frac{3}{10}mR^2$$

$$I_{x'y'} = I_{y'z'} = I_{z'x'} = 0$$

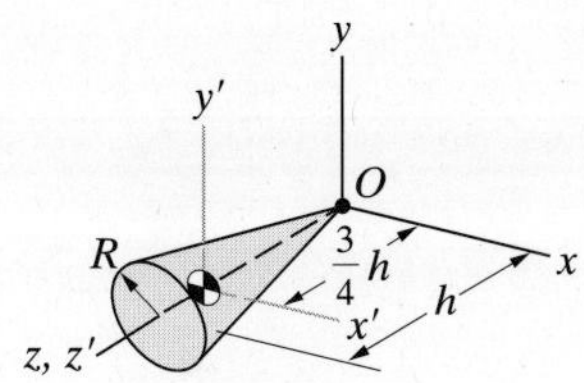

원뿔

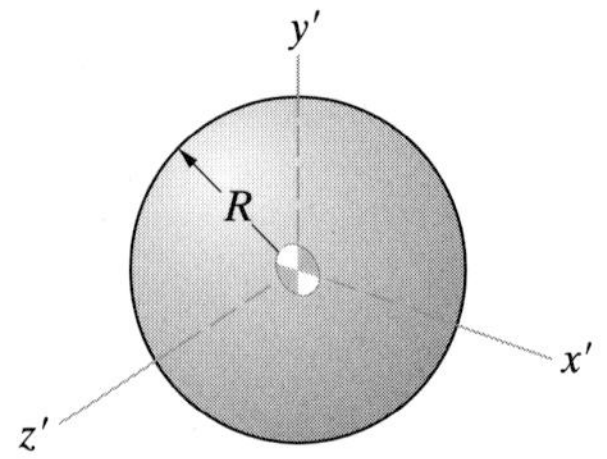

구

$$\text{체적} = \frac{4}{3}\pi R^3$$

$$I_{x'\,\text{axis}} = I_{y'\,\text{axis}} = I_{z'\,\text{axis}} = \frac{2}{5}mR^2$$

$$I_{x'y'} = I_{y'z'} = I_{z'x'} = 0$$

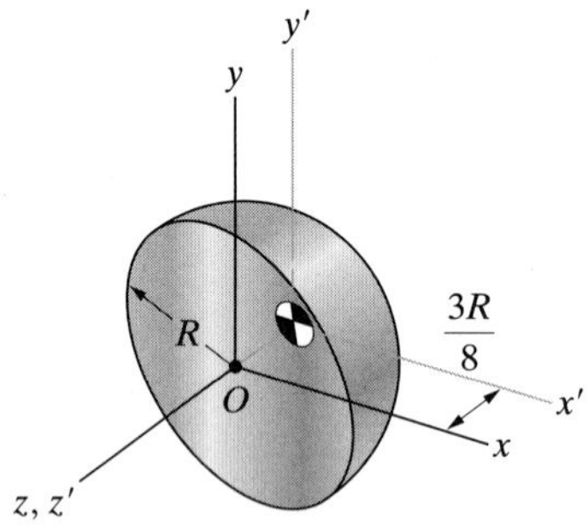

반구

$$\text{체적} = \frac{2}{3}\pi R^3$$

$$I_{x\,\text{axis}} = I_{y\,\text{axis}} = I_{z\,\text{axis}} = \frac{2}{5}mR^2$$

$$I_{x'\,\text{axis}} = I_{y'\,\text{axis}} = \frac{83}{320}mR^2, \qquad I_{z'\,\text{axis}} = \frac{2}{5}mR^2$$

부록

D

구 좌표계

이 부록은 운동학의 방정식과 벡터계산법을 구 좌표계로 나타낸 것이다.

위치벡터와 속도, 가속도는 다음과 같다:

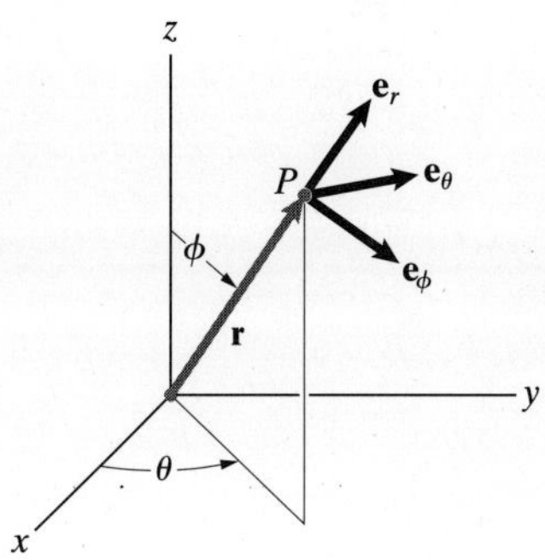

$$\mathbf{r} = r\mathbf{e}_r$$

$$\mathbf{v} = \frac{dr}{dt}\mathbf{e}_r + r\frac{d\phi}{dt}\mathbf{e}_\phi + r\frac{d\theta}{dt}\sin\phi\,\mathbf{e}_\theta$$

$$\mathbf{a} = \left[\frac{d^2r}{dt^2} - r\left(\frac{d\phi}{dt}\right)^2 - r\left(\frac{d\theta}{dt}\right)^2\sin^2\phi\right]\mathbf{e}_r$$

$$+\left[r\frac{d^2\phi}{dt^2} + 2\frac{dr}{dt}\frac{d\phi}{dt} - r\left(\frac{d\theta}{dt}\right)^2\sin\phi\cos\phi\right]\mathbf{e}_\phi$$

$$+\left[r\frac{d^2\theta}{dt^2}\sin\phi + 2\frac{dr}{dt}\frac{d\theta}{dt}\sin\phi + 2r\frac{d\phi}{dt}\frac{d\theta}{dt}\cos\phi\right]\mathbf{e}_\theta$$

스칼라장 ψ의 기울기(gradient)는

$$\nabla\psi = \frac{\partial\psi}{\partial r}\mathbf{e}_r + \frac{1}{r}\frac{\partial\psi}{\partial\phi}\mathbf{e}_\phi + \frac{1}{r\sin\phi}\frac{\partial\psi}{\partial\theta}\mathbf{e}_\theta$$

이며, 벡터장 $\mathbf{v} = v_r\mathbf{e}_r + v_\theta\mathbf{e}_\theta + v_\phi\mathbf{e}_\phi$의 발산(divergence)과 회전(curl)은 다음과 같다:

$$\nabla\cdot\mathbf{v} = \frac{1}{r^2}\frac{\partial}{\partial r}(r^2 v_r) + \frac{1}{r\sin\phi}\frac{\partial}{\partial\phi}(v_\phi\sin\phi) + \frac{1}{r\sin\phi}\frac{\partial v_\theta}{\partial\theta}$$

$$\nabla\times\mathbf{v} = \frac{1}{r^2\sin\phi}\begin{vmatrix} \mathbf{e}_r & r\mathbf{e}_\phi & r\sin\phi\,\mathbf{e}_\theta \\ \dfrac{\partial}{\partial r} & \dfrac{\partial}{\partial\phi} & \dfrac{\partial}{\partial\theta} \\ v_r & rv_\phi & r\sin\phi\, v_\theta \end{vmatrix}$$

부록

E

D'Alembert의 원리

이 부록에서는 강체에 대한 평면운동방정식을 얻을 수 있는 또 다른 방법을 기술한다. Newton의 제2법칙을 다음 식

$$\Sigma \mathbf{F} + (-m\mathbf{a}) = \mathbf{0} \tag{E.1}$$

과 같이 나타냄으로써, **관성력**(inertial force) $-m\mathbf{a}$를 포함한 합력이 0과 같음을 나타내는 "평형"방정식으로 생각할 수 있다(그림 E.1). 마찬가지로 각운동방정식에 대해서도, 일반 평면운동에서 고정점 O에 대한 전체 모멘트를 질량중심의 가속도와 각가속도에 연관시키는 다음 식 (7.19)

$$\Sigma M_O = (\mathbf{r} \times m\mathbf{a}) \cdot \mathbf{k} + I\alpha$$

를 이용하여 다음과 같이 "평형"방정식으로 나타낼 수 있다:

$$\Sigma M_O + [\mathbf{r} \times (-m\mathbf{a})] \cdot \mathbf{k} + (-I\alpha) = 0 \tag{E.2}$$

$[\mathbf{r} \times (-m\mathbf{a})] \cdot \mathbf{k}$항은 관성력 $-m\mathbf{a}$가 O에 대해 일으키는 모멘트이다. 따라서 위 식도 마찬가지로 질량중심에 작용하는 관성력 $-m\mathbf{a}$와 관성 우력(inertial couple) $-I\alpha$가 일으키는 모멘트를 포함하여 임의의 점에 대한 모멘트 합이 0과 같음을 나타내는 "평형"방정식으로 생각할 수 있다.

이렇게 기술하면, 강체에 대한 운동방정식은 정적 평형에 대한 방정식과 비슷해진다. 즉, 관성력과 관성 우력을 적절히 고려하면, 합력이 0과 같게 되고 임의의 점에 대한 모멘트의 합도 0과 같게 된다. 이것을 D'Alembert의 원리라고 한다.

ΣM_O와 α의 양의 방향을 반시계 방향으로 정의한다면, 식 (E.2)에서 단위벡터 $\mathbf{k}$는 책의 지면으로부터 나오는 방향이며, $[\mathbf{r} \times (-m\mathbf{a})] \cdot \mathbf{k}$항은 관성력에 의한 반시계 방향의 모멘트이다. 벡터 연산에 의해 모멘트를 구하거나, 점 O에서 힘의 작용선까지의 수직거리와 관성력의 크기를 곱한 값이 벡터의 크기와 같다는 사실을 이용하여 계산할 수도 있다(그림 E.2a). 그림 E.2a에서와 같이, 모멘트가 반시계 방향이면 모멘트는 양이며, 시계 방향이면 음이다. 관성

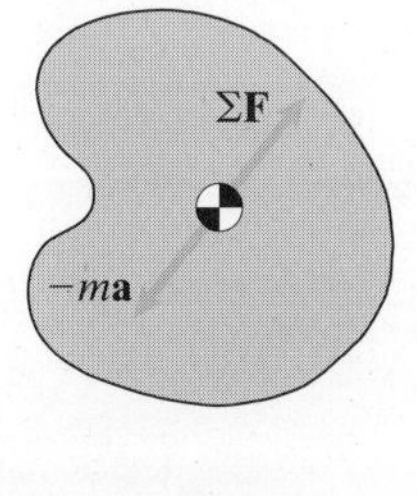

그림 E.1
외력과 내력의 합은 영이다.

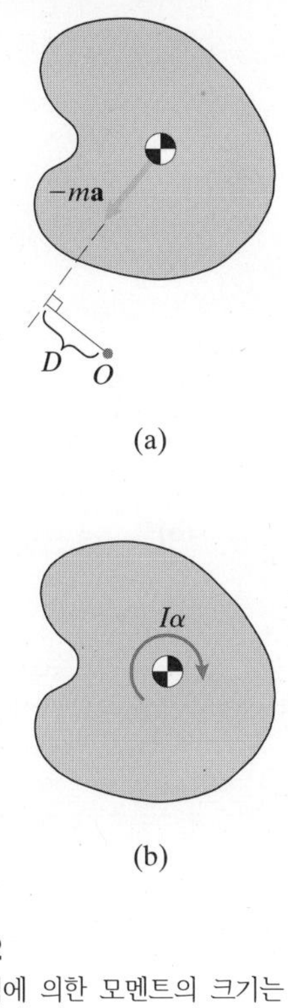

그림 E.2
(a) 관성력에 의한 모멘트의 크기는 $|-m\mathbf{a}|D$이다.
(b) 시계 방향의 관성 우력은 반시계 방향의 각가속도로 인해 일어난다.

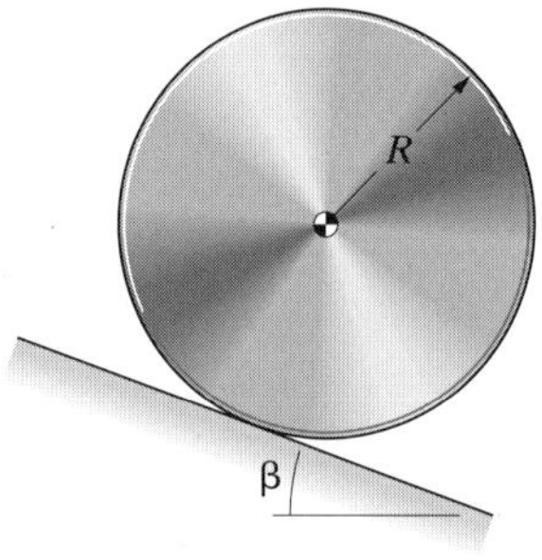

그림 E.3
경사면을 굴러가는 원판.

우력의 방향은 각가속도의 방향과 반대이다(그림 E.2b).

예를 들어 경사면에서 구르고 있는 질량이 m이고 관성모멘트가 I인 원판을 생각해 보자(그림 E.3). D'Alembert의 원리를 이용하여 원판의 각가속도와 경사면이 원판에 가하는 힘을 구할 수 있다. 원판의 각가속도와 원판중심의 가속도를 그림 E.4a에 나타내었다. 그림 E.4b에 원판의 자유물체도를 그리고, 원판의 무게와 경사면이 가하는 수직력과 마찰력, 그리고 관성력과 관성 우력을 표시하였다. 식 (E.1)은

$$\Sigma \mathbf{F} + (-m\mathbf{a}) = 0:$$

$$(mg \sin \beta - f)\mathbf{i} + (N - mg \cos \beta)\mathbf{j} - ma_x \mathbf{i} = 0$$

이다. 이 벡터식으로부터 다음 식을 얻을 수 있다:

$$\begin{aligned} mg \sin \beta - f - ma_x &= 0 \\ N - mg \cos \beta &= 0 \end{aligned} \qquad \text{(E.3)}$$

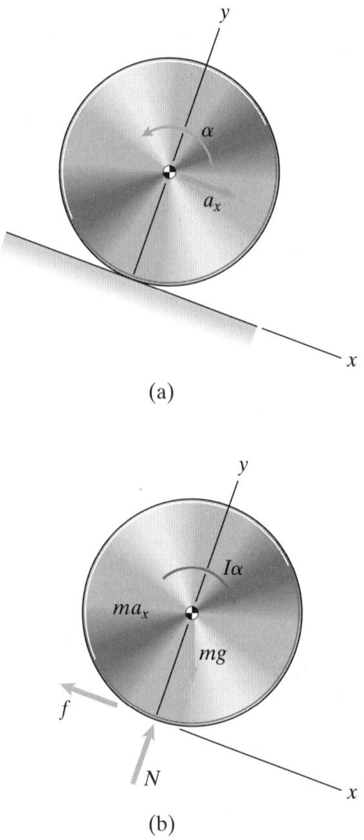

그림 E.4
(a) 원판의 중심 가속도와 각가속도.
(b) 관성력과 관성 우력을 포함한 자유물체도.

이제 식 (E.2)를 적용한다. 원판과 경사면의 접촉점에 대해 모멘트를 계산함으로써, f와 N이 포함되지 않은 식을 얻을 수 있다. 즉,

$$\begin{aligned} \Sigma M_O + [\mathbf{r} \times (-m\mathbf{a})] \cdot \mathbf{k} + (-I\alpha) &= 0: \\ -R(mg \sin \beta) + R(ma_x) - I\alpha &= 0 \end{aligned} \qquad \text{(E.4)}$$

이다. 구르는 원판의 중심가속도는 $a_x = -R\alpha$에 의해 반시계 방향의 각가속도에 관련된다. 이 관계식을 식 (E.4)에 대입하고, 각가속도에 대해 풀면 다음을 얻을 수 있다:

$$\alpha = -\frac{mgR \sin \beta}{mR^2 + I}$$

이 결과로부터 a_x도 구할 수 있으며, 결국 식 (E.3)을 풀어 다음과 같이 수직력과 마찰력을 구할 수 있다:

$$N = mg \cos \beta, \qquad f = \frac{mgI \sin \beta}{mR^2 + I}$$

식 (E.4)에서는 O에서 관성력의 작용선까지의 수직거리와 관성력의 크기를 단순히 곱하여 관성력에 의한 모멘트를 계산하였는데, 다음과 같이 벡터 표현식을 이용하여 계산할 수도 있다:

$$[\mathbf{r} \times (-m\mathbf{a})] \cdot \mathbf{k} = [(R\mathbf{j}) \times (-ma_x \mathbf{i})] \cdot \mathbf{k} = R(ma_x)$$

짝수 문제의 해답

제1장

1.2 (a) $e = 2.7183$.

(b) $e^2 = 7.3891$.

(c) $e^2 = 7.3892$.

1.4 7.32 m wide, 2.44 m high.

1.6 The 1-in. wrench fits the 25-mm nut.

1.8 343 mi/h.

1.10 (a) 5000 m/s; (b) 3.11 mi/s.

1.12 $g = 32.2 \text{ ft/s}^2$.

1.14 0.310 m^2.

1.16 2.07×10^6 Pa.

1.18 $G = 3.44 \times 10^{-8} \text{ lb-ft}^2/\text{slug}^2$.

1.20 (a) The SI units of T are $\text{kg-m}^2/\text{s}^2$;

(b) $T = 73.8 \text{ slug-ft}^2/\text{s}^2$.

1.22 (a) 4.448W.

(b) 4.448W / 9.81 = 0.453W.

1.24 (a) 491 N; (b) 81.0 N.

1.26 762 N

1.28 32.1 km.

1.30 345,000 km.

제2장

2.2 (a) $v = \sin(5t)$ m/s. (b) $a = 2.04 \text{ m/s}^2$.

2.4 (a) $v = 13.0$ m/s, $a = 1.28 \text{ m/s}^2$.

(b) $v = 14.7$ m/s at $t = 6.67$ s.

2.6 (a) $v = 28$ m/s at $t = 4$ s. (b) $a = 0$.

2.8 (a) $v = -1.78$ m/s, $a = -11.2 \text{ m/s}^2$.

(b) 2.51 m/s. (c) Zero.

2.10 (a) 0.628 m/s. (b) 3.95 m/s^2.

2.12 (a) $v = 126$ m/s at $t = 11.8$ s.

(b) $a = 14.2 \text{ m/s}^2$ at $t = 4.2$ s.

2.14 $s = 100$ m, $v = 80$ m/s.

2.16 1.33 s.

2.18 (a) 0.0283 s (b) 2.49 s, $v = 2443$ m/s.

2.20 $a = -6.66 \text{ m/s}^2$.

2.22 $s = 505$ m.

2.24 $s = 1070$ m, $a = -24 \text{ m/s}^2$.

2.26 6.69 s.

2.28 3625 m.

2.30 Yes, the car travels 94.7 m in 5 s.

2.32 51.9 solar years.

2.34 (a) 45.5 s. (b) 3390 m.

2.36 5.09 s.

2.38 $v = 6.73$ m/s, $a = -8.64 \text{ m/s}^2$.

2.40 $v = 0.602$ cm/s.

2.42 $v = 3.33$ m/s.

2.44 $v = 2.80$ cm/s.

2.46 11.2 km.

2.48 3243 m.

2.50 2300 m.

2.52 42.5 m/s.

2.54 $v = 3$ m/s.

2.56 $c = 38{,}900$.

2.58 $v = -2(1 - s^2)^{1/2}$ m/s.

2.60 (a) 1.29 m. (b) 4.55 m/s.

2.62 $v_0 = 10{,}948$ m/s $= 39{,}413$ km/h.

2.66 1266 s, or 21.1 min.

2.68 $\mathbf{r} = 266.0\mathbf{i} + 75.3\mathbf{j} - 36.7\mathbf{k}$ (m).

2.70 (a) $R = 35.3$ m. (b) $R = 40.8$ m. (c) $R = 35.3$ m.

2.72 29.9 m/s.

2.74 13.13 m/s.

2.76 $31.2 < v_0 < 34.2$ m/s.

2.78 (a) Yes. (b) No.

2.80 82.5 m.

2.82 $|\mathbf{v}| = 11.6$ m/s, $t = 1.67$ s.

2.84 17.2 m.

2.86 $\mathbf{v} = 0.602\mathbf{i} - 4.66\mathbf{j}$ (m/s).

2.90 $\mathbf{a} = -0.099\mathbf{i} + 0.414\mathbf{j}$ (m/s^2).

2.94 (a) Positive.

(b) Approximately 2π radians in 24 hours, or 7.27×10^{-5} rad/s.

2.96 $\omega = 3.51$ rad/s.

2.98 $\omega = 25.9$ rad/s.

2.100 (a) $\omega = 1.70$ rad/s. (b) $\theta = 1$ rad (57.3°).

2.102 $d\mathbf{e}/dt = -8.81\mathbf{i} + 13.4\mathbf{j}$.

2.104 (a) $|\mathbf{v}| = 3.35$ m/s. (b) $a_n = 140$ m/s^2, $a_t = 0$.

2.106 (a) 1730 rpm. (b) 3.01 rad/s^2.

2.108 (a) 106 rpm. (b) $\alpha = 0.0923$ rad/s^2.

2.110 (a) $\mathbf{v} = 16\mathbf{e}_t$ (m/s), $\mathbf{a} = 16\mathbf{e}_t + 64\mathbf{e}_n$ (m/s^2).

(b) $s = 8$ m.

2.112 (a) $\mathbf{v}_B = 26.2\mathbf{e}_t$ (m/s). (b) $\mathbf{v}_B = -18.53\mathbf{i} - 18.53\mathbf{j}$ (m/s).

2.114 $|\mathbf{v}| = 401$ m/s, $|\mathbf{a}| = 0.0292$ m/s^2.

2.116 $\mathbf{v} = 18.3\mathbf{e}_t$ (m/s), $\mathbf{a} = 0.6\mathbf{e}_t + 6.68\mathbf{e}_n$ (m/s^2).

2.118 $\mathbf{v} = 12.05\mathbf{e}_t$ (m/s), $\mathbf{a} = 0.121\mathbf{e}_t + 2.905\mathbf{e}_n$ (m/s^2).

2.120 (a) $|\mathbf{a}| = 13.81$ m/s^2. (b) $|\mathbf{a}| = 18.5$ m/s^2.

2.122 (a) $\mathbf{a} = -4.75\mathbf{e}_t + 8.23\mathbf{e}_n$ (m/s^2).

2.124 (a) $\mathbf{v} = 15.2\mathbf{e}_t$ (m/s), $\mathbf{a} = -1.63\mathbf{e}_t + 9.67\mathbf{e}_n$ (m/s^2).

(b) $\rho = 24.0$ m.

2.126 218 m.

2.128 $\rho = 81.0$ m.

2.130 $a_n = g/\sqrt{1 + (gt/v_0)^2}$.

2.132 $dy/dt = 0.260$ m/s, $d^2y/dt^2 = -0.150$ m/s^2.

2.134 (a) $\rho = 16.7$ m. (b) $a_n = 77.3$ m/s^2.

2.138 $\mathbf{a} = -4.4\mathbf{e}_r + 1.6\mathbf{e}_\theta$ (m/s^2).

2.140 $\mathbf{a}_A = 0.0167\mathbf{e}_r + 4.03\mathbf{e}_\theta$ (m/s^2).

2.142 $\mathbf{v}_A = 2.22\mathbf{e}_r + 3.33\mathbf{e}_\theta$ (m/s).

2.144 (a) $\mathbf{v} = 0.32\mathbf{e}_r + 2.03\mathbf{e}_\theta$ (m/s).

(b) $\mathbf{v} = 0.32\mathbf{i} + 2.03\mathbf{j}$ (m/s).

2.146 $\mathbf{a}_A = -58.0\mathbf{e}_r - 27.0\mathbf{e}_\theta$ (m/s^2).

2.148 $\mathbf{a}_A = -1.09\mathbf{e}_r$ (m/s^2).

2.152 $\mathbf{v} = \sqrt{v_0^2 + (\omega_0^2 - K)(r^2 - r_0^2)}\mathbf{e}_r + r\omega_0\mathbf{e}_\theta$.

2.154 $\mathbf{a} = \mathbf{0}$, $\alpha = -0.631$ rad/s^2.

2.156 (a) $\mathbf{a} = -3.52\mathbf{e}_r + 4.06\mathbf{e}_\theta$ (m/s^2).

(b) $\mathbf{a} = -0.38\mathbf{i} - 5.36\mathbf{j}$ (m/s^2).

2.158 (a) $\mathbf{a} = -225\mathbf{e}_r - 173\mathbf{e}_\theta$ (m/s^2).

(b) $\mathbf{a} = -108\mathbf{i} - 263\mathbf{j}$ (m/s^2).

2.160 $\mathbf{v} = 319.2\mathbf{e}_\theta + 178.8\mathbf{e}_z$ (m/s), $\mathbf{a} = 66{,}825\mathbf{e}_r$ (m/s^2).

2.162 (a), (b) $\mathbf{v}_{A/B} = -3.66\mathbf{i} + 3.66\mathbf{j}$(m/s).

2.164 $\mathbf{a}_{A/B} = 200\mathbf{i} - 200\mathbf{j}$ (m/s^2).

2.166 $\mathbf{a}_{A/B} = 1.48\mathbf{i} - 0.6\mathbf{j}$ (m/s^2).

2.168 9.93° east of north, 42.0 min.

2.170 2.35 m/s, 342 s.

2.172 (a)

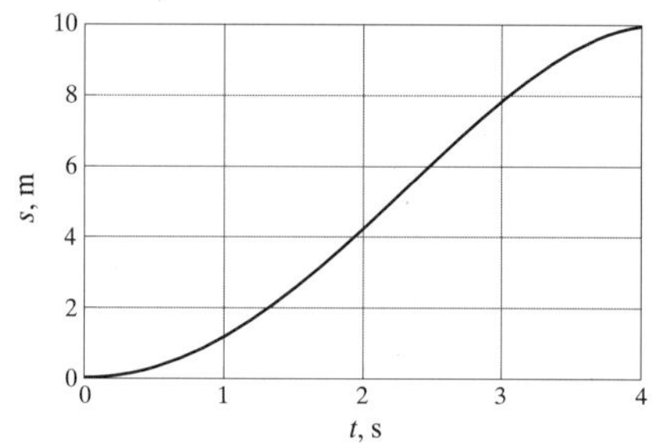

(b) $v = 3.72$ m/s at $t = 2.31$ s.

2.174 $\theta_0 = 33.4°$.

2.176 60.9° and 74.1°.

2.178 $c = 1.31$ s^{-1}.

2.180 (b) $|\mathbf{a}|_{min} = 2.07$ (m/s^2) at $t = 0.310$ s.

2.182 $|\mathbf{a}|_{max} = 22.6$ m/s^2 at $r = 1.49$ m, $\theta = 20.5°$.

2.184 (a) 7.10 m. (b) 2.22 s. (c) 11.8 m/s.

2.186 $v = 42.3$ m/s.

2.188 13.1 s.

2.190 20.9 m/s.

2.192 $|\mathbf{v}| = 2.19$ m/s, $|\mathbf{a}| = 5.58$ m/s^2.

2.194 $\mathbf{a} = -2.75\mathbf{e}_r - 4.86\mathbf{e}_\theta$ (m/s^2).

2.196 (a) $\mathbf{v} = -2.13\mathbf{e}_r + 6.64\mathbf{e}_\theta$ (m/s).

(b) $\mathbf{v} = -5.90\mathbf{i} + 3.71\mathbf{j}$ (m/s).

제3장

3.2 30.2 m.

3.4 (a) 3.52 m/s. (b) 5.29 m.

3.6 (a) 4.03 m/s. (b) 6.04 m.

3.8 (a) $a = 3.43$ m/s^2. (b) $v = 14.8$ m/s.

3.10 $\mathbf{v} = 22\mathbf{i} + 2\mathbf{j} + 40\mathbf{k}$ (m/s).

3.12 $\Sigma\mathbf{F} = 2.40\mathbf{i} + 1.20\mathbf{j} + 2.08\mathbf{k}$ (kN).

3.14 15.46 m/s^2.

3.16 (a) No. (b) Yes, $a_x = 0.5$ m/s^2. (c) $x = 2$ m.

3.18 $F_x = -198$ N, $F_y = 1800$ N.

3.20 $W = 88.3$ kN, $T = 61.7$ kN, $L = 66.9$ kN.

3.22 $L = 293.2$ kN, $D = 33.0$ kN.

3.24 $(66, 138, -58)$ m.

3.26 $F_x = 0.359$ N, $F_y = 19.888$ N.

3.28 1.30 m/s.

3.30 Velocity is 2.45 m/s, distance is 1.23 m.

3.32 $F = 331$ N, $a = 3.92$ m/s^2.

3.34 $\theta = 23.6°$.

3.36 1.35 m up the surface.

3.38 (a) 1200 N. (b) 1.84 m/s.

3.40 (a) 0.64 m. (b) 2.11 m.

3.42 (a) $a = -5$ m/s^2. (b) $v = -2.24$ m/s.

3.44 (a) 235.3 m/s^2 (24 g). (b) 8.53 m/s.

3.46 (a) 3.6 m. (b) 3610.8 N.

3.48 $y = -18.8$ mm.

3.50 (a) 50 s. (b) 40.8 N. (c) $4.8\mathbf{i} + \mathbf{j}$ (m/s).

3.52 2.06 m/s^2 up the bar.

3.54 $|\mathbf{a}_A| = 2.4$ m/s^2

3.56 $t = 0.600$ s.

3.58 $F_x = -0.544$ N.

3.60 $F_x = -73.4$ N, $F_y = 612$ N.

3.62 0.284 s.

3.64 $v_x = 0.486$ m/s, $v_y = -0.461$ m/s.

3.66 $\Sigma F_t = 0, \Sigma F_n = 1659$ N

3.68 $a_t = 0.6$ m/s^2, $a_n = 6.68$ m/s^2.

3.70 Tension is 4.8 N, force is 0.6 N.

3.72 (a) $\Sigma F_t = 43{,}324$ N, $\Sigma F_n = 128{,}102$ N
(b) $d\theta/dt = 3.95°/\text{s}$.

3.76 $\theta = 78.68°$, $|\mathbf{v}| = 7.66$ m/s.

3.78 $2.62 \le v \le 3.74$ m/s.

3.80 (a) 921,420 N. (b) 12,730 m.

3.82 (a) $v = 140$ m/s. (b) $\rho = 815$ m.

3.86 $\theta = L_0/R - \sqrt{(L_0/R)^2 - (2v_0/R)t}$.

3.88 $\rho = 697$ m, $\mathbf{e} = 0.916\mathbf{i} - 0.308\mathbf{j} + 0.256\mathbf{k}$.

3.90 $\beta = 68.2°$

3.92 11.4 m/s^2.

3.94 $\Sigma F_r = -16.8$ N, $\Sigma F_\theta = 20.7$ N.

3.96 $9.46\mathbf{e}_r + 3.44\mathbf{e}_\theta$ (N).

3.98 $v_r = 17.8$ m/s.

3.100 $|\mathbf{v}| = 2.89$ m/s, $T = 41.6$ N.

3.102 $N = 1.02$ N.

3.104 $\mu_s = 0.406$. The mass slips toward O.

3.106 $-1.48\mathbf{e}_r - 0.20\mathbf{e}_\theta$ (N).

3.108 $k = 2m\omega_0^2$.

3.110 $11.5\mathbf{e}_r + 44.2\mathbf{e}_\theta + 10\mathbf{e}_z$ (N).

3.112 $|\Sigma\mathbf{F}| = 8.36$ N at $t = 4.39$ s.

3.114 (a) $|\mathbf{v}| = 1020$ m/s. (b) $t = 2.36 \times 10^6$ s (27.3 days).

3.116

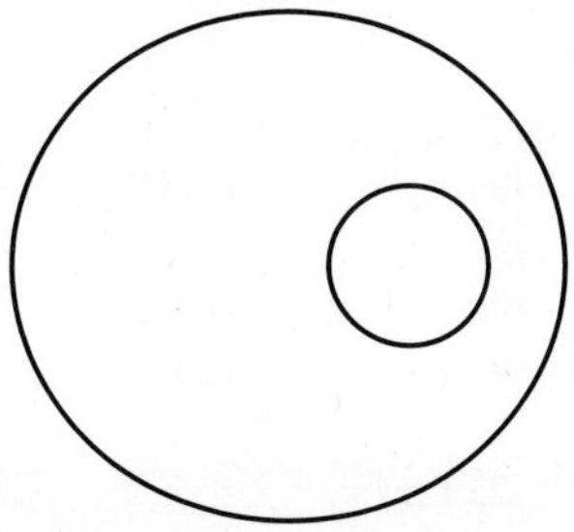

3.118 $v_0 = 10{,}820$ m/s.

3.120

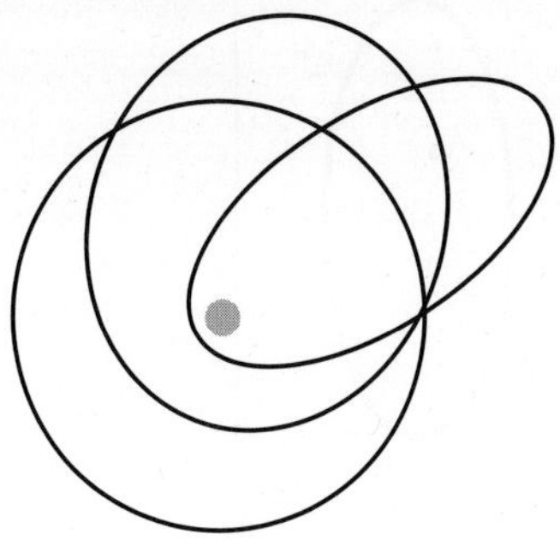

3.122

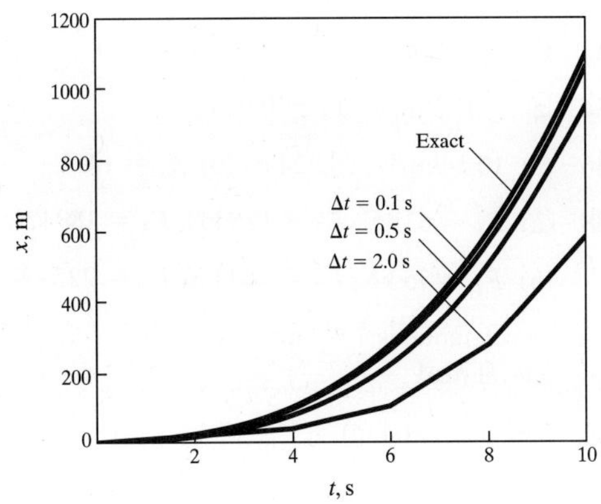

3.124

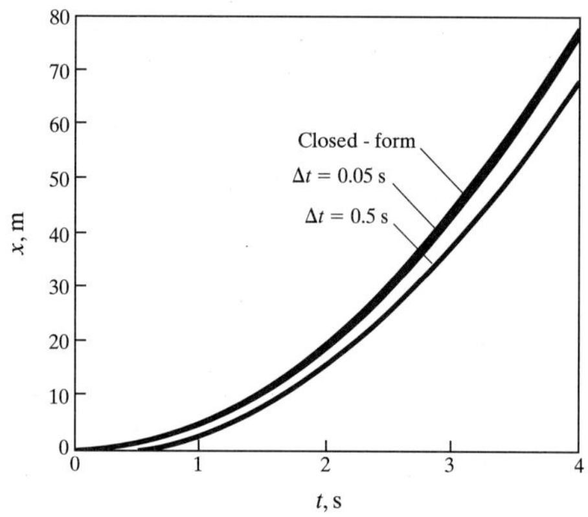

3.126

time, s	position, m	velocity, m/s
0.00	1.0000	0.0000
0.01	1.0000	−0.0100
0.02	0.9999	−0.0200
0.03	0.9997	−0.0300
0.04	0.9994	−0.0400
0.05	0.9990	−0.0500

3.128 $x = 22.5$ m, $v_x = 23.1$ m/s.

3.130

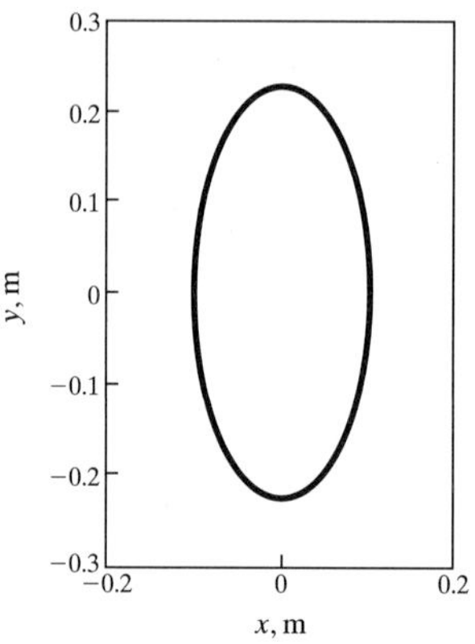

3.132 $C = 0.0217$.

3.134 $|\mathbf{a}| = 41.2$ m/s^2 at $t = 0.084$ s.

3.136 (a) 10.54 m/s^2, 15,524 N. (b) $\mu_s = 1.07$.

3.138 (a) $F_1 = 63$ kN, $F_2 = 126$ kN, $F_3 = 189$ kN.

(b) $F_1 = 75$ kN, $F_2 = 150$ kN, $F_3 = 225$ kN.

3.140 Deceleration is 1.49 m/s^2, compared with 8.83 m/s^2 on a level road.

3.142 4365 m (4.36 km).

3.144 46.5 N.

3.146 $a_A = 1.23$ m/s^2, $T = 17.5$ N.

3.148 9.05 m.

3.150 9.30 N.

3.152 $\tan\alpha = v^2/\rho g$.

3.154 $\Sigma\mathbf{F} = -10.7\mathbf{e}_r + 2.55\mathbf{e}_\theta$ (N).

제4장

4.2 5.82 m/s.

4.4 (a) 10.9 m-N. (b) 1.46 m/s.

4.6 $P_{ave} = 1.62$ kW (kilowatts).

4.8 (a) $P_{max} = 108{,}836$ m-N/s

(b) $P_{ave} = 54{,}446$ m-N/s

4.10 (a) $P_{max} = 4.65$ MW (megawatts).

(b) $P_{ave} = 2.32$ MW (megawatts).

4.12 (a) −6.45 N-m. (b) 3.66 m/s.

4.14 6.00 m.

4.16 (a) 2160 m-N. (b) 7.39 N.

4.18 (a) 196 N/m.

(b) 0.990 m/s at $s = 0.1$ m.

4.20 Work = 509 N-m, $v = 2.52$ m/s.

4.22 $v = 21.8$ m/s.

4.24 4.04 m/s.

4.26 1.43 m/s.

4.28 $v = 1.72$ m/s.

4.30 $v = 1.14$ m/s.

4.32 (a), (b), (c), 35.7 m/s.

4.34 (a) 5.98 m/s. (b) 5.56 m/s.

4.36 3.55 m/s.

4.38 7.75 m/s

4.40 $v_0 = 15.66$ m/s, $v_{top} = 7.00$ m/s.

4.42 20.9 m/s

4.44 12 m/s, or 43.1 km/h.

4.46 −107 kN-m.

4.48 (a) $U_{12} = 0.210$ N-m.

(b) $v_2 = 1.45$ m/s.

4.50 22,060 N/m.

4.52 Distance is 40.3 mm, deceleration is 0.248 m/s^2.

4.54 2.18 m/s.

4.56 2.83 m/s.

4.58 (a) 5 m. (b) 3.5 m/s.

4.60 0.785 m.

4.62 0.385 m.

4.64 $v_2 = 7.03$ m/s.

4.66 5.77 m/s.

4.68 $k = 14{,}549$ N/m.

4.70 4.90 m/s.

4.72 858.5 kN.

4.74 1370 m/s.

4.76 2.25×10^{10} N-m.

4.78 (a) 50 m-N. (b) 50 m-N. (c) 7.67 m/s.

4.80 (a), (b) 6.48 m.

4.82 3.95 m/s.

4.84 (a) $\alpha = 60°$.

(b) Before, 39.2 N; after, 58.9 N.

4.86 $\theta = 51.2°$.

4.88 (a) 687 N. (b) 883 N.

4.90 $W[1 + \sqrt{1 + 4C/W}]$.

4.92 1.20 m/s.

4.94 1.99 m/s.

4.96 $V = \frac{1}{2}kS^2 + \frac{1}{4}qS^4$.

4.98 $v = 2.30$ m/s.

4.100 $v = 2.57$ m/s.

4.102 26.61 m.

4.104 $v = 11.0$ km/s.

4.106 2880 m/s.

4.108 $v = 419$ m/s.

4.110 (a) $\mathbf{F} = -4x\mathbf{i} + \mathbf{j}$ (N).

(b) The work is −1 N-m for any path from position 1 to position 2.

4.112 $\mathbf{F} = -[k(r - r_0) + q(r - r_0)^3]\mathbf{e}_r$.

4.114 (a) $\mathbf{F} = (\sin\theta - 2r\cos^2\theta)\mathbf{e}_r + (\cos\theta + 2r - \sin\theta\cos\theta)\mathbf{e}_\theta$.

(b) The work is 2 m-N for any path from 1 to 2.

4.118 (a) and (c).

4.120 553 mm.

4.122 58.7 mm, 1280 N-m/s (watts).

4.124 2.18 m.

4.126 Maximum distance is 0.203 m.

4.128 $v = 6.32$ m/s.

4.130 $\theta_{max} = 51°$.

4.132 (a), (b) 230.9 m.

4.134 He should choose (b). Impact velocity is 11.8 m/s, work is −251 kN-m. In (a), impact velocity is 13.9 m/s, work is −119 kN-m.

4.136 $v = 2.08$ m/s.

4.138 (a) 20.58×10^8 m-N.

(b) $v = 88[1 - e^{-(F_0/88m)t}]$.

4.140 $k = 156.1$ N/m.

4.142 (a) $k = 809$ N/m.

(b) $v_2 = 6.29$ m/s.

4.144 2.42 m/s.

4.146 $h = 0.179$ m.

4.148 (a) $\theta = 27.9°$. (b) 707.2 N. (c) 987.5 N.

4.150 $v_1 = 1.44$ m/s.

4.152 1.02 m.

4.154 2.00 m/s.

4.156 14.24 m/s.

4.158 (a) $v = 0$.

(b) $v = \sqrt{gR_E/2} = 5590.6$ m/s, or 20,126 km/h.

4.160 (a) 11.3 MW (megawatts).

(b) 9.45 MW

제5장

5.2 10.1 m/s.

5.4 (a) 56,000 N-s. (b) 2.56 m/s (9.21 km/h).

5.6 6.07 m/s.

5.8 $6\mathbf{i} - 2\mathbf{j} + 56\mathbf{k}$ (m/s).

5.10 $\mathbf{v} = 1.31\mathbf{i}$ (m/s).

5.12 (a) 335 kN-s. (b) 7.84 s.

5.14 4.15 m/s.

5.16 (a) 222 N-s. (b) 1.85 m/s.

5.18 0.199 s.

5.20 5.23 m/s.

5.22 2.01 m/s.

5.24 (a) $\mathbf{v} = 10\mathbf{i} - 12.1\mathbf{j}$ (m/s).

(b) $-589\mathbf{j}$ (N-s).

(c) $\mathbf{v} = 10\mathbf{i} - 12.1\mathbf{j}$ (m/s).

5.26 (a) $F_x = -32\cos 4t$ N, $F_y = -32\sin 4t$ N.

(b) $\mathbf{v} = 3.03\mathbf{i} - 2.61\mathbf{j}$ (m/s).

5.28 924 N.

5.30 37.3 m/s.

5.32 105 m/s.

5.34 (a) 8470 N. (b) 6.67 m/s^2.

5.36 334 N (approximately 600 times the watch's weight).

5.38 Horizontal force is 0.234 N, vertical force is 0.364 N.

5.40 $-0.35\mathbf{i} + 122.96\mathbf{j}$ (N).

5.42 $|\mathbf{v}_A| = 2.07$ m/s, $|\mathbf{v}_B| = 2.76$ m/s.

5.44 (a), (b) 0.497 m/s toward the right.

5.46 (a), (b) 1.64 m/s toward the right.

5.48 (a) $6.47x10^{-4}$ m/s toward the left.

(b) Zero.

(c) 4 m to his left.

5.50 2.41 m/s.

5.52 0.034 m.

5.54 96.9 mm.

5.56 (a) $4\mathbf{i} + 30\mathbf{j}$ (mm/s). (b) $x = 6.2$ m, $y = 6$m.

5.58 $v_A = 1.85$ m/s, $e = 0.197$.

5.60 $m_B = 6.4$ kg, $e = 0.8$.

5.62 0.0334 s.

5.64 $v_A\sqrt{mk/2}$.

5.66 $v_A = 7.70$ m/s.

5.68 3.00 m.

5.70 $e = 0.77$.

5.72 4.5 m/s upward.

5.74 0.963 m/s toward the left.

5.76 $e = 0.673$.

5.78 $\mathbf{v}_A = -5.71\mathbf{i} + 4\mathbf{j} + 8\mathbf{k}$ (m/s),
$\mathbf{v}_B = 3.89\mathbf{i} - 6\mathbf{j} + 5\mathbf{k}$ (m/s).

5.80 $\mathbf{v}'_A = \mathbf{i} + \mathbf{j}$ (m/s), $\mathbf{v}'_B = -\mathbf{i} + \mathbf{j}$ (m/s).

5.84 $v_S = 35.3$ m/s.

5.86 (a) $\mathbf{v} = \frac{1}{2}t^2\mathbf{i} + 2t\mathbf{j}$ (m/s), $\mathbf{r} = \frac{1}{6}t^3\mathbf{i} + t^2\mathbf{j}$(m).
(b), (c) $-432\mathbf{k}$ (kg-m^2/s).

5.88 $|v_r| = 2490$ m/s, $|v_\theta| = 4310$ m/s.

5.90 $\omega = 3.84$ rad/s, $v_r = \pm 0.262$ m/s.

5.92 2.31 m.

5.94 6 N-m.

5.96 (a) $-1440\mathbf{k}$ (kg-m^2/s). (b) 1.2 m/s.

5.100 458.1 N.

5.102 750 N.

5.104 (a) $351\mathbf{i} - 849\mathbf{j}$ (N).

(b) $1200\mathbf{i} - 1200\mathbf{j}$(N).

(c) $2400\mathbf{i}$ (N).

5.106 $0.406\mathbf{k}$ (N-m).

5.108 $51.9\mathbf{i} - 282.2\mathbf{j}$ (N).

5.110 1530 m/s.

5.112 $v = v_f \ln\left(\frac{m_0}{m_0 - \dot{m}_f t}\right) - gt.$

5.114 (a) $F = 43.8s + 1.66$ N.

(b) 34.6 m-N.

5.116 $v = v_0/[1 + (\rho_L/2m)s]$.

5.118 6820 N.

5.120 18.5 kN.

5.122 (a) 5. (b) 193.5 kN. (c) 3.41 m/s^2.

5.124 (a) $180\mathbf{i} + 360\mathbf{j}$ (N-s).

(b) $12\mathbf{i} + 44\mathbf{j}$ (m/s).

5.126 877 kN.

5.128 (a) 10.64 m/s.

(b) 212,853 m-N.

5.130 (a) 1.464 m/s.

(b) 126.5 m.

5.132 (a) 3.45 m/s.

(b) 18.7 kN.

5.134 (a) 8.23 kN.

(b) 16.5 kN.

5.136 $|\mathbf{v}_A| = 2.46$ m/s, $|\mathbf{v}_B| = 2.90$ m/s.

5.138 0.48 m/s

5.140 $e = 0.304$.

5.142 2.30 m.

5.144 $x = -282.7$ mm, $y = 163.1$ mm.

5.146 $|v_r| = 3520.4$ m/s, $|v_\theta| = 2569.5$ m/s.

5.148 3856.4 N (including the weight of the drum).

5.150 (a) 10.54 m/s.

(b) 19.52 m/s.

제6장

6.2 $\theta = 135°$, $|\mathbf{v}_A| = 2.33$ m/s, $|\mathbf{a}_A| = 2.84$ m/s^2

6.4 (a) 1.2 rad/s clockwise, 0.4 rad/s^2 counterclockwise.

(b) $|\mathbf{v}_A| = 2.4$ m/s, $|\mathbf{a}_A| = 2.99$ m/s^2.

6.6 (a) 2.67. (b) 2.67 rad/s.

6.8 $\mathbf{v}_A = -2.03\mathbf{i} - 2.03\mathbf{j}$ (m/s), $\mathbf{a}_A = 20.3\mathbf{i} - 20.3\mathbf{j}$ (m/s^2), $\mathbf{v}_B = 40.5\mathbf{j}$ (m/s), $\mathbf{a}_B = -40.5\mathbf{i}$ (m/s^2).

6.10 (a) 6.86 rad/s^2 clockwise.
(b) $|a_t| = 1.74$ m/s^2, $|a_n| = 1695$ m/s^2

6.12 $|\mathbf{v}_B| = 2.37$ m/s, $|\mathbf{a}_B| = 22.1$ m/s^2.

6.14 $\boldsymbol{\omega} = 30\mathbf{i}$ (rad/s).

6.16 $\boldsymbol{\omega}_{OQ} = -4\mathbf{k}$ (rad/s), $\boldsymbol{\omega}_{PQ} = 4\mathbf{k}$ (rad/s).

6.18 (a) $\mathbf{v}_{A/B} = 4.8\mathbf{j}$ (m/s).
(b) $\boldsymbol{\omega} = 12\mathbf{k}$ (rad/s).
(c) $\mathbf{v}_{A/B} = 4.8\mathbf{j}$ (m/s).

6.20 (a) $\mathbf{v}_{A/B} = -1.78\mathbf{i} - 5.21\mathbf{j}$ (m/s).
(b) $\mathbf{v}_{B/A} = 1.78\mathbf{i} + 5.21\mathbf{j}$ (m/s).

6.22 $\mathbf{v}_A = -5\mathbf{i} + 8.66\mathbf{j}$ (m/s).

6.24 $\mathbf{v}_A = 5\mathbf{i}$ (m/s), $\mathbf{v}_B = -3.54\mathbf{i} - 3.54\mathbf{j}$ (m/s), $\mathbf{v}_C = -3.54\mathbf{i} + 3.54\mathbf{j}$ (m/s).

6.26 (a) $\boldsymbol{\omega} = 81.7\mathbf{k}$ (rad/s).
(b) $-29.05\mathbf{i}$ (m/s).
(c) $-58.2\mathbf{i}$ (m/s).

6.28 $\mathbf{v}_T = 12.4\mathbf{i} + 5.1\mathbf{j}$ (m/s).

6.30 $\mathbf{v}_G = 1.5\mathbf{i} - 0.546\mathbf{j}$ (m/s).

6.32 $\omega_{OQ} = 1.18$ rad/s clockwise, $\omega_{PQ} = 1.18$ rad/s counterclockwise.

6.34 $\omega_{BD} = 8$ rad/s clockwise, $\mathbf{v}_D = 6.40\mathbf{i} - 1.28\mathbf{j}$ (m/s).

6.36 $\omega_{CD} = 10$ rad/s counterclockwise.

6.38 $\omega_{BC} = 2.67$ rad/s counterclockwise, $\omega_{CD} = 2.67$ rad/s clockwise.

6.40 $\mathbf{v}_E = -12.3\mathbf{j}$ (m/s).

6.42 0.0857 rad/s counterclockwise.

6.44 $\omega_{AB} = 2.31$ rad/s clockwise, $v_B = 3.15$ m/s to the left.

6.46 $\mathbf{v}_C = 0.638\mathbf{i}$ m/s.

6.48 $\mathbf{v}_A = 1.2\mathbf{i} + 1.2\mathbf{j}$ (m/s).

6.50 $\omega_{BC} = 2.61$ rad/s, $\mathbf{v}_C = -9.1\mathbf{i}$ (m/s).

6.52 0.95 m/s.

6.54 $\mathbf{v}_C = 0.282\mathbf{i} + 0.202\mathbf{j}$ (m/s).

6.56 $\mathbf{v}_D = -0.557\mathbf{i} + 0.815\mathbf{j}$ (m/s).

6.58 $v_W = 0.2$ m/s, 4 rad/s counterclockwise.

6.60 35.5 rpm clockwise.

6.62 Angular velocity = 52.1 rad/s, or 497 rpm, $|\mathbf{v}_A| =$ 5.21 m/s.

6.64 $x_C = 3$ m, $y_C = 0$, $v_B = 10$ m/s.

6.66 $x = 1.07$ m, $y = -0.46$ m.

6.68 $\mathbf{v}_B = 6\mathbf{i} + 3.46\mathbf{j}$ (m/s).

6.70 (a) (3.46, 4) m.
(b) $\mathbf{v}_A = 2\mathbf{i}$ (m/s).

6.72 6.57 cm/s.

6.74 1.67 rad/s counterclockwise.

6.76 (a) $x = 225$ mm, $y = 225$ mm.
(b) $\mathbf{v}_C = 13.5\mathbf{i}$ (m/s).

6.78 $\omega_{BC} = 5.33$ rad/s counterclockwise, $\omega_{CD} = 4.57$ rad/s clockwise.

6.80 (a) $x = -0.425$ m, $y = 0.737$ m.
(b) $v_B = 2.31$ m/s, $\omega = 2.35$ rad/s counterclockwise.

6.82 (a), (b) $\mathbf{a}_A = -73.3\mathbf{i} + 27.0\mathbf{j}$ (m/s^2).

6.84 $\mathbf{a}_T = 2.02\mathbf{i} + 2.37\mathbf{j}$ (m/s^2).

6.86 $\mathbf{a}_A = -0.5\mathbf{j}$ (m/s^2), $\mathbf{a}_B = 0.3\mathbf{j}$ (m/s^2).

6.88 $\omega_{AC} = 0$, $\alpha_{AC} = 1.13$ rad/s^2 clockwise.

6.90 Acceleration = 134 cm/s^2.

6.92 $\alpha_{OQ} = 1.39$ rad/s^2 clockwise, $\alpha_{PQ} = 1.39$ rad/s^2 counterclockwise.

6.94 1.77 rad/s^2 counterclockwise.

6.96 $\alpha_{BC} = 26.8$ rad/s^2 counterclockwise, $\alpha_{CD} = 12.3$ rad/s^2 counterclockwise.

6.98 $\mathbf{v}_C = 40.8\mathbf{i}$ (cm/s), $\mathbf{a}_C = 6.98\mathbf{i}$ (cm/s^2).

6.100 89 cm/s^2 toward the left.

6.102 $\omega_{AB} = -0.879$ rad/s, $\alpha_{AB} = -1.06$ rad/s^2, $\omega_{BC} = -1.15$ rad/s, $\alpha_{BC} = -2.41$ rad/s^2.

6.104 $\mathbf{a}_E = -12.3\mathbf{j}$ (m/s^2).

6.106 $\mathbf{a}_C = -7.78\mathbf{i} - 33.54\mathbf{j}$ (m/s^2).

6.108 $\mathbf{a}_D = -0.135\mathbf{i} - 0.144\mathbf{j}$ (m/s^2).

6.110 $\omega_{AB} = 3.55$ rad/s clockwise, $\alpha_{AB} = 12.1$ rad/s^2 clockwise, $\omega_{BC} = 2.36$ rad/s counterclockwise, $\alpha_{BC} = 16.5$ rad/s^2 counterclockwise.

6.112 0.0571 rad/s^2 clockwise.

6.114 $\alpha_{\text{planet}} = 41.4$ rad/s^2 clockwise, $\alpha_{\text{sun}} = 82.9$ rad/s^2 counterclockwise.

6.116 $\alpha_{CD} = 26.5$ rad/s^2 clockwise, $\alpha_{DE} = 31.1$ rad/s^2 counterclockwise.

6.118 $\mathbf{a}_A = -200\mathbf{i} + 80\mathbf{j}$ (m/s^2).

6.120 $\mathbf{a}_C = -8.80\mathbf{i} + 5.60\mathbf{j}$ (m/s^2).

6.122 $\omega_{AC} = 3$ rad/s counterclockwise, $\alpha_{AC} = 6$ rad/s counterclockwise.

6.124 0.549 m/s toward the left.

6.126 0.0972 rad/s counterclockwise.

6.128 ω_{BC} = 6.17° per second counterclockwise, rate of extension is 0.109 m/s.

6.130 ω_{AC} = 8.66 rad/s counterclockwise, and bar AC slides through the sleeve at 5 m/s toward A.

6.132 ω_{AC} = 0.293 rad/s clockwise, $\mathbf{v}_C = -0.738\mathbf{i} - 1.370\mathbf{j}$ (m/s).

6.134 0.329 m/s.

6.136 ω_{AB} = 2 rad/s clockwise, $v_{B\,\mathrm{rel}}$ = 2 m/s toward C.

6.138 ω_{AB} = 5.18 rad/s counterclockwise.

6.140 ω_{plate} = 2 rad/s counterclockwise, and the velocity at which the pin slides relative to the slot is 0.2 m/s downward.

6.144 $\mathbf{a}_A = -0.00624\mathbf{i} + 0.0576\mathbf{j}$ (m/s^2).

6.146 $\mathbf{v}_A = -3.5\mathbf{i} + 0.5\mathbf{j} + 4\mathbf{k}$ (m/s), $\mathbf{a}_A = -10\mathbf{i} - 6.5\mathbf{j} - 19.25\mathbf{k}$ (m/s^2).

6.148 $-2\mathbf{i}$ (m/s).

6.150 $\mathbf{a}_{A\,\mathrm{rel}} = -14\mathbf{i} - 2\mathbf{j}$ (m/s^2).

6.152 (a) $\mathbf{v} = v\mathbf{j}$, $\mathbf{a} = -(v^2/R_{\mathrm{E}})\mathbf{i}$.

(b) $\mathbf{v} = v\mathbf{j} - \omega_{\mathrm{E}} R_{\mathrm{E}} \cos L\mathbf{k}$,
$\mathbf{a} = -(v^2/R_{\mathrm{E}} + \omega_{\mathrm{E}}^2 R_{\mathrm{E}} \cos^2 L)\mathbf{i} +$
$\omega_{\mathrm{E}}^2 R_{\mathrm{E}} \sin L \cos L\mathbf{j} + 2\omega_{\mathrm{E}} v \sin L\mathbf{k}$.

6.154 (a) $-9.81\mathbf{k}$ (m/s^2). (b) $3.29\mathbf{i} - 9.81\mathbf{k}$ (m/s^2).

6.156 (a) $0.1\mathbf{i} + 0.1\mathbf{j}$ (m/s^2).

(b) $0.125\mathbf{i} + 0.085\mathbf{j} + 0.106\mathbf{k}$ (m/s^2).

6.160 OQ: 9.29 rad/s counterclockwise; PQ: 2.92 rad/s clockwise.

6.162 $\mathbf{v}_C = -3.835\mathbf{j}$ (m/s).

6.164 $\alpha_{AB} = 13.60 \times 10^3$ rad/s^2 clockwise, $\alpha_{BC} = 8.64 \times 10^3$ rad/s^2 counterclockwise.

6.166 $\mathbf{a}_D = -3490\mathbf{i}$ (cm/s^2).

6.168 $\mathbf{a}_G = -8.18\mathbf{i} - 26.4\mathbf{j}$ (cm/s^2).

6.170 $\mathbf{v}_C = -1.48\mathbf{i} + 0.79\mathbf{j}$ (m/s).

6.172 $\mathbf{a}_C = -2.99\mathbf{i} - 1.40\mathbf{j}$ (m/s^2).

6.174 Velocity is 55.9 cm/s to the right; acceleration is 910 cm/s^2 to the left.

6.176 ω_{BD} = 0.733 rad/s counterclockwise.

6.178 ω_{AB} = 0.261 rad/s counterclockwise, ω_{BC} = 2.80 rad/s counterclockwise.

6.180 ω_{BC} = 1.22 rad/s clockwise, 18.0 m/s from B toward C.

6.182 Velocity = 0.827 m/s upward; acceleration = 20.24 m/s^2 upward.

6.184 5.66 N.

6.186 0.103 rad/s counterclockwise.

제7장

7.2 (a) 0.3 m/s^2.

(b) N_A = 256.6 N, N_B = 765.1 N

7.4 (a) 2.23 m/s^2.

(b) N_A = 175 kN, N_B = 2770 kN.

7.6 (a) 0.981 m/s^2.

(b) N_A = 809.5 N, N_B = 258 N

7.8 Time = 0.923 s, distance = 2.31 m.

7.10 (a) 11.4 rad/s.

(b) 4.52 revolutions.

7.12 (a) 9.52 rad/s.

(b) 8.21 revolutions.

7.14 (a) 565 rpm.

(b) 799 rpm.

7.16 ω_C = 57.5 rad/s counterclockwise.

7.18 (a) 3.49 rad/s^2 counterclockwise.

(b) 4.20 rad/s^2 clockwise.

7.20 (a), (b) α = 3.46 rad/s^2 counterclockwise, $A_x = 0$, A_y = 4.12 N.

7.22 $\alpha = 0$, $D_x = 0$, D_y = 99.9 N.

7.24 B_x = 9.02 kN, B_y = 9.66 kN.

7.26 M_B = 27.1 N-m counterclockwise, B_x = −11.0 N, B_y = 108.5 N.

7.28 $\mathbf{a}_G = 0.1108\mathbf{i} - 0.0168\mathbf{j}$ (m/s^2), α = −0.000427 rad/s^2.

7.30 $\mathbf{F}_B = -19.1\mathbf{i} + 183.3\mathbf{j}$ (N), $\mathbf{M}_B = 62.6\mathbf{k}$ (N-m).

7.32 α = 0.200 rad/s^2 clockwise.

7.34 $t_{\mathrm{ring}}/t_{\mathrm{disk}} = \sqrt{4/3}$.

7.36 1.01 m/s.

7.38 (a) 14.8 rad/s^2 clockwise.

(b) μ_s = 0.227.

7.40 Velocity = 1.16 m/s, time = 1.97 s.

7.42 (a) It doesn't slip, α = 22.2 rad/s^2 clockwise.

(b) It does slip, α = 53.6 rad/s^2 clockwise.

7.44 27.9 N.

7.46 2.35 rad/s^2 counterclockwise.

7.48 (a) 9.38 rad/s^2 clockwise.

(b) 9.57 rad/s^2 clockwise.

7.50 61.3 rad/s^2 clockwise.

7.52 0.96 m/s^2.

7.54 $\mu_s = 0.108$.

7.56 2.26 m/s^2 to the left.

7.58 $B_x = -105.6$ N, $B_y = -21.7$ N,
$C_x = 20$ N, $C_y = 66.2$ N.

7.62 (a) 9.34 m/s^2. (b) 516 N-m.

7.64 $\alpha_{BC} = 17.0$ rad/s^2 counterclockwise.

7.66 $\alpha_{OQ} = 4.88$ rad/s^2 clockwise,
$\alpha_{PQ} = 4.88$ rad/s^2 counterclockwise.

7.70 $\alpha = 0.255$ rad/s^2 clockwise.

7.72 $|P| = 44.1$ kN.

7.74

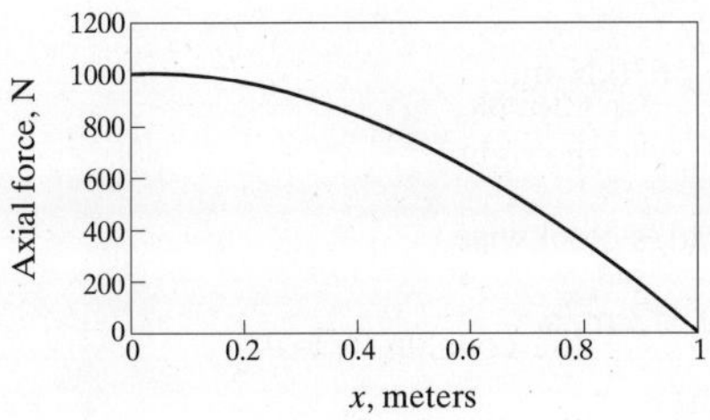

7.76

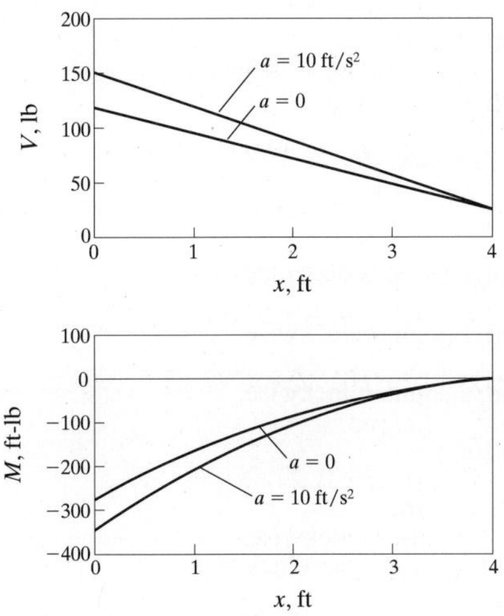

7.78

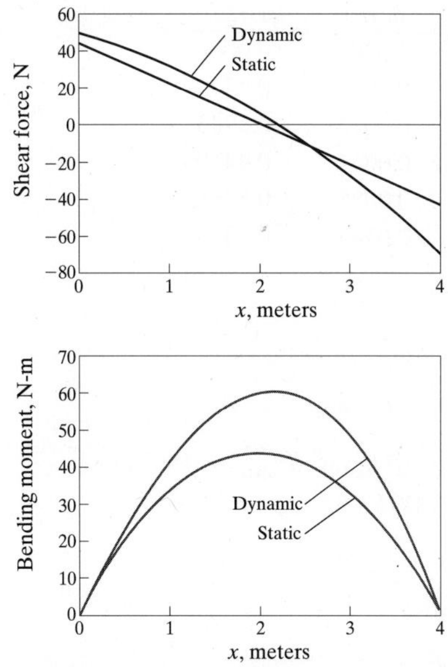

7.80

time, s	θ, rad	ω, rad/s	closed-form ω, rad/s
0.0	0.000	0.000	0.000
0.2	0.000	0.250	0.250
0.4	0.050	0.499	0.498
0.6	0.150	0.747	0.744
0.8	0.299	0.991	0.987
1.0	0.498	1.232	1.225

7.82

time, s	θ, rad	ω, rad/s
0.0	0.000	0.000
0.1	0.000	1.472
0.2	0.147	2.943
0.3	0.441	4.399
0.4	0.881	5.729
0.5	1.454	6.665

7.84

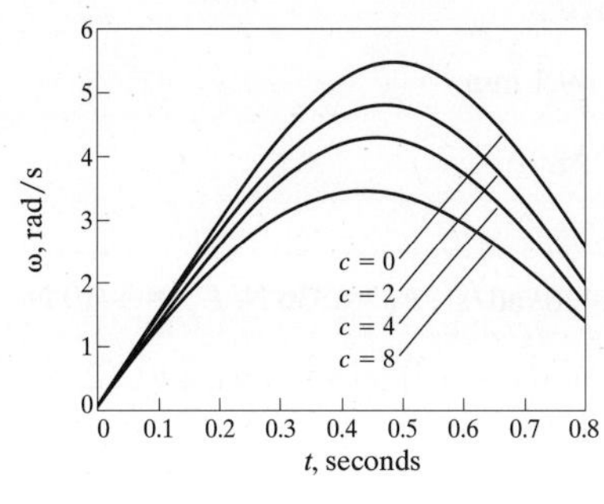

7.86

time, s	θ, rad	ω, rad/s
0.00	0.0000	0.0000
0.01	0.0000	0.1472
0.02	0.0015	0.2943
0.03	0.0044	0.4410
0.04	0.0088	0.5868
0.05	0.0147	0.7313

7.88 $I_0 = 14$ kg-m^2.

7.90 $I_{z\text{ axis}} = 15.1$ kg-m^2.

7.92 $I_{x\text{ axis}} = 2.667$ kg-m^2, $I_{y\text{ axis}} = 0.667$ kg-m^2, $I_{z\text{ axis}} = 3.333$ kg-m^2.

7.94 $I_{y\text{ axis}} = 6.52$ kg-m^2.

7.96 20.8 kg-m^2.

7.98 $I_0 = \frac{17}{12}ml^2$.

7.100 $I_{z\text{ axis}} = 74.0$ kg-m^2.

7.102 $I_{z\text{ axis}} = 0.00116$ kg-m^2.

7.104 5151 kg-m^2.

7.106 $I_{z\text{ axis}} = 9.00$ kg-m^2.

7.108 $I_{y\text{ axis}} = 3.07$ kg-m^2.

7.110 $I_0 = 0.0188$ kg-m^2.

7.112 $I_{x\text{ axis}} = I_{y\text{ axis}} = m\left(\frac{3}{20}R^2 + \frac{3}{5}h^2\right)$.

7.114 $I_{x\text{ axis}} = 0.844$ kg-m^2.

7.116 $I_x = 0.0535$ kg-m^2.

7.118 $I_{x'} = 0.995$ kg-m^2.

7.120 $I_{z\text{ axis}} = 0.00911$ kg-m^2.

7.122 $I_0 = 0.00367$ kg-m^2.

7.124 $I_{z\text{ axis}} = 0.00916$ kg-m^2.

7.126 (a) 12.1 s.
(b) 639 N.

7.128 (a) 20 m/s^2.
(b) $c \leq 49.1$ mm.

7.130 $I = 2.05$ kg-m^2.

7.132 40.2 kN.

7.134 $\alpha = -0.420$ rad/s^2, $F_x = 336$ N, $F_y = 1710$ N.

7.136 $\alpha = (g/l)[3(1-\mu^2)\sin\theta - 6\mu\cos\theta]/(2-\mu^2)$ counterclockwise.

7.138 $B_x = -1959$ N, $B_y = 1238$ N, $C_x = 2081$ N, $C_y = -922$ N.

7.140 $\alpha_{OA} = 0.425$ rad/s^2 counterclockwise, $\alpha_{AB} = 1.586$ rad/s^2 clockwise.

7.142 $\alpha_{HP} = 5.37$ rad/s^2 clockwise.

7.144 208 m/s^2 to the left.

제8장

8.2 89.1 m-N.

8.4 (a) 1.53×10^{-4} rad/s.
(b) 0.381 W(watts, or N-m/s).

8.6 (a) 33,300 m-N.
(b) 11.09 rad/s.

8.8 (a) 3.84 rad/s.
(b) $A_x = 0$, $A_y = 196$ N

8.10 (a) 4.70 rad/s.
(b) $A_x = 111.2$ N, $A_y = 125.9$ N.

8.12 17.0 rad/s.

8.14 $A_x = 20.6$ N, $A_y = 61.4$ N.

8.16 0.731 rad = 41.9°.

8.18 $U_{12} = 5630$ N-m.

8.20 2.59 m/s to the right.

8.22 16.7 rad/s clockwise.

8.24 $v = 0.413$ m/s.

8.26 2.33 m/s.

8.28 $s = 66.1$ m.

8.30 4.33 rad/s clockwise.

8.32 0.384 m/s.

8.34 (a) 0.522 rad/s. (b) 77.3°.

8.36 0.899 m/s.

8.38 2.57 rad/s counterclockwise.

8.40 4.52 rad/s counterclockwise.

8.42 2.80 rad/s counterclockwise.

8.44 2.34 rad/s.

8.46 $M = 28.2$ N-m.

8.48 (a) 250 N-m-s counterclockwise.
(b) 11.4 rad/s counterclockwise.

8.50 3 s.

8.52 (a) 126 rad/s. (b) 200 rad/s.

8.54 510 rad/s (4870 rpm).

8.56 $\omega_A = 0.0643$ rad/s clockwise, $\omega_B = 0.321$ rad/s counterclockwise.

8.58 0.115 rpm.

8.60 3.94 rad/s (37.6 rpm).

8.62 1.46 m/s.

8.64 14.5°.

8.66 $b = 0.183$ m.

8.68 0.00196 rad/s counterclockwise.

8.70 2.18 rad/s.

8.72 (a) $\omega = 16$ rad/s counterclockwise
(b) 100 N-m before and after

8.74 (a) $\omega_B = 3.81$ rad/s counterclockwise
(b) $\omega_C = 0.763$ rad/s clockwise.

8.78 Energy lost is $\frac{1}{6}mgl$.

8.80 1.82 m/s.

8.82 9.6 rad/s counterclockwise

8.84 Velocity $= 1.76\mathbf{i} - 0.64\mathbf{j}$ (m/s),
angular velocity = 3.15 rad/s counterclockwise.

8.86 $\omega' = 0.375$ rad/s.

8.88 $\omega' = 0.3$ rad/s.

8.90 $\omega = 0.0997$ rad/s = 5.71 deg/s counterclockwise.

8.92 15.0 km/hr.

8.94 0.00336 rad/s clockwise.

8.96 $v = 2.05$ m/s.

8.98 $v = \sqrt{Fb/[\frac{1}{2}m_c + 2(m + I/R^2)]}$.

8.100 $\omega_S = 12.5$ rad/s.

8.102 (a) 0.344 m. (b) 0.332 m/s.

8.104 $P_{max} = 786.6$ m-N/s (1.05 hp),
$P_{ave} = 392$ m-N/s (0.53 hp).

8.106 11.1 rad/s.

7.108 1.77 rad/s counterclockwise.

7.110 $N = (373/283)mg$.

7.112 $\omega' = 0.721$ rad/s.

7.114 $\omega' = (\frac{1}{3} + \frac{2}{3}\cos\beta)\omega$.

7.116 $b = 0.61$ m.

7.118 $\omega = 8.51$ rad/s.

7.120 $\theta = 54.7°$, $\omega = 10.7$ rad/s counterclockwise.

7.122 $0.0822\mathbf{k}$ (rad/s).

7.124 0.641 rad/s clockwise, $\mathbf{v}' = -0.68\mathbf{i}$ (m/s).

제9장

9.2 $\mathbf{a}_A = -1.81\mathbf{i} - 0.317\mathbf{j} + 0.867\mathbf{k}$ (m/s^2).

9.4 $\mathbf{a}_A = 40\mathbf{i} - 8\mathbf{j} - 56\mathbf{k}$ (m/s^2).

9.6 $\mathbf{v}_C = 4\mathbf{i} + 4\mathbf{k}$(m/s), $\mathbf{v}_D = 4\mathbf{i} - 8\mathbf{j}$(m/s).

9.8 (a) $\boldsymbol{\omega} = 6\mathbf{i} + 4\mathbf{j}$ (rad/s).
(b) $\mathbf{v}_A = 0.566\mathbf{i} - 0.849\mathbf{j} + 0.849\mathbf{k}$ (m/s).

9.10 (a) $\mathbf{v}_P = 14.6\mathbf{k}$ (m/s).
(b) $\boldsymbol{\alpha} = -288\mathbf{k}$ (rad/s^2).

9.12 (a) $\boldsymbol{\omega}_{rel} = 6\mathbf{i}$ (rad /s).
(b) $\mathbf{v}_P = -0.8\mathbf{i} + 1.2\mathbf{j} + 0.6\mathbf{k}$ (m/s).

9.14 (a) $\boldsymbol{\omega}_{disk} = \omega_d \cos\beta\mathbf{i} + (\omega_0 + \omega_d \sin\beta)\mathbf{j}$.
(b) $\mathbf{v}_P = [\omega_d R - \omega_0(h + b\cos\beta - R\sin\beta)]\mathbf{k}$.

9.16 $\mathbf{v}_A = 80\mathbf{i}$ (mm/s),
$\mathbf{v}_B = -102.6\mathbf{i} + 281.9\mathbf{j} - 56.4\mathbf{k}$ (mm/s).

9.18 (a) $\boldsymbol{\omega}_{BC} = 0.1\mathbf{j} + 0.4\mathbf{k}$ (rad/s).
(b) $\mathbf{v}_C = -0.315\mathbf{i} + 0.085\mathbf{j} - 0.131\mathbf{k}$ (m/s).

9.20 (a) $\boldsymbol{\Omega} = 0.894\mathbf{i} + 1.789\mathbf{j}$ (rad/s).
(b) $\boldsymbol{\omega}_{rel} = -4.47\mathbf{i}$ (rad/s).

9.22 $\mathbf{a} = -1.28\mathbf{i} + 0.64\mathbf{j} - 3.20\mathbf{k}$ (m/s^2).

9.24 $\mathbf{v} = \mathbf{0}$.

9.26 $\boldsymbol{\alpha} = 0.139\mathbf{i} + 0.108\mathbf{j}$ (rad/s^2).

9.28 $\Sigma\mathbf{M} = 0.0135\mathbf{i} - 0.0086\mathbf{j} + 0.01\mathbf{k}$ (N-m).

9.30 $\Sigma\mathbf{M} = -76\mathbf{i} + 36\mathbf{j} - 60\mathbf{k}$ (m-N).

9.32 $|\mathbf{a}_A| = 2.5$ m/s^2.

9.34 (a) $\boldsymbol{\alpha} = 28.57\mathbf{i} + 5.71\mathbf{j} - 2.00\mathbf{k}$ (rad/s^2).
(b) $\mathbf{a} = -0.33\mathbf{i} + 2.00\mathbf{j} - 19.52\mathbf{k}$ (m/s^2).

9.36 (a) $\mathbf{a} = -4.17\mathbf{k}$ (m/s^2).
(b) $\boldsymbol{\alpha} = 49.5\mathbf{i} + 137.7\mathbf{j}$ (rad/s^2).

9.38 $\boldsymbol{\alpha} = -500.0\mathbf{i} + 24.4\mathbf{j}$ (rad/s^2).

9.40 $\boldsymbol{\alpha} = 14.5\mathbf{j}$ (rad/s^2).

9.42 $\boldsymbol{\alpha} = 14.53\mathbf{j} + 4.65\mathbf{k}$ (rad/s^2).

9.44 27.4 N-m.

9.46 $|\mathbf{F}| = 78.5$ N, $|\mathbf{M}| = 260$ N-m.

9.50 1.2 N-m.

9.52 $-44.5\mathbf{j} + 66.4\mathbf{k}$ (N), $-16.85\mathbf{i}$ (m-N).

9.56 157 N-m.

9.62 29.2 m-N.

9.64 4650 N-m. Counterclockwise.

9.66 $\omega_d = -\frac{1}{2}\omega_0 \sin\beta$.

9.68 $\dot{\psi} = 1.31$ rev/s.

9.70 29.1 rev/s.

9.72 (a) $\dot{\psi} = -2050$ rpm.

(b)

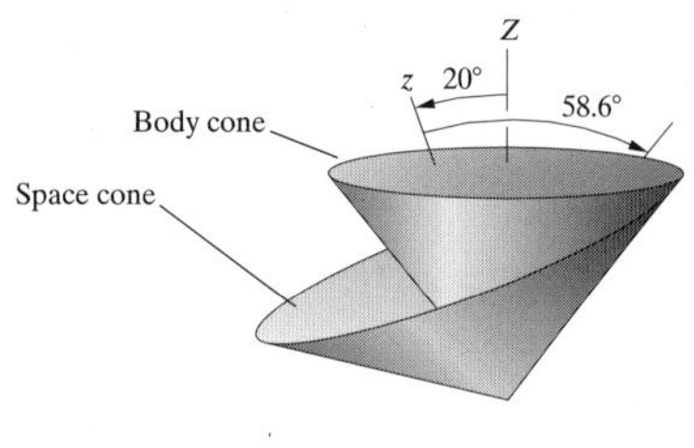

9.74 309 rad/s (49.1 revolutions per second).

9.76 $\omega_0 = 10.7$ rad/s.

9.78 $\Sigma\mathbf{M} = 2123\mathbf{i} - 155\mathbf{j} - 534\mathbf{k}$ (N-m).

9.80 $I_{xx} = 0.67$ kg-m^2, $I_{yy} = 5.33$ kg-m^2, $I_{zz} = 6$ kg-m^2, $I_{xy} = I_{yz} = I_{zx} = 0$.

9.82 $I_{xx} = 0.12$ kg-m^2, $I_{yy} = 0.03$ kg-m^2, $I_{zz} = 0.15$ kg-m^2, $I_{xy} = I_{yz} = I_{zx} = 0$.

9.84 $I_{xx} = 3.36$ kg-m^2, $I_{yy} = 22.73$ kg-m^2, $I_{zz} = 26.1$ kg-m^2, $I_{xy} = 7.58$ kg-m^2, $I_{yz} = I_{zx} = 0$.

9.86 $I_{xx} = 0.0318$ kg-m^2, $I_{yy} = 0.0357$ kg-m^2, $I_{zz} = 0.0674$ kg-m^2, $I_{xy} = 0.0219$ kg-m^2, $I_{yz} = I_{zx} = 0$.

9.88 (a) $\mathbf{H} = \frac{1}{12}ml^2(\omega_y\mathbf{j} + \omega_z\mathbf{k})$.

(b) $\mathbf{H}_O = \frac{1}{3}ml^2(\omega_y\mathbf{j} + \omega_z\mathbf{k})$.

9.90 $I_{x'x'} = 15{,}600$ kg-m^2, $I_{y'y'} = 226{,}800$ kg-m^2, $I_{z'z'} = 242{,}400$ kg-m^2, $I_{x'y'} = -32{,}400$ kg-m^2, $I_{y'z'} = I_{z'x'} = 0$.

9.92 $\mathbf{H} = 2.00\mathbf{i} - 1.64\mathbf{j} + 2.58\mathbf{k}$ (kg-m^2/s).

9.94 (a) $I = 3.56$ kg-m^2.

(b) 14.22 kg-m^2/s.

9.96 $I_1 = 16.15$, $I_2 = 62.10$, $I_3 = 81.75$ kg-m^2, $\mathbf{e}_1 = 0.964\mathbf{i} - 0.220\mathbf{j} + 0.151\mathbf{k}$, $\mathbf{e}_2 = -0.204\mathbf{i} - 0.972\mathbf{j} - 0.114\mathbf{k}$, $\mathbf{e}_3 = 0.172\mathbf{i} + 0.079\mathbf{j} - 0.982\mathbf{k}$.

9.98 $I_1 = 0$, $I_2 = \frac{1}{12}$, $I_3 = \frac{1}{12}$ kg-m^2, $\mathbf{e}_1 = \cos\beta\mathbf{i} + \sin\beta\mathbf{j}$, $\mathbf{e}_2 = -\sin\beta\mathbf{i} + \cos\beta\mathbf{j}$, $\mathbf{e}_3 = \mathbf{k}$.

9.100 (a) $\boldsymbol{\omega} = \omega_d\mathbf{i} + \omega_0\mathbf{j}$.

(b) $\mathbf{v}_A = -R\omega_0\cos\theta\mathbf{i} + R\omega_d\cos\theta\mathbf{j} + (R\omega_d\sin\theta - b\omega_0)\mathbf{k}$.

9.102 (a) $\boldsymbol{\omega} = 20\mathbf{i} - 5\mathbf{j}$ (rad/s).

(b) $\mathbf{v}_A = 0.25\mathbf{i} + 1.00\mathbf{j} + 3.73\mathbf{k}$ (m/s).

9.104 $\mathbf{H} = 25\mathbf{i} + 50\mathbf{k}$ (kg-m^2/s).

9.106

$$I_0 = \begin{bmatrix} 0.0398 & 0 & 0 \\ 0 & 0.0373 & 0 \\ 0 & 0 & 0.0772 \end{bmatrix} \text{kg-m}^2$$

9.108 $\Sigma\mathbf{M} = -250\mathbf{i} - 250\mathbf{j} + 125\mathbf{k}$ (N-m).

9.110 $\omega_0 = \left[g\sin\beta/\left(\frac{2}{3}l\sin\beta\cos\beta + b\cos\beta\right)\right]^{1/2}$.

9.112 (b) If $\omega_0 = 0$, the plate is stationary. The solution of the equation $2\cos\beta - \sin\beta = 0$ is the value of β for which the center of mass of the plate is directly above point O; the plate is balanced on one corner.

9.114 $\mathbf{F}_B = 52.72\mathbf{i} + 97.35\mathbf{j} + 9.26\mathbf{k}$ (N), $\mathbf{M}_B = 0.05\mathbf{i} - 10.25\mathbf{j} + 30.63\mathbf{k}$ (N-m).

9.116

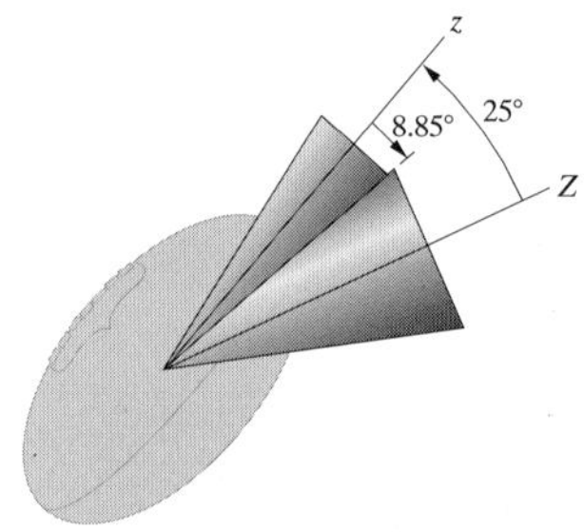

9.118 $\Sigma\mathbf{M} = -283\mathbf{i} - 2546\mathbf{j} - 800\mathbf{k}$ (ft-lb).

9.120 $\boldsymbol{\alpha} = 0.0535\mathbf{i} + 0.0374\mathbf{j} + 0.0160\mathbf{k}$ (rad/s^2).

제10장

10.4 $x = -0.378$ m.

10.6 $x = 0.390$ m.

10.8 Amplitude = 3.89°.

10.10 $x = 1.41$ ft.

10.12 (a) $f = 0.624$ Hz.

(b) $\tau = 1.60$ s.

10.14 $k = 36.8$ lb/ft.

10.16 0.692 Hz.

10.18 0.287 m/s downward.

10.20 $\beta = 0.01\cos 6t$ rad.

10.24 $I_{(z'\text{ axis})} = 24.2$ kg-m^2.

10.28 0.39 in.

10.30 $\theta_B = 0.172\sin 11.6t$ rad.

10.32 $m_A = 4.38$ kg.

10.36 $f = 0.318$ Hz.
$f = 0.211$ Hz.

10.38 $x = 0.577e^{-t} \sin(1.73t)$ m.

10.40 $x = 2.38$ ft.

10.42 $c = 1780$ N-s/m.

10.44 (a) $\tau_d = 2.32$ s, $f_d = 0.431$ Hz.

(b) 5.28 s.

10.46 $x = e^{-2t}(-0.325 \sin 2.24t - 0.363 \cos 2.24t) + 0.363$ m.

10.48 $x = -(0.363 + 1.090t)e^{-3t} + 0.363$ m.

10.50 $x = 0.347$m.

10.52 0.153 rad/s clockwise.

10.54 (a) 277 N-s/m.

(b) $\theta = 10te^{-4.33t}$ rad.

(c) $\theta_{max} = 0.850$ rad at $t = 0.231$ s.

10.56 $\theta_B = 0.209e^{-6.62t} \sin 9.55t$ rad.

10.58 $x_p = 10 \sin 8t$ m.

10.60 (a) $x_p = 0.5$ m.

(b) $x = e^{-t}(-0.289 \sin 1.73t - 0.5 \cos 1.73t) + 0.5$ m.

10.62 $\theta = 0.581 \sin 2.58t + 1.250 \sin 2t$ rad.

10.64 51.2 N.

10.66 0.113 mm.

10.70 0.419 m.

10.72 5.5 mm.

10.74 (a) $x = (0.1) \cos 3t$ m.

(b)

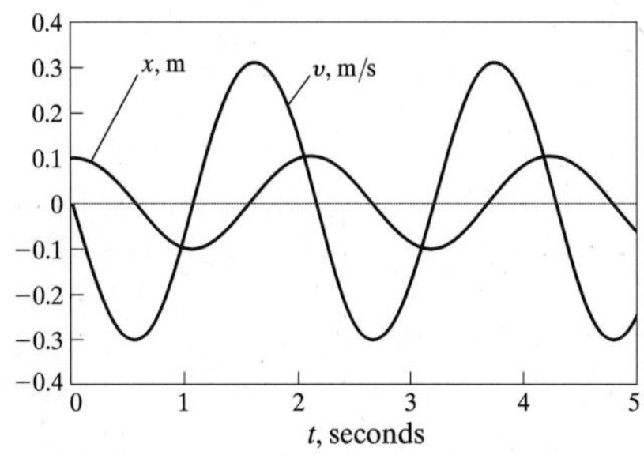

10.78 $f = 0.985$ Hz.

10.80 0.9732 Hz.

10.82 $f = (1/2\pi)\sqrt{3[(k/m) - (g/2l)]}$.

10.84 $\delta = 2.07$.

10.86 $f_d = 0.714$ Hz.

10.88 $x = 0.036e^{-2.68t} - 0.118e^{-14.01t}$ m.

10.90 $x = 0.253 \sin 6.19t + 0.100 \cos 6.19t + 0.145 \sin 3.00t$ m.

10.92 $\theta_B = e^{-5.05t}(0.244 \sin 3.45t + 0.167 \cos 3.45t)$ rad.

10.94 (a) $E_p = (2\pi v/\lambda)^2 h/[(k/m) - (2\pi v/\lambda)^2]$.
(b) $v = \lambda\sqrt{k/m}/2\pi$.

찾아보기

■ 역자소개 ■

황철호 (cheolho@hannam.ac.kr)
한남대학교 기계공학과 교수

최신 **동역학**

2015년 9월 5일 수정 1쇄 발행

역　　자 · 황 철 호
발 행 자 · 최 봉 조
발 행 처 · 진샘미디어
주　　소 · 서울시 은평구 연서로 5길 28 부호아파트 102동 상가5호
전　　화 · 02)353-4421 / FAX 02)353-4431
홈페이지 · www.jinsaem.co.kr

신고번호 · 제311-2005-000025호
I S B N · 89-957070-2-X

정가 29,000원

체적과 균질물체의 성질

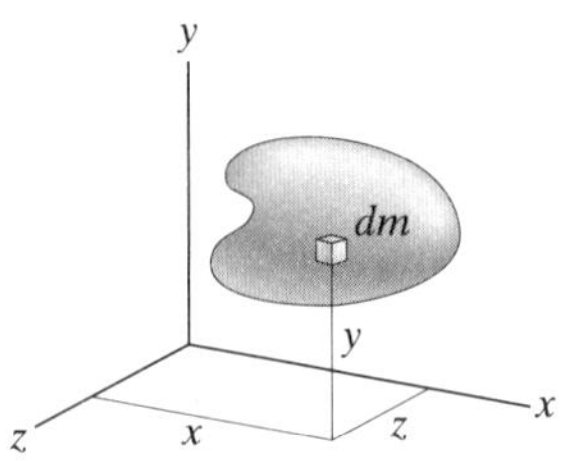

xyz 좌표계에 의한 물체의 관성모멘트와 관성적은 다음과 같다:

$$I_{x\,\text{axis}} = I_{xx} = \int_m \left(y^2 + z^2\right) dm$$

$$I_{y\,\text{axis}} = I_{yy} = \int_m \left(x^2 + z^2\right) dm$$

$$I_{z\,\text{axis}} = I_{zz} = \int_m \left(x^2 + y^2\right) dm$$

$$I_{xy} = \int_m xy\, dm, \qquad I_{yz} = \int_m yz\, dm$$

$$I_{zx} = \int_m zx\, dm$$

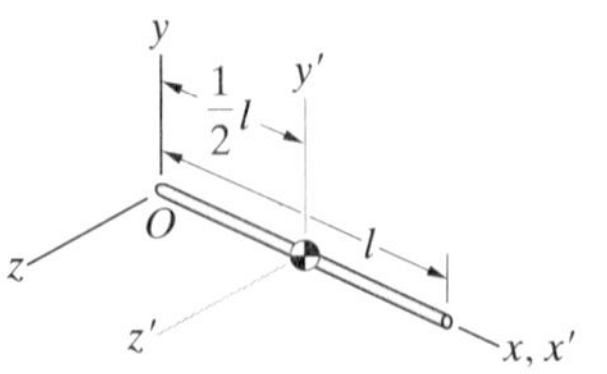

가는 막대

$$I_{x\,\text{axis}} = 0, \qquad I_{y\,\text{axis}} = I_{z\,\text{axis}} = \frac{1}{3} ml^2$$

$$I_{xy} = I_{yz} = I_{zx} = 0$$

$$I_{x'\,\text{axis}} = 0, \qquad I_{y'\,\text{axis}} = I_{z'\,\text{axis}} = \frac{1}{12} ml^2$$

$$I_{x'y'} = I_{y'z'} = I_{z'x'} = 0$$

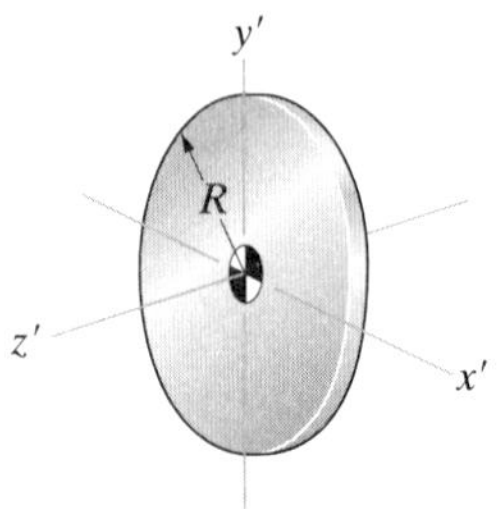

얇은 원판

$$I_{x'\,\text{axis}} = I_{y'\,\text{axis}} = \frac{1}{4} mR^2, \qquad I_{z'\,\text{axis}} = \frac{1}{2} mR^2$$

$$I_{x'y'} = I_{y'z'} = I_{z'x'} = 0$$

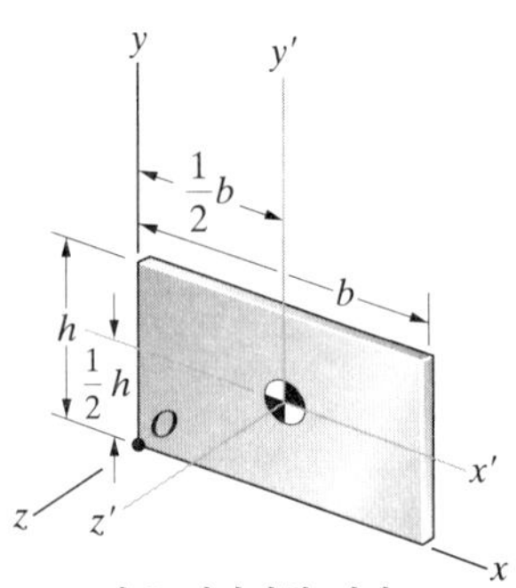

얇은 직사각형 평판

$$I_{x\,\text{axis}} = \frac{1}{3} mh^2, \qquad I_{y\,\text{axis}} = \frac{1}{3} mb^2, \qquad I_{z\,\text{axis}} = \frac{1}{3} m\left(b^2 + h^2\right)$$

$$I_{xy} = \frac{1}{4} mbh, \qquad I_{yz} = I_{zx} = 0$$

$$I_{x'\,\text{axis}} = \frac{1}{12} mh^2, \qquad I_{y'\,\text{axis}} = \frac{1}{12} mb^2, \qquad I_{z'\,\text{axis}} = \frac{1}{12} m\left(b^2 + h^2\right)$$

$$I_{x'y'} = I_{y'z'} = I_{z'x'} = 0$$

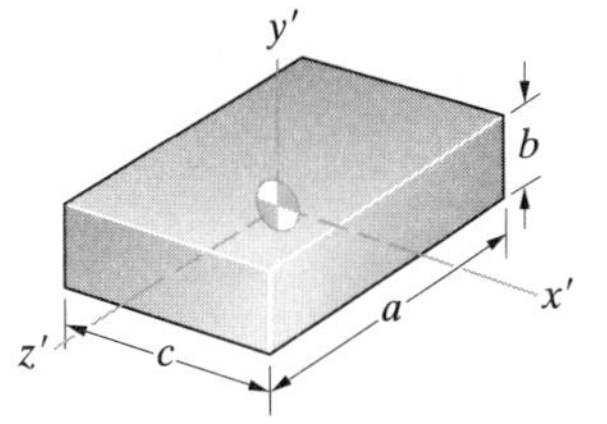

직육면체

체적 $= abc$

$I_{x'\text{ axis}} = \frac{1}{12}m(a^2 + b^2), \qquad I_{y'\text{ axis}} = \frac{1}{12}m(a^2 + c^2)$

$I_{z'\text{ axis}} = \frac{1}{12}m(b^2 + c^2), \qquad I_{x'y'} = I_{y'z'} = I_{z'x'} = 0$

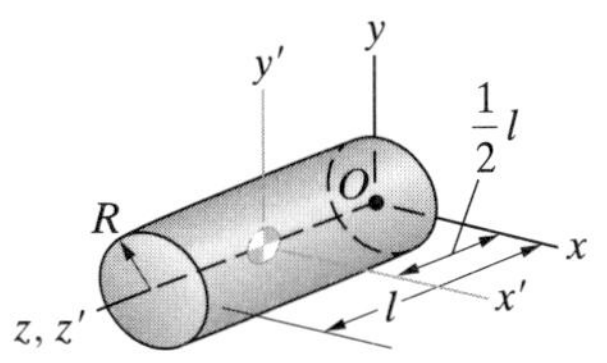

원기둥

체적 $= \pi R^2 l$

$I_{x\text{ axis}} = I_{y\text{ axis}} = m\left(\frac{1}{3}l^2 + \frac{1}{4}R^2\right), \qquad I_{z\text{ axis}} = \frac{1}{2}mR^2$

$I_{xy} = I_{yz} = I_{zx} = 0$

$I_{x'\text{ axis}} = I_{y'\text{ axis}} = m\left(\frac{1}{12}l^2 + \frac{1}{4}R^2\right), \qquad I_{z'\text{ axis}} = \frac{1}{2}mR^2$

$I_{x'y'} = I_{y'z'} = I_{z'x'} = 0$

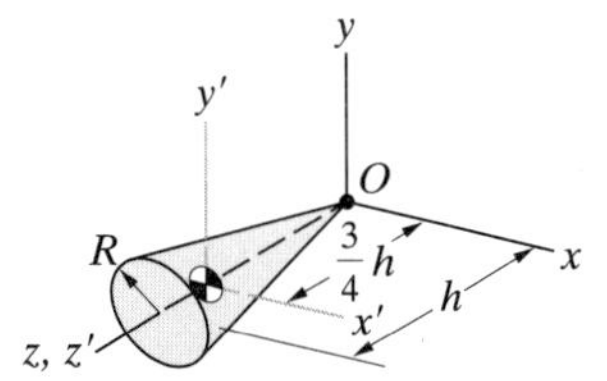

원뿔

체적 $= \frac{1}{3}\pi R^2 h$

$I_{x\text{ axis}} = I_{y\text{ axis}} = m\left(\frac{3}{5}h^2 + \frac{3}{20}R^2\right), \qquad I_{z\text{ axis}} = \frac{3}{10}mR^2$

$I_{xy} = I_{yz} = I_{zx} = 0$

$I_{x'\text{ axis}} = I_{y'\text{ axis}} = m\left(\frac{3}{80}h^2 + \frac{3}{20}R^2\right), \qquad I_{z'\text{ axis}} = \frac{3}{10}mR^2$

$I_{x'y'} = I_{y'z'} = I_{z'x'} = 0$

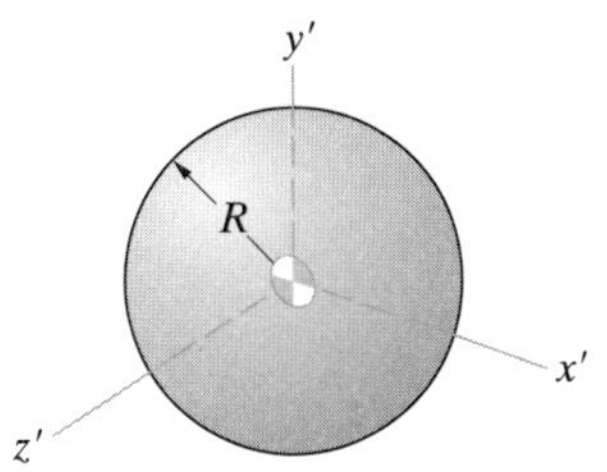

구

체적 $= \frac{4}{3}\pi R^3$

$I_{x'\text{ axis}} = I_{y'\text{ axis}} = I_{z'\text{ axis}} = \frac{2}{5}mR^2$

$I_{x'y'} = I_{y'z'} = I_{z'x'} = 0$

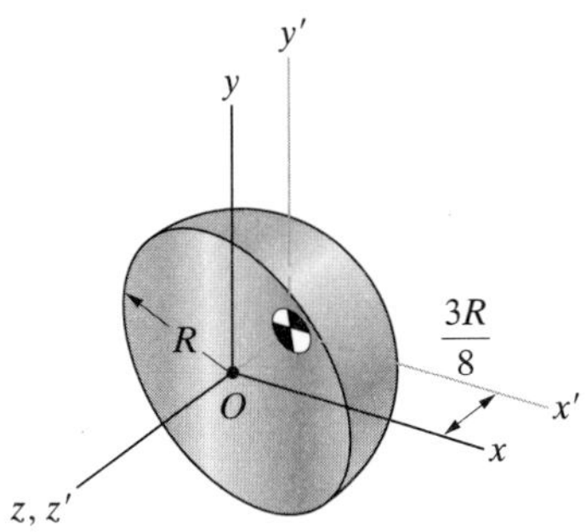

반구

체적 $= \frac{2}{3}\pi R^3$

$I_{x\text{ axis}} = I_{y\text{ axis}} = I_{z\text{ axis}} = \frac{2}{5}mR^2$

$I_{x'\text{ axis}} = I_{y'\text{ axis}} = \frac{83}{320}mR^2, \qquad I_{z'\text{ axis}} = \frac{2}{5}mR^2$